Dieter Schramm, Benjamin Hesse, Tobias Hesse, Michael Unterreiner und
Fahrzeugtechnik
De Gruyter Studium

Weitere empfehlenswerte Titel

Dieter Schramm, Benjamin Hesse, Tobias Hesse,
Michael Unterreiner und Magnus Liebherr

Fahrzeugtechnik

———

Fahrzeugdynamik, Elektromobilität, Fahrzeugelektrik,
autonome Fahrzeuge, HMI

2., überarbeitete Auflage

DE GRUYTER
OLDENBOURG

Autoren
Prof. Dr.-Ing. Dr. h.c. Dieter Schramm
Spessartstr. 5
70469 Stuttgart
Deutschland
dieter.schramm@uni-due.de

Dr.-Ing. Benjamin Hesse
Pfälzer Str. 40
50677 Köln
Deutschland
bhesse2@ford.com

Dr.-Ing. Tobias Hesse
Am Grabenacker 11
35043 Marburg
Deutschland
Tobias.Hesse@dlr.de

Dr.-Ing. Michael Unterreiner
Rippoldsauer Str. 24
70372 Stuttgart
Deutschland
michael.unterreiner1@cariad.technology

Dr. Magnus Liebherr
Am Abtswald 26
65366 Geisenheim
Deutschland
magnus.liebherr@uni-due.de

ISBN 978-3-11-133584-1
e-ISBN (PDF) 978-3-11-133587-2
e-ISBN (EPUB) 978-3-11-133675-6

Library of Congress Control Number: 2024938453

Bibliografische Information der Deutschen Nationalbibliothek
Die Deutsche Nationalbibliothek verzeichnet diese Publikation in der Deutschen Nationalbibliografie;
detaillierte bibliografische Daten sind im Internet über
http://dnb.dnb.de abrufbar.

© 2025 Walter de Gruyter GmbH, Berlin/Boston
Coverabbildung: nadla / iStock / Getty Images Plus
Satz: VTeX UAB, Lithuania

www.degruyter.com

Vorwort zur zweiten Auflage des Buchs

Auch die zweite Auflage des Buchs „Kraftfahrzeugtechnik" verfolgt das Ziel, den Leserinnen und Lesern eine Einführung in die Grundlagen der Entwicklung von Kraftfahrzeugen zu vermitteln. Zu diesem Zweck wurde der Inhalt der ersten Auflage deutlich erweitert. Die Erweiterungen betreffen insbesondere die Themen Fahrzeugantrieb und Fahrerassistenzsysteme, die während der letzten Jahre eine rasante Entwicklung erfuhren.

So wird der seit mehr als 120 Jahren eingesetzte Verbrennungsmotor im Pkw mittel- bis langfristig vollständig durch den Elektroantrieb ersetzt werden, zumindest wenn die bekannten politischen Vorgaben wie geplant umgesetzt werden. Die maßgeblichen technischen Grundlagen dafür werden im Buch ausführlich erläutert. Hierzu wurden die Inhalte der ersten Auflage weiter vertieft und auf den aktuellen Stand gebracht. Weitere wesentliche Ergänzungen erfuhr das Kapitel zu Fahrerassistenzsystemen und zum hochautomatisierten Fahren. Hier ist es gelungen, mit Dr. Tobias Hesse einen Experten zu gewinnen, der das Kapitel mit seinem Expertenwissen deutlich überarbeitet und weiter vertieft hat.

Die genannten Entwicklungen lassen Umwälzungen in der Automobilindustrie erwarten, die in ihrer Intensität und Geschwindigkeit in der Vergangenheit nicht beobachtet wurden. Das Thema Fahrerassistenz bringt noch mehr als früher die Notwendigkeit mit sich, die Schnittstelle zwischen Mensch und Maschine in den Blick zu nehmen und adäquat zu gestalten. In diesem Kontext konnte mit Dr. Magnus Liebherr ein Experte auf dem Gebiet der Mensch-Maschine-Schnittstelle gewonnen werden. Das Ergebnis ist ein neues Kapitel, welches dem Leser einen Einblick in die grundlegenden Methoden zu diesem Thema ermöglicht.

Neben diesen speziellen Themen gibt das Buch eine Einführung in die Grundlagen heutiger Fahrzeugtechnik. Das Buch basiert auf einer Vorlesungsreihe zur Fahrzeugtechnik, die seit vielen Jahren an der Universität Duisburg-Essen angeboten wird. Innerhalb der einzelnen Kapitel sind aktuelle Forschungsergebnisse aus den Projekten und Dissertationen der Autoren eingeflossen, ebenso wie Erfahrungen aus ihren Tätigkeiten bei Fahrzeugherstellern und Forschungsinstituten. Darüber hinaus werden Ergebnisse aus einer Reihe von Dissertationen beschrieben, die während der letzten Jahre am Lehrstuhl für Mechatronik abgeschlossen wurden.

Duisburg, im September 2024   Dieter Schramm, Benjamin Hesse, Tobias Hesse,
                                              Magnus Liebherr und Michael Unterreiner

https://doi.org/10.1515/9783111335872-201

Inhalt

1 Einführung und Übersicht

Die Kraftfahrzeugtechnik hat sich in ihrer nunmehr weit über 125-jährigen Geschichte zu einem hochkomplexen und in vielen Bereichen, wie z. B. der Entwicklungs- und Produktionstechnik sowie den Methoden der Qualitätssicherung, beispielgebenden Fachgebiet nicht nur der Ingenieurwissenschaften entwickelt. Die hohen Anforderungen an die Funktionalität, Zuverlässigkeit und Sicherheit ihrer Produkte sind ein wesentlicher Faktor dafür. Kraftfahrzeuge müssen unter rauen Umweltbedingungen und extremen Dauerbelastungen funktionsfähig bleiben und sich betreiben lassen. Im Fehlerfall müssen sie auch von wenig geschultem Personal zuverlässig wieder in einen sicheren Zustand zurückgeführt werden können. Gleichzeitig ist das Automobil ein Massenprodukt, das in Millionenstückzahlen zu extrem niedrigen Kosten und entsprechend laufend angepasster gesetzlicher Vorgaben hergestellt werden muss.

Die durch diese Anforderungen ausgelösten jahrzehntelangen Verbesserungsprozesse haben zu einer äußerst ausgereiften Produktgruppe geführt, die hinsichtlich Kosten, Funktion und Produktqualität nach wie vor als Vorbild für viele andere Produkte gilt. Dennoch gibt es zwei Bereiche, in denen derzeit große Umbrüche in der Fahrzeugtechnik zu verzeichnen sind. Dies betrifft zum einen den Fahrzeugantrieb. Der seit mehr als 120 Jahren eingesetzte Verbrennungsmotor wird kurz- und mittelfristig durch elektrische Antriebe ersetzt oder zumindest ergänzt. Der Verbrennungsmotor im Pkw wird langfristig vollständig durch den Elektroantrieb ersetzt, zumindest wenn die bekannten politischen Vorgaben wie geplant umgesetzt werden. Es bleibt abzuwarten, ob dies wirtschaftlich und technisch machbar und vor allem langfristig global sinnvoll ist. Die maßgeblichen technischen Gründe dafür werden in Kapitel 6 näher erläutert.

Eine weitere Entwicklung, die maßgeblich von den Fortschritten der Elektronik und Sensorik in den letzten Jahrzehnten getrieben und ermöglicht wurde, ist die Entwicklung der Fahrerassistenzsysteme. Diese haben sich von rein unterstützenden Systemen zu Systemen entwickelt, die hoch automatisiertes und längerfristig voll automatisiertes Fahren ermöglichen. Dieser Bereich wird in Kapitel 9 dieses Buches behandelt. Die genannten Entwicklungen lassen Umwälzungen in der Automobilindustrie erwarten, die in ihrer Intensität und Geschwindigkeit in der Vergangenheit nicht beobachtet wurden.

Neben den genannten speziellen Themen gibt das Buch eine breit angelegte Einführung in die Grundlagen der heutigen Fahrzeugtechnik.

1.1 Grundbegriffe und Geschichte

1.1.1 Geschichtliche Entwicklung des Kraftfahrzeugs

Die Geburtsstunde des Automobils ist auf das Ende der 1880er Jahre zurückzuführen. Als einer der wichtigsten Pioniere gilt Karl Benz mit seinem 1886 patentierten Motorwagen, dem ersten praxistauglichen Fahrzeug mit Verbrennungsmotor. Fast zeitgleich

https://doi.org/10.1515/9783111335872-001

arbeiteten in Deutschland auch andere Erfinder wie Gottlieb Daimler und Wilhelm Maybach an motorisierten Fahrzeugen. Zuvor waren bereits seit Beginn des 19. Jahrhunderts verschiedene Dampfwagen und ab 1881 Elektroautos gebaut worden.

Der Durchbruch zum individuellen Massentransportmittel gelang mit der Einführung der Fließbandproduktion durch Henry Ford im Jahr 1913, die den Produktionsprozess revolutionierte und damit den Grundstein für die Entwicklung des Automobils zum Massenprodukt legte. Fords Modell T wurde davor bereits seit 1908 produziert. Es war einfach zu bedienen, zuverlässig und leicht zu reparieren und damit das erste Auto, das für breite Bevölkerungsschichten erschwinglich war.

In den folgenden Jahrzehnten, von den 1920er bis zu den 1960er Jahren, durchlief die Automobilindustrie mehrere Innovationsphasen. Die Fahrzeuge wurden schneller, komfortabler und sicherer. Zu den wichtigsten Innovationen gehörten die hydraulische Bremsunterstützung, das Fahrwerk, die Lichtmaschine, der elektrische Anlasser und das Automatikgetriebe.

Die Ölkrisen der 1970er Jahre hatten große Auswirkungen auf die Automobilindustrie und die Entwicklungstrends der Automobiltechnik. Die effiziente Nutzung des Kraftstoffs wurde zu einem beherrschenden Thema. In der Folge konzentrierten sich die Automobilhersteller auf die Entwicklung verbrauchsarmer Modelle. Gleichzeitig wurde an alternativen Antriebstechnologien wie Elektro- und Hybridantrieben geforscht und entwickelt. Nachdem bereits in der Frühzeit des Automobils erste Elektrofahrzeuge produziert wurden, gab es in der Folgezeit weitere, allerdings wenig erfolgreiche Versuche, elektrisch angetriebene Fahrzeuge marktfähig zu machen. Trotz des wachsenden Umweltbewusstseins war diese Antriebsart bis in die 2000er Jahre kaum am Markt vertreten. Erst mit den technologischen Fortschritten in der Batterietechnologie seit den 2010er Jahren gewann sie zunehmend an Bedeutung. Seitdem setzt die Automobilindustrie, nicht zuletzt getrieben durch gesetzliche Vorgaben, verstärkt auf Nachhaltigkeit. Dazu gehört aber auch die Entwicklung emissionsarmer konventionell angetriebener Fahrzeuge, der Einsatz alternativer Kraftstoffe und die Recyclingfähigkeit von Fahrzeugkomponenten. Neue Geschäftsmodelle wie Carsharing und Mobilitätsdienstleistungen werden mit unterschiedlichem Erfolg angeboten, um das wachsende Verkehrsaufkommen in den Städten zu bewältigen und die Umwelt zu schonen.

Ein weiteres aktuelles Innovationsfeld ist die Automatisierung der Fahrzeugführung. Fortschritte in der Sensorik, im maschinellen Lernen und in der künstlichen Intelligenz ermöglichen es Fahrzeugen, ihre Umgebung zu erkennen und das Fahren teilweise zu automatisieren, bis hin zum Fahren ohne menschliches Eingreifen. Allerdings steckt diese Technologie, realistisch betrachtet, noch in den Kinderschuhen, und es ist heute nicht sicher, ob das sogenannte autonome Fahren in den nächsten Jahren im öffentlichen Verkehr eingeführt werden kann. Bestrebungen in diese Richtung hätten jedoch das Potenzial, den motorisierten Individualverkehr grundlegend zu verändern.

1.1.2 Definition des Begriffs Kraftfahrzeug

Gemäß des Bundesministeriums für Verkehr 2011 sind Kraftfahrzeuge *„nicht dauerhaft spurgeführte Landfahrzeuge, die durch Maschinenkraft bewegt werden"*.

Um den Umfang des Buches überschaubar zu halten, werden im Folgenden lediglich vierrädrige Personenkraftwagen (Pkw) betrachtet. Zweiräder oder Lastkraftwagen und Omnibusse werden hier nicht behandelt. Gleichwohl ist ein Teil der hier behandelten Themen sinngemäß auch auf diese Kraftfahrzeugklassen anwendbar.

1.1.3 Lebenszyklus eines Kraftfahrzeugs

Ein Kraftfahrzeug ist ein Produkt, das von einem Kraftfahrzeughersteller (OEM[1]) produziert und über einen Händler an einen Konsumenten verkauft wird. An der Entwicklung und Herstellung beteiligt sind in der Regel eine Vielzahl von Lieferanten, die je nach ihrer Stellung in der Zulieferpyramide[2] in Tier[3] 1, Tier 2, etc. und Rohstofflieferanten eingeteilt werden, s. Abbildung 1.1. Tatsächlich wird die dadurch definierte Zulieferhierarchie nicht strikt durchgehalten, sondern es sind, z. B. bei elektrischen Kontakten, Verbindungsteilen und natürlich auch Rohstoffen, Direktlieferungen von Tier 1, Tier 2, etc. Lieferanten üblich. Die Bedeutung der Zulieferer spiegelt sich darin wider, dass sie

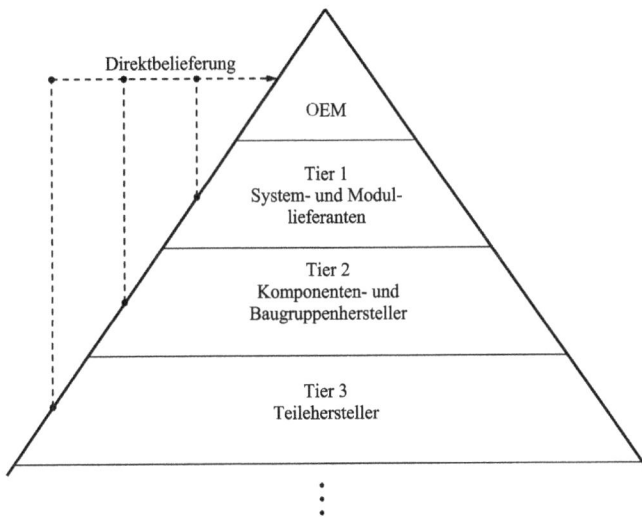

Abb. 1.1: Zulieferpyramide.

---

1 OEM: **O**riginal **E**quipment **M**anufacturer.

2 Auch als Zuliefernetzwerk oder Zulieferkette bezeichnet.

3 Hier bedeutet „tier" (engl.) Rang.

heute für etwa 75 % der gesamten Wertschöpfung in der Automobilbranche verantwortlich sind (VDA 2023).

Nach einer Nutzungsdauer, die typischerweise zwischen 8 und 15 Jahren liegt, wird das Fahrzeug verschrottet oder in großem und weiterhin wachsendem Umfang einem Recyclingprozess zugeführt. Dieser Entwicklungs- und Lebenszyklus ist in Abbildung 1.2 illustriert. Die Entwicklung des durchschnittlichen Alters von Personenkraftwagen, ist in Abbildung 1.3 exemplarisch für Deutschland dargestellt. Es ist deutlich zu erkennen, dass sich das Durchschnittsalter der Kraftfahrzeuge seit dem Jahr 1960 fast ausnahmslos von Jahr zu Jahr erhöht hat.

Abb. 1.2: Entwicklungs- und Lebenszyklus eines Kraftfahrzeugs.

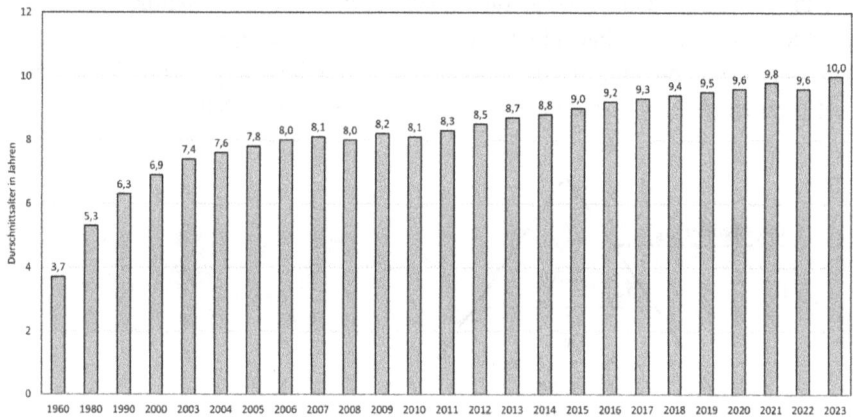

Abb. 1.3: Durchschnittliches Alter der Pkw in Deutschland von 1960 bis 2023 (in Jahren) (KBA_&_Die_Zeit 2023).

1.1.4 Kraftfahrzeuge als Teil der Energiekette

Kraftfahrzeuge verursachen einen großen Teil des weltweiten Energieverbrauchs der Verkehrssysteme.[4] So entfielen im Jahr 2018 ca. 82 % des gesamten Verbrauchs in Deutschland auf den Straßenverkehr, s. Abbildung 1.4.

Bei der Analyse des Energieverbrauchs ist zu berücksichtigen, dass je nach Antriebsart ein unterschiedlich großer Teil der eingesetzten Energie tatsächlich in Bewe-

---

4 Der Anteil am Gesamtenergieverbrauch ist hingegen deutlich geringer.

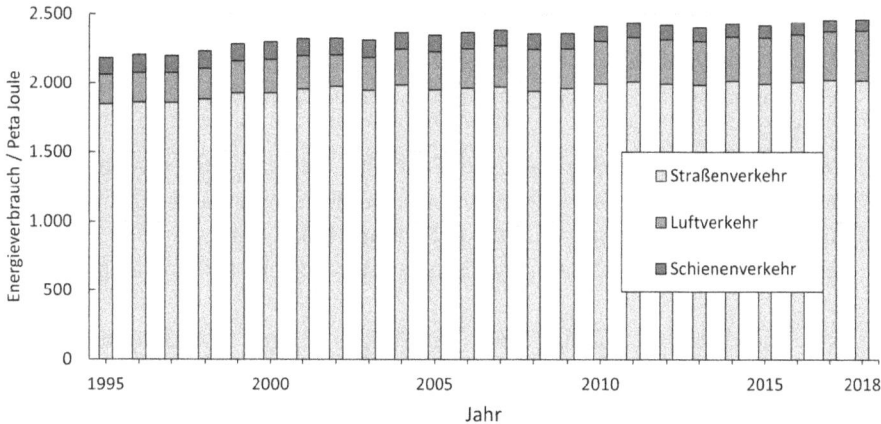

Abb. 1.4: Entwicklung des Primärenergieverbrauchs im Personenverkehr 1995–2018 in Deutschland (Umweltbundesamt 2023).

gungsenergie umgesetzt wird. Der in Abbildung 1.5 dargestellte Ablauf enthält eine Reihe von Begriffen, die im Folgenden immer wieder verwendet werden.

– **well-to-tank**:[5] Energiebereitstellung. Bei Fahrzeugen mit Verbrennungsmotor bezieht sich der Begriff auf den Weg vom Ort der Gewinnung des (heute noch meist fossilen) Energieträgers bis zum Ort, an dem das Fahrzeug betankt wird. Im Zusammenhang mit Elektrofahrzeugen (EVs) kann „well-to-tank" als die gesamte Energiekette der Stromerzeugung und -lieferung interpretiert werden, von der ursprünglichen Energiequelle bis zu dem Punkt, an dem der Strom zum Laden der EV-Batterie

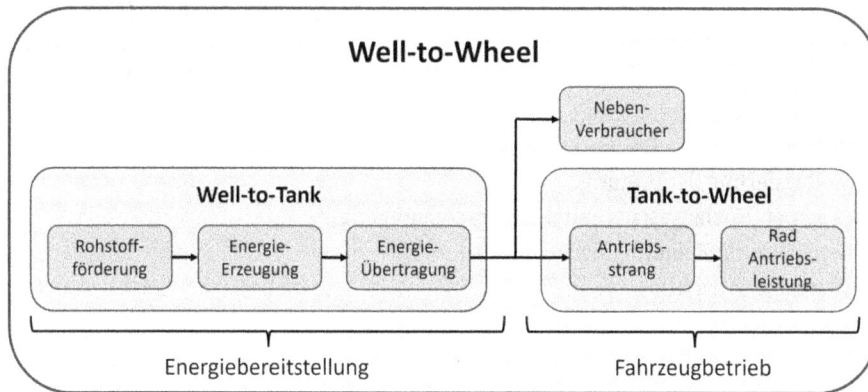

Abb. 1.5: Energieverbrauchskette zwischen Energiequelle (Bohrloch) und Fahrzeugspeicher (Tank) und zwischen Fahrzeugspeicher und Rad.

---

5 (engl.) vom Bohrloch zum Tank.

verwendet wird. Dieser Bereich wird in diesem Buch nicht im Detail betrachtet, da sich der Inhalt auf den Bereich des einzelnen Fahrzeugs beschränkt. Gleichwohl spielt auch dieser Teil der Energiekette eine entscheidende Rolle für die Gesamtbewertung.

– **tank-to-wheel:**[6] Energieverbrauch im Fahrzeug. Dieser Bereich der Energieumwandlungskette ist aktueller denn je in der Geschichte des Automobils und wird daher in mehreren Kapiteln des Buches ausführlich behandelt.

– **well-to-wheel:**[7] gesamter Energieverbrauch während der Fahrzeugnutzung.

Tatsächlich beschreibt Abbildung 1.5 stets den Prozess der, ggf. mehrmaligen, Konvertierung von chemischer Primärenergie in die mechanische Energie, die erforderlich ist, um das Fahrzeug zu bewegen. Diese Darstellung gilt grundsätzlich auch für elektrisch angetriebene Fahrzeuge, allerdings mit dem wichtigen Unterschied, dass hier die Chance besteht, den Primärenergieträger zumindest langfristig durch erneuerbare Energien zu ersetzen. Zudem erweisen sich elektrische Antriebe, wie in Kapitel 6 erläutert wird, hinsichtlich ihres Wirkungsgrades allen verbrennungsmotorischen Antrieben als deutlich überlegen.

Darüber hinaus ist der hier nicht betrachtete Bereich des Energie- und Rohstoffverbrauchs bei der Herstellung des Fahrzeugs von Bedeutung.

1.1.5 Kraftfahrzeugklassen und -segmente

Selbst bei einer Beschränkung auf Personenkraftwagen ist die Vielfalt der zu betrachtenden Fahrzeuge kaum zu überblicken, sodass in der Regel eine Einteilung in Fahrzeugsegmente erfolgt. Dies kann nach verschiedenen Kriterien erfolgen. So folgt z. B. das KBA[8] bei der Segmentbildung keiner verbindlichen Formel, sondern einer Kombination der Kriterien:

– Außenabmessungen (Länge, Höhe),
– Gewicht (zulässige Gesamtmasse),
– Motorisierung (Hubraum),
– Leistung (Höchstgeschwindigkeit, Beschleunigung),
– Gepäckraum (Zuladung, Variabilität),
– Sitzplätze (Anzahl),
– Sitzhöhe (vorn),
– Allrad (angetriebene Achsen),
– Heckform (Varianten),

---

6 (engl.) vom Tank zum Rad.

7 (engl.) vom Bohrloch zum Rad.

8 KBA: Kraftfahrtbundesamt.

– Fahrzeugklasse (bei Wohnmobilen) und
– Grundpreis.

Dabei ergeben sich die in Abbildung 1.6 zusammen mit ihrem Zulassungsanteil dargestellten 14 Segmente. Die Segmente orientieren sich an der Größenklasse, der Art der Nutzung und dem Fahrzeugtyp und -aufbau. Diese Abgrenzung ist allerdings speziell bei Vans, Gelände- und Kompaktwagen nicht immer eindeutig. Insgesamt waren in Deutschland im Jahr 2022 insgesamt 48.540.878 Pkw zugelassen (KBA 2023a).

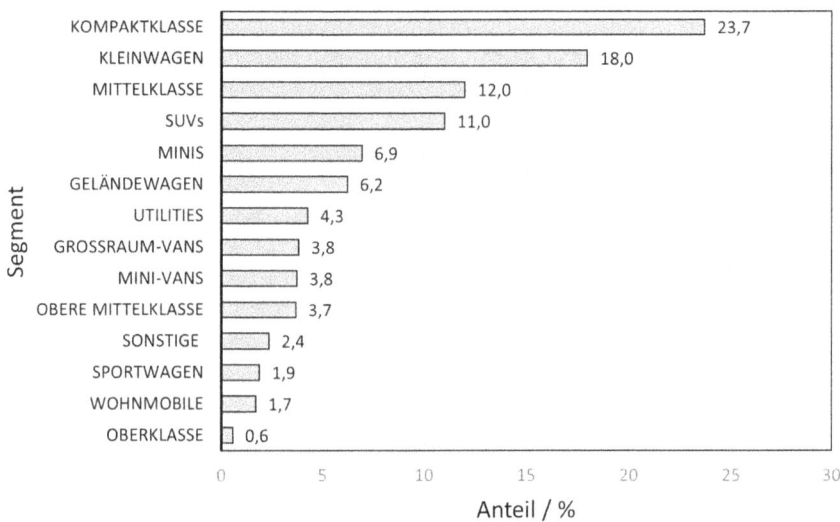

Abb. 1.6: Prozentuale Zulassungsanteile[9] von Pkw-Segmenten in Deutschland 2011 nach KBA-Segmenteinteilung (KBA 2023b).

1.1.6 Fahrzeugtypen nach Antriebsart

Mit dem Aufkommen partiell oder vollständig elektrisch angetriebener Fahrzeuge wird eine detailliertere Klassifizierung von Kraftfahrzeugen nach Antriebsart erforderlich, s. Tabelle 1.1.

Eine andere Unterscheidung betrifft das Design neuer Fahrzeuge mit geändertem Antriebsstrang, s. auch Kapitel 6. So spricht man von „Purpose Design", wenn ausgehend vom Antriebsstrang ein völlig neues Fahrzeugkonzept entwickelt wird. Wird der neue Antriebsstrang in ein bereits vorhandenes Fahrzeugdesign integriert, so spricht man von „Conversion Design".

---

9 Alle Werte sind gerundet.

Tab. 1.1: Klassifizierung von Kraftfahrzeugen nach eingesetztem Antriebssystem, s. auch Kapitel 6.

Bezeichnung (deutsch)	Bezeichnung (englisch)	Akronym	Beschreibung
Kraftfahrzeug (konventionell)	Internal Combustion Engine Vehicle	ICEV	Herkömmliches Kraftfahrzeug mit Verbrennungsmotor
Batterieelektrisches Fahrzeug (Elektrofahrzeug)	Battery ElectricVehicle	BEV	Elektrofahrzeug mit Batterien als Energiespeicher
Elektrofahrzeug mit Reichweitenverlängerung	Range Extended Electric Vehicle	REX	Elektrofahrzeug mit zusätzlichem Verbrennungsmotor zur Reichweitenverlängerung
Hybridfahrzeug	Hybrid Electric Vehicle	HEV	Fahrzeug mit Verbrennungsmotor und gleichzeitigem Elektroantrieb. Aufladung der Batterie durch den Verbrennungsmotor
Plug-in Hybridfahrzeug	Plug-In Hybrid Electric Vehicle	PHEV	Wie HEV, aber Batterie am Netz aufladbar
Brennstoffzellenfahrzeug	Fuel Cell Hybrid Electric Vehicle	FCHEV	Elektrofahrzeug mit Brennstoffzellen zur Energieversorgung

1.1.7 Zulassungszahlen

Um die Bedeutung der Automobilwirtschaft und damit der Kraftfahrzeugtechnik einschätzen zu können, sind einige Kennzahlen hilfreich. So wurden im Jahr 2022 weltweit etwa 61,6 Millionen Pkws hergestellt und neu zugelassen, davon 13,72 Millionen in Europa und 3,48 Millionen in Deutschland (Abbildung 1.7) (OICA 2023).

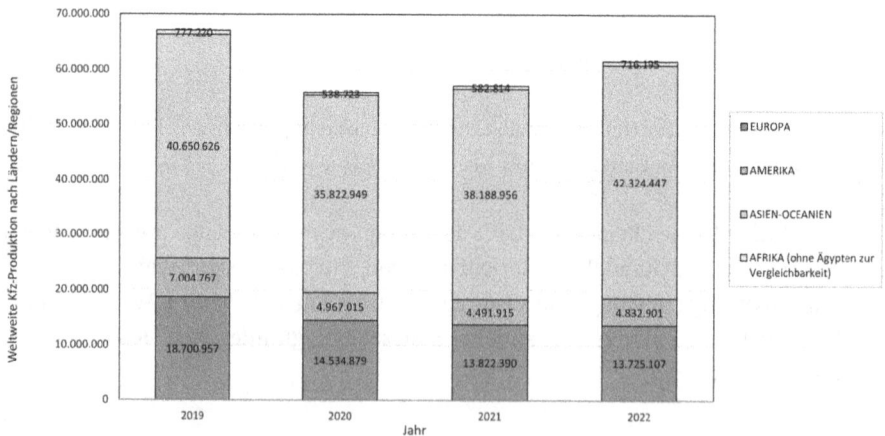

Abb. 1.7: Entwicklung der weltweiten Automobilproduktion in den Jahren von 2019 bis 2022 (OICA 2023).

Diese Zahlen spiegeln sich auch in den Konsumausgaben für Pkws als einem der wichtigsten Wirtschaftsfaktoren wider. Darüber hinaus ist die Automobilindustrie insbesondere in Deutschland einer der wichtigsten Arbeitgeber.

Bis heute (2023) werden Produktionszahlen für Elektrofahrzeuge berichtet, die noch deutlich unter den von einzelnen Regierungen vorgegebenen oder angestrebten Zahlen liegen. Dies gilt insbesondere auch für die großen Automobilmärkte China, USA und Deutschland, siehe Kapitel 6. Der Bestand an elektrisch betriebenen Fahrzeugen hat sich nicht wie ursprünglich geplant erhöht, s. Abbildung 1.8. Dies ist vor allem auf die hohen Kosten der Batterien und die für die Kunden bisher meist ungewohnt geringe Reichweite dieser Fahrzeuge zurückzuführen. Spitzenreiter war China mit einem Bestand von mehr als acht Millionen Elektroautos im Jahr 2021, fast viermal so viel wie die USA auf dem zweiten Platz. In China ist im Frühjahr 2019 eine Quote für Elektroautos in Kraft getreten, die die Produktion von verbrauchsintensiven Automodellen verbietet. Damit müssen die Hersteller bei ihrem Angebot einen Mindestanteil an alternativen Antrieben einhalten (STATISTA 2022).

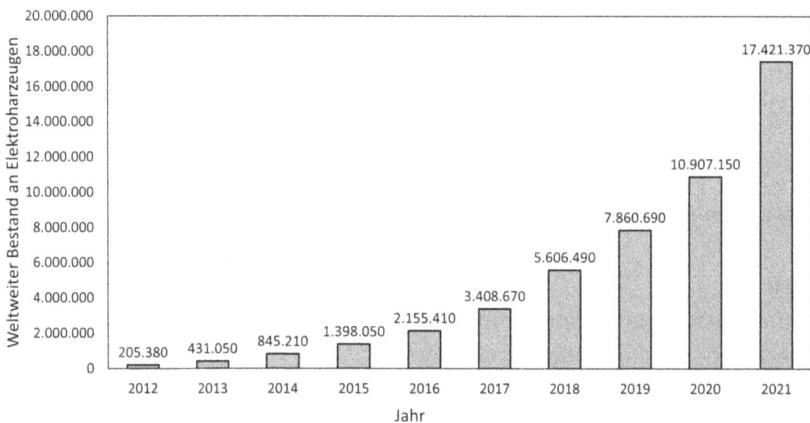

Abb. 1.8: Bestandsentwicklung von Elektroautos (BEV und PHEV) weltweit 2012–2021 (STATISTA 2022).

Die Entwicklung des Kraftfahrzeugbestands in Deutschland von 2017 bis 2022, dargestellt nach Energieträgern, zeigt Abbildung 1.9. Es ist zu erkennen, dass die fossilen Energieträger eingesetzten Benzin mit 63,87 % und Diesel mit 30,54 % auch im Jahr 2022 weiterhin dominieren. Der Anteil der elektrifizierten Hybridfahrzeuge liegt im Jahr 2022 bei 3,44 % und der Anteil der reinen Elektrofahrzeuge bei 1,27 %.

1.2 Aufbau eines Kraftfahrzeugs

Das Gesamtfahrzeug wird in der Regel in die Baugruppen aufgeteilt, die in Abschnitt 1.2.1 beschrieben werden. Darüber hinaus existieren für die Abmessungen und das soge-

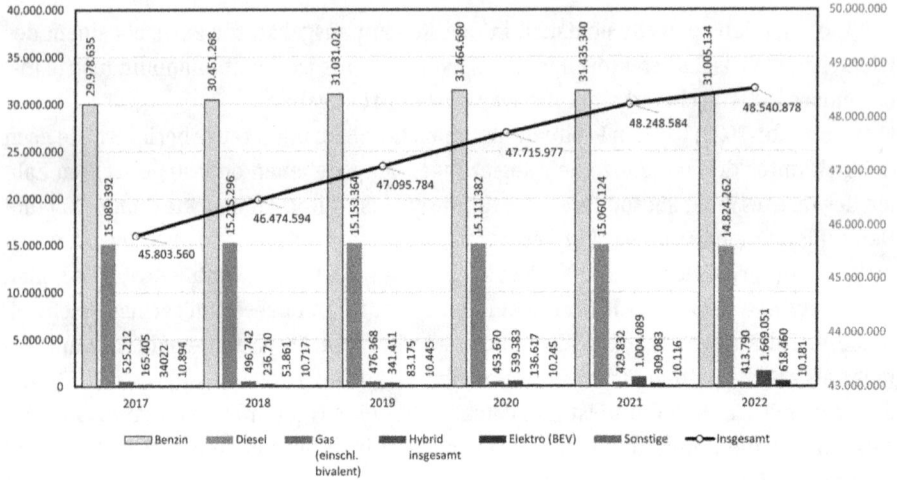

Abb. 1.9: Bestand an Kraftfahrzeugen in Deutschland nach Energieträgern (Kraftfahrt-Bundesamt 2022).

nannte Packaging[10] des Kraftfahrzeugs Vereinbarungen, die eine einheitliche Sprachregelung bei der maßtechnischen Beschreibung von Kraftfahrzeugen erlauben. Abschnitt 1.2.2 beschreibt die wichtigsten gebräuchlichen Messgrößen.

1.2.1 Baugruppen und Komponentenanordnung

Baugruppen
Die elementaren Baugruppen eines Kraftfahrzeugs sind:
– Fahrwerk und Räder, behandelt in den Kapitel 2, 3, 4
– Antriebsstrang mit Motor und Getriebe, behandelt in den Kapitel 5, 6
– Fahrzeugaufbau und Sicherheitssysteme, behandelt in den Kapitel 7, 8
– Fahrzeugelektrik und -elektronik, behandelt in den Kapitel 9.

Diesen Baugruppen lassen sich die einzelnen Unterbaugruppen und Komponenten eines Kraftfahrzeugs zuordnen. Eine Übersicht über die Zuordnung einzelner Komponenten eines Kraftfahrzeugs zu den Baugruppen zeigt Tabelle 1.2.

Hinsichtlich der Wertschöpfung ergab sich während der letzten beiden Dekaden eine stetige Verschiebung weg von der Mechanik hin zur Elektrik und Elektronik. Diese Entwicklung wird sich durch die Elektrifizierung des Fahrzeugs weiter verstärken, insbesondere im Bereich des Antriebsstrangs. Hinzu kommt die Vernetzung und massive Ausstattung neuer Fahrzeugtypen mit Sensorik und Steuergeräten.

---

10 Platznutzungskonzept.

Tab. 1.2: Typische Baugruppen eines Kraftfahrzeugs.

Fahrwerk und Räder	Antriebsstrang	Fahrzeugaufbau und Sicherheitssysteme	Fahrzeugelektrik und -elektronik
Räder Radaufhängungen	Motor mit Nebenaggregaten Getriebe, Kupplung, Wandler	Rohbau Türen, Hauben, Verdeck	Batterie, Generator, Starter Kabelbäume für Leistung und Information
Federn und Dämpfer Bremsanlage Lenksystem Stabilisatoren aktive Elemente Lagerungen	Kardanwelle Differential Antriebswellen	Verglasung Sitze Pedalerie Rückhaltesysteme Instrumentierung Stoßfänger Verkleidungen Klimatisierung	Beleuchtung Stellmotoren Sensoren und Aktoren Infotainment

Topologische Anordnung der Komponenten

Die Kraftfahrzeugtopologie beschreibt die Anordnung der wesentlichen Komponenten und Systeme im Fahrzeug. Dazu gehört aufgrund seiner Bedeutung und seines baulichen Umfangs insbesondere der Antriebsstrang. Bei diesem gehören hierzu, bei rein verbrennungsmotorischen Antrieben, der Verbrennungsmotor mit seinen Hilfsaggregaten und dem Kraftstoffspeicher (Tank), das Getriebe sowie die zentralen und radindividuellen Antriebswellen. Bei HEVs müssen hierbei noch der elektrische Antrieb und der jeweils erforderliche Batteriespeicher berücksichtigt werden. Treten beide Antriebssysteme in Kombination auf, so führt dies zu einer Vielzahl von Kombinationsmöglichkeiten für Fahrzeuge mit mehr als einer Antriebsquelle, auf die nachfolgend und dann detaillierter, in Kapitel 6 eingegangen wird.

In den letzten Jahrzehnten wurde im öffentlichen Kraftfahrzeugverkehr, bis in die 2020er Jahre hinein, nahezu ausschließlich der Verbrennungsmotor als alleinige Antriebsquelle für die Traktion eingesetzt. Es haben sich im Wesentlichen die in Abbildung 1.10 dargestellten Antriebstopologien etabliert (Braess und Seiffert 2011). Bei 75 % der Fahrzeuge ist der Verbrennungsmotor vorn quer eingebaut und treibt die Vorderachse an. Diese Topologie bietet Vorteile bei der Integration, da der Motor an der angetriebenen Achse positioniert ist und somit keine Kardanwelle erforderlich ist.

Die am zweithäufigsten eingesetzte Antriebstopologie ist mit 16 % der Standardantrieb. Dabei ist der Verbrennungsmotor im Vorderwagen längs eingebaut und treibt die Hinterachse an. Diese Variante ermöglicht den Einbau größerer Motoren und bietet zudem Vorteile in der Fahrdynamik durch den Antrieb über die Hinterachse.

Mit 3 % bzw. 4 % Marktanteil folgen die Allradvarianten der beiden vorgestellten Antriebstopologien.

Fahrzeuge mit Heck- oder Mittenmotor haben einen geringen Marktanteil und machen zusammen nur ca. 1 % der Fahrzeuge aus.

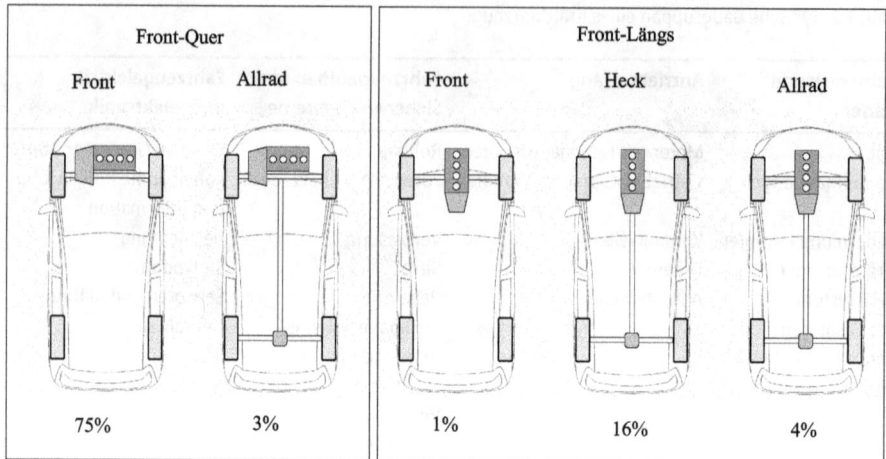

Abb. 1.10: Wesentliche Antriebstopologien mit Verbrennungsmotor mit den entsprechenden Marktanteilen[11] in Deutschland nach (Ried 2014) und (Grote und Feldhusen 2012).

Bei elektrisch angetriebenen Fahrzeugen ergeben sich zahlreiche weitere Varianten, s. Kapitel 6. Insbesondere bei rein batterieelektrisch angetriebenen Fahrzeugen ergeben sich weitreichende Möglichkeiten, die Fahrzeugstruktur neu zu gestalten und damit sowohl Bauraum- als auch Kostenvorteile zu erzielen. Während heutige Fahrzeuge mit Verbrennungsmotor überwiegend über einen Vorderradantrieb verfügen, der aufgrund des hohen Gewichts der Antriebseinheiten an der Vorderachse Vorteile auf glatten Straßen bietet, ist dies bei batterieelektrischen Fahrzeugen nicht mehr der Fall. Bei diesen Fahrzeugen sind die Antriebseinheiten (ohne Batterie) deutlich leichter, sodass der oben genannte Vorteil entfällt. Stattdessen ist hier der Hinterradantrieb oft vorteilhaft. Durch die ausgewogenere Gewichtsverteilung kann die Kraft des Elektroautos besser auf die Straße gebracht werden. Dies ist ein Vorteil bei einer sportlichen Fahrweise, insbesondere in Kurven und generell beim Lenken. Viele batterieelektrische Fahrzeuge sind heute auch mit Allradantrieb ausgestattet, der die Traktion, gerade bei hochmotorisierten Fahrzeugen und bei niedrigen Reibungswerten zwischen Fahrbahnoberfläche und Reifen verbessert.

1.2.2 Wichtige Abmessungen und Packaging

Die Gesamtheit der Regelungen und Definitionen zu den Hauptabmessungen sowie dem sogenannten Packaging in Kraftfahrzeugen wird unter dem Begriff „Maßkonzept" zusammengefasst. Dieses definiert wesentliche Ausprägungen eines Fahrzeugs (Roschin-

---

11 Werte gerundet.

ski, Hansis et al. 2008). Das Maßkonzept beinhaltet die Abmessungen, welche ein Fahrzeug mit Längen (L), Breiten (W), Höhen (H) und Winkeln (A) auf Basis der Nomenklatur der (SAE 2009) beschreiben. Der Verband Deutscher Automobilindustrie (VDA) beschreibt einen Maßaustauschplan, welcher alle grundlegenden Maße eines Fahrzeugmodells enthält. Die internationale Variante wird als „Global Car Manufacturers Information Exchange"-Plan (GCIE-Plan) bezeichnet (GCIE 2011).

Abbildung 1.11 und Abbildung 1.12 zeigen die Hauptabmessungen eines Fahrzeugs des Exterieurs und Interieurs nach (Braess und Seiffert 2011).

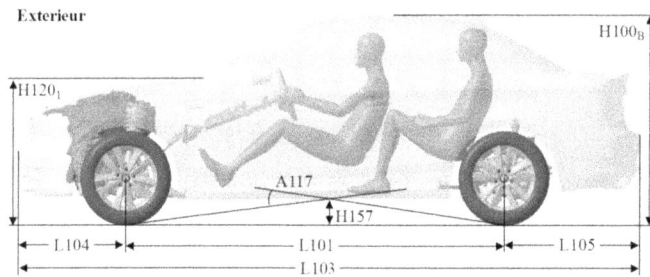

Abb. 1.11: Hauptabmessungen des Exterieurs (Ried 2014), nach (Braess und Seiffert 2011).

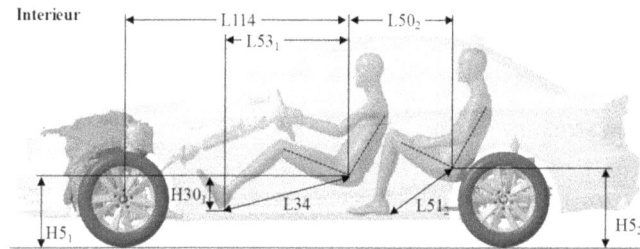

Abb. 1.12: Hauptabmessungen des Interieurs (Ried 2014), nach (Braess und Seiffert 2011).

Die Einteilung in Fahrzeugklassen erfolgt auf der Basis der Hauptabmessungen des Exterieurs. Allerdings sind die Übergänge aufgrund der Vielzahl neu entstandener Fahrzeugkonzepte und der daraus resultierenden Modellvielfalt teilweise unscharf, was eine exakte Einteilung erschwert. In Tabelle 1.3 wird eine mögliche Einteilung in Fahrzeugklassen dargestellt, welche auf den Mittelwerten der wesentlichen Abmessungen des Exterieurs und Interieurs basiert. Für jede Fahrzeugklasse wird ein entsprechendes Fahrzeug als Beispiel genannt. Eine häufig verwendete Bezugsmarke ist der Sitzreferenzpunkt des Manikins,[12] der mit SRP abgekürzt wird (Braess und Seiffert 2011).

---

12 Manikin: CAD-Modell des Menschen welches, hauptsächlich in der Automobilbranche, für anthropometrische Zwecke und Untersuchungen verwendet wird.

Tab. 1.3: Fahrzeugklasseneinteilung mit Beispielfahrzeugen und Mittelwerten der Hauptabmessungen des Exterieurs und Interieurs nach (Braess und Seiffert 2011).

	Minicar	Compact	Untere Mittelklasse	Mittelklasse	Obere Mittelklasse	Luxus-klasse	Van	SUV
Beispiel	Fiat 500	Opel Corsa	VW Golf	BMW 3er	Audi A6	MB S-Klasse	VW Sharan	BMW X5
Länge L103 / mm	3527	3970	4199	4580	4916	5137	4854	4846
Breite W103 / mm	1639	1682	1786	1782	1855	1949	1904	1939
Höhe H100-B / mm	1460	1453	1480	1395	1459	1460	1720	1705
Radstand L101 / mm	2323	2470	2578	2760	2843	2992	2919	2895
SRP bis Standebene vorne H5-1 / mm	515	543	537	475	521	523	687	741
SRP bis Fersenebene vorne H30-1 / mm	303	269	279	238	257	257	365	298

1.2.3 Das Kraftfahrzeug im Straßenverkehr

Das Kraftfahrzeug ist ein wichtiger Teil des Verkehrssystems, das auf den Säulen:
–   Individualverkehr,
–   öffentlicher Nahverkehr,
–   öffentlicher Fernverkehr und
–   nichtmotorisierter Individualverkehr beruht.

Das vorliegende Buch befasst sich ausschließlich mit Personenkraftfahrzeugen (Pkw), wobei insbesondere im Hinblick auf die zunehmende Bedeutung von Assistenzsystemen nicht nur das Verhalten des Fahrzeugs im Straßenverkehr, sondern auch die Interaktion zwischen Fahrer und Fahrzeug sowie im Blick auf zukünftige Entwicklungen auch die Kommunikation zwischen Fahrzeugen betrachtet werden muss. Es besteht daher eine starke Wechselwirkung zwischen Fahrzeug, Fahrer und Umwelt (Infrastruktur), s. Abbildung 1.13. Das immer wichtiger werdende Thema Interaktion zwischen Fahrzeug und Fahrer (Mensch-Maschine-Schnittstelle) wird in Kapitel 11 behandelt.

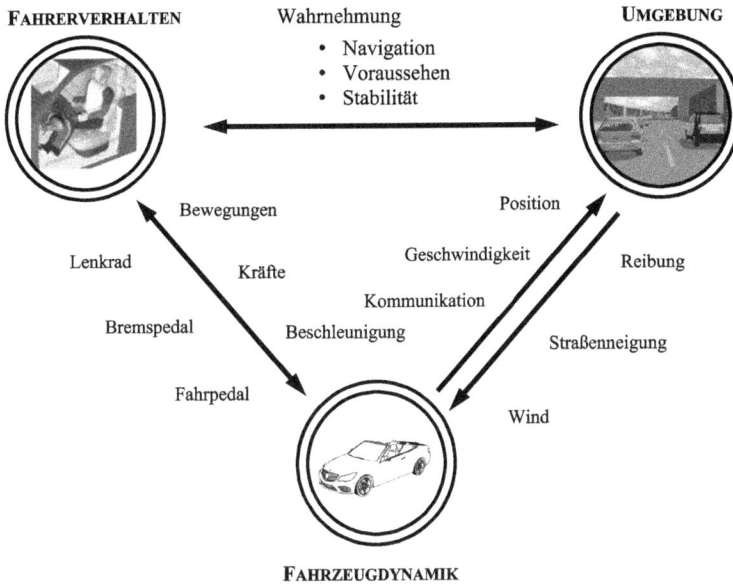

FAHRERVERHALTEN   Wahrnehmung   **UMGEBUNG**
- Navigation
- Voraussehen
- Stabilität

Bewegungen   Position

Lenkrad   Geschwindigkeit   Reibung
         Kräfte

Kommunikation

Bremspedal   Beschleunigung   Straßenneigung

Fahrpedal

                                      Wind

FAHRZEUGDYNAMIK

Abb. 1.13: Wechselwirkung zwischen Fahrzeug, Fahrer und Umwelt.

1.3 Produkt- und Technologieentwicklungsprozess in der Automobilindustrie

1.3.1 Produktentwicklungsprozess

In der Automobilindustrie ist zu beobachten, dass jeder Hersteller seinen eigenen Prozess für die Entwicklung eines neuen Fahrzeugs etabliert hat. Diese proprietären Prozesse weisen jedoch eine hohe Ähnlichkeit hinsichtlich ihrer Grundstruktur auf. Die nachfolgende vereinfachte exemplarische Darstellung folgt der in Düsterloh (Düsterloh 2018) beschriebenen Vorgehensweise. Dort finden sich auch neue Ansätze für eine weitere Optimierung des Produktentwicklungsprozesses und des Komplexitätsmanagements.

Der Produktentwicklungsprozess (PEP) kann in drei grundlegenden Phasen unterteilt werden, Abbildung 1.14.

Konzeptentwicklung

In dieser Phase wird das Fahrzeugkonzept definiert, entwickelt, analysiert und abgestimmt. Diese Phase dauert für ein komplett neues Fahrzeug in der Regel zwischen 18 und 24 Monaten. Basiert ein neues Fahrzeug auf einem Vorgängermodell, kann sich die Konzeptphase deutlich verkürzen. Dies gilt für alle generischen Entwicklungsphasen. In der Konzeptphase werden häufig die Weichen für den Markterfolg eines Fahrzeugs gestellt. Da diese Phase ca. 4–5 Jahre vor dem Produktionsstart beginnt, ist es keine leich-

Proekt Phase	KONZEPTENTWICKLUNG				SERIENENTWICKLUNG				PRODUKTIONS-START
	18 – 24 Monate				24 – 30 Monate				4 -6 Monate

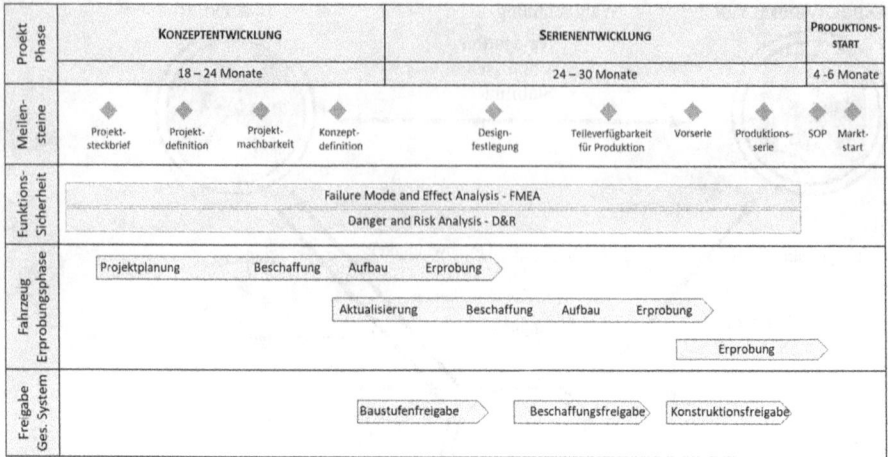

Abb. 1.14: Vereinfachte Darstellung eines Produktentwicklungsprozesses, angelehnt an Düsterloh 2018.

te Aufgabe zu definieren, welche Art von Fahrzeug die Anforderungen der zukünftigen Kunden erfüllen wird.

Serienentwicklung

In der Phase der Serienentwicklung wird das Fahrzeug vom Konzept bis zur Serienreife entwickelt und in seiner Funktion verifiziert und validiert. Diese Phase dauert 24 bis 30 Monate. Die Serienentwicklung beginnt nach der Konzeptentwicklung, wenn sich alle Konzepte als zukunftsfähig erwiesen haben und das geplante Fahrzeug Rendite verspricht. Die Entwicklungsphase selbst ist oft in mehrere parallel und seriell abzuarbeitenden Aufgaben unterteilt. Abbildung 1.14 zeigt die Konstruktions- und Testphasen, in denen Prototypen von Fahrzeugen gebaut werden, die dann zur Validierung des Systemverhaltens verwendet werden. In den heutigen Entwicklungszyklen der Automobilindustrie werden in großem Umfang virtuelle Methoden eingesetzt, um virtuelle Prototypen (digitale Zwillinge) zu erstellen. Diese digitalen Zwillinge werden dann verwendet, um das Systemverhalten zu validieren, bevor physische Prototypen zur Verfügung stehen. Diese Vorgehensweise ermöglicht es den Entwicklern, Zeit und Kosten zu sparen und eine größere Anzahl möglicher Entwürfe zu testen, um das Gesamtfahrzeug zu optimieren.

Die Entwicklungsphase kann in eine virtuelle und eine physische Phase unterteilt werden. Häufig wird die Phase der physischen Prototypen erst dann eingeleitet, wenn die virtuellen Methoden bewiesen haben, dass keine größeren Probleme bestehen. Das Ziel besteht heute darin, die Produktreife so weit wie möglich nur mit virtuellen Methoden zu erhöhen, bevor einige Prototypen gebaut werden, um das Fahrzeug schließlich freizugeben.

Produktionsanlauf

In den letzten 4 bis 6 Monaten des Entwicklungsprozesses beginnt die Phase des Serienanlaufs. In dieser Phase werden die ersten Fahrzeuge bereits mit Serienwerkzeugen produziert.

Meilensteine des Produktentwicklungsprozesses

Im Rahmen des Produktentwicklungsprozesses werden wichtige Meilensteine definiert. Diese Hauptmeilensteine stellen einen verbindlichen Rahmen für die zeitlichen und technischen Ziele aller Unternehmensbeteiligten dar. Insbesondere müssen die für jeden der folgenden Hauptmeilensteine definierten technischen und wirtschaftlichen Ziele erreicht werden.

Projektdatenblatt

Der wesentliche Meilenstein, das Projektdatenblatt, definiert die strategische und technische Produktpositionierung. Dazu gehört neben der Definition des Zielfahrzeugsegments auch die Abschätzung der Absatzzahlen. Es wird immer wichtiger, Synergien bei den Ausstattungsvarianten zu nutzen, um vor allem wirtschaftliche Ziele zu erreichen. Wichtig ist aber auch, das neue Fahrzeug von anderen Fahrzeugen des gleichen Baukastens zu differenzieren.

Projektdefintion

Um diesen wichtigen Meilenstein zu erreichen, müssen die gewünschten Eigenschaften des Fahrzeugs sowie die finanziellen Zielwerte in der Projektdefinition festgelegt werden. Außerdem muss spätestens hier eine erste Version des Lastenheftes vorliegen. Das Pflichtenheft enthält die technische Produktbeschreibung des Zielfahrzeugs.

Projektrealisierbarkeit

Für die Projektrealisierbarkeit müssen sowohl die technische als auch die wirtschaftliche Machbarkeit des Entwicklungsprojekts von allen relevanten Geschäftsbereichen bestätigt werden. Hier werden auch der geplante Produktionsstandort und die ersten Lieferanten für Frontloading-Lieferungen festgelegt. Frontloading-Lieferungen sind Bauteile oder Baugruppen, die aufgrund ihrer hohen technischen Komplexität oder innovativer Funktionskonzepte einer frühzeitigen und intensiven Konzeptabsicherung bedürfen, um eine für die Erprobung in der Serienphase erforderliche Qualität zu erreichen.

Konzeptdefinition

Mit dem Meilenstein Konzeptdefinition wird die Konzeptphase abgeschlossen. Voraussetzung dafür ist, dass das Fahrzeugkonzept validiert werden kann. Im Besonderen müssen die Innen- und Außenabmessungen definiert sein. Darüber hinaus müssen Abschätzungen über die Ausstattungsquoten der Sonderausstattungen vorliegen. Wesentlich ist, dass die Herstellbarkeit des Fahrzeugs durch die Produktionsbereiche bestätigt werden kann.

Designspezifikation

Das Vorhandensein eines Exterieur- und Interieurdesigns mit dem Package und die technische Machbarkeit sowohl für die Entwicklung als auch für die Produktion sind die Voraussetzung für das erfolgreiche Erreichen des Meilensteins Designdefinition. Des Weiteren ist die Bestätigung des Lastenheftes, in dem alle Anforderungen an das Fahrzeug enthalten sind, erforderlich.

Teileverfügbarkeit für die Produktion

Der wichtige Meilenstein Teileverfügbarkeit für die Produktion bestätigt die erforderliche Verfügbarkeit und die Qualität der jeweiligen Teile, die zur Herstellung des Produkts im Hinblick auf die Markteinführungsplanung verwendet werden.

Vorlaufserienteile

Die Voraussetzung für das Erreichen dieses wichtigen Meilensteins ist die Verfügbarkeit eines ersten Vorserienfahrzeugs. Zur Optimierung der Fertigungseinrichtungen und Produktionsprozesse soll die Konstruktion für prioritäre Stückzahlen mit den Fertigungseinrichtungen der Serienproduktion durchgeführt werden. Dadurch können Fertigungs- und Maßhaltigkeitsprobleme frühzeitig erkannt und beseitigt werden.

Produktionsvorbereitung

Hier werden die Produktionsprozesse koordiniert und optimiert. Komponenten und Teile mit Serieneigenschaften werden in die Fahrzeuge eingebaut. Außerdem wird die Funktion von Betriebsmitteln und Anlagen unter Produktionsbedingungen an verketteten Linien überprüft und bestätigt.

Start of Production (SOP)

Ist dieser wichtige Meilenstein erreicht, können die Fahrzeuge sowohl für Presseveranstaltungen, Messen und Händler als auch für den Serienanlauf produziert werden. Der anschließende Serienhochlauf endet in der Regel ca. 3 Monate nach dem Start of Production (SOP).

Markteinführung

Dies ist der spätestmögliche Zeitpunkt, an dem das Fahrzeug dem Handel und den Kunden vorgestellt werden soll. Einige der neuen Fahrzeuge können bereits vor der Serienproduktion bestellt werden. Die Zeiten für die Präsentation in der Öffentlichkeit hängen dabei vor allem auch davon ab, wann z. B. große Messen stattfinden.

Die am häufigsten verwendete Entwicklungsstrategie für Fahrzeuge und Fahrzeugsysteme ist das in Abschnitt 1.3.2 beschriebene V-Modell.

1.3.2 Das V-Modell der Mechatronik

Das V-Modell der Mechatronik ist eine systematische ingenieurwissenschaftliche Methode des Systems Engineering (Haberfellner, Nagel et al. 2019), die speziell für die Entwicklung komplexer mechatronischer Systeme, wie sie auch im Automobilbereich vorkommen, entwickelt wurde. Es wurde als Weiterentwicklung des klassischen Wasserfallmodells konzipiert und fokussiert auf die Integration von Mechanik, Elektronik und IT zu einem Gesamtsystem.

Die Struktur des V-Modells wird in Form eines V-förmigen Flussdiagramms des Entwicklungsprozesses dargestellt, s. Abbildung 1.15. Die linke Seite des „V" beschreibt den Prozess von der Anforderungsanalyse bis zur Systemintegration, während die rechte Seite die Test- und Validierungsphasen umfasst. Das V-Modell ermöglicht unter anderem eine strukturierte und frühzeitige Fehlererkennung während des gesamten Entwicklungsprozesses, was besonders wichtig ist, wenn mechanische, elektronische und softwaretechnische Elemente zu einem komplexen mechatronischen System integriert werden (Graessler und Hentze 2020).

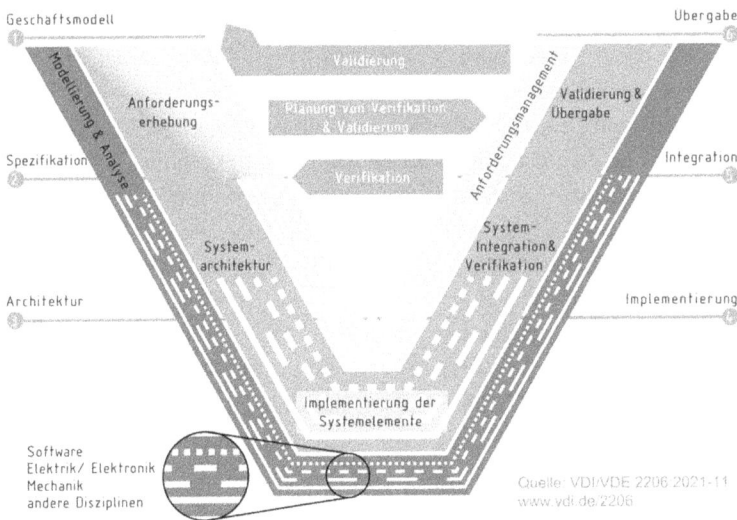

Abb. 1.15: Darstellung des V-Modells der Mechatronik (VDI 2021).

Die Anwendung des V-Modells im Automobilbereich umfasst die parallele Entwicklung von Software und Hardware für ein Fahrzeug sowie die Integration und Validierung der verschiedenen Komponenten und Systeme im Fahrzeug.

Vor der Beschreibung der wichtigsten Entwicklungsschritte innerhalb des V-Modells ist es hilfreich, die Begriffe Verifikation und Validierung, die auch in anderen Zusammenhängen häufig verwendet werden, zu verstehen und voneinander abzugrenzen.

Die Verifikation[13] ist der Prozess, der sicherstellt, dass die Projektanforderungen, die z. B. in einem Lastenheft oder Pflichtenheft definiert sind, erfüllt werden. Dies beinhaltet die Überprüfung der Dokumentation, des System- und Komponentenentwurfs und ggf. der Software zu festgelegten Zeitpunkten der Projektentwicklung. Auf diese Weise wird sichergestellt, dass das Projekt gemäß den Spezifikationen korrekt entwickelt wird.

Die Validierung[14] stellt sicher, dass das richtige Produkt entwickelt wird. Insbesondere soll überprüft und sichergestellt werden, dass das entwickelte System oder die Komponente den funktionalen Anforderungen des Marktes, d. h. insbesondere den Wünschen und Anforderungen der Zielkunden, entspricht.

Die wichtigsten Stadien und Aktivitäten des V-Modells sind:

– **Analyse der Anforderungen:** Definition der funktionalen und nicht-funktionalen Anforderungen an das mechatronische Fahrzeugsystem. Dazu gehören Anforderungen an neue Fahrzeugsysteme, einschließlich Funktionalitäten, Leistungsmerkmale und Sicherheitsanforderungen.

– **Systemarchitektur:** Entwurf der Gesamtarchitektur des Systems, einschließlich der Integration von Mechanik, Elektronik und Informationstechnologie; z. B. Entwurf der Gesamtarchitektur für ein neues Fahrzeug, das mechanische Aspekte (wie Lenkung und Antrieb) mit elektronischen und softwarebasierten Systemen (wie Sensoren und Regelalgorithmen) integriert.

– **Software- und Hardware-Entwicklung:** Parallel zur Systemarchitektur werden Software und Hardware gemäß der definierten Anforderungen entwickelt.

– **Integration:** Zusammenfügen einzelner Systemkomponenten und Subsysteme zu einem Gesamtsystem. Klassisches Beispiel ist die Integration von Sensoren, Aktoren und Steuergeräten in einem Fahrzeug zur Realisierung neuer Fahrzeugsysteme.

– **Test und Validierung:** Hier erfolgt eine systematische Überprüfung, ob das entwickelte mechatronische Fahrzeugsystem die definierten Anforderungen erfüllt. Dazu gehören systematische Tests, um sicherzustellen, dass das Fahrzeug die definierten Anforderungen erfüllt. Neben den Funktionstests der Fahrzeugfunktionen und der Überprüfung des Gesamtfahrzeugverhaltens gehören hierzu beispielsweise auch die in Kapitel 7 beschriebenen Crashtests.

Eine Besonderheit des V-Modells besteht darin, dass die Validierungs- und Testphasen eng mit den entsprechenden Entwicklungsphasen verknüpft sind. Dies ermöglicht eine frühzeitige Erkennung und Beseitigung von Fehlern, da Probleme in späteren Phasen oft auf ihre Ursachen in früheren Phasen zurückgeführt werden können. Das V-Modell in der Mechatronik bietet somit einen systematischen und strukturierten Ansatz für

---

13 Verifizierung: von lateinisch veritas (Wahrheit).

14 Validierung: von lateinisch validus (stark, wirksam, fest).

die Entwicklung komplexer mechatronischer Systeme, indem es eine klare Verbindung zwischen den verschiedenen Entwicklungs- und Testphasen herstellt.

1.3.3 Anteil der Automobilindustrie an technischen Innovationen

Bereits in der Einleitung zu diesem Kapitel wurde auf die wirtschaftliche Bedeutung der Automobilindustrie hingewiesen. Die Automobilindustrie spielt aber auch eine maßgebliche Rolle bei der technischen Innovation. Eine Möglichkeit, die Innovationsleistung zu messen, besteht darin, die Zahl der Patentanmeldungen in einem bestimmten Industriezweig zu zählen. Abbildung 1.16 gibt einen Überblick über die Anzahl der Patentanmeldungen in Deutschland im Jahr 2022. Aus dieser Darstellung wird sofort ersichtlich, dass die überwiegende Mehrheit der Patentanmeldungen zumindest in Deutschland von Unternehmen eingereicht wird, die entweder direkt in der Automobilindustrie tätig sind oder zumindest einen großen Teil ihres Geschäfts in diesem Sektor haben.

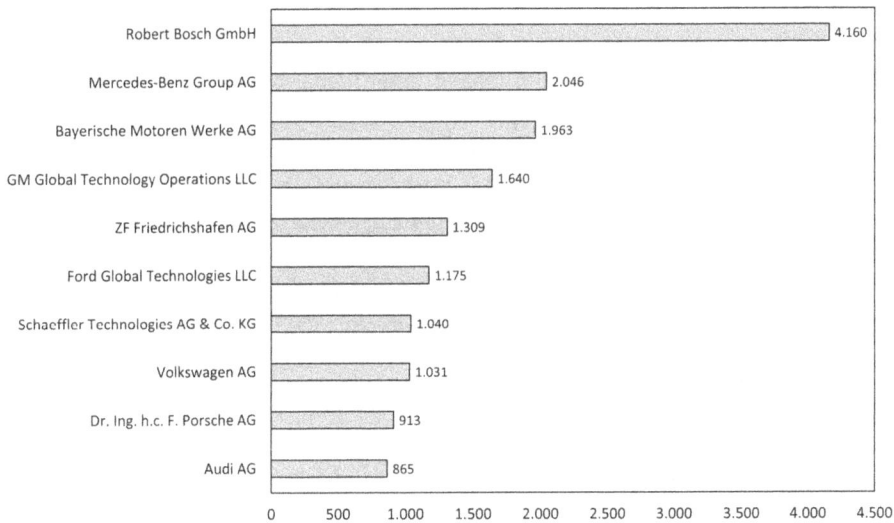

Abb. 1.16: Unternehmen mit der Anzahl der beim Deutschen Patent- und Markenamt eingereichten Patentanmeldungen im Jahr 2022 (DPMA 2023).

1.4 Normen und Konventionen

Für die Entwicklung, die Herstellung und den Betrieb von Kraftfahrzeugen existiert eine Vielzahl von Normen und gesetzlichen Vorschriften, die jeweils internationalen und nationalen Ausprägungen unterliegen. In den folgenden Abschnitten werden nur einige der Regelungen genannt, die für die in diesem Buch behandelten Themen eine wichtige Rolle spielen.

Eine Auswahl der im Buch zitierten Normen enthält Tabelle 1.4.

Tab. 1.4: Ausgewählte Normen im Bereich der Kraftfahrzeugtechnik.

Thema	Norm	Quelle
Lebenszyklus von Kraftfahrzeugen	EN ISO 14040	
Entwicklungsprozesse	ISO 16949	
Road Vehicles Functional Safety (FUSA)	ISO 26262:2018	
Funktionale Sicherheit	ISO 26262	(ISO 2011)
Safety of the Intended Functionality (SOTIF)	ISO 21448	
Cyber Security	ISO/SAE 21424	
Environmental management	ISO 14000 (ISO 2015)	
	RL 70/220/EWG	
Fahrzeugdynamik	DIN 70000	(DIN 1994)
	SAE J 1100	(SAE 2009)
Ermittlung des Leergewichts von Kfz	DIN 70020	(DIN 1993)

Kraftfahrzeuge unterliegen aufgrund der spezifischen Betriebsbedingungen und Gefahren, die sich aus ihrem Einsatz ergeben, einer Reihe von ergänzenden und spezifischen Normen. Fahrzeugnormen regeln und strukturieren u. a. die Qualitätsprozesse bei der Entwicklung und Konstruktion von Fahrzeugen. Dies hat insbesondere durch den massiven Einsatz elektrischer und elektronischer Systeme und die zunehmende Vielfalt und Komplexität der Fahrzeugfunktionen in den letzten Jahrzehnten an Bedeutung gewonnen.

Insbesondere zu nennen sind in diesem Zusammenhang die Begriffe funktionale Sicherheit (FuSi), Safety Of The Intended Functionality (SOTIF) und Cyber Security.

1.4.1 Functional Safety (ISO 26262)

Die ISO 26262 regelt die funktionale Sicherheit von Kraftfahrzeugen. Die Idee dieser Norm basiert auf der Annahme, dass insbesondere die Sicherheit der elektrischen und elektronischen Systeme eines Fahrzeugs integraler Bestandteil des Systems sein muss. Um dies zu erreichen, definiert die Norm die notwendigen Aktivitäten und Methoden, die bei der Entwicklung und Produktion von elektrischen und elektronischen Systemen anzuwenden sind, in einem sogenannten Vorgehensmodell. Die Anforderungen werden durch sogenannte Sicherheitsanforderungsstufen strukturiert und klassifiziert. Daraus werden entsprechende Qualitätsziele abgeleitet. Die Sicherheitsanforderungsstufen beginnen bei nicht sicherheitsrelevanten Anforderungen mit QM (Quality Measure) und werden im sicherheitsrelevanten Bereich in sogenannte ASI-Level (Automotive Safety Integrity Level) unterteilt. Die ASI-Level werden in die Klassen QM (Quality Management) und A bis D unterteilt. Die Klasse QM beschreibt die niedrigste und die Klasse D die höchste Risikoklasse. Je höher die Risikoklasse einer Anlage ist, desto umfassender muss diese abgesichert sein.

Um die Risikoklasse festzulegen, muss ein System anhand von drei verschiedenen Kriterien bewertet werden. Das erste Kriterium ist der Schweregrad (in Abbildung 1.17 mit „S" bezeichnet) eines Systemfehlers (in Abbildung 1.17 mit „E" bezeichnet) oder die daraus resultierende Bedrohung für den Benutzer oder die Umwelt. Das zweite Bewertungskriterium ist die Expositionswahrscheinlichkeit. Das dritte Kriterium beschreibt die Beherrschbarkeit („E" in Abbildung 1.17) des Fahrzeugs beim Auftreten des Fehlers. Für die drei Kriterien gibt es definierte Bewertungskategorien (ISO 2011):

– Schwere – S (Schwere des Fehlers, Gefahr für den Benutzer oder die Umwelt):
  – S0: keine Verletzungen (unverletzt),
  – S1: leichte bis mittelschwere Verletzungen,
  – S2: schwere Verletzungen (Überleben sehr wahrscheinlich),
  – S3: schwerste Verletzungen (Überleben unwahrscheinlich).
– Expositionswahrscheinlichkeit – E (Wahrscheinlichkeit des Auftretens, Zusammenhang mit der Störung und Betriebszustand unter Berücksichtigung der Dauer und Häufigkeit des Auftretens der Situation):
  – E0: unmögliches Eintreten,
  – E1: seltenes Auftreten (z. B. Liegenbleiben auf einem Bahnübergang),
  – E2: gelegentliches Auftreten (1 % der Nutzungsdauer, z. B. Fahren mit Anhänger oder Dachträger),
  – E3: häufiges Auftreten (1–10 % der Lebensdauer, z. B. Betankung des Fahrzeugs oder Fahrt auf nasser Fahrbahn),
  – E4: ständiges Auftreten (10 % der Nutzungsdauer, z. B. Beschleunigung/Verzögerung bzw. Bremsen/Lenkung).
– Beherrschbarkeit C (Beherrschbarkeit der Situation):
  – C0: sichere Beherrschung (alle Fahrer beherrschen diese Situation, z. B. unerwünschte Erhöhung der Radiolautstärke),
  – C1: leichte Beherrschbarkeit (mehr als 99 % der Fahrer können die Situation beherrschen) (z. B. eine eingerastete Lenksäule beim Anfahren des Fahrzeugs),
  – C2: normale Beherrschbarkeit (mehr als 90 % der Fahrer sind in der Lage, die Situation zu beherrschen) (z. B. Ausfall des ABS bei einer Notbremsung),
  – C3: schwierige Beherrschbarkeit (weniger als 90 % der Fahrer können die Situation beherrschen, z. B. plötzlich auftretende hohe Lenkkräfte).

Grundlage dieser Einteilung in Sicherheitsanforderungsstufen ist eine Bewertung des Systemrisikos ohne Berücksichtigung von Sicherheitsmaßnahmen durch eine Gefahren- und Risikoanalyse. Anschließend ist ein Sicherheitskonzept zu entwickeln, welches das vorhandene Systemrisiko auf ein zulässiges Maß reduziert. Die Wirksamkeit des erstellten Sicherheitskonzeptes ist durch einen Sicherheitsnachweis zu dokumentieren, dessen Umfang durch die Sicherheitsanforderungsstufe bestimmt wird.

Abbildung 1.17 visualisiert die Bewertungskriterien und die daraus resultierende ASIL-Klassifizierung (ISO 2011). Demnach wird die höchste Risikoklasse ASIL-D nur dann vergeben, wenn bei allen drei Bewertungskriterien die höchste Kritikalitätsstufe auftritt. Wird eines der Kriterien mit der Klasse 0 bewertet, wird das System mit QM klassifiziert. In der Fahrzeugtechnik gibt es derzeit mit dem Bremssystem und der Fahrzeuglenkung zwei Systeme, die nach ASIL-D klassifiziert sind.

Severity S	Probability of Exposure E	Controllability C		
		C1	C2	C3
S1	E1	QM	QM	QM
	E2	QM	QM	QM
	E3	QM	QM	A
	E4	QM	A	B
S2	E1	QM	QM	QM
	E2	QM	QM	A
	E3	QM	A	B
	E4	A	B	C
S3	E1	QM	QM	A
	E2	QM	A	B
	E3	A	B	C
	E4	B	C	D

Abb. 1.17: Risikograph für die ASIL-Klassifizierung nach (ISO_26262 2011).

Im Rahmen einer Gefahren- und Risikoanalyse erfolgt eine Systembewertung anhand der vorgestellten ASIL-Klassifizierung. Dazu wird für sicherheitsrelevante Fahrsituationen das Risiko beim Auftreten eines Fehlers bewertet. Dabei sind alle theoretisch denkbaren Fehler, deren Folgen, die Reaktion des Fahrers und deren Auswirkungen in die Bewertung miteinzubeziehen.

Für die Bewertung der Eintrittswahrscheinlichkeit **E** einer Fahrsituation sind der Ort, die Straßenart, der Straßenzustand, die Verkehrssituation und die Fahrmanöver relevant.

Die Evaluierung der Beherrschbarkeit **C** des Fahrzeugs beim Auftretens des Fehlers kann durch Fahrversuche unter sicheren Bedingungen auf einem Testgelände ergänzt werden.

Die Einstufung der Fehlerschwere **S** erfordert eine Einschätzung der potenziellen Konsequenzen unter Berücksichtigung der jeweiligen Fahrsituation. Das zu bewertende System wird zunächst nach der höchsten Risikoklasse bewertet, die sich aus der Gefahren- und Risikoanalyse ergibt. Das beschriebene ASIL-Klassifizierungsverfahren ist in Abbildung 1.18 dargestellt.

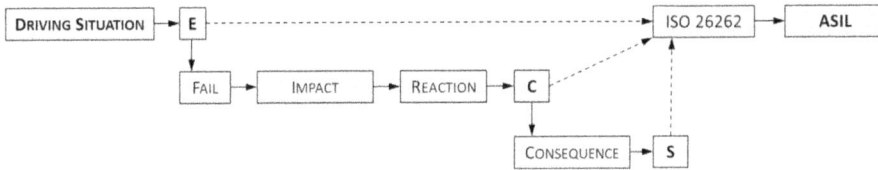

Abb. 1.18: ASIL-Klassifizierungsprozess (Düsterloh 2018).

1.4.2 Safety of the intended functionality (SOTIF)

Während sich die funktionale Sicherheit auf die Erkennung und Verhinderung potenziell möglicher systematischer und zufälliger Fehler konzentriert, befasst sich die SOTIF („Safety of the Intended Functionality") mit der beabsichtigten Funktionalität des zu entwickelnden und zu implementierenden Produkts. Ziel der SOTIF ist es daher, unannehmbare Risiken aufgrund von Gefahren zu vermeiden, die sich aus Fehlern der beabsichtigten Funktionalität oder aus vernünftigerweise vorhersehbarem Fehlgebrauch durch Personen ergeben.

Im Bereich des Fahrzeugbaus befasst sich die SOTIF mit der Sicherheit von Fahrzeugfunktionen, unter Berücksichtigung ihrer vorgesehenen Funktionalität und Leistungsgrenzen. Dies ist im Zusammenhang mit automatisierten Fahrfunktionen und fortschrittlichen Fahrerassistenzsystemen (ADAS) besonders wichtig. Dies betrifft u. a. die Berücksichtigung einer Vielzahl von Fahrszenarien unterschiedlicher Komplexität und die Berücksichtigung von Cyber-Sicherheitsrisiken (Meyer, Silberg et al. 2022). SOTIF konzentriert sich auf die Zielfunktion und auf die Frage, wie diese spezifiziert, entwickelt, verifiziert und validiert werden muss, damit sie als ausreichend sicher für die beabsichtigte Nutzung angesehen werden kann. Bei den zugrunde liegenden Betrachtungen spielt auch die Mensch-Maschinen-Schnittstelle eine wichtige Rolle, daher werden hier auch Verfahren der Human Factors eingebunden, s. auch Kapitel 10.

SOTIF ist in ISO 21448:2021 (ISO/SAE 2021) und einer Ergänzung zu ISO 26262 genormt.

1.4.3 Cyber Security

Der Begriff der Cybersicherheit bezeichnet Maßnahmen zum Schutz von Netzwerken, Computersystemen, cyberphysischen Systemen und Robotern. Dies umfasst den Schutz sowohl vor Diebstahl oder der Beschädigung der Hard- und Software als auch der verarbeiteten Daten. Zudem wird durch Maßnahmen der Cybersicherheit die Unterbrechung oder der Missbrauch der von ihnen angebotenen Dienste und Funktionen verhindert. In der Automobilindustrie beschreibt dieser Begriff die Sicherheit digitaler Systeme im Kraftfahrzeug. Durch die massiv zunehmende Digitalisierung im Fahrzeug gewinnt die

Cybersicherheit in der Automobilbranche immer mehr an Bedeutung. Dies betrifft insbesondere die Bereiche des assistierten und hoch automatisierten Fahrens, externe Eingriffe in die Betriebssoftware durch Over-the-Air-Updates, aber auch Hackerangriffe auf kritische Fahrzeugfunktionen, zum Beispiel in den Bereichen Bremsen, Antriebsstrang und Lenkung. Unbefugte Zugriffe auf Fahrzeugsysteme müssen durch geeignete Maßnahmen wirksam verhindert werden.

Cybersicherheitsmaßnahmen im Automobilbereich sind in der Norm ISO/SAE 21434 (ISO/SAE 2021) standardisiert.

1.5 Entwicklung ausgewählter Kenngrößen

Im Folgenden werden wichtige Entwicklungstendenzen zweier ausgewählter Fahrzeugkenngrößen für die in Deutschland in den Jahren von 1985 bis 2012 neuzugelassene Pkw in ihrer zeitlichen Entwicklung dargestellt. Dafür wurden die Kenngrößen Fahrzeuggesamtmasse und Kraftstoffverbrauch pro 100 km ausgewählt. Die Daten wurden empirisch aus den entsprechenden Fahrzeugdaten der am Markt verfügbaren Fahrzeuge für die Segmente Klein- und Kompaktwagen, Mittelklasse, obere Mittelklasse und Luxusklasse ermittelt. Abbildung 1.19 zeigt einen stetigen Anstieg der Fahrzeuggesamtmassen, der maßgeblich durch die massive Zunahme von Komfort- und Sicherheitssystemen verursacht wurde und erst in jüngster Zeit zum Stillstand gekommen ist. Inzwischen etabliert sich hier ein Abwärtstrend, der nicht zuletzt durch die Vorgaben für den CO_2-Ausstoß und damit den Kraftstoffverbrauch bei verbrennungsmotorisch angetriebenen Fahrzeugen getrieben wird.

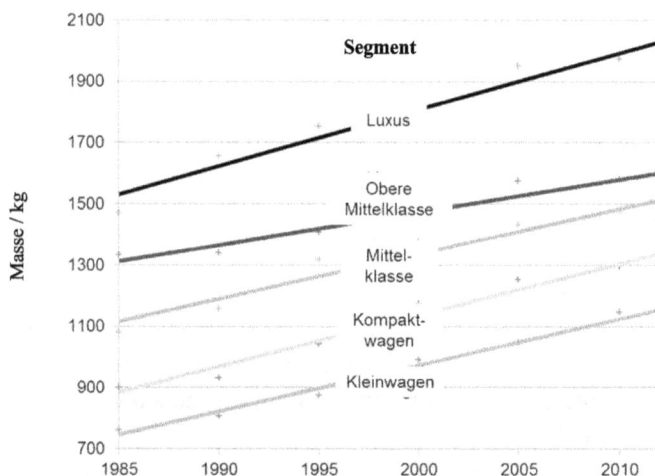

Abb. 1.19: Entwicklung der Massen von Pkw in Deutschland von 1985 bis 2012 (Schramm 2012).

Neuere Daten sind in Abbildung 1.20 dargestellt, allerdings werden die verschiedenen Fahrzeugklassen bei dieser Erhebung nicht weiter unterschieden.

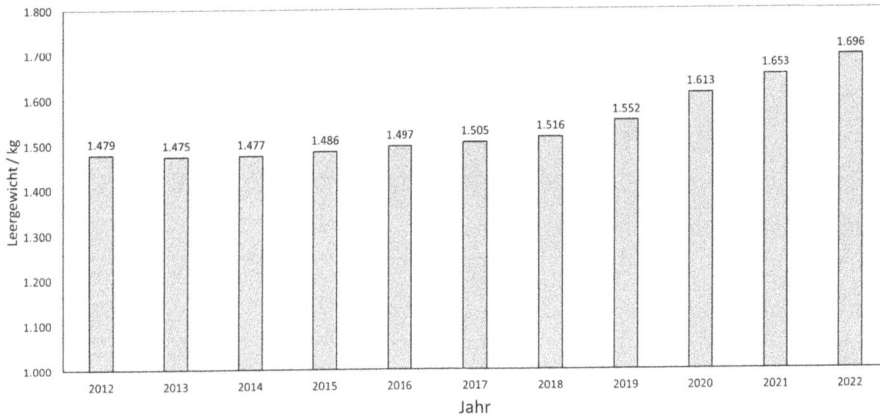

Abb. 1.20: Durchschnittliches Leergewicht neu zugelassener Pkws in Deutschland bis zum Jahr 2022 (KBA 2023a).

Ein Beispiel für eine deutliche Reduzierung der Fahrzeugmasse bei einem Fahrzeug der oberen Mittelklasse zeigt Abbildung 1.21. Dort ist, folgend auf eine stetige Zunahme bei den letzten drei Fahrzeuggenerationen, eine Verringerung der Gesamtmasse einer jeweils vergleichbaren Fahrzeugausführung von ca. 80 kg beim Modellwechsel (2016) zu verzeichnen. Allerdings ist zu berücksichtigen, dass sich dieser Trend explizit auf konventionelle Fahrzeuge beschränkt. Mit der Einführung von teilelektrifizierten und elektrifizierten Fahrzeugen ist wieder eine deutliche Zunahme der Fahrzeugmassen zu beobachten, was fast ausschließlich auf die schweren Batteriepakete zurückzuführen ist, s. Kapitel 6.

Ein weiterer Grund für die Erhöhung der Fahrzeugmassen ist der allgemeine Trend zu größeren Fahrzeugen bei europäischen Fahrzeugmodellen (Automobil_Industrie 2024).

Abbildung 1.22 zeigt den Zusammenhang zwischen Fahrzeugmasse und Verbrauch im Fahrzyklus NEFZ[15] am Beispiel von Dieselfahrzeugen. Als Datenbasis dienten die Werte für Fahrzeuge, die im Jahr 2012 in Deutschland auf dem Markt waren. Hier zeigt sich eine Zunahme des Kraftstoffverbrauchs von 0,5 l Kraftstoff pro 100 kg.

Dieser Zusammenhang in Kombination mit der Entwicklung der Fahrzeugmassen schlägt sich jedoch nicht in der Entwicklung des Durchschnittsverbrauchs nieder. Abbildung 1.23 zeigt vielmehr, dass trotz zunehmender Fahrzeugmasse der Durchschnittsverbrauch nach NEFZ zwischen 1985 und 2012 um ca. 20 % gesenkt wurde. Dies ist maßgeb-

---

15 NEFZ: Neuer Europäischer Fahrzyklus, s. Kapitel 6.

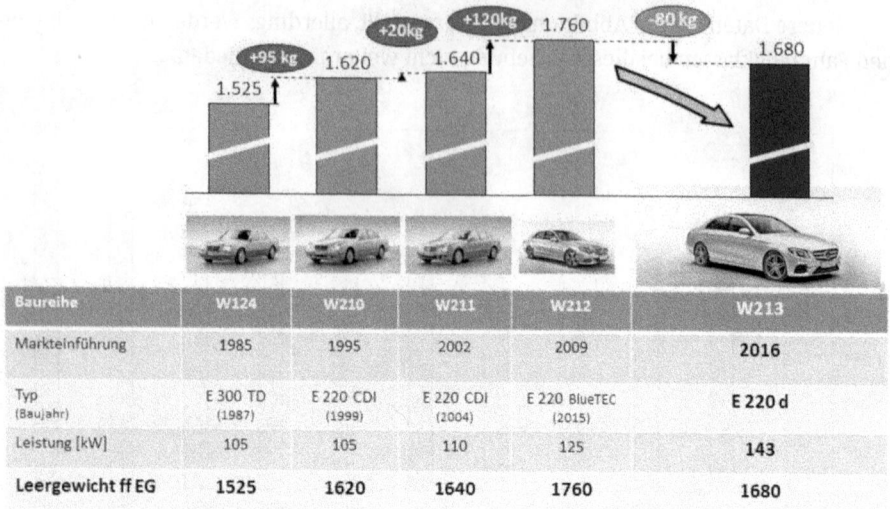

Abb. 1.21: Entwicklung der Gesamtmassen bei der Mercedes E-Klasse in den Jahren 1985 bis 2016 © Daimler AG.

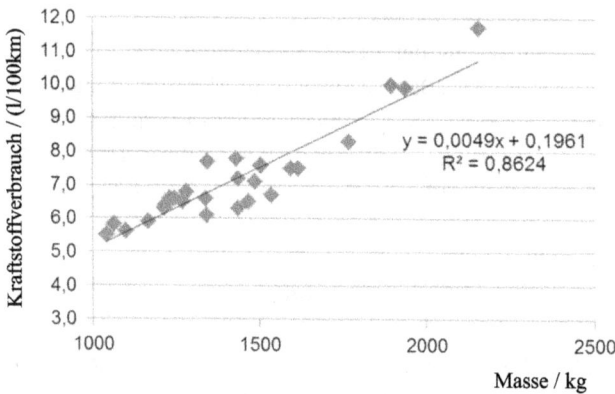

Abb. 1.22: Entwicklung des Kraftstoffverbrauchs im NEFZ über der Masse am Beispiel von Dieselfahrzeugen (Schramm 2012).

lich auf die Optimierung des Antriebsstrangs u. a. mit den in Kapitel 6 angesprochenen Maßnahmen zurückzuführen. Die hierfür wichtigen technisch-physikalischen Zusammenhänge werden dort näher beleuchtet.

Die bisherigen Betrachtungen beziehen sich auf Fahrzeuge mit Verbrennungsmotor. Bei elektrisch angetriebenen Fahrzeugen, insbesondere bei rein batteriebetriebenen Fahrzeugen, steigen die Fahrzeuggewichte nochmals deutlich an, da das Gewicht der Batterie mit ca. 25 % des Gesamtgewichts erheblich zunimmt. Beispiele für Gesamtgewichte aktueller elektrifizierter Fahrzeugmodelle finden sich in Kapitel 6.

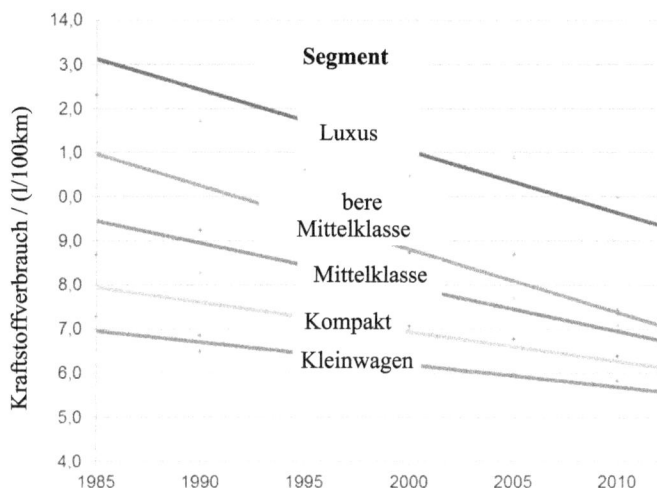

Abb. 1.23: Entwicklung der Verbräuche von Dieselfahrzeugen im NEFZ in den Jahren von 1985 bis 2012 (Schramm 2012).

1.6 Potenziale für die zukünftige Entwicklung

Die Entwicklung von Kraftfahrzeugen hat, wie bereits angesprochen, in den letzten Jahren extreme Fortschritte erfahren und damit neue Potenziale eröffnet, die in dem in diesem Buch vorgestellten Themenbereich der Fahrzeugtechnik die Bereiche Fahrzeug, Fahrer und Insassen sowie Umwelt umfassen. Die aus dieser komplementären Beziehung resultierenden Wirkungen lassen sich beispielsweise in die drei Wirkungsdimensionen Sicherheit, Effizienz und Komfort einteilen. Tabelle 1.5 gibt einen groben Überblick über die Beziehungen zwischen den Grundelementen der Mobilisierung und ihren Wirkungsdimensionen.

Tab. 1.5: Die Hauptelemente der Mobilität und ihre wichtigsten Wirkungsdimensionen, nach Weber 2021.

	Fahrzeug	Fahrer	Umwelt
Sicherheit	Aktiv Passiv	Gesundheit Aufmerksamkeit Bewusstheit	Unfälle Richtlinien Maßnahmen
Effizienz	Energieverbrauch Ökonomisch	Route Vorausschau Verhalten	Nachhaltigkeit Wirtschaftlichkeit Leistungsniveau
Komfort	Fahrwerk Radaufhängung Interior	Geräusch Schwingungen Fahrstil	Lebensqualität

Die Kapitel 2–9 dieses Buchs befassen sich hauptsächlich mit den meisten der in der ersten Spalte (Fahrzeug) genannten Disziplinen und ihren Auswirkungen auf die in Spalte 3 (Umwelt) genannten Effekte. Insbesondere in den letzten Kapiteln 10 und 11 werden jedoch auch Themen behandelt, die die Schnittstelle zwischen Fahrer und Passagiere sowie Fahrzeug betreffen, also die Mensch-Maschine-Schnittstelle.[16]

Die genannten Themen werden in den einzelnen Kapiteln des Buchs ausführlich behandelt und mit Beispielen aus der aktuellen Forschung und Entwicklung illustriert. Dies gilt insbesondere für die Bereiche Fahrerunterstützung durch Assistenzsysteme, auch im Hinblick auf ältere Fahrer (Kapitel 10), sowie neue Beiträge zu den Themen Reifenabrieb und Bremsenstaub (Kapitel 2 und Kapitel 5). Außerdem gibt es umfangreiche Ergänzungen zum Fahrwerk (Kapitel 3). Kapitel 6 wurde vollständig überarbeitet und mit einer Einführung in die Elektromobilität deutlich erweitert. Das Gleiche gilt für Kapitel 9, in dem es um Systeme für das automatisierte Fahren und die Unterstützung des Fahrers geht.

---

[16] Auch als Human Factors im Bereich Fahrzeug bezeichnet.

2 Räder und Reifen

Ein wesentlicher Teil der Entwicklungsarbeit bei modernen Kraftfahrzeugen entfällt auf die komplexe Auslegung und Abstimmung des Fahrwerks und der vom Fahrwerk geführten Reifen, die einen maßgeblichen Beitrag zu dem geforderten sicheren und komfortablen Fahrverhalten des Fahrzeugs leisten. Die Reifen fungieren dabei als Bindeglied zwischen Fahrzeug und Fahrbahn und nehmen in vertikaler Richtung die Radlasten auf. Gleichzeitig übertragen sie in Längs- und Querrichtung Kräfte die zwangsläufig beim Bremsen und Beschleunigen sowie bei der Kurvenfahrt entstehenden Kräfte (Mitschke und Wallentowitz 2014, Schramm, Hiller und Bardini 2018). Die Entwicklung der Fahrwerkskomponenten zielt zu einem wesentlichen Teil auf die optimale Ausnutzung der Potentiale der Reifen ab. Hierzu wird beispielsweise die Kinematik des Fahrwerks so ausgelegt, dass die Reifen bei unterschiedlichsten Fahrsituationen immer möglichst so zur Fahrbahn orientiert sind, dass sie die größtmöglichen Kräfte übertragen und die Fahrzeugstabilität gewährleisten können, s. Kapitel 3. Heute werden darüber hinaus aber auch semi-aktive und aktive Fahrwerkskomponenten, wie z. B. Einrichtungen zur Wankstabilisierung oder gelenkte Hinterachsen eingesetzt, um die Radaufstandskräfte und die Radpositionierungen positiv zu beeinflussen. Bei der Auslegung, wie auch während des Betriebs des Reifens, müssen dennoch Kompromisse eingegangen werden. Gefordert sind unter anderem Eigenschaften, wie z. B. hohe Nasshaftung, geringer Rollwiderstand aber ebenso eine hohe Lebensdauer und ein gutes Komfortverhalten der Reifen.

In diesem Kapitel werden, neben Anmerkungen zum allgemeinen Herstellungsprozess der Reifen, der Aufbau des Reifens, die grundlegenden Mechanismen und Abhängigkeiten der Kraftübertragung durch den Reifen beschrieben. Abschließend werden in Abschnitt 2.5 direkte und indirekte Reifendruckkontrollsysteme (RDK) behandelt.

2.1 Reifenaufbau

Die heute in der Automobilindustrie meistverbreitete Reifenart ist der schlauchlose Radialreifen (auch Gürtelreifen genannt). Der Reifen mit Radialkarkasse wurde im Jahre 1946 von der Firma Michelin patentiert und ab 1949 unter dem Namen „X" vertrieben (Michelin 2016a). Er verbindet eine radial angeordnete Karkassenlage, die ein gutes vertikales Einfedern ermöglicht, mit einer über der Karkassenlage liegenden und für diese Reifenart namensgebenden Gürtellage, die dem Reifen seine Stabilität verleiht.

2.1.1 Aufbau des Radialreifens

Abbildung 2.1 zeigt die Schnittdarstellung eines Radialreifens. Der Reifen besteht aus zwei Wulstkernen (6), welche über die Karkassenlagen (10) radial miteinander verbun-

https://doi.org/10.1515/9783111335872-002

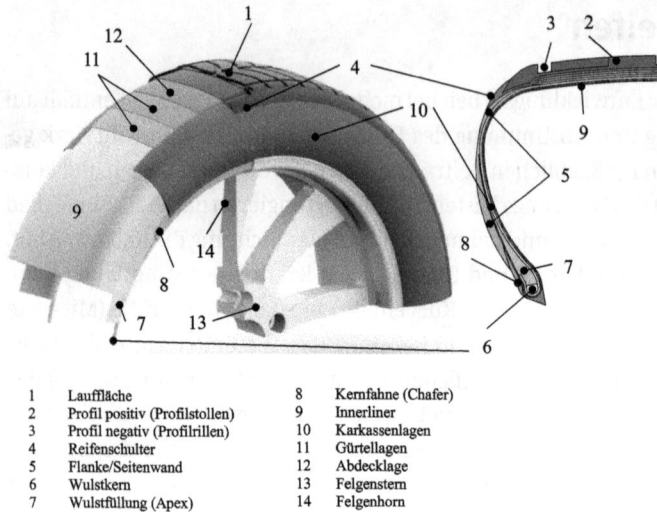

1	Lauffläche	8	Kernfahne (Chafer)
2	Profil positiv (Profilstollen)	9	Innerliner
3	Profil negativ (Profilrillen)	10	Karkassenlagen
4	Reifenschulter	11	Gürtellagen
5	Flanke/Seitenwand	12	Abdecklage
6	Wulstkern	13	Felgenstern
7	Wulstfüllung (Apex)	14	Felgenhorn

Abb. 2.1: Bauteile und Zonen eines PKW-Radialreifens, Querschnitt durch ein Rad.

den sind. Diese Konstruktion bildet den tragenden Unterbau und wird auf der Innenseite durch einen Innerliner (9) luftdicht abgeschlossen.

Die Reifenkarkasse (10) bildet das tragende Gerüst des Reifens und ist radial angeordnet. Sie besteht aus Lagen von Kord-, Kunstseide- und Polyamid-Fasern sowie Stahl, die jeweils durch Gummischichten voneinander getrennt sind. Jede Karkassenlage erstreckt sich von einer Reifenwulst zur anderen und überträgt, über den Innendruck, der die Karkasse aufspannt, die zwischen Reifen und Fahrbahn entstehenden Lasten auf die Felge. Die Seitenwand beeinflusst die Quersteifigkeit des Reifens und somit maßgeblich die effektive Gesamtquersteifigkeit einer Fahrzeugachse, den vertikalen Fahrkomfort sowie den Rollwiderstand.

Über der Karkasse liegen die Gürtellagen (11), welche dem Reifen die notwendige Steifigkeit und Hochgeschwindigkeitsfestigkeit verleihen. Die aus unterschiedlichen Gummimischungen bestehende Lauffläche (1) stellt den Kontakt zur Fahrbahn her und ist außer durch die Materialeigenschaften maßgeblich durch die Profilierung gekennzeichnet. Das Profil eines Reifens besteht aus den Profilstollen (2), welche auch als Profilblöcke bezeichnet werden, und den Profilrillen (3). Seitlich wird die Karkasse durch die Flanke (5) (auch Seitenwand genannt) vor Beschädigungen und Witterungseinflüssen geschützt (Nüssle 2002).

Im Folgenden werden die einzelnen Bauteile und Zonen des Reifens und deren Funktion genauer beschrieben.

Die Lauffläche (1) enthält die Profilierung (Profilstollen (2) und -rillen (3) sowie Lamellen), die je nach Einsatzgebiet des Reifens (z. B. als Sommer-, Winter, All-Season- oder Rennreifen) unterschiedlich ausgeprägt ist. Die Lauffläche besteht aus unterschiedlichen Gummimischungen (Sperling 2005), die dem Reifen einen hohen Grip bei trockener Fahrbahn und einen guten Halt bei Nässe verleihen sollen. Zudem müssen eine gute Laufruhe sowie ein geringer Rollwiderstand und ein niedriger Schallpegel beim Abrollen gewährleistet sein. Die Profilierung muss bei Nässe die Abführung des Wassers ermöglichen, damit der Fahrbahnkontakt des Reifens auch bei höheren Geschwindigkeiten erhalten bleibt und ein Aufschwimmen des Reifens auf dem Wasserfilm vermieden wird. Ab einer bestimmten Fahrbahnnässe und Fahrgeschwindigkeit schwimmt der Reifen dennoch auf, und es entsteht Aquaplaning. Die Lauffläche soll die genannten Eigenschaften auch bei unterschiedlichen Betriebsbedingungen (z. B. verschiedenen Temperaturen, unterschiedlichen Fahrbahnzuständen, Alterung) möglichst konstant halten.

Die Reifenschulter (4) liegt in dem Bereich zwischen äußerer Lauffläche und dem Rand der Seitenwand (5). Die Schulterpartie des Reifens spielt für die notwendige Wärmeableitung eine entscheidende Rolle.

Die Seitenwand (5) ist der Bereich zwischen Reifenschulter (4) und Reifenwulst, die den Wulstkern (6) und die Wulstfüllung (7) enthält. Sie besteht aus einer dünnen Gummischicht, die die seitlichen Karkassenlagen vor dem Scheuern an der Fahrbahnkante und vor dem Eindringen von Fremdgegenständen schützen soll. Ebenso schützt die Seitenwand den Reifen vor UV-Strahlung und Chemikalien wie Benzin und Öl. Auf der Seitenwand wird die Reifenkennzeichnung (z. B. Reifendimension, Reifenbauweise, Tragfähigkeit, Geschwindigkeitsindex, Produktionsdatum und -ort) im Vulkanisierungsprozess mithilfe der Backform angebracht.

Die Reifenwulst verspannt die Reifenkarkasse durch den Wulstkern (6) luftdicht auf dem Felgenhorn (14). Die Reifenwulst umfasst unter anderem den Wulstkern, die Wulstfüllung (7) und die Kernfahne (8). Die Wulstfüllung und die Kernfahne versteifen den Reifenwulst und beeinflussen somit die Quersteifigkeit des Reifens. Der Wulstkern verhindert eine unerwünschte Relativbewegung von Reifen und Felge und sichert den Reifen auch bei hohen Querkräften auf der Felge. Der Wulstkern muss sehr widerstandsfähig und fest sein, zur Reifenmontage und -demontage andererseits jedoch genügend Elastizität zulassen und zudem ein möglichst geringes Gewicht haben. Der Wulstkern besteht aus einem gummibeschichteten und als Ring ausgebildeten Stahlseil. Das Stahlseil kann aus mehreren verdrillten Stahldrähten bestehen. Die Festigkeit des Wulstkerns wird abgestimmt auf Fülldruck, Reifendimension und Rotationsgeschwindigkeit ausgelegt.

Die Gürtellagen (11) liegen unter der Lauffläche und über der Reifenkarkasse (10). Sie stabilisieren die Lauffläche und sorgen für die notwendige Schlagfestigkeit, die den Reifen beim Überfahren von Kanten und Schlagleisten vor Beschädigung schützt. Die Kräfte beim Bremsen, Beschleunigen und bei Kurvenfahrten werden über die Gürtellagen auf die Karkasse übertragen. Die Gürtellagen haben weiterhin die Aufgabe, eine gleichmäßige Verteilung des Bodendrucks in der Aufstandsfläche sicherzustellen. Zudem nimmt die Gürtellage die bei hohen Geschwindigkeiten große Belastung durch die Querkräfte auf und stellt somit die Integrität des Reifen sicher. Die Gürtelbreite und der Winkel (zwischen 18 ° und 28 °), unter dem die Stahl- bzw. Kordfäden angeordnet sind, bestimmen maßgeblich die Reifensteifigkeit, und somit zu einem großen Teil das Fahrverhalten eines Fahrzeugs.

Der Innerliner (9) ist eine luft- und wasserdichte Membran, die zudem den Reifen auf dem Felgenhorn abdichtet (Heisler 2002).

2.1.2 Vermeidung von Reifenpannen und Reifen mit Notlaufeigenschaften

Wird ein Reifen beispielsweise durch Nägel oder Scherben beschädigt, so verliert er schlagartig oder schleichend Luft. Die Reifenseitenwand wird durch den fehlenden Innendruck zwischen Fahrbahnoberfläche und Felge zusammengepresst und erhitzt sich bei der Weiterfahrt durch die entstehende Walkarbeit sehr stark. Diese führt bereits nach einer sehr kurzen Fahrtstrecke zu einem Reißen der Seitenwand und damit zu einer vollständigen Zerstörung des Reifens.

Heute wird bei vielen neuzugelassenen Fahrzeugen auf ein Ersatzrad verzichtet, um Bauraum einzusparen und die Gesamtmasse des Fahrzeugs zu reduzieren. Wird ein Druckverlust rechtzeitig festgestellt, z. B. durch eine direkte (mittels des Sensors) oder indirekte Reifendruckkontrolle (Berechnung aus den Raddrehzahlen), s. Abschnitt 2.5, so kann der Reifen durch ein Reifendichtmittel abgedichtet werden. Das Dichtmittel wird mittels eines Kompressors über das Füllventil in den Reifen gepumpt und dichtet die Beschädigung provisorisch ab.

Weiterhin sind auch Radialreifen am Markt, die über eine Notlaufeigenschaft verfügen und unter der Bezeichnung Run-Flat-Reifen bekannt sind. Eine zusätzliche Verstärkung der Seitenwand durch Gummi, (s. Abbildung 2.2), gewährleistet in diesem Fall, dass die Vertikalkraft auch noch bei fehlendem Innendruck getragen werden kann. Hierdurch wird eine Notlaufeigenschaft dieser Reifen erreicht, die es zumindest gestattet, die Fahrt über eine gewisse Strecke bis zur nächsten Werkstatt mit reduzierter Geschwindigkeit sicher weiterfahren zu können. Für die Verstärkung wird eine spezielle Gummimischung verwendet, die auch eine geringere Hitzeempfindlichkeit hat. Die Nachteile des Run-Flat-Reifens im Vergleich zu üblichen Radialreifen sind

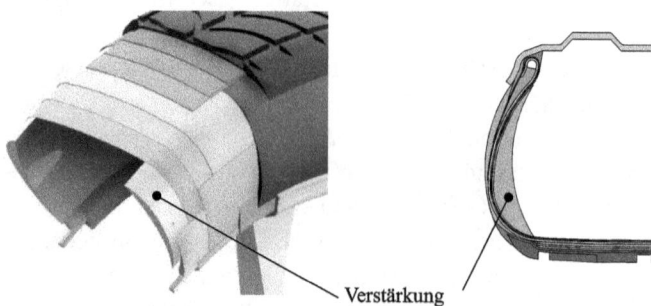

Verstärkung

Abb. 2.2: Querschnitt durch einen Run-Flat-Reifen.

schlechteres Komfortverhalten, höherer Rollwiderstand und ein etwas höheres Gewicht.

Verfügbar sind auch Radialreifen, die mit einer zusätzlichen Sealing-Schicht auf dem Innerliner ausgestattet und dadurch selbstabdichtend sind.

2.2 Anmerkungen zum Herstellungsprozess eines Reifens

Die Herstellung eines Reifens ist ein komplexer Prozess, da der Reifen aus einer Mischung unterschiedlichen Materialien besteht, in mehreren Lagen aufgebaut ist und einem thermischen Fertigungsprozess unterzogen werden muss. Dies wird umgangssprachlich auch als „schwarze Magie" bezeichnet, da es ungemein schwierig ist, genau vorherzusagen, wie der Reifen zu konzipieren ist, um am Ende eines Entwicklungsschritts die für die jeweilige Anwendung erforderlichen Anforderungen zu gewährleisten. Um einen Reifen so abzustimmen, dass er sowohl den fahrdynamischen Ansprüchen der Automobilhersteller entspricht wie beispielsweise hinsichtlich Grip (maximaler Reibwert), Rollwiderstand und Verhalten bei Nässe, aber auch Eigenschaften wie Steifigkeit, Abrieb und Haltbarkeit aufweist, s. Abschnitt 2.3.7, sind meist viele Iterationsschritte im Entwicklungsprozess notwendig.

Die Reifenmischung besteht größtenteils aus natürlichem und künstlichem Kautschuk ergänzt durch Additive. Zu diesen gehören Silikate, Ruß, chemische Zusätze wie Beschleuniger, Verzögerer, Aktivatoren und Mischhilfen sowie Schwefel. Für die Reifenmischung hat jeder Reifenhersteller seine eigene geheime Mischung entwickelt. Die einzelnen Reifenbauteile, wie Laufstreifen, Seitenwände und andere Konstruktionselemente werden in diese Mischung zum Teil eingebettet. Der Reifen wird dann aus den einzelnen zugeschnittenen Bauteilen und Verstärkungslagen aus Stahl und synthetischen Fasern aufgewickelt. Die Verstärkungslagen verleihen dem Reifen seine Festigkeit und Widerstandsfähigkeit und beeinflussen die Übertragung der Längs- und Querkräfte, den Vertikalkomfort und somit das Fahrverhalten des Fahrzeugs insgesamt.

Der Reifen wird anschließend unter hohem Druck und bei Temperaturen von 160 bis 200 °C in einer festen Form für 9 bis 17 Minuten „gebacken" (goodyear 2016). Dieser Backprozess wird Vulkanisieren genannt. Durch das Vulkanisieren entstehen Schwefelbrücken, die den gesamten Reifen vernetzen und die Bauteile des Reifens unlösbar miteinander verbinden. Während dieses Prozesses entsteht aus der plastischen Kautschukmischung elastisches Gummi. Dieser Backprozess ebenso wie die Mischung und die Konstruktion des Reifens einen großen Einfluss auf die gewünschten Eigenschaften.

Nach dem Vulkanisieren wird der Reifen auf seine Qualität geprüft. Dabei werden zerstörungsfreie Prüfprozesse, wie z. B. die Röntgenanalyse und Holografieverfahren, durchgeführt. Während der Produktion werden stichprobenartig Reifen auf Außentrommelprüfständen hinsichtlich ihrer Hochgeschwindigkeits- und Strukturfestigkeit geprüft.

2.2.1 Reifenbezeichnungen

Die Abmessungen sowie weitere Eigenschaften eines Reifens sind in der Regel direkt der Beschriftung der Reifenseitenwand zu entnehmen. In Abbildung 2.3 lautet diese Beschriftung beispielsweise „255/35 R 19 96 Y".

Abb. 2.3: Bezeichnungen am Reifen.

Mit den Angaben aus Tabelle 2.1 lässt sich noch der Bauradius des Reifens berechnen:

$$r_0 = b_R q_R + \frac{1}{2} D \cdot 25{,}4\,\frac{\text{mm}}{\text{Zoll}}. \tag{2.1}$$

In diesem Fall ergibt sich $r_0 = 330{,}55$ mm.

Tab. 2.1: Bezeichnungen am Reifen.

Beispiel	Wert	Beschreibung
255	$b_R = 255$	Reifenbreite in mm
35	$q_R = 0{,}35$	Höhen-Breiten-Verhältnis H/B in %
R	–	Radialreifen
19	$D = 19$	Felgendurchmesser in Zoll[*]
96	–	Kennzahl für die Tragfähigkeit des Reifens, s. z. B. (Michelin 2016b)
Y	–	Geschwindigkeitsindex, in diesem Fall ist der Reifen bis 300 km/h zugelassen (weitere Indizes: S: 180 km/h, H: 210 km/h, V: 240 km/h, W: 270 km/h)
2118	–	Herstelldatum Jahr 2018, KW21

[*] 1 Zoll entspricht 25,4 mm.

2.3 Grundlagen der Reifenphysik

Die Reifencharakteristiken, wie Längs- und Quersteifigkeit, maximale Griffigkeit (Grip), Schlupf bei maximaler Kraftübertragung, Einlauf- und Komfortverhalten ändern sich mit Fülldruck, Reifentemperatur, Profiltiefe und kalendarischem[1] Alter des Reifens. Um die Einflüsse auf das Reifenverhalten und somit auf das Gesamtfahrzeugverhalten beurteilen zu können, werden in den nachfolgenden Abschnitten zunächst die Mechanismen zur Kraftübertragung vom Reifen auf die Fahrbahn beschrieben. Dabei wird auf die von Kummer und Meyer 1967 vorgestellte Reibungstheorie für Gummi Bezug genommen. Diese unterscheidet sich grundlegend von der klassischen Reibungstheorie und wird daher im Folgenden näher beleuchtet. Anschließend wird daraus abgeleitet, wie die Kraftübertragung am Reifen stattfindet und welche Parameter dabei durch den Reifenfülldruck und -temperatur beeinflusst werden.

2.3.1 Viskoelastisches Verhalten

Reifen bestehen größtenteils aus dem Werkstoff Gummi, der durch das Vulkanisieren aus Kautschuk entsteht. Gummi weist ein viskoelastisches Materialverhalten auf, das mit einer Parallelschaltung einer Feder (entspricht der Elastizität) und eines Dämpfers (entspricht der Viskosität) vergleichbar ist. Wird Gummi verformt, so kehrt es, nach Wegnahme der Belastung, aufgrund des Federanteils, wieder in seine Ausgangslage zurück. Dies erfordert aufgrund des Dämpfungsanteils eine gewisse Zeit. Dieses Phänomen wird auch Hysterese genannt und ist wegen des Dämpfungsanteils mit einer Energieabfuhr in Form von Wärme verbunden (Michelin 2005, Trzesniowski 2014).

Gummi ändert seine Eigenschaften mit der Temperatur und Lastfrequenz, s. Abbildung 2.4 („Analogie zwischen Temperatur und Periodendauer/Lastfrequenz"). Bei niedrigen Temperaturen bzw. hohen Lastfrequenzen befindet sich Gummi in einem „glasartigen" Zustand. Die Steifigkeit ist in diesem Zustand hoch, sodass sich das Material nur schlecht verformen lässt. Bei höheren Temperaturen bzw. niedrigen Frequenzen verhält sich Gummi hingegen weitgehend elastisch. Die Steifigkeit ist dann niedrig, und das Material verhält sich flexibel. Im Bereich der Glasübergangstemperatur erreicht Gummi seine maximale Viskosität (Michelin 2005).

Die jeweils auftretende Lastfrequenz hängt unter anderem von der Rollgeschwindigkeit des Reifens ab. Dieser Einfluss verhält sich, wie bereits erwähnt, genau umgekehrt wie der Einfluss der Temperatur (s. Abbildung 2.4 rechts). Bei niedrigen Lastfrequenzen verhält sich das Material also elastisch, bei hohen Lastfrequenzen hingegen tritt das Glasverhalten auf. In einem je nach Gummimischung unterschiedlichen Frequenzbereich verhält sich das Gummi viskoelastisch (Michelin 2005).

Der Zusammenhang zwischen Lastfrequenz und Glasübergangstemperatur lässt sich mit der temperaturabhängigen Molekulargeschwindigkeit und der lastfrequenzab-

---

[1] Unter kalendarischem Alter wird in diesem Zusammenhang die seit dem Produktionsdatum verstrichene Zeit verstanden. Dieser Wert ist bei Reifen besonders wichtig, da das Reifenmaterial auch ohne den beim Fahren auftretenden Verschleiß degeneriert.

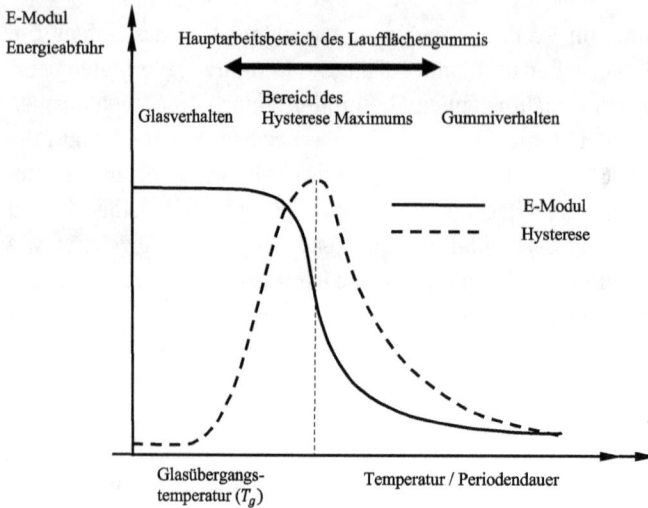

E-Modul
Energieabfuhr

Hauptarbeitsbereich des Laufflächengummis

Bereich des
Hysterese Maximums

Glasverhalten   Gummiverhalten

—————— E-Modul

– – – – – Hysterese

Glasübergangs-
temperatur (T_g)   Temperatur / Periodendauer

Abb. 2.4: Abhängigkeit der Gummieigenschaften. Modulus und Hysterese von der Temperatur und Lastfrequenz bzw. Periodendauer nach Michelin 2005.

hängigen Verformungsgeschwindigkeit erklären. Ist die Verformungsgeschwindigkeit größer als die Geschwindigkeit, mit der sich die Moleküle bewegen, so zeigt das Material ein glasartiges Verhalten. Liegt die Verformungsgeschwindigkeit dagegen unter der Molekulargeschwindigkeit, so verhält sich das Material gummiartig. Diese Gleichwertigkeit von Lastfrequenz und Temperatur ist im WLF-Gesetz (Williams-Landel-Ferry-Gleichung) (Williams, Landel and Ferry) beschrieben. So hat zum Beispiel im Niederfrequenzbereich (10–100.000 Hz) eine Frequenzsteigerung um den Faktor 10 die gleiche Auswirkung wie eine Temperatursenkung um 7° bis 8 °C (Michelin 2005).

2.3.2 Gummireibung

Die klassischen Reibungsgesetze, wonach die Reibkraft nur proportional zur Normalkraft und unabhängig von der Größe der Berührfläche und der Gleitgeschwindigkeit ist ($F_R = \mu F_N$) (Schramm 1986), gelten bei Gummi nicht mehr. Im Gegensatz zur klassischen Reibung ist der Reibwert μ der Gummireibung nicht konstant, sondern hängt von dynamischen Vorgängen sowie von weiteren Einflussgrößen ab (Kummer und Meyer 1967). Aufgrund der durch die viskoelastischen Eigenschaften des Gummis auftretenden Hysterese wirken hauptsächlich zwei Mechanismen: Die Adhäsionsreibung (auch molekulare Haftung genannt) und die Hysteresereibung, auch Verzahnungseffekt genannt (Michelin 2005). Die Kohäsion und ein viskoser Reibkraftanteil sind hierbei keine dominierenden Effekte.

Die Adhäsionsreibung stellt auf glatten, trockenen und ebenen Oberflächen den Hauptanteil der Reibkraft zur Verfügung (Bachmann 1999). Sie entsteht dadurch, dass außen liegende Atome der Kettenmoleküle des Gummis in direktem Kontakt mit der Fahrbahn eine Verbindung eingehen. Durch die zwischen Gummi und Fahrbahn auftretenden Relativgeschwindigkeiten werden die Kettenmoleküle gedehnt und teilweise bestehende Verbindungen zerrissen. Nach der Auflösung der Verbindung kehren die Molekülketten wieder in ihre Ausgangslage zurück. Durch den Vorgang des periodischen Spannens und Entspannens wird kinetische Energie in Wärmeenergie umgewandelt und man erhält, wie in Abbildung 2.5 rechts zu sehen ist, eine der Bewegungsrichtung entgegengesetzt wirkende Reibungskraft (Haken 1993).

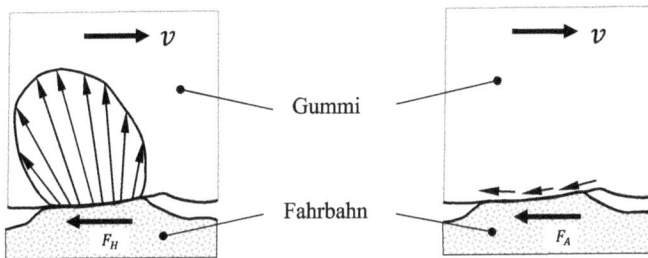

Abb. 2.5: Mechanismen der Hysterese- (links) und Gummireibung (rechts) nach Heißing, Ersoy und Gies 2013b.

Da sich diese Verbindungen nur im direkten Kontakt des Gummielementes mit dem Reibpartner ausbilden, ist die Adhäsion F_A direkt abhängig von der tatsächlichen Kontaktfläche. Bei einer möglichst großen Aufstandsfläche und bei ideal glatten Oberflächen ist sie folglich am größten. Zudem beeinflussen die Materialeigenschaften der Reibpartner sowie die Temperatur und die Gleitgeschwindigkeit des Gummis auf der Kontaktfläche die Adhäsion (Bachmann 1999). Die Adhäsion bildet sich in Größenordnungen von Hundertstel von Mikrometern aus und beginnt bei Gleitgeschwindigkeiten von $0,0001\,\mathrm{km/h}$ zwischen Reifen und Fahrbahn und erreicht ihr Maximum bei ca. $0,1\,\frac{\mathrm{km}}{\mathrm{h}}$ (Heißing, Ersoy und Gies 2013b).

Der Hystereseanteil F_H der Reibungskraft wird durch die Verformung des Gummielements während des Reibvorgangs verursacht. Die Hysteresereibung findet in Größenordnungen zwischen einem Zentimeter und einem Mikrometer statt. Sie ist im Frequenzbereich von 10^2 und 10^6 Hz wirksam (Michelin 2005). Aufgrund der auftretenden Dämpfungsverluste entsteht hier in der Kontaktfläche des Gummielementes ein asymmetrisches Druckgebirge und eine der Bewegungsrichtung entgegengesetzte Reibungskraft, s. Abbildung 2.5 links. Im Gegensatz zur Adhäsion erreicht die Hysterese ihr Maximum erst bei sehr hohen Gleitgeschwindigkeiten. Die Größe der Hysterese ist zudem abhängig von der Gummimischung, der Oberflächenstruktur, relativ unabhängig jedoch von einem dünnen Zwischenmedium (Bachmann 1999). Bei nasser Fahrbahn wird der Anteil der Hysteresereibung daher entsprechend wichtiger, da fast keine Adhäsionskräfte mehr zwischen Gummi und Fahrbahn aufgebaut werden können. Nehmen jedoch die Wasserhöhe auf der Fahrbahn und die Fahrgeschwindigkeit zu, so kann der Reifen aufschwimmen (Aquaplaning). In diesem Fall bricht die Kraftübertragung zwischen Fahrbahn und Reifen sehr schnell nahezu komplett zusammen.

Die Kraftanteile F_H aus den Hysterese- und F_A aus den Adhäsionseffekten erbringen den Hauptanteil der aus der Gummireibung resultierenden gesamten Reibungskraft:

$$F_R = F_H + F_A. \tag{2.2}$$

Die übertragbare Gesamtkraft F_R ist abhängig von der Flächenpressung zwischen Gummi und Fahrbahn und der Gleitgeschwindigkeit. Je geringer und gleichmäßiger der lokale Druck ist, desto höher ist der Reibwert (Heißing, Ersoy und Gies 2013b). Aus der Überlagerung der Komponenten resultiert ein geschwindigkeitsabhängiger Reibwert (Nüssle 2002), der zu einer Geschwindigkeitsabhängigkeit der resultierenden Kräfte führt. Diese sind in Abbildung 2.6 in Abhängigkeit von der Gleitgeschwindigkeit (v_{Gleit}) dargestellt.

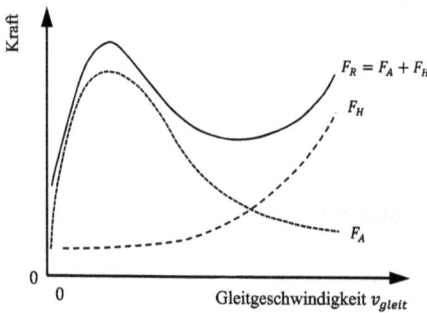

Abb. 2.6: Qualitativer Zusammenhang zwischen Kraft und Gleitgeschwindigkeit nach Trzesniowski 2014.

Der Kohäsionsanteil der Reibungskraft von Gummi hat seine Ursache in der Energie, die zur Bildung neuer Oberflächen, resultierend aus Abrieb und Rissbildung, aufgewendet werden muss. In den meisten Fällen ist dieser Anteil jedoch vernachlässigbar (Nüssle 2002).

Ein viskoser Reibungsanteil entsteht durch die Verformung bzw. Scherung eines zwischen Gummi und Fahrbahn eingeschlossenen flüssigen Zwischenmediums, wie z. B. Wasser oder Matsch (Bachmann 1999).

Die beschriebenen Effekte unterscheiden die Gummireibung ganz grundsätzlich von der klassischen Reibung. Sie sind in Abbildung 2.7 in schematischen Darstellungen veranschaulicht.

Mit steigender Flächenpressung p_N zwischen Gummi und Oberfläche nimmt der effektive Reibwert μ ab. Bei zunehmender Kontaktfläche A_R steigt der Reibwert hingegen an. Der Reibwert ist von der Temperatur einerseits und von der Gleitgeschwindigkeit andererseits, abhängig. Die Gleitgeschwindigkeit entspricht hierbei der Relativgeschwindigkeit zwischen dem Gummi des Reifens und der Fahrbahnoberfläche. Bei

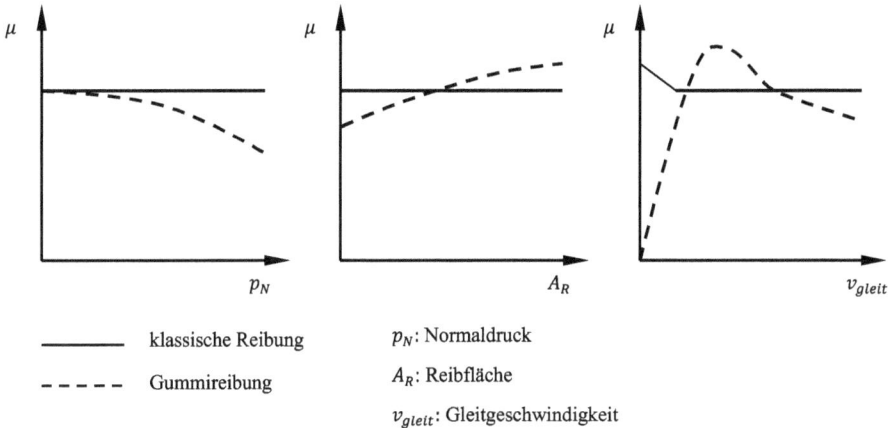

klassische Reibung

Gummireibung

p_N: Normaldruck

A_R: Reibfläche

v_{gleit}: Gleitgeschwindigkeit

Abb. 2.7: Vergleich zwischen klassischer Reibung und Gummireibung (schematische Darstellung).

der klassischen Reibung würde sich nach Überwindung der Haftreibung ein konstanter Reibwert[2] ausbilden. Bei der Gummireibung steigt der Reibwert μ hingegen mit anwachsender Gleitgeschwindigkeit bis zu einem maximalen Wert μ_{max} an und sinkt nach dem Überschreiten dieses Maximalwertes sehr schnell ab. Der Reibwert nimmt dann einen konstanten Endwert, die sogenannte Gleitreibungszahl an (Schramm, Hiller und Bardini 2018).

Da Gummi seine Eigenschaften, wie in Abschnitt 2.3.1 beschrieben, mit der Temperatur und Lastfrequenz verändert, sind auch die Adhäsions- und Hysteresereibung temperaturabhängig. Über die Gummimischung des Reifens lässt sich die Glasübergangstemperatur bei einer speziellen Lastfrequenz gezielt einstellen. Sie wird an die Betriebspunkte des Reifens angepasst, um einen hinreichend großen Energieabbau und eine daraus resultierende größere Haftung zu erzielen (Michelin 2005). Aus diesem Grund besitzt die Gummimischung eines Winterreifens in der Regel eine niedrigere Glasübergangstemperatur verglichen mit der eines Sommerreifens. Dadurch ist ein Winterreifen bei gleicher Temperatur „weicher" als ein Sommerreifen (Michelin 2005).

2.3.3 Rollwiderstand

In Abbildung 2.8 ist ein auf einer ebenen Fahrbahn abrollender Reifen dargestellt. Die Reifenlauffläche (auch als Reifenlatsch bezeichnet) wird hierbei vereinfachend als eine rechteckige Fläche angenommen. Beim Abrollen des Reifens entsteht der Rollwiderstand, welcher als eine der Bewegungsrichtung entgegenwirkende Kraft ausgedrückt werden kann (Michelin 2005).

---

2 In der Literatur auch als Kraftschlussbeiwert bezeichnet.

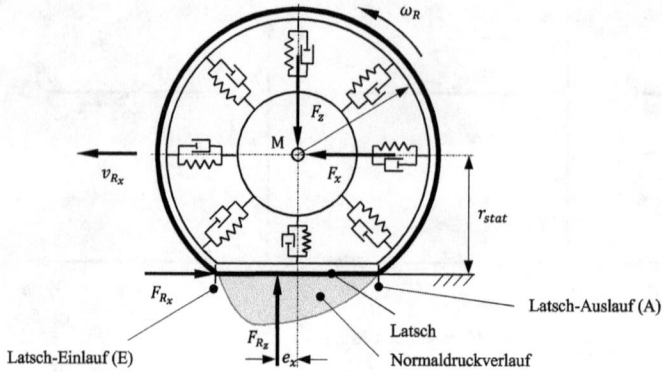

Abb. 2.8: Entstehung der Rollwiderstandskraft des Reifens durch Normaldruckverlagerung in der Reifenaufstandsfläche.

Die Hauptursache für den Rollwiderstand sind die viskoelastischen Eigenschaften der Gummimischung, die in Abbildung 2.8 durch Feder-Dämpfer-Elemente symbolisiert werden. Beim Eintritt in die Kontaktfläche (Latsch-Einlauf) wird der Reifen verformt. Hierdurch wird Energie in Form von Wärme dissipiert, was zu einer Erwärmung des Reifens führt. Diese Energiedissipation verursacht einen Anteil von 80 bis 95 % des Rollwiderstands, die restlichen Anteile sind auf den Mikroschlupf und den Luftwiderstand des Rades zurückzuführen. Die aus Simulationen ermittelten Werte in Abbildung 2.9 zeigen, dass der Energieverlust aufgrund der Erwärmung des Reifens mit 65–70 % zum größten Teil im Reifenscheitel, also in der Lauffläche stattfindet. Der restliche Teil verteilt sich mit 15 % bzw. 15–20 % auf die Seitenwand und die Wulstzone (Baumgärtner 2010).

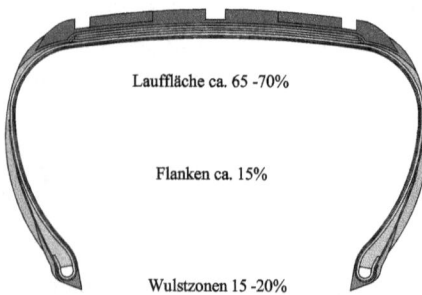

Abb. 2.9: Verteilung der Energiedissipation am Reifen.

Die tatsächliche Verformung der Lauffläche hängt maßgeblich vom Reifenfülldruck, s. Abbildung 2.13, der Radlast und der Steifigkeit der Gummimischung ab. Demnach führen eine Absenkung des Reifenfülldrucks oder eine Steigerung der Radlast zu einer Erhöhung der Verformung und damit auch zu einer Erhöhung des Rollwider-

stands. Des Weiteren führen auch Reifenschwingungen, die in höheren Geschwindig-
keitsbereichen auftreten, zu starken Deformationen und damit zu einem Anstieg des
Rollwiderstands bei sehr hohen Geschwindigkeiten. Auch mit steigender Makrorauig-
keit[3] der Fahrbahnoberfläche steigt die Verformung der Lauffläche.

Eine höhere Temperatur des Reifens, wie sie z. B. durch eine höhere Umgebungstemperatur oder längere Fahrtdauer auftreten kann, führt zu einer geringeren Steifigkeit des Reifens und damit zu einer Absenkung des Rollwiderstands (Michelin 2005).
Durch Anpassung der Gummimischung kann die lastfrequenzabhängige Hysterese so
eingestellt werden, dass der Rollwiderstand bei einer bestimmten Abrollgeschwindig-
keit minimiert wird.

2.3.4 Übertragung von Vertikalkräften

Der Reifen muss neben Längs- und Querkräften auch Vertikalkräfte übertragen, die
durch das Gewicht des beladenen Fahrzeugs erzeugt werden, auf die Straße übertragen. Die Vertikalkraft wird nahezu alleine durch die Wirkung des Fülldrucks erzeugt,
s. Abbildung 2.10. Der Fülldruck wirkt im gesamten Reifen von innen auf den Karkassen-
gürtel. Die Reifenkarkasse kann jedoch nur in einem sehr geringen Umfang Druckkräfte
übertragen. Vielmehr ziehen die oberen Karkassenfäden, gestützt durch den Fülldruck,

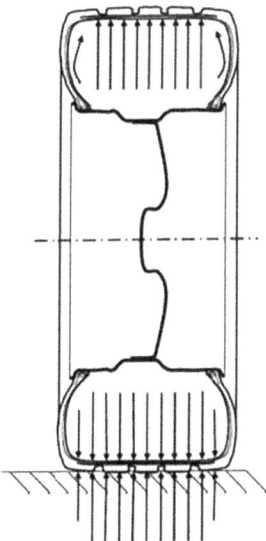

Abb. 2.10: Übertragung von Vertikalkräften (Pfeffer und Harrer 2011).

---

3 Rautiefen an der Fahrbahnoberfläche zwischen 0,5 bis 50 mm.

am Wulstkern und stützen das Felgenhorn und somit die Vertikallast ab (Pfeffer und Harrer 2011). Wird der Reifen belastet, so federt er im unteren Bereich ein und es bildet sich eine Berührfläche zwischen Reifen und Fahrbahn, der sogenannte Reifenlatsch (Mitschke und Wallentowitz 2014) aus. Im Reifenlatsch kompensieren sich Füll- und Bodendruck. Das bedeutet auch, dass ein geringerer Fülldruck einen größeren Latsch zur Folge haben muss, um das Druckgleichgewicht herzustellen (Pfeffer und Harrer 2011). Bei einem höheren Fülldruck steigt andererseits durch die Verkleinerung der Radaufstandsfläche auch der Bodendruck. Durch die füllluftdruckabhängige Größe des Latsches und die Bodendruckverteilung wird die Übertragung der Längs- und Querkräfte beeinflusst und somit auch das allgemeine Fahrverhalten des Fahrzeugs. Die Leistungsfähigkeit des Reifens wird durch einen nicht korrekten Fülldruck verschlechtert, s. Abschnitt 2.3.5.

Der Reifen verformt sich als elastisches Bauteil abhängig von der Höhe der vertikal wirkenden Kraft. Die elastischen Eigenschaften des Reifens können hierbei näherungsweise mit der Arbeitsweise einer Feder erklärt werden (Heißing, Ersoy und Gies 2013b). Die Federsteifigkeit wird vom Aufbau und von den Materialien des Reifens, von der Rollgeschwindigkeit und vor allem vom Fülldruck des Reifens beeinflusst. Die Federsteifigkeit ist als der Quotient aus Radlast und Einfederung des Reifens definiert. In dem Radlastbereich, in dem ein Reifen im Normalbetrieb beansprucht wird, ist die Einfederung linear proportional zur Radlast und der Quotient folglich konstant (Reimpell und Sponagel 1988). Die Abbildung 2.11 zeigt die Verformung in Abhängigkeit von der wirkenden Kraft (Radlast). Eine zunehmende Radlast führt zu einer stärkeren Verformung des Reifens und, daraus resultierend auch zu einem größeren Reifenlatsch. Ein vergleichbares Verhalten ist bei gleichbleibender Radlast und kleiner werdendem Fülldruck zu beobachten.

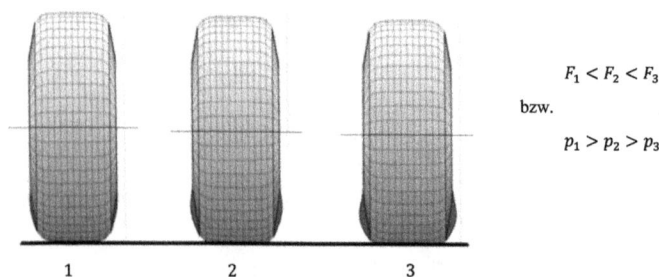

$$F_1 < F_2 < F_3$$

bzw.

$$p_1 > p_2 > p_3$$

Abb. 2.11: Verformung des Reifens durch die Radlast (Jazar 2008).

Die Federeigenschaften des Reifens ergeben zusammen mit den ungefederten Massen des Fahrzeugs ein schwingungsfähiges System. Die Höhe der Resonanzfrequenz hängt dabei von der Steifigkeit des Reifens und somit auch direkt vom Fülldruck im Reifen ab.

Die Abhängigkeit der Radial- bzw. der Vertikalsteifigkeit vom Fülldruck kann, wie vorher beschrieben, als linear angesehen werden. In Abbildung 2.15 ist das Verhalten beispielhaft für unterschiedliche Reifenabmessungen dargestellt. Ein steigender Druck vergrößert somit die Radialsteifigkeit und verschlechtert in der Folge den Fahrkomfort, senkt andererseits jedoch den Rollwiderstand und hierdurch wiederum den Kraftstoffverbrauch des Fahrzeugs.

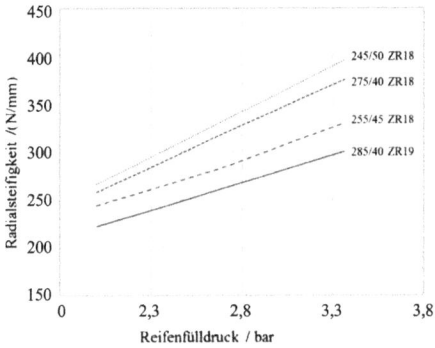

Abb. 2.15: Radialsteifigkeit verschiedener Reifen nach (Pfeffer und Harrer 2011).

Die in Abschnitt 2.4.3 beschriebéne Schräglaufsteifigkeit eines Reifens wird ebenfalls vom Fülldruck beeinflusst. Die prinzipielle Änderung durch verschiedene Fülldrücke ist in Abbildung 2.16 dargestellt (Pfeffer und Harrer 2011). Bei niedrigen und mittleren Radlasten steigt die Schräglaufsteifigkeit mit abnehmendem Fülldruck.

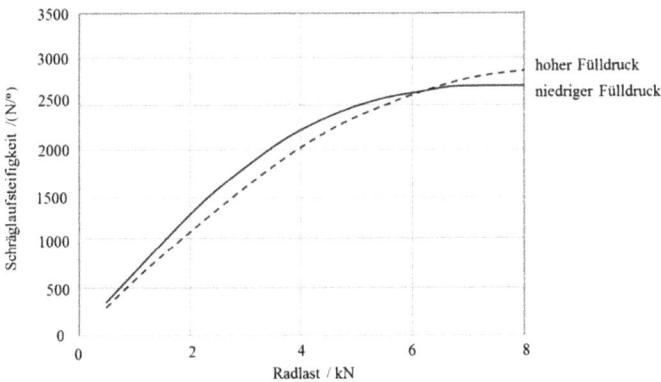

Abb. 2.16: Fülldruckeinfluss auf die Schräglaufsteifigkeit nach Pfeffer und Harrer 2011.

Bei Überschreiten eines Grenzwertes der Radlast kehrt sich das Verhalten allerdings um. Ab diesem Wert unterstützt der höhere Fülldruck die laterale Reifensteifigkeit und minimiert die Reifenquerverformung, wie sie beispielsweise während einer Kurvenfahrt auftreten kann, s. Abbildung 2.17. Daher besitzt der Reifen mit höherem Fülldruck hier die größere Schräglaufsteifigkeit (Pfeffer und Harrer 2011). Die Lage des Schnittpunktes ist jedoch stark von der Reifenkonstruktion abhängig. Der Aufbau, die Breite, die Flankenhöhe und auch die verarbeiteten Materialien im Reifen haben großen Einfluss auf den Verlauf der Kurve. Belastbare Aussagen über den Verlauf der Kurven und die Lage des Schnittpunktes können daher nur für einen jeweils speziellen Reifen gemacht werden.

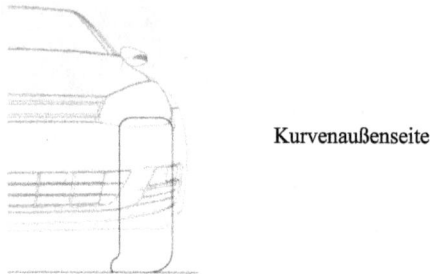

Kurvenaußenseite

Abb. 2.17: Verformung des Reifens bei der Kurvenfahrt.

2.3.6 Einfluss der Temperatur auf die Reifeneigenschaften

Die Reifentemperatur beeinflusst die wesentlichen Reifeneigenschaften wie den maximalen Reibwert (Grip) und die Steifigkeiten durch die temperaturabhängige Eigenschaftsveränderung der Gummimischung.

Angrick, van Putten und Prokop 2014 bzw. Gutjahr, Niedermaeier et al. 2011 stellten Untersuchungen zum Einfluss der Reifentemperatur auf verschiedene Reifeneigenschaften anhand von Prüfstandmessungen vor, s. Abbildung 2.18. In Angrick, van Putten und Prokop 2014 wurde dabei über eine deutliche Verkleinerung der Schräglaufsteifigkeit von 3–4 % pro 10 °C Temperaturerhöhung berichtet. Die laterale Einlauflänge hingegen wies keine reproduzierbare Korrelation zur Temperatur auf. Die Ursache für diese Beobachtung wird bei der Betrachtung der Beziehung für die Einlauflänge (s. Abschnitt 2.4.8) in lateraler Richtung σ_α deutlich:

$$\sigma_\alpha = \frac{c_\alpha}{c_y}. \tag{2.3}$$

Unter der Annahme, dass sich die Schräglaufsteifigkeit c_α und die laterale Steifigkeit c_y bei einer Variation der Reifentemperatur gleichermaßen ändern, kann davon ausgegangen werden, dass die Einlauflänge über der Temperatur in etwa konstant ist. Für den maximalen Reibwert in lateraler Richtung wurde in Angrick, van Putten und Prokop 2014 zunächst eine Zunahme mit steigender Temperatur beobachtet. Bei einer Oberflächentemperatur von ca. 70 °C erreichte der Reibwert sein Maximum und fiel bei weiter steigender Temperatur wieder ab. Die Spanne des Reibwertes erstreckte sich bei diesen Messungen von 0,6 bei 20 °C bis 1,5 bei 70 °C. Zusammenfassend lässt sich die qualitative Abhängigkeit des maximalen Reibwerts, der Schräglaufsteifigkeit und der Einlauflänge wie in Abbildung 2.18 darstellen. Der qualitative Verlauf des maximalen Reibbeiwertes und der Schräglaufsteifigkeit über der Temperatur stimmt somit mit der Theorie zur Temperaturabhängigkeit des Moduls und der Hysterese von Gummi überein, s. Abbildung 2.4. Es ist festzuhalten, dass die Reifentemperatur einen erheblichen Einflussfaktor für die fahrdynamikrelevanten Reifeneigenschaften darstellt. Wie sehr sich die Reifeneigenschaften mit der Temperatur ändern, hängt stark vom jeweiligen Reifen ab.

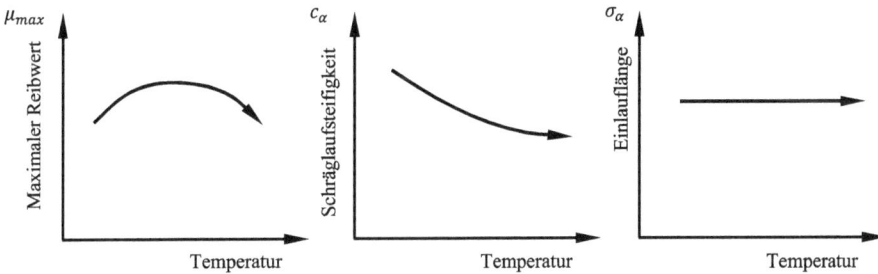

Abb. 2.18: Qualitative Abhängigkeit wesentlicher Reifeneigenschaften von der Temperatur nach Angrick, van Putten und Prokop 2014.

Bei der Bewertung der Ergebnisse aus Prüfstandmessungen ist zu beachten, dass diese Tendenzen am realen Fahrzeug nicht zwangsläufig auftreten müssen, da sich die Temperatur- und die Fülldruckänderung im Fahrbetrieb nicht entkoppeln lassen. Eine Erhöhung der Reifentemperatur führt mit einem gewissen Zeitverzug immer zu einer Erhöhung der Lufttemperatur im Reifen. Unter der zutreffenden Annahme einer isochoren Zustandsänderung ergibt sich aus der thermischen Zustandsgleichung für ideale Gase der Zusammenhang:

$$\frac{p_2}{p_1} = \frac{T_2}{T_1}.\qquad(2.4)$$

Die relative Änderung der Füllufttemperatur (in Kelvin) und des Fülldrucks ist demnach stets gleich. Als Faustformel kann bei einer Druckerhöhung von 0,1 bar eine Temperaturerhöhung von 10 Kelvin angenommen werden. Dies führt dann wiederum zu einer Erhöhung der Reifenvertikalsteifigkeit.

2.3.7 Zielkonflikte der Reifenentwicklung

Der Reifen hat neben der Beschaffenheit der Fahrbahnoberfläche und den Eigenschaften des Fahrzeugs selbst einen erheblichen Einfluss auf alle Aspekte des Fahrverhaltens.

Hierzu gehören Komfort, Fahrverhalten und Fahrsicherheit aber auch Wirtschaftlichkeit und Umwelt. Das Ziel der Reifenentwicklung ist daher ein Reifen, der in allen Bereichen möglichst positive Eigenschaften besitzt. Hieraus entstehen Zielkonflikte, die aus den widersprüchlichen Anforderungen der einzelnen Bereiche an den Reifen hervorgehen. Je nach Art des Reifeneinsatzes werden dabei die Prioritäten unterschiedlich gewichtet. Abbildung 2.19 führt einige dieser Anforderungen auf. Bei einem Sportreifen werden Aspekte wie Trockenbremsen und Fahrverhalten beispielsweise höher gewichtet als Komfort und Abrollgeräusch. Bei einem rollwiderstandsoptimierten Reifen ist hingegen das Fahrverhalten weniger wichtig als der Rollwiderstand.

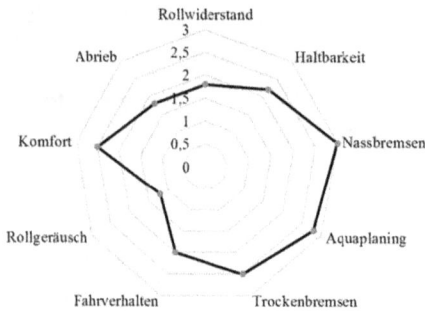

Abb. 2.19: Beispiele für Anforderungen an einen Reifen.

Für den Fülldruck ergeben sich daher ebenso gegensätzliche Anforderungen, die bisher nur durch das Eingehen von Kompromissen erfüllt werden können. So erfordern die Beladung und die Maximalgeschwindigkeit des Fahrzeugs einen bestimmten Mindestdruck zum sicheren Betrieb des Reifens (EU 2014). Die Vertikalsteifigkeit steigt jedoch mit steigendem Reifendruck. Hierdurch sinkt wiederum der Komfort für die Fahrzeuginsassen, da die Fahrbahneinflüsse durch den Reifen weniger kompensiert werden können. Für einen geringen Rollwiderstand ist es ebenfalls wichtig, dass der Reifendruck hoch ist, um die Verformung des Reifens gering zu halten. Bei höherem Reifendruck ist jedoch andererseits der Reifenlatsch kleiner, was zu einem kleineren Reibwert und somit zu einer kleineren maximalen Kraftübertragung führt.

2.4 Mathematische Beschreibung der Reifenkräfte

Zur mathematischen Beschreibung der Kraftübertragung existieren verschiedene Modellierungsansätze, die grundsätzlich in die Kategorien mathematische Modelle, physikalische Modelle und Mischformen unterteilt werden können.

Ziel dieses Abschnittes ist es, Reifenkenngrößen vorzustellen, die die Physik des Reifens mathematisch beschreiben. Darauf aufbauend folgt die Beschreibung eines Reifenmodells, das abhängig von kinematischen Größen die statische Reifenkraft berechnet. Abschließend wird die Berechnung der dynamischen Reifenkraft beschrieben. Für detailliertere Betrachtungen unterschiedlicher Reifenmodellierungen und Reifensimulationsmodelle sei auf Zomotor 1987, Burckhardt 1991, Gipser 2002, Pacejka 2006, Wallentowitz und Mitschke 2006 verwiesen.

2.4.1 Kennzeichnung der Reifenkräfte

Bei der Modellierung eines Fahrzeugs ergibt sich aus den resultierenden Kontaktkräften und -momenten die Beschreibung der Kraftwirkung zwischen Reifen und Fahrbahn. Es handelt sich dabei um eingeprägte Kräfte und Momente, die sich (im Gegensatz zu Reaktionskräften) in Abhängigkeit von Lage- und Geschwindigkeitsgrößen bestimmen lassen. Die Kontaktkraft im Latsch lässt sich in drei Komponenten des radträgerfesten Koordinatensystems K_R zerlegen (Abbildung 2.20 und Tabelle 2.2).

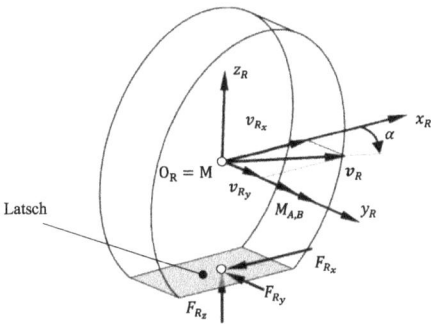

Abb. 2.20: Kontaktkräfte im Reifenlatsch und kinematische Größen am Reifen.

Tab. 2.2: Kräfte und kinematische Größen am Reifen, s. Abbildung 2.20.

Formelzeichen	Beschreibung
F_{R_x}	Längskraft/Umfangskraft entlang der x-Achse von K_R
F_{R_y}	Querkraft/Seitenkraft entlang der y-Achse von K_R
F_{R_z}	Vertikalkraft/Aufstandskraft entlang der z-Achse von K_R
$M_{A,B}$	Antriebs- und Bremsmoment um die y-Achse von K_R
v_R	Geschwindigkeitsvektor des Radmittelpunktes
$v_{Rx} = v_R \cos \alpha$	Geschwindigkeit des Radmittelpunktes in Richtung der x-Achse von K_R
$v_{Ry} = v_R \sin \alpha$	Geschwindigkeit des Radmittelpunktes in Richtung der y-Achse von K_R
α	Schräglaufwinkel des Reifens

Die Kräfte werden in den Koordinaten des radträgerfesten Systems dargestellt, wobei die Eigendrehung des Rades unberücksichtigt bleibt. Die Vertikalkraft wirkt einseitig, da zwischen Reifen und Fahrbahn nur Druckkräfte übertragen werden können. Die Reifenkräfte, die parallel zum Latsch entstehen, werden aus Schlupf und Schräglaufwinkel unter Berücksichtigung der Vertikalkraft durch entsprechende Kraftgesetze errechnet. Diese hängen von der Materialpaarung zwischen Reifen und Fahrbahn sowie von der Gummimischung und den geometrischen Abmessungen des Reifens ab.

2.4.2 Reifen unter der Einwirkung von Vertikalkräften

Die Steifigkeit des Reifens in vertikaler Richtung kann weitgehend entkoppelt von den Bewegungen in Längs- und Querrichtung betrachtet werden. Die Vertikalelastizität ermöglicht das Einfedern, sodass z. B. kleinere Fahrbahnstörungen direkt vom Reifen geschluckt werden. Aufgrund der komplexen mechanischen Eigenschaften des Reifenaufbaus und der Veränderung der Latschgröße ergibt sich für größere Federwege ein nichtlinearer Verlauf der Federkennlinie des Reifens. Unter alleiniger Berücksichtigung der statischen Belastung ergibt sich ein nichtlineares Kraftgesetz der Form:

$$F_{R_z} = F_{R_z}(\Delta z_R), \qquad (2.5)$$

s. hierzu Abbildung 2.21.

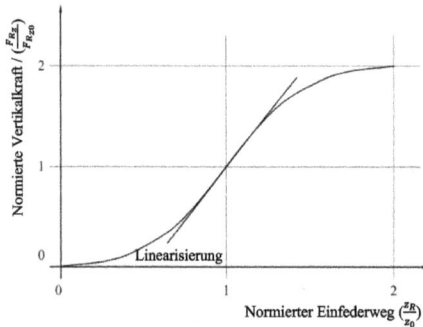

Abb. 2.21: Vertikalkraftkennlinie eines Reifens (Prinzipdarstellung).

Die nichtlineare Kennlinie kann um den statischen Gleichgewichtspunkt (z_0, F_{z0}) linearisiert werden und man erhält die Beziehung

$$F_{R_z} = F_{R_{z0}} + c_R \Delta z_R, \qquad (2.6)$$

mit der Federkonstante c_R und der Gleichgewichtskraft $F_{R_{z0}}$. Die Reifendämpfung ist in der Regel vernachlässigbar und wird daher hier weggelassen.

2.4.3 Reifen unter Einwirkung von Längs- und Seitenkräften

Die Übertragung von Umfangs- und Querkräften in der Latschfläche unterliegt dem Kraftschluss durch Adhäsionsreibung (intermolekulare Bindungskräfte zwischen Reifengummi und Fahrbahnoberfläche) und durch Hysteresereibung (Formschluss durch Verzahnungseffekte zwischen Reifenlatsch und Fahrbahnoberfläche), s. Abschnitt 2.3.2 und Gillespie 1992. Beide Effekte sind abhängig von kleinen Relativbewegungen zwischen Reifenlatsch und Fahrbahn, die sich über die Radaufstandsfläche unterschiedlich verteilen.

Die Entstehung von Umfangs- und Querkräften lässt sich durch Scherdeformationen des Reifenlatsches in Kombination mit dem Reibungsverhalten zwischen Reifenlatsch und Fahrbahnfläche beschreiben. Dies erfordert eine makroskopische Beschreibung der Schermechanismen, die sich beispielsweise problemlos in einen Mehrkörpersystemformalismus einbinden lassen. Am besten eignen sich Beschreibungen wie Längsschlupf (Umfangsschlupf) s und Querschlupf (Schräglaufwinkel) α, die auf die Relativbewegungen im Latsch zurückzuführen sind.

Längsschlupf

Der Längsschlupf ist eine kinematische Größe, welche die Relativbewegung zwischen Reifen und Fahrbahn in Längsrichtung des Rades beschreibt. Das Rad kann hierbei den Bewegungszustand „angetrieben", „gebremst" und „antriebsfrei rollend" annehmen. Das Rad wird in diesem Zusammenhang zur Vereinfachung als starrer Körper betrachtet. Der nachfolgend eingeführte Schlupf wird daher auch als Starrkörperschlupf bezeichnet. Die Reifenkontaktfläche degeneriert bei einem als Starrkörper modellierten Rad von einer Fläche zu einer Linie senkrecht zur Fahrtrichtung. Der Fahrzeugreifen bewegt sich – immer unter der Annahme eines starren Rades – mit einer Kombination aus Rollen und Gleiten (Wälzen), s. Schramm, Hiller und Bardini 2018. Durch die Berücksichtigung des dynamischen Reifenradius r_{dyn} entsteht ein Ersatzmodell, das den Schlupf gut wiedergibt.

Für die heute nahezu ausschließlich eingesetzten Radialreifen lässt sich das grundsätzliche Verhalten des Reifens durch das in Abbildung 2.22 dargestellte Ersatzmodell (Bürstenmodell) hinreichend gut beschreiben. Eine Grundannahme bei dieser Modellierung ist der zwar biegfähige aber andererseits nahezu dehnungsfreie Stahlgürtel. Das Reifenprofil wird durch entsprechende Profilelemente repräsentiert, deren reifeninnere Enden fest mit dem Stahlgürtel verbunden sind und sich daher mit diesem mitbewegen. In der Einlaufzone E des Reifenlatsches werden die Profilelemente innerhalb einer extrem kurzen Strecke auf die Vertikalgeschwindigkeit null abgebremst. In der Auslaufzone A heben die Profilelemente dann wieder von der Fahrbahn ab. Die reifeninneren Enden der Profilelemente bewegen sich zusammen mit dem Gürtel mit der (aufgrund der quasistatischen Betrachtungsweise) konstanten Geschwindigkeit v_p. Andererseits haften sie mit ihren reifenaußenseitigen Enden auf der Fahrbahn. Dies resul-

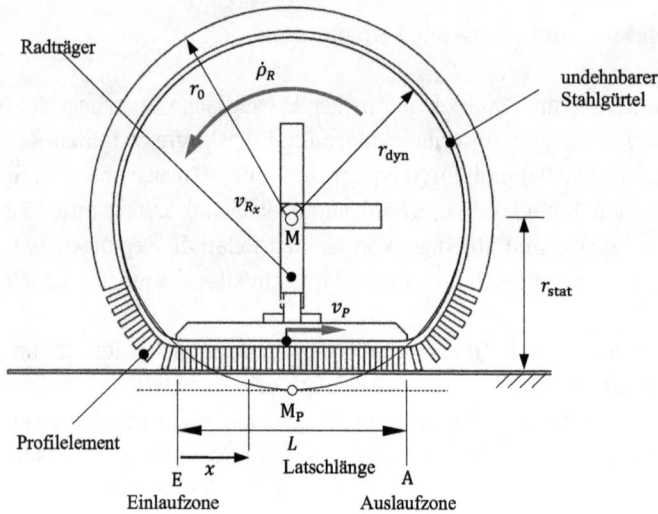

Abb. 2.22: Mechanisches Ersatzmodell zur Beschreibung der Reifenkräfte (Schramm, Hiller und Bardini 2018).

tiert in einer mit dem Abstand $0 < x < L$ vom Punkt E wegen $v_P = $ const proportional zunehmenden Scherung der Elemente, die zu einer entsprechenden Scherspannung führt, deren Integration über die Reifenlauffläche die resultierende Längskraft ergibt. Je nach Beschleunigungs- oder Bremszustand des Rades tritt oberhalb einer Grenze $0 < x_{\text{Haft}} < L$ Gleiten zwischen Reifen- und Straßenoberfläche ein.

Abbildung 2.23 zeigt den Freischnitt eines ebenen, in Längsrichtung rollenden Rades. Die zugehörigen Größen sind in Tabelle 2.3 beschrieben. Kinematische Radaufhängungsgrößen wie Sturz- und Spurwinkel werden vernachlässigt.

Der Drallsatz für das Rad ergibt sich zu:

$$\Theta_{R_{yy}} \ddot{\rho}_R = M_{A,B} - F_{R_x} r_{\text{stat}}. \tag{2.7}$$

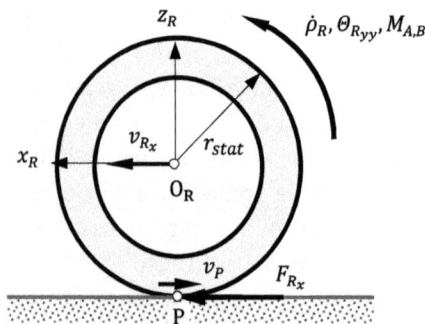

Abb. 2.23: Geschwindigkeiten sowie Längskräfte und Momente am Reifen in Umfangsrichtung.

Tab. 2.3: Größen am bewegten Rad, s. Abbildung 2.23 und Abbildung 2.23.

Formelzeichen	Beschreibung
$\dot{\varphi}_R$	Winkelgeschwindigkeit des Rades um die y-Achse des Radsystems K_R
$\Theta_{R_{yy}}$	Radträgheitsmoment um die y-Achse des Rades
F_{R_x}	Reifenlängskraft entlang der x-Achse des Radsystems K_R
$M_{A,B}$	Antriebs- und Bremsmoment um die y-Achse des Radsystems K_R
v_{R_x}	Geschwindigkeit des Radmittelpunktes in Längsrichtung
v_P	Geschwindigkeit des (fiktiven) Radaufstandspunktes P
r_{stat}	statischer Reifenradius
$r_{dyn} = \frac{U_R}{2\pi}$	dynamischer (effektiver) Reifenradius
M_P	Momentanpol
s	Schlupf
s_A, s_B	Antriebs-, bzw. Bremsschlupf

Die Winkelbeschleunigung $\ddot{\varphi}_R$ hängt vom Antriebs- und Bremsmoment $M_{A,B}$ und der Reifenlängskraft F_{R_x} ab, die parallel zur Fahrbahn verläuft sowie der rotatorischen Trägheit $\Theta_{R_{yy}}$. Der für die Berechnung des Schlupfs benötigte dynamische Reifenradius r_{dyn} wird über den Abrollumfang U_R des Rades bestimmt. Dazu wird das Rad ohne Antriebs- und Bremskräfte bei einer definierten Vertikallast mit der Geschwindigkeit 60 km/h geschleppt und der Abrollumfang U_R bei einer Umdrehung des Rades auf der Fahrbahn abgemessen.

Zur Beschreibung der am Rad wirkenden Kräfte wird das Konzept des Starrkörperschlupfs herangezogen, s. Abbildung 2.24. Bei einem ideal (schlupffrei) rollenden Rad verschwindet die Geschwindigkeit v_P des Radaufstandspunktes und für die Geschwindigkeit des Radmittelpunktes gilt $v_{R_x} = \dot{\varphi}_R r_{dyn}$. Für ein beschleunigtes oder gebremstes Rad entsteht im Radaufstandspunkt eine Relativgeschwindigkeit bezogen auf die Radgeschwindigkeit, der sogenannte Schlupf.

Um zwischen Antriebsschlupf s_A und Bremsschlupf s_B unterscheiden zu können, wird der Betrag der Relativgeschwindigkeit v_P im gedachten Radaufstandspunkt P auf den jeweils größeren Wert der beiden Größen v_{R_x} bzw. $\dot{\varphi}_R r_{dyn}$ bezogen. Am angetriebenen Rad ergibt sich somit der Antriebsschlupf ($v_{R_x} < \dot{\varphi}_R \cdot r_{dyn}$) zu:

$$s_A = \frac{v_P}{\dot{\varphi}_R r_{dyn}} = \frac{\dot{\varphi}_R r_{dyn} - v_{R_x}}{\dot{\varphi}_R r_{dyn}}. \tag{2.8}$$

Am gebremsten Rad ergibt sich der Bremsschlupf ($v_{R_x} > \dot{\varphi}_R r_{dyn}$) entsprechend zu:

$$s_B = \frac{v_P}{v_{R_x}} = \frac{v_{R_x} - \dot{\varphi}_R r_{dyn}}{v_{R_x}}. \tag{2.9}$$

Die Kombination aus den Gleichungen (2.8) und (2.9) ergibt im allgemeinen Fall:

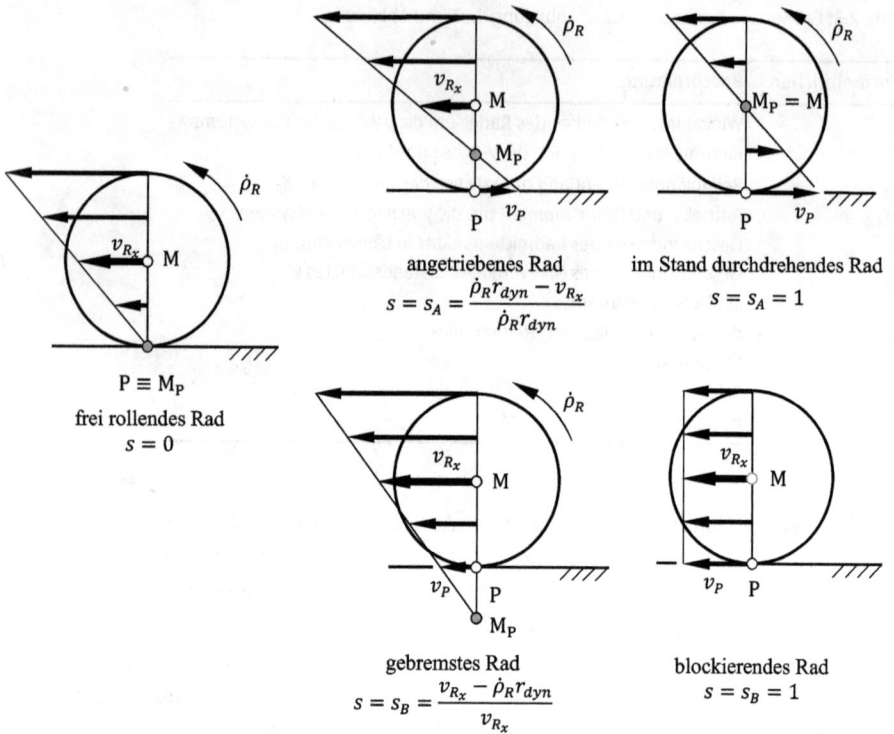

Abb. 2.24: Erläuterung des Starrkörperschlupfs.

$$s_{A,B} = \frac{\dot{\rho}_R r_{\mathrm{dyn}} - v_{R_x}}{\max(|\dot{\rho}_R r_{\mathrm{dyn}}|, |v_{R_x}|)}. \tag{2.10}$$

Der Schlupf $s_{A,B}$ wird damit im Intervall $[-1, 1] = \{s_{A,B} \in \mathbb{R} \mid -1 \le s_{A,B} \le 1\}$ definiert. Im Falle eines blockierenden Rades ($v_R \neq 0, \dot{\rho}_R = 0$) ergibt sich der Schlupf zu $s_{A,B} = -1$. Für ein durchdrehendes Rad ($v_R = 0, \dot{\rho}_R \neq 0$) ergibt sich der Schlupf zu $s_{A,B} = 1$. Die Werte des Längsschlupfs sind also, s. Abbildung 2.24:

- $s_{A,B} = 1$: durchdrehendes Rad,
- $0 < s_{A,B} < 1$: angetriebenes Rad,
- $s_{A,B} = 0$: rollendes Rad,
- $-1 < s_{A,B} < 0$: gebremstes Rad und
- $s_{A,B} = -1$: blockierendes Rad.

Der Schlupf wird häufig in Prozente angegeben, beispielsweise entspricht $s_A = 20\,\%$ dem Wert $s_A = 0{,}2$.

Die übertragene Umfangskraft F_{R_x} wird durch die Tangentialspannungen τ_x im Reifenlatsch erzeugt, s. Abbildung 2.25. Die Tangentialspannungen werden allerdings durch die Haftreibungszahl zwischen Reifen und Straßenoberfläche begrenzt und können daher mit dem Normaldruck p_N und dem Haftreibungsbeiwert μ_H einen Wert von

$$\tau_{x_{\max}} = \mu_H p_N \qquad (2.11)$$

nicht überschreiten. Überschreitet τ_x diesen Maximalwert, so wird die Tangentialspannung auf den Wert

$$\tau_{x_{\min}} = \mu_G p_N \qquad (2.12)$$

begrenzt. Damit ergibt sich die übertragbare Umfangskraft im Reifenlatsch zu:

$$F_{R_x} = \int_E^A \tau_x dx. \qquad (2.13)$$

Die Umfangskraft F_{R_x} lässt sich nun in Abhängigkeit vom Umfangsschlupf $s_{A,B}$ darstellen. Der qualitative Umfangskraftverlauf in Abhängigkeit vom Längsschlupf ist in Abbildung 2.26 dargestellt. Abhängig von Reifentyp und Fahrbahnbeschaffenheit ändern sich die maximal übertragbare Längskraft und der Kurvenverlauf. Die Umfangskraft steigt zunächst linear an, bis sie in die Sättigung übergeht und den Maximalwert $F_{R_{x,\max}}$ erreicht. In diesem Bereich herrschen im Reifenlatsch überwiegend Haftbedingungen, s. Bereich $\overline{EG}$ in Abbildung 2.25, während im restlichen Teil des Reifenlatsches bereits Gleiten eintritt, s. Bereich $\overline{GA}$ in Abbildung 2.25. Bei zunehmenden Schlupfwerten verlagert sich der Punkt G zunehmend in Richtung Einlauf E, solange, bis die gesamte Lauffläche gleitet.

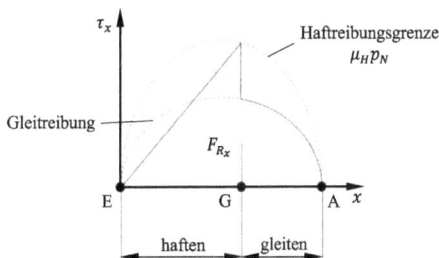

Abb. 2.25: Qualitativer Verlauf der Tangentialspannung im Reifenlatsch (getönte Fläche: Reifenlängskraft).

Für kleine Schlupfwerte wird die Umfangskraft mit der Längsschlupfsteifigkeit c_S über den linearen Zusammenhang

$$F_{R_x} = c_S s_{A,B} \qquad (2.14)$$

gut beschrieben, s. Abbildung 2.26.

Steigt der Schlupf über den Wert $s_{A,B_{\max}}$ an, s. Abbildung 2.26, so verringert sich die Längskraft aufgrund von Gleitvorgängen in der Latschfläche. Steigt der Längsschlupf

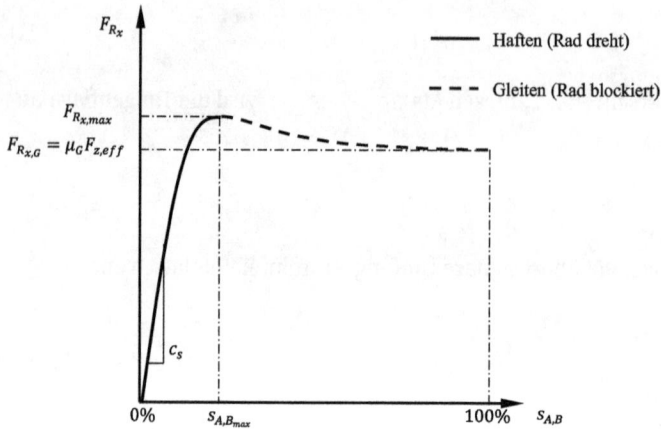

Abb. 2.26: Qualitativer Längskraftverlauf in Abhängigkeit vom Umfangsschlupf.

weiter an, so nimmt die übertragbare Längskraft den Wert $F_{R_{x,G}}$ an, der in der Regel geringer ist als die Kraft $F_{R_{x,max}}$. In diesem Bereich gleitet der komplette Latsch. Bei blockierenden Vorderrädern reagiert das Fahrzeug dann auch nicht mehr auf Lenkeingriffe, da die blockierten Reifen nicht mehr länger Seitenführungskräfte aufbauen können.

Querschlupf

Der Querschlupf entspricht dem Schräglaufwinkel und ist eine kinematische Größe, welche die Relativbewegung zwischen dem Reifen und der Fahrbahn in Querrichtung bzw. Seitenrichtung des Rades beschreibt. Wird ein Fahrzeug beispielsweise bei höherer Geschwindigkeit auf eine Kreisbahn gelenkt, besitzen die Fahrzeugräder einen zu berücksichtigenden Geschwindigkeitsanteil quer zur Rollrichtung. Zwischen der Bewegungsrichtung des Radmittelpunktes und der Längsrichtung des Rades stellt sich der Schräglaufwinkel α ein (s. Abbildung 2.27). Der Schräglaufwinkel berechnet sich zu:

$$\alpha = \arctan \frac{v_{R_y}}{v_{R_x}}. \tag{2.15}$$

Im normalen Fahrbetrieb ist $|\alpha| < 12\,°$ (Heißing, Ersoy und Gies 2013b). Es wird davon ausgegangen, dass der Reifenlatsch in Längs- und Seitenrichtung ähnliche Deformationseigenschaften hat, sodass bei der Modellierung der Querkraftübertragung dasselbe Prinzip gilt wie bei der Modellierung der Längskraftübertragung. Abbildung 2.27 gibt das Wirkprinzip der Querkraftübertragung wieder, wichtige Größen finden sich in Tabelle 2.4.

Beim Abrollen unter der Querkraft F_{R_y} verschiebt sich der Latsch aufgrund der Materialeigenschaften quer zur Fahrtrichtung. Da das Rad gleichzeitig auch rollt, stellt sich der Schräglaufwinkel α ein. Die in den Latsch einlaufenden Profilelemente des Reifens

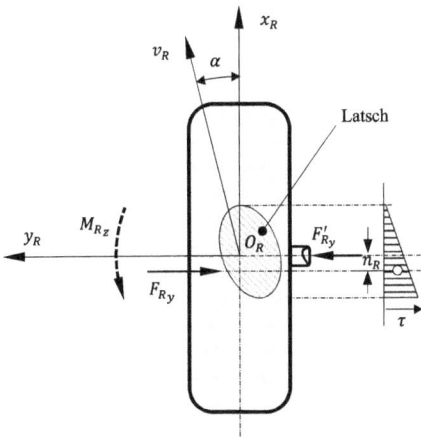

Abb. 2.27: Reifen unter Querkraft nach (Matschinsky 2007).

Tab. 2.4: Größen am Reifen unter Querkraft, s. Abbildung 2.27.

Formelzeichen	Beschreibung
v_R	Geschwindigkeit des Radmittelpunktes
a	Schräglaufwinkel (Querschlupf)
c_a	Schräglaufsteifigkeit (Quersteifigkeit)
F_{R_y}	Reifenquerkraft parallel zur y-Achse des Radsystems K_R
F'_{R_y}	Reaktionskraft
M_{R_z}	Rückstellmoment um die z-Achse des Radsystems K_R
n_R	Reifennachlauf aufgrund von Gleitvorgängen im Latsch
τ	Tangentialspannung im Reifenlatsch

haften zunächst an der Fahrbahn. Bei Durchlaufen des Latsches nimmt die seitliche Deformation der Profilelemente zu, s. Abbildung 2.27. Bei kleineren Schräglaufwinkeln haften die Elemente bis zum Austritt aus dem Latsch auf der Fahrbahn. Die Tangentialspannung in Reifenquerrichtung nimmt dabei linear zum hinteren Latschrand zu (Schramm, Hiller und Bardini 2018). Für kleine Schräglaufwinkel gilt das lineare Kraftgesetz:

$$F_{R_y} = c_a a. \tag{2.16}$$

Aufgrund der in Richtung des Latschauslaufs zunehmenden Tangentialspannung τ greift die resultierende Querkraft nicht mehr in der Mitte der Lauffläche an, sondern im Abstand n_R (Reifennachlauf) dahinter. Dies erzeugt ein Rückstellmoment

$$M_{R_z} = F_{R_y} n_R \tag{2.17}$$

um die z_R-Achse des radfesten Koordinatensystems $K_R = \{O_R; x_R, y_R, z_R\}$. Der Reifen-nachlauf errechnet sich aus dem resultierenden Flächenschwerpunkt der trapezförmi-gen Spannungsverteilung, s. Abbildung 2.27.

Mit zunehmender Querverformung beginnen die Profilelemente im hinteren Be-reich des Latsches zu gleiten. Dies begrenzt die übertragbare Seitenkraft und verringert den Reifennachlauf und damit das Rückstellmoment. Abbildung 2.28 zeigt den qualita-tiven Querkraftverlauf in Abhängigkeit des Schräglaufwinkels. Die maximal übertrag-bare Querkraft und die Kurvencharakteristik variieren in Abhängigkeit vom Reifen.

Die Querkraft steigt zu Beginn des Einlaufens der Profilelemente in den Latschein-lauf linear an (s. Gl. (2.16) und Abbildung 2.28). Danach werden mit weiter ansteigendem Schräglaufwinkel die Auslenkungen der Profilelemente und damit die Tangentialspan-nungen zum hinteren Latschrand hin größer. Dabei gehen zunehmend Profilelemente vom Haften ins Gleiten über und die Querkraft steigt nicht mehr linear, sondern de-gressiv mit dem Schräglaufwinkel an. Mit zunehmendem Schräglaufwinkel breitet sich der Gleitbereich bis in den vorderen Latschbereich aus. Gleitet der gesamte Latsch in Querrichtung, so nimmt die Querkraft, ähnlich zur Längskraft, wieder ab.

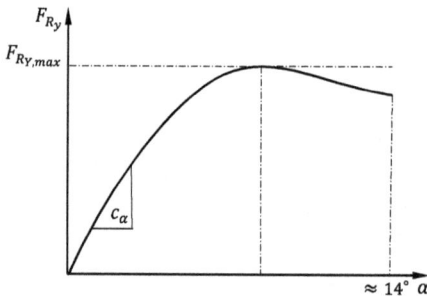

Abb. 2.28: Qualitativer Querkraftverlauf in Abhängigkeit des Schräglaufwinkels.

2.4.4 Einfluss der Reifennormalkräfte

Im Normalbetriebsbereich (kleine Radlasten) besteht eine näherungsweise lineare Ab-hängigkeit der Reifenkräfte F_{R_x} und F_{R_y} in der Latschfläche von der aktuellen Verti-kalkraft F_{R_z}. Bei sehr hohen Radlasten ändert sich diese Abhängigkeit. Die Radkräfte nehmen dann nur noch unterproportional (degressiv) mit der Vertikalkraft zu, da die Reibungsbindung des Reifengummis im Latschbereich mit steigender Anpresskraft ab-nimmt, s. Abschnitt 2.3.2. Der maximale Reibwert verringert sich mit steigender Radlast. Das bedeutet, dass mit zunehmender Reifenvertikalkraft die maximal mögliche Seiten-führungskraft nicht proportional zunimmt, hierdurch lässt sich die Querdynamik des Fahrzeugs durch die Veränderung der Radlasten (z. B. durch aktive Fahrwerksysteme, s. Kapitel 7) beeinflussen. In Abbildung 2.29 ist beispielhaft die Schräglaufsteifigkeit c_α eines Reifens in Abhängigkeit der Vertikalkraft aufgezeigt.

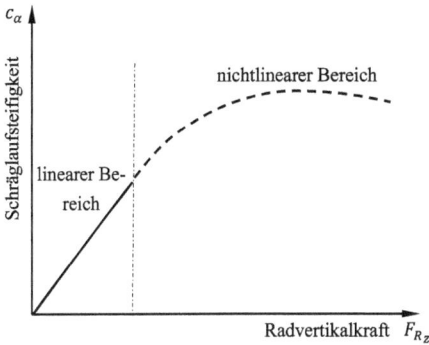

Abb. 2.29: Qualitative Abhängigkeit der Schräglaufsteifigkeit von der Radvertikalkraft.

Der Übergang vom linearen in den nichtlinearen Bereich ist hier durch Überschreiten einer festgelegten konstruktiven Betriebslast $F_{R_{z,B}}$ definiert. Der degressive Kraftverlauf kann beispielsweise mit der Einführung einer effektiven Radlast

$$F_{R_{z,\mathrm{eff}}} = F_{R_z}\left(1 - e_{R_z}\left(\frac{F_{R_z}}{F_{R_{z,B}}}\right)^2\right)$$ (2.18)

berücksichtigt werden, die an Stelle der tatsächlichen Radlast F_{R_z} zur Berechnung der Radhorizontalkräfte verwendet wird (Ammon 2013). Der Degressionsparameter e_{R_z} hat einen Wertebereich von typischerweise $e_{R_z} \in [0,05\dots0,09]$.

2.4.5 Einfluss des Radsturzes auf die Reifenquerkraft

Der Sturzwinkel γ erzeugt ebenfalls einen Beitrag zu der auftretenden Reifenquerkraft. Das Entstehen dieser Kraft kann an einem Rad erklärt werden, das mit der Fahrbahnvertikalen einen Sturzwinkel γ einschließt, s. Abbildung 2.30. Die durch diesen Sturzwinkel entstehende Querkraft sei $F_y(\gamma)$. Ein unter dem Sturzwinkel γ frei rollendes Rad würde sich ohne die Bindungen durch die Radaufhängung auf einer Kreisbahn um die gedachte Kegelspitze O bewegen. Die Radaufhängung erzwingt jedoch eine Bewegung in x-Richtung. Dies kann durch die Querkraft $F_y(\gamma)$ und das „Lenkmoment" $M_{R_z}(\gamma)$ erklärt werden. Für kleine Sturzwinkel $\gamma < 5\,°$ nehmen die Sturzseitenkraft und das durch den Sturz verursachte Lenkmoment annähernd linear mit dem Sturzwinkel zu, und man erhält die linearen Beziehungen:

$$F_y(\gamma) = -c_\gamma\gamma \quad \text{und}$$ (2.19)
$$M_{R_z}(\gamma) = -c_{M,\gamma}\gamma$$ (2.20)

(Schramm, Hiller und Bardini 2018).

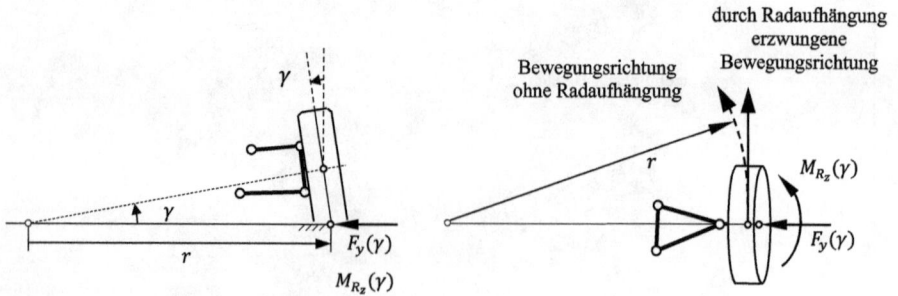

Abb. 2.30: Entstehung der sturzinduzierten Reifenquerkraft (Schramm, Hiller und Bardini 2018).

2.4.6 Mathematische Reifenmodelle

Die Beschreibung der Reifenkräfte erfordert aufgrund ihrer Bedeutung für das dynamische Verhalten eines Kraftfahrzeugs eine besondere Sorgfalt. Grundsätzlich lassen sich Reifenmodelle in drei Grundtypen kategorisieren:

– mathematische Modelle,
– physikalische Modelle und
– Mischformen.

In diesem Buch werden nachfolgend außer den grundsätzlichen physikalischen Betrachtungen in den vorangegangenen Abschnitten im Rest dieses Kapitels lediglich mathematische Modelle beschrieben.

Ein in der Praxis häufig eingesetztes mathematisches Reifenmodell ist das Magic-Formula-Reifenmodell, welches an der TU Delft in den Niederlanden entwickelt wurde (Pacejka und Bakker 1993). Es basiert auf einer rein mathematisch-empirischen Beschreibung des Ein- und Ausgangsverhaltens des Rad-Fahrbahn-Kontaktes unter quasistationären Bedingungen. Das Modell stellt den Zusammenhang von kinematischen Reifengrößen und der Reifenkraft durch eine Kombination elementarer mathematischer Formeln dar. Durch quasistatische Prüfstands- oder Fahrversuchsmessungen an realen Reifen werden die Koeffizienten für die Kraftübertragungsformel ermittelt, und damit die wesentlichen Charakteristika des jeweiligen Reifens erfasst. Hierzu gehören z. B. Seitenführungskraft, Längskraft und Rückstellmoment. Die Vorteile dieses empirischen Reifenmodells sind u. a.:

– die Abbildung des Verlaufs der (stationären) Reifenkennlinien mit hoher Genauigkeit,
– die Anpassung des Verlaufs durch nur wenige Parameter (gute Parametrierbarkeit und Verfügbarkeit der Daten durch Messungen und Parameteridentifikation),
– numerische Stabilität und kurze Berechnungszeiten durch eine stetige und einfache Implementierung und Auswertung der Funktionen und
– die Möglichkeit zur einfachen Durchführung von Parameterstudien von Reifenkennwerten mit Bezug auf das Fahrverhalten.

Dieses empirische Reifenmodell setzt in der nachfolgend beschriebenen Form eine lokal ebene Fahrbahn unter der Reifenauffläche voraus.

Die Magic-Formula-Modelle gestatten es, mittels passend ausgewählter elementarer mathematischer Funktionen die maßgeblichen Reifenkraftgrößen mit den Starrkörperschlupfen zu verknüpfen. Im Einzelnen handelt es sich dabei um die Verknüpfungen:

- Umfangskraft F_x mit dem Umfangsschlupf s,
- Querkraft F_y mit dem Schräglaufwinkel α und
- Rückstellmoment M_{R_z} mit Schräglaufwinkel α.

Pacejka und Bakker 1993 schlugen vor, die Kraft-Schlupf-Zusammenhänge zunächst mittels quasistatischer Rollen- oder Fahrversuche zu ermitteln und die dabei erfassten Daten durch eine Kombination von Sinus- und Arkustangens-Funktionen zu approximieren. Die Formeln gestatten eine Beschreibung der Zusammenhänge mit hoher Genauigkeit. Die Beschreibung ist dabei allerdings zunächst auf stationäre Zustandseigenschaften begrenzt. Die Abbildung 2.31 zeigt die Grundformen dieser Modellfunktionen. Die Anforderungen an die Beschreibungsfunktionen sind neben der aussagekräftigen Beschreibung aller stationären Reifenzustandseigenschaften:

- eine (vergleichsweise) leichte Beschaffbarkeit der Daten,
- die Möglichkeit einer teilweise möglichen physikalischen Interpretation der Zusammenhänge,
- eine hohe Genauigkeit und
- die einfache Auswertbarkeit der resultierenden Formeln.

Gebräuchlich ist z. B. der folgende Zusammenhang (Pacejka 2006):

$$y(x) = D \cdot \sin(C \arctan(Bx - E(Bx - \arctan(Bx)))), \qquad (2.21)$$

$$Y(X) = y(x) + S_v, \qquad (2.22)$$

$$x = X + S_h, \qquad (2.23)$$

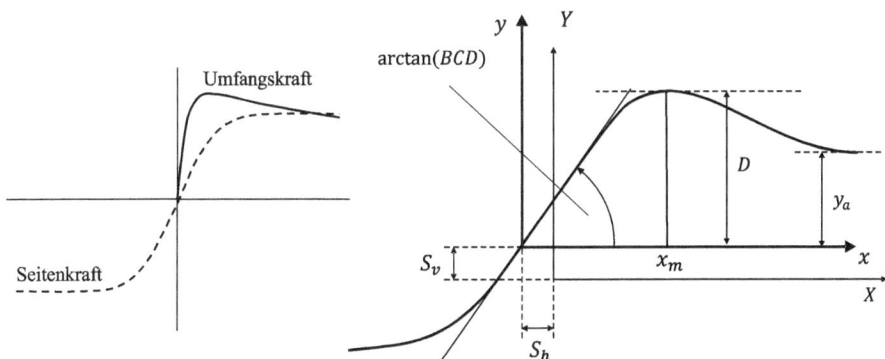

Abb. 2.31: Charakteristische Reifenkennlinien aus dem Magic-Formula-Ansatz und Interpretation der Koeffizienten.

dabei repräsentiert $Y(X)$ entweder die Umfangskraft, die Querkraft oder das hier nicht behandelte Rückstellmoment. Die Variable X steht entweder für den Längsschlupf s oder den Schräglaufwinkel α. Die verwendeten Parameter lassen sich nun wie in Tabelle 2.5 angeben und Abbildung 2.31 graphisch dargestellt interpretieren.

Tab. 2.5: Magic-Formula-Parameter für die Reifenlängskraft, s. Abbildung 2.31.

Formelzeichen	Beschreibung
D	maximale Kraft bzw. maximales Moment
C	beeinflusst die Form der Kurve – Strecken in x-Richtung
E	zusätzliche Dehnung oder Kompression der Kennlinien
BCD	Steigung der Kennlinien bei Nullschlupf (Steifigkeit)
S_v, S_h	Vertikal-, bzw. Horizontalverschiebung der Kennlinien

Der qualitative Verlauf der Basiskurven (stationäre Reifenkräfte) ist ebenfalls in Abbildung 2.31 dargestellt.

Zwischen den Parametern und typischen Merkmalsgrößen der Kurven gelten die Zusammenhänge:

$$C = 1 \pm \left(\frac{2}{\pi} - \arcsin \frac{y_a}{D} \right) \tag{2.24}$$

$$E = \frac{Bx_m - \tan(\frac{\pi}{2C})}{Bx_m - \arctan(Bx_m)}. \tag{2.25}$$

Für spezielle Anwendungen müssen die Parameter für die verwendeten Reifen aus Messdaten durch Approximation gewonnen werden (Pacejka 2006). Das charakteristische Aussehen der Basiskurven in den Gln. von (2.21) bis (2.23) kann Abbildung 2.31 entnommen werden. Es ist allerdings zu beachten, dass es sich hier um eine quasistationäre Beschreibung der Reifenkräfte handelt. Der tatsächliche zeitliche Verlauf beim Aufbau der tatsächlichen Reifenkräfte wird dabei noch nicht berücksichtigt. Dies wird in Abschnitt 2.4.8 behandelt.

2.4.7 Überlagerung der Horizontalkräfte

Die maximale Kraftschlussbeanspruchung im Reifenlatsch ist begrenzt, weshalb eine Berücksichtigung der Abhängigkeit von Längs- und Querkraft, wie z. B. bei gleichzeitigem Lenken und Bremsen oder Beschleunigen in der Kurve, notwendig ist. Um ein realistisches Fahrverhalten zu simulieren, muss der Effekt der Reifenkraftsättigung bei hohen Kräften im Reifenlatsch beachtet werden. Diese Eigenschaft lässt sich durch die resultierende Reifenkraft im Kamm'schen Kreis (Abbildung 2.32), der auf dem Cou-

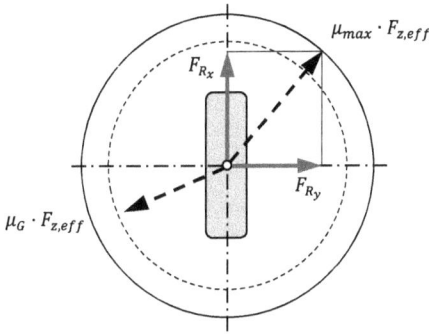

Abb. 2.32: Gleichzeitige Übertragung von Längs- und Querkraft (KAMM'scher Kreis).

LOMB'schen Reibungskreis basiert, beschreiben. Es gilt:

$$\sqrt{F_{R_x}^2 + F_{R_y}^2} \leq \mu_{\max} F_{z,\text{eff}}.$$
(2.26)

Der KAMM'sche Kreis[4] beschreibt den Zusammenhang zwischen Längs- und Querkraft bei kombiniertem Schlupfzustand. Die maximal übertragbare Querkraft ist bei gleichzeitigem Auftreten der Längskraft kleiner (und umgekehrt). In der Realität ist die Grenzkurve der maximal übertragbaren Horizontalkraft eine Ellipse, da bei realen Reifen in der Regel der Haftgrenzwert in Längsrichtung $\mu_{\max,x} F_{z,\text{eff}}$ größer als der Haftgrenzwert in Querrichtung $\mu_{\max,y} F_{z,\text{eff}}$ ist (Schramm, Hiller und Bardini 2018). Der kleinere gestrichelte Kreis in Abbildung 2.32 entspricht der Reifenkraft bei reiner Gleitreibung $\mu_G F_{z,\text{eff}}$.

In Abbildung 2.33 wird mit dem Querkraftverlauf über dem Schräglaufwinkel und mit der Umfangskraftschlupfkurve die KREMPEL'sche Reibungsellipse hergeleitet (Krempel 1965). Diese entspricht im Wesentlichen dem sogenannten KAMM'schen Kreis (Kamm, Hoffmeister et al. 2013). Es können für verschiedene Längsschlüpfe bzw. Schräglaufwinkel die entsprechenden Reibungsellipsen hergeleitet werden.

Um Überlagerungseffekte bei Fahrzuständen berücksichtigen zu können (Bremsen oder Beschleunigen in der Kurve), bei denen sowohl Umfangs- als auch Querschlupf auftreten, wird eine absolute Schlupfgröße s_a (der sogenannte kombinierte Schlupf) aus dem Längsschlupf $s_{A,B}$ und dem Schräglaufwinkel α definiert zu

$$s_a = \sqrt{s_{A,B}^2 + \tan^2 \alpha}$$
(2.27)

mit der Wirkrichtung

$$\psi_a = \arctan \frac{\tan \alpha}{s_{A,B}}.$$
(2.28)

---

4 Benannt nach Wunibald Kamm (1893–1966).

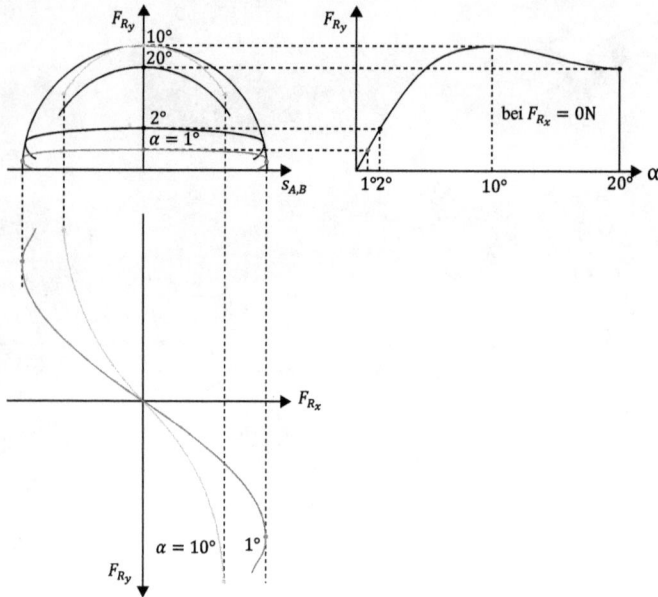

Abb. 2.33: KREMPEL'sche Reibungsellipse als Hüllkurve, Herleitung aus Querkraft-, Schräglaufwinkel- und Umfangskraftschlupfkurve.

Die resultierende Reifenkraft in Richtung des Winkels ψ_a errechnet sich zu:

$$F_{\psi_a}(s_a) = \sqrt{\frac{s_{A,B}^2 \cdot F_{R_x}^2(s_a) + \tan^2 \alpha \cdot F_{R_y}^2(s_a)}{s_a^2}}. \tag{2.29}$$

Die resultierenden Reifenlängs- und Seitenkräfte ergeben sich nun wie folgt zu

$$F_{R_{a,x}} = F_{\psi_a}(s_a) \cos \psi_a = \frac{s_{A,B}}{s_a} F_{\psi_a}(s_a) \tag{2.30}$$

und

$$F_{R_{a,y}} = F_{\psi_a}(s_a) \cdot \sin \psi_a = \frac{\tan \alpha}{s_a} \cdot F_{\psi_a}(s_a). \tag{2.31}$$

2.4.8 Zeitlicher Verlauf der Reifenkräfte

In den bisherigen Betrachtungen zum Reifenkraftübertragungsverhalten wird vorausgesetzt, dass Schräglauf, Umfangsschlupf sowie Reifenkräfte und -momente zeitlich konstant bleiben oder sich nur langsam ändern. Bei instationären Manövern wie z. B. einem Lenkwinkelsprung oder ABS-Bremsungen folgen die Reifenkräfte den Schlupfgrößen allerdings verzögert (Antwortzeit des Reifens, s. Abbildung 2.34) und beeinflussen somit das dynamische Übertragungsfahrverhalten.

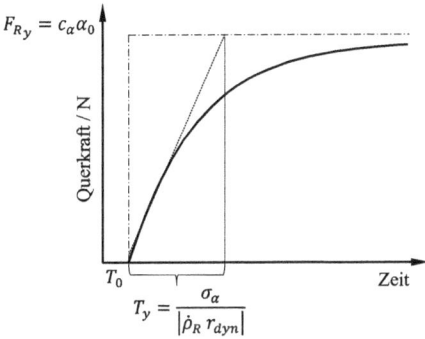

Abb. 2.34: Zeitverlauf der Querkraft F_{R_y} bei einem Schräglaufwinkelsprung auf α_0 bei T_0.

Der instationäre Reifenkraftaufbau verhält sich näherungsweise wie ein Element erster Ordnung und kann daher durch ein PT_1-Glied abgebildet werden. Die Näherung für den zeitlichen Aufbau der dynamischen Längskraft wird durch die Differentialgleichung erster Ordnung

$$T_x \frac{dF_{R_x}}{dt} + F_{R_x} = F_{R_x,\text{stat}} \tag{2.32}$$

beschrieben (Einsle 2010, Heißing, Ersoy und Gies 2013b, Schramm, Hiller und Bardini 2018).

Für die dynamische Querkraft gilt entsprechend:

$$T_y \cdot \frac{dF_{R_y}}{dt} + F_{R_y} = F_{R_y,\text{stat}}. \tag{2.33}$$

Die Zeitkonstanten T_x und T_y in den Gln. (2.32) und (2.33) sind abhängig von der Rollgeschwindigkeit des Reifens und werden mit

$$T_x = \frac{c_s}{c_x |\dot{\rho}_R r_{\text{dyn}}|} \quad \text{und} \quad T_y = \frac{c_a}{c_y |\dot{\rho}_R r_{\text{dyn}}|} \tag{2.34}$$

berechnet. Die verwendeten Formelparameter in Gleichung (2.34) sind in Tabelle 2.6 aufgelistet.

Der zeitliche Verlauf des Kraftaufbaus ist abhängig von der Einlauflänge. Diese Abhängigkeit wird durch die Einlauflänge σ_{R_x} für die Längskraft, die sich aus dem Quotienten der Längsschlupfsteifigkeit c_s und Reifenlängssteifigkeit c_x

$$\sigma_{R_x} = \frac{c_s}{c_x} \tag{2.35}$$

Tab. 2.6: Formelparameter zur Berechnung der dynamischen Reifenkräfte.

Formelzeichen	Beschreibung
c_x	Statische Reifenlängssteifigkeit
c_y	Statische Reifenseitensteifigkeit
$\lvert \dot{p}_R \cdot r_{dyn} \rvert$	Betrag der Reifenumfangsgeschwindigkeit
$F_{R_x,\text{stat}}$	Statische Reifenlängskraft berechnet durch das Magic-Formula-Modell mit dem Schlupf $s_{A,B}$ unter Berücksichtigung des Kamm'schen Kreises (vgl. 0)
$F_{R_y,\text{stat}}$	Statische Reifenquerkraft berechnet durch das Magic-Formula-Modell mit dem Schräglauf α unter Berücksichtigung des Kamm'schen Kreises (vgl. 0)

berechnet und durch die Einlauflänge σ_{R_y} für die Querkraft, die sich aus dem Quotienten der Reifenschräglaufsteifigkeit c_α und der Quersteifigkeit c_y

$$\sigma_{R_y} = \frac{c_\alpha}{c_y} \tag{2.36}$$

berechnet, berücksichtigt.

Die Einlauflänge σ_R beschreibt den Weg, den der Reifen zurücklegen muss, um ca. zwei Drittel der dynamischen Reifenkraft aufzubauen. Dabei ist die Einlauflänge in der Reifenquerrichtung höher als in der Umfangsrichtung. Dies hängt mit der Quernachgiebigkeit des Reifens zusammen, die größer ist als die Längsnachgiebigkeit (Gipser 1999).

Die Lösung der Differentialgleichungen (2.32) und (2.33) ergeben nach Diskretisierung die Differenzengleichung (Gipser 1999):

$$F_{R_i}(n+1) = e^{-\frac{\Delta t}{T_i}} \cdot \left(F_{R_i}(n) - F_{R_i,\text{stat}}(n) \right) + F_{R_i,\text{stat}}(n), \quad i = x, y. \tag{2.37}$$

Die Überführung des mathematischen Modells des realen kontinuierlichen Systems in ein zeitdiskretes Modell ist notwendig, falls es in Echtzeit lösbar sein soll.

2.4.9 Dynamik des gebremsten und angetriebenen Rades

Für die nachfolgenden Kapiteln werden noch die Bewegungsgleichungen in Fahrtrichtung und Kraftverhältnisse am gebremsten und angetriebenen Rad benötigt. Diese werden nachfolgend zusammengestellt. Hierzu werden die Bezeichnungen aus Abbildung 2.35 und Tabelle 2.7 verwendet. Die Dynamik des Rades wird dabei nur in Fahrtrichtung berücksichtigt. Die Vertikaldynamik des Rades wird hier vernachlässigt.

Zunächst ergibt der Impulssatz für ein Rad

$$m_R \ddot{x}_R = F_{R_x} - F_{VA_x} \tag{2.38}$$

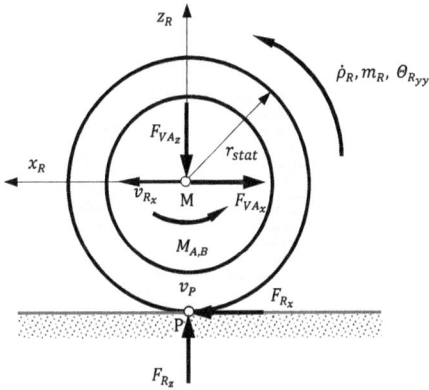

Abb. 2.35: Kräfteverhältnisse am angetriebenen Rad.

Tab. 2.7: Formelparameter zur Berechnung der dynamischen Reifenkräfte, s. Abbildung 2.35.

Formelzeichen	Beschreibung
$M_{A,B}$	Antriebs, bzw. Bremsmoment
F_{VA_x}, F_{VA_z}	Kräfte des Fahrzeugs auf das Rad in x- und z-Richtung
$\lvert \dot{\rho}_R \cdot r_{dyn} \rvert$	Betrag der Reifenumfangsgeschwindigkeit
$\ddot{x}_R$	Beschleunigung des Radmittelpunktes
F_{R_z}	Radlast
$\Theta_{R_{yy}}$	Effektives Trägheitsmoment des Rades

und das Kräftegleichgewicht in vertikaler Richtung

$$F_{R_z} = F_{VA_z} + m_R g. \tag{2.39}$$

Der Drallsatz bezüglich des Radmittelpunkts lautet:

$$\Theta_{R_{yy}} \ddot{\rho}_R = M_{A,B} - F_{R_x} r_{stat}. \tag{2.40}$$

Den Zusammenhang zwischen der Drehgeschwindigkeit und der Translationsgeschwindigkeit des Rades erhält man mithilfe des oben eingeführten dynamischen Radradius zu:

$$\dot{x}_R = r_{dyn} \dot{\rho}_R. \tag{2.41}$$

Die Reifenlängskraft lässt sich nun unter Verwendung von Gleichung (2.40) und Gleichung (2.41) berechnen zu:

$$F_{R_x} = \Theta_{R_{yy}} \frac{\ddot{\rho}_R}{r_{stat}} + \frac{M_{A,B}}{r_{stat}} = -\frac{\Theta_{R_{yy}} \ddot{x}_R}{r_{dyn} r_{stat}} + \frac{M_{A,B}}{r_{stat}}. \tag{2.42}$$

Man erkennt aus dieser Beziehung, dass die Trägheit des Rades die Beschleunigung und die Bremsung verringert. Insbesondere beim Bremsen wirkt sich dies nachteilig auf die Funktion eines Antiblockiersystems (ABS) aus, da die Zeit, die das Rad nach einem Blockieren benötigt, um wieder ins Rollen zu kommen, vom Trägheitsmoment des Rades abhängt. Hierbei kommt erschwerend hinzu, dass bei dem Rad einer angetriebenen Achse das effektive Trägheitsmoment des Rades durch weitere drehende Massen des Antriebsstrangs erheblich weiter vergrößert wird, s. Kapitel 6.

2.5 Überwachung des Reifendrucks

Der Reifenfülldruck beeinflusst neben dem Fahrverhalten und dem Fahrkomfort auch den Kraftstoffverbrauch und somit die Emissionen eines Kraftfahrzeugs maßgeblich. Bei zu geringem Druck hingegen besteht vor allem die Gefahr der Reifenschädigung. Dies stellt ein erhebliches Risiko für die Fahrsicherheit dar. Obwohl empfohlen wird, den Fülldruck regelmäßig zu überprüfen, ist bekannt, dass die Fahrer den Reifendruck, falls überhaupt, nur gelegentlich und teilweise nur über eine unzureichende Inaugenscheinnahme des Reifens prüfen (Hoppe, Kessler et al. 2013). Schon bei einer längeren Fahrt mit 20 % Minderdruck ist der Reifen gefährdet. In Abbildung 2.36 ist dargestellt, dass es kaum möglich ist, einen Minderdruck mit bloßen Auge zu erkennen. Die Folgen sind über 150.000 Reifenpannen pro Jahr alleine in Deutschland (Hoppe, Kessler et al. 2013).

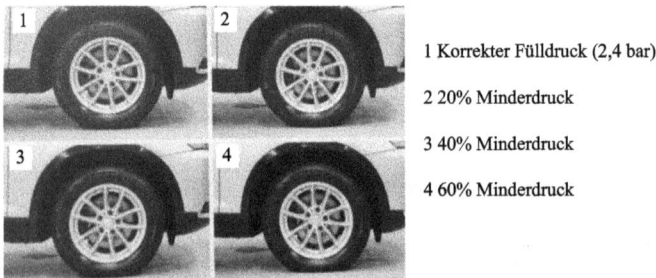

1 Korrekter Fülldruck (2,4 bar)

2 20% Minderdruck

3 40% Minderdruck

4 60% Minderdruck

Abb. 2.36: Mangelnde optische Erkennbarkeit von zu geringem Reifenfülldruck (mit freundlicher Genehmigung der Huf Hülsbeck & Fürst GmbH & Co. KG).

Abhilfe sollen Systeme der Reifendruckkontrolle (RDK) schaffen, die vor dem Druckverlust warnen und in der Folge den Kraftstoffverbrauch und damit auch den CO_2-Ausstoß um bis zu 4 % verringern sollen, s. Abbildung 2.37. Gleichzeitig wird durch einen korrekt eingestellten Reifendruck die Lebensdauer des Reifens verlängert sowie Abrollgeräusche und Querfugenempfindlichkeit optimiert (Hoppe, Kessler et al. 2013).

Abb. 2.37: Beispiel für eine Warnung vor Reifendruckverlust, (mit freundlicher Genehmigung der Nira Dynamics AB, 2016).

Seit November 2014 sind alle Neuwagen mit bis zu 3,5 t zulässigem Gesamtgewicht innerhalb der Europäischen Union verpflichtend mit Reifendruckkontrollsystemen (RDKS) auszurüsten (EU-Verordnung Nr. 661/2009). Grundsätzlich werden direkte und indirekte Reifendruckkontrollsysteme unterschieden. Diese unterscheiden sich in der Art und Weise der Fülldrucküberwachung.

2.5.1 Direkte Reifendrucküberwachung

Bei der direkten Reifendruckkontrolle wird der Druck jedes einzelnen Reifens mit einem Sensor gemessen. Abbildung 2.38 zeigt exemplarisch ein Fahrzeugdisplay, das dem Fahrer sowohl den Reifenfülldruck als auch die Reifenlufttemperatur anzeigt. Bei Abweichungen vom korrekten Druck wird der Fahrer durch eine Warnmeldung informiert (Hoppe, Kessler et al. 2013).

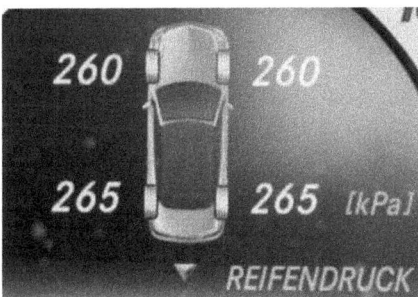

Abb. 2.38: Fahrzeugdisplay mit Reifendruckinformationen.

Mehr als 80 % der „Reifenplatzer" sind die Folge eines schleichenden Druckverlustes. Hierbei wird die Seitenwand des Reifens durch übermäßige Walkarbeit erhitzt, was letztendlich zum Reifenschaden führt.

Direkte Reifendruckkontrollsysteme, Abbildung 2.39, messen über einen Reifendrucksensor im jeweiligen Rad die Fülldrücke und Fülllufttemperaturen. Diese Informationen werden zusammen mit der individuellen Sensorkennung per Funksignal (Europa 434-MHz-Band) an das Steuergerät im Fahrzeug übertragen (Hoppe, Kessler et al. 2013). Dies ermöglicht eine reifenindividuelle Druckanzeige im Kombiinstrument. Direkt messende Systeme erkennen sowohl langsame Diffusionsverluste als auch schnelle Druckverluste.

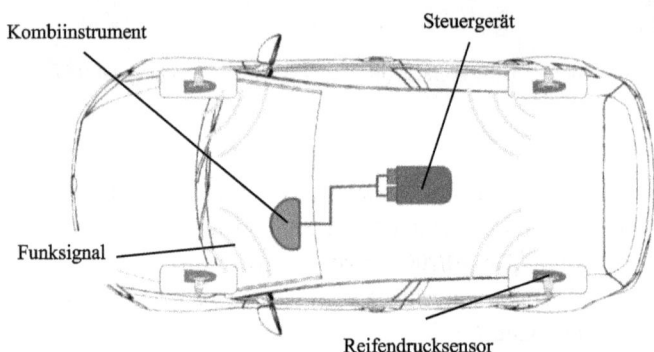

Abb. 2.39: Schema eines direkten Reifendruckkontrollsystems (mit freundlicher Genehmigung der Huf Hülsbeck & Fürst GmbH & Co. KG).

Die Reifendrucksensoren erreichen eine Messgenauigkeit von ca. 0,1 bar. Die Sensoren liefern typischerweise alle 30 bis 60 Sekunden ein Signal. Ein Steuergerät verarbeitet die Informationen und bereitet sie zur Anzeige im Kombiinstrument auf.

Der Reifendrucksensor wird auch als Radelektronik bezeichnet. In Abbildung 2.40 ist ein in die Felge integrierter Sensor dargestellt. Abbildung 2.41 zeigt die wesentlichen Bestandteile einer ventilintegrierten Radelektronik. Das Ventil (1) ist am Sensorgehäuse (2) verschraubt und wird am Ventilloch an der Felge befestigt. Das Sensorgehäuse beherbergt eine Leiterplatine (3) mit einem hochintegrierten Sensor (4), weiterer Elektronikbauteilen sowie eine Lithiumknopfzelle (5) zur Energieversorgung. Zur Gewährleistung der mechanischen Stabilität und zum Schutz gegen Feuchtigkeit sind Leiterplatine und Batterie von einer Vergussmasse umschlossen.

Ein neues, innovatives Konzept der Reifendrucksensorbefestigung ist die Anbringung an der Innenseite der Lauffläche (Innerliner), s. Abbildung 2.42. Bei dieser Befestigungsart wird der Sensor mechanisch mit dem Reifen verbunden, wodurch sich eine feste Einheit von Sensor und Reifen ergibt. Wandert die Sensorposition von der Felge bzw. vom Ventil an den Reifen, so ändern sich die auf den Sensor wirkenden Zentrifugalbeschleunigungen und die mechanische Belastung entsprechend. Um Unwucht zu ver-

Abb. 2.40: Felgenintegrierter Reifendrucksensor (mit freundlicher Genehmigung der Huf Hülsbeck & Fürst GmbH & Co. KG).

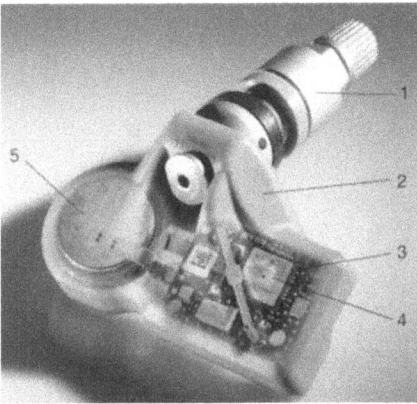

Abb. 2.41: Ventilintegrierter Reifendrucksensor (mit freundlicher Genehmigung der Huf Hülsbeck & Fürst GmbH & Co. KG).

Abb. 2.42: Laufflächenintegrierter Reifendrucksensor (mit freundlicher Genehmigung der Huf Hülsbeck & Fürst GmbH & Co. KG).

meiden, sollte das eingebrachte Gewicht sehr gering sein (< 10 g) (Hoppe, Kessler et al. 2013). Weil Reifen und Reifensensor bei dieser Befestigungsart eine Einheit bilden, können vom Sensor auch Informationen über den Reifen gespeichert und an das Fahrzeug übertragen werden. Wichtige Reifenparameter sind die maximal zulässige Geschwindigkeit, z. B. bei Winterreifen. Eine Überschreitung dieser zulässigen Geschwindigkeit könnte damit automatisch verhindert oder zumindest angezeigt werden.

Eine weitere wertvolle Information ist der montierte Reifentyp. Dieser könnte fahrzeugseitig zu einer reifenspezifischen Anpassung des Fahrwerkreglers verwendet werden, um die Fahrsicherheit und die Fahrperformance zu steigern. Bei einem an der Felge montierten Sensor ist diese Einheit aus Reifen und Sensor nicht gegeben, da diese nach einem Reifenwechsel nicht mehr gewährleistet ist.

Mit dem an dem Innerliner des Reifens montierten Sensor lässt sich durch einen geeigneten Beschleunigungssensor die Aufstandslänge des Reifens auf der Fahrbahn schätzen. Hierzu wird die Änderung der Beschleunigung des Sensors im Bereich der Radaufstandsfläche gemessen, s. Abbildung 2.43. Sind Aufstandslänge, Reifendruck, Reifentemperatur und weitere reifen- und fahrzeugspezifische Informationen bekannt, so lässt sich darüber hinaus die Radlast und somit der Beladungszustand des Fahrzeugs schätzen.

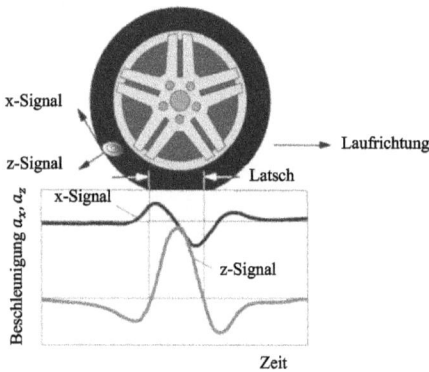

Abb. 2.43: Beschleunigung des Reifensensors beim Latschdurchlauf (mit freundlicher Genehmigung der Huf Hülsbeck & Fürst GmbH & Co. KG).

2.5.2 Indirekte Reifendrucküberwachung

Im Gegensatz zu direkten, messen indirekte Reifendruckkontrollsysteme nicht den Druck in den Reifen, sondern es werden primär die vorhandenen Signale der ABS-Raddrehzahlsensoren verwendet, s. Abbildung 2.44.

Indirekte Systeme nutzen den Effekt, dass der Abrollumfang des Rades und dadurch der effektive Rollradius, vom Reifendruck abhängig ist. Fällt der Reifendruck ab, so verringert sich der Rollradius, wodurch sich die Raddrehzahl des betreffenden Rades relativ zu den übrigen Rädern erhöht. Durch das Auswerten der Differenzdrehzahlen aller Räder kann somit der Druckabfall einzelner Räder erkannt werden, wie dies beispielhaft in Abbildung 2.45 dargestellt ist.

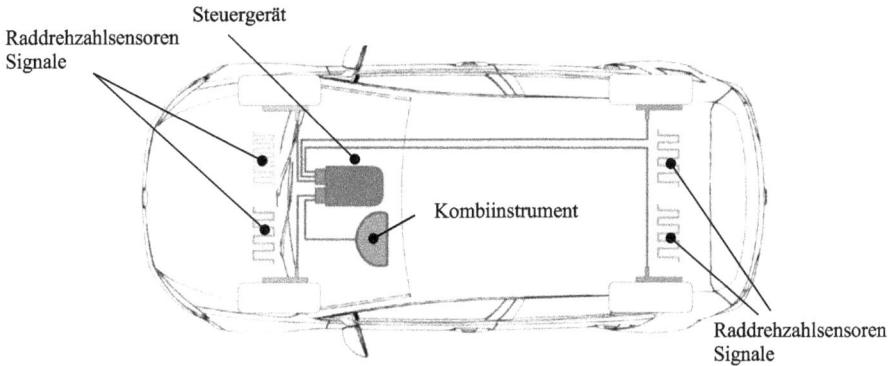

Abb. 2.44: Schema eines indirekten Reifendruckkontrollsystems nach Hoppe, Kessler et al. 2013.

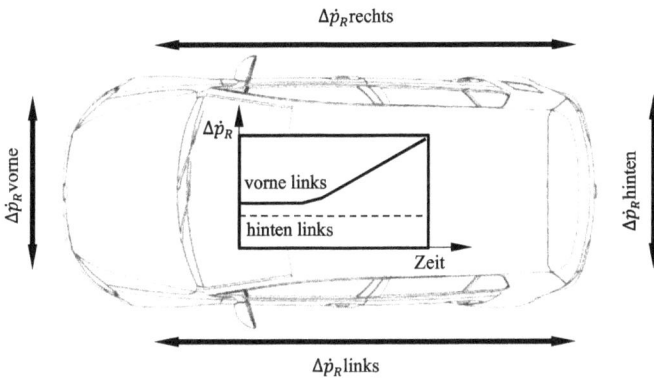

Abb. 2.45: Bestimmung des Druckverlustes vorne links durch Auswertung der Differenzdrehzahlen (mit freundlicher Genehmigung der Nira Dynamics AB).

Die Änderung der Raddrehzahl kann sehr gering sein. Daher bedarf es sehr robuster Signalverarbeitungsalgorithmen (z. B. unter Verwendung von Kalman-Filtern), um diese Unterschiede zuverlässig zu erkennen. Die Algorithmen werden in der Regel auf dem ESP-Steuergerät ausgeführt, da dort die Rohsignale der Raddrehzahlsensoren eingehen. Rollradiusunterschiede, wie sie z. B. bei Kurven- oder bei Steigungsfahrten entstehen, müssen durch ein geeignetes Fahrdynamikmodell herausgerechnet werden. Ebenso müssen Reifentyp (Sommer-, Winter- und Allwetterreifen), Reifengröße sowie Temperatureffekte, Reifenprofiltiefenänderung wie auch die radiale Reifenausdehnung bei hohen Fahrgeschwindigkeiten berücksichtigt werden. Hierdurch kann die Erkennung von Druckverlust länger dauern. Indirekte Reifendruckkontrollsysteme sind seit Anfang des Jahres 2000 im Einsatz (Hoppe et al., 2013).

Mit der Methode der Erkennung von Raddrehzahländerungen lässt sich jedoch ein gleichzeitiger und gleichmäßiger Druckverlust an allen vier Reifen, wie beispielsweise durch Diffusion, nicht erkennen, s. Abbildung 2.48 links. Zur Erkennung von gleichzeitigen und gleichmäßigen Druckverlusten wird die Methode der Spektralanalyse verwendet. Rollt der Reifen über die Fahrbahn, so werden seine Eigenschwingungsmoden angeregt. Einige Eigenmoden, wie z. B. der Reifen-Torsionsmode bei ca. 40 Hz, hängen vom Fülldruck ab, s. Abbildung 2.46 links. Ändert sich der Fülldruck, so findet eine Frequenzverschiebung des Reifen-Eigenmodes statt, s. Abbildung 2.46 rechts und Abbildung 2.47 rechts. Somit ist das System in der Lage, auch Druckverluste eines, wie auch aller vier Reifen, gleichzeitig zu erkennen, s. Abbildung 2.47 rechts und Abbildung 2.48 rechts.

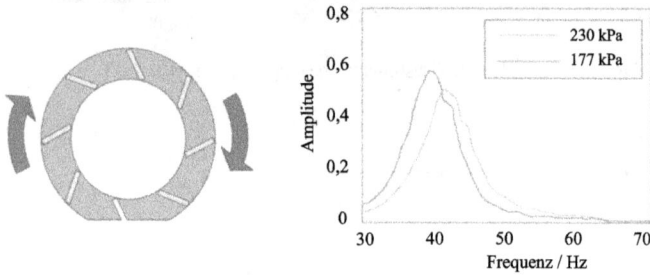

Abb. 2.46: Links: 1. Torsionsmode des Rad-Reifen-Verbunds bei ca. 40 Hz; rechts: Beispiel für eine Frequenzverschiebung bei unterschiedlichen Fülldrücken (mit freundlicher Genehmigung der Nira Dynamics AG).

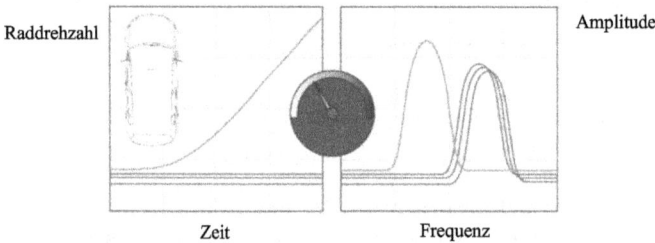

Abb. 2.47: Erkennung des Druckverlustes vorne links durch die Methode der Raddrehzahländerung (links) und der Frequenzverschiebung (rechts) (mit freundlicher Genehmigung der Nira Dynamics AG).

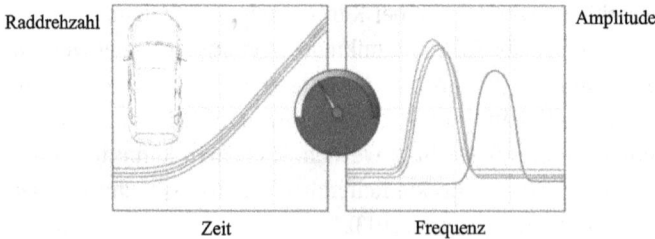

Abb. 2.48: Bei gleichzeitigem und gleichmäßigem Druckverlust keine Erkennung durch die Methode der Raddrehzahländerung (links). Erkennung durch die Methode der Frequenzverschiebung (rechts) (mit freundlicher Genehmigung der Nira Dynamics AG).

Alle indirekten Reifendruckkontrollsysteme können immer nur relative Druckänderungen erkennen, entweder durch relative Raddrehzahl- oder durch Frequenzunterschiede. Findet ein Wechsel oder eine Befüllung der Reifen statt, muss das System neu initialisiert werden. Der Fahrer ist somit verpflichtet, jeweils nach der korrekten Befüllung der Reifen das System manuell, z. B. durch das Drücken eines Schalters, zu initialisieren. Fehler bei der Initialisierung können zu einer nicht korrekten Warnung des Fahrers führen (Hoppe et al., 2013).

Vorteile der indirekten Systeme sind geringere Kosten, da keine Zusatzkomponenten verbaut werden müssen. Nachteilig ist, dass weder Reifendrücke noch Füllluftemperaturen gemessen werden. Eine korrekte Warnung ist von der richtigen Kalibrierung des Systems abhängig. Bei hochdynamischen Fahrten mit Querbeschleunigungen, größer als $2\,\mathrm{m/s^2}$, wie etwa auf Rennstrecken, ist das System inaktiv.

2.6 Feinstaubverschmutzung durch Reifen-/Straßenabrieb

Partikel, die durch Reifen- und Straßenverschleiß entstehen, sind hauptsächlich auf die Reibung zwischen Reifen und Straßenoberfläche zurückzuführen. Diese Partikel sind eine Mischung aus dem Material der Reifenlauffläche und dem Straßenbelag. Im Durchschnitt besteht ein moderner Autoreifen aus bis zu 25 Komponenten und 12 verschiedenen Gummimischungen. Die Gummimischungen enthalten Naturkautschuk, der mit synthetischem Kautschuk und einer Vielzahl anderer Materialien gemischt und verarbeitet wird. Natur- und Synthesekautschuk machen ca. 41 % des gesamten Reifenvolumens aus (Continental 2024). Die daraus resultierende Mischung ist die Grundlage der Reifenlauffläche und damit die Hauptquelle für den Reifenverschleiß.

Aktuellen Studien zufolge fallen in der EU jährlich ca. 500.000 Tonnen Reifenabrieb an, davon ca. 80.000 Tonnen in Deutschland. Mit dieser Menge ist Synthesekautschuk in Deutschland für rund ein Drittel aller Mikroplastikemissionen in Form von Reifenabrieb verantwortlich (ADAC 2022). Die Partikel des Reifenabriebs sind sehr grob, in der Regel über 50 µm groß, und dringen auch als Schwebeteilchen nicht tief in die menschlichen Atemwege ein. Dennoch sollte die Menge des vom Straßenverkehr emittierten Reifenabriebs so gering wie möglich gehalten werden, um schädliche Auswirkungen auf Wasser, Boden und letztlich auf den Menschen zu minimieren. Nach aktuellen Untersuchungen des ADAC emittiert ein Auto heute ca. 120 g Reifenabrieb pro 1.000 km. Insgesamt verliert ein Reifen im Laufe seines Lebens ca. 1 kg an Gewicht, das in Form von Mikroplastik in die Umwelt abgegeben wird (ADAC 2022). Hinzu kommt der Abrieb von der Straße. Die Messungen des ADAC ergaben zum Teil erhebliche Abweichungen zwischen den einzelnen Herstellern.

Der größte Teil des Reifen- und Straßenabriebs verbleibt auf der Straßenoberfläche oder in der unmittelbaren Umgebung der Straße. Das meiste davon wird bei Niederschlägen vom Straßenoberflächenwasser aufgenommen und abgeführt. In städtischen Gebieten wird es über die Kanalisation abgeleitet; außerhalb städtischer Gebiete wird das Straßenoberflächenwasser in der Regel über den Straßenrand abgeleitet und versickert in Mulden oder im natürlich vorkommenden Boden. Dadurch werden die Gewässer und Böden zwangsläufig verschmutzt.

Der Abrieb entsteht bei der Kraftübertragung an der Kontaktfläche zwischen Reifen, Fahrbahn und dem Schmutz auf der Straße (z. B. Laubreste, verwehte Erde vom Feld, Sand, Wasser usw.). Die Abriebpartikel bestehen also nicht aus reinem Reifenabrieb, sondern sind ein krümeliges Konglomerat aus verschiedenen Substanzen.

Der Verschleiß von Bremsbelägen, der ebenfalls seit einiger Zeit untersucht wird, nimmt mit der Einführung von Elektrofahrzeugen ab, aufgrund der Möglichkeit der Rekuperation und der damit reduzierten Belastung der Bremsen (siehe Abschnitt 5.8). Das Gegenteil ist beim Reifenverschleiß der Fall. Dies ist zum Teil auf das höhere Fahrzeuggewicht zurückzuführen, das hauptsächlich durch die schwere Batterie verursacht wird, aber auch auf das allgemein höhere Raddrehmoment bei Elektrofahrzeugen. Die Messung des Reifenabriebs erfolgt heute in der Regel dadurch, dass der Reifen nach einer bestimmten Fahrzeit ausgebaut und gewogen wird. Eine Messung der Profiltiefe ist ebenfalls möglich, aber ungenauer und aufwendiger. Die Abriebmenge ändert sich über die Laufleistung sehr stark. So ist der Abrieb zu Beginn der Reifennutzung größer als bei länger gefahrenen Reifen. Ein weiterer Grund für den erhöhten Abrieb zu Beginn ist, dass bei einigen fabrikneuen Reifen Rückstände in Form von feinen Gummifäden aus der Produktion auf der Lauffläche verbleiben. Diese haben keinen Einfluss auf die Leistung des Reifens.

Um die durch Bremsen-, Straßen- und Reifenverschleiß verursachten Partikelemissionen zu verringern, wird die künftige Euro-7-Gesetzgebung wahrscheinlich zusätzlich zu den Abgasemissionen auch die Partikelemissionen regeln. Es ist daher zu erwarten, dass auch Elektrofahrzeuge in Zukunft die Euro-7-Norm erfüllen müssen (Europäische_Kommission 2023), (ADAC 2024).

Im Verbundprojekt "Reifenabrieb in der Umwelt" (RAU) wurden umfangreiche Untersuchungen zum Reifenabrieb durchgeführt. Dabei zeigte sich u. a., dass ein überdurchschnittlich hoher Abrieb durch große Seitenkräfte verursacht wird, während große Längskräfte nur zu einer geringfügigen Erhöhung der Abriebrate führen.

Ausführliche Informationen können Venghaus, Frank Schmerwitz et al. 2021 entnommen werden.

Da es zumindest noch keine Lösungen in Form von abriebfreien Reifen gibt, wird an anderen Lösungen geforscht, wie z. B. dem Auffangen des Abriebs in einem geschlossenen Radkasten oder dem Einsatz von Filtersystemen hinter dem Rad. Ein weiterer Ansatz ist der Einsatz von Filtersystemen zum Auffangen von Abrieb in Straßenabläufen an Verkehrsknotenpunkten (Stüve 2023).

3 Fahrzeugdynamik und Fahrwerk

Die Fahrzeugdynamik beschreibt die Bewegung eines Fahrzeugs unter Einwirkung von inneren und äußeren Kräften und Momenten (Schramm, Hiller und Bardini 2018). Diese werden durch die Reifen und die Luft auf das Fahrzeug übertragen. Das Fahrwerk hat die Aufgabe, die Räder in jeder Fahrsituation so auf der Straße zu positionieren, dass eine möglichst gute Übertragung der Reifenkräfte garantiert wird. Das hierdurch erzielte Fahrverhalten kann subjektiv durch Testfahrer oder auch objektiv durch genormte Kenngrößen beurteilt werden. Während diese Kenngrößen früher überwiegend durch Fahrversuche ermittelt wurden, traten während der letzten Jahre simulationsgestützte Verfahren immer mehr in den Vordergrund (Schramm, Hiller und Bardini 2018).

Der lineare Bereich des Fahrverhaltens eines Kraftfahrzeugs lässt sich in die Quer-, Längs- und Vertikaldynamik einteilen, da sich diese Bereiche sehr gut physikalisch voneinander trennen lassen:

- Die Querdynamik beschreibt das Kurvenverhalten des Fahrzeugs sowie seine Reaktion auf Lenkbewegungen. Sie hat einen großen Einfluss auf die Agilität und auf die Fahrsicherheit.
- Die Längsdynamik beschreibt das Beschleunigungsvermögen und das Bremsverhalten. Darüber hinaus leitet sich daraus im Wesentlichen der Energieverbrauch des Fahrzeugs ab.
- Die Vertikaldynamik beschreibt die Reaktion des Fahrzeugs auf Anregungen durch Fahrbahnunebenheiten und ist maßgeblich für den Fahrkomfort und (über die Radlastschwankungen) für die Fahrsicherheit eines Kraftfahrzeugs verantwortlich.

Im fahrdynamischen Grenzbereich und darüber hinaus kommt es jedoch zu ausgeprägten Kopplungen zwischen den Bewegungsrichtungen, s. z. B. Lenthaparambil 2015, Schramm, Hiller und Bardini 2018, sodass diese einfache Aufteilung dann nicht mehr möglich ist.

Maßgeblich beeinflusst wird das Fahrverhalten durch die Baugruppen Aufbau, Radaufhängungen, Lenkung und insbesondere durch die Reifen.

3.1 Allgemeine Definition der Fahrzeugbewegung

Zum Verständnis der fahrdynamischen Kenngrößen in den Bereichen Quer- und Längsdynamik ist es zunächst erforderlich, die räumliche Fahrzeugbewegung in einer geeigneten Form zu beschreiben.

Der Fahrzeugaufbau führt während der Fahrt eine räumliche Bewegung aus. Zu deren Beschreibung wird das fahrzeugfeste Koordinatensystem $K_V{}^1$ (orthogonal und

---

1 Der Index „V" steht hier für das englische Wort „Vehicle".

https://doi.org/10.1515/9783111335872-003

rechtsdrehend) genutzt, s. Abbildung 3.1. Der Koordinatenursprung O_V des Systems K_V wird in den Massenmittelpunkt des Fahrzeugaufbaus gelegt (DIN 1994). Der Grund für diese spezielle Wahl ist, dass sich die grundsätzlichen physikalischen Gleichungen, wie Impuls- und Drallsatz in einer einfacheren Form angeben lassen, als dies bei einer anderen Wahl des Bezugspunktes der Fall wäre (Schramm, Hiller und Bardini 2018).

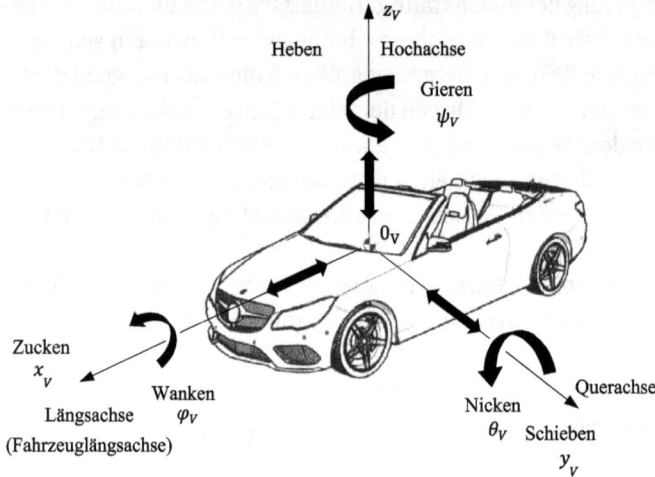

Abb. 3.1: Die sechs Starrkörperfreiheitsgrade des Fahrzeugaufbaus.

Der für grundlegende Untersuchungen der Fahrdynamik als starrer Körper modellierte Fahrzeugaufbau besitzt sechs Starrkörperfreiheitsgrade, durch welche seine Lage im Raum eindeutig bestimmt ist. Die hier gewählten Freiheitsgrade und die zugehörigen verallgemeinerten Koordinaten sind in Abbildung 3.1 dargestellt. Dabei wird zwischen translatorischen und rotatorischen Freiheitsgraden unterschieden.

Die translatorischen Freiheitsgrade werden:
– „Zucken" in Fahrzeuglängsrichtung (Längsbewegung in Richtung der x_V-Achse),
– „Schieben" in Fahrzeugquerrichtung (Querbewegung in Richtung der y_V-Achse) und
– „Heben" (in Richtung der z_V-Achse) genannt (DIN 1994).

Die rotatorischen Freiheitsgrade werden in der Fahrzeugtechnik, ausgehend vom Inertialsystem, mit den KARDAN-Winkeln in der Drehreihenfolge $x \rightarrow y \rightarrow z$ beschrieben und werden als:
– „Wanken" oder „Rollen" (Drehung um die x_V-Achse mit φ_V),
– „Nicken" (Drehung um die y_V-Achse mit θ_V) und
– „Gieren" (Drehung um die z_V-Achse mit ψ_V)

bezeichnet (DIN 1994).

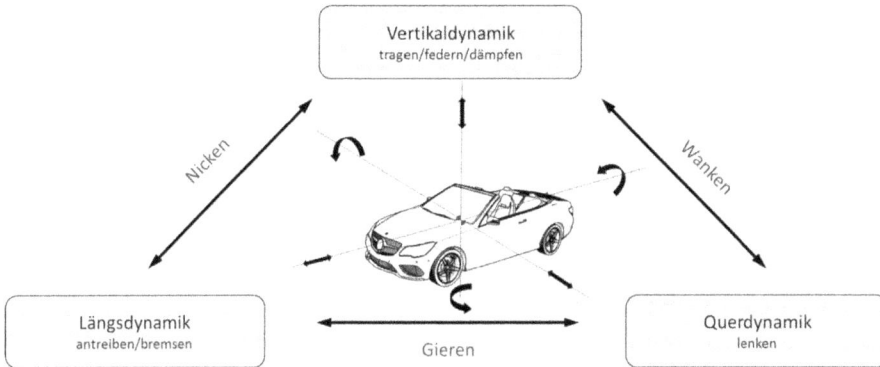

Abb. 3.2: Zusammenhänge in der Fahrzeugdynamik.

Für die meisten (linearen) Fahrzustände, die im normalen Betrieb auftreten, kann die Fahrdynamik des Fahrzeugs in erster Näherung in Vertikal-, Längs- und Querrichtung getrennt betrachtet werden. Gleichwohl sind die auftretenden Bewegungsformen über das Fahrwerk grundsätzlich miteinander gekoppelt, s. Abbildung 3.2. Dies wirkt sich insbesondere bei Fahrmanövern im (nichtlinearen) Grenzbereich aus, dies ist aber auch bei der Betrachtung dynamischer Wechselwirkungen im Zusammenhang mit dem Einsatz von Fahrdynamikregelsystemen von Bedeutung, s. Abschnitt 3.9.

In diesem Kapitel werden hauptsächlich die Quer- und die Vertikaldynamik sowie deren Wechselwirkung betrachtet. Die Längsdynamik von Kraftfahrzeugen wird in Kapitel 6 untersucht.

3.2 Koordinatensysteme

Das Fahrgestell und die Karosserie des Fahrzeugs werden für eine Beschreibung der Fahrzeugbewegung in der Regel als starre Körper aufgefasst und können daher in guter Näherung als ein Mehrkörpersystem beschrieben werden (Schramm, Hiller und Bardini 2018). Torsionen oder sonstige Verformungen der Karosserie können für viele Untersuchungen vernachlässigt werden. Das Fahrgestell kann sich frei im Raum bewegen. Zur Lagebeschreibung wird ein fahrzeugfestes Koordinatensystem $K_V = \{O_V; x_V, y_V, z_V\}$ eingeführt. Der fahrzeugfeste Bezugspunkt O_V liegt im Aufbauschwerpunkt (DIN 1994). Die x-Achse zeigt in Fahrzeuglängsrichtung nach vorn, die y-Achse in Fahrzeugquerrichtung nach links und die z-Achse nach oben.

Zur räumlichen Lagebeschreibung des Fahrgestells verwendet man die drei Komponenten $^E x_V$, $^E y_V$, $^E z_V$ des Ortsvektors $\boldsymbol{r}_V$ in den Koordinaten eines Inertialsystems $K_E{}^2$ sowie die drei KARDAN-Winkel ψ_V (Gierwinkel), θ_V (Nickwinkel) und φ_V (Wank-

---

2 Der Index „E" steht hier für das englische Wort „Environment".

winkel[3]). Die Abbildung 3.3 zeigt die Lage der verwendeten Koordinatensysteme. Dort bezeichnet r_V den Vektor vom Ursprung des Inertialsystems zum Ursprung des fahrzeugfesten Koordinatensystems, $_V r_i$ den Vektor vom Ursprung des fahrzeugfesten Koordinatensystems zu einem Punkt P_i des Fahrzeugs und r_i den Vektor vom Ursprung eines Inertialsystems zu dem fahrzeugfesten Punkt P_i.

Die Orientierung des Fahrzeugsystems K_V gegenüber dem Inertialsystem K_E ist durch die drei KARDAN-Winkel eindeutig festgelegt. Man geht von einer Ausgangslage aus, in der das Inertialsystem und das Fahrzeugsystem die gleiche Orientierung besitzen. Dann lässt man das Fahrzeugsystem nacheinander drei Drehungen um festgelegte Achsen ausführen. Jede Teildrehung entspricht einem KARDAN-Winkel. Die Drehreihenfolge der KARDAN-Winkel lautet:

- Das x_E, y_E, z_E-System geht durch die Drehung um die z_E-Achse mit dem Gierwinkel ψ_V in das x_1, y_1, z_1-System mit $z_1 = z_E$ über.
- Das x_1, y_1, z_1-System geht durch Drehung um die y_1-Achse mit dem Nickwinkel θ_V in das x_2, y_2, z_2-System mit $y_2 = y_1$ über.
- Das x_2, y_2, z_2-System geht durch Drehung um die x_2-Achse mit dem Wankwinkel φ_V in das x_V, y_V, z_V-System mit $x_V = x_2$ über.

Für eine detaillierte Beschreibung der räumlichen Bewegung von Kraftfahrzeugen wird auf Schramm, Hiller und Bardini 2018 verwiesen.

Die Wahl dieses Koordinatensystems im Bereich der Konstruktion ist jedoch unpraktisch, da einerseits die Lage des Schwerpunktes noch gar nicht festlegt und andererseits die meisten Koordinaten, insbesondere in x_V-Richtung, negativ ausfallen würden. Im CAD[4] wird daher ein anderes Koordinatensystem eingesetzt (in Abbildung 3.3

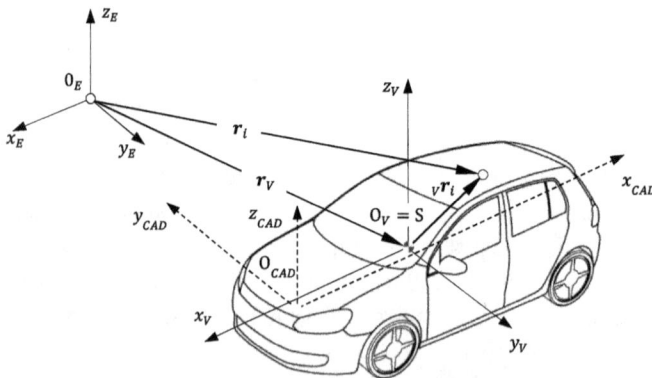

Abb. 3.3: Koordinatensysteme und Beschreibung der Position von Kraftfahrzeugen.

---

3 Auch als Rollwinkel bezeichnet.
4 CAD: Computer Aided Design.

mit CAD gekennzeichnet), dessen Ursprung O_{CAD} im Bereich des Vorderwagens, z. B. in der Mitte der Vorderachse liegt. In diesem Fall zeigt die x_{CAD}-Achse entgegen der Fahrrichtung.

3.3 Aufbau und Komponenten des Fahrwerks

Das Fahrwerk realisiert die Verbindung zwischen Rädern und Aufbau. Es ist damit zuständig für die Führung der Räder sowie die Lagerung des Aufbaus, sodass Passagiere, Ladung und Fahrzeugsysteme vor übermäßigen Belastungen durch Beschleunigungen und Kräfte geschützt werden. Das typische Fahrwerk eines Pkws besteht aus folgenden Baugruppen (teilweise abgebildet in Abbildung 3.4):

Abb. 3.4: Fahrwerk und Antriebsstrang eines Porsche 911 Turbo S © Porsche AG.

– Vorder- und Hinterachse, einschließlich entsprechender Fahrschemel,
– Federung und Dämpfung (Abschnitte 3.10.4 und 3.10.5),
– Stabilisatoren (Abschnitt 3.10.6),
– Räder und Reifen (Kapitel 2),
– Lenksystem (Kapitel 4),
– Bremssystem (Kapitel 5),
– Radlagerung und Radträger (Abschnitt 3.9),
– Fahrwerkregelsysteme (Abschnitt 3.8),
– Pedalerie und Lenkrad (Kapitel 4 und 5) sowie
– Lagerung des Antriebsaggregats.

In diesem Kapitel werden zunächst die Grundlagen der Fahrzeugdynamik diskutiert. Dazu gehört die Definition der Fahrzeugbewegung sowie der statischen und dynamischen Fahrdynamikkenngrößen. Darauf aufbauend werden Fahrmanöver beschrieben, mit denen die fahrdynamischen Eigenschaften des Fahrzeugs ermittelt und beurteilt werden können. Diese Betrachtungen werden vervollständigt durch die Beschreibung der Kinematik von Radaufhängungen. Dabei werden beispielhaft die häufig eingesetzten MacPherson- und die Mehrlenker-Radaufhängungen diskutiert. Den grundsätzlichen Aufbau einer Radaufhängung einer Achse zeigt Abbildung 3.5.

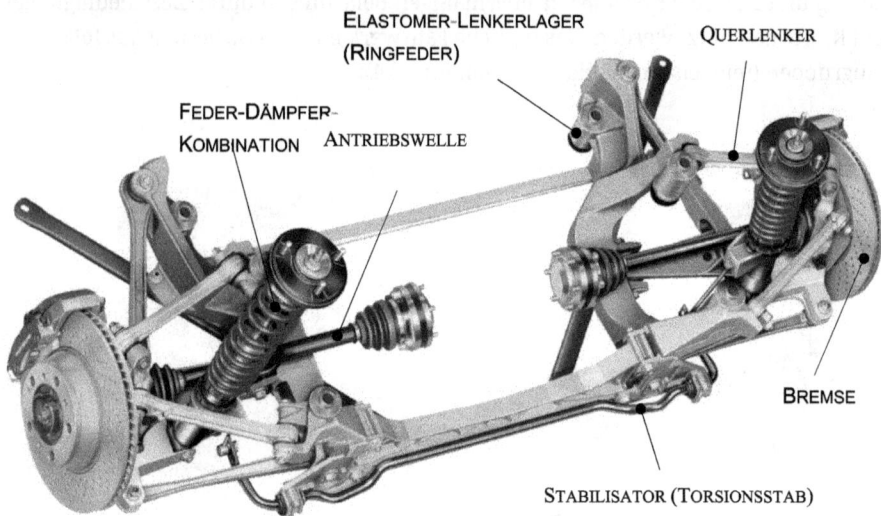

Abb. 3.5: Mehrlenker Radaufhängung (jeweils nur eine Seite beschriftet) © Porsche AG.

Die in diesem Kapitel verwendeten Definitionen beziehen sich u. a. auf die folgenden Normen:
- DIN 70000 Straßenfahrzeuge; Begriffe der Fahrdynamik (DIN 1994),
- DIN 70020 Kraftfahrzeugbau; Kraftfahrzeuge und Anhängefahrzeuge -Teil 1 (allgemeine Abmessungen) und Teil 2 (Gewichte) (DIN 1993),
- DIN ISO 7401: Testverfahren für querdynamisches Übertragungsverhalten (DIN/ISO 1989),
- DIN ISO 8855 Road vehicles – Vehicle dynamics und road holding ability-Vocabulary (DIN/ISO 2011),
- DIN 70027:1992-08: Straßenfahrzeuge; Fahrwerksvermessung – Angabe von Fahrwerksdaten,
- SAE J670e: Vehicle Dynamics Technology (SAE 2008),
- VDI-Richtlinie 2057 (VDI 2002).

3.4 Achskenngrößen

Die Begriffe Vorspur, Sturz, Nachlauf und Spreizung beschreiben zusammen mit weiteren Parametern die geometrischen Eigenschaften einer Fahrzeugachse. Im Rahmen von Entwicklung, Produktion und Wartung von Kraftfahrzeugen müssen diese Größen gemessen werden. Es werden zunächst die einzelnen Parameter und die Beziehungen zwischen ihnen dargestellt.

Die Achsgeometrie eines Fahrzeugs wird durch geeignete Winkel- und Längenmaße charakterisiert. Für jedes Rad wird dazu die Lage der Radmittelebene bestimmt. Bei gelenkten Rädern kommt noch die Lage der Achse hinzu, um die das Rad beim Einschlagen schwenkt. Im Folgenden werden zunächst die einzelnen Kenngrößen definiert.

Die Winkellage der Radmittelebene wird durch zwei Winkel festgelegt. Dazu wird der Schnitt der Radmittelebene Π mit zwei zueinander senkrechten Ebenen gebildet, s. Abbildung 3.6. Die eine Ebene ist die Fahrbahnebene Σ und die andere Ebene Ω steht senkrecht zur Fahrbahn. Der Winkel δ_{VS} in der Fahrbahnebene heißt Vorspurwinkel und der Winkel γ in der Ebene senkrecht zur Fahrbahn wird als Sturzwinkel bezeichnet, s. Abbildungen 3.6 und 3.7, sowie Tabelle 3.1.

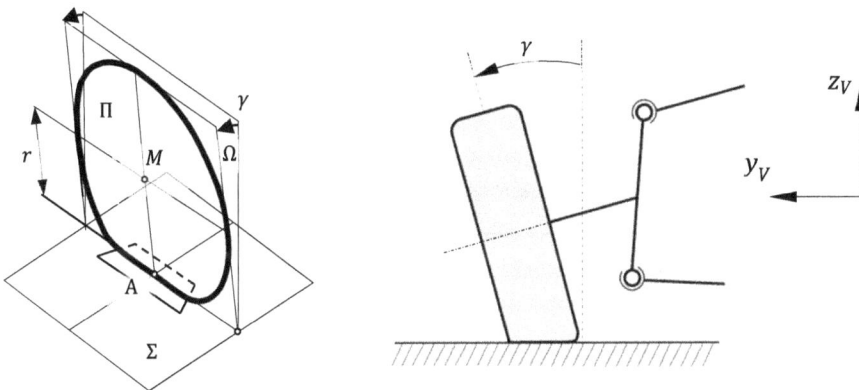

Abb. 3.6: Definition wichtiger Kenngrößen in der Radfahrbahnebene.

Tab. 3.1: Wichtige Kenngrößen in der Radfahrbahnebene, s. Abbildung 3.6.

Formelzeichen	Beschreibung
Σ	Straßenebene
Π	Radmittelebene
Ω	Ebene in Fahrtrichtung und senkrecht zur Straßenebene
r	Radradius
A	Virtueller Radaufstandspunkt
M	Radmittelpunkt
γ	Sturzwinkel

3.4.1 Vorspur[5]

Zunächst wird der Winkel in der Fahrbahnebene, also der Vorspurwinkel δ_{VS}, betrachtet (Abbildung 3.7 und Tabelle 3.2).[6] Hier kann entweder der Winkel der beiden Räder einer Achse zueinander gemessen werden (Gesamtvorspurwinkel) oder der Winkel eines Rades zu einer Bezugsebene (Vorspurwinkel). Eine mögliche Bezugsebene ist die Längsmittelebene des Fahrzeugs. Diese Ebene steht senkrecht zur Fahrbahn und geht durch die Mitte von Vorder- und Hinterrad. Unabhängig von der Bezugsebene ist die Summe der Vorspurwinkel immer gleich dem Gesamtvorspurwinkel. Das Vorzeichen des Vorspurwinkels ist positiv, wenn das Rad vorn nach innen steht, ($b_A < b_B$), wenn also der vordere Teil des Rades näher an dem Rad der anderen Seite ist als der hintere Teil des Rades.

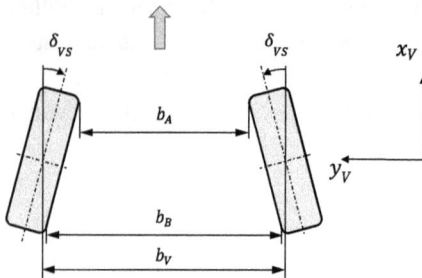

Abb. 3.7: Definition des Vorspurwinkels.

Tab. 3.2: Kenngrößen der Fahrzeugachsen, s. Abbildung 3.7, Abbildung 3.8 und Abbildung 3.9.

Formelzeichen	Beschreibung
r	Radradius
δ_{VS}	Vorspurwinkel
b_A, b_V, b_B	Radabstände der Räder einer Achse vorne, mitten und hinten
γ	Sturzwinkel
τ	Nachlaufwinkel
l_n	Nachlaufstrecke
n_l	Nachlaufversatz
σ	Spreizungswinkel
l_σ	Spreizungsversatz
r_r	Lenkrollradius

---

5 Oft auch nur als „Spur" bezeichnet.

6 Früher war es üblich, die Vorspur nicht als Winkel, sondern als Längenmaß anzugeben. Dazu wurde die Differenz des Abstands der Felgenhörner vorne und hinten auf der Höhe der Radmitte gemessen. Diese Art der Messung hat jedoch den Nachteil, dass der Messwert von der Felgengröße abhängt.

Betrachtet wird nun ein Fahrzeug, dessen nicht gelenkte Hinterräder bezüglich der Längsmittelebene des Fahrzeugs unterschiedliche Vorspurwinkel aufweisen. Damit das Fahrzeug geradeaus fährt, müssen die Vorderräder mithilfe der Lenkung so eingeschlagen werden, dass die Winkelhalbierende des Winkels zwischen den Vorderrädern parallel zur Winkelhalbierenden des Winkels zwischen den Hinterrädern ist. Die Winkelhalbierende des Winkels zwischen den Hinterrädern bestimmt also die Fahrtrichtung des Fahrzeugs bei der Fahrt auf gerader Strecke. Aus diesem Grund heißt sie geometrische Fahrachse. Der Winkel zwischen der geometrischen Fahrachse und der Längsmittelebene des Fahrzeugs heißt Fahrachswinkel. Entsprechend dem DIN-70027:1992-08 „Fahrwerksvermessung" hat der Fahrachswinkel ein positives Vorzeichen, wenn die geometrische Fahrachse vorn nach links von der Längsmittelebene des Fahrzeugs abweicht.

Je nach Möglichkeit sollte die Hinterachse so eingestellt sein, dass diese beiden Achsen zusammenfallen, der Fahrachswinkel also gleich Null ist, das heißt, die Vorspurwinkel der Hinterachse sollten gleich sein. Kann dies nicht erreicht werden, zum Beispiel, weil die Vorspur der Hinterachse nicht einstellbar ist, so bewegt sich das Fahrzeug bei Geradeausfahrt mehr oder weniger schräg zu seiner Symmetrieachse. Dies wird auch als „Dackellauf" bezeichnet. Wird in diesem Fall die Vorderachse beim geradestehenden Lenkrad auf gleiche Vorspurwinkel (gegenüber der Fahrzeug-Längsmittelebene) eingestellt, so muss das Lenkrad bei Geradeausfahrt entsprechend dem Fahrachswinkel eingeschlagen werden. Das Lenkrad steht dann also nicht gerade, obwohl das Fahrzeug geradeaus fährt.

Als Abhilfe wird für die Vorspurwinkel der Vorderachse ein anderer Bezug gewählt, und zwar die geometrische Fahrachse. Sind die Vorspurwinkel der Vorderräder bezogen auf diese Achse gleich, so steht das Lenkrad bei der Geradeausfahrt gerade, auch wenn der Fahrachswinkel nicht Null ist, das Fahrzeug sich also im „Dackellauf" bewegt.

3.4.2 Sturzwinkel

Der zweite Winkel, der die Lage der Radmittelebene beschreibt, ist der Sturzwinkel γ, s. Abbildung 3.8 und Tabelle 3.2. Dies ist der Winkel der Radmittelebene gegenüber der Senkrechten zur Fahrbahn. Der Sturz ist positiv, wenn das Rad oben nach außen geneigt ist. Wird ein gelenktes Rad eingeschlagen, so ändert sich normalerweise der Sturz. Dies wird später noch im Zusammenhang mit der Messung der Lenkachse näher beschrieben. Um den Einstellwert für den Sturz eines Fahrzeugs anzugeben, muss deshalb festgelegt werden, bei welchem Einschlagwinkel, also welchem Vorspurwinkel, der Sturz gemessen wird. Hier kann entweder jedes Einzelrad bei Spur Null gemessen werden oder der Sturz für beide Räder wird gemessen, wenn die Räder in der Stellung für Geradeausfahrt stehen, also bei gleichem Vorspurwinkel der Einzelräder. Wird der Sturz nicht bei „Spur Null" gemessen, so hat das den Nachteil, dass der für den Sturz einzustellende Wert vom Vorspurwinkel abhängt. Andererseits können in diesem Fall die Sturzwerte

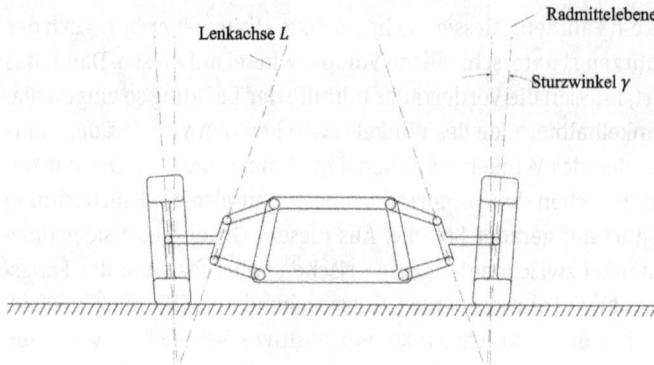

Abb. 3.8: Definition des Sturzwinkels und der Lenkachse.

für beide Räder bei der gleichen Lenkradstellung ermittelt werden, während für die Messung bei „Spur Null" jedes Rad einzeln gemessen werden muss. Der Fahrzeughersteller gibt an, für welche Art der Messung seine Fahrwerkseinstelldaten gelten. Bei den nicht gelenkten Achsen wird der Sturz immer bei der Vorspur gemessen, da hier das einzelne Rad nicht oder nur schwer auf einen Vorspurwert von Null gebracht werden kann.

3.4.3 Lenkachse

Bei gelenkten Rädern wird die Achsgeometrie neben den bisher beschriebenen Größen durch die räumliche Lage der Lenkachse[7] L bestimmt. Das ist die Achse, um die ein gelenktes Rad beim Lenkeinschlag schwenkt, s. Abbildung 3.8. Die Lenkachse wird schräg angeordnet. Der Durchstoßpunkt ihrer Verlängerung mit der Fahrbahnoberfläche ist nicht mit dem Mittelpunkt der Radaufstandsfläche identisch.

Für eine vollständige Beschreibung einer Geraden im Raum sind zwei Raumwinkel und ein Punkt erforderlich. Die beiden Winkel für die Lenkachse heißen Nachlaufwinkel bzw. Spreizungswinkel. Für die Angabe eines Punktes auf der Lenkachse sind verschiedene Möglichkeiten gebräuchlich: Es wird entweder der Punkt der Achse in der Fahrbahnebene oder in der Ebene parallel zur Fahrbahn in Höhe der Radmitte gewählt.

Im ersten Fall wird der Punkt durch die Größen Nachlaufstrecke l_n und Lenkrolldius r_r beschrieben, im zweiten Fall durch Nachlaufversatz n_l und Spreizungsversatz l_σ. Die Winkel und Strecken, welche die Lenkachse beschreiben, werden in zwei zueinander senkrechten Ebenen gemessen, die beide senkrecht zur Fahrbahnebene stehen. Die erste Ebene ist senkrecht zur Fahrbahnebene und parallel zur Schnittlinie der Radmittelebene mit der Fahrbahnebene, die zweite Ebene steht senkrecht dazu, ist also parallel zur Raddrehachse. Beim Lenkeinschlag bewegen sich diese Ebenen mit dem

---

[7] Auch als Spreizachse bezeichnet.

Rad. Die Größen zur Beschreibung der Lenkachse ändern sich demnach über dem Lenkeinschlag. Wie bereits in Abschnitt 3.4.2 beschrieben, muss deshalb festgelegt werden, bei welchem Vorspurwert gemessen werden soll. Im Gegensatz zum Sturz beziehen sich bei den Bestimmungsgrößen der Lenkachse die Definitionen in den Normen ausschließlich auf Spur Null am einzelnen Rad.

In der Praxis wird häufig dennoch bei Geradeausfahrt, also bei gleichem Vorspurwinkel der Einzelräder gemessen. Dabei wird davon ausgegangen, dass der Unterschied relativ klein ist und deshalb keine relevanten Auswirkungen hat. Ob dies jedoch erfüllt ist, hängt von der Kinematik des jeweiligen Fahrzeugtyps ab. Deshalb sind hier die Vorgaben des Fahrzeugherstellers zu beachten.

Für die Messung der Achsgeometrie sind diejenigen beiden Ebenen maßgeblich, in denen gemessen wird, demnach eine Ebene in Längsrichtung und eine Ebene in Querrichtung des Fahrzeugs, jeweils senkrecht zur Fahrbahn. Es wird jeweils die Projektion der Lenkachse in diese beiden Ebenen betrachtet.

Der Nachlaufwinkel τ ist der Winkel, der sich zwischen Lenkachse und einer Senkrechten zur Fahrbahnebene in der Ebene längs zum Fahrzeug ergibt. Der Nachlaufwinkel ist dann positiv, wenn die Lenkachse L nach hinten geneigt ist, s. Abbildung 3.9 und Tabelle 3.2.

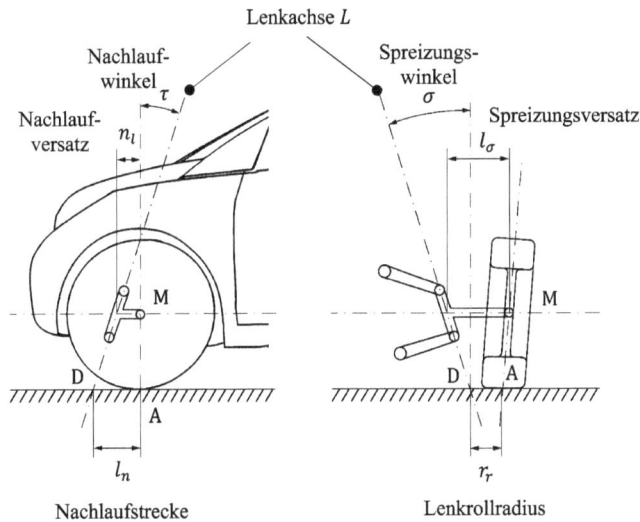

Abb. 3.9: Definition der Lenkachse.

Der Spreizungswinkel σ wird in einer Ebene quer zum Fahrzeug gegenüber einer Senkrechten zur Fahrbahn gemessen. Der Spreizungswinkel ist positiv, wenn die Lenkachse nach innen geneigt ist. Entsprechend werden auch die Strecken, die einen Punkt der Lenkachse definieren, in diesen beiden Ebenen gemessen. Wird ein Punkt der Lenkachse in Höhe der Radmitte festgelegt, so wird der horizontale Abstand des Radmittelpunktes M von der Lenkachse angegeben, projiziert in die jeweilige Ebene. Der horizontale Abstand n_l des Radmittelpunktes von der Lenkachse in der Längsebene des Fahrzeug betrachtet, heißt Nachlaufversatz. Wenn der Radmittelpunkt hinter der Lenkachse liegt, hat der Nachlaufversatz ein positives Vorzeichen. Entsprechend ist der Spreizungsversatz l_σ der horizontale Abstand des Radmittelpunktes M von der Lenkachse L in der Ebene quer zum Fahrzeug. Das Vorzeichen ist positiv, wenn die Lenkachse gegenüber dem Radmittelpunkt auf der Fahrzeuginnenseite liegt. Für die Bestimmung eines Punktes der Lenkachse in der Fahrbahnebene wird der Radaufstandspunkt als Bezugspunkt verwendet und der Abstand vom Durchstoßpunkt der Lenkachse in der Fahrbahnebene angegeben. Dabei gibt die Nachlaufstrecke den Abstand in der Projektionsebene längs zum Fahrzeug an. Die Nachlaufstrecke ist positiv, wenn der Durchstoßpunkt der Lenkachse vor dem Radaufstandspunkt liegt.

In der Ebene quer zum Fahrzeug gibt der Lenkrollradius (auch Lenkrollhalbmesser) den Abstand des Durchstoßpunktes vom Radaufstandspunkt an. Liegt der Radaufstandspunkt gegenüber dem Durchstoßpunkt außen, so ist der Lenkrollradius positiv. Ein negativer Lenkrollradius hat Vorteile beim Bremsen auf einseitig glatter Fahrbahn, da hier die von den Radlängskräften erzeugten Drehmomente um die Hochachse an den Rädern eine Lenkbewegung induzieren. Diese unterstützen den Fahrer dabei, die durch die einseitig wirkenden Bremskräfte entstehenden Drehbewegungen um die Hochachse auszugleichen.

3.5 Fahrdynamische Grundlagen

Die Fahrdynamik des Kraftfahrzeugs ist eine der wichtigsten Eigenschaften und ein wesentliches Unterscheidungsmerkmal, insbesondere bei Pkws. Daher werden nachfolgend die grundlegenden fahrdynamischen Kenngrößen zur Beschreibung des fahrdynamischen Verhaltens des Gesamtfahrzeugs vorgestellt.

3.5.1 Beschreibung der ebenen Fahrzeugdynamik am linearen Einspurmodell

Eine erste und dennoch bereits aussagekräftige Beurteilung des Fahrverhaltens eines Kraftfahrzeugs gestattet das klassische lineare Einspurmodell von Rieckert und Schunck aus dem Jahr 1940 (Kamm, Hoffmeister et al. 2013), welches die grundlegende Fahrphysik stark vereinfacht, aber in erster Näherung für normale Betriebszustände physikalisch korrekt, abbildet. Wegen seiner grundsätzlichen Bedeutung für das Verständnis des Fahrverhaltens von Pkws wird dieses Modell hier ausführlich behandelt. Das lineare Einspurmodell basiert auf einer Reihe wesentlicher Vereinfachungen (Schramm, Hiller und Bardini 2018). So wird die Geschwindigkeit des Fahrzeugmassenmittelpunktes (MMP) S längs seiner Bahnkurve als konstant angenommen und sämtliche Hub-, Wank- und Nickbewegungen des Fahrzeugs werden vernachlässigt. Vorder- und Hinterräder werden achsweise formal zu jeweils einem Rad zusammengefasst. Die gedachten Radaufstandpunkte V und H, an denen die Reifenkräfte angreifen, werden jeweils in der Achsmitte, wie in Abbildung 3.10, angenommen. Damit beschreibt das lineare Einspurmodell lediglich die Querdynamik eines Fahrzeugs. Durch entsprechende Zusatzterme ist eine Erweiterung auf die Wechselwirkung zwischen Quer- und Längsdynamik möglich, s. Abschnitt 3.5.6 bzw. Schramm, Hiller und Bardini 2018. Diese Annahmen gestatten bereits eine erste Untersuchung des grundlegenden Fahrverhaltens eines Kraftfahrzeugs bei trockener Fahrbahn bis hin zu Querbeschleunigungen von $a_y \leq 0{,}4g \approx 4\frac{m}{s^2}$.[8] Oberhalb dieses Bereichs reichen die linearen Ansätze zur korrekten Beschreibung der Fahrdynamik in der Regel nicht mehr aus.

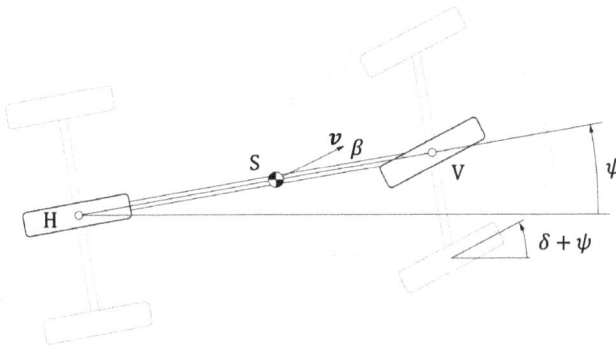

Abb. 3.10: Größen zur Beschreibung des linearen Einspurmodells.

Aufgrund der getroffenen Annahmen verbleiben als Bewegungsmöglichkeiten des mechanischen Ersatzmodells nur noch der Gierwinkel ψ, der mit seiner Ableitung, der Gierrate[9] $\dot{\psi}$ auftritt, und der Schwimmwinkel β. Die Größen ψ und β beschreiben zusammen mit ihren Ableitungen die Lage und die Bewegung des Fahrzeugaufbaus. Der Schwimmwinkel beschreibt die Abweichung der Geschwindigkeitsrichtung des Aufbauschwerpunktes von der Fahrzeuglängsachse. Der Lenkwinkel δ der Vorderachse wird als gegeben angenommen und ist somit eine Eingangsgröße für das Modell.

3.5.2 Bewegungsgleichungen des linearen Einspurmodells

Im Folgenden werden nun zunächst die Bewegungsgleichungen eines klassischen linearen Einspurmodells hergeleitet. Dabei werden die in Tabelle 3.3 beschriebenen Formelzeichen verwendet.

---

8 Bei Sportwagen teilweise auch noch höher.

9 Auch als Gierwinkelgeschwindigkeit bezeichnet.

Tab. 3.3: Kenngrößen des linearen Einspurmodells, s. Abbildung 3.11.

Formelzeichen	Beschreibung
m, θ	Fahrzeugmasse und Trägheitsmoment bzgl. der z_V-Achse
l_v, l_h, l	Abstand MMP – Aufstandspunkte, vorne, hinten, Radstand
δ, δ_A	Lenkwinkel am Rad; Ackermannwinkel
$\psi, \dot{\psi}$	Gierwinkel, -geschwindigkeit
β	Schwimmwinkel
v_v, v_h	Geschwindigkeit Rad, vorne, hinten
α_v, α_h	Schräglaufwinkel, vorne, hinten
ρ_M, ρ_K	Abstand MMP – Momentanpol, Krümmungsradius Bahnkurve

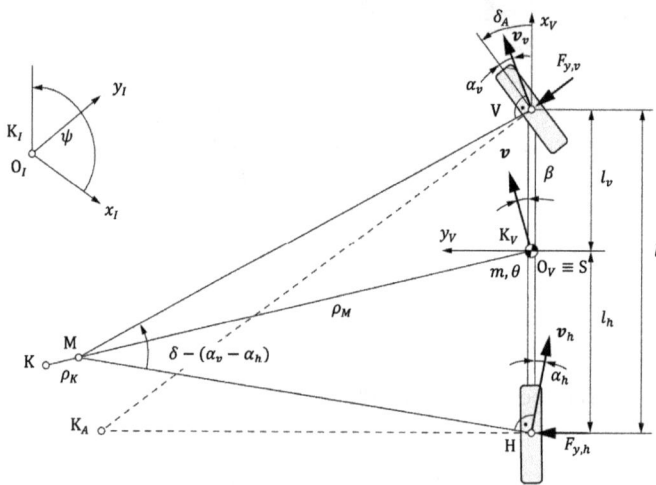

Abb. 3.11: Lineares Einspurmodell – Bezeichnungen und Koordinatensysteme.

Für die Beschreibung seiner Bewegung wird der Fahrzeugaufbau als Starrkörper (Masse m, Trägheitsmoment θ um die z_V-Achse) angenommen. Die Beschreibung der Bewegung des Fahrzeugs in der x_I, y_I-Ebene erfolgt in einem straßenfesten Koordinatensystem, das als Inertialsystem $K_I = \{O_I; x_I, y_I, z_I\}$ angenommen wird, s. Abbildung 3.11.

Der Schwerpunkt des Fahrzeugs bewegt sich hier auf einer Bahnkurve, die lokal durch einen Krümmungskreis mit dem Radius ρ_K um den Mittelpunkt des Krümmungskreises K_A beschrieben wird. Für sehr kleine Schwerpunktgeschwindigkeiten v fällt dieser Punkt mit dem Momentanpol M der Fahrzeugbewegung zusammen. Der Lenkwinkel δ_A, der erforderlich ist, um diese rein geometrische Bewegung auszuführen, ist unter der Annahme kleiner Lenkbewegungen und großer Kurvenradien im Verhältnis zu den Fahrzeugabmessungen gegeben durch

$$\tan \delta_A = \frac{l}{\sqrt{\rho_M^2 - l_h^2}} \xrightarrow{|\delta_A| \ll 1, \, l_h \ll \rho_M} \delta_A \approx \frac{l}{\rho_M}. \tag{3.1}$$

Der sich aus diesem Zusammenhang ergebende Lenkwinkel δ_A der Vorderräder wird als Ackermannwinkel bezeichnet. Aus diesem Zusammenhang ist zu erkennen, dass ein kurzer Radstand bei gleichem Kurvenradius ρ_M einen kleineren Lenkeinschlag δ_A erfordert.

Für beliebige Geschwindigkeiten ergibt sich die Fahrzeuggeschwindigkeit gemäß Abbildung 3.11 im fahrzeugfesten Koordinatensystem $K_V = \{O_V; x_V, y_V, z_V\}$ zu

$$^V\boldsymbol{v} = \begin{bmatrix} v\cos\beta \\ v\sin\beta \\ 0 \end{bmatrix}. \tag{3.2}$$

Der Index „^{V}" kennzeichnet das Koordinatensystem, in dem der physikalische Geschwindigkeitsvektor dargestellt wird.

Für die Beschleunigung des Fahrzeugschwerpunkts S gilt ebenfalls im fahrzeugfesten Koordinatensystem entsprechend

$$^V\boldsymbol{a} = \frac{d^V\boldsymbol{v}}{dt} + {}^V\boldsymbol{\omega} \times {}^V\boldsymbol{v} = \begin{bmatrix} -v\sin\beta\,\dot{\beta} \\ v\cos\beta\,\dot{\beta} \\ 0 \end{bmatrix} + \begin{bmatrix} 0 \\ 0 \\ \dot{\psi} \end{bmatrix} \times \begin{bmatrix} v\cos\beta \\ v\sin\beta \\ 0 \end{bmatrix} = \begin{bmatrix} -v(\dot{\psi}+\dot{\beta})\sin\beta \\ v(\dot{\psi}+\dot{\beta})\cos\beta \\ 0 \end{bmatrix}. \tag{3.3}$$

Unter den Annahmen $v = \text{const}$ und $\beta \ll 1$ ist die Beschleunigung $\boldsymbol{a}$ des Fahrzeugschwerpunktes stets senkrecht zur Fahrgeschwindigkeit gerichtet, ($\boldsymbol{a}^T\boldsymbol{v} = 0$) mit dem Betrag:

$$a_n = |\boldsymbol{a}_n| = \boldsymbol{a} = v(\dot{\psi}+\dot{\beta}). \tag{3.4}$$

Aus Abbildung 3.11 und der Definition der Momentanpols ergibt sich der Krümmungsradius $\rho_K = \overline{KS}$ der Bahnkurve des Schwerpunktes zu

$$\rho_K = \frac{v}{\dot{\psi}+\dot{\beta}}. \tag{3.5}$$

Der Krümmungsradius ρ_K lässt sich auch direkt aus der Geschwindigkeit (3.2) berechnen: Für den Krümmungsradius einer Trajektorie,[10] die durch ihre Parameterdarstellung

$$\boldsymbol{r}(t) = \begin{bmatrix} x(t) \\ y(t) \end{bmatrix}, \quad t \geq 0, \tag{3.6}$$

gegeben ist, gilt im ebenen Fall

---

10 Bahnkurve, in diesem Fall des Massenmittelpunktes.

$$\rho_K = \frac{(\dot{x}^2 + \dot{y}^2)^{\frac{3}{2}}}{\dot{x}\ddot{y} - \ddot{x}\dot{y}}. \tag{3.7}$$

Da der skalare Krümmungskreisradius invariant gegen Koordinatentransformationen ist, können für seine Berechnung die Geschwindigkeits- und Beschleunigungsvektoren im fahrzeugfesten Koordinatensystem beschrieben werden. Mit den Gln. (3.2) und (3.3) erhält man:

$$\rho_K = \frac{(v\cos^2\beta + v\sin^2\beta)^{\frac{3}{2}}}{v\cos\beta v(\dot{\psi} + \dot{\beta})\cos\beta + v(\dot{\psi} + \dot{\beta})\sin\beta v\sin\beta} = \frac{v^3}{v^2(\dot{\psi} + \dot{\beta})} = \frac{v}{(\dot{\psi} + \dot{\beta})}. \tag{3.8}$$

Für die folgenden Betrachtungen wird die Beschleunigung a_y des Schwerpunktes quer zur Fahrzeuglängsachse benötigt. Diese ergibt sich für kleine Schwimmwinkel β mit der Gleichung (3.4) in erster Näherung zu:

$$a_y = v(\dot{\psi} + \dot{\beta})\cos\beta \approx v(\dot{\psi} + \dot{\beta}) = \frac{v^2}{\rho_K}. \tag{3.9}$$

Für die Berechnung der horizontalen Reifenkräfte sind die Geschwindigkeiten der Radaufstandspunkte erforderlich, s. Abbildung 3.11. Diese ergeben sich an den Vorderrädern zu

$$^V\boldsymbol{v}_v = {}^V\boldsymbol{v} + {}^V\boldsymbol{\omega} \times {}^V_S\boldsymbol{r}_V = \begin{bmatrix} v\cos\beta \\ v\sin\beta \\ 0 \end{bmatrix} + \begin{bmatrix} 0 \\ 0 \\ \dot{\psi} \end{bmatrix} \times \begin{bmatrix} l_v \\ 0 \\ 0 \end{bmatrix} = \begin{bmatrix} v\cos\beta \\ v\sin\beta + l_v\dot{\psi} \\ 0 \end{bmatrix}, \tag{3.10}$$

und an den Hinterrädern zu

$$^V\boldsymbol{v}_h = {}^V\boldsymbol{v} + \boldsymbol{\omega} \times {}^V_S\boldsymbol{r}_H = \begin{bmatrix} v\cos\beta \\ v\sin\beta \\ 0 \end{bmatrix} + \begin{bmatrix} 0 \\ 0 \\ \dot{\psi} \end{bmatrix} \times \begin{bmatrix} -l_h \\ 0 \\ 0 \end{bmatrix} = \begin{bmatrix} v\cos\beta \\ v\sin\beta - l_h\dot{\psi} \\ 0 \end{bmatrix}. \tag{3.11}$$

Dabei sind $_S\boldsymbol{r}_V$ und $_S\boldsymbol{r}_H$ die Ortsvektoren vom MMP S des Fahrzeugs zum Aufstandspunkt V der Vorderräder bzw. zum Aufstandspunkt H an den Hinterrädern. Die aktuelle Geschwindigkeit $\boldsymbol{v}_v$ des Vorderrades kann außer durch Gl. (3.10) alternativ auch durch den Schräglaufwinkel α_v und den Lenkwinkel δ im fahrzeugfesten Koordinatensystem K_V ausgedrückt werden:

$$^V\boldsymbol{v}_v = \begin{bmatrix} v\cos\beta \\ v\sin\beta + l_v\dot{\psi} \\ 0 \end{bmatrix} = \begin{bmatrix} v_v\cos(\delta - \alpha_v) \\ v_v\sin(\delta - \alpha_v) \\ 0 \end{bmatrix}. \tag{3.12}$$

Die ersten beiden Vektorkomponenten in Gl. (3.12) liefern für kleine Lenkwinkel δ eine einfache Beziehung für den Schräglaufwinkel α_v an der Vorderachse:

$$\tan(\delta - \alpha_v) = \frac{v \sin\beta + l_v\dot{\psi}}{v \cos\beta} \approx \beta + l_v\frac{\dot{\psi}}{v} \rightarrow \alpha_v = \delta - \beta - l_v\frac{\dot{\psi}}{v}. \tag{3.13}$$

Entsprechend ergibt sich an der Hinterachse mit

$$^{V}\boldsymbol{v}_h = \begin{bmatrix} v\cos\beta \\ v\sin\beta - l_h\dot{\psi} \\ 0 \end{bmatrix} = \begin{bmatrix} v_h\cos\alpha_h \\ -v_h\sin\alpha_h \\ 0 \end{bmatrix} \tag{3.14}$$

die Beziehung:

$$-\tan(\alpha_h) = \frac{v\sin\beta - l_h\dot{\psi}}{v\cos\beta} \approx \beta - l_h\frac{\dot{\psi}}{v} \rightarrow \alpha_h = -\beta + l_h\frac{\dot{\psi}}{v}. \tag{3.15}$$

Die Aufstellung der Bewegungsgleichungen erfordert jetzt noch die auf das Fahrzeug wirkenden Kräfte. Die Radlasten, d. h. die Normalkräfte zwischen Fahrbahn und Rädern ergeben sich unter Berücksichtigung der Lage des MMP S des Fahrzeugs gemäß Abbildung 3.12 zu

$$F_{z,v} = mg\frac{l_h}{l} \quad \text{und} \quad F_{z,h} = mg\frac{l_v}{l}. \tag{3.16}$$

Die Reifenquerkräfte lassen sich in diesem einfachen Fall gemäß Kapitel 2 unter Annahme eines linearen Zusammenhangs mit den Schräglaufwinkeln berechnen zu

$$F_{y,v} = c_{\alpha,v}\alpha_v \quad \text{und} \quad F_{y,h} = c_{\alpha,h}\alpha_h. \tag{3.17}$$

Dabei treten die für den Reifen charakteristischen Schräglaufsteifigkeiten[11] $c_{\alpha,v}$ und $c_{\alpha,h}$ auf, s. Abbildung 3.13.

Außerhalb des in Abbildung 3.13 dargestellten linearen Bereichs hängen die Schräglaufsteifigkeiten nichtlinear von den Radlasten ab. Daraus ergibt sich ein nichtlinearer

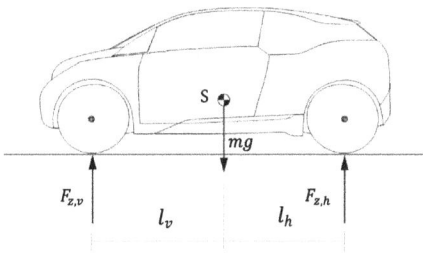

Abb. 3.12: Radlasten im linearen Einspurmodell.

---

[11] An dieser Stelle sei darauf hingewiesen, dass in der Praxis häufig elasto-kinematische Anteile der Radaufhängungen in den Schräglaufsteifigkeiten berücksichtigt werden.

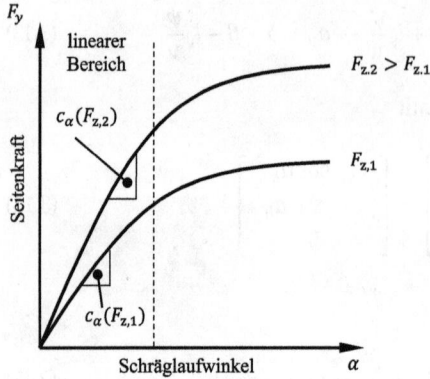

Abb. 3.13: Zusammenhang zwischen Schräglaufwinkel und Radquerkräften für unterschiedliche Radlasten $F_{z,1}$ und $F_{z,2}$ (Schramm, Hiller und Bardini 2018).

Zusammenhang zwischen verschiedenen Radlasten, bei gleichen Schräglaufwinkel und den Radquerkräften:

$$F_{y,v} = c_{a,v}(F_{z,v})\alpha_v \quad \text{und} \quad F_{y,h} = c_{a,h}(F_{z,h})\alpha_h. \tag{3.18}$$

Qualitativ ergibt sich ein Zusammenhang wie in Abbildung 3.14 dargestellt.

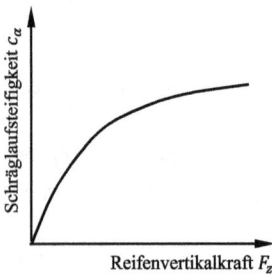

Abb. 3.14: Zusammenhang zwischen Schräglaufsteifigkeit und Radlast (qualitative Darstellung).

Mithilfe der Beschleunigungen in Gleichung (3.3) ergibt sich der Impulssatz in Fahrzeugquerrichtung zu

$$mv(\dot{\psi} + \dot{\beta}) \cos \beta = \cos \delta F_{y,v} + F_{y,h}. \tag{3.19}$$

Entsprechend erhält man für den Drallsatz um die fahrzeugfeste Hochachse die Beziehung

$$\theta \ddot{\psi} = F_{y,v} \cos \delta \, l_v - F_{y,h} l_h. \tag{3.20}$$

Ersetzt man nun noch die Ausdrücke für die Reifenquerkräfte durch die in den Gln. (3.17) sowie (3.13) und (3.15) gegebenen Beziehungen und beachtet $\cos\beta \approx 1$, $\cos\delta \approx 1$ wegen $|\beta|, |\delta| \ll 1$, so erhält man schließlich die beiden Bewegungsgleichungen für das lineare Einspurmodell:

$$mv\dot{\beta} + (mv^2 + c_{a,v}l_v - c_{a,h}l_h)\frac{\dot{\psi}}{v} + (c_{a,v} + c_{a,h})\beta = c_{a,v}\delta, \tag{3.21}$$

$$\theta\ddot{\psi} + (c_{a,v}l_v^2 + c_{a,h}l_h^2)\frac{\dot{\psi}}{v} + (c_{a,v}l_v - c_{a,h}l_h)\beta = c_{a,v}l_v\delta. \tag{3.22}$$

In diesem Fall wird das mechanische System nicht durch zwei Differentialgleichungen zweiter Ordnung beschrieben, sondern durch eine Gleichung erster und eine Gleichung zweiter Ordnung. Dies liegt an der durch die Annahme einer konstanten Längsgeschwindigkeit eingeführten kinematischen Bindung.

Mit der Substitution

$$\boldsymbol{x} = \left[\begin{array}{c} x_1 \\ x_2 \end{array}\right] = \left[\begin{array}{c} \dot{\psi} \\ \beta \end{array}\right] \tag{3.23}$$

ergibt sich schließlich die aus der Regelungstechnik bekannte lineare Zustandsnormalform

$$\underbrace{\left[\begin{array}{c} \dot{x}_1 \\ \dot{x}_2 \end{array}\right]}_{\dot{x}} = \underbrace{\left[\begin{array}{cc} -\frac{1}{v}\frac{c_{a,v}l_v^2 + c_{a,h}l_h^2}{\theta} & -\frac{c_{a,v}l_v - c_{a,h}l_h}{\theta} \\ -1 - \frac{1}{v^2}\frac{c_{a,v}l_v - c_{a,h}l_h}{m} & -\frac{1}{v}\frac{c_{a,v} + c_{a,h}}{m} \end{array}\right]}_{A} \underbrace{\left[\begin{array}{c} x_1 \\ x_2 \end{array}\right]}_{x} + \underbrace{\left[\begin{array}{c} \frac{c_{a,v}l_v}{\theta} \\ \frac{1}{v}\frac{c_{a,v}}{m} \end{array}\right]}_{B} \underbrace{[\delta]}_{u} \tag{3.24}$$

mit dem [2 × 1]-Zustandsvektor $\boldsymbol{x}$, der [2 × 2]-Systemmatrix $\boldsymbol{A}$, der [2 × 1]-Steuermatrix $\boldsymbol{B}$ und dem [1 × 1]-Eingangsvektor $\boldsymbol{u}$. Damit lässt sich das lineare Einspurmodell als lineares dynamisches System interpretieren und darstellen, s. Abbildung 3.15, worauf sich die Methoden der Systemdynamik anwenden lassen. Insbesondere kann das Übertragungsverhalten des Fahrzeugs auf einfache Weise mathematisch beschrieben werden. Der Lenkwinkel δ stellt hier die Eingangsgröße dar, während der Zustand des Systems

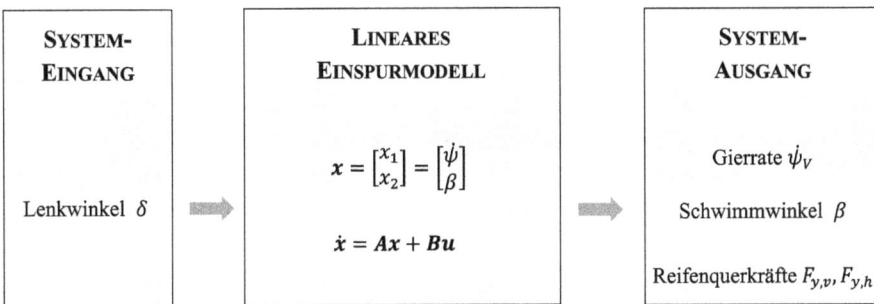

SYSTEM-EINGANG	LINEARES EINSPURMODELL	SYSTEM-AUSGANG
	$x = \begin{bmatrix} x_1 \\ x_2 \end{bmatrix} = \begin{bmatrix} \psi \\ \beta \end{bmatrix}$	Gierrate $\dot{\psi}_v$
Lenkwinkel δ ⇨		⇨ Schwimmwinkel β
	$\dot{x} = Ax + Bu$	Reifenquerkräfte $F_{y,v}, F_{y,h}$

Abb. 3.15: Beschreibung des linearen Einspurmodells als dynamisches System.

durch die Gierrate $\dot{\psi}$ und den Schwimmwinkel β beschrieben wird, die gleichzeitig zusammen mit den Reifenkräften $F_{y,v}$ und $F_{y,h}$ auch die in der Anwendung üblicherweise interessierenden Ausgangsgrößen repräsentieren.

Die Darstellung in Gl. (3.24) stellt somit eine geeignete Basis für grundlegende fahrdynamische Untersuchungen. Diese werden in den nachfolgenden Abschnitten anhand des Einspurmodells erklärt. Weiterführende Beschreibungen und Erläuterungen der wichtigsten Fahrmanöver sowie eine Erläuterung der jeweiligen Versuchsbedingungen finden sich in Abschnitt 3.7 dieses Kapitels.

3.5.3 Stationäres Lenkverhalten und Kreisfahrt

Als ein einfaches Beispiel für die Anwendung der Bewegungsgleichungen (3.24) wird zunächst die stationäre Kreisfahrt untersucht. Dabei wird angenommen, dass der Lenkwinkel δ so gewählt wird, dass sich das Fahrzeug mit konstanter Geschwindigkeit auf einem Kreis mit konstantem Radius ρ bewegt.

Bei der Fahrt auf einem Kreis mit konstantem Radius ρ sind neben dem Lenkwinkel δ auch die Gierwinkelgeschwindigkeit $\dot{\psi}$ und der Schwimmwinkel β konstant, d.h. es gelten die Vereinfachungen:

$$\delta = \text{const}, \quad \dot{\delta} = 0, \tag{3.25}$$

$$\dot{\psi} = \text{const}, \quad \ddot{\psi} = 0, \tag{3.26}$$

$$\beta = \text{const}, \quad \dot{\beta} = 0 \quad \text{und} \tag{3.27}$$

$$\rho_K = \frac{v}{\dot{\psi} + \dot{\beta}} = \frac{v}{\dot{\psi}} = \rho. \tag{3.28}$$

Mit den zusätzlichen Bedingungen aus den Gln. von (3.25) bis (3.28) ergibt sich durch Einsetzen in die Gln. (3.19) und (3.20) sowie durch die Berücksichtigung von Gl. (3.17) nach einigen Umformungen die Beziehung

$$a_v - a_h = \frac{mv^2}{\rho l}\left(\frac{l_h}{c_{a,v}} - \frac{l_v}{c_{a,h}}\right) = \underbrace{\frac{m}{l}\left(\frac{l_h c_{a,h} - l_v c_{a,v}}{c_{a,v}\, c_{a,h}}\right)}_{EG} \frac{v^2}{\rho}. \tag{3.29}$$

Der Ausdruck EG wird als Eigenlenkgradient bezeichnet und charakterisiert das typische Reaktionsverhalten eines Kraftfahrzeugs auf Lenkbewegungen. Damit lassen sich z. B. die folgenden Aufgabenstellungen bearbeiten:

– Welcher Lenkradwinkel $\delta_H = i_L \delta$ mit dem Übersetzungsverhältnis i_L ist erforderlich, damit das Fahrzeug mit der konstanten Geschwindigkeit v auf einer Kreisbahn mit Radius ρ fährt?
– Welche typischen Fahrgrößen stellen sich stationär ein, wenn aus der Geradeausfahrt sprungartig ein Lenkradwinkel δ_H aufgebracht wird?
– Was geschieht im Übergangsbereich (instationäres Lenkverhalten)?

Um die erste Frage zu beantworten, berechnet man zunächst noch den Schwimmwinkel und den erforderlichen Lenkwinkel für eine gegebene Kreisbahn mit dem Radius ρ. Aus dem Schräglaufwinkel des Hinterrades aus Gl. (3.15) lässt sich durch Umformung der Schwimmwinkel des Fahrzeugs berechnen zu:

$$\beta = l_h \frac{\dot{\psi}}{v} - \alpha_h = \frac{l_h}{\rho} - \frac{m}{c_{a,h}} \frac{l_v}{l} \frac{v^2}{\rho}.$$ (3.30)

Der für die Kreisbahn notwendige Lenkwinkel ergibt sich aus dem Schräglaufwinkel des Vorderrades aus Gl. (3.13) zu:

$$\delta = l_v \frac{\dot{\psi}}{v} + \alpha_v + \beta = \frac{l}{\rho} + \alpha_v - \alpha_h = \underbrace{\frac{l}{\rho}}_{\delta_A} + \underbrace{\frac{m}{l}\left(\frac{l_h c_{a,h} - l_v c_{a,v}}{c_{a,v} c_{a,h}}\right)}_{EG} \underbrace{\frac{v^2}{\rho}}_{a_y} = \delta_A + EG a_y.$$ (3.31)

Der hier auftretende Summand δ_A ist der Ackermannwinkel (vgl. Gl. (3.1)), der nur vom Achsabstand sowie vom (konstanten) Kurvenradius ρ abhängt. Mit zunehmender Geschwindigkeit v vergrößert oder verkleinert sich der für eine gegebene Kreisbahn notwendige Lenkwinkel abhängig vom Vorzeichen des Eigenlenkgradienten EG. Ist der für die Einhaltung der Kreisbahn erforderliche Lenkwinkel δ größer als der Ackermannwinkel δ_A und damit $EG > 0$, so spricht man von untersteuerndem Fahrverhalten, für $EG < 0$ dagegen von übersteuerndem Fahrverhalten. Der Fall $EG = 0$ kennzeichnet ein neutrales Fahrverhalten, s. Abbildung 3.16.

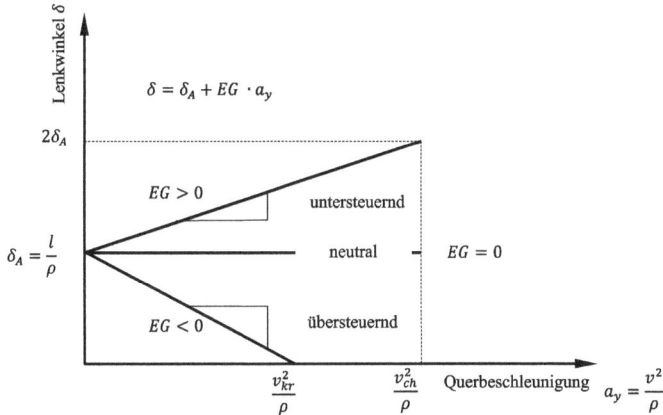

Abb. 3.16: Eigenlenkgradient bei linearer Betrachtung.

Aus Gl. (3.31) folgt noch der interessante Zusammenhang

$$EG a_y = \alpha_v - \alpha_h,$$ (3.32)

der das Eigenlenkverhaltens durch die Differenz der Schräglaufwinkel an den Vorder- und Hinterrädern gestattet. Ein übersteuerndes Fahrverhalten tritt z. B. auf, wenn der Schräglaufwinkel an der Hinterachse größer ist als der an der Vorderachse.

Jetzt lassen sich auch die anderen Fahrgrößen berechnen. Es ergibt sich die Gierrate

$$\dot{\psi} = \frac{v}{\rho} = \text{const,} \tag{3.33}$$

und mit $a_y = \frac{v^2}{\rho}$ die Radquerkräfte

$$F_{y,v} = m\frac{l_h}{l}a_y, \quad F_{y,h} = m\frac{l_v}{l}a_y \tag{3.34}$$

sowie die Schräglaufwinkel

$$a_v = \frac{F_{y,v}}{c_v} = \frac{m}{c_{a,v}}\frac{l_h}{l}a_y \quad \text{und} \quad a_h = \frac{F_{y,h}}{c_h} = \frac{m}{c_{a,h}}\frac{l_v}{l}a_y. \tag{3.35}$$

Wird nun aus der Geradeausfahrt heraus ein Lenkwinkel δ aufgebracht, so stellt sich eine stationäre Gierwinkelgeschwindigkeit von

$$\dot{\psi}_{\text{stat}} = \frac{v}{\rho} = \frac{v}{l + EG \cdot v^2}\delta_{\text{stat}} \tag{3.36}$$

ein. Das bedeutet, dass die Gierwinkelgeschwindigkeit abhängig vom Eigenlenkgradienten unterschiedliche Werte annimmt. Man bezeichnet den Ausdruck

$$\frac{\dot{\psi}_{\text{stat}}}{\delta_{\text{stat}}} = \frac{v}{l + EG \cdot v^2} \tag{3.37}$$

als Gierverstärkungsfaktor bei der Geschwindigkeit v. Dieser Faktor ist klein für große Eigenlenkgradienten (untersteuerndes Fahrzeug) und groß für kleine (negative) Eigenlenkgradienten (neutralsteuerndes bzw. übersteuerndes Fahrzeug).

Für

$$EG = -\frac{l}{v^2} < 0 \tag{3.38}$$

wird der Nenner in Gl. (3.37) zu Null und damit der Gierverstärkungsfaktor unendlich. In der Realität bedeutet dies, dass das Fahrzeug instabil wird (genauer: den linearen Bereich verlässt), da bereits beliebig kleine Lenkeinschläge bei linearer Betrachtung zu sehr großen Gierwinkelgeschwindigkeiten führen würden. Die Geschwindigkeit

$$v_{kr} = \sqrt{-\frac{l}{EG}}, \quad (EG < 0), \tag{3.39}$$

bei der dies eintritt, wird als kritische Geschwindigkeit v_{kr} bezeichnet. Umgekehrt lässt sich für positive Eigenlenkgradienten das Maximum der Gierverstärkung berechnen. Durch Differentiation von Gl. (3.37) nach der Geschwindigkeit v erhält man

$$\frac{d}{dv}\left(\frac{\dot{\psi}}{\delta}\right) = \frac{l - EGv^2}{(1 + EGv^2)^2} = 0 \rightarrow v_{ch}^2 = \frac{l}{EG}. \tag{3.40}$$

Die Geschwindigkeit v_{ch} wird als charakteristische Geschwindigkeit bezeichnet. Sie lässt sich als die Fahrgeschwindigkeit interpretieren, bei der das Fahrzeug am empfindlichsten auf Lenkeinschläge reagiert. Typische Werte für v_{ch} liegen zwischen 65 und 100 km/h.

3.5.4 Instationäres Lenkverhalten und Fahrstabilität

Zur Untersuchung der Fahrstabilität bei Geradeausfahrt wird in Gl. (3.24) der Lenkwinkel gleich Null gesetzt. Damit erhält man die lineare, homogene Zustandsgleichung:

$$\underbrace{\begin{bmatrix} \dot{x}_1 \\ \dot{x}_2 \end{bmatrix}}_{\dot{x}} = \underbrace{\begin{bmatrix} -\frac{1}{v}\frac{c_{a,v}l_v^2 + c_{a,h}l_h^2}{\theta} & -\frac{c_{a,v}l_v - c_{a,h}l_h}{\theta} \\ -1 - \frac{1}{v^2}\frac{c_{a,v}l_v - c_{a,h}l_h}{m} & -\frac{1}{v}\frac{c_{a,v} + c_{a,h}}{m} \end{bmatrix}}_{A} \underbrace{\begin{bmatrix} x_1 \\ x_2 \end{bmatrix}}_{x} \tag{3.41}$$

oder kürzer:

$$\underbrace{\begin{bmatrix} \dot{x}_1 \\ \dot{x}_2 \end{bmatrix}}_{\dot{x}} = \underbrace{\begin{bmatrix} -\frac{1}{v}a_{11} & -a_{12} \\ -1 - \frac{1}{v^2}a_{21} & -\frac{1}{v}a_{22} \end{bmatrix}}_{A} \underbrace{\begin{bmatrix} x_1 \\ x_2 \end{bmatrix}}_{x}, \tag{3.42}$$

mit den von der Geschwindigkeit unabhängigen Koeffizienten:

$$a_{11} = \frac{c_{a,v}l_v^2 + c_{a,h}l_h^2}{\theta}, \quad a_{12} = \frac{c_{a,v}l_v - c_{a,h}l_h}{\theta}, \quad a_{21} = \frac{c_{a,v}l_v - c_{a,h}l_h}{m} \quad \text{und} \quad a_{22} = \frac{c_{a,v} + c_{a,h}}{m}. \tag{3.43}$$

Damit ergibt sich für die charakteristische Gleichung der Systemmatrix A das Polynom:

$$\det(\lambda E - A) = \lambda^2 + \frac{1}{v}(a_{11} + a_{22})\lambda - a_{12} + \frac{1}{v^2}(a_{11}a_{22} - a_{12}a_{21}) = \lambda^2 + a_1\lambda + a_2. \tag{3.44}$$

Das lineare System aus Gl. (3.42) ist bekanntlich dann stabil, wenn beide Koeffizienten des charakteristischen Polynoms, Gl. (3.44) positiv sind. Dies ist für a_1 ganz offensichtlich immer erfüllt (s. Gl. 3.43 und Gl. 3.44). Aus der Bedingung für a_2 folgt:

$$a_2 = -a_{12} + \frac{1}{v^2}(a_{11}a_{22} - a_{12}a_{21}) = \frac{c_{a,v}c_{a,h}l^2}{m\theta v^2}\left(1 + \frac{c_{a,h}l_h - c_{a,v}l_v}{c_{a,v}c_{a,h}l^2}mv^2\right) > 0. \tag{3.45}$$

Diese Bedingung ist für beliebige Geschwindigkeiten v erfüllt, falls gilt:

$$c_{a,h}l_h > c_{a,v}l_v \leftrightarrow \frac{c_{a,h}}{c_{a,v}} > \frac{l_v}{l_h}. \tag{3.46}$$

Ist dies nicht der Fall, so muss für Stabilität zumindest

$$v^2 < \frac{1}{m}\frac{c_{a,v}\,c_{a,h}l^2}{c_{a,v}\,l_v - c_{a,h}\,l_h} \tag{3.47}$$

gelten. Die rechte Seite der Ungleichung (3.47) entspricht aber gerade der früher berechneten kritischen Geschwindigkeit v_{kr}. Das bedeutet, dass übersteuernde Fahrzeuge ab einer bestimmten Geschwindigkeit bei Geradeausfahrt instabil werden können, bzw. nichtlineares Verhalten zeigen, wohingegen dies für untersteuernde Fahrzeuge nicht möglich ist.

3.5.5 Einfluss des Aufbauwankens

Mit dem linearen Einspurmodell können aufgrund der modellbedingten Einschränkungen keine Effekte beschrieben werden, die aus unterschiedlichen Radlasten an einer Achse resultieren, wie sie beispielsweise bei Kurvenfahrten auftreten. Zur Berücksichtigung derartiger Effekte sind aufwendigere Modelle erforderlich (Schramm, Hiller und Bardini 2018). Es ist jedoch möglich, z. B. für Echtzeitanwendungen oder einfache Grundsatzuntersuchungen, entsprechende Effekte auch in den bisher diskutierten Einspurmodellen zu berücksichtigen, indem die Modelle um eine einfache Modellierung des Wankens des Fahrzeugaufbaus erweitert werden.

Dazu werden die Begriffe Wankzentrum und Wankachse eingeführt, s. Abbildungen 3.17 und 3.18. Die Wankachse ergibt sich aus der Verbindung der Wankzentren von Vorder- und der Hinterachse durch eine gedachte Linie. Die Wankzentren liegen jeweils in einer Ebene, die dadurch definiert ist, dass sie einerseits senkrecht auf der Fahrbahn steht und andererseits durch die Radmittelpunkte einer Achse verläuft. Die Wankzentren sind somit diejenigen Punkte dieser Ebene, in denen Querkräfte auf die gefederte Masse aufgebracht werden können, ohne dass sich ein kinematischer Wankwinkel des Aufbaus einstellt.

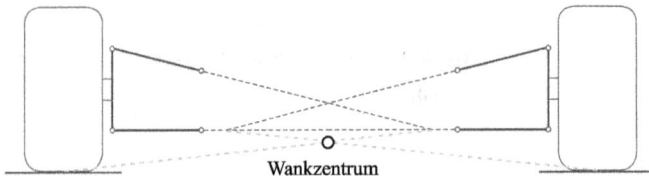

Abb. 3.17: Konstruktion des Wankzentrums am Beispiel einer Doppelquerlenkerachse.

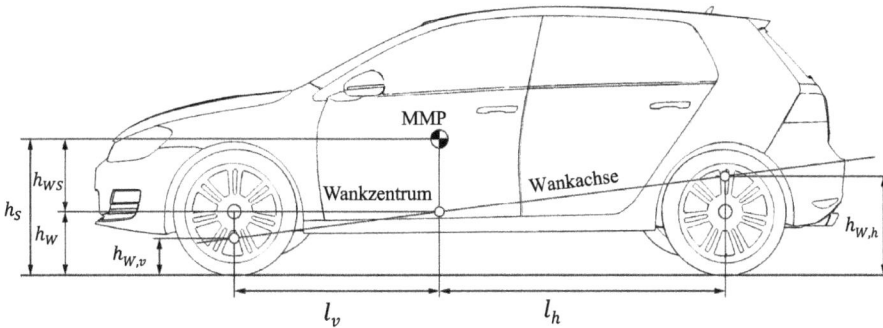

Abb. 3.18: Wankzentren und Wankachse.

Das prinzipielle Vorgehen zur Konstruktion des Wankzentrums zeigt Abbildung 3.17 am Beispiel einer Doppelquerlenkerachse, s. Tabelle 3.4.

Tab. 3.4: Kenngrößen des linearen Wankmodells.

Formelzeichen	Beschreibung
l_v, l_h	Abstand Massenmittelpunkt (MMP) – Radaufstandspunkte, vorne, hinten
h_W, h_{WS}	Höhe Wankpol, vertikaler Abstand Wankpol – MMP
$h_S = h_W + h_{WS}$	Höhe des Fahrzeug MMP
$h_{W,v}, h_{W,h}$	Höhen vorderes und hinteres Wankzentrum

Aus Abbildung 3.18 lässt sich der Abstand h_{WS} zwischen Wankachse und Schwerpunkt der Gesamtheit der gefederten Massen in Richtung der Hochachse berechnen:

$$h_{WS} = h_S - h_W = h_S - \frac{1}{l}(h_{W,h}l_v + h_{W,v}l_h), \tag{3.48}$$

mit $l = l_v + l_h$. Allerdings gelten bei dieser Vorgehensweise die folgenden Einschränkungen:
– Die Änderungen der Fahrwerksgeometrie infolge von Kräften werden nicht berücksichtigt. Das bedeutet, dass sämtliche Gleichgewichtsbedingungen für die Ausgangsgeometrie formuliert werden.
– Die Wankwinkel und die Lenkwinkel der Vorderräder werden als klein angenommen.
– Die Trägheitskraft ma_y senkrecht zur Bewegungsrichtung wird als äußere Kraft im Schwerpunkt des Aufbaus angenommen. „Trägheitskraftanteile" der Räder oder von Komponenten der Radaufhängungen werden nicht berücksichtigt.
– Die Aufbaumasse m_A wird näherungsweise gleich der Gesamtfahrzeugmasse m gesetzt.

–   Die Wankachse wird als parallel zur Horizontalen angenommen, d. h. es gilt $h_W = h_{W,v} = h_{W,h}$.

Ein dreidimensionales räumliches Wankmodell zeigt Abbildung 3.19. Das freigeschnittene Modell mit eingezeichneten Kräften ist in Abbildung 3.20 dargestellt. Bei einem einfachen zweidimensionalen linearen Wankmodell werden nun Vorder- und Hinterachse zusammengefasst und aus der Wankachse entsteht der Wankpol W, s. Abbildung 3.21 bzw. Ammon 2013 und Öttgen 2005. Als Reaktion auf das Wankmoment, das aus der Querbeschleunigung a_y des Aufbaus resultiert, werden durch Aufbaufedern, -dämpfer und Stabilisatoren die Kräfte $A_{l,v}, A_{r,v}, A_{l,h}, A_{r,h}$ erzeugt, die der Wankbewegung entgegenwirken. Die bezüglich der Wankbewegung stationären Kräfte $W_{y,v}, W_{z,v}, W_{y,h}, W_{z,h}$ des Aufbaus auf die Radachsen werden über virtuelle Drehlager übertragen und ergeben sich aus den quasistationären Gleichgewichtsbedingungen zu:

$$W_{z,v} = \frac{1}{l} m_A (l_h g - h_{WS} a_x), \tag{3.49}$$

$$W_{z,h} = \frac{1}{l} m_A (l_v g + h_{WS} a_x), \tag{3.50}$$

$$W_{y,v} = \frac{l_h}{l} m_A a_y, \tag{3.51}$$

$$W_{y,h} = \frac{l_v}{l} m_A a_y. \tag{3.52}$$

Da der Schwerpunkt in der Regel nicht auf dem selben Niveau wie der Wankpol liegt, ist der Wankwinkel, der sich bei Kurvenfahrt einstellt, abhängig von der Querbeschleunigung.

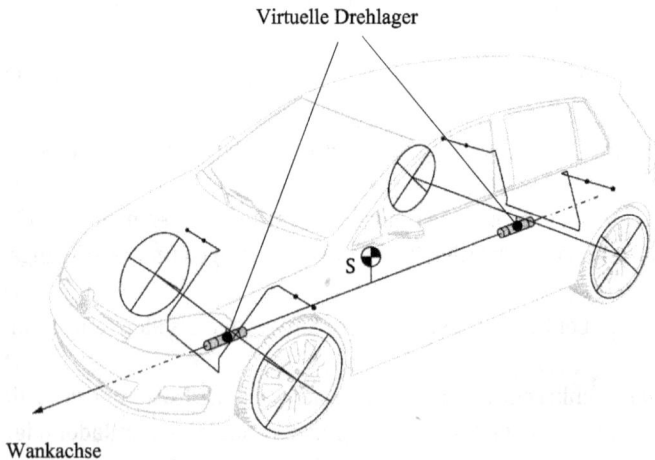

Abb. 3.19: Einfaches Wankmodell nach Schramm, Hiller und Bardini 2018.

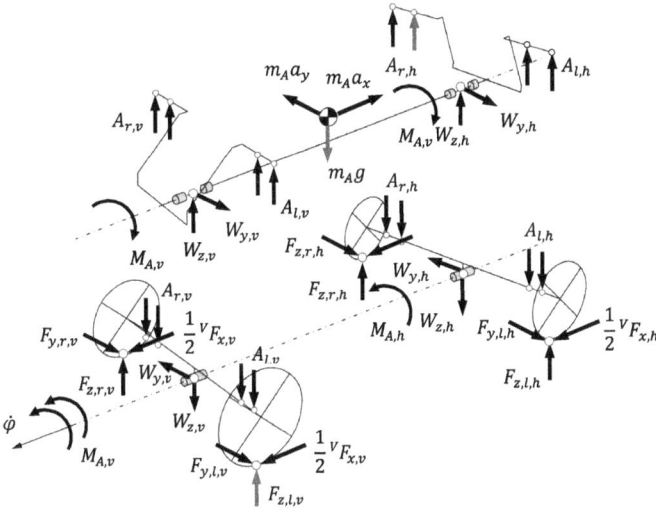

Abb. 3.20: Wankmodell – freigeschnitten nach Schramm, Hiller und Bardini 2018.

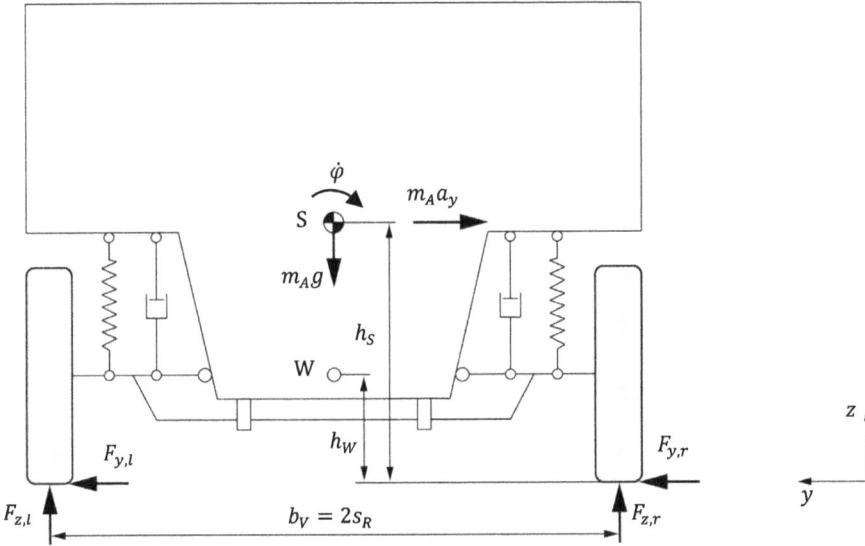

Abb. 3.21: Lineares Wankmodell – Kräfte vorne und hinten zusammengefasst (Schramm, Hiller und Bardini 2018).

Das Momentengleichgewicht für das Gesamtfahrzeug um den Wankpol W führt mit den jeweiligen Summen der Radvertikal- und Querkräfte links und rechts $F_{z,l}$, $F_{z,r}$ und $F_{y,l}$, $F_{y,r}$ der Fahrzeuggesamtmasse m, dem Trägheitsmoment θ_{xx} um die Wankachse, dem Abstand h_{WS} zwischen Schwerpunkt und Wankpol und der Radspurweite $b_V = 2s_R$ zu der Beziehung:

$$0 = h_{WS}m_A a_y + h_{WS}m_A g\varphi + h_W(F_{y,l} + F_{y,r}) + s_R(F_{z,l} - F_{z,r}). \tag{3.53}$$

Berücksichtigt man noch das (quasistationäre) Kräftegleichgewicht in Querrichtung

$$F_{y,l} + F_{y,r} = m_A a_y, \tag{3.54}$$

so vereinfacht sich Gl. (3.53) zu

$$0 = h_S m a_y + h_{WS}m_A g\varphi + s_R(F_{z,l} - F_{y,r}). \tag{3.55}$$

Da bei der Herleitung der Gl. (3.53) das Erstarrungsprinzip angewendet wurde, wodurch die inneren Kräfte entfallen, können die Radaufstandskräfte wegen der daraus resultierenden statischen Unbestimmtheit nicht für die einzelnen Räder ermittelt werden. Hierzu müssen noch die durch die Radaufhängungen bewirkten Kräfte berücksichtigt werden. Dazu wird der Fahrzeugaufbau freigeschnitten, s. Abbildung 3.22. Der Drallsatz für den Aufbau bezüglich des Wankpols ergibt die Bewegungsgleichung für den Aufbau:

$$\begin{aligned}
\theta_A \ddot{\varphi} = {}& h_{WS}\varphi m_A a_y + h_{WS}\sin\varphi m_A g + s_{F,v}(F_{F,l,v} - F_{F,r,v}) \\
&+ s_{F,h}(F_{F,l,h} - F_{F,r,h}) + s_{D,v}(F_{D,l,v} - F_{D,r,v}) \\
&+ s_{D,h}(F_{D,l,h} - F_{D,r,h}) + s_{St,v}(F_{St,l,v} - F_{St,r,v}) \\
&+ s_{St,h}(F_{St,l,h} - F_{St,r,h}).
\end{aligned} \tag{3.56}$$

Dabei bezeichnet h_{WS} den Abstand zwischen Schwerpunkt und Wankpol und $s_{F,(v/h)}$, $s_{D,(v/h)}$ bzw. $s_{St,(v/h)}$ den Abstand der Feder-, Dämpfer- und Stabilisatoranlenkpunkten

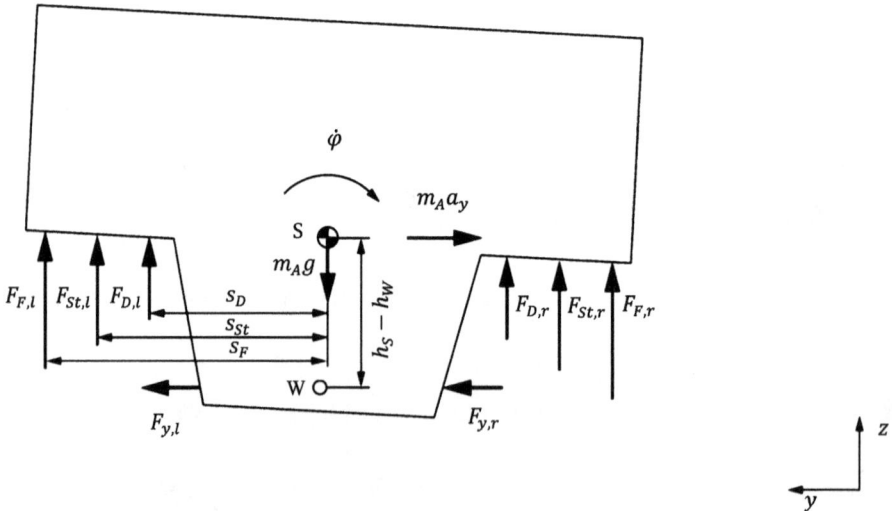

Abb. 3.22: Beschreibung der Wankdynamik des Aufbaus (Schramm, Hiller und Bardini 2018).

von der Mittelebene des als symmetrisch angenommenen Fahrzeugaufbaus. Aufgrund der als klein angenommenen Wankwinkel φ kann die Verschiebung des Schwerpunktes und der Angriffspunkte der Achsquerkräfte vernachlässigt werden.

Für die resultierenden Feder- und Dämpferkräfte auf der linken und rechten Seite ergeben sich nun unter der Annahme linearer Kraftelemente für die Vorderachse die Beziehungen:

$$F_{F,l,v} = -c_{F,v}s_{F,v}\sin\varphi \approx -c_{F,v}s_{F,v}\varphi, \tag{3.57}$$

$$F_{F,r,v} = c_{F,v}s_{F,v}\sin\varphi \approx c_{F,v}s_{F,v}\varphi, \tag{3.58}$$

$$F_{D,l,v} = -d_v s_{D,v}\cos\varphi\dot{\varphi} \approx -d_v s_{D,v}\dot{\varphi}, \tag{3.59}$$

$$F_{D,r,v} = d_v s_{D,v}\cos\varphi\dot{\varphi} \approx d_v s_{D,v}\dot{\varphi}. \tag{3.60}$$

Die entsprechenden Beziehungen für die Hinterachse ergeben sich, indem in den Gln. von (3.57) bis (3.60) jeweils der Index „v" durch „h" ersetzt wird. Die Kräfte der Stabilisatoren ergeben sich aus dem Drehmoment der Torsionsstäbe mit den Torsionssteifigkeiten $c_{St,v}$ und $c_{St,h}$, den Stabilisatorlängen $l_{St,v}$ und $l_{St,h}$ sowie den Stabilisatorhebeln $b_{St,v}$ und $b_{St,h}$ näherungsweise zu:

$$F_{St,l,v} = -\frac{c_{St,v}}{b_{St,v}}\arcsin\left(\frac{l_{St,v}}{2b_{St,v}}\sin\varphi\right) \approx -\frac{1}{2}\frac{c_{St,v}l_{St,v}}{b_{St,v}^2}\varphi, \tag{3.61}$$

$$F_{St,r,v} = \frac{c_{St,v}}{b_{St,v}}\arcsin\left(\frac{l_{St,v}}{2b_{St,v}}\sin\varphi\right) \approx \frac{1}{2}\frac{c_{St,v}l_{St,v}}{b_{St,v}^2}\varphi. \tag{3.62}$$

Auch hier ergeben sich wieder die Zusammenhänge für die Hinterachse, indem jeweils der Index „v" durch „h" ersetzt wird. Mithilfe der Gln. von (3.57) bis (3.62) lässt sich die Bewegungsgleichung (3.56) jetzt schreiben als:

$$\theta_A\ddot{\varphi} + 2(s_{D,v}^2 d_v + s_{D,h}^2 d_h)\dot{\varphi}$$
$$+ 2\left(s_{F,v}^2 c_{F,v} + \frac{c_{St,v}l_{St,v}s_{St,v}}{2b_{St,v}^2} + s_{F,h}^2 c_{F,h} + \frac{c_{St,h}l_{St,h}s_{St,h}}{2b_{St,h}^2} - h_{WS}m_A g\right)\varphi = m_A a_y h_{WS}. \tag{3.63}$$

Die Gl. (3.63) entspricht einer Schwingungsdifferentialgleichung für den Wankwinkel φ. Dabei wird der Wankpol als konstant angenommen. Als Anregung wirken die Trägheitskraft (Zentrifugalkraft) und die Schwerkraft auf den Aufbau. Diese zusätzliche Gleichung kann beim linearen und mit Einschränkungen auch bei nichtlinearen Einspurmodellen verwendet werden, um die dynamischen Radvertikalkräfte aller vier Räder zu berechnen (Schramm, Hiller und Bardini 2018). Dies ermöglicht insbesondere Untersuchungen von Lastwechselreaktionen bei Kurvenfahrt, einschließlich der Auswirkung der Kurvenkräfte auf das Über- und Untersteuerverhalten von Fahrzeugen. Darüber hinaus lässt sich mit derartigen Modellen auch der Einfluss von passiven und aktiven Stabilisatoren auf das Fahrverhalten von Kraftfahrzeugen untersuchen (Öttgen 2005).

Die Trägheitsmomente und die Massen sowie alle Längenabmessungen in Gl. (3.63) liegen in der Regel für ein zu untersuchendes Fahrzeug vor. Steifigkeiten und Dämpfungen müssen hingegen z. B. durch Fahrversuche und anschließende Parameteridentifizierungsverfahren ermittelt werden. Dies kann entweder experimentell oder auch durch virtuelle Versuche mit einem komplexeren Fahrzeugmodell erfolgen, s. z. B. Öttgen 2005, Lenthaparambil 2015, Unterreiner 2013, Schramm, Hiller und Bardini 2018.

3.5.6 Quasistatische Berechnung der dynamischen Radlasten

Die dynamischen Radlasten während einer Kurvenfahrt bei gleichzeitigem Bremsen oder Beschleunigen lassen sich mithilfe einer quasistatischen Berechnung der Kräfte- und Momentengleichgewichte für den Aufbau sowie die Vorder- und die Hinterachse näherungsweise berechnen. Zunächst erhält man für die Kräfte und Momente der Radaufhängung

$$A_{(v/h)} = \left(c_{F,(v/h)} s_{F,(v/h)} + \frac{1}{2} c_{St,(v/h)} s_{St,(v/h)} \right) \varphi + c_{D,(v/h)} s_{D,(v/h)} \dot{\varphi} \qquad (3.64)$$

und

$$M_{A,(v/h)} = \left(c_{F,(v/h)} s_{F,(v/h)}^2 + \frac{1}{2} c_{St,(v/h)} s_{St,(v/h)}^2 \right) \varphi + c_{D,(v/h)} s_{D,(v/h)}^2 \dot{\varphi}. \qquad (3.65)$$

Hiermit lassen sich nunmehr die Kräftegleichgewichte in vertikaler und lateraler Richtung für die beiden Achsen angeben:

$$F_{z,l,v} + F_{z,r,v} = \frac{1}{l} m_A (l_h g - h_{WS} a_x), \qquad (3.66)$$

$$F_{z,l,h} + F_{z,r,h} = \frac{1}{l} m_A (l_v g + h_{WS} a_x), \qquad (3.67)$$

$$F_{y,l,v} + F_{y,r,v} = \frac{l_h}{l} m_A a_y, \qquad (3.68)$$

$$F_{y,l,h} + F_{y,r,h} = \frac{l_v}{l} m_A a_y. \qquad (3.69)$$

Weiterhin ergibt sich für die Momentengleichgewichte der Achsen um die Wankachse bzgl. des Wankpols W:

$$(F_{z,l,v} - F_{z,r,v}) s_r + (F_{y,l,v} + F_{y,r,v}) h_W = -M_{A,v}, \qquad (3.70)$$

$$(F_{z,l,h} - F_{z,r,h}) s_r + (F_{y,l,h} + F_{y,r,h}) h_W = -M_{A,h}. \qquad (3.71)$$

Aus den Gleichungen von (3.66) bis (3.71) lassen sich nun, unter Verwendung der Gleichungen (3.64) und (3.65) die gesuchten Radaufstandskräfte bestimmen und man erhält:

$$F_{z,l,v} = \frac{l_h}{2l} m_A \left(g - \frac{h_{WS}}{l_h} a_x - \frac{h_W}{s_r} a_y \right) - \frac{1}{s_r} A_v, \tag{3.72}$$

$$F_{z,r,v} = \frac{l_h}{2l} m_A \left(g - \frac{h_{WS}}{l_h} a_x + \frac{h_W}{s_r} a_y \right) + \frac{1}{s_r} A_v, \tag{3.73}$$

$$F_{z,l,h} = \frac{l_v}{2l} m_A \left(g + \frac{h_{WS}}{l_v} a_x - \frac{h_W}{s_r} a_y \right) - \frac{1}{s_r} A_h, \tag{3.74}$$

$$F_{z,r,h} = \frac{l_v}{2l} m_A \left(g + \frac{h_{WS}}{l_v} a_x + \frac{h_W}{s_r} a_y \right) + \frac{1}{s_r} A_h. \tag{3.75}$$

Zur Auswertung der Gleichungen von (3.72) bis (3.75) werden noch der Wankwinkel φ und die Wankwinkelgeschwindigekeit $\dot{\varphi}$ benötigt, die sich durch die Integration der Differentialgleichung (3.63) bestimmen lassen.

Insgesamt ergibt sich nun das in Abbildung 3.23 dargestellte dynamische Modell, wobei zu beachten ist, dass im Block Reifenmodell die Radkräfte in Horizontalrichtung zunächst für alle vier Reifen berechnet werden und anschließend achsweise addiert werden müssen.

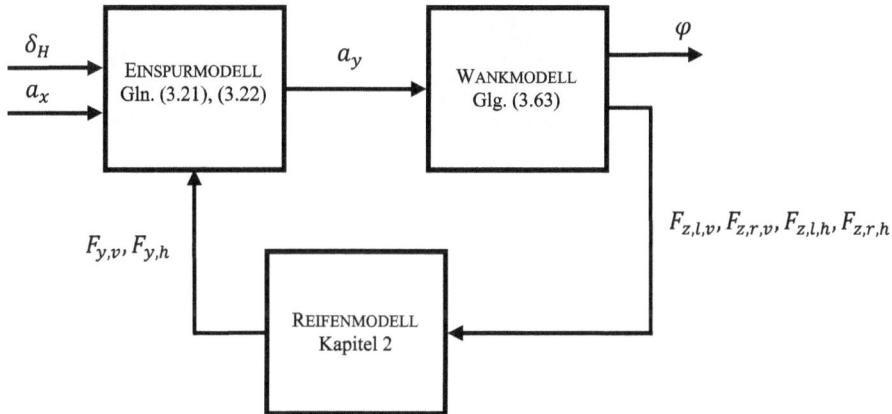

Abb. 3.23: Lineares Einspurmodell mit linearer Wankdynamik als dynamisches System.

3.5.7 Auswirkung der Radlasten auf das Kurvenverhalten

Das beschriebene Einspurmodell mit der ergänzten Wankdynamik lässt sich nun anwenden, um den Einfluss der Radlasten und damit insbesondere auch die Wirkungsweise von Stabilisatoren auf die Fahrdynamik eines Kraftfahrzeugs zu beschreiben. Hierzu muss der nichtlineare Zusammenhang zwischen den Reifenquerkräften und den Radlasten berücksichtigt werden. Es gilt für die Reifenquerkraft eines Rades:

$$F_y = c_\alpha(F_z) \alpha, \tag{3.76}$$

mit der Schräglaufsteifigkeit c_α, die eine nichtlineare Funktion der Vertikalkraft F_z ist. Beispielhaft sollen hier die Verhältnisse an der Vorderachse betrachtet werden. Um eine Seitenführungskraft F_y, über die beiden Reifen der Vorderachse aufbringen zu können, muss sich an der Vorderachse der, hier für beide Räder als gleich angenommene Schräglaufwinkel α_v einstellen. Dieser hängt gemäß

$$\alpha_v = \frac{F_{y,v}}{c_{\alpha,v}} \tag{3.77}$$

von der Schräglaufsteifigkeit $c_{\alpha,v}$ ab, die ihrerseits eine degressive Funktion der Radlast $F_{z,v}$ ist, s. Kapitel 2 und Abbildung 3.24.

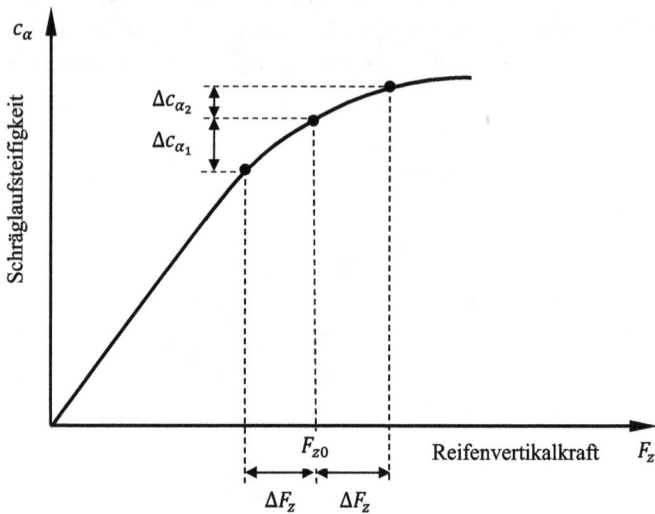

Abb. 3.24: Degressive Abhängigkeit der Schräglaufsteifigkeit von der Radlast.

Für die folgende Betrachtung wird die Längsbeschleunigung nicht berücksichtigt. Weiterhin wird das kurveninnere Vorderrad mit dem Index „i" und das kurvenäußere Rad mit dem Index „a" bezeichnet. Damit ergeben sich dann die Radlasten $F_{z,i}$ und $F_{z,a}$. Diese teilen sich jeweils in einen konstanten Anteil und einen von der Querbeschleunigung und dem Wankwinkel abhängigen variablen Anteil auf. Damit gilt:

$$F_{z,i} = \frac{l_h}{2l} m_A g - \Delta F_z = F_{z0} - \Delta F_z \tag{3.78}$$

und

$$F_{z,a} = \frac{l_h}{2l} m_A g + \Delta F_z = F_{z0} + \Delta F_z. \tag{3.79}$$

Daraus resultieren die Reifenquerkräfte

$$F_{y,i} = c_{a,v}(F_{z0} - \Delta F_z)\alpha_v \qquad (3.80)$$

und

$$F_{y,a} = c_{a,v}(F_{z0} + \Delta F_z)\alpha_v. \qquad (3.81)$$

Aufgrund der degressiven Abhängigkeit der Reifenquerkräfte von den Radlasten ist der Querkraftverlust am kurveninneren Rad größer als der Gewinn am äußeren Rad, d. h. es gilt:

$$F_{y,i} + F_{y,a} = c_{a,v}(F_{z0} - \Delta F_z)\alpha_v + c_{a,v}(F_{z0} + \Delta F_z)\alpha_v < 2c_{a,v}(F_{z0})\alpha_v. \qquad (3.82)$$

In der Konsequenz muss sich ein neuer Schräglaufwinkel $\overline{\alpha}_v > \alpha_v$ einstellen, sodass in Gleichung (3.82) das Gleichheitszeichen gilt, sofern dies in der entsprechenden Fahrsituation noch physikalisch möglich ist. Damit verändert sich mit dem Eigenlenkgradienten *EG* gemäß Gleichung (3.32) auch das Eigenlenkverhalten. Die Radlaständerung ΔF_z steigt gemäß Gleichung (3.65) mit der Steifigkeit des Stabilisators. Der beschriebene Effekt wird also an einer mit einem Stabilisator ausgestatteten Achse verstärkt. Stabilisatoren können beispielsweise bei Kraftfahrzeugen an der Vorderachse eingebaut, um dort den Schräglaufwinkel gegenüber der Hinterachse zu vergrößern und dadurch ein eher untersteuerndes Fahrverhalten zu erreichen, s. Gleichung (3.32).

Dieser physikalische Effekt des Reifenverhaltens bietet auch die Möglichkeit, die Eigendynamik des Fahrzeugs durch eine aktiv herbeigeführte Änderung der Radlastverteilung an der Vorder- und Hinterachse zu beeinflussen. So kann z. B. durch den Einbau von aktiven Stabilisatoren, s. Abschnitt 3.10.6, das Fahrverhalten eines Fahrzeugs während der Fahrt eher in Richtung unter- oder neutralsteuernd[12] ausgelegt werden.

3.6 Beschreibung grundlegender Dynamikeigenschaften im allgemeinen Fall

Eine für die Fahrstabilität wichtige Eigenschaft von Kraftfahrzeugen ist das Fahrverhalten unter Einfluss der Querbeschleunigung a_y, vgl. Abschnitt 3.5.2. Das Fahrverhalten wird maßgeblich von der durch Krafteinwirkung auftretenden Radstellungsänderung, der Eigenschaft der Reifen zur Kraftübertragung (Heißing, Ersoy und Gies 2013b), sowie den konstruktiven Fahrzeuggrößen beeinflusst. Zur Charakterisierung des querdynami-

---

[12] Natürlich ließe sich ein Fahrzeug auch übersteuernd auslegen, was aber aus Gründen der Fahrstabilität nicht sinnvoll ist. Allerdings bietet sich im Rahmen des Einsatzes aktiver Systeme die Möglichkeit, ein Fahrzeug zumindest in bestimmten Fahrsituationen zeitweise übersteuernd zu betreiben, um die Agilität zu steigern.

schen Fahrverhaltens eines Fahrzeugs sind Kenntnisse über die Reaktion des Fahrzeugs auf die Lenkwinkeleingabe sowie eine quantitative Beschreibung des Fahrverhaltens erforderlich.

In diesem Abschnitt werden die dafür notwendigen objektiven Bewertungsgrößen beschrieben, auf denen auch die Untersuchungen in den Kapiteln 4, 5 und 6 aufbauen. Diese Bewertungsgrößen werden hier aus den Ausgangsgrößen (z. B. Zentripetalbeschleunigung, Gierrate, Schwimmwinkel und Wankwinkel) in Kombination mit den Eingangsgrößen (z. B. Lenkradwinkel und Fahrzeuggeschwindigkeit) berechnet. Eng verknüpft mit den Bewertungsgrößen sind charakteristische Open- und Closed-Loop-Fahrmanöver (vgl. Abschnitt 3.7), die bei der Fahrzeugentwicklung zur Bewertung der Fahreigenschaften neuer Fahrzeuge eingesetzt werden.

Wichtige kinematische und geometrische Größen am Fahrzeug sind in Tabelle 3.5 und in Abbildung 3.25 zusammengestellt.

Tab. 3.5: Kinematische und geometrische Größen am Fahrzeug, s. Abbildung 3.25.

Formelzeichen	Beschreibung
β	Schwimmwinkel, Winkel zwischen Geschwindigkeit des Fahrzeugschwerpunktes und Fahrzeuglängsachse in der x_I, y_I-Ebene
$\dot{\psi}$	Gierrate (Gierwinkelgeschwindigkeit) des Fahrzeugaufbaus relativ zu K_E
v_V	Geschwindigkeit des Fahrzeugschwerpunkts
$\delta_i, i = 1, 2$	Radlenkwinkel
$\alpha_i, i = 1, \ldots, 4$	Schräglaufwinkel des Rades
$v_{Ri}, i = 1, \ldots, 4$	Geschwindigkeit des Radmittelpunktes
a_y	Querbeschleunigung des Fahrzeugschwerpunktes
$\lambda_{v,h}$	Verhältnis der Achslasten $m_h/(m_v + m_h)$
$l_v = l_V\, \lambda_{v,h}$	Abstand vom Schwerpunkt zur Vorderachse
$l_h = l_V (1 - \lambda_{v,h})$	Abstand vom Schwerpunkt zur Hinterachse
$l = l_v + l_h$	Radstand
b_V	Spurweite

Das Fahrverhalten beschreibt fahrdynamische Antworten des Fahrzeugs auf Lenkeingaben. Es wird zwischen stationärem und instationärem (dynamischem) Fahrverhalten unterschieden.

3.6.1 Stationäres Fahrverhalten

Das stationäre Fahrverhalten (s. Abschnitt 3.5.3) bestimmt, wie sich das Fahrzeug bei konstanten (stationären) Eingangsgrößen verhält. Die „stationäre Kreisfahrt" ist eine Möglichkeit, das stationäre Fahrverhalten (vgl. Abschnitt 3.7.1) zu untersuchen. Das Manöver beschreibt die Gierreaktion des Fahrzeugs auf den stationären Lenkradeinschlag

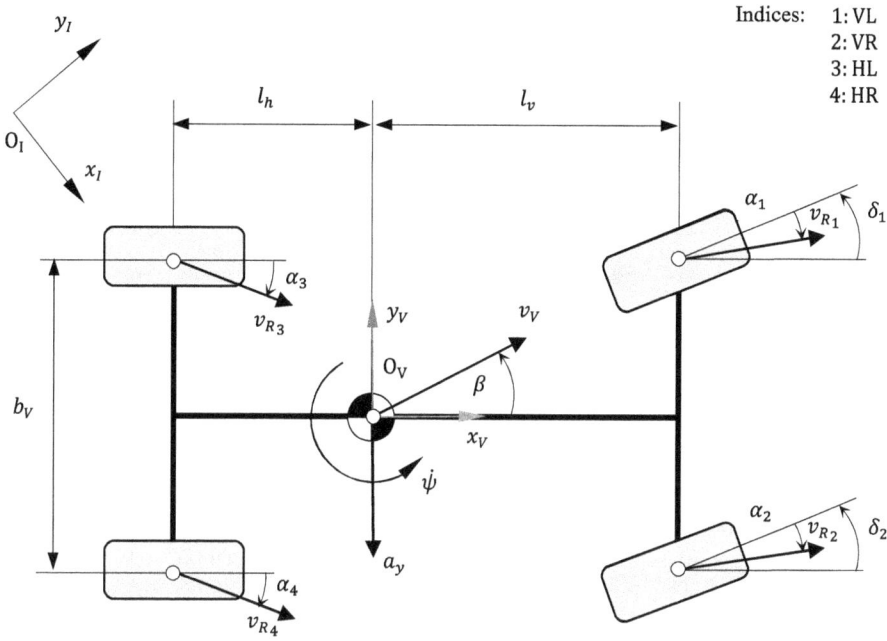

Abb. 3.25: Kinematische und geometrische Größen am Fahrzeug.

des Fahrers. Eine zu starke Gierreaktion auf die Lenkbewegung wird als „instabil" (Übersteuern) bezeichnet, eine zu schwache Reaktion als „stabil" (Untersteuern). Das Gierverhalten des Fahrzeugs wird auch „Eigenlenken" genannt. Das Eigenlenkverhalten beschreibt den Lenkradwinkelbedarf bei Kurvenfahrten. Der Lenkradwinkelbedarf verändert sich in Abhängigkeit von der Fahrzeuggeschwindigkeit v_V, dem Krümmungsradius ρ und der daraus resultierenden Querbeschleunigung a_y (Schramm, Hiller und Bardini 2018).

Eigenlenkgradient

Eine Methode zur Beschreibung des Eigenlenkverhaltens ist der Vergleich der Achsschräglaufwinkel α_i ($i = v, h$) zwischen Vorder- und Hinterachse während der stationären[13] Kreisfahrt. Eine messtechnische Erfassung der Schräglaufwinkel ist jedoch extrem aufwendig. Daher wird eine weniger aufwendige Methode bevorzugt, bei der das Eigenlenkverhalten durch den Eigenlenkgradienten (*EG*) charakterisiert ist. Der Eigenlenkgradient ergibt sich im allgemeinen Fall aus der Steigerung des Lenkradwinkelbedarfs $\delta_H = i_L \delta$ mit dem Radlenkwinkel δ und der Lenkübersetzung i_L in Abhängigkeit von

---

13 Im Grunde ist die stationäre Kreisfahrt ein Closed-Loop Manöver, da der Fahrer den Lenkwinkel anpassen muss, um bei langsam ansteigender Fahrzeuggeschwindigkeit auf dem Kreis zu bleiben. Da dies jedoch quasistationär geschieht, wird dieses Manöver als stationär bezeichnet.

der Querbeschleunigung a_y. Diese Größen können z. B. mit den für das Elektronische Stabilitätsprogramm (ESP) (Reif 2010b) serienmäßig verbauten Sensoren aufgezeichnet werden. Dabei wird das Eigenlenkverhalten anhand der Änderung des Lenkradwinkelbedarfs, der mit einer Steigerung der Querbeschleunigung verbunden ist, mit dem nichtlinearen Eigenlenkgradienten

$$EG = \frac{1}{i_L}\frac{\partial \Delta \delta_H}{\partial a_y} = \frac{1}{i_L}\left(\frac{\partial \delta_H}{\partial a_y} - \frac{\partial \delta_A}{\partial a_y}\right) \tag{3.83}$$

beschrieben (Zomotor 1991). Der zusätzliche Lenkradwinkelbedarf $\Delta \delta_H$ und der Ackermannanteil δ_{HA} des Lenkradwinkels addieren sich zu

$$\delta_H = \delta_{HA} + \Delta \delta_H. \tag{3.84}$$

Steigt der Lenkradwinkelbedarf mit zunehmender Zentripetalbeschleunigung an, so spricht man von Untersteuern ($EG > 0$). Sinkt der Lenkradwinkelbedarf mit zunehmender Zentripetalbeschleunigung, spricht man von Übersteuern ($EG < 0$). Bleibt der Lenkradwinkelbedarf mit zunehmender Querbeschleunigung gleich, so spricht man von Neutralsteuern ($EG = 0$).

Wesentliche Merkmale des Kurvenverlaufs in Abbildung 3.26 sind:

- der Schnittpunkt der Kurve mit der Ordinate, der dem Ackermannwinkel δ_A entspricht,
- die Steigung in unterschiedlichen Beschleunigungsbereichen und
- die maximal erreichbare Zentripetalbeschleunigung.

Der Ackermannwinkel δ_A hängt vom Radstand l und vom Kurvenradius ρ ab. Der Gradient EG und die maximale Zentripetalbeschleunigung hängen von der Fahrzeugmasse,

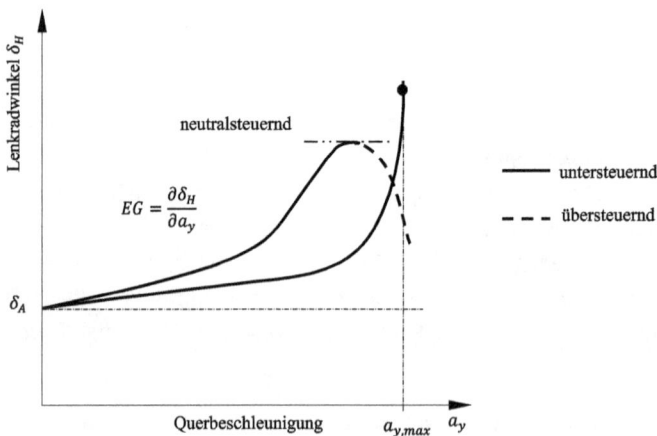

Abb. 3.26: Eigenlenkgradient bei stationärer Kreisfahrt.

der Schwerpunktlage, der Radaufhängungen und den Reifenparametern ab. Die Kurve für das untersteuernde Fahrzeug (s. Abbildung 3.26 und Abbildung 3.27) unterteilt sich in einen linearen und einen nichtlinearen Teil. Im linearen Teil hat die Kurve eine konstante Steigung (*EG* ist konstant). Im nichtlinearen Teil steigt der Eigenlenkgradient stark an. Dies liegt daran, dass die Reifenseitenkraft an der Vorderachse ihre Sättigung erreicht (vgl. Kapitel 2) und sich die Vorderachse in Querrichtung bewegt (Fahrzeug untersteuert). Bei einem geringen Eigenlenkgradienten im linearen Bereich antwortet das Fahrzeug im Vergleich direkter auf Lenkeingaben.

In Abbildung 3.27 sind zusätzliche Parameter in den Verlauf des Eigenlenkgradienten für ein untersteuerndes Fahrzeug eingezeichnet. In Tabelle 3.6 sind diese zusätzlichen Parameter beschrieben (Huneke 2012).

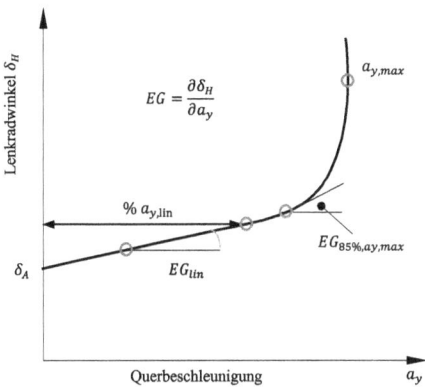

Abb. 3.27: Eigenlenkgradient bei stationärer Kreisfahrt für verschiedene Querbeschleunigungen bei stationärer Kreisfahrt für ein untersteuerndem Fahrzeug.

Tab. 3.6: Merkmale zur Bewertung des Fahrverhaltens bei stationärer Kreisfahrt (Huneke, 2012).

Parameter	Einheit	Beschreibung
EG_{lin}	[deg / m/s^2]	Linearer Lenkwinkelbedarf
$EG_{85\%,ay,\max}$	[deg / m/s^2]	Lenkwinkelbedarf im Grenzbereich
$\%a_{y,\text{lin}}$	[–]	Ende der Linearität [% von $a_{y,\max}$]
$a_{y,\max}$	m/s^2	Max. Querbeschleunigung

Gierverstärkung

Um die Zusammenhänge im Gesamtsystem Fahrer-Fahrzeug zu berücksichtigen, muss die Fahrzeugreaktion auf die Lenkwinkeleingabe betrachtet werden. Dazu wird, wie in der Regelungstechnik üblich, die Ausgangsgröße Gierwinkelgeschwindigkeit $\dot{\psi}$ auf die Eingangsgröße Lenkradwinkel δ_H bezogen. Das Verhältnis

$$GV = \frac{\dot{\psi}}{\delta_H} \quad (3.85)$$

wird Gierverstärkungsfaktor genannt (Zomotor 1991). Bei einer stationären Kreisfahrt wird die Gierverstärkung (GV) in Abhängigkeit von der Fahrzeuggeschwindigkeit betrachtet. Sie definiert die stationäre Reaktion auf die Lenkbewegung, beschreibt die Lenkempfindlichkeit und gibt an, wie stark ein Fahrzeug bei einer bestimmten Fahrgeschwindigkeit auf eine Lenkradwinkeleingabe reagiert. Die Agilität (Fahrzeugreaktion auf Lenkwinkelvorgaben, Wendigkeit) eines Fahrzeugs steigt, je größer die Gierverstärkung ist, wobei jedoch gleichzeitig die Fahrzeugstabilität abnimmt.[14]

Die Kurve der Gierverstärkung enthält nur für stabile Fahrzeuge ein Maximum. Die dazugehörende Geschwindigkeit ist die charakteristische Geschwindigkeit v_{ch}, bei der das Fahrzeug die größte Lenkempfindlichkeit aufweist, s. Abbildung 3.28. Fahrzeuge mit eher neutralem Fahrverhalten weisen bei hohen Geschwindigkeiten eine zu hohe Gierverstärkung auf und verfügen somit über eine geringere Fahrstabilitätsreserve. Für instabile Fahrzeuge strebt die Kurve der Gierreaktion bei einer bestimmten Geschwindigkeit gegen unendlich. Diese Geschwindigkeit wird als kritische Geschwindigkeit v_{krit} bezeichnet.

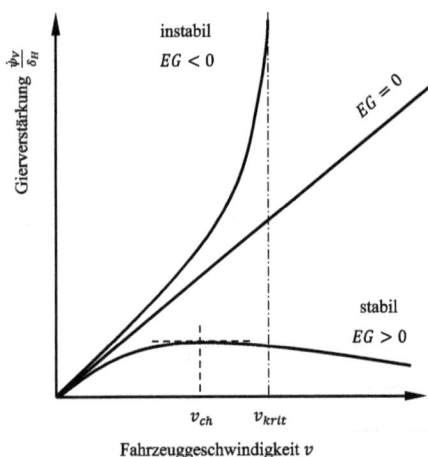

Abb. 3.28: Stationäre Gierverstärkung bei Kreisfahrt.

Wesentliche Merkmale des Kurvenverlaufs sind also:
– die Größenordnung der Gierverstärkung $\frac{\dot{\psi}_V}{\delta_H}$ und
– die charakteristische Geschwindigkeit v_{ch} (maximale Gierverstärkung).

---

[14] Es ist ein Gleichgewichtsakt, bei dem die Erhöhung der einen Eigenschaft oft Kompromisse bei einer anderen erfordert.

Wankwinkelgradient

Der Wankwinkelgradient (*WG*) beschreibt das Querneigungsverhalten bei stationären Kurvenfahrten in Abhängigkeit von der Querbeschleunigung. Dazu wird der Wankwinkel φ über der Querbeschleunigung a_y dargestellt, s. Abbildung 3.29. Das Wankverhalten hängt größtenteils von der Spurweite, der Schwerpunktlage, der Wankpolachse, dem Feder- und dem Dämpferelement, dem Stabilisator sowie von der Kinematik und Elastizität der Radaufhängung ab. Diese Bauteile haben zugleich auch Einfluss auf das Eigenlenkverhalten. Das Wankverhalten beeinflusst das Komfortempfinden und die Fahrstabilität. Der Wankwinkelgradient φ/a_y kann weitgehend als konstant angenommen werden, solange keine aktiven Stabilisatoren eingesetzt werden (Lenthaparambil 2015, Schramm, Hiller und Bardini 2018).

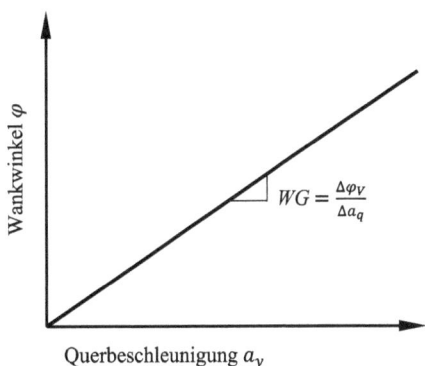

$$WG = \frac{\Delta \varphi_v}{\Delta a_q}$$

Abb. 3.29: Qualitativer Verlauf des Wankwinkels über der Querbeschleunigung bei stationärer Kreisfahrt.

Schwimmwinkelgradient

Der Schwimmwinkelgradient (*SG*) beschreibt den Schwimmwinkelverlauf β über der Zentripetalbeschleunigung, s. Abbildung 3.30. Der Anfangsschwimmwinkel β_0 beruht auf dem Kurvenradius ρ und dem Abstand der Hinterachse zum Schwerpunkt l_h. Der Anstieg der Kurve hängt stark mit dem degressiven Kennlinienverlauf der Hinterachsseitenreifenkraft zusammen (Wimmer 1997). Wie Abbildung 3.30 zeigt, ist der *SG* bei niedrigen Beschleunigungen konstant und wächst bei erhöhter Querbeschleunigung an.

Der nur anfangs konstante Quotient *SG* beschreibt die Heckstabilität und bei höheren Beschleunigungen die Stabilitätsreserve des Fahrzeugs. Zudem wechselt der Schwimmwinkel das Vorzeichen zu höheren Beschleunigungen. Dies ist auf das Anwachsen des Schräglaufwinkels an den Reifen bei zunehmender Zentripetalbeschleunigung zurückzuführen. Der momentane Kurvenmittelpunkt verschiebt sich mit zunehmender Querbeschleunigung von der Höhe der Hinterachse (auf der er sich bei sehr geringer Querbeschleunigung befindet) in Fahrtrichtung. Liegt der projizierte Kurvenmittelpunkt vor dem Fahrzeugschwerpunkt, wechselt der Schwimmwinkel das Vorzeichen (Heißing, Ersoy und Gies 2013b). Tabelle 3.7 beschreibt die Auswertepa-

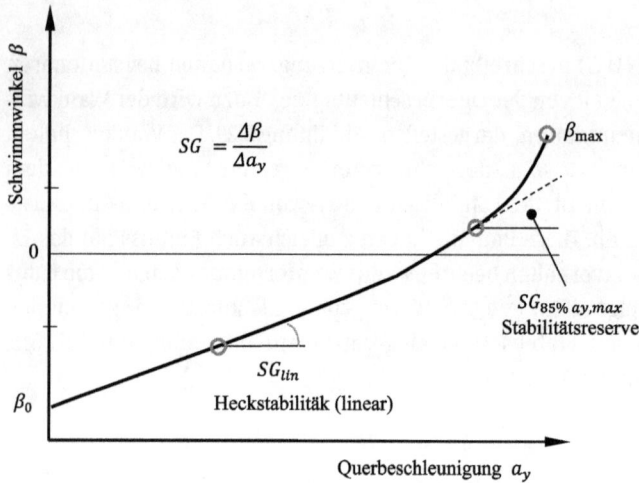

Abb. 3.30: Qualitativer Verlauf des Schwimmwinkels über der Zentripetalbeschleunigung bei stationärer Kreisfahrt.

Tab. 3.7: Schwimmwinkel Eigenschaften zur Fahrverhaltungsbeschreibung bei stationärer Kreisfahrt (Huneke 2012).

Parameter	Einheit	Beschreibung
SG_{lin}	[deg / m/s^2]	Lineare Stabilität
$SG_{85\%,ay,max}$	[deg / m/s^2]	Nichtlinearer Bereich. Stabilitätsreserve
β_{max}	[deg]	Max. Schwimmwinkel

rameter, die in Abbildung 3.30: Qualitativer Verlauf des Schwimmwinkels über der Zentripetalbeschleunigung bei stationärer Kreisfahrt dargestellt sind (Huneke 2012).

3.6.2 Instationäres Fahrverhalten

Zur besseren Bewertung des Fahrverhaltens muss die Fahrzeugreaktion auf instationäre bzw. dynamische Lenkwinkeleingaben herangezogen werden. Beim instationären Fahrverhalten ist von Interesse, mit welchem dynamischen Verhalten ein Fahrzeug auf dynamische Lenkwinkeleingaben reagiert. Zur Untersuchung des dynamischen Übertragungsverhaltens eignen sich Frequenzgang und Lenkwinkelsprung (vgl. die Abschnitte 3.7.2 und 3.7.3).

Frequenzgang

Wie im stationären wird auch im instationären Verhalten der Systemausgang in Relation zum Eingang gesetzt. Zur Bestimmung des Frequenzgangs kann das Fahrzeug mit einer sinusförmigen Lenkradbewegung mit konstanter Amplitude und linear ansteigender Frequenz beispielsweise bis zu 4 Hz angeregt werden (s. Abschnitt 3.7.2). Durch harmonische Anregungen, wie dem Sinuslenken, zeigt sich die frequenzabhängige instationäre Querdynamik eines Fahrzeugs.

Die Bewegungsgrößen des Fahrzeugs (z. B. Gierrate $\dot{\psi}$, Querbeschleunigung a_y, Schwimmwinkel β und Wankrate $\dot{\varphi}$) reagieren ebenfalls mit einem sinusförmigen Verlauf. In Abbildung 3.31 werden der zeitliche Verlauf der Systemanregung (Lenkradwinkel δ_H) und der Systemantwort (Gierrate $\dot{\psi}$) beispielhaft dargestellt. Erkennbar sind die Amplitudenveränderung und der ansteigende Phasenverzug der Gierrate gegenüber dem Lenkradwinkel bei höherer Frequenz.

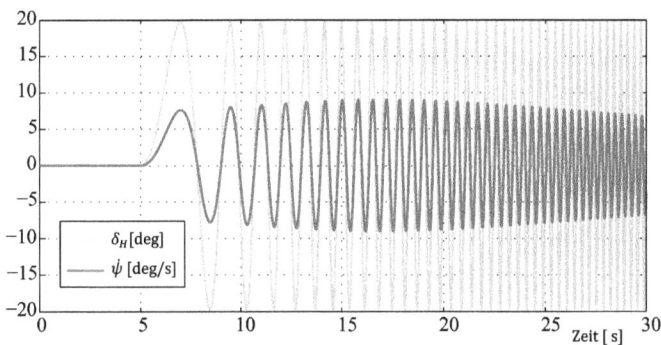

Abb. 3.31: Zeitsignal des Frequenzgangs.

Der Frequenzgang beschreibt die Übertragung der zeitlichen Bewegungsgrößen in den Frequenzbereich, in dem die Übertragungsfunktionen für unterschiedliche Größen berechnet werden. Primär wird zur Bewertung des instationären Fahrverhaltens Folgendes herangezogen:

– der Frequenzgang der Giergeschwindigkeit (Gierfrequenz (*GF*)) $\frac{\dot{\psi}}{\delta_H}$,

– der Frequenzgang der Querbeschleunigung (Querfrequenz (*QF*)) $\frac{a_y}{\delta_H}$,

– der Frequenzgang des Wankwinkels (Wankfrequenz (*WF*)) $\frac{\varphi}{\delta_H}$ und

– der Frequenzgang des Schwimmwinkels (Schwimmwinkelfrequenz (*SF*)) $\frac{\beta}{\delta_H}$).

Bei der Darstellung von Amplitudenverhältnis und Phasenverschiebung vom Ausgangs- zum Eingangssignal im Frequenzbereich ergeben sich Amplituden- und Phasengang. Abbildung 3.32 stellt den Amplituden- und Phasengang der Gierübertragung $\dot{\psi}/\delta$ dar (Bodediagramm). Die Gierübertragung zeigt bei ca. 0,9 Hz eine Amplitudenüberhöhung. Diese Frequenz entspricht der Giereigenfrequenz. Dies bedeutet, dass hier die Gierreaktion des Fahrzeugs auf Lenkeingänge am stärksten ist. Die stationäre Gierverstärkung (s. Abschnitt 3.6.1) entspricht dem Amplitudengang von 0 Hz. Bei höheren Frequenzen fällt die Amplitude monoton ab, dies entspricht einem Tiefpassverhalten. Die Phase

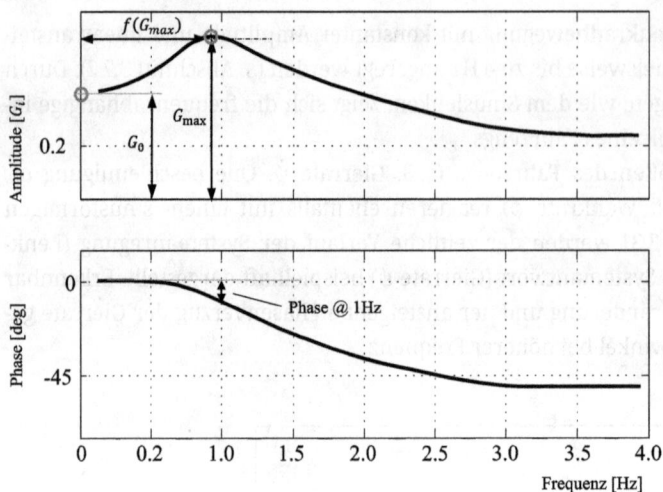

Abb. 3.32: Frequenzgang am Beispiel der Giergeschwindigkeit (Amplituden- und Phasenverlauf).

weist bei tieferen Frequenzen einen geringen Phasenverzug auf, der jedoch bei höherer Frequenz weiter zunimmt.

Zu den Kriterien, die in allen Fällen verwendet werden können, gehören die stationäre Verstärkung G_0, die Phasenverzögerung Δt bei einer definierten Frequenz und der dynamischen Überhöhung G_{max}/G_0. Tabelle 3.8 zeigt die am häufigsten verwendeten Bewertungsparameter zusammen mit der spezifischen Beschreibung nach Huneke 2012, Warth 2022.

Tab. 3.8: Charakteristika zur Beschreibung des Fahrverhaltens basierend auf einen Frequenzgang Manövers (Huneke 2012).

Parameter	Einheit	Beschreibung
G_0	[deg / m/s^2]	Stationäre Verstärkung
G_{max}	[deg / m/s^2]	Max. Amplitude
$G_{max}/G_0(\dot{\psi})$	[–]	Dynamische Gierüberhöhung
$f(G_{max})$	[Hz]	Frequenz bei max. Amplitude: Eigenfrequenz

Der Frequenzgang gibt Aufschluss über das Verhalten eines Fahrzeugs bei sinusförmiger Anregung und darüber, bei welcher Frequenz die Fahrzeugreaktion auf den Lenkeingang verstärkt bzw. abgeschwächt wird und wie groß die Phasenverschiebung zwischen beiden Reaktionen ist. Die Eigenfrequenzen, bei denen die maximale Überhöhung im Amplitudengang auftritt, sowie die Größe der Überhöhung im Vergleich zum stationären Fall können ebenfalls abgelesen werden (Zomotor 2002, Meljnikov 2003). Nach Schindler 2007 und Zomotor 1991 ist nur der Frequenzbereich unterhalb von 2,0 Hz[15] von Interesse, da das Frequenzspektrum des menschlichen Fahrers eingestellten Lenkradwinkels in realen Fahrsituationen oberhalb dieser Frequenz keine nennenswerten Anteile aufweist (mit Ausnahme des Motorsport). Bei einer entspannten Landstraßenfahrt dominieren Grundfrequenzen um circa 0,1 Hz. Bei einem doppelten Fahrspurwechsel liegen sie zwischen 0,6 Hz und 1,1 Hz (Schindler 2007).

Lenkradwinkelsprung

Beim Lenkradwinkelsprung wird eine sprungförmige Anregung im Zeitbereich zur Untersuchung des Fahrverhaltens verwendet. Das gleichnamige Manöver ist in Abschnitt 3.7.3 beschrieben. Dabei fährt das Fahrzeug mit konstanter Geschwindigkeit geradeaus und wird zum Zeitpunkt t_0 mit einem Lenkwinkel δ_{L_0} beaufschlagt. Diese Methode untersucht das Übergangsverhalten eines Fahrzeugs von der Geradeausfahrt in die stationäre Kreisfahrt. Auch bei der Sprunganregung wird die Ausgangsgröße auf die Eingangsgröße bezogen und im Falle der Gierrate als Gierratenübergang bezeichnet.

Das Fahrzeug reagiert auf einen Lenkwinkelsprung mit einem Anstieg der Bewegungsgrößen (Gierrate, Querbeschleunigung, Schwimmwinkel) und der Lagegrößen (Wankwinkel). Diese Größen steigen zunächst auf einen höheren Wert an als die dem Lenkwinkel $\delta_{L_{\text{stat}}}$ entsprechenden stationären Werte (Überschwingen). Die endgültigen stationären Werte werden nach einigen Schwingungen erreicht (Zomotor 1991). In der Systemdynamik entspricht dies der Sprungantwort.

Der verzögerte Aufbau der Achsquerkräfte hat eine zeitverzögerte Fahrzeugreaktion zur Folge, die Zweiphasigkeit. Sie wird durch zwei Zeitpunkte beschrieben. Der erste beschreibt die „Vorderachsantwortzeit", zu der der Aufbau der Gierrate beginnt (vgl. Abbildung 3.34). Der zweite Zeitpunkt markiert die Antwort der Hinterachse, zu der der Aufbau der Querbeschleunigung beginnt. Insbesondere bei untersteuernden Fahrzeugen treten hier merkliche Zeitunterschiede auf.

Der Fahrer kann nur endlich schnell lenken, weshalb der Lenkwinkelsprung eher einem rampenförmigen Lenkwinkelanstieg entspricht, s. Abbildung 3.33. In Abbildung 3.34 ist die typische Gierratenantwort eines Fahrzeugs auf den Lenkwinkelsprung dargestellt. Wichtige Werte sind die maximal erreichte Gierrate $\dot{\psi}_{\text{max}}$ und die entsprechende Ansprechzeit $T_{\dot{\psi}_{\text{max}}}$ sowie die sich stationär einstellende Gierrate $\dot{\psi}_{\text{stat}}$ (Zomotor 1991), (Zomotor und Roenitz 1997). Der Überschwingwert kann als das Verhältnis vom Maximalwert zum Stationärwert $U_{\dot{\psi}} = \dot{\psi}_{\text{max}} / \dot{\psi}_{\text{stat}}$ definiert werden.

Zur Bewertung des Übergangsverhaltens wird primär Folgendes genutzt:

- Gierübergang (GU) $\frac{\dot{\psi}}{\delta_H}$,

- Querübergang (QU) $\frac{a_y}{\delta_H}$ und

- Wankübergang (WU) $\frac{\varphi}{\delta_H}$.

---

15 Bei Sportwagen auch bis 4,0 Hz.

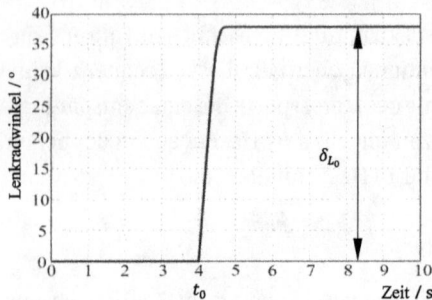

Abb. 3.33: Lenkradwinkelsprung.

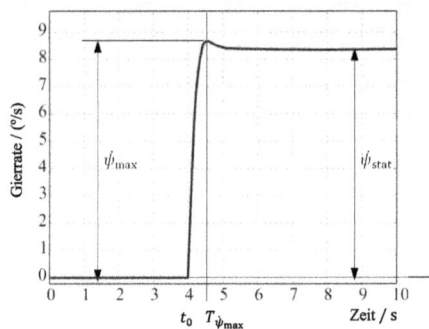

Abb. 3.34: Fahrzeuggierbewegung nach einem Lenkradwinkelsprung.

Diese Werte werden zusätzlich normiert, indem das entsprechende Übergangsverhalten durch den jeweiligen stationären Endwert dividiert wird, wie zum Beispiel: $GU_{\mathrm{norm}} = \frac{GU}{GU_{\mathrm{stat}}}$.

3.7 Fahrmanöver

In Abschnitt 3.6 wurden Bewertungsgrößen definiert, mit denen es möglich ist, das stationäre und instationäre Fahrverhalten qualitativ zu beschreiben. In diesem Abschnitt werden standardisierte Fahrmanöver für eine fahrdynamische Bewertung vorgestellt, die die Gewinnung objektiver und damit vergleichbarer Fahrzeugkenngrößen unterstützen.

Man unterscheidet zwischen Open-Loop- und Closed-Loop-Manövern. Beim Open-Loop-Manöver bleibt der Fahrer unberücksichtigt, sodass dieser keinen Einfluss auf das Messergebnis hat. Beim Closed-Loop-Manöver hat der Fahrstil des Fahrers einen bedeutenden Einfluss, sodass eine Vergleichbarkeit der Ergebnisse nur bedingt möglich ist, z. B. wenn Fahrer mit gleichem Fahrstil die Manöver fahren oder Lenkroboter eingesetzt werden.

Für die dynamische Fahrzeugbewertung bietet Abbildung 3.35 aus der Arbeit von Warth 2022 einen fundierten Überblick über eine Reihe von standardisierten Fahrmanövern, die in einem idealen G-G-Diagramm dargestellt sind. Diese Manöver decken ein breites Spektrum ab, das in drei Hauptkategorien unterteilt ist: Querdynamik, Längsdynamik und kombinierte Dynamik. Die ausgewählten Fahrmanöver decken nahezu den gesamten Fahrbereich ab und ermöglichen eine umfassende Analyse des Fahrzeugverhaltens.

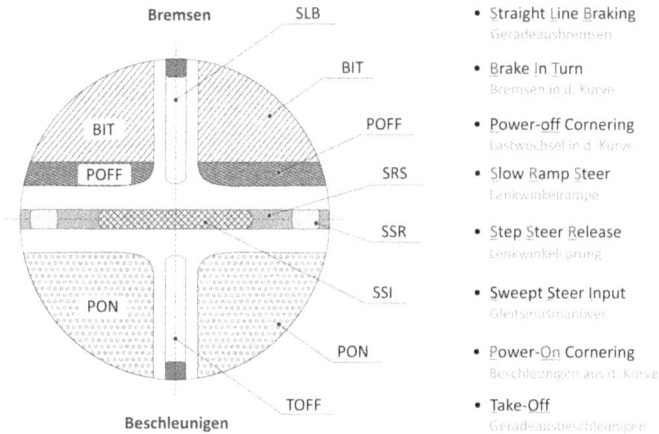

Abb. 3.35: Darstellung der Arbeitsbereiche ausgewählter Fahrmanöver im idealisierten G-G-Diagramm (Warth 2022).

Im Bereich der Längsdynamik liegt der Schwerpunkt auf Beschleunigungs- und Bremsmanövern ohne Querdynamik. Von besonderem Interesse sind dabei das Geradeausbremsen (SLB) aus 100 km/h und die Volllastbeschleunigung von 0 auf 100 km/h (Take-Off (TOFF)), um das längsdynamische Potenzial des Fahrzeugs voll auszuschöpfen. Bewertet werden das Bremsverhalten, die Traktion und das Nickverhalten des Fahrzeugs, wie in Tabelle 3.9 dargestellt.

Bei der Bewertung der Querdynamik wird nach Warth 2022 zwischen stationärer und instationärer Querdynamik unterschieden. Stationäre Querdynamikmanöver, wie z. B. Lenkradwinkelrampe[16] (z. B. Slow Ramp Steer (SRS)), und transiente Querdynamikmanöver (z. B. Sweept Steer Input (SSI), Step Steer Release (SSR)), die das Fahrzeugverhalten bei Ausweichmanövern bewerten, werden jeweils nach spezifischen Kriterien wie Agilität, Stabilität, Lenkwinkel- und Schwimmwinkelanforderung bewertet. Für in-

---

[16] In der Praxis wird das Lenkwinkelrampenmanöver zur Bestimmung des stationären Fahrzustandes der stationären Kreisfahrt vorgezogen, da das Lenkwinkelrampenmanöver tendenziell reifenschonender ist. Der Effekt der Reifenerwärmung und des Reifenverschleißes wird dadurch reduziert.

Tab. 3.9: Open-Loop-Fahrmanöver zur Ermittlung von Fahrzeugeigenschaften.

	Fahrmanöver	Norm	Auswertung	Ergebnis
Längsdynamik	ABS-Braking (SLB)		–	Bremsperformance
	Take-Off		Bei Geradeausfahrt	Traktion
	Take-Off		Beim Beschleunigen	Nickverhalten beschleunigen
	ABS-Braking (SLB)		Beim Bremsen	Nickverhalten bremsen
Querdynamik	Stationäre Kreisfahrt	(ISO 2012)	Stationärer Gleichgewichtszustand	Eigenlenkgradient, stationäre Gierverstärkung und Wankwinkelgradient
	Lenkwinkelrampe	(ISO_13674-1, 2014)	Statinäres Querverhalten	Agilität, Stabiliäk, max. Querbeschl., Eigenlenkgradient, Stationäre Gierverst. und Wankwinkelgradient
	Gleitsinusmanöver	(ISO 2003)	Instationäres Verhalten im Frequenzbereich, Spurwechsel	Agility, Stability, Frequency-dependent amplitude- und phase response of lateral acc. And roll behavioer
		(ISO 2003)	Instationäres Verhalten im Zeitbereich	Response times, transient response
Kombinierte Dyn.	Beschleunigung aus der Kurve heraus		Beim Beschleunigen	Agilität, Stabiliät, Traktion
	Lastwechsel in der Kurve		Gaspedal Lupfen	Agilität, Stabiliät, Traktion
	Bremsen in der Kurve		Beim Bremsen	Stabiliät

stationäre Szenarien sind auch Phasen- und Zeitverzögerungen relevante Parameter, die in Tabelle 3.9 näher erläutert werden.

In der Praxis treten häufig kombinierte dynamische Vorgänge auf, insbesondere beim Beschleunigen oder Abbremsen in Kurven. Warth 2022 beschreibt Lastwechsel (Power-Off Cornering (POFF)) als Verzögerungsmomente, die beim Loslassen des Gaspedals während der Kurvenfahrt auftreten. Die Höhe der Verzögerung ergibt sich aus dem Ausgangszustand der Kurvenfahrt und dem Fahrwiderstand nach dem Loslassen des Pedals. Um höhere Verzögerungswerte zu erreichen, ist eine zusätzliche Bremsung erforderlich, die als Bremsen in der Kurve (Brake In Turn (BIT)) bezeichnet wird. In diesem Zusammenhang verweist Warth 2022 auf die Arbeiten von Otto 1987 bzw. Reimpell und Preukschat 1988, die den Eindreheffekt als typische Fahrzeugreaktion auf solche Fahrmanöver beschreiben. Weiterhin wird das Fahrmanöver Power-On Cornering (PON) eingeführt, das eine Beschleunigung aus einer stationären Kreisbewegung bei konstanter Geschwindigkeit darstellt. Je nach Fahrzeugtyp und Randbedingungen kann die Fahrzeugreaktion auf PON sowohl das Eindrehen als auch das Ausdrehen umfassen.

Diese beschriebenen Fahrmanöver PON, POFF und BIT sind wesentlich für die Bewertung des Fahrverhaltens in den Kategorien Agilität, Stabilität und Traktion in der kombinierten Fahrdynamik, wie dies in Tabelle 3.9 erläutert wird.

Tabelle 3.9 beschreibt drei Open-Loop-Fahrmanöver, die sich zur Untersuchung von stationären Zuständen und instationären Übertragungsverhalten von Fahrzeugen eignen.

Mit standardisierten Fahrmanövern ist es möglich, Messdaten verschiedener Fahrzeuge, die auf unterschiedlichen Versuchsgeländen gewonnen werden, einheitlich, reproduzierbar und vergleichbar zu gestalten. Dadurch werden nicht nur sogenannte Benchmarks für unterschiedliche Fahrzeuge, sondern auch Vergleiche zu Vorgängermodellen erstellt.

Für eine exakte Messung ist es wichtig, Umgebungseinflüsse für alle Fahrmanöver zu minimieren, z. B durch eine trockene und ebene Fahrbahn (Meyer-Tuve 2008). Ein zunehmend bedeutender Anwendungsbereich der standardisierten Fahrmanöver liegt in der Validierung von Simulationsmodellen, mit denen – im Gegensatz zu realen Messfahrten – in einer frühen Entwicklungsphase objektive Daten ermittelt werden können (Kobetz 2004). Zur besseren Vergleichbarkeit müssen die unterschiedlichen Lenkübersetzungen der jeweiligen Fahrzeuge berücksichtigt werden.

3.7.1 Manöver „Stationäre Kreisfahrt"

Das Fahrmanöver „stationäre Kreisfahrt" nach (ISO 2012) ist sowohl für den realen Testbetrieb als auch für die simulationstechnische Analyse ein wichtiges Standardprüfverfahren. Es wird verwendet, um mit den Größen *EG*, *GV* und *SG* die Steuertendenz, das Fahrverhalten und die Stabilität von Kraftfahrzeugen bis in den Grenzbereich zu untersuchen und dabei grundlegende Aussagen über die Fahreigenschaften zu treffen, s. Abschnitt 3.6.1.

Für die Auswertung werden Größen wie Lenkradwinkel, Fahrzeuggeschwindigkeit, Schwimmwinkel, Wankwinkel, Querbeschleunigung und Gierwinkelgeschwindigkeit aufgezeichnet.

Es gibt vier Methoden, um die stationären Kreisfahrtwerte zu erhalten (ISO 2004). Hier wird die Methode des konstanten Kreisradius beschrieben, da sie sich wegen der meist begrenzten Fahrdynamikfläche gut eignet:

Auf einem Bahnradius von mindestens 30 Metern werden ein Links- und ein Rechtskreis mit langsam und gleichmäßig ansteigender Geschwindigkeit gefahren. Die Querbeschleunigung wird dadurch langsam und monoton bis zu dem Grenzbereich erhöht, bei dem es nicht mehr möglich ist, den stationären Zustand aufrechtzuerhalten. Der Fahrer muss hierbei den Lenkwinkel so anpassen, dass das Fahrzeug auf der Kreisbahn bleibt. Da der Fahrer in den Regelkreis integriert ist, handelt es sich hierbei eigentlich um ein Closed-Loop-Manöver. Aufgrund der quasi stationären Versuchsbedingungen dieses Manöver ist es für einen geübten Fahrer jedoch gut reproduzierbar, und er hat auf das Systemverhalten effektiv wenig Einfluss (Rau 2007). Deshalb wird die stationäre Kreisfahrt hier als Open-Loop-Manöver betrachtet.

3.7.2 Frequenzgang

Um das querdynamische Übertragungsverhalten eines Fahrzeugs im linearen Bereich zu ermitteln, wird das Fahrmanöver „Frequenzgang" verwendet, das in (DIN/ISO 1989) bzw. ISO/TR 8726 (1988) definiert ist. Das Fahrzeug wird dabei als zeitinvariantes System betrachtet und der Frequenzgang entspricht einem Gleitsinus, mit dem das Übertragungsverhalten bestimmt werden kann. Als Bewertungskriterien werden die Vergrößerungsfunktion (Amplitudenverhältnis) und der Phasenwinkel der Zentripetalbeschleunigung, der Gierwinkelgeschwindigkeit und des Wankwinkels im Verhältnis zum Lenkradwinkel im Frequenzbereich herangezogen.

Im Versuch werden bei konstanter Fahrgeschwindigkeit (meist 100 km/h) und mit einem sinusförmigen Lenkeinschlag die Frequenzen von 0,1 bis circa 3,0 Hz mit konstanter Lenkradwinkelamplitude durchfahren. Die Lenkradwinkelamplitude wird je nach Fahrgeschwindigkeit so gewählt, dass sich bei niedrigen Frequenzen (quasistationär) Querbeschleunigungen von circa $4\,\text{m/s}^2$ (wahlweise auch $2\,\text{m/s}^2$ oder $6\,\text{m/s}^2$) ergeben (Meljnikov 2003).

Für die Frequenzerhöhung werden zwei Verfahren angewendet. Beim ersten Verfahren werden die Frequenzen während der Messung stufenweise variiert, danach die Messdaten in verschiedene Frequenzklassen sortiert und die sich daraus ergebende Verteilung betrachtet. Die Messungen werden so oft wiederholt, bis jede Frequenzklasse ausreichend ausgeprägt vorhanden ist. Beim zweiten Verfahren (auch Gleitsinusmanöver genannt) werden die Frequenzbereiche von 0,1 bis 3,0 Hz in 0,1 Hz-Schritten durchfahren. Dafür ist entweder ein Frequenztaktgeber für den Fahrer oder die Verwendung eines Lenkroboters notwendig. Der Vorteil gegenüber dem ersten Verfahren besteht darin, dass sich das Fahrzeug im eingeschwungenen Zustand befindet und es schneller durchführbar ist.

Für die Ermittlung der Amplituden und der Phasenwinkel der Eingangssignale (Lenkradwinkel) zu den Ausgangssignalen (z. B. Gierwinkelgeschwindigkeit, Zentripetalbeschleunigung und Wankwinkel) kann z. B. die MATLAB-Funktion Transfer Function Estimate (TFE) (Schätzung der linearen, zeitinvarianten Übertragungsfunktion) verwendet werden. Diese bestimmt das Verhältnis des Kreuzleistungsdichtespektrums der Eingangs- und Ausgangssignale zum Leistungsdichtespektrum des Eingangssignals. Die Überführung der Daten in den Frequenzbereich erfolgt mithilfe der Fourier-Transformation. Zusätzlich kann eine Kohärenzfunktion berechnet werden, wodurch eine Plausibilitätskontrolle der Messsignale auf deren Konsistenz möglich ist.

3.7.3 Lenkwinkelsprung

Mit dem Fahrmanöver Lenkwinkelsprung nach (DIN/ISO 1989) ist es möglich, sowohl das stationäre als auch das instationäre Fahrverhalten im linearen und im nichtlinearen Bereich zu untersuchen. Bei der Versuchsdurchführung wird das Lenkrad aus stationärer Geradeausfahrt mit konstanter Fahrgeschwindigkeit (meist 100 km/h) mit möglichst hoher Lenkradwinkelgeschwindigkeit (zwischen 200 bis 500 °/s) gegen einen Anschlagswert (δ_{L_0}) auf einer Kurvenbahn (stationäre Kreisfahrt) gelenkt. Dabei ergibt sich eine rampenförmige Lenkanregung (s. Abbildung 3.33), da es aus physikalischen Gründen nicht möglich ist, einen idealen Sprung zu realisieren.

Die Amplitude der Lenkwinkeländerung wird in Abhängigkeit der Fahrgeschwindigkeit so gewählt, dass stationär jeweils unterschiedliche Reifenkraftschlussbeanspruchungen bis hin zum Grenzbereich auftreten.

Die Bewertungskriterien basieren beim Lenkwinkelsprung auf dem zeitlichen Verlauf der Querbeschleunigungs- und Giergeschwindigkeitsreaktionen des Fahrzeugs. Zusätzlich können Schwimm- und Wankwinkel betrachtet werden.

Die Fahrzeugreaktion auf den Lenkwinkelsprung entspricht der Einfahrt auf eine Kreisbahn, wobei der Anstieg der Fahrdynamikgrößen einerseits ausreichend gedämpft, andererseits möglichst schnell erfolgen sollte. Das Manöver wird sowohl für nach links, als auch nach rechts beginnende Lenkwinkeleingabe gefahren.

3.7.4 Doppelter Spurwechsel

Der doppelte Fahrspurwechsel (ISO-Wedeltest) gehört im instationären Bereich zu den Standardtestmethoden (ISO 1975) und (ISO 2000), s. Abbildung 3.36. Das Ziel der Versuchsdurchführung ist die Bewertung des Fahrverhaltens eines Kraftfahrzeugs im geschlossenen Regelkreis in einer praxisrelevanten Fahrsituation. Der Test simuliert hierzu ein Ausweichmanöver unter Einschluss des Zurücklenkens auf die rechte Fahrspur. Der Test erlangte in einer modifizierten Form unter dem Namen „Elchtest" im Jahr 1997 eine gewisse Bekanntheit. Der Test ist heute fester Teil des Testprogramms von Automobilfirmen, Testzeitschriften und Organisationen.

Die Abmessungen der Teststrecke sind mit einer Länge der Messstrecke von 110 m und einem seitlichen Versatz von 3,5 m festgelegt. Die Breite wird dabei auf das jeweilige Testfahrzeug abgestimmt. Mit Lichtschranken am Anfang und am Ende der Messstrecke wird die jeweilige Durchfahrtzeit gemessen. Das Beurteilungskriterium ist der Mittelwert der Durchfahrtzeiten aus mindestens drei fehlerfreien Fahrten, bei denen Pylonen nicht berührt werden dürfen. Zur Untersuchung der instationären Fahreigenschaften werden oft neben der Zeitmessung auch andere fahrdynamische Größen aufgenommen, wie z. B.

– Lenkradwinkel,
– Lenkradmoment,

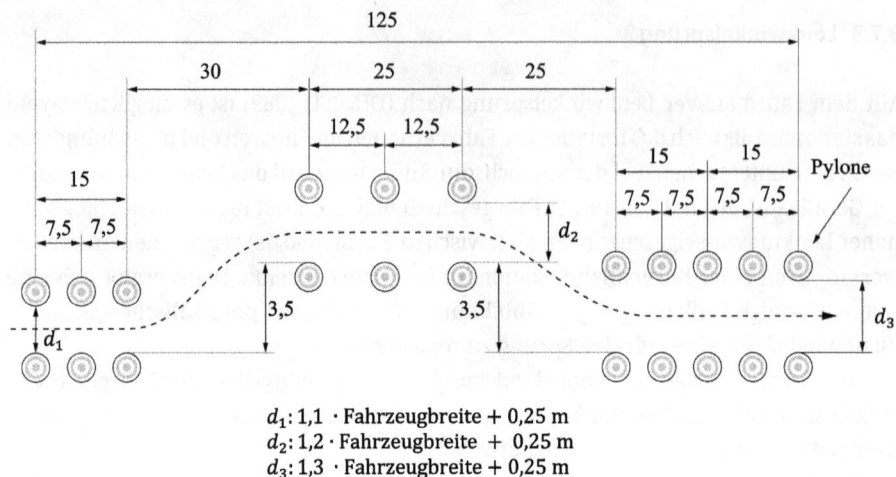

d_1: 1,1 · Fahrzeugbreite + 0,25 m
d_2: 1,2 · Fahrzeugbreite + 0,25 m
d_3: 1,3 · Fahrzeugbreite + 0,25 m

Abb. 3.36: Doppelter Spurwechsel (alle Abmessungen in *m*) nach (ISO 1975), s. auch (Reński 2001).

– Querbeschleunigung,
– Gierrate,
– Fahrgeschwindigkeit sowie
– Schwimm- und Wankwinkel.

Zur Bewertung der Güte des Fahrverhaltens des getesteten Fahrzeugs werden u. a. die erforderlichen Lenkradbewegungen und die aufgetretene Querbeschleunigung herangezogen.

3.8 Überblick Fahrwerkregelsysteme

In diesem Abschnitt wird die grundlegende Funktionsweise der verschiedenen Fahrwerkregelsysteme beschrieben. Darüber hinaus wird der Einfluss der einzelnen Systeme auf die Längs-, Quer-, kombinierte und vertikale Dynamik beschrieben. Die verschiedenen Systeme werden von einer speziellen Softwarekomponente (SWC) gesteuert, die in einen Bordcomputer (ECU) eingebettet ist. Die SWCs erhalten Eingaben von verschiedenen Sensoren, die Faktoren wie Lenkwinkel, Querbeschleunigung und Fahrzeuggeschwindigkeit messen. Jede SWC implementiert eine Steuerlogik, um verschiedene Aktuatoren in Echtzeit auf der Grundlage der gemessenen Eingaben zu steuern.

3.8.1 Allradantrieb (ALR)

Allradsysteme versorgen sowohl die Vorder- als auch die Hinterräder eines Fahrzeugs mit Drehmoment. Je nach Auslegung des Systems kann es sich um eine permanente

Funktion oder ein bedarfsgesteuertes System (Hang-On) handeln, das bei Bedarf aktiviert wird. Permanente ALR-Systeme verteilen die Kraft ständig auf alle vier Räder, während bedarfsgesteuerte Systeme unter normalen Bedingungen als Vorder- oder Hinterradantrieb arbeiten und automatisch die andere Achse dazuschalten, wenn eine zusätzliche Traktion erforderlich ist.

Längsdynamik

ALR verbessert die Traktion beim Beschleunigen, insbesondere bei rutschigem Untergrund. Dies führt zu einer besseren Kontrolle und einem geringeren Durchdrehen der Räder. Auch beim Bremsen kann der Allradantrieb die Traktion verbessern, insbesondere bei Fahrzeugen mit Torque Vectoring.

Querdynamik

ALR-Systeme verbessern die Kurvenstabilität und die Bodenhaftung. Sie verteilen die Kraft auf die Räder, die sie am besten nutzen können, verringern die Gefahr des Unter- oder Übersteuerns und sorgen für ein ausgewogeneres Fahrerlebnis.

Kombinierte Dynamik

In Situationen, die sowohl Lenken als auch Beschleunigen erfordern (z. B. bei Kurvenfahrten auf nassem oder unebenem Untergrund), bietet der Allradantrieb bessere Traktion und Stabilität. Das System sorgt dafür, dass die Kraft effizient auf alle Räder verteilt wird, um eine optimale Leistung zu erzielen.

Vertikaldynamik

Keine direkte Auswirkung, aber eine bessere Traktion kann das Gesamtverhalten des Fahrzeugs verbessern.

3.8.2 Torque Vectoring (TV)

Torque Vectoring ist eine Technologie zur Steuerung der Fahrdynamik, welche die Verteilung des Drehmoments zwischen den Rädern einer Achse aktiv steuert. Es kann auf unterschiedliche Weise implementiert werden, z. B. durch Einzelradbremsen, eine Lamellenkupplung im Differential oder elektrische Motoren in Hybrid- oder Elektrofahrzeugen. Dieses System verbessert die Traktion und das Fahrverhalten, indem es die Kraft auf die Räder umleitet, die sie am besten nutzen können, insbesondere in den Kurvenfahrten.

Längsdynamik

Das TV-System wirkt sich zwar in erster Linie auf die Querdynamik aus, es kann aber auch die Längsdynamik verbessern, indem es die Traktion beim Beschleunigen optimiert und die Stabilität beim Bremsen verbessert, insbesondere auf Oberflächen mit unterschiedlichem Grip.

Querdynamik

TV verbessert das Kurvenverhalten erheblich. Durch die Umlenkung des Drehmoments auf die äußeren Räder können Unter- und Übersteuern reduziert werden, wodurch das Fahrzeug in Kurven agiler und reaktionsschneller wird.

Kombinierte Dynamik

Das System ist für Fahrszenarien, die sowohl Beschleunigung als auch Kurvenfahrt beinhalten, von großem Nutzen. Die Fähigkeit des Systems, das Drehmoment dynamisch zu verteilen, trägt dazu bei, die Balance und die Bodenhaftung aufrechtzuerhalten, was zu sanfteren und besser kontrollierbaren Fahrmanövern führt.

Vertikaldynamik

Keine direkte Auswirkung.

3.8.3 Hinterachslenkung (HAL)

Dieses System lenkt außer den Vorderrädern auch die Hinterräder. Es kann in zwei Modi arbeiten: Bei niedrigen Geschwindigkeiten drehen sich die Hinterräder in die entgegengesetzte Richtung wie die Vorderräder (Gegenphasenlenkung), wodurch der Wenderadius verringert, und die Manövrierfähigkeit verbessert wird. Bei höheren Geschwindigkeiten drehen die Hinterräder in die gleiche Richtung wie die Vorderräder (Gleichphasenlenkung), was die Stabilität und das Ansprechverhalten bei Spurwechseln und Kurvenfahrten verbessert.

Längsdynamik

Es gibt keine direkte Auswirkung.

Querdynamik

Das System verbessert die Querdynamik erheblich. Bei niedrigen Geschwindigkeiten wird die Manövrierfähigkeit verbessert, wodurch enge Kurven und das Einparken erleichtert werden. Bei hohen Geschwindigkeiten verbessert es die Stabilität und das Kurvenverhalten und macht das Fahrzeug agiler und reaktionsschneller. Die HAL trägt dazu bei, die Zweiphasigkeit zu reduzieren, sodass das Fahrzeug schneller die maximale Querbeschleunigung erreicht.

Kombinierte Dynamik

RWS kann die Agilität und das Ansprechverhalten des Fahrzeugs in dynamischen Fahrsituationen, in denen Beschleunigung, Bremsen und Kurvenfahrt kombiniert werden, deutlich verbessern und sorgt für sanftere Übergänge und präziseres Handling.

Vertikaldyanmik

Es gibt keine direkte Auswirkung.

3.8.4 Aktive Wankstabilisatoren (AWS)

Die aktive Wankstabilisierung (siehe Abbildung 3.61) ist ein fortschrittliches System, das die Wankneigung der Karosserie bei Kurvenfahrten reduziert. AWS verwendet normalerweise hydraulische oder elektrische Aktuatoren, die in die Stabilisatoren (oder in die Achsabstützung) integriert sind. Diese Aktuatoren können die Stabilisatoren in Abhängigkeit von den Fahrbedingungen dynamisch versteifen oder entkoppeln. Durch die Anpassung der Steifigkeit der Stabilisatoren kann das System den Kräften entgegenwirken, die die Karosserie zum Wanken bringen. Einige Systeme bieten verschiedene Modi, die es dem Fahrer ermöglichen, zwischen einem komfortablen und einem sportlichen Fahrverhalten zu wählen. Im Komfortmodus kann das System mehr Wankbewegungen zulassen, um ein weicheres Fahrwerk zu erreichen, während es im Sportmodus steifer wird, um das Handling zu verbessern.

Längsdynamik

Das AWS wirkt sich zwar in erster Linie auf die Querstabilität aus, es kann aber auch die Längsdynamik subtil beeinflussen, indem es das Fahrzeug beim Beschleunigen und Bremsen besser ausbalanciert, insbesondere auf unebenen Oberflächen, wo eine Seite des Fahrzeugs stärker belastet sein kann als die andere.

Querdynamik

Die wichtigste Auswirkung des AWS ist die Querdynamik. Durch aktives Entgegenwirken der Wankbewegungen verbessert das System die Kurvenstabilität und die Bodenhaftung, was zu einem sichereren und präziseren Fahrverhalten führt.

Kombinierte Dynamik

Das AWS trägt zu einem kontrollierteren und stabileren Fahrverhalten bei dynamischen Fahrszenarien bei, die sowohl das Lenken als auch das Beschleunigen oder Bremsen beinhalten. Es trägt dazu bei, das Fahrzeug gerade und stabil zu halten, was besonders in schnellen, kurvenreichen Fahrsituationen von Vorteil ist.

Vertikaldyanmik

Das AWS ist zwar nicht primär auf die Vertikaldynamik ausgerichtet, es kann aber indirekt den Fahrkomfort verbessern, indem es übermäßige Karosseriebewegungen auf unebenen Straßen verhindert, die für den Fahrer unangenehm sein können.

3.8.5 Adaptive Luftfederung (LuFe)

Adaptive Luftfedersysteme ersetzen herkömmliche Stahlfedern durch Luftfedern. Das Funktionsprinzip der adaptiven Luftfederung basiert auf der Variation der Federsteifigkeit über schaltbare Zusatzluftvolumina (Warth 2022). Dieses System kann die Federsteifigkeit automatisch über den Luftdruck in den Kammern so einstellen, dass sowohl die optimale Fahrzeugdynamik als auch der Fahrzeugkomfort erhalten bleiben (siehe Abbildung 3.57).

Längsdynamik

Die Möglichkeit, die Fahrzeughöhe zu verstellen, kann sich auf die Aerodynamik des Fahrzeugs auswirken, insbesondere bei hohen Geschwindigkeiten, indem das Fahrzeug abgesenkt wird, um den Luftwiderstand zu verringern, was die Beschleunigung und die Kraftstoffeffizienz leicht verbessern kann. Darüber hinaus verbessert die Aufrechterhaltung einer ebenen Fahrzeugposition beim Beschleunigen und Bremsen die Stabilität und die Kontrolle.

Querdynamik

Die Anpassung der Steifigkeit der Luftfederung kann die Wankneigung der Karosserie bei Kurvenfahrten verringern und so das Handling und die Stabilität verbessern. Eine niedrigere Fahrzeughöhe senkt den Schwerpunkt, was das Kurvenverhalten bei höheren Geschwindigkeiten weiter verbessert.

Kombinierte Dynamik

Die LuFe zeichnet sich durch eine ausgewogene Reaktion bei dynamischen Fahrszenarien aus, die gleichzeitiges Beschleunigen, Bremsen und Kurvenfahren beinhalten. Die Fähigkeit des Systems, sich an wechselnde Bedingungen anzupassen, trägt zur Aufrechterhaltung optimaler Stabilität und des Handlings bei.

Vertikaldyanmik

Einer der Hauptvorteile der LuFe ist eine deutliche Verbesserung der Fahrqualität. Es kann Fahrbahnunebenheiten abfedern und die Auswirkungen von Unebenheiten reduzieren, was zu einem sanfteren und komfortableren Fahrverhalten führt. Das System kann auch auf verschiedene Fahrmodi wie Komfort oder Sport eingestellt werden, um das Ansprechverhalten der Federung an die Vorlieben des Fahrers anzupassen.

Darüber hinaus kann der Fahrer die Fahrzeughöhe häufig manuell einstellen, um die Bodenfreiheit im Gelände zu erhöhen oder das Fahrzeug zum leichteren Ein- und Aussteigen sowie Beladen abzusenken.

3.8.6 Semiaktive Dämpfer (SAD)

Semiaktive Dämpfer stellen ihre Dämpfungskraft in Echtzeit ein, um sich an die wechselnden Fahrbedingungen anzupassen. Im Gegensatz zu aktiven Dämpfern, die dem System Energie zuführen, können SAD nur den Widerstand gegen die Bewegung anpassen. Mithilfe von Sensoren überwachen sie Faktoren wie Fahrbahnoberfläche, Fahrzeuggeschwindigkeit und Fahrverhalten und ändern die Dämpfereinstellungen entsprechend, um das Gleichgewicht zwischen Fahrkomfort und Handling zu optimieren.

Längsdynamik

Obwohl es bei den SAD in erster Linie um Fahrkomfort und Handling geht, kann es auch die Längsdynamik beeinflussen, indem es die Fahrzeugstabilität und Traktion beim Beschleunigen und Bremsen verbessert. Durch die Anpassung der Dämpfung bei einer Vollbremsung (ABS) können diese Systeme beispielsweise die Nickbewegung des Fahrzeugs verringern und so für eine bessere Balance und Stabilität sorgen und den Bremsweg verkürzen.

Querdynamik

Die Querdynamik verbessert die Kurvenstabilität durch die Anpassung der Dämpfungskraft, um das Wanken der Karosserie zu verringern. Dies führt zu einem besseren Reifenkontakt mit der Straße, erhöht die Haftung und das Handling in Kurven.

Kombinierte Dynamik

Die kombinierte Dynamik ermöglicht ein kontrollierteres und stabileres Fahrverhalten bei Manövern, die sowohl Beschleunigung (oder Bremsen) als auch Lenkung beinhalten, indem die Dämpfung dynamisch angepasst wird, um die optimale Fahrzeugbalance zu erhalten.

Vertikaldynamik

Die Vertikaldynamik verbessert den Fahrkomfort, indem die Dämpfung auf unterschiedliche Straßenverhältnisse reagiert, um Unebenheiten zu absorbieren und Stöße zu reduzieren.

Durch die aktive Anpassung der Dämpfungskräfte spielt der SAD eine wichtige Rolle bei der Verbesserung des gesamten dynamischen Verhaltens des Fahrzeugs, und er trägt so zu einem sichereren und komfortableren Fahrerlebnis bei.

3.8.7 Aktive Dämpfer (AD)

Aktive Dämpfer, die Teil eines aktiven Aufhängungssystems sind, gehen über die Möglichkeiten des SAD hinaus, indem sie die Bewegung der Aufhängung aktiv steuern. Sie verwenden eine Reihe von Sensoren, um den Straßenzustand, die Fahrzeuggeschwindigkeit, den Lenkeingriff und andere Faktoren zu überwachen und die Dämpfungskraft in Echtzeit anzupassen. Zusätzlich zur Versteifung oder Dämpfung der Dämpfer können diese Systeme Aktuatoren oder elektrohydraulische Mechanismen verwenden, um die Fahrzeugecken anzuheben oder abzusenken.

Längsdynamik

Das AD wirkt sich positiv auf das Beschleunigen oder das Bremsen aus, indem es das Fahrzeug horizontiert. Dies erhöht die Stabilität und die Balance des Fahrzeugs, was indirekt eine bessere Kontrolle beim Beschleunigen und Bremsen ermöglicht.

Querdynamik

Die Querdynamik verbessert die Kurvenstabilität erheblich, indem es die Dämpfungsstufen so anpasst, dass Karosseriewanken, Schräglage und Neigung entgegengewirkt werden. Dadurch bleiben die Reifen im optimalen Kontakt mit der Fahrbahnoberfläche, was zu verbessertem Grip und Handling führt.

Kombinierte Dynamik

In dynamischen Fahrsituationen, die sowohl Beschleunigung als auch Lenkung erfordern, bietet das AD ein ausgewogenes und reaktionsschnelles Fahrerlebnis, das sich sowohl dem Fahrstil als auch den Straßenbedingungen anpasst.

Vertikaldynamik

Die Vertikaldynamik verbessert den Fahrkomfort erheblich, indem es Fahrbahnunebenheiten aktiv ausgleicht und die Auswirkungen von Unebenheiten und Schlaglöchern reduziert. Das System ist in der Lage, schnelle Anpassungen vorzunehmen, um ein ruhigeres Fahrverhalten auf unterschiedlichen Oberflächen zu gewährleisten.

ADs sind eine Weiterentwicklung der Federungstechnologie, und sie bieten ein optimales Gleichgewicht zwischen Fahrkomfort und Fahrverhalten. Sie spielen eine entscheidende Rolle in der modernen Fahrzeugdynamik, indem sie sich nicht nur an die Vorgaben des Fahrers, sondern auch an die Umgebung anpassen und so das Fahrerlebnis insgesamt verbessern. Bei einem AD ist eine aktive Wankstabilisierung nicht erforderlich, da die aktiven Dämpfer ebenfalls alle Vorteile bieten.

3.9 Fahrwerke und Radaufhängungen

Die Schnittstelle zwischen den Rädern und dem Fahrzeugaufbau stellt das Fahrwerk dar, das seinerseits aus der vorderen und der hinteren Radaufhängung besteht. In Fahrzeugen werden unterschiedlichste Radaufhängungstypen verbaut. Eine Aufgabe der Radaufhängung ist, das Rad relativ zum Fahrzeugaufbau zu führen, sodass der Kontakt zwischen Reifen und Fahrbahn in jeder Fahrsituation optimal hergestellt ist. Hierdurch und mit den zusätzlich verbauten Aufbaufedern und -dämpfern wird gewährleistet, dass die Quer-, Längs- und Vertikalkräfte so an den Fahrzeugaufbau weitergeleitet werden können, dass alle Anforderungen an Fahrkomfort und -sicherheit erfüllt werden können. Eine Übersicht über die Aufgaben, die das Fahrwerk zu leisten hat, ist in Abbildung 3.37 dargestellt.

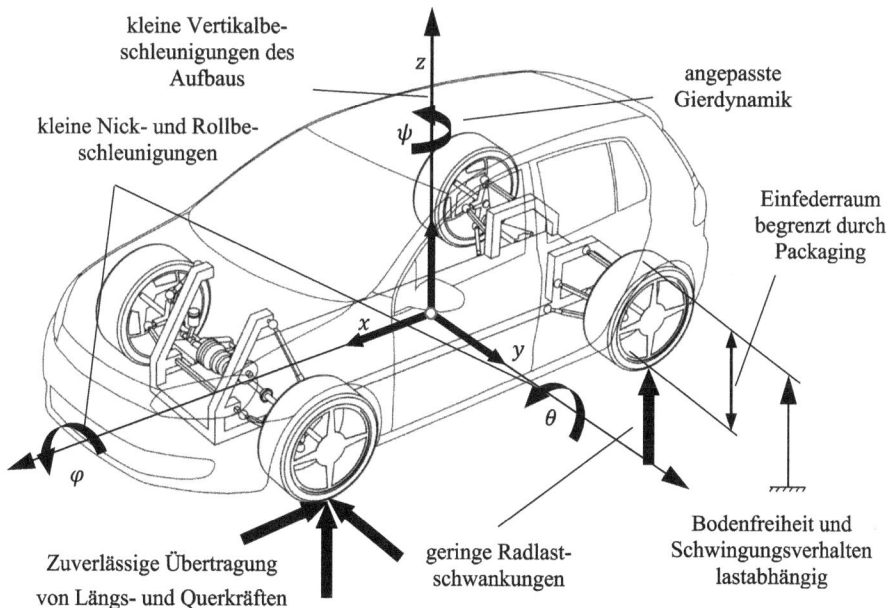

Abb. 3.37: Anforderungen an das Fahrwerk (Schramm, Hiller und Bardini 2018).

3.9.1 Überblick über Ausprägungen von Radaufhängungen

Ausgehend vom Einzelrad wird zunächst ein Radträger benötigt, der die Radnabe und die -lagerung sowie die Radbremse und (bei angetriebenen Achsen) eine Vorrichtung zur Aufnahme der Antriebswelle enthält. Für die Anbindung der Radträger an die Karosserie haben sich drei grundsätzliche Bautypen durchgesetzt:

Starrachsen

Bei Starrachsen werden die Radträger durch eine starre Achse miteinander verbunden, die im Wesentlichen eine translatorische Bewegung in Richtung der Hochachse sowie eine Drehbewegung um die Fahrzeuglängsachse ermöglicht.

Verbundlenkerachsen

Verbundlenkerachsen sind aus den Starrachsen abgeleitet. Sie gestatten darüber hinaus jedoch auch ein einseitiges Einfedern durch eine elastische Verformung der Achse.

Einzelradaufhängungen

Bei Einzelradaufhängungen werden die beiden Radträger einer Achse so geführt, dass sie sich unabhängig voneinander primär in vertikaler Richtung bewegen können. Bei sämtlichen Ausführungsarten kommt bei gelenkten Achsen noch ein Freiheitsgrad hinzu, der die Drehung der Radträger um die vertikale Achse gestattet. Eine Übersicht über verschiedene gebräuchliche Radaufhängungen zeigt Abbildung 3.38.

3.9.2 MacPherson-Federbeinradaufhängung

Einer der meistverbreiteten Radaufhängungstypen an der Vorderachse ist die MacPherson-Aufhängung in der Federbeinausführung, s. Abbildung 3.39. Diese Radaufhängung ist nach ihrem Erfinder Earle S. MacPherson benannt. Sie wurde seitdem über viele Jahrzehnte kontinuierlich weiterentwickelt und eingesetzt und ist heute eine Standardbauform für viele Kompakt- und Mittelklassefahrzeuge (Unterreiner 2013). Die MacPherson-Federbeinaufhängung ist eine Einzelradaufhängung, bei der das Federdämpferelement einen Teil der Radführungsaufgaben übernimmt (Heißing, Ersoy und Gies 2013b).

Die Vorteile dieser Bauform sind:
- geringe ungefederte Massen,
- eine große Abstützbasis,
- vergleichsweise niedrige Kräfte in den Gelenken und
- ein geringer Bauraumbedarf.

Fünflenker-
Radaufhängung

Doppelquerlenker-
Radaufhängung

Federbein-
Radaufhängung

Mehrlenker-
Radaufhängung

Trapezlenker-
Radaufhängung

Schwertlenker-
Radaufhängung

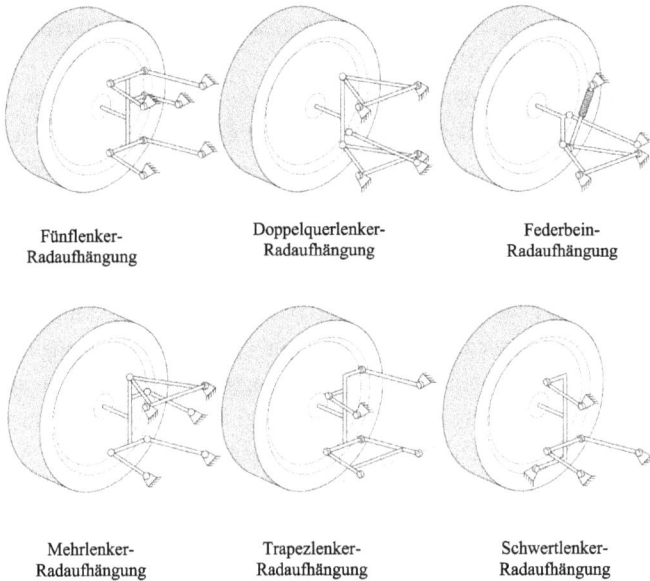

Abb. 3.38: Beispiele für gebräuchliche Radaufhängungen (schematische Darstellung) nach Bosch, Reif und Dietsche 2014.

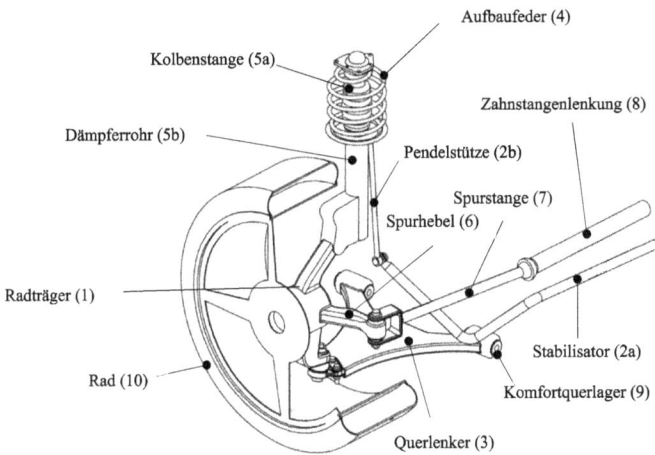

Aufbaufeder (4)

Kolbenstange (5a)

Zahnstangenlenkung (8)

Dämpferrohr (5b)

Pendelstütze (2b)

Spurstange (7)

Spurhebel (6)

Radträger (1)

Stabilisator (2a)

Rad (10)

Komfortquerlager (9)

Querlenker (3)

Abb. 3.39: MacPherson-Radaufhängung eines Kompaktklassenfahrzeugs (Schramm, Hiller und Bardini 2018).

Aufgrund der platzsparenden Bauweise und der kostengünstigen Konstruktion ist dieser Radaufhängungstyp bei Pkws und leichten Lkws sehr verbreitet (Heißing, Ersoy und Gies 2013b). Der Nachteil der MacPherson-Radaufhängung ist die unzureichende räumliche Radführung in dynamisch anspruchsvollen Fahrsituationen, wie sie z. B. im Rennsport entstehen. Das nachfolgend beschriebene Modell orientiert sich hauptsächlich an den Ausarbeitungen zur MacPherson-Aufhängung in Schnelle 1990, Unterreiner 2013 und Schramm, Hiller und Bardini 2018.

In Abbildung 3.39 ist eine gängige Federbeinachse dargestellt. Das Rad (10) ist drehbar auf dem Radträger (1) gelagert. Der Radträger ist fest mit der unteren Hälfte des Dämpfers, dem Dämpferrohr (5b), verbunden. Die Kolbenstange (5a), die obere Hälfte des Dämpfers, gleitet im radträgerfesten Rohr des Dämpfers (5b) und ist am oberen Ende am Fahrzeugaufbau gelagert. Kolbenstange (5a) und Dämpferrohr (5b) bilden zusammen den Dämpfer und realisieren, kinematisch gesehen, ein Schubgelenk. Die Bauteile (4), (5a) und (5b) werden auch als Federbein bezeichnet. Das Federbein übernimmt somit die Verbindung zwischen Radträger und Karosserie, und es dient als Führung des Radträgers (Schubführung). Das Federbein dient zur Federung des Fahrzeugs, der Begrenzung der Ein- und Ausfederwege (Zug und Druckanschlag) und zur Schwingungsdämpfung. An der Kolbenstange (5a) stützt sich die Feder (4) gegen den Aufbau ab. Am unteren Teller der Feder greift als ein weiteres Kraftelement der Stabilisator (2a) über die Pendelstütze (2b) an. Querlenker (3) und Radträger (1) sind über ein Kugelgelenk verbunden. Die Führung des Radträgers wird zusätzlich vom Querlenker (3) übernommen, der über zwei Querlenkerlager drehbar am Fahrzeugaufbau gelagert ist.

Die Lenkbewegung wird über die Spurstange (7), die an den beiden Enden Kugelgelenke besitzt, in den Spurhebel (6), der Teil des Radträgers (1) ist, eingeleitet. Durch eine Verschiebung der Zahnstangenlenkung (8) in Fahrzeugquerrichtung wird die Lenkbewegung über ein Kugelgelenk in die Spurstange eingeleitet. Die Lenkbewegung des Rades wird durch die Drehung des Radträgers um die Lenkachse, die durch die Verbindungslinie zwischen Kugelgelenk am Federbein und am Querlenker verläuft, realisiert. Eine Komforteigenschaft wird durch ein Nachgeben (Ausweichen) des Radträgers in Längsrichtung bewerkstelligt, welches zu einem komfortableren und sichereren Fahrverhalten führt. Die Längsnachgiebigkeit der Vorderachse wird durch das Komfortquerlager (9) erreicht, welches eine geringe Drehung des Querlenkers um eine vertikale Achse zulässt.

3.9.3 Mehrlenkerradaufhängung

Bei vielen Fahrzeugen ist die Hinterachse als Mehrlenkeraufhängung mit jeweils vier Lenkern aufgebaut, s. Abbildungen 3.40 und 3.41 bzw. Unterreiner 2013. Sie wird als Vierlenker- oder auch Schwertlenker-Radaufhängung bezeichnet (Heißing, Ersoy und Gies 2013b). Feder (6) und Dämpfer (7) sind getrennt angeordnet und dienen zur Vertikalabstützung und Schwingungsdämpfung. Der Radträger (1) ist über einen schwertähnlichen Lenker (2) in Längsrichtung drehbar mit dem Aufbau verbunden. Dieser biegeweiche Längslenker (2) ist fest mit dem Radträger verbunden, s. Abbildung 3.40. Durch seine elastischen Eigenschaften lässt er, bedingt durch die anderen quer angeordneten Lenker (3, 4 und 5), sowohl Änderungen der Spur als auch des Sturzes zu.

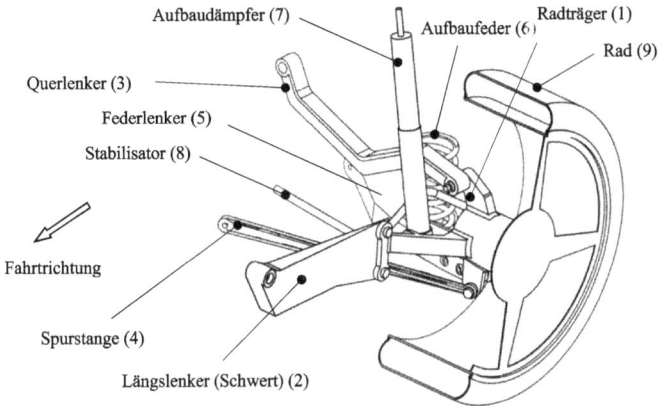

Abb. 3.40: Mehrlenkerradaufhängung eines Kompaktklassenfahrzeugs hinten (Unterreiner 2013).

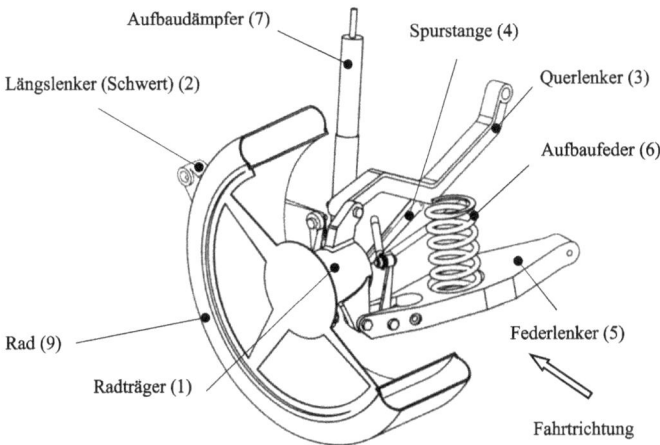

Abb. 3.41: Mehrlenkerradaufhängung eines Kompaktklassenfahrzeugs hinten (Unterreiner 2013).

Der Querlenker (3), die Spurstange (4) und der Federlenker (5) nehmen die Radquerkräfte auf. Die Trennung von Längs- und Querkraftabstützung sind besondere Merkmale der Mehrlenker-Radaufhängung. Ihre Konstruktion führt einerseits zu einer hohen Quersteifigkeit zugunsten optimaler Handling-Eigenschaften, andererseits ermöglicht sie eine Nachgiebigkeit in Fahrzeuglängsrichtung, was zur Verbesserung des Fahrkomforts führt (Heißing, Ersoy und Gies 2013b). Aus einem größeren Bauraumbedarf und mehr Einzelteilen resultieren jedoch höhere Kosten. Aus diesen Gründen kommt dieser Radaufhängungstyp meist nur bei höherwertigen Fahrzeugen der Mittel- und Oberklasse zum Einsatz. Im Laufe der Zeit erhielt diese Radaufhängung aufgrund ihrer guten kinematischen und kinetischen Eigenschaften auch Einzug in die Kompaktklasse (Heißing, Ersoy und Gies 2013b).

Die MKS-Konstruktion[17] der Aufhängung, dargestellt in Abbildung 3.42 am Beispiel des linken Hinterrads, besteht aus einem Radträger (1), zwei unten liegenden Querlenkern (Spurstange (4) und Federlenker (5)) und einem oben angeordnetem Querlenker (3). Das kinematische Ersatzmodell des biegeweichen Längslenkers besteht aus einem starren Längslenker (2), der über ein Drehgelenk R mit dem Radträger und über ein Kugelgelenk S mit dem Aufbau verbunden ist. Eine genauere Modellierung des biegeweichen Lenkers kann durch eine Ansatzfunktion erreicht werden, die mithilfe einer statischen Finite-Elemente-Analyse ermittelt wird. Bei der Beschränkung auf eine lineare Ansatzfunktion hat das Gelenk einen Freiheitsgrad, wie in Abbildung 3.42 dargestellt.

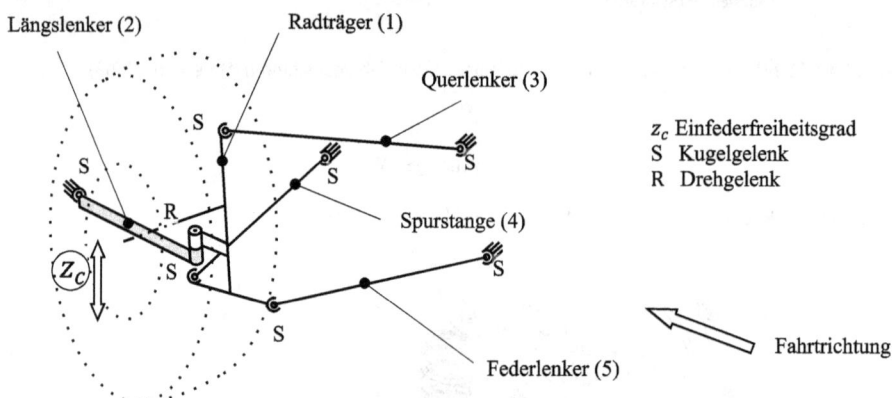

Abb. 3.42: Starrkörpermodell der Mehrlenkerradaufhängung hinten links (Unterreiner 2013).

3.9.4 Untersuchung der Bewegung der Radaufhängung

Die Position und die Orientierung des Rades gegenüber dem Fahrzeug und der Straße beeinflussen maßgeblich die Kraftübertragung und damit das Fahr- und Lenkverhalten des Fahrzeugs, s. auch Kapitel 4. Die Radmittelpunkttrajektorie sowie die Sturz- und Spurwinkeländerung bei Radeinfederung beschreiben die Position und die Orientierung des Rades. Diese werden nachfolgend beispielhaft für die MacPherson-Federbeinradaufhängung und die Mehrlenkerradaufhängung dargestellt. Die Anlenkpunkte sowie die Sturz- und Spurwinkeländerungen der Radaufhängung wurden aus der Vermessung eines typischen Mittelklassefahrzeugs mit einer MacPherson-Vorderachse und einer Mehrlenker-Hinterachse gewonnen. Mit diesen Messungen sollte die Simulationsgüte der Radaufhängungen bewertet werden. Die Simulationsergebnisse der Vorder- und Hinterachse werden nun nacheinander vorgestellt.

---

17 MKS: Mehrkörpersystem.

Vorderachse

Bei der räumlichen Radmittelpunkttrajektorie der MacPherson-Radaufhängung mit ihren Projektionen auf die drei Achsenebenen ($x_R - z_R$, $z_R - y_R$ und $x_R - y_R$ Ebene) durchläuft das Rad beim Ein- bzw. Ausfedern eine räumliche Bewegung mit gleichzeitiger Rotation. Die Radtrajektorie geht beim Einfedern leicht in Richtung der positiven x_R-Achse, s. Abbildungen 3.43 und 3.44. Die Spurweite an der Vorderachse verkleinert sich beim Ein- und Ausfedern leicht, s. Abbildung 3.44 mittleres Diagramm.

Beim Ein- bzw. Ausfedern des Rades wird die Lenkung in der Nulllage fixiert. Es ist zu sehen, dass die Simulation qualitativ die Messungen abbildet. Der mittlere Fehler des Sturzwinkels beträgt 0,025°, der des Spurwinkels 0,012°, s. Abbildung 3.45.

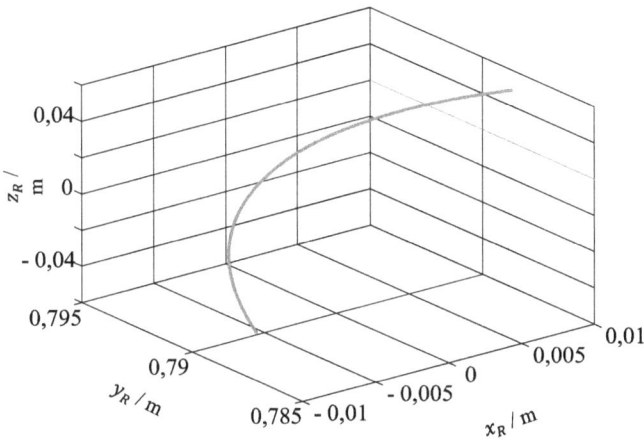

Abb. 3.43: Simulierte Radmittelpunkttrajektorie der linken MacPherson-Radaufhängung im Raum (Unterreiner 2013).

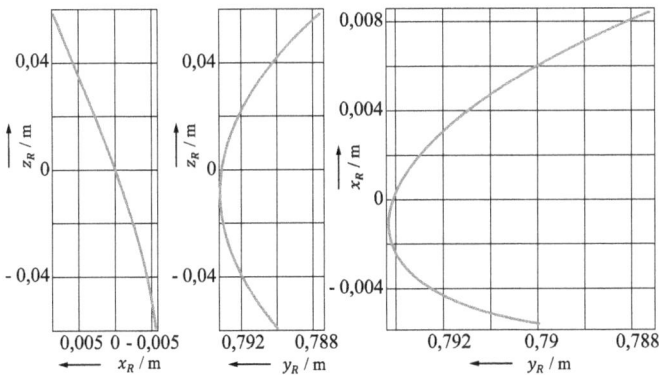

Abb. 3.44: Projektion der simulierten Radmittelpunkttrajektorie der linken MacPherson-Radaufhängung auf die Ebene (Unterreiner 2013).

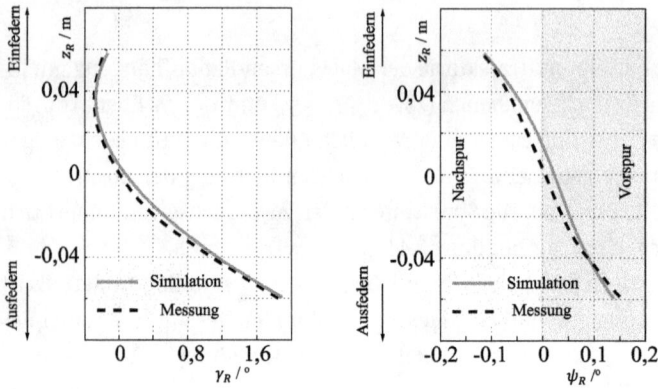

Abb. 3.45: Gemessener und simulierter Sturz- und Spurwinkelverlauf der linken MacPherson-Radaufhängung (Unterreiner 2013).

Beim Einfedern nimmt der Sturzwinkel ab und wird teilweise auch negativ, s. Abbildung 3.45 links. Dies bedeutet, dass das Rad sich zum Fahrzeug hinneigt. Diese Eigenschaft ist besonders bei einer Kurvenfahrt von Vorteil. Während einer Kurvenfahrt neigt sich der Fahrzeugaufbau in der Regel durch die Fliehkraft in der Regel nach außen.[18] Das kurvenäußere Rad wird dabei eingefedert und das kurveninnere Rad gleichzeitig ausgefedert. Die Vorderräder neigen sich – begünstigt durch die Radkinematik der MacPherson-Vorderachse – in Richtung der Kreisbahnmitte. Dies erzeugt eine bessere Druckverteilung im Reifenlatsch und dadurch ein höheres Seitenkraftaufbaupotential an den Rädern.

Beim Einfedern wird ebenfalls der Spurwinkel an der Vorderachse negativ, s. Abbildung 3.45 rechts. Federt das Rad ein, dreht es sich von der Fahrzeugmitte weg (Rad geht in Nachspur). Dieses Verhalten ist bei angetriebenen Vorderachsen gewünscht. Bei einer Kurvenfahrt wird durch diesen Effekt, unabhängig vom Fahrer, der Lenkwinkel an der Vorderachse leicht beeinflusst (untersteuernd). Insgesamt lässt sich das Fahrzeug ruhiger und stabiler („gutmütiger") in die Kurve lenken.

Hinterachse

Auch in den Abbildungen 3.46 und 3.47 durchläuft das Rad eine räumliche Bewegung mit gleichzeitiger Rotation. Auch hier weist die Radtrajektorie beim Einfedern eine positive x_R-Komponente auf, die für die Mehrlenkerradaufhängung jedoch größer ist als für die MacPherson-Radaufhängung. Bei der Hinterachse verkleinert sich leicht die Spurweite beim Einfedern, s. Abbildung 3.47, mittleres Diagramm.

Die Simulation bildet qualitativ die Messungen ab, s. Abbildung 3.48. Der mittlere Fehler des Sturzwinkels beträgt 0,1° und der des Spurwinkels 0,035°.

---

18 Da der Wankpol in aller Regel unter dem Schwerpunkt liegt.

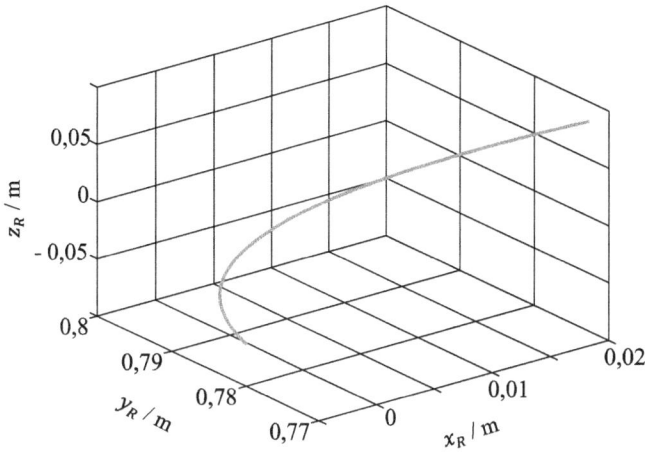

Abb. 3.46: Simulierte Radmittelpunkttrajektorie der linken Mehrlenkerradaufhängung im Raum (Unterreiner 2013).

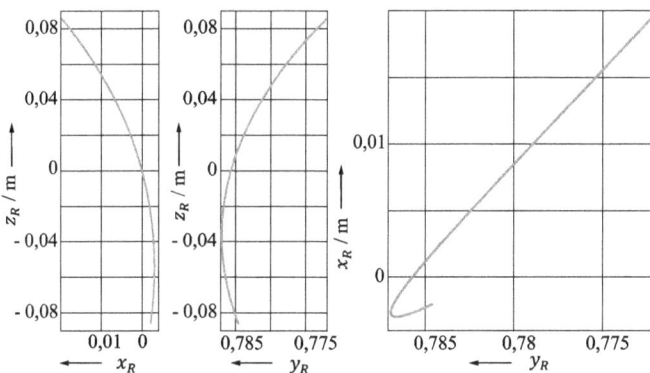

Abb. 3.47: Projektion der simulierten Radmittelpunkttrajektorie der linken Mehrlenkerradaufhängung auf die Ebene (Unterreiner 2013).

Beim Einfedern des Rades nimmt der Sturzwinkel im Vergleich zur Vorderachse mehr zu, s. Abbildung 3.48 links, weshalb das höher belastete kurvenäußere Rad die erforderliche Seitenkraft bei kleineren Schräglaufwinkeln realisieren kann und zusätzlich die Hinterachse stabilisiert (untersteuernde Wirkung).

Der Spurwinkel an der Hinterachse verhält sich gegenläufig zur Vorderachse. Beim Einfedern des Hinterrades wird der Spurwinkel positiv (Vorspur), s. Abbildung 3.48 rechts, weshalb sich das Hinterrad beim Einfedern leicht zum Fahrzeug hindreht. Bei einer Kurvenfahrt wird durch diesen Effekt unabhängig vom Fahrer ein zusätzlicher Lenkwinkel an der Hinterachse erzeugt (untersteuernd), der das Fahrzeug an der Hinterachse stabilisiert.

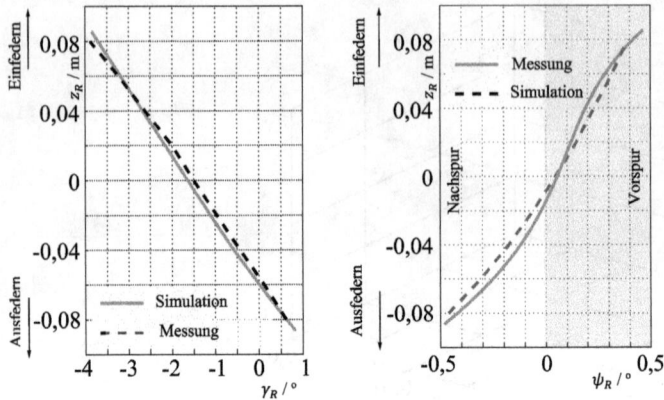

Abb. 3.48: Gemessener und simulierter Sturz- und Spurwinkelverlauf der linken Mehrlenkerradaufhängung (Unterreiner 2013).

Die Abweichungen zwischen Simulation und Messung an den beiden Achsen sind einerseits durch Messungenauigkeiten und andererseits durch die Vernachlässigung der Elastokinematik bei der Modellierung begründet. Schramm, Hiller und Bardini 2018 berücksichtigen die Elastokinematik durch kinematische Ersatzmechanismen.

3.10 Vertikaldynamik

Vertikalbewegungen eines Kraftfahrzeugs können einerseits fahrbahninduziert[19] und andererseits fahrerinduziert[20] angeregt werden (Lenthaparambil 2015).

Zu den fahrerinduzierten Vertikalanregungen gehören Anregungen durch Nick- und Wankvorgänge, s. Abschnitt 3.5.5, des Fahrzeugs durch Lenken, Antreiben und Bremsen sowie innere Anregungen durch den Antriebsstrang (Motorlauf) und die Reifen (z. B. Unwuchten).

Fahrbahninduzierte Vertikalbewegungen entstehen im Wesentlichen durch Fahrbahnunebenheiten. Diese erzeugen dynamische Kräfte in vertikaler Richtung, die das Schwingungsverhalten des Fahrzeugs im allgemeinen Fall in alle Richtungen beeinflussen. Die Vertikalkräfte auf den Aufbau entstehen im Wesentlichen durch Feder- und Dämpferkräfte, die den Fahrzeugaufbau relativ zum Fahrwerk abstützen und die Bewegungen des Aufbaus beeinflussen.

---

19 Anregungen, die durch die Form und dien Unebenheit der Fahrbahn verursacht werden.

20 Anregungen, die durch die Eingriffe des Fahrers verursacht werden (lenken, bremsen, beschleunigen).

3.10.1 Vertikaldynamische Anforderungen an das Fahrwerk

Die Anforderungen an das Fahrwerk bei der Vertikaldynamik sind vielfältig und teilweise auch widersprüchlich, s. Abbildung 3.37. So sollen die Aufbaubeschleunigungen sowie die Nick- und Wankbewegungen möglichst gering gehalten werden, um einen hohen Fahrkomfort für die Passagiere sicherzustellen. Andererseits sind zur Sicherstellung eines stabilen und leicht zu beherrschenden Fahrverhaltens die Radlastschwankungen möglichst zu begrenzen und gleichzeitig eine gleichmäßige Radlastverteilung sicherzustellen. Erschwert wird eine Auslegung, die allen diesen Anforderungen gerecht wird, auch noch dadurch, dass der Bauraum für die Radaufhängungen begrenzt ist und sowohl bei den Fahrbahnverhältnissen als auch bei der Beladung von Kraftfahrzeugen und damit ihrer Masse starke Schwankungen nicht zu vermeiden sind.

Zentrale Baugruppe des Fahrwerks ist die Radaufhängung, s. Abbildung 3.49. Diese besteht aus dem Radlager, einer Kombination von elastischen und dämpfenden Kraftelementen sowie einer Kombination von Lenkern und weiterer rotatorischer und translatorischer Führungselemente.

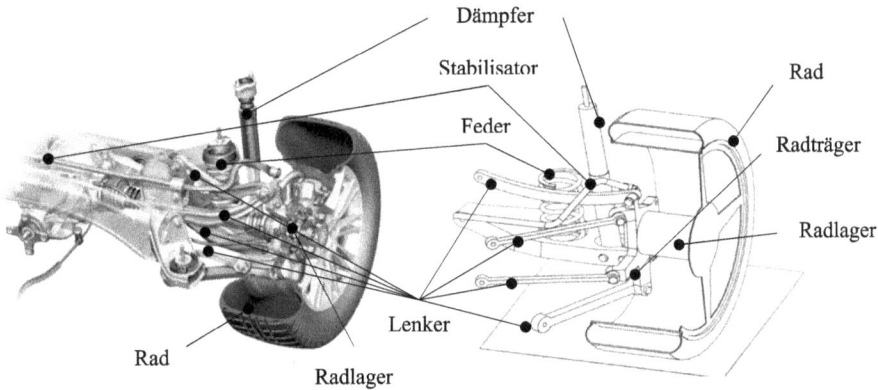

Abb. 3.49: Fünflenker-Hinterachse eines Mercedes-Benz E-Klasse Fahrzeugs © Daimler AG und das zugehörige MKS-Ersatzmodell (Schramm, Hiller und Bardini 2018).

3.10.2 Fahrbahnanregung

Fahrbahnunebenheiten stellen den größten Anteil der Anregungen im Bereich 0–30 Hz auf das Kraftfahrzeug. Sie regen sowohl Hub- als auch Nick- und Wankbewegungen des Fahrzeugaufbaus an. Aufgrund ihrer Unregelmäßigkeit lassen sie sich normalerweise nur mit stochastischen Hilfsmitteln beschreiben. Dies bedeutet, dass sich in der Regel keine Zeitverläufe angeben lassen, sondern man ist auf die Angabe von Werten im Frequenzbereich angewiesen, die Aussagen über Amplitude und Abstände von Unebenheiten im statistischen Mittel gestatten. Zur Erfassung grundlegender Zusammenhänge zwischen dem zeitlichen und dem örtlichen Verlauf von Fahrbahnunebenheiten soll zunächst jedoch der Fall eines harmonischen Unebenheitsverlaufs betrachtet werden, s. Abbildung 3.50. In diesem Fall lässt sich der Verlauf der Unebenheiten wie folgt beschreiben:

$$u(x) = \hat{u} \sin \Omega x, \tag{3.86}$$

mit der Wegkreisfrequenz

$$\Omega = \frac{2\pi}{L}. \tag{3.87}$$

Mit der Transformation $x = vt$ ergibt sich dann die zeitabhängige Unebenheitsfunktion

$$u(t) = \hat{u} \sin \Omega vt = \hat{u} \sin \omega t. \tag{3.88}$$

Mit der Zeitkreisfrequenz $\omega = \Omega vt = 2\pi \frac{v}{L}$ und der Zeitfrequenz $f = \frac{\Omega}{2\pi}$, s. Abbildung 3.51.

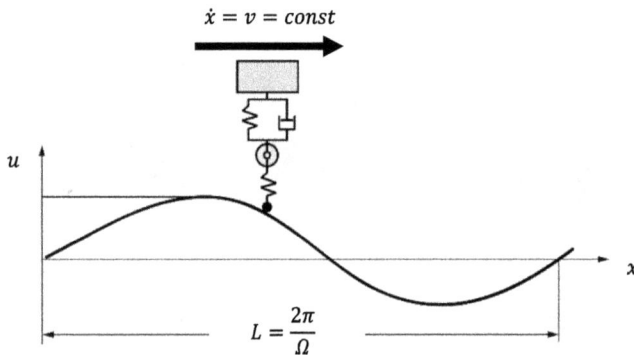

Abb. 3.50: Wegabhängige Unebenheitsfunktion bei sinusförmigen Fahrbahnunebenheiten.

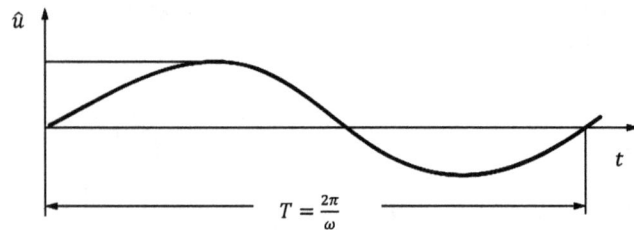

Abb. 3.51: Zeitabhängige Unebenheitsfunktion bei sinusförmigen Fahrbahnunebenheiten.

Bei einer allgemeinen periodischen Unebenheitsfunktion mit der Periodenlänge L muss das Signal mit einer Fourier Analyse in ihre Frequenzanteile zerlegt werden. Dabei ergibt sich die Fourier-Reihe

$$u(x) = \sum_{k=1}^{\infty} \hat{u}_k e^{ik\Omega x} \quad \text{oder} \quad u(t) = \sum_{k=1}^{\infty} \hat{u}_k e^{ik\omega t} \tag{3.89}$$

mit den Fourier-Koeffizienten

$$\hat{u}_k = \frac{\Omega}{2\pi} \int_{-\frac{L}{2}}^{\frac{L}{2}} u(x) e^{-ik\Omega x} dx \tag{3.90}$$

Zur Beschreibung regelloser (stochastischer) Fahrbahnoberflächen muss für die Periodenlänge L der Grenzübergang $L \to \infty$ durchgeführt werden. Damit ergeben sich die Fourier-Integrale

$$u(x) = \frac{1}{2\pi} \int_{-\infty}^{\infty} \hat{u}(\Omega) e^{i\Omega x} d\Omega \quad \text{bzw.} \quad u(t) = \frac{1}{2\pi} \int_{-\infty}^{\infty} \hat{u}(\omega) e^{i\omega t} d\omega \tag{3.91}$$

mit den kontinuierlichen Amplitudenspektren

$$\hat{u}(\Omega) = \int_{-\infty}^{\infty} u(x) e^{-i\Omega x} dx \quad \text{bzw.} \quad \hat{u}(\omega) = \int_{-\infty}^{\infty} u(t) e^{-i\omega t} dt = \frac{1}{v} \hat{u}(\Omega). \tag{3.92}$$

Der quadratische Mittelwert lautet dann:

$$\overline{u}^2(x) = \frac{1}{L} \int_{0}^{L} u^2(x) dx = \int_{0}^{\infty} \underbrace{\lim_{L\to\infty} \frac{|\hat{u}(\Omega)|^2}{L}}_{\Phi_u(\Omega)} d\Omega \tag{3.93}$$

$$\overline{u}^2(t) = \frac{1}{T} \int_{0}^{T} u^2(t) dt = \int_{0}^{\infty} \underbrace{\lim_{T\to\infty} \frac{|\hat{u}(\omega)|^2}{T}}_{\Phi_u(\omega)} d\omega \tag{3.94}$$

Schließlich ergeben sich noch die Leistungsdichtespektren $\Phi_u(\Omega)$ und $\Phi_u(\omega)$ zu:

$$\Phi_u(\omega) = \frac{1}{v} \Phi_u(\Omega) \tag{3.95}$$

$$\Phi_u(\omega) = \Phi_u(\Omega_0) \left(\frac{\Omega}{\Omega_0} \right)^{-w} \tag{3.96}$$

In Abbildung 3.52 bedeutet $\Phi_u(\Omega_0)$ die spektrale Leistungsdichte bei einer Bezugskreisfrequenz von Ω_0. Diese Größe wird auch als Unebenheitsgrad oder allgemeiner Unebenheitsindex (AUN) der Fahrbahn bezeichnet. Eine Zunahme von $\Phi_u(\Omega_0)$ entspricht einer größeren Unebenheit der Fahrbahn. Der AUN-Wert bewegt sich im Bereich $\Omega_0 = 18\,\text{cm}^3$ (sehr schlecht) und $\Omega_0 = 0,3\,\text{cm}^3$ (sehr gut). Der Zielwert für bundesdeutsche Fernstraßen liegt bei $1\,\text{cm}^3$ (Heißing, Ersoy und Gies 2013b).

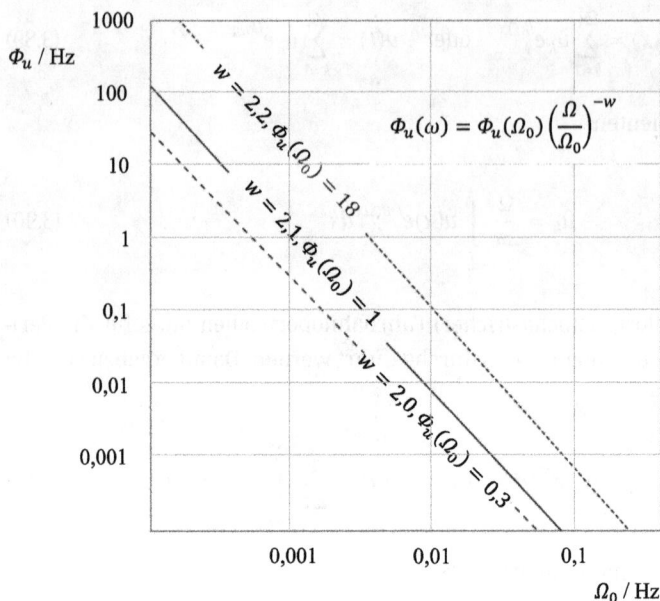

Abb. 3.52: Beispiele für ideale Verläufe Spektraler Leistungsdichten von Fahrbahnunebenheiten.

Die Bezugskreisfrequenz Ω_0 wird zu $\Omega_0 = 1\,\text{rad/m}$ festgelegt, was einer Bezugswellenlänge von $\lambda_0 = \frac{2\pi}{\Omega_0} \approx 6{,}28\,\text{m}$ entspricht. Der Exponent w entspricht in Abbildung 3.52 der Steigung der Geraden und wird auch als Welligkeit der Fahrbahn bezeichnet. Eine Vergrößerung von w entspricht einem höheren Anteil an langen Wellen im Unebenheitsspektrum. Die Welligkeit schwankt zwischen den Werten 1,7 und 3,3. Als Normwert wird $w = 2$ gewählt.

3.10.3 Reifenvertikaldynamik

Die Vertikaldynamik des Reifens ergibt sich aus der in Kapitel 2 beschriebenen nichtlinearen Kraftkennlinie, die jedoch um die Gleichgewichtslage linearisiert werden kann. Die Dämpfung des Reifens kann gegenüber der Dämpfung der Aufbaudämpfer vernachlässigt werden.

3.10.4 Aufbaufedern

Schraubenfedern
Durch die Unebenheit der Fahrbahn müssen die Räder eines Fahrzeugs Auf- und Abwärtsbewegungen durchführen, die geeignet abgefedert und gedämpft werden müssen.

Federn, ebenso wie die in Abschnitt 3.10.5 behandelten Dämpfer beeinflussen maßgeblich den Fahrkomfort, die Fahrsicherheit sowie mittelbar über die Radlasten auch das Kurvenverhalten eines Kraftfahrzeugs.

Aufbaufedern sind passive Teile der Radaufhängungen, die zwischen den Radaufhängungen und dem Aufbau eingebaut werden. Sie reagieren auf elastische Verformungen durch entsprechende eingeprägte Rückstellkräfte. Sie wandeln dabei kinetische in potentielle Energie um, die beim anschließenden Entspannen der Feder über den Dämpfer, hauptsächlich beim Ausfedern, wieder abgebaut wird. Aufbaufedern können in Form von Schrauben-, Blatt- oder Torsionsstabfedern realisiert werden. Möglich sind auch passive und aktive pneumatische oder hydraulische Federsysteme (Bosch, Reif und Dietsche 2014).

Tab. 3.10: Wichtige Kenngrößen einer Schraubenfeder.

Formelzeichen	Beschreibung
i_F	Windungszahl
d, D, L	Draht-, Windungsdurchmesser, Drahtlänge
G, I_p	Schubmodul des Federmaterials, polares Trägheitsmoment des Drahts
γ	Torsion des Schraubendrahts
s	Auslenkung der Feder
c_F	Resultierende Federkonstante
τ_{max}	Maximale Schubspannung

Die Federwirkung bei den meisteingesetzten Schraubenfedern wird fast ausschließlich durch die Torsion der Federwindung erzeugt. Die Biegung ist vernachlässigbar. Meist werden Schraubenfedern aus Stahl in der Ausführung als Druckfedern eingesetzt. Schraubenfedern lassen sich in erster Näherung als schraubenartig mit i_F Windungen aufgewickelter Torsionsstab der Länge L mit dem Drahtdurchmesser d, dem mittleren Windungsdurchmesser D und dem Schubmodul G auffassen, siehe Tabelle 3.10. Bei einer Auslenkung der Feder um s ergibt sich dann die Torsion γ des Torsionsstabs zu

$$\gamma = 2\frac{s}{D}. \tag{3.97}$$

und damit das Drehmoment

$$M_t = \frac{G\,I_p}{L}\gamma. \tag{3.98}$$

Mit dem polaren Flächenträgheitsmoment $I_p = \frac{1}{32}\pi d^4$, der Länge $L = D\pi i_F$ und der Federkraft $F_F = 2M_t/D$ ergibt sich schließlich

$$F_F = \frac{2M_t}{D} = \frac{2}{D}\frac{G\,I_p}{L}2\frac{s}{D} = \frac{4G\,I_p}{D^2\,L}s = \frac{Gd^4}{8D^3 i_F}s. \tag{3.99}$$

Hieraus folgt die Federkonstante

$$c_F = \frac{Gd^4}{8D^3 i_F}.$$ (3.100)

und eine Näherung für die maximale Schubspannung zu

$$\tau_{max} \approx \frac{M_t}{I_p} \frac{d}{2} = \frac{d}{2} \frac{\frac{D}{2} F_F}{I_p} = \frac{8D}{\pi d^3} F_F.$$ (3.101)

Bei Anwendungen in Kraftfahrzeugen ist zu beachten, dass sich die Masse eines Fahrzeugs von Fahrt zu Fahrt ändern kann, was zu unterschiedlichen Aufbaueigenfrequenzen in vertikaler Richtung führen kann. Betrachtet man z. B. die in Abbildung 3.53 dargestellte Situation, so ergibt sich für die Vertikaleigenfrequenz für das leere Fahrzeug

$$\omega_{leer} = \sqrt{\frac{c_F}{m_{leer}}}$$ (3.102)

und für das beladene Fahrzeug

$$\omega_{bel} = \sqrt{\frac{c_F}{m_{bel}}}.$$ (3.103)

D. h. es gilt

$$\frac{\omega_{bel}}{\omega_{leer}} = \sqrt{\frac{m_{leer}}{m_{bel}}} \quad \text{und} \quad \omega_{bel} < \omega_{leer}.$$ (3.104)

Da dies nicht erwünscht ist, werden Federn so gestaltet, dass sich die Federkonstante c entsprechend anpasst. Dies kann durch verschiedene konstruktive Maßnahmen erreicht werden, s. Abbildung 3.54.

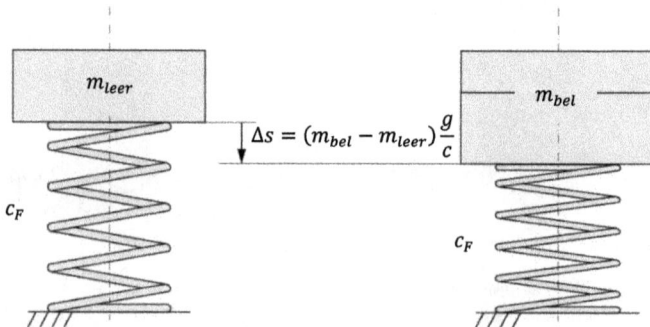

Abb. 3.53: Unterschiedliche Beladungssituationen eines Kraftfahrzeugs.

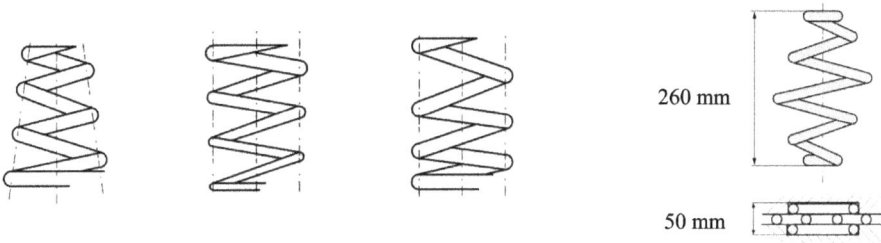

260 mm

50 mm

Abb. 3.54: Aufbaufeder – unterschiedliche Ausführungen.

Für den Fall, dass der Federweg überschritten wird, sind entsprechende Anschläge vorgesehen. Dies sind meist Anschlagelemente aus Elastomermaterial. Insgesamt ergibt sich dann die in Abbildung 3.55 dargestellte Charakteristik.

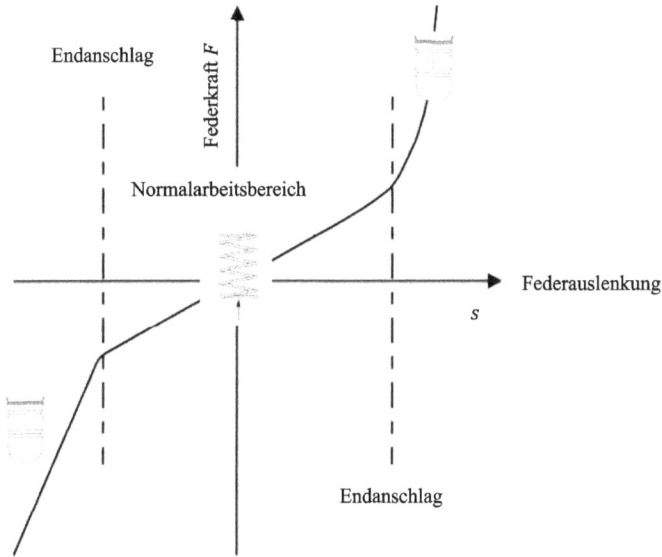

Endanschlag

Federkraft F

Normalarbeitsbereich

Federauslenkung

s

Endanschlag

Abb. 3.55: Vertikale Federcharakteristik eines Fahrwerks.

Luftfedern

Außer den beschriebenen passiven Schraubenfedern werden vorwiegend bei Oberklassenfahrzeugen zunehmend auch (adaptive) Luftfedern eingesetzt, s. Abbildung 3.56 und Tabelle 3.11. Die Vorteile gegenüber den passiven Aufbaufedern sind u. a.:

– Der Höhenstand des Fahrzeugs kann durch die Zu- und Abführung der Luft verstellt werden.
– Die vertikale Eigenfrequenz des Aufbaus kann nahezu unabhängig von dem Beladungszustand eingestellt werden.

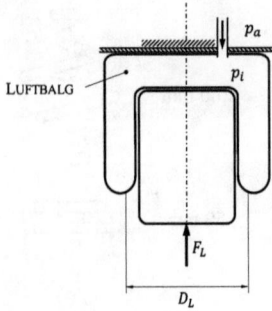

Abb. 3.56: Prinzipdarstellung einer Luftfeder.

Tab. 3.11: Wichtige Kenngrößen einer Luftfeder, s. Abbildung 3.56.

Formelzeichen	Beschreibung
p_a, p_i	Umgebungsdruck und Innendruck
D_T	Durchmesser der Tragfeder
$A_T = \frac{\pi}{4} D_T$	Tragfläche der Luftfeder
V	Luftvolumen
s	Auslenkung der Feder
c_L	Resultierende Federkonstante
F_L	Federkraft

– Durch das Zu- und Abschalten von Luftfederkammern kann die Federrate der Luftfeder adaptiv eingestellt werden.

Die Luftfeder erzeugt die Federwirkung über die Volumenänderung und damit der Druckänderung der eingeschlossenen Luft. Durch das Zu- und Abschalten von Zusatzvolumen (auch Kammern genannt) wird das Volumen der Luftfeder geändert, was zur Folge hat, dass sich die Federwirkung entsprechend ändert. Dies eröffnet die Möglichkeit, die Spreizung zwischen Fahrkomfort und Performance zu entschärfen. In Abbildung 3.57 ist eine Drei-Kammer-Luftfeder des Porsche Panamera 2. Generation dargestellt. Der Dämpfer ist bei der Vorderachse mit in die Luftfeder integriert und die zwei Ventile ermöglichen das dynamische Zu- und Abschalten von Luftkammern.

Die Federkonstante c_L der Luftfeder ergibt sich aus der Ableitung der Tragkraft

$$F_L = (p_i - p_a)A_T = \Delta p A_T. \tag{3.105}$$

nach dem Federweg s unter Berücksichtigung des totalen Differentials zu

$$c_L = \frac{dF_L}{ds} = \frac{d(\Delta p A_T)}{ds} = \Delta p \frac{dA_T}{ds} - A_T \frac{dp_i}{dV} \frac{dV}{ds} = \Delta p \frac{dA_T}{ds} - A_T^2 \frac{dp_i}{dV}. \tag{3.106}$$

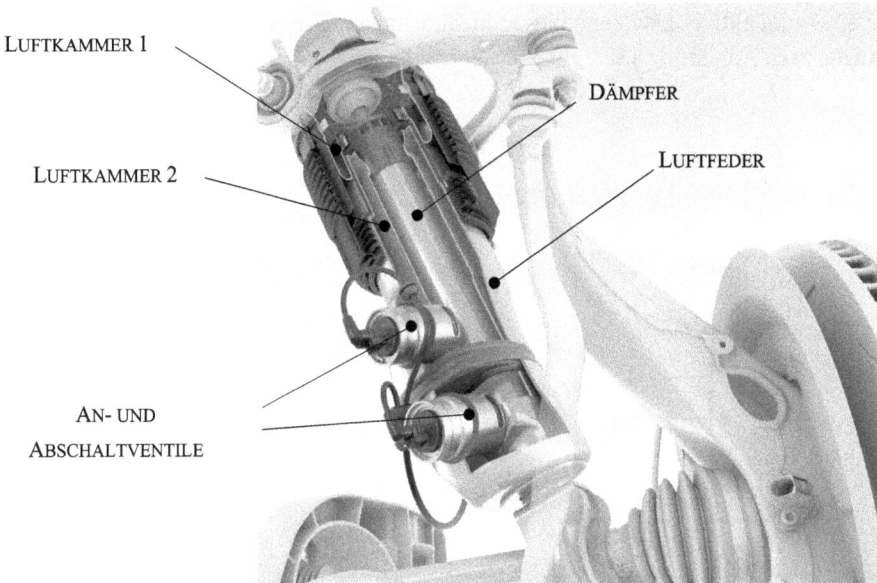

LUFTKAMMER 1

DÄMPFER

LUFTKAMMER 2

LUFTFEDER

AN- UND
ABSCHALTVENTILE

Abb. 3.57: Luftfeder eines Porsche Panamera © Dr. h. c. Porsche AG.

Abhängig von der Geschwindigkeit des Einfedervorgangs und somit der thermodynamischen Zustandsänderung der Luft wird zwischen statischen (isothermen, $\kappa = 1$) und dynamischen (adiabatischen, $\kappa = 1{,}4$) Federvorgängen unterschieden. Nach Pelz und Buttenbender 2004 kann in diesem Fall eine adiabatische Zustandsänderung angenommen werden, d. h. $\kappa = 1{,}4$.

$$\Delta p V^{\kappa} = \text{const} \Rightarrow \frac{dp_i}{dV} V^{\kappa} + \Delta p \kappa V^{\kappa-1} = 0 \Rightarrow \frac{dp_i}{dV} = -\kappa \frac{\Delta p}{V}. \tag{3.107}$$

Die Federkonstante ergibt sich somit nach Gln. (3.106) und (3.107) zu

$$c_L = \Delta p \frac{dA_T}{ds} + A_T^2 \kappa \frac{\Delta p}{V}. \tag{3.108}$$

3.10.5 Aufbaudämpfer

Während die Aufbaufedern Stöße von der Fahrbahn aufnehmen, ist der Aufbaudämpfer (auch Stoßdämpfer genannt) ein Schwingungsdämpfer, dessen Funktion in der Dämpfung der Vertikalschwingungen der gefederten Massen liegt. Er ist bei Fahrwerken von Kraftfahrzeugen eine unverzichtbare und sicherheitsrelevante Komponente, die auch dafür sorgen muss, dass die Normalkraftschwankungen der Räder, und damit die Radlastschwankungen, reduziert werden. Die Aufbaudämpfer wandeln kinetische Energie der beteiligten Massen in Wärmeenergie um. Aufbaudämpfer gibt es in einer Vielzahl passiver und aktiver bzw. semiaktiver Ausführungen. Zwei verbreitete passive Ausführungen zeigt Abbildung 3.58.

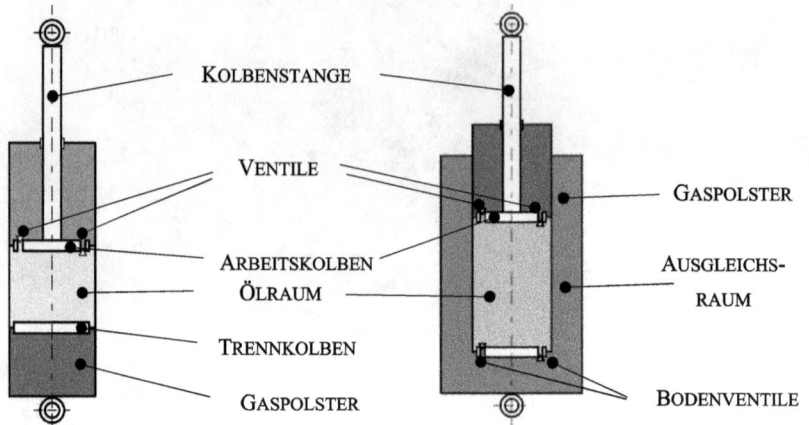

KOLBENSTANGE

VENTILE

GASPOLSTER

ARBEITSKOLBEN
ÖLRAUM

AUSGLEICHS-
RAUM

TRENNKOLBEN

GASPOLSTER

BODENVENTILE

EINROHR-GASDRUCKDÄMPFER   ZWEIROHR-GASDRUCKDÄMPFER

Abb. 3.58: Ausführungen von Gasdruckdämpfern.

Beim Zweirohr-Gasdruckdämpfer ist die Kolbenstange am Aufbau und der Zylinder an der Radaufhängung befestigt. Der Zylinder enthält einen mit Öl gefüllten Arbeitsraum und einen ringförmigen Ausgleichsraum, der das aus dem Arbeitsraum verdrängte Öl aufnimmt sowie ein Gaspolster aus Stickstoff mit einer Druckvorspannung von 3 bis 8 bar. Die Dämpfungswirkung entsteht durch Ventile im Kolben und in der Bodenplatte, die den Ölstrom abhängig von der Bewegungsrichtung unterschiedlich drosseln. Die stärkere Dämpfung findet in der Zugstufe statt, bei der das Öl durch die Öffnungen der Ventile gepresst wird, siehe Abbildung 3.59. Beim Einfahren (Druckstufe) des Dämpfers findet der umgekehrte Vorgang statt, allerdings ist die Drosselwirkung durch die anders ausgelegten Ventile geringer. Daraus folgt, dass die beim Einfedern notwendige Kraftwirkung überwiegend durch die Federn erbracht wird und die mechanische Energie bei der Ausfederbewegung durch den Dämpfer abgebaut und in Wärme umgewandelt wird.

Beim Einrohr-Gasdruckdämpfer entfällt das äußere Rohr und damit der Ausgleichsraum. Der Ausgleich erfolgt stattdessen durch ein Gaspolster aus Stickstoff, das unter einem Druck von 20 bis 30 bar steht und das bei der Auf- und Abwärtsbewegung durch das vom Arbeitskolben verdrängte Öl komprimiert wird. Damit wird die Gefahr vermieden, dass Kavitation[21] auftritt.

---

21 Kavitation (lat. cavitare „aushöhlen") ist die Bildung und Auflösung dampfgefüllter Hohlräume (Dampfblasen) in Flüssigkeiten, wenn der Druck unter den Verdampfungsdruck der Flüssigkeit fällt.

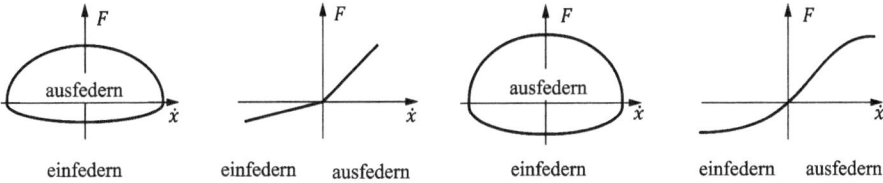

Abb. 3.59: Beispiel für Dämpferkennlinien.

3.10.6 Stabilisatoren

Stabilisatoren werden bei Achsen mit Einzelradaufhängung einerseits zu einer Erhöhung des Fahrkomforts durch eine Verringerung der Wankneigung des Fahrzeugs bei Kurvenfahrt eingesetzt. Genauso wichtig ist die Verbesserung des Fahrverhaltens durch eine positive Beeinflussung des Eigenlenkverhaltens des Fahrwerks, d. h. insbesondere die Neigung des Fahrzeugs zum Unter- oder Übersteuern (Lenthaparambil 2015, Schramm, Hiller und Bardini 2018).

Passive Stabilisatoren

Die Funktion eines Stabilisators beruht auf einer Erhöhung der Wanksteifigkeit des Fahrzeugs durch eine Kopplung der Kraftwirkungen zwischen den beiden Rädern einer Achse, s. Abschnitt 3.5.5 und Abbildung 3.5. Die Kopplung wird dabei durch die Konstruktion des Stabilisators so gestaltet, dass die Kräfte nur bei unterschiedlichen Federwegen gekoppelt werden. Dadurch lassen sich die Normalkraftunterschiede an der Vorder- und an der Hinterachse so beeinflussen, dass ein günstiges Eigenlenkverhalten des Fahrzeugs erreicht wird.

Stabilisatoren sind in der Regel als U-förmig gebogene Drehstabfeder ausgeführt, die in Gummihülsen drehbar am Fahrzeugaufbau gelagert sind, s. Abbildung 3.60. Die Enden des Stabilisators sind beiderseits mit Anlenkpunkten an der Radaufhängung der

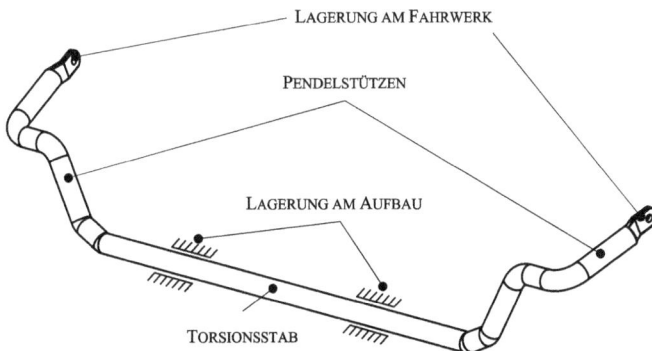

Abb. 3.60: Passiver Stabilisator nach (Schramm, Hiller und Bardini 2018).

betreffenden Achse verbunden. Nur bei unterschiedlicher Einfederung der beiden Räder erfahren die Hebel unterschiedlich große Auslenkungen, die in einer Verdrehung des Torsionsstabes und damit im Aufbau eines entsprechenden Torsionsmoments resultieren. Die Lagerung des Stabilisators an der Radaufhängung erfolgt entweder über Gummibuchsen oder über Pendelstützen.

Aktive Stabilisatoren

Zur Realisierung einer Stabilisierung oder weitgehenden Unterdrückung der Wankbewegung und zur aktiven und situationsangepassten Beeinflussung der Fahrdynamik werden auch aktive Stabilisatoren eingesetzt (Öttgen 2005). Zu diesem Zweck werden passive Stabilisatoren zweigeteilt und die freien Enden dann über einen elektrischen oder hydraulischen Aktuator wieder miteinander verkoppelt, s. Abbildung 3.61. Dieser Aktuator gestattet dann die Einprägung eines von der Torsion des Stabilisators abhängigen Drehmoments, das sich über die Pendelstütze am Radträger abstützt. Hierdurch wird mittels der Reaktionskräfte ein Drehmoment um die Fahrzeuglängsachse in den Fahrzeugaufbau eingeleitet. Damit ist eine Wankstabilisierung realisierbar und das Eigenlenkverhalten eines Fahrzeugs durch eine Aufteilung der eingeprägten Momente auf die Vorder- und Hinterachse gezielt beeinflussbar. In der Regel werden hierfür zwei aktive Stabilisatoren eingesetzt. Es gibt jedoch auch Untersuchungen zur Realisierung einer entsprechenden, ggf. etwas eingeschränkten Funktion durch nur einen aktiven Stabilisator (Lenthaparambil 2015).

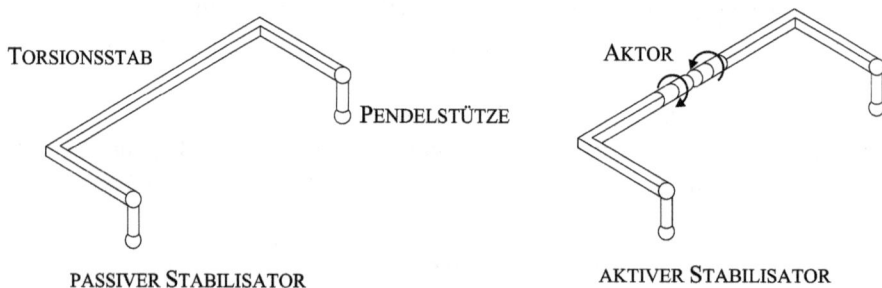

Abb. 3.61: Aktive und passive Stabilisator-Funktionsprinzipien nach (Öttgen 2005).

3.10.7 Beschreibung der Vertikaldynamik

Die Analyse des Schwingungsverhaltens von Kraftfahrzeugen erfordert geeignete Ersatzmodelle, deren Detailtiefe von den angestrebten Erkenntnissen abhängt. Allen nachfolgend beschriebenen Modellen ist gemeinsam, dass sie auf Mehrkörpersystemmodellierungen (Schramm, Hiller und Bardini 2018), beruhen, d. h. als Modellelemente dienen starre massebehaftete Körper und masselose Kraftelemente, die entsprechenden Kraftgesetzen gehorchen.

Viertelfahrzeugmodell

Eines der einfachsten Ersatzmodelle, das jedoch bereits erste wichtige Erkenntnisse liefern kann, ist das sogenannte Viertelfahrzeugmodell, s. Abbildung 3.62. Der anteilige Fahrzeugaufbau wird dabei als Starrkörper der Masse m_A und das Rad als Starrkörper der Masse m_R abgebildet. Die Elastizität des Rades wird durch die Federkonstante c_R und die Aufbaufeder durch die Federkonstante c_A modelliert. Der Aufbaudämpfer wird als viskose Dämpfung mit der Viskositätskonstante d_A repräsentiert. Die Dämpfung des Reifens kann in der Regel gegenüber dem Aufbaudämpfer vernachlässigt werden.

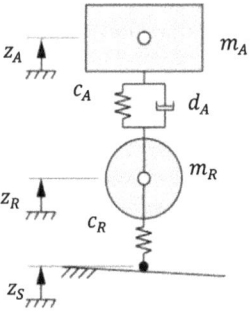

Abb. 3.62: Viertelfahrzeugmodell.

Der Verlauf der Fahrbahnoberfläche wird durch eine entsprechende Funktion $\hat{z}_S(x) = z_S(t)$ beschrieben.

Aus den Impulssätzen für die Massen m_A und m_R ergeben sich mit den verallgemeinerten Koordinaten z_A und z_R die Bewegungsgleichungen:

$$m_A\ddot{z}_A + d_A(\dot{z}_A - \dot{z}_R) + c_A(z_A - z_R) = 0 \tag{3.109}$$

$$m_R\ddot{z}_R - d_A(\dot{z}_A - \dot{z}_R) - c_A(z_A - z_R) + c_R z_R = c_R z_S \tag{3.110}$$

In Matrixform erhält man:

$$\underbrace{\begin{bmatrix} m_A & 0 \\ 0 & m_R \end{bmatrix}}_{M} \underbrace{\begin{bmatrix} \ddot{z}_A \\ \ddot{z}_R \end{bmatrix}}_{\ddot{z}} + \underbrace{\begin{bmatrix} d_A & -d_A \\ -d_A & d_A \end{bmatrix}}_{D} \underbrace{\begin{bmatrix} \dot{z}_A \\ \dot{z}_R \end{bmatrix}}_{\dot{z}} + \underbrace{\begin{bmatrix} c_A & -c_A \\ -c_A & c_A + c_R \end{bmatrix}}_{C} \underbrace{\begin{bmatrix} z_A \\ z_R \end{bmatrix}}_{z} = \underbrace{\begin{bmatrix} 0 \\ c_R \end{bmatrix}u}_{h}$$

$$\tag{3.111}$$

Daraus ergeben sich die Gleichungen des Viertelfahrzeugmodells zu:

$$
\begin{bmatrix} \dot{z}_A \\ \dot{z}_R \\ \ddot{z}_A \\ \ddot{z}_R \end{bmatrix} = \begin{bmatrix} 0 & 0 & 1 & 0 \\ 0 & 0 & 0 & 1 \\ -\frac{c_A}{m_A} & \frac{c_A}{m_A} & -\frac{d_A}{m_A} & \frac{d_A}{m_A} \\ \frac{c_A}{m_R} & -\frac{c_A+c_R}{m_R} & \frac{d_A}{m_R} & -\frac{d_A}{m_R} \end{bmatrix} \begin{bmatrix} z_A \\ z_R \\ \dot{z}_A \\ \dot{z}_R \end{bmatrix} + \begin{bmatrix} 0 \\ 0 \\ 0 \\ \frac{c_R}{m_R} \end{bmatrix} u
$$

$$
\dot{\boldsymbol{x}} \quad = \qquad\qquad\qquad \boldsymbol{A} \qquad\qquad\qquad\quad \boldsymbol{x} \quad + \quad \boldsymbol{B} \quad u
$$

$$
\begin{bmatrix} \ddot{z}_A \\ F_z \end{bmatrix} = \begin{bmatrix} -\frac{c_A}{m_A} & \frac{c_A}{m_A} & -\frac{d_A}{m_A} & -\frac{d_A}{m_A} \\ 0 & c_R & 0 & 0 \end{bmatrix} \begin{bmatrix} z_A \\ z_R \\ \dot{z}_A \\ \dot{z}_R \end{bmatrix} + \begin{bmatrix} 0 \\ -c_R \end{bmatrix} u \qquad (3.112)
$$

$$
\boldsymbol{y} \quad = \qquad\qquad \boldsymbol{C} \qquad\qquad\qquad \boldsymbol{x} \quad + \quad \boldsymbol{D} \quad u
$$

Hier wurden für den Messvektor $\boldsymbol{y}$ mit der Aufbaubeschleunigung $\ddot{z}_A$ und der Radlast F_z typisch interessierende Größen ausgewählt.

Auskunft über die Eigenfrequenzen geben die Eigenwerte der Systemmatrix $\boldsymbol{A}$ in Glg. (3.112). Diese berechnen sich aus der charakteristischen Gleichung des Eigenwertproblems

$$
\det(\boldsymbol{C} - \boldsymbol{M}\omega^2) = 0 \qquad (3.113)
$$

also

$$
\begin{vmatrix} c_A - m_a\omega^2 & -c_A \\ -c_A & c_A + c_R - m_r\omega^2 \end{vmatrix} = \left(\underbrace{\frac{c_A}{m_A}}_{\omega_A^2} - \omega^2 \right)\left(\underbrace{\frac{c_A+c_R}{m_R}}_{\omega_R^2} - \omega^2 \right) - \frac{c_A}{m_A}\underbrace{\left(\frac{c_A+c_R}{m_R} - \frac{c_R}{m_R} \right)}_{\omega_{AR}^2} = 0 \qquad (3.114)
$$

oder umgeformt

$$
\Rightarrow (\omega_A^2 - \omega^2)(\omega_R^2 - \omega^2) - \omega_{AR}^2\omega^2 = 0 \qquad (3.115)
$$

Für $c_A \ll c_R$ und $m_R \ll m_A$ ist $\omega_{AR}^2 \approx 0$. In diesem Fall gilt näherungsweise:

$$
\omega_1 \approx \omega_A = \sqrt{\frac{c_A}{m_A}} \quad \text{und} \quad \omega_2 \approx \omega_R = \sqrt{\frac{c_A + c_R}{m_R}} \qquad (3.116)
$$

Um eine höhere Aussagegüte des Viertelfahrzeugmodells zu erhalten, kann man die anteilige Aufbaumasse durch Aufteilung der Aufbaumasse auf drei Punktmassen $m_{A,v}$ (Vorderachse), $m_{A,h}$ (Hinterachse) und m_K (Koppelmasse) ermitteln. Aus den Bedingungen für den Erhalt der Aufbaumasse $m_{A,\text{ges}}$, des Massenmittelpunktes S_A und des Massenträgheitsmomentes $\theta_y = m_A\,i_y^2$ (Trägheitsradius i_y) ergeben sich die Bestimmungsgleichungen:

$$
m_{A,v} + m_{A,h} + m_K = m_{A,\text{ges}}, \qquad (3.117)
$$

$$
m_{A,v}l_v - m_{A,h}l_h = 0, \qquad (3.118)
$$

$$
m_{A,v}l_v^2 + m_{A,h}l_h^2 = m_A i_y^2, \qquad (3.119)
$$

und daraus die Ersatzmassen:

$$m_{A,v} = m_{A,\text{ges}} \frac{i_y^2}{l_v l}, \quad m_{A,h} = m_{A,\text{ges}} \frac{i_y^2}{l_h l} \quad \text{und} \tag{3.120}$$

$$m_k = m_{A,\text{ges}} \left(1 - \frac{i_y^2}{l_h l_v} \right). \tag{3.121}$$

Für den Fall $m_k = 0$ sind die Bewegungen von Vorder- und Hinterachse entkoppelt.

Für die radbezogene, anteilige Aufbaumasse m_A des Viertelfahrzeugmodells wird dann $m_A = \frac{1}{2} m_{A,v}$ an der Vorderachse bzw. $m_A = \frac{1}{2} m_{A,h}$ an der Hinterachse eingesetzt.

Des Weiteren ist es für ein aussagekräftiges Viertelfahrzeugmodell erforderlich, die kinematische Übersetzung der Radaufhängungskräfte, wie sie in Abbildung 3.64 dargestellt ist, zu berücksichtigen. Die kinematische Übersetzung λ ergibt sich aus der Einfederung z_s am Reifenaufstandspunkt und der Längenänderung z_r der Aufbaufederung zu:

$$\lambda(z_s) = \frac{dz_r}{dz_s} = \frac{\dot{z}_r}{\dot{z}_s}. \tag{3.122}$$

Den Zusammenhang zwischen den Kräften F_s und F_r erhält man am einfachsten durch das Gleichsetzen der jeweils verrichteten virtuellen Arbeit:

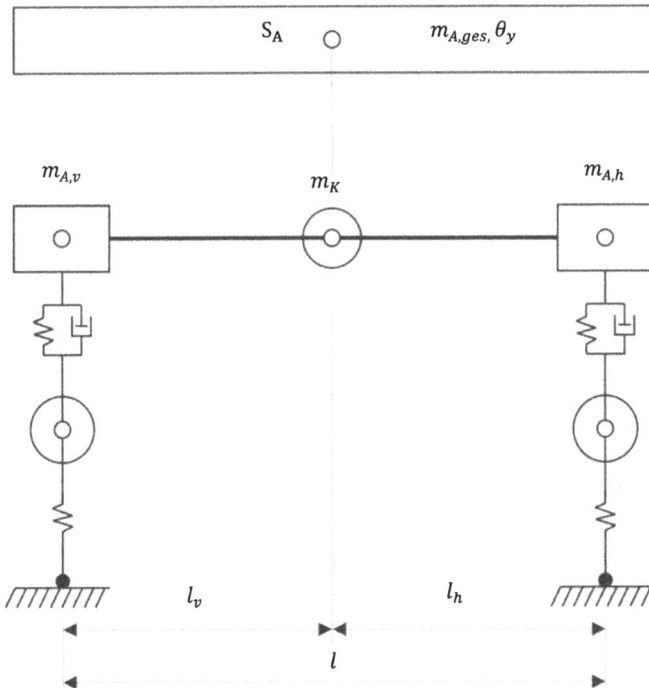

Abb. 3.63: Zweiachsfahrzeugmodell.

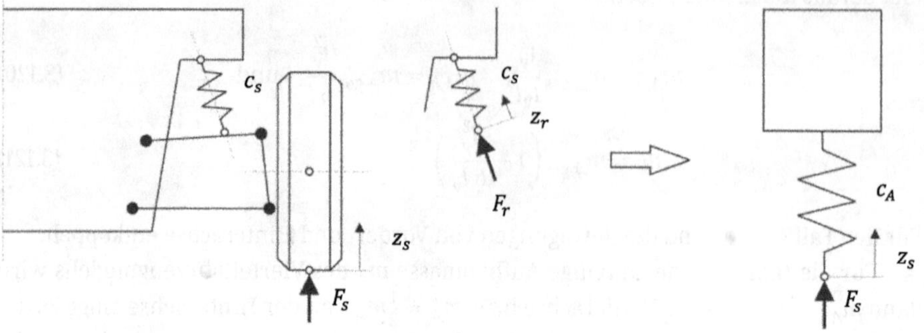

Abb. 3.64: Kinematische Übersetzung der Radaufhängungskräfte am Beispiel der Aufbaufeder.

$$F_s \delta z_s = F_r \delta z_r = F_r \frac{dz_r}{dz_s} \delta z_s \rightarrow F_s = \frac{dz_r}{dz_s} F_r = \lambda F_r. \tag{3.123}$$

Damit erhält man nach einer kurzen Rechnung die äquivalente Federkonstante c_A zu:

$$c_A = \frac{dF_s}{dz_s} = \frac{d(\lambda F_r)}{dz_s} = \frac{d\lambda}{dz_s} F_r + \lambda \frac{dF_r}{dz_s} = \frac{d\lambda}{dz_s} F_r + \lambda \underbrace{\frac{dF_r}{dz_r}}_{c_s} \underbrace{\frac{dz_r}{dz_s}}_{\lambda} \tag{3.124}$$

$$c_A = \frac{d\lambda}{dz_s} F_r + \lambda^2 c_s. \tag{3.125}$$

3.10.8 Objektivierung des Schwingungskomforts

Bei der Objektivierung des Schwingungskomforts wird versucht, das subjektive Empfinden der Fahrzeuginsassen in Bezug auf die wahrgenommenen Schwingungen einem oder mehreren objektiven Kennwerten zuzuordnen, die aus physikalisch messbaren Größen berechnet werden. Die große Schwierigkeit besteht darin, die unterschiedlichen Komfortempfindungen von Schwingungen, die von psychophysischen und psychologischen Faktoren abhängig sind, in einem Wert auszudrücken. Schwingungskomfort und Fahrzeugakustik können als Teil des Fahrkomforts gesehen werden, der durch Bequemlichkeit, Ästhetik, Ambiente und vielen anderen Faktoren beeinflusst wird. Dabei beruhen Fahrzeugvibrationen und Akustik auf den gleichen physikalischen Phänomenen. Diese fallen in unterschiedliche Frequenzbereiche und werden daher von den Fahrzeuginsassen unterschiedlich wahrgenommen.

Die verschiedenen Schwingungsphänomene in einem Fahrzeug können grundsätzlich entlang der sechs Freiheitsgrade (translatorisch und rotatorisch) des Fahrzeugaufbaus auftreten, s. Abschnitt 3.1. Der Ursprung der Schwingungen kann in internen und externen Fahrzeuganregungen liegen. Interne Erregungen werden durch Antriebsstrang- und Radanregungen (hauptsächlich durch Unwuchten) verursacht, die maßgeblich durch Masse, Steifigkeit und Dämpfung beeinflusst werden. Auch die Karosserie, die alle Teile des Fahrzeugs miteinander verbindet, hat durch ihre Steifigkeit einen großen Einfluss auf das Schwingungsverhalten. Externe Erregungen werden hauptsächlich durch die Straßenverhältnisse und die Aerodynamik des Fahrzeugs verursacht. Abbildung 3.65 gibt einen Überblick über wichtige Schwingungserscheinungen und die zugehörigen Frequenzbereiche. Es ist zu beachten, dass die Phänomene in einer oder mehreren Dimensionen wirken können und daher unterschiedlich gemessen werden müssen.

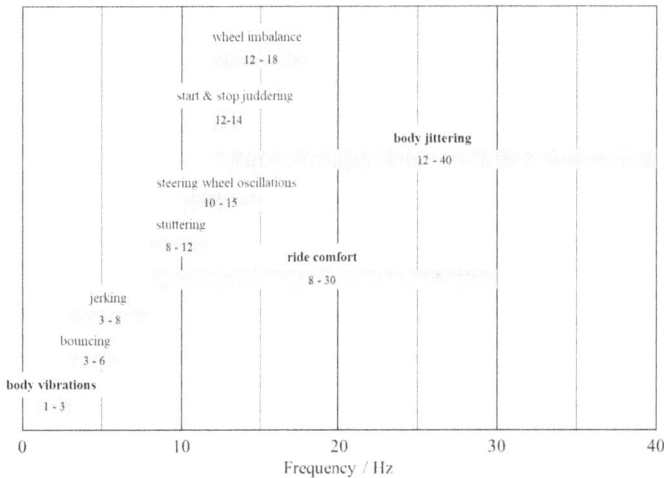

Abb. 3.65: Wichtige Schwingungsphänomene und ihre Frequenzbereiche.

Schwingungen im Bereich der Eigenfrequenzen von Organen werden als besonders unangenehm empfunden. So liegt beispielsweise die Eigenfrequenz des Magens bei etwa 4 bis 5 Hz (Dupuis und Christ 1966), die bei einem Fahrzeug sowohl durch den Aufbau als auch durch die Eigenfrequenzen der Räder verursacht werden können. Körperbewegungen (Heben, Nicken und Wanken) können einen erheblichen Einfluss auf den empfundenen Schwingungskomfort haben. Rollende Bewegungen können von den Fahrzeuginsassen als besonders unangenehm empfunden werden (Enders, Burkhard et al. 2019).

Die durch Fahrbahnanregungen verursachten Karosseriebewegungen können mithilfe von Ersatzmodellen mit unterschiedlichen Vereinfachungsgraden analysiert werden. So lassen sich erste Erkenntnisse für reine Wankbewegungen aus einem vereinfachten Viertelfahrzeugmodell ableiten, s. Abbildung 3.62. Die vereinfachte Annahme ist, dass alle vier Räder als entkoppelt voneinander betrachtet werden. Für die Analyse einer Nick- und Wankbewegung, d. h. Drehungen um die Quer- und Längsachse des Fahrzeugs, reicht ein Viertelfahrzeug nicht mehr aus. In diesem Fall ist eine Analyse mit einem zweiachsigen Fahrzeugmodell erforderlich, s. Abbildung 3.63.

Für die Erstellung von mathematischen Modellen zur Objektivierung des Schwingungskomforts müssen subjektive Bewertungen und objektive Messungen zusammengeführt werden. Die menschliche Schwingungswahrnehmung wird durch empirische Untersuchungen im Labor oder durch Feldversuche ermittelt. Typischerweise ist die Wahrnehmung von Vibrationen weniger als ein Aspekt der Freude (=Komfort), sondern eher als ein Aspekt des Leidens (=Unbehagen) des Probanden wahrzunehmen. Für die Wahrnehmung des Komfortempfindens werden verschiedene Befragungsmethoden und Bewertungen eingesetzt. Bekannte Methoden sind die multikriterielle Bewertung mit Radar-Charts nach Heißing und Brandl 2002, die ATZ-Ratingskala nach Aigner 1982, die CP50-Skala nach Shen und Parsons 1997 oder die Likert-Skala.[22] Je nach gewählter Methode können die Umfragen mit statistischen Methoden als intervall- oder ordinalskalierte Daten ausgewertet werden.

Parallel dazu werden während der Testfahrt Beschleunigungsmessungen am Fahrzeug und an den Probanden durchgeführt. Nach einer entsprechenden Signalanalyse werden die objektiven Messdaten durch eine Regressionsanalyse mit den subjektiven Befragungen verknüpft. Zur Ermittlung objektiver Merkmale für die Beschreibung des Fahrkomforts wurden zahlreiche Methoden und Anpassungen entwickelt. Bekannte Methoden sind das Verfahren nach ISO 2631 (1997), (VDI 2002), Rericha 1986, Klingner 1996, Cucuz 1993, Jörißen 2012, Festner, Eicher et al. 2017, Burkhard, Vos et al. 2018 und Hennecke 1995.

Die Norm ISO 2631, die erstmals 1974 beschrieben und seitdem mehrfach überarbeitet wurde, wird zunehmend in der Industrie eingesetzt. Sie wird in der Regel zur Festlegung von Zielwerten in Spezifikationsblättern und zur Bewertung von Schwingungen in der Entwicklung verwendet. Teil 1 der Norm legt Verfahren zur Messung von periodischen, zufälligen und transienten Ganzkörperschwingungen fest. Der betrachtete Frequenzbereich reicht von 0,5 Hz bis 80 Hz für Gesundheit, Komfort und Wahrnehmung sowie von 0,1 Hz bis 0,5 Hz für Kinetose (Reisekrankheit). Abbildung 3.66 beschreibt das Verfahren zur Berechnung eines Effektivwertes für die anschließende Kategorisierung der gemessenen Beschleunigungen.

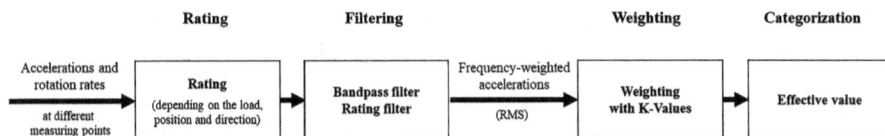

Abb. 3.66: Sequence of the effective value calculation according to the ISO 2631 standard.

---

22 Die Likert-Skala ist ein in Umfragen und Fragebögen weit verbreitetes Bewertungssystem, das häufig zur Beurteilung von Meinungen, Vorlieben oder Verhaltensweisen verwendet wird. Bei der Bewertung von Komfortmaßnahmen in der Fahrzeugdynamik wird die Likert-Skala typischerweise verwendet, um das subjektive Komfortempfinden in einem Fahrzeug zu bewerten.

In der Norm werden die gemessenen Beschleunigungen und Drehraten durch frequenzabhängige Bewertungsfunktionen in Abhängigkeit von den jeweiligen Einleitungspunkten und -richtungen differenziert. Die Bewertung erfolgt durch Multiplikation der Beschleunigungssignale mit einer Bewertungsfunktion W im jeweiligen Frequenzbereich. Die frequenzbewerteten Beschleunigungen werden dann über den Effektivwert der einzelnen Messpunkte berechnet. Für die Berechnung der bewerteten Schwingungsintensitäten sind in der Norm verschiedene Verfahren definiert, wobei als Standardverfahren ein gewichtetes Effektivwertverfahren verwendet wird. Der sich daraus ergebende Effektivwert kann dann in verschiedene Unbehaglichkeitsstufen eingeteilt werden.

3.10.9 Schwingungsfrequenzen von Rad, Sitz und Aufbau

Eine Übersicht über übliche Vertikalschwingungsfrequenzen der Räder, des Aufbaus und der Sitze gibt Abbildung 3.67. Es ist bekannt, dass Menschen auf Anregungen in einem Frequenzbereich von 4 bis 8 Hz besonders empfindlich reagieren. Dies liegt u. a.

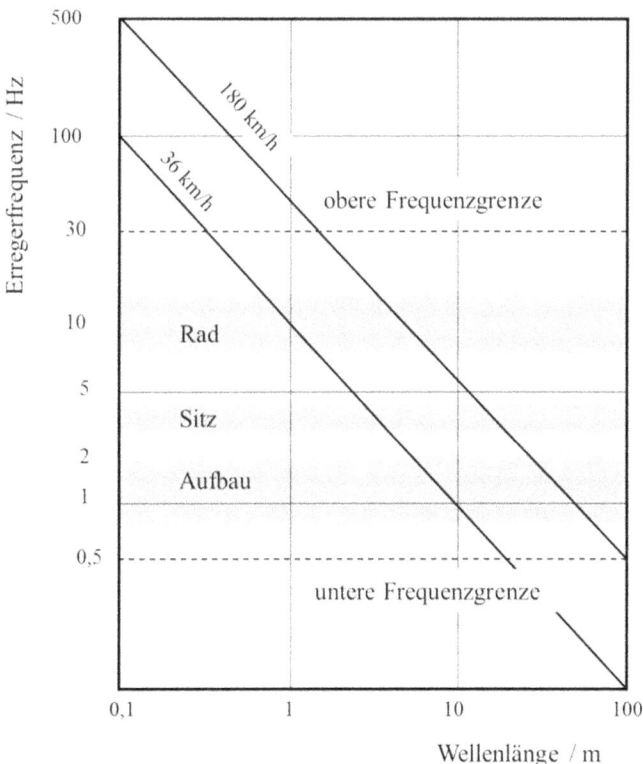

Abb. 3.67: Übersicht über Frequenzbereiche der Vertikalbewegung.

daran, dass die Eigenfrequenz des Magens genau in diesen Bereich fällt. Die Aufbau- und Sitzeigenfrequenzen müssen daher so eingestellt werden, dass dieser Bereich vermieden wird.

4 Kraftfahrzeuglenkung

Die Lenkung erlaubt es dem Fahrer, das Fahrzeug auf einer gewünschten von ihm nahezu frei wählbaren Spur zu führen. Die Querführung eines Kraftfahrzeugs wird bei heutigen Modellen nahezu komplett durch Lenkeingriffe gewährleistet (Pfeffer und Harrer 2011). Werden Regeleingriffe, etwa durch das ESP,[1] außer Acht gelassen und Durchschnittsfahrer zugrunde gelegt, so erfolgt die gezielte Querführung eines Kfz ausschließlich durch das Lenksystem. Damit ist die Lenkung eines der wichtigsten Teilsysteme jedes Kraftfahrzeugs.

Unabhängig von der Bauform der Lenkung wird die Bewegung eines Bedienelements (üblicherweise einem Lenkrad) in eine Drehung einer oder mehrerer gelenkter Achsen umgesetzt. Dies führt zu einer Winkeländerung zwischen der Fahrzeuglängsachse und den gelenkten Rädern. Hierdurch kommt es an diesen Rädern zu Querkräften, die wiederum das Fahrzeug auf einer gekrümmten Bahn halten.

Die Querführung eines Fahrzeugs durch den Fahrer kann als geschlossener Regelkreis betrachtet werden. Hierbei beeinflusst der Fahrer das System Fahrzeug gezielt durch das Stellglied Lenkrad. Die Veränderung des Fahrzeugzustands wird wiederum durch den Fahrer sowohl visuell als auch haptisch wahrgenommen, s. Abbildung 4.1. Neben der Möglichkeit, das Fahrzeug gezielt querdynamisch zu beeinflussen, stellt die Lenkung damit eine wichtige Informationsquelle für den Fahrer dar. Das Lenkgefühl ist essentiell für ein sicheres und präzises Steuern eines Kfz. Der Fahrer kann über das Handmoment Rückschlüsse über den momentanen Rad-Straße-Kontakt ziehen. Zudem prägt das Lenkgefühl das Komfortempfinden entscheidend.

Entwicklungen wie die elektrische Servolenkung (EPS, Electric Power Steering) haben in der jüngeren Vergangenheit dazu geführt, dass die Lenkung auch für verschiedene Sicherheits- und Assistenzfunktionen eingesetzt werden kann.

Das vorliegende Kapitel gibt einen Überblick über die grundlegenden Aufgaben einer Fahrzeuglenkung. Hierfür werden die relevanten Größen des Fahrwerks kurz erläutert, bevor einige Grundbauarten von Lenksystemen dargestellt werden. Weiterhin enthält das Kapitel Erläuterungen zur Unterstützungskraftlenkung (Servolenkung) sowohl in hydraulischer Ausführung als auch in der mittlerweile als Standard anzusehenden elektrischen Ausführung. Es wird weiterhin dargestellt, wie die Lenkung unter sicherheitstechnischen Aspekten beurteilt werden muss. Abschließend werden mögliche zukünftige Lenksysteme diskutiert.

---

1 Elektronisches Stabilitätsprogramm; abhängig vom jeweiligen Fahrzeughersteller sind auch andere Bezeichnungen gebräuchlich.

https://doi.org/10.1515/9783111335872-004

4.1 Anforderungen an eine Kraftfahrzeuglenkung

Die Anforderungen an eine moderne Kraftfahrzeuglenkung sind sehr vielfältig und teilweise widersprüchlich. Natürlich ist auch weiterhin entscheidend, dass der Fahrer das Fahrzeug zu jeder Zeit mittels der Lenkung sicher auf einer gewünschten Bahn führen kann. Es treten aber zunehmend Aspekte aus den Bereichen Akustik/Schwingungen, Lenkgefühl, Energie und Umwelt oder auch, wie bei allen anderen Systemen im Kraftfahrzeug, Gewicht und Kosten in den Vordergrund.

Während die Anforderungen seitens des Gesetzgebers hinsichtlich der Sicherheit und der Funktion einer Kraftfahrzeuglenkung stark reglementiert sind, wird das Thema Lenkgefühl von verschiedenen Fahrzeugherstellern ganz unterschiedlich bewertet und dient daher als Differenzierungsmerkmal. Gerade über die Lenkung (in Abstimmung mit dem Fahrwerk) kann ein eher am Komfort oder aber ein eher sportlich orientiertes Fahrgefühl erzeugt werden. Für die Beurteilung eines Fahrzeugs durch den Fahrer ist die Lenkung daher eines der wichtigsten Elemente, s. Abschnitt 4.2.

Die wichtigsten Eigenschaften einer modernen Lenkung sind nach (Pfeffer und Harrer 2011, Haken 2018):
– Präzision,
– Betriebssicherheit,
– ein mechanischer Durchgriff vom Lenkrad zu den gelenkten Rädern (aus Sicherheitsgründen auch bei sogenannten Steer-by-Wire-Systemen als Rückfallebene),
– eine hinreichend direkte Lenkübersetzung zur Gewährleistung niedriger Lenkradwinkel auch beim Parkieren oder auf urbanen Straßen,
– ein geringes Handmoment am Lenkrad (ohne Lenkkraftunterstützung nur mit indirekter Lenkung erreichbar),
– ein nachvollziehbares und gut interpretierbares Handmoment am Lenkrad,
– eine zuverlässige Rückstellung der Lenkung nach der Kurvenfahrt und guter Geradeauslauf sowie
– Freiheit des Lenkrads von Störinformationen am Lenkrad (Stöße, Lenkraddrehschwingungen etc.).

4.2 Fahrer-Fahrzeug-Interaktion und Lenkgefühl

4.2.1 Grundlegende Anforderungen an Lenksysteme

Die Lenkung stellt auf der einen Seite aus Sicht eines Normalfahrers die einzige Schnittstelle zum Fahrzeug dar, über welche die Querdynamik des Fahrzeugs kontrolliert werden kann. Auf der anderen Seite ist sie auch eine entscheidende Informationsquelle für den Fahrer und liefert laufend haptisches[2] Feedback zum aktuellen Fahrzustand.

---

2 Haptik (aus dem Griechischen): die Lehre vom Tastsinn.

Insbesondere Informationen zum Rad-Straße-Kontakt und zur Fahrbahnbeschaffenheit können über die Lenkung gewonnen werden.

Das Lenkgefühl kann nach (Pfeffer und Harrer 2011) als *„die Summe der optischen, kinästhetischen und haptischen Sinneseindrücke des Fahrers beim Lenken eines Fahrzeugs"* beschrieben werden *„und entspricht einer subjektiv empfundenen, komplexen Erfahrung".*

Der Zusammenhang von Fahrer und Fahrzeug in einem Regelkreis mit der Lenkung als wichtiges Instrument der Interaktion kann aus Abbildung 4.1 entnommen werden.

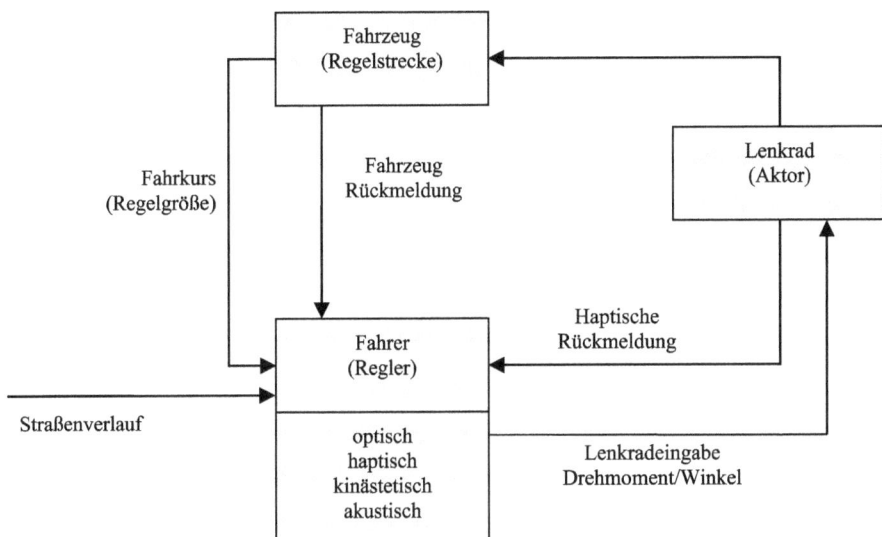

Abb. 4.1: Fahrer-Fahrzeug-Regelkreis zur gezielten Querführung nach (Pfeffer und Harrer 2011).

Während das sogenannte Lenkgefühl bestimmt, wie ein Fahrer eine bestimmte Fahrzeuglenkung wahrnimmt, beschreibt das Lenkverhalten den umgekehrten Weg. Das Lenkverhalten beschreibt die Reaktion des Fahrzeugs bei einer bestimmten Eingabe über die Lenkung. Das sehr individuelle und nur schwer objektivierbare Lenkgefühl hängt dabei in entscheidender Weise auch von dem Lenkverhalten ab. Damit das Lenkverhalten als positiv bewertet werden kann, ist es notwendig, dass das Lenkverhalten, also die Fahrzeugreaktion auf eine Lenkeingabe (Lenkradmoment und -winkel), nachvollziehbar und stimmig erscheint (Pfeffer und Harrer 2011). Für den Normalfahrer bedeutet dies zunächst, dass ein linearer Zusammenhang zwischen Lenkradwinkel und Fahrzeugreaktion bestehen sollte. Das Verhalten sollte erst im Grenzbereich des Fahrzeugs nichtlinear werden. Der Normalfahrer bewegt sich in diesem Bereich (hoher Querbeschleunigungen) sehr selten.

Auch wenn die Beurteilung einer Lenkung (des Lenkgefühls) eine subjektive Bewertung ist, so können doch übergeordnete Anforderungen an das Lenkgefühl und das Lenkverhalten des Fahrzeugs gestellt werden. Zu diesen zählen:
- geringe Lenkradmomente beim Parkieren,
- Leichtgängigkeit, Feinfühligkeit, Zielgenauigkeit,
- guter Geradeauslauf bei allen Geschwindigkeiten,
- gutes Ansprechverhalten (Geradeausstabilität bei hohen Geschwindigkeiten, Reaktion auf kleine Lenkradwinkel bei niedrigen Geschwindigkeiten),
- ausreichend direkte Reaktion des Lenksystems,
- Fahrbahnrückmeldung und Rückmeldung der Fahrsituation (Lenkgefühl, Vibrationen, Informationen zum Rad-Straße Kontakt),
- Erfüllung aller Komfortanforderungen wie Unterdrückung von Straßenunebenheiten etc., Geräuschemissionen.

Darüber hinaus sind weitere Kriterien zu erfüllen, wie z. B.:
- Crashanforderungen (insbesondere Lenkrad und Lenksäule),
- Gewährleistung einer sicheren Lenkbarkeit des Fahrzeugs und Energieeffizienz (Servolenkungen),
- Leistung (Leistung, Kraft und Dynamik des Antriebs),
- Umwelt (Korrosion, Temperatur, Leckagen, Flüssigkeiten, ...),
- hohe Qualität (keine mechanischen oder elektrischen Fehler),
- Packaging (insbesondere für die Lenksäule),
- Gewicht und Kosten,
- geringe Reibung im Lenksystem und in der Lenksäule für ein besseres Lenkgefühl und
- hohe Steifigkeit der Lenksäule für ein direktes Ansprechen.

Das Lenkradmoment prägt in entscheidender Weise Lenkgefühl und Lenkaufwand. Neben den gesetzlichen Anforderungen für das maximale Lenkradmoment gibt es daher erhebliche herstellerspezifische Unterschiede bei der Auslegung einer Fahrzeuglenkung.

Über die Abstimmung der Lenkunterstützung (gerade um die Mittellage) soll das gewünschte Lenkradmoment (Lenkgefühl) erreicht werden. Aus diesem Grund gab und gibt es eine Vielzahl von Untersuchungen, wie das Lenkgefühl objektiv gemessen und verbessert werden kann (Harrer 2007, Pfeffer und Harrer 2011, Lunkeit 2014, Fritzsche 2015).

Entsprechend der StVO muss immer ein *„leichtes und sicheres Lenken"* gewährleistet sein. Diese Forderung wird in der Richtlinie EU 1992 (Anpassung der Richtlinie(EU) 1970)) näher spezifiziert. Hier werden die maximal zulässigen Werte für die Handkraft und damit das Lenkradmoment definiert. Die Lenkung eines Pkws muss demnach so ausgelegt sein, dass ausgehend von einer Geradeausfahrt mit 10 km/h innerhalb von 4 s auf eine Kreisbahn mit dem Radius von 12 m eingelenkt werden kann. Dabei darf bei maximal zulässigem Beladungszustand am Lenkrad höchstens eine Handkraft von 150 N auftreten. Für ein Fahrzeug mit Servolenkung ist die zulässige Handkraft beim Ausfall der Lenkunterstützung ebenfalls definiert. In diesem Fall wird die Prüfung mit einem Kreisradius von 20 m durchgeführt und es darf die erhöhte Handkraft von 300 N wirken.

Bei einer normalen Fahrt wirken am Lenkrad üblicherweise Lenkradmomente von 2–3 Nm. Umgerechnet auf eine Handkraft entspricht dies bei einem Lenkradradius von 15–20 cm weniger als 20 N Handkraft. Dieses Niveau wird als komfortabel bewertet und entspricht der gängigen Praxis. Im Extremfall (hochdynamisches Lenken z. B. Notausweichen) treten auch deutlich höhere Handmomente auf.

Da das Lenksystem nach ISO26262 (ISO_26262 2011) als ASIL-D (Automotive Safety Integrity Level) eingestuft ist, muss eine sichere und zuverlässige Funktion in allen Fahrsituationen gewährleistet sein. Daher ist ein hoher Aufwand für die Validierung und Verifizierung notwendig.

4.2.2 Bewertungskriterien für Lenksysteme

(Harrer 2007) listet verschiedene Bewertungskriterien für Lenksysteme auf, von denen im Folgenden eine Auswahl diskutiert werden soll. Zunächst wird eine kurze Definition des Kriteriums gegeben. Anschließend werden die jeweils möglichen Merkmale aufgeführt. Nach Dralle 2016 bzw. Schäfer, Wahl und Harrer 2006 ist nicht nur das Lenksystem selbst für die Beurteilung der Lenkeigenschaften relevant, sondern auch verschiedene Fahrzeugeigenschaften (zum Beispiel Fahrzeugmasse, Federung und Rad-Reifen-Kombination) wie:

- Lenkradwinkelbedarf: erforderlicher Lenkradwinkel, um einen bestimmten Radlenkwinkel und damit einen Kurvenradius zu erzeugen (zu niedrig/direkt ↔ ideal ↔ zu hoch/indirekt),
- Lenkmoment: das beim Fahren des Fahrzeugs am Lenkrad auftretende Drehmoment (zu gering ↔ ideal ↔ zu hoch),
- Lenkpräzision: Reaktion des Fahrzeugs auf Änderungen des Lenkradwinkels und erforderliche Korrekturen beim Führen des Fahrzeugs (präzise ↔ ungenau),
- Lenkrückmeldung: Übertragung von Informationen über den Kontakt zwischen Reifen und Fahrbahn und die auf den Reifen wirkenden Kräfte (zu gering ↔ ideal ↔ zu hoch)
- Zwischenlage/Richtungsstabilität: Stabilität oder Korrekturbedarf beim Geradeausfahren (zu langsam/indirekt ↔ ideal ↔ zu nervös/direkt),
- Ansprechverhalten der Lenkung: Reaktion des Fahrzeugs auf anfängliche Änderungen des Lenkradwinkels (zu langsam ↔ ideal ↔ zu nervös),
- Hinterachslenkung: System zur Beeinflussung des Lenkwinkels an den Hinterrädern (positiv ↔ negativ).

4.2.3 Probandenstudie und Presseanalyse

Prinzipiell können mit einer Probandenstudie und einer Presseanalyse ähnliche Erkenntnisse zur Bewertung von Systemen oder Fahrzeugen ermittelt werden. Die Methoden haben jedoch unterschiedliche Vor- und Nachteile hinsichtlich des Aufwands, der Kosten und der Probanden bzw. Tester sowie der Möglichkeiten bei der Bewertung der Eigenschaften, auf die im Folgenden näher eingegangen werden soll.

Eine erfolgreiche Probandenstudie erfordert einen hohen organisatorischen Aufwand. Es muss eine ausreichende Anzahl von Probanden akquiriert und eingeplant werden. Außerdem müssen die notwendigen Fahrzeuge und eventuell ein Versuchsfeld zur Verfügung gestellt werden. Auch der Zeitaufwand für die Durchführung und Betreuung der Kandidaten darf nicht vernachlässigt werden. Der Vorbereitungs- und Organisationsaufwand für eine Presseanalyse ist jedoch gering. Im Gegenzug ist der kontinuierliche Zeitaufwand deutlich höher, da genügend Tests und Auswertungen eine Presseanalyse über einen möglichst langen Zeitraum erfordern.

Die Kosten einer Probandenstudie hängen von der Zielsetzung der Studie ab. Fahrdynamisch anspruchsvolle Fahrmanöver können nicht im Straßenverkehr durchgeführt werden. Neben den Fahrzeugen muss in diesem Fall auch ein Testgelände oder eine geschlossene Teststrecke zur Verfügung stehen. Alternativ zu einer Probandenstudie mit realen Fahrzeugen können natürlich auch Probandenstudien mit Simulatoren durchgeführt werden, s. Kapitel 10. Unter Umständen sollte eine Entschädigung der Probanden in die Kosten einbezogen werden. Eine Presseanalyse kann zu deutlich geringeren Kosten durchgeführt werden. Es fallen lediglich Kosten für Zeitungsartikel oder andere Veröffentlichungen (Abonnements für Onlinepublikationen) an.

Eine Probandenstudie kann detaillierte Informationen über die Probanden dokumentieren (z. B. Alter, Geschlecht, Fahrpraxis, Fahrstil, Präferenzen bei der Fahrzeugwahl). Diese Dokumentation erlaubt es, spezifische, auf einzelne Merkmale bezogene Auswertungen zu erstellen. Im Gegensatz dazu gibt es bei einer Presseanalyse fast keine Informationen über die Probanden. Daher sind nur allgemeine Auswertungen möglich. Rückschlüsse auf personenspezifische Merkmale oder Eigenschaften sind nicht möglich. Ein Vorteil der Presseanalyse ist jedoch, dass durch die Berücksichtigung ausländischer Zeitungen und Publikationen eine Analyse in verschiedenen Märkten mit geringem Aufwand möglich ist.

Mithilfe einer Probandenstudie ist die gezielte Analyse von einzelnen Eigenschaften eines Systems oder Fahrzeugs möglich. Die Gestaltung von Bewertungsbögen oder die gezielte Befragung der Probanden erlaubt die gezielte Erfassung von Informationen, sodass die jeweilige Fragestellung präzise analysiert werden kann. Darüber hinaus können Entwicklungsfahrzeuge (Prototypen) besichtigt werden, um vor der Markteinführung ein Feedback zum neuen Produkt zu erhalten. Im Rahmen einer Presseanalyse wird meist das gesamte Produkt bewertet. Eine gezielte Analyse von bestimmten Eigenschaften oder Fahrmanövern ist hier nicht möglich. Es können nur die Informationen ausgewertet werden, die von den Testern in den jeweiligen Artikeln angesprochen werden. Es gibt keine Möglichkeit, gezielt nach bestimmten Kriterien zu fragen. Daraus folgt, dass eine wesentlich größere Datenbasis als bei einer Probandenstudie benötigt wird, um eine statistisch ausreichende Anzahl von Bewertungen zu erhalten.

4.2.4 Ergebnisse einer Presseanalyse zu Lenksystemen

Im Folgenden wird beispielhaft eine Auswahl der Ergebnisse einer Presseanalyse zur Bewertung von Lenksystemen in aktuellen Fahrzeugen fünf verschiedener Baureihen (Sportwagen, Limousine, SUV) der Dr. Ing. h. c. Porsche AG vorgestellt, abgeleitet aus Düsterloh, Bittner und Schramm 2018. Die im Folgenden dargestellten und analysierten Ergebnisse resultieren aus den Auswertungen von insgesamt 684 Pressespiegeln aus 218 verschiedenen Quellen, die in einem Zeitraum von Februar 2016 April 2018 ausgewertet wurden. Die Anzahl der Artikel und Veröffentlichungen aus der Fachpresse beträgt 471, und liegt damit bei 68,9 %. Abbildung 4.2 zeigt die Bewertungen über alle Reihen hinweg summiert. Oberhalb des jeweiligen Bewertungskriteriums sind die Zahlen der in den Pressetests vorkommenden Bewertungen eingezeichnet. Positive Bewertungen sind hellgrau, negative Bewertungen sind dunkelgrau dargestellt.

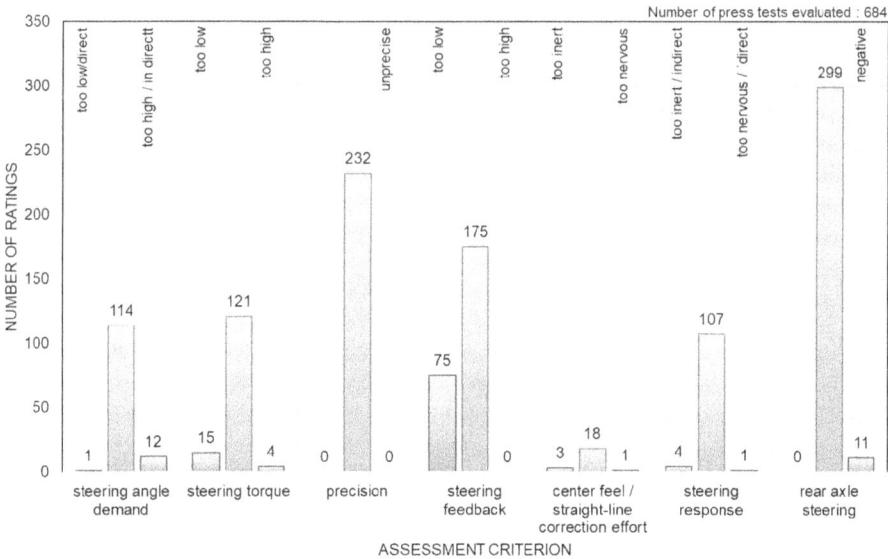

Abb. 4.2: Presseanalyse zu Lenksystemen in aktuellen Fahrzeugen der Dr. Ing. Ing. h. c. F. Porsche AG.

Abbildung 4.2 zeigt, dass die Fahrzeuglenkungen generell in allen Kriterien positiv bewertet werden. Am häufigsten wird das Kriterium der Hinterachslenkung (310 Bewertungen) bewertet, gefolgt von der Rückmeldung (250 Bewertungen) und der Präzision (232 Bewertungen). Lenkmoment (140 Bewertungen), Lenkradwinkelanforderung (127 Bewertungen) und Ansprechverhalten (112 Bewertungen) werden etwa halb so häufig bewertet. Die Mittelstellung oder der Geradeauslauf (22 Bewertungen) werden am wenigsten bewertet.

Bei der Lenkradwinkelanforderung zeigt sich eine Tendenz zu einer zu hohen Lenkradwinkelanforderung (bei indirekter Lenkübersetzung). Das Lenkmoment wird von den Testern als gering eingestuft. Bei den ausgewerteten Pressetests gibt es nur positive Bewertungen hinsichtlich der Präzision. Die Rückmeldung der Lenksysteme in den Fahrzeugen wird in den meisten Fällen als positiv bewertet. Allerdings ist eine deutliche Tendenz mit dem Wunsch nach mehr Rückmeldung zu erkennen. Die Rückmeldung wird im Vergleich zu den anderen Kriterien am kritischsten bewertet. Zur Mittelstellung oder zum Geradeauslauf gibt es nur eine geringe Anzahl von Aussagen, was insgesamt eine positive Bewertung ohne klare Tendenz widerspiegelt. Die Reaktion der Fahrzeuge auf Lenkbefehle wird ebenfalls als positiv bewertet. Für die Hinterachslenkung liegen die meisten Bewertungen vor, die fast ausschließlich positiv ausfallen. Für detaillierte Auswertungen und Ergebnisse der Presseanalyse (marktspezifische Bewertung nach deutsch- und englischsprachigen Artikeln, serienspezifische Bewertung) wird auf die Ausführungen in Düsterloh, Bittner und Schramm 2018 verwiesen.

Die vorgestellten Ergebnisse der Presseanalyse weisen einige Analogien zu den in Pfeffer und Scholz 2010 vorgestellten Ergebnissen einer Studie mit Freiwilligen auf. Im Rahmen dieser Studie werden die Einschätzungen von Normalfahrern (Probanden ohne vorherige Schulung in der Beurteilung von Lenksystemen) mit den Einschätzungen von Experten verglichen. Im Ergebnis zeigt sich, dass Fahrer ohne Schulung in diesem Bereich und Experten bei den Kriterien Präzision, Lenkradmoment und Lenkradwinkelanforderung grundsätzlich ähnliche Bewertungen abgeben. Die in der Probandenstudie getesteten Fahrzeuge werden im Gegensatz zu den in Abbildung 4.2 dargestellten Ergebnissen zur Lenkpräzision häufig als unpräzise bewertet. Das Lenkradmoment wird von den Testern der Probandenstudie analog zu den Ergebnissen der Presseanalyse in Abbildung 4.2 als zu gering eingeschätzt. Die Lenkradwinkelanforderung ist oft zu groß, d. h. die Übersetzung ist zu indirekt, analog zu Abbildung 4.2. Bezüglich der Rückmeldung bzw. des Lenkgefühls sind die Bewertungen der Experten differenzierter und kritischer als die Bewertungen der Normalfahrer. Die kritischen Feedbackbewertungen sind auch in den Pressespiegeln in Abbildung 4.2 zu sehen.

4.3 Grundlegende Bauformen von Fahrzeuglenkungen

Seit dem Aufkommen der ersten Kraftfahrzeuge hat sich die Art der Lenkung deutlich verändert. Neben der Kinematik und Bauform der Fahrzeuglenkung haben sich zudem verschiedene Arten der Hilfskraftlenkung etabliert. In den letzten Jahren waren im Bereich der Fahrzeuglenkung vor allem Systeme mit elektrischer Lenkunterstützung und damit zusammenhängende Funktionen im Fokus der Entwicklung.

Abhängig vom Fahrzeugtyp können verschiedene Lenkungsformen gefunden werden. Abbildung 4.3 zeigt diese sehr unterschiedlichen Lenkungsarten.

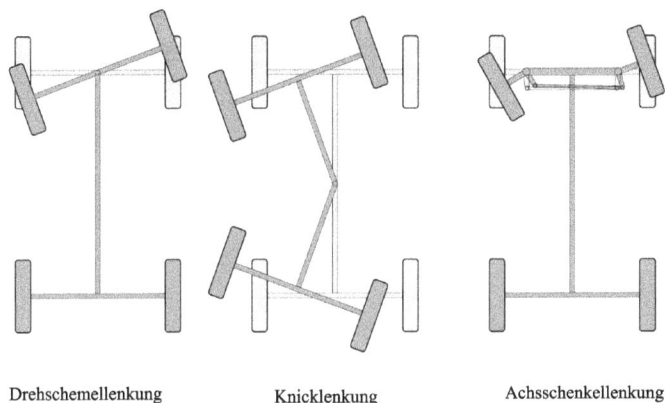

Drehschemellenkung   Knicklenkung   Achsschenkellenkung

Abb. 4.3: Grundbauarten der Fahrzeuglenkung.

Die ersten Kraftfahrzeuge basierten auf der Motorisierung vorhandener, jedoch nicht motorisierter, Fahrzeuge. Diese hatten üblicherweise eine Drehschemellenkung, wie sie auch von Kutschwagen bekannt war. Diese Art der Fahrzeuglenkung hat wie auch die Knicklenkung den Nachteil, dass einseitige Störkräfte durch den großen Störkrafthebelarm, der der halben Spurweite entspricht, sehr große Lenkmomente ergeben (Matschinsky 2007). Sowohl das Drehen der gesamten gelenkten Achse (Drehschemellenkung) als auch das Knicken der Fahrzeuglängsachse (Knicklenkung) haben zudem eine deutliche Verringerung der Fahrzeugaufstandsfläche[3] zur Folge (Matschinsky 2007). Daher können diese Lenkungsarten nur bei geringen Kurvengeschwindigkeiten eingesetzt werden. Die Knicklenkung ist heutzutage nur noch bei Arbeits- und Sondermaschinen gebräuchlich.

Die im 19. Jahrhundert erfundene Achsschenkellenkung verringert die Aufstandsfläche des Fahrzeugs hingegen nicht signifikant. Zudem wird deutlich weniger Bauraum für die gesamte Lenkung benötigt. Sie hat daher im Bereich des Kraftfahrzeugs die übrigen Lenkungsformen verdrängt. Die Achsschenkellenkung wurde durch den Erfinder und Münchner Kutschenbauer Georg Lankensperger in München und von Rudolph Ackermann in England zum Patent angemeldet (Matschinsky 2007). Sie lässt sich in ähnlichen Formen in fast allen heutigen Kraftfahrzeugen finden. Lenkungen, die auf unterschiedlichen Antriebsgeschwindigkeiten einzelner Räder (Antriebselemente) basieren, wie sie etwa bei Kettenfahrzeugen zu finden sind, spielen im Bereich des Personenkraftfahrzeugs keinerlei Rolle.

---

3 Die durch die Radaufstandspunkte aufgespannte Fläche auf der Fahrbahnebene.

In fast allen heutigen Kraftfahrzeugen sind Varianten einer Zahnstangenlenkung verbaut. Die Schubbewegung der Zahnstange erzeugt bei dieser Ausführung einer Lenkung, wie in Abschnitt 4.5 beschrieben, eine Drehbewegung beider gelenkter Räder. Neben der meist zu findenden Variante der Zahnstangenlenkung und dem passenden Lenkgestänge werden auch Kugelumlaufgetriebe (mit Lenkviereck) eingesetzt.

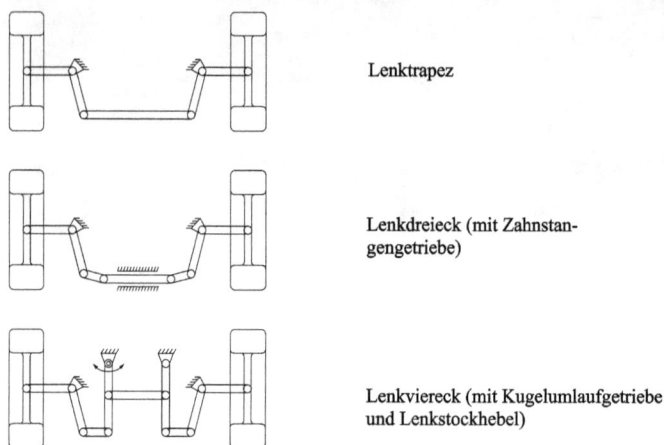

Abb. 4.4: Varianten von Lenkgestängen einer Achsschenkellenkung in Kraftfahrzeugen.

Da sich das Fahrzeug bei einer Kurvenfahrt auf einer Kreisbahn bewegt, wobei sich das kurveninnere und das -äußere Rad um denselben Punkt bewegen sollen, müssen für frei rollende Räder die gestellten Lenkwinkel der beiden Räder unterschiedlich sein. Die geschickte Anordnung der Lenkkinematik z. B. Lenkdreieck bei einer Zahnstangenlenkung wird dazu genutzt, das Lenkverhalten am kurveninneren und -äußeren Rad gleichzeitig zu optimieren.

4.4 Auslegung der Lenkkinematik

Bei der Auslegung einer Lenkkinematik muss zwischen einer rein kinematischen Auslegung und einer Auslegung, welche die dynamische Fahrzeugbewegung unterstützt, unterschieden werden.

4.4.1 Lenkkinematik nach Ackermann

Unter der Annahme geringer Geschwindigkeiten und der damit sehr geringen Fliehkräfte und vernachlässigbar kleiner Schräglaufwinkel, kann für eine Kreisbahn bestimmt werden, wie das Verhältnis der Lenkwinkel beider gelenkten Räder sein muss, damit die

Räder in Richtung ihrer Mittelebene abrollen. Das Abrollen aller Räder in Richtung der Radmittelebene (d. h. ohne Schräglaufwinkel) verhindert einen zu starken Verschleiß der Reifen. Zudem ist der Rollwiderstand bei der Fahrt mit eingeschlagenen Reifen hierdurch deutlich reduziert.

Abbildung 4.5 zeigt ein Fahrzeug mit Achsschenkellenkung in der Draufsicht bei langsamer Kurvenfahrt. Alle vier Räder rollen frei in Richtung ihrer Radmittelebene und bewegen sich auf Kreisbahnen um den Punkt K. Bei dieser Beschreibung der Lenkung handelt es sich um eine rein kinematische Betrachtung. Die daraus resultierende Lenkkinematik ist als Ackermann-Lenkung bekannt, s. auch Kapitel 3. Der Punkt K entspricht dem Momentanpol des Fahrzeugs und muss bei dieser geometrischen Betrachtungsweise auf der Verlängerung der Hinterachse des Fahrzeugs liegen. Der Schwerpunkt des Fahrzeugs bewegt sich auf einer Kreisbahn um K mit dem Radius ρ. Bei der dargestellten Situation ist deutlich zu sehen, dass das kurveninnere und -äußere Vorderrad unterschiedliche Lenkwinkel aufweisen müssen, s. Abbildung 4.5.

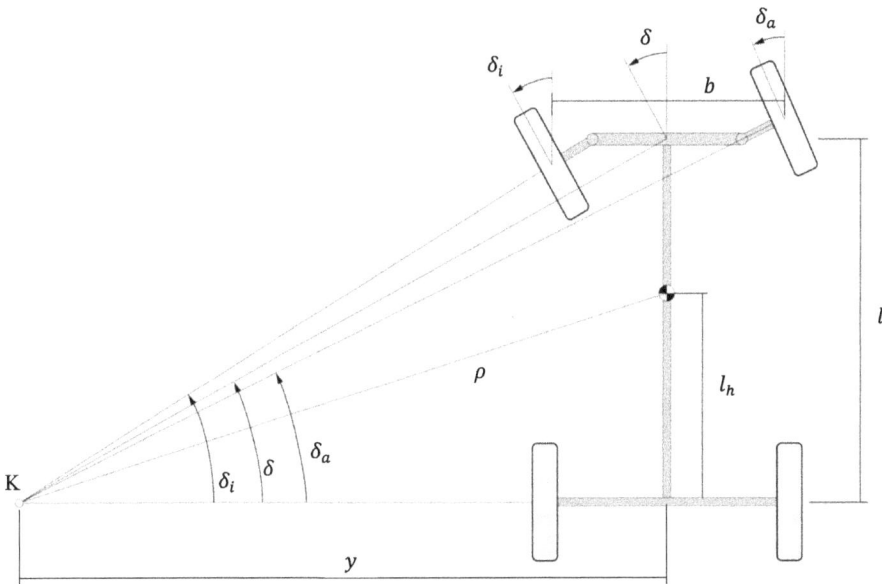

Abb. 4.5: Rein kinematische, quasistatische Auslegung der Lenkkinematik nach Ackermann.

Die einfache kinematische Beschreibung des Fahrzeugs auf einer Kreisbahn ermöglicht es, die für eine bestimmte Kreisbahn notwendigen Lenkwinkel an den gelenkten Rädern zu ermitteln. Anders als bei dem linearen Einspurmodell tritt hier also nicht ein einheitlicher Lenkwinkel auf, vielmehr müssen linkes und rechtes Rad getrennt betrachtet werden. Es gilt, gemäß Abbildung 4.5:

$$\tan \delta_a = \frac{l}{y + \frac{b}{2}} \quad \text{und} \quad \tan \delta_i = \frac{l}{y - \frac{b}{2}} \tag{4.1}$$

$$\cot \delta_i = \cot \delta_a - \frac{b}{l}. \tag{4.2}$$

Tab. 4.1: Lenkwinkel Bezeichnungen, s. Abbildung 4.5.

Formelzeichen	Bedeutung
δ_a	Lenkwinkel am kurvenäußeren Rad
δ_i	Lenkwinkel am kurveninneren Rad
y	Abstand Mitte Hinterachse zum Momentanpol (Hilfsgröße)
b	Spurweite des Fahrzeugs

In der Praxis ist vor allem die Differenz der Lenkwinkel am kurveninneren und -äußeren Rad von Interesse. Hierzu wird der Differenzwinkel $\delta_i - \delta_a$ über dem Lenkwinkel δ_i des kurveninneren Rades angegeben. Ein typischer Verlauf der Differenzwinkel entsprechend der beschriebenen Ackermann-Lenkung ist in Abbildung 4.6 dargestellt.

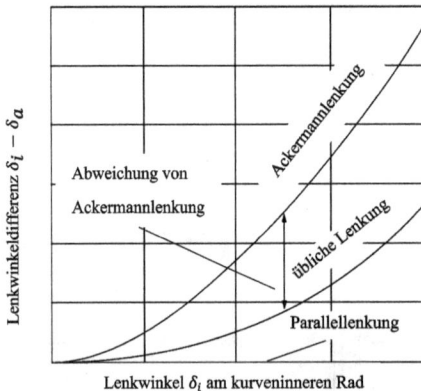

Abb. 4.6: Vergleich der Fahrzeugauslegung nach Ackermann und einer typischen Auslegung im Kraftfahrzeug nach Mitschke und Wallentowitz 2014.

4.4.2 Dynamische Auslegung der Lenkkinematik

Die bisherige Betrachtung der Lenkkinematik ist für höhere Geschwindigkeiten nicht mehr zulässig. Bei größeren Geschwindigkeiten ergeben sich an den Rädern Schräglaufwinkel, s. auch Kapitel 2 und 3. Diese sind abhängig vom momentanen Fahrzeugzustand und den Reifeneigenschaften (vgl. Kapitel 2). Damit verschiebt sich der Momentanpol des Fahrzeugs in Richtung Vorderachse, s. Abbildung 4.7. Bei einer dynamischen Auslegung der Lenkkinematik muss daher davon ausgegangen werden, dass die einzelnen Räder nicht in Richtung ihrer Mittelebene rollen. Es kommt zum sogenannten Querschlupf (Schräglaufwinkel, s. Kapitel 2).

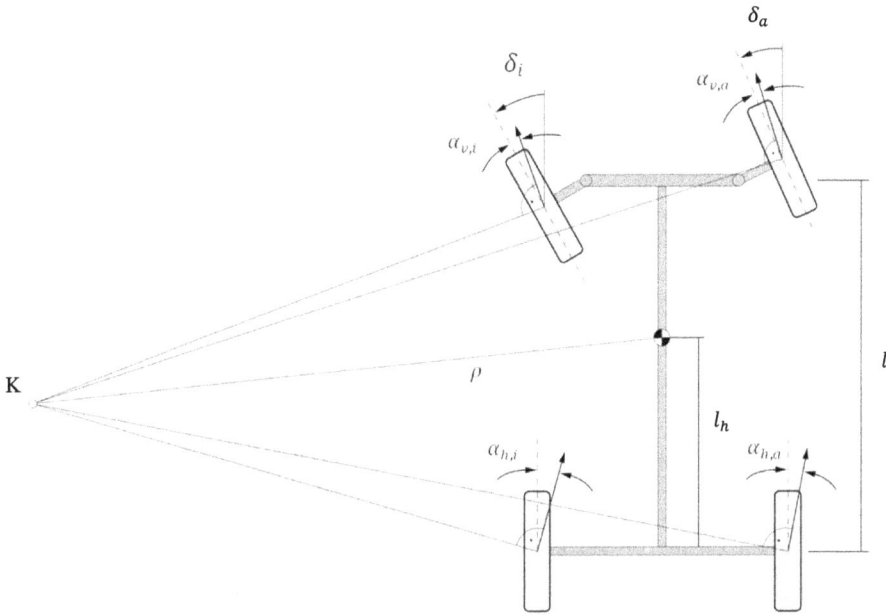

Abb. 4.7: Dynamische Auslegung der Lenkkinematik.

Bei der Betrachtung einer zügigen Kurvenfahrt müssen Überlegungen zur Dynamik der Bewegung angestellt werden. Im Schwerpunkt des Fahrzeugs wirkt eine Fliehkraft. Diese ist abhängig von der Fahrzeugmasse, der Geschwindigkeit sowie dem momentanen Kurvenradius. Die Fliehkraft muss über die Reifen auf der Fahrbahn abgestützt werden. Die lateralen Reifenkräfte resultieren aus den jeweiligen Schräglaufwinkeln der Reifen sowie der jeweiligen Aufstandskraft (Radlast).

Für die Betrachtung der optimalen Lenkwinkel an den gelenkten Rädern ist daher entscheidend, welche Schräglaufwinkel die maximale Seitenkraft erzeugen. Aufgrund der während einer Kurvenfahrt ungleichen Radlastverteilung (vgl. Kapitel 3) ist das Potential der Seitenkraft an den kurvenäußeren Rädern im Vergleich zu denen an der Innenseite deutlich erhöht. Zudem wird die maximale Seitenkraft erst bei einem deutlich höheren Schräglaufwinkel erreicht als bei den wenig belasteten kurveninneren Rädern. Soll nun an beiden gelenkten Rädern zeitgleich der Schräglaufwinkel entsprechend der höchsten möglichen Seitenkraft eingestellt werden, so bedeutet dies, dass nun das kurvenäußere Rad stärker lenken muss, als es bei der kinematischen reinen Betrachtungsweise (Ackermann) der Fall ist. Der Differenzwinkel der beiden Lenkwinkel wird kleiner als Null. Da dies entgegen der oben beschriebenen Auslegung nach Ackermann ist, wird hier auch von einer „Anti-Ackermann"-Lenkung gesprochen (Haken 2018).

Die Auslegung der Lenkung für eine optimale Seitenkraft bei schnelleren Kurven und die für quasistatische Vorgänge (z. B. Parkieren, Rangieren) widersprechen sich. Dieser Zielkonflikt kann durch das Ausnutzen eines weiteren Effekts allerdings (zum Teil) aufgelöst werden. Die in einer Kurve wirkende Fliehkraft führt, abhängig von der Schwerpunkthöhe, zu einem Wankmoment, s. Kapitel 3. Hierdurch federt das kurvenäußere Rad ein, während das kurveninnere Rad ausfedert. Durch eine abgestimmte Anbindung der gelenkten Räder kann diese Wankbewegung zu einer gewollten Vorspuränderung genutzt werden. Das kurveninnere Rad lenkt dann weniger ein und beim kurvenäußeren Rad wird ein zusätzlicher Lenkwinkel erzeugt. Eine derart ausgeführte Lenkung, die bei einer langsamen Fahrt (nahezu) den Kriterien einer Ackermannlenkung entspricht, kann auch bei einer dynamischen Kurvenfahrt optimale Ergebnisse liefern.

4.5 Aufbau einer Kraftfahrzeuglenkung

In den meisten heutigen Fahrzeugen wird die sogenannte Zahnstangenlenkung mit Lenkdreieck, wie sie schematisch in Abbildung 4.4 dargestellt ist, eingesetzt. Während Abbildung 4.4 lediglich die Lenkkinematik von Zahnstange und Lenkgestänge zeigt, wird in Abbildung 4.8 der gesamte Lenkstrang vom Lenkrad bis zu den gelenkten Rädern eines typischen Pkws dargestellt. Der dort dargestellte Drehstab dient zur Bestimmung des Fahrerhandmoments. Bei Fahrzeugen mit Hilfskraftlenkung (Servolenkung) wird über die Verdrehung des Drehstabs die Höhe der Lenkunterstützung geregelt.

Auf die Darstellung einer Hilfskraftlenkung (Servolenkung) wird hier verzichtet und auf Abschnitt 4.10 verwiesen.

Der Fahrer lenkt durch die Eingabe eines Lenkradwinkels das Fahrzeug. Die Bewegung des Lenkrads wird über die Lenksäule und Lenkwellen an ein Lenkgetriebe geleitet. In Abbildung 4.8 ist beispielhaft eine Zahnstangenlenkung dargestellt. Die Bewegung der Lenkwellen wird im Lenkgetriebe auf das Lenkgestänge übertragen, welches letztlich die gewünschte Stellung der gelenkten Räder bewirkt. Im Folgenden werden die einzelnen Baugruppen der Lenkung näher erläutert. Im Rahmen der Produktentwicklung kann ein Lenkungsprüfstand genutzt werden, um das Zusammenwirken der einzelnen Teile des Lenksystems zu objektivieren, s. z. B. Uselmann 2017, Düsterloh 2018, Düsterloh, Uselmann et al. 2019.

4.5.1 Lenkrad

Das Lenkrad ist der Bestandteil der Fahrzeuglenkung, der unmittelbar vom Fahrer bedient und dessen Rückwirkung von ihm wahrgenommen wird. Das Lenkrad ist eine der

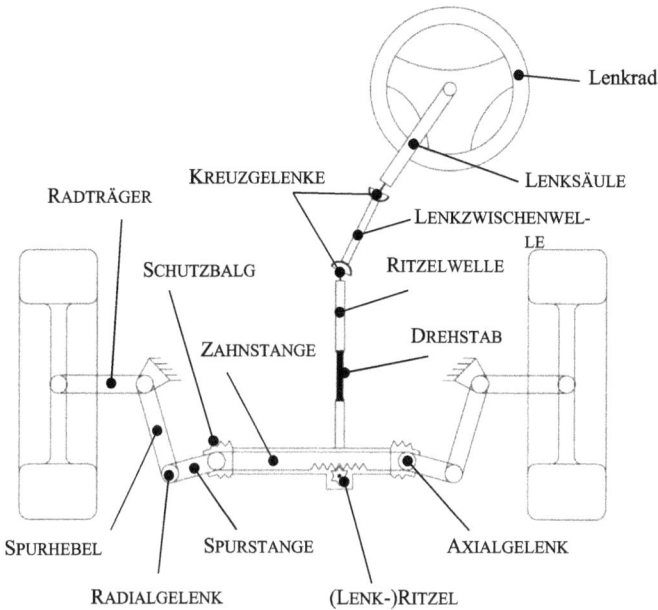

Abb. 4.8: Grundlegender Aufbau einer Zahnstangenlenkung im Kraftfahrzeug.

wichtigsten Schnittstellen zwischen Fahrer und Fahrzeug, s. Abbildung 4.1. Der Aufbau, die Haptik und das Aussehen eines Lenkrads bestimmen maßgeblich, wie das Fahrzeug auf den Fahrer wirkt. Darüber hinaus sind heute in Lenkrädern eine Vielzahl von Bedienelementen und die Wickelfeder verbaut, die den im Lenkrad ebenfalls untergebrachten Airbag mit dem Steuergerät des Rückhaltesystems verbindet.

Durch die Entwicklung der Hilfskraftlenkungen, s. Abschnitt 4.10, spielt der Durchmesser eines Lenkrads für die Lenkbarkeit des Fahrzeugs nur noch eine untergeordnete Rolle. Musste bei früheren Fahrzeugen noch ein gewisser Mindestdurchmesser beim Lenkrad gewählt werden, damit die Lenkradkräfte erträglich blieben, sind heute vor allem Anforderungen aus dem optischen, haptischen und ergonomischen Bereich entscheidend (Heißing, Ersoy und Gies 2013b).

4.5.2 Lenksäule und Lenkzwischenwellen

In Pkws wird auch heute noch eine mechanische Lenksäule mit Lenkzwischenwellen verbaut. Die Lenkzwischenwelle stellt sicher, dass der Fahrer über eine mechanische Kopplung zu den gelenkten Rädern zu jeder Zeit den Radlenkwinkel einstellen kann. Im umgekehrten Pfad werden die Kräfte und Momente vom Lenkgetriebe an den Fahrer geleitet, sodass eine entsprechende Rückmeldung von der Lenkung beim Fahrer ankommt. Damit werden nicht nur das Fahrverhalten (Führungsverhalten) des Fahrzeugs durch die Lenksäule und Lenkwellen beeinflusst, sondern auch das Lenkgefühl mitbestimmt.

Der obere Teil des Lenkstrangs wird meist an der Lenksäule gelagert. Damit hat die Lenksäule neben dem Herstellen einer mechanischen Verbindung zum Lenkgetriebe die Aufgabe, für eine steife Lagerung der Lenkung bei gleichzeitigen Verstellmöglichkeiten des Lenkrads zu sorgen. Die sogenannten starren Lenksäulen (ohne Verstellmöglichkeiten am Lenkrad) sind bei heutigen Kraftfahrzeugen kaum noch zu finden.

Da die Lenksäule aufgrund ihrer primären Funktion eine gewisse Steifigkeit aufweisen muss, ist sie im Crashfall nicht unproblematisch. Im Falle eines Fahrzeugcrashs muss verhindert werden, dass die Lenksäule in den Fahrzeuginnenraum eindringt und ein erhöhtes Gefahrenpotential für den Fahrer darstellt. Bei modernen Fahrzeugen wird das Lenkrad zusammen mit der Lenksäule im Falle eines Crashs in Richtung Fahrzeugfront geschoben, sodass die Fahrerkabine nicht beeinträchtigt wird. Gleichzeitig muss allerdings dafür gesorgt werden, dass Crashelemente (z. B. Airbag) an der vorgesehenen Position gehalten werden.

Die Anbindung der Lenksäule an das Lenkgetriebe wird über die Lenkzwischenwellen gewährleistet. Aufgrund des engen Bauraums in der Fahrzeugfront müssen die Lenkwellen geteilt ausgeführt werden und Gelenke aufweisen. So können sie z. B. um den Bauraum des Motors herumgeführt werden. Oft sehen die Lenkzwischenwellen zudem noch die Möglichkeit eines Längenausgleichs vor, der die Montage erleichtert. Der Längenausgleich der Lenkzwischenwellen kann auch gezielt für das Einstellen gewünschter Crasheigenschaften verwendet werden. Die Lenkzwischenwellen werden zudem so ausgeführt, dass sie störende Erschütterungen und Stöße abfangen.

Im einfachsten Fall besteht eine Lenkzwischenwelle aus einer starren Welle mit zwei Kreuzgelenken. Aufgrund der geteilten Wellen und den verbindenden Gelenken kommt es zu einer Ungleichförmigkeit der Bewegung. Diese Ungleichförmigkeit ist als kardanischer Fehler bekannt. Alternativ können auch sogenannte Gleichlaufgelenke eingesetzt werden (Schramm, Hiller und Bardini 2018). Sie haben den Vorteil, dass sie keinen kardanischen Fehler aufweisen. Im Vergleich zu Kardangelenken weisen sie allerdings eine deutlich erhöhte Reibung oder ein erhöhtes Lenkungsspiel auf.

Kreuzgelenke

Wie bereits erwähnt, werden Kreuzgelenke eingesetzt, um die notwendigen Knickpunkte im Lenkstrang zu gewährleisten. Die Drehbewegung der antriebsseitigen Welle wird über das Kreuzgelenk in eine Drehbewegung auf der Abtriebsseite übertragen, s. Abbildung 4.9.

Werden die Wellen auf An- und Abtriebsseite nicht koaxial angeordnet ($\alpha \neq 0$), so drehen sich beide Wellen nicht synchron. Für ein einzelnes Kreuzgelenk gilt:

$$\varphi_2 = \arctan \frac{\tan \varphi_1}{\cos \alpha}. \tag{4.3}$$

Beim gleichzeitigen Einsatz von zwei Kreuzgelenken ist es möglich, den auftretenden kardanischen Fehler zu kompensieren. Hierfür müssen beide Gelenke mit identi-

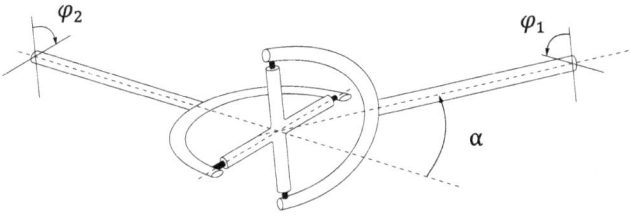

Abb. 4.9: Kinematische Zusammenhänge an einem Kreuzgelenk.

Tab. 4.2: Bezeichnungen am Kreuzgelenk, s. Abbildung 4.9.

Formelzeichen	Bedeutung
φ_1	Antriebswinkel
φ_2	Abtriebswinkel
α	Beugungswinkel

schem Beugewinkel verbaut werden. Diese Anordnung ist im realen Einsatz aus Platzgründen jedoch meist nicht möglich. Tabelle 4.2 definiert die verwendeten Formelzeichen für ein Kreuzgelenk.

Vereinfacht kann bei der Verwendung von zwei Kreuzgelenken von dem Zusammenhang

$$\tan \varphi_2 = \frac{\cos \alpha_2}{\cos \alpha_1} \tan \varphi_1 \tag{4.4}$$

ausgegangen werden. Es wird beim Aufbau der Lenkung darauf geachtet, dass der kardanische Fehler gering gehalten wird.

Einfluss der Ungleichförmigkeit

Die Ungleichförmigkeit der Bewegung kann gezielt dazu benutzt werden, um die Lenkübersetzung variabel zu gestalten. So kann z. B. erreicht werden, dass die Übersetzung um die Nulllage der Lenkung (Center Point) vergrößert wird. Dies führt zu einer zusätzlichen Zentrierung. Ausgehend von der Nulllage fällt die Übersetzung dann symmetrisch zu beiden Seiten leicht ab. Dies führt zu einem leicht steigenden Handmoment und einer etwas direkteren Lenkung.

4.5.3 Lenkgetriebe

Das Lenkgetriebe übersetzt die Drehbewegung der Lenkzwischenwelle in eine Bewegung des Lenkgestänges. Hierfür können verschiedene Getriebetypen verwendet werden.

Zahnstangengetriebe

Das Zahnstangengetriebe ist die am weitesten verbreitete Getriebeart bei modernen Kraftfahrzeuglenkungen. Das Ritzel greift in die Zähne der Zahnstange und ermöglicht so die Übersetzung der Drehbewegung der Lenkwelle in eine Schubbewegung der Zahnstange. Abbildung 4.10 zeigt den Aufbau eines Zahnstangengetriebes. Neben dem eigentlichen Zahnstangengetriebe sind dort auch Elemente einer hydraulischen Servolenkung zu erkennen. Oberhalb des Ritzels ist der Drehstab mit dem entsprechenden Hydraulikventil zu sehen. Von hier gehen Ölleitungen zum Arbeitszylinder an der Zahnstange. Abhängig von der Verdrehung des Drehstabs werden verschiedene Druckleitungen teilweise geöffnet.

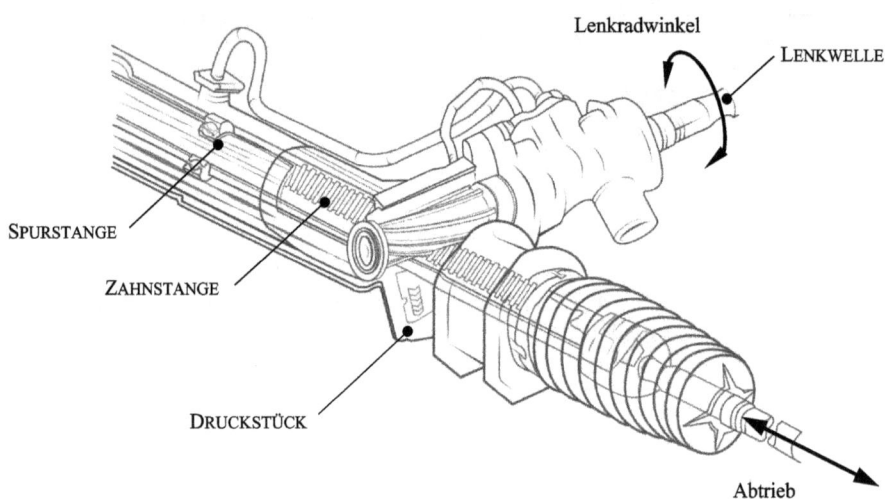

Abb. 4.10: Aufbau eines Zahnstangengetriebes einer Kfz-Lenkung. Bei einfachen Zahnstangengetrieben kann von einer konstanten Übersetzung zwischen Ritzelwinkel und Zahnstangenbewegung ausgegangen werden, nach (Fischer, Gscheidle und Heider 2013).

Kugelumlaufgetriebe

Neben der sehr weit verbreiteten Zahnstangenlenkung werden in einigen Fahrzeugen Lenkungen mit Kugelumlaufgetriebe verbaut. Der grundsätzliche Aufbau dieses Getriebetyps ist in Abbildung 4.11 zu finden. Die Drehbewegung an der Lenkspindel wird über die in den Rillen der Lenkschnecke befindlichen Kugeln in eine Schubbewegung der Lenkmutter übersetzt. Die Verzahnung zwischen Lenkmutter und Lenksegment überträgt diese wiederum in die typische Schwenkbewegung des Lenkstockhebels. Die in der Lenkschnecke abrollenden Kugeln werden über die Kugelführungsrohre wieder in die Lenkschnecke eingesetzt, wenn sie den Bereich der Lenkmutter verlassen.

Die Drehbewegung der Lenksäule wird über gewindeartige Rillen der Lenkschnecke, in denen die Kugeln laufen, auf eine Schubbewegung der Lenkmutter (Spindelmut-

LENKSCHNECKE

LENKWELLE

KUGELFÜHRUNGSROHRE

LENKMUTTER

SPURSTANGE

LENKSTOCKHEBEL

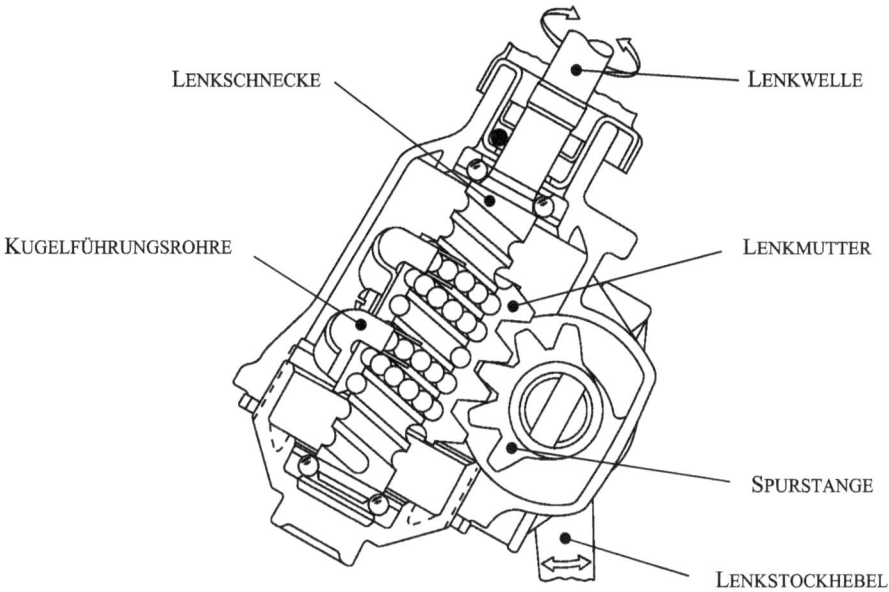

Abb. 4.11: Kugelumlaufgetriebe einer Fahrzeuglenkung nach (Fischer, Gscheidle und Heider 2013).

ter) übersetzt. Über eine Verzahnung führt diese dann zu einer Schwenkbewegung des Lenkstockhebels (Abtriebswelle). Die Kugeln werden nach Verlassen der Rillen über gebogene Rohre (Kugelführungsrohre) wieder zurückgeführt und neu eingesetzt.

4.6 Kenngrößen am gelenkten Rad

Für den Normalfahrer ist die Lenkung die einzige Möglichkeit, die Querdynamik des Fahrzeugs gezielt zu beeinflussen. Durch die Drehung der gelenkten Räder entsteht der Schräglaufwinkel α und bedingt die Seitenkraft am Reifen (vgl. Kapitel 2 und 3). Diese Reifenseitenkräfte bringen das Fahrzeug auf die gewünschte Kreisbahn.

4.6.1 Definition geometrischer Größen am Rad

In diesem Abschnitt werden die geometrischen Größen am Rad und ihr Zusammenhang mit auf die Lenkung wirkenden Kräften/Momenten kurz erläutert. Für die heute verwendeten Achsschenkellenkungen sind diese Größen in Abbildung 4.12 und Tabelle 4.3 zu sehen.

Bei einer Lenkbewegung schwenkt das gelenkte Rad um die Lenkachse L. Diese Achse schneidet die Fahrbahn im Punkt D.

Der Abstand zwischen den Punkten A und D in Längsrichtung (Seitenansicht) wird als Nachlauf n bezeichnet. Er setzt sich im Betrieb aus einem konstruktiven Anteil n_K

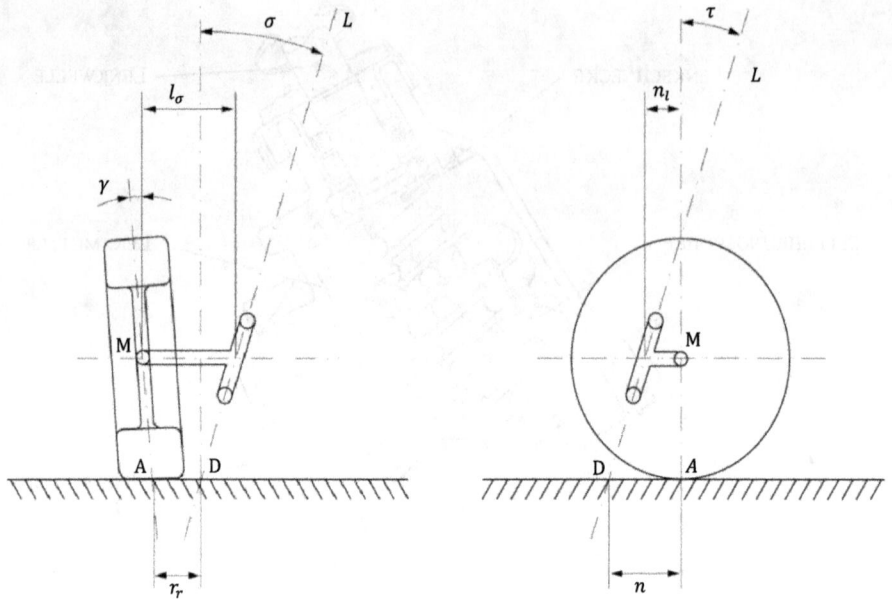

Abb. 4.12: Definition geometrischer Kenngrößen am gelenkten Rad nach (Matschinsky 2007).

Tab. 4.3: Geometrische Kenngrößen am gelenkten Rad, s. Abbildung 4.12.

Formelzeichen	Bedeutung
L	Spreizachse/Lenkachse
σ	Spreizwinkel zwischen Spreizachse und vertikaler z-Achse
γ	Sturz
τ	Nachlaufwinkel
r_r	Lenkrollradius
n	Nachlaufstrecke
n_l	Nachlaufversatz (bezogen auf die Radmitte)
l_σ	Spreizungsversatz (Störkrafthebelarm)
δ_0	Vorspurwinkel
r	Radradius

und einem dynamischen Anteil n_D zusammen. Der Nachlauf ist der am Rad wirkende Hebelarm für die Seitenkraft. Die Kombination aus Seitenkraft und Nachlauf bedingt bei einer normalen Kurvenfahrt maßgeblich das wirkende Lenkmoment (Matschinsky 2007).

Der Abstand zwischen dem Punkt D und dem Latschmittelpunkt (Radaufstandspunkt) A in Reifenquerrichtung wird als Lenkrollradius r_r bezeichnet. Der Lenkrollradius eines Rades ist bei einer Bremskraft der für die Lenkung relevante Hebelarm. Bei unterschiedlichen Bremskräften an den beiden gelenkten Rädern oder beim Bremsen in der Kurve resultiert hieraus ein wirksames Lenkmoment, das vom Fahrer am Lenkrad spürbar ist.

Antriebskräfte, die wie bei heutigen Fahrzeugen üblich, über Gelenkwellen an das getriebene Rad übertragen werden, haben, bezogen auf die Lenkachse, den Hebelarm l_σ. Dieser Spreizungsversatz wird auch als Störkrafthebelarm bezeichnet, da nicht nur antreibende Kräfte, sondern auch alle Störkräfte am frei rollenden Rad (z. B. Fahrbahnstöße, Reibwertänderungen usw.) über den Mittelpunkt des Radträgers in die Karosserie geleitet werden. Damit wirkt bei diesen Kräften ein Moment entsprechend dem Störkrafthebelarm um die Spreizachse (Matschinsky 2007).

Der Vorspurwinkel δ_0 (in der Abbildung nicht zu sehen, s. aber Kapitel 3) bezeichnet eine Verdrehung des Rades entgegen der Fahrzeuglängsrichtung beim Lenkrad in Mittenstellung. Der Vorspurwinkel (die Vorspur) sorgt für die gewünschte Rückstellung der Lenkung und eine gute Geradeausfahrt.

4.6.2 Änderung der geometrischen Größen beim Lenken

Durch die Anbindung der gelenkten Räder ändern sich beim Lenken die kinematischen Zusammenhänge. Dies kann sehr hilfreich sein, um z. B. das kurveninnere und -äußere Rad unterschiedlich zu lenken, s. Abschnitt 4.4.1. Mit der Änderung der geometrischen Größen ändern sich allerdings auch die dynamischen Zusammenhänge, da die Hebelarme der verschiedenen Kräfte veränderlich sind.

Abbildung 4.13 zeigt beispielhaft die Sturzänderung am Rad aufgrund einer Lenkbewegung. Aufgrund des Spreizwinkels σ sowie des Nachlaufwinkels τ beschreibt der Radmittelpunkt M beim Lenken eine Kreisbahn, die zur Aufstandsfläche geneigt ist. Die Kinematik des gelenkten Rades führt bei einer Lenkbewegung daher zu einer Sturzänderung. Diese Sturzänderung kann gezielt zur Unterstützung der Dynamik eingesetzt werden.

Beim Lenken beschreibt die Radmitte M eine Bewegung auf einer im Raum geneigten Kreisbahn. Da die Verbindung von D_M und M fest vorgegeben ist, ändert sich bei der beschriebenen Schwenkbewegung des Rades um die Lenkachse der Radsturz γ.

Der konstruktive Nachlauf[4] n_K ist ebenfalls mit der Lenkbewegung veränderlich. Er ergibt sich aus dem Nachlaufversatz n_τ und einem Anteil durch den Nachlaufwinkel τ als Funktion des Lenkwinkels δ. Nach Mitschke und Wallentowitz 2014 gilt:

$$n_K = n_0 + r(\tan \sigma \, \sin \delta - (1 - \cos \delta) \, \tan \tau), \tag{4.5}$$

---

[4] Es muss zwischen dem konstruktiven und dynamischen Nachlauf unterschieden werden. Der konstruktive Nachlauf ergibt sich nur aus der Kinematik der Radaufhängung. Der dynamische Nachlauf beschreibt die Verschiebung des Latschmittelpunktes gegenüber dem Durchtrittspunkt der Lenkachse aufgrund von im Betrieb wirkenden Kräften, vgl. Kapitel 3.

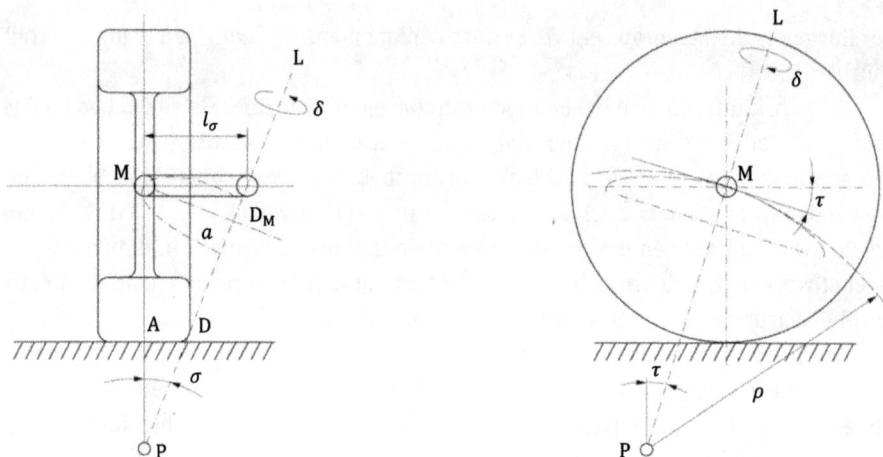

Abb. 4.13: Sturzänderung bezogen auf den Lenkwinkel, nach Matschinsky 2007.

wobei

$$n_0 = n_K(\delta = 0) = n_l + r \tan \tau. \tag{4.6}$$

Der Lenkrollradius lässt sich mit

$$r_r = r_{s0} + n_0 \sin \delta \tag{4.7}$$

berechnen, wobei gilt:

$$r_{ro} = r_r(\delta = 0) = l_\sigma - r(\tan \sigma + \gamma) \tag{4.8}$$

Beim Schwenken des Rades wird, wie beschrieben, das Rad angehoben. Dadurch ergibt sich nicht nur eine Änderung der kinematischen Größen am Rad, sondern es ist hierfür auch eine Lenkarbeit notwendig, da das Fahrzeug entgegen der Schwerkraft in vertikaler Richtung bewegt wird (vgl. Bohrmoment). Für die Bewegung am Rad in vertikaler Richtung gilt:

$$\Delta z(\delta) = r_{ro}[(\cos \delta - 1) \cdot \tan \tau + \sin \delta \tan \sigma] - n_0[\sin \delta \tan \tau - (\cos \delta - 1) \tan \tau]. \tag{4.9}$$

Zudem ändert sich der Sturzwinkel am gelenkten Rad. Es ergibt sich:

$$\gamma(\delta) = \gamma_0 - \delta \tan \tau. \tag{4.10}$$

Im Bereich kleiner Lenkwinkel haben die kinematischen Veränderungen am Rad und die dadurch veränderlichen Hebelverhältnisse oft nur geringe Auswirkungen auf die wirkenden Lenkradmomente/Übersetzungsverhältnisse. Bei großen Lenkwinkeln, wie sie oft im Bereich von Rangier-/Parkiervorgängen auftreten, spielen sie allerdings eine entscheidende Rolle.

Abbildung 4.14 zeigt beispielhaft die veränderlichen Größen über dem Lenkwinkel am Rad.

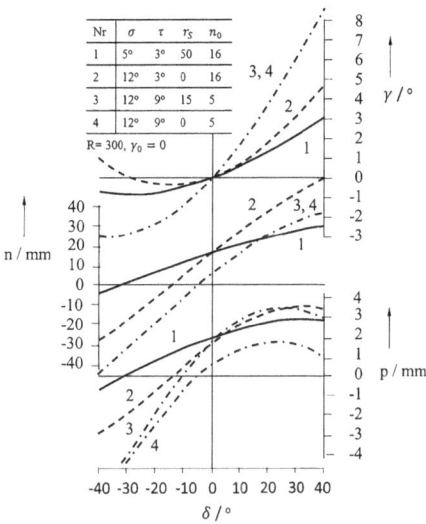

Abb. 4.14: Änderung von Sturz und Radlasthebelarm bezogen auf den Lenkwinkel nach Matschinsky 2007.

4.7 Lenkübersetzung

Die Drehbewegung des Lenkrads wird durch die Lenkung auf die Stellung der gelenkten Räder umgesetzt. Dies geschieht durch die Lenkkinematik bestehend aus der Lenksäule/Lenkzwischenwellen sowie dem Lenkgetriebe und dem Lenkgestänge (vgl. Abschnitt 4.5). Entscheidend aus Sicht des Fahrzeugführers ist hierbei die Lenkübersetzung zwischen dem Lenkrad und dem mittleren Lenkwinkel an den gelenkten Rädern:

$$i_L = \frac{i_{L,i} + i_{L,a}}{2}, \tag{4.11}$$

$$i_L = \frac{\delta_H}{\delta_R}. \tag{4.12}$$

Die Lenkübersetzung beschreibt den Zusammenhang zwischen dem auftretenden Lenkmoment und dem Handmoment am Lenkrad bzw. dem Lenkradwinkel und den Winkeln der gelenkten Räder. Entsprechend der gezeigten Zusammenhänge der Kinematik am Rad ist die Lenkübersetzung nicht konstant. Die Übersetzung hängt vom Lenkwinkel ab, und sie ist zudem für das kurveninnere und -äußere Rad unterschiedlich. Die

Tab. 4.4: Lenkwinkel Bezeichnungen.

Formelzeichen	Bedeutung
δ_H	Lenkradwinkel
δ_R	mittlerer Winkel der gelenkten Räder
i_L	mittlere Lenkübersetzung
$i_{L,i}$, $i_{L,a}$	Lenkübersetzung zum kurveninneren, kurvenäußeren Rad
s_{ZS}	Zahnstangenhub
i_{LG}	Übersetzung des Lenkgetriebes in rad/mm

Lenkübersetzung besteht aus den folgenden drei Teilen:
– Übersetzung des Lenkgetriebes,
– Übersetzung des Lenkgestänges und
– Ungleichförmigkeit der Kreuzgelenkbewegung.

Da die Übersetzung des Lenkgetriebes sowie auch die Ungleichförmigkeit der Kreuzgelenke für die gelenkten Räder gleich sind, kann nur über das Lenkgestänge erreicht werden, dass das kurveninnere und das -äußere Rad (wie gewünscht) unterschiedliche Lenkübersetzung haben, s. Abschnitt 4.4.

Ist der gewünschte maximale Lenkradeinschlag festgelegt und zudem der mechanische Anschlag der gelenkten Räder bekannt, so kann direkt auf die nötige Lenkübersetzung geschlossen werden. Der maximale Einschlagwinkel der gelenkten Vorderräder beträgt üblicherweise zwischen 45° und 50°. Hiermit können typische Spurkreisdurchmesser von ca. 8 m erreicht werden (Pfeffer und Harrer 2011). Gängige Lenkübersetzungen liegen im Bereich zwischen 13 und 20. Damit wird der maximale Lenkeinschlag bei ca. 1,5 bis 2,5 Lenkradumdrehungen erreicht. Das Lenkgetriebe wird eingesetzt, um die gewünschte Übersetzung bei gegebener Lenkkinematik zu erreichen. Dabei ist sie immer ein Kompromiss aus dem Lenkaufwand beim Parkieren (zu stellender Lenkradwinkel) und den wirkenden Handkräften. Die Wahl einer geeigneten Lenkübersetzung geht damit auch direkt mit der Auslegung der Hilfskraftlenkung (vgl. Abschnitt 4.10) einher. Erst die Einführung der Hilfskraftlenkungen hat es ermöglicht, relativ direkte Lenkungen bei gleichzeitig komfortablem Handmoment zu realisieren.

Konzepte mit variabler Lenkübersetzung versuchen diesen Zielkonflikt aufzulösen. Es werden dann entweder abhängig vom Lenkradwinkel unterschiedliche Übersetzungen realisiert (vgl. z. B. Wandfluh-Lenkung, Lenkung mit progressiver Zahnstange oder der gezielte Einsatz des Lenkgestänges und Ungleichförmigkeiten der Kreuzgelenke) oder über aktive Konzepte (vgl. Abschnitt 4.12.1) frei wählbare, fahrzustandsabhängige Übersetzungen gewählt. Im dynamischen Betrieb können sich die Übersetzungen aufgrund von Elastizitäten der Bauteile und Lager zudem abhängig vom Fahrmanöver ändern.

4.7.1 Übersetzung des Lenkgetriebes

Die Zahnstangenlenkung ist im Bereich der Pkws als Standard anzusehen. Daher wird im Folgenden die Betrachtung des Lenkgetriebes ausschließlich für diese Getriebeart vorgenommen. Für die Zahnstangengetriebe ist die Übersetzung als Verhältnis von Lenkradwinkeländerung (bzw. Ritzeldrehung) und der Verschiebung der Zahnstange definiert

$$i_{LG} = \frac{d\delta_H}{ds_{ZS}}. \tag{4.13}$$

Wie in Abschnitt 4.5.3 bereits erläutert wurde, kann dieses Verhältnis bei manchen Getrieben abhängig von der absoluten Position der Zahnstange sein. Für gewöhnlich ist das Verhältnis allerdings über den gesamten Bereich der Lenkradwinkel konstant.

4.7.2 Übersetzung des Lenkgestänges

Aufgrund der gewählten Kinematik des Lenkgestänges wirken abhängig vom jeweiligen Lenkwinkel unterschiedliche Hebelverhältnisse. Diese resultieren in einer Übersetzung des Lenkgestänges, die sich abhängig vom Lenkwinkel ändert. Eine geschickte Wahl der Kinematik kann dazu eingesetzt werden, die Lenkübersetzung insgesamt positiv zu beeinflussen. Zudem kann so erreicht werden, dass das kurveninnere und -äußere Rad unterschiedlich gelenkt werden, s. Abschnitt 4.4.

Für die Variante der Zahnstangenlenkung kann die Lenkgestängeübersetzung für das kurveninnere und -äußere gelenkte Rad als Verhältnis der Zahnstangenbewegung zur Raddrehung angegeben werden

$$i_{LZ\ i,a} = \frac{ds_{ZS}}{d\delta_{i,a}}. \tag{4.14}$$

Die Betrachtungen im Rahmen dieses Abschnitts gehen von einer ebenen Kinematik aus. Wird für die Lenkung ein räumliches kinematisches Modell hergeleitet, so müssen auch die veränderten Hebelverhältnisse beim Einfedern der gelenkten Räder betrachtet werden. Wie bereits erwähnt, kann der Lenkwinkel durch eine gezielte Anpassung der Lenkkinematik beim Einfedern gezielt positiv beeinflusst werden, sodass eine Kurvenfahrt unterstützt wird. An dieser Stelle wird auf die veränderliche dynamische Übersetzung nicht weiter eingegangen und an weiterführende Literatur (z. B. (Matschinsky 2007) oder (Pfeffer und Harrer 2011)) verwiesen.

Bei einer genauen Betrachtung des Lenkgestänges und der wirkenden Hebelverhältnisse muss berücksichtigt werden, dass die Bauteile des Lenkgestänges (im Vergleich zur Zahnstange) eine merkliche Elastizität aufweisen. Diese Elastizität lässt eine Verschiebung der relevanten Gelenkpunkte zu, auch ohne, dass die Zahnstange verschoben wird, wodurch sich der resultierende Lenkwinkel ändert. Die Lenkübersetzung ist somit auch abhängig von den jeweiligen wirkenden Kräften (und damit vom Fahrzustand). Abhängig von der Belastungssituation am Rad können sich relevante kinematische Größen der Radaufhängung (des Lenkgestänges) ändern, s. Kapitel 3. Abbildung 4.15 zeigt vereinfacht die Zusammenhänge für das kurveninnere gelenkte Vorderrad. Die Zahnstangenbewegung wird über die Spurstange an den Radträger weitergegeben. Dieser führt entsprechend der Lagerung sowie der wirkenden Hebelverhältnisse die gewünschte Drehbewegung durch. Für die Spurstange wird eine Federsteifigkeit angenommen, die die Elastizität des gesamten Lenkgestänges annähert. Alternativ zur Zahnstangenbewegung ist in der Abbildung 4.15 ebenfalls ein Lenkstockheben (gestrichelt) dargestellt. Dieser würde die Drehbewegung (Winkel δ_{KG} des Kugelgewindetriebs) um den Punkt D in die Verschiebung der Spurstange übersetzen:

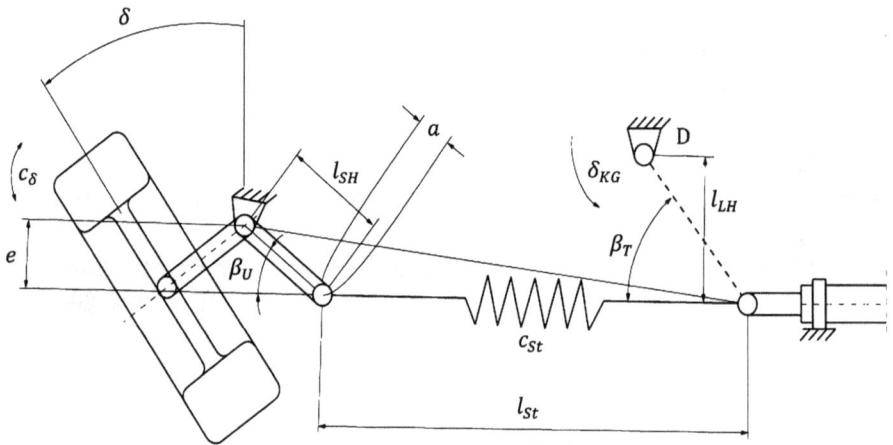

Abb. 4.15: Kinematik (Elastokinematik) des Lenkgestänges für das kurveninnere (linke) Vorderrad nach Matschinsky 2007.

Tab. 4.5: Lenkungssteifigkeiten, s. Abbildung 4.15.

Formelzeichen	Bedeutung
β_U, β_T	Übertragungswinkel
l_{St}	Spurstangenlänge
a	Längenüberdeckung von Spurhebel und Spurstange
l_{SH}	Spurhebellänge
e	Wirksamer Hebelarm der Spurstange bezogen auf die Raddrehung
c_{St}	Steifigkeit der Spurstange (des Lenkgestänges zusammengefasst in der Spurstange)
c_δ	Verdrehsteifigkeit des Rades um die Lenkachse

Aufgrund der Elastizitäten im System kann die Lenkübersetzung nur für einen statischen Belastungsfall (statische wirkende Reifenkräfte) kinematisch angegeben werden. Ein Spezialfall statischer Kräfte ist die vollkommen unbelastete Lenkkinematik (freies Lenken). Für diesen Fall kann die Elastizität gänzlich vernachlässigt werden und es reicht die Betrachtung der Kinematik aus.

Zur Bestimmung der Lenkgestängeübersetzung wird abweichend von Abbildung 4.15 die Länge l_{St} der Spurstange als unveränderlich (starr) angenommen. Zudem wird die Nachgiebigkeit des Rades nicht weiter berücksichtigt. Damit ergibt sich eine vereinfachte Darstellung, wie sie in Abbildung 4.16 zu sehen ist. Für die weitere Herleitung wird wieder nur das linke Rad betrachtet.

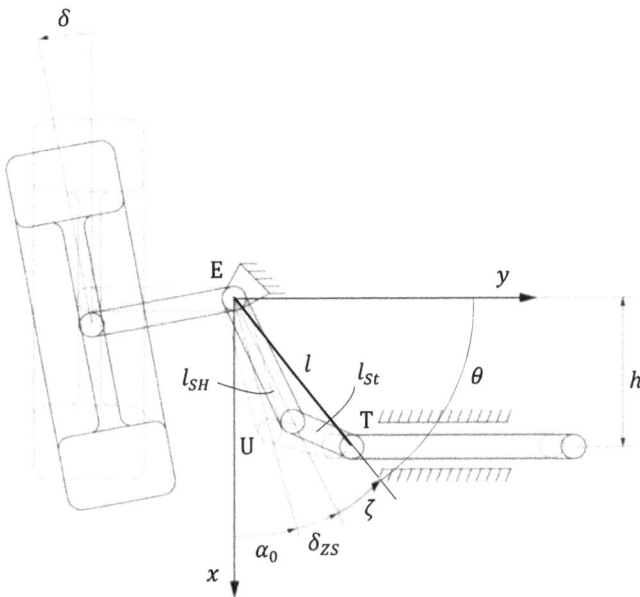

Abb. 4.16: Ebene Kinematik des Lenkgestänges einer Zahnstangenlenkung für das linke Vorderrad. Kinematik am gelenkten linken Vorderrad ohne Berücksichtigung elastischer Komponenten.

Die Verbindungspunkte des Lenkgestänges bilden das Dreieck EUT. Die Seiten EU und UT des Dreiecks sind als Spurhebellänge l_{SH} und Spurstangenlänge l_{St} gegeben und konstant. Damit kann mit den kinematischen Zwangsbedingungen der Radlenkwinkel δ auf Basis der Zahnstangenverschiebung s_{ZS} bestimmt werden. Zur Beschreibung der kinematischen Zusammenhänge wird das Koordinatensystem im Punkt E verwendet.

Der Punkt T (Verbindung zur Zahnstange) kann sich nur entlang der y-Achse des in Abbildung 4.16 dargestellten Koordinatensystems verschieben. Der Punkt wird also durch die Zahnstangenposition s_{ZS} sowie durch den konstanten Wert h (Abstand Zahnstange zur Lenkachse) beschrieben. Der Punkt E ist in der Ebene festgelegt.

Der Spurhebel schließt mit der fahrzeugfesten y-Achse den veränderlichen Radlenkwinkel δ ein. Dieser Winkel ergibt sich aus der Vorspur δ_0 und dem durch die Verschiebung der Zahnstange resultierenden Radlenkwinkel δ_{ZS}. Der Vorspurwinkel wird negativ angenommen. Der Radlenkwinkel ergibt sich dann zu

$$\delta = \delta_0 + \delta_{ZS}. \tag{4.15}$$

Da der Vorspurwinkel δ_0 konstant ist, wird im Folgenden nur noch auf die Herleitung des Lenkwinkelanteils aufgrund der Zahnstangenverschiebung δ_{ZS} eingegangen. Für das dargestellte Lenkdreieck gilt mit dem Kosinussatz:

$$l_{St}^2 = l_{SH}^2 + l^2 - 2l_{SH} l \cos \zeta. \tag{4.16}$$

Für den Winkel ζ kann entsprechend der Zusammenhänge aus Abbildung 4.16 auch folgendermaßen geschrieben werden:

$$\zeta = \frac{\pi}{2} - (\alpha_0 + \delta_{ZS}) - \theta \tag{4.17}$$

Dabei beschreibt der Winkel α_0 den konstanten Winkel des Spurhebels zur x-Achse im Ausgangszustand. Der Winkel θ aus Gleichung (4.17) kann ebenfalls für die kinematischen Zusammenhänge ausgedrückt werden:

$$\theta = \arctan \frac{h}{y_{ZS}}. \tag{4.18}$$

Der Abstand h ist hier konstant und bezeichnet die Position der Zahnstange zum Radträgerpunkt E in x-Richtung. Die Größe y_{ZS} ist aufgrund der möglichen Zahnstangenverschiebung variabel. Sie definiert die Position der Zahnstange und setzt sich aus einem konstanten Anteil $y_{ZS,0}$, der die Position der Zahnstange in der Mittenlage beschreibt, und der Verschiebung der Zahnstange aus dieser Position s_{ZS} zusammen:

$$y_{ZS} = y_{ZS,0} + s_{ZS}. \tag{4.19}$$

Die Länge l des veränderlichen Lenkdreiecks aus Gleichung (4.15) ist mit:

$$l = \sqrt{y_{ZS}^2 + h^2} = \sqrt{(y_{ZS,0} + s_{ZS})^2 + h^2} \tag{4.20}$$

gegeben.

Mit (4.18) und (4.20) in (4.16) und einigen Umformungen ergibt sich der gesuchte Zusammenhang von Zahnstangenverschiebung und Lenkwinkel:

$$\delta_{ZS} = -\frac{\pi}{2} + \alpha_0 + \arctan \frac{h}{y_{ZS,0} + s_{ZS}} + \arccos \frac{l_{St}^2 - l_{SH}^2 - (y_{ZS,0} + s_{ZS})^2 - h^2}{2l_{SH} \sqrt{(y_{ZS,0} + s_{ZS})^2 + h^2}}. \tag{4.21}$$

Mit den dargestellten Zusammenhängen können für die gelenkten Räder typische Lenkübersetzungen des Lenkgestänges angegeben werden. Die Übersetzung des Lenkgestänges ändert sich in Abhängigkeit von der Lenkkinematik und der aktuellen Position der Zahnstange (Radstellung), s. Abbildung 4.17. Zusätzlich zeigt die Abbildung den Einfluss einer wirkenden Querkraft am gelenkten Rad.

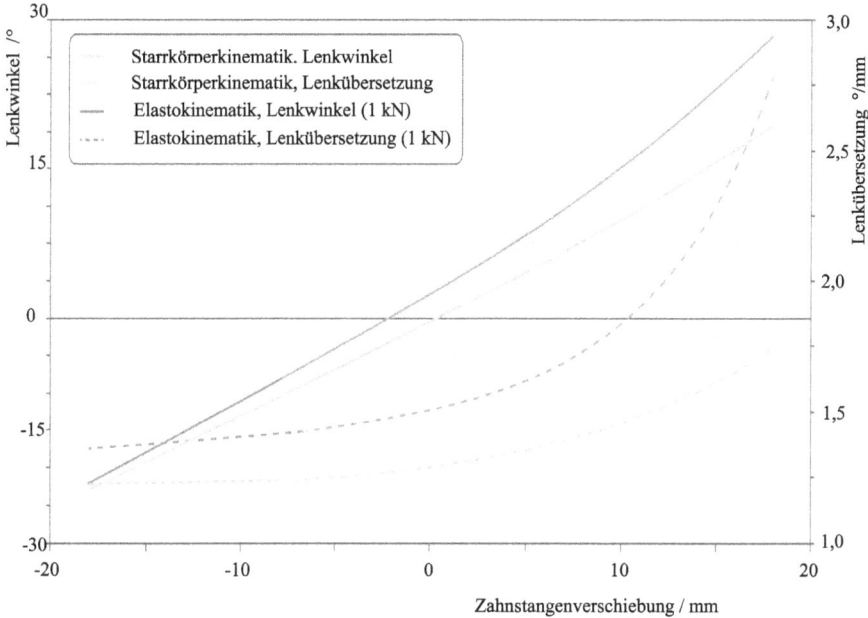

Abb. 4.17: Lenkübersetzung des Lenkgestänges in Abhängigkeit von der Zahnstangenposition, dargestellt sind nur die Größen auf der linken Seite, die Kraftangaben beziehen sich auf die Querkraft.

Zur Bestimmung der Lenkwinkel δ bei einer realen Belastung können Finite-Elemente-Methoden (FE-Metoden) eingesetzt werden. Diese Art der Modellierung erlaubt eine detaillierte Betrachtung der kinematischen Größen auch bei veränderlichen Radlasten. Da die Elastizität der verschiedenen Bauteile in einer Radaufhängung teilweise einen deutlichen Einfluss auf die relevanten kinematischen Größen hat, wird in aktuellen Forschungsaktivitäten versucht, diese Elastizität auch ohne eine vollständige FE-Modellierung abschätzbar zu machen. Dies könnte im realen Fahrzeugeinsatz schon während des Betriebs genutzt werden, um z. B. das Lenkgefühl zustandsabhängig anzupassen (Kracht, Schramm und Unterreiner 2015).

4.8 Lenkmoment bei konventionellen Lenkungen

Wird der Fahrzeughub (Radhub) aufgrund der Lenkbewegung außer Acht gelassen, so resultiert das wirkende Lenkmoment nahezu ausschließlich aus den Reifenkräften in

Längs- und Querrichtung sowie dem Moment entgegen der Raddrehung auf der Fahrbahn.

Wie eingangs erwähnt, sind die wirkenden Hebelarme im Antriebs- und Bremsfall unterschiedlich. Daher muss im Folgenden bei der Berechnung des Lenkmoments zwischen beiden Fällen unterschieden werden. Für das Lenkradmoment im Antriebsfall ergibt sich (Mitschke und Wallentowitz 2014):

$$M_H = (F_{x,i}i_{L,i}r_{\sigma i} - F_{x,a}i_{L,a}r_{\sigma i}) + (F_{y,i}i_{L,i}n_i + F_{y,a}i_{L,a}n_a) + (M_{z,i}i_{L,i} + M_{z,a}i_{L,a}). \qquad (4.22)$$

Für den Bremsfall ändern sich die Hebelarme der Reifenlängskräfte, und es gilt:

$$M_H = (F_{x,i}i_{L,i}r_{si} - F_{x,a}i_{L,a}r_{si}) + (F_{y,i}i_{L,i}n_i + F_{y,a}i_{L,a}n_a) + (M_{z,i}i_{L,i} + M_{z,a}i_{L,a}). \qquad (4.23)$$

Die Vernachlässigung des Fahrzeughubs bei der Berechnung der Lenkradmomente ist für die normale Fahrt akzeptabel. Im Normalfall treten hierbei lediglich geringe Lenkradbewegungen und damit verbunden sehr geringe vertikale Bewegungen des Fahrzeugs auf. Zudem kann auch oft das Moment um die Radhochachse vernachlässigt werden. Anzumerken ist ebenfalls, dass die hier berechneten Handmomente am Lenkrad nur für quasistatische Zustände der Lenkung zulässig sind, da die Massen sämtlicher Lenkungskomponenten nicht berücksichtigt worden sind.

4.8.1 Zahnstangenkraft

Die am Reifen auftretenden Kräfte werden entsprechend der Lenkkinematik auf das Lenksystem übertragen. Maßgeblich für viele Betrachtungen aus Sicht des Lenkungssystems (z. B. Hilfskraftlenkungen) ist die Zahnstangenkraft, da hier sowohl die Fahrerhandkräfte als auch die eventuellen Hilfskraftlenkungen summiert werden. Zahnstangenkräfte bei heutigen Fahrzeugen können abhängig vom Fahrzeugtyp Größen von mehr als 15 kN bei Parkiervorgängen erreichen, s. auch Abbildung 4.28.

Während des normalen Fahrbetriebs werden die Rückstellmomente an den Reifen (s. Kapitel 2) über den Spurhebel und die Spurstange auf die Zahnstange übertragen. Da sich abhängig von der aktuellen Stellung des Rades auch die Hebelverhältnisse ändern, muss für die Berechnung der Zahnstangenkraft der momentan wirkende Lenkhebel bekannt sein.

4.8.2 Bohrmoment

Bei einer sehr langsamen Fahrt, wie z. B. bei Parkiervorgängen oder auch dem Lenken im Stand, treten oft besonders hohe Lenkkräfte auf (Weinberger, Vena und Schramm 2017, Neumann 2023, Weinberger 2023). Diese sind durch das sogenannte Bohrmoment zu erklären. Bei langsamen Geschwindigkeiten und gleichzeitiger Drehung der gelenkten Räder um die Lenkachse (im vereinfachten Fall die vertikale z-Achse des Rades) treten die für die Lenkung relevanten Seitenführungskräfte des Rades in den Hintergrund. Das Rad wird jetzt auf dem Latsch gedreht. Dabei gleiten die einzelnen Bereiche des Latsches ohne entsprechende Rollbewegung des Rades über die Fahrbahn. Die Reibkraft zwischen Latschpunkt und Fahrbahn mit dem entsprechenden Abstand zur Drehachse ergibt dann das Bohrmoment des Latschpunktes. Nach Rill 1994 ergibt sich für eine idealisierte rechteckige Latschgeometrie und der Integration über alle Latschpunkte das Bohrmoment (Tabelle 4.6 fasst die verwendeten Formelzeichen zusammen):

$$
\begin{aligned}
T_{\text{Bohr}} &= \frac{1}{12} b_{\text{Latsch}}^2 \frac{dF_{x,\text{Latsch}}}{ds_x} \frac{\omega_{z,\text{Rad}}}{r_{\text{Rad}} |\omega_{y,\text{Rad}}|} \\
&= \frac{1}{12} b_{\text{Latsch}} \underbrace{\frac{dF_{x,\text{Latsch}}}{ds_x}}_{\text{Längssteifigkeit}} \frac{b_{\text{Latsch}}}{r_{\text{Rad}}} \underbrace{\frac{\omega_{z,\text{Rad}}}{|\omega_{y,\text{Rad}}|}}_{\text{Bohrschlupf}}.
\end{aligned} \tag{4.24}
$$

Tab. 4.6: Physikalischen Größen am Rad.

Formelzeichen	Bedeutung
T_{Bohr}	Bohrmoment
b_{Latsch}	Breite des Latsches
$F_{x,\text{Latsch}}$	am Latsch angreifende Längskraft (Umfangskraft)
s_x	Längsschlupf
r_{Rad}	Radradius
$\omega_{z,\text{Rad}}$	Radwinkelgeschwindigkeit um die z-Achse des Rads
$\omega_{y,\text{Rad}}$	Radwinkelgeschwindigkeit um die y-Achse des Rads

Über die Längssteifigkeit ist das Bohrmoment entsprechend dieser Berechnungsvorschrift mit dem aktuellen Rad-Straße-Kontakt gekoppelt. Zudem wird deutlich, dass das Bohrmoment nur bei niedrigen Geschwindigkeiten und gleichzeitigen Lenkbewegungen (Bohrschlupf nimmt große Werte an) von Bedeutung ist. Bei sehr geringen Geschwindigkeiten (sehr niedrigen Winkelgeschwindigkeiten $\omega_{y,\text{Rad}}$) nimmt das Bohrmoment allerdings sehr schnell zu große, nicht plausible Werte an. Das maximale Bohrmoment wird daher nach Rill 1994, entsprechend der maximal möglichen Umfangskraft begrenzt.

Das maximale Bohrmoment wird erreicht, wenn alle Teile des Latsches über die Fahrbahn gleiten. In diesem Fall ergibt die Integration über den gesamten Reifenlatsch (Tabelle 4.7 fasst die verwendeten Formelzeichen zusammen):

$$
T_{\text{Bohr,max}} = \frac{1}{4} b_{\text{Latsch}} \underbrace{F_{x,\text{Gleit}}}_{\text{Umfangskraft im Gleitbereich}} \tag{4.25}
$$

Tab. 4.7: Kräfte im Latsch.

Formelzeichen	Bedeutung
$T_{Bohr,max}$	Maximales Bohrmoment
$F_{x,Gleit}$	Umfangskraft im Gleitbereich

Insgesamt kann das Bohrmoment damit nach Rill 1994, wie folgt bestimmt werden:

$$T_{Bohr} = \begin{cases} T_{Bohr} \text{ nach Gl. (4.24)} & \text{für } |T_{Bohr}| \leq T_{Bohr,max}, \\ T_{Bohr,max} & \text{sonst.} \end{cases} \tag{4.26}$$

4.8.3 Bohrmoment beim Lenken im Stand

Reale Messungen der Zahnstangenkräfte beim Durchlenken im Stand zeigen, dass diese einfache Berechnung des Bohrmoments nicht alle Effekte abbildet (Weinberger 2023, Neumann 2023). Gerade das Lenken im Stand ist aber im Hinblick auf eine Fahrzeuglenkung ein entscheidendes Manöver, da der Aufwand bei Parkiervorgängen hiervon abhängt. Beim Lenken im Stand verformt sich der Reifen (Latsch) zunächst elastisch, bevor es zu einer Gleitbewegung der Punkte des Latsches über die Fahrbahn kommt. Dieser Effekt kann durch eine Anpassung des Bohrmomentmodells durch die Berücksichtigung einer Torsionssteifigkeit des Latsches berücksichtigt werden (Hesse 2011). Abbildung 4.18 zeigt den Aufbau eines entsprechenden Modells für die Berechnung des Bohrmoments.

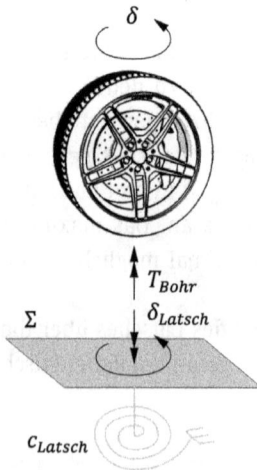

Abb. 4.18: Bohrmoment beim Durchlenken im Stand bei reiner Raddrehung um die Radhochachse, nach Hesse 2011.

Wird davon ausgegangen, dass es beim Durchlenken im Stand zu keiner Rollbewegung der gelenkten Räder kommt (gebremste Räder), so wird sich der Reifen zunächst so lange elastisch verformen, bis sich die einzelnen Punkte des Latsches lösen und über die Fahrbahn gleiten. Dieser Effekt kann vereinfacht über die in Abbildung 4.18 dargestellte Torsionsfeder der Steifigkeit c_{Latsch} berücksichtigt werden. Der Reifen bewegt die Latschebene mit, bis die maximale Verdrehung ohne Gleiten des Latsches erreicht ist. Hierbei steigert sich das wirkende Bohrmoment entsprechend der Steifigkeit des Latsches. Im Bereich des Gleitens wirkt das maximale Bohrmoment (alle Punkte des Latsches gleiten).

$$T_{\text{Bohr}} = \begin{cases} c_{\text{Latsch}} \cdot \delta_{\text{Latsch}} & \text{für } |\delta_{\text{Latsch}}| \leq \delta_{\text{Latsch,max}}, \\ T_{\text{Bohr,max}} & \text{sonst.} \end{cases} \tag{4.27}$$

Tabelle 4.8 fasst die verwendeten Formelzeichen zusammen:

Tab. 4.8: Kinematik des Latsches, s. Abbildung 4.18.

Formelzeichen	Bedeutung
c_{Latsch}	Torsionssteifigkeit des Reifens (Latsches)
δ_{Latsch}	Verdrehung des Rades gegenüber dem Latsch
$\delta_{\text{Latsch,max}}$	Maximale Verdrehung zwischen Rad und Latsch

Als Auslegungskriterium für eine Fahrzeuglenkung wird meist die Zahnstangenkraft herangezogen. Daher muss das am Rad wirkende Bohrmoment auf die wirkende Zahnstangenkraft umgerechnet werden. Dies kann wie über die Lenkkinematik geschehen. Abhängig von der Stellung der gelenkten Vorderräder ergibt sich dann der effektive Lenkhebel l_{eff} zwischen Zahnstange und Rad.

Diese Größe ermöglicht die Umrechnung der Zahnstangenkraft auf das am Rad wirkende Lenkmoment. Bei der modelltechnischen Beschreibung der Fahrzeuglenkung kann dabei auf Methoden zurückgegriffen werden, wie sie u. a. in Schramm, Hiller und Bardini 2018 beschrieben sind, die die Kinematik fortlaufend rechnerisch lösen. Es reicht aber oft schon aus, auf einfache (gemessene) Kennfelder zurückzugreifen.

4.8.4 Zahnstangenkraft bei großen Lenkwinkeln

Bei großen Lenkradeinschlägen ist oft zu beobachten, dass sich die Fahrzeugfront bewegt. Meist kommt es aufgrund der Achskinematik zu einer Hubbewegung der Fahrzeugfront. Diese Bewegung ist aus Sicht der Fahrzeuglenkung sehr interessant. Wird die Fahrzeugfront beim Lenken angehoben, so muss hierfür mechanische Arbeit geleistet werden. Dies bedeutet im Umkehrschluss, dass die Lenkleistung (und damit die Zahnstangenkraft) zwangsläufig erhöht werden. Der Effekt ist bei schweren Fahrzeugen deutlich größer als bei leichten, da das Heben der Fahrzeugfront hier natürlich erheblich mehr Arbeit erfordert.

Bei den meisten Fahrzeugen wird durch diese zusätzliche Hubbewegung eine deutliche Erhöhung der Zahnstangenkräfte gerade bei sehr großen Lenkradeinschlägen verursacht. Kommt es kurz vor Erreichen der Endanschläge allerdings zu einer Absenkung der Fahrzeugfront, so kann es auch dazu führen, dass das Handmoment am Lenkrad sich hier plötzlich umkehrt.

Für die Berechnung der Zahnstangenkraft ist das Verhältnis zwischen Zahnstangenbewegung und Fahrzughub entscheidend. Dieses kann wie auch schon der effektive Lenkhebel aus der Betrachtung der Achskinematik gewonnen werden. Die Hubbewegung des Fahrzeugs kann dann als Funktion der Zahnstangenbewegung dargestellt werden. Die Erhöhung der Zahnstangenkraft beim Lenken ergibt sich zu (Tabelle 4.9 fasst die verwendeten Formelzeichen zusammen):

$$F_{ZS,\text{Hub}} = \frac{d\,z_{VA}}{d\,q_{ZS}} F_{VA,z}. \tag{4.28}$$

Tab. 4.9: Größen an der Zahnstange.

Formelzeichen	Bedeutung
$F_{ZS,\text{Hub}}$	Zahnstangenkraft aufgrund des Fahrzeughubs
z_{VA}	Fahrzeughub an der Vorderachse
q_{ZS}	Verschiebung der Zahnstange
$F_{VA,z}$	Gewichtskraft an der Vorderachse des Fahrzeugs

4.8.5 Zahnstangenkraft beim Parkieren

Die Zahnstangenkraft beim Parkieren (Lenken im Stand) ergibt sich, stark vereinfacht, aus der Summe der beiden Teilkräfte (Bohrmoment und Fahrzeughub):

$$F_{ZS} = F_{ZS,\text{Bohr}} + F_{ZS,\text{Hub}}. \tag{4.29}$$

Das dargestellte Modell für die Zahnstangenkraft kann für die Berechnung der Zahnstangenkraft beim Lenken im Stand verwendet werden. Der Vergleich zwischen dem Modell und einer vermessenen Zahnstangenkraft zeigt sehr gute Übereinstimmung wie in Abbildung 4.9 zu sehen ist. Das Parkieren im Stand ist eine der Grundlagen bei der Auslegung von Lenkungssystemen. Detaillierte Modelle sowie die Ergebnisse von Messungen finden sich in Weinberger, Vena und Schramm 2017, Neumann 2023, Weinberger 2023.

4.9 Vereinfachtes Modell einer Zahnstangenlenkung

In Abbildung 4.20 ist eine sehr einfache Modellierung einer Zahnstangenlenkung zu sehen, wie sie in ähnlicher Form z. B. bei Pfeffer und Harrer 2011 oder Bootz 2004 gefunden

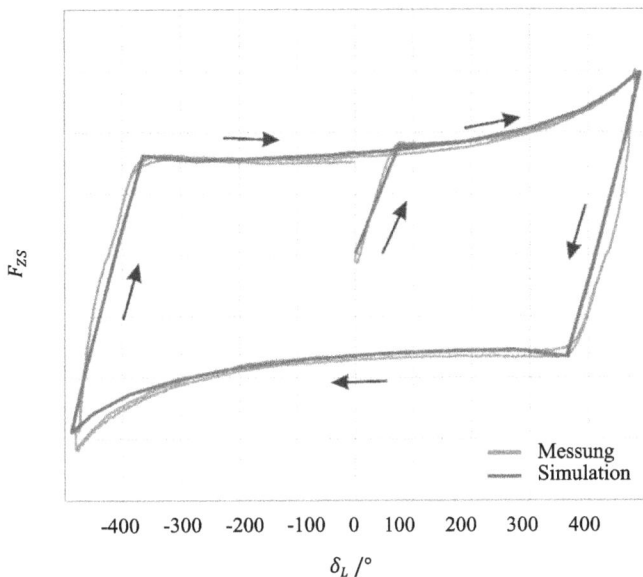

Abb. 4.19: Zahnstangenkraft beim Durchlenken im Stand (Bohrmoment) (Hesse 2011).

werden kann. Die Lenkung besteht, wie beschrieben, aus folgenden Hauptkomponenten:

- Lenkrad mit Lenksäule (Lenkzwischenwellen),
- Lenkgetriebe und Zahnstange sowie
- Lenkgestänge (Spurstange und Spurhebel) mit Rädern.

Über den Spurhebel können der Radträger und damit das Rad gedreht werden, wie es in den vorangegangenen Abschnitten bereits erläutert wurde. Für die Modellierung der Lenkung ist zudem erforderlich, die Lenksäule mit einer Elastizität abzubilden. Diese beschreibt den Drehstab zur Messung des Fahrerhandmoments und ist für die Servounterstützung entscheidend, s. Abschnitt 4.10. Das im Folgenden dargestellte Modell könnte z. B. auf der Basis der Verdrehung des Drehstabs mit dem Modell einer Servolenkung kombiniert werden. Diese würde dann als weitere Kraft auf die Zahnstange oder als Moment an der Lenksäule wieder auf die Lenkung wirken. Da bei einer realen Lenkung, wie in Abschnitt 4.7.2 erläutert, ebenfalls das Lenkgestänge Elastizitäten aufweist, muss das im Folgenden gezeigte Modell mindestens diese beiden Elastizitäten aufweisen.

Das im Folgenden vorgestellte Modell beschreibt alle Zusammenhänge auf der Basis des rechten Vorderrads. Wird das Lenkungsmodell mit einem Zweispurmodell gekoppelt, so ergibt sich ein weiteres Teilsystem bestehend aus dem linken Vorderrad mit Lenkgestänge, welches wiederum über eine weitere Elastizität an die Zahnstange angebunden wird. Auf die Zahnstange wirkt dann eine weitere Kraft.

Die Zahnstangenlenkung besteht aus drei Hauptteilen, die über elastische Elemente verbunden sind. Diese Elastizitäten geben die Verformung des Systems unter Last wie-

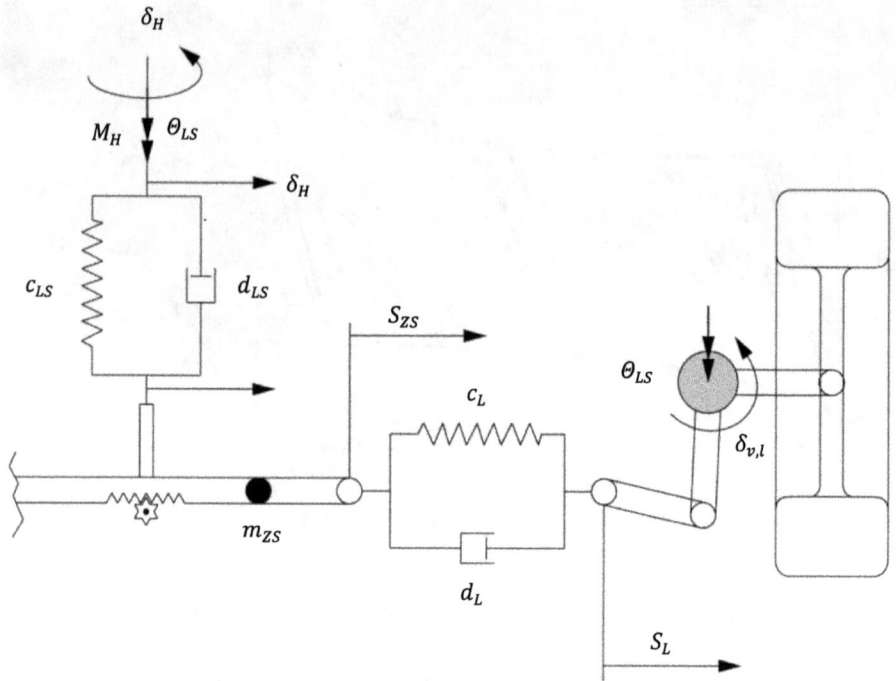

Abb. 4.20: Modell einer Zahnstangenlenkung angelehnt an Bootz 2004.

der. Dabei spielt insbesondere bei der Einbindung einer Servolenkung in das Modell die Verdrehung der Lenksäule gegenüber dem Zahnstangenritzel eine entscheidende Bedeutung. Der hier befindliche Drehstab misst das Fahrerhandmoment, welches als Eingang für die Servolenkung verwendet wird.

Die kinematische Betrachtung der einzelnen Teilbereiche der Lenkung kann den Abschnitten 4.6 und 4.7 entnommen werden. Ziel dieses Abschnitts ist die Herleitung vereinfachter Bewegungsgleichungen für die Lenkung. Dazu wird das Lenkrad auf der einen Seite und das gelenkte Rad auf der anderen Seite als Systemgrenzen interpretiert. Die Kinematik des Lenkgestänges wird, wie bisher auf den ebenen Fall beschränkt.

Die Elastizitäten sorgen für eine kinematische Entkopplung der Hauptkomponenten des Lenkungsmodells. Die Teilbereiche können sich getrennt voneinander bewegen und sind nur noch über die Kraftelemente gekoppelt. Es ergibt sich ein typisches, relativ einfaches Mehrkörpermodell, das hier ausgehend von dem Lenkrad beschrieben wird.

Abhängig von der Betrachtungsweise können wahlweise das Lenkradmoment oder der Lenkradwinkel als Eingang des Modells verwendet werden. Die folgenden Gleichungen gehen davon aus, dass der Fahrer mit einem festgelegten Winkel lenkt und als Reaktion hierauf ein Lenkmoment als Rückmeldung erhält. Diese Betrachtungsweise entspricht in weiten Teilen den Beobachtungen bei realen Fahrern. Daher wird der Lenkradwinkel als Eingang gewählt. Auf der Seite des Rads wird typischerweise das Rück-stellmoment (welches sich aus den Reifenkräften, s. Kapitel 2, ergibt) als Systemeingang interpretiert. Zudem kann, wie beschrieben, die Unterstützung einer Servolenkung als weiterer Systemeingang gesehen werden.

Als Systemausgänge können alle relevanten Größen des Lenkungsmodells herange-zogen werden. Insbesondere von Interesse sind hierbei das Lenkradmoment, da dieses die Rückmeldung an den Fahrer bestimmt, sowie die Radlenkwinkel, die wiederum als Eingang für ein etwaiges Reifen- und Fahrzeugmodell herangezogen werden können.

Abbildung 4.21 zeigt den Freischnitt des vereinfachten Zahnstangenlenkungsmo-dells. Es sind deutlich die drei, kinematisch voneinander entkoppelten Teilsysteme zu erkennen.

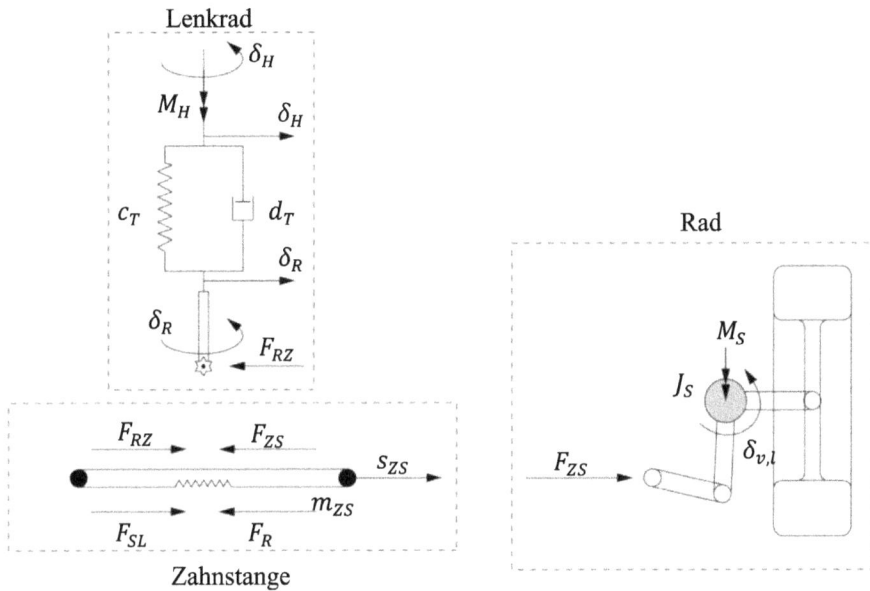

Abb. 4.21: Freischnitt der Zahnstangenlenkung.

Entsprechend der Elastizitäten im System gibt es drei kinematisch trennbare Berei-che im dargestellten Lenkungsmodell. Der Freischnitt zeigt eine sinnvolle Unterteilung der Lenkung in diese Einzelteile.

Für die Teilsysteme können die Bewegungsgleichungen relativ einfach ermittelt werden. Ohne anliegende Kräfte entspricht eine Drehbewegung am Lenkrad der Dreh-bewegung am Ritzel. Wird die Elastizität der Lenksäule berücksichtigt, so gilt für die Bewegung des Lenkrads mit Lenksäule:

$$\Theta_{LS}\ddot{\delta}_H = M_H - M_{c_{LS}} - M_{d_{LS}}. \tag{4.30}$$

Dabei bezeichnet Θ_{LS} das Trägheitsmoment der oberen Lenksäule einschließlich des Lankrades. Dieses ist durch den Drehstab mit der Steifigkeit c_{LS} und der Dämpfung d_{LS} vom Ritzel entkoppelt. Der dargestellte Zusammenhang kann in diesem Modell dazu genutzt werden, um das resultierende Handmoment zu berechnen, da, wie beschrieben, der Lenkradwinkel (und damit auch seine zeitliche Änderung) als Systemeingang interpretiert wird.

Das Ritzelmoment entspricht in dieser Betrachtungsweise dem Moment an der Drehfeder (Torsionsstab, Lenksäulenelastizität) und ergibt sich aus der Drehung δ_R des Ritzels sowie dem eingestellten Lenkradwinkel δ_H sowie deren zeitlichen Änderungen:

$$M_{c_{LS}} = (\delta_H - \delta_R)c_{LS}, \tag{4.31}$$

$$M_{d_{LS}} = (\dot{\delta}_H - \dot{\delta}_R)d_{LS}. \tag{4.32}$$

Die Zahnstangenverschiebung s_Z ist mit dem Drehwinkel des Ritzels δ_R (Zahnstangengetriebe) direkt über den Ritzelradius r_R gekoppelt

$$s_{ZS} = \delta_R\, r_R. \tag{4.33}$$

Die Zahnstange muss bei dieser Art der Betrachtung ebenfalls als dynamisches massebehaftetes Element behandelt werden. Eine sehr einfache Betrachtungsweise der Zahnstange ist die eines Ein-Masse-Schwingers. Damit kann die Bewegung der Zahnstange folgendermaßen beschrieben werden (Tabelle 4.10 fasst die verwendeten Formelzeichen zusammen):

$$m_Z \ddot{s}_Z = \frac{M_{c_{LS}}}{r_R} + \frac{M_{d_{LS}}}{r_R} + F_{SL} - F_R - F_{ZS}. \tag{4.34}$$

Tab. 4.10: Größen zur Beschreibung der Zahnstange, s. Abbildung 4.21.

Formelzeichen	Bedeutung
δ_H	Lenkradwinkel
δ_R	Zahnradwinkel (Ritzel an Zahnstange)
s_{ZS}	Verschiebung der Zahnstange
r_R	Ritzelradius
Θ_{LS}	Trägheit der Lenksäule
M_H	Handmoment des Fahrers
$M_{d_{LS}}$	Dämpfung im Torsionsstab der Lenksäule
$M_{c_{LS}}$	Moment aufgrund der Verdrehung des Torsionsstabs der Lenksäule
F_{ZS}	Zahnstangenkraft aufgrund der Reifenkräfte. Summe der durch die Lenkgestänge links und rechts an die Zahnstange übertragenen Kräfte
F_R	Reibungskraft an der Zahnstange
F_{SL}	Unterstützungskraft der Servolenkung an der Zahnstange

Die auf die Zahnstange wirkenden Kräfte sind neben den bereits beschriebenen Kräften am Ritzel die Unterstützungskraft der Hilfskraftlenkung F_{HL} (vgl. Abschnitt 4.10), eine der Bewegung entgegenwirkende Reibkraft F_D sowie die Zahnstangenkraft $F_{Z_{l,r}}$, die durch die Spurstangen links und rechts übertragen wird.

Die von den Spurstangen an die Zahnstange übertragene Kraft richtet sich nach dem Rückstellmoment an den Rädern sowie an den kinematischen Zusammenhängen des Lenkgestänges, s. Abschnitt 4.7.2, und der Trägheit des Rades (inkl. Lenkgestänge) bezogen auf die Lenkachse. An dieser Stelle wird auf eine weiterführende Modellierung verzichtet und auf weiterführende Literatur verwiesen, wie z. B. Pfeffer und Harrer 2011. Oftmals ist es, gerade bei langsamen Lenkbewegungen, ausreichend, das Lenkgestänge kinematisch zu betrachten, sodass das Rückstellmoment am Rad direkt auf eine Zahnstangenkraft umgerechnet wird.

4.10 Hilfskraftlenkung

Die Hilfskraftlenkung (oft als Servolenkung bezeichnet) wurde notwendig, als die Handkräfte beim Führen eines Kraftfahrzeugs zu groß wurden, um auch weiterhin eine komfortable Lenkung zu ermöglichen. Gerade die Zunahme beim Fahrzeuggewicht hat zu dieser Erhöhung der wirkenden Lenkkräfte beigetragen.

Die Hilfskraftlenkung unterstützt den Fahrer beim Lenken durch eine additiv auf die Lenkung wirkende Kraft. So kann auch bei modernen, sehr schweren Fahrzeugen mit akzeptablen Lenkübersetzungen gleichzeitig eine komfortable Handkraft erreicht werden.

Die ersten hydraulischen Hilfskraftlenkungen wurden Mitte des 20. Jahrhunderts in Serie gebracht. Diese basierten auf vom Verbrennungsmotor angetriebenen Hydraulikpumpen. Erst Ende der 90er Jahre des vergangenen Jahrhunderts wurden diese zunächst durch elektro-hydraulische Pumpen ersetzt. Die verwendete elektrohydraulische Variante der Hilfskraftlenkung hatte zum einen Verbrauchsvorteile aber auch erhebliche Vorteile hinsichtlich des Packaging (Reimann, Brenner und Büring 2012). Zudem wurden seit Beginn der 1990er Jahre auch vereinzelt elektromechanische Lenkungen eingesetzt. Aufgrund der anfänglich relativ geringen Lenkunterstützung dauerte es allerdings, bis sich die elektromechanische Lenkunterstützung als Standard etablieren konnte (Pfeffer und Harrer 2011).

4.10.1 Hydraulische Hilfskraftlenkung

Die hydraulische Hilfskraftlenkung basiert auf einer über den Riemen mit dem Verbrennungsmotor verbundenen Hydraulikpumpe. Kernstück der hydraulischen Lenkunterstützung ist das Lenkventil an der Lenksäule. Abhängig vom Fahrerhandmoment wird es leicht verdreht. So werden Wege im Ventil geschlossen und geöffnet. Das unter Druck befindliche Öl kann nun entsprechend dem Fahrerhandmoment in den doppelt wirkenden Hydraulikzylinder (Servokolben) an der Zahnstange fließen und erzeugt die Assistenzkraft. Abbildung 4.22 zeigt schematisch den Aufbau hydraulischer Servolenkungen. Der Hydraulikdruck im Zylinder ist abhängig von den Ventilkennlinien und kann beispielhaft in Abbildung 4.23 gesehen werden.

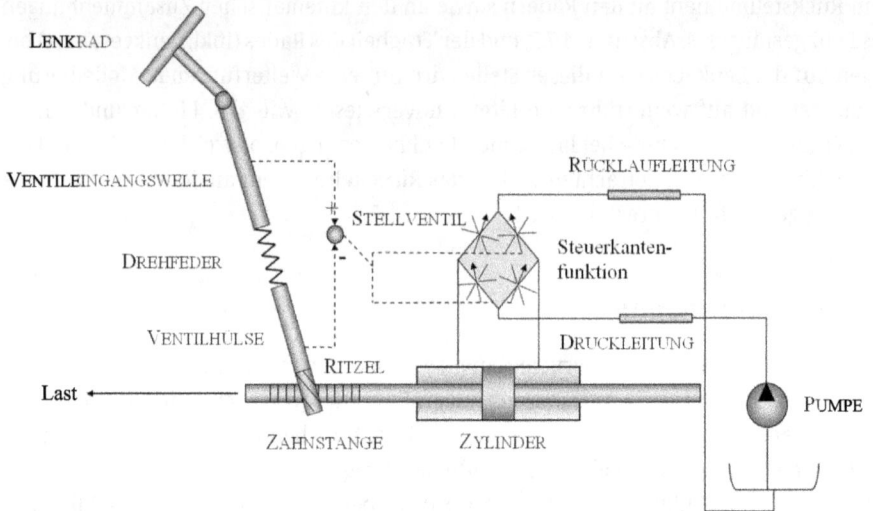

Abb. 4.22: Grundlegender Aufbau einer hydraulischen Hilfskraftlenkung (Lunkeit 2014).

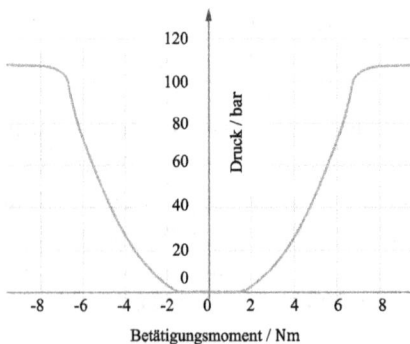

Abb. 4.23: Ventilkennlinie einer hydraulischen Servolenkung nach (Heißing, Ersoy und Gies 2013b).

Bei diesem Prinzip der Lenkunterstützung läuft die Servopumpe dauerhaft mit dem Motor mit. Üblicherweise handelt es sich bei der klassischen Lenkhilfepumpe um eine Flügelzellenpumpe. Diese muss auch bei niedrigen Motordrehzahlen (kleiner als 1000 U/min) bereits einen ausreichenden Öldruck gewährleisten, damit gerade bei den langsamen Rangierfahrten ausreichende Lenkunterstützung zur Verfügung steht (Reimann, Brenner und Büring 2012).

Trotz Verbesserungen der hydraulischen Hilfskraftlenkung, wie etwa dem drucklosen Umpumpen bei Lenkradmittenlage oder dem Einsatz modulierbarer Lenkventile zur Anpassung der Unterstützungskraftkennlinie im Betrieb, die im Laufe der Jahre aufkamen, hat diese Technik den Nachteil, dass dauerhaft Energie für die Pumpe aufgewendet werden muss.

4.10.2 Elektrohydraulische Hilfskraftlenkung

Die elektrohydraulische Hilfskraftlenkung ist eine Weiterentwicklung der klassischen rein hydraulischen Variante. Die vom Motor über einen Riemen angetriebene Pumpe wurde durch eine elektromechanische Pumpe ersetzt. Der grundlegende hydraulische Aufbau wurde, wie in Abbildung 4.24 zu sehen ist, zunächst nicht verändert.

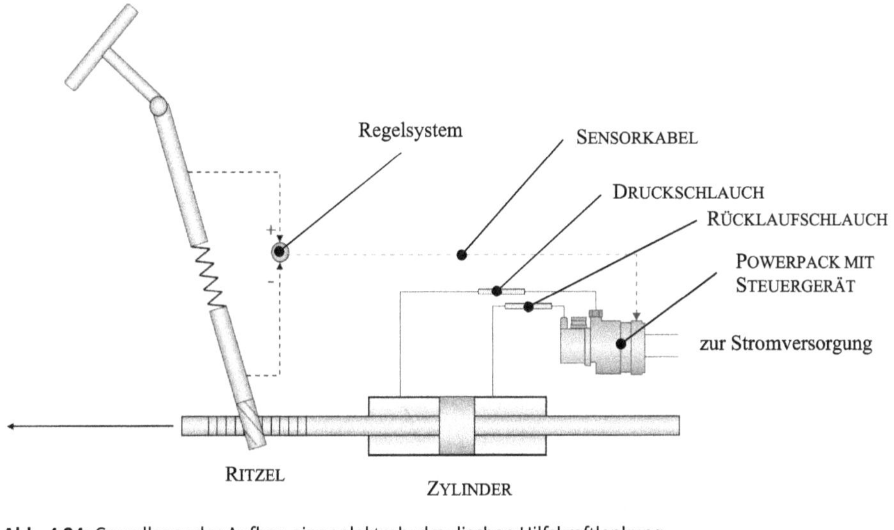

Abb. 4.24: Grundlegender Aufbau einer elektrohydraulischen Hilfskraftlenkung.

Die elektrohydraulische Lenkunterstützung hat jedoch zwei entscheidende Vorteile gegenüber der rein hydraulischen Variante. Die Entkopplung von Pumpe und Verbrennungsmotor eröffnet mehr Spielraum für das „Packaging" oder für die Positionierung im Motorraum. Die Lenkanlage kann als Modul ausgelegt werden und als solches auch schon getestet und in Betrieb genommen werden.

Entscheidender ist allerdings, dass die Pumpe bedarfsgerecht geregelt werden kann. Dies hat zum einen eine Effizienzsteigerung zur Folge, da die Pumpe nur im Bedarfsfall Öl erfordert. Zum Zweiten können aber z. B. auch geschwindigkeitsabhängig unterschiedliche Unterstützungskennlinien hinterlegt werden. Im Steuergerät kann eine Kennlinie hinterlegt werden, die die Größe der Hilfskraft in Abhängigkeit von der Fahrzeuggeschwindigkeit beschrieben ist.

So kann bei langsamen Fahrten auch bei wenig Handmoment die maximale Lenkunterstützung bereitgestellt werden, was zu einem komfortablen Lenken führt. Gleichzeitig wird im Bereich höherer Geschwindigkeiten die Lenkunterstützung zurückgenommen, um ein zielgenaues präzises Lenkverhalten zu erreichen (Reimann, Brenner und Büring 2012).

Die Nachteile von EPHS sind eine höhere Komplexität aufgrund der Nutzung mechanischer, hydraulischer und elektrischer Teile sowie höhere Kosten und ein höheres Gewicht.

4.10.3 Elektromechanische Hilfskraftlenkung

Die elektromechanische Servolenkung (EPS)[5] unterscheidet sich von der klassischen hydraulischen oder elektrohydraulischen Variante dadurch, dass die Hilfskraft für die Lenkung direkt mechanisch von einem elektrischen Aktor auf die Lenkung übertragen wird, s. Abbildung 4.25.

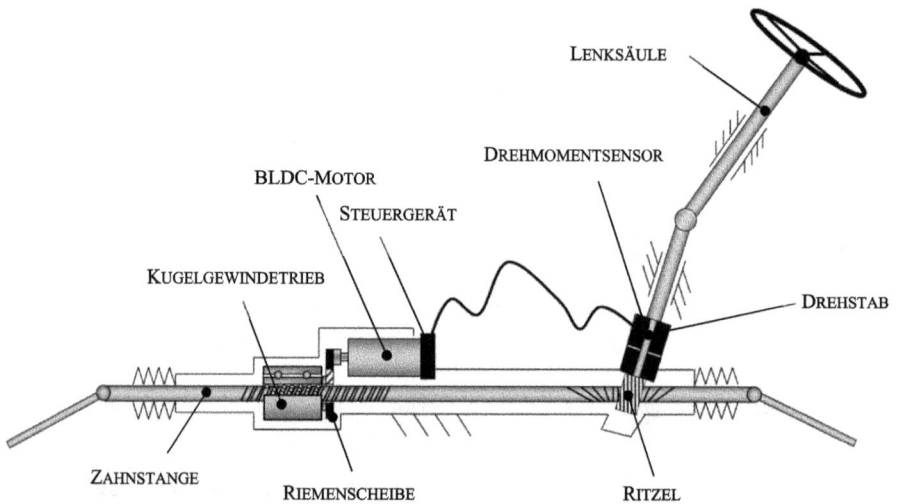

Abb. 4.25: Grundlegender Aufbau einer elektro-mechanischen Hilfskraftlenkung (Lunkeit 2014).

Hydraulische Übertragungselemente entfallen gänzlich. Dies bringt deutliche Vorteile für die Fertigung der Fahrzeuge, da die teilweise aufwendige Montage des Hydrauliksystems inklusive Befüllung und Prüfung im Fertigungsprozess entfällt. Die EPS zeichnet sich zudem vor allem dadurch aus, dass der Aktor nur dann Leistung benötigt,

---

5 EPS: Electric Power Steering.

wenn aktiv gelenkt wird. Durch dieses Power-on-Demand-System kann im Vergleich zur klassischen hydraulischen Servolenkung Energie gespart werden.

Die elektromechanische Aktuierung der Lenkung hat durch den sogenannten Vier-Quadranten-Betrieb zudem die Möglichkeit für verschiedene Assistenzsysteme, wie etwa das aktive Spurhalten, eröffnet (Pfeffer und Harrer 2011).

In den vergangenen Jahren hat die elektrische Servolenkung die klassische hydraulische oder elektrohydraulische Servolenkung aufgrund dieser Vorzüge in immer mehr Fahrzeugen ersetzt. Während die EPS-Systeme anfänglich nur in Klein- und Mittelklassewagen eingesetzt werden konnten, da die verfügbaren Systeme nicht die in schwereren Fahrzeugen der Oberklasse auftretenden Leistungen bereitstellen konnten, hat die kontinuierliche Weiterentwicklung dazu geführt, dass mittlerweile der volle Leistungsbereich durch EPS-Systeme bedient werden kann. EPS-Systeme sind mittlerweile zum Standard bei modernen Kraftfahrzeugen geworden, s. Abbildung 4.26.

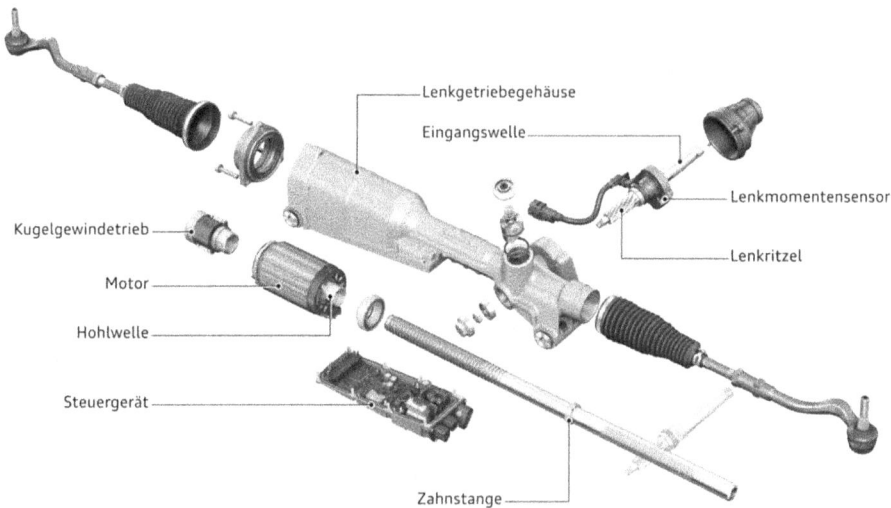

Abb. 4.26: Elektro-mechanische Hilfskraftlenkung © Audi AG.

Die grundlegende Funktionsweise der EPS ist in Abbildung 4.27 (als Blockschaltbild) gegeben. Abhängig von den zu erwartenden Lenkkräften werden in den verschiedenen Fahrzeugsegmenten unterschiedliche EPS-Varianten eingesetzt. Die nötige Hilfskraft ist bei kleineren, leichteren Fahrzeugen deutlich geringer, als z. B. bei SUV. Um auch bei einem schweren Fahrzeug der Oberklasse oder bei SUV ein komfortables Lenkgefühl gewährleisten zu können, muss hier auf die relativ leistungsstarken EPS-Varianten zurückgegriffen werden. Abbildung 4.28 zeigt diesen Zusammenhang.

Der folgende Abschnitt gibt einen kurzen Überblick über verschiedene EPS-Varianten und deren Funktionsweise.

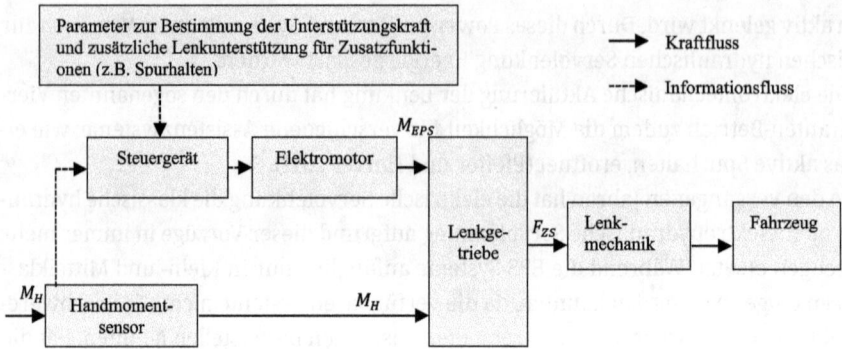

Abb. 4.27: Funktionales Blockschaltbild einer elektromechanischen Servolenkung nach ZF_Lenksysteme 2014.

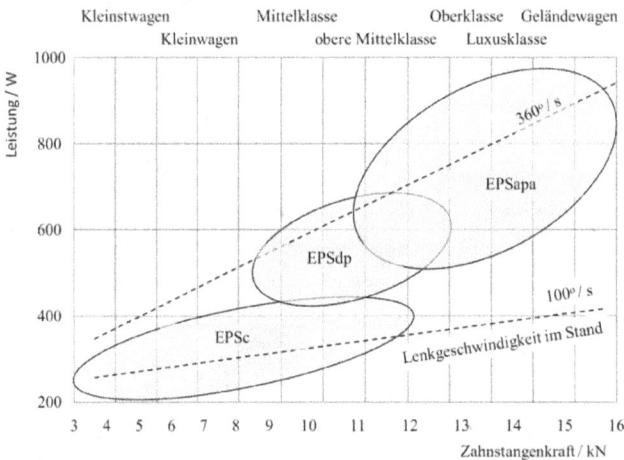

Abb. 4.28: Richtwerte von Zahnstangenkraft und mechanischer Leistung unterschieden nach Fahrzeugklassen nach ZF_Lenksysteme 2014.

Bauweisen elektromechanischer Hilfskraftlenkungen

Grundsätzlich sind verschiedene Bauweisen einer EPS verbreitet (Runge, Gaedke et al. 2010, Pfeffer und Harrer 2011, Reimann, Brenner und Büring 2012). Die Bauweisen werden nach dem Einbauort des elektromechanischen Aktors sowie dessen Anbindung an die Lenkung kategorisiert. Die gebräuchlichen EPS-Varianten sind:

- EPS an der Lenksäule (Column Drive),
- EPS am Lenkritzel (Pinion Drive),
- EPS in Doppelritzelausführung (Dual Pinion Drive),
- EPS mit achsparalleler Anordnung (APA Type) und
- EPS direkt auf der Zahnstange (Rack (concentric) Type).

Im Folgenden werden die verschiedenen Varianten kurz erläutert.

Abbildung 4.29 stellt die generelle Einbaulage eines typischen EPS systems im Fahrzeug dar.

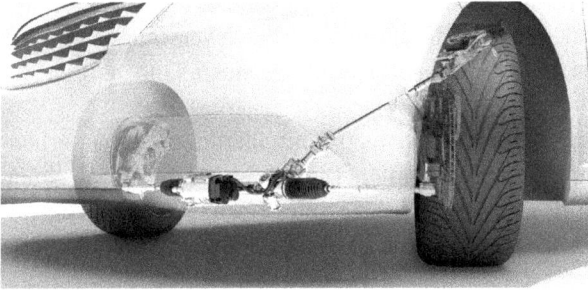

Abb. 4.29: Einbaulage einer EPS mit freundlicher Genehmigung der Robert Bosch Automotive Steering GmbH.

EPS Column Type

In Abbildung 4.30 ist beispielhaft die EPS an der Lenksäule zu sehen.

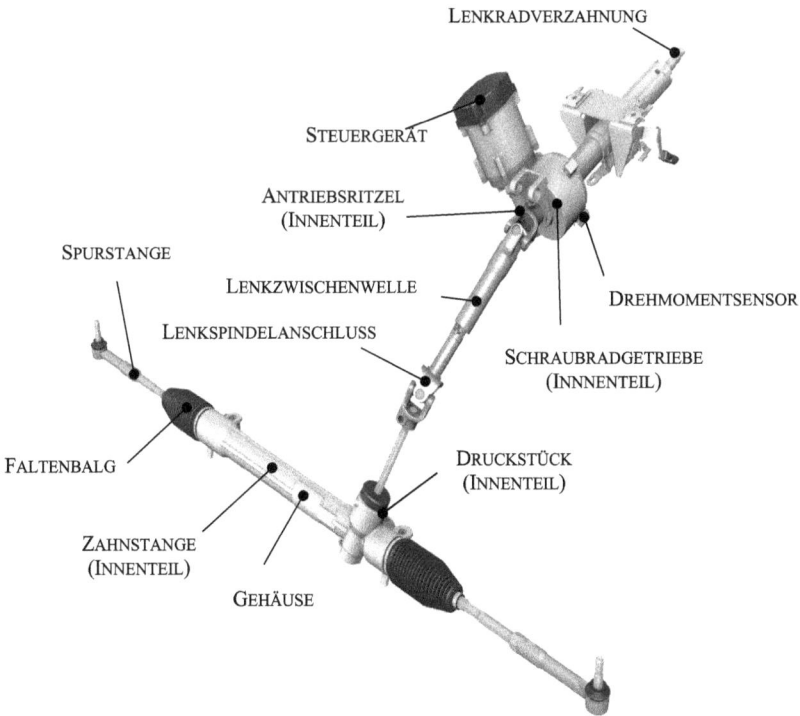

Abb. 4.30: Schematische Darstellung einer EPS an der Lenksäule mit freundlicher Genehmigung der Robert Bosch Automotive Steering GmbH.

Die Unterstützungskraft des elektromechanischen Wandlers wird bei dieser Variante direkt an die Lenksäule übertragen. Zwischen dem Motor und der Lenksäule wird ein Untersetzungsgetriebe eingesetzt, das meist als Schneckengetriebe ausgelegt ist. Bei der Anbindung des Motors direkt an der Lenksäule ist vorteilhaft, dass dies im Fahrzeuginnenraum geschehen kann. Die Anforderungen hinsichtlich Verschmutzung oder klimatischen Bedingungen sind daher etwas niedriger, als bei einem Einbauort im Motorraum.

Die fehlende akustische Entkopplung des Systems führt allerdings zu einer erhöhten Sensibilität hinsichtlich einer Geräuschemission. Die Bauform der Elektrolenkung an der Lenksäule eignet sich insbesondere für geringe Unterstützungskräfte, da die Anbindung an das Lenkgestänge insgesamt im Vergleich keine hohe Steifigkeit aufweist.

EPS Pinion Type

Die Variante des EPS bei welcher, der Elektromotor in der Nähe oder direkt am Lenkritzel platziert ist, wird als Pinion Type bezeichnet. In Abbildung 4.31 ist dieser Lenkungs-

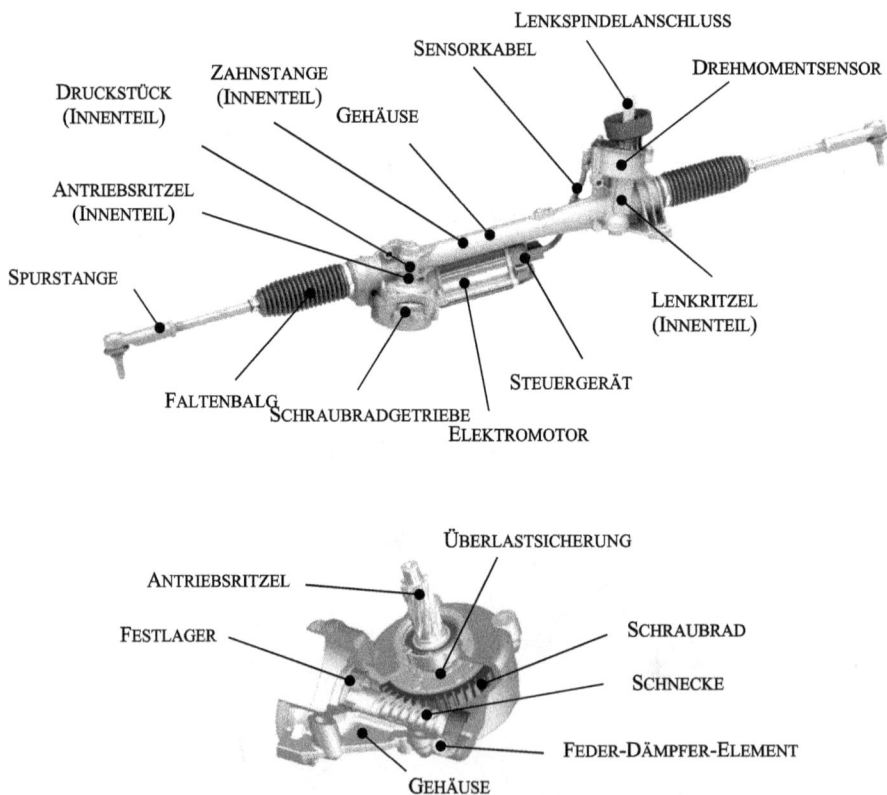

Abb. 4.31: Schematische Darstellung einer EPS am zweiten Ritzel mit freundlicher Genehmigung der Robert Bosch Automotive Steering GmbH.

typ dargestellt. Hierdurch kann eine im Vergleich zum Column Type sehr kompakte Bauform erreicht werden. Zudem ist die Anbindung des Unterstützungsmotors direkt am Lenkritzel deutlich steifer, und diese erlaubt auch höhere Unterstützungsleistungen.

EPS Dual Pinion Type

Zur weiteren Steigerung der möglichen Unterstützungsleistung bei der EPS kann der Elektromotor unabhängig vom eigentlichen Lenkritzel über ein weiteres Servoritzel an die Zahnstange angebunden werden. Hierdurch können beide Ritzel unabhängig voneinander bezüglich Komfort, Leistung und Lebensdauer optimiert werden (Reimann, Brenner und Büring 2012).

EPS APA Type

Die EPS in achsparalleler Anordnung wandelt die Drehbewegung des Elektromotors mithilfe eines Kugelgewindetriebs in die gewünschte Schubbewegung der Zahnstange (vgl. Abbildung 4.32). Das Kugelgewinde hat sehr gute Eigenschaften hinsichtlich der übertragbaren Kraft und der dabei erreichten Präzision (Spielfreiheit des Getriebes) und eignet sich daher auch für den Einsatz leistungsstarker Elektromotoren.

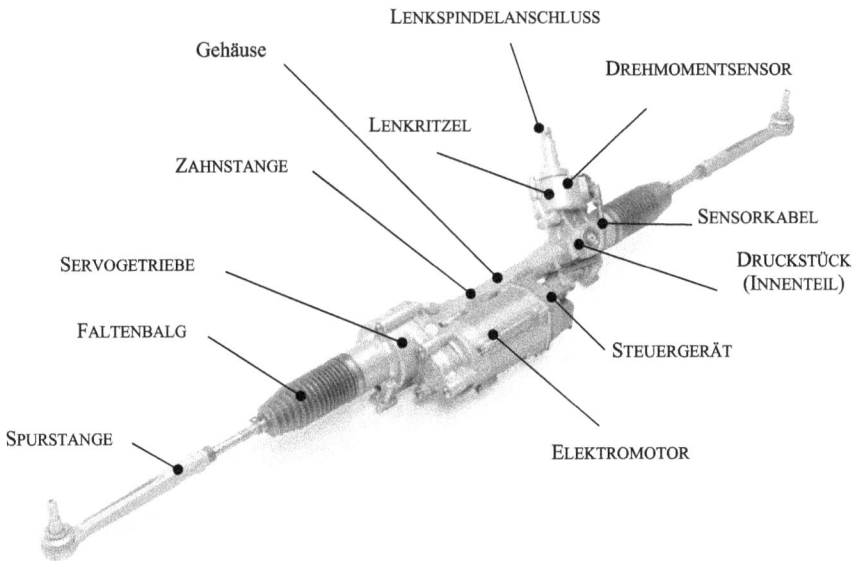

Abb. 4.32: Schematische Darstellung einer EPS in achsparalleler Anordnung mit freundlicher Genehmigung der Robert Bosch Automotive Steering GmbH.

Der Antrieb der Kugelmutter erfolgt über einen Riementrieb (Zahnriemen). Dabei ist der eingesetzte Elektromotor parallel zur Zahnstange angeordnet. Bei einer entsprechenden Auslegung der eingesetzten Getriebeübersetzung und einem passenden Motor

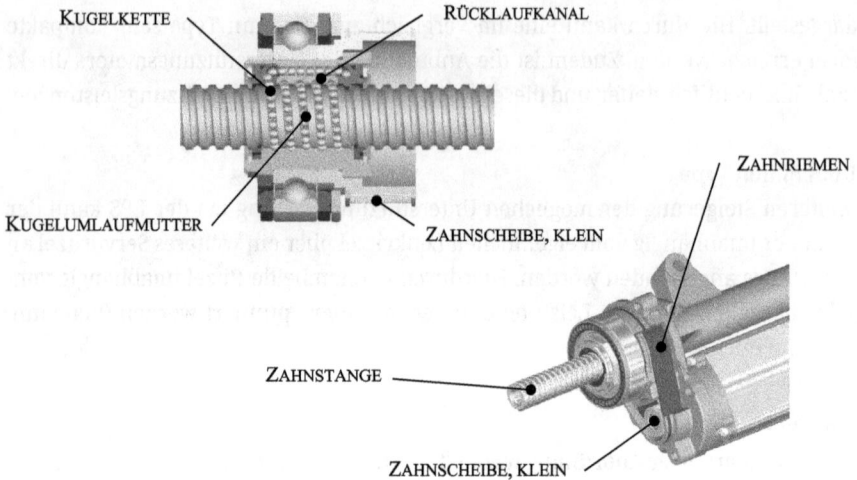

Abb. 4.33: Schematische Darstellung einer EPS in achsparalleler Anordnung. Aufbau des Servogetriebes mit freundlicher Genehmigung der Robert Bosch Automotive Steering GmbH.

können mit dieser Bauart der EPS auch die Anforderungen aus dem Bereich der Oberklasse (insbesondere die benötigte Zahnstangenkraft/Lenkleistung) erreicht werden.

EPS Rack Concentric

Die EPS Rack Concentric unterscheidet sich von der EPS APA dadurch, dass die Drehbewegung des Elektromotors ohne weitere Getriebestufe direkt an den Kugelgewindetrieb gegeben wird. Hierfür muss der Elektromotor als Hohlwelle aufgebaut sein. Die Zahnstange mit Kugelgewindetrieb befindet sich in dieser Hohlwelle. Abbildung 4.33 zeigt diesen Aufbau.

Die sehr direkte Anbindung an die Zahnstange ermöglicht sehr gute Werte für die erreichte Dynamik und Präzision. Der eingesetzte Motor muss allerdings, da keine weitere Getriebestufe vorgesehen ist, im Vergleich zum Motor bei der EPS APA ein erhöhtes Drehmoment auch bei niedrigen Drehzahlen aufweisen (Reimann, Brenner und Büring 2012).

Leistungsaufnahme

Die hohe benötigte Unterstützungskraft bei schweren Fahrzeugen der Oberklasse oder sogar SUV hat dazu geführt, dass die EPS zunächst in Klein- und Mittelklassefahrzeugen eingesetzt wurde. Durch die Steigerung der Leistungsfähigkeit der erhältlichen Lenksysteme werden diese mittlerweile in allen Pkw-Klassen verwendet.

Die benötigte mechanische Leistung für die Fahrzeuglenkung ist abhängig von der benötigten Zahnstangenkraft und der Lenkgeschwindigkeit sehr unterschiedlich. Während die Zahnstangenkraft maßgeblich durch das Fahrzeug (Fahrzeuggewicht) aber auch durch das gefahrene Manöver beeinflusst wird, ist die Lenkgeschwindigkeit

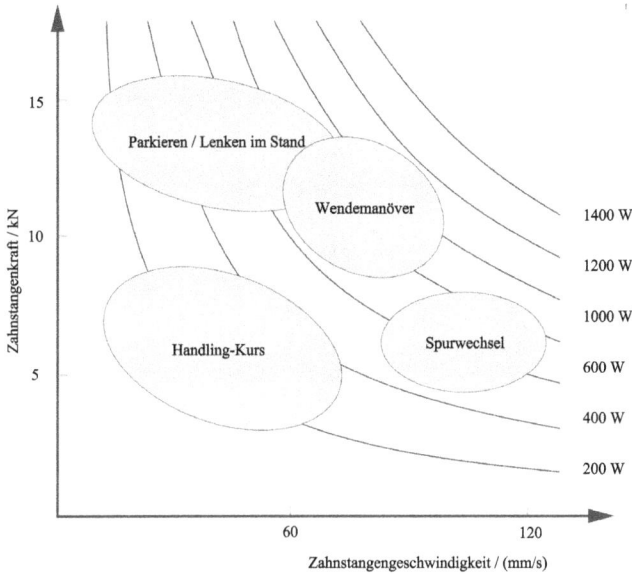

Abb. 4.34: Mechanische Lenkleistung in Abhängigkeit von verschiedenen Manövern für ein SUV nach Pfeffer und Harrer 2011.

nur abhängig vom jeweiligen Manöver. Typische Zahnstangenkräte in Abhängigkeit verschiedener Manöver sind in Abbildung 4.34 zu sehen.

Anders als bei den klassischen hydraulischen Servolenkungen muss die benötigte Leistung für die Lenkung aus dem elektrischen Bordnetz entnommen werden. Die mittlere Leistungsaufnahme einer EPS beträgt weniger als 10 W und ist damit ein zu vernachlässigender elektrischer Verbraucher im Hinblick auf die Energiebilanz im Bordnetz. Sie kann allerdings situationsabhängig stark ansteigen und beträgt schon bei Mittelklassefahrzeugen z. B. beim Parkieren bis zu 1 kW (Pfeffer und Harrer 2011). Bei einem ohnehin stark belasteten Bordnetz kann dies in extremen Situationen dazu führen, dass eine EPS nicht die volle Unterstützung bereitstellen kann. Die Lenkung wird dann schwergängiger. Erste Anzeichen für einen solchen Leistungsengpass beim Lenken sind z. B., dass die Scheinwerfer mancher Kfz sich bei schnellen Lenkbewegungen im Stand aufgrund der dann sinkenden Bordnetzspannung leicht abdunkeln.

Im Vergleich zu klassischen hydraulischen Servolenkungen kann durch den Einsatz von EPS eine Kraftstoffersparnis erreicht werden. Die Kraftstoffersparnis richtet sich vor allem danach aus, wieviel gelenkt wird, und ist daher im realen Fahreinsatz höher als im Normbetrieb, da bei den Zyklusmessungen (z. B. NEFZ) eine reine Geradeausfahrt abgebildet wird. Herstellerangaben variieren zwischen 0,3 und 0,4 l/100 km mit entsprechender Reduktion des CO_2-Ausstoßes von ca. 7 bis 8 g/km im NEFZ und 0,8 l/100 km im reinen Stadtverkehr (TRW 2014, ZF_Lenksysteme 2014). Messungen am realen Fahrzeug zeigen nach eine mittlere Kraftstoffeinsparung von bis zu 0,7 l (vgl. Abbildung 4.35) (Pfeffer und Harrer 2011).

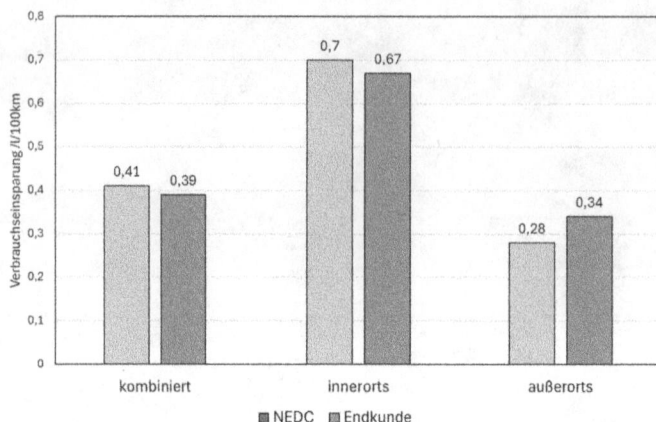

Abb. 4.35: Einsparpotentiale einer EPS im Vergleich zur klassischen HPS auf Basis eines BMW 320i nach Pfeffer und Harrer 2011.

Funktionserweiterung durch elektromechanische Hilfskraftlenkungen

Die EPS kann im sogenannten Vier-Quadranten-Betrieb eingesetzt werden. Dies bedeutet, dass auch Momente entgegen der Lenkbewegung des Fahrers aufgebracht werden können. Im Vergleich zu den EHPS ist dies ein entscheidender Vorteil, da die Wahl eines „Unterstützungsmoments" hierdurch deutlich erweitert wurde. Zudem ist die Höhe der Unterstützung nicht mehr direkt mit der des Handmoments gekoppelt und kann vom Steuergerät auch unabhängig vom aktuellen Fahrerverhalten gewählt werden. Diese beiden Änderungen haben die Entwicklung einiger Assistenzsysteme ermöglicht. Zu ihnen zählen:

– Spurhalteassistent,
– Einparkassistent,
– Geradeauslaufkorrektur,
– Notausweichassistent, etc.

Weitere Informationen zum Thema Assistenzsysteme im Kfz enthält das Kapitel 9. Die Lenkung kann nun auch ohne Fahrereingang agieren. Dies ist zudem ein Schritt hin zum hoch automatisierten Fahren oder neuen Lenksystemen wie dem Steer-by-Wire, s. Abschnitt 4.12.3.

4.11 Einsatz von Prüfständen für die Entwicklung von Lenksystemen

Im Fahrzeugentwicklungsprozess hat sich der Einsatz von Prüfständen für nahezu alle Komponenten sowie für das Gesamtfahrzeug etabliert. Das Ziel der Prüfstanduntersuchungen ist die objektive Unterstützung der Entwicklung durch die Analyse von Bauteil-

und Fahrzeugeigenschaften. Prüfstandmessungen werden nicht durch äußere Witterungsbedingungen oder menschliches Verhalten beeinflusst. Die präzise Durchführung der Tests durch die Prüfstandsaktoren, sowie definierte und konstante Umgebungsbedingungen führen zu einer optimalen Vergleichbarkeit der Messergebnisse. Die Prüfstandversuche stellen ein Bindeglied zwischen Simulationen und idealisierten Fahrversuchen dar. In der Simulation werden virtuelle Komponenten und Fahrzeuge unter optimal steuerbaren Bedingungen analysiert. Auf dem Prüfstand werden reale Komponenten und Fahrzeuge unter optimalen Bedingungen untersucht. Im Fahrversuch erfolgt der Test von realen Komponenten und Fahrzeugen unter realen Bedingungen. Sowohl die Simulation als auch der Fahrversuch können durch den Einsatz von Prüfständen unterstützt werden. Darüber hinaus ermöglichen Prüfstände die Charakterisierung und Messung unbekannter Bauteileigenschaften, wodurch eine realistische Parametrisierung der Simulationsmodelle erreicht werden kann. Die Analyse einzelner Fahrwerkskomponenten in frühen Phasen der Fahrzeugentwicklung kann mithilfe der Prüfstände durchgeführt werden, auch wenn noch kein Prototyp des Gesamtfahrzeugs vorhanden ist. Die Erhöhung der Produktreife noch vor dem ersten Einsatz des Fahrzeugs kann das Risiko bei Testfahrten reduzieren. Insbesondere die Durchführung risikoreicher Fahrversuche oder konzeptioneller Untersuchungen neuer Komponenten oder Technologien kann zunächst auf dem Prüfstand erfolgen, sodass die Produkte beim ersten Einsatz im Fahrzeug bereits in ihrer Grundfunktionalität abgesichert sind. Die Langzeiteigenschaften können durch Dauertests mit spezifischen Belastungsspektren beurteilt werden (Moczala und Maur 2015, Düsterloh und Schrage 2016).

Der geringere Bedarf an Prototypen ermöglicht eine höhere Kosteneffizienz trotz der typischerweise hohen Kosten für die Anschaffung und den Betrieb eines Prüfstands. Prüfstände können im Gegensatz zu Prototypen für verschiedene Fahrzeugprojekte, Serien und Fahrzeuggenerationen eingesetzt werden. Die oben genannten Vorteile von Prüfstanduntersuchungen führen somit zu einer nachhaltigen Steigerung der Produktqualität (Schäuffele und Zurawka 2013, Schimpf 2016).

Um einen effizienten und wertschöpfenden Einsatz der Prüfstände zu gewährleisten, müssen die Prüfstandsaktuatoren die im realen Betrieb auftretenden Belastungen möglichst genau nachbilden können. Dazu müssen die Aktoren leistungsfähig genug sein, um die Amplituden und Frequenzen der realen Erregungen nachzubilden. Auch die Einbaulage der Prüflinge muss hinsichtlich der Lasteinleitung dem realen Fall entsprechen. Um zuverlässige und vertrauenswürdige Messdaten zu generieren, sind präzise Messmittel erforderlich. Werden im Zuge der Prüfstanduntersuchungen Simulationsmodelle zur Lastberechnung verwendet, müssen diese mit ausreichender Genauigkeit dem realen Fahrzeug entsprechen. Die Analyse eines aktiven Prüflings erfordert zudem eine Kommunikation zwischen Prüfstand und Prüfling, um alle notwendigen Eingangsgrößen an das zu prüfende System zu übermitteln.

4.11.1 Beispiel: Prüfstand für elektromechanische Lenksysteme

Das Lenksystem arbeitet auf einem Lenkprüfstand in einer virtuellen Fahrzeugumgebung, s. Abbildung 4.36. Das Lenksystem kann sowohl in Bezug auf die Position und die Kraft an der Schnittstelle zwischen Spurstange und Radträger sowie am Lenkrad (bei Vorderachslenkungen) untersucht werden. Die Leistungsfähigkeit der elektrischen Prüfstandsaktuatoren ist ausreichend, um alle relevanten Testfälle abzubilden. Die Kommunikation des realen Steuergeräts mit dem virtuellen Gesamtfahrzeugmodell wird durch eine Restbussimulation dynamisch abgebildet. Der Prüfstand stellt auch die Energieversorgung des Lenksystems sicher.

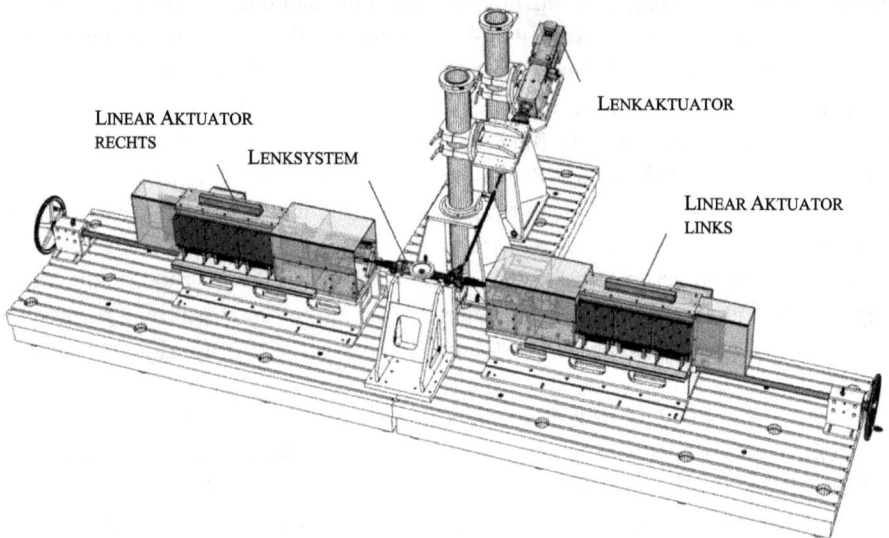

Abb. 4.36: Lenkungsprüfstand.

Es gibt eine große Anzahl von möglichen Testszenarien. Neben den Komponenteneigenschaften ist es möglich, das fahrsituationsabhängige Systemverhalten in Verbindung mit der Gesamtfahrzeugsimulation zu analysieren. Mithilfe des Lenksystemprüfstandes können die Qualität und die Leistungsfähigkeit der Lenksysteme sowie das Lenkgefühl und die Fahrdynamik kostengünstig optimiert werden. Die folgende Liste ist eine Auswahl möglicher Testmanöver für verschiedene Lenksystemtypen:

– EPS:
  – Übersetzungsverhältnis zwischen Ritzelwinkel sowie Motorwinkel und Zahnstangenweg,
  – Steifigkeit der Lenksäule (Torsionsstab und Lenksäule),
  – Steifigkeit der Motorübertragung (Riemenantrieb und Kugelumlaufspindel),
  – Reibung von Lenkgetriebe und Lenksäule,

- – Übertragungsverhalten des Lenksystems; s. auch Düsterloh, Uselmann et al. 2019.
- – HAL:
  - – Folgeverhalten (Reaktion des Systems im Falle einer Störung/Abschaltung),
  - – Wanderverhalten (Verhalten bei Deaktivierung des Systems),
  - – Kraftsprung (Sprungantwort).
- – EPS und HAL:
  - – Motorkennfeld (Leistung, Energieverbrauch und Effizienz),
  - – reproduzieren und bei echten Fahrmanövern absteigen.

In den folgenden Ausführungen werden verschiedene Konzepte für Lenksystemprüfstände vorgestellt. Anschließend werden die in Düsterloh und Schrage 2016, Uselmann, Preising et al. 2016 bzw. Uselmann 2017 vorgestellten Eigenschaften des Prüfstandes im Detail diskutiert.

Schimpf 2016 beschäftigte sich mit der Konzeption und Umsetzung eines Lenkungsprüfstandes, der zur Charakterisierung und Messung von Lenksystemen geeignet ist. Es wird ein vollwertiges Prüfgerät mit einem elektrischen Lenkaktuator und zwei elektrischen Linearaktuatoren entwickelt. Der im Folgenden beschriebene Lenksystemprüfstand ist grundsätzlich ähnlich aufgebaut, s. Abbildung 4.36. Ähnliche Prüfstände werden in Nippold, Küçükay und Henze 2017 bzw. Stauder, Plöger und Müller 2013 verwendet. Nippold, Küçükay und Henze 2017 verwendeten den Prüfstand für präelektromechanische Lenksysteme. Stauder, Plöger und Müller 2013 nutzten den Prüfstand für die subjektive Bewertung von Lenkungen in frühen Entwicklungsstadien. Das Prüfstandskonzept von Shah und Gijbels 2007 setzt die Drehmomente von zwei Rotationsmotoren über den Hebel in die Spurstangenkräfte um.

Das Lenkungsstellglied wird verwendet, um das Lenkradmoment oder den Lenkradwinkel aufzubringen. Mithilfe der Linearaktuatoren können die Kräfte und Verschiebungen der Spurstangen oder der Zahnstange nachvollzogen werden.

Die Umsetzung realer Fahrmanöver auf dem Prüfstand kann durch zwei verschiedene Methoden erreicht werden. Zum einen können vordefinierte Signale (z. B. aus einer Fahrversuchsmessung) als Testvektoren auf den Prüfstand übertragen und nachverfolgt werden. Im Vergleich zu Fahrversuchen hat diese Methode den Vorteil, dass ein einmal aufgezeichneter Testvektor beliebig oft ohne Variation verwendet werden kann. Zum anderen kann das Lenksystem mit geeigneten Fahrzeugmodellen und dem Prüfstand in eine HiL-Simulation gebracht werden. Mit der Prüfstandssoftware können beliebige Fahrsituationen definiert werden. Da sowohl die Fahrzeug- und Umgebungsbedingungen als auch das Fahrszenario für die Simulation frei gewählt werden können, bietet eine solche HiL-Simulation eine hohe Flexibilität. Abbildung 4.37 zeigt die Beziehungen zwischen den Prüfstandsaktoren, dem Simulationsmodell und dem zu testenden Lenksystem (EPS oder HAL) (Düsterloh und Schrage 2016, Uselmann, Preising et al. 2016).

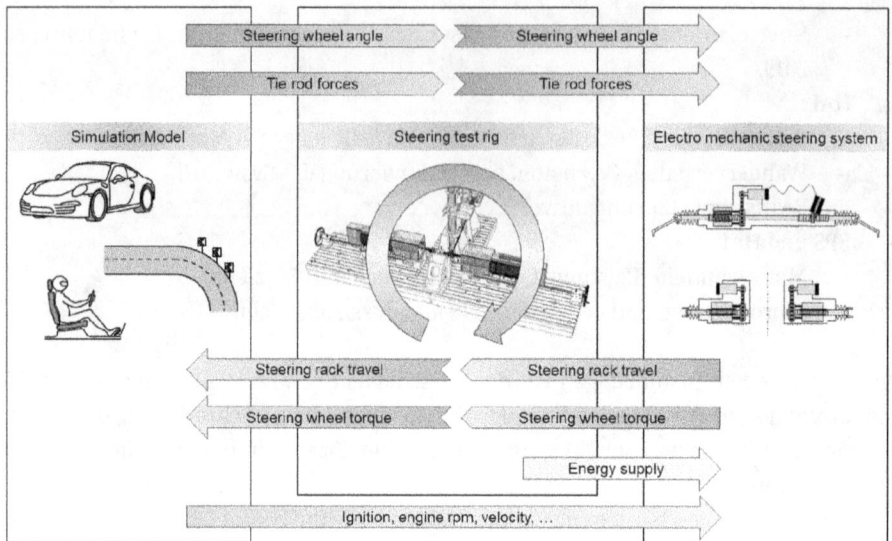

Abb. 4.37: Signalkorrelationen auf dem Prüfstand des Lenksystems im HiL-Modus (Düsterloh und Schrage 2016).

Der Prüfstand ist mit verschiedenen Sensoren ausgestattet, um verschiedene Parameter während des Tests aufzuzeichnen (Düsterloh und Schrage 2016, Uselmann, Preising et al. 2016):

–   Drehmoment und Drehwinkel des Lenkungsaktuators,
–   Kräfte und Positionen der Linearaktoren,
–   Stromverbrauch,
–   Spannung,
–   Temperatur,
–   Beschleunigung und
–   interne Größen des Lenksystems.

Der Lenkaktuator und die Linearaktuatoren sind so spezifiziert, dass alle relevanten Testfälle für die Entwicklung von Lenksystemen realisiert werden können. Das maximale Drehmoment des Lenkaktuators beträgt 50 Nm, die maximale Drehzahl 500 1/min oder 3,000°/s. Lenkaktuator und Lenkleitung sind über ein Drehmoment verbunden. Diese öffnet sich beim Auftreten von zu hohen Drehmomenten, sodass der Aktuator vor Beschädigungen geschützt ist. Mithilfe der Linearantriebe kann das Lenksystem mit maximalen Kräften von 20,000 N beaufschlagt werden. Der maximale Hub beträgt 130 mm wobei die maximale Verfahrgeschwindigkeit 1,000 mm/s erreicht.

Darüber hinaus verfügt der Prüfstand über ein variables Spannfeld mit verschiedenen Skalen, Anschlägen und Ausrichthilfen für die Montage der einzelnen Komponenten. Die verschiedenen Lenksysteme (EPS und HAL) können über spezifische Adapter in den Prüfstand integriert werden. Die Energie- und Signalübertragung erfolgt über definierte Schnittstellen zwischen der Lenkung und dem Prüfstand.

Eine weitere Möglichkeit zur Erhöhung der Prüftiefe ergibt sich durch die Erweiterung des Prüfstandes um eine Klimakammer. Diese ermöglicht es, Analysen des Systemverhaltens unter speziellen Außenbedingungen (von −40 °C bis +70 °C) durchzuführen.

Der Lenkungsprüfstand verfügt über ein umfassendes Sicherheitskonzept zur Gewährleistung der Sicherheit der Nutzer des Prüfstands. Sie besteht aus verschiedenen Notausschaltern, optischen und akustischen Warnsignalgebern sowie einer Schranke und Lichtschranken (Düsterloh und Schrage 2016, Uselmann, Preising et al. 2016).

4.12 Innovative Ansätze der Fahrzeuglenkung

Zusätzlich zur im Pkw-Bereich klassischen Vorderradlenkung sind mittlerweile verschiedene Ansätze zur Unterstützung des Fahrers beim Lenken und neuartige Lenkungskonzepte bekannt und teilweise im Einsatz. Einige dieser Entwicklungen werden im Folgenden näher erläutert.

4.12.1 Überlagerungslenkung

Eine Überlagerungslenkung ist dadurch gekennzeichnet, dass die starre Verbindung zwischen Lenkrad und Lenkgetriebe aufgeweicht wird. Der Eingangswinkel des Lenkgetriebes entsteht aus der Überlagerung von Fahrerlenkwinkel und einem zusätzlich durch das System gestellten Winkel. Damit kann (in engen Grenzen) unabhängig vom Fahrer ein Lenkwinkel an den Rädern gestellt werden. Eine Überlagerungslenkung wird vorrangig aus zwei Gründen verwendet:
- Realisieren einer stufenlosen variablen Übersetzung und
- Lenkeingriffe zur Fahrzeugstabilisierung bei fahrdynamischen Regeleingriffen unabhängig vom Fahrer.

Oftmals werden für verschiedene Manöver oder Geschwindigkeitsbereiche verschiedene Lenkübersetzungen favorisiert. Bei Rangieren mit geringen Geschwindigkeiten wird z. B. eine möglichst direkte Lenkung favorisiert. Dies bedeutet, dass weniger Lenkradwinkel gestellt werden muss. Bei hohen Geschwindigkeiten (und hier auch meist deutlich geringeren Bahnkrümmungen) wird durch eine indirektere Lenkung eine verbesserte Lenkbarkeit erreicht. Die Überlagerungslenkung kann abhängig von der Fahrzeuggeschwindigkeit durch den zusätzlichen Lenkwinkel die Gesamtübersetzung zwischen Fahrer und Lenkgetriebe variieren und hierdurch die Lenkung optimieren.

In fahrdynamischen Grenzsituationen kann der zusätzliche Lenkwinkel (auch bei gleichbleibendem Lenkradwinkel) dazu genutzt werden, um das Fahrzeug zu stabilisieren. So kann ein gezielter Lenkeingriff z. B. bei einem ESP-Eingriff genutzt werden, um zusätzliches Giermoment aufzubauen und das Manöver hierdurch zu unterstützen.

Die Überlagerung des Lenkwinkels wird durch ein Überlagerungsgetriebe und einen entsprechenden Aktor an der Lenksäule ermöglicht. Wichtig bei einer Überlagerungslenkung ist aus sicherheitstechnischer Sicht, dass das System im stromlosen Zustand die herkömmliche Lenkfunktion ermöglicht. Dies bedeutet, dass das Summationsgetriebe gesperrt wird und der Fahrerlenkwinkel direkt an das Lenkgetriebe geleitet wird.

BMW brachte als einer der ersten Fahrzeughersteller eine aktive Überlagerungslenkung in Serie. Diese Variante, die bereits 2003 vorgestellt wurde, basiert auf einem Planetengetriebe zur Winkelüberlagerung und ist unter dem Namen Aktivlenkung bekannt. Ein etwas anderer Aufbau wird bei der 2007 von Audi eingeführten sogenannten Dynamiklenkung verwendet. Anstelle des Planetengetriebes wird hier ein Harmonic-Drive-Getriebe eingesetzt.

4.12.2 Allradlenkung

Bei allen bisherigen Betrachtungen der Lenkung in diesem Kapitel wird davon ausgegangen, dass lediglich die Räder an der Vorderachse des Fahrzeugs gelenkt werden. Konzepte einer reiner Hinterachslenkung sind, wie eingangs beschrieben, im Bereich des Pkws nicht zu finden, sondern lediglich für den Einsatz bei z. B. Gabelstaplern geeignet. Das Prinzip der Allradlenkung wird sowohl für an Vorder- als an der Hinterachse gelenkte Räder verwendet.

Generell ist das Prinzip der Allradlenkung im Pkw schon seit den 30er Jahren des letzten Jahrhunderts bekannt. Allerdings können erst seit Ende der 1980er Jahre Systeme mit Allradlenkung in verschiedenen Serienfahrzeugen gefunden werden (Pfeffer und Harrer 2011).

Zur Lenkung der Räder an der Hinterachse sind verschiedene Prinzipien bekannt. Entscheidend aus Funktionssicht ist dabei, ob die Vorderräder und Hinterräder getrennt voneinander gelenkt werden können. Unterschieden werden:
- eine mechanische Kopplung der Vorderräder mit den Hinterrädern,
- die (elektro-)hydraulische Aktuierung der Hinterräder und
- eine elektromechanische Aktuierung der Hinterräder.

Die reine mechanische Kopplung erlaubt es nicht, die Hinterräder getrennt von denen an der Vorderachse zu bewegen. Dieses Prinzip kann dazu verwendet werden, um den Wendekreis eines Fahrzeugs zu reduzieren. Können die Hinterräder auch unabhängig von den Vorderrädern gelenkt werden, so ergibt sich zusätzlich die Möglichkeit, stabilisierend auf das Fahrzeug einzuwirken. Abhängig vom Fahrzustand kann das Lenkverhalten dann optimal gewählt werden. Während gerade bei geringen Geschwindigkeiten oft eine Verringerung des Wendekreises gewünscht ist, kann bei hohen Geschwindigkeiten die Fahrzeugstabilisierung in den Vordergrund gestellt werden. Dieser Zielkonflikt muss also nicht bei der Auslegung des Fahrzeugs statisch voreingestellt werden. Dieses Prinzip ist insbesondere bei einer elektromechanischen Aktuierung möglich. Neben dem erweiterten Funktionsbereich hat die elektromechanische Aktuierung der Hinterachse gegenüber der mechanischen oder auch einer hydraulischen die Vorteile eines weniger komplexen Aufbaus sowie weniger Systemgewicht. Neue Allradlenksysteme arbeiten auch vor dem Hintergrund elektromechanischer Hilfskraftlenkungen mit elektromechanischen Aktoren.

Wie beschrieben, kann die Allradlenkung im Vergleich zur klassischen Pkw-Lenkung (an der Vorderachse) das querdynamische Verhalten des Fahrzeugs positiv beeinflussen. Hierzu zählt die Erhöhung der Wendigkeit bei niedrigen Geschwindigkeiten ebenso wie eine Fahrzeugstabilisierung (z. B. auch im Rahmen weiterer Fahrdynamikregelsysteme). Beides ist in Abbildung 4.38 zu erkennen.

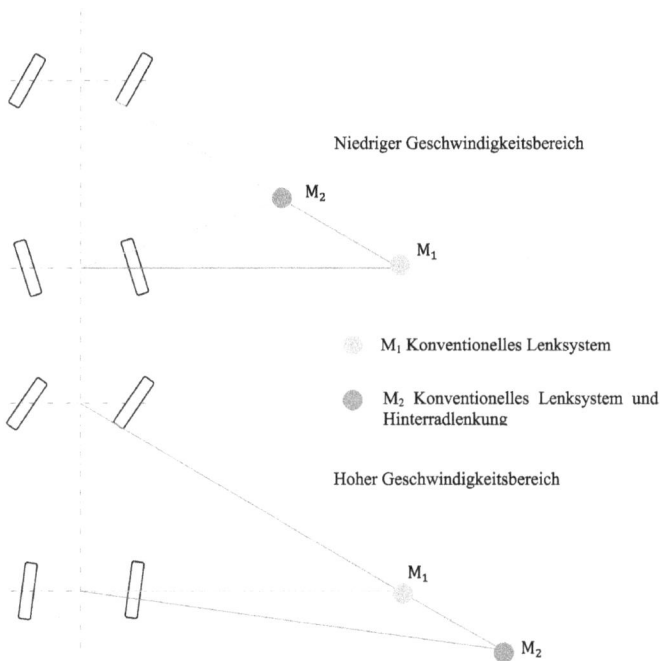

Abb. 4.38: Wendekreisänderung durch den Einsatz einer Allradlenkung im Vergleich zu einer reinen Vorderachslenkung.

4.12.3 Steer-by-Wire

Unter dem Begriff Steer-by-Wire werden Lenksysteme verstanden, bei denen die übliche mechanische Kopplung zwischen dem Lenkrad und den gelenkten Rädern komplett entfällt. Der Lenkbefehl (Lenkradwinkel) wird dabei von einem Sensor aufgenommen und an ein Steuergerät weitergeleitet. Das Steuergerät wiederum regelt einen Motor so, dass der gewünschte Lenkwinkel an den Rädern erreicht wird. Für ein akzeptables Lenkgefühl muss zudem über einen weiteren Motor dafür gesorgt werden, dass ein entsprechendes Handmoment am Lenkrad anliegt. Der grundlegende Aufbau eines Steer-by-Wire-Systems ist in Abbildung 4.39 zu sehen.

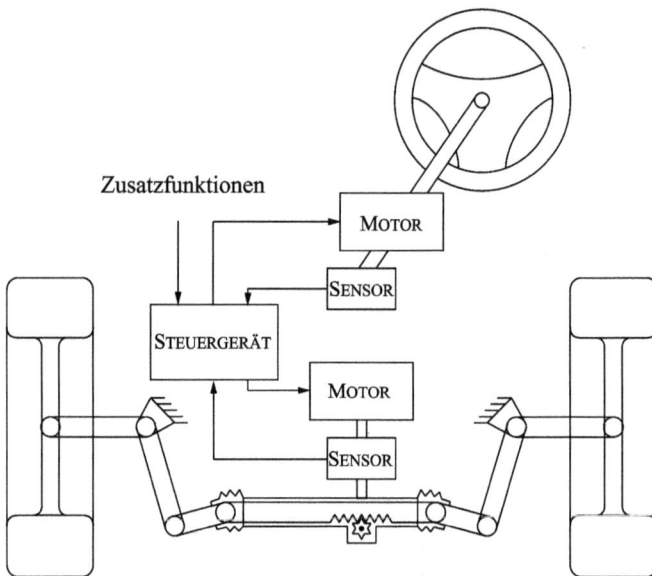

Abb. 4.39: Grundlegender Aufbau eines Steer-by-Wire Systems.

Ein Steer-by-Wire-System hat im Vergleich zu konventionellen Systemen gerade durch den Wegfall der mechanischen Komponenten deutliche Vorteile im Bereich der Funktionalität aber auch für das Packaging:
– Der Wegfall der mechanischen Komponenten ermöglicht neue Packaging-Konzepte. Zudem entfallen die Unterschiede zwischen rechts- und linksgelenkten Fahrzeugen.
– Der Wegfall der Lenksäule hat insbesondere positive Auswirkungen auf das Crash-Verhalten und den Fahrzeuginsassenschutz.
– Der Lenkwinkel kann komplett unabhängig von der Fahrereingabe gestellt werden. Hiermit können ähnlich wie bei einer Überlagerungslenkung Funktionen der Fahrdynamikregelung gezielt unterstützt werden.
– Störungen können unterdrückt werden.

- Das Fahrgefühl (Handmoment) kann unabhängig von der eigentlichen Fahrzeuglenkung eingestellt werden.
- Das Lenkverhalten des Fahrzeugs kann sehr leicht in Abhängigkeit von der Fahrsituation variiert werden. So kann z. B. die Lenkübersetzung frei gewählt werden.
- Steer-by-Wire ist für das voll automatisierte Fahren notwendig.

Die größte Hürde für Steer-by-Wire besteht in der Erfüllung der Sicherheitsanforderungen. Beim Ausfall des Systems muss das Fahrzeug noch lenkbar bleiben. Während bei den klassischen Fahrzeuglenkungen die mechanische Kopplung zwischen Lenkrad und Rädern dafür sorgt, dass der Fahrer stets die Kontrolle über das Fahrzeug hat, muss bei einer Steer-by-Wire-Lenkung das System daher redundant ausgelegt werden. D. h. beim Ausfall einer Komponente muss eine zweite dafür sorgen, dass zumindest die grundlegenden Funktionen weiter aufrechterhalten werden. Gerade diese Anforderungen machen Steer-by-Wire-Systeme sehr komplex.

5 Bremssysteme

Bremssysteme sind neben Antriebs- und Lenksystemen die wichtigsten Schnittstellen zwischen Fahrer und Fahrzeug. Ausgehend von Bremssystemen mit rein mechanischer Funktionalität haben sich Bremssysteme heute durch die Integration von Sensorik und Aktorik zu mechatronischen Systemen entwickelt. In diesem Kapitel werden zunächst mechanische Basissystem beschrieben. Auf Bremssystemen aufbauende Regelsysteme wie Antiblockier- und Fahrstabilitätssysteme werden in Kapitel 9 behandelt. Die Kombination der in diesem Kapitel behandelten konventionellen Bremssysteme mit der in elektrisch angetriebenen Kraftfahrzeugen verfügbaren Rekuperation ist eine der Themen in Abschnitt 5.7 sowie in Kapitel 6.

5.1 Bremssystemstrukturen

Grundsätzlich ist zu unterscheiden, welche Aufgaben das jeweilige Bremssystem vorzugsweise zu erfüllen hat. Die Aufgaben von Bremssystemen sind:
- die Reduktion der Geschwindigkeit des Fahrzeugs,
- das Fahrzeug zum Stillstand zu bringen,
- Verhinderung des unerwünschten Beschleunigens des Fahrzeug bei einer Bergabfahrt,
- Schutz bei Fehlfunktionen durch ungewollte Beschleunigung und
- das Fahrzeug im Stillstand zu halten.

Bei der Auslegung und Konstruktion von Fahrzeugbremsen müssen viele Anforderungen berücksichtigt werden. Dazu gehören:
- die eigentliche Funktion der Bremse,
- thermische Auslegung und Rissfestigkeit der Radbremskomponenten,
- unauffälliges Verhalten in Bezug auf Geräusche, Vibrationen und akustische Härte (NVH),
- komfortables Bremsgefühl in einem breiten Spektrum von Bremstemperaturen und -drücken.

Grundsätzlich setzen sich die Verzögerungskräfte eines Kraftfahrzeugs zusammen aus:
- den Fahrwiderständen aus Reibungseffekten und Luftwiderständen,
- dem Motorschleppmoment und
- bei (teil-)elektrischen Antrieben aus den Rekuperationsmomenten, siehe Kapitel 6.

Den typischen Grundaufbau einer klassischen rein mechanischen Pkw-Bremsanlage zeigt Abbildung 5.1. Dieser besteht aus:
- dem Bremspedal, das die Fußkraft des Fahrers erfasst,

https://doi.org/10.1515/9783111335872-005

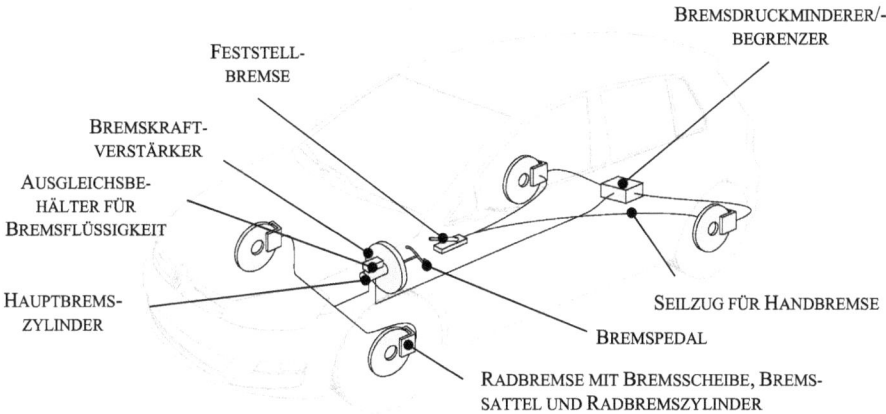

Abb. 5.1: Prinzipieller Aufbau einer klassischen Pkw-Bremsanlage.

- dem Hauptbremszylinder, der die Pedalkraft in hydraulischen Druck umwandelt,
- dem Bremskraftverstärker, der den hydraulischen Druck verstärkt,
- den vier Radbremsen,
- einem Bremsdruckminderer oder Bremsdruckbegrenzer an der Hinterachse, um ein Überbremsen und damit ein vorzeitiges Blockieren der Hinterachse zu verhindern,
- der Feststellbremse, die früher meist als Handhebel, bei manchen Fahrzeugen auch als Fußpedal ausgeführt war, zunehmend aber auch elektrisch über Tasten, bzw. eine Automatik betätigt wird.

5.2 Ausführungen von Bremssystemen

Bremssysteme unterscheiden sich sowohl hinsichtlich ihrer Funktionsweise als auch in Bezug auf ihren Aufbau je nach Einsatzbereich. Hinzu kommen zahlreiche Zusatzfunktionen, die den Fahrer bei der Bedienung des Fahrzeugs und der Beherrschung schwieriger Fahrzustände unterstützen.

5.2.1 Bauarten

Bei den Bauarten von Pkw-Bremsen wird grundsätzlich unterschieden zwischen (Reif 2011b):
- Betriebsbremsanlagen (BBA),
- Hilfsbremsanlagen (HBA) und
- Feststellbremsanlagen (FBA).

Betriebsbremsanlagen (BBA)

BBA dienen im normalen Betrieb zum Verzögern des Fahrzeugs bzw. zum Halten der Geschwindigkeit auf abschüssigen Strecken. Sie gestattet die Verzögerung des Fahrzeugs bis in den Stand sowie die Verhinderung des Wiederanrollens des stehenden Fahrzeugs an Steigungen und bei Fahrzeugen mit Automatikgetriebe (Kriechneigung). Die BBA muss auf alle vier Räder wirken und stufenlos dosierbar ausgelegt sein.

Die Betätigung der Betriebsbremse erfolgt bei nahezu allen mehrspurigen Kraftfahrzeugen über ein mit dem rechten Fuß zu betätigendes Pedal.

Hilfsbremsanlagen (HBA)

HBA dienen als Ersatz, wenn die eigentliche Betriebsbremsanlage nicht ordnungsgemäß funktioniert, wenngleich ggf. mit verminderter Funktionsfähigkeit. Hierzu ist es nicht erforderlich, außer der BBA und der FBA eine zusätzliche dritte Bremseinrichtung einzubauen. Vielmehr genügt die Aufteilung der BBA in Zwei- oder Mehrkreisbremsanlagenn, um so als Ausfallsicherung ein redundantes System zu etablieren.

Feststellbremsanlagen

FBA müssen zweispurige Fahrzeuge im Stand auch bei geneigter Fahrbahn festhalten können. Dabei darf keine Betätigungskraft erforderlich sein, d. h. das System muss das Fahrzeug auch in Abwesenheit des Fahrers sicher im Stillstand halten. Die Betätigung erfolgt direkt mittels eines Hebels oder Pedals mechanisch oder hydraulisch, elektrisch oder elektrohydraulisch. Bei Pkws erfolgte die Übertragung früher in der Regel über einen Seilzug.

Feststellbremsen können als Scheibenbremsen oder als Trommelbremsen mit Innen- oder Außenbacken ausgeführt werden. Bei Trommelbremsen werden häufig Teile der BBA als FBA mitbenutzt. Die auch als "Handbremse" bezeichnete Ausführung nutz dabei in der Regel die Betriebsbremse der Hinterachse. Vom Bedienelement wird bei der klassischen Ausführung die Bremskraft über einen Seilzug auf die beiden Räder übertragen, wo die Bremsbacken auseinander oder Bremsklötze zusammengedrückt werden. Alternativ zur Handbremse kann die Betätigung auch mit dem Fuß auf ein Pedal erfolgen (Fußfeststellbremse). In aktuellen Modellen werden zunehmend elektromechanische Feststellbremsen eingesetzt. Herbei werden die Bremsbacken über Stellmotoren an den hinteren Bremssätteln an die Bremsscheibe herangeführt. Die Bedienung erfolgt automatisiert oder durch einen Knopfdruck.

5.2.2 Funktionsweisen

In der Funktionsweise unterscheiden sich die verschiedenen Bremsanlagen im Wesentlichen in der Herkunft der zur Betätigung der Bremse benötigten Energie. Man unterscheidet demgemäß Bremsanlagen, die:

- mit der Muskelkraft (des Fahrers),
- einer Hilfskraft, die ausgehend von der Muskelkraft des Fahrers durch Verstärkung erzeugt wird sowie
- Fremdkraftbremsanlagen.

Muskelkraftbremsanlagen

Bei Muskelkraftbremsanlagen wird die vom Fahrer aufgebrachte Fußkraft über einen Hebel oder ein Fußpedal mechanisch durch Gestänge, Seilzüge oder hydraulisch zu den Radbremsen übertragen.

Hilfskraftbremsanlagen

Bei Hilfskraftbremsanlagen wird die vom Fahrer aufgebrachte Muskelkraft durch eine pneumatisch oder hydraulisch verstärkt und dann hydraulisch über Bremsschläuche zu den Radbremsen übertragen. Bei Fahrzeugen, die aufgrund neuartiger Funktionen wie elektrischen Antrieben mit Rekuperation, Fahrerassistenzsystemen oder „Segeln" werden auch Bremskraftverstärker eingesetzt, deren Funktionen auf elektrischen Wirkprinzipien beruhen.

Fremdkraftbremsanlagen

Bei Fremdkraftbremsanlagen wird die BBA ausschließlich durch Fremdkraft betätigt. Der Fahrerwunsch wird hierbei über eine Sensorik im Bremspedal erfasst und an ein Steuergerät weitergeleitet, das vorher erzeugte und zwischengespeicherte hydraulische Energie auf hydraulischem Weg an die Radbremsen weiterleitet. Die Bremsflüssigkeit wird in Hydrospeichern gespeichert, in denen Gas (z. B. Stickstoff) komprimiert ist. Die Trennung von Gas und Flüssigkeit erfolgt durch eine elastische Blase (Blasenspeicher) oder einen Kolben mit Gummidichtung (Kolbenspeicher). Der Druck in der Flüssigkeit wird von einer Hochdruck-Hydraulikpumpe erzeugt und steht im Gleichgewicht mit dem Gasdruck. Bei Erreichen des Maximaldrucks schaltet ein Druckregler die Hydraulikpumpe ab.

Ein Beispiel für eine solche Fremdkraftbremse ist das elektrohydraulische Bremssystem (EHB), auch als Sensotronic Brake Control (SBC) bekannt. Bei dieser Bremse wird der Fahrerwunsch elektronisch über eine geeignete Sensorik erfasst. Im Normalbetrieb besteht keine direkte Kraftverbindung mehr zwischen Fahrer und Radbremse. Es handelt sich also um ein sogenanntes Brake-by-Wire-System. Über einen Wegaufnehmer wird der Pedalweg erfasst und daraus Pedalgeschwindigkeit und -beschleunigung ermittelt. Zusätzlich erfasst ein Drucksensor den Druckverlauf im Bremskreis. Aus den ermittelten Signalen ermittelt das Steuergerät den Fahrerwunsch und berechnet den für die jeweilige Fahrsituation erforderlichen Solldruck für jede Radbremse und regelt auf dieser Basis ein Hydraulikaggregat, das für jedes Rad einen individuellen Bremsdruck aufbaut. Über Drucksensoren in jeder Radleitung wird der Istdruck ermittelt, so dass der Solldruck für jedes Rad einzeln nachgeregelt werden kann.

Anders als bei herkömmlichen Bremssystemen hat der Fahrer dabei keinen direkten sensorischen Kontakt mit den Radbremsen. Das gewohnte Bremspedalgefühl, das bei konventionellen Bremsen als Gegenkraft durch den Hydraulikdruck in den Bremsleitungen erzeugt wird, wird stattdessen durch einen „Simulator" vermittelt. Bei Ausfall des Steuersystems wird wie bei einer konventionellen Bremse über Ventile eine direkte und unverstärkte Verbindung zwischen dem Hauptbremszylinder und den Radzylindern ausschließlich an der Vorderachse hergestellt.

5.2.3 Ideale Bremskraftverteilung

Zunächst werden, als Spezialfall der allgemeinen Betrachtung der Längskräfte in Kapitel 6, die bei einem Bremsvorgang wirkenden Kräfte auf die Achsen des Fahrzeugs untersucht. Hierzu wird ein Fahrzeug mit der Gesamtmasse m_V, der horizontalen Schwerpunktlage l_v, l_h und der Schwerpunkthöhe h über der als eben angenommenen Straßenoberfläche betrachtet, s. Abbildung 5.2 und Tabelle 5.1.

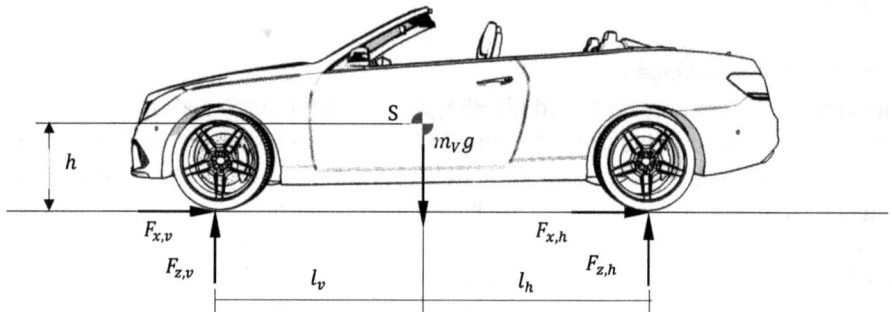

Abb. 5.2: Kräfte beim Bremsvorgang.

Tab. 5.1: Relevante Größen beim Bremsvorgang.

Formelzeichen	Beschreibung
$F_{x,v}, F_{x,h}, F_{z,v}, F_{z,h}$	Reifenkräfte
$\overline{F}_{x,v}, \overline{F}_{z,v}, \overline{F}_{x,h}\overline{F}_{z,h}$	Auf das Fahrzeuggewicht normierte Radkräfte
l_v, l_h, l	Schwerpunkt- und Achsabstände
h	Schwerpunkthöhe
m_V	Fahrzeugmasse
$b, b_{Soll}, b_{max}, b_{opt}$	Aktuelle, Soll-, maximale Verzögerung
μ_v, μ_h, μ	Reibkennwerte vorne, hinten, gesamt
b_v, b_h	Maximale Verzögerung bei Ausfall des vorderen, bzw. hinteren Bremskreises

Die Kräfte in den Radaufstandspunkten werden an der Vorder- und der Hinterachse jeweils zu einer resultierenden Kraft $F_{x,v}$, $F_{x,h}$ in Fahrtrichtung und $F_{z,v}$, $F_{z,h}$ in Richtung der Hochachse zusammengefasst. Alle anderen Kräfte werden für diese Betrachtung vernachlässigt. Damit gilt für das Momentengleichgewicht bezüglich des Schwerpunktes S, s. auch Abbildung 5.2 und Tabelle 5.1:

$$l_h F_{z,h} - l_v F_{z,v} + h(F_{x,v} + F_{x,h}) = 0. \tag{5.1}$$

Das Kräftegleichgewicht in vertikaler Richtung ergibt

$$F_{z,v} + F_{z,h} - m_V g = 0 \tag{5.2}$$

und schließlich gilt für den Impulssatz in Fahrtrichtung

$$m_V \ddot{x} = -(F_{x,v} + F_{x,h}). \tag{5.3}$$

Aus den Gln. (5.1) und (5.3) ergibt sich zunächst

$$m_V \ddot{x} = \frac{1}{h}(l_h F_{z,h} - l_v F_{z,v}). \tag{5.4}$$

Mit der Verzögerung $b = -\ddot{x}$ und $l = l_v + l_h$ ergibt sich nun aus (5.4) und (5.2) für die Achslasten

$$F_{z,v} = m_V \frac{g}{l}\left(l_h + \frac{b}{g}h\right) \tag{5.5}$$

sowie

$$F_{z,h} = m_V \frac{g}{l}\left(l_v - \frac{b}{g}h\right). \tag{5.6}$$

Man erkennt, dass sich das Fahrzeuggewicht, wie zu erwarten, zunächst in einem statischen Anteil entsprechend der Lage des Schwerpunktes auf die Vorder- und die Hinterachse verteilt. Hinzu kommt dann noch eine Verlagerung der Kraft auf die Vorderachse bei gleichzeitiger Entlastung der Hinterachse in Abhängigkeit von der Abbremsung (Verzögerung) b und der Höhe des Schwerpunktes h. Die maximale Verzögerung wird nun erreicht, wenn die Vorder- und die Hinterachse bei gleichen Reibverhältnissen $\mu_v = \mu_h = \mu$ gleichzeitig die Haftreibungsgrenze erreichen, also wenn gilt:

$$F_{x,v} = \mu F_{z,v} \quad \text{und} \quad F_{x,h} = \mu F_{z,h} \tag{5.7}$$

In diesem Fall wird an der Vorder- und der Hinterachse jeweils die maximal mögliche Bremskraft aufgebracht.

Damit ergibt sich die maximale Verzögerung zu

$$b_{\max} = \mu g. \tag{5.8}$$

Bei einer vorgegebenen Verzögerung b_{Soll} gilt

$$b_{\text{Soll}} = \eta b_{\max} \le b_{\max} = \mu g. \tag{5.9}$$

Dabei wurde mit $0 < \eta < 1$ ein Sicherheitsfaktor angenommen. Es gilt damit an der Vorder- und der Hinterachse zusammen

$$F_{x,v} + F_{x,h} = m_V b_{\text{Soll}} = m_V \eta b_{\max}. \tag{5.10}$$

Aus (5.5) ergibt sich somit mit der auf das Fahrzeuggewicht bezogenen Vertikalkraft $\overline{F}_{z,v}$

$$\overline{F}_{z,v} := \frac{F_{z,v}}{m_V g} = \frac{1}{l}\left(l_h + \frac{b_{\text{Soll}}}{g}h\right) \tag{5.11}$$

und mit (5.5), (5.7)–(5.10) und $\overline{F}_{x,v} := \frac{F_{x,v}}{m_V g}$

$$\overline{F}_{x,v} = \eta\mu\overline{F}_{z,v} = \eta\frac{b_{\max}}{g}\overline{F}_{x,v} = \frac{b_{\text{soll}}}{g}\frac{1}{l}\left(l_h + \frac{b_{\text{Soll}}}{g}h\right). \tag{5.12}$$

Entsprechend aus (5.6) gilt für die Hinterachse

$$\overline{F}_{x,h} = \eta\mu\overline{F}_{z,h} = \eta\frac{b_{\max}}{g}\overline{F}_{z,h} = \frac{b_{\text{soll}}}{g}\frac{1}{l}\left(l_v - \frac{b_{\text{Soll}}}{g}h\right). \tag{5.13}$$

Durch Elimination der Verzögerung b_{Soll} aus (5.12) erhält man nach einigen Umformungen:

$$\frac{b_{\text{Soll}}}{g} = -\frac{l_h}{2h} + \sqrt{\left(\frac{l_h}{2h}\right)^2 + \frac{l}{h}\overline{F}_{x,v}}. \tag{5.14}$$

Eingesetzt in (5.13) ergibt sich schließlich ein Zusammenhang zwischen den Bremskräften an den beiden Achsen

$$\overline{F}_{x,h} = \frac{b_{\text{Soll}}}{g} - \overline{F}_{x,v} = -\frac{l_h}{2h} + \sqrt{\left(\frac{l_h}{2h}\right)^2 + \frac{l}{h}\overline{F}_{x,v}} - \overline{F}_{x,v}. \tag{5.15}$$

Dieser Zusammenhang ist in Abbildung 5.3 als Diagramm dargestellt. In dieser Darstellung ist zusätzlich der prozentuale Anteil der Bremskraft an der Hinterachse aufgetragen.

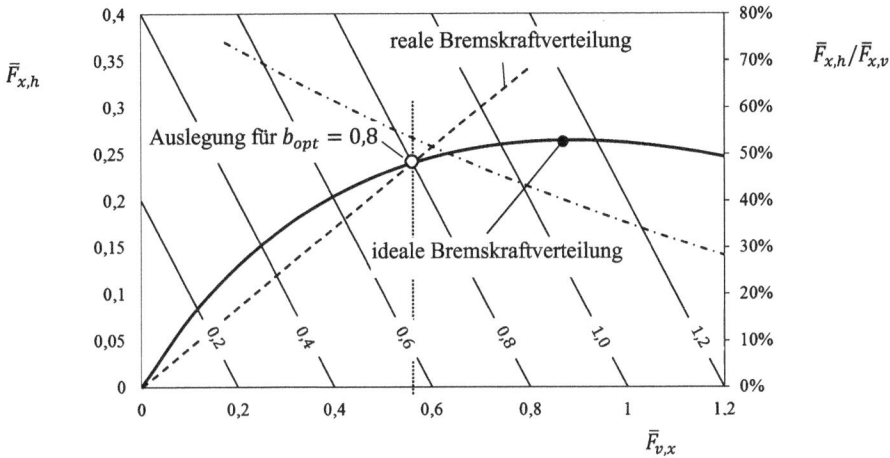

Abb. 5.3: Beispiel für eine ideale Bremskraftverteilung für ein Beispielfahrzeug mit $\frac{h}{l} = 0,2$ und $\frac{l_h}{l} = 0,54$.

Genügen die Bremskräfte an den beiden Achsen der Gleichung (5.15), so ist bei gleichem Reibwert die Sicherheit gegen das Blockieren an beiden Achsen gleich groß.

Die in Abbildung 5.3 dargestellte ideale Bremskraftverteilung lässt sich in der Praxis nur mit einem erheblichen Aufwand realisieren. Es wird daher versucht, sich der idealen Verteilung durch einfacher realisierbare Maßnahmen anzunähern. Man unterscheidet eine starre, eine gesteuerte und eine geregelte Verteilung der Bremskräfte.

Starre Bremskraftverteilung

Bei der starren Bremskraftverteilung erfolgt eine Verteilung der Bremskräfte auf die beiden Achsen in einem konstanten, bei der Auslegung des Bremssystems rein mechanisch festgelegten, Verhältnis. Dieses wird definiert durch den Schnittpunkt der Kurve der idealen Bremskraftverteilung und der Gerade der realen, in einem festen Verhältnis festgelegten, Bremskraftverteilung. Die reale Bremskraftverteilung ist gemäß der gültigen EU-Richtlinie so festzulegen, dass sie die Kurve der idealen Bremskraftverteilung so schneidet, dass dabei eine Abbremsung von $b_{opt} = 0,8$ erreicht wird. Der hierdurch festgelegte Punkt wird als Auslegungspunkt bezeichnet und teilt den Bereich der Bremskraftverteilung in zwei Teile. Links vom Schnittpunkt wird die Vorderachse überbremst und rechts vom Schnittpunkt die Hinterachse.

Bei blockierenden Hinterrädern wird das Fahrzeug beim Bremsen instabil, da blockierende Hinterräder, abgesehen von den Gleitreibungskräften, die beim Schleudern entstehen, keine Seitenführungskräfte aufbringen können. Andererseits gibt es aber immer, z. B. fahrbahninduzierte Kräfte, die eine Gierbewegung anregen. Es ist daher wichtig, einerseits die aufgrund der Straßenverhältnisse maximale Bremsverzögerung zu realisieren, andererseits aber auch ein Blockieren der Hinterräder zu verhindern. Daher, und um Unsicherheiten bei den Parametern auszugleichen, wird die in Abbildung 5.3 dargestellte Abstimmung so ausgelegt, dass die Hinterachse eher etwas unterbremst wird. Insgesamt wird eine Bremsanlage in aller Regel so ausgelegt, dass bei einer Vollbremsung zuerst die Vorderachse blockiert wird. Dies führt dann (ohne ABS) dazu, dass das Fahrzeug nicht mehr lenkbar ist, aufgrund der weiter vorhandenen Seitenführungskräfte der Hinterräder aber stabil in der Spur bleibt. Damit wird ein unkontrolliertes Schleudern des Fahrzeugs verhindert.

Steuerung der Bremskraft

Eine Steuerung der Bremskraft kann entweder durch eine Einrichtung zur Begrenzung der Bremskraft oder zur Minderung der Bremskraft realisiert werden. Der Bremsdruckbegrenzer begrenzt die Bremskraft an der Hinterachse auf einen fest eingestellten Maximalwert, s. Abbildung 5.4. Realisiert wird die Begrenzung des Bremsdrucks durch ein Überdruckventil, das ab dem festgelegten Maximalwert ein weiteres Ansteigen des Bremsdrucks unterbindet.

Bremsdruckminderer

Mit einem Bremsdruckminderer lässt sich eine bessere Annäherung der realen an die ideale Bremskraftverteilung erreichen. Daraus resultiert der Vorteil, dass die Blockierneigung der Vorderräder reduziert werden kann. Die Realisierung erfordert ein Ventil, das ab einem vorgegebenen Grenzwert eine Druckerhöhung im Bremssystem nur noch abgeschwächt an die Radbremszylinder weitergibt.

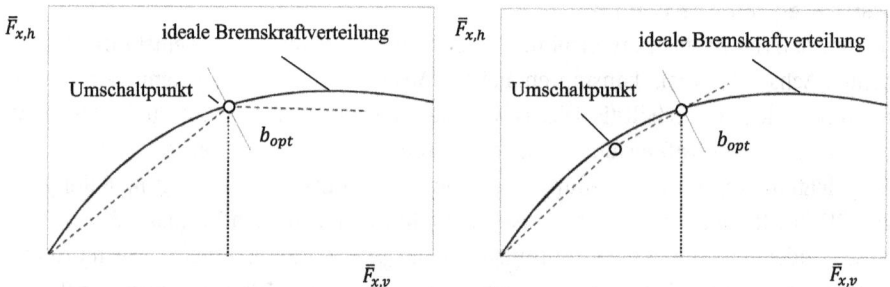

Abb. 5.4: Steuerung der Bremskraftverteilung durch einen Bremskraftbegrenzer (links) und einen Bremskraftminderer (rechts).

5.2.4 Ausfall eines Bremskreises

Bei einer II-Aufteilung der Bremsanlage, s. Abschnitt 5.4, muss es beim Ausfall der Bremsen an einer Achse trotzdem möglich sein, das Fahrzeug abzubremsen. In diesem Fall gilt bei einem Ausfall der Bremsen an der Vorderachse

$$F_{x,v} = 0 \quad \text{und} \quad F_{x,h} \le \mu F_{z,h}. \tag{5.16}$$

Damit gilt

$$m_v b_h = F_{x,h}. \tag{5.17}$$

es verbleibt also eine Bremsverzögerung von nur noch

$$b_h = \mu \frac{g}{l} \left(l_v - \frac{b_h}{g} h \right) \quad \text{und damit} \quad b_h = \mu g \frac{l_v}{l + h\mu}. \tag{5.18}$$

Für typische Werte eines Mittelklassefahrzeugs, (Bardini 2008), von $l = 2,5\,\text{m}$, $l_v = 1,2\,\text{m}$, $h = 0,5\,\text{m}$ und $\mu = 1$ ergibt sich $b_h \approx 3,94\,\frac{\text{m}}{\text{s}^2}$ also nur ca. 40 % der maximal möglichen Verzögerung von $\mu g = 9,81\,\frac{\text{m}}{\text{s}^2}$.

Entsprechend erhält man für die Vorderachse

$$b_v = \mu g \frac{l_h}{l - h\mu}. \tag{5.19}$$

und damit mit den angenommenen Werten $b_v \approx 6,38\,\frac{\text{m}}{\text{s}^2}$ also immerhin noch ca. 65 % der beim Einsatz beider Achsen möglichen Verzögerung.

Anmerkung. Es gibt Unterschiede zwischen vollelektrischen Fahrzeugen (BEV) und Fahrzeugen mit einem Verbrennungsmotor (ICE). Während ICEs aufgrund des schweren Verbrennungsmotors eher frontlastig sind und einen hohen Schwerpunkt haben, haben BEVs aufgrund der schweren Batterie im Boden einen niedrigeren und mittleren Schwerpunkt. Daher ist der Unterschied zwischen den vorderen und hinteren Lasten bei BEVs tendenziell geringer.

5.3 Baugruppen von Bremsanlagen

Bremsanlagen von Pkws bestehen aus mehreren Baugruppen, deren Funktion in der Regel auf hydraulischen Funktionsprinzipien basiert. Im Laufe der Zeit wurden diese Baugruppen im Zuge der Einführung fahrerunterstützender Zusatzfunktionen um weitere Baugruppen ergänzt.

5.3.1 Übersicht und Funktionsweise

Den klassischen Aufbau einer Pkw-Bremsanlage zeigt die Abbildung 5.1. Die Aufteilung in Betriebsbremse und Feststellbremse und die Strukturierung der Bremsfunktion zeigt Abbildung 5.5.

Die Betätigungseinrichtung umfasst alle Komponenten, die an der Initiierung und der Steuerung des Bremsvorgangs im Fahrzeug beteiligt sind. Innerhalb der Betäti-

---

Initiierung des Bremsvorgangs

Fahrer – Muskelkraft, Schalterbedienung
Fahrzeugsystem - Elektronik

Betriebsbremse	Feststellbremse

Betätigungseinrichtung	**Betätigungseinrichtung**
Bremspedal Hauptbremszylinder Bremskraftverstärker Steuergerät	Handhebel Fußpedal Schalter Steuergerät

Energieversorgung

Muskelkraft (Fahrer)
Elektrik (Bordnetz)
Mechanik (Motor)

Energieübertragung

Mechanik (Gestänge, Kolben, etc.)
Hydraulik
Elektrik

Radbremsen

Scheibenbremse
Trommelbremse
E-Maschine (bei Rekuperation)

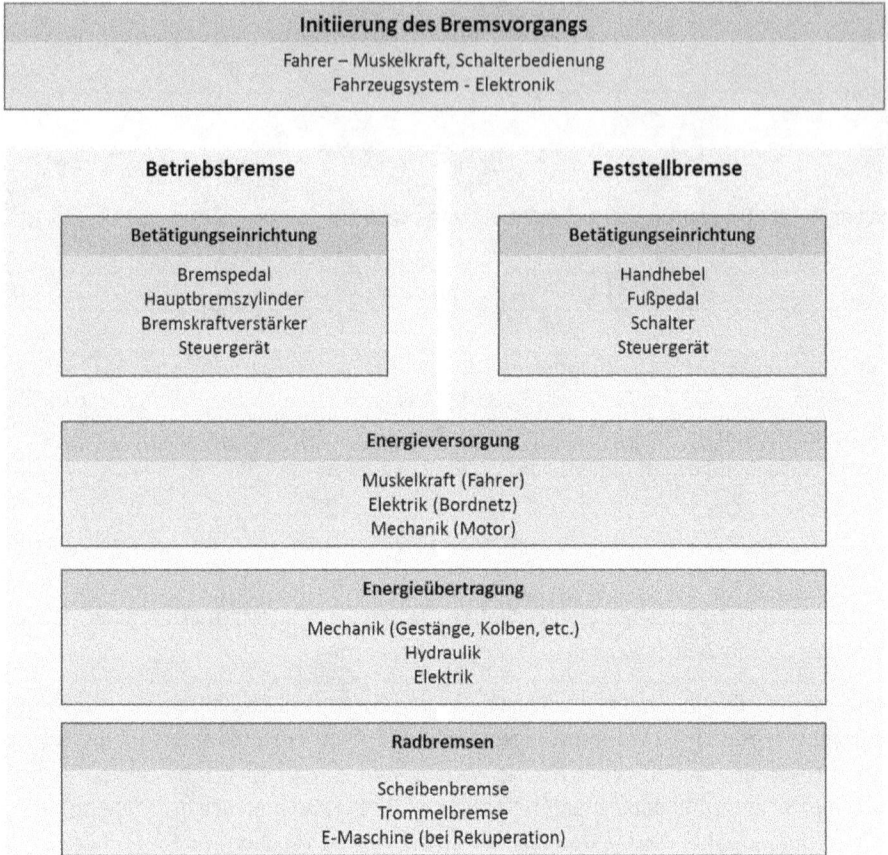

Abb. 5.5: Grundstruktur von Pkw-Bremsanlagen.

Tab. 5.2: Relevante Größen beim Bremsvorgang.

Formelzeichen	Beschreibung
F_F, F_B, F_H	Fußkraft, Betätigungskraft Bremskolben, Hilfskraft des Bremskraftverstärkers
F_{B_0}, F_{H_0}	Aussteuerpunkt, Betätigungskraft bis zu der eine Hilfskraft generiert wird, maximale Hilfskraft
i_{PED}	Übersetzung am Fußpedal
i_V, V^*	Proportionalitätskonstante, Verstärkungsfaktor Bremskraftverstärker
F_{Sp}	Spannkraft
$i_{\ddot{U}}$	Übersetzungsverhältnis der Bremshydraulik
r_e, r_{stat}, r_{dyn}	Bremsenradius, statischer und dynamischer Reifenradius
p	Bremsdruck
C^*	Bremsenkennung

gungseinrichtung werden die Steuersignale durch mechanische und ggf. elektrische Komponenten weitergeleitet. Hinzu kommt in den meisten Fällen eine Verstärkung des Steuersignals durch Hilfs- oder Fremdenergie, die z. B. durch den Verbrennungsmotor durch Unterdruck erzeugt oder aus dem elektrischen Bordnetz entnommen und geeignet gewandelt wird.

Die Initiierung der Bremsung erfolgt in der Regel durch den Fahrer durch geeignete Bedienelemente. Dies ist für die BBA normalerweise ein Fußpedal, das vom Fahrer bedient wird. In Sonderfällen kann auch ein Bedienelement, das handbedient wird, zum Einsatz kommen. Darüber hinaus geben auch Fahrerassistenz- und Fahrdynamiksysteme Bremsbefehle, die dann im Bremssystem umgesetzt werden.

Bei konventionellen Bremssystemen wird das Bremssignal über die Übertragungseinrichtungen entweder direkt zu den Radbremsen weitergeleitet oder z. B. durch ein System zur Blockierverhinderung moduliert, s. Kapitel 9.

Bei Assistenzsystemen, wie z. B. Fahrdynamik- und Abstandsregelsystemen, existieren in der Regel weitere Schnittstellen zu entsprechenden Steuergeräten, s. Kapitel 9.

Die Energieversorgungseinrichtung muss die zur Betätigung der Radbremsen erforderliche Energie liefern und regeln. Pkw-Bremsanlagen existieren als HBA, bei denen die Betätigungskraft vom Fahrer durch Muskelkraft erzeugt und anschließend verstärkt wird.

Die Übertragungseinrichtung umfasst alle Komponenten und Medien, die die Betätigungsenergie von der Betätigungseinrichtung zur eigentlichen Radbremse weiterleiten. Bei den Komponenten handelt es sich in der Regel um Leitungen und Rohre mit der zugehörigen Hydraulikflüssigkeit. Hinzu kommt in den meisten Fällen eine Einrichtung zur Verteilung des Bremsdrucks zwischen Vorder- und Hinterachse. Meist wird der Bremsdruck an der Hinterachse beeinflusst, um zu gewährleisten, dass die Hinterachse in keinem Fall vor der Vorderachse blockiert wird (Bremsdruckminderer). Diese Anforderung resultiert aus den fahrdynamischen Anforderungen, s. Kapitel 3.

Die Radbremsen dienen zur Erzeugung eines Drehmomentes, das der Radbewegung entgegenwirkt. Beim Bremsvorgang wird die kinetische Energie des Fahrzeugs durch die Reibung zwischen den Bremsbelägen und der Bremstrommel, bzw. Bremsscheibe in Wärmeenergie umgesetzt, in der Bremse zwischengespeichert und von dort durch Konvektion an die Umgebung abgegeben.

Bei Pkws mit konventionellem Antrieb werden hier in der Regel Reibungsbremsen eingesetzt. Bei Elektrofahrzeugen (s. Kapitel 6) können hier auch zusätzlich Elektromotoren eingesetzt werden, um einen Teil der Bremsenergie zurückzugewinnen (Rekuperation).

Die vom Fahrer aufgebrachte Fußkraft F_F wird zunächst von der Bremspedaleinheit mit dem linearen Übersetzungsverhältnis i_{PED} in die Betätigungskraft F_B übersetzt, s. Abbildungen 5.6 und 5.8 sowie Tabelle 5.2:

$$F_B = i_{PED} F_F. \tag{5.20}$$

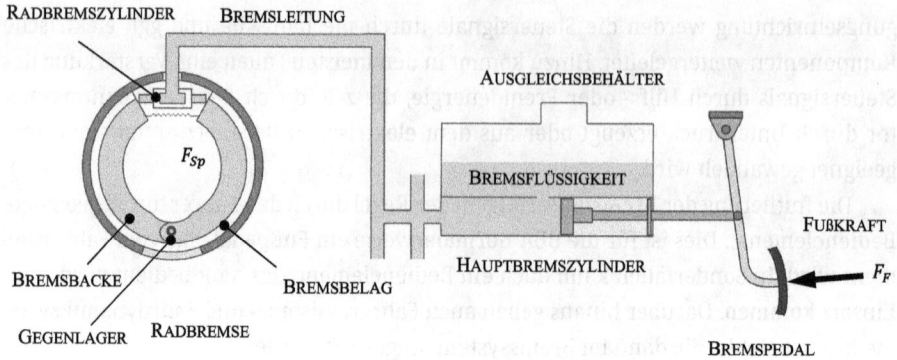

Abb. 5.6: Aufbau einer Bremsanlage am Beispiel einer Trommelbremse.

ISO/PAS 5101 aus dem Jahr 2021 regelt, welche Verzögerung durch welche Bremspedalkraft hervorgerufen werden soll. In dem durch Unterdruck oder hydraulisch betriebenen Bremskraftverstärker wird die Betätigungskraft durch eine Hilfskraft F_H erhöht auf:

$$F_A = F_B + F_H = i_{\text{PED}}F_F + F_H. \tag{5.21}$$

Die Charakteristik der Hilfskraft F_H hängt von der Art des eingesetzten Verstärkers ab (Breuer und Bill 2012). Da die vom Fahrer aufzubringende Fußkraft auch bei einem Ausfall des Bremskraftverstärkers einen bestimmten Betrag nicht überschreiten darf, muss die Hilfskraft F_H einen zusätzlichen Betrag zur Verfügung stellen. Bis zum Aussteuerpunkt F_{B_0} also für $F_B < F_{B_0}$ gilt mit dem Proportionalitätsfaktor i_V:

$$F_H = i_V F_B \tag{5.22}$$

und damit:

$$F_A = (1 + i_V)F_B = V^* F_B, \tag{5.23}$$

mit dem Verstärkungsfaktor $V^* = 1 + i_V$, s. Abbildung 5.7.

Für $F_B > F_{B_0}$ und der dann erreichten Hilfskraft F_{H_0} wird der Verstärkungsfaktor begrenzt auf

$$V^* = 1 + \frac{F_{H_0}}{F_B}. \tag{5.24}$$

Bei der Auslegung der Bremsanlage wird der Aussteuerpunkt so festgelegt, dass mit der Betätigungskraft F_{B_0} die Räder des beladenen Fahrzeugs gerade die Blockiergrenze erreichen.

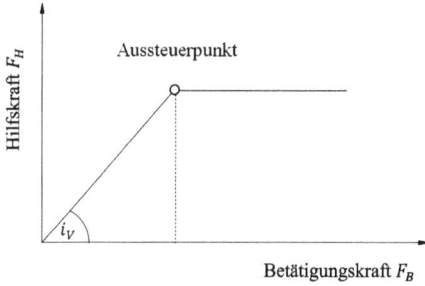

Abb. 5.7: Aussteuerpunkt des Bremskraftverstärkers.

Durch den hydraulischen Übertragungsweg wird am Rad für die Bremsbeläge eine Spannkraft F_{Sp} erzeugt, die von der Ausgangskraft des Bremskraftverstärkers und der Übersetzung $i_{\ddot{U}}$ der (hydraulischen) Übertragungseinrichtung für den Radbremszylinder abhängt:

$$F_{Sp} = i_{\ddot{U}}F_A = i_{\ddot{U}}V^*F_B = i_{\ddot{U}}V^*i_{PED}F_F. \tag{5.25}$$

Mit den effektiven Druckübertragungsflächen A_{HZ} des Hauptbremszylinders und der effektiven Druckübertragungsfläche des Radbremszylinders A_{RZ} gilt, unter Vernachlässigung von Nachgiebigkeit und Reibung in der Bremsanlage und Hydraulik, die Beziehung

$$i_{\ddot{U}} = \frac{A_{RZ}}{A_{HZ}}. \tag{5.26}$$

Die Spannkraft erzeugt über die Reibbeläge mit dem effektiven Bremsenradius r_e eine Umfangskraft F_U und daraus eine Bremskraft F_{Rad} am Reifenlatsch

$$F_{Rad} = \frac{r_e}{r_{stat}} F_U, \tag{5.27}$$

s. Abbildung 5.9.

Das Verhältnis zwischen Spannkraft F_{Sp} und Umfangskraft F_U wird auch als Bremsenkennung (innere Übersetzung) C^* der Radbremse bezeichnet. Die Bremsenkennung enthält unter anderem auch den Reibwert μ_{Belag} zwischen Bremsbelag und Bremsscheibe, bzw. Bremstrommel, s. Abschnitte 5.3.4 und 5.3.5. Damit ergibt sich insgesamt der Zusammenhang zwischen der Betätigungskraft F_F am Bremspedal und der Bremskraft F_{Rad} am Rad:

$$F_{Rad} = \frac{r_e}{r_{stat}} F_U = \frac{r_e}{r_{stat}} C^* F_{Sp} = \underbrace{i_{PED}V^*}_{\substack{\text{Betätigungs-}\\\text{mechanik}}} \underbrace{\frac{A_{RZ}}{A_{HZ}}}_{\substack{\text{Übersetzung}\\\text{Hydraulik}}} \underbrace{C^*\frac{r_e}{r_{stat}}}_{\substack{\text{Übersetzung}\\\text{Radbremse}}} F_F. \tag{5.28}$$

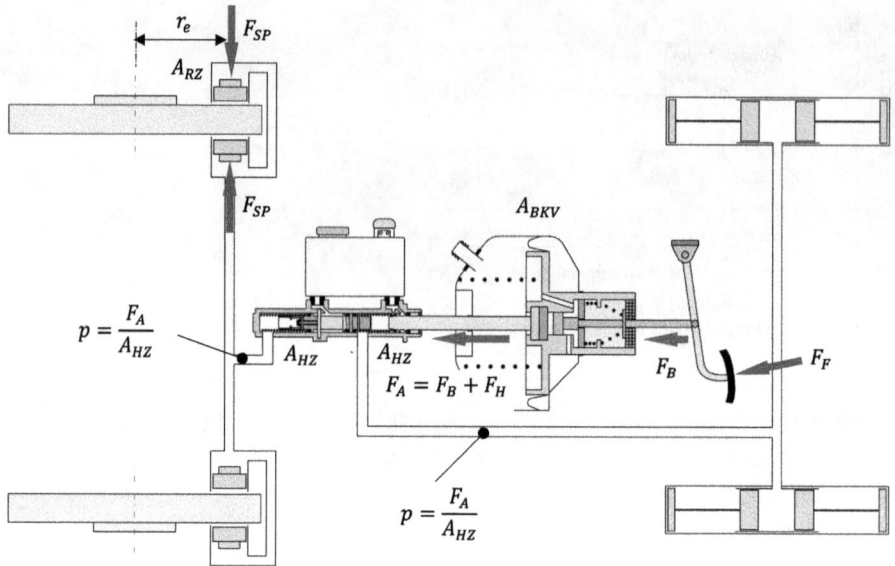

Abb. 5.8: Kraftfluss in einer Bremsanlage.

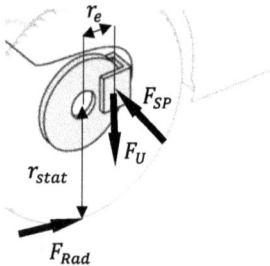

Abb. 5.9: Kräfte am Rad.

Die Bremsenkennung C^* ist für die einzelnen Bremsenbauformen in (DIN/ISO 1997–2001) beschrieben. Beispielhafte Berechnungen für Trommel- und Scheibenbremsen finden sich in Abschnitt 5.3.4 bzw. in Abschnitt 5.3.5.

Die beschriebenen Zusammenhänge beschreiben die Funktionsweise rein mechanischer Bremsanlagen. Bei heutigen Fahrzeugen sind in der Regel weitere Funktionalitäten realisiert, die den Fahrer bei Bremsungen insbesondere in Grenzsituationen unterstützen. Hierbei kann entweder direkt am Bremskraftverstärker eingegriffen werden oder der Bremsdruck wird innerhalb des hydraulischen Übertragungswegs moduliert. Derartige Systeme sind z. B. (s. auch Kapitel 9):

– Bremsassistenten, die eine maximale Verzögerung einstellen, wenn aus der Reaktion des Fahrers (Stärke und Geschwindigkeit der Pedalbetätigung) auf eine Notbremsung geschlossen werden muss,

- Blockierverhinderer (ABS[1]) und Traktionshilfen (ASR[2]),
- Fahrdynamikregelungen (ESP[3]) und
- Systeme zur automatischen Abstandshaltung (ACC[4]).

5.3.2 Bremspedal und Hauptbremszylinder

Das Bremspedal hat die Aufgabe, die Fußkraft des Fahrers auf eine Kolbenstange zu übertragen, die, in der Regel verstärkt durch einen Bremskraftverstärker, im Hauptbremszylinder einen hydraulischen Druck aufbaut. Wichtig ist hierbei ein feinfühliges Ansprechen der Bremse auf die Fußkraft. Bei Fremdkraftbremsen muss dieser Mechanismus durch einen Bremsensimulator ersetzt werden, der das typische und gewohnte Verhalten einer hydraulischen Bremse nachbildet. In der Regel sind heute Bremspedal, Bremskraftverstärker und Hauptbremszylinder aus Packaging- und Kostengründen in einer Baueinheit integriert.

Der Hauptbremszylinder wandelt die vom Fahrer eingebrachte und vom Bremskraftverstärker verstärkte Fußkraft in einen hydraulischen Druck um, der durch die Bremskreise weitergeleitet und in den Radbremszylindern in eine Kraft umgewandelt wird, welche die Bremsbeläge gegen die Bremsscheiben- und Bremstrommeln presst.

Beispielhaft ist in Abbildung 5.10 ein Tandembremszylinder mit Zentralventil dargestellt. Durch die Betätigung des Bremspedals wird der Druckstangenkolben nach links verschoben. Er überfährt dabei die Ausgleichsbohrung und erhöht den Druck im Druckraum. Dadurch verschiebt sich auch der Zwischenkolben nach links und verschließt das Zentralventil, wodurch der Druckraum abgedichtet wird und sich in der Folge der Druck in beiden Druckkammern erhöht. Wird die Fußkraft wieder reduziert, so bewegen sich beide Kolben nach rechts. Der rechte Kolben gibt dabei wieder die Ausgleichsbohrung frei und das Zentralventil öffnet sich, sodass die Bremsflüssigkeit wieder in den Ausgleichsbehälter zurückfließen kann.

5.3.3 Bremskraftverstärker

Bei den meisten heutigen Fahrzeugen reicht die Fußkraft des Fahrers in der Regel nicht aus, um die erforderlichen Bremsdrücke in allen Situationen und auf Dauer aufbringen zu können. Die Fußkraft des Fahrers muss daher entsprechend verstärkt werden. Für alle Bremskraftverstärker gilt, dass sie die benötigte Fußkraft so gering halten müssen,

---

1 ABS: Anti-Blockier-System, s. Kapitel 9.

2 ASR: Antriebs-Schlupf-Regelung, s. Kapitel 9.

3 ESP: Elektronisches Stabilitäts Programm, s. Kapitel 9.

4 ACC: Adaptive Cruise Control, s. Kapitel 9.

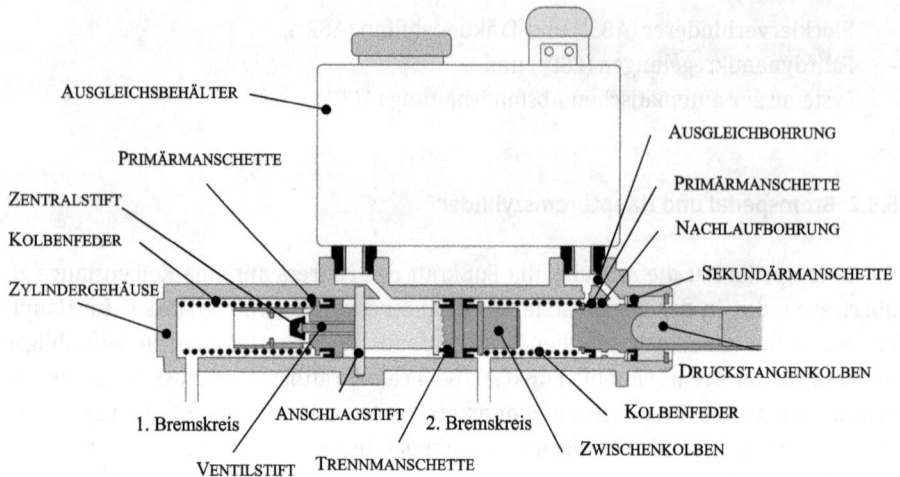

Abb. 5.10: Hauptbremszylinder (schematische Darstellung).

dass ein sicheres und komfortables Bremsen ermöglicht wird. Gleichzeitig dürfen sie das feinfühlige Dosieren der Bremse nicht behindern und ein erwartungsgemäßes Verhalten der Bremse sicherstellen. Bremskraftverstärker sind heute Standard in fast allen Fahrzeugen.

Konventionelle Bremskraftverstärker

Die benötigte Energie beziehen diese entweder aus dem Unterdruck im Saugrohr des Verbrennungsmotors oder von einer Hydraulikpumpe, die den erforderlichen Hydraulikdruck erzeugt, falls der Unterdruck im Saugrohr nicht ausreicht. Dies ist beispielsweise der Fall bei Fahrzeugen mit Diesel- oder Turbomotor sowie bei Elektrofahrzeugen. In Abbildung 5.11 ist ein Unterdruckbremskraftverstärker in Ein-Kammer-Bauweise dargestellt. Für Fahrzeuge mit höherem Unterstützungsbedarf gibt es auch Bremskraftverstärker in Vier-Kammer-Bauweise (Reif 2010a).

Der in Abbildung 5.11 dargestellte Bremskraftverstärker nutzt den vom Ottomotor im Saugrohr über den Unterdruckanschluss zur Verfügung gestellten oder von einer Unterdruckpumpe erzeugten Unterdruck von 0,5–0,9 bar, um eine Unterstützungskraft zur Verfügung zu stellen. Diese Unterstützungskraft erhöht sich proportional zur Fußkraft bis zum Aussteuerpunkt (s. Abschnitt 5.3.1), darüber erfolgt keine weitere Verstärkung. Der Aussteuerpunkt wird so ausgelegt, dass er in der Nähe des Druckes liegt, der zum Blockieren der Vorderräder führen würde.

Der in Abbildung 5.11 dargestellte Bremskraftverstärker hat als wesentliches Bauelement einen Arbeitskolben (Membranteller) mit Rollmembran. Hierdurch wird die Unterdruckkammer von der Arbeitskammer getrennt. Die über die Kolbenstange eingeleitete Fußkraft wird über den Arbeitskolben weiter auf die Druckstange übertragen

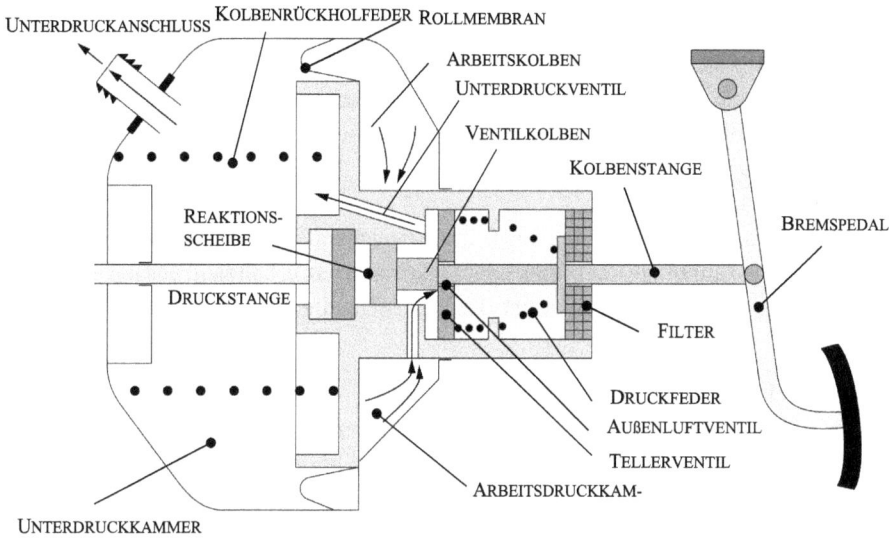

Abb. 5.11: Unterdruck-Bremskraftverstärker nach Fischer, Gscheidle und Heider 2013.

und gleichzeitig durch die resultierende Druckkraft von der Arbeitsdruckkammer auf die Trennmembran verstärkt.

Bei nicht betätigter Bremse sind die Unterdruck- und die Arbeitsdruckkammer miteinander verbunden und in beiden Kammern und damit auf beiden Seiten des Arbeitskolbens herrscht der gleiche Unterdruck. Der Arbeitskolben wird in dieser Stellung durch die Kolbenrückholfeder in der Ruhestellung gehalten.

Bewegt sich bei einem Bremsvorgang nun die Kolbenstange in Abbildung 5.11 nach links, so schließt das Tellerventil zunächst die Verbindung zwischen den beiden Kammern. Damit sind beide Kammern wieder voneinander getrennt. Bei einer weiteren Linksbewegung des Ventilkolbens öffnet sich das Ventil, das die Arbeitskammer gegen den Atmosphärendruck abschirmt und Atmosphärendruck strömt von außen über das Filter und das Außenluftventil nach. Der sich aufbauende Druck überträgt sich durch die Membran auf den Membranteller, der die Druckfeder und damit auch die Druckstange nach links drückt und damit die Fußkraft des Fahrers verstärkt. Gleichzeitig wird die aus Gummi bestehende Reaktionsscheibe zusammengedrückt. Sobald die Druckstange stillsteht, dehnt sich die Reaktionsscheibe wieder aus und drückt auf den Ventilkolben. Hierdurch schließt sich das Außenluftventil wieder und es stellt sich eine konstante Verstärkerkraft ein. Es ergibt sich die Unterstützungskraft:

$$F_H = A_M \Delta p, \tag{5.29}$$

mit der wirksamen Querschnittsfläche A_M des Arbeitskolbens und der Druckdifferenz Δp zwischen Arbeits- und Unterdruckkammer.

Wird die Pedalkraft wieder reduziert, so bewegt sich der Ventilkolben wieder nach rechts, wodurch sich der Verbindungskanal zwischen Unterdruck- und Arbeitskammer wieder öffnet und damit wieder ein Druckgleichgewicht herstellt.

Bei einer Vollbremsung wird die Reaktionsscheibe ständig zusammengedrückt und das Außenluftventil bleibt geöffnet. Hierdurch stellt sich die maximal mögliche Druckdifferenz von $\Delta p \approx 0{,}8$ bar ein.

Fahrzeuge, bei denen keine oder keine ausreichende Unterdruckversorgung vorhanden ist, wie Fahrzeuge mit Diesel- oder Elektroantrieb, erhalten in der Regel hydraulisch betriebene Bremskraftverstärker (Fischer, Gscheidle und Heider 2013).

Elektromechanischer Bremskraftverstärker

Die Entwicklung neuer Antriebsstränge, die gestiegenen Anforderungen an die Fahrdynamik und der Trend zum automatisierten Fahren haben in den letzten Jahren neue Anforderungen an die Bremssysteme gestellt. Diese Entwicklungen führen beispielsweise dazu, dass bei teil- oder vollelektrischen Fahrzeugen kein oder zu wenig Unterdruck für den Betrieb des Bremskraftverstärkers zur Verfügung steht und die CO_2-Emissionen durch den Einsatz eines elektromechanisch betriebenen Aggregats reduziert werden können. Darüber hinaus kann insbesondere bei automatisierten Fahrfunktionen eine Redundanz erreicht werden.

Ein Beispiel für einen weit verbreiteten elektromechanischen Bremskraftverstärker ist der von Bosch entwickelte iBooster, s. Abbildung 5.12. Bei diesem System wird der Bremswunsch des Fahrers über einen integrierten Wegdifferenzsensor erfasst und das Signal im Steuergerät zur Ansteuerung des Elektromotors umgesetzt. Dessen Drehmoment wird über ein Getriebe in die benötigte Hilfskraft umgewandelt. Der Elektromotor wird so angesteuert, dass der Differenzweg zwischen der Antriebsstange und dem mit dem Elektromotor verbundenen Übertragungselement auf null abgeglichen wird. Die vom Fahrer und vom Bremskraftverstärker aufgebrachte Kraft wird dann in einem handelsüblichen Hauptzylinder in hydraulischen Druck umgewandelt.

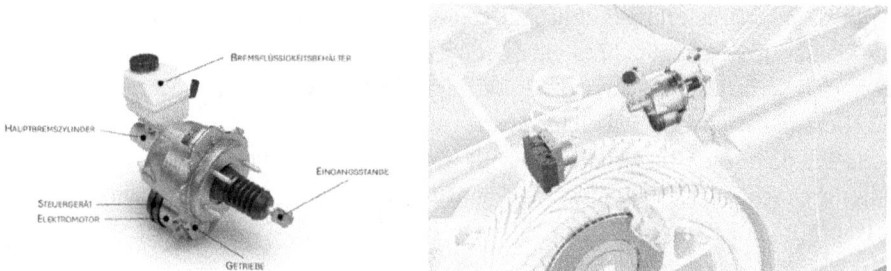

Abb. 5.12: Elektromechanischer Bremskraftverstärker (Fotos Bosch).

Die Vorteile des elektromechanischen Bremskraftverstärkers liegen in seiner Fähigkeit, regeneratives Bremsen und Bremsmischen zu unterstützen. Daher eignen sich solche Systeme besonders für teil- und vollelektrisch angetriebene Fahrzeuge. Außerdem kann der Bremsdruck schneller aufgebaut und präziser eingestellt werden.

5.3.4 Trommelbremsen

Für eine Simplextrommelbremse ergibt sich für einen Bremsbelag aus dem Momentengleichgewicht um das Gegenlager A (Abbildung 5.13):

$$2aF_{Sp} - aF_N + rF_U = 0. \tag{5.30}$$

Außerdem gilt bei Annahme trockener Reibung zwischen Normalkraft F_N und Umfangskraft F_U der Zusammenhang

$$F_U = \mu_{\text{Belag}}F_N \tag{5.31}$$

und damit

$$C^* = \frac{F_U}{F_{Sp}} = \frac{\mu_{\text{Belag}}F_N}{F_{Sp}} = \frac{\mu_{\text{Belag}}\left(\frac{2F_{Sp}}{1-\frac{r}{a}\mu_{\text{Belag}}}\right)}{F_{Sp}} = \frac{2}{\frac{1}{\mu_{\text{Belag}}} - \frac{r}{a}}. \tag{5.32}$$

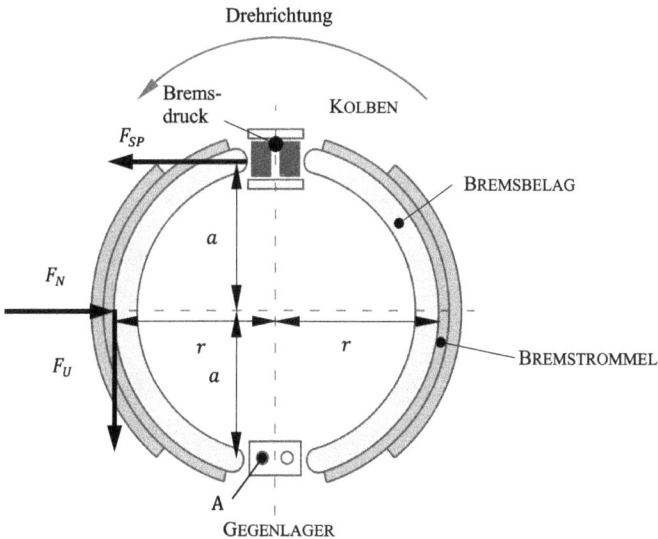

Abb. 5.13: Prinzipdarstellung einer Trommelbremse.

In diesem Fall hängt die innere Übersetzung C^* also nichtlinear mit dem Reibwert des Bremsbelags zusammen. Sie kann sich daher also abhängig von Art der Bremse, Alter und Verschleiß der Bremse sowie von den Umgebungsbedingungen in einem weiten Bereich verändern.

Einer der Vorteile der Trommelbremse ist die integrierte Selbstverstärkung, die allerdings, wie eben gesehen, nicht konstant ist und darüber hinaus sehr empfindlich auf Parameteränderungen reagiert. Daraus ergibt sich auch einer der wesentlichen Nachteile. Bei Vorliegen ungünstiger Betriebsbedingungen, wie Feuchtigkeit oder hohen Temperaturen bei extremen Bremsvorgängen, kann sich der Reibkoeffizient deutlich verkleinern, was in der Folge zu schlechten Bremsleistungen führt. Dies ist auch unter dem Begriff Brems-Fading bekannt.

Trommelbremsen sind andererseits aufgrund ihres einfachen Aufbaus im Vergleich zu Scheibenbremsen preisgünstiger.

Für Trommelbremsen wurde im Laufe der historischen Entwicklung eine Vielzahl von Bauformen entwickelt. Man unterscheidet Simplex-, Duplex- und Servobremsen, wobei die Simplexbremse die am weitesten verbreitete Bauform repräsentiert. Ein weiterer Nachteil von Trommelbremsen ist der mitunter erhebliche Unterschied im Verschleiß zwischen den vor- und nachlaufenden Bremsbacken.

5.3.5 Scheibenbremsen

Für eine Scheibenbremse, (Abbildung 5.14), ergibt sich:

$$C^* = \frac{F_U}{F_{Sp}} = \frac{F_{U,\text{links}} + F_{U,\text{rechts}}}{F_{Sp}} = \frac{F_{Sp}\mu_{\text{Belag}} + F_{Sp}\mu_{\text{Belag}}}{F_{Sp}} = 2\mu_{\text{Belag}}. \tag{5.33}$$

Scheibenbremsen erzeugen die Bremskräfte durch das beiderseitige Anpressen zweier Bremsbeläge an eine zentrisch am Rad montierte Bremsscheibe. Die Bremsbeläge werden in einem U-förmigen Bremssattel geführt, der ein Segment der Scheibe umfasst und an nicht rotierenden Fahrzeugteilen gelagert ist, s. Abbildung 5.14. Scheibenbremsen werden heute nahezu ausschließlich hydraulisch betätigt. Die gebräuchlichen Ausführungen von Scheibenbremsen unterscheiden sich im Wesentlichen in der Art der Lagerung des Bremssattels.

Bei der Festsattelbremse werden zwei Kolben benötigt, die von beiden Seiten die Bremsbeläge an die Bremsscheibe pressen, s. Abbildung 5.14 links. In diesem Fall ist der Bremssattel mit den Kolben fest mit Teilen der Radaufhängung verbunden.

Bei der Schwimmsattelbremse wird der eigentliche Bremssattel in einem festen Bremsträger beweglich (schwimmend) geführt. In diesem Fall ist nur ein Bremskolben vorhanden, der den inneren Bremsbelag gegen die Scheibe presst. Der äußere Bremsbelag wird durch die Reaktionskraft an die Bremsscheibe gepresst, indem sich der bewegliche Bremssattel verschiebt und dabei den Bremsbelag mitzieht.

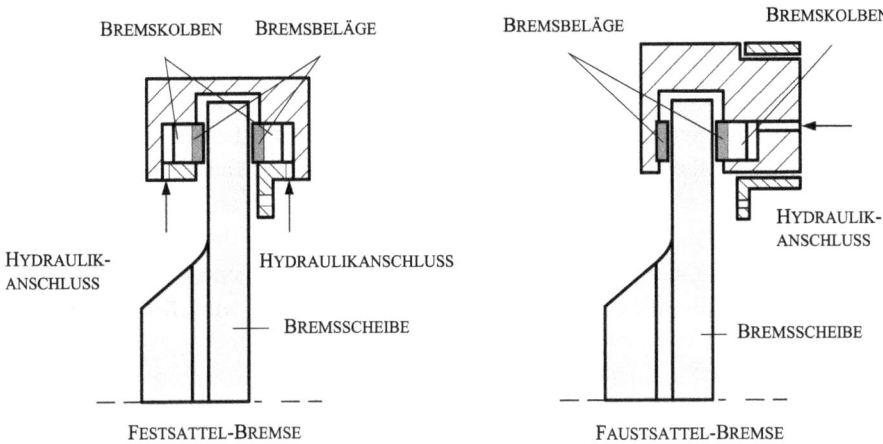

Abb. 5.14: Prinzipdarstellung von Scheibenbremsen.

Eine Weiterentwicklung der Schwimmsattelbremse ist die Faustsattelbremse, s. Abbildung 5.14 rechts, bei der der Bremsträger eingespart wird. In diesem Fall umgreift der Bremssattel die Scheibe wie eine halb geöffnete Faust. Diese Form der Scheibenbremse hat sich bei Pkws wegen ihres einfachen Aufbaus, ihrer auch gegenüber Festsattelbremsen geringeren Temperaturempfindlichkeit und ihrer größeren Wartungsfreundlichkeit weitgehend durchgesetzt.

Scheibenbremsen haben bei den meisten Pkws die Trommelbremse zumindest an der Vorderachse abgelöst. Der Grund dafür liegt insbesondere in der höheren Standfestigkeit der Bremsen und in der thermischen Belastbarkeit. Bei hohen Beanspruchungen sind die Bremskraftverluste deutlich geringer, als bei Trommelbremsen. Insbesondere tritt das gefürchtete Fading nur in einer abgeschwächten Form auf.

Die Nachteile von Scheibenbremsen liegen in dem nicht vorhandenen Selbstverstärkungseffekt sowie in den, im Vergleich zu Trommelbremsen, deutlich höheren Kosten. Wegen des Kostennachteils werden auch heute noch bei vielen leichten und preisgünstigen Fahrzeugen Trommelbremsen an der Hinterachse eingesetzt. Dies ist möglich, da die Hinterachse typischerweise nur 25 bis 35 % der gesamten Bremskraft übernimmt und damit ihre thermische Belastung deutlich geringer ist. Ein weiterer Grund für die Bevorzugung von Trommelbremsen an der Hinterachse, wenn dies technisch möglich ist, liegt an dem höheren konstruktiven Aufwand beim Einbau einer Feststellbremse bei Scheibenbremsen.

Mit dem Übergang zu elektrisch angetriebenen Fahrzeugen gewinnt die Trommelbremse auch bei Fahrzeugen mit höherer Antriebsleistung in Verbindung mit der dort möglichen Rekuperation wieder an Bedeutung. Diese Eigenschaft reduziert den Bremsbelagverschleiß und ermöglicht den Einsatz von Trommelbremsen an der Hinterachse auch bei Fahrzeugen mit hoher Antriebsleistung. An der Vorderachse werden dagegen weiterhin Scheibenbremsen eingesetzt.

5.3.6 Bremsscheiben

Bremsscheiben bestehen zumeist aus Grau- oder Stahlguss und sind zusammengesetzt aus einem ebenen Reibring und einem Bremsscheibentopf, mit dem sie über Schrauben fest mit den Radnaben befestigt sind, sodass sie sich mit dem Rad mitdrehen. Die Anpresskräfte der Bremsbeläge sind größer als bei Trommelbremsen. Die dadurch entstehende höhere Wärmeentwicklung wird dadurch ausgeglichen, dass die Bremsscheibe direkt vom Fahrtwind umströmt wird. Schwierigkeiten gibt es jedoch bei hoher Bremsenbelastung und gleichzeitig langsamer Fahrtgeschwindigkeit, wie z. B. bei steilen Passabfahrten.

Innen belüftete Bremsscheiben besitzen im Gegensatz zu massiven außenbelüfteten Bremsscheiben radial angeordnete, luftdurchströmte Kühlkanäle, die während der Fahrt eine Ventilatorwirkung entfalten. Sie werden aufgrund der dort höheren Bremsbeanspruchung in der Regel an der Vorderachse eingesetzt.

5.3.7 Bremsbeläge

Beim Bremsen werden die Bremsbeläge an einen mit dem Rad umlaufenden Reibpartner angepresst. Hierdurch wird eine Reibungskraft in Umfangsrichtung erzeugt, die das Rad abbremst. Die Reibpaarung pro Rad besteht bei Scheibenbremsen aus je zwei Bremsbelägen und einer Bremsscheibe, bei Trommelbremsen aus Bremsbelägen und einer Bremstrommel.

Bremsbeläge sollten eine möglichst wenig vom Verschleiß und der Temperatur abhängige Reibungszahl aufweisen. Sie müssen bis ca. 800 °C temperaturbeständig sein, ohne zu verglasen und mechanisch belastbar sein. Handelsübliche Bremsbeläge bestehen aus einer Trägerplatte aus Stahl oder Grauguss, einem Reibbelag aus einem komplexen Verbund unterschiedlicher Materialien und einer Zwischenschicht, dem sogenannten Underlayer.

Der dimensionslose Reibwert zwischen Bremsbelag und Bremsscheibe liegt in der Regel zwischen 0,35 und 0,4. Die Schwankungen dieses Reibwertes sollten möglichst klein gehalten werden. Dennoch schwankt der Reibwert abhängig von Geschwindigkeit, Bremsdruck und Temperatur. Insbesondere fällt der Reibwert ab ca. 700 °C überproportional ab, wodurch sich der Bremswert deutlich verlängert. Es kommt zum sogenannten Bremsen-Fading (Breuer und Bill 2012).

5.3.8 Thermisches Verhalten von Bremsen

Die von Pkw-Bremsen zu verarbeitende Leistung übersteigt die Motorleistung eines Pkws deutlich. Von der umgesetzten Wärme werden bei einer Scheibenbremse ca. 90 % von der Bremsscheibe und die verbleibenden 10 % vom Bremsbelag aufgenommen und (zwischen-)gespeichert. Die gespeicherte Wärme muss anschließend möglichst schnell durch Strahlung, Konvektion und Wärmeleitung an die Umgebung abgegeben werden. Dies führt unvermeidlich zur Aufheizung der benachbarten Komponenten der Bremsscheibe, wie Bremssattel, Felge und Radträger. Kritisch ist dabei die Aufheizung des Bremsbelags über 700 °C sowie die Aufheizung der Bremsflüssigkeit durch die Wärmeleitung über den Radbremszylinder, was im Extremfall bei Überschreiten einer Temperatur von ca. 200 °C zur Dampfblasenbildung in der Bremshydraulik mit der Folge des weitgehenden Ausfalls eines Bremskreises führen kann (Breuer und Bill 2012).

Darüber hinaus hat auch die Temperatur einen Einfluss auf den Reibwert μ_{Belag} zwischen Bremsbelag und -scheibe. So ergibt sich bei gegebenem Bremsdruck p_B das Bremsmoment M_B an der rotierenden Bremsscheibe zu:

$$M_B = p_B A_K r_B \mu_G(p_B, T_B). \tag{5.34}$$

Dabei bezeichnet A_K die wirksame Kontaktfläche zwischen Bremsbelag und -scheibe und r_B den Abstand zwischen Achs- und Bremsbelagmitte. Der Gleitreibungskoeffizient μ_G wird von dem wirkenden Bremsdruck p_B und der Belagtemperatur T_B beeinflusst. Diese Zusammenhänge lassen sich näherungsweise beschreiben (Burckhardt 1991, Schuster 1999). Vernachlässigt man die Gleitgeschwindigkeit, so steigt der Reibwert mit zunehmender Temperatur T_B bis zu einem Maximum bei der optimalen Temperatur $T_{B,\text{opt}}$ an und fällt danach wieder ab. Mathematisch lässt sich dieser Zusammenhang annähernd durch eine Parabel darstellen:

$$\mu_G(T_B) = \mu_{G,\text{max}} \left[1 - c_P \left(\frac{T_B - T_{B,\text{opt}}}{T_{B,\text{opt}}} \right)^2 \right]. \tag{5.35}$$

Bei c_P handelt es sich dabei um eine dimensionslose Materialkonstante, die das Temperaturverhalten der Werkstoffpaarung zwischen Bremsscheibe und -belag abbildet. Ganz ähnlich kann auch die Abhängigkeit des Reibwertes vom Bremsdruck approximiert werden:

$$\mu_G(p_B) = \mu_{G,p_B=0} \left[1 - c_T \left(\frac{p_B}{p_B^*} \right)^2 \right]. \tag{5.36}$$

Dabei ist c_T eine weitere dimensionslose Materialkonstante, $\mu_{G,p_B=0}$ der Reibkoeffizient bei $p_B = 0$ und p_B^* der maximale Bremsdruck.

Die Gleichung für den Reibbeiwert ergibt sich somit aus den Gln. (5.35) und (5.36) in erster Näherung zu:

$$\mu_G(p_B, T_B) = \mu_{G,p_B=0} \left[1 - c_T \left(\frac{p_B}{p_B^*} \right)^2 \right] \mu_{G,\text{max}} \left[1 - c_P \left(\frac{T_B - T_{B,\text{opt}}}{T_{B,\text{opt}}} \right)^2 \right]. \tag{5.37}$$

5.4 Bremskreisaufteilung

Aufgrund der Sicherheitsrelevanz von Bremsanlagen wird durch gesetzliche Vorschriften festgelegt, dass die Übertragung zwischen Betätigungseinrichtung und Radbremsen mindestens zweikreisig ausgeführt sein muss. Die fünf Möglichkeiten zur Aufteilung der beiden Bremskreise sind in der DIN 74000 festgelegt, (DIN 1992). Die beiden am häufigsten anzutreffenden Aufteilungen zeigt Abbildung 5.15.

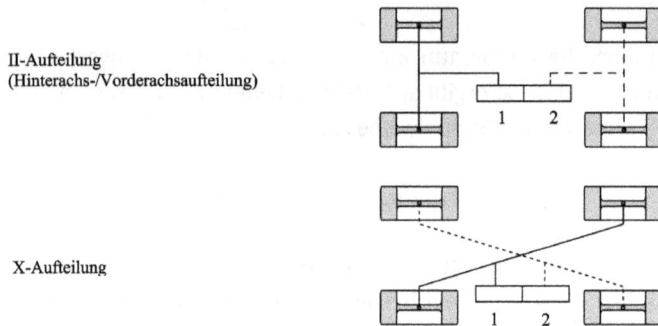

II-Aufteilung
(Hinterachs-/Vorderachsaufteilung)

X-Aufteilung

Abb. 5.15: Meistverbreitete Bremskreisaufteilungen nach (Reif 2011b).

5.5 Der Bremsvorgang

Der Bremsvorgang umfasst sämtliche Vorgänge, vom Beginn der Bedienung der Betätigungseinrichtung bis zum Ende des Bremsvorgangs (DIN/ISO 1997–2001).

5.5.1 Reaktions- und Ansprechzeiten

Bei den Reaktionszeiten ist zu unterscheiden zwischen der individuellen Reaktionszeit des Fahrers und der technisch bedingten Reaktionszeit (Ansprechzeit) des Fahrzeugs.

Die Reaktionszeit t_R des Fahrers hängt von dessen persönlicher Verfassung und Fähigkeit zur Reaktion ab und umfasst neben der Zeit zur Erfassung der Situation (Erkennen der Gefahr) bis zur Umsetzung der Reaktion als Aufbringen einer entsprechenden Fußkraft. Diese Zeit liegt je nach den Umständen zwischen 0,3 und 1,0 Sekunden. Während dieser Reaktionszeit rollt das Fahrzeug ungebremst weiter.

Nach Beginn der Betätigung der Bremsen durch den Fahrer vergeht eine weitere kurze Zeitspanne t_{AS}, die in zwei Teile zerfällt. Die Schwellzeit t_S, während der sich die Verzögerung des Fahrzeugs aufbaut und eine Zeitspanne $t_{AS} - t_S$, während der etwaige Leerspiele überwunden werden, aber noch keine Bremsreaktion erfolgt. Danach vergeht noch eine weitere Zeit $t_{B_{max}}$, während der die eigentliche Vollbremsung mit der

Verzögerung a_max erfolgt. Der gesamte Bremsvorgang beansprucht daher die Zeit

$$t_A = t_R + (t_{AS} - t_S) + t_S + t_{B_\text{max}}. \tag{5.38}$$

Ein beispielhafter Verlauf der kinematischen Größen zusammen mit dem zugehörigen Zeitraster ist in Abbildung 5.16 dargestellt. Dort ist eine Vollbremsung mit den Zeiten ausgehend von einer Geschwindigkeit von $v_0 = 25\,\text{m/s}$ und den typischen Zeiten $t_S = 0{,}2\,\text{s}$, $t_{AS} = 0{,}25\,\text{s}$, $t_R = 0{,}5\,\text{s}$ dargestellt. Es ergibt sich in diesem Fall ein gesamter Bremsweg von 55,3 m bei einer Gesamtdauer des Bremsvorgangs von $t_A = 3{,}78\,\text{s}$ und einer effektiven Bremszeit (ohne Reaktionszeit des Fahrers) von $t_{B_\text{max}} = 3{,}03\,\text{s}$.

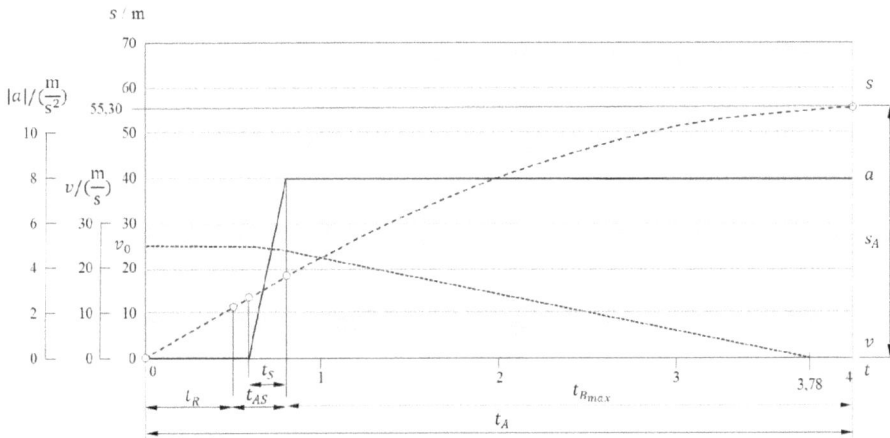

Abb. 5.16: Zeitlicher Ablauf eines Bremsvorgangs.

5.5.2 Bremswege

Die Bremswege haben sich, auch und insbesondere bei schlechten Straßenverhältnissen, während der letzten Jahrzehnte teilweise dramatisch verbessert. Dies ist einerseits auf die Einführung aktiver Fahrerassistenzsysteme zurückzuführen, wie z. B. des Bremsassistenten oder des ABS (s. Kapitel 9), andererseits aber auch auf technische Verbesserungen an den Bremsen (Bremsbeläge und Scheiben) sowie auf die deutlich verbesserten Reifen. Die Bedeutung möglichst kurzer Bremswege zeigen die Abbildungen 5.17 und 5.18. Dort sind die Bremswege in Metern bei verschiedenen durchschnittlichen Bremsverzögerungen dargestellt. Ausgehend von einer durchschnittlichen Bremsverzögerung von $12\,\frac{\text{m}}{\text{s}^2}$ und einem damit verbundenen theoretischen Anhalteweg von 32,15 m sind auch die restlichen Aufprallgeschwindigkeiten bei niedrigeren Bremsverzögerungen und entsprechend längeren Bremswegen aufgetragen. Das Diagramm zeigt, dass ein Fahrzeug mit einer mittleren Bremsverzögerung von $8\,\frac{\text{m}}{\text{s}^2}$ nach 32,15 m mit einer

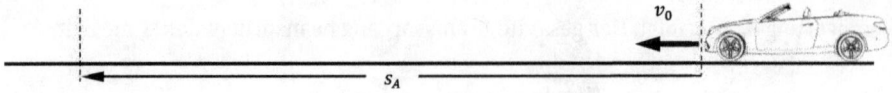

Abb. 5.17: Anhalteweg.

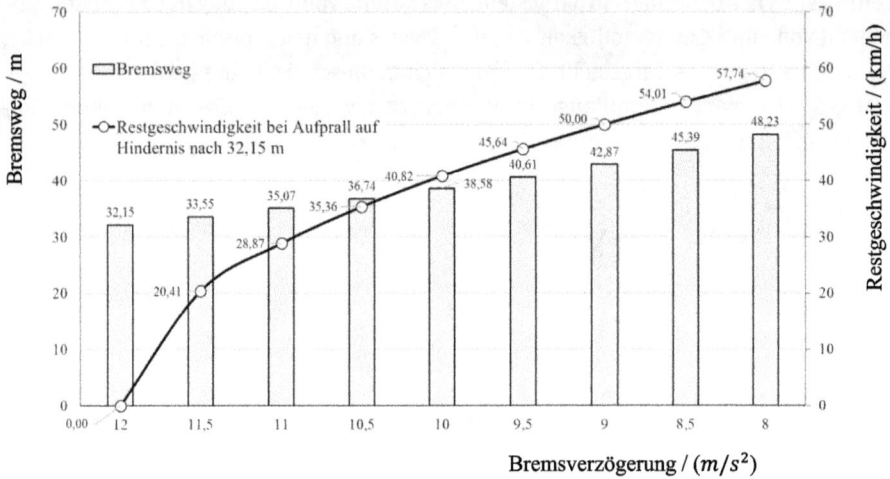

Abb. 5.18: Bremswege und verbleibende Aufprallgeschwindigkeit.

Geschwindigkeit von noch 57,74 $\frac{km}{h}$ auf ein sich dort ggf. befindendes Hindernis aufprallen würde.

Unter den Annahmen aus Abschnitt 5.5.1 sowie der weiteren Annahme, dass die Zunahme der Bremsverzögerung a während der Schwellzeit t_S linear erfolgt und während der Vollbremsphase konstant bei dem Maximalwert a_{max} bleibt, ergibt sich der Bremsweg in einer ersten Näherung zu:

$$s_A = v_0(t_R + t_{AS}) + \frac{1}{6}a_{max}t_S^2 + \left(\frac{1}{2}a_{max}t_S + v_0\right)t_{B_{max}} + \frac{1}{2}a_{max}t_{B_{max}}^2. \tag{5.39}$$

Der Bremsweg hängt also nicht nur von der maximalen Bremsverzögerung (bei trockener Straße ca. 8 m/s²) ab, sondern insbesondere auch von der Reaktionszeit des Fahrers sowie von der Ansprechzeit der Bremsen. Weiterhin wird hier vorausgesetzt, dass der Fahrer die Bremse sofort voll einsetzt, was bei Normalfahrern oftmals nicht der Fall ist. Dies erklärt den Sinn von sogenannten Bremsassistenten, die aus der Fahrerreaktion (Geschwindigkeit der Pedalbetätigung, etc.) auf eine Notbremsung schließen und sofort den vollen Bremsdruck aufbauen. So ergibt sich bei dem in Abbildung 5.16 dargestellten Beispiel einer Vollbremsung aus einer Geschwindigkeit von $v_0 = 100\ \frac{km}{h}$ ein Gesamtbremsweg von $s_A = 57{,}72$ m, wovon 18,70 m auf die Reaktions- und Ansprechphase entfallen und allein $s_R = 12{,}50$ m auf die Reaktionszeit des Fahrers.

5.6 Fremdkraftbremsen

Die Funktion von Pkw-Bremsanlagen beruht auch heute noch, anders als bei Lkws, auf der Muskelkraft des Fahrers, die allerdings heute in aller Regel durch weitere Baugruppen verstärkt wird. Es liegt daher durchaus nahe, die Muskelkraft des Fahrers ganz durch eine entsprechende Aktuatorik zu ersetzen und den Fahrerwunsch durch eine Sensorik zu erfassen. Ein Vorteil einer solchen Vorgehensweise ist die Möglichkeit, Zusatzfunktionen einfacher in das Bremssystem integrieren zu können, als dies bei einer konventionellen Bremsanlage der Fall ist.

5.6.1 Elektrohydraulische Bremse (EHB)

Die Elektrohydraulische Bremse ist eine Fremdkraftbremsanlage und, außer beim Notbetrieb mechanisch vollständig vom Bremspedal entkoppelt. Sie ist ein Beispiel für ein x-by-wire-System, d. h. ein Bremssystem, bei dem es keinen mechanischen Kontakt zwischen Bremspedal und Bremszylinder mehr gibt. Die Mechanik wird durch elektrische Signale ersetzt. Der nötige Bremsdruck wird von einer Hochdruckpumpe in einem Gasdruckspeicher aufgebaut und steht dort über entsprechende Ventile zum Druckaufbau im Bremssystem zur Verfügung.

Das Bremssystem einer elektrohydraulischen Bremse besteht aus drei Hauptbaugruppen:
- einer elektronischen Bremspedaleinheit, die einen Sensor zur Erfassung des Bremswunsches des Fahrers und einem Bremsgefühlgeber besteht,
- vier hydraulischen Radbremsen sowie
- einer elektrohydraulischen Regeleinheit bestehend aus der Hochdruckpumpe, einem Ventilblock und einem elektronischen Steuergerät.

Aus den gemessenen Pedalweg- und Drucksignalen wird die gewünschte Bremsung abgeleitet. Die Sensorsignale der Pedaleinheit werden über eine Kabelverbindung an das Steuergerät kommuniziert. Dort werden unter Berücksichtigung weiterer Fahrzeuggrößen, wie Raddrehzahlen, Gierrate, Querbeschleunigung, etc., radindividuelle Bremsdrücke ermittelt. Die elektrohydraulische Regeleinheit erzeugt die geforderten Bremsdrücke durch eine entsprechende Ansteuerung der Regelventile. Die hierfür benötigten Bremsdrücke werden aus dem Gasdruckspeicher entnommen.

Durch die Trennung von Bremshydraulik und Pedaleinheit im Normalbetrieb sind automatische Systeme wie ABS und ESP rückmeldungsfrei. Darüber hinaus kann die Rückmeldung der Pedaleinheit an den Fahrer frei konfiguriert werden.

Der Aufbau des Bremssystems ermöglicht eine einfache Integration von Bremsregelsystemen, wie ABS, ASR und ESP ohne großen weiteren Hardware-Aufwand. Weiterhin stellt eine EHB, von der mechanischen Rückfallebene mit direktem Bremsdurchgriff einmal abgesehen, die Realisierung einer Brake-by-Wire-Bremse dar und weist einige der Vorteile der elektromechanischen Bremse auf, s. Abschnitt 5.6.2.

Die Vorteile des Systems sind:
- eine sehr hohe Bremsdynamik,
- einfache Integration von Zusatzfunktionen, wie Hill Holder,[5] Trockenbremsen[6] der Bremsscheiben,
- grundsätzliche Rückmeldungsfreiheit auf das Bremspedal,
- andererseits freie Gestaltung der Bremspedalrückmeldung,
- einfache Möglichkeit von Fremdkrafteingriffen und damit gute Vernetzbarkeit sowie,
- Unabhängigkeit vom Unterdruck des Motors.

Ein weiterer Vorteil für das Gesamtfahrzeug verspricht die neu gewonnene Bauraumflexibilität, insbesondere im Bereich des Vorderwagens. Daraus ergeben sich Vorteile für die Gestaltung des Fahrzeuginnenraums. Die vollständige mechanische Entkopplung von Fahrer und Bremsaktuator ermöglicht zudem die Neukonzeption von Assistenzsystemen, die durch Bremseingriffe die Agilität und die Stabilität des Fahrzeugs unterstützen. Die mechanische Entkopplung der Systemkomponenten bringt auch Vorteile im Herstellungsprozess, was langfristig zu geringeren Systemkosten führt.

Den Vorteilen stehen allerdings auch Nachteile gegenüber, die einen breiten Einsatz dieser Bremse bisher verhindert haben:
- die Notwendigkeit eine mechanische Rückfallebene für den Fall vorzuhalten, dass das System, z. B. durch einen Bordnetzzusammenbruch ausfällt,
- höhere Teilekosten,
- aus Kostengründen ist für den Fall eines Notbetriebs nur ein Bremskreis verfügbar, wodurch vor allem schwächere Fahrer Schwierigkeiten bekommen, eine scharfe Bremsung einzuleiten,
- eine EHB enthält immer noch hydraulische Komponenten, was die Wartung im Feld, aber auch die Montage im Werk erschwert.

5.6.2 Elektromechanische Bremse (EMB) und Brake-by-Wire

Eine elektromechanische Bremse arbeitet ohne Hydraulik und damit ohne Bremsflüssigkeit. Sie werden auch als Trockenbremsen bezeichnet. Ähnlich wie bei der EHB be-

---

5 Berganfahrhilfe: automatisierte Unterstützung für Kraftfahrzeuge beim Anfahren an Steigungen, die ein Zurückrollen ohne ein Zutun des Fahrers verhindert.

6 Trockenbremsen: Leichtes Anlegen der Bremsbeläge an die Bremsscheiben, um mit trockenen Bremsscheiben ein optimales Ansprechen der Bremse zu erreichen.

steht das System aus einem Bremspedalsensor mit integriertem Steuergerät, das die vier Radbremsen regelt. Diese Radbremsen werden rein elektrisch betätigt, während EHB eine hydraulische Betätigung verwendet. Dadurch entfallen die Hochdruckpumpe und der Ventilblock. Stattdessen werden vier getrennte elektromechanische Bremsaktuatoren eingesetzt. Die EMB hat im Vergleich zur EHB mehrere Vorteile. Das System besteht aus einer geringeren Anzahl von Einzelkomponenten, ist umweltfreundlicher, da keine Hydraulikflüssigkeit benötigt wird, und erfordert einen wesentlich geringeren Wartungsaufwand.

Ein weiterer großer Vorteil ist die zumindest grundsätzlich vorhandene Unabhängigkeit von mechanischen Übertragungswegen, die neue Potentiale beim Packaging von Pkws eröffnet. Nachteilig ist, dass zur Sicherstellung von zwei unabhängigen Bremskreisen sowohl ein redundantes Signal- wie auch ein redundantes Energienetz erforderlich werden. Hinzu kommen erhöhte Anforderungen an das elektrische Bordnetz, die von dem konventionellen 12V-Bordnetz nur schwer erfüllt werden können. Diese schwerwiegenden Nachteile und die nur mit einem erheblichen Zusatzaufwand realisierbare mechanische Rückfallebene, die bei sicherheitsrelevanten Systemen des Kraftfahrzeugs in der Regel gefordert wird, haben einen Einsatz dieser Bremse bisher verhindert. Gleichwohl gibt es bereits seit vielen Jahren immer wieder Versuche, mit neuartigen Aktuator-Prinzipien, wie z. B. einer elektronisch geregelten Keilbremse, eine derartige Bremse einzuführen (Gombert und Hartmann 2006). Die sonstigen Vor- und Nachteile der EMB entsprechen denen der EHB.

In den letzten Jahren wurden in diesem Bereich jedoch erhebliche Fortschritte erzielt, beispielsweise mit der Integrated Power Brake (IPB) von Bosch (Bosch 2023). Dadurch und durch die zunehmende Elektrifizierung der Fahrzeuge sind die technologischen und vor allem die wirtschaftlichen Hürden für By-Wire-Systeme, zu denen auch EMB gehört, deutlich gesunken. Darüber hinaus gibt es eine Reihe wissenschaftlicher Studien zur Funktionsvalidierung des EMB, die den Weg zur Serieneinführung dieses Systems unterstützen, z. B. Schrade, Nowak et al. 2023a, Schrade, Nowak et al. 2023b. Weitere Ausführungen auf einen möglichen Entwicklungspfad hin zur EMB aus der Sicht eines Automobilzulieferers enthält Greiner, Kunz und Walter 2022. Erleichtert wird die mögliche Realisierung der EMB durch die Rekuperationsfunktion elektrifizierter Traktionsantriebe, s. Abschnitt 5.7.

Einen Vergleich des Aufbaus der besprochenen Fremdkraftbremssysteme zeigt Abbildung 5.19.

5.7 Potenziale durch elektrifizierte Antriebe

Elektrifizierte Antriebsstränge (Kapitel 6) ermöglichen es, die erforderliche Reibarbeit der Bremsen zu reduzieren, indem ein Teil der kinetischen Energie in die Batterie zurückgespeist wird. In diesem Fall arbeiten die mechanische Reibungsbremse und der Elektromotor im Generatorbetrieb zusammen („Blended Braking"). Zu diesem Zweck

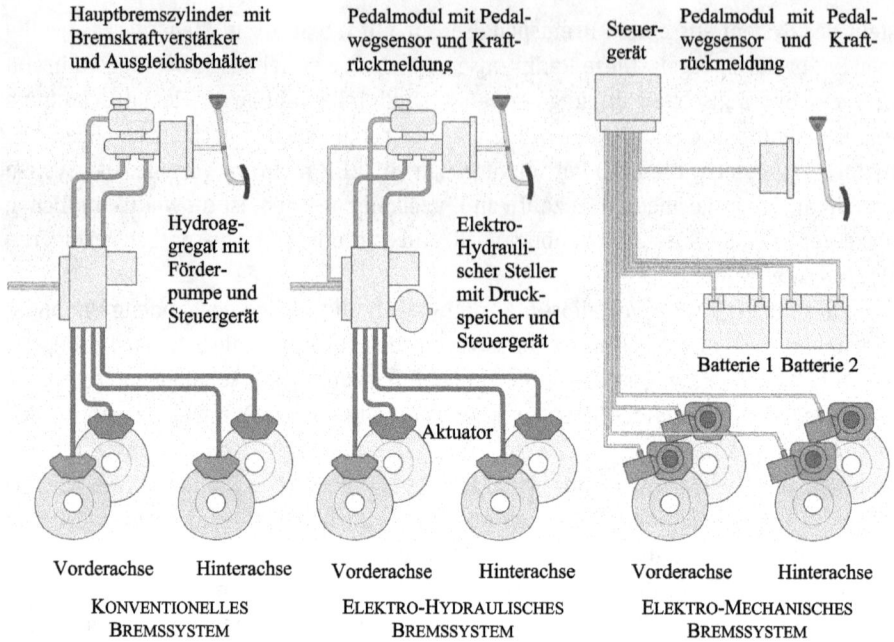

| Hauptbremszylinder mit Bremskraftverstärker und Ausgleichsbehälter | Pedalmodul mit Pedal- wegsensor und Kraft- rückmeldung | Steuer- gerät | Pedalmodul mit Pedal- wegsensor und Kraft- rückmeldung |

Hydroag-gregat mit Förder-pumpe und Steuergerät

Elektro-Hydrauli-scher Steller mit Druck-speicher und Steuergerät

Batterie 1 Batterie 2

Aktuator

| Vorderachse | Hinterachse | Vorderachse | Hinterachse | Vorderachse | Hinterachse |

KONVENTIONELLES BREMSSYSTEM · ELEKTRO-HYDRAULISCHES BREMSSYSTEM · ELEKTRO-MECHANISCHES BREMSSYSTEM

Abb. 5.19: Gegenüberstellung von Bremssystemen, teilweise nach (Reif 2010a).

wird der Bremswunsch des Fahrers zunächst von einer entsprechenden Einheit, ähnlich der in der EHB verwendeten, erfasst, s. Abbildung 5.20. Das Steuergerät verteilt dann anhand einer Reihe von erfassten Fahr- und Bordnetzparametern die erforderliche Bremskraft auf die elektrische Maschine und die Reibungsbremse. In diesen Entscheidungsprozess fließt neben der Fahrzeuggeschwindigkeit auch die aktuelle Rekuperationsfähigkeit des Bordnetzes ein. Letztere hängt unter anderem vom Ladezustand und der Temperatur der Batterie ab, s. Kapitel 6. Außerdem muss die Fahrstabilität jederzeit gewährleistet sein. Diese Einschränkung gilt in erster Linie für Hinterradantriebe, mehr als für Vorderradantriebe. Die Möglichkeiten der Rekuperation sind daher

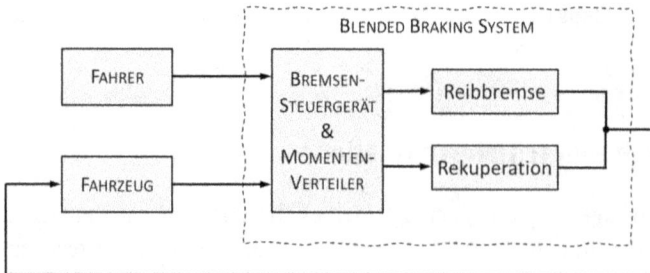

Abb. 5.20: Blended Braking – schematische Darstellung.

begrenzt. Dennoch überwiegen die Vorteile hinsichtlich der Einsparung im Bremssystem und des Packaging-Potenzials.

Für den Fall, dass sehr schnell gebremst werden muss, steht eine Notbremsfunktion zur Verfügung. Wird das Bremspedal schnell und kräftig getreten, werden die mechanischen Bremsen auf herkömmliche Weise betätigt. Damit ist sichergestellt, dass die Bremsfunktion immer der Situation angepasst ist.

5.8 Feinstaubbelastung durch Bremsabrieb

Die Bemühungen zur Reduzierung bzw. Eliminierung von Feinstaubemissionen, insbesondere im Bereich des Individualverkehrs, sind mit der geplanten vollständigen Ablösung des Verbrennungsmotors durch Elektroantriebe einen großen Schritt vorangekommen. Damit rücken auch weniger bekannte Feinstaubemittenten in den Fokus. Diese nichtmotorbezogenen Komponenten, bestehend aus Bremsen-, Reifen- und Straßenabrieb, zeigen gleichbleibende bis zunehmende Trends. Neben den Partikelemissionen, die durch den Reifenabrieb entstehen (s. Kapitel 2), gehört dazu auch der Bremsstaub, der durch den Abrieb der Bremsen entsteht. Man unterscheidet zwischen PM_{10}[7]-haltigem Feinstaub, d. h. Partikeln mit einer Größe von weniger als 10 μm und Feinstaub mit einer Partikelgröße von weniger als 2,5 μm, der als $PM_{2,5}$ bezeichnet wird. Letzterer ist für den größten Teil der durch Feinstaub verursachten Krankheitslast verantwortlich. Ultrafeinstaub ist Feinstaub, der Partikel mit einer Größe von weniger als 0,1 μm enthält.

Feinstaub beim Bremsen entsteht durch mechanische und thermische Prozesse. Informationen hierzu enthält z. B. Asbach, Todea et al. 2018. Die freigesetzten Partikel bestehen aus Schwermetallen wie Kupfer, Zink und Blei sowie anderen schädlichen Bestandteilen. Einmal freigesetzt, kann Bremsstaub lange in der Atmosphäre verbleiben und stellt ein erhebliches Gesundheits- und Umweltrisiko dar, da das Einatmen der feinen Staubpartikel zu schweren Gesundheitsschäden führen kann. Darüber hinaus wird der auf den Straßen angesammelte Feinstaub vom Regen weggespült und belastet die Umwelt, indem er sich in der Vegetation anreichert (Rowbotham 2021, Köllner 2022).

Es wird geschätzt, dass zum Beispiel in Deutschland jährlich rund 8.000 Tonnen Bremsstaub freigesetzt werden, davon rund 3.000 Tonnen des besonders schädlichen $PM_{2,5}$ (ADAC 2024). Im Gegensatz zum Reifenabrieb bringt der Umstieg auf Elektromobilität jedoch zumindest eine begrenzte Verbesserung, da ein Teil der Fahrzeugverzögerung durch Rekuperation erfolgt und somit weniger Reibungsbremsen eingesetzt werden müssen, s. Abschnitt 5.7. Allerdings hängen die Partikelemissionen von Elektrofahrzeugen auch von Faktoren wie Fahrweise, Fahrzeuggewicht und Bremssystem ab. Und natürlich werden auch Elektrofahrzeuge weiterhin Bremsstaub erzeugen, da

---

7 PM_{10}: particulate matter < 10 μm.

die konventionelle Reibungsbremsung auch hier noch notwendig ist, wenn stärker gebremst werden muss. Die Partikelemissionen können jedoch deutlich reduziert werden (Wanek, Weidinger und Danner 2022).

Um die durch Bremsen-, Straßen- und Reifenabrieb verursachten Partikelemissionen zu verringern, wird die künftige Euro-7-Gesetzgebung wahrscheinlich zusätzlich zu den Abgasemissionen auch die Partikelemissionen regeln. Es ist daher zu erwarten, dass auch Elektrofahrzeuge in Zukunft die Euro-7-Norm erfüllen müssen. Der Verordnungsentwurf der EU-Kommission sieht dabei für Partikelemissionen aus Bremsabrieb (PM_{10}) von Pkws (M1) und leichten Nutzfahrzeugen (N1) einen Grenzwert von 7 mg/km vor. Ab dem 1. Januar 2035 soll der Grenzwert auf 3 mg/km gesenkt werden. Ein Grenzwert für die Partikelanzahl wurde noch nicht festgelegt (Europäische_Kommission 2023, European_Parliament 2023, ADAC 2024).

Effizientere und sauberere Bremssysteme, die sich durch staubarme Bremsbeläge auszeichnen, sollen Abhilfe schaffen. Hierzu laufen seit einigen Jahren umfangreiche Forschungsaktivitäten bei Fahrzeugherstellern und Forschungsinstituten, bei denen neben aufwendigen Messeinrichtungen auch simulationsgestützte Methoden eingesetzt werden (Asbach, Todea et al. 2018, Backhaus 2024).

6 Antrieb

Die Bereitstellung geeigneter Antriebssysteme war eine der Voraussetzungen für die Erfolgsgeschichte des Automobils. Waren zunächst zu Anfang des 20. Jahrhunderts sowohl Elektromotoren (EM) als auch Verbrennungsmotoren gleichermaßen als Antriebe vertreten, so hat sich in der Folgezeit bis heute der Verbrennungsmotor (VM) nahezu flächendeckend etabliert. Grund hierfür war und ist die von elektrischen Energiespeichern auch nicht ansatzweise erreichbare Energiedichte flüssiger Kraftstoffe.

Erst in den letzten Jahren hat sich ein Paradigmenwechsel vollzogen, ausgelöst durch das Bestreben, die negativen Umweltauswirkungen konventionell angetriebener Kraftfahrzeuge drastisch zu reduzieren. Unterstützt wird dies durch eine signifikante Effizienzsteigerung der elektrischen Antriebe in Verbindung mit deutlich höheren erreichbaren Energiedichten in elektrischen Energiespeichern, ausgelöst durch die Entwicklung und den Einsatz der Lithium-Ionen-Batterie. Dadurch kann die Reichweite von Elektrofahrzeugen, und damit ihre Alltagstauglichkeit, deutlich verbessert werden.

Herkömmliche Verbrennungsmotoren belasten die Umwelt durch den Ausstoß von Schadstoffen wie Kohlendioxid, Stickoxiden und Feinstaub erheblich. Elektrofahrzeuge bieten hier eine emissionsfreie Alternative, allerdings nur, wenn der Strom nahezu ausschließlich aus emissionsfreien Energiequellen stammt. Elektrische Antriebe weisen zudem eine höhere Energieeffizienz als Verbrennungsmotoren auf. Darüber hinaus bietet die Elektromobilität Raum für innovative Technologien und Materialien, die die Leistungsfähigkeit der Fahrzeuge verbessern können und einen Beitrag dazu leisten, der sich zumindest langfristig abzeichnenden Erschöpfung fossiler Energieträger entgegenzuwirken.

Dennoch wird der Verbrennungsmotor in Europa, den USA und China voraussichtlich noch bis 2030 und teilweise darüber hinaus eine wichtige und unverzichtbare Rolle spielen, wenn auch voraussichtlich zumindest teilweise in einem hybriden Antriebssystem, in anderen Regionen der Welt vermutlich noch länger (Schramm und Koppers 2013). Alternative Konzepte, die hier aus Platzgründen nicht weiter behandelt werden, wie z. B. der Wasserstoffantrieb, könnten ebenfalls eine Alternative darstellen. Allerdings wären hier noch erhebliche Probleme, wie die Schaffung einer entsprechenden Infrastruktur, zu lösen.

6.1 Triebstrangstrukturen

Grundsätzlich ist zwischen der bzw. den angetriebenen Achse(n) einerseits und dem Einbauort des Antriebsaggregats andererseits zu unterscheiden. Beide Angaben beschreiben zusammen die Topologie des Antriebsstrangs. Eine Übersicht über die am stärksten verbreiteten Triebstrangstrukturen sowie eine Schätzung der Marktanteile zeigt Tabelle 6.1.

https://doi.org/10.1515/9783111335872-006

Tab. 6.1: Antriebstopologien in verbrennungsmotorisch angetriebenen Kraftfahrzeugen mit Angabe der Marktanteile[1] (Grote und Feldhusen 2012, Ried 2014).

front-quer		front-längs		
front	Allrad	front	heck	Allrad
75 %	3 %	1 %	16 %	4 %

Neben seltenen Fällen, bei denen das Antriebsaggregat im Heck oder in der Mitte des Fahrzeugs eingebaut ist, hat sich als Einbauort für den Motor bei nahezu 99 % aller Fahrzeugtypen der Vorderwagen etabliert.

Bei 75 % aller Fahrzeugtypen wird der Verbrennungsmotor im Vorderwagen quer eingebaut und dabei die Vorderachse angetrieben. Da diese Bauweise erhebliche Vorteile bei der Integration bietet, wird sie gerne bei Plattformstrategien eingesetzt. Ein Beispiel hierfür ist der sogenannte modulare Querbaukasten der VW-Gruppe (Szengel, Middendorf et al. 2012). Durch die Positionierung des Motors direkt auf der Antriebsachse bietet diese Bauweise insbesondere den Vorteil, dass keine zusätzliche Gelenkwelle erforderlich ist. Ca. 16 % des Platzes nimmt der klassische Standardantrieb ein, bei dem der Motor im Vorderwagen längs eingebaut ist, und die Hinterachse angetrieben wird. Nachteilig ist hier die Notwendigkeit der zusätzlichen Gelenkwelle (Kardanwelle), um das Antriebsmoment vom Vorderwagen auf die Hinterachse zu übertragen. Vorteile eröffnet diese topologische Anordnung der Antriebskomponenten bei der Fahrdynamik sowie durch die Möglichkeit zum Einbau größerer Motoren. Die Allradvarianten der beiden häufigsten Antriebstopologien haben einen Marktanteil von 3 % bzw. 4 %.

Die bisher beschriebenen Antriebstopologien waren nur am Verbrennungsmotor als alleinigem Antriebsaggregat orientiert. Durch die Integration eines Elektroantriebs in den Antriebsstrang erweitert sich das Spektrum der möglichen und sinnvollen Antriebstopologien erheblich. Eine Übersicht über die gegenwärtig am häufigsten eingesetzten Varianten am Beispiel des Fronteinbaus des Verbrennungsmotors zeigt Tabelle 6.2.

Eine exemplarische Darstellung eines ausgeführten Hybridantriebsstrangs zeigt Abbildung 6.1.

---

1 Alle Werte gerundet.

Tab. 6.2: Strukturen von Hybridantrieben (Ried, Karspeck et al. 2013a).

parallel			leistungsver-zweigt	seriell	kombiniert
P-2	**P-DKG**	**P-Axle Split**			
Integration EM zwischen VM und Getriebe mit zwei Kupplungen	Anbindung EM an Teilgetriebe des Doppelkupp-lungsgetriebes (DKG)	Antrieb VM und EM auf un-terschiedlichen Achsen	Hybridgetriebe mit zwei EM & Planetenge-triebe; Übersetzung variabel (eCVT*)	EM 1 (Motor) mit Achse verbunden; VM und EM 2 (Generator) o. mech. Durchtrieb	Kombination aus serieller und paralleler Topologie

*eCVT: Stufenloses Getriebe (Continuous Variable Transmission) realisiert durch elektrische Komponenten.

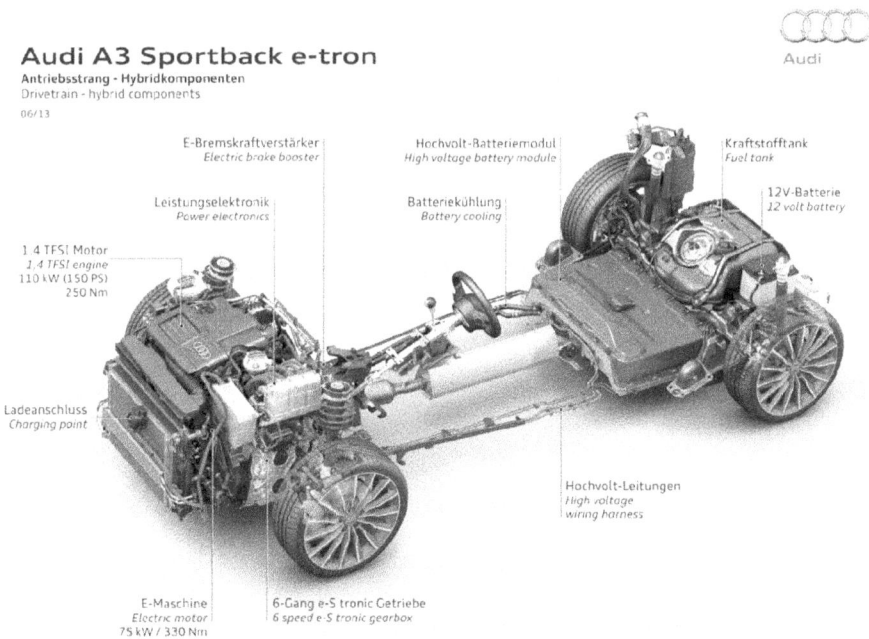

Audi A3 Sportback e-tron
Antriebsstrang - Hybridkomponenten
Drivetrain - hybrid components
06/13

Audi

E-Bremskraftverstärker
Electric brake booster

Hochvolt-Batteriemodul
High voltage battery module

Kraftstofftank
Fuel tank

Leistungselektronik
Power electronics

Batteriekühlung
Battery cooling

12V-Batterie
12 volt battery

1.4 TFSI Motor
1.4 TFSI engine
110 kW (150 PS)
250 Nm

Ladeanschluss
Charging point

Hochvolt-Leitungen
High voltage wiring harness

E-Maschine
Electric motor
75 kW / 330 Nm

6-Gang e-S tronic Getriebe
6 speed e-S tronic gearbox

Abb. 6.1: Hybridantriebsstrang © Audi.

Bei den parallelen Hybridvarianten ist ein rein elektrisches und ein rein verbrennungsmotorisches Fahren möglich, s. Abschnitt 6.4.4. Bei einer leistungsverzweigten Anordnung ist beim verbrennungsmotorischen Fahren stets auch der Betrieb des Elektromotors erforderlich. Bei einer rein seriellen Struktur wird ausschließlich elektrisch gefahren. Die kombinierte Anordnung ermöglicht sowohl den seriellen als auch den parallelen Betrieb.

6.2 Antriebsbedarf von Kraftfahrzeugen

Der Antriebsbedarf von Kraftfahrzeugen resultiert zunächst überwiegend aus den Kräften, die der Fortbewegung des Fahrzeugs entgegenstehen. Hinzu kommen noch die Leistungsanforderungen von Nebenaggregaten des Fahrzeugs. Zu diesen gehören u. a. und abhängig von der Antriebsart:

– die Öl- und die Wasserpumpe des Antriebsaggregats,
– Unterstützungssysteme zur Fahrzeugführung, wie z. B. Lenkhilfen,
– Heizungs- und Klimatisierungssysteme sowie
– der Generator.

Der Generator erzeugt dabei die elektrische Energie zum Betrieb aller elektrischen Komponenten und Systeme im Kraftfahrzeug, s. Kapitel 8.

Eine schematische Darstellung der Energieflüsse in einem typischen Pkw mit verbrennungsmotorischem Antrieb zeigt Abbildung 6.2. Diese Betrachtung umfasst jedoch nur den Energiefluss vom Tank zum Rad. Bei der Gewinnung und Aufbereitung des Kraftstoffs, beim Transport zur Tankstelle und beim Betanken des Fahrzeugs treten ebenfalls Verluste auf. Diese Verluste sind jedoch im Vergleich zu den Tank-to-Wheel-Verlusten von untergeordneter Bedeutung. Bei den Energieverlusten durch Abwärme ist auch zu berücksichtigen, dass ein kleiner Teil dieser Energieverluste zur Beheizung des Fahrzeuginnenraums genutzt werden kann.

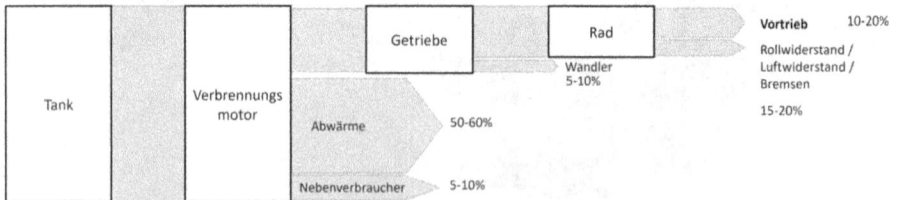

Abb. 6.2: Beispielhafte Aufteilung der Energieflüsse im ICE-angetriebenen Kraftfahrzeug (Sankey Diagramm), teilweise angelehnt an (Doppelbauer 2020).

Im Gegensatz dazu entfällt bei rein elektrisch angetriebenen Fahrzeugen ein Großteil der Energieverluste, s. Abbildung 6.3. Allerdings ist auch hier der Bereich der Bereit-

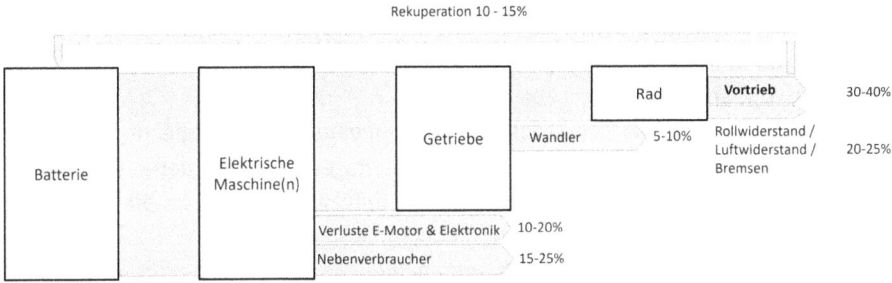

Abb. 6.3: Energieflüsse in einem batteriebetriebenen Elektrofahrzeug (schematische Darstellung) (Sankey-Diagramm), teilweise angelehnt an (Doppelbauer 2020). Die internen Verluste der Traktionsbatterie sind hier nicht dargestellt.

stellung der elektrischen Energie nicht berücksichtigt. Wird die elektrische Energie z. B. teilweise durch die Verbrennung von Öl, Gas oder auch Stein- und Braunkohle gewonnen, verbleiben hinsichtlich des Ressourcenverbrauchs und der globalen Schadstoffemissionen nur geringe Vorteile gegenüber dem Einsatz eines Verbrennungsmotors. Hybridfahrzeuge liegen dazwischen. Außerdem werden bei der Produktion von Elektrofahrzeugen, insbesondere bei der Herstellung der erforderlichen Batterien, erhebliche Mengen an CO_2 freigesetzt, und auch das Problem des Recyclings der Batterien am Ende ihres Lebenszyklus ist noch nicht gelöst. Die Produktion von Verbrennungsmotoren kann dagegen wesentlich umweltfreundlicher gestaltet werden. Es muss daher der gesamte Lebenszyklus betrachtet werden, bestehend aus den Hauptphasen Produktion, Betrieb („Fahrbetrieb") und Recycling. Eine detaillierte Betrachtung würde den Rahmen dieses Buches sprengen. Aus diesem Grund wird an dieser Stelle auf die weiterführende Literatur verwiesen, s. z. B. Doppelbauer 2020.

6.2.1 Fahrwiderstand

Als Fahrwiderstand wird die Gesamtheit aller Kräfte bezeichnet, die ein Kraftfahrzeug überwinden muss, um einen ebenen oder geneigten Fahrweg mit einer vom Fahrer oder einem Assistenzsystem festgelegten Geschwindigkeit und Beschleunigung zu befahren. Der Fahrwiderstand entspricht, physikalisch betrachtet, also einer Kraft, die der aktuellen Fahrzeugbewegung in Fahrzeuglängsrichtung entgegengesetzt ist. Üblich ist eine Aufteilung des Fahrwiderstandes in:
- Radwiderstand,
- Reibungswiderstände im Antriebsstrang,
- Luftwiderstand,
- Steigungswiderstand und
- Beschleunigungswiderstand.

Rad- und Luftwiderstand sowie die Reibungswiderstände im Antriebsstrang wandeln einen Teil der im Fahrzeug gespeicherten kinetischen Energie in Wärme um, die überwiegend an die Umgebung abgegeben wird.

Der Steigungswiderstand wandelt kinetische in potenzielle Energie um, die bei der Bergabfahrt teilweise wieder in kinetische Energie umgewandelt werden kann. Der Rest wird beim Bremsen ebenfalls in Wärmeenergie umgewandelt und an die Umgebung abgegeben.

Der Beschleunigungswiderstand entspricht einer kinetischen Energie, die beim aktiven Bremsen oder beim Abbremsen durch die anderen Fahrwiderstände ebenfalls in Wärme umgewandelt wird.

In der folgenden Betrachtung werden die Fahrwiderstände durch die entsprechenden Kräfte repräsentiert, s. Tabelle 6.3.

Tab. 6.3: Fahrwiderstandskräfte am Kraftfahrzeug.

Formelzeichen	Bedeutung
F_R	Radwiderstand
F_S	Steigungswiderstand
F_B	Beschleunigungswiderstand
F_L	Luftwiderstand

Der gesamte Fahrwiderstand ergibt sich dann zu

$$F_W = F_R + F_S + F_B + F_L. \tag{6.1}$$

6.2.2 Radwiderstand

Der Radwiderstand setzt sich zusammen aus Kräften, die zu einem der Drehrichtung des jeweiligen Rades entgegengesetzten Drehmoment führen.

Rollwiderstandskraft
Die Rollwiderstandskraft entsteht durch die Dämpfungseigenschaften des Reifens, die zu einer außerhalb des (theoretischen) Aufstandspunktes in Fahrtrichtung versetzten Kraftangriffspunktes der Straßennormalkraft führen, s. auch Kapitel 2. Auf befestigten Straßen wird der Rollwiderstand überwiegend durch die Walkverlustarbeit bei der Verformung des Reifens bestimmt. Maßgebliche Einflussgrößen sind die Walkamplitude, die von der Einfederung, der Radlast F_N und dem Reifeninnendruck p abhängt, sowie die sich direkt aus der Fahrgeschwindigkeit v ergebende Walkfrequenz. Zur einfachen Beschreibung der Rollwiderstandskraft wird der sogenannte Rollwiderstandsbeiwert f_{RL} eingeführt. Damit ergibt sich die Rollwiderstandskraft zu

$$F_{RL} = f_{RL} F_N \cos \alpha, \tag{6.2}$$

mit dem Neigungswinkel α der Fahrbahn, s. Abschnitt 6.2.4. Der Rollwiderstandsbeiwert ist im Allgemeinen keine konstante Größe. Er hängt sowohl von Reifengröße, -aufbau und -material als auch nichtlinear von der Normalkraft F_N sowie von der aktuellen Fahrgeschwindigkeit v, dem Reifendruck p und der Straßenoberfläche ab, s. Tabelle 6.4.

Tab. 6.4: Beispiele für Rollwiderstandsbeiwerte von PKW-Reifen bei unterschiedlichen Straßenoberflächen.

Straßenoberfläche	Rollwiderstandsbeiwert f_{RL}
Asphalt	0,011–0,015
Beton	0,01–0,02
Kopfsteinpflaster	0,015–0,03
Schotter	0,020

Die Abhängigkeit vom Reifendruck lässt sich näherungsweise durch die Relation

$$F_{RL} \sim \frac{1}{\sqrt{p}} \tag{6.3}$$

beschreiben.

Schwallwiderstand

Befindet sich Wasser auf der Fahrbahn, so muss der Reifen auch noch das Wasser verdrängen, das sich vor dem Reifen in Fahrtrichtung ansammelt. Dies ruft eine Widerstandskraft F_{RS} hervor, die von der aktuellen Fahrgeschwindigkeit v sowie von dem pro Zeiteinheit zu verdrängenden Wasservolumen abhängt. Das zu verdrängende Wasservolumen hängt seinerseits ab von der Reifenbreite b sowie von der Wasserhöhe. Es ergibt sich der Zusammenhang

$$F_{RS} \sim bv^n, \tag{6.4}$$

mit der Reifenbreite b und dem Koeffizienten n, der ab ca. 0,5 mm Wasserhöhe einen Wert von ca. 1,6 annimmt (Wallentowitz und Mitschke 2006). Überschreiten die Wasserhöhe und die Geschwindigkeit einen Grenzwert, so wird der Schwallwiderstand unabhängig von Wasserhöhe und Geschwindigkeit. In diesem Fall schwimmt der Reifen auf und es tritt Aquaplaning ein.

Reibungswiderstände in Lagern und unbetätigten Radbremsen

Im Antriebsstrang entsteht in den Lagern und Radbremsen eine Gesamtwiderstandskraft F_{RR} (Haken 2018).

Vorspurwiderstand

Der Vorspurwiderstand entsteht aufgrund der Schrägstellung der Räder und den dadurch verursachten Schräglaufwinkel, s. Kapitel 3. Dabei entsteht eine Vorspurwiderstandskraft F_{RV}, die von den Vorspurwinkeln abhängt (Haken 2018).

Kurvenwiderstand

Der Kurvenwiderstand entsteht im Wesentlichen durch die Schräglaufwinkel der Reifen, die ihrerseits jeweils eine Komponente der Reifenkraft entgegen der Fahrtrichtung erzeugen. Er ist in etwa proportional zum Quadrat der in der Kurve auftretenden Zentripetalkraft $\frac{v^2}{r_K}$:

$$F_{RK} = f_{RK}\left(\frac{v^2}{r_K}\right)^2 F_N.$$

(6.5)

Federungswiderstand

Der Federungswiderstand F_{RF} entsteht durch das Einfedern des Rades, verbunden mit einer Umwandlung kinetischer Energie in Wärme durch den Dämpfer, durch Längsschlupf, aufgrund der Veränderung des Abrollumfangs sowie durch dynamische Veränderungen der Achskinematik (Haken 2018).

Gesamter Radwiderstand

Insgesamt ergibt sich der Gesamtradwiderstand aus den beschriebenen Anteilen zu:

$$F_R = F_{RL} + F_{RS} + F_{RR} + F_{RV} + F_{RK} + F_{RF}.$$

(6.6)

In dieser Gleichung überwiegt in der Praxis der Rollwiderstand deutlich und macht in der Regel mehr als 80 % des Gesamtwiderstandes aus. Bei den weiteren Betrachtungen wird daher der Gesamtradwiderstand gleich dem Rollwiderstand gesetzt (Haken 2018):

$$F_R \approx F_{RL} = f_{RL} mg \cos\alpha \approx f_{RL} mg.$$

(6.7)

6.2.3 Luftwiderstand

Der Luftwiderstand wird einerseits durch die Fortbewegung des Fahrzeugs, die zu einer Verdrängung der umgebenden Luft führt und andererseits durch den natürlichen Wind verursacht. Insgesamt ergibt sich eine Kraft F_L, die vom Quadrat der resultierenden Relativgeschwindigkeit zur Umgebungsluft $v + v_W$, der spezifischen Dichte der Luft ρ_L, der angeströmten Querschnittsfläche A und dem Luftwiderstandsbeiwert c_W abhängt:

$$F_L = c_W A \frac{\rho_L}{2} (v + v_W)^2.$$

(6.8)

Die Windgeschwindigkeit v_W hängt sehr stark von den Wetterbedingungen ab und ist unter normalen Fahrbedingungen deutlich kleiner als die Fahrtgeschwindigkeit. Sie wird daher hier nicht weiter mitgeführt. Der Luftwiderstandsbeiwert c_W hängt von der äußeren Formgebung und von den Verhältnissen bei der Durchströmung des Fahrzeuges ab und setzt sich zusammen aus Reibungs- und Druckkräften, die an der Oberfläche des Fahrzeugs wirken, sowie aus solchen, die beim Durchströmen des Fahrzeugs, z. B. durch Lüftungsschlitze, entstehen, s. Abbildung 6.4.

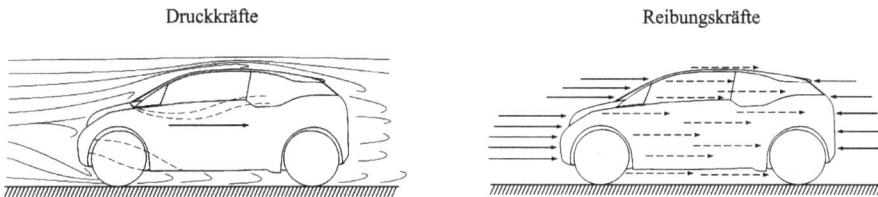

Druckkräfte   Reibungskräfte

Abb. 6.4: Zur Entstehung der Luftwiderstandskraft.

6.2.4 Steigungswiderstand

Beim Befahren einer Steigung mit dem lokalen Steigungswinkel α wirkt die Gewichtskraft mg einerseits senkrecht zur Straßenoberfläche mit der Normalkraft:

$$F_N = mg \cos \alpha. \tag{6.9}$$

Sie hat andererseits eine Komponente in oder entgegen der Fahrtrichtung:

$$F_S = mg \sin \alpha, \tag{6.10}$$

s. Abbildung 6.5.

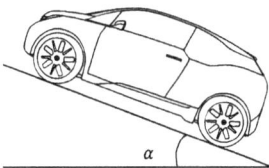

Abb. 6.5: Steigungswiderstand.

Die Fahrbahnsteigung wird üblicherweise nicht als Winkel, sondern als Steigung q je 100 m horizontaler Distanz angegeben, also:

$$\sin \alpha \approx \alpha \approx \tan \alpha = \frac{q}{100}. \tag{6.11}$$

In Gl. (6.11) wurde noch berücksichtigt, dass die maximale Steigung von Straßen, von Ausnahmen, wie extremen Passstraßen, einmal abgesehen, normalerweise maximal 10 ° (entsprechend ca. 17,6 % Steigung) beträgt und damit sin α näherungsweise durch α ersetzt werden kann.

6.2.5 Beschleunigungswiderstand

Beim Beschleunigen eines Kraftfahrzeugs ist neben dem translatorischen Trägheitswiderstand des Fahrzeugs $F_T = m_V \ddot{x}$ auch die Massenträgheit der rotatorischen Massen im Antriebsstrang des Fahrzeugs zu überwinden. Zu den rotatorischen Massen gehören im Wesentlichen, s. Abbildung 6.6:

- die resultierenden Trägheitsmomente der Vorder- und Hinterräder samt den zugehörigen Bremsen $J_{R,v}$ und $J_{R,h}$,
- die resultierenden Trägheitsmomente der Antriebswellen mit einem radseitigen Getriebeanteil J_A sowie
- die resultierenden Trägheitsmomente J_M des Motors mitsamt einem motorseitigen Getriebeanteil.

Über die Berechnung der anteiligen kinetischen Energie jeder Achse

$$
\begin{aligned}
E_{\text{kin},i} &= \frac{1}{2}\left(J_{R,i}\dot{\varphi}_i^2 + J_{A,i}\dot{\varphi}_{A,i}^2 + J_{M,i}\dot{\varphi}_{M,i}^2\right) \\
&= \frac{1}{2}\underbrace{\left(J_{R,i} + J_{A,i}i_A^2 + J_{M,i}i_A^2 i_G^2\right)}_{J_i}\dot{\varphi}_i^2, \quad \text{mit } i = v, h
\end{aligned}
\tag{6.12}
$$

ergeben sich die Ersatzträgheitsmomente für die Vorder- und Hinterachse zu

$$
J_i = J_{R,i} + J_{A,i}i_A^2 + J_{M,i}i_A^2 i_G^2.
\tag{6.13}
$$

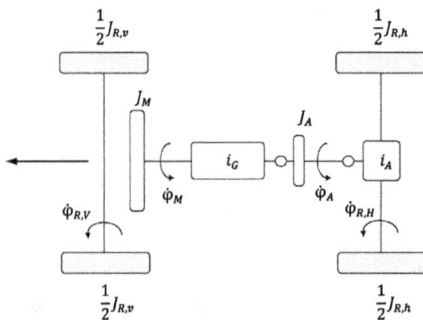

Abb. 6.6: Drehende Massen im Antriebsstrang.

Daraus ergibt sich nach dem 2. Newtonschen Grundgesetz der Anteil der rotatorischen Massen an der Trägheitskraft zu:

$$F_B = \left(1 + \frac{1}{m_V} \sum_{i=v,h} \frac{J_i}{r_{\text{stat},i} \cdot r_{\text{dyn},i}}\right) m_V \ddot{x} = \lambda m_V \ddot{x}. \tag{6.14}$$

Mit dem Drehmassenzuschlagsfaktor λ, der, abhängig von der eingelegten Getriebestufe und der Auslegung des individuellen Fahrzeugs, typischerweise Werte im Bereich $1{,}05 \dots 1{,}5$ annimmt.

6.2.6 Die Zugkraftgleichung

Zur Ermittlung der erforderlichen Antriebskraft für ein Kraftfahrzeug steht zunächst der Impulssatz für den Freischnitt des Fahrzeugaufbaus zur Verfügung, s. Abbildung 6.7:

$$\left(m_V - \sum_{i=1}^{4} m_{Ri}\right) \ddot{x} = -F_L - m_V g \sin \alpha + \sum_{i=1}^{4} X_i \tag{6.15}$$

mit den Achskräften X_i in Längsrichtung. Entsprechend erhält man den Impuls- und den Drallsatz für ein einzelnes Rad:

$$m_{Ri}\ddot{x} = -X_i + F_{x,i}, \tag{6.16}$$

$$J_i \ddot{\varphi}_i = J_i \frac{\ddot{x}}{r_{\text{dyn},i}} = M_i - r_{\text{stat},i} F_{x,i} - e_i F_{z,i}$$

$$\Rightarrow \frac{J_i}{r_{\text{stat},i} r_{\text{dyn},i}} \ddot{x} = \frac{M_i}{r_{\text{stat},i}} - F_{x,i} - \frac{e_i}{r_{\text{stat},i}} F_{z,i} \tag{6.17}$$

mit den Radantriebsmomenten M_i, den Radkräften $F_{x,i}$ in x-Richtung und den Radnormalkräften $F_{z,i}$. Weiterhin bezeichnet r_{stat} den statischen und r_{dyn} den dynamischen Radhalbmesser, s. Kapitel 2.

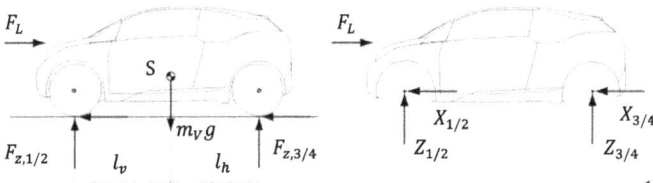

Abb. 6.7: Freischnittdiagramm eines Kraftfahrzeugs.

Durch Addition der Gleichungen von (6.15) bis (6.17) ergibt sich der Impulssatz für ein Rad, s. Abbildung 6.8:

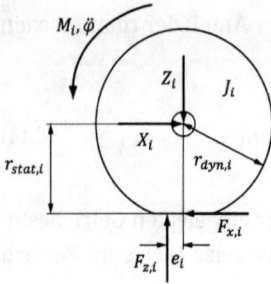

Abb. 6.8: Freischnitt eines Rades.

$$\left(m_V + \sum_{i=1}^{4} \frac{J_i}{r_{\text{stat},i} \cdot r_{\text{dyn},i}}\right)\ddot{x}$$

$$= -F_L - m_V g \sin\alpha + \sum_{i=1}^{4} \frac{M_i}{r_{\text{stat},i}} - \sum_{i=1}^{4} \frac{e_i}{r_{\text{stat},i}} F_{z,i}. \tag{6.18}$$

Aus Gleichung (6.18) ergibt sich durch Auflösen nach der Summe der antreibenden Radkräfte in Längsrichtung und dem Drehmassenzuschlagsfaktor λ mit Gl. (6.14) die Zugkraftgleichung, in der die Summe aller Fahrwiderstandskräfte zusammengefasst ist:

$$F_{\text{Antrieb}} = \sum_{i=1}^{4} \frac{M_{Ri}}{r_{\text{stat},i}} = F_R + F_L + F_{St} + F_B$$

$$= f_r m_V g + \frac{1}{2} c_W A \rho_L v^2 + m_V g a + m_V \lambda \ddot{x}$$

$$= \left(f_r + a + \frac{\lambda \ddot{x}}{g}\right) m_V g + c_W A \frac{\rho_L}{2} v^2. \tag{6.19}$$

Die Kraft F_{Antrieb} bezeichnet die Gesamtantriebskraft auf das Fahrzeug, um einen vorhandenen Fahrzustand aufrechtzuerhalten. Diese Kraft kann positiv (antreibend) oder negativ (bremsend) sein. Entsprechend ergibt sich die Summe der benötigten Antriebs- oder Bremsleistung an den (angetriebenen) Rädern zu:

$$P_A = \sum_{i=1}^{4} M_{Ri} \dot{\varphi}_{Ri} = \left(\sum_{i=1}^{4} \frac{M_{Ri}}{r_{\text{stat},i}} \frac{r_{\text{stat},i}}{r_{\text{dyn},i}}\right) v = \frac{M_R}{\underbrace{r_{\text{stat}}}_{Z}} \frac{r_{\text{stat}}}{r_{\text{dyn}}} v = Z \frac{r_{\text{stat}}}{r_{\text{dyn}}} v \approx Z v$$

$$= \left(f_r + a + \frac{\lambda \ddot{x}}{g}\right) m_V g v + c_W A \frac{\rho_L}{2} v^3. \tag{6.20}$$

Da bei normaler Fahrweise kein großer Schlupf in den Reifen auftritt, wird in Gl. (6.14) der statische Radradius r_{stat} näherungsweise gleich dem dynamischen Radradius r_{dyn} gesetzt.

Die Leistung P_A ist die an den Antriebsrädern effektiv aufzubringende mechanische Antriebsleistung, um das Fahrzeug in einen gewünschten Fahrzustand zu versetzen, der durch die Fahrgeschwindigkeit v und die aktuelle Beschleunigung $\ddot{x}$ definiert ist. Bereits an dieser Stelle ist anzumerken, dass dies nicht die ganze durch das Antriebsaggregat aufzubringende Leistung ist. Die vom Antriebsaggregat bereitzustellende Leistung muss auch noch zusätzlich den Betrieb von Nebenaggregaten und die Überwindung der inneren Fahrwiderstände des Fahrzeugs, wie z. B. Reibungsverluste in Lagern, abdecken. Dies erfolgt am einfachsten durch die Einführung eines Wirkungsgrades η_A für den Antriebsstrang ohne Motor, s. auch Abschnitt 6.7.1.

Aus Gl. (6.20) lassen sich bereits einfache Aussagen über das Leistungsvermögen und die Fahrbarkeit eines Fahrzeugs treffen. Dazu gehört z. B. die maximal erreichbare Geschwindigkeit eines Pkws auf einer ebenen Fahrbahn. Diese lässt sich abschätzen, wenn man beachtet, dass bei sehr hoher und konstanter Geschwindigkeit die Luftwiderstandskraft den Gesamtfahrwiderstand des Fahrzeugs bei Weitem dominiert. Die Gl. (6.20) reduziert sich dann wegen $a = \ddot{x} = 0$ und $f_r \ll 1$ zu:

$$P_A = c_W A \frac{\rho}{2} v^3. \tag{6.21}$$

Wird nun für P_A die maximal zur Verfügung stehende Motorleistung $P_{\max}$ eingesetzt und die im Triebstrang weiter auftretenden Verluste mit dem oben genannten Faktor η_A berücksichtigt, so bleibt als grobe Abschätzung für die erreichbare Höchstgeschwindigkeit die Näherungsformel:

$$v_{\max} \approx \sqrt[3]{\frac{2\eta_A P_{\max}}{c_W A \rho_L}}. \tag{6.22}$$

Entsprechend lässt sich auch die erreichbare Beschleunigung abschätzen. Üblich ist z. B. eine Angabe der Beschleunigung des Fahrzeugs von 0 auf 100 km/h. Diese kann man abschätzen, wenn man berücksichtigt, dass die Antriebsenergie des Fahrzeugs im Wesentlichen in kinetische Energie umgesetzt wird. So ist z. B. zum Erreichen der Zielgeschwindigkeit v_{Ziel} eine kinetische Energie von:

$$E_{\text{kin}_{\text{Ziel}}} = \frac{1}{2} m_V v_{\text{Ziel}}^2 \tag{6.23}$$

erforderlich.

Die kinetische Energie in Gl. (6.23) speist sich im Wesentlichen aus der mittleren Leistung $\overline{P}_R$, die der Antrieb während der Beschleunigung bereitstellen kann. D. h., um die Geschwindigkeit v_{Ziel} in der Zeit t_{Ziel} zu erreichen, ist eine durchschnittliche Leistung von $\overline{P}_R \approx \frac{E_{\text{Ziel}}}{t_{\text{Ziel}}}$ erforderlich. Setzt man nun noch näherungsweise $\overline{P}_R \approx \frac{1}{2}\eta_A P_{\max}$, so erhält man als grobe Näherung für die zum Erreichen der Zielgeschwindigkeit erforderliche Zeit:

$$t_{\text{Ziel}} \approx v_{\text{Ziel}}^2 \frac{m_V}{\eta_A \cdot P_{\max}}. \tag{6.24}$$

6.2.7 Ideales Antriebs- und Lieferkennfeld

Setzt man in Gl. (6.20) zunächst die Fahrzeugbeschleunigung zu Null, so erhält man eine progressiv ansteigende stationäre Fahrkurve, welche die Zugkraft beschreibt, die erforderlich ist, um eine konstante Fahrgeschwindigkeit aufrechtzuerhalten, s. Abbildung 6.9. Zum Beschleunigen und antriebsseitigen Verzögern sowie zum Befahren von Steigungen sind weitere Zugkraftanteile erforderlich. Zu diesem Zweck sind in Abbildung 6.9 zwei weitere Kurven eingezeichnet, die durch Parallelverschiebung aus der stationären Fahrkurve entstanden sind. Der schraffierte Bereich beschreibt dann den zunächst erwünschten Bereich der bereitzustellenden Zugkraft.

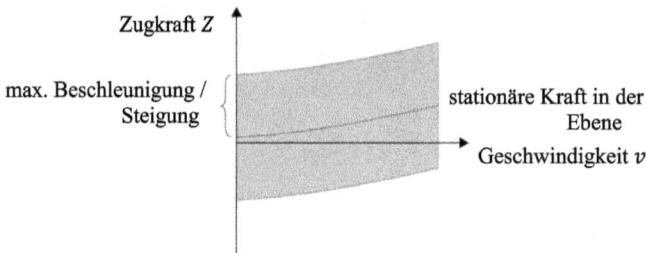

Abb. 6.9: Ideales Antriebskennfeld nach (Mitschke und Wallentowitz 2014).

Allerdings ist dieser gesamte Bereich mit einem realen Fahrzeugantrieb nicht realisierbar. Es ist vielmehr zusätzlich zu berücksichtigen, dass die dargestellte übertragbare Zugkraft beim Anfahren in der Regel nicht erreicht werden kann, da die Reifen nicht die erforderliche Traktion aufbringen können. Weiterhin wird die insgesamt übertragbare Antriebskraft natürlich begrenzt durch die Maximalleistung des Antriebsaggregats. Letzteres führt, aufgrund des Zusammenhangs $Z \sim \frac{P_A}{v}$ zwischen der Zugkraft Z und der Antriebsleistung P_A, zu einem hyperbelförmigen Verlauf der Kraftkurve.

Insgesamt ergibt sich somit der in Abbildung 6.10 dargestellte Bereich. Ein Antrieb sollte also in der Lage sein, diesen Bereich möglichst weitgehend abzudecken.

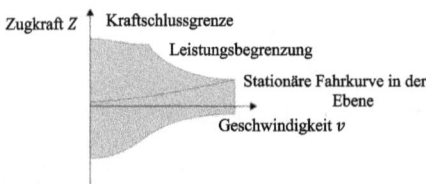

Abb. 6.10: Ideales Lieferkennfeld unter Berücksichtigung von Traktion und Motorleistung nach Mitschke und Wallentowitz, 2014.

6.3 Tangentiale Kraftübertragung Fahrzeug-Fahrbahn

Ähnlich wie bei der Bestimmung der optimalen Bremskraftverteilung, lässt sich auch für die Antriebskraftverteilung eine entsprechende Verteilung bestimmen und mit der in Kapitel 5 erstellten Bremskraftverteilung zu einer gemeinsamen Darstellung kombinieren. In diesem Abschnitt wird diese Bestimmung für den allgemeinen Fall durchgeführt, d. h. es ergibt sich eine einzige Kurve für beide Fälle. Aus dem Impulssatz in Fahrtrichtung und den auf die Schwerkraft normierten Reifenlängskräften erhält man wieder wie in Kapitel 5 die Beziehung:

$$b = \frac{\ddot{x}}{g} = \overline{F}_{x,v} + \overline{F}_{x,h}. \tag{6.25}$$

mit den bereits in Kapitel 5 berechneten normierten dynamischen Radlasten:

$$\overline{F}_{z,v} = \frac{l_h}{l} - \frac{h}{l}\frac{\ddot{x}}{g}, \quad \overline{F}_{z,h} = \frac{l_v}{l} + \frac{h}{l}\frac{\ddot{x}}{g}. \tag{6.26}$$

und der Grenzbedingung:

$$\frac{\ddot{x}}{g} = \mu \tag{6.27}$$

erhält man nach einigen Umformungen die Beziehungen:

$$\overline{F}_{x,h} = \frac{l_h}{2h} - \sqrt{\left(\frac{l_h}{2h}\right)^2 - \frac{l}{h}\overline{F}_{x,v} - \overline{F}_{x,v}}, \tag{6.28}$$

$$\overline{F}_{x,v} = -\frac{l_v}{2h} + \sqrt{\left(\frac{l_v}{2h}\right)^2 + \frac{l}{h}\overline{F}_{x,h} - \overline{F}_{x,h}}. \tag{6.29}$$

Das daraus resultierende sogenannte Tangentialkraftdiagramm ist in Abbildung 6.12 dargestellt. Interessant sind in diesem Zusammenhang die Fälle, für die $\overline{F}_{x,v}\,\overline{F}_{x,h} > 0$ gilt, d. h. die Längskräfte an beiden Achsen müssen jeweils dasselbe Vorzeichen haben. Damit lassen sich nun die Aufteilungen der Reifenkräfte an der Hinter- und der Vorderachse in einem Schaubild visualisieren, indem man einmal für $\overline{F}_{x,h} > 0$ die Gleichung (6.29) auswertet und für $\overline{F}_{x,h} < 0$ die Gleichung (6.28). Zusätzlich sind in Abbildung 6.11 die Graphen der Geradengleichungen (6.25), d. h. die Geraden konstanter Beschleunigung, eingetragen.

Die ebenfalls eingezeichneten Extremwerte A und B kennzeichnen die Bedingungen für ein „Abheben" der Vorderachse beim Beschleunigen (A, $\overline{F}_{x,v} = 0$), bzw. der Hinterachse beim Bremsen (B, $\overline{F}_{x,h} = 0$). Diese Bedingungen werden jedoch bei Pkws in der Praxis nicht erreicht. Bei Motorrädern und speziellen Zugfahrzeugen können diese jedoch eine Rolle spielen (Breuer und Bill 2012).

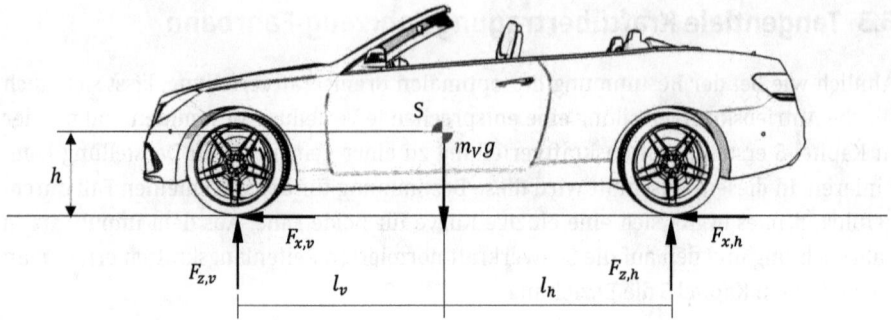

Abb. 6.11: Tangentiale Kraftübertragung Reifen-Fahrbahn.

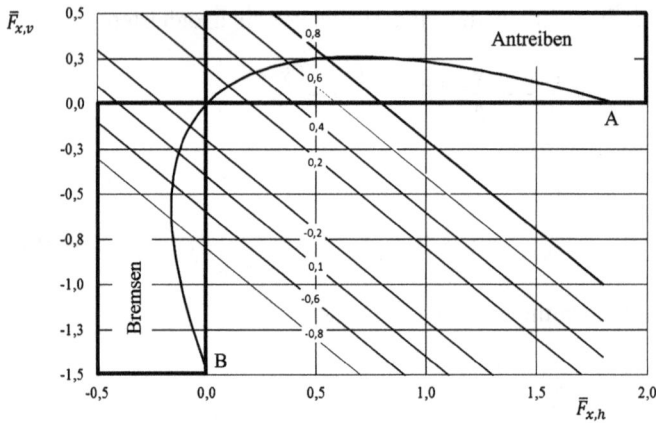

Abb. 6.12: Tangentialkraftdiagramm.

6.4 Antriebsquellen

Nahezu seit Beginn des motorisierten Zeitalters dominiert, nach einer kurzen Phase der ersten elektrisch angetriebenen Fahrzeuge, der Verbrennungsmotor als Antriebsquelle für Kraftfahrzeuge. In den nächsten Jahren wird es in einer Übergangsphase zu einer Verschiebung hin zu zumindest teilelektrisch angetriebenen Fahrzeugen kommen. Parallel dazu werden – nicht zuletzt aufgrund politischer Vorgaben – reine Elektrofahrzeuge an Bedeutung gewinnen.

Daher werden im Folgenden sowohl die genannten Antriebsquellen als auch Hybridsysteme behandelt. Um den Rahmen dieses Buches nicht zu sprengen, wird nur kurz auf die grundlegenden Themen eingegangen. Für weiterführende Literatur wird auf die Arbeiten von van Basshuysen und Schäfer 2012 und Todsen 2012 für Verbrennungsmotoren sowie auf Schwedes 2021 und Doppelbauer 2020 für elektrische Antriebe verwiesen.

Die Antriebsstränge von verbrennungsmotorisch und elektrisch angetriebenen Fahrzeugen unterscheiden sich aufgrund der deutlich unterschiedlichen technischen

Auslegung der Antriebsaggregate, der Energiespeicherung und der Energiewandlung grundlegend. Ein wesentlicher Unterschied ist der viel einfachere Aufbau eines elektrischen Antriebsstrangs, der mit deutlich weniger komplex aufgebauten und großvolumigen mechanischen Komponenten auskommt, u. a. weil mit dem Verbrennungsmotor und dem mehrstufigen Getriebe zwei wesentliche Komponenten entfallen. Hinzu kommen Elektromotoren, Leistungselektronik und der Energiespeicher. Letzteres beinhaltet bei einem batterieelektrisch angetriebenen Fahrzeug die Traktionsbatterie als größte, schwerste und teuerste Komponente. Alternativ sind auch Kombinationen, z. B. mit einem Wasserstoffspeicher, denkbar. Tabelle 6.5 gibt einen Überblick über die Veränderungen der Antriebsstrangkomponenten.

Tab. 6.5: Veränderungen bei Antriebsstrangkomponenten.

Wegfallende Komponenten	Hinzukommende Komponenten	Veränderte Komponenten
Verbrennungsmotor (Motorblock, Kolben, …)	Elektromotor(en)	Bremssystem (Berücksichtigung Rekuperation)
Schaltgetriebe & ggf. Kupplung/Wandler	Batteriepack, Ladegerät für die Batterie	Radaufhängung (Anpassung an Schwerpunktlage)
Kraftstofftank	Batteriemanagementsystem (BMS)	Heizungs- & Klimasystem (oft elektrisch betrieben)
Auspuffanlage, Abgasnachbehandlung	Leistungselektronik (Inverter)	Aerodynamik (optimiert für Elektrofahrzeuge)
Starter	Regler für Energiemanagement	Geräuschmanagement (da Elektrofahrzeuge leiser sind)
Einspritz- und Zündsystem	Kühlsysteme für Batterie und Elektromotor	Dashboard und Benutzeroberflächen
Nebenaggregate (Generator, Turbolader, Öl- & Wasserpumpe) Ölwanne, Kühler	Ladebuchse, Hochspannungsverkabelung Wärmepumpe (optional)	

Zu berücksichtigen sind insbesondere die Veränderungen im Packaging des Antriebsstrangs mit den Auswirkungen auf das Gesamtpaket durch veränderte Bauteilvolumina und -anordnungen. Einerseits wird der Elektromotor deutlich kleiner, andererseits nimmt die Batterie einen großen Bauraum ein. Die Batterie muss so konstruiert werden, dass sie sicher im Fahrzeug verbaut werden kann.

6.4.1 Verbrennungsmotoren

Nahezu die gesamte zurückliegende Zeit des Gebrauchs von Kraftfahrzeugen wurde vom Hubkolbenverbrennungsmotor dominiert. Aufgrund der Spezifika und physikalisch bedingten Beschränkungen dieses Motorenkonzeptes sind allerdings zu einem sinnvollen Einsatz zum Antrieb eines Fahrzeugs weitere Komponenten erforderlich. Das sind einerseits ein Drehzahl- und Drehmomentwandler sowie eine Anfahr- und Schaltkupplung, wobei beide Komponenten in einer Vielzahl manueller und automatischer Varianten vertreten sind.

Verbrennungsmotoren gehören zur Klasse der Verbrennungskraftmaschinen. Das Grundprinzip der Funktionsweise dieser Motorenklasse ist die Umwandlung chemischer in mechanische Energie durch Verbrennung eines Gemisches aus Luft und Kraftstoff. Für den kontrollierten Ablauf der Verbrennung ist ein Brennraum erforderlich, der abhängig von der jeweiligen Ausprägung des Motors ganz unterschiedlich gestaltet werden kann. Durch die Verbrennung des Gemischs wird heißes Gas erzeugt, dessen hoher Druck anschließend genutzt wird, um einen in einem Zylinder geführten Kolben zu bewegen (Hubkolbenmotor). Abbildung 6.13 zeigt die Darstellung der wesentlichen bewegten Teile (Kurbelwelle, Kurbeltrieb, Hubkolben, Nockenwellen und Ventile) eines typischen Hubkolbenmotors ohne Gehäuse und Anbauaggregate. Das Motorgehäuse (Abbildung 6.14) enthält die Zylinder, in denen sich die Kolben auf und ab bewegen. Durch die Pleuelstangen wird die translatorische Bewegung der Kolben in eine rotatorische Bewegung der Kurbelwelle umgewandelt. Oberhalb des Motorgehäuses ist der Zylinderkopf aufgesetzt, der die Brennkammer sowie die Ein- und Auslasskanäle mit den Ventilen enthält. Der Einlasskanal ist mit dem Ansaugtrakt verbunden. Die Aufbereitung des Luft-Kraftstoff-Gemisches erfolgt entweder im Ansaugtrakt (Vergaser) oder direkt im Saugrohr bzw. in der Brennkammer (Einspritzanlage). Der Auslasskanal führt zum Auspuffstrang sowie der nachgeschalteten Abgasnachbehandlung und dem Katalysator. Die Ein- und Auslassventile öffnen und schließen die Verbindung zur Brennkammer. Die Steuerung der Ventile erfolgt durch eine starre oder verstellbare Nockenwelle, die mit der halben Kurbelwellendrehzahl dreht.

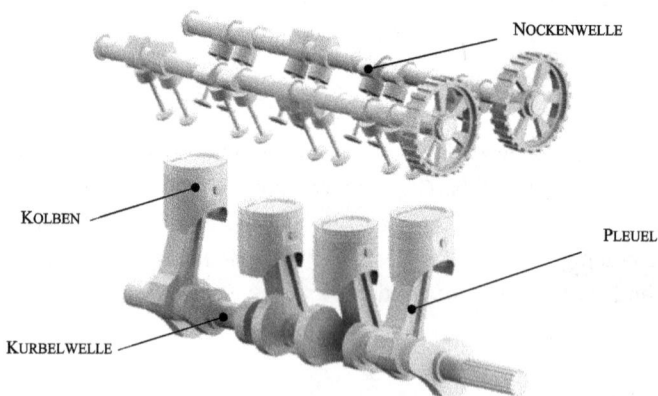

Abb. 6.13: Hubkolbenmotor ohne Hilfsaggregate.

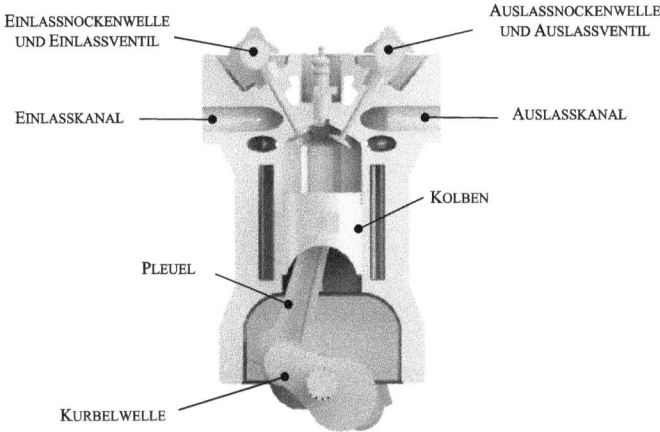

Abb. 6.14: Querschnitt durch den Zylinderkopf eines Ottomotors (schematische Darstellung).

Abweichende Bauarten von Verbrennungsmotoren (z. B. der Wankelmotor) haben sich nicht längerfristig am Markt behaupten können und werden daher im Folgenden nicht weiter betrachtet.

Man unterscheidet Verbrennungsmotoren u. a. durch die Art der Aufbereitung und die Zündung des Kraftstoffgemischs, und damit auch durch den zugrunde liegenden thermischen Prozess. Die meistverbreiteten Motortypen sind der Otto- und der Diesel- motor. Denkbar und auch gelegentlich realisiert wurden auch andere Motortypen auf der Basis eines Wärmekraftprozesses, wie z. B. Dampfmaschinen oder Stirlingmotoren, bei denen die benötigte Wärme jedoch nicht notwendigerweise durch eine Verbrennung erzeugt werden muss. Diese Motortypen und auch Motorprinzipien, die auf einer konti- nuierlichen Verbrennung aufbauen (z. B. Raketen und Gasturbinen), werden in diesem Buch ebenfalls nicht berücksichtigt.

Grundsätzliche Betriebsweise
Typisch für die Kolbenmotoren ist der sich stets wiederholende Prozesszyklus (s. Abbil- dung 6.15 am Beispiel des Ottomotors):
1. Ansaugen der Luft oder des Kraftstoffgemischs (Takt 1)
    Der Kolben bewegt sich bei geöffnetem Einspritzventil und geschlossenem Auslass- ventil nach unten. Hierdurch wird Luft-Kraftstoff-Gemisch angesaugt.
2. Verdichten und ggf. Einspritzen des Kraftstoffs (Takt 2)
    Kurz nach dem Erreichen des unteren Totpunktes (UT) wird das Einlassventil ge- schlossen. Anschließend bewegt sich der Kolben nach oben und verdichtet dabei das Gemisch.
3. Zünden und Arbeiten (Takt 3)
    Kurz vor dem Erreichen des oberen Totpunktes (OT) wird das Luft-Kraftstoffgemisch durch einen Zündfunken (Otto-Motor) oder durch Selbstentzündung (Dieselmotor)

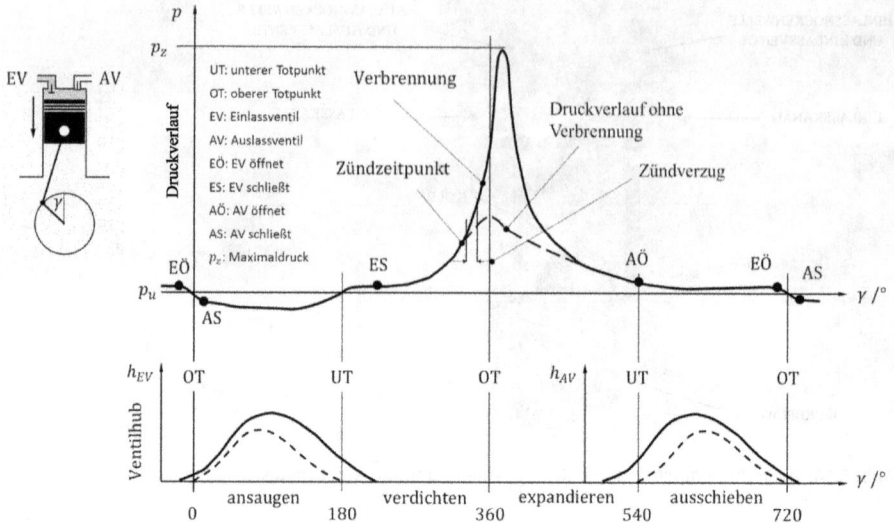

Abb. 6.15: Verlauf des Arbeitsprozesses im Ottomotor.

gezündet. Dies führt zu einer Kraft auf die Oberseite des Kolbens, der sich dadurch abwärts bewegt und die Kraft auf die Pleuelstange überträgt und das Antriebsmoment der Kurbelwelle erzeugt.

4. Ausstoßen (Takt 4); Öffnen des Auslassventils
   Kurz vor Erreichen des UT wird das Auslassventil wieder geöffnet. Nach dem Erreichen des oberen Totpunktes wird dann das Auslassventil wieder geschlossen. Dazwischen liegt die sogenannte Ventilüberschneidung, die eine Vergrößerung der eingesaugten Gemischmenge gestattet. Die optimalen Steuerzeiten sind sowohl drehzahl-, wie auch lastabhängig und lassen sich durch entsprechende Verstelleinrichtungen an der Nockenwelle optimal einstellen.

Die detaillierte Ausprägung der einzelnen Arbeitsschritte hängt von der Bau- und Funktionsweise des Motors ab. Hier haben sich gerade in den letzten Jahren enorme Fortschritte ergeben (Reiff 2016).

Verbrennungsprozesse
Die wichtigsten heute eingesetzten Verbrennungsprozesse für Hubkolbenmotoren lassen sich prinzipiell mithilfe des Seiliger-Prozesses beschreiben. Dieser kann als idealisierter thermodynamischer Vergleichsprozess aufgefasst werden, der die nutzbare Arbeit eines Hubkolbenmotors unter Idealbedingungen beschreibt. Dabei wird zur Vereinfachung angenommen, dass ideales Gas mit konstanter spezifischer Wärme als Arbeitsmedium verwendet wird und beim Gaswechsel keinerlei Strömungsverluste auftreten.

Der Seiliger-Prozess umfasst am Beispiel des Dieselprozesses die folgenden idealisierten Prozessschritte, s. Abbildung 6.16:

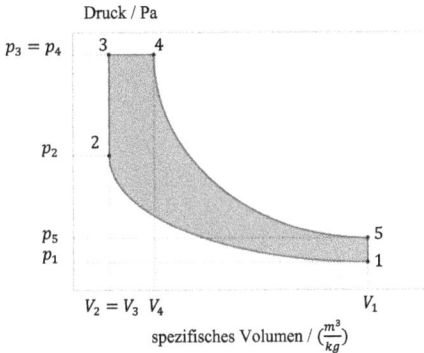

Abb. 6.16: p-V-Diagramm des Seiliger Kreisprozesses.

- 1–2: Isentrope Kompression. Das Gas im Zylinder wird ohne Wärmeaustausch mit der Umgebung isentrop[2] komprimiert.
- 2–3: Isochore[3] Wärmezufuhr. Das Gemisch wird gezündet und beginnt bei konstant bleibendem Volumen (isochor) und gleichzeitig zunehmendem Druck zu verbrennen.
- 3–4: Isobare[4] Wärmezufuhr. Die weitere Wärmezufuhr erfolgt bei konstantem Druck (isobar), während sich der Kolben abwärts bewegt und das Volumen zunimmt.
- 4–5: Isentrope Expansion. Der Kolben bewegt sich ohne weitere Wärmezufuhr weiter abwärts, wobei der Druck ab- und das Volumen zunehmen.
- 5–1: Isochore Wärmeabfuhr. Die Restwärme wird beim Gaswechsel ungenutzt ausgestoßen. Dieser Vorgang erfolgt beliebig schnell bei konstantem Volumen. Danach beginnt der nächste Zyklus.

Die wichtigsten speziellen Ausprägungen dieses Prozesses sind der Gleichraumprozess und der Gleichdruckprozess. Der Gleichraumprozess beschreibt, in stark idealisierter Weise, den Verbrennungsprozess im Ottomotor, wohingegen der Gleichdruckprozess die Vorgänge im Dieselmotor grundsätzlich abbildet. Beide Prozesse sind in Abbildung 6.17 anhand der entsprechenden p-V-Diagramme dargestellt.

Der reale Prozess für einen Viertakt-Ottomotor ist schematisch in Abbildung 6.18 dargestellt. Die von der oberen Kurve umschlossene Fläche entspricht der am Zylinderkolben verrichteten Arbeit. Die von der unteren Kurve umschlossene Fläche entspricht den Verlusten durch den Ladungswechsel, d. h. der Arbeit, die für den notwendigen Austausch des Gemischs erforderlich ist.

---

2 Isentrop: Zustandsänderung bei konstanter Entropie.

3 Isochor: Zustandsänderung bei konstantem Volumen.

4 Isobar: Zustandsänderung bei konstantem Druck.

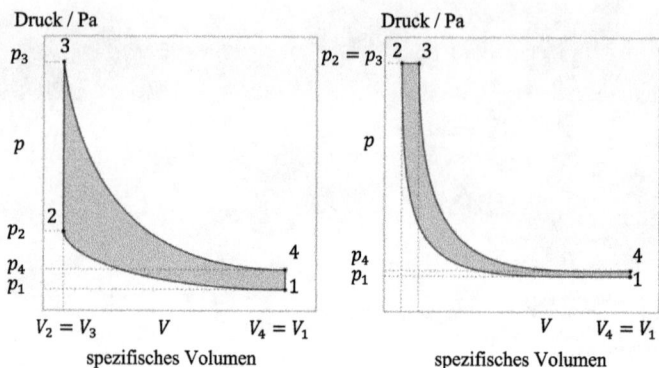

Abb. 6.17: p-V-Diagramm des Seiliger-Prozesses angepasst für Otto- (links) und Dieselverbrennungsprozesse (rechts).

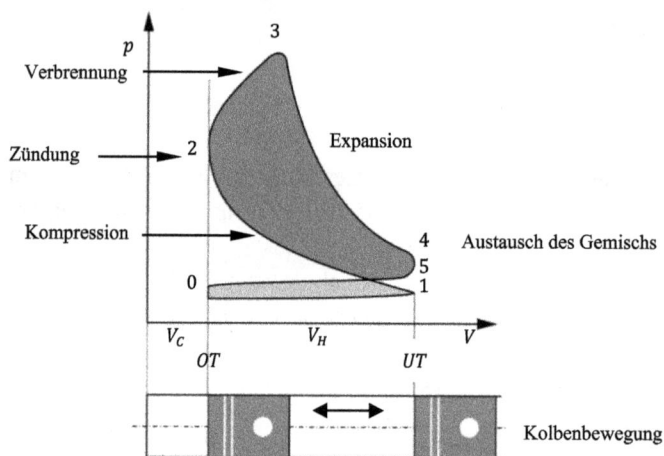

Abb. 6.18: Realer Verbrennungsprozess (Viertakt-Otto-Prozess).

Einer der am weitesten verbreiteten Verbrennungsprozesse ist der Viertakt-Otto-Prozess. Dieser ist gekennzeichnet durch die folgenden Prozessschritte, s. Abbildung 6.19:

- $0 \rightarrow 1$: Ansaugen des brennbaren Gemisches (1. Takt)
- $1 \rightarrow 2$: Kompression des Gemisches (2. Takt)
- $2 \rightarrow 3$: Zündung und Verbrennung ($\approx$ isochore Wärmezufuhr)
- $3 \rightarrow 4$: Expansion (3. Takt)
- $4 \rightarrow 5$: Auspuffen $\approx$ isochore Druckabsenkung
- $5 \rightarrow 0$: Ausschieben des Verbrennungsgases (4. Takt)

Die Durchführung des Verbrennungsverfahrens lässt sich unterscheiden nach der zeit-

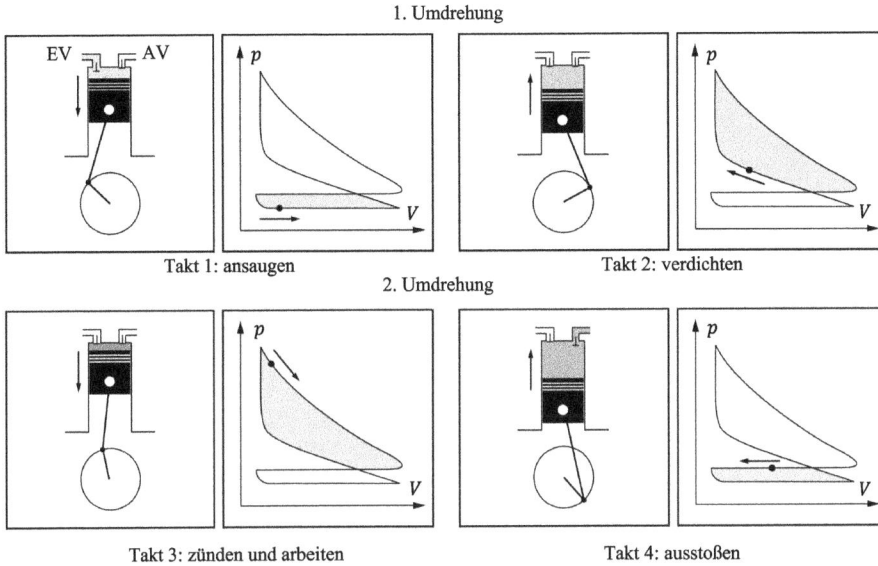

Abb. 6.19: Arbeitsprozess eines Viertakt-Ottomotors.

lichen Abfolge der einzelnen Arbeitsschritte. Man unterscheidet Zwei- und Viertaktverfahren:

– Beim Viertaktverfahren erfolgt die Abarbeitung der genannten Arbeitsschritte in vier Takten. Mit Takt ist dabei jeweils ein Kolbenhub, d. h. eine Abwärts- oder Aufwärtsbewegung des Kolbens gemeint. Damit dreht sich die Kurbelwelle während eines Zyklus von vier Takten zweimal ($i = 0{,}5$).

– Beim Zweitaktverfahren erfolgen alle vier Prozessschritte in nur zwei Kolbenhüben. Dazu müssen die Prozessschritte Ansaugen und Verdichten außerhalb des Zylinders ablaufen. Die Kurbelwelle dreht sich bei diesem Verfahren also während eines Zyklus nur einmal ($i = 1$).

Vergleich zwischen Otto- und Dieselmotor

Einige Kenndaten für Otto- und Dieselmotoren sind in Tabelle 6.6 dargestellt. Weitere grundsätzliche Unterschiede zwischen dem Diesel- und dem Ottomotor sind:

– Dieselmotoren haben in der Regel deutlich höhere maximale Drehmomente als Benzinmotoren. Bei modernen Benzinmotoren relativiert sich dieser Unterschied jedoch teilweise durch die dort eingesetzten Turbolader.

– Der spezifische Verbrauch b_e (s. Gl. (6.51)) bei Benzinmotoren ist deutlich höher als der von Dieselmotoren. Dies gilt insbesondere bei niedrigen Drehzahlen und im Leerlauf.

– Die Drehzahlen beim Benzinmotor sind deutlich höher als beim Dieselmotor.

Tab. 6.6: Vergleich Otto- und Dieselmotor.

	Ottomotor	Dieselmotor
Gemischbildung	Externe und interne (Direkteinspritzung) Gemischbildung	Interne Gemischbildung
Zündung	Fremdzündung	Selbstzündung
Verdichtungsverhältnis (Luft:Kraftstoff) / Kompressionsdruck	7:1–13:1 / 8–18 bar	16:1–24:1 / 30–150 bar
Temperaturspitze bei der Verdichtung	400–600 °C	700–900 °C
Thermischer Vergleichsprozess	Gleichraumprozess	Gleichdruckprozess

Ermittlung und Beurteilung von Motorleistung und Wirkungsgrad

Die Ermittlung der Leistung des Motors mitsamt sämtlicher Hilfseinrichtungen wird üblicherweise nach standardisierten Bedingungen ermittelt, die in der Norm (DIN 1997) festgelegt sind. Die Ermittlung der Leistung erfolgt dabei mit Bezug auf festgelegte Umweltbedingungen:

- Umgebungstemperatur T_U = 298 K,
- Umgebungsluftdruck p_U = 990 mbar.

Die an die Kurbelwelle abgegebene Nennleistung P_M berechnet sich aus dem übertragenen Drehmoment M_M und der Winkelgeschwindigkeit ω_M bzw. der Kurbelwellendrehzahl n_M zu:

$$P_M = M_M \omega_M = 2\pi M_M n_M. \tag{6.30}$$

Für die Beschreibung der Motorgröße wird der Gesamthubraum des Motors:

$$V_H = n_Z \frac{\pi}{4} D_Z^2 h_Z \tag{6.31}$$

herangezogen.

In Gl. (6.31) bedeutet n_Z die Zylinderzahl, D_Z den Durchmesser eines Zylinders und h_Z den Kolbenhub jedes Zylinders. Um verschiedene Motoren vergleichen zu können, werden die Kenngrößen des Motors auf den Hubraum bezogen. Damit ergibt sich z. B. die spezifische Motorleistung:

$$P_{Me} = \frac{P_M}{V_H}. \tag{6.32}$$

Mit dem sogenannten effektiven Mitteldruck p_{eff} als Proportionalitätskonstante und dem Gesamthubraum V_H des Motors ergibt sich die Gesamtleistung zu:

$$P_M = i\, n_M p_{eff} V_H. \tag{6.33}$$

Die Maximalleistung $P_{\max}$ des Motors wird als Nennleistung bezeichnet, die dabei anliegende Drehzahl $n_{\max}$ als Nenndrehzahl.[5]

Die in Gl. (6.30) berechnete Leistung hängt offenbar direkt von der Baugröße (Hubraum) des Motors ab. Häufig werden daher die verwendeten Größen auf das Hubvolumen bezogen, um Motoren unterschiedlicher Größe einfach vergleichen zu können.

Ein Maß für vom Motor abgegebene Arbeit ist der bereits genannte Mitteldruck. Dieser ist definiert als der als konstant angenommene Brennraumdruck, der dieselbe Arbeit verrichtet, wie der zeitveränderliche tatsächlich herrschende Brennraumdruck. Im Hinblick auf das an der Kupplung anfallende Drehmoment wird der sogenannte effektive Mitteldruck herangezogen. Dieser lässt sich berechnen zu:

$$p_{\text{eff}} = \frac{P_M}{i V_H n_M} = \frac{2\pi}{i} \frac{M_M}{V_h}. \tag{6.34}$$

Zur Beurteilung des Wirkungsgrades und damit der Effizienz eines Verbrennungsmotors wird der Motorwirkungsgrad:

$$\eta_M = \frac{P_M}{P_E} \tag{6.35}$$

herangezogen.

Dabei bedeutet P_M die vom Motor abgegebene mechanische Nutzleistung und P_E die aus dem Kraftstoff stammende eingesetzte Energie pro Zeiteinheit. Der erzielbare Wirkungsgrad hängt u. a. von dem Temperaturniveau ab, auf dem die Verbrennungswärme erzeugt wird und damit vom Verdichtungsverhältnis. Der effektive Motorwirkungsgrad η_M setzt sich zusammen aus weiteren Wirkungsgraden:

$$\eta_M = \eta_{th} \, \eta_g \, \eta_b \, \eta_m. \tag{6.36}$$

Dabei ist η_{th} der thermische Wirkungsgrad des Seiliger-Prozesses, η_g der Gütegrad, η_b der Wirkungsgradverlust durch unvollkommene Verbrennung und η_m beschreibt den mechanischen Wirkungsgradverlust des Motors.

Durch den thermischen Wirkungsgrad (Prozesswirkungsgrad) η_{th} werden die bereits im Idealprozess auftretenden Wärmeverluste berücksichtigt. Für diesen gilt somit:

$$\eta_{th} = \frac{Q_{zu} - Q_{ab}}{Q_{zu}} = 1 - \frac{Q_{ab}}{Q_{zu}}, \tag{6.37}$$

mit der bei der Verbrennung $2 \rightarrow 3$ zugeführten Wärmemenge:

$$Q_{zu} = m c_V \, (T_3 - T_2), \tag{6.38}$$

---

5 Nicht zu verwechseln mit der Höchstdrehzahl des Motors.

und der bei der Gasrückführung 4 → 1 abgeführten Wärmemenge:

$$Q_{ab} = mc_V\,(T_1 - T_4). \tag{6.39}$$

In Gl. (6.38) und Gl. (6.39) bezeichnet c_V die spezifische Wärmekapazität. Mit Gl. (6.38) und Gl. (6.39) eingesetzt in Gl. (6.37) erhält man:

$$\eta_{th} = 1 + \frac{T_1 - T_4}{T_3 - T_2}. \tag{6.40}$$

Hier geht die Voraussetzung ein, dass die Zylinderdrücke nicht zu groß sind und das ideale Gasgesetz noch gilt. Da die Zustandsänderungen 2 → 3 und 4 → 1 isochor sind, gilt für die spezifischen Volumina:

$$V_2 = V_3 \quad \text{und} \quad V_4 = V_1. \tag{6.41}$$

Für die isentropen Zustandsänderungen 1 → 2 und 3 → 4 gilt:

$$\left(\frac{V_3}{V_4}\right)^{\kappa-1} = \left(\frac{V_2}{V_1}\right)^{\kappa-1} = \frac{T_1}{T_2} \quad \text{und} \quad \left(\frac{V_4}{V_3}\right)^{\kappa-1} = \frac{T_3}{T_4} \tag{6.42}$$

mit dem Isentropen-Koeffizienten κ. Aus Gl. (6.42) folgt damit:

$$\frac{T_4}{T_1} = \frac{T_3}{T_2} \tag{6.43}$$

und damit:

$$\eta_{th} = 1 - \frac{T_4 - T_1}{T_3 - T_2} = 1 - \frac{T_1}{T_2}\left(\frac{\frac{T_4}{T_1} - 1}{\frac{T_3}{T_2} - 1}\right) = 1 - \frac{T_1}{T_2}. \tag{6.44}$$

Mit Gl. (6.42) erhält man damit:

$$\eta_{th} = 1 - \left(\frac{V_2}{V_1}\right)^{\kappa-1} = 1 - \frac{1}{\varepsilon^{\kappa-1}}, \tag{6.45}$$

mit dem Verdichtungsverhältnis:

$$\varepsilon = \frac{V_1}{V_2} = \frac{V_H + V_C}{V_C}, \tag{6.46}$$

mit dem Hubvolumen V_H und dem komprimierten Volumen V_C im oberen Totpunkt (OT) des Kolbens, s. Abbildung 6.18.

Man erkennt also, dass der Wirkungsgrad des Otto-Prozesses mit dem Verdichtungsverhältnis ε ansteigt. Die Steigerung von ε stellt allerdings einerseits höhere Anforderungen an den mechanischen Aufbau des Motors und wird andererseits begrenzt durch die Entflammbarkeit des Kraftstoffs.

Das Verdichtungsverhältnis hat über seine Bedeutung für den Kraftstoffverbrauch hinaus einen maßgeblichen Einfluss auf:
- das abgegebene Drehmoment,
- das Emissionsverhalten hinsichtlich Schadstoffen und Geräuschen sowie
- weitere Größen, die einen Einfluss auf den Gebrauch des Antriebs haben, wie z. B. das Kaltstartverhalten, die Fahrbarkeit, etc.

Beim Gleichdruckprozess, der als idealer Vergleichsprozess für den Dieselmotor verwendet wird, ergibt sich statt Gl. (6.45) die Beziehung:

$$\eta_{th} = 1 - \frac{1}{\varepsilon^{\kappa-1}} \frac{\varphi^{\kappa} - 1}{\kappa(\varphi - 1)} \tag{6.47}$$

(Todsen 2012 oder Labuhn und Romberg 2009) mit dem Dehnungsverhältnis:

$$\varphi = \frac{V_3}{V_2}. \tag{6.48}$$

Auch hier ist leicht ersichtlich, dass eine Vergrößerung des Verdichtungsverhältnisses den Wirkungsgrad erhöht. Allerdings geht jetzt noch das Dehnungsverhältnis φ in die Betrachtungen ein. D. h. der Wirkungsgrad des Gleichdruckprozesses steigt mit steigender Verdichtung und sinkt mit dem Einspritzverhältnis. Günstig ist also auch in diesem Fall eine hohe Verdichtung. Hinzu kommt allerdings noch ein möglichst kleines Einspritzverhältnis und damit eine schnelle Verbrennung.

Der Gütegrad η_g des Prozesses beschreibt die im realen thermischen Prozess erzeugte Leistung im Verhältnis zur theoretischen Leistung im Seiliger-Prozess. Ursachen für die Abweichungen sind die Berücksichtigung eines realen Arbeitsgases, die endliche Geschwindigkeit der Wärmezu- und abfuhr, die Wandwärmeverluste und die Strömungsverluste beim Ladungswechsel.

Der Brennstoffumsetzungsgrad η_b beschreibt die Leistungsverluste durch die unvollständige Verbrennung des Kraftstoffs.

Der mechanische Wirkungsgrad η_m fasst die mechanischen Verluste des Motors und der zum Betrieb des Motors benötigten Nebenaggregate (Öl- und Kühlmittelpumpe, Ventiltrieb, Einspritzpumpe sowie die Reibung der Lager und Kolbenringe) zusammen.

Die Wirkungsgrade $\eta_{th}, \eta_g, \eta_b$ werden zum indizierten Wirkungsgrad η_i zusammengefasst, der das Verhältnis der am Kolben anliegenden „indizierten" Leistung P_i zum Heizwert des eingesetzten Kraftstoffs angibt. Für die abgegebene Motorleistung gilt damit:

$$P_M = \eta_m P_i = \eta_m \eta_i P_E. \tag{6.49}$$

Die Pleuelstange setzt die translatorischen Hubbewegungen der Kolben in eine Rotation der Kurbelwelle um. Das vom Motor abgegebene Drehmoment M_M kann als von einem

Mitteldruck p_e im Zylinder erzeugt aufgefasst werden, der während eines Arbeitstaktes als konstant angenommen wird:

$$p_{\text{eff}} = \frac{2\pi}{i} \frac{M_M}{V_H} = 4\pi \frac{M_M}{V_H}. \tag{6.50}$$

Der Mitteldruck erreicht bei Dieselmotoren Werte zwischen 8 und 32 bar, bei Benzinmotoren zwischen 7 und 13 bar bei Saugmotoren. Benzinmotoren mit Turboaufladung erreichen bis zu 29 bar.

Da der spezifische Energieinhalt in den eingesetzten Kraftstoffarten unterschiedlich ist, müssen die Energieinhalte z. B. auf die Masse, bzw. das Volumen bezogen werden. Hierbei wird der sogenannte untere Heizwert H_i (spezifischer Heizwert) des jeweiligen Kraftstoffs herangezogen, welcher der bei vollständiger Verbrennung freigesetzten nutzbaren Wärmemenge entspricht. Dieser ist in Tabelle 6.7 für einige Kraftstoffarten angegeben.

Tab. 6.7: Orientierungswerte für den unteren Heizwert H_i einiger Kraftstoffarten.

Kraftstoffart	Unterer Heizwert H_i ($\frac{kWh}{kg}$)	Unterer Heizwert H_i ($\frac{kWh}{l}$)
Benzin	11,1–11,6	8,760
Diesel	11,8	9,800
Autogas	12,8	6,966
CNG	12,87	
LiOn Batterie[*]	0,1–0,2	0,2–0,4

[*]Entspricht der spezifischen Energie und der Energiedichte der Batterie.

Der Wirkungsgrad eines Verbrennungsmotors ist keine Konstante. Er hängt vielmehr sehr stark vom Betriebszustand des Motors ab, der gekennzeichnet ist durch die aktuelle Drehzahl an der Kurbelwelle n_M und das abgegebene Drehmoment M_M.

Es wird nun jedem Lastzustand (n_M, M_M) ein sogenannter spezifischer Verbrauch:

$$b_e = \frac{\dot{m}_K}{P_M} \tag{6.51}$$

zugeordnet.

Trägt man den spezifischen Verbrauch b_e über der Drehzahl n_M und dem Drehmoment M_M auf, so erhält man das Verbrauchskennfeld des betrachteten Motors. Wegen seiner charakteristischen Form wird diese Art der Darstellung auch als Muschelkurvendiagramm bezeichnet, s. Abbildung 6.20. Eine Erläuterung der maßgeblichen Größen zeigt Abbildung 6.21.

Aus dem Verbrauchskennfeld lässt sich für jede Kombination aus Drehzahl n_M und Drehmoment M_M und damit auch für jede abgeforderte Leistung $P_M = 2\pi n_M M_M$ der aktuelle spezifische Verbrauch b_e ablesen. Das Kurvenfeld wird begrenzt durch das er-

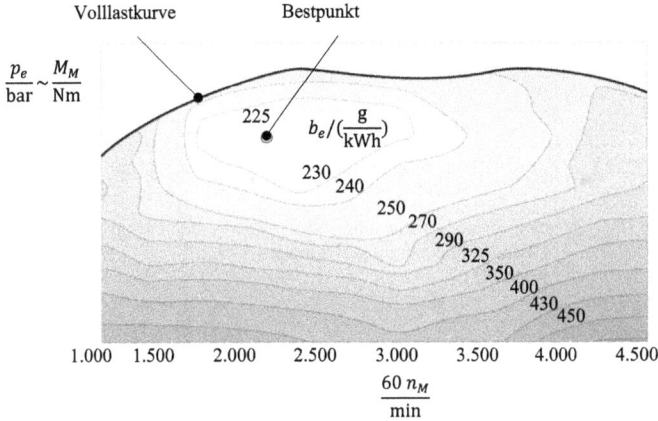

Abb. 6.20: Beispiel für das Verbrauchskennfeld eines Verbrennungsmotors.

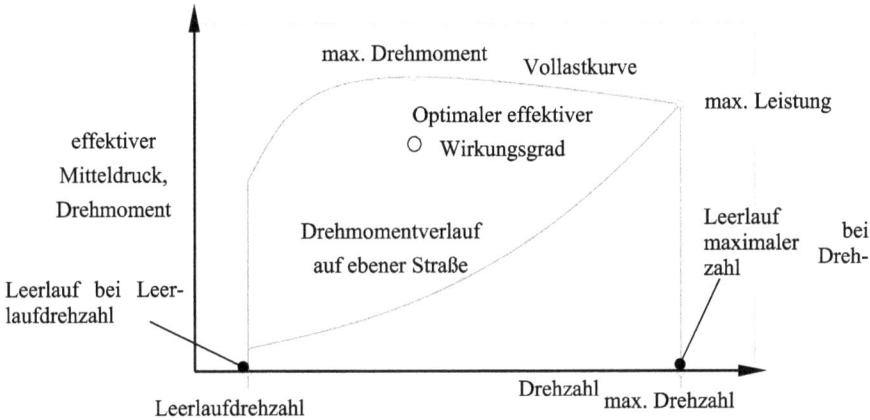

Abb. 6.21: Charakteristika eines Motorenkennfelds nach Schreiner 2011.

reichbare Drehzahlband des Motors einerseits und durch die Kurve des maximalen Motormoments, die sogenannte Volllastkurve, andererseits. Zwischen dem spezifischen Verbrauch und dem Wirkungsgrad des Motors besteht der Zusammenhang:

$$\eta_M = \frac{P_M}{P_E} = \frac{P_M}{H_i \dot{m}_K} = \frac{1}{H_i b_e}. \tag{6.52}$$

Eine Übersicht über den Leistungsfluss in dem Antriebsstrang eines ICEV mit den entsprechenden Wirkungsgraden und Beispielwerten zeigt Abbildung 6.22.

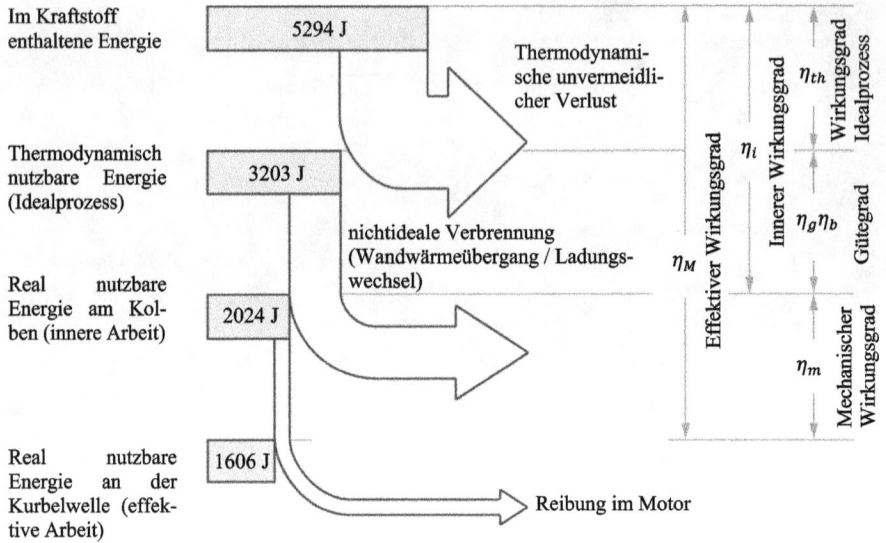

Abb. 6.22: Wirkungsgrade und beispielhafte Verteilung der Verluste im Verbrennungsmotor (Schreiner 2011).

6.4.2 Elektrische Traktionsantriebe

Für den Einsatz in Kraftfahrzeugen existiert eine Vielzahl von Bautypen elektrischer Antriebe, die jeweils ihre spezifischen Vor- und Nachteile aufweisen (Reif, Noreikat und Borgeest 2012).

Die Vorteile elektrischer Antriebe sind:

– Ihr Wirkungsgrad liegt mit Werten zwischen 80 und 90 % deutlich über dem von Ottomotoren (max. 30 %) und Dieselmotoren (max. ca. 45 %). Dies gilt allerdings nur für den Bereich Tank-to-Wheel. Bezieht man den Bereich Well-to-Tank mit ein, relativiert sich dieser Vorteil wieder in Abhängigkeit von der Art der Erzeugung der an den Ladesäulen verfügbaren Energie. Gleiches gilt für die Emissionsfreiheit, die natürlich nicht die Emissionen der Stromerzeugung beinhaltet.

– Da elektrische Antriebe die Möglichkeit bieten, zumindest lokal emissionsfrei zu fahren werden Elektrofahrzeuge von der CARB,[6] die bei Regelungen zur Begrenzung des Schadstoffausstoßes eine Vorreiterrolle einnimmt, als „Zero Emission Vehicle" (ZEV) eingestuft.

– Sie bieten die Möglichkeit zur Rekuperation, d. h. die kinetische Energie des Fahrzeugs kann bei Bremsvorgängen wieder in elektrische Energie zurückgewandelt werden und steht anschließend wieder zur Verfügung.

---

6 CARB: California Air Resources Board.

- Sie haben nur geringe Geräuschemissionen im Vergleich zu verbrennungsmotorisch angetriebenen Fahrzeugen. Dies gilt zumindest bei niedrigen Geschwindigkeiten; darüber dominiert ohnehin das Fahrtgeräusch.
- Sie gestatten einen einfacheren Aufbau von elektrischen Antriebssträngen und eine
  einfachere Regelung. Dies ermöglicht neuartige und vorteilhafte Fahrzeugdesigns
  („purpose design", s. Abschnitt 6.4.5).
- Die Überdeckung eines großen Drehzahlbereichs, verbunden mit einem sehr hohen Drehmoment bereits bei niedrigen Drehzahlen ist möglich. Damit kann ein
  mehrstufiges Getriebe in der Regel entfallen.
- Eine ganze Reihe von Bauteilen, wie Tank, Abgasreinigungssystem, Öl-, Kraftstoff-
  und Wasserpumpen sowie der Anlasser entfallen oder werden, wie die Bremsen,
  weniger beansprucht.
- Auf ein Schaltgetriebe kann in der Regel verzichtet werden.
- Das maximale Drehmoment steht bereits bei stillstehendem und kaltem Motor zur
  Verfügung.

Diesen Vorteilen stehen jedoch auch erhebliche Nachteile gegenüber, wie z. B.:
- Eine generell geringere Reichweite gegenüber einem vergleichbaren Fahrzeug mit
  Verbrennungsmotor, bedingt durch die gravimetrische Energiedichte der Batterie,
  die um den Faktor 100 geringer ist als bei Kraftstoffen. Vergleichbare Reichweiten
  erfordern daher große und schwere Batterien. Darüber hinaus haben der Einsatz
  zusätzlicher Verbraucher oder Batterietemperaturen unter dem Gefrierpunkt einen spürbaren Einfluss auf die tatsächlich erreichbare Reichweite.
- Das Tanken von flüssigem Kraftstoff dauert in der Regel nur wenige Minuten, was
  einen schnellen und effizienten Vorgang ermöglicht. Die Ladedauer von Elektrofahrzeugen dauert verglichen hiermit deutlich länger und variiert je nach Ladesta-
  tionsart und der Batteriekapazität des Fahrzeugs. Schnellladestationen können die
  Ladedauer verkürzen, benötigen jedoch immer noch mehr Zeit als das Tanken von
  Kraftstoff.
- Der irreversible Verlust an Batteriekapazität durch Alterung der Batteriezellen
  führt zu einer kontinuierlichen Abnahme des nutzbaren Energieinhalts. Zudem
  ist die Batterie der größte Kostentreiber, sodass die Gesamtkosten deutlich höher
  liegen als bei Fahrzeugen mit Verbrennungsmotor.
- Elektrofahrzeuge benötigen eine separate Wärmequelle für die Innenraumheizung,
  da wegen des wesentlich effizienteren Antriebsstrangs keine nutzbare Abwärme
  anfällt.

Der Einsatz von elektrischen Fahrzeugantrieben unterliegt daher gewissen Einschränkungen, die auf die anwenderspezifischen Anforderungen abgestimmt werden müssen.

Art, Struktur und Funktionalität

Im Gegensatz zum Verbrennungsmotor funktioniert beim elektrischen Fahrmotor die Energieflussrichtung in beide Richtungen mit gleich hohem Wirkungsgrad, sodass er sich sowohl als Antriebseinheit als auch als Generator zur Erzeugung elektrischer Energie eignet. Er kann daher sowohl zum Beschleunigen als auch zum Abbremsen des Fahrzeugs eingesetzt werden. Beim Beschleunigen wandelt die elektrische Maschine den größten Teil der zugeführten elektrischen Energie in mechanische Energie um. Beim Abbremsen wird umgekehrt die mechanische Energie in elektrische Energie umgewandelt, die in der Batterie gespeichert werden kann, s. Abbildung 6.23. Dieser Vorgang wird als Rekuperation bezeichnet.

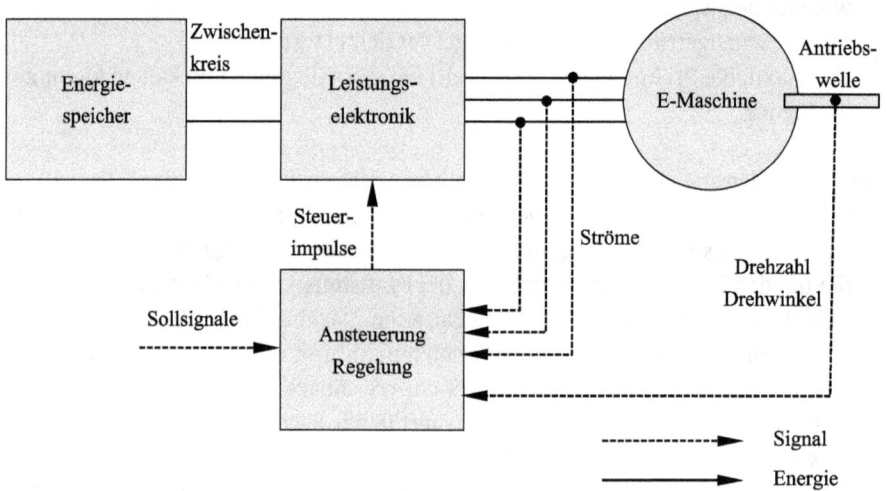

Abb. 6.23: Prinzipieller Aufbau eines elektrischen Traktionsantriebs in einem elektrifizierten Fahrzeug nach Reif, Noreikat und Borgeest 2012.

Elektromotoren können für eine begrenzte Zeit im Überlastbetrieb betrieben werden, wie in Abbildung 6.24 dargestellt. Die Begrenzung dieses Betriebs ergibt sich aus der jeweiligen thermischen Belastbarkeit und der verfügbaren Kühlung. Diese Eigenschaft eines Elektromotors muss bei der Festlegung der Leistungsabgabe und bei der Auslegung berücksichtigt werden. Um einen längeren Überlastbetrieb zu ermöglichen, werden Elektromotoren in elektrisch angetriebenen Fahrzeugen häufig flüssigkeitsgekühlt (Wallentowitz und Freialdenhoven 2011).

Im Vergleich zu anderen Industriezweigen werden in der Automobilindustrie erhebliche zusätzliche Anforderungen an Zuverlässigkeit, Robustheit, Dimensionierung, Gewicht, Kühlung und nicht zuletzt an die Geräuschemissionen gestellt (El Khawly und Schramm 2010, El Khawly 2013).

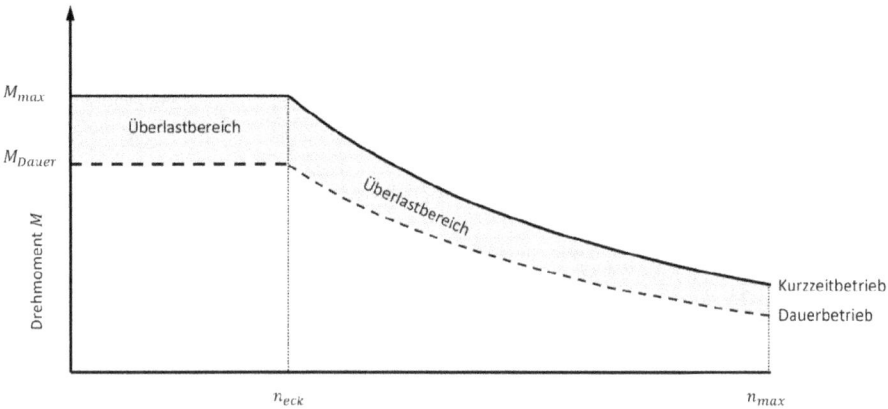

Abb. 6.24: Kennlinie des Drehmoments M einer elektrischen Maschine über der Motorendrehzahl n.

Drei Arten von Drehfeldmaschinen sind derzeit für den Einsatz in Personenkraftwagen geeignet, s. Tabelle 6.8:
– Permanenterregte Synchronmaschinen (PSM).
– Elektrisch erregte Synchronmaschinen (ESM).
– Geschaltete Reluktanzmaschinen (SRM).
– Asynchrone Maschinen (ASM).

Allen gemeinsam ist der Grundaufbau aus einem feststehenden magnetischen Stator und einem beweglichen Rotor, der das Drehmoment für den Antrieb des Fahrzeugs liefert. Die Drehung des Rotors wird durch ein Magnetfeld erzeugt, das vom Magnetfeld des Stators angezogen wird. Kurz vor dem Zusammentreffen bewegt sich das Feld des Stators weiter und zwingt den Rotor, sich ebenfalls zu bewegen.

Der heute am weitesten verbreitete Typ ist der Permanentmagnet-Synchronmotor (PSM). Dieser Motor verwendet Dauermagnete, um das Magnetfeld zu erzeugen. Beim fremderregten ESM-Motor wird das Magnetfeld zeitweise durch einen Elektromagneten erzeugt. Dieser Motortyp kann wesentlich kostengünstiger hergestellt werden, da keine teuren Permanentmagnete verwendet werden. Für deren Herstellung werden seltene Erden (z. B. Neodym) benötigt. Aus diesem Grund werden ESM eher in kleineren Fahrzeugen im Niedrigpreissegment eingesetzt, bei denen es nicht auf extreme Fahrleistungen ankommt.

PSM werden trotz ihrer höheren Kosten aufgrund ihrer Vorteile bei Wirkungsgrad und Leistungsdichte eingesetzt. So ermöglichen sie durch ihren sparsamen Umgang mit Energie größere Reichweiten bei gleicher Batteriekapazität und haben durch ihren geringeren Bauraumbedarf Vorteile beim Packaging.

Eine weitere Bauart ist die Asynchronmaschine (ASM). Während bei Synchronmotoren die Magnetfelder von Stator und Rotor im Gleichtakt laufen, gibt es bei dieser Bauform einen Schlupf zwischen Stator und Rotor. Die ASM zeichnet sich durch einen

Tab. 6.8: Generische Arten von Elektromotoren. Angepasst aus Robert Bosch GmbH 2022.

Technik	PSM Permanentmagnet- erregte Synchronmaschine	ESM Elektrisch erregte Synchronmaschine	SRM Geschaltete Reluktanzmaschine	ASM Asynchronmaschine
Funktionsprinzip	Synchron	Synchron	Synchron	Asynchron
Drehmomentdichte	Sehr hoch	Sehr hoch	Hoch	Hoch
Wirkungsgradvorteil bei	Hohem Drehmoment Niedriger Drehzahl	Niedrigem Drehmoment Hoher Drehzahl	Niedrigem Drehmoment Hoher Drehzahl	Niedrigem Drehmoment Hoher Drehzahl
Potentiale	Minimaler Bauraum Keine Rotorkühlung	Hoher Wirkungsgrad Geringer Zuleitungsstrombedarf	Sehr einfacher Rotoraufbau	Einfacher Rotoraufbau
Rotorkühlung	Keine/einfache Rotorkühlung	Evtl. zusätzliche Rotorkühlung erforderlich	Keine/einfache Rotorkühlung	Evtl. zusätzliche Rotorkühlung erforderlich
Risiken	Magnetpreis Entmagnetisierung Kurzschlussfestigkeit	Stromübertragungssyst em Rotor Drehzahlfestigkeit	Geräusch Aufwand Leistungselektronik	Hoher Strombedarf Rotorerwärmung

vergleichsweise einfachen Aufbau aus. Außerdem ist keine aufwendige Regelung erforderlich und die Materialkosten sind geringer als bei der PSM. Nachteilig sind der höhere Energiebedarf und das höhere Gewicht.

Die ASM spielt auch als Sekundärantrieb eine wichtige Rolle, vor allem in einigen teuren Elektrofahrzeugen für die Langstrecke. Der Grund dafür ist, dass der ASM kurzzeitig mit Überlast betrieben werden kann und so einen Boosteffekt erzeugt. ASM findet sich unter anderem im Audi E-Tron und Mercedes EQC sowie in den S- und X-Modellen von Tesla, mittlerweile in Kombination mit dem PSM, was vor allem auf schnellen Strecken effizienter ist.

Grundsätzlich sind alle genannten und in Tabelle 6.8 aufgeführten Motortypen geeignet, elektrische Energie in kinetische Energie zum Antrieb der Räder umzuwandeln. Die heute im Fahrzeugbau am häufigsten verwendeten Typen sind jedoch, wie bereits erwähnt, die permanenterregte Synchronmaschine (PSM) und die Asynchronmaschine (ASM).

Sowohl die Asynchronmaschine als auch die Synchronmaschine sind Drehfeldmaschinen und werden von einem Umrichter aus dem DC-Bordnetz mit einer entsprechend angepassten Sinusspannung versorgt. Das durch die Phasenverschiebung erzeugte magnetische Drehfeld führt in Verbindung mit dem Rotorfluss zur Erzeugung des erforderlichen Drehmoments.

Während bei permanenterregten Synchronmaschinen Permanentmagnete das rotorfeste Feld erzeugen, wird bei Asynchronmaschinen im kurzgeschlossenen Käfig ein

Magnetfeld bzw. ein Stromfluss induziert. Letzterer ergibt sich aus der Differenz zwischen der mechanischen Rotordrehzahl und der Drehfelddrehzahl.

Die Grundform des resultierenden Maschinenkennfeldes ist beiden Maschinentypen gemeinsam. Wesentliche Unterschiede ergeben sich aus der Lage des Wirkungsgradmaximums. Während die permanenterregte Synchronmaschine im unteren Drehzahlbereich den höchsten Wirkungsgrad erreicht, relativiert sich dieser Vorteil bei höheren Drehzahlen durch die zunehmenden Kernverluste im Feldschwächbereich. Beim Einsatz als Traktionsantrieb ist weniger die Höhe des absoluten Wirkungsgrades als vielmehr die Lage des Bereiches mit dem höchsten Wirkungsgrad entscheidend für die Effizienz des Gesamtsystems, s. Abbildung 6.25. Durch den Einsatz der Fahrzeuge im Alltagsbetrieb werden die elektrischen Maschinen in jedem Bereich des Kennfeldes betrieben. Die jeweiligen Vor- und Nachteile gleichen sich daher in der Regel aus (Neudorfer, Binder und Wicker 2006).

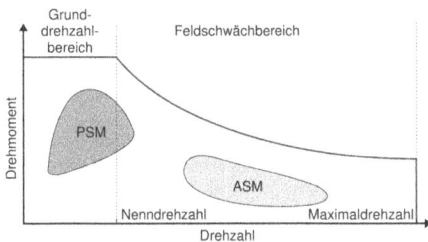

Abb. 6.25: Bereiche mit maximalem Wirkungsgrad der elektrischen Antriebsarten (Naunin 2007).

Aufbau elektrischer Maschinen

Elektromotoren bestehen im Wesentlichen aus einem zylindrischen Stator aus Elektrostahl, s. Abbildung 6.26. In den Stator sind Nuten eingeprägt, in die die Drahtwicklung eingebettet ist. Der elektrische Strom wird durch die Drahtwicklung geleitet. Das Statorjoch und die Zähne leiten das entstehende Magnetfeld. Der prinzipielle Aufbau einer PSM- und einer ASM-Maschine anhand ihrer Querschnitte ist in Abbildung 6.27 dargestellt.

In permanentmagnetischen Synchronmaschinen wird das umlaufende Magnetfeld durch entsprechende Steuerung der Stator-Wicklungen erzeugt. Im Rotor sind Dauermagnete angebracht. Durch die Wechselwirkung der Magnetfelder von Stator und Rotor dreht sich der Rotor synchron zu dem vom Stator erzeugten magnetischen Drehfeld. Das Drehmoment wird durch die sogenannte Lorentzkraft[7] erzeugt, die durch den Strom führenden Leiter und das Magnetfeld entsteht. Bei der Stromerzeugung hingegen wird der Strom durch die Drehung des Rotors in den Spulen des Stators induziert.

---

7 Hendrik Antoon Lorentz (1853–1928): niederländischer Mathematiker und Physiker.

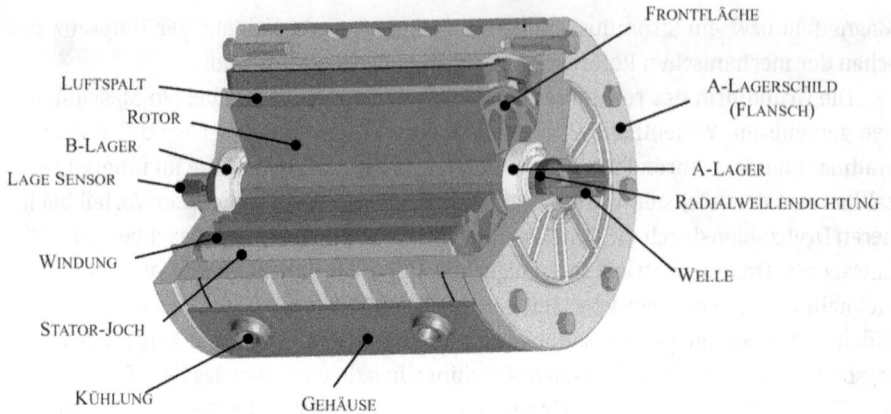

Abb. 6.26: Illustration einer elektrischen Traktionsmaschine am Beispiel einer PSM. Angelehnt an Doppel-bauer 2020.

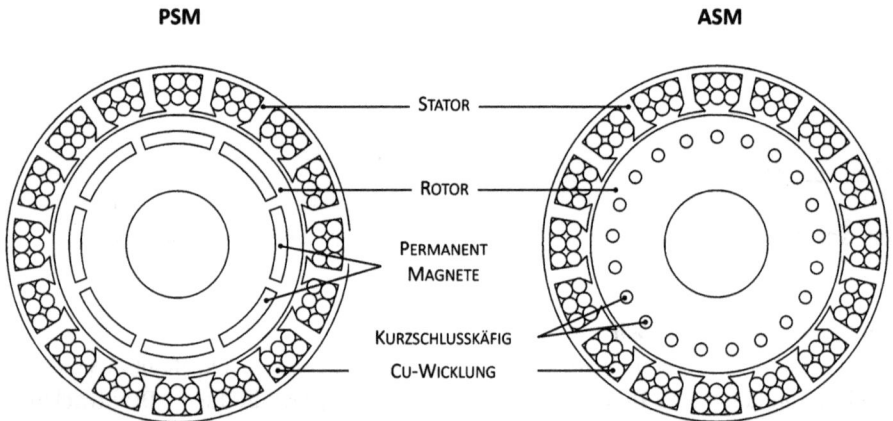

Abb. 6.27: Querschnitte durch eine PSM und eine ASM-Maschine.

Asynchron- oder Induktionsmaschinen erzeugen durch die (idealerweise) sinusför-mige Erregung der Ständerwicklungen ein umlaufendes Magnetfeld. Der Rotor ist als Käfigrotor ausgeführt, dessen Elektroden über Kurzschlussringe verbunden sind. Durch die unterschiedlichen Drehzahlen von Drehfeld und Rotor (aufgrund von Schlupf) wird im Rotor eine Spannung induziert. Auf den stromdurchflossenen Leiter im Magnetfeld des Rotors wirkt die Lorentzkraft, die das gewünschte Drehmoment erzeugt. Die Funk-tionsprinzipien von stromerregten Synchronmaschinen und Synchronmaschinen mit Permanentmagneten sind sehr ähnlich, aber bei ersteren wird das Feld in den Rotor-wicklungen erzeugt, anstatt einen Permanentmagneten zu verwenden.

Der Herstellungsprozess von Synchronmaschinen ist komplexer als der einer Asyn-chronmaschine, da die Magnete oder Wicklungen im Rotor installiert werden müssen.

Allen Elektromotoren ist jedoch gemeinsam, dass ihr Wirkungsgrad deutlich höher ist als der von Verbrennungsmotoren. Dies ist im Verbrauchsdiagramm deutlich zu erkennen, s. Abbildung 6.28. Der spezifische Verbrauch hängt jedoch weit weniger von der vom Fahrer geforderten Motordrehzahl und dem Drehmoment ab. Bei den angegebenen Wirkungsgraden handelt es sich um lokale Wirkungsgrade, die die Umwandlung der im Fahrzeug gespeicherten Energie in die im Wesentlichen für den Antrieb verfügbare Energie beschreiben. Die Well-to-Wheel-Wirkungsgrade hängen jedoch stark vom Energiemix bei der Energieerzeugung ab. Dies bedeutet im Wesentlichen den Verzicht auf Energieerzeugung aus fossilen Rohstoffen. Für eine Gesamtbewertung des Energieverbrauchs über den gesamten Lebenszyklus eines Fahrzeugs muss auch der Energieeinsatz bei der Herstellung berücksichtigt werden. Dies gilt auch für die gesamten Treibhausgasemissionen, die bei batterieelektrischen Fahrzeugen in der Herstellung um 70 bis 130 % höher liegen als bei Benzin- oder Dieselfahrzeugen. In der Gesamtbilanz aller Herstellungs-, Nutzungs- und Verwertungsphasen werden jedoch ca. 15 bis 30 % weniger Treibhausgasemissionen erwartet als bei einem vergleichbaren konventionellen Pkw (Thielmann, Wietschel et al. 2020).

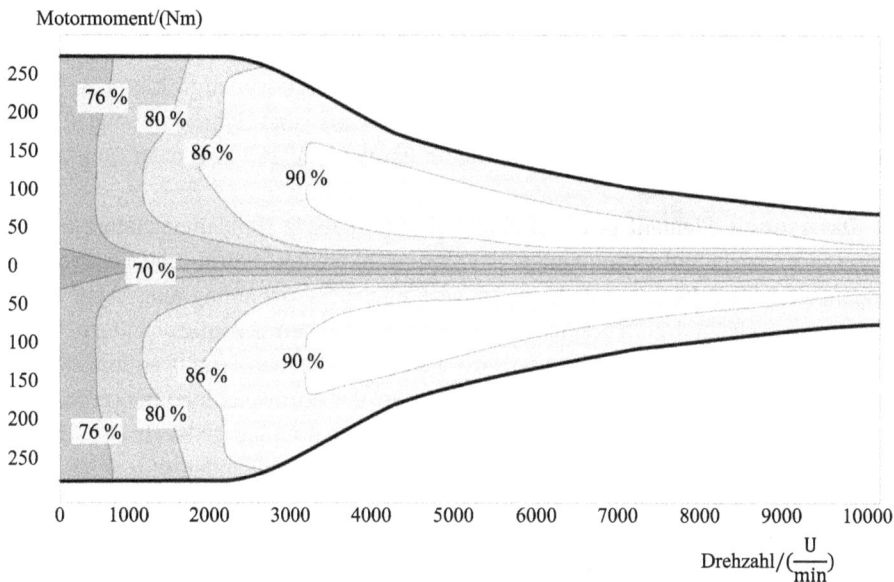

Abb. 6.28: Typisches Verbrauchskennfeld einer ASM-Maschine (beispielhafte Darstellung).

Eine ausführliche Beschreibung der in BEVs verwendeten Elektromotoren findet sich z. B. in Doppelbauer 2020.

6.4.3 Leistungselektronik

Neben dem HV-Speicher und der E-Maschine ist die Leistungselektronik die dritte Hauptkomponente des E-Systems. Die Leistungselektronik besteht u. a. aus einem Umrichter und einem DC/DC-Wandler. Für den Einsatz in BEVs und PHEVs sind IGBTs[8] (Insulated Gate Biploar Transistors) als Halbleiterschaltungen weit verbreitet.

Typ, Aufbau und Funktionsweise

Für den Umrichter ist auch der Ausdruck Inverter gebräuchlich. Seine Aufgabe ist die Steuerung des Energieflusses über Strom und Spannung variabler Amplitude und Frequenz zwischen HV-Speicher und E-Maschine (Cebulski 2011). Im Motorbetrieb wird die Gleichspannung aus dem HV-Speicher in Wechselspannung für den Betrieb der E-Maschine umgewandelt. Der Umrichter wird dann auch als Wechselrichter bezeichnet. Wenn bei der Rekuperation Energie in den HV-Speicher zurückgespeist wird, wandelt der Umrichter die in der E-Maschine induzierte Wechselspannung in Gleichspannung für den HV-Speicher um. Im Generatorbetrieb übernimmt der Umrichter die Funktion eines Gleichrichters.

Der DC/DC-Wandler (Konverter) ist ein Gleichspannungswandler und dient zur Versorgung des 12 V/14 V-Bordnetzes, welches die klassischen Verbraucher wie Beleuchtung und Unterhaltungselektronik mit elektrischer Energie versorgt. Die hohe Spannung aus dem HV-Speicher von bis zu 1.000 V in Elektro- und Hybridfahrzeugen wird dazu an die deutlich niedrigere Spannung im Bereich 12 V/14 V angepasst (Reif 2010c, Lindemann 2012).

Das zentrale Element des Umrichters sind gesteuerte Halbleiterschalter, die zu einem Leistungsmodul zusammengefasst sind. In aktuellen Hybrid- und Elektrofahrzeugen wird als Schaltertopologie meist eine B6-Brückenschaltung eingesetzt. Diese besteht aus sechs in drei Brückenschaltungen angeordneten Leistungsschaltern, s. Abbildung 6.29. Aufgrund der Spannungsniveaus und der hohen Schaltfrequenzen sind IGBTs mit Silizium-Halbleiter in PHEVs typisch. Bei der Pulsweitenmodulation werden die Schalter so gesteuert, dass aus Gleichspannung eine dreiphasige Wechselspannung entsteht. Zur Glättung der Spannung wird meist ein Folienkondensator eingesetzt. Aufgrund der Spannung und Kapazität bestimmt dieser zusammen mit den Halbleiterschaltern die wesentlichen Eigenschaften des gesamten Umrichters. Darüber hinaus ist eine geeignete Kühlung erforderlich, um die bei Schalten und Stromführung in Form von Wärmeenergie entstehenden Verluste abzuführen. Weitere Bauteile sind Steuerungselektronik, Gehäuse, Stecker, Sensoren und Kleinteile (Cebulski 2011).

Der DC/DC-Wandler verfügt über leistungselektronische Bauteile, die zu einer elektrischen Schaltung kombiniert sind. Für die exakte Auslegung der Schalter und deren Topologie sind vor allem der Betrag und die Güte der Ein- und Ausgangsspannungen

---

8 IGBT: Insulated-Gate Bipolar Transistor – Bipolar-Transistor mit isolierter Gate-Elektrode.

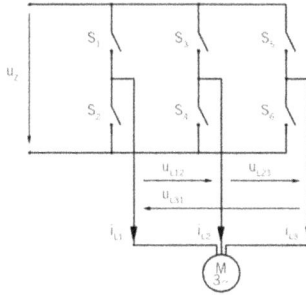

Abb. 6.29: Leistungselektronik aus dem BMW ActiveE (Jung und Hofer 2011) und das Schaltbild einer drei-phasigen Brückenschaltung mit sechs Halbleiterschaltern zur Speisung einer E-Maschine (Lindemann 2012).

und -ströme entscheidend (Cebulski 2011). Die Integration des DC/DC-Wandlers erfolgt in einem separaten Gehäuse oder im Gehäuse der Leistungselektronik zusammen mit dem Umrichter (Spath, Rothfuss et al. 2011).

Eigenschaften

In Hybrid- und Elektrofahrzeugen werden IGBTs mit Sperrspannungen von 600 oder 1200 V verwendet (Lindemann 2012). Moderne Umrichter arbeiten hoch effizient mit Wirkungsgraden von über 95 % über relativ große Betriebsbereiche hinweg. Dies er-möglicht eine optimale Ausnutzung der E-Maschine hinsichtlich Dynamik, Drehmoment und Drehzahlbereich. Neben den Kosten sind die wesentlichen Eigenschaften der Leis-tungselektronik der erforderliche Bauraum und das Gewicht. Beide Eigenschaften wer-den durch den notwendigen Kühlaufwand beeinflusst.

Ausblick

Das Entwicklungsziel für die Leistungselektronik in Fahrzeugen mit Elektroantrieb ist eine kompaktere, leichtere Bauweise bei gleichzeitig reduzierten Kosten. Ein möglicher Ansatz ist die Integration des Umrichters an oder in die E-Maschine. Außerdem wird an der Haltbarkeit der Halbleiterschalter geforscht, da die hohen Temperaturen und Tem-peraturwechsel zu hohen Belastungen führen, was sich negativ auf die Lebensdauer auswirkt. Weiterhin werden neue Fertigungsmethoden und Materialien, wie beispiels-weise Siliziumkarbid (SiC), untersucht. Damit steigen die Leistungsdichte und Zuverläs-sigkeit, diesen Vorteilen stehen jedoch die hohen Kosten gegenüber (Cebulski 2011).

6.4.4 Hybridantriebe

Unter Hybridantrieb wird nachfolgend immer ein Antrieb verstanden, der einen verbrennungsmotorischen und einen elektrischen Antrieb miteinander kombiniert.

Darüber hinaus gibt es sporadisch auch Ansätze, die über dieses Konzept hinausgehen.

Topologie

Verbrennungsmotorisch elektrische Hybridantriebe lassen sich nach zwei Ordnungsschemata einteilen. Dies sind einerseits die Antriebstopologie und andererseits der Hybridisierungsgrad des Systems. Hinsichtlich der Topologie lassen sich drei Haupttypen identifizieren:

- Bei Parallelhybridantrieben geben beide Antriebsaggregattypen ihre Leistung direkt auf dieselbe Antriebswelle ab oder, beim straßengekoppelten Hybridantrieb, indirekt über die Fahrbahn als verbindendes Element. Dies kann entweder gleichzeitig, oder individuell erfolgen, s. Abbildung 6.30. Vorteil eines Parallelhybrids ist die einfache Integration dieses Prinzips in existierende Fahrzeugstrukturen.
- Bei Serienhybridantrieben erfolgt der Antrieb der Räder alleine durch den (die) Elektromotor(en). Der Verbrennungsmotor wird hier lediglich als Antrieb für den Generator eingesetzt, um den elektrischen Energiespeicher nachzuladen und/oder den Elektromotor mit Strom zu versorgen, s. Abbildung 6.31. Leistungsverzweigte Hybridantriebe kombinieren die Leistung von Verbrennungs- und Elektromotor in der Regel über ein mechanisches Kombinationsgetriebe, s. Abbildung 6.32.

In der Praxis treten auch Kombinationen der genannten Antriebstopologien auf.

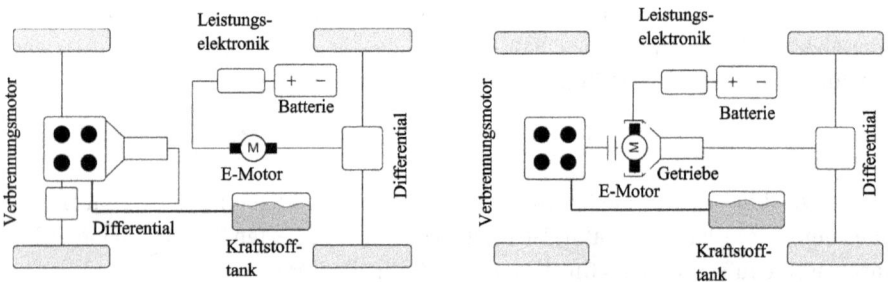

Abb. 6.30: Parallelhybridantriebe.

Hybridisierungsgrad

Eine andere Kategorisierung von Hybridantrieben bezieht sich auf die Ausprägung der Elektrifizierung des Antriebsstrangs, s. Tabelle 6.9. Dabei wird zwischen den folgenden Antriebsstrangkonzepten unterschieden:

- ICEV: Internal Combustion Electric Vehicle – Verbrennungsmotorisch angetriebenes Fahrzeug mit teilweise elektrifiziertem Antrieb,
- HEV: Hybrid Electric Vehicle – Hybridfahrzeug,
- PHEV: Plug-in Hybrid Electric Vehicle – Plug-in Hybridfahrzeug,

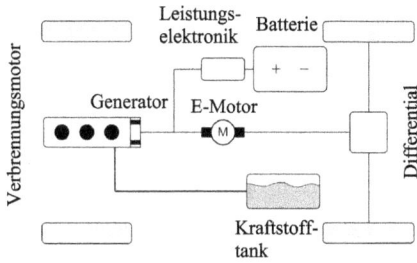

Abb. 6.31: Serieller Hybridantrieb.

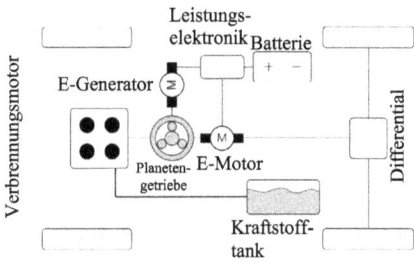

Abb. 6.32: Leistungsverzweigter Hybridantrieb.

Tab. 6.9: Antriebskonzepte geordnet nach steigendem Elektrifizierungsgrad vom ICEV bis zum BEV sowie beispielhafte Funktionen und Eigenschaften (Ried 2014).

	ICEV		HEV		PHEV	REX	BEV
	konv. Fzg.	Micro-hybrid	MildHy-brid	FullHy-brid	Plug-In-Hybrid	RangeEx-tender	E-Fzg.
E-Leistung	–	< 5 kW	< 20 kW	< 50 kW	< 100 kW	>100 kW	>100 kW
Emissionsfrei Fahren	–	–	–	< 5 km	< 50 km	>50 km	>100 km
CO_2-Vorteil (NEFZ)	Referenz	2 %	4 %	5–15 %	40–80 %	80–100 %	100 %
Nutzung Netzstrom	–	–	–	–	ja	ja	ja
Reichweite > 600 km	ja	ja	ja	ja	ja	konzeptab-hängig	konzeptab-hängig

– REX: Electric Vehicle with Range Extender – Elektrofahrzeug mit Range Extender,
– BEV: Battery Electric Vehicle – Elektrofahrzeug mit Batterie.

Zu beachten ist, dass bei den prinzipiell möglichen Antriebsstrangstrukturen eine mehr oder weniger häufige Umwandlung verschiedener Energiearten auftritt. Eine

Kraftstoff-tank C	Verbrennungsmotor C → W → M	Ken-nungs-wandler M ↔ M	Abtrieb M ↔ M

Traktions-batterie EC ↔ E	Leistungs-elektronik E ↔ E	Elektrische Maschine E ↔ M

Ladegerät

E → E

Formel-zeichen	Energieart
C	Chemisch
EC	Elektro-Chemisch
W	Thermisch
E	Elektrisch
M	Mechanisch

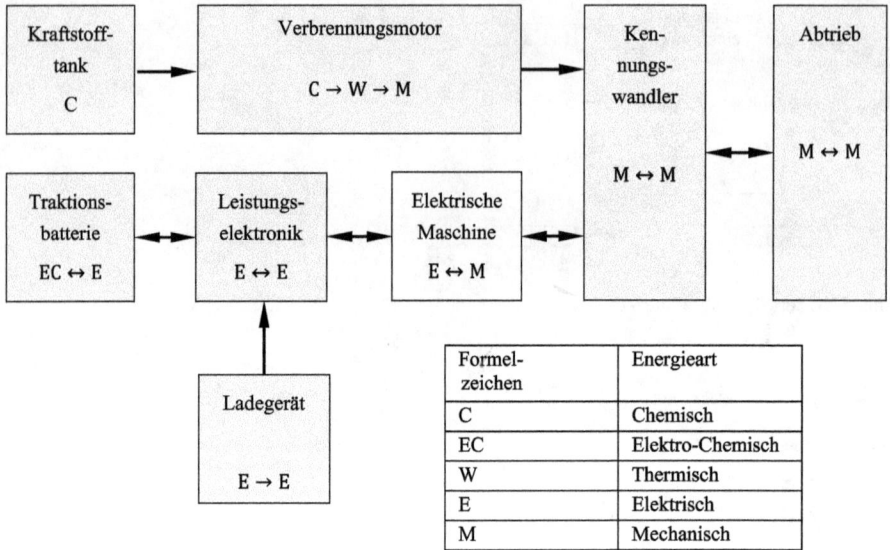

Abb. 6.33: Schema eines verbrennungsmotorisch elektrischen Hybridantriebs mit Energiewandlung.

Übersicht über die in einem Hybridfahrzeug auftretenden Wirkungsketten gibt Abbildung 6.33.

Betriebsstrategien

Hybride Antriebsstränge ermöglichen aufgrund des zusätzlich vorhandenen (elektrischen) Antriebsaggregats zusätzliche Freiheitsgrade:

– Die unterschiedlichen Antriebssysteme lassen sich gezielt und aufeinander abgestimmt einsetzen. So kann z. B. in bestimmten Bereichen auf einen Einsatz des Verbrennungsmotors komplett verzichtet werden, um dort ein lokal emissionsfreies Fahren zu ermöglichen.

– Es eröffnet sich die Möglichkeit, die Nachteile des Verbrennungsmotors in bestimmten ungünstigen Betriebszuständen, z. B. im Teillastbereich oder im „Stop & Go"-Verkehr auszugleichen.

– Durch die reduzierten Anforderungen an die Dynamik des Verbrennungsmotors als Teil eines Hybridkonzeptes lässt sich der Verbrennungsmotor unter Umständen mit alternativen thermischen Prozessen betreiben, der sich bei einem rein verbrennungsmotorischen Antrieb aus Emissions- und/oder Effizienzgründen verbietet. Hier kommt z. B. der Miller Kreisprozess (basierend auf dem Atkinson-Prinzip) infrage, bei dem das Einlassventil schon während des Ansaughubes geschlossen wird (van Basshuysen und Schäfer 2012). Dieses Prinzip wird z. B. beim Toyota Prius und anderen Modellen von Toyota, im Mercedes S 400 Hybrid sowie beim Ford C-max Energi eingesetzt; Realisiert wird das Prinzip mithilfe einer variablen Ventilsteuerung (Reiff 2016).

Die Wahl des jeweils optimalen Betriebspunktes und die Einbettung in die Gesamtbe-triebsstrategie beeinflussen direkt wichtige Eigenschaften des Fahrzeugs, wie Kraftstoff-verbrauch, Ansprechverhalten, Emissionsverhalten, Lebensdauer und in ihrer Gesamt-heit die Akzeptanz des Fahrzeugs durch die Kunden. Hierzu ist eine übergreifende Be-triebsstrategie notwendig, mit der die Energieströme im Fahrzeug optimal organisiert werden.

Die Betriebsstrategie eines Hybridfahrzeugs beinhaltet die zeitliche Regelung und Steuerung der Betriebspunkte der Subsysteme und einzelner Komponenten. Sie legt die Betriebszustände des Antriebsstrangs innerhalb einer Fahrtstrecke fest und beeinflusst damit über die Energiewandlungseffizienz maßgeblich den Energieverbrauch und das Emissionsverhalten des Fahrzeugs. Sie ist zusammen mit dem Thermo- und Bordnetz-management ein wesentlicher Teil des Gesamtfahrzeugmanagements.

Die Betriebsstrategien sind aus unterschiedlichen Betriebsmoden zusammenge-setzt, die beispielhaft in Abbildung 6.34 am Beispiel einer Mercedes-Benz E-Klasse illustriert werden.

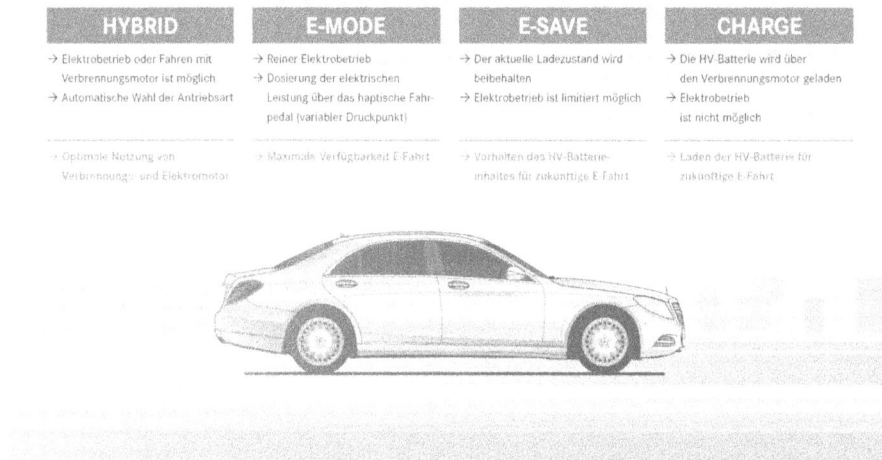

HYBRID	E-MODE	E-SAVE	CHARGE
→ Elektrobetrieb oder Fahren mit Verbrennungsmotor ist möglich → Automatische Wahl der Antriebsart	→ Reiner Elektrobetrieb → Dosierung der elektrischen Leistung über das haptische Fahr-pedal (variabler Druckpunkt)	→ Der aktuelle Ladezustand wird beibehalten → Elektrobetrieb ist limitiert möglich	→ Die HV-Batterie wird über den Verbrennungsmotor geladen → Elektrobetrieb ist nicht möglich
→ Optimale Nutzung von Verbrennungs- und Elektromotor	→ Maximale Verfügbarkeit E-Fahrt	→ Vorhalten des HV-Batterie-inhaltes für zukünftige E-Fahrt	→ Laden der HV-Batterie für zukünftige E-Fahrt

Abb. 6.34: Betriebsmoden eines Hybridantriebs © Daimler AG.

Die Betriebsstrategien lassen sich verschiedenen Kategorien zuordnen, die sich maßgeblich auf das Fahrverhalten des Fahrzeugs auswirken. Legt man eine metho-denorientierte Differenzierung zugrunde, so können optimierungs- und regelbasierte Betriebsstrategien unterschieden werden.

Optimierungsbasierte Betriebsstrategien
Bei diesen Strategien ergibt sich die Ansteuerung der Komponenten aus der Optimie-rung einer Zielfunktion, die sich aus der gesuchten individuellen Ausprägung der Fahr-

funktion ergibt. In die Zielfunktion gehen meist die Zielgrößen Kraftstoff-, bzw. Energieverbrauch und Schadstoffausstoß ein. Denkbar sind jedoch auch andere Zielgrößen, wie Beschleunigungsvermögen, Fahrbarkeit, etc. Daneben sind Randbedingungen zu beachten, die sich zumeist aus den Leistungsgrenzen der Komponenten, aber auch aus regulatorischen Vorgaben (z. B. Emissionsfreiheit in bestimmten Gebieten) ergeben, s. Abbildung 6.35.

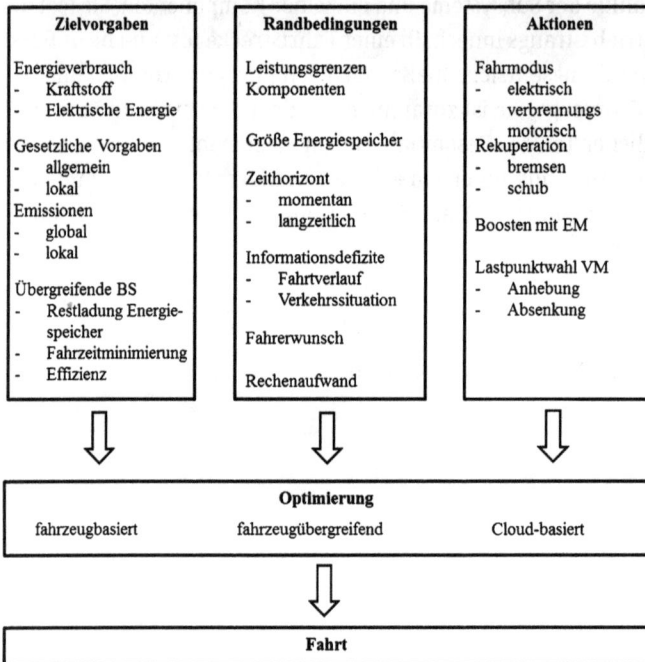

Zielvorgaben	Randbedingungen	Aktionen
Energieverbrauch - Kraftstoff - Elektrische Energie	Leistungsgrenzen Komponenten	Fahrmodus - elektrisch - verbrennungs motorisch
Gesetzliche Vorgaben - allgemein - lokal	Größe Energiespeicher	Rekuperation - bremsen - schub
Emissionen - global - lokal	Zeithorizont - momentan - langzeitlich	Boosten mit EM
Übergreifende BS - Restladung Energie- speicher - Fahrzeitminimierung - Effizienz	Informationsdefizite - Fahrtverlauf - Verkehrssituation Fahrerwunsch Rechenaufwand	Lastpunktwahl VM - Anhebung - Absenkung

⇩ ⇩ ⇩

Optimierung		
fahrzeugbasiert	fahrzeugübergreifend	Cloud-basiert

⇩

Fahrt

Abb. 6.35: Optimierungsbasierte Betriebsstrategien für Hybridantriebe.

Regelbasierte Betriebsstrategien

Regelbasierte Betriebsstrategien beruhen auf vorab fest definierten Regeln, die ihrerseits während der Fahrt erfasste Kenngrößen verwenden. Die Regeln werden, wie bei Verbrennungsmotorsteuerungen, meist als Kennfelder realisiert. Den Eingang bilden eine Vielzahl von Eingangsgrößen, die durch Sensoren erfasst werden oder die auf Eingaben des Fahrers beruhen. Eine andere Ausführungsform sind Zustandsautomaten, bei denen die Reaktion eines Objekts in einem bestimmten Zustand auf äußere Ereignisse festgelegt wird. Für eine vertiefte Betrachtung derartiger Betriebsstrategien sei z. B. auf Görke 2016 verwiesen.

Ein Beispiel für eine Betriebsstrategie bei der im Jahr 2016 neu in Serie gebrachte E-Klasse zeigt Abbildung 6.36.

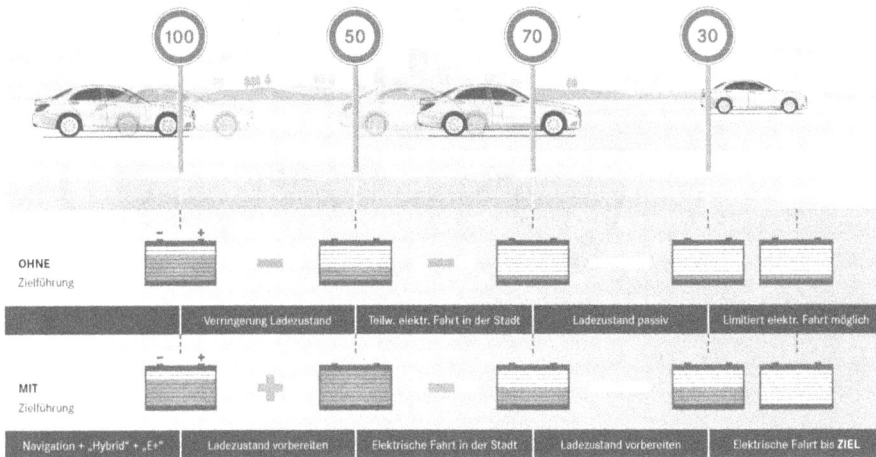

Abb. 6.36: Mercedes-Benz „Intelligentes Antriebsmanagement" Streckenbasierte Betriebsstrategie © Daimler AG.

6.4.5 Realisierung von Antriebsstrangstrukturen im Gesamtfahrzeug

Für die Konzeptgestaltung elektrifizierter Fahrzeuge existieren zwei verschiedene Entwicklungsansätze. Beim „Conversion Design" wird ein ursprünglich mit verbrennungsmotorischem Antrieb entwickeltes Fahrzeug in ein Fahrzeug mit elektrifiziertem Antrieb umgebaut (konvertiert), während beim „Purpose Design" ein Fahrzeug unter Ausnutzung der sich neu bietenden Möglichkeiten völlig neu konzipiert wird.

Conversion Design
Für Automobilhersteller ist diese Umwandlung eines bestehenden Fahrzeugs durch die erheblichen Synergien bei Entwicklung, Absicherung und Fertigung, eine kostengünstige und risikoarme Möglichkeit, eine Variante mit elektrifiziertem Antriebsstrang mit überschaubarem Risiko zu erproben und im Markt zu platzieren. Nicht zuletzt lassen sich auch die umfangreich vorhandenen Investitionen in bestehenden Fertigungseinrichtungen weiter nutzen. Die Struktur und die wesentlichen Abmessungen des Fahrzeugs und vor allem der Karosserie bleiben erhalten, obwohl das Fahrzeug ursprünglich für einen verbrennungsmotorisch betriebenen Antriebsstrang konzipiert wurde. Bei der Integration zusätzlicher Komponenten können Bauräume allerdings oft nur mit einem begrenzten Nutzungsgrad belegt werden, da diese nicht optimal dafür ausgelegt wurden. Gleichwohl ist eine Entwicklung elektrifizierter Fahrzeuge nach dem Conversion Design in der derzeitigen Übergangsphase noch weit verbreitet.

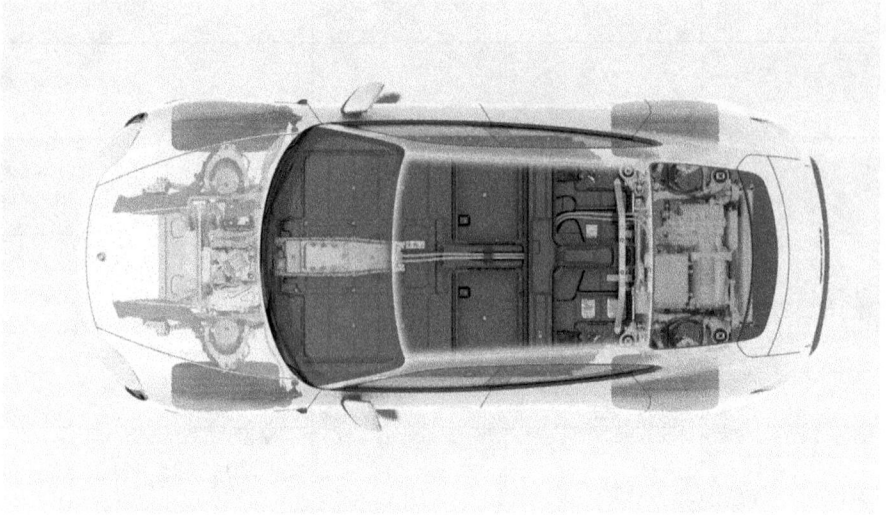

Abb. 6.37: Beispiel des Packaging eines Elektrofahrzeugs (Purpose Design) eines Porsche Taycan, © Porsche https://newsroom.porsche.com/de/produkte/taycan/antrieb-18543.html.

Purpose Design

Der Entwicklung nach dem „Purpose Design" liegt der Gedanke zugrunde, ein Fahrzeug mit einem elektrifizierten Antrieb völlig neu zu konzipieren und dessen Vorteile in ein völlig neues Fahrzeugdesign konsequent einzubringen. Ein Beispiel hierfür zeigt Abbildung 6.37. Diese Entwicklung erfordert jedoch einen deutlich höheren Aufwand als beim „Conversion Design". Daher ist in diesem Fall das geschäftliche Risiko bei nicht optimaler Platzierung am Markt erheblich. Allerdings zeichnen sich diese Fahrzeugkonzepte durch eine sehr gute Integration der Elektrifizierungskomponenten in die maßgeschneiderte Fahrzeugstruktur aus. Speziell der für die Batterie vorgesehene Bauraum kann optimal auf Speicherzellen und -module abgestimmt werden.

6.5 Getriebe und Antriebsstrang

6.5.1 Getriebe

Getriebe sind Fahrzeugkomponenten, welche die mechanische Energie eines Antriebs von einem Arbeitspunkt (ω_M, M_M) in einen anderen geeigneteren Arbeitspunkt (ω_A, M_A) überführen. Dies ist bei verbrennungsmotorischen Antrieben aus zwei Gründen unabdingbar. Einerseits steht das Drehmoment eines Verbrennungsmotors erst ab einer bestimmten Mindestdrehzahl zur Verfügung und andererseits ist es nicht möglich, mit dem Drehzahlbereich eines Verbrennungsmotors den gewünschten Geschwindigkeitsbereich eines Fahrzeugs auch nur ansatzweise abzudecken, s. Abschnitt 6.2.7. Vielmehr ist es notwendig, die Drehzahl und das Drehmoment des Verbrennungsmotors an die Fahrbedingungen anzupassen, s. Abbildungen 6.38 und 6.39. Dies geschieht durch ein speziell ausgelegtes Getriebe, das eine entsprechende mechanische Übersetzung bereitstellt. Bei elektrischen Antrieben ist ein Schaltgetriebe nur in Ausnahmefällen erforderlich, wenn besondere Eigenschaften des Antriebsstrangs realisiert werden sollen, z. B. bei sehr sportlich ausgelegten Fahrzeugen.

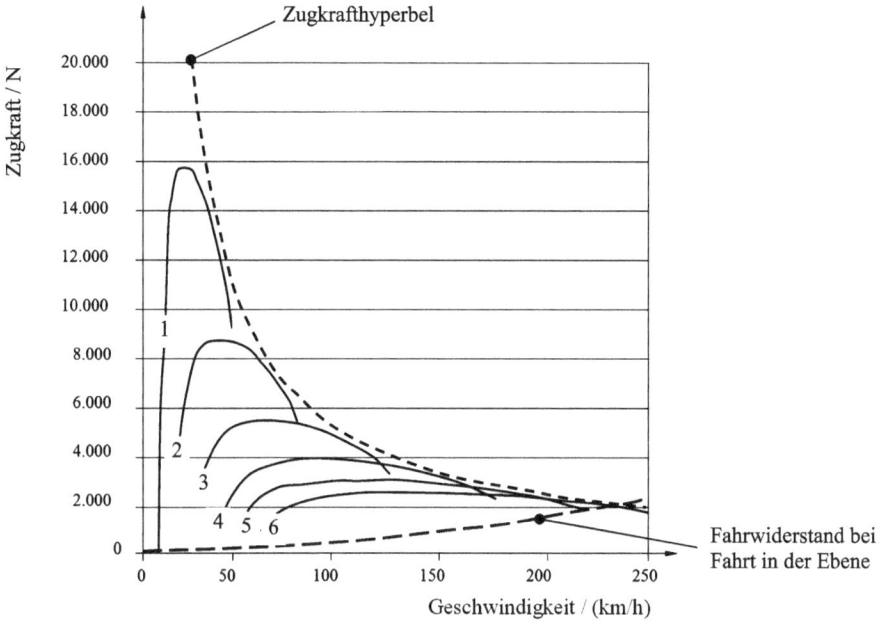

Abb. 6.38: Übersetzungsstufen eines Pkw-Sechsganggetriebes (beispielhafte Darstellung).

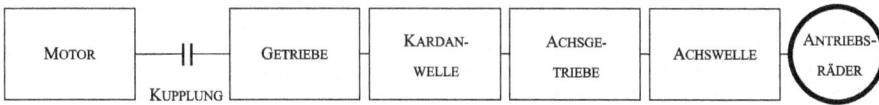

Abb. 6.39: Komponenten des Antriebsstrangs zur Kraft- und Drehmomentübertragung.

Nachfolgend bedeuten ω jeweils eine Drehgeschwindigkeit und M das zugehörige Drehmoment. Für den Zusammenhang zwischen den motorseitigen (vor dem Getriebe) und den antriebsstrangseitigen (hinter dem Getriebe) Größen, gilt mit der Getriebeübersetzung i_G:

$$\omega_A = i_G \omega_M, \quad M_A = \frac{1}{i_G} M_M. \tag{6.53}$$

Speziell bei verbrennungsmotorischen Antrieben muss in aller Regel noch eine Vorrichtung vorhanden sein, die es gestattet, das Antriebsaggregat temporär vom Antriebsstrang zu trennen. Dabei kommen bei Fahrzeugen mit manueller Schaltung in der Regel Kupplungen zum Einsatz und bei Fahrzeugen mit automatischer Schaltung hydraulische Drehmomentwandler.

Ein Beispiel eines aktuellen Automatikgetriebes zeigt Abbildung 6.40. Da das Getriebe in einem Fahrzeug mit Hybridantrieb eingebaut wird, ist hier zusätzlich ein Elektromotor mit Kupplung integriert. In diesem Fall ist an das eigentliche Getriebe zusätzlich ein Elektroantrieb angebaut.

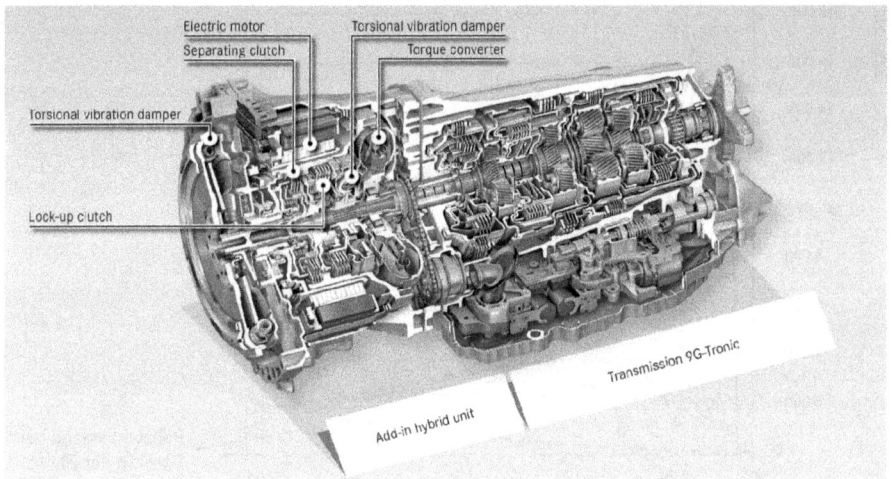

Abb. 6.40: Automatikgetriebe mit angebautem Elektroantrieb © Daimler AG.

6.5.2 Leistungsverluste im Antriebsstrang

Neben den Leistungsverlusten bei der Umwandlung der durch Kraftstoffe oder elektrisch gespeicherte Energie zugeführten Leistung, treten weitere Verluste durch das Schalt- und die Achsgetriebe sowie durch die Antriebswellen auf. Dies führt dazu, dass nicht nur die in Abschnitt 6.2.6 berechnete Leistung P_A zur Fortbewegung des Fahrzeugs aufgebracht werden muss, sondern auch die Leistung

$$P_E = \frac{1}{\eta_A \, \eta_M} P_A, \tag{6.54}$$

die durch die Leistungszufuhr aus dem Energiespeicher gedeckt werden muss, s. Abbildung 6.41. In Gl. (6.54) wird der über dem Motorkennfeld variierende Wirkungsgrad η_M des Antriebsaggregats berücksichtigt sowie der Gesamtwirkungsgrad des Antriebsstrangs, nicht aber die zusätzlich für Neben- und Hilfsaggregate erforderliche Leistung.

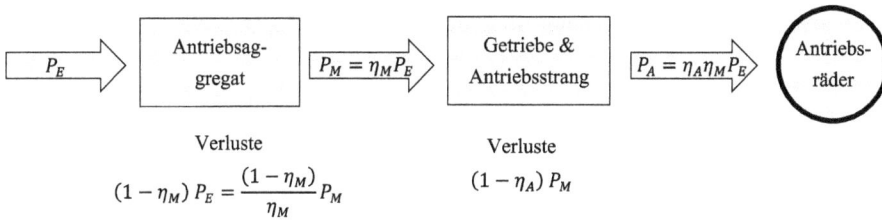

Abb. 6.41: Leistungsfluss und Wirkungsgrade im Antriebsstrang eines ICEV.

Neben dem Verbrauch für den Antrieb des Fahrzeugs muss der tatsächliche Verbrauch auch die für den Betrieb der Nebenaggregate benötigte Energie berücksichtigen, auf die hier nicht weiter eingegangen wird. Stattdessen wird z. B. auf Hesse, Hiesgen et al. 2012 verwiesen.

Ein Getriebe wird auch in elektrisch angetriebenen Personenkraftwagen verwendet. In diesem Fall muss jedoch nur die Motordrehzahl an die Raddrehzahl angepasst werden. Im Gegensatz zu Fahrzeugen mit Verbrennungsmotor sind die Getriebe von Elektrofahrzeugen nur einstufig und haben eine feste Übersetzung. Eine Ausnahme bilden sehr sportliche Fahrzeuge wie der Porsche Taycan, der mit einem Zweiganggetriebe ausgestattet ist.

Die Drehmoment-Drehzahl-Kennlinien des Elektromotors und des Rades unterscheiden sich also nicht. Die Übersetzung dient hier lediglich dazu, das Drehmoment am Rad zu erhöhen, was mit einer entsprechenden Verringerung der Geschwindigkeit einhergeht. Der Porsche Taycan hat beispielsweise an der Vorderachse ein einstufiges Getriebe mit einer Untersetzung von $i = 8$. An der Hinterachse kommt ein zweistufiges Getriebe mit drei Wellen zum Einsatz. Zwei Stirnradstufen bilden den zweiten Gang, ein schaltbares Planetengetriebe den ersten Gang. Der erste Gang hat eine Untersetzung von $i = 15$, der zweite Gang eine Untersetzung von $i = 8$.

Die für die Traktion eingesetzten Elektromotoren können dann so ausgelegt werden, dass sie einen Grunddrehzahlbereich mit konstantem Maximaldrehmoment zur Verfügung stellen. Im Bereich der Feldschwächung nimmt das Drehmoment dann aufgrund der begrenzten Maximalleistung proportional zur Drehzahl ab.

Durch diese Auslegung kann ein großer Drehzahlbereich mit konstanter Leistung abgedeckt werden. Dies wirkt sich vorteilhaft auf die Dimensionierung der Batterie, der Kabel, der Stecker und der Leistungselektronik aus (Doppelbauer 2020).

6.6 Batteriebetriebene Elektrofahrzeuge (BEVs)

Trotz des immer noch weit verbreiteten Einsatzes von Antrieben, die vollständig oder – im Falle von Hybridantrieben – zumindest teilweise von Verbrennungsmotoren angetrieben werden, geht der aktuelle Trend zu rein elektrisch betriebenen Fahrzeugen. Aus diesem Grund konzentriert sich dieser Abschnitt auf die Diskussion von rein elektrisch angetriebenen Fahrzeugen in einer Ausprägung als batteriebetriebene Elektrofahrzeuge (BEVs).

6.6.1 Grundlegende Topologie des Antriebsstrangs

Elektrisch angetriebene Kraftfahrzeuge erlauben im Gegensatz zu Fahrzeugen mit Verbrennungsmotor aufgrund der kompakten elektrischen Antriebe mehrere verschiedene Antriebsstrangkonfigurationen, s. Abbildung 6.42.

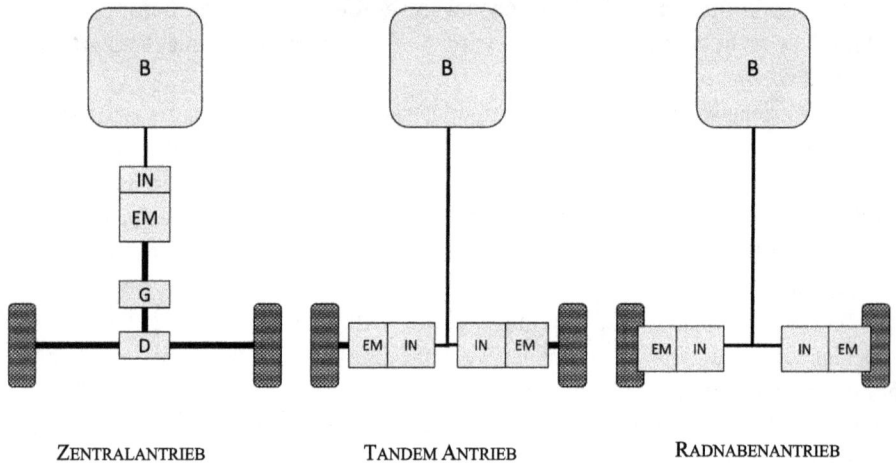

ZENTRALANTRIEB　　　　　TANDEM ANTRIEB　　　　RADNABENANTRIEB

Abb. 6.42: Grundformen von Antriebssystemen für Elektrofahrzeuge (B: Batterie, IN: Inverter (Wechselrichter), EM: Elektrische Maschine, G: Getriebe, D: Differential).

So kann, analog zum konventionellen Antrieb, ein Zentralantrieb (auch Hauptantrieb genannt) eingesetzt werden. Dieser besteht aus einem Elektroantrieb, der die gesamte Antriebsleistung bereitstellt und diese über ein optionales Getriebe mit fester Übersetzung und Achsantrieb auf die Räder überträgt. Häufig kommen hier elektrisch angetriebene Achsen zum Einsatz, bei denen Elektromotor, Untersetzungsgetriebe und Differential in einer Einheit integriert und vielfach an der Hinterachse verbaut sind. Bei dieser Konstruktion können einige der bekannten Komponenten aus dem konventionellen Antriebsstrang verwendet werden. Allerdings wird die mechanische Übertragung der Antriebsleistung auf die Räder einschließlich der Differenzialfunktion notwendig.

　　Rein batterieelektrische Fahrzeuge, insbesondere sportliche Fahrzeuge oder Fahrzeuge im höheren Preissegment, haben oft einen zentralen Antrieb an der Vorderachse und einen weiteren an der Hinterachse. Dadurch kann die Antriebsleistung auf beide Fahrzeugachsen verteilt werden.

Die mechanische Aufteilung der Antriebseinheit in kleinere Antriebe für je ein Rad führt zu mechanisch entkoppelten Einzelradantrieben. Im Gegensatz zum Radnabenantrieb, bei dem die Antriebe direkt in die Radfelge integriert sind, sind die Antriebe beim Tandemantrieb im Fahrzeugaufbau eingebaut. Beide Varianten verfügen über eine radselektive Drehmomentverteilung im Verbund. Damit lässt sich zum einen die Differenzialfunktion abbilden. Andererseits können zusätzliche Assistenzfunktionen (z. B. Torque Vectoring) ohne mechanischen Aufwand realisiert werden. Darüber hinaus führt der Wegfall der mechanischen Übertragungselemente zu einem geringeren Bauraumbedarf und Gewicht – insbesondere in der Fahrgastzelle. Während Tandemantriebe als schnell laufende Antriebe mit Untersetzungsgetrieben ausgeführt werden können, werden Radnabenantriebe meist als Direktantriebe installiert. Die wesentlichen Herausforderungen bei Radnabenantrieben sind die erhöhten Anforderungen an die Robustheit gegen Wasser, Schmutz, Beschleunigung und Vibration sowie gegen thermische Belastungen, z. B. durch die Radbremse.

Hinsichtlich der Komponenten elektrischer Antriebe wird nachfolgend der Zentralantrieb als die am häufigsten verwendete Variante, diskutiert. Im Vergleich dazu bieten Einzelradantriebe ein größeres Potenzial an Gestaltungsfreiheit und Effizienzgewinnen. Allerdings verfügen derzeit fast alle aktuellen Serienfahrzeuge über einen Antriebsstrang mit einem Zentralantrieb, ggf. mit einer Aufteilung auf Vorder- und Hinterachse.

Der Begriff „elektrischer Antrieb" bezeichnet im Folgenden das Gesamtsystem aus elektrischer Maschine, Leistungselektronik, Steuergerät und ggf. Kühlsystem.

6.6.2 Struktur und Komponenten des Antriebsstrangs

Abbildung 6.43 zeigt den prinzipiellen Aufbau eines elektrischen Antriebssystems für batterieelektrische Fahrzeuge. Die elektrische Energie wird von einem Energiespeicher in Form von Gleichstrom bereitgestellt. Dieser versorgt den/die Antriebsmotor(en) über einen Wechselrichter (DC/AC-Wandler) mit dreiphasigem Wechselstrom im Bereich bis 400 V AC und bis zu 500 Hz. Die Ausgangsspannung des Batteriespeichers richtet sich nach dem Ladezustand. Mit einem DC/DC-Wandler kann die Spannung für den DC/AC-Wandler des Motors konstant gehalten werden.

In den hier betrachteten Fahrzeugen mit elektrochemischem Speicher sind alle leistungselektronischen Einheiten so ausgelegt, dass sie sowohl elektrische Energie abgeben als auch aufnehmen können, um eine Rekuperation der zurückgespeisten Energie zu ermöglichen. Darüber hinaus werden Verbraucher, die mit einer höheren Spannung betrieben werden, über einen DC/DC-Wandler mit elektrischer Energie versorgt. Dazu gehören besonders leistungsstarke Verbraucher wie Lenkungen oder Klimakompressoren.

Alle elektrisch angetriebenen Fahrzeuge verfügen auch über ein 12-V-Bordnetz. Dieses versorgt Nebenverbraucher wie Fensterheber, Infotainmentsysteme, Scheibenwi-

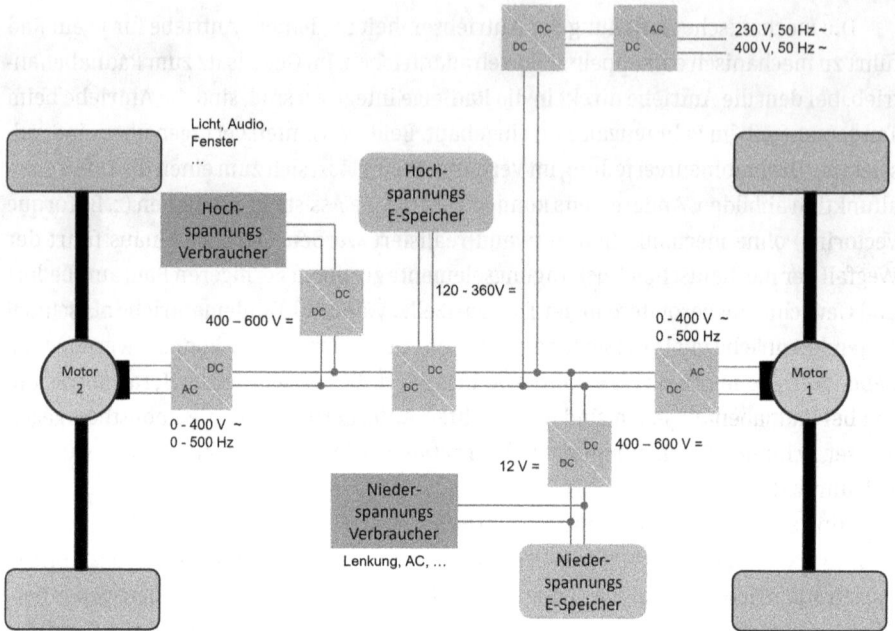

Abb. 6.43: Bordnetzstruktur eines batterieelektrischen Kraftfahrzeugs, in Anlehnung an (Doppelbauer 2020).

scher, Beleuchtung usw. Die 12-V-Batterie wird von der Hochvoltbatterie über einen Spannungswandler geladen.

Die Hochvoltbatterie wird durch eine Ladeschaltung mit geregeltem Gleichstrom aufgeladen. Je nachdem, wo die Wechselspannung des Stromnetzes gleichgerichtet wird, unterscheidet man zwischen Wechselstromladung und Gleichstromladung, s. Abschnitt 6.6.2.

6.6.3 Beispiele für batterieelektrische Fahrzeuge

Inzwischen gibt es eine breite Palette von batterieelektrischen Fahrzeugen auf dem Markt. Einige Beispiele aus verschiedenen Fahrzeugsegmenten sind in Tabelle 6.10 aufgeführt. Die Liste enthält insbesondere Angaben zu den Massen der verbauten Batterien und deren Anteil an der Gesamtmasse der Fahrzeuge. Insgesamt macht die Batterie im Durchschnitt etwa 25 % der Gesamtmasse des unbeladenen Fahrzeugs aus.

6.7 Verbrauch

Das Verbrauchsverhalten von Kraftfahrzeugen hat in den letzten Jahren, insbesondere aufgrund anziehender Kraftstoffpreise und gesetzlicher Vorgaben, erheblich an Be-

Tab. 6.10: Beispiele für auf dem Markt befindliche BEVs, mit technischen Daten. Datenquelle: (ADAC 2023b). PSM: Permanentmagnet-Synchronmaschine, ESM: Stromerregte Synchronmaschine, r: hinten, f: vorne.

OEM	Fahrzeug	E-Motor	Gang-stufen	Leistung (kW)	Dreh-moment (Nm)	max. Geschw. (km/h)	Verbrauch kWh/100km WLTP comb.	Reich-weite WLTP (km)	Leer-gewicht (kg)	Batterie-kapazität netto (kWh)	Batterie-masse (kg)	Batterie-gewicht Anteil (%)	BN-Span-nung (V)	max. Lade-leistung DC (kW)
BMW	i4 eDrive35	ESM	1	210	400	190	16,2	406	2065	67,0	550	26,6%	400	180
BMW	iX3	ESM (r)	1	210	400	180	18,5	520	2255	73,9	518	23,0%	400	150
Dacia	Spring	PSM	1	48	113	125	14,5	220	1050	27,4	186	17,7%	240	30
Hyundai	ioniq 5	PSM (r) PSM (f)	1	239	605	185	17,9	481	2120	77,4	477	22,5%	800	240
Mercedes	EQE 350	PSM (r) PSM (f)	1	215	765	210	16,5	621	2405	89,0	557	23,2%	400	170
Mercedes	EQS 450+	PSM (r) PSM (f)	1	400	568	210	16,7	742	2515	108,4	692	27,5%	400	200
Porsche	Taycan Turbo S	PSM (r) PSM (f)	2	560	1050	250	22,5	458	2400	83,7	650	27,1%	800	270
Renault	Zoe E-TECH EV50	ESM	1	100	245	140	17,4	386	1577	52,0	326	20,7%	400	50
Tesla	Tesla Model S	PSM (r) PSM (f)	1	493	n.a.	250	17,5	634	2170	100 (brutto)	750	34,6%	400	200
VW	ID4	PSM	1	195	425	180	17,1	512	2221	77,0	495	22,3%	400	135

deutung gewonnen. Da der Verbrauch eines Kraftfahrzeugs ganz entscheidend von der Fahrweise abhängt, ist es erforderlich, genormte Fahrten, sogenannte Fahrzyklen, zu definieren, die einen Vergleich überhaupt erst ermöglichen. Dies wird in Abschnitt 6.7.4 ausführlich behandelt. In Abschnitt 6.5.1 werden reale Kennfelder von Fahrzeugmotoren diskutiert und verglichen, bevor in Abschnitt 6.5.2 die Leistungsverluste im Antriebsstrang behandelt werden.

6.7.1 Berechnung des Verbrauchs

Der zur gewünschten Fortbewegung des Fahrzeugs resultierende Kraftstoffverbrauch eines Verbrennungsmotors, lässt sich, bezogen auf die Strecke, unter Verwendung von Gl. (6.20) berechnen zu:

$$ B_e = \frac{\int_0^{t_E} b_e \, \frac{1}{\eta_A} \, P_A \, dt}{\int_0^{t_E} v \, dt}. \tag{6.55} $$

Der Streckenenergiebedarf B_e (Einheit: g/m) berechnet sich aus dem über die Fahrzeit t_E integrierten Produkt aus spezifischem Kraftstoffverbrauch b_e (Einheit: g/kWh) des Antriebsaggregats, dem Kehrwert des Übertragungswirkungsgrads des Antriebsstrangs η_A sowie der aufzubringenden Fahrwiderstandsleistung P_A dividiert durch die zurückgelegte Strecke. Aus Gl. (6.55) lässt sich nun bei bekanntem Verlauf von Fahrgeschwindigkeit, Antriebsleistung P_A, Antriebswirkungsgrad η_A und spezifischem Verbrauch b_e der Streckenverbrauch B_e berechnen. Der spezifische Verbrauch kann dabei in Abhängigkeit von Motordrehzahl und Antriebsdrehmoment aus einem Motorkennfeld, wie in Abbildung 6.20 beispielhaft dargestellt, entnommen werden.

6.7.2 Willans-Kennlinien

Die Bestimmung des spezifischen Verbrauchs in Abhängigkeit von Motordrehzahl und Motordrehmoment aus dem Motorenkennfeld ist relativ aufwendig. Besser wäre es, direkt den Wirkungsgradverlauf eines Antriebsmotors über der im Arbeitspunkt abgeforderten Leistung angeben zu kennen. Hierzu kann die Darstellung mit Willans-Kennlinien herangezogen werden (Rizzoni, Guzzella und Baumann 1999).

Willans-Kennlinien beschreiben die Abhängigkeit der genutzten Leistung eines Energiewandlers in Abhängigkeit von der zugeführten Leistung bei konstanten Drehzahlen. Im Falle des Verbrennungsmotors also z. B. die abgeforderte Leistung in Abhängigkeit von der durch den Kraftstoff zugeführten Leistung. Dabei ergibt sich für jede Drehzahl ein näherungsweise linearer Verlauf:

$$P_M = eP_E - P_V, \tag{6.56}$$

s. Abbildung 6.44.

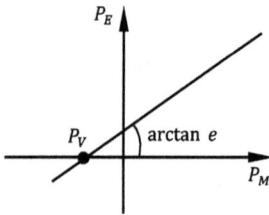

Abb. 6.44: Prinzipieller Verlauf einer linearen Willans-Kennlinie.

Dies gestattet eine Darstellung der Nutzleistung, in diesem Fall der an die Kurbelwelle abgegebenen Leistung des Verbrennungsmotors P_M in Abhängigkeit von der zugeführten Leistung P_E und der Verlustleistung P_V. Die Größe e beschreibt den internen Wirkungsgrad des Antriebsaggregats. Der Grundverbrauch P_V des Antriebes hängt von der Drehzahl ab und entspricht dem Leerleistungsverbrauch des Antriebes. Er entsteht im Wesentlichen durch Reibungsverluste. Unterhalb einer zugeführten Leistung von $P_E = \frac{1}{e}P_V$ kann also keine Nutzleistung abgegeben werden.

Der Wirkungsgrad des Antriebsaggregats ergibt sich nun mit Gl. (6.56) zu:

$$\eta_M = \frac{P_M}{P_E} = \frac{eP_M}{P_M + P_V}, \tag{6.57}$$

s. Abbildung 6.45.

Ein Verbrauchskennfeld in Willans-Linien-Darstellung zeigt die Abbildung 6.46.

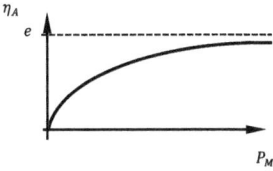

Abb. 6.45: Wirkungsgradverlauf berechnet aus Gl. (6.57).

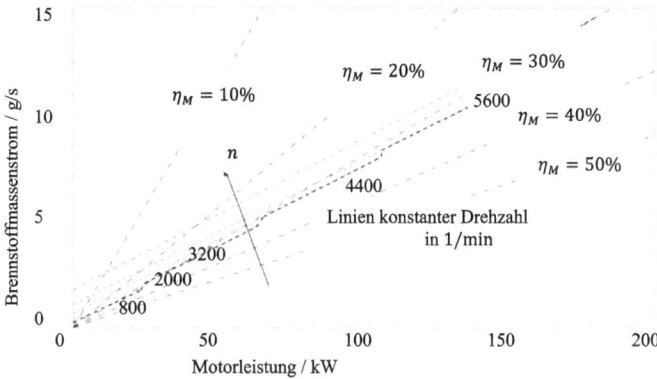

Abb. 6.46: Verbrauchskennfeld in Willans-Linien-Darstellung in Abhängigkeit vom Wirkungsgrad η_M nach Diegelmann 2008.

6.7.3 Ermittlung von Fahrzuständen

Zur Interpretation der unterschiedlichen Fahrzustände Beschleunigen, Bremsen und Ausrollen kann man Gleichung (6.19) heranziehen und daraus die aktuelle Beschleunigung berechnen:

$$\ddot{x} = \dot{v} = \frac{1}{\lambda\, m_V} \left[F_{\text{Traktion}} - \left[(f_r + \alpha)m_V\, g + \frac{1}{2}\, c_W\, A\, \rho_L\, v^2 \right] \right]. \tag{6.58}$$

Es sind nun drei Fälle zu unterscheiden:
- Für $F_{\text{Traktion}} > 0$ wird das Fahrzeug angetrieben. Das Fahrzeug bewegt sich mit konstanter Geschwindigkeit, wenn sich die Antriebskraft und die Fahrwiderstände gerade im Gleichgewicht sind.
- Für $F_{\text{Traktion}} = 0$ befindet sich das Fahrzeug sich im Schubbetrieb (ausgekuppelt).
- Für $F_{\text{Traktion}} < 0$ wird das Fahrzeug abgebremst, indem entweder die Bremsen betätigt werden und/oder das Fahrzeug durch den mitgeschleppten Antriebsmotor verzögert wird. Ist der Antriebsmotor ein Verbrennungsmotor, so ergibt sich der Bewegungswiderstand aus den Zylinderkompressionen. Bei einem Elektromotor lässt sich der Bewegungswiderstand bis nahezu zum Stillstand des Fahrzeugs

aktiv beeinflussen. Des Weiteren kann in diesem Fall zumindest ein Teil der Bewegungsenergie zurückgewonnen (rekuperiert) werden.

6.7.4 Fahrzyklen

Unter einem Fahrzyklus versteht man in der Fahrzeugtechnik eine Bewegung in Fahrzeuglängsrichtung, bei der die Fahrgeschwindigkeit v und ggf. der Ort des Fahrzeugs für einen vordefinierten Zeitraum sowie ggf. weitere Bedingungen in Abhängigkeit von der Zeit beschrieben werden.

Grundsätzlich sind zwei Arten von Fahrzyklen zu unterscheiden:
- Fahrzyklen im Rahmen gesetzlich vorgeschriebener oder von Organisationen und Medien festgelegter Testzyklen;
- Erhebungen realer Fahrten, z. B. im Rahmen von Flottenversuchen.

Standardisierte Testzyklen

Im ersten Fall handelt es sich um Fahrzyklen im Rahmen von gesetzlich vorgeschriebenen Testfahrzyklen, die zu einer vergleichbaren Messung des Verbrauchs oder der Schadstoffemissionen eines Fahrzeugtyps von Bedeutung sind. Dabei sind Randbedingungen wie Umgebungs- und Starttemperatur, Schaltpunkte (nur Fahrzeuge mit Handschaltgetriebe), Fahrzeugvorbereitung (Konditionierung), Zuladung, Beginn der Abgas- und/oder Verbrauchsmessung und ggf. im Einzelfall weitere Bedingungen vorgegeben. Testfahrzyklen dieser Art werden in der Regel in Testumgebungen durchgeführt, die klar definierte, wenn auch idealisierte, Versuchsbedingungen ermöglichen. Oft erfolgt die Durchführung auf einem Rollenprüfstand. Hierzu müssen im Vorfeld die Fahrwiderstände des entsprechenden Fahrzeugs auf der Straße ermittelt werden. Diese werden auf dem Rollenprüfstand durch entsprechende aktive Eingriffe simuliert.

Es gibt eine ganze Reihe von Testzyklen, die sich von Region zu Region deutlich unterscheiden. Tabelle 6.11 enthält eine Übersicht über einige der wichtigsten Testzyklen, die in den verschiedenen Regionen zum Einsatz kommen, zusammen mit einigen Kennwerten, wie Durchschnittsgeschwindigkeit, Standphasen und Fahrtdauer sowie einigen weiteren Angaben. In Europa kam für rein verbrennungsmotorisch oder elektrisch betriebene Fahrzeuge früher der sogenannte Neue Europäische Fahrzyklus (NEFZ, englisch NEDC) zum Einsatz. Dabei wurde für verbrennungsmotorisch betriebene Fahrzeuge der Kraftstoffverbrauch aus den Abgasemissionen berechnet, während bei Elektrofahrzeugen der Stromverbrauch aus der Batterie gemessen wird. Bei (Elektro-)Hybridfahrzeugen wird der Verbrauch nach der folgenden Formel berechnet:

$$C = \frac{D_e\, C_1 + D_{av}\, C_2}{D_e + D_{av}}.$$

$$(6.59)$$

Tab. 6.11: Testzyklen[9].

Fahrzyklus	Region	Länge / km	$v_{\emptyset}$ / $(\frac{km}{h})$	v_{max} / (m/s)	a_{max} / m/s^2	Standzeit / s
NEFZ	Europa	11,028	33,6	120	1,04	282
WLTC	Europa	23,262	46,5	131,3	1,6	242
CADC	Europa	51,687	59,2	150,4	2,86	322
HYZEM	Europa	60,899	68,3	138,1	3,19	282
FTP 72	USA	11,988	31,5	91,2	1,47	248
SFTP US06	USA	12,885	77,3	129,2	3,75	38
SFTP SC03	USA	5,5759	34,6	88,2	2,28	109
NYCC	USA	1,898	11,4	44,6	2,68	222
HWFET	USA	16,503	77,7	96,4	1,43	4
JC08	Japan	8,173	24,5	82	1,67	347

Dabei bedeuten:

C: Gesamtverbrauch in $\frac{1}{100\,km}$,

C_1: Kraftstoffverbrauch bei voll aufgeladenem Akku,

C_2: Kraftstoffverbrauch bei leerem Akku,

D_e: rein elektrische Reichweite,

D_{av}: 25 km entsprechend der Annahme einer angenommenen durchschnittlichen Strecke zwischen zwei Ladevorgängen.

Diese Art der Verbrauchsberechnung führt, aufgrund der Nichtberücksichtigung des elektrischen Verbrauchs, allerdings zu unrealistisch niedrigen Verbräuchen und ist daher sehr umstritten.

Um hier eine Verbesserung zu erreichen, wurde nach den Richtlinien des UNECE-World Forum „for Harmonization of Vehicle Regulations" mit dem WLTP[10] ein neues Testverfahren zur Bestimmung der Schadstoff- und CO$_2$-Emissionen und des Kraftstoffverbrauchs von Kraftfahrzeugen vorgeschlagen (Tutuianu, Marotta et al. 2013). Dieses soll in der Europäischen Union für Personenkraftfahrzeuge und leichte Nutzfahrzeuge gelten. Dabei wurden für Fahrzeuge unterschiedlicher Leistungsklassen drei verschiedene WLTC[11]-Prüfzyklen angewendet. Zugrunde gelegt wird dabei das Leistungsgewicht, also Motorleistung/Leergewicht in kW/t. Die meisten aktuellen Fahrzeuge werden dabei der Leistungsklasse 3 zugeordnet, für die der in Abbildung 6.47 dargestellte Geschwindigkeitsverlauf festgelegt wurde.

Bei der Ermittlung von Aussagen zum Verhalten von Fahrzeugen bei in der Praxis auftretenden Fahrsituationen werden aber auch tatsächlich durchgeführte Fahrten, z. B. im Rahmen von Flottenversuchen (s. z. B. Daleske, Blume et al. 2015, Schüller, Tewie-

---

9 Fahrzeugabhängig sind Modifikationen möglich.

10 WLTP: Worldwide Harmonized Light-Duty Vehicles Test Procedure (Prüfverfahren).

11 WLTC: Worldwide Harmonized Light-Duty Vehicles Test Cycle.

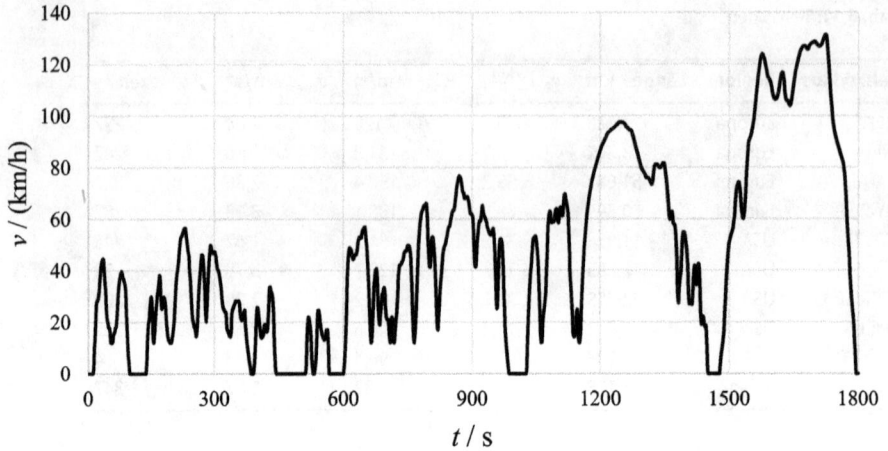

Abb. 6.47: WLTC-Zyklus (V. 5.3).

le und Schramm 2016, Koppers, Driesch und Schramm 2017, Schramm, Dudenhöffer et al. 2017) oder von Fahrzeugtests durch Zeitschriftenredaktionen oder Verbänden zugrunde gelegt.

Reale Fahrzyklen aus Flottenversuchen

Aussagekräftiger für den konkreten Anwendungsfall sind Fahrzyklen, die in Flottenversuchen gewonnen werden. In diesem Fall wird eine bestimmte Anzahl von Fahrzeugen entweder mit speziellen Datenloggern ausgestattet, die die interessierenden Fahrdaten erfassen, oder die entsprechenden Daten werden direkt aus dem Fahrzeugbussystem entnommen (Tewiele, Schüller et al. 2017, Koppers 2018). Eine weitere Möglichkeit, das Verhalten von elektrifizierten Fahrzeugen zu untersuchen, ist die Anwendung von HiL-Simulationsmethoden, (Jeschke, Hirsch et al. 2012, Jeschke, Hirsch et al. 2014). Diese Methoden ermöglichen es außerdem, den Energieverbrauch von Sekundärverbrauchern in elektrifizierten Fahrzeugen zu erfassen (Hesse, Hiesgen et al. 2012). Abbildung 6.48 zeigt ein Beispiel für eine echte Testfahrt mit einem BEV.

Bei der Betrachtung der Elektromobilität müssen die Besonderheiten von Elektrofahrzeugen berücksichtigt werden, insbesondere die Möglichkeit des regenerativen Bremsens und ein anderes Fahrverhalten als bei einem ICEV. Fahrzyklen sind daher für Elektrofahrzeuge besonders wichtig, sie wurden aber bisher nicht immer genutzt (Berzi, Delogu und Pierini 2016, Pfriem 2016).

Daher werden hier die grundlegenden Methoden zur Ermittlung von Fahrzyklen, welche die besonderen Eigenschaften verschiedener Fahrzeugkonzepte abbilden können, kurz diskutiert.

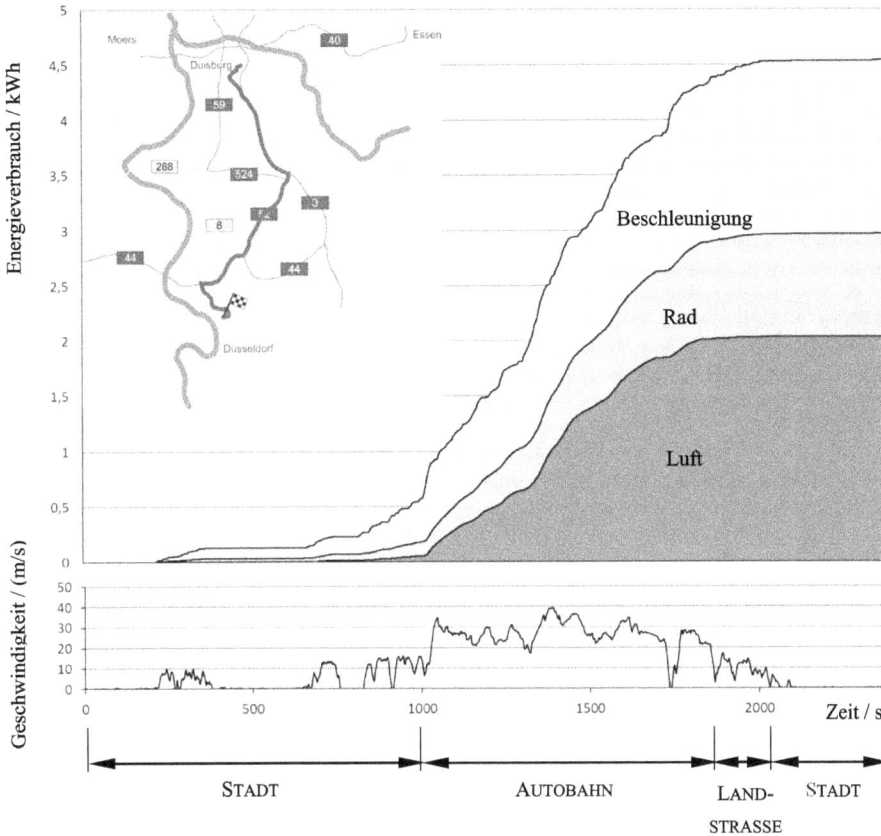

Abb. 6.48: Beispiel für einen realen Fahrzyklus mit Geschwindigkeitsverlauf (unten) und den Energiever-
bräuchen für Luft-, Rad- und Beschleunigungswiderstände (oben).

Mikrotrip-basierte Methode

Eine der am häufigsten verwendeten Methoden ist die auf Mikrotrips basierende Methode. Ein Mikrotrip beschreibt eine Fahrt zwischen zwei Haltephasen. Die Auswahl
der Mikrotrips erfolgt auf der Grundlage statistischer Bewertungsparameter. Dabei werden die Parameter eines Mikrotrips mit den Zielparametern verglichen, die sich aus
der gesamten Datenbasis ergeben. Die Auswahl repräsentativer Mikrotrips erfolgt dann
entweder nach dem Zufallsprinzip oder nach der besten inkrementellen Methode (Galgamuwa, Perera und Bandara 2015). Ein Mikrotrip kann unterschiedliche Straßentypen,
Verkehrssituationen oder Verkehrsqualitäten enthalten. Da es keine Differenzierung
gibt, ist diese Methode für Verkehrsplanungszwecke weniger geeignet. Es besteht auch
die Gefahr einer Verzerrung in Richtung Stadtverkehr, da Autobahnfahrten oft über einen längeren Zeitraum ohne Zwischenstopp durchgeführt werden (Giakoumis 2017). Mit
dieser Methode kann eine bestimmte Region mit ihren Charakteristika dargestellt werden. Diese Methode ist auch für die Ermittlung von Emissionen geeignet.

Segmentbasierte Methoden

Eine Unterteilung in Fahrtabschnitte kann auch nach Straßenabschnitten oder nach der Verkehrslage vorgenommen werden. Die Anfangs- und Endgeschwindigkeiten eines Abschnitts liegen nicht unbedingt in einer Stillstandsphase des Fahrzeugs. Daraus ergibt sich die Herausforderung, ausgewählte Segmente mit der richtigen Geschwindigkeit und Beschleunigung zu verbinden, wenn mehrere Segmente kombiniert werden. Da die Segmente reale Verkehrsbedingungen und physikalische Eigenschaften einer Straße sowie die Verkehrssituation abbilden, eignet sich die Methode für die Entwicklung von Fahrzyklen in der Verkehrsplanung und -steuerung. Für die Ermittlung von Verbräuchen oder Emissionen ist sie weniger geeignet (Dai, Niemeier und Eisinger 2008). Eine Anwendung ist die Fahrzyklusbildung von reinen Autobahnfahrten, bei denen die Mikrotrip-Methode aufgrund fehlender Haltephasen nicht infrage kommt (Galgamuwa, Perera und Bandara 2015). Die segmentbasierte Methode wurde z. B. im australischen Composite Urban Emissions Drive Cycle (CUEDC) verwendet (Galgamuwa, Perera und Bandara 2015).

Klassifizierung nach Mustern

Eine weitere Methode ist die Klassifizierung nach Mustern. Dabei werden die Fahrsequenzen mit statistischen Methoden in heterogene Klassen eingeteilt. Die Fahrsequenzen, auch kinematische Segmente genannt, werden mit einer homogenen Größe definiert. Die Fahrsequenzen werden dann in zufälliger Reihenfolge zusammengesetzt, wobei die Wahrscheinlichkeit des Auftretens eines nachfolgenden Ereignisses berechnet wird (André 2004, Galgamuwa, Perera und Bandara 2015 bzw. Giakoumis 2017).

Stochastische Methoden

Darüber hinaus werden auch stochastische Methoden für eine Fahrzykluszusammensetzung verwendet. Dabei werden die Fahrdaten in Fahrsequenzen („Snippets") nach den Fahrzuständen Beschleunigung, Verzögerung und Konstantfahrt unterteilt (Lin und Niemeier 2002, Dai, Niemeier und Eisinger 2008, Ashtari, Bibeau und Shahidinejad 2012). Es ist auch möglich, die Fahrgeschwindigkeit und Beschleunigung (Gong, Midlam-Mohler et al. 2011, Lee, Adornato und Filipi 2011, Nyberg, Frisk und Nielsen 2014) oder zusätzlich die Steigung (Souffran, Miègeville und Guérin 2012) als Bedingung zu verwenden. Bei diesen Methoden wird die Wahrscheinlichkeit, mit der ein Zustand in einen Folgezustand übergeht, in einer Übergangsmatrix abgebildet. Mithilfe von Markov-Ketten werden die Sequenzen dann zu einem Fahrzyklus verknüpft, s. z. B. Driesch, Weber et al. 2018.

In Anlehnung an die Ausführungen in Schüller, Tewiele et al. 2017, Schüller 2019 wird die Mikrotrip-basierte Methode im Folgenden näher beschrieben.

Die Repräsentativität und Genauigkeit eines durch Mikrotrips generierten Fahrzyklus wird maßgeblich durch die zur Auswahl geeigneter Mikrotrips verwendeten Auswertungsparameter bestimmt. Für eine gezielte Auswahl von Auswerteparametern werden daher zunächst die Zielparameter definiert. Anschließend werden die, die jeweiligen Zielparameter beeinflussenden, Parameter identifiziert, welche als Auswerteparameter in die Fahrzyklusgenerierung einfließen.

Die in Schüller 2019 vorgestellte Methode zeichnet sich beispielsweise durch die Differenzierung nach dem Ziel des Fahrzyklus aus, wodurch eine Optimierung des Fahrzyklus auf entsprechende Bewertungsparameter im Fokus generiert werden kann. Die Mehrzahl der verwendeten instationären Fahrzyklen basiert ausschließlich auf Bewertungsparametern, die wiederum aus Geschwindigkeits- und Beschleunigungsdaten abgeleitet werden. Bei Elektrofahrzeugen ist es beispielsweise interessant, neben dem Geschwindigkeitsprofil auch den Stromverlauf zu berücksichtigen, der Auskunft über die entnommene und geladene Energiemenge gibt. Darüber hinaus können Fahrzyklen abgeleitet werden, die für die Darstellung von Parametern optimiert sind, welche die Alterungseffekte der Batterie im Fahrbetrieb bestimmen. In Schüller 2019 werden beispielsweise drei Varianten mit unterschiedlichen Zielparametern untersucht, die jeweils unterschiedliche Untersuchungsbereiche ermöglichen. Dazu gehören:

- Geschwindigkeitsverhalten,
- die Darstellung des Verbrauchs und damit der Emissionen und
- die Darstellung der Leistung.

Neben der Geschwindigkeit wird auch die Stromstärke über die Zeit in einem Zyklus aufgezeichnet. Ein solcher Leistungszyklus kann als Grundlage für Untersuchungen von zeitlich veränderten strombasierten Größen wie der Batteriealterung dienen. Ein typisches Verfahren zur Erzeugung von Fahrzyklen ist in Abbildung 6.49 dargestellt.

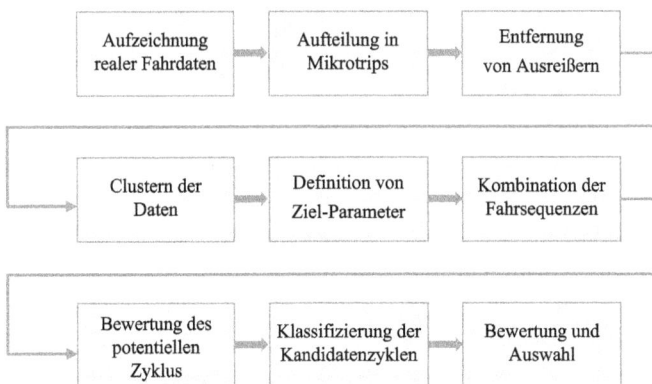

Abb. 6.49: Typischer Ablauf der Zyklusgenerierung.

Mit dieser Vorgehensweise können z. B. Fahrzyklen für verschiedene Regionen erstellt werden. Dies ermöglicht u. a. die Ermittlung optimierter Speicherkonzepte für Elektrofahrzeuge mit unterschiedlichen Einsatzgebieten und für unterschiedliche Regionen. In Schüller, Tewiele et al. 2017, Schüller 2019 wird dieses Verfahren zum Beispiel für einen Vergleich zwischen Deutschland und China verwendet.

Zunächst werden die realen Fahrdaten in Fahrsequenzen unterteilt. Eine Fahrsequenz beschreibt einen Fahrabschnitt zwischen zwei Zeitpunkten, bei dem die Geschwindigkeit gleich Null ist, s. Abbildung 6.50. Um ein realistisches Fahrverhalten abzubilden, werden auch Haltephasen in einem Mikrotrip einbezogen. Diese stehen am Anfang eines Mikrotrips.

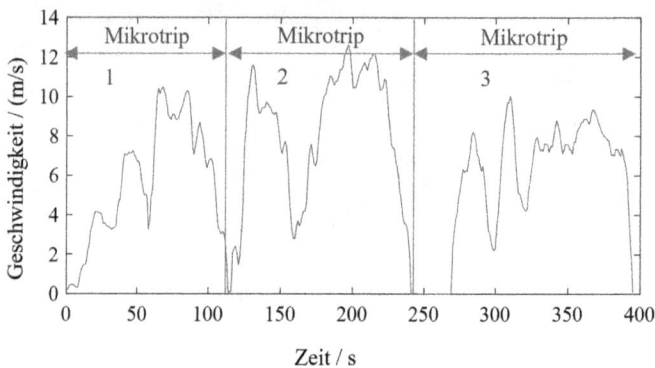

Abb. 6.50: Fahrthistorie in Mikrotrips aufgeteilt.

Abbildung 6.51 zeigt einen der von Schüller 2019 generierten Fahrzyklen am Beispiel eines Fahrzyklus, der für die Erkennung der Batteriealterung optimiert wurde.

Eine anschauliche Interpretation von Fahrzyklen kann zum Beispiel durch Anzeigen erfolgen, bei denen das Fahrverhalten anhand von Geschwindigkeits- und Beschleunigungsdaten erfasst wird. Abbildung 6.52 veranschaulicht dies am Beispiel der im Projekt PREMIUM (Schramm, Dudenhöffer et al. 2017) erhobenen Fahrdaten. Zum Vergleich sind auch die entsprechenden Diagramme für den NEFZ- und einen WLTP-Fahrzyklus dargestellt. Man erkennt die stark unterschiedliche Streuung der Datenpunkte. Insbesondere ist die starke Konzentration der Daten im NEFZ zu erkennen.

Bei der Darstellung der Mittelwerte verschiedener Fahrzyklen aus Schüller 2019 und anderen veröffentlichten synthetischen und instationären Fahrzyklen wird die große Varianz der Charakteristika dieser Zyklen nur beim Vergleich der Durchschnittsgeschwindigkeit und der positiven Beschleunigung deutlich, s. Abbildung 6.53. Neben der Zyklusgenerierungsmethode können auch die für eine bestimmte Region verwendeten Fahrdaten zu sehr unterschiedlichen Ergebnissen führen, selbst wenn Fahrzeuge mit einem vergleichbaren Antriebskonzept (BEV, PHEV, ICEV) verwendet wurden.

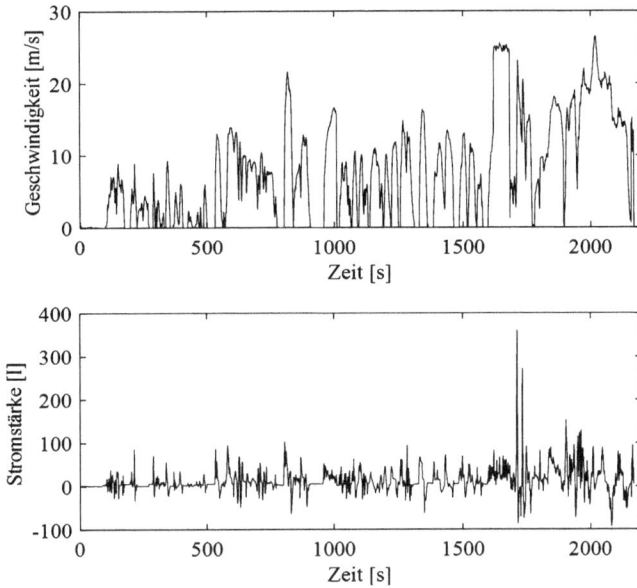

Abb. 6.51: Fahrzyklus-Batteriealterung für Deutschland basierend auf Daten aus (Schramm, Dudenhöffer et al. 2017).

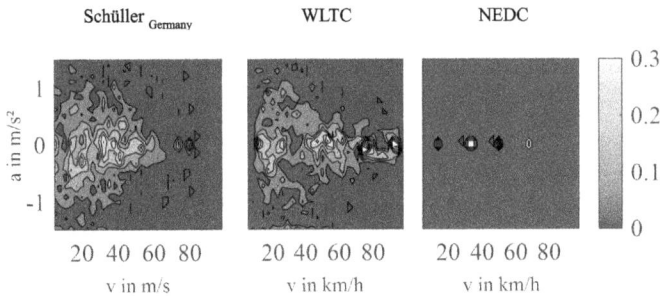

Abb. 6.52: Beschleunigungs-/Geschwindigkeitsverteilung der in (Schüller 2019) generierten Fahrzyklen sowie des WLTC und NEFZ.

6.8 Nebenverbraucher

Nebenverbraucher sind alle Fahrzeugkomponenten, die indirekt dem Antrieb dienen oder Zusatzfunktionen realisieren, die nicht direkt mit dem Antriebssystem verbunden sind. Es ist zwischen Nebenverbrauchern, die zur Grundlast gehören, und Nebenverbrauchern aus den Bereichen Sicherheit, Komfort und Infotainment zu unterscheiden.

Zur Grundlast zählen alle kontinuierlich arbeitenden Nebenverbraucher. Dazu gehören z. B. Steuergeräte und Geräte der Aggregateperipherie (Starter, Kühl- und Versorgungssysteme). Die Sicherheitsverbraucher stellen weitere unverzichtbare Funktio-

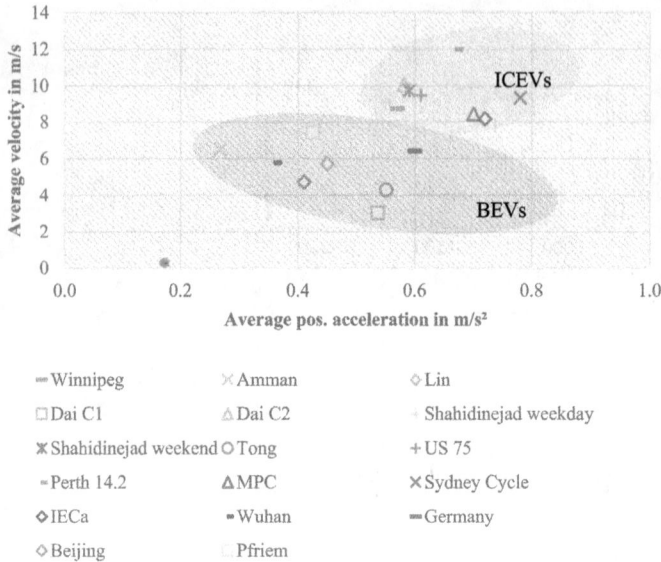

Abb. 6.53: Vergleich verschiedener instationärer Fahrzyklen in Bezug auf die mittlere Geschwindigkeit und die mittlere Beschleunigung (Schüller 2019).

nen zur Verfügung, wie z. B. Scheinwerfer, Fahrdynamikregelsysteme und Bremsassistenzsysteme. Auch Systeme zur Heck- und Frontscheibenheizung können hier aufgeführt werden. Der Bereich Komfort und Infotainment umfasst Funktionen wie Servolenkung, Innenraumklimatisierung, Unterhaltungsfunktionen (z. B. Radio) und Informationsdienste (z. B. Navigationssystem).

In konventionellen Antriebssträngen werden einige Nebenaggregate wie Kühlmittel- und Ölpumpe, Lenkunterstützung oder Klimakompressor bisher häufig direkt vom Verbrennungsmotor angetrieben. Der fehlende oder diskontinuierliche Betrieb des Verbrennungsmotors bei elektrischen und teilelektrischen Fahrzeugantrieben macht jedoch eine Elektrifizierung der Nebenverbraucher zwingend erforderlich. Bei Fahrzeugen mit Verbrennungsmotor muss die benötigte elektrische Energie durch einen Generator erzeugt werden, s. Kapitel 8.

Zu den größten Verbrauchern mit einem Leistungsbedarf von teilweise mehreren kW gehören der Klimakompressor und die Innenraumheizung. Bei konventionellen Fahrzeugen erfolgt die Beheizung des Fahrzeuginnenraums bei niedrigen Außentemperaturen weitgehend durch die Nutzung der Abwärme des Antriebs. Bei elektrisch angetriebenen Fahrzeugen ist die Heizung ein wesentlicher zusätzlicher Verbraucher, der ebenso wie die Klimaanlage mehrere kW elektrische Leistung benötigt. So haben Messungen des ADAC ergeben, dass bei verschiedenen Fahrzeugtypen zwischen 1,5 und 2,3 kWh elektrische Energie aufgewendet werden müssen, um den gesamten Fahrzeuginnenraum bei einer Außentemperatur von –10 C auf 20 C zu erwärmen (Kalb 2022). Dies führt bei kalten Außentemperaturen zu einem erheblichen Reichweitenverlust. Aus diesem Grund werden heute in vielen modernen Elektrofahrzeugen Wärmepumpen angeboten. In der hier zitierten Messstudie konnte jedoch kein signifikanter Verbrauchsvorteil festgestellt werden (Kalb 2022). Eine weitere Maßnahme zur Reduzierung des Reichweitenverlustes ist die Vorkonditionierung des Fahrzeugs (Koppers, Hesse et al. 2012).

Dennoch führt der Gesamtstrombedarf aller Nebenverbraucher zu einem teilweise erheblichen zusätzlichen Energiebedarf während der Fahrt. Der relative Anstieg des Energiebedarfs ist bei einem Fahrzeug mit batterieelektrischem Antriebsstrang deutlich höher als bei einem Fahrzeug mit Verbrennungsmotor (Koppers 2018).

6.9 Rekuperation und Ein-Pedal-Fahren

6.9.1 Rekuperation

Unter Rekuperation versteht man die Rückspeisung kinetischer Energie aus dem Fahrzeug in die Batterie oder einen Kurzzeitspeicher in Form von elektrischer Energie. Diese Funktion spielt eine wichtige Rolle für den Wirkungsgrad von Elektroantrieben in Kraftfahrzeugen. Die rekuperierte Energie kann dann teilweise wieder zur Beschleunigung des Fahrzeugs genutzt werden. Bei Fahrzeugen mit Verbrennungsmotor ist dies nicht möglich (außer in einigen Fällen bei Mildhybriden mit 48-V-Bordnetz). Bei diesen Fahrzeugen wird die Bremsenergie als Wärme an den Radbremsen freigesetzt und ist damit für den Fahrzeugbetrieb verloren.

Durch Rekuperation kann der Energiebedarf deutlich reduziert werden und damit kann die Reichweite von Elektrofahrzeugen erhöht werden. Dazu muss der Elektromotor im Generatorbetrieb gefahren werden. Die Effektivität der Rekuperation hängt von verschiedenen Faktoren ab. Dazu gehören die Betriebstemperatur, die Fahrweise, die Batterietechnologie sowie die Fahrstrecke und die Straßenbeschaffenheit. So lassen die überwiegend eingesetzten Lithium-Ionen-Batterien insbesondere bei niedrigen Temperaturen deutlich geringere Lade- als Entladeströme zu. Auch die Rekuperation ist in der Regel auf maximal 0,3 g begrenzt, um die Fahrstabilität nicht zu beeinträchtigen. Bei sportlichen Fahrzeugen, wie z. B. dem Porsche Taycan, sind auch höhere Werte möglich.

Neben der Energierückgewinnung wird als wichtiger Nebeneffekt die Fahrzeuggeschwindigkeit reduziert, d. h. es wird ein Bremsvorgang eingeleitet. Dies bedeutet, dass der elektrische Antrieb neben der Notbremsung auch zum Abbremsen des Fahrzeugs bis zum Stillstand genutzt werden könnte, da elektrische Antriebe prinzipiell in der Lage sind, das volle Motormoment als Brems- oder Haltemoment bis zum Stillstand zu halten. Dem steht jedoch entgegen, dass die für die Rekuperation zur Verfügung stehende Leistung mit abnehmender Geschwindigkeit abnimmt. Unterhalb von ca. 5 bis 10 km/h sind die Verluste der elektrischen Maschine und der Leistungselektronik größer als die durch Rekuperation erzielbare Energierückgewinnung. Unterhalb einer bestimmten Geschwindigkeit wird daher bei Elektrofahrzeugen in der Regel von elektrischem auf mechanisches Bremsen umgeschaltet, s. Abbildung 6.54.

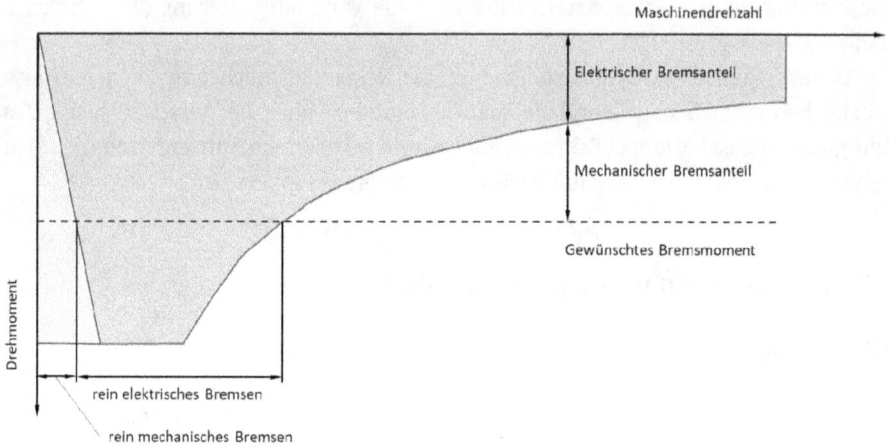

Abb. 6.54: Aufteilung der möglichen Nutzung von mechanischer Reibungsbremse und elektrischer Rekuperation nach Doppelbauer 2020.

Um diese Funktion zu nutzen, ist das Bremspedal in einigen Fahrzeugen als komplexer elektromechanischer Aktuator ausgeführt, der je nach Betriebspunkt steuert, wie viel Bremskraft vom Elektromotor und wie viel von der mechanischen Bremse aufgebracht wird. Im Idealfall geschieht dies für den Fahrer unbemerkt. Das bedeutet, dass sich die Fahrzeugbremse für den Fahrer wie eine herkömmliche Reibungsbremse verhält, s. Kapitel 5. Die mögliche Energierückgewinnung ist jedoch durch die Kapazität der Batterie und durch die Reifenreibung, insbesondere bei der Querdynamik, begrenzt (Dahlke 2023).

6.9.2 Ein-Pedal-Fahren

Durch die Möglichkeit der Kombination von Rekuperation und Bremsen ergeben sich auch neue Gestaltungsmöglichkeiten für die Pedalerie des Fahrzeugs. So bieten einige Hersteller in ihren Elektrofahrzeugen inzwischen das sogenannte Ein-Pedal-Fahren[12] an. Dabei wird die Längsdynamik des Fahrzeugs weitgehend über das Fahrpedal gesteuert. In diesem Fall wird die Rekuperationsleistung durch die Entlastung des Fahrpedals stark erhöht. Dies führt zu einer Verzögerung des Fahrzeugs und damit zu einer Entlastung der Radbremsen. Im normalen Fahrbetrieb bedeutet dies, dass die Geschwindigkeit

---

12 Engl. One-pedal-driving.

weitgehend allein über das Fahrpedal geregelt werden kann. Je nach Verzögerung wird das Bremslicht eingeschaltet. Ein Tritt auf das Bremspedal ist nur bei stärkeren Bremsungen oder Notbremsungen erforderlich, s. auch Kapitel 5.

6.10 Energiequellen und -speicher

Während in der Vergangenheit Energie hauptsächlich aus erschöpflichen, meist fossilen Energieträgern gewonnen wurde, gibt es weltweit Bestrebungen, getrieben durch den Umwelt- und Klimaschutz, den Antrieb von Kraftfahrzeugen so schnell wie möglich vollständig auf erneuerbare Energieträger umzustellen. In der aktuellen Entwicklung bedeutet dies vor allem, Strom als Zwischenmedium, s. Abbildung 6.55. Der erzeugte Strom wird heute vor allem für Fahrzeuge mit zumindest teilelektrischem Antrieb verwendet, bei denen die elektrische Energie in Batterien gespeichert wird, also für elektrifizierte Hybridfahrzeuge oder batterieelektrische Fahrzeuge. Alternativ kann die elektrische Energie auch zur Erzeugung von Wasserstoff genutzt werden, entweder für Brennstoffzellen oder zur direkten Verwendung in einem geeigneten Verbrennungsmotor. Darüber hinaus werden Energiequellen genutzt und erforscht, bei denen die Kraftstoffe aus

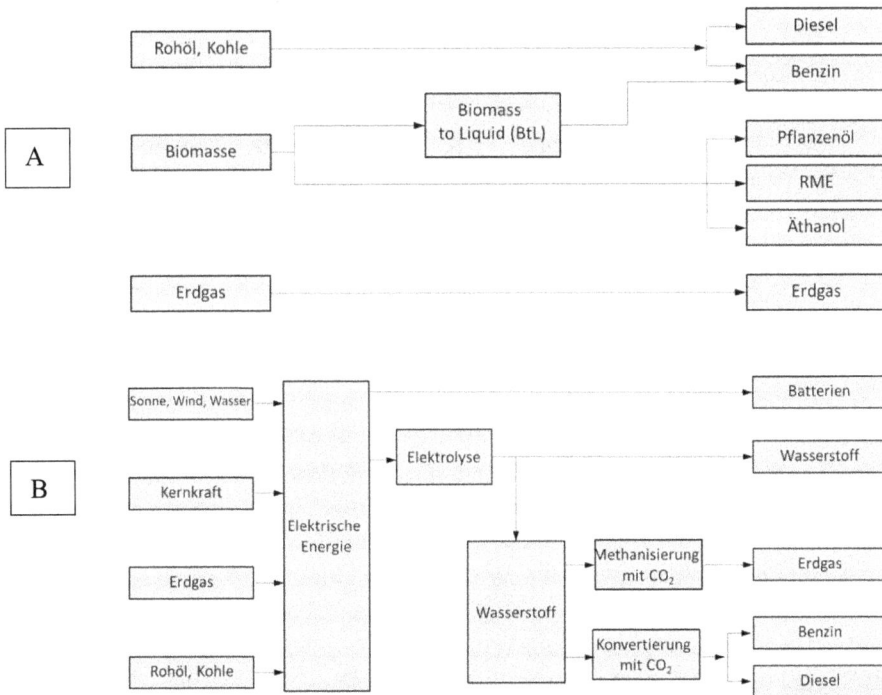

Abb. 6.55: Verfügbare Energiequellen A: Direkt erzeugte Kraftstoffe B: Kraftstoffe, die mit Hilfe von elektrischer Energie als Zwischenspeicher erzeugt werden.

nachwachsenden pflanzlichen Rohstoffen gewonnen werden. Die Basis dafür ist Biomasse. Dazu gehören Holz, Stroh, Pflanzenabfälle und andere natürliche Materialien.

6.10.1 Fossile Kraftstoffe

Übersicht der wichtigsten Energieträger

Bei dem Großteil der heute eingesetzten Fahrzeuge kommen Verbrennungsmotoren als Antriebsquelle zum Einsatz, deren Wirkungsweise auf der Verbrennung von fossilen Kraftstoffen beruht. Im Einzelnen handelt es sich dabei um:

- Benzin: konventioneller Kraftstoff auf Erdölbasis,
- Diesel: konventioneller Kraftstoff auf Erdölbasis,
- LPG (engl. Liquified Petroleum Gas), auch „Autogas" genannt, entsteht bei der Raffination von Benzin/Diesel als Nebenprodukt. Die Lagerung erfolgt bei Raumtemperatur unter geringem Druck,
- Erdgas: Bei der Verbrennung fallen im Vergleich zu Benzin deutlich weniger Kohlenwasserstoffe sowie lediglich sehr geringe Partikelemissionen an. Aufgrund der geringen Energiedichte wird Erdgas entweder bei hohem Druck (bis zu 200 bar) als CNG (engl. Compressed Natural Gas) oder verflüssigt bei einer Temperatur um −160 °C als LNG (engl. Liquified Natural Gas) gelagert.

Otto- und Dieselkraftstoffe werden durch Destillation aus Rohöl gewonnen und bestehen aus einem komplexen Gemisch verschiedener Kohlenwasserstoffe. Sie bilden gemeinsam den Großteil der heute verwendeten Kraftstoffe. Die zeitliche Entwicklung der jeweiligen Anteile der beiden Kraftstoffarten am Gesamtmarkt zeigt Abbildung 6.56.

Ottokraftstoffe

Ottokraftstoffe werden in Deutschland und im größten Teil Europas in verschiedenen Ausprägungen angeboten. Üblich sind die Kraftstoffarten Super (Oktanzahl 95) sowie Super Plus (Oktanzahl 98). Die Oktanzahl kennzeichnet die Klopffestigkeit eines Ottokraftstoffs, also die Eigenschaft, nicht unkontrolliert durch Selbstzündung zu verbrennen. Dieser Effekt tritt vor allem bei Motoren mit hoher Verdichtung auf, wird bei modernen Einspritzanlagen aber heute in der Regel durch entsprechende Eingriffe des Motorsteuergerätes kontrolliert.

Ottokraftstoff hat einen Siedebereich zwischen 30 und 210 °C und zündet im Mittel bei ca. 500 °C.

Die Superkraftstoffe dürfen heute (Stand: 2023) 5 % Ethanol (Super) bzw. 10 % Ethanol (Super E10) enthalten. Von einzelnen Anbietern werden auch weitere Varianten mit verbesserten Eigenschaften und Zusätzen angeboten.

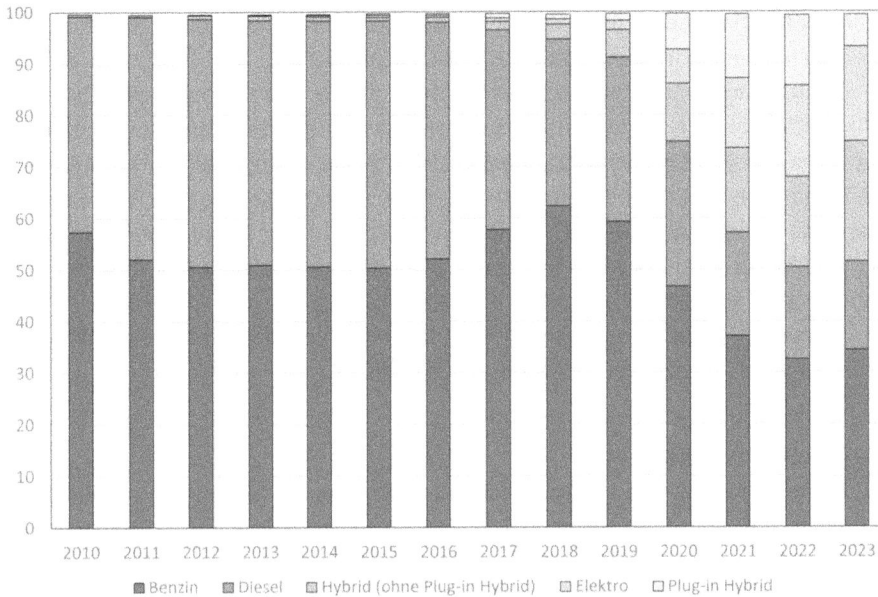

Abb. 6.56: Zeitliche Entwicklung der jeweiligen Anteile der Energieträger bei Pkw nach Neuzulassungen in Deutschland 2012–2022, qualitative Darstellung (Quelle: Statista).

Dieselkraftstoffe

Dieselkraftstoff hat einen geringfügig höheren spezifischen Heizwert als Ottokraftstoff. Auch Diesel gibt es im Markt in verschiedenen Qualitätsstufen und mit der Beimischung von Biodiesel (bis zu 7 %).

Dieselkraftstoff hat einen Siedebereich zwischen 180 und 350 °C und zündet im Mittel bei ca. 350 °C.

In den Jahren bis ca. 2015 hat sich der Dieselanteil bei den Kraftfahrzeugen in Deutschland aufgrund der höheren Effizienz von Dieselmotoren, einem als gut fahrbar empfundenen Drehmomentverlauf des Motors und einer günstigeren steuerlichen Behandlung des Kraftstoffs stetig erhöht, s. Abbildung 6.56. Eine Ausnahme bildete dabei das Jahr 2009, in dem wegen der Abwrackprämie eine große Anzahl von Kleinfahrzeugen neu zugelassen wurde, die in größerem Maße mit Ottomotoren ausgestattet waren als größere Fahrzeuge. Seit dem sogenannten Dieselskandal und der Verschärfung der Abgasvorschriften ist der Gesamtanteil jedoch deutlich rückläufig.

Erdgas

Erdgas besteht zu 83–98 % aus Methan (CH_4). Es wird entweder als gasförmig komprimiertes CNG (Compressed Natural Gas) oder als verflüssigtes LNG (Liquified Natural Gas) angeboten. LNG benötigt ein um ein Drittel geringeres Speichervolumen als CNG, erfordert für die Aufbereitung zur Speicherung aber einen höheren Energieaufwand. Aus diesem Grund wird heute überwiegend CNG angeboten.

Die CO_2-Emissionen von Erdgas sind aufgrund ihres günstigeren chemischen Aufbaus deutlich geringer als bei Benzin. So beträgt das Wasserstoff-Kohlenstoff-Verhältnis von Erdgas ca. 4:1, das von Benzin aber ca. 2,3:1. Daher entsteht bei der Verbrennung von Erdgas weniger CO_2 und mehr H_2O als bei Benzin. In der Konsequenz bedeutet dies, dass ein an Erdgas angepasster Otto-Motor bei vergleichbarer Leistung auch ohne weitere Optimierung bereits ca. 25 % weniger CO_2-Emissionen als ein benzinbetriebener Otto-Motor ausstößt.

Fahrzeuge mit Erdgasantrieb sind meist bivalent[13] ausgelegt, sodass sie sowohl mit CNG als auch mit Benzin betrieben werden können.

LPG (Liquified Petroleum Gas)

LPG ist am Markt auch als Autogas bekannt und fällt bei der Gewinnung von Rohöl an. Es besteht in seinen Hauptbestandteilen aus Propan und Butan. Auch LPG besitzt den Vorteil eines geringeren Kohlenstoffanteils. Im Vergleich zu Benzin entsteht bei der Verbrennung ca. 10 % weniger CO_2. LPG-Fahrzeuge sind in der Regel ebenfalls so konzipiert, dass sie sowohl mit Autogas als auch mit Benzin (oder manchmal mit Erdgas) betrieben werden können. Dies ermöglicht, wie auch bei mit Erdgas betriebenen Fahrzeugen, eine größere Flexibilität.

6.10.2 Alternative Kraftstoffe

Aufgrund der Notwendigkeit der Reduktion von Treibhausgasen sowie der Begrenztheit der Vorkommen an fossilen Kraftstoffen, wird bereits seit längerer Zeit versucht, fossile Kraftstoffe durch alternative Kraftstoffe zu ersetzen, die aus erneuerbaren Quellen stammen.

Wasserstoff

Wasserstoff kann sowohl auf Basis fossiler Energieträger, wie z. B. Erdgas, oder durch die Elektrolyse aus Wasser gewonnen werden. Ähnlich wie Erdgas kann Wasserstoff bei sehr niedrigen Temperaturen (−253 °C) oder unter hohem Druck (700 bar) gespeichert werden (Reif, Noreikat und Borgeest 2012). Weitere Verfahren befinden sich zurzeit noch im Forschungs- oder Entwicklungsstadium. Wasserstoff kann sowohl direkt in Verbrennungsmotoren verbrannt als auch in Brennstoffzellen zur Gewinnung elektrischer Energie eingesetzt werden.

---

13 Hier: Möglichkeit, ein Fahrzeug mit zwei unterschiedlichen Kraftstoffen zu betreiben.

Biodiesel

Biodiesel wird durch eine Spaltung von Ölen oder Fetten und anschließende Konvertierung mit Methanol oder Ethanol gewonnen. Da Methanol jedoch i. d. R. aus Kohle gewonnen wird, ist der entstehende Kraftstoff in diesem Fall nicht regenerativ (Reif, Noreikat und Borgeest 2012).

Biogas

Biogas, welches aus einer Fermentation von Biomasse gewonnen wird, kann nach einer Reinigung und CO_2-Abscheidung als Biomethan nahezu analog zu Erdgas genutzt werden (Reif, Noreikat und Borgeest 2012).

Synthetische Kraftstoffe:

Bei der Herstellung aus Gas (GTL, engl. Gas to Liquid), Kohle (CTL, engl. Coal to Liquid) oder auf Basis von Biomasse (BTL, engl. Biomass to Liquid) werden einzelne Molekülketten unter Verwendung der Fischer-Tropsch-Synthese neu zusammengesetzt. Dadurch ist die Verbrennung des resultierenden Kraftstoffs nahezu frei von Stickoxiden, Kohlenwasserstoffen und Kohlenmonoxid (Reif, Noreikat und Borgeest 2012).

6.10.3 Elektrische Energiespeicher

Anforderungen an den elektrischen Energiespeicher

Der elektrische Energiespeicher ist bei EV, HEV und PHEV die mit Abstand größte, voluminöseste und teuerste Komponente der Elektrifizierung. Bei batterieelektrischen Fahrzeugen befindet sich das Batteriepaket in der Regel unter der Sitzgruppe. Durch das hohe Gewicht des Batteriepakets wird der Fahrzeugschwerpunkt abgesenkt, was sich positiv auf die Querdynamik des Fahrzeugs auswirkt. Ein weiterer Grund für diese Anordnung ist der Brandschutz, der durch den Einbau einer Brandschutzwand zwischen Batteriepaket und Fahrgastzelle erreicht werden kann. Für die Integration des Batteriesystems in vollelektrische Fahrzeuge gibt es im Wesentlichen drei Konzepte:
– Integration in einen Sandwichboden (Zentral-Package),
– T-förmige Anordnung und
– verteilte Anordnung.

Die Integration des Batteriepacks in den Sandwichboden ermöglicht eine sichere Fahrzeugintegration durch Nutzung eines großen zusammenhängenden Bauraums. Sie bietet Vorteile bei den Herstellungskosten und ermöglicht eine einfachere Skalierbarkeit der Batteriekapazität. Die T-förmige Anordnung nutzt den Bereich in Längsrichtung unter der Fahrgastzelle und den Bereich unter der Rücksitzbank. Die verteilte Anordnung nutzt den Bereich unter den Sitzen sowie den durch den Wegfall des Kraftstofftanks frei gewordenen Raum im Sandwichboden und ermöglicht durch die Nutzung eines großen zusammenhängenden Bauraums eine sichere Integration in das Fahrzeug. Sie nutzt Vorteile bei den Herstellungskosten und ermöglicht ebenfalls eine einfache Skalierbarkeit der Batteriekapazität.

Der funktionale Zweck des Batteriespeichers ist zum einen die Speicherung der elektrischen Energie und zum anderen die Versorgung der Elektromotoren mit der notwendigen Energie, um rein elektrisches Fahren zu ermöglichen. Darüber hinaus profitieren weitere Funktionen von der höheren Spannung. Bei PHEVs und BEVs kann das Batteriepaket direkt über das Stromnetz geladen werden.

Für den Einsatz in einem motorisierten Fahrzeug muss der Batteriesatz verschiedene Anforderungen erfüllen. Um dem elektrischen Antrieb die erforderliche Leistung von 60 bis zu 180 kW zur Verfügung zu stellen, ist in der Regel eine Spannung zwischen 300 und 400 V erforderlich. Um eine ausreichende Reichweite zu gewährleisten, ist bei reinen Elektrofahrzeugen eine Batteriekapazität von 30 kWh oder mehr erforderlich. Bei Hybridfahrzeugen liegt diese Kapazität je nach Bauart in der Regel zwischen 2 und 15 kWh. Die Anzahl der Ladezyklen, bevor die Degradation der Batterie diese unbrauchbar macht, muss mehr als 1.000 Zyklen betragen.[14] Batteriepacks bestehen aus Zellen, die Energie chemisch speichern und bei Bedarf wieder in Elektrizität umwandeln, z. B. bei Lithium-Ionen-Batterien durch die Einlagerung von Lithium.

Die Batteriezellen befinden sich zusammen mit den notwendigen Kontakten und der Verkabelung in einem Gehäuse. Hinzu kommen die Betriebselektronik und gegebenenfalls eine Klimatisierung. Bei der heutigen Batteriepack-Technologie für PHEVs besteht der Batteriepack selbst aus mehreren Lithium-Ionen-Zellen. Die genaue Anzahl hängt von der benötigten Kapazität und Spannung ab.

Es gibt verschiedene Zellbauformen und Materialoptionen. Obwohl alle wiederaufladbar sind, hängen ihre Eigenschaften stark von den verwendeten Materialien ab. Lithium-Ionen-Batterien bieten im Vergleich zu anderen Batterietypen eine unübertroffene Leistung und Energiedichte (Abbildung 6.57).

Zudem weisen sie keinen Memory-Effekt, eine geringe Selbstentladung und einen relativ geringen Innenwiderstand auf, was zu einem hohen Wirkungsgrad führt.

Nachteilig sind die hohen Herstellungskosten. Zudem unterliegen Lithium-Ionen-Zellen sowohl zyklischen als auch kalendarischen Degradationsprozessen. Diese führen in der Regel nach einer bestimmten Anzahl von Ladezyklen und nach Erreichen einer bestimmten Lebensdauer der Zellen zu einer Abnahme der Nennkapazität. Verantwortlich für diese Phänomene sind Degradationsprozesse, die stark vom Einsatzbereich der Zellen selbst abhängen. Derzeit geht man davon aus, dass die Zellen bis zu einer Grenze von ca. 80 % Restkapazität problemlos eingesetzt werden können.

Weitere Probleme treten auf, wenn die Temperaturgrenzen erreicht werden, bis zu denen Lithium-Ionen-Zellen eingesetzt werden können. Deshalb werden die Zellen beim

---

14 Dies basiert auf der Option, dass der Energiespeicher später auch als stationärer Speicher, z. B. als Teil einer Haus-Solaranlage, genutzt werden kann.

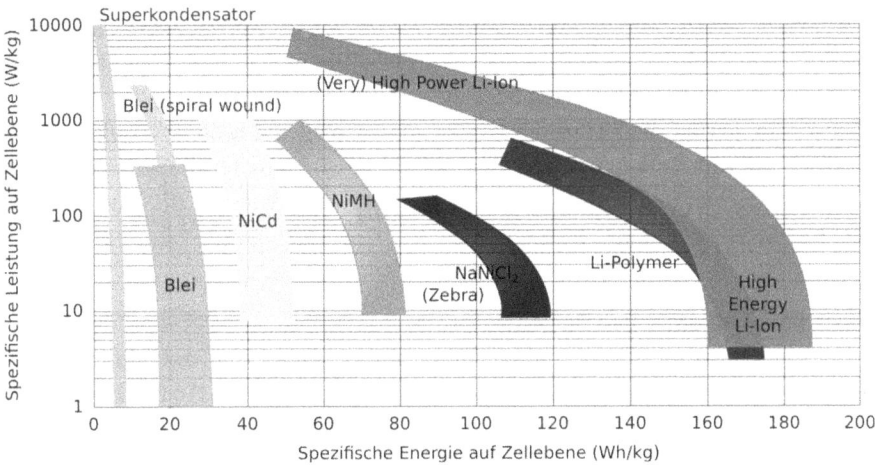

Abb. 6.57: RAGONE-Diagramm mit spezifischer Leistung und Energie verschiedener Batterietechnologien (Tschöke, Gutzmer und Thomas 2019).

Einsatz in Kraftfahrzeugen in der Regel gekühlt. Bleibatterien und Nickel-Metallhydrid-Batterien (NiMH) sind in der Herstellung wesentlich günstiger und werden seit Langem als Stromquelle in Spezialfahrzeugen eingesetzt. Ihre Energiedichte ist jedoch für den Einsatz als Stromquelle in elektrisch angetriebenen Kraftfahrzeugen zu gering. In aktuellen und voraussichtlich auch zukünftigen Fahrzeugkonzepten setzen fast alle Hersteller ausschließlich auf die Lithium-Ionen-Technologie als Energiespeicherlösung (Vezzini 2009).

Die Variabilität der Lithium-Ionen-Technologie lässt sich auch an der Größe der in Abbildung 6.57 eingezeichneten Fläche ablesen. Sogenannte Hochenergiezellen erreichen in praktischen Anwendungen (gravimetrische) Energiedichten von bis zu 200 Wh/kg. Die erhöhte Energie führt jedoch zu einer Abnahme der effektiven Leistung. Im Gegensatz dazu liefern Hochleistungszellen eine hohe spezifische Leistung bei geringerer Energiedichte. Die Skalierung erfolgt über die effektive Fläche der eingebrachten Reaktionszonen und die Masse der eingebrachten Aktivmaterialien. Reif, Noreikat und Borgeest 2012 geben weitere Kennwerte der beiden Designvarianten an.

In der praktischen Anwendung reduziert sich jedoch die darstellbare Energiedichte, da die Kennwerte im Ragone-Diagramm nur auf Zellebene angegeben sind. Die Verschaltung einzelner Zellen zu Modulen und mehrerer Module zu Batteriesystemen erfordert zusätzliche passive Komponenten. Dazu gehören elektrische Verbindungen zur Kontaktierung, zusätzliche Elemente zur Realisierung einer Kühlfunktion, Isolationsmaterialien oder das Gehäuse zur konstruktiven Gestaltung und zum mechanischen Schutz gegen äußere Kräfte. In heutigen Serienfahrzeugen werden typischerweise (gravimetrische) Energiedichten zwischen 60 Wh/kg und 120 Wh/kg erreicht. In einigen Fahrzeugen wird auch eine Energiedichte von bis zu ca. 155 Wh/kg erreicht.

Neben der Auslegungsvariante als Hochleistungs- oder Hochenergiezelle werden sowohl die Energiedichte als auch weitere Eigenschaften des Batteriesystems durch weitere Merkmale wie z. B. das Design oder die verwendeten Aktivmaterialien bestimmt. Auf eine detaillierte Erläuterung dieser Zusammenhänge und weiterer grundlegender Informationen zum Aufbau und Betrieb von Lithium-Ionen-Batteriezellen wird an dieser Stelle verzichtet und auf die einschlägige Literatur verwiesen, z. B. Reif, Noreikat und Borgeest 2012 oder Lamp 2013.

Aufbau einer Lithium-Ionen-Batterie

Der typische Aufbau einer Lithium-Ionen-Batterie ist schematisch in Abbildung 6.58 dargestellt. Man erkennt insbesondere die wesentlichen Module eines HV-Batteriesystems:

– die Basiszellen, die jeweils zu einem Modul zusammengeschaltet sind,
– das Batterie-Management-System,
– das Kühlsystem sowie
– die elektrischen und Kommunikations-Schnittstellen zum Fahrzeug.

Ein ausgeführtes Batteriesystem zeigt beispielhaft die Abbildung 6.59.

Die Gesamtspannung der HV-Batterie ergibt sich aus einer Serienschaltung der Basiszellen zu Modulen.[15] Diese Module erreichen dann eine Gesamtspannung, die sich aus der Anzahl der in Reihe geschalteten Zellen ergibt. So werden für eine Gesamt-

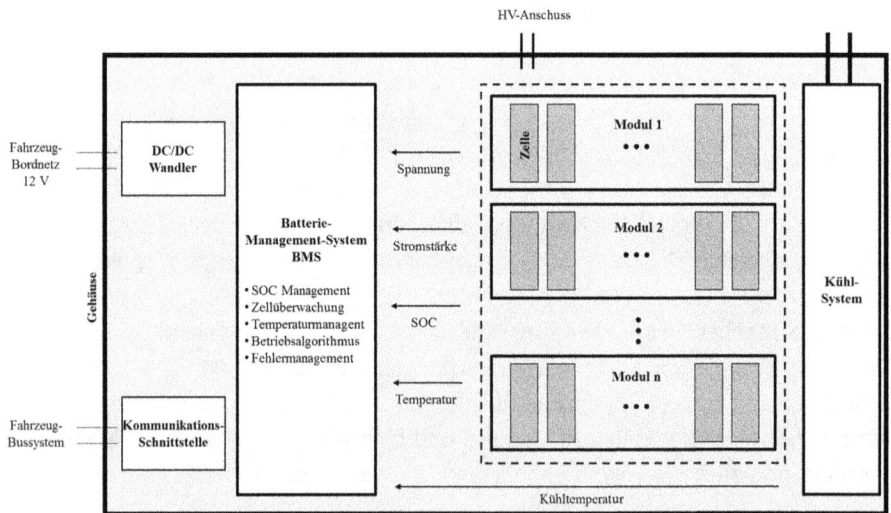

Abb. 6.58: Modularer Aufbau einer Lithium-Ionen-Batterie.

---

15 Auch als „Battery-Pack" bezeichnet.

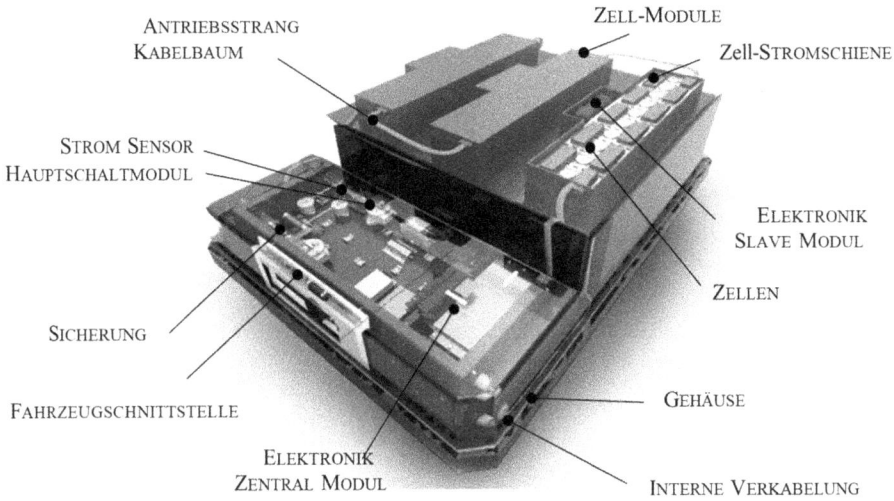

Abb. 6.59: Batteriesystem, © Johnson Matthey Battery Systems.

spannung von z. B. 360 V insgesamt 100 Zellen zu jeweils 3,6 V benötigt. Die benötigte Ladungsmenge wird durch eine Parallelschaltung der Module, bzw. der Zellen erreicht, s. Abbildungen 6.60 und 6.61. Die Parallelschaltung der Module erhöht die Kapazität des Akkupacks auf den gewünschten Wert. Die Spannung auf Modulebene ist jedoch in der Regel auf 60 V begrenzt, um eine erhöhte Komplexität in der Serienfertigung aufgrund der sonst erforderlichen Handhabung von Hochspannungskomponenten zu vermeiden.

Funktionsweise einer Basiszelle

Für Lithium-Ionen-Zellen existieren verschiedene Bauformen und Materialkombinationen, die jedoch alle auf dem gleichen Funktionsprinzip beruhen.

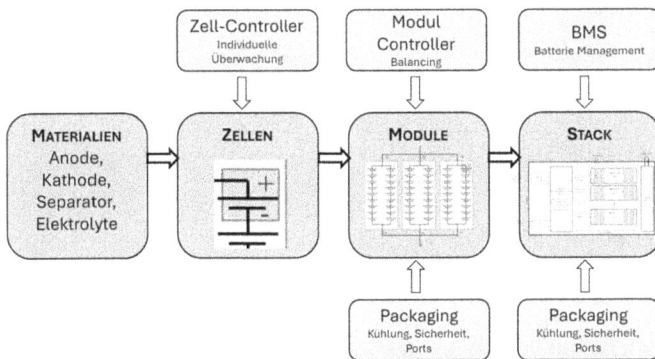

Abb. 6.60: Schematische Darstellung der Baugruppen eines Batteriestacks.

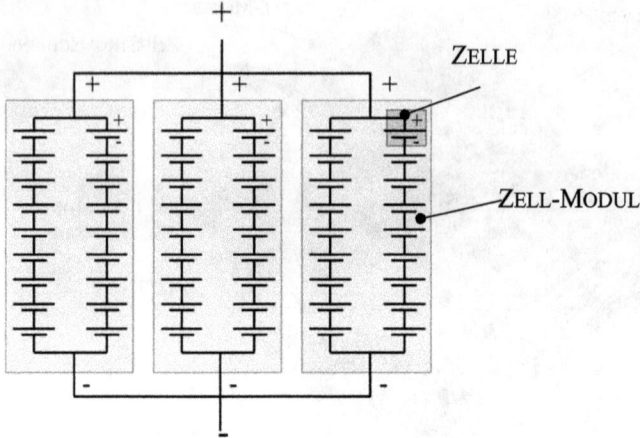

Abb. 6.61: Reihen- und Parallelschaltung von Zellen zu Modulen.

Jede Zelle besteht aus zwei Elektroden, einem Separator und einem Elektrolyten, s. Abbildung 6.62. Bei den Lade- und Entladevorgängen werden Lithium-Ionen an der einen Elektrode ausgelagert, wandern durch den Elektrolyten und werden im Kristallgitter der anderen Elektrode eingelagert. Die Bezeichnung der positiven und negativen Elektrode erfolgt analog dem Entladevorgang als Kathode und Anode.

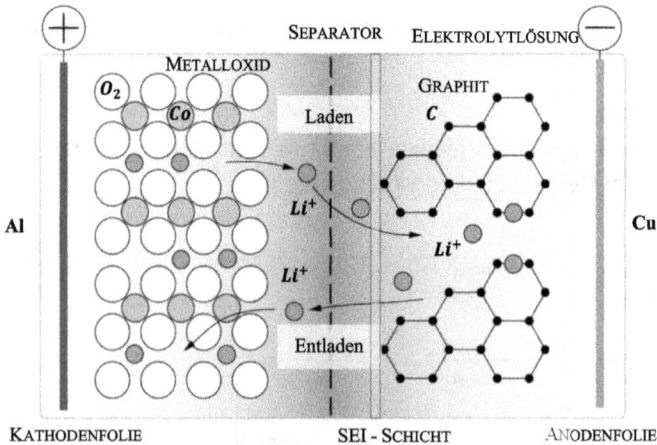

Abb. 6.62: Grundsätzlicher Aufbau einer Lithium-Ionen-Zelle.

Die Kathode besteht meist aus einem Metalloxid und die Anode aus einer Kohlenstoffmodifikation, wie z. B. Graphit. Die hochporösen Elektrodenmaterialen werden mithilfe von Binde- und Leitmaterialien auf dünne Metallfolien aufgetragen, die auch als

Stromleiter dienen. Für die Kathode wird Aluminium verwendet und für die Anode Kupfer.

Die Elektroden sind durch einen Separator getrennt. Dieser lässt die Lithium-Ionen durch, nicht aber die Elektronen. Damit wird ein Kurzschluss verhindert. Die Fähigkeit der Elektronen sich zwischen den beiden Elektroden zu bewegen, wird durch den Elektrolyten sichergestellt. Dieser besteht in der Regel aus einer nichtwässrigen Lösung oder bei neuartigen Lithium-Polymerzellen aus einem gelartigen Polymer.

An der Grenzfläche zwischen Anode und Elektrolyt bildet sich durch die Zersetzung des Elektrolyten eine passive Grenzschicht (SEI – Solid Electrolyte Interface). Die SEI erhöht den Innenwiderstand der Zelle.

Jeweils zwei beschichtete Elektroden bilden zusammen mit einem Separator Stapel, die mehrlagig zu einer Zelle zusammengefasst werden. Die Auslegung der Lithium-Ionen-Zellen reicht von hohen Energiedichten mit moderater Stromstärke, bis kleineren Energiedichten mit hoher Stromstärke und somit hoher Leistungsdichte. Variiert wird dabei die Beschichtungsdicke. Grundsätzlich erhöht eine dünnere Beschichtung die erzielbare Leistungsdichte, bei allerdings gleichzeitig abnehmender Energiedichte (Ecker und Sauer 2013).

Heutige Zellen erreichen, abhängig von der Materialkombination der Aktivmaterialien Spannungen von 2,2 bis zu 4,2 V je Zelle. Ein typischer Spannungswert für marktgängige Zellen liegt bei 3,6 V.

Aktuell existieren drei verschiedene Formate für Lithium-Ionen-Zellen, s. Abbildung 6.63:

–   Prismatische und zylindrische Zellen besitzen eine feste Hülle. Die Lagen aus Elektroden und Separatoren werden in zylindrischen Zellen gewickelt und in prismatischen Zellen geschichtet oder gewickelt.
–   In Pouch-Zellen, auch Folienzellen oder „Coffee bag" genannt, werden die Elektroden- und Separatorenlagen übereinander geschichtet.

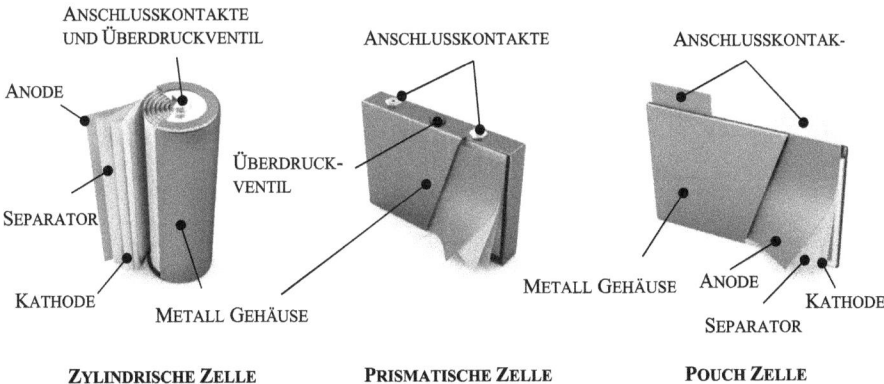

Abb. 6.63: Bauformen von Batteriezellen © Johnson Matthey Battery Systems.

Die Abmessungen der prismatischen und Pouch-Zellen sind über (DIN 2011) genormt und die Abmessungen der zylindrischen Zelle entsprechen einer Norm des American National Standards Institutes, abgekürzt mit ANSI, wie in www.varta-microbattery.com (2013). Tabelle 6.12 enthält die Bezeichnungen und Abmessungen der genormten Zellen. Darüber hinaus existiert die Möglichkeit, Zellen mit abweichenden Abmessungen zu gestalten, die individuell an die Bauräume in den Fahrzeugen angepasst sind. Damit werden jedoch nicht die Stückzahlen wie mit genormten Bauteilen erreicht. Nachteilig ist weiterhin der Aufwand bei der Anpassung der erforderlichen Fertigungsanlagen an die speziellen Abmessungen:

- Zylindrische Zellen sind Standard in der Unterhaltungs-, Haushalts- und Industrieelektronik. Für ihre Produktion und ihren Einsatz liegen daher umfangreiche Erfahrungen vor (Ecker und Sauer 2013). Für ihren Einsatz in fahrzeugtauglichen HV-Speichern erweisen sich jedoch der große Kühlaufwand und die schlechte Bauraumnutzung bei der Unterbringung der runden Zellen als nachteilig. Dieser Zelltyp im Format 4680 (46 mm Durchmesser, 80 mm Länge) wird heute hauptsächlich von Tesla verwendet. In letzter Zeit interessieren sich aber auch andere Hersteller für diesen Zelltyp (Wermke 2022).
- Prismatische Zellen sind sehr stabil und durch ihr festes Gehäuse vor mechanischer Beschädigung geschützt. Das Gehäuse verursacht jedoch andererseits Mehrgewicht und begrenzt damit die Energiedichte auf Zellebene.
- Bei der Pouch-Zelle verkehren sich aufgrund des fehlenden festen Gehäuses die Vor- und Nachteile im Vergleich zu prismatischen Zellen.

Tab. 6.12: Bauformen der Zellen und die genormten Abmessungen; Bildquelle: © Johnson Matthey Battery Systems.

DIN:		PHEV1	PHEV2	BEV1	BEV2
Prismatisch L × B × D / mm		85 × 173 × 21	91 × 148 × 26,5	115 × 173 × 32	115 × 173 × 45

DIN:		PHEV		BEV	
Pouch L × B / mm		165 × 227		162 × 330	

ANSI:		18650			
Zylindrisch D × H / mm		18 × 65			

Kathodenmaterialien

Die verschiedenen Lithium-Ionen-Zellen unterscheiden sich im Wesentlichen durch das Aktivmaterial an der Kathode. Daraus ergeben sich jeweils die spezifischen Vor- und Nachteile einer Zelle. Die unterschiedlichen Materialkombinationen unterscheiden sich wesentlich hinsichtlich Energiedichte, Leistungsdichte, Sicherheit, Stabilität, Lebensdauer und Kosten (Dinger, Martin et al. 2010). Ein Material, welches in allen Disziplinen Vorteile aufweist, gibt es dabei nicht. Die Auswahl des einzusetzenden Materials orientiert sich daher an den gestellten Anforderungen und kann diese heute nur teilweise erfüllen. Tabelle 6.13 gibt eine Übersicht über die Eigenschaften der bekanntesten Kathodenmaterialien. Diese werden auch durch das jeweilige Mischungsverhältnis und die Zellbauform beeinflusst, weshalb beispielsweise bei der Energiedichte eine Bandbreite angegeben wird.

Tab. 6.13: Wesentliche Kathodenmaterialien von Lithium-Ionen-Zellen nach Vezzini 2009 und Ecker und Sauer 2013.

	Lithium-Cobalt-Oxid	Lithium-Mangan-Oxid	Lithium-Nickel-Oxid	Lithium-Nickel-Mangan-Cobalt	Lithium-Eisen-Phosphat
Abkürzung	LCO	LMO	LNO	NMC	LFP
Chemische Bezeichnung	$LiCoO_2$	$LiMnO_2$	$LiNiO_2$	$LiNiMnCoO_2$	$LiFePO_4$
Vorteil	Hohe Energiedichte	Hohe thermische Stabilität	Hohe Energiedichte	Abhängig vom Mischungsverhältnis aus LCO, LMO, LNO	Hohe Sicherheit
Nachteil	Hohe Kosten	Teilweise Auflösung im Elektrolyt	Geringe thermische Stabilität		Geringe Energiedichte
Nennspannung / V	3,7	4,0	k. A.	3,7	3,3
Energiedichte / Wh/kg	110–190	110–120	k. A.	95–130	95–140

Lithium-Cobalt-Oxid (LCO) wird unter anderem in der Unterhaltungs- und Haushaltselektronik eingesetzt, wobei dort geringere Sicherheits- und Lebensdaueranforderungen im Vergleich zu einem Einsatz in einem Fahrzeug vorliegen. Diese Materialkombination ermöglicht eine hohe Energiedichte, ist aber aufgrund des hohen Kobaltanteils sehr teuer. Weitere Materialkombinationen an der Kathode sind Lithium-Nickel-Oxid (LNO) und Lithium-Mangan-Oxid (LMO) mit den jeweils in Tabelle 6.13 genannten Vor- und Nachteilen. In einer Zelle mit Lithium-Nickel-Mangan-Cobalt (NMC) werden die drei genannten Materialien mit dem Ziel gemischt, die jeweils positiven Eigenschaften zu kombinieren. Durch das Mischungsverhältnis wird die Zelle für den Anwendungsfall optimal ausgelegt. Abhängig von der Mixtur wird die Energiedichte von LCO, die

Sicherheit von LMO und die Leistungsfähigkeit von LNO vereint. Ein weiteres Kathodenmaterial ist Lithium-Eisen-Phosphat (LFP), welches zwar eine geringe Energiedichte aufweist, dafür aber hohe Sicherheit verspricht (Ecker und Sauer 2013).

Im HV-Speicher des BMW ActiveE wurden z. B. NMC-Zellen mit einer Energiedichte auf Zellebene von ca. 110 Wh/kg eingesetzt (Jung und Hofer 2011). Die volumetrische Energiedichte dieser Zellen liegt generell zwischen 190 und 250 kWh/l (Howell 2012). Aufgrund der genannten Eigenschaften werden NMC-Zellen aktuell sehr häufig eingesetzt (Zschech 2010).

Die Angaben in der Literatur für Leistungsdichten liegen zwischen 500 W/kg für Elektrofahrzeuge und 3.000 W/kg für Hybridfahrzuge. Dazwischen liegen die Werte für PHEVs. Grund für diese weite Spreizung ist einerseits die unterschiedliche Auslegung der Zellen hinsichtlich der Leistung oder der Energie und andererseits die Abhängigkeit von weiteren Betriebsbedingungen. Dazu zählt beispielsweise der Ladezustand, da ein voller HV-Speicher eine höhere Leistungsabgabe ermöglicht als ein leerer Speicher. Außerdem sinkt die mögliche Leistungsabgabe aufgrund der Alterung und des Betriebs außerhalb eines Temperaturbereichs von circa 20 bis 40 °C (Ecker und Sauer 2013).

Die Zellen werden parallel oder in Serie verschaltet und bilden zusammen mit den mechanischen und elektrischen Modulkomponenten, wie Zellkontaktierungssystem und Gehäuse, ein Modul. Die Module werden wiederum in Serie oder parallel zu einem Batteriepack verschaltet, wie in Abbildung 6.64 dargestellt. Die Verschaltung der Zellen und Module untereinander bestimmt die Eigenschaften des Akkupacks, wie z. B. die Kapazität und die maximale Strom- und Spannungsleistung.

a)   b)   c)

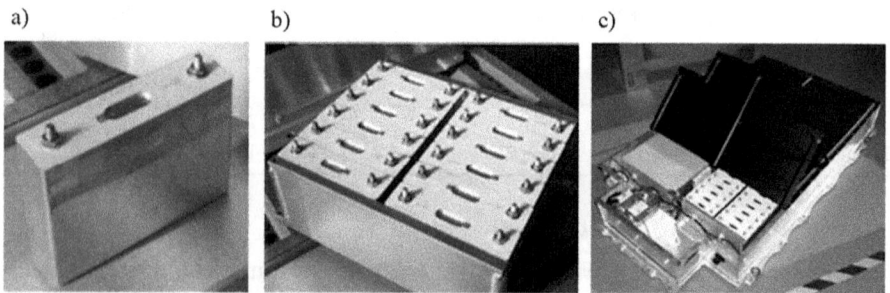

Abb. 6.64: Aufbau des HV-Speichers: a) Zelle, b) Modul, c) Pack bzw. HV-Speicher; Quelle: (Ried 2014).

Das Batterie-Management-System (BMS)

Die Steuerung und der Schutz von HV-Speicher und -zellen erfordert weitere Komponenten. Ein Zellüberwachungssystem, oft als CSC (Cell-Supervision-Circuit) abgekürzt, überwacht die Zellspannung und die Temperatur der Zellen. Außerdem sorgt es für den Ausgleich der unterschiedlichen Ladezustände der Zellen. Das Zellüberwachungssystem ist über einen Bus mit dem Batteriemanagementsystem (BMS) verbunden. Das BMS steuert die Prozesse im HV-Speicher, z. B. die Schaltung der Relais, und leistet darüber hinaus Sicherheits- und Diagnosefunktionen. Außerdem regelt es die Kühlung des HV-Speichers und schätzt den aktuellen Zustand der Zellen hinsichtlich Leistungsfähigkeit, Ladezustand und Alterungsgrad. Bei sicherheitsrelevanten Störungen, im Ruhezustand und beim Service wird über Sicherungen und Relais in einer Schaltbox (Auto-/Manual-Disconnect) der HV-Speicher vom Fahrzeugbordnetz getrennt. Für die Kühlung des HV-Speichers existieren verschiedene Konzepte.

Aufteilung der Bauteilgruppen

Die Zellen stellen neben den Steuerungs- und Schutzkomponenten den gewichts- und volumenmäßig größten Teil des HV-Speichers dar. Die empirische Analyse mit existierenden PHEVs liefert den Volumen- und Massenanteil der Speicherzellen am gesamten HV-Speicher in Abbildung 6.65 (Ried 2014). Der Massenanteil liegt um die 60 % und der Volumenanteil zwischen einer minimalen und maximalen Bauraumnutzung durch Speicherzellen von 30 und 40 %.

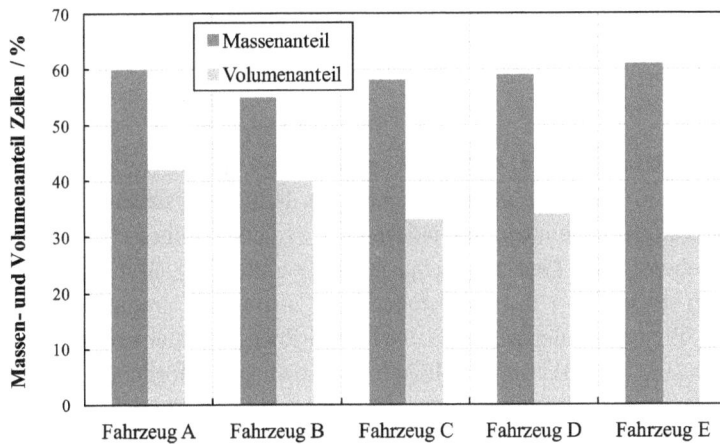

Abb. 6.65: Massen- und Volumenanteil der Zellen am gesamten HV-Speicher von existierenden PHEVs im Conversion Design mit Flüssigkeitskühlung, jedoch unterschiedlichen Topologien und Zellbauformen (Ried, Wittchen et al. 2013b).

Ausblick

Für die Gesamtkosten von Traktionsbatterien werden in den nächsten Jahren deutliche Kostenreduzierungen erwartet. Dabei haben die Batteriezellen heute einen sehr hohen Anteil an den Gesamtkosten eines Elektrofahrzeugs. Für die kommenden Jahre und Jahrzehnte wird jedoch erwartet, dass der technische Fortschritt sowohl bei den verwendeten Materialien als auch bei den Produktionsmethoden zu einer deutlichen Senkung der Kosten pro kWh gespeicherter Ladung führen wird. Abbildung 6.66 zeigt eine aktuelle Prognose von Goldman_Sachs 2023 zur Preisentwicklung von Batteriepacks. Die Hälfte der Kostenreduktion wird im Bereich der benötigten Rohstoffe, wie Lithium, Nickel und Kobalt erwartet. Die Betriebskosten sinken ebenfalls entsprechend der zu erwartenden Lernkurve in der Produktion.

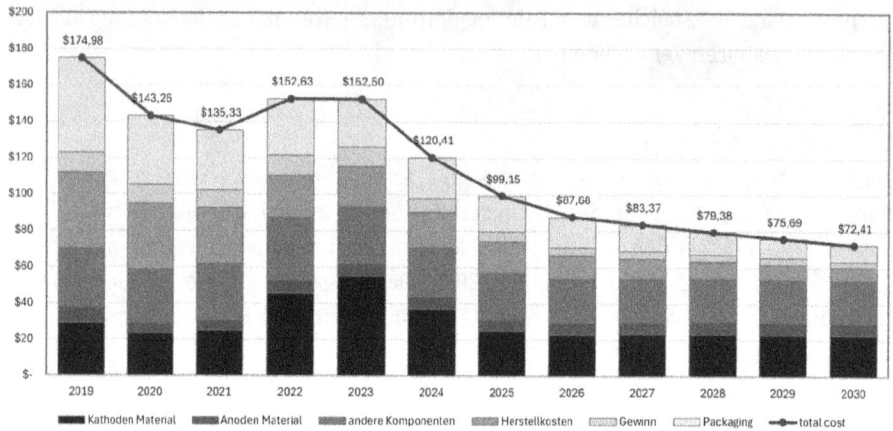

Abb. 6.66: Prognose der weltweiten Durchschnittspreise je kWh für Akkupacks und deren Bestandteile, Daten aus (Goldman_Sachs 2023).

Neben Lithium-Ionen-Zellen wird aktuell auch an Lithium-Luft- (Li-O$_2$) und Lithium-Schwefel-Zellen (Li-S) geforscht. Diese erreichen um den Faktor sieben bis neun höhere spezifische Energiedichten, bereiten jedoch noch Probleme hinsichtlich der Sicherheit und der Lebensdauer. Tatsächlich sind mit Li-O$_2$-Zellen aktuell maximal einige hundert Zyklen erreichbar. Für Anodenmaterialien wird neben Graphit auch an Modifikationen mit Siliziumanteilen geforscht, die höhere Energiedichten ermöglichen würden. Theoretisch sind hier bis zu elf Mal höhere Energiedichten möglich, jedoch ist die größte Herausforderung die Volumenänderung von bis zu 400 % beim Laden und Entladen. Noch offen ist, ob eine der genannten Technologien die Automobilstandards erreichen wird (Ecker und Sauer 2013). Die Weiterentwicklung der bekannten Lithium-Ionen-Technologien ermöglicht eine Steigerung der Energiedichte bis 2020 um ungefähr 50 % und bis 2025 noch zusätzlich 40 % (Howell 2012).

In (Fraunhofer_ISI 2023) wird eine Roadmap für Batterien dokumentiert und diskutiert, die alternative Technologien einschließt, die langfristig für eine oder mehrere Anwendungen vielversprechend erscheinen, aber noch nicht kommerziell etabliert sind. Dabei werden verschiedene Dimensionen wie Leistung, ökonomische und ökologische Aspekte berücksichtigt. Es werden Metall-Ionen-Batterien (Me-Ion), Metall-Schwefel-Batterien (Me-S), Metall-Luft-Batterien (Me-Air) und Redox-Flow-Batterien (RFB) betrachtet.

6.10.4 Brennstoffzellen

Der Brennstoffzellenantrieb bietet die Vorteile eines rein batterieelektrischen Antriebs hinsichtlich der mit dem Wasserstoffspeicher skalierbaren Reichweite und der kurzen Betankungszeit. Die zentrale Komponente des Brennstoffzellenantriebs ist die Brennstoffzelle. Ihre Aufgabe ist die Erzeugung elektrischer Energie aus Wasserstoff als alternativem Energiespeicher. Im Grunde handelt es sich um die Erweiterung des elektrischen Antriebsstrangs um einen Energiespeicher, der den Verzicht auf ein großes Batteriepaket ermöglicht. Die zusätzlichen Komponenten des Brennstoffzellensystems ermöglichen eine Anpassung an die jeweilige Anwendung hinsichtlich Bauraum-, Gewichts- und Reichweitenanforderungen.

Brennstoffzellen erzeugen Strom durch eine chemische Reaktion zwischen Wasserstoff und Sauerstoff. Das Hauptprodukt dieser Reaktion ist Wasser, was bedeutet, dass Brennstoffzellenfahrzeuge (FCEVs) außer Wasserdampf keine Emissionen ausstoßen.

Weitere Komponenten eines Brennstoffzellensystems sind neben dem Elektromotor:
- der Hochdrucktank als Wasserstoffspeicher, der den Wasserstoff sicher speichert,
- die Batterie, die die beim Bremsen zusätzlich erzeugte Energie als regenerative Energie speichert,
- die Leistungselektronik, die den Energiefluss zwischen Brennstoffzelle, Batterie und Motor regelt.

Die Herausforderungen beim Einsatz von Brennstoffzellen sind:
- das Fehlen einer Wasserstoffinfrastruktur,
- hohe Kosten für Brennstoffzellen und Wasserstoffproduktion,
- die umweltfreundliche Herstellung von Wasserstoff ist entscheidend, da herkömmliche Methoden oft fossile Brennstoffe verwenden.

Mit Verbesserungen in Technologie und Infrastruktur könnten Brennstoffzellenfahrzeuge eine Schlüsselrolle in einer emissionsfreien Zukunft spielen.

Zusammenfassend lässt sich sagen, dass Brennstoffzellen für den Antrieb von Kraftfahrzeugen eine vielversprechende und umweltfreundliche Alternative zu herkömmlichen Verbrennungsmotoren darstellen, die jedoch mit Herausforderungen in Bezug auf Kosten, Infrastruktur und nachhaltige Wasserstoffproduktion verbunden ist.

6.10.5 Thermomanagement

Das Thermomanagement von elektrischen Antrieben in Elektrofahrzeugen ist ein entscheidender Aspekt, um die Effizienz, die Sicherheit und die Lebensdauer von Elektrofahrzeugen zu optimieren. Es zielt darauf ab, die Betriebstemperaturen der elektrischen

Antriebskomponenten wie Batterie, Elektromotor und Leistungselektronik in optimalen Bereichen zu halten. Dies ist wichtig, da extreme Temperaturen die Leistung und Lebensdauer dieser Komponenten beeinträchtigen können.

Dies betrifft insbesondere die Batterie als teuerste und empfindlichste Komponente eines Elektrofahrzeugs, deren Leistung und Lebensdauer stark von der Temperatur abhängen. Zu hohe Temperaturen können zu einer beschleunigten Alterung oder sogar zu Sicherheitsrisiken führen. Zu niedrige Temperaturen verringern die Leistung und die Reichweite des Fahrzeugs. Ein effektives Thermomanagement muss dafür sorgen, dass die Batterie immer in einem idealen Temperaturfenster arbeitet.

Elektromotoren und Leistungselektronik erzeugen im Betrieb Wärme. Ist diese Wärmeentwicklung zu hoch, kann es zur Überhitzung kommen, die den Wirkungsgrad mindert und die Bauteile schädigen kann. Gezielte Kühlung, oft durch Flüssigkeitskühlsysteme, sorgt für eine konstante und sichere Betriebstemperatur.

Das Thermomanagement trägt auch zur Temperierung des Fahrzeuginnenraums bei. In Elektrofahrzeugen geschieht dies häufig durch Wärmepumpensysteme, die effizienter sind als herkömmliche Heizungen, da sie Wärme aus externen Quellen oder den Antriebskomponenten nutzen. Ein optimiertes Thermomanagement trägt zur Maximierung der Reichweite bei. Durch die Aufrechterhaltung der idealen Betriebstemperatur der Batterie und der Antriebskomponenten wird der Energieverbrauch optimiert, was letztendlich zu einer größeren Reichweite des Fahrzeugs führt. Das Thermomanagement ist daher ein Schlüsselelement bei der Entwicklung und dem Betrieb von Elektrofahrzeugen. Es beeinflusst maßgeblich die Leistung, die Sicherheit und die Lebensdauer der Fahrzeuge.

6.11 Aufladen von Elektrofahrzeugen

Im Gegensatz zu konventionellen, kraftstoffbetriebenen Fahrzeugen, bei denen ein Tankvorgang im Bereich weniger Minuten liegt, dauert das Aufladen der Batterie bei PHEVs und insbesondere BEVs deutlich länger und hängt stark vom Ausbau der Ladeinfrastruktur ab. Die Ladezeiten für eine Vollladung reichen von Bruchteilen einer Stunde an Schnellladestationen bis zu mehreren Stunden an der Wechselstromhaushaltssteckdose. Aus diesen Gründen sind die Ladezeit und die dafür verwendete Technologie von großer Bedeutung, insbesondere für die Akzeptanz von elektrisch betriebenen Fahrzeugen.

6.11.1 C-Rate

Im Gegensatz zu Blei- und Nickelbatterien, die mit einer hohen Entladerate entladen werden können, verhindert die Schutzschaltung bei Lithium-Ionen-Batterien eine Überentladung. Zur Beschreibung des Lade- und Entladevorgangs wird die C-Rate verwendet. Die C-Rate einer Batterie ist ein Maß für die Entlade- oder Laderate einer Batterie, bezogen auf deren Kapazität. Sie wird verwendet, um die Geschwindigkeit zu beschreiben, mit der eine Batterie geladen oder entladen wird. Die C-Rate ermöglicht eine praxisnahe Einschätzung, wie lange ein Ladevorgang mindestens dauern wird.

Die C-Rate wird als ein Vielfaches der Nennkapazität der Batterie ausgedrückt. Eine Laderate von 1 C bedeutet beispielsweise, dass eine voll aufgeladene Batterie mit einer Kapazität von 1 Ah eine Stunde lang 1 A liefert. Bei einer Laderate von 0,5 C sollte sie zwei Stunden lang 0,5 A und bei 2 C 30 Minuten lang 2 A liefern. Die Verluste bei der Schnellentladung verkürzen die Entladezeit, und diese Verluste wirken sich auch auf die Ladezeit aus.

Die C-Rate wird aus dem Coulomb-Gesetz abgeleitet. Sie ist das Maß für den Strom I, mit dem eine Batterie geladen oder entladen wird. Die angegebene mAh-Zahl einer Batterie ist unter anderem die 1 -C-Zahl. Wenn eine Batterie mit 2,000 mAh angegeben ist, dann ist ihr 1 -C-Wert 2.000 mAh. Die Batterie sollte dann eine Stunde lang 1 C Strom liefern. Im obigen Beispiel wären das 2.000 mAh oder 2 A Strom für eine Stunde. Dasselbe gilt für eine Nennkapazität von 0,5 C. Auch hier würde die Batterie mit 2.000 mAh 2 Stunden lang 1.000 mAh oder 1 A Strom liefern.

Die Wahl der C-Rate hat einen direkten Einfluss auf die Leistung und die Lebensdauer der Batterie. Höhere C-Raten können zu einer schnelleren Erwärmung und damit zu einem schnelleren Kapazitätsverlust der Batterie führen, während niedrigere C-Raten eine längere Lebensdauer und eine stabile Leistung der Batterie begünstigen. Unterschiedliche Anwendungen erfordern unterschiedliche C-Raten, abhängig von den Leistungsanforderungen und der gewünschten Lebensdauer der Batterie.

Lithium-Ionen-Batterien sollten nicht mit deutlich mehr als −2 C geladen werden. Höhere Werte sind von einem verbesserten Temperaturmanagement zu erwarten. Die Entladerate kann jedoch kurzfristig bis zu 10 C betragen. Die C-Rate hat auch einen Einfluss auf die gemessene Kapazität einer Batterie. Eine höhere C-Rate führt zu einer niedrigeren gemessenen Kapazität und umgekehrt. Dies liegt daran, dass ein Teil der Ladung der Batterie durch interne Verluste in Wärme umgewandelt wird.

6.11.2 Lademoden

Der Ladevorgang erfolgt heute in der Regel kabelgebunden, wobei bisher unterschiedliche Steckertypen verwendet werden. Grundsätzlich gibt es heute (Stand: 2023) weltweit vier Steckertypen. Zwei davon sind für das Laden mit Wechselstrom (AC) geeignet und erlauben eine Ladeleistung von bis zu 43 kW. Für das Laden mit Gleichstrom (DC) stehen Stecker zur Verfügung, die zukünftig ein Schnellladen mit bis zu 350 kW Leistung ermöglichen.

Laden mit Wechselstrom (AC)

Hier kommen zwei verschiedene Steckertypen zum Einsatz (Abbildung 6.67 und Tabelle 6.14). Zum einen der Typ-1-Stecker, der in erster Linie für das Laden amerikanischer, aber auch koreanischer und japanischer Elektrofahrzeuge vorgesehen ist. Abhängig von der Ladeleistung des Fahrzeugs und der Netzkapazität erlaubt dieses System in Europa aufgrund seiner Einphasigkeit nur eine Ladeleistung von bis zu 7,4 kW. Dies ist das Gegenstück zum Typ-2-Stecker oder der amerikanischen Version des Mennekessteckers.

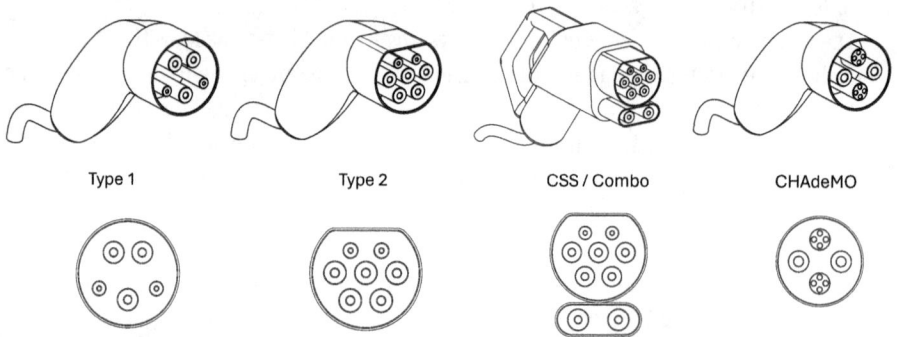

Abb. 6.67: Typen von Steckverbindern.

Tab. 6.14: Technische Daten der gängigen Ladesysteme.

	Typ 1	Typ 2	CCS/COMBO	CHAdeMO
AC/DC	AC	AC	DC	DC
Standard	SAE J1772	IEC 62196 Typ 2	IEC 62196	CHAdeMO Konsortium
Phasen	1	3	3	–
Kontakte	7	7	5	10
Spannung	230 V	400 V	400 V	500 V
max. Konstantstrom	32 A	32/63 A	200 A ungekühlt 500 A gekühlt	125 A
Leistung	7,4 kW	22/43 kW	50–350 kW	50–100 kW

Der aktuelle Standardstecker in Europa ist der Typ-2-Stecker, der auf dem von Mennekes speziell für Elektrofahrzeuge entwickelten Stecker basiert, s. Abbildung 6.68. In der Regel sind alle neuen Ladestationen in Deutschland und anderen europäischen Ländern mit diesem Typ ausgestattet. Dieser Stecker verfügt über die fünf Standardanschlüsse für Drehstrom und zwei zusätzliche Kontaktstifte, PP (Proximity Pin) und CP (Control Pilot Pin), die der Kommunikation zwischen Fahrzeug und Ladestation dienen, s. Abbildung 6.68. Der PP-Pin dient zur Erkennung der Stromstärke, mit der das

Ladekabel geladen werden kann. Über den CP-Pin wird der aktuelle Ladezustand übermittelt.

Laden mit Gleichstrom (DC)

Der CCS-Stecker (Combined Charging System) ist eine Weiterentwicklung des Typ-2-Steckverbinders. Er kann sowohl für AC- als auch für DC-Laden verwendet werden. Er kombiniert beide Möglichkeiten, daher der Name Combo. Der obere Teil entspricht einem Typ-2-Steckverbinder für AC-Laden. Der untere Teil verfügt über zwei zusätzliche DC-Ladestifte. Diese Kombination ist vor allem in den USA zu finden, wo Typ 2 durch den Typ 1 ersetzt wird.

CHAdeMO (CHArge de MOve) ist ein japanisches Ladesystem, das mit CCS konkurriert. Derzeit sind die meisten DC-Ladestationen in Deutschland sowohl mit CCS als auch mit CHAdeMO ausgestattet. Es wird jedoch erwartet, dass sich der CCS-Standard durchsetzen wird und die CHAdeMO-Varianten zurückgehen werden.

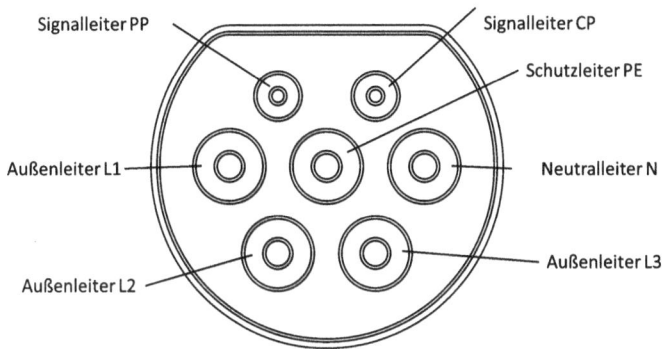

Abb. 6.68: Pin-Belegung Typ 2 Connector.

6.11.3 Kontaktloses induktives Laden

Kontaktloses Laden, auch induktives Laden genannt, ist eine Ladetechnologie für Batterien, die auch für Elektrofahrzeuge in Betracht gezogen wird. Diese Technologie hat das Potenzial, die Art und Weise, wie Elektrofahrzeuge aufgeladen werden, grundlegend zu verändern. Die Technologie basiert auf dem Prinzip der elektromagnetischen Induktion, bei dem Energie über ein elektromagnetisches Feld von einer Spule (dem Sender) auf eine andere Spule (den Empfänger) im Fahrzeug übertragen wird.

Die derzeit verfügbaren Technologien für kontaktloses Laden sind in der Regel deutlich weniger effizient als das konventionelle konduktive Laden. Dies liegt an den Energieverlusten bei der Übertragung über das elektromagnetische Feld. Zudem erfordert die Umsetzung des kontaktlosen Ladens zusätzliche Hardware sowohl im Fahrzeug als auch in der Ladeinfrastruktur, was die Kosten erhöhen kann. Wie beim konduktiven Laden bereits weitgehend geschehen ist, sind auch für das induktive Laden weltweit akzeptierte Standards erforderlich, um die Kompatibilität zwischen verschiedenen Fahrzeugen und Ladestationen zu gewährleisten.

7 Fahrzeugsicherheit

Die Verkehrsdichte nimmt weltweit weiter kontinuierlich zu. Dies und die stetig und massiv zunehmende Komplexität des Straßenverkehrs stellen alle Verkehrsteilnehmer vor immer größere Herausforderungen. So betrug der Kraftfahrzeugbestand in Deutschland im Jahr 1950 gerade einmal 2,4 Millionen Fahrzeuge. Sechs Jahrzehnte später waren bereits 52,3 Millionen Kraftfahrzeuge auf deutschen Straßen unterwegs (Destatis 2011). Der Pkw-Individualverkehr hat mit rund 79 % den größten Anteil an dieser rasanten Zunahme. Mit der rasanten Entwicklung der Motorisierung ging auch ein massiver Ausbau des Straßennetzes einher. Allerdings entwickelte sich die Verkehrsinfrastruktur nicht im gleichen Maße wie das Verkehrsaufkommen. Während der Pkw-Bestand zwischen 1950 und 2010 um mehr als 1.000 % zugenommen hat, ist das Bundesstraßennetz (inkl. Bundesautobahnen, Bundesstraßen, Bundesfernstraßen) nur um ca. 200 % gewachsen (Heide 2014). Entsprechend nahm auch die Verkehrsdichte zu. Dies wiederum führte zu einem stetigen Anstieg des Kollisionsrisikos im Straßenverkehr. In der Unfallstatistik des Deutschen Instituts für Verkehrsforschung spiegelt sich dies in einem nahezu parallelen Anstieg der Verkehrsunfälle und des Kraftfahrzeugbestandes wider. Abbildung 7.1 dokumentiert die Verteilung der tödlichen Verkehrsunfälle in Deutschland differenziert nach Straßenarten.

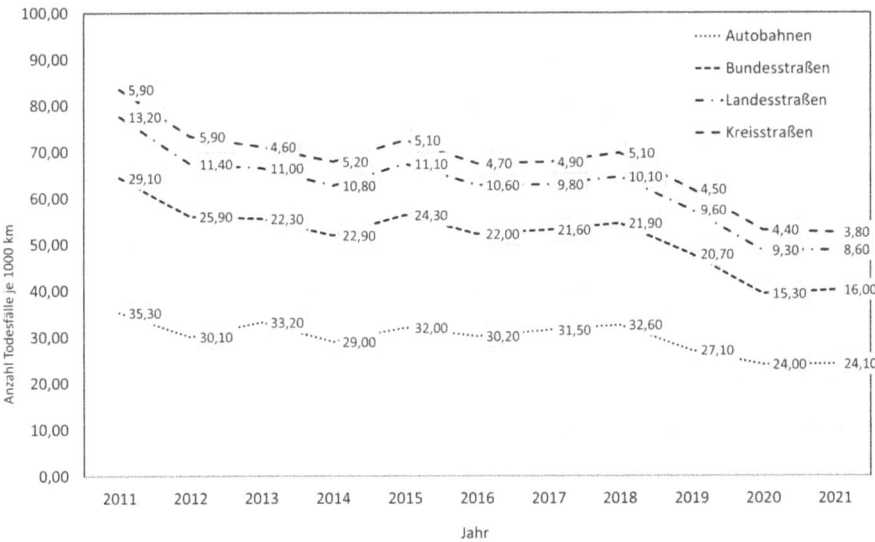

Abb. 7.1: Zahl der Getöteten bei Verkehrsunfällen in Deutschland nach Straßenkategorie von 2011 bis 2021 (pro 1.000 Straßenkilometer). Datenquelle: (STATISTA 2023).

https://doi.org/10.1515/9783111335872-007

7.1 Gebiete der Fahrzeugsicherheit

7.1.1 Begriffsbestimmungen

Zunächst ist es hilfreich zu vereinbaren, was im Straßenverkehr unter Sicherheit verstanden werden kann. Unter (absoluter) Sicherheit versteht man im üblichen Sprachgebrauch das Nichtvorhandensein von Gefahr. Nach Kramer 2013 lässt sich „der „Un-fall" (als Synonym für den Nicht-Normalfall, also den Störfall)" wie folgt definieren:

> *„Unfall ist ein Ereignis, bei dem die Abweichung zwischen vorgegebener Fahraufgabe und deren Erfüllung ein zulässiges Maß überschreitet (nicht bewältigte Regelaufgabe) und in dessen unmittelbarer Folge ein Schaden bestimmter Art und Schwere eintritt".*

Ein Schaden ist nach DIN/VDE 1987 ein „Nachteil durch Verletzung von Rechtsgütern aufgrund eines bestimmten technischen Vorgangs oder Zustands". Der Schaden ist dabei entsprechend dem Schadensausmaß zu differenzieren. Dabei kann es sich um Sachschäden an den beteiligten Kraftfahrzeugen und weiteren betroffenen Gütern oder um Personenschäden handeln. Risiko ist die erwartete Häufigkeit des Eintretens eines schadensauslösenden Ereignisses und das erwartete Schadensausmaß bei Schadenseintritt. Damit lässt sich ebenfalls nach DIN/VDE 1987 eine Definition für den Begriff Gefahr formulieren: „Gefahr ist eine Sachlage, bei der das Risiko größer ist, als das größte noch vertretbare Risiko eines bestimmten technischen Vorgangs oder Zustands". Damit lässt sich nun ebenfalls wieder nach DIN/VDE 1987 der Begriff Sicherheit als eine Sachlage beschreiben, bei der das Risiko kleiner ist, als das größte noch vertretbare Risiko eines bestimmten technischen Vorgangs oder Zustands.

Bei der Konzeption neuer Kraftfahrzeuge stehen Maßnahmen zur Sicherstellung einer größtmöglichen Sicherheit aller Verkehrsteilnehmer an vorderster Stelle. Damit ist die Entwicklung von Sicherheitskomponenten eine der wichtigsten Stufen im Entwicklungsprozess neuer Fahrzeuge und stellt sowohl an die Entwicklungsbeteiligten als auch die nachfolgende produktionsbegleitende Qualitätssicherung höchste Ansprüche.

Unterschieden wird dabei zwischen aktiven und passiven Sicherheitssystemen. Maßnahmen der aktiven und passiven Sicherheit lassen sich z. B. anhand ihrer zeitlichen Abfolge klassifizieren, s. Abbildung 7.2. Unter normalen Fahrbedingungen wird der Fahrer bei der Fahraufgabe durch Informationen unterstützt. Danach folgt die Phase der Unfallvermeidung, während die Fahrerassistenzsysteme den Fahrer unterstützen, s. Kapitel 9. Wird ein Unfall unabwendbar, so folgen Maßnahmen der Pre-Crash-Phase, in der Maßnahmen ergriffen werden können, die eine Reduzierung der Unfall- und Verletzungsschwere zum Ziel haben. Danach folgen die Maßnahmen der passiven Sicherheit. Hierzu gehören nicht nur konstruktive Maßnahmen der Fahrzeugstruktur, sondern auch passive und aktive Rückhaltesysteme, wie Gurte mit Gurtstraffern und einer Vielzahl von Airbags. Im Zuge der Entwicklung der letzten Jahre wuchsen passive und aktive Systeme immer weiter zusammen, sodass man heute auch von integralen Sicherheitskonzepten spricht.

NORMALER FAHR-ZUSTAND	UNFALL-VERMEIDUNG	PRE-CRASH	UNFALL	IN-CRASH	POST-CRASH
Information	Warnung & Unterstützung	Eingriff & Konditionierung		Rückhaltung	Rettung
AKTIVE SICHERHEIT				PASSIVE SICHERHEIT	RETTUNG

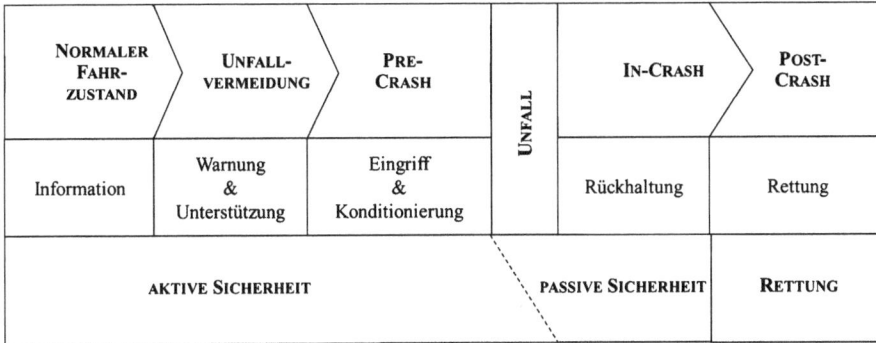

Abb. 7.2: Klassifizierung aktiver und passiver Sicherheit.

Aktive Sicherheitssysteme helfen dem Fahrer, in kritischen Situationen einen Unfall zu vermeiden. Sie werden daher häufig auch als unfallvermeidende Maßnahmen bezeichnet. Sie können aber auch eingesetzt werden, um die Schwere der Unfallfolgen durch ein Eingreifen unmittelbar vor dem Unfall (s. z. B. (Maurer 2013)) oder eine Vorkonditionierung des Fahrzeugs und der Fahrzeuginsassen herabzusetzen. Dazu gehören unter anderem die in Kapitel 9 behandelten Fahrerassistenzsysteme, wie z. B. ABS, ESP, adaptive Lichtsteuerungen und Spurhaltesysteme, aber auch sogenannte Pre-Crash-Systeme (Kurutas, Claas et al. 2006a, Kurutas 2011).

Zu den passiven Systemen gehören alle Systeme und Komponenten, die die Folgen eines eintretenden Unfalls vermindern (Unfallfolgen mindernde Maßnahmen). Ihre Schutzwirkung entfalten sie insbesondere bei Kollisionen. Dabei steht mehr und mehr nicht nur der Eigenschutz (Schutz des eigenen Fahrzeugs mit seinen Insassen) sondern auch der Schutz der anderen Verkehrsteilnehmer (Partner- und Kontrahentenschutz) im Fokus. Die eingesetzten Maßnahmen umfassen einerseits die Fahrzeugstruktur, die während eines Unfalls die Fahrzeuginsassen schützen soll, andererseits aber auch die sogenannten Rückhaltesysteme, die die Vorwärtsbewegung der Insassen so abbremsen sollen, dass die Schwere der Verletzungen möglichst gering bleibt. Hierzu gehört die möglichst frühzeitige Beteiligung der Fahrzeuginsassen an der Verzögerung des Fahrzeugs.

Zu den Konstruktionsmerkmalen heutiger Kraftfahrzeuge gehören z. B. die Unterteilung der Fahrzeugstruktur in eine verformungssteife Fahrgastzelle sowie in gezielt eingesetzte Deformationszonen in Front und Heck des Fahrzeugs, die die während der Kollision auftretende Aufprallenergie kontrolliert abbauen sollen.

Die Rückhaltesysteme bestehen heute im Wesentlichen aus Gurten mit Gurtstraffern und einer Vielzahl von Airbags im Fahrzeuginnenraum.

7.1.2 Systeme der aktiven Sicherheit

Systeme der aktiven Sicherheit greifen aktiv in das Fahrgeschehen ein, um kritische Situationen zu entschärfen oder gar nicht erst entstehen zu lassen. Sie dienen daher überwiegend der Unfallvermeidung. Zu den Systemen der aktiven Sicherheit zählen z. B. die Fahrerassistenzsysteme, wie z. B. Fahrdynamikregelsysteme, Bremsassistenten und Spurüberwachungssysteme.

Die wichtigsten Aspekte der aktiven Sicherheit sind:
- **die Fahrstabilität** umfasst das Fahrverhalten und die Beherrschbarkeit des Fahrzeugs z. B. in Kurven sowie seine Reaktion auf Lenk-, Brems- und Beschleunigungsmanöver des Fahrers,
- **die Konditionssicherheit** beschreibt den Schutz der Fahrzeuginsassen, insbesondere aber auch des Fahrers gegen Schwingungen, Geräusche und andere Störeinflüsse,
- **die Wahrnehmungssicherheit** bezeichnet die Gewährleistung und Verbesserung der Wahrnehmung des umgebenden Verkehrs, der Umwelt und des Eigenverhaltens des Fahrzeugs,
- **die Bedienungssicherheit** beschreibt die Möglichkeit einer einfachen und fehlerfreien Bedienung des Fahrzeugs vor und während der Fahrt, ohne die Aufmerksamkeit des Fahrers abzulenken. Sie wird im Wesentlichen gewährleistet durch eine übersichtliche und intuitive Gestaltung der Bedienelemente des Fahrzeugs.

7.1.3 Systeme der passiven Sicherheit

Als Reaktion auf die Zunahme der Zahl schwerer Verkehrsunfälle insbesondere mit Todesfolge in den 1950er und 1960er Jahre gab es in der Fahrzeugindustrie massive Anstrengungen bei der Entwicklung passiver Sicherheitssysteme. Ziel war es zunächst, das Verletzungsrisiko der Fahrzeuginsassen bei Kollisionen zu verringern. Als wichtige Meilensteine dieser Bemühungen waren 1951 die Entwicklung der Sicherheitsfahrgastzelle durch Mercedes und 1956 der erste serienmäßige Einbau von Dreipunkt-Sicherheitsgurten bei Volvo. Aufgrund der zögerlichen Nutzung der Sicherheitsgurte durch die Fahrzeuginsassen führte jedoch erst ein Eingriff des Gesetzgebers mit der Einführung der Gurtpflicht im Jahr 1976 zu einem ersten großen und nachhaltigen Rückgang der Anzahl schwerer Verkehrsunfälle mit Todesfällen, s. Abbildung 7.3. Bei der Bewertung der Auswirkungen von technischen Verbesserungen ist zu berücksichtigen, dass es einer gewissen Vorlaufzeit bedarf, bis sich die Maßnahmen auf die Entwicklung des Unfallgeschehens auswirken. Der Höhepunkt der Unfälle mit schweren Personenschäden war bereits in den 1970er Jahren überschritten, s. Abbildung 7.4. In der Folge stabilisierte sich die Zahl der Unfälle mit Personenschäden und die Zahl der Verkehrsunfälle mit schweren Personenschäden und Todesopfern ging rasch und stetig zurück. Interessant ist die über die Jahre konstante Aufteilung der tödlichen Unfälle auf

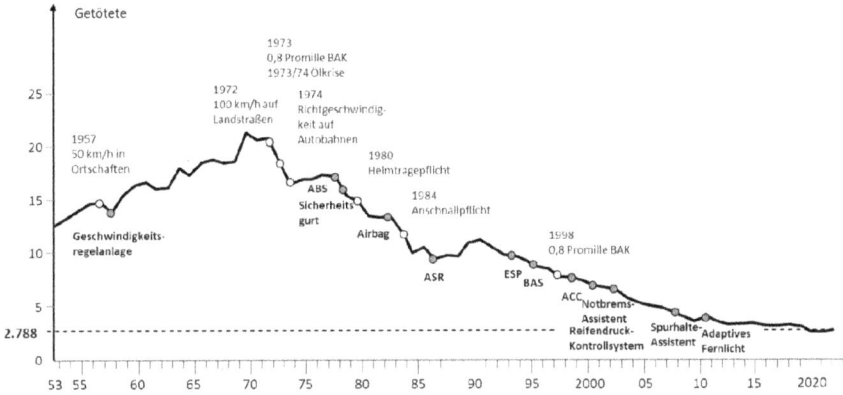

Abb. 7.3: Tödliche Verkehrsunfälle in Deutschland 1953–2022, Datenquelle: Statistisches Bundesamt.

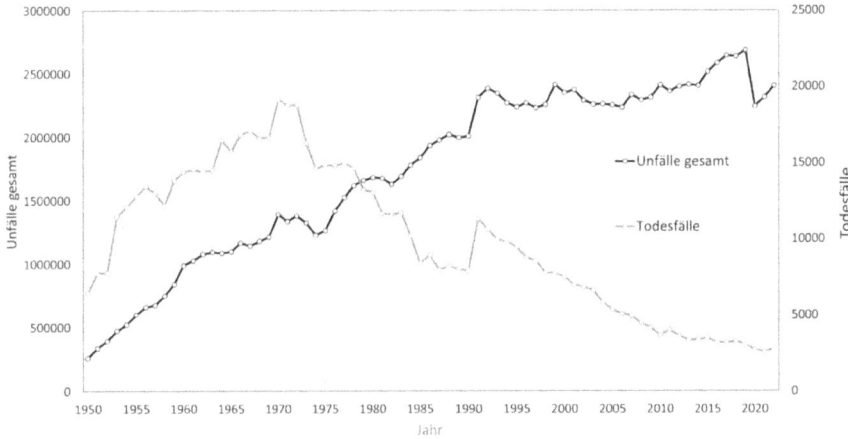

Abb. 7.4: Zahl der Verkehrsunfälle und der Verkehrstoten in Deutschland von 1950 bis 2021, Datenquelle: (Bundesamt 2022).

die verschiedenen Straßenarten. Hier ist zumindest für Deutschland ein gleichmäßiger Rückgang der Zahlen zu beobachten, wie Abbildung 7.5 zeigt.

Die Einführung des Airbags im Jahr 1980 verstärkte diese günstige Entwicklung. Einen weiteren und unverzichtbaren Anteil an dieser Entwicklung leistete jedoch die kontinuierliche Weiterentwicklung von Fahrzeugstrukturen, eine Dissipation der bei einem Aufprall abzubauenden kinetischen Energie zu ermöglichen. Notwendig hierfür ist eine optimale Verteilung der Deformationsenergie auf die Fahrzeugstruktur. Dadurch kann eine Verformung der Fahrgastzelle, des so genannten Überlebensraums, verhindert oder zumindest reduziert werden. Damit übernahm die Rohbaustruktur des Fahrzeugs erstmals eine wesentliche Rolle im Insassenschutz (Kramer 2013).

In den Jahren nach 1980 gab es zunächst keine entscheidenden Neuerungen in der passiven Sicherheit. Der Euro NCAP-Crash-Test aus dem Jahr 1997 (European New Car

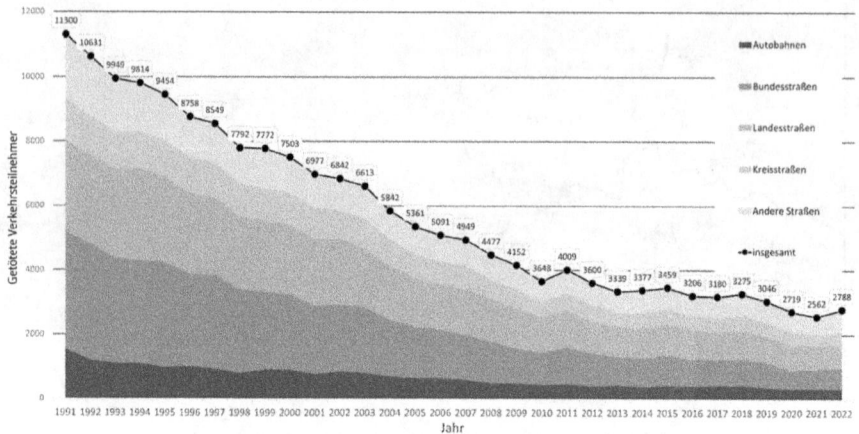

Abb. 7.5: Getötete Verkehrsteilnehmer nach Straßentyp 1991–2022. Datenquelle: (Destatis 2023).

Assessment Programme), (NCAP 2013, NCAP 2016) löste jedoch wieder starke Anstrengungen der Hersteller zu einer Erhöhung des Sicherheitsniveaus von Kraftfahrzeugen aus. Eine gezielte Auslegung der Fahrzeugstrukturen auf die neuen herausfordernden Crashdisziplinen war die Folge. Diese Auslegungen bestimmen bis heute den Aufbau und, daraus folgend, die Funktion der Rohbaustrukturen während eines Crashs.

7.1.4 Gesetzliche Regelungen und Vorschriften

Fahrzeuge werden selbstverständlich nicht nur den verbraucherschutzrelevanten weltweiten NCAP-Crash-Tests unterzogen. Vielmehr muss jede Fahrzeuglinie vor der Erteilung einer Straßenzulassung auch eine Vielzahl gesetzlicher Genehmigungsverfahren durchlaufen. Die Zulassungsprozesse sowie die verwendeten Bewertungskriterien orientieren sich an den länderspezifisch festgelegten Sicherheitsvorschriften. In Europa werden diese Testverfahren durch die sogenannten ECE[1]-Regelungen festgelegt (EWG). Dabei handelt es sich um einen Katalog von Regelungen, der die einheitlichen technischen Richtlinien für Radfahrzeuge in der EU zusammenfasst. In der passiven Sicherheit sind dort Ziele in vordefinierten Front-, Seiten- und Heckcrashs sowie im Fahrzeuge werden nicht nur den verbraucherschutzrelevanten weltweiten NCAP-Crashtests unterzogen. Vielmehr durchläuft jede Fahrzeugbaureihe vor ihrer Straßenzulassung eine Vielzahl gesetzlicher Genehmigungsverfahren. Die Zulassungsverfahren sowie die verwendeten Bewertungskriterien orientieren sich an den länderspezifischen Sicherheitsvorschriften. In Europa sind diese Prüfverfahren in den so genannten ECE1-Rege-

---

1 ECE: Economic Commission for Europe; ECE Regelungen sind international vereinbarte, einheitliche technische Vorschriften für Kraftfahrzeuge sowie für Teile und Ausrüstungsgegenstände von Kraftfahrzeugen.

lungen (ECE) festgelegt. Dabei handelt es sich um ein Regelwerk, das die einheitlichen technischen Richtlinien für Radfahrzeuge in der EU zusammenfasst. Im Bereich der passiven Sicherheit sind darin Ziele für definierte Front-, Seiten- und Heckcrashs sowie für den Fußgängerschutz festgelegt, die durch vorgegebene Testabläufe nachzuweisen sind. Das Ergebnis ist entweder die Erfüllung der Anforderungen oder die Aufdeckung von Defiziten. Diese Ergebnisse müssen nicht veröffentlicht werden. Die NCAP-Verbraucherschutztests gehen in der Regel deutlich über die gesetzlichen Anforderungen hinaus. Für das Bestehen der Tests vergibt NCAP die bekannten und oft medienwirksam publizierten Sicherheitssterne und fördert damit den Wettbewerb unter den Herstellern. Dies führt dazu, dass neue Fahrzeugtypen nicht nur auf die Erfüllung der zulassungsrelevanten Kriterien ausgelegt werden, sondern gleichermaßen auf die Erfüllung der verbraucherschutzrelevanten Crash-Tests.

Auf internationaler Ebene gibt es eine Vielzahl weiterer Vorschriften und Anforderungen, wie z. B. den US-amerikanischen „Federal Motor Vehicle Safety Standard (FMVSS)", der Mindestanforderungen an Fahrzeugkomponenten definiert, oder die Crashtests nach „US NCAP" bzw. „J NCAP" (Companion 2016). Abbildung 7.6 zeigt einen Auszug aus den organisationsspezifischen und gesetzlichen Crash-Disziplinen.

Verbraucherschutz		OBD	FF
Europa	Euro-NCAP	64 km/h	-
USA	US-NCAP	-	56 km/h
	IIHS	64 km/h	-
Japan	JNCAP	-	55 km/h
China	C-NCAP	-	50 km/h

Gesetzliche Regelungen		OBD	FF
Europa	ECE-R94; 96/79/EC	56 km/h	-
USA	FMVSS 208	40 km/h	56 km/h
Japan	TRIAS	56 km/h	50 km/h
China	GB 11551-2003	56 km/h	50 km/h

Abb. 7.6: Beispiele für Gesetze zum Insassenschutz und Tests von Verbraucherschutzorganisationen.[2,3]

Die Fahrzeuge sind jeweils auf die Crashtest-Verfahren des Landes auszulegen, in dem sie zugelassen werden sollen. Ein Beispiel zeigt Abbildung 7.7. Dies ist aufgrund der Vielzahl der unterschiedlichen Vorschriften jeweils mit einem erheblichen Aufwand verbunden. Der Einfluss der Crash-Disziplinen auf die Gestaltung der Fahrzeugstruktur

---

2 OBD: **O**ffset **D**eformable **B**arrier Test, s. Abschnitt 7.2.

3 FF: **F**ull **F**rontal Test, s. Abschnitt 7.2.

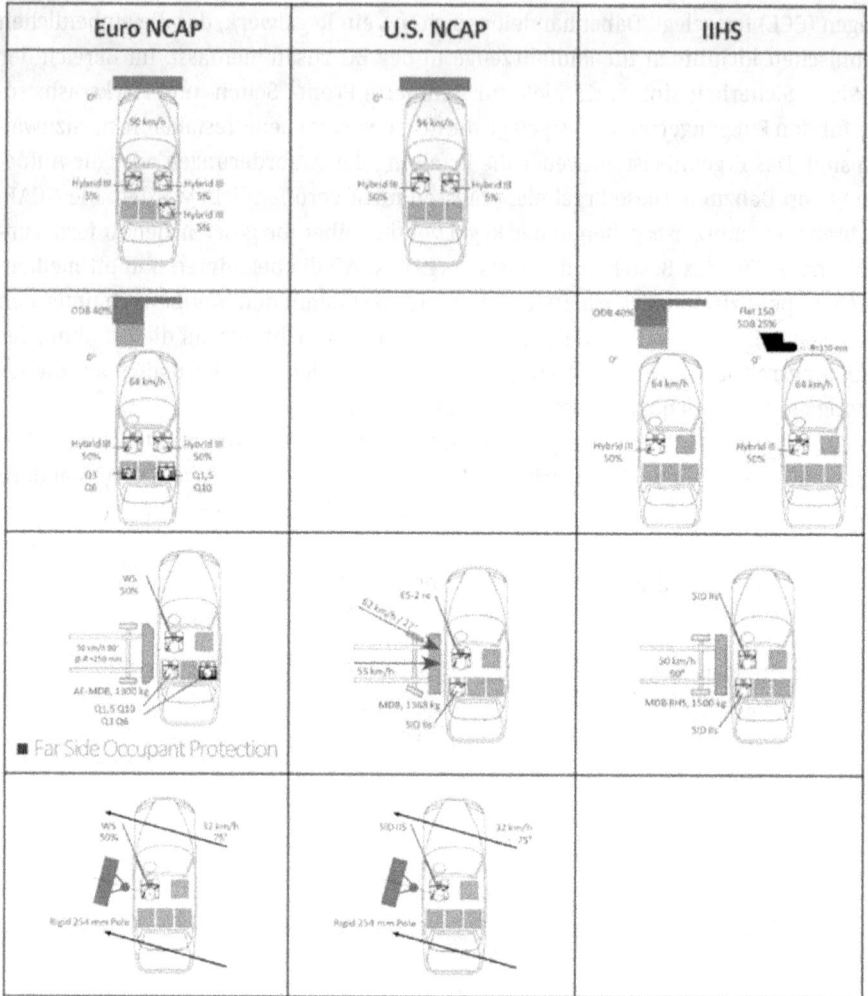

Euro NCAP	U.S. NCAP	IIHS

Abb. 7.7: Schematische Abbildung einiger internationaler Crash-Disziplinen (Companion 2016).

lässt sich z. B. an dem seit 2012 von der amerikanischen Organisation IIHS durchgeführ-
ten Small-Overlap-Test erläutern (IIHS 2014). Bei diesem Testverfahren trifft das Fahrzeug mit 64 km/h bei 25 %-iger Überdeckung auf eine starre Barriere. Das neue Testverfahren traf u. a. die deutschen Fahrzeughersteller unvorbereitet und führte zunächst zu
einem unerwartet schlechten Abschneiden der ansonsten als besonders sicher geltenden deutschen Premium-Fahrzeuge (IIHS 2012). Daraufhin wurde diese Crash-Disziplin
umgehend zusätzlich in das Testportfolio der Hersteller aufgenommen und die daraus
abgeleiteten Maßnahmen wurden schnell umgesetzt.

Die Entwicklung der Karosserie hinsichtlich ihrer Struktursteifigkeit hängt maßgeblich von den Anforderungen ab, die sich aus dem tatsächlichen Unfallgeschehen

ergeben. Beispielhaft lässt sich dies an einer Unfallart erkennen, die gehäuft in den USA auftritt und dort Anlass für die Festlegung eines speziellen Testverfahrens gab. Dabei kommt es an nicht beplankten, straßennahen Böschungen gehäuft zu Unfällen mit Überschlägen. Daher wurden die zulassungsrelevanten Testverfahren durch Dacheindrücktests sowie Rollover-Versuche ergänzt. In Europa wird bei der Fahrzeugzulassung auf diese Tests verzichtet, da dieses Unfallszenario statistisch eher selten auftritt. Die jeweiligen Anforderungskataloge orientieren sich also primär am vorliegenden tatsächlichen Unfallvorkommen. Die erforderliche Kategorisierung erfolgt durch eine zunächst grobe Unterteilung der Unfallszenarien in Frontal-, Seiten- und Heckaufprall. Die mit Abstand häufigste Kollisionsart ist in Deutschland der Frontalaufprall, s. Abbildung 7.8.

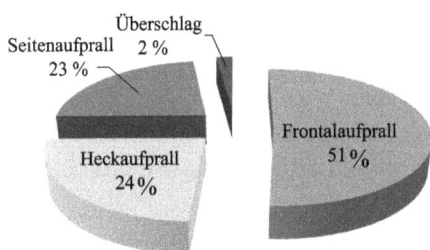

Abb. 7.8: Verteilung der Unfallarten in Deutschland (Destatis 2012a).

Die naheliegende Vermutung, dass diese Unfallart auch die meisten Todesopfer fordert, wird von der Statistik jedoch nicht bestätigt, wie Abbildung 7.9 zeigt.

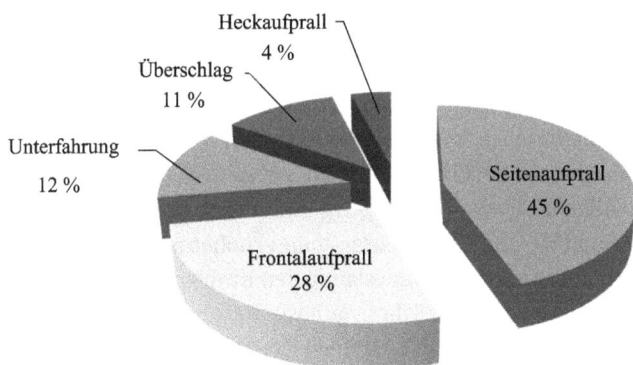

Abb. 7.9: Verteilung der Todesfälle je Unfallart (Destatis 2012b).

Die größte Gefahr geht dabei von einem Seitenaufprall aus. Hier sind die Fahrzeuginsassen aufgrund der fehlenden Deformationswege („Knautschzonen") besonders hohen Belastungen ausgesetzt und daher nur schwer zu schützen, s. Abschnitt 7.2.

7.2 Die Rolle der Fahrzeugstruktur

Die Auslegung einer Fahrzeugstruktur im Hinblick auf die Milderung von Unfallfolgen ist äußerst schwierig. Wie in anderen Bereichen des Fahrzeugbaus resultiert diese Schwierigkeit daraus, dass die Anforderungen häufig im Widerspruch zu anderen Anforderungen stehen. In diesem Fall sind dies z. B. Packaging, Design oder anderer Kriterien. Selbst im Bereich der passiven und aktiven Sicherheit, wie z. B. dem Partnerschutz (insbesondere dem Schutz von Fußgängern), ergeben sich widersprüchliche Anforderungen. Dies führt zu unterschiedlichen Entwicklungszielen, die miteinander vereinbar erreicht werden müssen:

- Zumindest ein Teil der Struktur muss so steif ausgelegt werden, dass den Fahrzeuginsassen ein ausreichender Überlebensraum zur Verfügung gestellt wird.
- Die Struktur muss andererseits während der Verformung hinreichend schnell so viel Energie abbauen können, dass die Beschleunigungsbelastung für die Fahrzeuginsassen hinreichend klein gehalten werden kann.
- Die Forderungen der Versicherungsgesellschaften, die Reparaturkosten bei kleineren Kollisionen möglichst niedrig zu halten, sind zu berücksichtigen (RCAR 2011).

Die letztgenannte Anforderung führt beispielsweise zu Konstruktionen, bei denen die vorderen Strukturelemente mit in Längsrichtung zunehmender Steifigkeit angeordnet sind. Dadurch wird sichergestellt, dass bei leichten Kollisionen die Verformungen nur im Frontbereich auftreten und mit geringem Aufwand repariert werden können. Bei hohen Kollisionsgeschwindigkeiten wird durch diese Auslegung jedoch Deformationsweg verschenkt, da die vorderen Elemente mit der geforderten geringeren Steifigkeit kleinere Kräfte aufbringen als sonst möglich wäre. Darüber hinaus erschwert diese Auslegung auch die Erkennung der Schwere einer Kollision durch das Airbag-Steuergerät (Heide 2014).

Hinzu kam bereits am Anfang der 1970er Jahre mit der ersten Ölkrise die Forderung nach einer Reduzierung der Fahrzeugmassen, um die Kraftstoffverbräuche zu senken. Seit den 1990er Jahren wurden diese Forderungen weiter verstärkt durch die von den Gesetzgebern vorgegebenen Grenzen bei CO_2-Emissionen, s. Kapitel 6. Der Ausstoß von CO_2 hängt direkt mit dem maßgeblich von der Fahrzeuggesamtmasse bestimmten Kraftstoffverbrauch zusammen. Komfort- und Sicherheitssysteme erhöhen andererseits aber durch ihr Gewicht und ihren Energiebedarf zwangsläufig den Kraftstoffverbrauch. Daher sind alle Fahrzeughersteller bestrebt, die Fahrzeugmasse möglichst zu reduzieren. Je nach Fahrzeugmasse und Ausstattung senkt eine Gewichtsersparnis von 100 kg den Verbrauch um bis zu 0,5 l auf 100 km (Schramm und Koppers 2014).[4] Die Folge ist ein

---

4 Die Angaben gelten für konventionell angetriebene Personenkraftwagen. Bei elektrifizierten Fahrzeugen ist die Zunahme des (in diesem Fall des elektrischen) Verbrauchs aufgrund der Möglichkeit der Rekuperation geringer, s. Kapitel 6. Dem entgegen wirkt allerdings das aufgrund der Batterie höhere Gewicht.

Trend zum sogenannten Leichtbau. Möglichst geringe Fahrzeugmassen können sowohl durch konstruktive Lösungen als auch durch den Einsatz alternativer Werkstoffe wie Aluminium, hochfeste Leichtbaustähle oder kohlenstofffaserverstärkte Kunststoffe realisiert werden. Der sogenannte „Stoff- oder Materialleichtbau" bietet dabei das größte Einsparungspotenzial. Mit den erwähnten Maßnahmen lassen sich heute erhebliche Gewichtsreduktionen der Karosserie erreichen.

Werkstoffe wie z. B. Karbon sind kostspielig und werden daher eher zögerlich eingesetzt. Der maßgebliche Kostentreiber ist – neben den teuren Primärwerkstoffen – der hohe Aufwand in der Fertigung. Ebenfalls möglich ist der Einsatz von Aluminium, Kunststoff und Magnesium jedoch ebenfalls mit dem Nachteil einer deutlich aufwendigeren Fertigung. Es bietet sich daher ein anderer – konstruktiver – Weg an, der auf eine Einsparung von Material durch die Optimierung der Rohbautopologie setzt. Dabei werden massive Gussteile durch belastungsorientierte Rippenstrukturen und Hohlraumprofile ersetzt. Darüber hinaus werden Wandstärken in belastungsarmen Bereichen reduziert und belastungsfreie Sektoren nach Möglichkeit ganz ausgespart. Diese Maßnahmen beruhen auf dem „Strukturleichtbau", bzw. dem „konstruktiven Leichtbau" (Friedrich 2013). Die realisierten Maßnahmen dürfen die passive Sicherheit allerdings keinesfalls reduzieren. Sie erfordern daher jeweils eine sorgfältige strukturmechanische Analyse, um Strukturversagen auszuschließen. So muss die Fahrgastzelle:

– durch möglichst hohe Steifigkeit einen Überlebensraum für die Fahrzeuginsassen auch bei schweren Unfällen gewährleisten und
– über nachgiebige Verformungszonen verfügen, die kinetische Energie möglichst gleichförmig und insassenverträglich über Deformationen abbauen.

Auch bei dem genannten Spannungsfeld unterschiedlicher Auslegungsanforderungen weisen moderne Fahrzeugkarosserien heute einen Entwicklungsstand auf, der es erlaubt, im Crash-Fall die auftretenden Kräfte so zu leiten, dass sich für die Fahrzeuginsassen eine bestmögliche Schutzwirkung ergibt. Abbildung 7.10 zeigt dies für einen Frontal- und einen Seitenaufprall am Beispiel der im Jahr 2016 eingeführten E-Klasse (W 213).

Mit der Einführung elektrifizierter Fahrzeuge ergeben sich weitere Anforderungen an die crash-gerechte Auslegung der Karosserie. So müssen beispielsweise die Hochvoltenergiespeicher gegen einen Crash, insbesondere einen Seitencrash mit Pfahlanprall, zuverlässig geschützt werden. Eine Beschädigung des Batteriesystems muss in jedem Fall vermieden werden. Dies erfordert in der Regel eine Deformationszone mit Crash-Elementen um das Batteriesystem. Hierzu gibt es für die verschiedenen Fahrzeugkonzepte unterschiedliche Package-Designs (Kampker und Heimes 2024).

Neben der optimalen Verformung der Karosserie zum Abbau der Energie bei Kollisionen ist der Einsatz und die korrekte Zündung der Rückhaltesysteme, wie z. B. Airbag und Gurtstraffer entscheidend. Hier spielen die optimale Platzierung der Crash-Sensoren einerseits und die Signalübertragungseigenschaften der Strukturelemente ei-

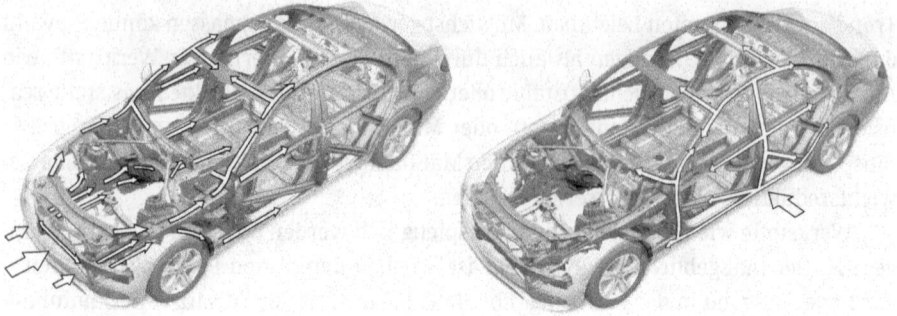

Abb. 7.10: Kraftfluss (helle Pfeile) in der Karosserie bei einem Frontalaufprall links und einem Seitenaufprall (rechts) © Daimler AG.

ne maßgebliche Rolle. Die Struktur der Karosserie sollte daher gut interpretierbare Beschleunigungssignale liefern, um einen Parkrempler sicher von einer kritischen Unfallsituation unterscheiden zu können.

Neben einer Aussage über das Verformungsverhalten der Fahrzeugstruktur müssen daher auch die Crash-Signalübertragung sorgfältig analysiert werden. Hierzu werden in der Prototypenphase zeit- und kostenintensive Crashtests und in der Konstruktionsphase Finite-Elemente-Simulationen durchgeführt.

Andererseits stehen in der Konzeptphase oder Vorentwicklung jedoch in der Regel weder Hardware- noch CAD-Daten (Computer-Aided Design) zur Verfügung, damit hinreichend detailgetreue Simulationen oder Komponententests durchführbar sind. Aus diesem Grund wurden auch andere Ansätze vorgeschlagen:

In der Konzeptphase ist es vielfach erforderlich, in kurzer Zeit Erkenntnisse über den Signalverlauf zu gewinnen und daraus Entwurfskriterien für neue Strukturen abzuleiten. Zu diesem Zweck hat (Heide 2014) ein Mehrkörpermodell entwickelt, welches die wesentlichen Elemente der Fahrzeugfrontstruktur hinreichend genau beschreibt, um vom Crash-Typ abhängige Signalverläufe schnell, aber dennoch hinreichend genau, zu simulieren. Die Wahl des Abstraktionsgrades erfolgt dabei in Abhängigkeit von den physikalischen Anforderungen auf der Grundlage der Ergebnisse der Datenanalyse. Hierzu wird zunächst ein typischer (gefilterter) Beschleunigungsverlauf über der Zeit betrachtet, s. Abbildung 7.11. In der Abbildung sind in der Zeitskala auch die Zeitpunkte markiert, zu denen die Deformation der einzelnen Karosseriebereiche beginnt (Ereigniswechsel).

Bei Kollisionsvorgängen unterscheidet man verschiedene typische Aufprallarten:
- Frontalaufprall,
- Seitenaufprall,
- Heckaufprall und
- Überschlag.

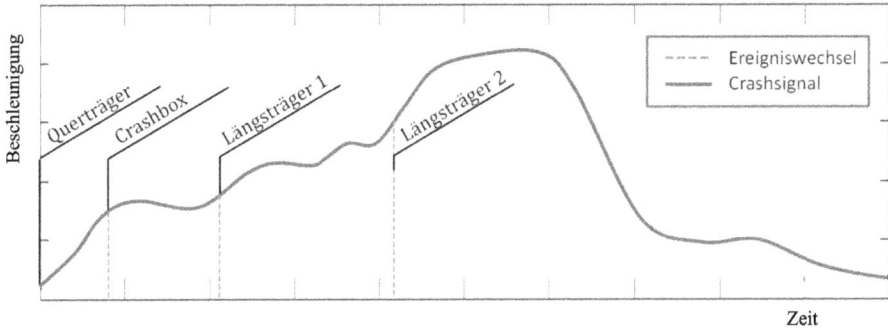

Abb. 7.11: Typischer Beschleunigungsverlauf während eines Frontalcrashs (Heide 2014).

Beispiel Frontalaufprall

Nachfolgend werden am Beispiel des Frontalaufpralls einige typische Crash-Arten beschrieben, die durch Crash-Versuche abgebildet werden sollen, s. Abbildung 7.12.

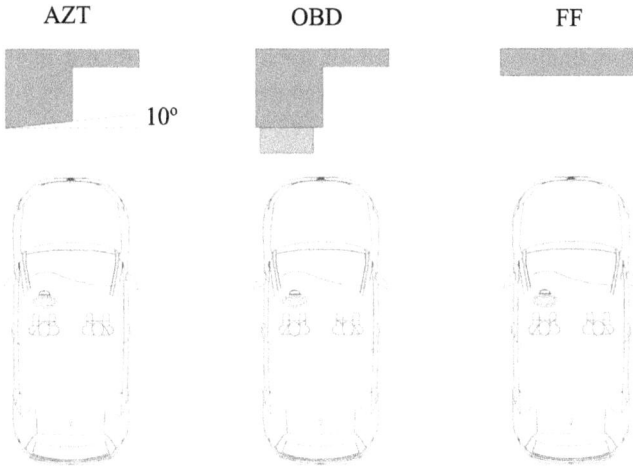

Abb. 7.12: Typische Unfallszenarien für die Frontstruktur.

AZT/RCAR-Test

Beim AZT-Test handelt es sich um einen „Versicherungstest", der vom „Allianz-Zentrum für Technik" etabliert wurde, um den Reparaturaufwand bei leichten Auffahrunfällen und Parkremplern abschätzen zu können und damit zu einer Einstufung zu kommen. Dieser Typschadentest wird auch „Reparaturcrash" genannt. Dabei wird das Fahrzeug mit einer Anstoßgeschwindigkeit von etwa 15 km/h gegen eine harte Barriere mit einem Überdeckungsgrad von 40 % gefahren, s. Abbildung 7.12. Bei derartig leichten Auffahrunfällen dürfen weder an der Karosserie noch an den Rückhaltesystemen kostenintensive Schäden entstehen. In der Konsequenz dürfen die Rückhaltesysteme dabei nicht auslösen. Daher muss der Auslöseschwellenwert oberhalb des Verzögerungsverlaufs dieses Reparaturtests liegen. Trotz der einseitigen Belastung dürfen keine Beschädigungen an der Längsträgerstruktur und den Bauteilen des Vorderwagens auftreten. Im Jahr 2006 wurden die Reparaturtestanforderungen weiter verschärft, indem noch eine zusätzliche 10° Winkelbarriere eingeführt wurde.

FF (Full Frontal)

Beim Full Frontal Crash trifft ein Fahrzeug mit der gesamten Frontpartie auf ein starres Hindernis. Dieser „High Speed Crash" wird abhängig von den geltenden Bestimmungen des jeweiligen Landes mit Kollisionsgeschwindigkeiten zwischen 50 und 56 km/h gefahren. In den USA, Japan und China gehört dieses Crash-Szenario zum Standardportfolio, in Europa hingegen wird dieser Lastfall nicht geprüft.

ODB (Offset Deformable Barrier)

Der Offset-Deformable-Barrier-Test mit einer deformierbaren Barriere ist sowohl Teil der europäischen Frontalaufprallvorschriften als auch fester Bestandteil internationaler Testverfahren. Der vordere Teil der verwendeten Barriere besteht aus einer weichen Aluminiumwabenstruktur. Der hintere Teil besteht aus einem massiven Betonblock. Dieser Crash-Aufbau bildet das Deformationsverhalten eines zweiten Fahrzeugs als Kollisionspartner nach. Der 40 %-ige Überdeckungsgrad initiiert einen Offset-Aufprall der laut der am häufigsten verzeichnete Verkehrsunfall mit Personenschaden ist.

Diese und weitere standardisierte Verfahren erlauben es, bereits während der frühen Entwicklungsphase eines Fahrzeugs, Erkenntnisse über Deformationsverhalten und Signalübertragung der Fahrzeugstruktur bei typischen Unfallabläufen zu gewinnen. So können eventuelle Schwachstellen rechtzeitig erkannt und ggf. behoben werden.

7.3 Grundsätzlicher Ablauf eines Frontalaufpralls

Grundsätzlich lassen sich bei einem Kollisionsunfall drei unterschiedliche und nacheinander folgende Phasen unterscheiden:
- die Einleitung des Aufpralls (Pre Crash),
- die Kollision und
- die Kollisionsfolgen (Post Crash).

7.3.1 Physikalische Betrachtungen zum Frontalaufprall

Im Folgenden wird ausschließlich der Frontalaufprall einer grundsätzlichen physikalischen Analyse unterzogen. Der Seitenaufprall unterliegt wegen der dort völlig anders liegenden Verhältnisse im Hinblick auf das Verformungsverhalten anderen Gesetzmäßigkeiten. Zunächst wird davon ausgegangen, dass die vor dem Aufprall vorhandene Bewegungsenergie während der Kollision vollständig abgebaut wird. In diesem Fall bedeutet das, dass die vorhandene kinetische Energie zu Beginn des Aufpralls während der Kollision vollständig in Verformungs- bzw. Deformationsenergie umgewandelt wird. Im Folgenden wird die Kollision als klassischer Stoßvorgang betrachtet und der Zustand zu Beginn der Kollision bei $t = 0$ und nach der Kollision $t = t_{\text{end}}$ verglichen. In diesem Fall lässt sich der jeweilige Zustand durch den Impuls $I = mv$ beschreiben. Es gilt

$$\Delta I = I(t_{\text{end}}) - I(0) = \int_{t=0}^{t_{\text{end}}} (F_{\text{Def}}^{a}(\tau) + F^{a}(\tau))d\tau, \tag{7.1}$$

mit der Deformationskraft F_{Def}^{a} und den sonstigen äußeren Kräften F^{a}, die während des Stoßes zeitlich variabel sind und daher über der Zeit integriert werden müssen. Unter den Annahmen $|F_{\text{Def}}^{a}| \gg |F^{a}|$ und einer gegen Null gehenden Stoßdauer Δt sowie der Vernachlässigung der zeitlichen Entwicklung der Deformationskraft lässt sich daher Gl. (7.1) formulieren zu:

$$\Delta I = I(t_{\text{end}}) - I(0) = m_1(v_{\text{end}} - v_0), \tag{7.2}$$

mit der Masse m_1 des ersten Stoßpartners.

Geht man nun von zwei Stoßpartnern aus, die sich mit den Geschwindigkeiten $^{0}v_1$ und $^{0}v_2$ vor dem Stoß und $^{e}v_1$ und $^{e}v_2$ nach dem Stoß bewegen, s. Abbildung 7.13, so ergibt sich aus dem Impulserhaltungssatz:

$$\Delta I_1 = \Delta I_2 \Rightarrow m_1{}^{e}v_1 + m_2{}^{e}v_2 = m_1{}^{0}v_1 + m_2{}^{0}v_2 \tag{7.3}$$

sowie aus dem Newton'schen Stoßgesetz für den teilelastischen Stoß mit dem Stoßkoeffizienten[5] ε:

Abb. 7.13: Frontale Kollision zweier Fahrzeuge.

---

5 Auch als Restitutionskoeffizient bezeichnet.

$$^{e}v_1 - {}^{e}v_2 = -\varepsilon({}^{0}v_1 - {}^{0}v_2). \tag{7.4}$$

Die Gln. (7.3) und (7.4) sind zwei lineare Gleichungen. mit den beiden Unbekannten $^{e}v_1$ und $^{e}v_2$. Nach einigen Umformungen erhält man für den ersten Stoßpartner:

$$^{e}v_1 = {}^{0}v_1 - \frac{m_2}{m_1 + m_2}({}^{0}v_1 - {}^{0}v_2)(1 + \varepsilon) \tag{7.5}$$

und entsprechend für den zweiten Stoßpartner:

$$^{e}v_2 = {}^{0}v_2 - \frac{m_1}{m_1 + m_2}({}^{0}v_2 - {}^{0}v_1)(1 + \varepsilon). \tag{7.6}$$

Aus diesen Beziehungen lassen sich die jeweiligen Geschwindigkeitsänderungen während der Kollision ableiten. Es gilt:

$$\Delta v_1 = {}^{e}v_1 - {}^{0}v_1 = -\frac{m_2}{m_1 + m_2}({}^{0}v_1 - {}^{0}v_2)(1 + \varepsilon) \tag{7.7}$$

bzw.:

$$\Delta v_2 = {}^{e}v_2 - {}^{0}v_2 = -\frac{m_1}{m_1 + m_2}({}^{0}v_2 - {}^{0}v_1)(1 + \varepsilon). \tag{7.8}$$

Für den Verlust an kinetischer Energie während des Stoßes ergibt sich dann:

$$\Delta E = {}^{e}E - {}^{0}E = \frac{1}{2}m_1\,{}^{e}v_1^2 + \frac{1}{2}m_2\,{}^{e}v_2^2 - \left(\frac{1}{2}m_1\,{}^{0}v_1^2 + \frac{1}{2}m_2\,{}^{0}v_2^2\right). \tag{7.9}$$

und mit den Gln. (7.5) und (7.6) die Beziehung:

$$\Delta E = \frac{1}{2}\frac{m_1 m_2}{m_1 + m_2}({}^{0}v_1 - {}^{0}v_2)^2(1 - \varepsilon^2). \tag{7.10}$$

Bei einem Aufprall auf eine starre Barriere kann man z. B. in Gl. (7.5) $m_1 = m$, $m_2 \to \infty$, $^{e}v_1 = v$ und $^{e}v_2 = 0$ setzen. Dann ergibt sich:

$$^{e}v_1 = -v\varepsilon \quad \text{und} \quad \Delta E = \frac{1}{2}mv^2(1 - \varepsilon^2). \tag{7.11}$$

Der berechnete Verlust ΔE an kinetischer Energie beider Fahrzeuge wird während der Kollision in Formänderungsarbeit am Fahrzeug und Wärme umgewandelt. Letztere kann im Folgenden vernachlässigt werden, d. h. es gilt:

$$\Delta E \approx -W_{\text{def}} = -\int\limits_{t=0}^{t_{\text{end}}} F_{\text{def}}^{a}(\tau)d\tau. \tag{7.12}$$

Für den zeitlichen Kraftverlauf $F_{\text{def}}^{a}(t)$ können an dieser Stelle nur qualitative Aussagen getroffen werden, s. auch Abbildung 7.11.

7.3.2 Unfallschwereparameter

Für die Beurteilung der Unfallschwere können eine Reihe von Vergleichsgrößen her-angezogen werden, die sich aus den in Abschnitt 7.3.1 berechneten Größen bestimmen lassen. Dabei wird jeweils die Hypothese aufgestellt, dass sich bei den gewählten Indi-katoren jeweils ein vergleichbares Schadensbild einstellt.

EBS (Equivalent Barrier Speed)
Bei diesem Kriterium wird als Vergleich die Aufprallgeschwindigkeit auf eine flache starre Barriere herangezogen, bei der während der Kollision die gleiche Formände-rungsarbeit W_{def} wie beim realen Unfall umgesetzt wird.

ETS (Equivalent Test Speed)
Dieser Wert repräsentiert die Aufprallgeschwindigkeit auf ein geeignetes, festes oder bewegliches Hindernis, bei der die gleiche Formänderungsarbeit wie im realen Unfall umgesetzt wird. Auch wird wieder angenommen, dass die hier entstehenden Beschädi-gungen die im realen Unfall repräsentieren können.

EES (Energy Equivalent Speed)
Hier ist das Kriterium die Aufprallgeschwindigkeit auf ein beliebiges, festes Hindernis, bei der die gleiche Formänderungsarbeit wie im realen Unfall umgesetzt wird. Die Ge-schwindigkeit v_{EES} errechnet sich dann zu:

$$v_{\text{EES}} = \sqrt{2\frac{W_{\text{def}}}{m}}. \tag{7.13}$$

Geschwindigkeitsänderung Δv
Dies entspricht der Differenz zwischen der Kollisions- und der Auslaufgeschwindigkeit.

Ride-Down-Effekt
Der Ride-Down-Effekt gestattet eine Aussage darüber, in welchem Umfang die Insassen-schutzsysteme während eines Unfalls wirksam ist, s. Abschnitt 7.4.1.
  Dieser Wert errechnet sich mit dem maximalen Deformationsweg s_{max} des Fahr-zeugs, dem Deformationsweg des Fahrzeugs s_{RD} zum Zeitpunkt t_{RD}, ab dem die Rück-haltung des Insassen wirksam wird, zu:

$$\text{RDE} = \frac{s_{\text{max}} - s_{RD}}{s_{\text{max}}}\, 100\,\%. \tag{7.14}$$

Ein Wert von 100 % bedeutet, dass die Verzögerung des Fahrzeuginsassen gleichzeitig mit der Verzögerung des Fahrzeugs bei $t = 0$ beginnt. Entsprechend bedeutet ein Wert von 0 %, dass der Fahrzeuginsasse bis zur Erreichung der maximalen Fahrzeugdeformation keine Verzögerung durch die Rückhaltesysteme erfahren hat.

7.4 Rückhaltesysteme

Ziel des Einsatzes von Rückhaltesysteme ist es, die bei einem Unfall auf die Passagiere einwirkenden Kräfte möglichst gering zu halten. Erreicht wird dies durch einen gesteuerten Abbau der Bewegungsenergie der Fahrzeuginsassen. Hierzu kommen bei modernen Kraftfahrzeugen eine ganze Reihe von Fahrzeuginsassenschutzsystemen zum Einsatz, s. Abbildung 7.14:

– Sicherheitsgurte mit Gurtstraffern und Gurtkraftbegrenzern,
– Front-, Seiten- und Dachairbags und
– Überrollschutzsysteme.

Die größte Schutzwirkung geht dabei von den Sicherheitsgurten aus, die allein ca. 50–60 % der Bewegungsenergie der Fahrzeuginsassen aufnehmen (Bosch, Reif und Dietsche 2014) und bei einem Überrollvorgang ein Herausschleudern der Passagiere verhindern.

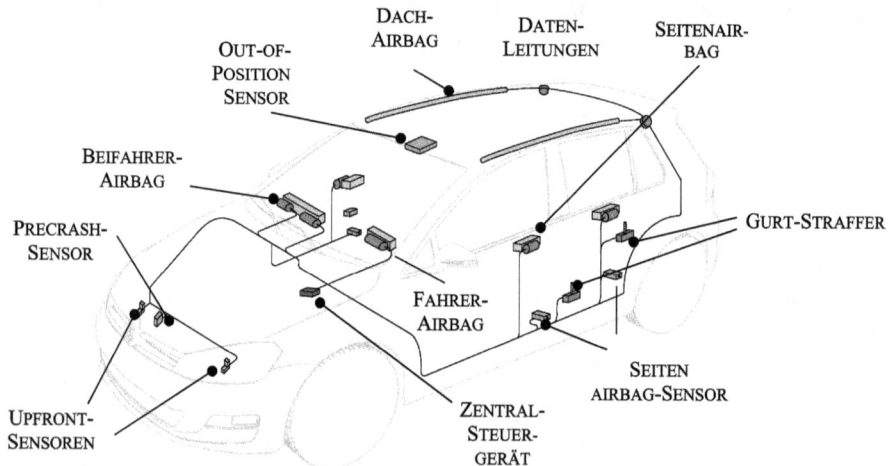

Abb. 7.14: Typische Ausstattung mit Rückhaltesystemen in einem Kraftfahrzeug.

Optimale Ergebnisse werden durch eine geeignete Kombination der Wirkung von Gurt- und Airbagsystemen erreicht. Dies erfordert eine Vernetzung der einzelnen Schutzsysteme, s. Abbildung 7.15 sowie eine sorgfältige Abstimmung der Zündzeitpunkte für die einzelnen Schutzsysteme, s. Abbildung 7.16.

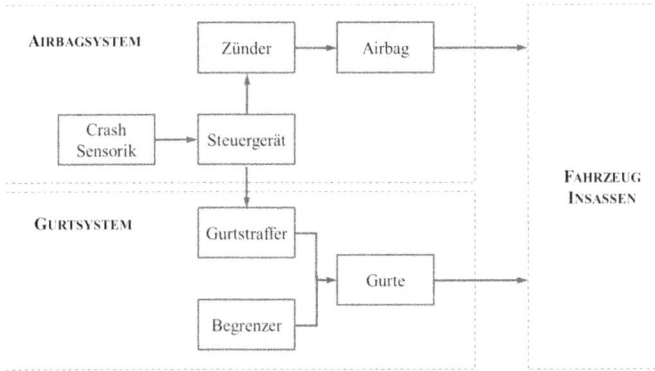

Abb. 7.15: Grundsätzliches Funktions- und Vernetzungsschema eines Rückhaltesystems.

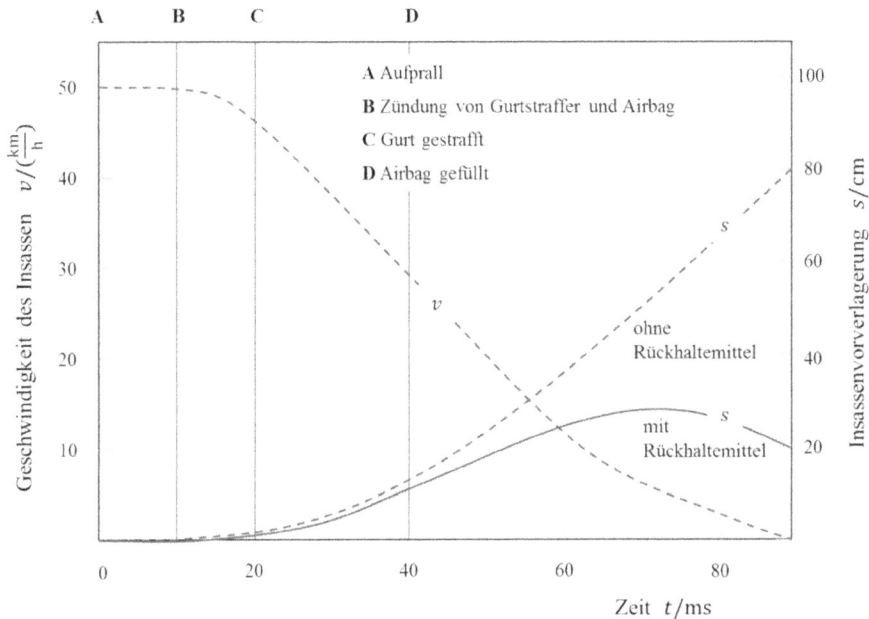

Abb. 7.16: Verzögerung und Vorverlagerung eines Fahrzeuginsassen während eines Frontalaufpralls.

7.4.1 Sicherheitsgurte und Gurtstraffer

Sicherheitsgurte entfalten ihre Schutzaufgabe dadurch, dass sie die Fahrzeuginsassen möglichst frühzeitig an der Verzögerung des Fahrzeugs während eines Unfalls teilhaben lassen. Hierdurch soll die Vorverlagerung des Fahrzeuginsassen möglichst begrenzt werden, um eine Kollision mit Teilen des Fahrzeuginnenraums und der Windschutzscheibe soweit wie möglich zu vermeiden. Den prinzipiellen Ablauf der Fahrzeuginsassenbewegung und die Vorverlagerung während eines Frontalaufpralls zeigt Abbildung 7.16. Der Fahrzeuginsasse würde sich ohne Eingriff der Sicherheitsgurte ungebremst nach vorne bewegen und anschließend auf Teile des Fahrzeuginnenraums aufprallen (gestrichelte Kurve). Mit Sicherheitsgurt und Airbag wird die Bewegung des Fahrzeuginsassen frühzeitig abgebremst und die Vorverlagerung damit begrenzt (durchgezogene Kurve).

Bei aktuellen Fahrzeugen sind in der Regel Dreipunktgurte mit Aufrollautomatik eingebaut. Das Gurtschloss ist bei verstellbaren Sitzen am Sitz befestigt, die Aufrollvorrichtung an der B- bzw. C-Säule, s. Abbildung 7.17. Gurtstraffer unterstützen die Schutzwirkung der Gurte, indem sie die normalerweise vorhandene Gurt Lose weitgehend beseitigen. Gurtlose entsteht insassenseitig z. B. durch Winterbekleidung oder anderweitig bedingtes nicht vollständiges Anliegen der Gurte am Körper. Fahrzeugseitig entsteht eine Gurtlose durch den sogenannten Filmspuleneffekt (Kurutas 2011) und durch die Dehnung der Gurte. Die Gurtstraffer ziehen während des Aufprallvorgangs die Gurte enger um den Körper des Insassen und halten diesen damit mit dem Oberkörper möglichst dicht an der Sitzlehne. Die maximale Vorverlagerung bei gestrafften Gurten liegt bei ca. 2 cm, der Straffungseingriff dauert lediglich zwischen 5 und 10 ms (Bosch, Reif und Dietsche 2014).

Gurtstraffer werden vorwiegend beim Frontalaufprall, zunehmend aber auch beim Seitenaufprall eingesetzt. Zum Einsatz kommen entweder Schultergurtstraffer und/oder Gurtschlossstraffer. Den besten Schutz bietet der kombinierte und abgestimmte Einsatz beider Systeme. Schultergurtstraffer werden pyrotechnisch betätigt. Dabei wird eine Treibladung elektrisch gezündet, deren freigesetzte Gasladung über einen Kolben und ein Stahlseil die Gurtrolle dreht. Heutige Gurtstraffer gestatten ein Zurückziehen des Gurtbands um 12 cm in 10 ms. Die Zündung des Gurtstraffers ist wegen der pyrotechnischen Auslösung naturgemäß irreversibel und muss daher durch einen entsprechenden Algorithmus abgesichert werden, um z. B. ein Überfahren des Bordsteins von einem Aufprall auf ein festes Hindernis zu unterscheiden. Im Vorfeld eines Unfalls (Pre-Crash) kommen seit einigen Jahren auch reversible, elektrisch betriebene Gurtstraffer zum Einsatz, die z. B. durch ein erkanntes Schleudern des Fahrzeugs ausgelöst werden (Kurutas, Elsäßer et al. 2006b, Kurutas 2011).

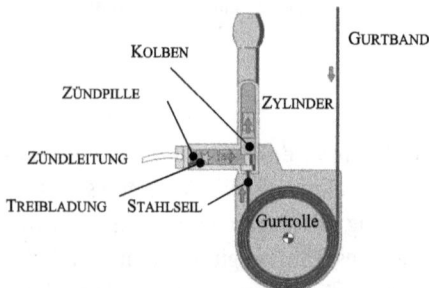

Abb. 7.17: Schultergurtstraffer nach (Bosch, Reif und Dietsche 2014).

Um Verletzungen des Fahrzeuginsassen durch Gurte und Gurtstraffer zu vermeiden, müssen zu hohe Beschleunigungsspitzen vermieden werden. Hierzu kommen Gurtkraftbegrenzer zum Einsatz, die ab einer festgelegten Gurtbandkraft die Gurtlänge wieder vergrößern. Dies wird entweder durch den Einbau entsprechender Verformungselemente in die Aufrollvorrichtung der Gurte oder durch die Verwendung von Gurten mit Reißnähten erreicht.

7.4.2 Airbagsysteme

Airbagsteuergerät

Neben Sensoren (Beschleunigungs-, Druck- und Schallsensoren) und Aktoren (Gasgeneratoren) ist eine unverzichtbare Komponente eines Rückhaltesystems das Airbagsteuergerät. Typische Funktionen können sein:

- Erkennung eines Aufpralls oder Überrollens durch die Analyse der Sensorsignale,
- Ansteuerung der Rückhaltemittel,
- Abtrennung der Batterie,
- Abstellung der Kraftstoffzufuhr und
- Auslösung eines Notrufs.

Neben der typischen Ausführung mit einem zentralen Steuergerät werden auch vernetzte Systeme eingesetzt, bei denen die Funktionen auf mehrere Steuergeräte verteilt sind.

Die Hauptbestandteile eines Zentralsteuergerätes sind, s. Abbildung 7.18:

- Mikrocontroller mit Betriebssystem, Auslösealgorithmus, Diagnose u. a.,
- ein redundanter Sicherungspfad (z. B. als Logikschaltung oder Mikrocontroller ausgeführt),

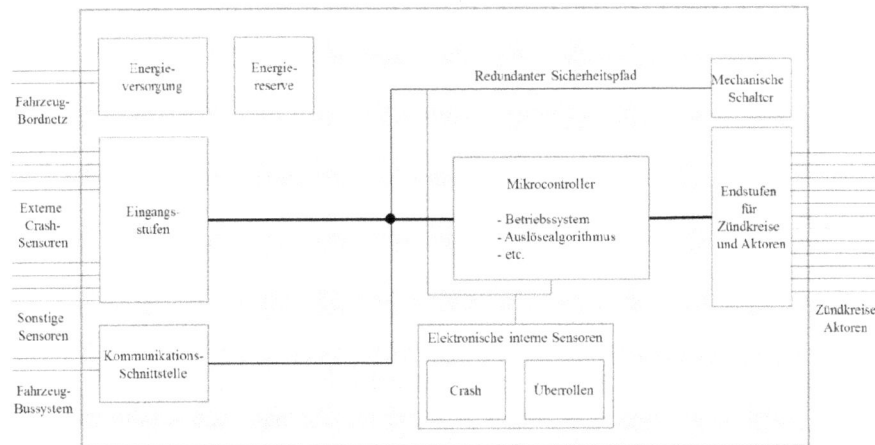

Abb. 7.18: Prinzipieller Aufbau eines Zentral-Airbag-Steuergerätes nach (Reif 2014).

- interne Sensoren,
- Energieversorgung,
- Energiereserve,
- Busankopplung,
- redundante Endstufen für Zündkreise und Aktoren sowie
- Eingangsstufen für externe Sensoren und Schalter.

Darüber hinaus ermöglicht eine Kommunikationsschnittstelle, ein Unfallereignis an das Gesamtfahrzeug zu melden. Dadurch können weitere Maßnahmen initiiert werden, wie z. B. die Ansteuerung von Anzeigen im Kombiinstrument, die Übermittlung von Diagnoseinformationen, Warnblinkern, etc.

Gasgeneratoren

Der Gasgenerator ist zuständig für die Gaserzeugung und für die Füllung des Luftkissens innerhalb weniger Millisekunden (Schlott 1996). Die in der Regel zylindrisch aufgebauten Gasgeneratoren enthalten pyrotechnische Treibladungen zur Erzeugung des Treibgases für die Airbags, die von einem elektrischen Zündelement (Zündpille) aktiviert werden, s. Abbildung 7.19. Der im Lenkrad eingebaute Fahrerairbag hat beispielsweise ein Volumen von ca. 60 l und der im Bereich des Handschuhfachs eingebaute Beifahrerairbag ein Volumen von 120 l. Beide werden innerhalb von ca. 30 ms nach der Zündung durch den Gasgenerator vollständig gefüllt. Allerdings gibt es auch andere Größen für Airbags, die abhängig von unterschiedlichen Kriterien variieren, s. Abschnitt Luftsack.

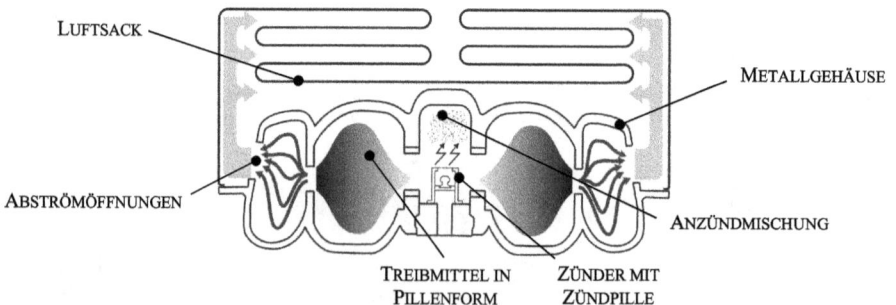

Abb. 7.19: Topf-Gasgenerator (schematische Darstellung).

Der Gasgenerator besteht aus einer Brennkammer aus Aluminium oder Stahl, welche die pyrotechnische Treibladung aufnimmt. Die Treibladung wird in Form gepresster Pellets eingebracht, um der Anzündeinheit eine möglichst große Oberfläche zu bieten. Das während des Abbrands entstehende Gas wird durch entsprechende Öffnungen in das Luftkissen geleitet. Die Zündung der Treibladung erfolgt durch einen in einer pyrotechnischen Primärladung eingehüllten Widerstandsdraht.

Ähnlich erfolgt die Zündung der Treibladungen in den Gurtstraffern. Die Gasgeneratoren füllen den jeweils zugeordneten Gaszylinder mit einem Füllgas.

Neben den klassischen Gasgeneratoren gibt es auch Konzepte für hybride Gasgeneratoren. Diese bestehen aus einer Kombination von Treibstoff und Druckflasche. Dabei ist vorgesehen, eine mit einem Gasgemisch gefüllte Druckflasche, die unter einem Druck von bis zu 250 bar steht, mit einem Treibsatz zu öffnen. Das ausströmende, durch den Druckverlust abgekühlte Gas wird dann durch den entzündeten Treibsatz beim Übergang in den Luftsack erwärmt (Schlott 1996).

Frontairbag

Ein Sicherheitsgurt kann auch in Kombination mit einem Gurtstraffer ab einer gewissen Geschwindigkeit ein Aufschlagen z. B. des Kopfes eines Fahrzeuginsassen auf das Armaturenbrett oder das Lenkrad nicht verhindern. Aus diesem Grund wird die Wirkung der Sicherheitsgurte durch Frontairbags ergänzt, die in der Regel in Kombination und abgestimmt mit den Gurtsystemen ein Abfangen der Fahrzeuginsassenbewegung gestatten, sodass auch bei höheren Geschwindigkeiten die Wahrscheinlichkeit für fatale Verletzungen verringert werden kann.

Die Airbags werden angesteuert von einem in der Regel zentralen Steuergerät, das basierend auf den durch die Crash-Sensoren gemessenen Beschleunigungssignalen ein Zündsignal ausgibt. Danach blasen pyrotechnisch betriebene Gasgeneratoren Fahrer- und Beifahrerairbag innerhalb weniger Millisekunden auf. Der Airbag wird so angesteuert, dass er ganz gefüllt ist, bevor der Fahrzeuginsasse in ihn eintaucht. Im weiteren Crash-Verlauf entleert sich der Airbag teilweise wieder und absorbiert dabei die kinetische Energie, mit der die Person auftrifft, mit unkritischen Beschleunigungs- und Kraftwerten.

Die maximal zulässige Vorverlagerung des Fahrers, bis zu der der Airbag auf der Fahrerseite gefüllt ist, beträgt ca. 12,5 cm nach einer Zeit von ca. 40 ms nach Aufprallbeginn (bei einem Aufprall mit 50 km/h auf ein hartes Hindernis). Die Entscheidung, ob ein Airbag gezündet wird, muss bis 10–15 ms nach dem Aufprall gefällt werden. Bis dahin muss der Aufprall erkannt und durch den Algorithmus analysiert worden sein. Nach weiteren ca. 30–35 ms hat sich der Airbag voll entfaltet. Nach weiteren 80–100 ms hat sich der Airbag durch die Abströmöffnungen wieder entleert. Der gesamte Ablauf vom Aufprall bis zum Stillstand des Fahrzeugs dauert damit nur ca. 100 ms. Die genannten Werte gelten beispielhaft für den Fahrer. Beim Airbag auf der Beifahrerseite ergeben sich bezüglich der Auslöseentscheidung vergleichbare Werte, während die Füllzeit für den (größeren) Airbag auf der Beifahrerseite etwas höher bei ca. 50 ms liegt.

Zur Vermeidung von Verletzungen von Fahrzeuginsassen, die sich „Out of Position" befinden (z. B. sich weit nach vorne lehnen) oder von Kleinkindern in rückwärts gerichteten (Reboard-)Kindersitzen, werden die Auslösung des Frontairbags und dessen Befüllung an die jeweilige Situation angepasst. Hierzu dienen Maßnahmen der Innenraumüberwachung und Sitzbelegungserkennung, s. Abschnitt 7.5.

Seitenairbag

Seitenairbags sollen vor den Folgen eines Seitenaufpralls schützen. Dazu entfalten die sich z. B. zum Kopfschutz entlang des Dachausschnitts (z. B. Inflatable Tubular Systems, Window Bags, Inflatable Curtains) bzw. aus der Tür oder der Sitzlehne (Thoraxbags, Oberkörperschutz). Die rechtzeitige Auslösung der Seitenairbags ist wegen der fehlenden Knautschzone und dem kleinen Abstand zwischen den Fahrzeuginsassen und den seitlichen Fahrzeugstrukturteilen noch einmal schwieriger als im Frontbereich. Bei Seitenaufprallen bleibt daher für die Aktivierung der Schutzmaßnahmen lediglich eine Zeit von ca. 5–10 ms. Die Aufblasdauer der ca. 12 l großen Thoraxbags darf maximal 10 ms betragen.

Luftsäcke

Der Luftsack bzw. das Luftkissen ist der eigentliche Namensgeber des Airbag-Systems. Luftsäcke gibt es in unterschiedlichen Formen und Größen. Neben kreisförmigen Formen auf der Fahrerseite und rechteckigen Formen auf der Beifahrerseite, s. Abbildung 7.21, kommt mittlerweile im Seiten- und Kopfbereich auch eine Vielzahl anderer Luftsackformen zum Einsatz, s. Abbildung 7.20.

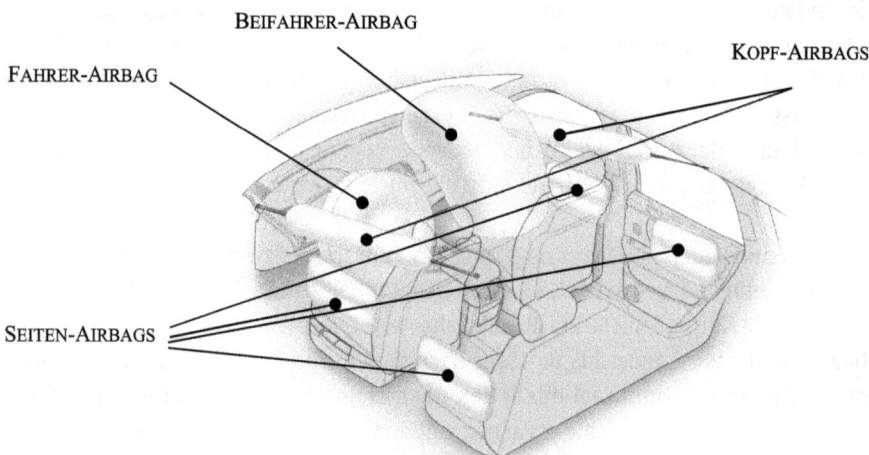

Abb. 7.20: Airbagsystem mit Front-, Seiten- und Kopf-Airbags © BMW AG.

Neben geometrisch unterschiedlichen Ausführungen gibt es auch ganz unterschiedliche Größen von Luftsäcken. Im Frontbereich haben sich die Größenklassen „Euro-size", „Mid-size" und „Full-size" herausgebildet. Diese Bezeichnungen beschreiben die Größe der Airbags, die sich nach den konstruktiven Bedingungen der Fahrzeugkarosserie, der Leistung und der Ausprägung des Gasgenerators, insbesondere aber nach dem Schutzzweck richtet. Historisch betrachtet sind die Unterschiede im Volumen der

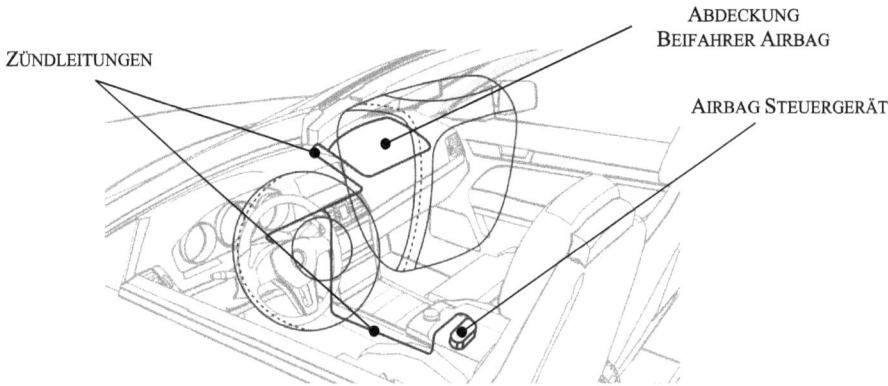

Abb. 7.21: Fahrer- und Beifahrer-Airbag.

eingesetzten Luftsäcke auf unterschiedliche Gesetzeslagen und Schutzphilosophien der Hersteller insbesondere in den USA und Europa zurückzuführen. In den USA wurden Airbags als „stand alone"-Rückhaltesystem („Full-size" Airbag) eingesetzt, während der Airbag („Euro-size" Airbag) in Europa als Ergänzung zum Sicherheitsgurt vorgesehen war. Gebräuchlich waren daher Airbag-Volumina von 25–35 l auf der Fahrer- und ca. 60 l auf der Beifahrerseite. Diese Entwicklung scheint sich auf einen Bereich hin zu bewegen, der durch Airbag Volumina („Mid-size" Airbag) von 45–60 l auf der Fahrerseite und 80–120 l auf der Beifahrerseite gekennzeichnet ist (Kramer 2013).

Airbag-Abdeckung

Die Schnittstelle zwischen dem Airbag-Modul mit Gasgenerator und Luftsack und dem Passagierraum stellt die Airbag-Abdeckung dar. Die Herausforderungen bei der Herstellung dieser Schnittstelle sind die Forderung nach einem leichten und definierten Aufreißen bei der Zündung des Airbags einerseits und der Einpassung der Abdeckung in die individuelle Gestaltung des Fahrzeuginnenraums (Schlott 1996).

7.4.3 Auslösesensorik und Algorithmen

Die Verzögerungen bei einem Unfall werden mit einem oder mehreren in Fahrzeuglängs- und Fahrzeugquerachse messenden Sensoren, den Auslösesensoren, erfasst, s. Abbildung 7.22. Aus den Beschleunigungswerten wird die Geschwindigkeitsänderung berechnet. Auch die Auswertung der Querbeschleunigung ist bei einem Frontalaufprall nützlich, um z. B. Schräg- und Offset-Crashs zu erkennen.

Zum Einsatz kommen heute in der Regel mikro-mechanische Beschleunigungssensoren, die entweder direkt im Airbag-Steuergerät oder einem Sensormodul eingebaut sind. Diese Sensoren erfassen einen Aufprallunfall allerdings mit einer gewissen Verzögerung, da sich die Verformung der Frontpartie des Fahrzeugs nur verzögert in einer Beschleunigung der Fahrgastzelle widerspiegelt. Daher werden darüber hinaus im Frontbereich teilweise Satelliten-Sensoren (sogenannte Up-front-Sensoren) eingesetzt, die in der Fahrzeugfront montiert werden und damit bereits zu einem sehr frühen Zeitpunkt eine Auslöseentscheidung ermöglichen, s. Abbildung 7.14.

Im Seitenbereich werden ebenfalls Satelliten-Sensoren eingesetzt, die auf unterschiedlichen physikalischen Prinzipien beruhen können. So kommen neben Beschleunigungssensoren auch z. B. Sensoren zum Einsatz, die Druckveränderungen im Hohlraum der Fahrzeugtüren oder neuerdings auch Körperschalländerungen erfassen.

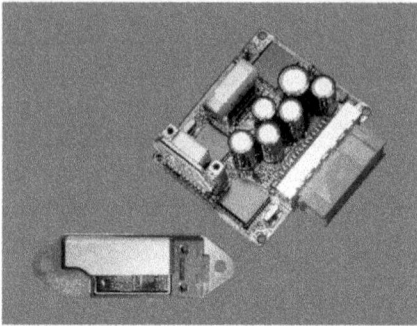

Abb. 7.22: Airbagsteuergerät mit Crash-Sensorik © BMW AG.

Die Erkennung des Zeitpunktes eines Aufpralls muss durch eine Bewertung von Unfallart und -schwere ergänzt werden. So dürfen z. B. weder Parkrempler, Bordsteinüberfahrten, Aufsetzer oder Schlaglöcher zu einer Auslösung der Rückhaltemittel führen. Die von den Sensoren erfassten Signale werden hierzu zunächst aufbereitet und durch Auswertealgorithmen verarbeitet, s. Abbildung 7.23, die durch entsprechende Schwellenwerte mittels Crash-Versuchen und -Simulationen parametriert werden.

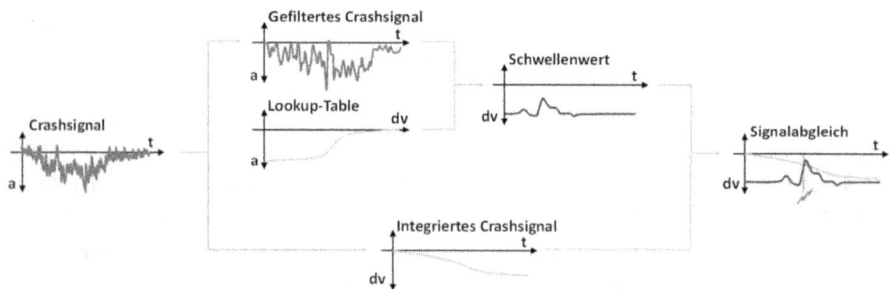

Abb. 7.23: Grundsätzlicher Ablauf einer Crash-Erkennung (Heide 2014).

Die Algorithmen für Front- und Seitenaufprall unterscheiden sich in der Regel. Bei Fahrzeugen mit Überrollerkennung läuft zusätzlich ein Überrollalgorithmus.

In den Algorithmus zur Behandlung eines Front-Crashs gehen hauptsächlich die Signale der zentralen, in der Regel in das Steuergerät integrierten, Beschleunigungssensoren in Fahrzeuglängsrichtung sowie ggf. der in der Fahrzeugfront angebrachten Satelliten-Sensoren ein. Die Signale der im Fahrzeuginnenraum platzierten Sensoren erfassen die Verzögerungen, denen der Passagierraum und damit die Fahrzeuginsassen ausgesetzt sind. Das Signal der Satelliten-Sensoren[6] erfasst die Beschleunigung der Fahrzeugfront. Aus den Unterschieden in der Intensität und dem zeitlichen Versatz der unterschiedlichen Sensorsignale lässt sich die Unfallschwere und ggf. die Richtung des Aufpralls sowie die Überdeckung der Aufprallfläche schätzen.

Algorithmen zur Erkennung eines Seitenaufpralls verwenden die Signale der internen lateral messenden Beschleunigungssensoren sowie Signale der Drucksensoren in den Türen und die Signale der Beschleunigungssensoren im Bereich der Deformationszonen. Die Aufbereitung und Bewertung der Signale entspricht prinzipiell dem Vorgehen im Frontbereich. Wegen des wesentlich kleineren Verformungsbereichs an der Fahrzeugseite sind die Anforderungen nach kurzen Auslösezeiten hier noch einmal deutlich höher als im Frontbereich. Typische Auslösezeiten beim Seitencrash liegen je nach Aufprallart im Bereich 4–15 ms (Reif 2014).

Für alle Aufprallarten gilt, dass die Auslöseentscheidung zu einem möglichst frühen Zeitpunkt des Unfallablaufs getroffen werden muss. Dem steht entgegen, dass zu Beginn des Aufprallvorgangs oft erst Beschleunigungen von wenigen g auftreten. Im weiteren Unfallverlauf können hingegen dann noch Beschleunigungen zwischen 100 g (im Zentralsteuergerät) oder 500 g in Satelliten-Sensoren auftreten. In sogenannten „nofire"-Situationen, wie z. B. beim Überfahren hoher Bordsteine bei höheren Geschwindigkeiten, treten hingegen durchaus höhere Beschleunigungsspitzen auf, bei denen aber nichts ausgelöst werden darf (Reif 2014). Aus diesem Grund werden weitere Kriterien in die Auslöseentscheidung eingebunden.

Die Auslösung der Komponenten der Rückhaltesysteme soll hier am Beispiel des Frontaufpralls erläutert werden. Für die Entscheidung, ob die Rückhaltesysteme ausgelöst werden müssen, stehen in der Regel ca. 10–20 ms zur Verfügung. Die Entscheidung muss anhand der vorliegenden Sensorsignale der eingebauten Sensoren getroffen werden. Ein Beispiel für ein derartiges Signal zeigt die Abbildung 7.23. Der Beschleunigungsverlauf spiegelt dabei die Hauptlastpfade und das Kollabieren der einzelnen Strukturkomponenten wider, wie in Abbildung 7.24 gezeigt.

Das Beschleunigungssignal muss zunächst gefiltert werden, um nicht relevante Schwingungsfrequenzen zu entfernen. Das Crash-Signal wird zusätzlich integriert, um die Geschwindigkeitsreduktion zu berechnen.

---

6 Auch als Up Front Sensoren bezeichnet.

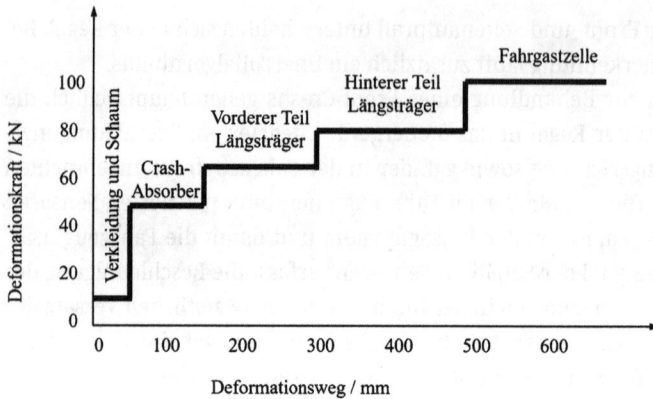

Abb. 7.24: Deformationsverlauf der Hauptlastpfade (Heide 2014).

Beim Seitenaufprall sind die Verhältnisse aufgrund der fehlenden Knautschzone von Grund auf anders als beim Frontaufprall. Deshalb sind dort andere Maßnahmen erforderlich. Hierzu werden einerseits die Seitenstrukturen besonders robust ausgelegt. Zusätzlich werden z. B. Drucksensoren in die Türen verbaut, die beim Überschreiten eines gewissen Schwellenwertes ein Signal an das Airbag-Steuergerät senden. Diese direkte Crash-Erkennung an der äußersten Seitenstruktur erlaubt eine frühestmögliche Aktivierung aller erforderlichen Rückhalte- und Sicherheitssysteme, wie in diesem Falle Seiten- und Kopfairbags oder auch Gurtstraffer. Insgesamt wird durch diese Vorgehensweise wird eine bestmögliche Ausnutzung der Zeit zwischen Kollisionsbeginn und dem etwaigen Kontakt mit dem Fahrzeuginsassen erreicht.

7.5 Fahrzeuginsassenerkennung

Um einerseits Gefahren, die Airbags im Falle einer Fehlpositionierung der Fahrzeuginsassen ausgehen zu vermeiden und andererseits unnötige Beschädigungen am Fahrzeug durch das Zünden eines Airbags zu vermeiden, sind moderne Fahrzeuge mit Sensoren ausgestattet, die z. B. die Erkennung der Belegungssituation eines Sitzes ermöglichen. Hierzu wird die Auslösung eines Airbags von der Belegung des Sitzes abhängig gemacht. Zu diesem Zweck werden in modernen Fahrzeugen die Sitzbelegungen durch das Erfassen des Gewichts des Passagiers erfasst. Über die Erkennung der Belegung hinaus werden durch eine entsprechende Klassifizierung des Gewichts auch Einstellungen der Airbagauslösung vorgenommen. Abbildung 7.25 zeigt als Beispiel eine Sensormatte, die direkt in den Sitz integriert ist und eine entsprechende Erkennung gestattet. Darüber hinaus gibt es andere transpondergestützte Verfahren zur Erkennung von Kindersitzen, wobei auch die Einbaurichtung des Sitzes erkannt wird. Für weitere Informationen sei auf die entsprechende Spezialliteratur verwiesen, s. z. B. (Kramer 2013).

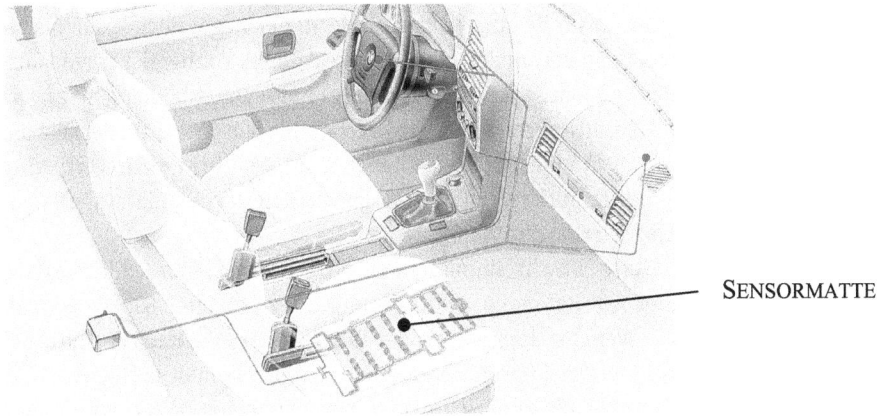

SENSORMATTE

Abb. 7.25: Sitzbelegungserkennung (Quelle: BMW).

7.6 Fahrzeugüberschlag

Neben den Schutzmaßnahmen bei Frontal- und Seitenaufprallen kommt auch dem Schutz bei Überrollvorgängen eine hohe Bedeutung zu. Einerseits fehlt bei offenen Kraftfahrzeugen wie z. B. Cabriolets bei einem Überschlag die schützende und abstützende Dachstruktur, die bei dieser Fahrzeugart durch Überrollbügel oder ähnliche Vorrichtungen ersetzt werden muss. Andererseits zeigen z. B. SUVs aufgrund ihrer hohen Schwerpunktlage eine größere Neigung zu Überrollvorgängen als konventionelle Fahrzeuge. Eingesetzt werden für diese Unfallart Erkennungskonzepte, die einerseits mit einem Drehratensensor die Drehung um die Fahrzeuglängsachse messen und andererseits mit Beschleunigungssensoren, die in Quer- und Vertikalrichtung messen und zur Plausibilisierung der Auslöseentscheidung sowie dem Erkennen der Überrollart (Böschungs-, Abhang-, Bordsteinanprall- oder Bodenverhakungs- bzw. „Soil Trip"-Überschlag) (Bardini, Nagelstraßer und Wronn 2007, Bardini 2008, Schramm, Hiller und Bardini 2018).

Je nach Überrollsituation, Drehrate und Querbeschleunigung müssen die Fahrzeuginsassenschutzeinrichtungen geeignet angepasst werden. Die Auslösung erfolgt nach 30–3.000 ms. Der Fahrzeugüberschlag nimmt im Vergleich zu anderen Unfallarten in mancher Hinsicht eine Sonderrolle ein. Dies gilt besonders im Hinblick auf die sichere und rechtzeitige Erkennung des Ereignisses Fahrzeugüberschlag. So können bei Front- oder Seitenkollisionen für die Erkennung des Unfalls die aus den Verzögerungen des Fahrzeugs hervorgerufenen Beschleunigungen zur Erkennung genutzt werden. Die Erkennung eines Crashs läuft dann fast ausschließlich beschleunigungsbasiert ab, und es müssen zuerst signifikante Fahrzeugverzögerungen auftreten, die durch die abrupte Abbremsung des Fahrzeugs hervorgerufen werden. Anders verhält es sich dagegen bei der rechtzeitigen Erkennung eines drohenden Fahrzeugüberschlags, da in dem Zeitbereich, in dem Auslöseentscheidungen für Rückhaltesysteme bei Überschlägen getroffen werden müssen, außer im Falle eines Folgeunfalls, in der Regel noch keine plastischen Fahrzeugdeformationen vorhanden sind. Während dieses Zeitbereiches sind ausschließlich fahrdynamische Abläufe für die Erkennung eines Fahrzeugüberschlags verfügbar. Hierfür ist eine Ausstattung mit einer entsprechenden Sensorik erforderlich, die erst seit den 1980er Jahren in einer großserientauglichen Ausführung zur Verfügung steht. Allerdings können hier andererseits die Möglichkeiten der Simulation effizient und extensiv genutzt werden (Bardini 2008).

Die erste detailliertere Beschreibung eines aktiven Überschlagschutzsystems stammt von der Daimler AG (Baumann, Matthias und Bossenmaier 1989, Bossenmaier und Brambilla 1989). Wenig später folgten die Fahrzeughersteller BMW und Audi mit der Einführung von vergleichbaren reversiblen Schutzsystemen bei ihren Fahrzeugen. Einer der Gründe für die zunächst eher zögerliche weitere Verbreitung war, wie bereits erwähnt, dass erst eine Sensorik verfügbar gemacht werden musste, die eine zuverlässige und rechtzeitige Erkennung von Überschlagunfällen ermöglichte. Als erster Automobilzulieferer begann 1996 die Robert Bosch GmbH mit der Entwicklung eines neuartigen, auf der bereits von ESP-Systemen genutzten Drehratenmessung basierenden Sensorkonzeptes (Groesch, Mattes und Schramm 1996).

Zur Analyse der Entstehungsweise von Überschlagunfällen sind detaillierte Unfalldaten erforderlich. Die NHTSA[7] hat eine Vielzahl verschiedener Überschlagszenarien definiert, die zur Identifikation der Arten und Umstände von Überschlagunfällen bei der Erfassung von Felddaten in der CDS-Datenbank (Crashworthiness[8] Data System) herangezogen werden (Bardini 2008):

– „Trip-over" liegt dann vor, wenn die laterale Bewegung eines Fahrzeugs abrupt verlangsamt oder gestoppt wird. Dies kann hervorgerufen werden zum Beispiel durch einen Bordstein, ein Schlagloch oder einen weichen Untergrund, in den sich ein Rad eingräbt.

– „Turn-over" liegt dann vor, wenn ein Fahrzeug allein aufgrund von Zentrifugalkräften ohne Veränderung der Fahrbahnreibung zum Überschlag kommt. Dieser Überschlagtyp ist wahrscheinlicher bei Fahrzeugen mit höherer Schwerpunktlage als bei Pkws. Er kann auf Untergründen wie Asphalt, Schotter oder Rasen vorkommen.

– „Fall-over" liegt dann vor, wenn ein Fahrzeug auf einer abschüssigen Fahrbahn fährt und dadurch der Fahrzeugschwerpunkt dabei außerhalb der Radaufstandspunkte gerät. Der wesentliche Unterschied zum „Turn-over" ist das Vorliegen einer abfallenden Fahrbahn, z. B. eine Böschung oder ein Graben.

– „Flip-over" liegt dann vor, wenn ein Fahrzeug durch einen Kontakt mit einem rampenähnlichen Objekt, wie zum Beispiel einer Leitplanke oder einem Begrenzungswall, einen Drehimpuls um seine Längsachse erfährt.

---

7 NHTSA: National Highway Traffic Safety Administration.

8 Crash-Festigkeit: Fähigkeit einer Fahrzeugstruktur, die Insassen während eines Unfalls zu schützen.

– „Climb-over" liegt dann vor, wenn ein Fahrzeug durch eine Kollision mit einem fest-stehenden Objekt, wie zum Beispiel einer Betonbarriere aufsteigt und dahinter zum Liegen kommt. Im Gegensatz zum „Trip-over" an einem Bordstein hat bei diesem Unfalltyp das Kollisionsobjekt eine größere Höhe, d. h. mindestens die Höhe des Raddurchmessers.

– „Bounce-over" liegt dann vor, wenn ein Fahrzeug nach einer Kollision mit ei-nem feststehenden Objekt von diesem abprallt und sich dadurch unmittelbar überschlägt. Im Gegensatz zum „Climb-over" übersteigt das Fahrzeug das Kolli-sionsobjekt nicht und kommt davor zum Liegen.

– „Collision" liegt dann vor, wenn ein Fahrzeug unmittelbar aufgrund einer Kollisi-on mit einem anderen Fahrzeug zum Überschlag kommt (zum Beispiel bei einem Kreuzungsunfall, bei dem ein Fahrzeug seitlich durch ein anderes gerammt wird).

– „End-over-end" liegt immer dann vor, wenn sich ein Fahrzeug primär um die Quer-achse (Nickbewegung herrscht vor) überschlägt.

Physikalische Betrachtungen zum Kippen von Fahrzeugen

Der Überschlagvorgang umfasst komplexe Wechselwirkungen von Kräften, die sowohl im als auch am Fahrzeug wirken. Diese Vorgänge können im Rahmen dieses Buches nur mit einfachen analytischen Modellen erläutert werden. Hierzu werden die grundlegen-den mechanischen Abläufe für den quasi-statischen Zustand des Kippens betrachtet. Für eine ausführliche Analyse des Überrollvorgangs sei auf Bardini 2008 und Schramm, Hiller und Bardini 2018 verwiesen.

Die einfachste Betrachtungsweise zur Analyse von Kippvorgängen ist die Modellie-rung des Fahrzeugs als starrer Körper unter Vernachlässigung von Verformungen der Reifen oder der Radaufhängungen.

Im Augenblick des Beginns eines seitlichen Überschlags ergeben sich die in Abbil-dung 7.26 dargestellten Kräfte unter der Annahme $\varphi = 0$. Bildet man das Momenten-gleichgewicht um den abstützenden Reifenaufstandspunkt A, so ergibt sich:

$$mg\frac{b_V}{2} - h_S m a_y = 0. \tag{7.15}$$

Unter der Annahme, dass kein seitliches Rutschen zwischen Reifen und Fahrbahn auf-tritt, kann es beim Überschreiten des Momentes der Querkraft F_y durch das Rückstell-moment der Gewichtskraft zum Beginn eines Überschlages kommen. Nimmt nun für die Querbeschleunigung a_y einen maximalen Wert von einem g an, so ergibt sich:

$$\text{SSF} = \frac{b_V}{2h_S} = 1. \tag{7.16}$$

Die Größe SSF wird auch als „**S**tate **S**tability **F**actor" bezeichnet. Die Stabilität gegenüber seitlichen Überschlägen nimmt mit SSF zu. Ein SSF < 1 kann bereits bei Querbeschleuni-gungen von einem g zum Überschlag führen, wenn eine entsprechend große Seitenkraft

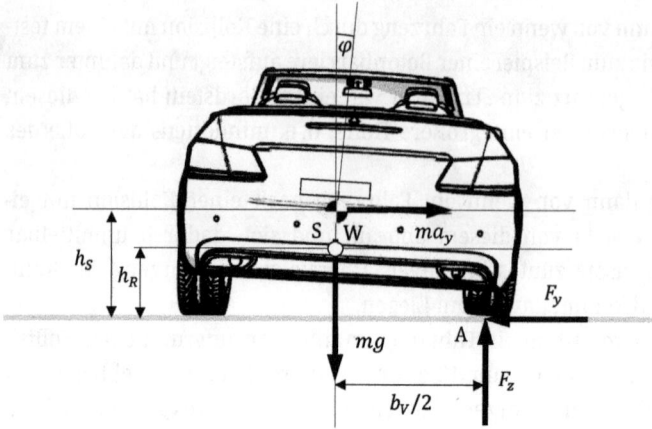

Abb. 7.26: Kräfte beim Kippvorgang eines Kraftfahrzeugs.

F_y aufgebaut werden kann. Dies kann entweder durch den Reibschluss der Reifen oder durch ein Hindernis, wie z. B. eine Gehwegkante erfolgen.

Der SSF unterschätzt das Überschlagspotential. Insbesondere wird das Wanken des Fahrzeugs und Reifeneinfederung in diesem Fall nicht berücksichtigt. Dies führt zu der in Abbildung 7.26 dargestellten Situation. Hier ergibt das Momentengleichgewicht um den kurvenäußeren und daher abstützenden Reifenaufstandspunkt:

$$mg\left[\frac{b_V}{2} - \sin\varphi(h_S - h_r)\right] - ma_y[h_r + \cos\varphi(h_S - h_r)] = 0. \tag{7.17}$$

Für einen kleinen Wankwinkel φ zu Beginn des Überschlags ergibt sich näherungsweise die Beziehung:

$$g\left[\frac{b_V}{2} - \varphi(h_S - h_r)\right] - a_y h_S = 0. \tag{7.18}$$

Ersetzt man nun noch den Wankwinkel φ durch den Quotienten aus dem Drehmoment der Querkraft um den Reifenaufstandspunkt und der Wankelastizität c_φ (s. Kapitel 3) so ergibt sich die Bedingung:

$$\frac{a_y}{g} = \frac{b_V}{2h_S} \frac{c_\varphi}{mg(h_S - h_R) + c_\varphi} = \text{SSF} \frac{c_\varphi}{mg(h_S - h_R) + c_\varphi}. \tag{7.19}$$

Der SSF wird durch den zweiten Faktor verkleinert. Eine weitere Verkleinerung ergibt sich durch die seitliche Deformation der Reifen über die dadurch verursachte Reduktion der Spurbreite (Bardini 2008).

Eine weitere Abschätzung des Überschlagspotentials von Fahrzeugen erhält man durch eine Bilanzierung der kinetischen Energie, die für einen Überschlag potentiell zur Verfügung steht. Wenn das betrachtete Fahrzeug die Quergeschwindigkeit v_y besitzt, so ergibt sich aus dem Drehimpulserhaltungssatz bzgl. des Radaufstandspunktes zu Beginn des Überschlags die Beziehung:

$$mv_y h_S = \Theta_{X_A} \omega_x. \tag{7.20}$$

Dabei beschreiben Θ_{X_A} das Trägheitsmoment um den Reifenaufstandspunkt und ω_x die Wankwinkelgeschwindigkeit. Damit ein Überschlag überhaupt möglich wird, muss die Rotationsenergie mindestens dazu ausreichen, den Fahrzeugschwerpunkt über den Radaufstandspunkt hinwegzubewegen. Daher muss die Bedingung:

$$mg\left(\sqrt{h_S^2 + \frac{b_V^2}{4}} - h_S \right) = \frac{1}{2}\Theta_{X_A} \omega_x^2, \tag{7.21}$$

erfüllt sein.

Gl. (7.20) in (7.21) eingesetzt ergibt:

$$mg\left(\sqrt{h_S^2 + \frac{b_V^2}{4}} - h_S \right) = \frac{1}{2}v_y^2 h_S^2 \frac{m^2}{\Theta_{X_A}} \tag{7.22}$$

und schließlich nach der Quergeschwindigkeit aufgelöst die Bedingung:

$$v_y = \text{CSV} = \sqrt{\frac{2g\Theta_{X_A}}{mh_S}\left(\sqrt{1 + \left(\frac{b_V^2}{2h_S}\right)^2} - 1 \right)}. \tag{7.23}$$

Das Acronym CSV steht für „**C**ritical **S**liding **V**elocity" und bezeichnet die kritische Rutschgeschwindigkeit. Übersteigt die Quergeschwindigkeit des Fahrzeugs diesen Wert, so kann es z. B. beim Anstoß an einen Bordstein zum Überschlag kommen. Typische Werte für Pkws liegen zwischen 17 und 25 km/h (Bardini 2008).

8 Elektrisches Bordnetz

Die elektrische Anlage eines Kraftfahrzeugs besteht aus einer Vielzahl elektrischer und elektronischer Komponenten. Die ersten elektrischen Netze in der Automobilgeschichte bestanden lediglich aus Generator (Lichtmaschine), Batterie, elektrischem Anlasser, Beleuchtung sowie dem notwendigen Kabelbaum. Die Begriffe Lichtmaschine und Starterbatterie machen deutlich, welche primären Aufgaben das Bordnetz hatte. Auch heute noch wird unter dem Begriff „elektrisches Bordnetz" oftmals die reine Stromversorgung eines Fahrzeugs verstanden. Dieses Verständnis ist allerdings schon seit geraumer Zeit nicht mehr ausreichend und die maßgeblichen Treiber für neuere Entwicklungen im Bereich des Bordnetzes stammen nicht nur aus der Notwendigkeit, eine stetig steigende Zahl elektrischer Verbraucher zuverlässig zu betreiben. Durch die hohe Zahl elektrischer und elektronischer Komponenten und den massiven Einsatz von Software im Fahrzeug ist es notwendig, die Themen des Informationsaustausches und der Softwarearchitektur in den Fokus zu rücken. Für die Kommunikation zwischen den einzelnen Komponenten und den elektronischen Steuergeräten (ECUs) werden in Kraftfahrzeugen mittlerweile eine Vielzahl unterschiedlicher Bussysteme eingesetzt und die Kommunikation der Komponenten mit Systemen außerhalb des Fahrzeugs haben zudem einen großen Einfluss auf die sogenannte Bordnetzarchitektur. Im Folgenden wird zwischen dem Leistungsbordnetz (für die Energieversorgung der elektrischen Komponenten) und dem Informationsbordnetz (für die Kommunikation zwischen verschiedenen Komponenten) unterschieden. Beide Teilbereiche des Bordnetzes sind nicht unabhängig voneinander zu verstehen.

Das Bordnetz kann in verschiedene Teile gegliedert werden. Es besteht aus den Erzeugern/Energiequellen der jeweiligen Spannungsebene (Generatoren, DC/DC-Wandler), Energiespeichern (Batterien, Ultra-Caps), den Verbrauchern (Elektronikmodule/ECUs, Aktoren und Sensoren) sowie den elektrischen Verbindungselementen (Leiter, Steckverbinder, Sicherungselemente usw.), die den sogenannten Kabelbaum bilden.

Das Bordnetz hat für die Wertschöpfung des Automobils mittlerweile eine herausragende Bedeutung. Bereits 2003 lag der Anteil der elektrischen und elektronischen Komponenten an den gesamten Herstellungskosten eines Fahrzeugs bei rund 30 % (Otterbach und Schütte 2004). Hinzu kommen noch die anteiligen Entwicklungskosten für die im Fahrzeug benötigte Software. Alles in allem summieren sich diese Zahlen auf mehr als ein Drittel der Gesamtkosten eines Fahrzeugs. Gerade in den letzten Jahren, nicht zuletzt durch die klare Zielsetzung hin zur Elektromobilität und die deutliche Weiterentwicklung von Fahrerassistenzsystemen, ist der Bereich des Bordnetzes noch stärker in den Fokus der Automobilentwicklung gerückt. Elektrische und elektronische Komponenten sind heute die Hauptträger der Innovationen im Automobilbereich. Häufig bildet die Elektrifizierung oder Digitalisierung die Grundlage, um den heutigen Funktionsumfang realisieren zu können. Die Anforderungen an ein modernes Kraftfahrzeug sind wesentlich vielfältiger als noch vor wenigen Jahrzehnten. Insbesondere die Anforderungen an Komfort und Infotainment, aber auch an Wirtschaftlichkeit und Sicherheit

https://doi.org/10.1515/9783111335872-008

sind starke Treiber für die Weiterentwicklung elektrischer, elektronischer und digitaler Fahrzeugsysteme.

Die Zunahme der elektrischen Komponenten im Fahrzeug hat dazu geführt, dass das gesamte elektrische System eines Kraftfahrzeugs heute eine sehr hohe Komplexität aufweist. Zum Beispiel hatte die elektrische Verkabelung des Mercedes Modells 170 V im Jahr 1949 nur 40 Stromkreise mit 60 Kontakten. Heutige Fahrzeuge haben aufgrund der vielen elektrischen Komponenten zwischen 1.000 und 4.000 Leitungen (Stromkreise) mit einer Gesamtlänge von 2–4 km und einem Gewicht von bis zu 60 kg (Ernst und Heuermann 2015). Je nach Zustand des Fahrzeugs kommt es zu unterschiedlichen Situationen der Energieknappheit. Neben der Energiebereitstellung für einzelne Komponenten rückt auch die fahrzeugweite Bereitstellung von Informationen (z. B. Sensordaten) in den Fokus. Insgesamt lässt sich die hohe Komplexität und Bedeutung für die Entwicklung elektrischer Systeme für moderne Kraftfahrzeuge auch aus der Tatsache ableiten, dass mehr als ein Drittel aller Fahrzeugpannen direkt oder indirekt durch das elektrische System verursacht werden (Abbildung 8.1). Berücksichtigt man darüber hinaus Startprobleme in dieser Statistik, die häufig durch eine entladene Batterie verursacht werden, so sind mindestens 50 % aller Fahrzeugpannen auf elektrische oder elektronische Komponenten zurückzuführen (ADAC 2023a).

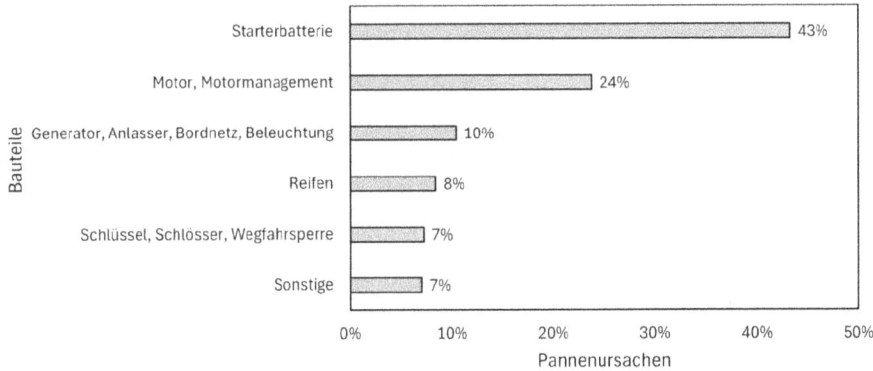

Abb. 8.1: Statistik zu den Ursachen von Fahrzeugausfällen aus der ADAC Pannenstatistik (ADAC 2023a).

Abbildung 8.2 stellt die Pannenursachen von Elektrofahrzeugen und solchen mit klassischem Verbrennermotor gegenüber. Anders als man vermuten könnte, gibt es keine großen Unterschiede zwischen Elektrofahrzeugen und Fahrzeugen mit klassischem Verbrennungsmotor. Auch bei E-Fahrzeugen ist das 12-V-Bordnetz mit seinen Komponenten (insbesondere der 12-V-Batterie) nach wie vor die häufigste Fehlerursache. Dies zeigt, wie entscheidend die robuste Auslegung des Bordnetzes für den Betrieb der Fahrzeuge ist.

Dieses Kapitel gibt zunächst eine Einführung in die Thematik des elektrischen Bordnetzes aus Sicht der Energieversorgung. Anschließend werden die zentralen Komponen-

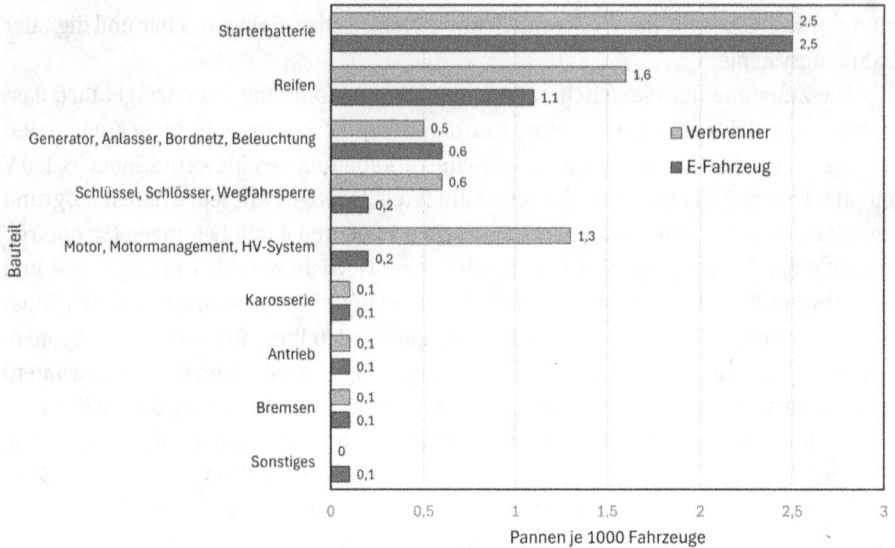

Abb. 8.2: Vergleich zwischen E-Fahrzeugen und Verbrennerfahrzeugen: Statistik zu den Ursachen von Fahrzeugausfällen aus der ADAC Pannenstatistik 2023 nach 2023a.

ten der Energieversorgung und -verteilung beschrieben und Ansätze zu deren Modellierung gegeben. Dabei wird immer wieder auf Anforderungen und Auslegungsgrundsätze eingegangen.

Im zweiten Teil des Kapitels wird das Informationsbordnetz näher betrachtet. Dieses hat entscheidend an Bedeutung gewonnen und es entscheidet oftmals darüber, wie neue Funktionen (etwa durch den Einsatz von Software) in ein Fahrzeug eingebracht werden können. Die Anforderungen an das Informationsbordnetz, wie der Wunsch nach vernetzten Fahrzeugen, den Möglichkeiten der Over-the-Air[1] Updates sowie an moderne Software, definieren schon heute die notwendige Architektur des physikalischen Bordnetzes (auch Topologie genannt). Die Architektur des Informationsbordnetzes kann nicht von der der Leistungsversorgung getrennt betrachtet werden. Gerade bei modernen Bordnetzen sind diese eng miteinander verbunden. Die sogenannten Zonenarchitekturen erfüllen sowohl aus der Sicht der Informationstechnologie als auch der Energieversorgung die Anforderungen an moderne automobile Systeme. Beide Bereiche lassen sich hier nicht unabhängig voneinander diskutieren.

---

[1] Unter „Over-the-Air Updates" werden Softwareaktualisierungen verstanden, die über das Telekommunikationsnetz vorgenommen werden können, ohne dass eine kabelgebundene Verbindung vorliegen muss. Das Fahrzeug kann also ähnlich wie mobile Endgeräte neue Software erhalten und so z. B. eine Funktionserweiterung erhalten. Dieselben Verbindungen können u. a. auch dazu genutzt werden eine Fahrzeugdiagnose vorzunehmen, ohne dass das Fahrzeug dafür in der Werkstatt stehen muss.

8.1 Entwicklungsgeschichte elektrischer Bordnetze

Bis Mitte des letzten Jahrhunderts war die Bereitstellung von elektrischer Energie in Kraftfahrzeugen eine eher unbedeutende Funktion. Die durchschnittliche Leistungsaufnahme betrug nur wenige Watt und die Hauptaufgabe des Stromnetzes war die Versorgung des Anlassers. Während einer Fahrt mussten nur wenige Verbraucher, wie Scheinwerfer, Signallampen oder Zündkerzen, betrieben werden. Die elektrische Energie für den Startvorgang konnte mit einer 6-V-Batterie bereitgestellt werden. Diese Batterie wurde dann während der Fahrt durch relativ leistungsschwache (Gleichstrom-)Generatoren nachgeladen. Die Begrifflichkeiten Starterbatterie und Lichtmaschine zeugen noch heute von diesen ersten Anforderungen.

Die bis in die 1960er Jahre verwendete 6-V-Batterie erwies sich jedoch bald als zu schwach, um auch weitere Verbraucher im Fahrzeug zu versorgen. Seitdem ist die 12-V-Batterie (24 V bei LKWs) die dominierende Technik im Pkw-Bereich. Heutige Batterien und die dazugehörigen Generatoren können eine Vielzahl von unterschiedlichen, zum Teil sehr leistungsstarken Verbrauchern mit elektrischer Energie versorgen.

Seit den 1990er Jahren hat sich der Bedarf an elektrischer Energieversorgung weiter drastisch verändert. Die Elektrifizierung verschiedener Komponenten sowie die Einführung verschiedenster neuer Verbraucher, mit zum Teil sehr hohem Leistungsbedarf, in das Stromnetz hat inzwischen zu einer durchschnittlichen Leistungsaufnahme von bis zu 3 kW für den Betrieb der elektrischen Fahrzeugkomponenten geführt, s. (Abbildung 8.3).

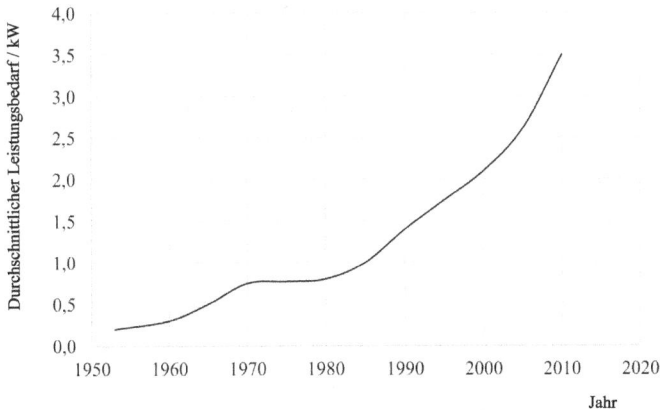

Abb. 8.3: Durchschnittlicher elektrischer Leistungsbedarf im Kraftfahrzeug nach Werten aus Wallentowitz und Reif 2008.

Betrachtet man die Leistungsspitzen in heutigen Bordnetzen, so wird der sehr hohe Bedarf an Energieversorgung deutlicher erkennbar. Bei einigen Anlagen kann ein kurzfristiger Leistungsbedarf von bis zu 14 kW auftreten (Abbildung 8.4). Diese Leistun-

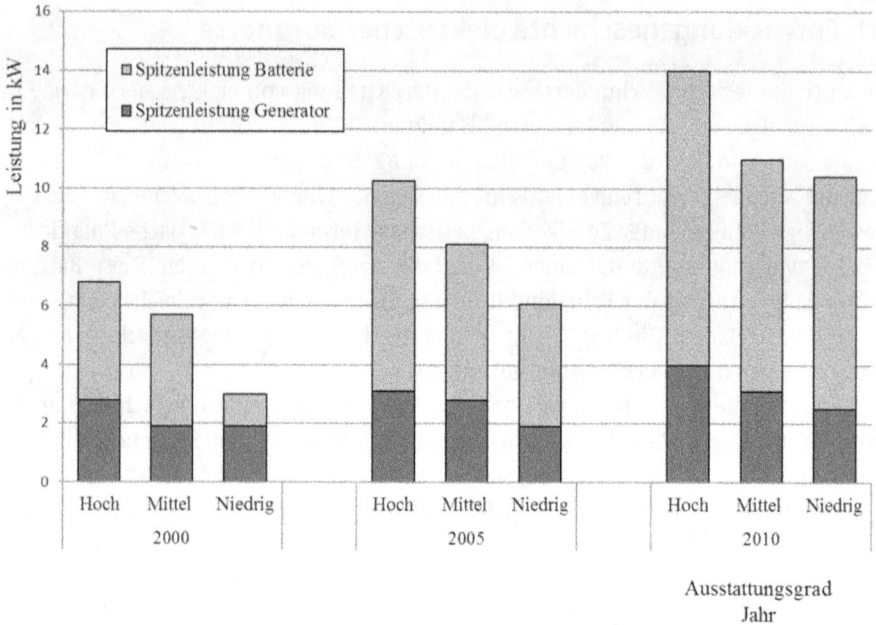

Abb. 8.4: Anfallender Spitzenleistungsbedarf im Kraftfahrzeugbedarf nach Werten von Schöttle und Threin 2000.

gen können nicht durch aktuelle 12-V-Generatoren oder DC/DC-Wandler im Bordnetz gedeckt werden. Es wird sehr deutlich, dass das noch genutzte 12-V-Bordnetz an seine Grenzen stößt. Vermehrt können Systeme mit zwei Generatoren oder DC/DC-Wandlern und mehreren Batterien gesehen werden. Dies ist insbesondere bei sehr hoch ausgestatteten Fahrzeugen aber auch bei Nutzfahrzeugen oftmals der Fall. Zusätzlich kann der Einsatz von 48-V-Systemen beobachtet werden, da hier höhere Systemleistungen realisierbar sind.

Die Batterie muss außerdem zunehmend auch während der Fahrt als Stromquelle dienen, da die primäre Energiequelle nicht die gesamte Leistung zur Verfügung stellen kann. Dies ist insbesondere der Fall, wenn die Dynamik der Generatoren oder DC/DC-Wandler zu gering ist, um sehr schnelle Laständerungen auszugleichen. Darüber hinaus können ungünstige Fahrprofile zu einer negativen Ladebilanz führen, sodass die Startfähigkeit des Fahrzeugs auf Dauer nicht gewährleistet ist. Es wird daher seit geraumer Zeit beobachtet, dass die elektrischen Verbraucher im Kraftfahrzeug durch ein Energiemanagement so geregelt werden, dass die Funktionsfähigkeit der wesentlichen Komponenten gewährleistet ist, s. Abschnitt 8.11.

Bereits in den 1990er Jahren wurde eine Erhöhung der elektrischen Netzspannung auf 42 V diskutiert (Schöttle, Schramm und Schenk 1996). Mit dieser neuen Spannungsebene sollte das Problem der Stromknappheit bei Verbrauchern mit sehr hohem Leistungsniveau gelöst werden. Aufgrund verschiedener Probleme hat sich der definierte Standard von 42 V jedoch nie in der weltweiten Serienproduktion durchgesetzt.

Inzwischen wurde eine Norm von 48 V für elektrische Systeme von Kraftfahrzeugen eingeführt. Die 48-V-Antriebe basieren ebenfalls auf den Erfahrungen mit der (gescheiterten) Einführung der 42-V-Antriebe und sind insbesondere bei sogenannten Mildhybriden im Einsatz. Die erhöhte Spannung hat dabei nicht nur den Vorteil, dass elektrische Maschinen beim Anfahren der Fahrzeuge unterstützen können (sog. Boosten) oder eine verbesserte Startfähigkeit erreicht werden kann, sondern ermöglicht auch die verbesserte Energierückgewinnung in bestimmten Situationen (sog. Rekuperation). Bei batterieelektrischen oder Voll-/Plug-in-Hybridfahrzeugen steht ohnehin eine zweite Spannungsebene mit hoher Leistung zur Verfügung, die verwendet werden kann. Diese Spannungsebene liegt aber abhängig vom System bei 400 V oder 800 V und unterliegt anderen Anforderungen als die Niederspannungsnetze, vgl. Kapitel 6.

Neben der Steigerung der installierten Leistung gibt es viele Anstrengungen, den Stromverbrauch der Elektrik/Elektronik so gering wie möglich zu halten, um die geforderte Leistung zu decken. Dies beruht auch auf der Forderung nach energieeffizienteren Fahrzeugen. Ein zusätzlicher Verbraucher mit der Dauerleistungsaufnahme von 100 W verursacht einen Mehrverbrauch von ca. 0,1 l/100 km und hat damit etwa den gleichen Einfluss wie ein zusätzliches Gewicht des Fahrzeugs von 50 kg (Schramm 2012). Elektrische Mehrverbräuche wirken sich bei Elektrofahrzeugen noch unmittelbarer auf den Betrieb aus, da sie direkt die verfügbare Reichweite verringern.

Die Anforderungen aus dem Bereich der funktionalen Sicherheit gerade für hoch automatisierte Fahrzeuge (Funktionen) hat zudem in den letzten Jahren dazu geführt, dass redundante Bordnetzstrukturen aufgebaut werden. Solche Strukturen erhöhen die Komplexität des Systems weiter und treiben zudem das Gewicht und die Kosten für das Bordnetz.

Die elektrischen Leitungen und Verbindungselemente, die sowohl zur Leistungsversorgung als auch zur Informationsübertragung benötigt werden, werden als Kabelbaum bezeichnet. Der Kabelbaum ist heute eines der teuersten Teile, die der Hersteller eines modernen Kraftfahrzeugs zukauft. Vor allem die vielen verschiedenen Komponenten, die das Bordnetz mit elektrischer Energie versorgen und die Informationstechnik anbinden, treiben die Komplexität des Bordnetzes in modernen Fahrzeugen voran. Aus Kostengründen ist es schon lange nicht mehr sinnvoll, pro Fahrzeug eine einzige Kabelbaumvariante einzusetzen, die alle möglichen Komponenten versorgt. Fahrzeughersteller mit nur sehr wenigen Varianten haben hier einen entscheidenden Vorteil. Ansonsten gibt es für ein Fahrzeug (aber auch fahrzeugübergreifend) oft eine Vielzahl von verschiedenen Varianten, die durch die Ausstattung des Fahrzeugs getrieben werden. Ein Fahrzeug ohne elektrische Sitzheizung benötigt beispielsweise keine Verkabelung für eine solche Heizung. Wird die entsprechende Verkabelung nicht verlegt, werden sowohl Kosten als auch Gewicht eingespart. Dem gegenüber steht allerdings eine erhöhte Komplexität des Kabelbaums und ggf. der eingesetzten Komponenten was erhöhte Anforderungen an die Logistik und Herstellung stellt. Gerade für die klassischen Volumenhersteller mit vielen am Markt verfügbaren Modellen und Varianten steigt die Anzahl der Bordnetzvarianten (und der dazugehörigen Module) schnell an.

Durch die vielen möglichen Kombinationen von elektrischen Verbrauchern, die vom Kunden, der das Fahrzeug bestellt hat, definiert werden, ist es nicht mehr möglich, eine kleine Anzahl von vordefinierten Stromnetzen zu entwerfen, die idealerweise alle Möglichkeiten abdecken. Ein sogenannter kundenspezifischer Kabelbaum (KSK) ist die feinste denkbare Detaillierung. Der Lieferant des Powernetzes liefert also den exakt passenden Kabelbaum für eine bestellte Fahrzeugkonfiguration. Diese Konfiguration kann einmalig sein (auch bei sehr großen Fahrzeugprogrammen). Die Herstellung und Logistik eines solchen KSK stellt sehr hohe Anforderungen an den Fahrzeughersteller und den Lieferanten.

Neben den Anforderungen an die Leistungsversorgung ist mit der voranschreitenden Elektrifizierung und Digitalisierung der Fahrzeuge der Bereich des Informationsbordnetzes immer wichtiger geworden. Viele neuartige Fahrzeugfunktionen sind nur durch den massiven Einsatz von Software und der damit verbundenen Informationsarchitektur denkbar, sodass herstellerübergreifend mittlerweile das Thema Informationstechnik eines der größten und am schnellsten wachsenden ist. Die letzten Entwicklungen sind maßgeblich durch die Anforderungen des Informationsflusses (auch mit Teilnehmern außerhalb des Fahrzeugs) getrieben. Die Notwendigkeit auf Daten zuzugreifen und diese für verschiedene Funktionen auszuwerten in der Kombination mit dem Wunsch auch Software Over-the-Air (also per Fernzugriff) zu aktualisieren, hat zu den aktuell diskutierten Zonenarchitekturen geführt, s. Abschnitt 8.12.1.

8.2 Energiebordnetz

Zum Energiebordnetz werden alle Komponenten zur Bereitstellung, Speicherung und Verteilung elektrischer Leistung sowie die elektrischen Verbraucher im Fahrzeug gezählt. Mit der voranschreitenden Elektrifizierung von Fahrzeugsystemen und deren Komponenten sowie der Einführung neuer elektrischer Systeme im Kraftfahrzeug hat sich die Versorgung einzelner Komponenten mit elektrischer Leistung im heutigen Fahrzeug zu einer hoch komplexen Aufgabe entwickelt.

8.2.1 Aufbau und Funktionsweise heutiger Bordnetze

Die Grundstruktur des Leistungsbordnetzes hat sich mit der Einführung der verschiedenen Spannungsebenen kaum verändert. Grundlegende Komponenten für das 12-V-System sind die Energiequelle (Generator, DC/DC-Wandler), der Energiespeicher (Batterie(n) in speziellen Fällen Ultra-Caps) und eine Vielzahl von Verbrauchern. Der Wunsch auf einzelne Komponenten zuzugreifen oder eine lokale (zonenbasierte) Energieunterverteilung aufzubauen hat zuletzt allerdings zu veränderten Architekturen für die Subsysteme geführt. Wie eingangs erwähnt, führt auch die Notwendigkeit für Redundanzen schnell dazu, dass sich ganze Strukturen verdoppeln.

Im Folgenden wird auf die Energiebereitstellung im elektrischen Bordnetz näher eingegangen. Die grundlegenden Schritte des Energieflusses im elektrischen System eines verbrennungsmotorisch angetriebenen Fahrzeugs (ICEV) sind in Abbildung 8.5 dargestellt.

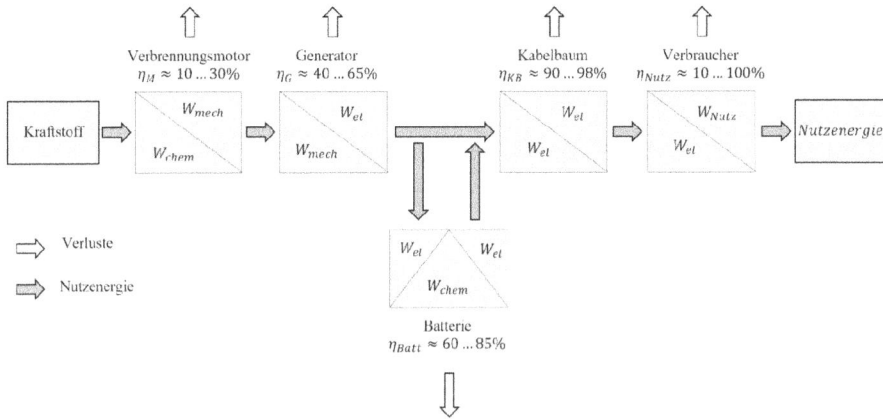

Abb. 8.5: Energiewandlung und -fluss im elektrischen Bordnetz nach Büchner und Bäker 2005.

Im verbrennungsmotorisch angetriebenen Fahrzeug (ICEV) wird die Energie des überwiegend in Form von flüssigem Kraftstoff transportiert und im Verbrennungsmotor hauptsächlich zum Zweck des Antriebs in mechanische Energie umgewandelt. Der Generator dient dazu, die Energie für den elektrischen Leistungsbedarf in elektrische Energie umzuwandeln. Diese wird dann zur Versorgung der Komponenten des Bordnetzes und zur ausreichenden Ladung der Batterie genutzt. Bei Fahrzeugen mit elektrischem Antrieb (BEVs oder auch xHEV) wird die Energie elektrochemisch in einer Traktionsbatterie im sogenannten Hochvoltsystem gespeichert und über einen DC/DC-Wandler auf das Niveau des 12-V-Bordnetzes transferiert. Die Verbraucher und Speichertechnologien im 12-V-System unterscheiden sich nicht grundlegend, s. (Abbildung 8.6).

Da die Umwandlung von mechanischer in elektrische Energie im Verbrennerfahrzeug direkt von der Motordrehzahl abhängt, treten im Bordnetz von Verbrennerfahrzeugen mit Generator je nach Fahrzustand unterschiedliche Versorgungszustände auf, s. Abbildung 8.6.

Maßgeblich für den Versorgungszustand im elektrischen Bordnetz sind die Generatordrehzahl sowie die Höhe der geforderten Verbraucherleistung. Der Generator kann abhängig von seiner Drehzahl einen Maximalstrom (bei konstanter Spannung von ca. 14 V) liefern. Reicht dieser Strom aus, um mindestens alle Verbraucher zu betreiben, so wird mit dem ggf. vorhandenen Leistungsüberschuss zudem dafür gesorgt, dass die

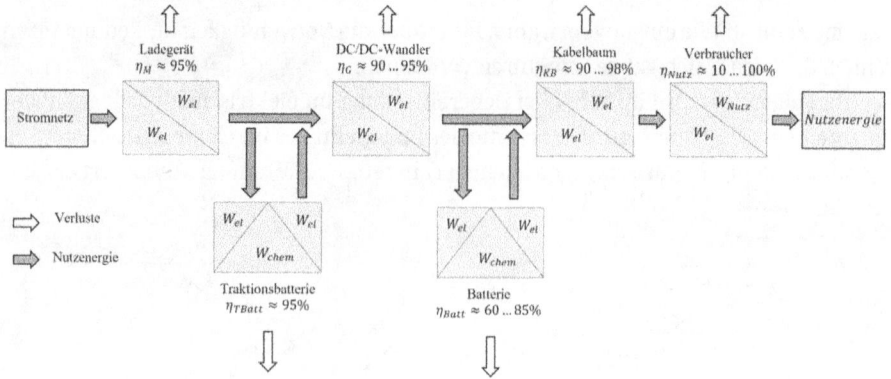

Abb. 8.6: Energiewandlung und -fluss im elektrischen Bordnetz eines batterieelektrischen Fahrzeugs (BEV oder xHEV).

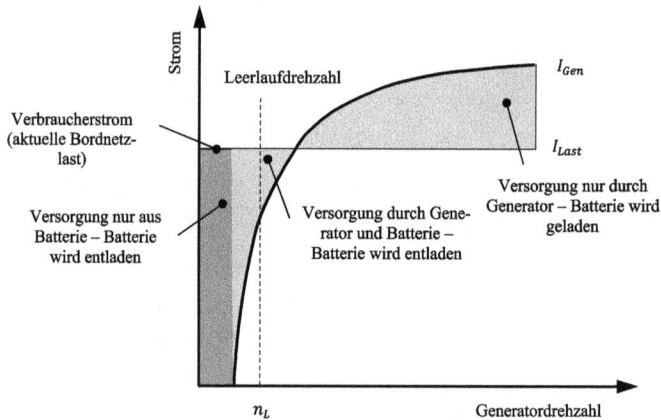

Abb. 8.7: Elektrische Versorgungszustände im Kraftfahrzeug nach Büchner und Bäker 2005 und GmbH 2007.

Batterie geladen wird (Abbildung 8.7). Übersteigt die Leistungsnachfrage das Angebot des Generators, so sinkt die Bordnetzspannung automatisch auf die Batteriespannung ab und die Batterie bedient die Differenz zwischen geforderter Verbraucherleistung und maximaler Generatorleistung. Bei Motorstillstand und unterhalb einer minimalen Drehzahl (abhängig von der Generatorregelung) ist die Batterie alleiniger Energielieferant im Bordnetz (insbesondere der Fall beim Startvorgang).

Diese Versorgungszustände sind bei BEV oder xHEVs mit DC/DC-Wandlern als Energiequelle für das Bordnetz deutlich geändert. Heute können DC/DC-Wandler unabhängig vom jeweiligen Fahrprofil konstant eine Ausgangsleistung bereitstellen, sodass die Bordnetzspannung (das Leistungsangebot) hierdurch deutlich konstanter gehalten werden kann. Die Batterie tritt deutlich seltener, als die Energiequelle für die Verbraucher auf und kann somit ggf. auch anders ausgelegt werden. Es ergeben sich die grundlegenden Zustände des Bordnetzes, wie sie in Tabelle 8.1 zusammengefasst sind.

Tab. 8.1: Bordnetzzustände in Abhängigkeit vom Fahrbetrieb für ein konventionelles ICEV.

Zustand Fahrzeug	Generator	Betrieb Batterie	Ladebilanz
Ruhestrom (Alarmanlage, Zugangssysteme, …)	aus	entladen Kapazität entscheidend	$P_L > 0$
Standverbraucher (Lüfter, Radio, …)	aus	entladen Kapazität entscheidend	$P_L > 0$
Start (mit konventionellem Starter Motor)	aus	entladen Innenwiderstand entscheidend (maximale Batterieleistung)	$P_L > 0$
Leerlauf (nur Kleinverbraucher)	aktiv	laden	$P_L < P_G$
Leerlauf	aktiv	entladen (abhängig von aktiven elektrischen Verbrauchern)	$P_L > P_G$
Fahrbetrieb	aktiv	Laden	$P_L < P_G$
Fahrbetrieb mit Hochleistungsverbrauchern (z. B. EPS)	aktiv	entladen	$P_L > P_G$

Bei dem heute verwendeten 12-V-Bordnetz kommt es in Abhängigkeit dieser Zustände zu teilweise deutlichen Schwankungen der Bordnetzspannung. Eine Übersicht über die unterschiedlichen Spannungsniveaus zeigt Abbildung 8.8.

Fahrzeuge, die aus einem Hochvoltsystem über DC/DC-Wandler den 12-V-Bereich versorgen haben grundsätzlich den Vorteil, dass die verfügbare Leistung nicht vom aktuellen Fahrzustand abhängt, da der DC/DC-Wandler nicht auf den Verbrennungsmotor als Leistungsquelle zurückgreift. Heutige DC/DC-Wandler, die Generatoren ersetzen, haben außerdem die Möglichkeit, für einen kurzen Zeitraum eine erhöhte Stromabgabe zu liefern. Dieser Überlastbetrieb stellt sicher, dass bei einem ansonsten bereits ausgelasteten Bordnetzes trotzdem Komponenten wie z. B. die elektrische Servolenkung versorgt werden können, ohne dass die Spannung absackt. Damit muss der Generator nicht auf kurzfristige Spitzenlasten ausgelegt werden, sondern kann kleiner dimensioniert werden. Insgesamt sind DC/DC-Wandler in der Lage, schneller auf wechselnde Lastströme zu reagieren, als es ein Generator dies kann. Hiermit kann eine stabilere Leistungsversorgung, die weitestgehend unabhängig vom Fahrprofil des Fahrzeugs ist, gewährleistet werden.

In Bezug auf die Funktion verschiedener Bordnetzkomponenten stellt der Startvorgang (gerade bei der Verwendung von Start-Stopp-Systemen) oft eine Extremsituation dar, da es hier zu einer deutlichen Absenkung der Batterieklemmenspannung kommt. Der Starter, der ausschließlich durch die Batterie versorgt wird, hat so hohe Leistungen,

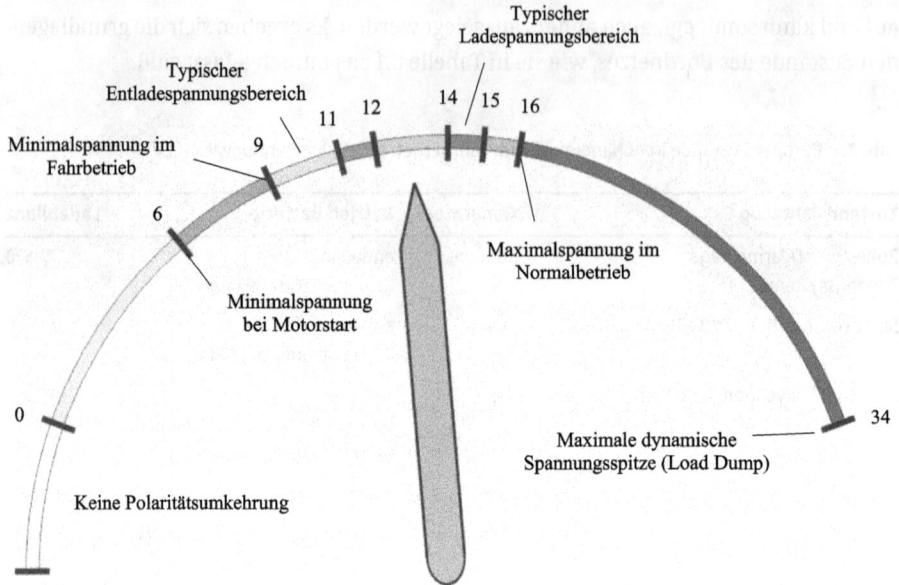

Abb. 8.8: Bordnetzspannung im 12 V Bordnetz nach Werten aus Henneberger 2013.

dass der erste Spannungseinbruch im Startvorgang zu Werten von ca. 6 V im Bordnetz führt. Im Normalfall dauert dieser erste Spannungseinbruch beim Startvorgang zwar nur wenige hundertstel Sekunden, die Batterieklemmenspannung kann hier allerdings bei ungünstigen Fahrzeugzuständen (Batterieladungen) auf ein Niveau absinken, das im Extremfall dazu führt, dass einzelne Komponenten aus dem Bereich ihrer Funktionsspannung kommen. Das Flackern von Anzeigegeräten oder der Beleuchtung ist nur ein Beispiel vom Kunden wahrnehmbaren Auswirkungen, die dann beobachtet werden können. Um ein solches Szenario zu verhindern, wird teilweise mit spannungsstützenden Maßnahmen gearbeitet. Diese werden jedoch aus Kostengründen so oft wie möglich vermieden.

Je nach Szenario können vor allem beim klassischen Verbrennerfahrzeug sehr unterschiedliche Netzversorgungsspannungen (Batterieklemmenspannung) auftreten. Abbildung 8.8 zeigt Bereiche der Klemmenspannung mit den entsprechenden Betriebszuständen. Im normalen Fahrzeugbetrieb ohne aktiven Generator treten meist Spannungen von 11–12 V auf. Übliche Spannungen während des Ladevorgangs liegen bei ca. 14 V. Die Bordnetzspannung wird außerdem abhängig von den Witterungsbedingungen geändert, um sowohl im Winter- als auch im Sommerbetrieb die optimale Batterieladung zu erreichen. Üblicherweise folgen die Regelungen der DC/DC-Wandler denselben Spannungen wie es ein Generator tun würde. Es können aber auch immer wieder, meist sehr kurzzeitig, Zustände mit anderen Spannungsniveaus auftreten. Dies ist insbesondere dann der Fall, wenn leistungsstarke Verbraucher aktiv sind.

8.2.2 Das klassische elektrische 12-V-Netz

Alle Bordnetze bestehen aus einer oder mehreren Energiequellen, einer oder mehrerer Energiespeichern und einer Vielzahl von Verbrauchern (Abbildung 8.9). Zwischen diesen Komponenten werden Leitungselemente und Schutzsysteme eingesetzt, um die Energie zu verteilen und bei Bedarf (z. B. im Fehlerfall) einen Kreis zu öffnen. Dabei unterscheidet sich abhängig vom Packaging im Fahrzeug sowie der Art der eingesetzten Technik die Anordnung/Architektur oft erheblich.

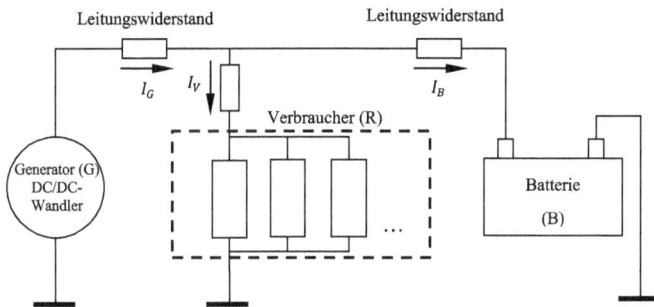

Abb. 8.9: Struktur eines klassischen Ein-Batterie-Bordnetzes, wie es z. B. bei der heutigen Standardform mit 12-V-Batterie auftritt.

Die Systeme sind bis auf wenige Ausnahmen allerdings so gebaut, dass es einen Knoten gibt von dem alle Verbraucher (ausgenommen sind einzelne Verbraucher wie z. B. die Anlasser, die oft direkt an der Batterie angeschlossen werden) unterverteilt werden. Ziel ist es, an diesem Knoten die erforderliche Systemspannung zu erreichen. Eine geeignete Erzeugerregelung für den Generator oder DC/DC-Wandler reagiert auf Schwankungen im Stromverbrauch. Dadurch wird die Spannung des Bordnetzes nahezu konstant gehalten. Diese möglichst konstante Spannung von ca. 14 V sichert sowohl die Batterieladung als auch die maximale Funktionsfähigkeit aller elektrischen Komponenten.

Werden alle Verbraucher gemeinsam betrachtet, so ergibt sich eine sehr einfache Struktur. Entsprechend der Knotenregel gilt im einfachen Ein-Batterie-Bordnetz (vgl. Tabelle 8.2 für die verwendeten Formelzeichen):

$$I_G = I_B + I_V. \tag{8.1}$$

Tab. 8.2: Bezeichnungen der Ströme im einfachen Ein-Batterie-Bordnetz.

Formelzeichen	Bedeutung
I_G	Generatorstrom
I_B	Batteriestrom (Ladestrom)
I_V	Summe aller Verbraucherströme

Reicht die maximale Erzeugerleistung nicht aus, um alle Verbraucher mit der geforderten Leistung zu versorgen, so sinkt automatisch die Bordnetzspannung auf das Niveau der Batteriespannung ab. In diesem Fall tritt die Batterie nun als zusätzlicher Energielieferant im Bordnetz auf. Der Batteriestrom (Ladestrom) ist dann negativ und die Batterie wird entladen.

Positionierung der Batterie im Fahrzeug

Da die Batterie nur durch den Kabelbaum mit dem Generator verbunden werden muss, kann die Position im Fahrzeug frei gewählt werden. Beim Pkw kann die Batterie üblicherweise im Motorraum oder im Kofferraum eingebaut werden. Die Wahl der geeigneten Positionierung richtet sich dabei nach verschiedenen Kriterien. Einige der Kriterien sind in Tabelle 8.3 erläutert.

Tab. 8.3: Positionierung der Batterie nach Fabis 2006.

	Motorraum	Kofferraum
Vorteile	– Geringe Leitungslängen (Generator zu Batterie) sorgen für eine gute Batterieladung. – Die Anordnung sorgt für eine Stabilisierung der Bordnetzspannung, da alle Verbraucher „hinter" der Batterie angeordnet sind. Die Batterie glättet so Spannungsspitzen. – Optimale Starterspannung aufgrund der kurzen Leitungslängen von Batterie zu Starter (optimierte Startfähigkeit). – Im Winterbetrieb erwärmt die Motorabwärme die Batterie. Dies hat bei kalten Temperaturen einen positiven Einfluss auf den Ladewirkungsgrad.	– Konstantere Umgebungstemperaturen führen zu einer Verringerung der Batteriealterung. – Zusätzliche Möglichkeiten für das Packaging im Motorraum. (Bauraumeinsparung) – Verbesserter Schutz gegen Umgebungseinflüsse wie z. B. Verunreinigungen, Feuchtigkeit u. ä. – Potential zur optimierten Gewichtsverteilung. Achslastoptimierung insbesondere bei schweren Motoren sinnvoll.
Nachteile	– Hohe Temperaturen im Sommerbetrieb möglich. Dies kann ggf. zu Ausgasung führen. – Reduzierung der Lebensdauer durch wechselnde und ungünstige Umgebungsbedingungen. – Verschmutzungen mit Betriebsmedien u. a. (z. B. Öl) Feuchtigkeit	– Deutlich erhöhte Leitungslängen führen zu einer Steigerung des Leitungsgewichts (ca. 4 kg) und der Leitungsverluste (sowohl beim Laden der Batterie aber insbesondere auch beim Startvorgang)

8.2.3 42-V-Bordnetz

In den 1990er Jahren schien das 42-V-Powernet-Stromversorgungssystem ein möglicher Nachfolger für das immer noch als Standard geltende 12-V-System zu sein (Schöttle,

Schramm und Schenk 1996). Bereits Ende des letzten Jahrhunderts rückten zunehmend elektrifizierte Verbraucher für den Einsatz in Kraftfahrzeugen in den Fokus und mit neu entwickelten elektrischen Systemen wurde eine Vielzahl neuer elektrischer Verbraucher in das Bordnetz integriert. Damit schienen die Grenzen der 12-V-Netzversorgung erreicht zu sein. Die Einführung der deutlich höheren Spannungsebene sollte die Stromversorgung verbessern und damit die Funktionalität der elektrischen Systeme sicherstellen. Darüber hinaus wurden verschiedene Systeme diskutiert, die zwangsläufig ein höheres Spannungsniveau erfordert hätten.

Die erhöhte Spannung des Bordnetzes ermöglicht einen geringeren Strom bei gleicher Leistung (Abbildung 8.9). Dies führt zu deutlich reduzierten Kabelquerschnitten und einem höheren Wirkungsgrad. Bei gleichen Strömen können deutlich höhere Leistungen erzielt werden. Dies ermöglicht neue Funktionalitäten.

Die kontinuierliche Weiterentwicklung des 12-V-Netzes mit der Erhöhung der verfügbaren Energie (leistungsstärkere Generatoren) und verbesserten Energiespeichern (Batterien) sowie die Umsetzung von gezielten Maßnahmen zur Begrenzung des Stromverbrauchs haben dazu geführt, dass die 12-V-Netze auch heute noch im Einsatz sind. Bei der Optimierung des 12-V-Systems waren zusätzliche Kosten, die durch einen Wechsel zu 42-V-Systemen verursacht worden wären, nicht gerechtfertigt, zumal eine Anwendung, die ohne eine höhere Spannungsebene nicht hätte betrieben werden können, nicht vorhanden war.[2] Bis auf wenige Ausnahmen wurde das 42-V-System daher bis heute nicht angewendet.

8.2.4 Das 48-V-Bordnetz

Vor dem Hintergrund der CO_2-Reduzierung und dem Einsatz von Mildhybridantrieben kam die Diskussion um eine Erhöhung der Bordnetzspannung zurück in den Fokus. Mit dem 48-V-Netz ist ein weiterer Standard für das Bordnetz definiert worden. Wie bei der Diskussion um das 42-V-Netz spielt auch hier die Sicherstellung der Funktionen innovativer und leistungsfähiger elektrischer Verbraucher im Fahrzeug eine entscheidende Rolle. Im Gegensatz zur früheren Diskussion ist aber wie erwähnt insbesondere auch die Reduzierung der Emissionen ein wichtiger Aspekt und ein entscheidender Treiber für die Entwicklung der Bordnetze, s. Abbildung 8.10.

Die Möglichkeiten der CO_2-Einsparung durch ein effizienteres elektrisches Versorgungssystem und den bedarfsgerechten Einsatz elektrischer Verbraucher sind in Verbindung mit einer erhöhten Netzspannung vielfältig. Zum einen ermöglicht die neue Netzspannung eine Gewichtsoptimierung des Stromversorgungssystems, da die erfor-

---

2 Dies wäre zum Beispiel bei der Einführung der elektromagnetischen Ventilsteuerung der Fall gewesen. Andere Anwendungen, die ein höheres Spannungsniveau erfordern, wie z. B. Xenon-Scheinwerfer, werden mit lokal höheren Spannungen versorgt.

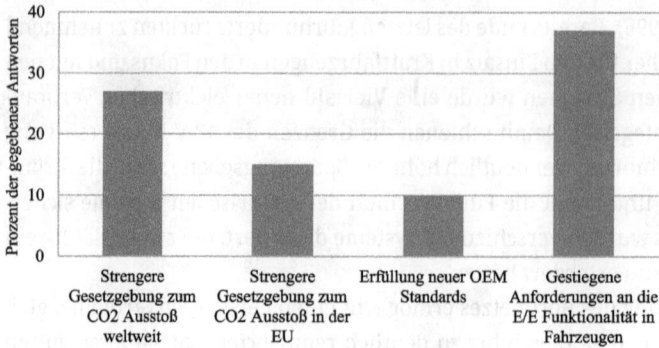

Abb. 8.10: Treiber für die Entwicklung eines 48-V-Bordnetzes (Hornick 2013).

derlichen Kabelquerschnitte angepasst werden können. Zum anderen können Systeme wie die Start-Stopp-Automatik weiter verbessert werden, wobei die Einführung der 48-V-Norm eine wichtige Rolle bei der Einhaltung der CO_2-Vorschriften spielt (ZVEI 2015). Insbesondere die Diskussion um die Elektromobilität hat auch das öffentliche Bewusstsein (Kundenbewusstsein) für Themen wie energieeffizientes Fahren und elektrische Systeme in Fahrzeugen geschärft.

Die Festlegung einer weiteren Spannungsnorm für elektrische Systeme in Kraftfahrzeugen unterhalb von 60 V (max. Spannung eines DC-Systems ohne Berührungsschutz) hat den Zweck, die größtmögliche elektrische Systemleistung ohne zusätzliche Schutzmaßnahmen zu erreichen. Heutige Hybridfahrzeuge, die auch rein elektrisches Fahren ermöglichen, und auch batterieelektrische Fahrzeuge (siehe Kapitel 6) nutzen Spannungen oberhalb der 60-V-Grenze, was das gesamte elektrische System teurer macht. Gleichzeitig muss davon ausgegangen werden, dass bei etwa 200–300 A über einen Leiter der maximal mögliche Strom erreicht wird. Abbildung 8.11 zeigt die vereinfachte Beziehung zwischen der verfügbaren Systemleistung für 12- und 48-V-Systeme.

Die deutlich höhere verfügbare Systemleistung kann sowohl zur Erhöhung der Rekuperationsleistung als auch zum Boosten (Unterstützung beim Beschleunigen durch den Elektromotor) genutzt werden, ohne auf Systeme zurückzugreifen, die erhöhte Schutzmaßnahmen bedürfen (Berührungsschutz). Die 48-V-Technologie wird daher in (Mild-)Hybridsystemen genutzt und kann so einen erheblichen Beitrag zur geforderten CO_2-Reduktion leisten (ZVEI 2015). Die erreichbare Systemleistung im 48-V-System reicht allerdings nicht aus, um einen kompletten elektrischen Antriebsstrang zu realisieren.

Ob eine vollständige Umstellung der heutigen 12-V-Systeme auf das 48-V-Bordnetz stattfinden wird, ist fraglich. Gerade die in vielfacher Hinsicht optimierten Systeme im 12-V-Bereich auf der einen Seite und der weiter voranschreitende Elektrifizierungsgrad der Antriebe mit deutlich höheren Spannungen auf der anderen Seite, stellt eine solche Entwicklung infrage. Wahrscheinlich sind daher mittelfristig Stromversorgungssysteme mit unterschiedlichen Spannungsniveaus. Solche Systeme (wie sie auch in jedem elektrisch oder teilelektrisch angetriebenen Fahrzeug vorkommen) erlauben bereits heute

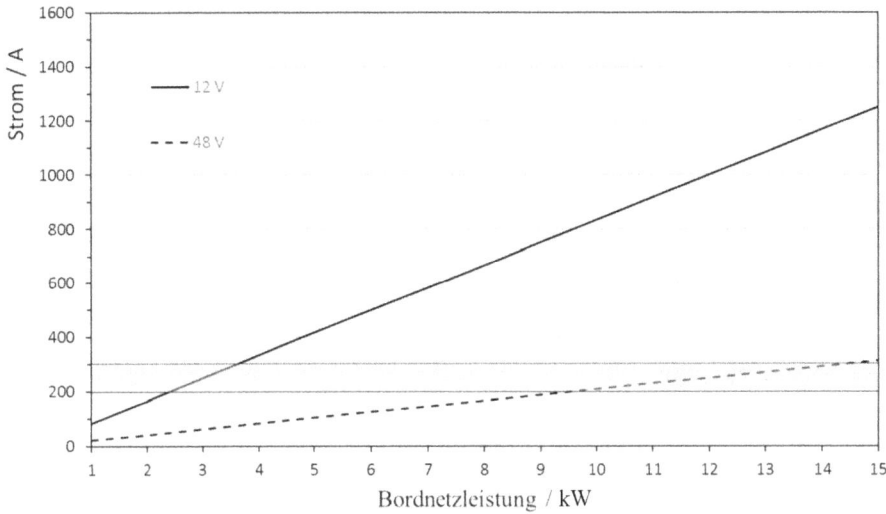

Abb. 8.11: Reduzierung des Verbraucherstroms bei gleichbleibender Bordnetzleistung.

die Integration neuer Komponenten auf höheren Spannungsniveaus und der damit verbundenen Funktionalität, ohne dass eine komplette Neuentwicklung aller (sehr etablierten und ausgereiften) Komponenten erforderlich ist. Eine vollständige Abkehr von 12-V-Systemen und die Verwendung von 48 V als Niederspannungsbordnetz ist aber durchaus denkbar und wird z. B. von Tesla als nächster Schritt gesehen (Herzig 2023).

Das Herzstück eines Stromnetzes mit zwei Spannungsebenen ist ein DC/DC-Wandler, der es ermöglicht, Energie von einer Spannungsebene auf die andere und umgekehrt zu übertragen (Abbildung 8.12). Diese Struktur hat das typische 48-V-System wie es z. B. in Mildhybriden eingesetzt wird, gemein mit den Bordnetzen wie sie in Fahrzeugen mit elektrischem Antrieb eingesetzt werden. Denkbar wäre aber auch ein 48-V-Bordnetz, das über einen DC/DC-Wandler mit dem Hochvoltsystem eines BEVs verbunden ist.

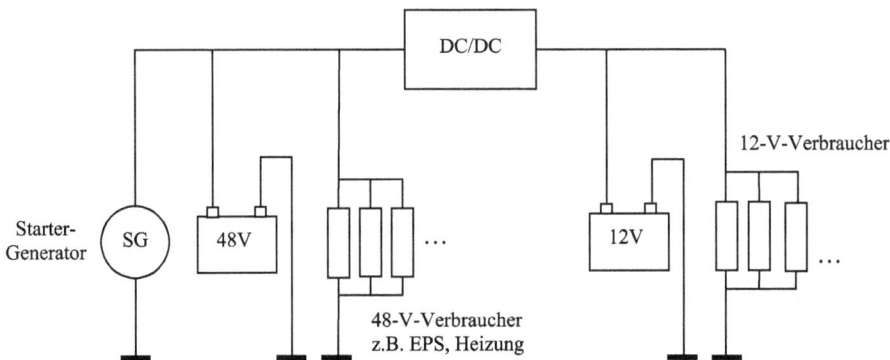

Abb. 8.12: Struktur eines Bordnetzes mit zwei Spannungsniveaus.

Die Verbraucher der 48-V-Ebene können, wie bereits beschrieben, eine deutlich höhere Leistung haben als die der klassischen 12-V-Ebene. Insbesondere für Heizungssysteme, aber auch für Systeme im Bereich der Fahrdynamik (elektrische Lenkung, Wankstabilisierung, etc.) ist dies interessant. Aufgrund der höheren Leistung kann ein erweiterter Funktionsumfang geboten werden. Zentrale Komponenten heutiger 48-V-Systeme sind jedoch die 48-V-Batterie und der sogenannte Startergenerator (oft Integrierter Starter Generator, abgekürzt ISG). Die elektrische Maschine im 48-V-System kann sowohl zum Anlassen des Fahrzeugs als auch als Generator verwendet werden (Tabelle 8.4). Die erhöhte Leistung ermöglicht eine sehr gute Startfähigkeit, eine deutliche Leistungsbremsung (Rekuperation) über den Generator und „Boosten" (Unterstützung beim Beschleunigen) (ZVEI 2015).

Tab. 8.4: Chancen und Risiken eines 48-V-Bordnetzes im Vergleich zum gebräuchlichen 12V-Bordnetz (ZVEI 2015).

Chancen	Risiken
Möglichkeit der CO_2 und Verbrauchsreduzierung	Anfänglich höhere Kosten durch neue Komponenten und komplexere Struktur
Höhere Rekuperations- und Bordnetzleistung von bis zu 12 kW	Erhöhte Gefahr der Lichtbogenbildung durch höheres Spannungsniveau
Umsetzung neuer Funktionalitäten z. B. im Bereich der Fahrerassistenz oder zur Energieeinsparung (Integration von Hochleistungsverbrauchern)	Arbeit mit zwei Spannungsniveaus. Risiko durch Kurzschlüsse, Notwendigkeit der Vernetzung und der Koordination beider Spannungsniveaus
Potenzial zur Gewichtsreduzierung (auch bei inertialem Mehrgewicht durch zweite Batterie und DC/DC-Wandler)	Zusätzlicher DC/DC-Wandler mit mittleren bis großen Leistungen notwendig für Zweispannungsbordnetz.
Einbindung etablierter Architekturen kann zur Kosteneffizienz genutzt werden	Bessere Elektromagnetische Verträglichkeit (EMV)
Kein Berührungsschutz notwendig	

8.2.5 Bordnetze in der Elektromobilität

Der Aufbau der Bordnetze von elektrisch betriebenen Fahrzeugen ist dem des vorherigen Abschnitts sehr ähnlich. Generell wird zwischen dem Hochspannungs- (HV/High Voltage) und dem Niederspannungsbereich (LV/Low Voltage) unterschieden. Beide Bereiche werden durch einen DC/DC-Wandler verbunden. Im Vergleich zum 48-V-Netz werden die elektrischen Antriebe mit deutlich höheren Spannungen betrieben. Die verwendeten Traktionsbatterien haben abhängig von der gewünschten Systemleistung unterschiedliche Spannungen. Typische Werte für Volumenfahrzeuge liegen bei rund 400 V. Einzelne Fahrzeuge verwenden mittlerweile aber auch 800 V. Nähere Informationen hierzu können aus Kapitel 6 entnommen werden. Dieses hohe Spannungsniveau ist für die hohe Leistung erforderlich, die für den Antrieb des Fahrzeugs benötigt wird.

Die hohen Spannungsniveaus machen es notwendig, ausgereiftere Schutzmechanismen einzusetzen. So muss ein kompletter Berührungsschutz erreicht werden. Für die Masseleitung kann nicht die Karosserie des Fahrzeugs verwendet werden. Weiterhin spielt bei den hohen Leistungen insbesondere die Lichtbogenbildung bei Fehlern eine größere Rolle. Arbeiten an den Komponenten und Kabeln der Hochvoltsysteme dürfen nur noch von gesondert geschulten Personen durchgeführt werden.

8.2.6 Redundante Bordnetztopologien

Redundante Bordnetztopologien haben den Zweck, für ein breites Spektrum von Fehlern (z. B. Kurzschlüssen im System) die Funktion/Versorgung elektrischer Verbraucher aufrechtzuerhalten. Dies ist insbesondere vor dem Hintergrund hoch automatisierter Systeme entscheidend, vgl. Kapitel 9. Für Systeme wie z. B. Steer-by-Wire-Lenkungen (vgl. Kapitel 4) oder einigen Bremssystemen (vgl. Kapitel 5) wird aber auch unabhängig vom Automatisierungsgrad eine redundante Auslegung der Leistungsversorgung benötigt. Ziel ist es, dass ein einzelner Fehler nicht zum Ausfall sicherheitsrelevanter Systeme führt, sofern ein solcher Fehler nicht durch den Fahrer kontrollierbar wäre. Entscheidend für die Einordnung ist das sog. ASIL[3]-Rating, vgl. Kapitel 1. Hierfür werden dann auch Teile des ansonsten klassischen Bordnetzes redundant (doppelt) ausgelegt. Im einfachsten Fall kann eine solche Redundanz eine einzelne Leitung sein, um sicherzustellen, dass ein einzelner Fehler dieser Leitung nicht zum Verlust der Funktion führt. Üblicherweise müssen redundante Bordnetze allerdings in größeren Netzen gedacht werden. Abbildung 8.13 zeigt den einfachsten Aufbau eines redundanten Bordnetzes als Erweiterung des klassischen Systems.

Zur Schaffung der Redundanz wird das klassische Bordnetz um einen weiteren Energiespeicher (Batterie oder U-Cap) und ggf. weitere Energiequellen ergänzt. Der zweite Speicher (in Kombination mit einer zweiten Quelle) (z. B. DC/DC-Wandler) muss so ausgelegt werden, dass die benötigten Funktionen für eine gewisse Zeit aus dem Speicher aufrechterhalten werden können. Alle sicherheitsrelevanten Verbraucher benötigen dann zwei getrennte Anschlüsse und müssen die primäre und sekundäre Seite galvanisch voneinander trennen, um sicherzustellen, dass Fehler in einem Teilbordnetz keine Auswirkungen auf den jeweils anderen Teil haben. So kann z. B. der Aktuator

---

3 ASIL: (Automotive Safety Integrity Level) nach ISO 26262. Die ASIL ergibt sich aus der Kombination von „Schwere des Fehlers/Gefährdung von Personen"(Severity), der „Eintrittswahrscheinlichkeit des Scenarios" (Exposure) und der „Beherrschbarkeit des Fehlers" (Controllability). Die Einstufung wird in 4 Stufen von ASIL A bis ASIL D vorgenommen. Für weitere Informationen sei auf ISO 26262 verwiesen. Der Ausfall eines als ASIL D eingestuften Systems kann fatale Folgen haben, sodass besondere Maßnahmen getroffen werden müssen, s. auch Kapitel 1.

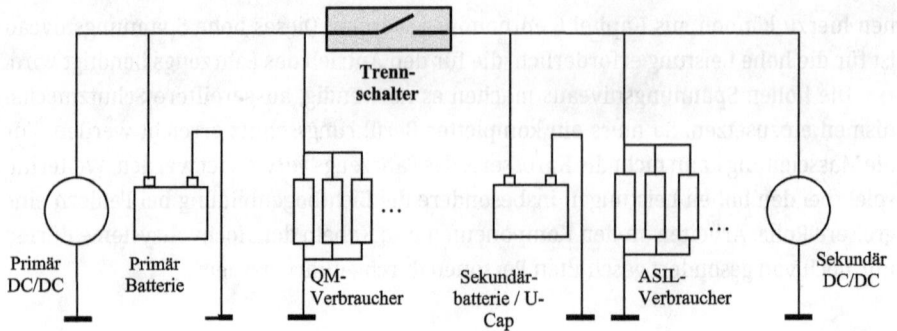

Abb. 8.13: Architektur für ein vollständig redundantes Bordnetz mit redundanter Versorgung und Speicherung.

des Bremssystems durch zwei getrennte Leitungen versorgt werden. Zusätzlich gibt es die Möglichkeit, dass auch die Aktoren/Lasten redundant ausgelegt werden. Dies kann sowohl in einem Gehäuse oder durch zwei vollständig getrennte Einheiten realisiert werden. Als redundante Lasten werden Verbraucher bezeichnet, die mehrfach vorhanden sind, oder die zumindest die Grundfunktion der primären Komponente übernehmen können. Z. B. sind heute elektrische Servolenkungen oft mit zwei unabhängigen Motoren ausgelegt. Beim Verlust der Leistung eines Motors kann mit dem zweiten (redundanten) Motor dann die grundlegende Funktion aufrechterhalten werden.

Das redundante Teilnetz ist im normalen Betrieb durch einen Trennschalter mit dem restlichen Bordnetz verbunden, sodass die Batterie geladen werden kann und die betriebenen Lasten im sekundären Netz von der primären Energiequelle betrieben werden können. Tritt ein Fehler an einem der Teilnetze auf, so wird durch den Trennschalter der Fehler vom intakten Bereich des Bordnetzes getrennt. Die benötigten sicherheitsrelevanten Funktionen stehen dann weiter zur Verfügung. Da im Fehlerfall die Netze sehr schnell getrennt werden müssen und dies auch sicher passieren muss, liegt auf dem Trennschalter und der Schaltlogik ein besonderes Augenmerk.

Redundante Bordnetze können sehr unterschiedliche Komplexität haben. Entscheidend ist dabei die Frage, ob das Bordnetz einen sog. „Fail-Safe"-Zustand erreichen muss oder ob eine „Fail-Function" erreicht werden muss. „Fail-Safe" beschreibt, dass im Fehlerfall ein sicherer Betriebszustand, etwa das abgestellte Fahrzeug am Straßenrand, erreicht werden muss. Dies ist deutlich weniger komplex als ein sog. „Fail-Function"-System, dass trotz eines Fehlers die sichere Funktion des Fahrzeugs für einige Zeit aufrechterhält, um z. B. sicher nach Hause oder in die nächste Werkstatt zu kommen.

8.3 Energiespeicher

Die Energiespeicherung ist eine der zentralen Funktionen des Energiebordnetzes im Kraftfahrzeug. Der Energiespeicher hat die Aufgabe, während des Fahrzeugstillstands

(Verbrennungsmotor aus) alle elektrischen Verbraucher mit elektrischer Leistung zu versorgen. In BEVs muss der Speicher die Verbraucher versorgen, sobald der DC/DC-Wandler nicht aktiv ist. Dies ist insbesondere während längerer Stillstandzeiten der Fall. Dann müssen die sogenannten Key-Off-Verbraucher versorgt werden. Außerdem muss er während des Startvorgangs den Starter versorgen. Hierbei treten kurzzeitig sehr hohe Ströme auf. Gerade bei modernen Kraftfahrzeugen kommt es aber auch immer wieder im Fahrbetrieb dazu, dass der Energiespeicher (Batterie) als Puffer dienen muss, um Engpässen bei der Versorgung mit elektrischer Leistung entgegenzuwirken. Die Anforderungen an den Energiespeicher aufgrund des Startvorgangs sind grundlegend verschieden von denen, die die Versorgung elektrischer Komponenten im Stillstand mit sich bringt. Für die Wahl eines geeigneten Energiespeichers sind insbesondere zwei Kenngrößen von entscheidender Bedeutung:
– Die Leistungsdichte kennzeichnet die maximale Leistung, die das Speichermedium abgeben kann.
– Die Energiedichte des Speichers ist ein Maß für die Dauer der Leistungsabgabe. Also dafür wie viel Energie gespeichert werden kann.

Grundsätzlich können zur Speicherung der elektrischen Energie verschiedene Systeme eingesetzt werden, s. Kapitel 6. Die Auswahl des Energiespeichers (oder einer Kombination aus verschiedenen Speichern) richtet sich daher immer nach der Funktion sowie den Systemkosten.

Systeme, die sehr hohe kurzfristige Leistungen im Bordnetz benötigen, erfordern eine sehr hohe Leistungsdichte. Dies ist z. B. bei heutigen Hybridfahrzeugen der Fall, wenn die Bremsenergie zurückgespeist werden soll und zum Anfahren wieder benötigt wird. Soll eine konstante Leistung für eine längere Zeit aufgebracht werden, so ist die Energiedichte entscheidend. Bei Traktionsbatterien (vgl. Kapitel 6) stehen beide Kriterien gleichermaßen im Fokus. Daher haben sich hier Batterien auf der Basis von Lithium durchgesetzt. Kapitel 6 gibt eine ausführliche Analyse möglicher Speichermedien im Bordnetz insbesondere vor dem Hintergrund elektrischer Antriebe. Dieses Kapitel behandelt Blei-Säure-Batterien, die auch weiterhin als Standard im 12-V-Netz gesehen werden.

Trotz der im Vergleich eher geringen Leistungsfähigkeit der Bleiakkumulatoren sind diese, mit nur wenigen Ausnahmen, in allen Standardbordnetzen zu finden. Ihre immer noch flächendeckende Verbreitung ist durch die sehr ausgereifte und beherrschte Technik, das etablierte Recyclingsystem und die im Vergleich sehr geringen Systemkosten zu erklären. Die verwendeten Bleibatterien sind sehr kostengünstig und zugleich sehr robust. Spätestens mit der Entwicklung elektrisch betriebener Fahrzeuge aber auch schon durch den Wunsch nach leistungsintensiven Verbrauchern im Bordnetz und der Anpassung des Spannungsniveaus werden mittlerweile auch für das klassische Leistungsbordnetz verschiedene Speicherarten diskutiert.

8.3.1 Starterbatterien

Der Begriff Starterbatterie ist auf die ursprüngliche Funktion der Batterie im Kraftfahrzeugbordnetz zurückzuführen. Bei den frühen Bordnetzen wurde eine Batterie (Akku) benötigt, um den elektrischen Starter zu betreiben. Nach dem Startvorgang konnte dann der Generator (Lichtmaschine) die damals wenigen elektrischen Verbraucher versorgen. Die Starterbatterie wird während der Fahrt vom Generator mit elektrischer Energie versorgt und speichert diese chemisch. Bei Bedarf kann die Energie wieder abgegeben werden. Dies ist, wie bereits in Abschnitt 8.2.1 erläutert, sowohl im Fahrzeugstillstand als auch bei einigen Fahrzuständen notwendig.

Die Batterie im Bordnetz muss immer hinsichtlich einiger Kriterien ausgelegt werden. Maßgeblich hierfür sind die installierte Verbraucherleistung (insbesondere die Leistung des Starters) und die Generatorleistung im Betrieb. Die Komponenten Batterie, Starter und Generator müssen hinsichtlich:

- Verbraucherleistung,
- Generatorstromabgabe bei Motordrehzahl im Fahrbetrieb,
- Ladespannung und
- Starttemperatur abgestimmt werden (Reif 2011a).

Gerade das problemlose Starten des Fahrzeugs bei niedrigen Temperaturen stellt eine große Herausforderung für die Batterie dar. Es ist daher wichtig, dass die eingesetzte Batterie die hohen Leistungen beim Startvorgang auch bei bis zu −25 °C liefern kann (Reif 2011a).

Da die Batterie beim Fahrzeugstillstand alleiniger Energielieferant für das Bordnetz ist und eine entladende Batterie die Fahrzeugverfügbarkeit (Startfähigkeit) direkt beeinträchtigt, wird sie bei der Auslegung des Bordnetzes besonders betrachtet. Insbesondere werden verschiedene standardisierte Tests durchgeführt, die die geeignete Dimensionierung der Batterie sicherstellen. Zur Auslegung der Batterie sind u. a. die folgenden Kriterien zu beachten, s. (Reif 2011a):

- der Berufsverkehr im Winter mit Tag- und Nachtfahrten für eine Woche bei 0 °C und eine Woche bei −20 °C, (Restkapazität der Batterie von mindestens 50 % nach diesen Fahrzyklen),
- Startvorgänge bei −20 °C,
- die Brenndauer des Parklichts (12 h),
- das Blinken des Warnblinklichtes (3 h),
- der Betrieb derjenigen Verbraucher, die bei abgezogenem Zündschlüssel arbeiten (Ruhestromverbraucher) und anschließend noch ein Motorstart durchführbar sein.

Näheres zu den vorgeschriebenen Batterietests sowie den Abläufen bei der Auslegung der Batterie kann den entsprechenden Normungen und Standards der einzelnen Hersteller entnommen werden.

Sogenannte Blei-Säure-Batterien sind auch heute noch die vorwiegende Technik für Energiespeicher im elektrischen Bordnetz von Kraftfahrzeugen. Zwar gibt es mittlerweile einige Weiterentwicklungen wie die sogenannten AGM-Batterie[4] oder auch Gel-Batterien, die grundsätzliche Funktionsweise ist aber auch bei diesen gleich geblieben.

Eine Blei-Säure-Batterie besteht aus zwei Elektroden, die abhängig vom Ladezustand der Batterie aus Blei (Pb), Bleisulfat ($PbSO_4$) oder Bleidioxid (PbO_2) bestehen. Die beiden Bleielektroden werden in den Elektrolyten getaucht. Als Elektrolyt wird bei der klassischen Blei-Säure-Batterie Schwefelsäure verwendet.

Im vollgeladenen Zustand bestehen die negativen Elektroden der Batterie aus einem porösen Bleischwamm und die positiven Elektroden aus Bleidioxid. Die elektrochemischen Vorgänge in einer Batteriezelle bei der Entladung können mit den folgenden Reaktionsgleichungen beschrieben werden:

Positiver Pol:

$$PbO_2 + SO_4^{2-} + 4H_3O^+ + 2e^- \rightarrow PbSO_4 + 6H_2O, \tag{8.2}$$

Negativer Pol:

$$Pb + SO_4^{2-} \rightarrow PbSO_4 + 2e^-. \tag{8.3}$$

Dies ergibt eine Gesamtreaktion von:

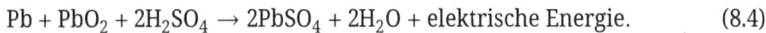

$$Pb + PbO_2 + 2H_2SO_4 \rightarrow 2PbSO_4 + 2H_2O + \text{elektrische Energie}. \tag{8.4}$$

Für den Ladevorgang drehen sich die gezeigten Gleichungen unter der Zufuhr elektrischer Energie um. In Gleichung (8.4) ist leicht zu erkennen, dass bei der Entladung der Batteriezelle ein Teil der Schwefelsäure in Wasser gewandelt wird. Damit ändert sich die Konzentration der Säure (Elektrolyt) mit dem Ladezustand der Batterie. Im entladenen Zustand besteht das Elektrolyt aus einer 17 %-tigen Schwefelsäure mit einer Dichte von 1,12 kg/l. Im komplett geladenen Zustand ist der Anteil der Schwefelsäure am Elektrolyten ca. 37 %, wodurch sich die Dichte des Elektrolyts auf 1.28 kg/l erhöht. Durch eine Messung der Säuredichte kann aufgrund dieser Zusammenhänge der Ladezustand einer Batterie bestimmt werden (Reif 2011a).

Die in Abbildung 8.14 gezeigte Anordnung aus zwei Bleielektroden und einem Elektrolyt führt zu einer Nennspannung von 2,12 V pro Batteriezelle. Um die im Fahrzeug verwendeten Batterien von 12V-Nennspannung (früher 6 V und bei Nutzfahrzeugen 24 V) zu erhalten, werden mehrere Zellen (z. B. 6 bei einer 12-V-Batterie) in Reihe geschaltet.

---

4 AGM: Absorbent Glass Mat.

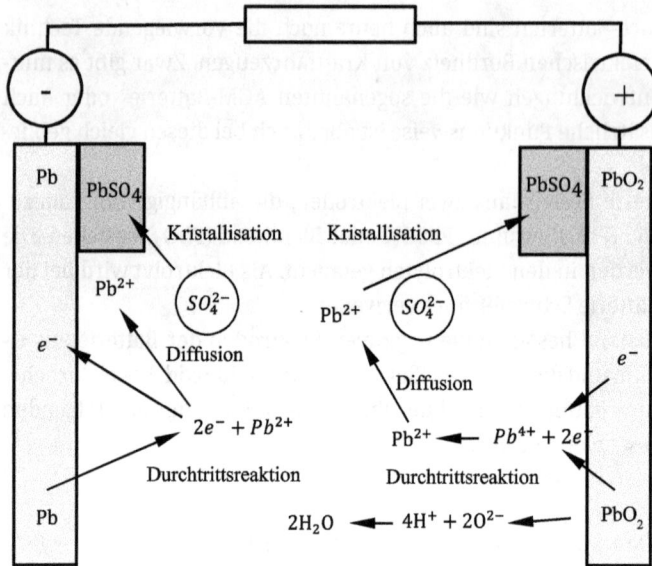

Abb. 8.14: Schematischer Ablauf der Entladung eines Bleiakkumulators nach (Heinemann 2007).

8.3.2 Kenngrößen und Richtlinien für Blei-Säure-Batterien

Die Begrifflichkeiten für Akkumulatoren (Batterien im Kfz) werden nach DIN 1985 definiert. Zusätzlich sind in (IEC 2000) die Kenngrößen für Blei-Säure-Batterien im Kraftfahrzeug definiert. Anhand der im Regelwerk beschriebenen Größen lassen sich neue Starterbatterien in definierten Belastungsfällen beschreiben. Die Werte sind allerdings nur bedingt auf Batterien im Betrieb zu übertragen. Wie bereits erwähnt, hängt etwa die Kapazität einer Batterie sowohl von der Temperatur als auch vom Batteriestrom ab und kann daher nicht durch einen festen Wert beschrieben werden. Vergleichbare Messungen müssen daher auf fest vorgegebenen Belastungsfällen fußen.

Gerade im Hinblick auf die (Kalt-)Startfähigkeit eines Kraftfahrzeugs spielt der Temperatureinfluss auf die Leistungsfähigkeit der Batterie eine entscheidende Bedeutung. Abbildung 8.15 zeigt die Abhängigkeit von Klemmenspannung und Entladegrad einer Batterie von der Umgebungstemperatur.

Es ist deutlich zu erkennen, dass tiefe Temperaturen einen negativen Einfluss auf die Leistungsfähigkeit einer Kraftfahrzeug-Batterie haben. Zum einen sinkt die Klemmenspannung bei gleichem Entladestrom mit der Temperatur ab. Dies liegt daran, dass die elektrochemischen Prozesse in der Batterie verlangsamt ablaufen. Zum Zweiten ist zu sehen, dass auch die Entladeschlussspannung deutlich früher erreicht wird. Die Batterie hat also bei niedrigen Temperaturen eine deutlich verringerte Kapazität. Es kann deutlich gesehen werden, dass sich charakteristische Größen die eine Batterie beschreiben, abhängig vom Umgebungszustand ändern (Reif 2011a). Die detaillierten

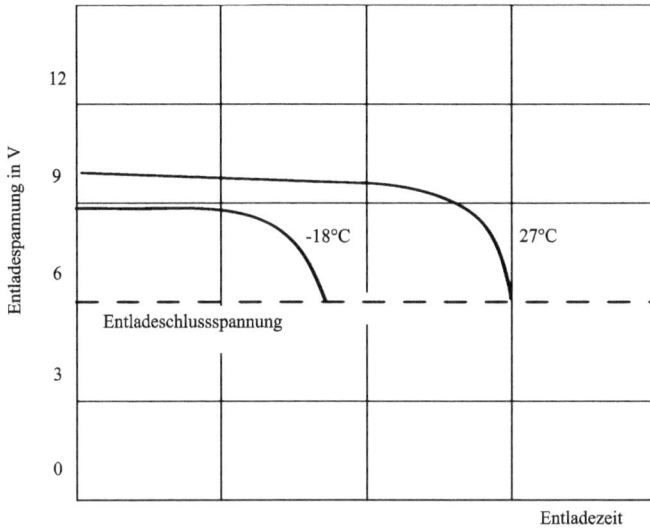

Abb. 8.15: Entladen einer 12-V-Batterie mit dem Kälteprüfstrom I_{CC} bei −18 °C und bei 27 °C nach Reif 2011a.

(genormten) Beschreibungen für:

- Zellenspannung,
- Nennspannung,
- Leerlauf- und Ruhespannung,
- Innenwiderstand,
- Klemmenspannung,
- Gasungsspannung,
- (Nenn-)Kapazität sowie den
- (Kälte-)Prüfstrom

können der Fachliteratur, z. B. Reif 2011a oder direkt der Normung entnommen werden. Auf die Kapazität sowie die Ladung einer Batterie wird im Folgenden näher eingegangen.

Kapazitätsdefinitionen

Die Kapazität K einer Batterie bezieht sich auf die Menge an Ladung, die einer geladene Batterie entnommen werden kann. Dabei ist es keinesfalls so, dass die Kapazität einer Batterie konstant ist. Sie ist abhängig von den Umgebungsbedingungen (insbesondere der Temperatur s. o.) und dem Alterungszustand (SOH).[5] Die Batteriekapazität ist darüber hinaus maßgeblich vom Batteriestrom abhängig (Peukert-Effekt).

---

5 SOH: State of Health.

Die tatsächlich entnehmbare Kapazität einer Batterie kann nur durch das vollständige Entladen der Batterie exakt bestimmt werden. Die Batteriehersteller arbeiten daher mit einer Nennkapazität K_N, die eine Mindestkapazität darstellt. Dieser Wert wird unter standardisierten Bedingungen (25 °C und einer neuen Batterie) garantiert und dient der Auslegung des Bordnetzes. In der Praxis werden Nennkapazitäten für unterschiedliche Entladedauern (unterschiedlicher Entladestrom) angegeben. Der Nennstrom I_N stellt den Entladestrom dar, der die Batterie der Nennkapazität in einer bestimmten Zeit (N-Stunden) vollständig entlädt. Die gebräuchlichsten Werte für Nennkapazitäten sind in Tabelle 8.5 zu finden.

Tab. 8.5: Verwendete Bezeichnungen für die Nennkapazität bei verschiedenen Entladedauern (Heinemann 2007).

Bezeichnung	Anwendung	Entladedauer [h]
K2	Elektro-Straßenfahrzeuge	2
K5	Industrieller Traktionsbetrieb	5
K10	Stationäre Anwendungen	10
K20	Kraftfahrzeuganwendungen	20

Der jeweilige Nennstrom für die einzelnen Kapazitäten kann sehr leicht über die Beziehung

$$I_N = \frac{K_N}{N\,t_0} \quad \text{mit } t_0 = 1\,\text{h} \tag{8.5}$$

berechnet werden.

Da die jeweiligen Kapazitäten nur für den speziellen Entladestrom und bei normierter Umgebung definiert sind, werden in einigen Anwendungsfällen normierte Kapazitäten k verwendet. Diese geben das Verhältnis der aktuellen Kapazität einer Batterie unter Berücksichtigung des Entladestroms, der Temperatur sowie des SOH zur Nennkapazität an:

$$k = \frac{K_{akt}}{K_N} \tag{8.6}$$

(Heinemann 2007).

Die Kapazität beschreibt, wie gerade definiert, die „Größe" der Batterie. Dahingegen beschreibt die Ladung anders als die Kapazität die noch entnehmbare Energie derselben Batterie. Der Entladegrad $q(t)$ beschreibt das Verhältnis von der seit der letzten Vollladung entnommenen Ladungsmenge $Q(t)$ zur Nominalladung Q_{nom} der Batterie bei einem Entladestrom I. Der Entladegrad ist definiert als:

$$q(t) = \frac{Q(t)}{Q_{nom}}. \tag{8.7}$$

Damit ist die Batterie vollständig geladen, wenn der Entladegrad $q(t) = 0$ entspricht. Ein Entladegrad von 1 entspricht einem vollständig entladenen Speicher. Zu beachten ist, dass in der Praxis für q auch Werte oberhalb von 1 erreicht werden können. Dies ist immer dann der Fall, wenn entweder mit geringen Entladeströmen oder bei höheren Temperaturen gearbeitet wird. Wie im vorangegangenen Kapitel erläutert, wird hierdurch die Kapazität erhöht. Es kann also mehr Ladung entnommen werden als nominal verfügbar. Die Abhängigkeit der Kapazität/des Entladegrades einer Batterie vom Entladestrom wurde bereits 1897 von Peukert[6] entdeckt und ist seitdem als Peukert-Effekt bekannt.

Definition und Bestimmung des Ladezustandes (SOC)

Während der Entladegrad ein Maß für die bereits entnommene Ladungsmenge einer Batterie darstellt, ist in der Praxis eher entscheidend, wie groß die noch verbliebene Ladungsmenge ist. Diese lässt eine Aussage über den weiteren Betrieb (z. B. wie lange verschiedene Verbraucher noch betrieben werden können) der Batterie zu. Als Maß für den Ladezustand der Batterie wird der sogenannte State of Charge (SOC) verwendet. Der SOC beschreibt das Verhältnis von aktuell entnehmbarer elektrischer Ladung zur maximalen Ladung bei voller Batterie:

$$\text{SOC} = \frac{Q_{\text{Rest}}(T)}{K_N(T)}. \tag{8.8}$$

Da sowohl die Kapazität der Batterie (maximale Ladung) als auch die entnehmbare Ladungsmenge von der Temperatur abhängig sind, variiert der SOC einer ansonsten unveränderten Batterie mit der Temperatur. Werden alle Werte auf die Nominaltemperatur T_{nom} bezogen, so kann der nominale Ladezustand bestimmt werden.

Nach (DIN 1985) wird der SOC wie folgt definiert:

- Der Ladezustand ist das Verhältnis einer aktuellen gespeicherten Elektrizitätsmenge zu einer zugeordneten Kapazität K_N einer Batterie.
- Die Definition geht von der gespeicherten und nicht von der entnehmbaren Ladungsmenge aus.
- Eine Angabe der entnehmbaren Ladung würde ein Wissen sowohl über die Entladebedingungen als auch über die Akkuvorgeschichte erfordern.
- Als erste Näherung lässt sich der Ladezustand über das Zeitintegral des Stromes und eine Normierung auf die Nennkapazität (unter Abschätzung des Nebenreaktionsstromes) relativ zuverlässig ermitteln.

Die Kenntnis des aktuellen Ladezustands der Batterie ist für viele moderne Systeme im Kraftfahrzeug von großer Bedeutung. Es muss sichergestellt werden, dass alle re-

---

6 Wilhelm Peukert, 1855 bis 1932.

levanten Systeme weiter betrieben werden können. Bei einer unzureichenden Batterieladung werden z. B. Start-Stopp-Systeme deaktiviert, um eine weitere Entladung der Batterie vorzubeugen. Abhängig vom Ladezustand kann ein Energiemanagement im Kraftfahrzeug betrieben werden. Hierzu können entweder Verbraucher abgeschaltet werden (Lastabwurf) oder die Generatorspannung (nur im Betrieb möglich) erhöht werden, was zu einer verbesserten Batterieladung führt. Zur Bestimmung der Batterieladung ist für das Energiemanagement (Batteriemanagement) im Kraftfahrzeug von entscheidender Bedeutung. In der praktischen Anwendung haben sich Ladebilanzierungsverfahren etabliert, welche jedoch eine ständige Rekalibrierung der Parameter erfordern. Der Grund dafür besteht in der Veränderung des Batterieverhaltens durch Selbstentladung und Alterung.

Beim einem Lade-Entlade-Zyklus kommt es immer zu Verlusten innerhalb der Batterie. Je nach Betriebszustand wird ein Teil der aufgenommenen oder abgegebenen Batterie in Wärme gewandelt. Daher unterscheiden sich die aufgenommene Batterieladung und die nach der Ladung zur Verfügung stehende Ladung. Das Verhältnis von beiden Größen wird als Ladefaktor bezeichnet. Er kann als elektrischer Wirkungsgrad der Batterie interpretiert werden.

Alterungszustand einer Batterie SOH

Der SOC der Batterie beschreibt den aktuellen Ladezustand der Batterie bezogen auf die Batteriekapazität. Über die Lebensdauer der Batterie ist aber auch die Nominalkapazität einer Batterie nicht konstant. Die Kapazität K_N^{aktuell} unterscheidet sich aufgrund von Batteriealterung dann deutlich von der Nennkapazität K_N^{Nenn}. Der Quotient aus beiden Größen wird als Alterungszustand (State of Health SOH) definiert:

$$\text{SOH}_N = \frac{K_N^{\text{aktuell}}(T_{\text{nom}})}{K_N^{\text{Nenn}}(T_{\text{nom}})}. \tag{8.9}$$

Die Bestimmung des Ladezustandes SOC erfordert aufgrund der unvermeidlichen Batteriealterung in regelmäßigen Zeitabständen eine Rekalibrierung der Nominalkapazität, da sich mit ihr auch die maximal entnehmbare Ladung ändert. Die Bestimmung der aktuellen Nominalkapazität ist in der Praxis eine schwierige Aufgabe. Die Bestimmung des aktuellen Ladezustandes (z. B. für ein Energiemanagementsystem) ist daher nur mit begrenzter Genauigkeit darstellbar.

Die Alterung typischer Bleiakkumulatoren die folgenden Hauptursachen (Hönes 1994):
–   Zyklisierung der Batterie mit der Folge der Gitterkorrosion,
–   häufiges Überladen der Batterie,
–   Tiefentladung und
–   langandauernde Teilzyklisierung.

Sowohl bei der Zyklisierung als auch bei der Tiefentladung entstehen Bleisulfatkristalle, die deutlich größer sind als die üblichen. Diese sehr großen Kristalle sind bei der elektrochemischen Reaktion inaktiv. Sie werden also beim üblichen Ladevorgang der Batterie nicht wieder in Blei gewandelt. Die „großen" Kristalle lagern sich an den Elektroden an, was zu einer Verringerung der aktiven Elektrodenoberfläche und damit zu einer Verschlechterung der Reaktionsfähigkeit führt. Dieser Vorgang ist unter dem Begriff Sulfatierung bekannt. Unter Umständen können sich die durch Sulfatierung entstandenen „großen" Kristalle von den Elektroden lösen. Diese sinken dann auf den Boden der Batterie und bilden dort ggf. eine leitende Verbindung zwischen den Elektroden. Hierdurch kann im Extremfall die Batterie zerstört werden. In modernen Gel- oder AGM-Batterien wird das Ablösen und Absinken der Sulfate verhindert. Grundsätzlich sind aber auch hier die Alterung und die verbundene Reduzierung der Kapazität zu betrachten.

8.4 Modellierung des Batterieverhaltens

Abhängig vom Einsatzzweck eines Batteriemodells gibt es ganz unterschiedliche Ausprägungen numerischer Modelle. Diese reichen von Modellen, die Aufschluss über die elektrochemischen Prozesse geben bis hin zu sehr einfachen Modellen, die allein den Verlauf der Klemmenspannung wiedergeben. In der Fahrzeugtechnik werden zumeist solche Batteriemodelle verwendet, die die Beschreibung des elektrischen (Klemmen-)Verhaltens von Batterien abbilden. Insbesondere können solche Modelle dazu verwendet werden, die unterschiedlichen Energieflüsse im Bordnetz abzubilden. Hierfür muss eine sichere Aussage über die Klemmenspannung in Abhängigkeit der Zeit, eines Lastprofils, des Ladezustands sowie des Alterungszustandes der Batterie getroffen werden können.

Der Ladezustand SOC ist, wie in Abschnitt 8.3.2 erläutert, ein Maß für die reversiblen Änderungen in der Batterie, die beim Laden und Entladen stattfinden. Ein SOC von 1 (100 %) entspricht einer vollständig geladenen Batterie. Dem gegenüber steht der Alterungszustand SOH der Batterie, der irreversiblen Änderungen (Schädigungen) der Batterie beschreibt. Beide Größen zusammen erlauben es, den momentanen Batteriezustand zu ermitteln und sollten in geeigneter Weise in einem Batteriemodell berücksichtigt werden (Abbildung 8.16).

Soll ein Batteriemodell zur Simulation der elektrischen Energieflüsse im Bereich des Kraftfahrzeugbordnetzes eingesetzt werden, so gibt es einige Größen, die ein solches Modell zwingend berücksichtigen müssen. Es müssen für verschiedene Betriebsbedingungen (wie etwa variierende Temperatur, unterschiedliche Leistungsanforderungen) sowohl für den Lade- als auch den Entladevorgang der Batterie zuverlässig die folgenden Werte ermittelt werden (Heinemann 2007):

– aktueller Ladezustand SOC,
– Zeitpunkt des Entladeschlusses,
– Zeitpunkt der Vollladung (Ladevorgang),

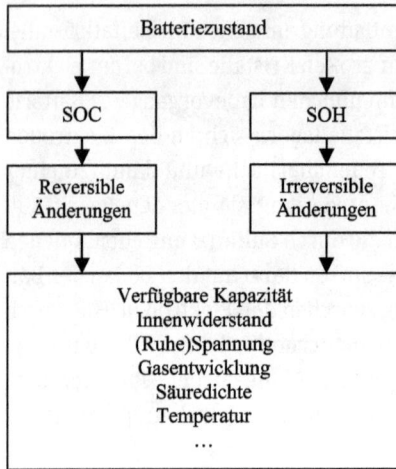

Abb. 8.16: Schematische Darstellung der Beeinflussung der Batterieparameter nach Heinemann 2007.

- verfügbare Ladung $Q(t)$ und Energie $E(t)$,
- Klemmenspannungsverlauf $u(t)$ und
- Temperaturverlauf (des Elektrolyts).

Außerdem ist für den Gebrauch eines Batteriemodells in der Praxis oft entscheidend, dass der Alterungszustand der Batterie in das simulierte Verhalten eingeht. D. h. es gibt die Möglichkeit, das Batterieverhalten gezielt an das Verhalten einer nicht mehr neuen Batterie anzupassen. Die Alterung der Batterie ebenfalls als Teil des dynamischen Batteriemodells zu implementieren, ist in der Praxis oft ein nicht zu rechtfertigender Aufwand. Zumeist werden in Bordnetzsimulationen relativ kurze Zeitspannen betrachtet. Das Altern der Batterie ist hingegen ein sehr langsamer Prozess und es reicht daher zumeist aus, das Batteriemodell durch eine geeignete Parametrierung an den aktuellen SOH anzupassen.

In der Literatur ist eine Vielzahl unterschiedlicher Batteriemodelle zu finden. Diese unterscheiden sich teilweise erheblich in ihrem Anspruch und können für verschiedenste Anwendungen eingesetzt werden. Im Folgenden wird ein vereinfachtes Batteriemodell hergeleitet, das zum Ziel hat, die Klemmenspannung in Abhängigkeit der Batterieladung und des Batteriestroms zu bestimmen. Darüber hinaus werden Temperatureffekte beim Laden und Entladen berücksichtigt. Ein solches Modell sollte immer dann zum Einsatz kommen, wenn die Leistungsversorgung und ggf. ein Energiemanagement im Bordnetz simuliert werden soll. Batterieinterne Effekte können ebenso wenig simuliert werden wie sehr schnelle transiente Vorgänge.

Das in Abbildung 8.17 dargestellte Ersatzschaltbild ist geeignet, um den Klemmenspannungsverlauf einer Blei-Säure-Batterie im Betrieb zu modellieren. Während der Hauptzweig die Spannung während der Batterieentladung definiert, treten bei der Ladung weitere Ladeverluste auf, die über den parasitären Zweig abgebildet werden kön-

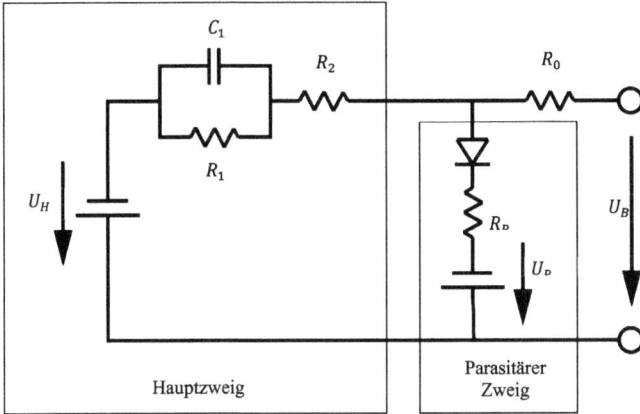

Abb. 8.17: Ersatzschaltbild zur Modellierung einer Blei-Säure-Batterie (Jackey 2007).

nen. Damit können unterschiedliche Verhalten im Lade- und Entladefall abgebildet werden.

Kern des Modells ist (Jackey 2007) die Zellspannung U_H. Die Zellspannung ist sowohl von der Temperatur als auch vom aktuellen Ladezustand abhängig:

$$U_{H,0} = U_{H,0}^{100} - K_E(273\,°C - \Theta_E)(1 - SOC). \tag{8.10}$$

Im Lastfall wird die Klemmenspannung der Batterie abhängig vom Laststrom reduziert. Dies wird durch den sogenannten Innenwiderstand der Batterie verursacht. Im einfachsten Fall kann der Innenwiderstand R_0 als konstant angenommen werden. Für eine exaktere Beschreibung der realen Klemmenspannung einer Batterie wird hier ein ladezustandsabhängiger Widerstand verwendet.

$$R_0 = R_0^{100}[1 + A_0(1 - SOC)]. \tag{8.11}$$

Neben dem Klemmenwiderstand befinden sich weitere Komponenten im elektrischen Ersatzschaltbild der Batterie. Fließt ein Batteriestrom, so wirken im Hauptzweig der Batterie ein RC-Glied sowie ein weiterer Widerstand in Reihe. Das RC-Glied bestehend aus R_1 und C_1 wird dazu verwendet, um das transiente Verhalten der Batterie (bei sehr schnellen Änderungen des Batteriestroms) zu bestimmen. Es ermöglicht das Verhalten durch ein PT_1-Glied anzunähern. Der Widerstand R_1 ist proportional zum Logarithmus der Entladetiefe DOC, s. Gl. (8.19). Durch die Bestimmung der Zeitkonstante einer realen Batterie (z. B. durch Messungen) kann dann der Wert der Kapazität C_1 bestimmt werden:

$$R_1 = -R_{1,0}\ln(DOC), \tag{8.12}$$

$$\tau_1 = R_1 C_1. \tag{8.13}$$

Die für die Modellierung des Batterieverhaltens verwendeten Formelzeichen können Tabelle 8.6 entnommen werden.

Tab. 8.6: Formelzeichen zur Modellierung des Batterieverhaltens.

Formelzeichen	Bedeutung
$U_{H,0}$	Leerlaufspannung der Batteriezelle
$U_{H,0}^{100}$	Leerlaufspannung der Batteriezelle im vollgeladenen Zustand
K_E	Temperaturkonstante zur Spannungsanpassung
Θ_E	Elektrolyttemperatur
SOC	Ladezustand (State of Charge) der Batterie
R_0	Klemmenwiderstand
R_0^{100}	Klemmenwiderstand im vollgeladenen Zustand (SOC = 100)
A_0	Konstante
R_1	Hauptzweigwiderstand RC-Glied
C_1	Hauptzweigkapazität
τ_1	Zeitkonstante RC-Glied
R_2	Hauptzweigwiderstand
A_{21}, A_{22}	Konstanten
I_m	Hauptzweigstrom
I_{nom}	Nominalstrom der Batterie
I_P	Verluststrom durch den parasitären Zweig
U_{PN}	Spannung über den parasitären Zweig
G_{P0}	Konstante
τ_P	Zeitkonstante des parasitären Zweigs
U_{P0}	Konstantspannung zur Berechnung der parasitären Ströme
A_P	Konstante
Θ_E	Elektrolyttemperatur
Θ_{EF}	Gefriertemperatur des Elektrolyts
C_B	Batteriekapazität im Betrieb (momentane maximal speicherbare Ladung)
$K_{C0,1,2}$	Konstante
C_0^*	Leerlaufkapazität bei 0 °C in As. Abhängig u. a. vom Alternungszustand der Batterie
Θ_U	Umgebungstemperatur
Θ_{t0}	Anfangstemperatur
P_S	Verlustleistung über R_0 und R_P
C_Θ	Thermische Kapazität
R_Θ	Thermischer Widerstand

Der zweite Hauptzweigwiderstand R_2 dient dazu, in Abhängigkeit vom Batteriestrom (insbesondere bei niedrigem Ladezustand der Batterie) die Klemmenspannung weiter abzusenken. Dieser Effekt ist auch für den Ladevorgang der Batterie von Bedeutung:

$$R_2 = R_{2,0} \frac{e^{\{A_{21}(1-\text{SOC})\}}}{1 + e^{A_{22}I_m/I_{nom}}}. \tag{8.14}$$

Es ist deutlich zu sehen, dass der Widerstand R_2 überproportional bei großen Batterieströmen und entladenen Batterien steigt. Die Klemmenspannung sinkt dann deutlich.

Neben dem Hauptzweig des Batteriemodells beinhaltet das hier vorgestellte Batteriemodell nach Jackey 2007 einen sogenannten parasitären Zweig. Dieser Zweig ist nur beim Ladevorgang der Batterie aktiv und ermöglicht es, die Ladeverluste der Batterie in geeigneter Weise abzubilden. Diese Verluste sind abhängig von der aktuellen Elektrolyttemperatur und verursachen zudem eine weitere Erwärmung der Batterie (vgl. thermisches Modell der Batterie):

$$I_P = U_{PN} G_{P0} e^{\frac{U_{PN}}{[(\tau_P + 1)U_{P0}]} + A_P (1 - \frac{\Theta_E}{\Theta_{EF}})}.$$ (8.15)

Der hier beschriebene Verluststrom ist im normalen Betrieb der Batterie sehr gering. Wie aus der Gleichung entnommen werden kann, kommt es erst bei hohen SOC (nahezu vollgeladener Batterie) und hohen Ladespannungen (hoher Spannung über den Zweig) zu nennenswerten Verlustströmen.

Die bisherigen Beschreibungen eignen sich dazu, bei einer bekannten Batterieladung in Abhängigkeit eines angelegten Last- oder Ladestroms, die entsprechenden Werte für z. B. die Klemmenspannung zu ermitteln. Damit das Batteriemodell aber auch für Simulationen über längere Zeiträume verwendet werden kann, ist es notwendig, den Ladezustand entsprechend über der Zeit zu verändern. Hierzu dient das im Folgenden beschriebene Lade- und Kapazitätsmodell. Die Batterieladung kann relativ einfach aus der initialen Batterieladung sowie dem Integral des Hauptzweigstroms über der Zeit bestimmt werden:

$$Q_B(t) = Q_{B,t_0} - \int_{t_0}^{t} I_m(\tau) d\tau.$$ (8.16)

Die Kapazität (korrekt: die maximale Ladung) der Batterie wird als Batteriekapazität bezeichnet. Sie ist ebenfalls keine konstante Größe, sondern vom Batteriestrom sowie der Temperatur abhängig:

$$C_B(I, \Theta_E) = \frac{K_{C_0} C_0^* (1 + \frac{\Theta_E}{-\Theta_{EF}})^{K_{C1}}}{1 + (K_{C_0} - 1)(\frac{I}{I^*})^{K_{C2}}}.$$ (8.17)

Aus der aktuellen Batteriekapazität (momentan maximale Batterieladung) sowie der über das Integral bestimmten Batterieladung Q_B kann sehr einfach der aktuelle Ladezustand SOC der Batterie bestimmt werden:

$$\text{SOC} = \frac{Q_B}{C_B(0, \Theta_E)}.$$ (8.18)

Im Vergleich zum State of Charge (SOC), der die Kapazität der Batterie im Leerlauf (ohne Last) ermittelt, gibt die Batterieladetiefe DOC (Depth of Charge) diesen Wert für eine mittlere Last an:

$$\text{DOC} = \frac{Q_B}{C_B(I_{\text{avg}}, \Theta_E)}.$$ (8.19)

Abschließend werden die Wechselwirkungen der Leistungsverluste in der Batterie beim Laden und Entladen mit der Batterietemperatur betrachtet. Die Elektrolyttemperatur der Batterie ist neben den Verlusten in der Batterie abhängig von der Umgebungstemperatur. Für die Temperatur Θ_E kann folgender Zusammenhang geschrieben werden:

$$\Theta_E(t) = \Theta_{t_0} + \int_{t_0}^{t} \frac{P_S - \frac{\Theta_E - \Theta_U}{R_\Theta}}{C_\Theta} \, d\tau. \tag{8.20}$$

Das vorgestellte Modell kann unter Verwendung geeigneter Parameter dazu genutzt werden, den Klemmenspannungsverlauf einer Kraftfahrzeugbatterie zu simulieren. Elektrochemische Effekte können nicht betrachtet werden. Es kann dazu verwendet werden, Batterien verschiedener Parametrierung (Zustände) zu simulieren. Es deckt allerdings keine Alterung bei einer Langzeitsimulation ab.

8.5 Generatoren im Kraftfahrzeug

Der Generator versorgt das elektrische Bordnetz eines Fahrzeugs mit der benötigten elektrischen Leistung. Zusammen mit der Batterie, die während des Startvorgangs und dem Fahrzeugstillstand die Verbraucher versorgt, muss der Generator eine zuverlässige Energieversorgung gewährleisten. Die Generatorleistung und die Batteriekapazität müssen daher gut aufeinander und auf den Leistungsbedarf im Energiebordnetz abgestimmt werden. In typischen Nutzungszyklen des Fahrzeugs muss der Generator in der Lage sein, eine positive Ladebilanz aufrechtzuerhalten. Nur so ist die Funktion/Startfähigkeit des Fahrzeugs zu gewährleisten.

Der in diesem Abschnitt behandelte Generator stellt den für das übliche 12-V-System typischen Klauenpolgenerator dar. Dieser ist eine Synchronmaschine mit Erregerwicklung. Bei einer Erhöhung der Bordnetzspannung (s. Abschnitt 8.2.1 48-V-Bordnetz) werden auch andere elektrische Maschinen eingesetzt. Hier sollen die Betrachtungen allerdings auf den klassischen Fahrzeuggenerator beschränkt werden.

Der anhaltende Trend zur Elektrifizierung von Komponenten hat dazu geführt, dass die Anzahl und die benötigte Leistung der Verbraucher deutlich zugenommen haben. Heute eingesetzte Generatoren haben bereits eine maximale Leistung von über 3 kW (mehr als 200 A bei 14 V). Wichtig für die optimale Versorgung aller elektrischen Komponenten im Bordnetz ist neben der maximalen Leistungsabgabe eines Generators vor allem auch, dass in einem möglichst breiten Drehzahlbereich die erforderliche elektrische Leistung zur Verfügung steht. Bereits bei der Leerlaufdrehzahl geben aktuelle Generatoren daher ein Drittel ihrer Nennleistung ab.

Eine wichtige Kenngröße der Generatoren im Kraftfahrzeug ist die erzeugte elektrische Energie pro Gewicht. Diese Größe zeigt die Bedeutung leistungsstarker Komponenten bei gleichzeitiger Bestrebung, Ressourcen optimal zu nutzen. Wie die Abbildung 8.18

zeigt, ist der maximale Generatorstrom bzw. die maximale Generatorleistung abhängig von der jeweiligen Drehzahl. Damit der Generator auch schon bei niedrigen Motordrehzahlen, wie etwa im Leerlauf, ausreichend Leistung zur Verfügung stellen kann, werden zwischen Kurbelwelle und Generator Übersetzungen im Bereich von 1 : 2 bis 1 : 3 vorgesehen.

Neben der Drehzahl begrenzt auch die Temperatur die maximale Generatorleistung. Bei hohen Temperaturen kommt es zu größeren Verlusten, sodass die Maximalleistung der Generatoren mit steigender Temperatur sinkt, s. Abbildung 8.18.

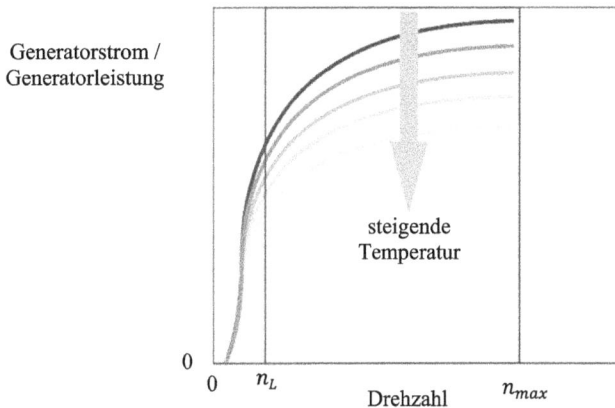

Abb. 8.18: Qualitative Darstellung der Stromkennlinie eines Drehstromgenerators. In der Abbildung bezeichnet n_L die Leerlaufdrehzahl und mit n_{max} die Höchstdrehzahl des Motors/Generators. Erkennbar ist die Abhängigkeit des maximalen Generatorstroms von Motordrehzahl und Temperatur.

Um die Ausgangsspannung des Generators konstant zu halten, (damit eine optimale Funktion der elektrischen Komponenten gewährleistet werden kann) wird eine geeignete Regelung verwendet. Abhängig von Drehzahl, Last und Temperatur wird der Erregerstrom so geregelt, dass die Ausgangsspannung konstant bleibt. Bei großen Lastsprüngen im Bordnetz kann es allerdings dazu kommen, dass die Spannung kurzzeitig vom Sollwert abweicht. Dies ist sowohl beim plötzlichen Zuschalten oder Abschalten (insbesondere leistungsstarker) Komponenten der Fall. Hier muss die Regelung erst auf den neuen Bordnetzzustand reagieren und den Generator entsprechend nachregeln. Es kann dann zu einem Spannungsloch oder einer Spannungsspitze kommen. Die Generatorregelung wird außerdem dazu verwendet, witterungsabhängig unterschiedliche Bordnetzspannungen einzustellen. Bei niedrigen Temperaturen kann es z. B. notwendig sein, die Spannung leicht zu erhöhen, damit die Batterie optimal geladen wird. Bei hohen Temperaturen wird die Spannung ggf. abgesenkt, um eine Überladung der Batterie vorzubeugen.

8.5.1 Auslegung von Kraftfahrzeuggeneratoren

Durch die hohe Komplexität des elektrischen Bordnetzes hat sich auch die Rolle des Generators im Kraftfahrzeug gewandelt. Wie bereits erwähnt, waren die ersten Generatoren (Lichtmaschinen) nur zum Betrieb der elektrischen Lichtanlage (und Signalanlage) sowie zum Nachladen der Batterie nach einem Startvorgang notwendig. Insbesondere die Anforderungen an die maximale Leistung sowie an die konstante Spannung bei unterschiedlichen (transienten) Zuständen sind deutlich gestiegen. Die heutigen Kraftfahrzeuggeneratoren müssen nach Reif 2011a folgende Forderungen erfüllen:

- Gewährleistung einer positiven Leistungsbilanz über verschiedene Fahrzyklen,
- Realisierung einer positiven Ladebilanz der Batterie zur Gewährleistung der Startfähigkeit,
- Leistungsversorgung aller Verbraucher im Fahrbetrieb (bei Hochleistungsverbrauchern und hochtransienten Verbrauchern nur in Zusammenarbeit mit der Batterie möglich),
- schwankungsfreie, lastzustandsunabhängige Spannung über den gesamten Drehzahlbereich liefern,
- robustes Design hinsichtlich Temperatur, Feuchtigkeit, Schmutz, Vibrationen etc.,
- minimiertes Komponentengewicht (hohe Leistungsdichte),
- geringer Bauraum und günstiges Packaging,
- geringes Betriebsgeräusch sowie
- niedrige Verluste (optimierter Wirkungsgrad).

Die Auslegung bzw. die Auswahl eines Generators für ein spezielles Fahrzeug muss daher vor dem Hintergrund des Leistungsbedarfs durchgeführt werden. Batterie, Generator und installierte Verbraucher sind dabei gut aufeinander abzustimmen.

8.5.2 Wirkungsgrade von Kraftfahrzeuggeneratoren

Insbesondere durch die Forderung nach ressourcenschonender Mobilität und der gleichzeitigen erhöhten Anforderungen an die Bordnetzleistung spielt die Effizienz des Generators eine entscheidende Rolle. Der Wirkungsgrad ist im Allgemeinen ein sehr gutes Maß für die Effizienz eines Generators als Energiewandlers. Er gibt das Verhältnis von abgegebener zu aufgenommener Leistung an. Beim Kraftfahrzeuggenerator wird mechanische Leistung in die im Bordnetz benötigte elektrische Leistung gewandelt. Der Generatorwirkungsgrad ist damit definiert als:

$$\eta = \frac{P_{\text{elektrisch}}}{P_{\text{mechanisch}}}. \tag{8.21}$$

Der Wirkungsgrad eines Generators ist allerdings nicht über den kompletten Betriebsbereich konstant. Abhängig von Drehzahl und Last treten die verschiedenen Verlustquellen unterschiedlich stark in Erscheinung. Abbildung 8.19 schlüsselt die Verlustquellen eines Generators in Abhängigkeit von der Drehzahl auf.

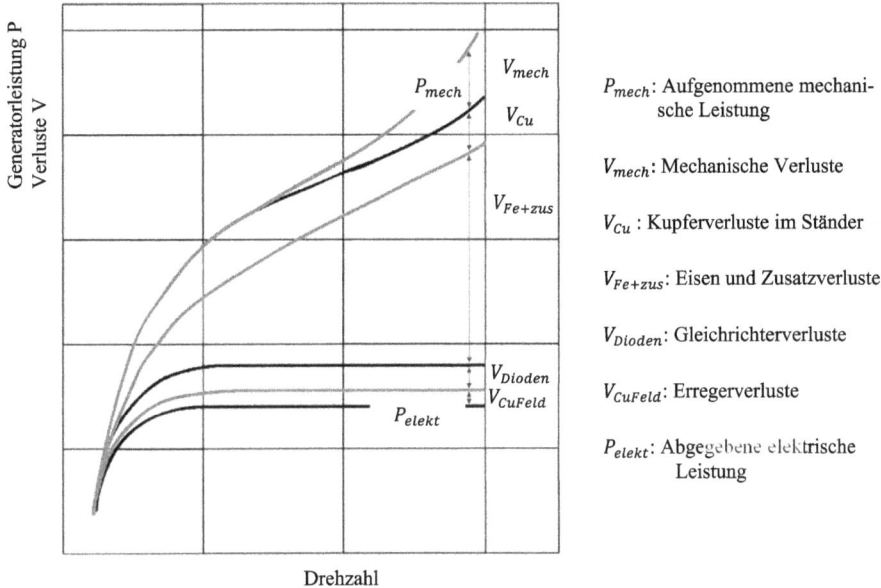

Abb. 8.19: Übersicht der Verlustleistungen im Generator nach Reif 2011a.

Die Verluste teilen sich in zwei Gruppen auf. Ein Teil der Verluste ist abhängig von der Drehzahl des Generators. Diese nehmen mit steigender Drehzahl aufgrund der mechanischen Reibung und der Hysterese bei der Magnetisierung zu. Zum anderen kommt es zu Verlusten, die vom Generatorstrom abhängig sind. Diese nehmen bei hohen Drehzahlen nicht weiter zu.

Den größten Anteil der Verluste bilden die Eisen- und Kupferverluste sowie die durch Reibung verursachten mechanischen Verluste. Als Kupferverluste wird die Verlustleistung durch den Ohm'schen Widerstand in den Leiterschleifen bezeichnet. Die Eisenverluste entstehen durch Hysterese aufgrund des ständig wechselnden Magnetfeldes in Ständer und Läufer. Mechanische Verluste werden sowohl durch Reibung in Lagern als auch durch Strömungswiderstände (Luftreibung) z. B. im Lüfter hervorgerufen.

Die maximalen Wirkungsgrade von Kraftfahrzeuggeneratoren liegen im Bereich von etwa 65 %. Unter normalen Betriebsbedingungen werden im Fahrbetrieb üblicherweise im Mittel 55–60 % Wirkungsgrad allerdings nicht überschritten (Büchner und Bäker 2005).

8.6 Vereinfachtes Modell eines Kraftfahrzeuggenerators

Im folgenden Abschnitt wird der Generator modelliert, um so eine vereinfachte mathematische Darstellung zu erhalten, die es ermöglicht, die Kopplung mit dem Bordnetz und mit der Mechanik des Verbrennungsmotors darzustellen. Im einfachsten Fall kann der Generator als eine geregelte Spannungsquelle beschrieben werden. Die Spannungsregelung des Generators hat im normalen Fahrbetrieb die Aufgabe die Generatorspannung auf nahezu konstanten 14 V zu halten, unabhängig von den jeweiligen Bordnetzlasten. Übersteigt die anliegende Last die maximal vom Generator lieferbare Leistung, so sinkt die Generatorspannung. Abhängig vom maximalen Generatorstrom (beim aktuellen Zustand) resultiert eine Spannung im Bordnetz. Der Generator kann in diesem Fall als Konstantstromquelle beschrieben werden. Diese sehr stark vereinfachte Betrachtung des Generators als Konstantspannungs- bzw. -stromquelle (abhängig von der Last) liefert bereits ein erstes, wenn auch sehr vereinfachtes Generatormodell. Dieses kann allerdings nur die elektrische Seite des Generators und auch diese nur in stark reduzierter Form beschreiben.

Nach Reif 2012a besteht ein Fahrzeuggenerator aus vier Teilen:
- dem Magnetkreis des Erregerfeldes,
- der Spannungserzeugung in der Drehstromwicklung (Stator Spulen),
- der Gleichrichtung der Drehphasenwechselspannung und
- einer Spannungsregelung.

Abbildung 8.20 zeigt das Zusammenspiel dieser Komponenten.

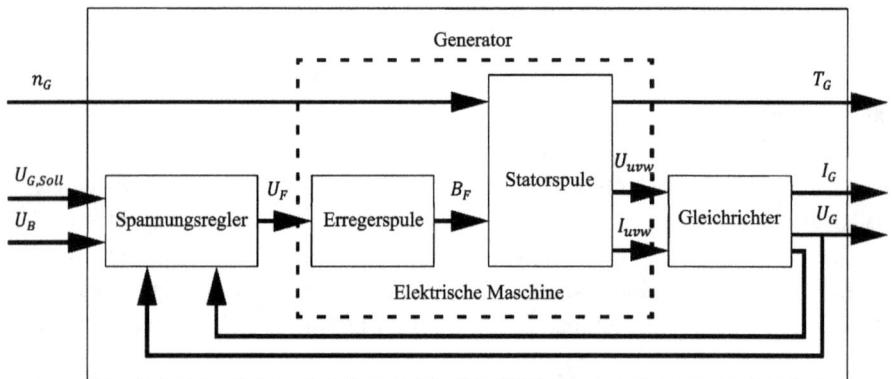

Abb. 8.20: Blockschaltbild der Funktionsweise eines Generatormodells nach Hesse 2011.

Der Rotor des Generators ist mit der Drehbewegung des Verbrennungsmotors gekoppelt. Durch die Drehbewegung des Rotors (mit der Erregerspule) wird eine Spannung in die drei Statorspulen induziert. Hierdurch entsteht eine dreiphasige Wechselspannung. Eine einfache Diodenschaltung (Gleichrichter) wird dann dazu verwendet, aus dieser Wechselspannung die im Fahrzeug benötigte Gleichspannung zu erzeugen. Da die Größe der induzierten Spannung in den Statorspulen von der zeitlichen Änderung des effektiv wirksamen magnetischen Flusses abhängen, werden sie zum einen durch die Drehgeschwindigkeit des Rotors zum anderen durch die magnetische Flussdichte des Erregerfeldes definiert. Das Erregerfeld wird über den Spannungsregler so beeinflusst, dass die Generatorspannung dem aktuellen Sollwert (im Normalfall ca. 14 V) entspricht. Im Folgenden wird ein einfaches Modell eines Generators entsprechend der in Abbildung 8.20 dargestellten Blockdarstellung beschrieben.

8.6.1 Elektrische Maschine

Die elektrische Maschine besteht aus den Erreger- und Statorspulen. Die Erregerspulen werden dazu verwendet, ein Magnetfeld der gewünschten Größe zu erzeugen. Dazu wird an den Erregerspulen die geregelte Erregerspannung U_F angelegt, die dann zum Erregerstrom I_F führt. Dieser durchströmt die Spulen und es bildet sich ein Magnetfeld aus. Für den Strom durch die Spule in Abhängigkeit der angelegten Spannung gilt (Büchner und Bäker 2005):

$$U_F = U_{RF} + U_{LF} = R_F I_F + L_F \frac{dI_F}{dt}, \tag{8.22}$$

$$I_F = \frac{1}{L_F} \int (U_F - R_F I_F) dt. \tag{8.23}$$

Die hier und im Rest des Abschnitts verwendeten Formelzeichen sind in Tabelle 8.7 definiert. Der Strom I_F durch die Erregerspule bedingt das gewünschte magnetische Feld der Feldstärke H_F. Nach Böge 2007 kann für H_F näherungsweise der Ausdruck

$$H_F = \frac{N}{l_F} I_F. \tag{8.24}$$

verwendet werden.

Die für die weiteren Berechnungen notwendige magnetische Flussdichte B_F ergibt sich als Funktion aus der Feldstärke $B_F = f(H_F)$ über die Magnetisierungskennlinie.

Zwischen der Erreger- und der Statorspule kommt es zu einer Relativbewegung. Damit ändert sich das effektiv wirksame Erregerfeld durch die Statorspulen. Die Relativbewegung ist proportional zur Rotationsfrequenz des Generators. Es gilt:

$$\omega_G = 2\pi n_G. \tag{8.25}$$

Durch die Verwendung mehrerer Anordnungen aus je drei um 120° zueinander angeordneter Spulen (Poolpaare) im Generator wird für die Berechnung in diesem Generatormodell eine theoretische interne Rotationsfrequenz verwendet. Diese ist um den

Tab. 8.7: Formelzeichen der Modelle für die elektrische Maschine eines Kfz-Generators.

Formelzeichen	Bedeutung
I_F	Erregerspulenstrom
L_F	Induktivität der Erregerspule
U_{RF}	Spannungsabfall über den Ohm'schen Widerstand der Erregerspule
U_F	An Erregerspule angelegte Spannung
H_F	Magnetische Feldstärke
l_F	Mittlere magnetische Weglänge
N	Wicklungszahl
n_G	Generatordrehzahl
ω_{int}	Theoretische interne Winkelgeschwindigkeit des Generators
p	Poolpaarzahl (typisch 6 oder 7)
Φ_{eff}	Effektiver magnetischer Fluss
Φ_F	Magnetischer Fluss aufgrund des Erregerfelds
Φ_k	Teilweise Kompensation des Erregerfeldes durch Strom in den Statorspulen
u, v, w	Spulenwicklungen des betrachteten Poolpaars
A	Querschnittsfläche einer Spule
θ_j	Drehwinkel der Spule j
L_j	Induktivität der Statorspule j
N	Wicklungszahl der Spule
i_j	Wechselstrom in der Statorspule j
u_{ind}	Induzierte Wechselspannung
k_{ind}	Induktionskoeffizient
n_G	Generatordrehzahl
T_G	Generatorlastmoment

Faktor der Polpaarzahl größer als die wirkliche physikalische Größe. So wird es ermöglicht, mit nur einer Spulenanordnung zu rechnen und man erhält

$$\omega_{int} = p\omega_G. \tag{8.26}$$

Als weitere Vereinfachung der Schreibweise werden im Folgenden die Indizes u, v, w für die drei Spulen eines Polpaars verwendet. Durch die Induktion einer Spannung in die Spulen der Polpaare kommt es hier zu einem (gewünschten) Stromfluss. Dieser schwächt allerdings das wirksame Magnetfeld (und damit den Effekt) ab. Es ergibt sich der effektiv wirksame magnetische Fluss (Fuest und Döring 2015):

$$\Phi_{eff,j} = \Phi_{F,j} - \Phi_{k,j}, \quad j = u, v, w. \tag{8.27}$$

Zwischen der Erreger- und den Statorspulen kommt es beim Betrieb, wie bereits beschrieben, zu einer Relativbewegung (Rotation). Auch unter der Annahme, dass in den Erregerspulen die magnetische Flussdichte durch die Erregerspule B_F nicht veränderlich ist, wirkt auf die drei Spulen der Statorwicklung abhängig vom aktuellen Drehwinkel der veränderliche magnetische Fluss (Böge 2007):

$$\Phi_{F,j} = B_F A \sin \Theta_j, \quad j = u, v, w. \tag{8.28}$$

Da die drei Spulen (u, v, w) eine feste Anordnung (Drehung von 120°) zueinander haben, kann folgender Zusammenhang hergestellt werden:

$$\Theta_u = \Theta_G = \int \omega_G dt,$$

$$\Theta_v = \Theta_u - \frac{2}{3}\pi \quad \text{und} \tag{8.29}$$

$$\Theta_w = \Theta_u + \frac{2}{3}\pi.$$

Die zuvor bereits beschriebene teilweise Kompensation des Erregerfelds durch die in den Statorspulen fließenden Strömen (Selbstinduktion) ergibt sich zu (Böge 2007):

$$\Phi_{k,j} = \frac{L_j}{N} i_j. \tag{8.30}$$

Damit kann die Wechselspannung an den jeweiligen Statorspulen im Leerlauf bestimmt werden (Fuest und Döring 2015):

$$u_{j,\text{ind}} = \omega_{\text{int}} \, p \, k_{\text{ind}} \, \Phi_{\text{eff},j}. \tag{8.31}$$

Unter Last, d. h. im Fall, dass ein Generatorstrom fließt, wird die Spannung an den einzelnen Spulen durch den Ohm'schen Widerstand sowie die Induktivität der Spule weiter reduziert.

8.6.2 Gleichrichter

Um die im Bordnetz benötigte Gleichspannung (Generatorklemmenspannung) zu erhalten, müssen die im vorherigen Abschnitt hergeleiteten Wechselspannungsgrößen einerseits in geeigneter Weise zusammengeschaltet und andererseits gleichgerichtet werden. Beides erfolgt mithilfe einer einfachen Gleichrichterschaltung.

Der Gleichrichter wird mit sechs Dioden aufgebaut (s. Abbildung 8.21). Die Dioden begrenzen den Stromfluss so, dass die gewünschte Gleichspannung an der Generatorklemme anliegt. Die Generatorklemmenspannung ergibt sich aus:

$$U_G = U_{\text{Pos}} - U_{\text{Neg}}. \tag{8.32}$$

Die Spannungen U_{Pos} und U_{Neg} ergeben sich aufgrund der dargestellten Gleichrichterschaltung aus:

$$U_{\text{Pos}} = \max u_{\text{Pos},j}, \quad U_{\text{Neg}} = \min u_{\text{Neg},j}, \quad j = u, v, w. \tag{8.33}$$

Die Größen $u_{\text{Pos},j}$ und $u_{\text{Neg},j}$ stellen lediglich die positive bzw. negative Halbwelle der zugehörigen Spulenspannung dar. Die Halbwellen werden durch die Diodenschaltung getrennt. Außerdem kommt es durch die Dioden zu einem Spannungsabfall:

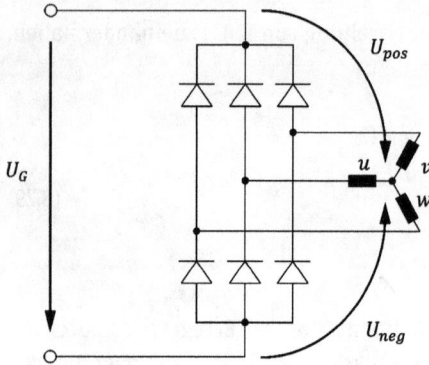

Abb. 8.21: Gleichrichterschaltung nach Henneberger 2013. Die drei Spulenspannungen der Spulen u, v, w werden sternförmig verschaltet. Die dargestellten 6 Dioden richten die Größen gleich.

Tab. 8.8: Formelzeichen zur Modellierung der Gleichrichterschaltung.

Formelzeichen	Bedeutung
U_{Pos}	Potential zwischen Spulen und positiver Generatorklemme
U_{Neg}	Potential zwischen Spulen und negativer Generatorklemme

$$u_{\text{Pos},j} = \begin{cases} u_j - U_{\text{durch},K} \operatorname{sign} i_j - (i_j R_D + \frac{di_j}{dt} L_D) \operatorname{sign} i_j & \text{für } u_{\text{Pos},j} \geq 0 \\ 0 & \text{sonst} \end{cases}$$

$$u_{\text{Neg},j} = \begin{cases} u_j + U_{\text{durch},K} \operatorname{sign} i_j + (i_j R_D + \frac{di_j}{dt} L_D) \operatorname{sign} i_j & \text{für } u_{\text{Neg},j} \leq 0 \\ 0 & \text{sonst} \end{cases}$$

$$j = u, v, w \tag{8.34}$$

Die Größen U_{Pos} bzw. U_{Neg} stellen bereits Gleichspannungsgrößen dar (Tabelle 8.8). Damit resultiert ein leicht oszillierender Spannungsverlauf an den Generatorklemmen, s. Abbildung 8.22.

8.6.3 Spannungsregler

Der Spannungsregler eines Kraftfahrzeuggenerators hat die Aufgabe, die Generatorklemmenspannung U_G auf dem gewünschten Sollwert zu halten. Dieser liegt im Normalfall bei ca. 14 V, kann aber in Abhängigkeit von z. B. Witterungseinflüssen auch verschoben werden. Zur Regelung der Generatorspannung wird die Erregerspannung U_F so geregelt, dass die Klemmenspannung dem Sollwert entspricht.

Beim Hochlauf des Generators wird für eine stabile Erregerspannung (auf dem benötigten Niveau) die Batteriespannung U_B verwendet. Befindet sich der Generator in

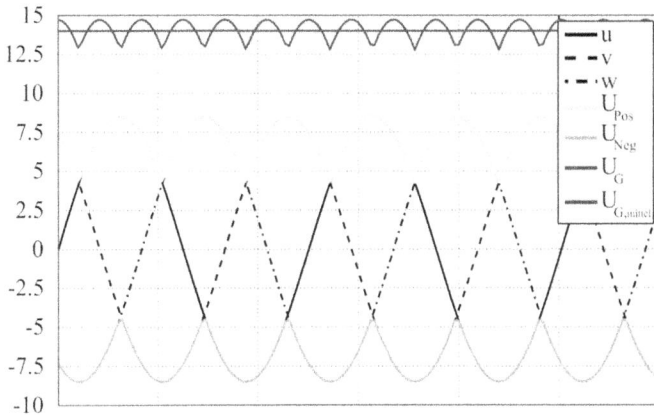

Abb. 8.22: Spannungsverläufe an einer Gleichrichterschaltung nach (Büchner und Bäker 2005).

einem stabilen Betriebspunkt, so kann die Erregerspannung aus der Klemmenspannung des Generators gebildet werden.

8.6.4 Generatorlastmoment

Aufgrund der geltenden elektromagnetischen Wechselwirkungen wirkt auf einen stromdurchflossenen bewegten Leiter in einem Magnetfeld eine Kraft. Beim Generator (drehende Spulen in einem Magnetfeld) resultiert dies in einem Drehmoment entgegen der Drehbewegung, das als Lastmoment bezeichnet wird. Die mechanische Leistung (Drehzahl bei Drehmoment) wird vom Generator in die benötigte elektrische Leistung (Spannung bei Strom) gewandelt.

Für die Modellierung der Wechselwirkungen ist es zweckmäßig, ein entsprechendes Kennfeld zu verwenden (Abbildung 8.23). Dies kann entweder auf Basis von Messungen erstellt oder unter Verwendung des Generatorwirkungsgrads und der momentanen elektrischen Ausgangsleistung die benötigte mechanische Eingangsleistung des Generators bestimmt werden.

8.7 DC/DC-Wandler

Als DC/DC-Wandler (Gleichspannungswandler) werden Komponenten bezeichnet, die Leistung zwischen zwei Gleichspannungsniveaus übertragen. DC/DC-Wandler gibt es in der Fahrzeugtechnik in verschiedenen Leistungsbereichen. Während in der Vergangenheit lokal Spannungen an eine jeweilige Komponente angepasst wurden (z. B. Versorgungsspannung von 5 V für ECUs), werden heute leistungsstarke DC/DC-Wandler als primäre Energiequelle für das gesamte 12-V-Netz verwendet. Der DC/DC-Wandler

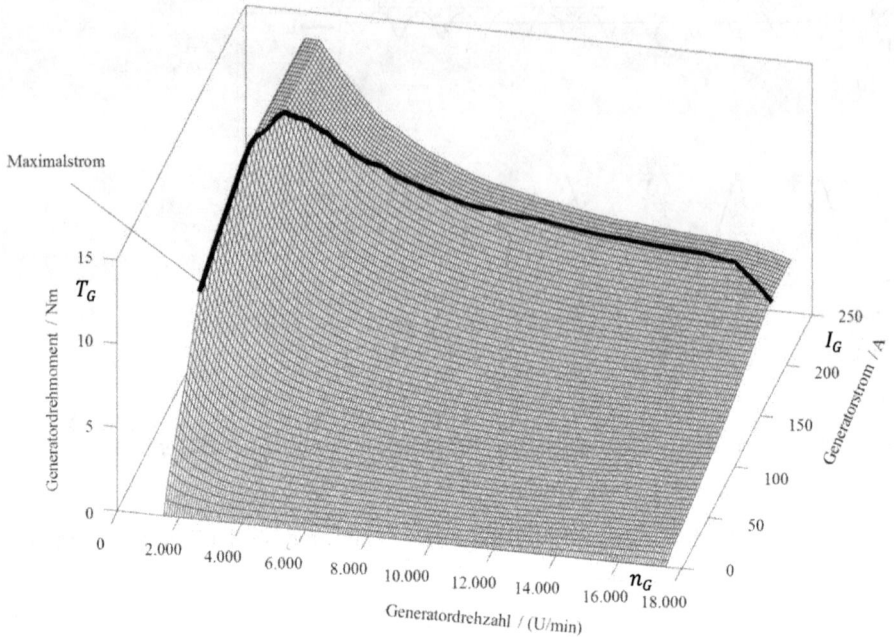

Abb. 8.23: Generatorlastmoment in Abhängigkeit der Generatordrehzahl und dem Generatorstrom (bei angenommenen konstanten 14-V-Generatorspannung).

ersetzt damit den vorher üblichen Generator. Dies ist nur möglich, wenn ein zweites Spannungsniveau existiert und auf diesem ausreichend Leistungsreserve zur Verfügung steht. Dies ist allerdings bei Fahrzeugen mit Hochvoltsystemen (BEV oder xHEV) der Fall. Gleichzeitig fällt die Möglichkeit den Verbrennermotor zu verwenden, um weitere Aggregate anzutreiben, bei den BEV weg.

Abbildung 8.24 zeigt den Aufbau eines einfachen bidirektionalen DC/DC-Wandlers. Grundsätzlich sind leicht unterschiedliche Strukturen denkbar und im Einsatz. Diese können bidirektional oder auch nur in eine Richtung Leistung wandeln, galvanisch getrennt sein (über ein Spulenpaar) oder eine galvanische Verbindung haben. Die Auswahl richtet sich vor allem nach dem geplanten Einsatzzweck.

Die Regelung der DC/DC-Wandler ermöglicht eine sehr konstante Ausgangsspannung am Wandler. Die Reaktionszeiten (Load Response Time) sind deutlich kleiner als bei klassischen Generatoren, wodurch eine stabilere Bordnetzspannung auch bei transienten Lasten ermöglich wird. Die Batterien müssen somit seltener zur Pufferung beitragen.

Der maximale konstante Ausgangsstrom eines Wandlers ist zumeist durch die thermischen Grenzen der eingesetzten Komponenten definiert. Übliche DC/DC-Wandler sind so ausgelegt, dass sie ähnliche max. Ausgangsströme haben wie leistungsstarke Generatoren. So können sie übergangslos diese Generatoren ersetzen. Zusätzlich ist es möglich für kurze Zeiten eine erhöhte Stromabgabe zu erlauben. Dieser sogenannte Boost-

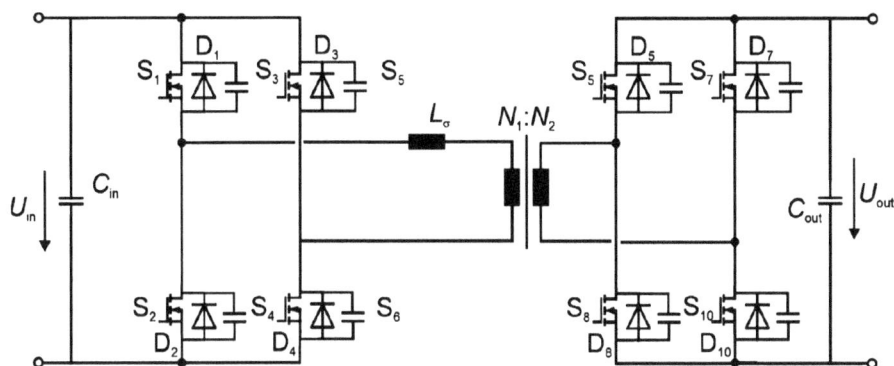

Abb. 8.24: Bidirektionaler DC/DC-Wandler.

Modus wird immer dann eingesetzt, wenn leistungsstarke kurzfristige Verbraucher wie z. B. eine elektrische Servolenkung aktiv werden. So kann sogar bei einem ansonsten schon recht ausgelasteten Bordnetz die Bordnetzspannung weitgehend konstant gehalten werden. Im Boost-Modus wird für eine kurze Zeit (wenige Sekunden) der Ausgangsstrom erhöht. Da in diesem Zustand die Dauerbelastungsgrenzen des DC/DC-Wandlers überschritten werden, muss nach jedem Betrieb im Boost-Modus eine gewisse Zeit (Abkühlzeit) gewartet werden, bevor er wieder zur Verfügung steht. Der Boost-Modus gibt weiteren Energiemanagementsystemen allerdings genügend Zeit, um z. B. unnötige Lasten zu deaktivieren und so das Bordnetz zu stabilisieren.

8.8 Elektrische Verbraucher im Bordnetz

Die elektrischen Verbraucher im Bordnetz können auf unterschiedliche Weise eingeordnet werden. Zunächst einmal muss zwischen solchen Verbrauchern, die für den Betrieb des Fahrzeugs notwendig sind und solchen, die eine aus Gründen der Funktions- oder Komfortsteigerung betrieben werden, unterschieden werden. Durch die ständig aktiven Verbraucher (Steuergeräte, Zündung, Benzinpumpen usw.) hat ein heutiges Fahrzeug bereits einen erheblichen Grundbedarf von ca. 500 W nach dem Starten des Fahrzeugs. Davon zu unterscheiden ist der sogenannte Ruhestrombedarf (Leistung die auch im geparkten Zustand dauerhaft benötigt wird). Diese liegt deutlich unter der Grundlast im Betrieb. Abhängig vom Fahrzeug sollte der Ruhestrom bei max. ca. 20 mA liegen, sodass bei einer vollgeladenen Batterie auch lange Parkdauern (über mehrere Wochen) ohne eine Gefährdung der Startfähigkeit realisiert werden können.

Eine weitere Möglichkeit zur Einordnung der elektrischen Verbraucher im Kraftfahrzeug ist die Dauer ihrer Aktivität. Neben der Grundlast gibt es eine hohe Zahl von Verbrauchern, die zwar nicht zwangsläufig betrieben werden, ihr normaler Betrieb aber über eine längere Zeit andauert. Ideale Beispiele hierfür sind die Beleuchtung und die elektrischen Heizelemente (Scheiben, Sitze). Demgegenüber gibt es verschiedenste Systeme, die nur über eine relativ kurze Zeitspanne aktiv sind. Dies ist im Normalbetrieb z. B. der Fall für elektrische Sitzverstellungen.

Das elektrische Bordnetz wird unter Zuhilfenahme des mittleren Leistungsbedarfs abgestimmt. Der mittlere Leistungsbedarf definiert die Größe des Generators sowie der Batterie. Die Leistung der installierten Verbraucher sollte also im Mittel kleiner sein als die zur Verfügung stehende Generatorleistung. Das sorgt zum einen für eine ausgeglichene Ladebilanz (volle Batterie) zum anderen wird so sichergestellt, dass die Bordnetzspannung auch im Betrieb annähernd konstant bei ca. 14 V (Generatorspannung) liegt. Bei modernen Kraftfahrzeugen kann es allerdings abhängig vom Nutzungsszenario (insbesondere bei hoch ausgestatteten Fahrzeugen) schnell dazu kommen, dass die Ladebilanz nicht ausgeglichen ist. In diesen Fällen reicht die Generatorleistung nicht aus, um alle Verbraucher zu versorgen und die Batterie wird auch während des Fahrbetriebs entladen. Die Bordnetzspannung sinkt dann auf das Niveau der Batteriespannung ab. Für eine Ladebilanz über eine Fahrt ist dies unkritisch. Im Regelfall ist die mittlere Ladeleistung über eine Fahrt positiv. Muss die Batterie während der Fahrt aber sehr große Leistungsspitzen abfangen, so hat dies einen erheblichen Einfluss auf die Bordnetzspannung in diesen Zeiträumen. Wie in Abschnitt 8.3.1 beschrieben, sinkt die Klemmenspannung der Batterie in Abhängigkeit des Batteriestroms ab. Bei sehr großen Lasten kann es dazu führen, dass die Batteriespannung (und damit die Bordnetzspannung) so deutlich absinkt, dass die Funktion einiger Komponenten beeinträchtigt wird. Dies ist insbesondere bei Komponenten kritisch, die einen Einfluss auf die Fahrzeugsicherheit haben. Aus Sicht der Hersteller ist ein solcher Fall aber auch deshalb extrem kritisch, da dieser Spannungseinbruch z. B. durch das Flackern von Monitoren, der Beleuchtung oder auch einem geänderten Klangerlebnis im Fahrzeug führt und direkt vom Kunden wahrnehmbar ist. Die Elektrifizierung von verschiedenen Komponenten (insbesondere aus dem Bereich der Fahrdynamik z. B. Lenkung) oder neuen elektrischen Fahrwerkkomponenten (z. B. aktive Wankstabilisierung aber auch Stopp-Start-Systeme) haben dazu geführt, dass die Batterie in vielen Fällen kurzzeitige Leistungsspitzen abfangen muss.

8.9 Kabelbaum

Um die elektrische Leistung an die einzelnen Verbraucher zu verteilen, aber auch um die benötigten Daten zu übertragen, werden elektrische Leitungen/Kabel benötigt. Die Gesamtheit der Kabel und Verbindungselemente wird als Kabelbaum bezeichnet. An diese Leitungen werden Anforderungen aus verschiedenen Bereichen gestellt.

Schwankende Temperaturen im Bereich von −40 °C bis zu deutlich über 100 °C müssen bei der Auswahl der optimalen Leiter und Isolatormaterialien ebenso wie mechanische Beanspruchungen durch Vibration oder Reibung berücksichtigt werden. Zusätzlich stellt oft die Fertigung und die Montage des gesamten Leitungsstrangs eine besondere

Herausforderung dar, die die Wahl der besten Leiter ebenfalls beeinflusst. Die Fertigung sowie die verfügbaren Bauräume im Fahrzeug machen es zudem notwendig, den Kabelbaum in Segmenten zu fertigen. Dazu kommen für verschiedene Bereiche im Fahrzeug oder die einzelnen Subsysteme zusätzliche Anforderungen z. B. hinsichtlich der Wasserdichtigkeit oder aufgrund von EMV-Regularien. Die Entwicklung des optimalen Kabelbaums ist in heutigen Fahrzeugen eine hoch komplexe Aufgabe mit verschiedenen Facetten.

Abb. 8.25: Darstellung des Kabelbaums in einem modernen Kfz. Quelle (Volkswagen 2024).

Heutige Fahrzeuge haben aufgrund der vielen elektrischen Komponenten zwischen 1.000 und 4.000 Leitungen (Stromkreise) mit einer Gesamtlänge von 2 bis 4 km (Ernst und Heuermann 2014) und einem Gewicht von bis zu 70 kg in Mittelklassefahrzeugen (VDI 2018). Abbildung 8.25 zeigt exemplarisch den Kabelbaum eines aktuellen Fahrzeugs.

Aus elektrotechnischer Sicht ist der Leiter mit den notwendigen (Steck-)Verbindungen, in Bezug auf das 12-V-Gleichspannungsbordnetz, einfach betrachtet, ein elektrischer Widerstand. Für dynamische Vorgänge (u. a. alternierende Spannungen in Bussystemen oder bei schnellen Schaltvorgängen) reicht diese einfache Betrachtung nicht aus und es müssen ebenfalls die Induktivitäten und Kapazitäten der Leitungen berücksichtigt werden.

Im Folgenden werden die grundlegenden Zusammenhänge für die Leistungsversorgung und die Auslegung der Leitungen näher erläutert. Abhängig von der Leitungslänge sowie der Leiterparameter (Querschnitt und Leitermaterial) fällt über dem Leiter bei einem fließenden elektrischen Strom eine Spannung ab. Dies hat zwei direkte Konsequenzen.

- Die Betriebsspannung der einzelnen Komponenten/Lasten ist niedriger als die Systemspannung und
- die Verlustleistung erwärmt die Leiter.

Es gilt für die optimale Auslegung eines Bordnetzes die Leitung zu wählen, die unter Kosten- und oder Gewichtskriterien die beste Wahl darstellt, ohne dabei die grundlegenden Anforderungen zu verletzen. Eine Reduzierung der Leiterquerschnitte ist z. B. hinsichtlich beider Kriterien positiv. Allerdings bedeutet die Reduzierung des Leiterquerschnitts eine Erhöhung des elektrischen Widerstands, was wiederum zu einer Reduzierung der Spannung an der versorgten Komponente sowie einer zusätzlichen Erwärmung des Kabels führt. In Abbildung 8.26 sind für verschiedene Leiterquerschnitte und die Umgebungstemperatur von 25 °C der Strom und die jeweilige Dauer dargestellt, die zu einer Überlastung (kritische Temperatur) des Kabels führt. Damit wird unmittelbar deutlich, dass die Dauer des Betriebs für eine einzelne Komponente neben ihrer Leistung einen entscheidenden Einfluss auf die Auslegung haben kann. Üblicherweise wird für eine grundlegende Auslegung ein angenommener maximaler Dauerstrom betrachtet. Allein für eine solche einfache Betrachtung können für Bordnetzauslegung neben dem reinen Leiterquerschnitt zusätzliche Freiheitsgerade wie z. B. der Wahl unterschiedlicher Isolatormaterialien mit verschiedenen thermischen Eigenschaften oder der Wechsel von Kupfer zu Aluminium als Leitermaterial verwendet werden. Die Wahl des optimalen Kabels ist damit nicht trivial, sondern bedarf einiger Erfahrung und stützt sich zudem auf verschiedene Regelwerke und Simulationen.

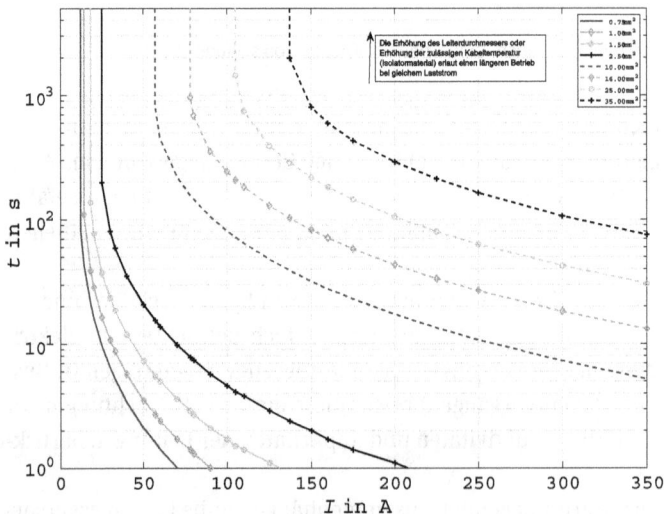

Abb. 8.26: Mögliche Einsatzdauer von Leitungen in Abhängigkeit des Laststroms für verschiedene Querschnitte in mm^2. Die abgebildeten Kurven sind für Kupferkabel mit einheitlichem Isolatormateriali. Die Änderung des Isolatormerials kann ebenfalls genutzt werden um die Stromtragfähigkeit zu verändern.

Für die Simulation des thermischen Verhaltens eines einzelnen Leiters kann das in Abbildung 8.27 dargestellte Ersatzmodell in guter Näherung verwendet werden. Das Modell beschreibt ein Leiterstück endlicher Länge. Elektrotechnisch ist der Leiter ein temperaturabhängiger Widerstand. Die dissipierte Leistung erwärmt den Leiter und ändert damit auch den Ohm'schen Widerstand. Thermisch ist das Modell durch ein Netz gekennzeichnet, dass sowohl einen axialen Wärmestrom entlang des Leiters, also mit den benachbarten Leitersegmenten, zulässt als auch den Wärmeaustausch mit der Umgebung (radialer Wärmefluss) einbezieht. Gerade für längere Leiterelemente ist dieser radiale Wärmefluss und die Umgebungstemperatur der entscheidende Faktor für die resultierende Kabeltemperatur im Betrieb.

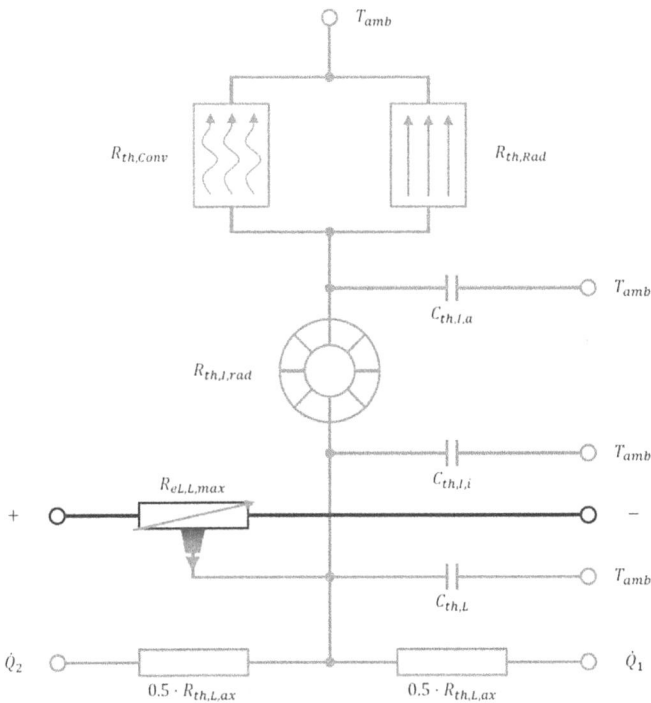

Abb. 8.27: Ersatzschaltbild eines Kabels nach Glatz 2020.

Bei geeigneter Parametrierung des Modells kann sowohl der Temperaturverlauf über der Zeit sehr exakt an das reale Verhalten von Kabeln angepasst werden als auch die örtliche Temperaturverteilung entlang des Kabels. Abbildung 8.28 stellt einen typischen Temperaturverlauf für ein Kabel bei konstantem Strom dar.

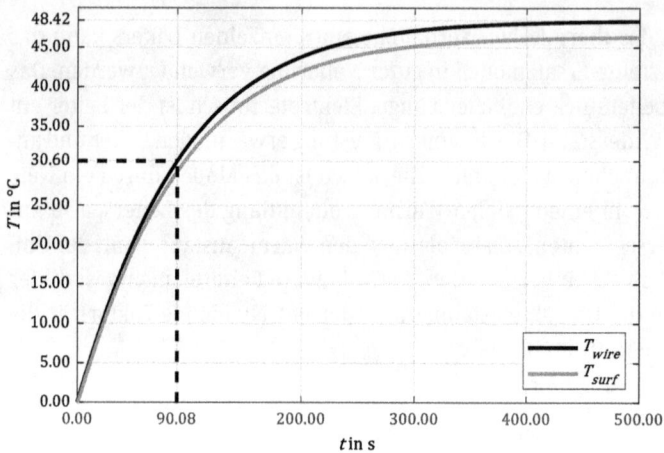

Abb. 8.28: Kabelerwärmung und Zeitkonstante.

8.10 Überlastschutz

Im Fehlerfall wie z. B. einem Kurzschluss oder auch Überlastfällen (z. B. blockierender Motor) müssen die elektrischen Leitungen geschützt werden. Die einzelnen Komponenten sollten ebenfalls abhängig vom jeweiligen Fehler nicht beschädigt werden. Hierfür stehen verschiedene Möglichkeiten des Überlastschutzes zur Verfügung:
– Schmelzsicherungen,
– PTC- (Positive Temperature Coefficient) oder Bimetallelemente,
– Smart Fuses (Halbleiterlememte).

Sowohl Schmelzsicherungen als auch PTC- und Bimetallelemente verwenden den Effekt, dass der fließende Strom das Sicherungselement erhitzt. Die Schmelzsicherungen schmelzen bei Erreichen einer vom jeweiligen Sicherungselement abhängigen Temperatur und öffnen so den Stromkreis dauerhaft. Bei den PTC-Elementen wird ein Leiter verwendet, der seinen Widerstand bei steigender Temperatur deutlich erhöht. Die Widerstandsänderung ist hierbei nicht linear mit der Temperatur verknüpft, sondern weist eine ausgeprägte sprungartige Änderung auf. So kann beim Erreichen dieser Temperatur der Stromfluss unterbrochen werden. Das klassische Bimetall sowie die PTCs öffnen anders als die Schmelzsicherungen den Stromkreis nicht dauerhaft. Sobald sich diese Elemente wieder abgekühlt haben, wird der Stromkreis geschlossen. Diese reversiblen Elemente werden z. B. zum Komponentenschutz von Elektromotoren eingesetzt, um diese im Blockierfall zu schützen. Schmelzsicherungen werden meist zum Leitungsschutz (Kurzschluss) eingesetzt.

Der Einsatz von Halbleiterelementen hat im Vergleich zu den klassischen Techniken den Vorteil, dass diese gleichzeitig als Schutzelemente eingesetzt werden können und auch aktiv Stromkreise schalten können. Der Stromfluss über ein Element wird überwacht und abhängig von einer vordefinierten Schwelle wird der Kontakt im Bedarfsfall geöffnet. Schwellwerte können teilweise sogar im Nachhinein angepasst werden, was eine höhere Flexibilität der eingesetzten Lasten oder erweiterter Funktionen bietet. Dieselben Elemente können aber auch unabhängig von Fehlern dafür genutzt werden den Stromkreis zu unterbrechen oder zu schließen. Aktuelle Trends in der Bordnetzentwicklung zeigen einen verstärkten Einsatz sogenannter Smart-Fuses (Halbleiterelemente) aufgrund der höheren Flexibilität.

8.11 Ansätze für ein Energiemanagement

Während das elektrische Bordnetz zunächst lediglich die Aufgabe hatte, die Zündung des Motors und die Lichtanlage im Fahrzeug mit Leistung zu versorgen, hat sich diese Aufgabe bei modernen Kraftfahrzeugen grundlegend geändert. Die Batterie muss nicht nur die Startfähigkeit des Fahrzeugs ermöglichen. Sie wird auch dazu verwendet, eine Vielzahl von sogenannten Ruhestromverbrauchern zu versorgen. Dies gilt sowohl für Verbraucher wie z. B. das Radio, die vom Nutzer aktiv geschaltet werden, als auch für eine Vielzahl von Steuergeräten, die aufgrund ihrer Funktion auch im Parkmodus dauerhaft einen geringen Leistungsbedarf haben. Die Betrachtung einer langfristigen Parksituation mit anschließendem Startvorgang hat daher schon seit geraumer Zeit einen festen Platz im Standardtestkatalog der Hersteller. Erste Energiemanagementsysteme haben zur Aufgabe, die Startfähigkeit des Fahrzeugs zu gewährleisten. Abhängig vom Ladezustand der Batterie werden daher einzelne Funktionen (Verbraucher) vorübergehend deaktiviert (oder leistungsbegrenzt), um die Startfähigkeit zu ermöglichen. Das Grundprinzip eines solchen Energiemanagements kann mit dem Bild der Waage sehr gut beschrieben werden (Abbildung 8.29).

Mit dem Bordnetz haben sich auch die Anforderungen an etwaige Energiemanagementsysteme stark gewandelt. Gerade vor dem Hintergrund der steigenden Anzahl hochdynamischer Verbraucher mit einem relativ hohen Leistungsbedarf (oftmals direkt gekoppelt mit der Fahrzeugdynamik/-sicherheit) muss die Batterie im Bordnetz verstärkt Leistungsspitzen puffern. Das Energiemanagementsystem muss heutzutage unter anderem dafür sorgen, dass (Schöllmann 2010), (Schmidt 2008), (Wallentowitz und Freialdenhoven 2011):

–   die Startfähigkeit zu jeder Zeit gewährleistet ist,
–   alle Verbraucher ausreichend mit Energie versorgt werden,
–   die Bordnetzspannung stabil gehalten wird, damit eine optimale Funktion der Komponenten garantiert werden kann,
–   Komforteinbußen vermieden werden und der Fahrer keine Funktionseinbußen erfährt,
–   sicherheitsrelevante Verbraucher (z. B. elektrische Servolenkung) stets voll funktionsfähig sind und
–   Lastwechsel im Bordnetz sicher beherrscht werden.

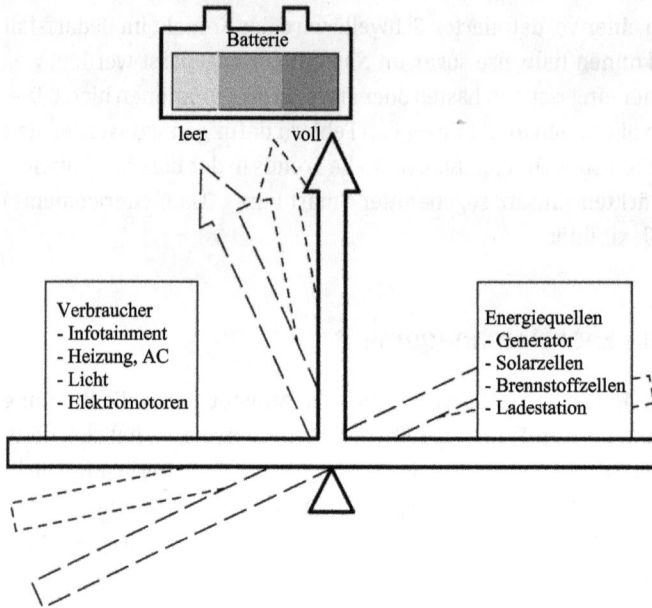

Abb. 8.29: Grundprinzip eines Energiemanagements nach Reif 2012a.

Entsprechend der Bordnetzstruktur stehen hierfür verschiedene Ansätze zur Verfügung. Theoretisch kann in allen Bereichen des Bordnetzes regelnd eingegriffen werden, um den optimalen Bordnetzzustand zu erreichen. Damit lässt sich das Energiemanagement einteilen in:

– Erzeugermanagement,
– Speichermanagement und
– Verbrauchermanagement.

In den Grenzen des Generators wird durch die Generatorregelung bereits ein Energiemanagement betrieben. Die „erzeugte" entspricht der Energie, die benötigt wird, sodass eine konstante Bordnetzspannung vorliegt. Ebenso wird abhängig von der Witterung und anderen Parametern (z. B. dem Ladezustand der Batterie) gezielt Einfluss auf die Generatorspannung genommen. Bei auftretenden Engpässen in der elektrischen Versorgung werden aber zunehmend Strategien zur Lastreduzierung diskutiert. Es werden gezielt einige Verbraucher (zeitweise) deaktiviert, um die volle Funktionalität der anderen Komponenten zu erhalten. Dieser Ansatz aus dem Verbrauchermanagement kann auf verschiedenste Weise realisiert werden. In der Literatur sind unterschiedlichste Algorithmen zu finden. Allen gemein ist, dass eine „Wertigkeit" für die einzelnen Funktionen (Komponenten) vorliegen muss, anhand derer wird entschieden, welche Systeme aktiv und welche nicht aktiv sind. Für nähere Informationen zum Energiemanagement sei an die entsprechende Literatur verwiesen.

8.12 Informationsbordnetz

Neben der Energieversorgung elektrischer Komponenten wird auch die Kommunikation zwischen einzelnen Komponenten oder mit dem Bediener durch das elektrische System sichergestellt. Die IT-Vernetzung hat hier in den letzten Jahren durch die zunehmende „Mechatronisierung[7]" der Fahrzeuge, insbesondere im Bereich des Antriebsstrangs, aber auch durch innovative Assistenz- und Infotainmentsysteme an Bedeutung gewonnen. Moderne Fahrzeugfunktionen nutzen eine Vielzahl von unterschiedlichen Sensoren, Steuergeräten oder Bedienelementen, die Daten und Bedieneingaben sicher an die dafür vorgesehenen Komponenten übertragen müssen. Dieser Bereich des elektrischen Systems wird mit dem Begriff der elektrischen Signalübertragung beschrieben. Während für die Energieversorgung die elektrische Leistung ausschlaggebend ist, spielt diese für das automobile Informationsübertragungssystem eine untergeordnete Rolle. Hier kommen vor allem Methoden der Signalverarbeitung und Codierung zum Einsatz.

Bei der informationstechnischen Verknüpfung von Komponenten muss zwischen dem Einsatz von analoger Signaltechnik und digitaler Datenübertragung unterschieden werden. Mit dem Einsatz immer komplexerer mechatronischer Systeme in Kraftfahrzeugen hat die Bedeutung analoger Punkt-zu-Punkt-Verbindungen seit Anfang der 1980er Jahre abgenommen und es mussten aufgrund der hohen Anforderungen an die Datenübertragung verstärkt digitale Systeme (Bussysteme) eingesetzt werden. Der 1990 von der Robert Bosch GmbH eingeführte CAN-Bus6 legte den Grundstein für die Verbreitung der digitalen On-Board-Kommunikation zwischen den verschiedenen Teilnehmern (Steuergeräte, Sensoren, Aktoren, etc.). Die zunehmende Elektrifizierung der Systeme führte dann zu einer dringend notwendigen Anpassung der Datenübertragung an die Herausforderungen der verschiedenen Domänen.

Dieser Abschnitt beschreibt zunächst kurz die Entwicklung verschiedener Architekturen im Informationsbordnetz, die Grundlagen von Bussystemen und gibt abschließend einen Überblick über die heute in Kraftfahrzeugen eingesetzten Systeme. In den meisten Fällen wird der in der Fahrzeugtechnik am weitesten verbreitete CAN-Bus als Beispiel herangezogen (Schramm 2014), (Zimmermann und Schmidgall 2011).

8.12.1 Architektur der Informationsbordnetze

In der Vergangenheit haben neue Funktionen im Fahrzeug oft dazu geführt, dass zusätzliche ECUs (Steuergeräte) für diese Funktion eingesetzt wurden. Moderne Fahrzeuge haben bis zu 150 einzelne Steuergeräte für die unterschiedlichsten Systeme. Die

---

7 Mechatronik: Kunstwort aus den Begriffen Mechanik, Elektronik und Informatik. Der Begriff beschreibt die Verschmelzung dieser Bereiche in Verbindung mit der Ersetzung der Mechanik durch Elektronik und Software, s. auch Kapitel 1.

Architektur beschreibt im Bereich des Informationsbordnetzes wie diese einzelnen Steuergeräte untereinander kommunizieren können und welche Möglichkeiten ggf. bestehen, Softwareänderungen vorzunehmen. Sogenannte dezentrale Bordnetzarchitekturen sind ein direktes Resultat durch das Hinzufügen weiterer Steuergeräte für neue Funktionen. Die einzelnen ECUs sind über Bussysteme verbunden und können über einen zentralen Knoten (Zentrales Gateway) bedingt auch Daten untereinander austauschen (Abbildung 8.30). Das Gateway-Modul dient ebenfalls zur Diagnose (Verbindung mit externen Geräten) und kann in begrenzter Weise auch genutzt werden, um einzelne Module upzudaten.

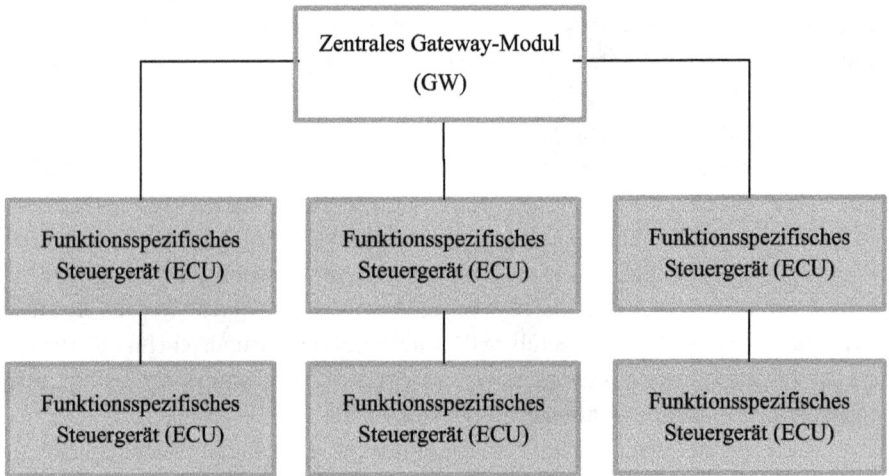

Abb. 8.30: Schematische Darstellung einer dezentralen Bordnetzarchitektur.

Da bei der dezentralen Architektur kein Fokus darauf liegt, dass die einzelnen ECUs zusammenarbeiten oder sogar einzelne (Sensor-)Werte teilen, ist so eine wenig effiziente Struktur entstanden. Diese Architektur ist in der Vergangenheit vielfach eingesetzt worden, da sie aus Sicht der OEMs zunächst einmal gute Möglichkeiten bietet, einzelne Funktionen von Zulieferern umsetzen zu lassen. So kann für eine Funktion ein Paket aus ECU, den Sensoren, den Aktoren und notwendiger Software zugekauft werden. Allerdings ist eine solche Struktur nicht dazu ausgelegt, dass Sensoren oder Aktoren von unterschiedlichen Funktionen (ECUs) verwendet werden. Dies ist dann nur mit erheblichem Aufwand möglich. Nachteilig ist ebenfalls, dass einzelnen Komponenten örtlich weit entfernt sind von der jeweiligen ECU, wodurch teilweise aufwendige Bustopologien notwendig werden. Ein Zugriff auf die Daten aus den einzelnen ECUs ist generell über das Gateway-Modul möglich, in der Praxis allerdings nur begrenzt gegeben.

Bei der domänenspezifischen Architektur werden sogenannte Domänen-Controller (DoC) als Hauptknoten für eine Funktionsgruppe eingeführt. Dies führt dazu, dass Funktionen, die auf dieselben Sensoren und Aktuatoren zugreifen müssen, besser synchronisiert werden können. Zusätzlich werden aus Softwaresicht auf den domänenspezifischen Controllern Funktionsumfänge zusammengezogen. Die unterlagerten ECUs können dann weniger komplex ausgeführt werden vorrangig dazu verwendet die Sensoren und Aktuatoren komponentennah zu regeln oder auszulesen. Abbildung 8.31 zeigt diesen Ansatz schematisch.

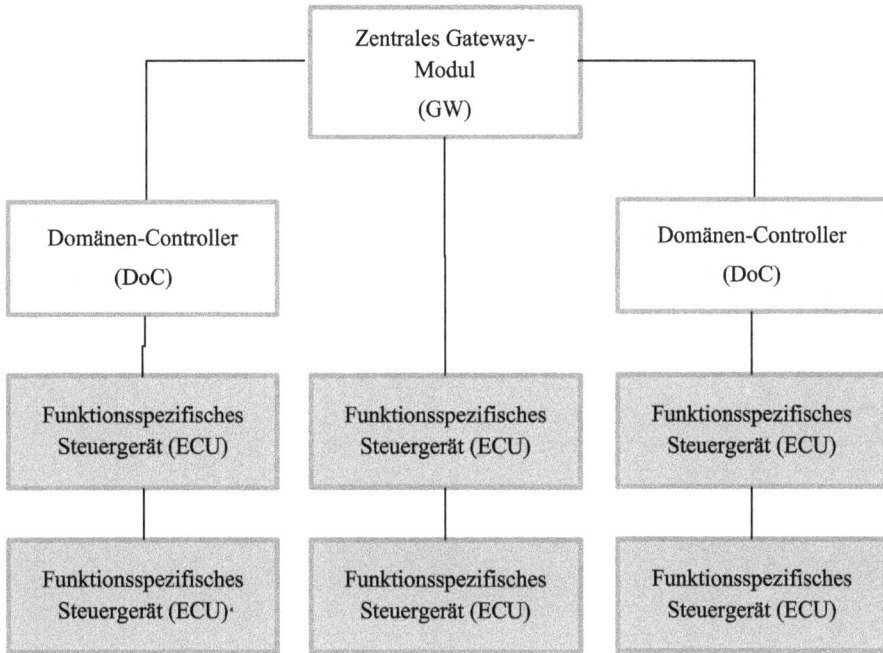

Abb. 8.31: Schematische Darstellung einer domänenzentralisierten Bordnetzarchitektur.

Ein gutes Beispiel für den domänenspezifischen Ansatz sind moderne Fahrerassistenzsysteme. Die Assistenzfunktionen sind dabei weitestgehend in eine zentrale Einheit implementiert. Dieser DoC kann dann auf alle Sensoren zugreifen. Die Software für die einzelnen Funktionen läuft auf einer Recheneinheit und ist als Ganzes entwickelt. So sind Schnittstellen zwischen den Funktionen einer Domäne sehr viel leichter nutzbar.

Ein Austausch von Daten mit ECUs außerhalb dieser Domäne oder mit Diensten außerhalb vom Fahrzeug kann weiterhin über das Zentrale Gateway passieren und unterliegt denselben Limitierungen wie auch beim dezentralen Ansatz.

Der Wunsch nach besserer Nutzbarkeit von Sensordaten im Fahrzeug, der Möglichkeit von Over-the-Air Updates und immer komplexeren Funktionen hat in den vergangenen Jahren dazu geführt, dass verstärkt sogenannte zonenbasierte Bordnetzarchitekturen eingesetzt werden. Diese Architekturen zeichnen sich dadurch aus, dass leistungsstarke zentrale Recheneinheiten vorhanden sind. In diesen werden die notwendigen Funktionen umgesetzt. Daten können leicht an externe Dienste weitergegeben werden und es können Softwareupdates für die zentralen Einheiten vorgenommen werden. So können Funktionen angepasst werden, ohne eine Vielzahl von Modulen abzuändern.

Die Zonen-Controller (ZC) sind räumlich im Fahrzeug verteilt und dienen als Schnittstelle für Aktuatoren und Sensoren im jeweiligen Fahrzeugbereich. Hierbei spielt die ursprüngliche Funktion, die z. B. einem Sensor zugeschrieben wurde, keine Rolle mehr für die Zuordnung zum jeweiligen ZC. ECUs und ZC sorgen lediglich für untergeordnete Regelung und zur Buskommunikation. Abbildung 8.32 zeigt schematisch eine Zonenarchitektur.

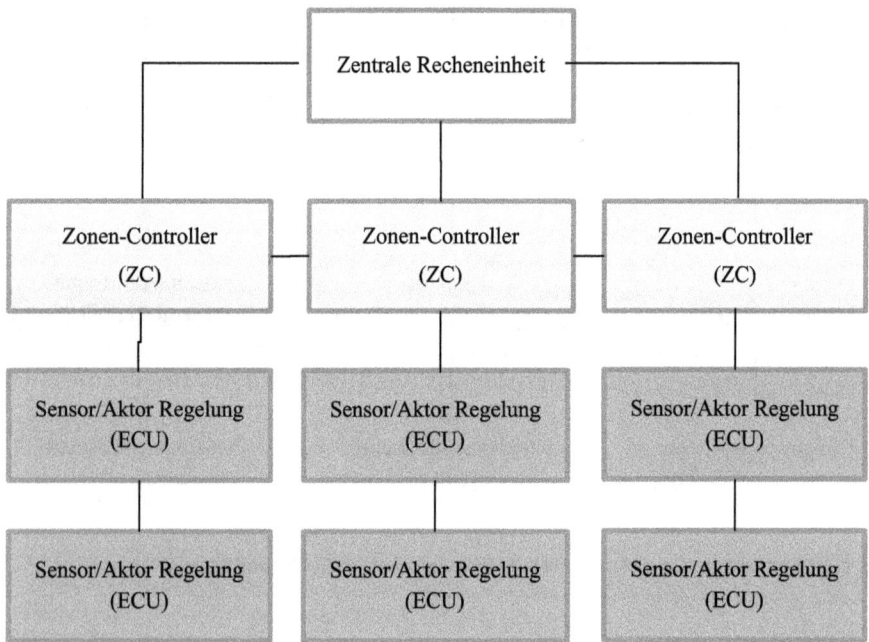

Abb. 8.32: Schematische Darstellung einer Zonenarchitektur, in Anlehnung an Askaripoor, Hashemi Farzaneh und Knoll 2022.

In der Realität haben sich zuletzt auch Mischformen von zonenbasierten und domänenbasierten Architekturen herausgebildet. Gerade für hoch automatisierte Fahrzeuge kommt den Assistenzfunktionen/automatisierten Fahrfunktionen eine erhöhte Bedeutung zu. Diese besitzen dann neben der zentralen Recheneinheit eine weitere Recheneinheit, die nur für diese Domäne reserviert ist.

Interessant ist neben der effizienteren Kommunikation und Softwarearchitektur auch, dass die zonenbasierten Architekturen mit einer geänderten Energieverteilung einhergehen. Die räumlich verteilten Controller erlauben es pro Fahrzeugregion eine

Versorgungsleitung vorzusehen und die einzelnen Verbraucher in dem Bereich vom jeweiligen ZC zu versorgen. Die Komplexität der Versorgungsleitungen insgesamt kann durch diesen Ansatz deutlich reduziert werden. Zusätzlich werden verstärkt Halbleiterelemente als Leitungsschutz eingesetzt, die es, anders als klassische Schmelzsicherungen, erlauben, gezielt ganze Fahrzeugbereiche oder einzelne Verbraucher zu schalten. So tragen zonenbasierte Architekturen auch zu einer erhöhten Flexibilität für das Lastmanagement bei.

8.12.2 Übersicht über Bussysteme in Kraftfahrzeugen

Nachdem im Jahr 1991 der bei Bosch entwickelte CAN-Bus bei Mercedes zum ersten Mal in Serienfahrzeuge Einzug hielt, wurden mit der steigenden Zahl elektrischer und elektronischer Komponenten und der Notwendigkeit zum Datenaustausch nach und nach auch die Bussysteme LIN, MOST und FlexRay im Kraftfahrzeugbereich eingeführt. Abbildung 8.33 zeigt einen typischen heutigen Aufbau eines Informationsbordnetztes. CAN kommt auch heute noch in verschiedenen Ausprägungen in allen Domänen (Powertrain, Chassis, Body) zum Einsatz (Zimmermann und Schmidgall 2011). In heutigen Fahrzeugen werden allerdings verschiedene Bussysteme je nach Einsatzzweck gleichzeitig verwendet. Dies trägt den unterschiedlichen Forderungen hinsichtlich der notwendigen Leistungsfähigkeit verschiedener Busteilnehmer bei gleichzeitigem Bestreben zur Kostenoptimierung Rechnung. Systeme mit ähnlichen Anforderungen und Funktionsbereichen werden daher dann mit verschiedenen Bussystemen verknüpft.

Für den Antrieb gibt es zumeist ein gesondertes Bussystem. Dieser (meist CAN-)Bus ermöglicht die Kommunikation für und zwischen Motor und Getriebe sowie Bremsen und allen direkt hiermit verknüpften Steuergeräten und Sensoren (z. B. ESP, ABS usw.). Aufgrund der notwendigen hohen Datenübertragungsraten wird hierfür ein Highspeed-CAN eingesetzt. Komfortkomponenten wie Fensterheber, Sitzverstellung oder auch verschiedene Sensoren werden an einen sog. Komfort-CAN (oder auch Karosserie-CAN) angeschlossen.

Für eine einfache Anwendungen wird oft auf den LIN-Bus zurückgegriffen. Dieses Eindrahtbussystem kann z. B. für einfache Schalter oder Sensoren, wie sie etwa bei der Klimaanlagensteuerung oder Scheibenwischern auftreten, verwendet werden.

Wenn sehr große Datenmengen übertragen werden müssen, so wie es etwa im Bereich des Infotainments der Fall ist, wird auch auf ein MOST-Bussystem zurückgegriffen. Diese auf Lichtwellenleitern basierenden Bussysteme verwenden ein oder mehrere zentrale Module, in denen die Informationen zusammenlaufen und von wo sie auf die unterschiedlichen Knoten verteilt werden.

Sogenannte Gateways (spezielle Knoten, der Rechnernetze, die auf völlig unterschiedlichen Netzwerkprotokollen basieren können, miteinander verbindet) ermöglichen außerdem eine Kommunikation unterschiedlicher Bussysteme.

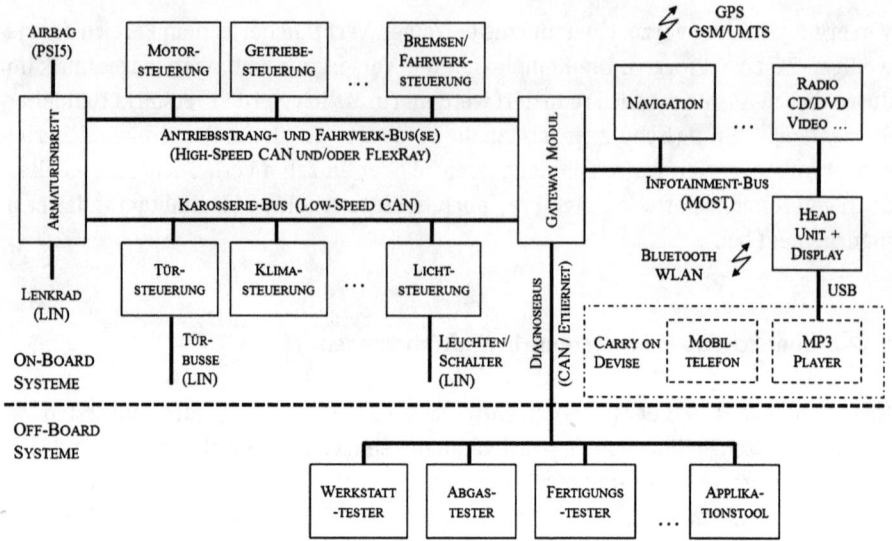

Abb. 8.33: Vereinfachte Darstellung von in Kraftfahrzeugen eingesetzter Bussysteme (Zimmermann und Schmidgall 2011).

Kraftfahrzeugbussysteme im Vergleich

Der nachfolgende Abschnitt gibt einen kurzen tabellarischen Überblick über die verschiedenen im Kraftfahrzeug eingesetzten Bussysteme (Tabelle 8.9).

Tab. 8.9: Einteilung von Bussystemen im Kraftfahrzeug nach der Bitrate nach Zimmermann und Schmidgall 2011.

Klasse	Bitrate	Typischer Vertreter	Anwendung im Kraftfahrzeug
Diagnose	<10 kbit/s	ISO 9141-K-Line	Werkstatt- und Abgastester
A	<25 kbit/s	LIN, SAE J1587/1707	Karosserieelektronik
B	25...125 kbit/s	CAN (Low-Speed)	Karosserieelektronik
C	125...1 Mbit/s	CAN (High-Speed)	Antriebsstrang, Fahrwerk, Diagnose
D	<1 Mbit/s	FlexRay, TTP, Ethernet	X by Wire, Backbone-Netz
Infotainment	>10 Mbit/s	Most, Ethernet	Multimedia (Audio, Video)

8.12.3 Grundbegriffe

Ein (Computer-)Bus (**B**inary **U**nit **S**ystem) ist ein System zur Daten- bzw. Nachrichtenübertragung zwischen mehreren Teilnehmern (Funktionseinheiten) über einen gemeinsamen Übertragungsweg, bei dem die Teilnehmer nicht an der Datenübertragung zwischen anderen Teilnehmern beteiligt sind. Es gibt verschiedene Kategorien, in die man Bussysteme einteilen kann:

– Die Bustopologie beschreibt die Art der Verknüpfung der Teilnehmer.
– Das Busprotokoll beschreibt die Regeln, die den Datenaustausch zwischen den Teilnehmern festlegen.
– Der Physical Layer[8] umfasst die Spezifikation der physikalischen Realisierung.

8.12.4 Analoge Signalübertragung

Analoge (festverdrahtete) Signale werden meist bei einfachen Schalter – Sensor Steuergerätkombinationen – verwendet oder dienen als Rückfallebene für den Fall, dass die komplexere digitale Signalübertragung fehlerhaft ist oder ausfällt.

Die Komplexität der Systeme und der zu übermittelnden Signale ist bei der analogen Signalübertragung begrenzt. Ebenso ist eine Erweiterung bestehender Strukturen nur mit hohem Aufwand möglich, da für jedes neue Signal in der Regel eine weitere Leitung vorgesehen werden muss.

8.12.5 Bustopologien

Bussysteme können eine Vielzahl unterschiedlichster Komponenten miteinander verbinden und ermöglichen einen digitalen Datentransfer. Ein Bussystem ermöglicht den Austausch komplexer Informationen und dank der standardisierten Protokolle, mit denen die unterschiedlichen Komponenten über den Bus kommunizieren, lässt sich das gesamte System sehr flexibel durch weitere Teilnehmer ergänzen.

Ein weiterer Vorteil der heute weit verbreiteten Bustopologien ist, dass im Vergleich zur Punkt-zu-Punkt-Verbindung (analoger Signalübertragung) ein verringerter Aufwand bei der Verkabelung entsteht. Es muss nicht mehr für jede neue Komponente (im Bussystem Knoten genannt) ein weiterer Satz Signalleitungen von jedem Knoten zu allen anderen Knoten geführt werden, sondern ein weiterer Knoten wird in das bestehende Bussystem eingebunden. Allgemein können verschiedene Bustopologien unterschieden werden, s. Abbildung 8.34.

Linienstruktur
Die Linienstruktur ist dadurch gekennzeichnet, dass alle Netzknoten (Teilnehmer) des Systems an einer Leitung aufgereiht sind. Diese sehr einfache Anordnung von Knoten ermöglicht es, sehr flexibel weitere Knoten in ein bestehendes System zu integrieren, da hierzu lediglich eine weitere Stichleitung vorgesehen werden muss. Die Anzahl der Teilnehmer an einem solchem System sowie die maximale Leitungslänge ist abhängig

---

8 Physical Layer: Physikalische Ebene; bezeichnet die zur Übertragung von Signalen erforderlichen Übertragungsmedien. Dabei kann es sich z. B. um Kupferkabel oder optische Leiter handeln.

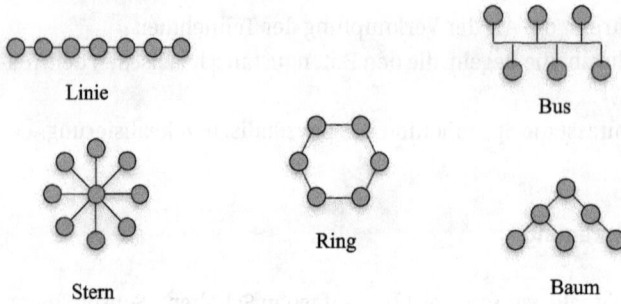

Abb. 8.34: Bustopologien (Schramm 2014).

von der benötigten Übertragungsgeschwindigkeit sowie dem verwendeten Zugriffsverfahren (Protokoll).

Baumstruktur

Die Baumstruktur kann als Erweiterung der Linienstruktur verstanden werden. Anstelle einzelner Teilnehmer des Busses sind weitere Linienstrukturen (Zweige) angeschlossenen. So wird über einen Knoten ein weiterer (linearer) Bus eingebunden.

Sternstruktur

Der sogenannte passive Stern ist ein Sonderfall der Linientopologie. Alle Knoten sind über Stichleitungen mit einem Punkt verbunden. Beim aktiven Stern sind die Knoten durch einen zentralen Sternkoppler voneinander getrennt. Der Sternkoppler schaltet die Sender an die entsprechenden Empfänger durch. So können mit dem Sternkoppler definierte Übertragungseigenschaften vorgegeben werden.

Ringstruktur

Bei der Ringstruktur sind die einzelnen Konten in Reihe geschaltet. Ein Knoten kann daher nur unmittelbar mit seinen direkten Nachbarn Daten austauschen. Die Nachbarknoten können diese Informationen dann entweder selbst auswerten oder (was in den meisten Fällen passiert) als Relais-Station dienen und die Nachrichten weiterleiten, bis diese beim Empfängerknoten angelangt sind.

8.12.6 Aufbau eines Bussystems

Abhängig vom betrachteten System sind unterschiedliche Forderungen an die Datenübertragung in Bussystemen zu stellen. Während bei den verstärkt eingesetzten Infotainment-Angeboten insbesondere die übertragbare Bandbreite im Vordergrund steht, liegt bei Fahrerassistenzsystemen oder Fahrdynamikregelsystemen, aber auch im Bereich des Antriebsstrangs, der Fokus auf der Sicherheit und Geschwindigkeit der Datenübertragung. Abhängig von den Kosten pro Knoten sowie der Übertragungsgeschwindigkeit werden verschiedene Bussysteme im Fahrzeug eingesetzt. Neben der Topologie ist hierbei insbesondere das verwendete Protokoll (Zugriffsverfahren) von entscheidender Bedeutung.

Die wichtigsten Begriffe zum Verständnis eines Bussystems im Kraftfahrzeug werden im Folgenden erläutert.

Netzknoten

Die Netzknoten enthalten eine Komponente, z. B. eine ECU oder einen Sensor, die über die entsprechenden Kommunikationsbausteine mit dem Netzwerk und damit untereinander, verbunden sind, s. Abbildung 8.35.

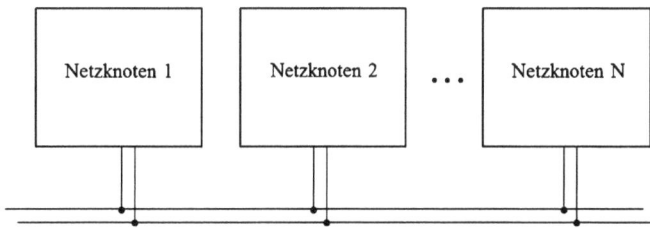

Abb. 8.35: Netzknoten (Schramm 2014).

Ein Beispiel für einen Netzknoten (in diesem Fall eine ECU[9]) zeigt Abbildung 8.36:

- Der Netzkonoten enthält zunächst das Gerät (hier den Mikro-Controller). Dieser führt die Anwender-Software aus, steuert den CAN-Controller, stellt Daten bereit und liest Daten aus.
- Jeder Netzknoten enthält darüber hinaus einen Kommunikationscontroller (MAC[10]). Dieser erzeugt aus binären Daten Daten-Frames und daraus einen Bitstrom und leitet diesen über TxD[11] an den Transceiver[12] weiter.
- Der Transceiver ist für die Aufbereitung der Signale, die serielle Übertragung des Bitstroms auf den Bus sowie die Aufbereitung über RxD[13] eingehender Nachrichten und Weiterleitung an den CAN-Controller zuständig.

---

9 ECU = Electronic Control Unit.

10 MAC: Media Access Control.

11 TxD: Transmit Data; Leitung für ausgehende, vom Data Terminal Equipment (DTE) zu sendende Daten.

12 Transceiver = Transmitter + Receiver.

13 RxD: Receive Data; Leitung für eingehende, vom Data Terminal Equipment (DTE) zu empfangende Daten.

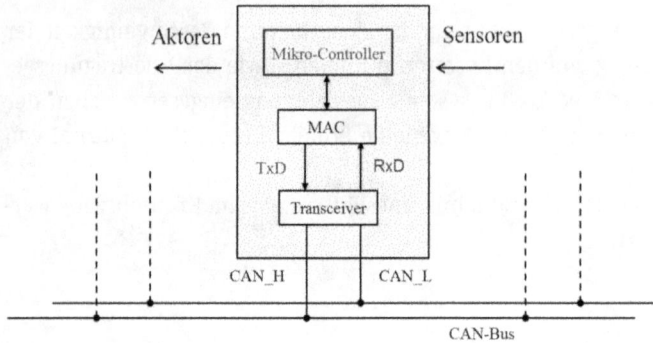

Abb. 8.36: Beispiel für einen Netzknoten (Schramm 2014).

8.12.7 Das Busprotokoll

Das eingesetzte Busprotokoll ist ein wesentliches Differenzierungsmerkmal der eingesetzten Bussysteme. Die Komplexität der im Laufe der Zeit eingeführten Bussysteme
führte dazu, dass international über eine Strukturierung von Bussystemen diskutiert
wurde, die schließlich zur Definition des sogenannten Referenzmodells führte.

Das ISO/OSI Referenzmodell

In einem Entwurf der International Standards Organization (ISO 7998) werden die
Aufgaben, die bei der Kommunikation z. B. zwischen zwei Computern zu erledigen
sind, sieben Ebenen (Schichten) zugeordnet (Abbildung 8.37). Dieses Open-Systems-
Interconnection (OSI)-Referenz-Modell dient der Strukturierung des Kommunikations-
ablaufes. Ziel ist es, definierte Schnittstellen zwischen Systemteilen zu schaffen, die
offen gelegt werden können und damit die Kopplung von Teilsystemen unterschiedlicher Hersteller ermöglichen.

Jede Schicht stellt der darüber liegenden Schicht Dienste (Funktionen) zur Verfügung, auf die über Dienstzugangspunkte (service access points) zugegriffen werden
kann, und nutzt Dienste der darunterliegenden Schicht.

Die sieben Schichten können in die verarbeitungsorientierten (die anwendungsori-
entierten) Schichten fünf bis sieben und in die transportorientierten Schichten ein bis
vier eingeteilt werden.

Die Bitübertragungsschicht (physical layer)

In der Bitübertragungsschicht erfolgt die physikalische Übertragung der Daten auf einem geeigneten Medium (elektrisch, optisch, Funk). Hier wird eine Nachricht durch Im-
pulsformung (Signalcodierung) und Modulation bzw. Demodulation aufbereitet. Ebenso wird die dazu notwendige elektrische Leistung bereitgestellt. Die Übertragungsab-
schnitte werden physikalisch verbunden (die Steckverbindungen werden definiert) und

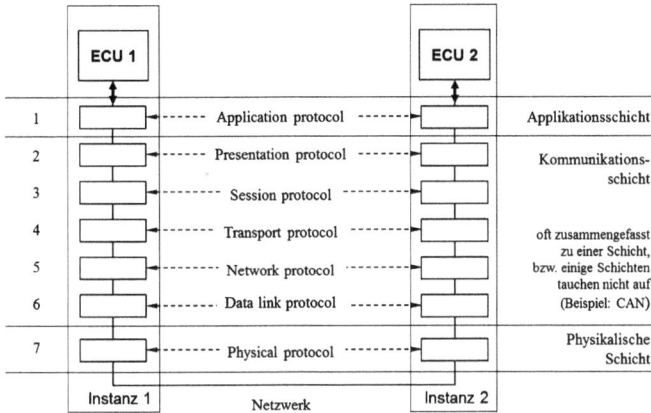

Abb. 8.37: ISO/OSI Protokoll (Schramm 2014).

überwacht. In dieser Schicht wird die Synchronisation durch Taktableitung oder durch Trägerableitung bei modulierten Signalen durchgeführt.

Die Sicherungsschicht (data link layer)

In der Sicherungsschicht werden Datenrahmen (frames) gebildet, die dann mithilfe der Bitübertragungsschicht „bit-weise" transportiert werden. Durch Header und Trailer werden der Beginn und das Ende der Datenrahmen markiert, wodurch die Synchronisation von Datenrahmen ermöglicht wird. Zur Adressierung und Datensicherung (Erkennung von Bitfehlern) werden Kontrollinformationen eingefügt. Der Mehrfachzugriff auf Übertragungsmedien (Medium Access Control (MAC)) wird organisiert. Die Bitübertragungsschicht ist für Qualitätsmerkmale wie Restfehlerrate, Durchsatz und Verfügbarkeit verantwortlich.

Die Vermittlungsschicht (network layer)

Die Vermittlungsschicht ist für den Aufbau und Abbau von Verbindungen zuständig. Hier wird ggf. die Wegsuche (Routing) durchgeführt. Die bestehenden Verbindungen werden verwaltet. Der Datenfluss, insbesondere bei Überlast, wird kontrolliert.

Für die Wahl des Übertragungswegs wird ein spezielles Gerät – ein Router – verwendet. Damit können Netze mit unterschiedlicher Topologie miteinander gekoppelt werden.

Die Transportschicht (transport layer)

In der Transportschicht wird der Aufbau von logischen Ende-zu-Ende-Verbindungen organisiert und verwaltet. Dateien werden an einem Ende der Verbindung in Datenpakete für die Vermittlungsschicht zerlegt und am anderen Ende wieder zu Dateien zusammengesetzt.

Die verarbeitungsorientierten Schichten
Während die transportorientierten Schichten – vor allem die Bitübertragungsschicht und die Sicherungsschicht – für die Strukturierung der Vorgänge in Feldbussystemen geeignet sind, werden die verarbeitungsorientierten Schichten mit Ausnahme der Anwendungsschicht für Feldbussysteme oft nicht spezifiziert.

Sitzungsschicht (session layer)
Die Sitzungsschicht (session layer), die auch als Kommunikationssteuerschicht bezeichnet wird, dient der Dialogsteuerung zwischen kommunizierenden Prozessen. Hier kann z. B. die Aufgabenverteilung in einem Multiprozessorsystem organisiert werden. Die Aufteilung der Aufgaben zwischen der Sitzungsschicht und den darunterliegenden Schichten variiert oft von Netzwerk zu Netzwerk.

Darstellungsschicht (presentation layer)
Die Darstellungsschicht (presentation layer) ist für die Datenverschlüsselung, die Datenkompression und die Codeumsetzung zuständig.

Anwendungsschicht (application layer)
In der Anwendungsschicht (application layer) werden die für die zu erledigenden Aufgaben notwendigen anwendungsspezifischen Protokolle definiert. Sie kann als Interface zwischen dem Anwenderprozess und den unter der Anwendungsschicht liegenden Schichten des OSI-Modells angesehen werden (Application Program Interface – API).

8.12.8 Der Datenrahmen

Der für die Datenübertragung vorgesehene Datenrahmen besteht aus sieben verschiedenen Bitfeldern, Abbildung 8.39. Nachfolgend wird der Datenrahmen am Beispiel des CAN-Protokolls erläutert.

Der Datenrahmen beginnt mit einem Startbit (Start of Frame – SOF). Es folgt das Arbitrierungsfeld (Arbitration Field), in dem ggf. Konflikte beim gleichzeitigen Zugriff von mehreren Knoten auf den Bus aufgelöst werden. Das Arbitrierungsfeld besteht beim Standard-CAN-Format aus dem 11-Bit-Identifier und dem RTR-Bit (Remote Data Request), das für ein Anforderungstelegramm genutzt wird. Das Kontrollfeld (Control Field) enthält zwei für spätere Entwicklungen reservierte Bit und den 4-Bit-Data-Length-Code, der angibt, wie viele Datenbyte im Datenfeld (Data Field) übertragen werden. In einem Nachrichtenrahmen können maximal acht Datenbyte gesendet werden. Im CRC-Feld[14] wird die für Datensicherung bestimmte 15-Bit-CRC-Sequenz übertragen. Es folgt

---

14 CRC: cyclic redundancy check, zyklische Redundanzprüfung.

das 2-Bit-Acknowledge-Feld mit dem Acknowledge Slot und dem Acknowledge Delimiter. Der Datenrahmen wird durch das End of Frame Field abgeschlossen. Zwischen zwei Nachrichten wird eine mindestens 3-Bit lange Busruhephase (Bus Idle) durch den Interframe Space eingeschoben.

Die Busarbitrierung

Der Buszugriff der einzelnen Busknoten erfolgt nach dem CSMA/CA-Prinzip (Carrier Sense Multiple Access, Collision Avoidance-Prinzip). Jeder Knoten empfängt die gesendeten Nachrichten und beginnt frühestens nach der Busruhephase (Interframe Space) mit dem Versuch, eine Nachricht zu senden. Man unterscheidet rezessive und dominante Buszustände. Wenn auch nur ein Knoten ein 0-Bit sendet, befindet sich der Bus im dominanten Low-Zustand. Nur wenn alle Knoten ein 1-Bit senden, wird der Bus in den rezessiven Zustand versetzt. Wenn also nach dem dominanten SOF-Bit von mehreren Busknoten ein Identifier gesendet wird, dann nimmt der Bus den dominanten Zustand an, sobald in einem der Identifier ein 0-Bit auftritt. Jeder Knoten überprüft, ob der Buszustand dem von ihm gesendeten Bit entspricht. Sobald der Bus sich im dominanten Zustand befindet, obwohl der Knoten ein 1-Bit gesendet hat, zieht sich der Knoten zurück.

In dem in Abbildung 8.38 angegebenen Beispiel stellt der Knoten 2 im Zeitpunkt t_1 fest, dass ein Knoten eine Nachricht mit höherer Priorität senden will, und hört daher nur noch den Bus ab. Im Zeitpunkt t_2 zieht sich der Knoten 1 zurück. Der Knoten 3 kann dann seine Nachricht senden. Das RTR-Bit wird beim Datenrahmen als 0-Bit (dominant) gesendet.

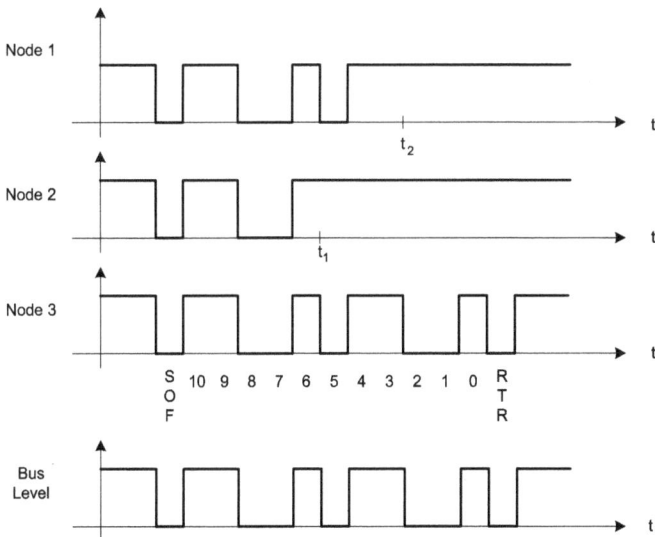

Abb. 8.38: Busarbitrierung (Beispiel).

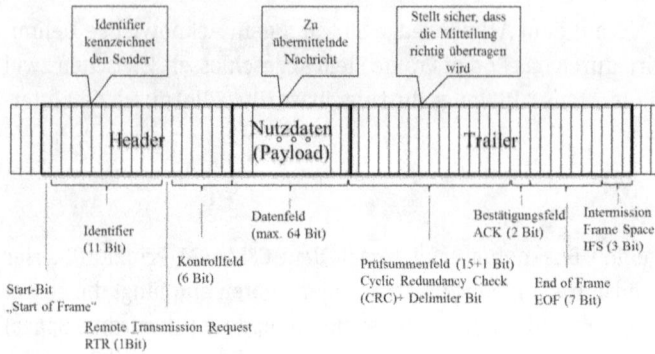

Abb. 8.39: Datenrahmen am Beispiel CAN (Schramm 2014).

Das Kontrollfeld

Im Kontrollfeld werden zunächst zwei reservierte Bit r1 und r2 gesendet. Das Bit r1 wird beim Extended-CAN-Format durch das IDE-Bit (Identifier Extension) ersetzt, das für IDE = 1 anzeigt, dass der 11-Bit-Identifier durch zusätzliche 18 Bit zu einem 29-Bit-Identifier erweitert wird. Die vier verbleibenden Bit DLC3, DLC2, DLC1 und DLC0 geben an, wie viel Datenbyte die Nachricht enthält (DLC: data length code). Die Bitfolge 1000 (ein rezessives Bit DC3 und 3 dominante Bit) gibt z. B. an, dass 8 Byte versendet werden, die Bitfolge DC3 = 0 (dominant), DC2 = 1 (rezessiv), DC1 = 0 (dominant) und DC0 = 1 (rezessiv) zeigen 5 Byte an.

Das Datenfeld

Das Datenfeld enthält die im Kontrollfeld angegebene Anzahl an Datenbyte. In jedem Datenbyte wird das höchstwertige Bit (MSB) zuerst und anschließend das Bit mit der nächst höheren Wertigkeit usw. übertragen.

Das CRC-Feld

Zur Datensicherung wird der Bitstrom, der mit dem SOF-Bit beginnt und das Arbitrierungsfeld, das Kontrollfeld und das Datenfeld umfasst, durch das Generatorpolynom:

$$G(x) = x^{15} + x^{14} + x^{10} + x^8 + x^7 + x^4 + x^3 + 1$$

geteilt.

Der sich dabei ergebende Rest wird als 15-Bit-CRC-Sequenz übertragen.

Die CRC-Sequenz wird durch den CRC-Delimiter – ein rezessives Bit – abgeschlossen.

Das Acknowledge-Feld

Das Acknowledge-Feld besteht aus dem Ack-Slot und dem Ack-Delimiter. Der Knoten, der eine Nachricht sendet, setzt das Ack-Bit auf 1 (rezessive). Jeder Knoten, der die Nachricht empfängt und eine mit der gesendeten CRC-Sequenz übereinstimmende CRC-Sequenz berechnet hat, setzt das Ack-Bit im Ack-Slot auf 0 (dominant).

End of Data Frame und Interframe Space

Der Abschluss des Datenrahmens wird durch sieben rezessive Bits des End-of-Frame-Feldes gebildet. Zwischen zwei Nachrichtenobjekten wird ein Inter-Frame-Bereich eingeschoben, der aus drei rezessiven Bits besteht. Der Bus befindet sich also nach einer Nachricht mindestens drei Bitzeiten lang im Ruhezustand.

Der Datenanforderungsrahmen (Abbildung 8.40) unterscheidet sich vom Standarddatenrahmen dadurch, dass er keine Daten enthält und das RTR-Bit auf den Wert eins (rezessive) gesetzt wird.

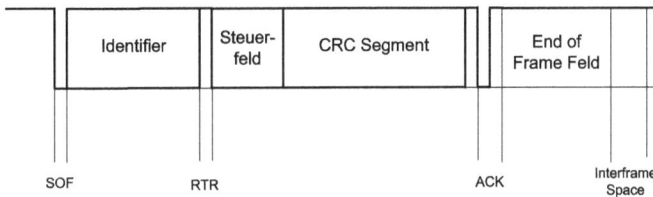

Abb. 8.40: Der Datenanforderungsrahmen (Schramm 2014).

Der DLC-Wert sollte dem DLC-Wert-Kontrollfeld des angeforderten Datenrahmens entsprechen. Durch den Identifier des Datenanforderungsrahmens wird ein Busknoten aufgefordert, die Nachricht mit diesem Identifier zu senden. Wenn ein Datenanforderungsrahmen gleichzeitig mit dem Datenrahmen mit dem gleichen Identifier gesendet wird, zieht sich der anfordernde Knoten in der Arbitrierungsphase nach dem RTR-Bit zurück, da im Standarddatenrahmen das RTR-Bit dominant gesetzt ist.

Fehlerrahmen

Man unterscheidet insgesamt fünf verschiedene Fehlerarten: Bitfehler, Bit-Stuffing-Fehler, CRC-Fehler, Nachrichtenformatfehler und Acknowledge-Fehler.

Bitfehler und Bit-Stuffing-Fehler

Jeder Busknoten überwacht die gesendeten Bit und die auf dem Bus tatsächlich anliegenden Buspegel (Bit-Monitoring). Wenn Abweichungen auftreten, wird ein Bitfehler registriert.

Da kein Taktsignal über den Bus gesendet wird, können bei längeren Bitfolgen mit gleicher Parität Synchronisationsprobleme in den Knoten auftreten. Um dies zu vermeiden, wird nach fünf Bits mit gleicher Polarität ein Bit mit umgekehrter Polarität dazwischengeschoben (Bit-Stuffing). Beim Empfang werden die zusätzlichen Bit automatisch entfernt. Sobald sechs Bit gleicher Polarität empfangen werden, wird dies als Fehler erkannt. Bit-Stuffing wird vom SOF-Bit bis zur CRC-Sequenz durchgeführt.

CRC-Fehler

Jeder Knoten berechnet die CRC-Sequenz für den Bitstrom, der mit dem SOF-Bit beginnt und das Arbitrierungsfeld, das Steuerfeld und das Datenfeld umfasst. Wenn Abweichungen zwischen der berechneten und der gesendeten CRC-Sequenz auftreten, wird ein Fehler registriert.

Nachrichtenformatfehler

Einige Bitwerte müssen für alle Nachrichten einen vorgegebenen Wert besitzen. Beispiele: SOF-Bit, CRC-Delimiter, ACK-Delimiter, EOF-Feld und Interframe-Space. Wenn in einem der genannten Felder ein falscher Wert gesendet wird, wird dies als Fehler registriert.

Acknowledgement-Fehler

Der sendende Knoten setzt das ACK-Bit auf den rezessiven Wert. Ein Knoten, der die Nachricht fehlerfrei empfangen hat, setzt das ACK-Bit auf den dominanten Wert. Der Sender prüft, ob das ACK-Bit dominant ist und stellt andernfalls einen Fehler fest.

Fehlerbehandlung

Falls ein Fehler entdeckt worden ist und es sich nicht um einen CRC-Fehler handelt, wird sofort ein Fehlerflag gesendet. Bei einem CRC-Fehler wird das Fehlerflag erst nach dem ACK-Delimiter gesendet. Das Fehlerflag besteht aus sechs aufeinanderfolgenden dominanten Bit und verletzt damit die Stuffing-Regel. Dies hat zur Folge, dass andere Knoten ebenfalls ein Fehlerflag senden. Ein Fehlerrahmen kann also bis zu 12 dominante Bit aufweisen. Der Fehlerrahmen wird durch den Fehler-Delimiter bestehend aus acht rezessiven Bit beendet. Es folgen drei Bits-Interframe-Space.

Die Knoten ignorieren die fehlerhafte Nachricht und beenden ihre Bearbeitung. Der sendende Knoten versucht die Nachricht später erneut zu senden.

8.12.9 Der Bitstrom

Ein empfangender Knoten muss die ankommenden Signale interpretieren und in einen Bitstrom umsetzen (Abbildung 8.41). Dazu werden die Signale zu jedem Clock-Zeitpunkt abgetastet und mit einem Zeitfenster (Voting window) mit cVotingSamples (z. B. fünf) Abtastintervallen überprüft werden. Wenn die Mehrzahl der Abtastwerte 1 (high) ist, wird ein Ausgangssignal cVotedVal mit dem Pegel high, sonst mit dem Pegel low generiert. Spannungseinbrüche (glitches)[15] können dadurch herausgefiltert werden. Dies führt allerdings zu einer Signalverzögerung von cVotingDelay (z. B. zwei) Abtastintervallen.

Das erzeugte Ausgangssignal (cVotedVal) muss zu einem definierten Zeitpunkt als 0- oder 1-Bit interpretiert werden. Dazu wird die lokale Bit-Clock mit dem ankommenden Bitstrom synchronisiert. Ein Zähler zählt zyklisch die Abtastwerte von eins bis cSamplesPerBit (z. B. acht). Der Bitwert wird ausgeblendet, wenn der Zähler den Wert cStrobeOffset (z. B. fünf) annimmt.

Durch die fallende Flanke (Bit synchronisation edge) zwischen den beiden Byte-Start-Sequence-Bits (BSS-Bits) wird der Zähler (sample counter) für den nächsten Abtastzeitpunkt auf den Wert zwei gesetzt (sample counter reset) und damit synchronisiert. Eine Verschiebung des Ausblendzeitpunktes (cStrobeOffset) während einer Byte-Sequenz kann damit ausgeglichen werden. Die Synchronisation (Rücksetzen des Zählers) wird auch bei anderen high-Bits (z. B. FES-Bits), die nicht zu den Header-, Payload- oder Trailer-Byte gehören, zugelassen.

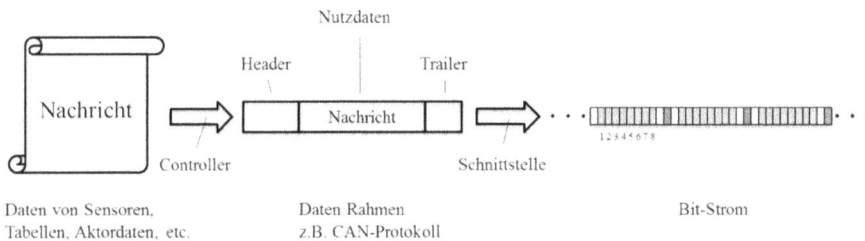

Abb. 8.41: Bitstrom am Beispiel CAN (Schramm 2014).

8.12.10 Busmedien – Physical Layer

Paralleldrahtleitung
In den meisten Anwendungen werden Paralleldrahtleitungen eingesetzt, s. Abbildung 8.42. Meist handelt es sich dabei um verdrillte parallel geführte Leiter (twisted pair). Ein kurzer Ausschnitt der Länge Δl kann durch den Isolationswiderstand zwischen den Leitern, die Kapazität der beiden Leiterstücke und die Induktivität der Leiterstücke charakterisiert werden. Eine sinusförmige Veränderung der an der Leitung angelegten Spannung führt zu einer wellenförmigen Ausbreitung des Stroms längs der Leitung. Damit am Leitungsende keine Reflexionen auftreten, die dann das gesendete Signal überlagern, muss die Leitung mit dem „Wellenwiderstand" abgeschlossen werden. Ein Kennzeichen der verschiedenen Leitungsarten ist daher der Wellenwiderstand.

---

15 Glitch: Kunstwort aus (engl.) goof (Panne) und hitch (Störung) bezeichnet in diesem Zusammenhang eine temporäre Falschaussage in logischen Schaltungen.

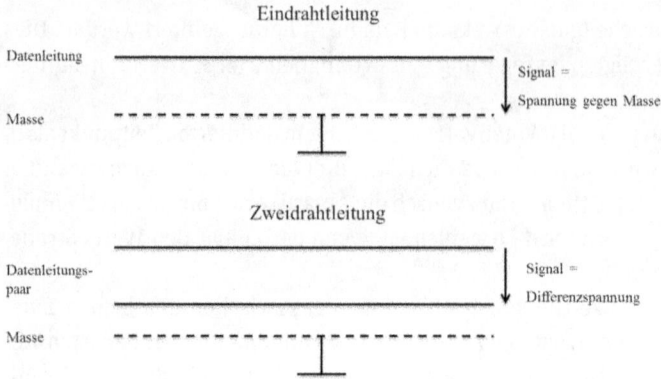

Eindrahtleitung

Datenleitung

Signal =
Spannung gegen Masse

Masse

Zweidrahtleitung

Datenleitungs-
paar

Signal =
Differenzspannung

Masse

Abb. 8.42: Leitungsgebundene Bussysteme (Schramm 2014).

Häufig eingesetzte Kabeltypen sind:
- UTP (unshielded twisted pair): Kabel mit einem Wellenwiderstand von 100 Ω,
- S/UTP (screened unshielded twisted pair): Kabel mit einem Gesamtschirm für das Kabel,
- STP (shielded twisted pair): Kabel, bei dem die einzelnen Aderpaare mit einem Folienschirm umgeben sind. Wellenwiderstand: 150 Ω,
- S/STP (screened shielded twisted pair): Kabel mit geschirmten Aderpaaren und Gesamtschirm.

Koaxialleitungen

Beim Koaxialkabel umgibt der Außenleiter den Innenleiter. Dazwischen befindet sich eine Isolierschicht (das Dielektrikum).
Man unterscheidet:
- Yellow Cabel mit einem Wellenwiderstand von 50 Ω bei 10 MHz,
- Thin Wire (grauer Mantel) mit dem gleichen Wellenwiderstand von 50 Ω,
- RG 58 (ähnlich Thin Wire, aber mit zusätzlichem Schirm).

Lichtwellenleitung

Lichtwellenleiter bestehen aus Glasfasern oder, vor allem bei Kraftfahrzeuganwendungen, aus Kunststoffleitungen (POF – **P**lastic **O**ptical **F**iber). Die Wellenlängenbereiche für die optische Übertragung liegen im infraroten Bereich.
Drei Fenster sind üblich:
- 0,8 μm bis 0,9 μm (typisch 850 nm),
- 1,0 μm bis 1,3 μm (typisch 1.300 nm),
- 1,5 μm bis 1,7 μm (typisch 1.550 nm).

Die Wellenführung erfolgt über den unterschiedlichen Brechungsindex von Kern und Mantel des Lichtwellenleiters.

Beim Stufenprofillichtwellenleiter ändert sich der Brechzahlindex sprungförmig zwischen Kern und Mantel. Man erhält einen Mehrmodenlichtwellenleiter. Signalimpulse werden wegen der unterschiedlichen Wege der verschiedenen Moden verbreitert (Modendispersion). Die maximale Länge solcher Lichtwellenleiter ist daher begrenzt (200 m–300 m). Der Kerndurchmesser des Leiters liegt bei 200 µm, der Manteldurchmesser bei 280 µm.

Beim Gradientenprofil ist der Übergang zwischen den Brechungsindizes stetig. Laufzeitunterschiede werden dadurch reduziert. Der Kerndurchmesser des Leiters liegt bei 50 µm, der Manteldurchmesser bei 125 µm.

Beim Monomodelichtwellenleiter wird ein spezielles Stufenprofil verwendet, bei dem der Kerndurchmesser bei 10 µm und der Manteldurchmesser bei 125 µm liegt. Man erhält dann nur noch eine Wellenform und es wirkt nur noch die Materialdispersion. Die Signalverbreiterung wird stark reduziert. Dadurch sind Entfernungen bis zu 100 km und Signalfrequenzen bis zu 100 Gbit/s möglich.

8.12.11 Beispiele für Bussysteme im Kraftfahrzeug neben CAN

LIN (Local Interconnect Network)

Bei LIN handelt es sich um ein Bussystem, das überwiegend im Karosseriebereich von Kraftfahrzeugen eingesetzt wird. Typische Einsatzfelder sind:
- Vernetzung der Reifendrucksensoren unterhalb der CAN-ECU,
- Vernetzung von Regensensor, Lichtsensor und Garagentoröffner mit der CAN-Dachelektronik ECU,
- Vernetzung der Lichtdrehschalter zum CAN-Bedienfeld,
- Vernetzung der Wischer zur CAN-Zentral-ECU,
- Vernetzung der Scheinwerfer zur Scheinwerfer-ECU,
- Vernetzung der Klappen und Sensoren unterhalb der CAN-Klima-ECU
- Vernetzung der Lüfter und Motoren zur CAN-Sitz-ECU.

Um eine kostengünstige Realisierung des Systems zu ermöglichen, werden Eindrahtleitungen mit Buspegeln, die der Batteriespannung entsprechen, eingesetzt. Die Übertragungsgeschwindigkeit reicht bis zu 20 kbit/s.

Als Buszugriffsverfahren wird das Master-Slave-Prinzip verwendet. Die Kommunikation erfolgt mit dem LIN-Datenrahmen (Message Frame). Dieser besteht aus dem Header (wird vom Master gesendet), dem Nachrichtenfeld (Response; wird vom Masterknoten oder von einem Slaveknoten gesendet). Der Header besteht aus einem SYNCH-BREAK-Feld, einem SYNCH-Feld, einem Identifier-Feld.

Das Nachrichtenfeld besteht aus einem CHECKSUM-Feld sowie zwischen 0 und 8 Datenfeldern. Die Datenfelder sind nach dem UART-Format aufgebaut:
- ein Startbit (dominant),
- 8 Datenbits,
- ein Stopbit (rezessiv).

Zeitgesteuerte Bussysteme

Der Einsatz von CAN birgt für einige Anwendungen Probleme:
- Ein deterministisches Zeitverhalten ist nur für die Nachricht mit der höchsten Priorität garantiert.
- Bei periodisch übertragenen Daten (z. B. für Regelungsaufgaben) können Zeitverschiebungen vom Abtastzeitpunkt (Übertragungsjitter) auftreten.
- Bei zeitkritischen ereignisgenerierten Daten (z. B. Alarmsignalen) können nicht vorhersagbare Wartezeiten (Übertragungslatenz) auftreten.
- Die Fehlererkennung ist bei CAN für sicherheitskritische Anwendungen nicht ausreichend (z. B. bei zukünftigen Brake-by-wire-Systemen).

Eine Abhilfe ist durch die Reservierung von Zeitschlitzen (Slots) für kritische Daten und alternative Buszugriffsverfahren möglich, wie Time-Division Multiple Access (TDMA). Derartige Mechanismen werden z. B. in den Bussystemen TTCAN, Byteflight, FlexRay eingesetzt. Dies soll am Beispiel TTCAN kurz erläutert werden.

TTCAN basiert auf dem CAN-Protokoll und kann softwaremäßig durch eine auf dem CAN-Protokoll aufsetzende Schicht realisiert werden. Außerdem existieren TTCAN-IP-Module, die als ASICs realisiert sind und TTCAN hardwaremäßig unterstützen.

Basiszyklus und Zeitfenster: Der Zeitmaster (ein ausgewählter Knoten) startet einen Basiszyklus (Basic cycle) mit einer Referenznachricht (Reference Message). Die Referenznachricht wird anhand ihres Identifiers erkannt. Die Dauer des Basiszyklus wird durch zwei aufeinanderfolgende Referenznachrichten festgelegt.

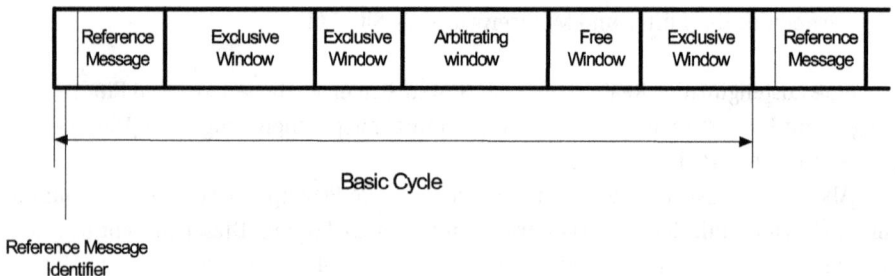

Reference Message	Exclusive Window	Exclusive Window	Arbitrating window	Free Window	Exclusive Window	Reference Message

Basic Cycle

Reference Message
Identifier

Abb. 8.43: Spannungscodierung von Signalen (Schramm 2014).

Der Basiszyklus ist in Zeitfenster (time windows) unterschiedlicher Länge aufgeteilt. Man unterscheidet 3 Arten von Zeitfenstern (Abbildung 8.43):

– Exklusive Zeitfenster (exclusive windows) für periodische (synchrone übertragene)
   Nachrichten. Ein exklusives Zeitfenster ist für eine vordefinierte Nachricht eines
   Knoten reserviert. Dies muss bei der Konfigurierung des Netzes sichergestellt werden.
– Arbitrierende Zeitfenster (arbitrating windows), die für „spontane" CAN-Nachrich-
   ten vorgesehen sind. Bei mehreren konkurrierenden Nachrichten erfolgt die Auswahl über den Identifier.
– Freie Fenster (free windows), die in der Entwurfsphase für spätere zusätzliche Datenübertragung reserviert werden.

Mehrere Basiszyklen (Anzahl: 2n) können zu einem Matrixzyklus (Systemmatrix) zusammengefasst werden (Abbildung 8.44). Damit können unterschiedliche Abfragezeiten
(Periodendauern) realisiert werden.

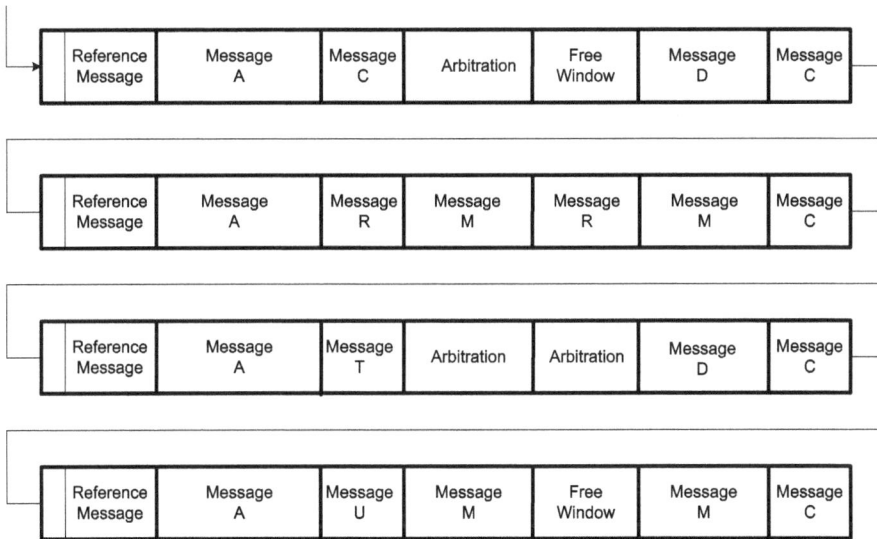

Abb. 8.44: Systemmatrix bei TTCAN.

Das Zeitfenster, in dem eine Nachricht gesendet oder empfangen wird, wird durch
die Zykluszeit festgelegt.

Innerhalb eines Matrixzyklus wird das Sende- bzw. Empfangsfenster durch Zeit-
marken (Tx-Trigger bzw. Rx-Trigger) definiert. Die Zeitmarke gibt die Startzeit eines
exklusiven bzw. eines arbitrierenden Zeitfensters an. Außerdem enthält die Zeitmarke eine Basismarke und einen Wiederholzähler. Die Basismarke gibt die Nummer des

ersten Basiszyklus innerhalb eines Matrixzyklus an, indem die Nachricht gesendet oder empfangen wird.

Der Wiederholzähler gibt an, wie viele Basiszyklen zwischen zwei aufeinanderfolgenden Sende- bzw. Empfangsoperationen liegen.

Die Wiederholung der Nachricht bei auftretenden Fehlern, wie sie beim CAN-Protokoll möglich ist, wird bei TTCAN nicht zugelassen.

Entscheidend für die Präzision, mit der die periodischen Nachrichten gesendet werden, ist die Genauigkeit der internen Uhr, der einzelnen Knoten und die Übereinstimmung mit der globalen Uhr des Zeitmasters. Um eine möglichst exakte netzwerkweite Übereinstimmung der Startzeiten für die verschiedenen Fenster zu erreichen, wird die kleinste globale Zeiteinheit, die Netzwerkzeiteinheit (network time unit NTU) eingeführt. Die globale Zeit wird in diesen Zeiteinheiten gemessen. Die NTU wird aus der Oszillatorfrequenz des jeweiligen Knoten durch einen Frequenzteiler (local time unit ratio TUR) bestimmt (Abbildung 8.45).

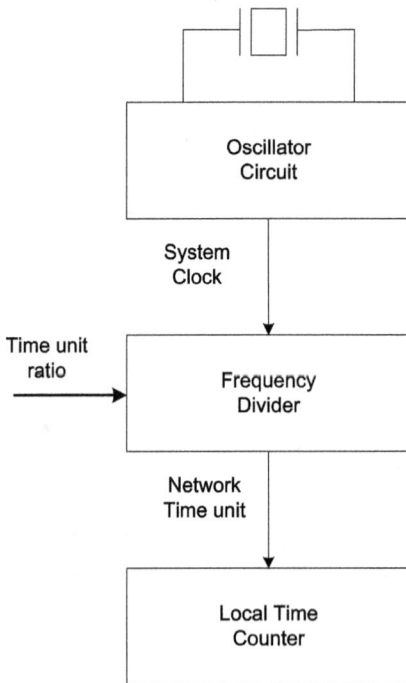

Abb. 8.45: TTCAN – Bestimmung der Zykluszeit.

9 Fahrdynamikregelsysteme und Fahrerassistenzsysteme

Die Fahraufgabe musste lange vom Fahrer allein übernommen werden. Fortschritte in den Bereichen der Digitalisierung, Sensortechnik und Vernetzung haben es in den vergangenen Jahrzehnten ermöglicht, den Menschen bei der Fahraufgabe durch die zunehmende Assistenz und Automatisierung zu unterstützen oder ihm die Fahraufgabe vollständig abzunehmen. Dies führt zu einer Erhöhung der Sicherheit sowie zu neuen Freiheitsgraden in der Gestaltung und Konstruktion von Fahrzeugen sowie ihrer Nutzung in zukünftigen Mobilitätsdiensten.

Die Fahrzeugautomatisierung ist ein komplexes Thema, zu dem bereits eine Reihe von separaten Lehrbüchern existiert, die sich mit den dafür notwendigen Technologien befassen, s. beispielsweise Winner et al. 2012. Das vorliegende Kapitel verfolgt das Ziel, einen ersten Überblick über das Thema im Kontext der allgemeinen Fahrzeugtechnik zu geben. Für ein tieferes Studium wird auf dedizierte Literatur verwiesen.

9.1 Begriffe

Assistenz- und Automatisierungssysteme sollen die Fahraufgabe des Menschen erleichtern und gegebenenfalls auch übernehmen. In den nachfolgenden Abschnitten erfolgt eine Aufgliederung der Fahraufgabe in ihre einzelnen Bestandteile sowie eine Darstellung der verschiedenen Grade der Automatisierung.

9.1.1 Ebenen der Fahrzeugführung

Anhand der Abbildung 9.1 ist gut zu erkennen, dass sich die Fahraufgabe in drei Ebenen gliedern lässt:
- strategisch,
- taktisch,
- operativ.

Auf der strategischen Ebene sind Fahraufgaben mit dem längsten Zeithorizont (in der Regel mehr als zehn Sekunden) angeordnet. Dies sind typischerweise Navigationsaufgaben, also die Routenplanung durch ein Straßennetz hin zu einem Ziel. Auf der taktischen Ebene sind Aufgaben mit einem mittleren Zeithorizont zu finden (in der Regel ein bis zehn Sekunden). Dies umfasst typischerweise die Planung der nächsten Fahrmanöver und Trajektorien, beispielsweise einen Spurwechsel. Der operativen Ebene lassen sich Stabilisierungsaufgaben zuordnen, die einen sehr kurzen Zeithorizont von weniger als einer Sekunde haben. Hierbei handelt es sich insbesondere um die Fahrzeugrege-

https://doi.org/10.1515/9783111335872-009

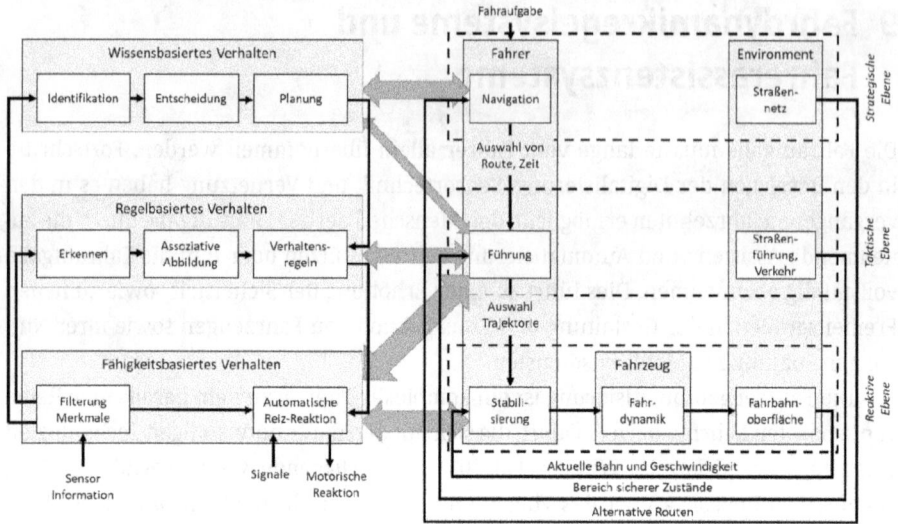

Abb. 9.1: Fahraufgaben angelehnt an (Donges und Naab 1996), (Rasmussen 1983) und (Donges 1982).

lung durch Lenkung, Antrieb und Bremse, damit ein Manöver wie geplant umgesetzt wird.

In Abhängigkeit von den zu erfüllenden Aufgaben sowie deren unterschiedlicher zeitlicher und räumlicher Komplexität können verschiedene Methoden zum Einsatz kommen. Nach Rasmussen 1983 zeigt sich beim Menschen entsprechend hauptsächlich wissensbasiertes Verhalten auf der strategischen Ebene, fertigkeitsbasiertes Verhalten auf der operativen Ebene und sowohl regelbasiertes als auch wissens- und fertigkeits- basiertes Verhalten auf der taktischen Ebene. Dies veranschaulicht, dass die taktische Ebene auch für den Menschen die höchste Komplexität bzw. Variabilität in den Anfor- derungen birgt (s. Kapitel 11 für weitere Informationen).

Wenn nun technische Systeme den Menschen bei der Fahraufgabe unterstützen, sehen wir auf der operativen Ebene Fahrdynamikregelsysteme (wie ESP[1] oder DSC[2]), die im Wesentlichen das Ziel haben, dass ein gegebener Fahrbefehl so umgesetzt wird, dass die intendierte Bewegung bzw. das intendierte Manöver resultieren. Diese Systeme werden in Abschnitt 9.2 detailliert diskutiert.

Für die Unterstützung bei und die Übernahme von Fahraufgaben der taktischen Ebene wurden komplexere Automatisierungssysteme entwickelt, die Aufgaben von detaillierter Umfelderfassung, Situationsinterpretation, Manöver- und Trajektorienpla- nung und eine ausgefeilte Interaktion mit dem Menschen erfordern. Diese Systeme

---

1 ESP: Elektronisches Stabilitätsprogramm.
2 DSC: Dynamic Stability Control.

und die dafür notwendigen Komponenten und Technologien werden in den Abschnitten 9.3–9.5 dargestellt.

Die Aufgaben der strategischen Ebene, wie das Routing, können von Navigationssystemen übernommen werden. Diese sind inzwischen kommerziell breit verfügbar und entweder direkt im Fahrzeug integriert oder auf mobilen Endgeräten oder als Dienste aus Hintergrundsystemen auf Servern außerhalb des Fahrzeugs verfügbar. Diese Systeme werden in diesem Kapitel nicht näher behandelt.

Die technische Umsetzung der Teilaufgaben der drei Ebenen muss sich natürlich in der Methodenwahl nicht am Menschen orientieren, auch wenn im Ergebnis eine ausreichende Kompatibilität erzielt werden soll.

Die aktuell am weitesten verbreitete Skala ist die in Abbildung 9.2 dargestellte Systematisierung der SAE.[3]

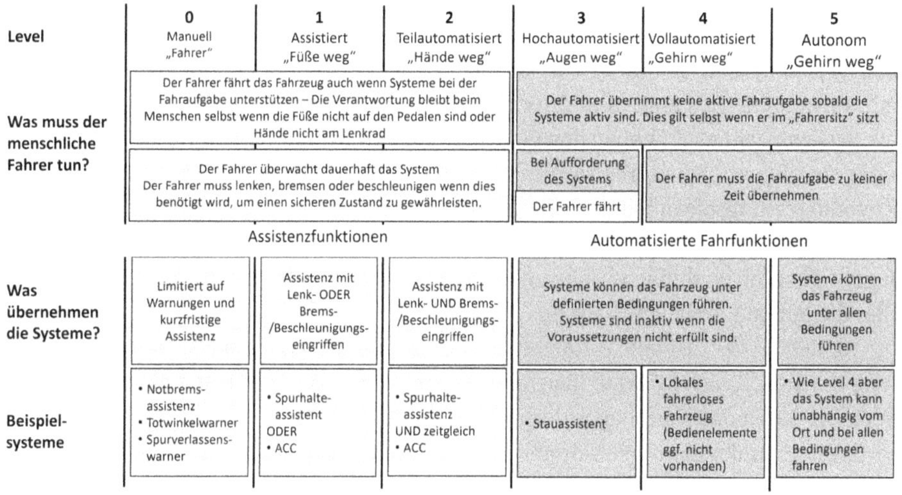

Level	0 Manuell „Fahrer"	1 Assistiert „Füße weg"	2 Teilautomatisiert „Hände weg"	3 Hochautomatisiert „Augen weg"	4 Vollautomatisiert „Gehirn weg"	5 Autonom „Gehirn weg"
Was muss der menschliche Fahrer tun?	Der Fahrer fährt das Fahrzeug auch wenn Systeme bei der Fahraufgabe unterstützen – Die Verantwortung bleibt beim Menschen selbst wenn die Füße nicht auf den Pedalen sind oder Hände nicht am Lenkrad			Der Fahrer übernimmt keine aktive Fahraufgabe sobald die Systeme aktiv sind. Dies gilt selbst wenn er im „Fahrersitz" sitzt		
	Der Fahrer überwacht dauerhaft das System Der Fahrer muss lenken, bremsen oder beschleunigen wenn dies benötigt wird, um einen sicheren Zustand zu gewährleisten.			Bei Aufforderung des Systems Der Fahrer fährt	Der Fahrer muss die Fahraufgabe zu keiner Zeit übernehmen	
	Assistenzfunktionen			Automatisierte Fahrfunktionen		
Was übernehmen die Systeme?	Limitiert auf Warnungen und kurzfristige Assistenz	Assistenz mit Lenk- ODER Brems- /Beschleunigungs- eingriffen	Assistenz mit Lenk- UND Brems- /Beschleunigungs- eingriffen	Systeme können das Fahrzeug unter definierten Bedingungen führen. Systeme sind inaktiv wenn die Voraussetzungen nicht erfüllt sind.		Systeme können das Fahrzeug unter allen Bedingungen führen
Beispiel-systeme	• Notbrems-assistenz • Totwinkelwarner • Spurverlassens-warner	• Spurhalte-assistent ODER • ACC	• Spurhalte-assistenz UND zeitgleich • ACC	• Stauassistent	• Lokales fahrerloses Fahrzeug (Bedienelemente ggf. nicht vorhanden)	• Wie Level 4 aber das System kann unabhängig vom Ort und bei allen Bedingungen fahren

Abb. 9.2: Stufen des automatisierten Fahrens (SAE 2021).

9.1.2 Automatisierungsgrade

Die Übernahme der Fahraufgabe auf der taktischen Ebene kann durch eine Vielzahl an Assistenz- und Automatisierungsfunktionen erfolgen. Beispiele sind Spurhalteassistenzsysteme (wie LKAS[4]) oder Abstandsregeltempomaten (wie ACC[5]). Mit zunehmender An-

---

3 SAE: ehemals Abkürzung für "Society of Automotive Engineers"; gemeinnützige Organisation für Technik und Wissenschaft, die sich dem Fortschritt der Mobilitätstechnologie widmet.

4 LKAS: Lane Keeping Assist.

5 ACC: Adaptive Cruise Control.

zahl und variablen Unterstützungsumfängen bestand zunehmend die Gefahr von sehr komplexen Abhängigkeiten in der Entwicklung der Systeme sowie mindestens ebenso gravierend das Risiko einer sehr komplizierten Bedienung durch den Nutzer. Die Gefahr von Fehlbedienungen steigt mit der Anzahl der Systeme sowie bei Fahrzeugwechsel mit einer unterschiedlichen Umsetzung verschiedener Hersteller.

Basierend auf entsprechender Forschung wie beispielsweise in den von der EU geförderten Projekten HAVEit (Löper und Flemisch 2009) und interactIVe wurde daher die Reduktion auf eine eindimensionale Skala eingeführt, die die Aufgabenverteilung zwischen Mensch und Automation repräsentiert (von Mensch hat die volle Kontrolle bis die Automation hat die volle Kontrolle) (BASt 2023, Gasser et al. 2012),[6] s. Kapitel 11.

Neben der tatsächlichen momentanen Kontrolle über die Fahraufgabe in Längs- und/oder Querführung geht es hier auch um die unterliegenden Begriffe der Verantwortung und für die Aufgabe notwendigen Fähigkeiten und Befugnisse. Eine detaillierte Aufarbeitung zu diesem Thema findet sich beispielsweise in Flemisch et al. 2012.

Die Definition der eindimensionalen Skala der Automationsgrade oder Automationslevel beinhaltet daher neben der tatsächlichen Durchführung der Handlungen einer Fahraufgabe für die Längs- und Querführung auch die Aufgabe der Überwachung.

Systeme des Level 1 haben den Charakter unterstützender und informierender Systeme. Sie unterstützen durch Informationen, z. B. über die vorgeschriebene Höchstgeschwindigkeit. Insofern handelt es sich hierbei um Funktionen, die den Fahrer mit Informationen versorgen. Darüber hinaus übernehmen sie, vom Fahrer initiiert und jederzeit überwacht, einfache Fahraufgaben, wie z. B. der Abstands-Regel-Automat ACC oder die automatische Spurhaltung.

Ab dem Level 2 ist eine Automatisierung sowohl der Längs- als auch der Querführung möglich. Einige Systeme übernehmen zudem die Durchführung eines Fahrspurwechsels durch das Fahrzeug, sofern dieser durch den Fahrer initiiert und überwacht wird. Diese Funktionen übernehmen über bestimmte Fahrtabschnitte und kurze Zeiträume die Fahrzeugführung. In allen Fällen obliegt die Pflicht zur permanenten Überwachung und damit auch die Haftung weiterhin dem Fahrzeugführer.

Level-3-Systeme sind in der Lage, in begrenztem Umfang automatisiert zu agieren. In diesem Fall ist der Fahrer nicht mehr verpflichtet, eine Fahraufgabe zu übernehmen, solange das System aktiv ist. Allerdings muss auch hier der Fahrer eingreifen, wenn das System dazu auffordert oder wenn der Operational Design Domain (ODD) verlassen wird. Im Unterschied zum Automationsgrad 2 liegt die Verantwortung im Automationsgrad 3 nicht mehr dauerhaft beim menschlichen Fahrer. Für weiterführende Informationen zur Interaktion zwischen Mensch und Maschine sei auf das Kapitel 11 verwiesen.

Der DrivePilot von Mercedes kann als erstes Serienprodukt eines Level-3-Systems gesehen werden. Allerdings darf dieses System aktuell nur unter den vom Hersteller

---

6 BASt: Bundes Anstalt für Straßenwesen.

definierten Bedingungen (ODD), die Fahrzeugführung übernehmen und die Funktion ist beispielsweise nur auf Autobahnen bis 60 km/h verfügbar. Der „Autopilot" von Tesla mit Stand 2022 muss weiterhin als Level-2-System betrachtet werden, da der Fahrer das System dauerhaft überwachen muss und immer die volle Verantwortung behält.

Level-4-Systeme müssen nicht permanent überwacht werden. Ihr Einsatz ist zugelassen, solange der ODD nicht verlassen wird.

Bei Level-5-Systemen muss kein Fahrer im Fahrzeug verfügbar sein.

Basierend unter anderem auf Arbeiten des runden Tisches zur Fahrzeugautomatisierung der Bundesregierung findet sich im Vorschlag der Bundesanstalt für Straßenwesen (BASt) von 2021 eine weitere Vereinfachung, wie in Abbildung 9.3 dargestellt. Hier werden nun als alternative Betrachtung zu allgemeinen Leveln der Automation drei verschiedene Automationsmodi eingeführt. Die Automationsmodi sind insbesondere aus der Perspektive eines Nutzers relevant, da diese vereinfacht unterscheiden, ob der Mensch selbst die Fahraufgabe und die damit verbundene Verantwortung ganz oder zeitweise übernehmen muss. Die stärker differenzierten Automationsgrade 0–5 nach SAE sind jedoch weiterhin für die Entwicklung relevant.

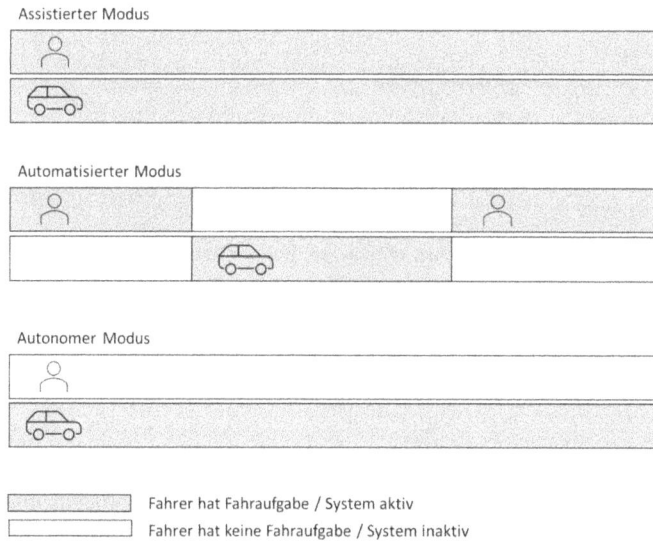

Assistierter Modus

Automatisierter Modus

Autonomer Modus

Fahrer hat Fahraufgabe / System aktiv
Fahrer hat keine Fahraufgabe / System inaktiv

Abb. 9.3: Automatisierungslevel (vereinfachte Darstellung nach BASt 2023).

9.1.3 Operational Design Domain (ODD)

Ein wichtiges Konzept im Kontext der Fahrzeugautomatisierung ist die Definition von festgelegten Betriebsbereichen (engl.: ODD für Operational Design Domain), für die ein Fahrzeug ausgelegt ist und innerhalb derer es sicher mit einem bestimmten Automationsgrad fahren kann.

Der Betriebsbereich kann prinzipiell nach beliebigen Merkmalen definiert sein. Beispielsweise können dies bestimmte Straßentypen (z. B. Autobahnen), Straßeneigenschaften (z. B. gut sichtbare Spurmarkierungen), andere Infrastrukturvoraussetzungen (z. B. vernetzte Lichtsignalanlagen) oder gewisse Wettereigenschaften (z. B. kein dichter Nebel) sein. Ein generisches Beispiel zeigt Abbildung 9.4.

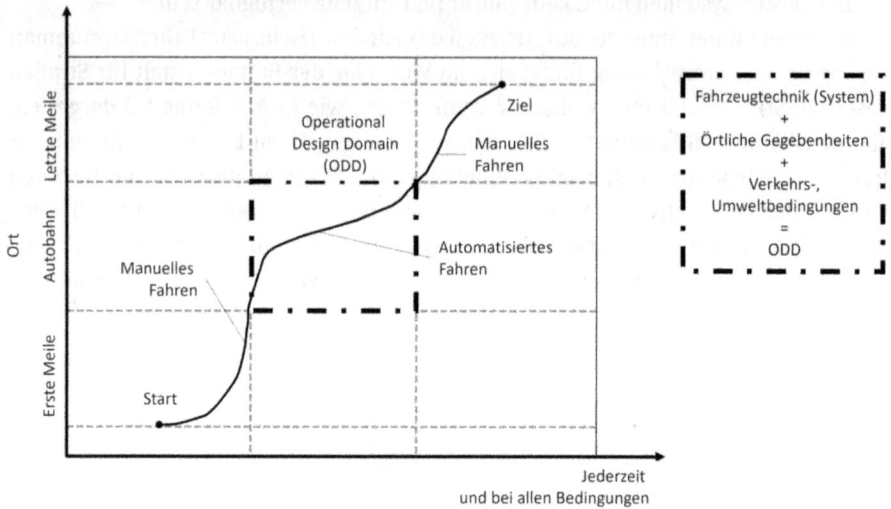

Abb. 9.4: Beispiel für ODD-Inhalte.

Entscheidend ist u. a., dass die Betriebsbereiche bzw. die ODD so definiert sind, dass jeweils bestimmt werden kann, ob das Fahrzeug sich noch innerhalb der ODD befindet. Hier spricht man von einem Abgleich der ODD mit der aktuellen Operational Domain (OD). Die ODD kann ggf. je nach Automationsgrad unterschiedlich sein. Idealerweise kann sichergestellt werden, dass das Fahrzeug seine ODD gar nicht verlässt. Beispielsweise kann an einer Grenze des Betriebsbereiches ein sogenanntes Minimum-Risk-Manöver (MRM) ausgeführt werden, welches das Fahrzeug sicher zum Stillstand bringt (z. B. am rechten Straßenrand). Für das MRM selbst könnte ein erweiterter Betriebsbereich gelten. Allerdings sind die Definitionen in diesem Bereich noch nicht abgeschlossen.

Mit Blick auf die Definition von Betriebsbereichen lassen sich auch verschiedene Einführungsstrategien für automatisierte Fahrzeuge näher diskutieren. Kontrastieren lassen sich die Varianten:
– Steigerung des Automationsgrades bei maximaler ODD,
– maximaler Automationsgrad bei Steigerung der ODD.

Während viele etablierte Fahrzeughersteller in den vergangenen Jahrzehnten überwiegend eine schrittweise Evolution der zunehmenden Assistenz und Automatisierung bei

Beibehaltung möglichst großer Betriebsbereiche verfolgt haben, setzten neue Hersteller wie beispielsweise Easymile direkt auf spezielle Fahrzeugkonzepte wie Shuttles, ausschließlich auf Level 4 (vollautomatisiert), aber zunächst eng definierte Betriebsbereiche. Die verschiedenen Strategien ergeben sich unter anderem aus dem entsprechenden Marktsegment und Einsatzzweck der Fahrzeuge. Auf der einen Seite steht primär die individuelle Verwendung durch Endnutzer, die selbst Fahrzeuge kaufen und besitzen. Auf der anderen Seite steht stärker der Einsatz von Fahrzeugen als öffentlich genutzte Verkehrsmittel in einer Kommune oder Logistikfahrzeuge auf bestimmten Routen.

9.1.4 Kooperationsstufen

Neben der Definition von Automationsgraden gibt es erste Definitionsversuche für Kooperationsstufen. Dies bezieht sich sowohl auf die Kooperation zwischen vernetzten Fahrzeugen als auch auf die Kooperation zwischen Fahrzeugen und Infrastruktur.

Ein Beispiel für die Definition von Kooperationsstufen zwischen mehreren Fahrzeugen zeigt Abbildung 9.5.

Kooperationsstufen autonomes Fahren	
Analog zu den Automatisierungsstufen ist es in diesem Zusammenhang ebenfalls sinnvoll, Stufen der Kooperation zu definieren, die etwas über die Tiefe der Kooperation aussagen. Ein erster Ansatz ist im Rahmen der Arbeitsgruppe automatisiertes und vernetztes Fahren des Runden Tisches für automatisiertes Fahren des Bundesministeriums für Verkehr und digitale Infrastruktur (BMVI) erarbeitet worden:	
Kooperationsstufen	
Stufe a	Keine Kooperation
Stufe b	Bereitstellung funktionsspezifischer Daten bzw. Informationen; keine Verbindlichkeit zur Nutzung/Berücksichtigung; kein Feedback an Sender
Stufe c	Bereitstellung funktionsspezifischer Daten bzw. Informationen; keine Verbindlichkeit zur Nutzung/Berücksichtigung; Integration in Lagebild des Empfängers und Feedback an Sender
Stufe d	Stufe c UND kooperativer Aufbau eines abgestimmten Lagebildes
Stufe e	Stufe d UND kooperatives Planen bei fester Zielstruktur
Stufe f	Stufe e UND kooperatives Planen bei beweglicher Zielstruktur

Abb. 9.5: Kooperationsstufen des autonomen Fahrens (Haselbauer et al.).

Auch für die Kooperation zwischen Infrastruktur und Fahrzeugen gibt es erste Definitionsversuche für die Stufen der Infrastrukturunterstützung automatisierter Fahrzeuge (Infrastructure Support Levels for Automated Driving – ISAD) wie in EU-Projekten wie TransAID (Transition Areas for Infrastructure-Assisted Driving (transaid.eu), Nothalt ade – Intelligente Infrastruktur leitet automatisierte Fahrzeuge durch kritische Situationen – DLR Portal), und Inframix (Inframix EU Project) erarbeitet. Diese sind in Abbildung 9.6 aufgelistet und beschrieben.

	Level	Name	Beschreibung	Digitale Karte mit statischen Schildern	VMS, Warnungen, Vorfälle, Wetter	Mikroskopische Verkehrssituation	Führung: Abstand Geschwindigkeit, Spur
Konventionelle Infrastruktur	E	Konventionelle Infrastruktur / keine AVF-Unterstützung	Konventionelle Infrastruktur ohne digitale Informationen. AVFs müssen sowohl Straßenverlauf als auch Verkehrsschilder selbstständig erkennen.				
	D	Statische Digitale Informationen / Karteninformation	Digitale Karteninformationen mit statischen Schildern. Karten können mit physischen Referenzpunkten (z.B. Schildern) ergänzt werden. Ampeln, mobile Schilder, Baustellen und VMS müssen vom Fahrzeug erkannt werden	X			
Digitale Infrastruktur	C	Dynamische Digitale Informationen	Dynamische und Statische Informationen werden über die Infrastruktur in digitaler Form ans AVF übermittelt.	X	X		
	B	Kooperative Wahrnehmung	Die Infrastruktur ist in der Lage mikroskopische (lokale) Verkehrssituationen zu erfassen und stellt AVFs diese Daten in Echtzeit zur Verfügung.	X	X	X	
	A	Kooperatives Fahren	Die Infrastruktur optimiert den gesamten Verkehrsfluss durch die Führung von AVFs (Einzelfahrzeuge oder gesamter Gruppen) basierend auf Echtzeitinformationen zu Fahrzeugbewegungen.	X	X	X	X

Oben rechts: **Digitale Informationen bereitgestellt für AVFs**

Abb. 9.6: Stufen der Infrastrukturunterstützung automatisierter, vernetzter Fahrzeuge (AVF).

9.1.5 Technische Ausstattung von Fahrerassistenzsystemen

Die technische Ausstattung von Fahrerassistenzsystemen umfasst fast immer die drei technischen Funktionskomponenten:

– Sensorik,
– Aktuatorik und
– Algorithmen.

Bei der Sensorik kann unterschieden werden zwischen propriozeptiven und extra priozeptiven Sensoren. Während propriozeptive Sensoren die Eigenbewegung eines Systems, in diesem Fall des Fahrzeugs, erfassen, dienen extra priozeptive Sensoren dazu, die Umwelt zu überwachen. Beispiele für propriozeptive und extra priozeptive Sensoren werden in den nächsten Abschnitten dieses Kapitels beschrieben.

Bei der Aktuatorik spielt insbesondere die nahezu flächendeckende Einführung der in Kapitel 4 beschriebenen elektromechanischen Lenkung sowie die Aufrüstung der Bremssysteme durch aktive Komponenten eine wichtige Rolle, s. Kapitel 5.

Außer bei der Sensorik gibt es insbesondere bei der Entwicklung von Algorithmen eine große Dynamik und weiteres erhebliches Entwicklungspotential. Dort gibt es einen Trend zur Nutzung von Methoden des „Machine Learning". Für ein Beispiel s. z. B. Rehder et al. 2015a, Rehder et al. 2016b.

Eine Übersicht über die Historie der Fahrerassistenzsysteme zeigt Abbildung 9.7. Dort wird insbesondere der Einfluss des Einsatzes propriozeptiver und extra priozeptiver Sensorik bis hin zur Vernetzung ganzer Fahrzeugflotten innerhalb der bisherigen drei Generationen von Fahrerassistenzsystemen deutlich.

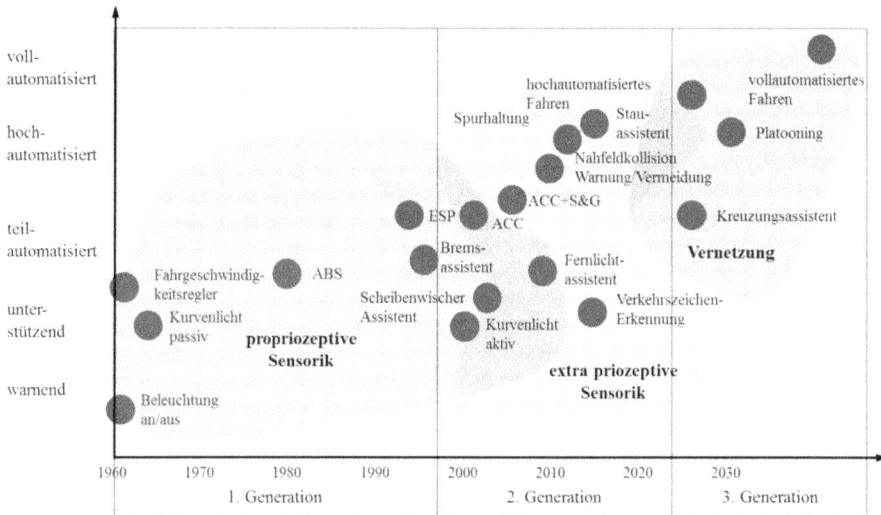

Abb. 9.7: Historische Entwicklung von Fahrerassistenzsystemen und die Nutzung von Sensoriken.

9.2 Fahrdynamikregelsysteme

Wie bereits bei der Klassifizierung von Fahrerassistenzsystemen angekündigt, werden in diesem Abschnitt zunächst die Fahrdynamikregelsysteme beschrieben. Diese beziehen sich in ihrer Systemstruktur primär auf fahrzeugeigene Daten und unterstützen den Fahrer im Rahmen der Stabilisierungsebene (Donges und Naab 1996). In der Regel handelt es sich dabei um Notfallsysteme, die den Fahrer unterstützen, wie z. B. Bremsassistenten oder Antiblockiersysteme (ABS), aber auch ohne weiteren Fahrereingriff das Fahrzeug stabilisieren, wie z. B. das elektronische Stabilitätsprogramm (ESP).

9.2.1 Antiblockierbremssystem

Das Antiblockiersystem (im Folgenden ABS genannt) ist wohl das bekannteste und eines der ältesten Fahrerassistenzsysteme im Bereich der Fahrdynamikregelsysteme. Die Straßenverkehrszulassungsordnung beschreibt das ABS wie folgt (Bundesministerium für Verkehr 2011: https://www.gesetze-im-internet.de/stvzo_2012/BJNR067910012.html):

„Ein Antiblockiersystem ist der Teil einer Betriebsbremsanlage, der den Schlupf in der Drehrichtung eines oder mehrerer Räder des Fahrzeugs beim Bremsen automatisch kontrolliert."

Nach dieser Beschreibung ist das ABS als Teil eines Bremssystems zu betrachten. Da das Bremssystem ursprünglich entwickelt wurde, um die Drehzahl eines oder mehrerer Räder ausschließlich in Abhängigkeit von den Wünschen des Fahrers zu reduzieren, erscheint die Schlupfregelung zunächst nicht angemessen. Der sicherheitserhöhende Charakter dieses Systems wird im Folgenden beschrieben.

Problemstellung

Legt man die in Abbildung 9.8 dargestellte Verkehrssituation zugrunde, in der sich ein Fahrzeug einem Stauende nähert, und der Fahrer dies zu spät bemerkt, lässt sich der Vorteil eines ABS einfach beschreiben.

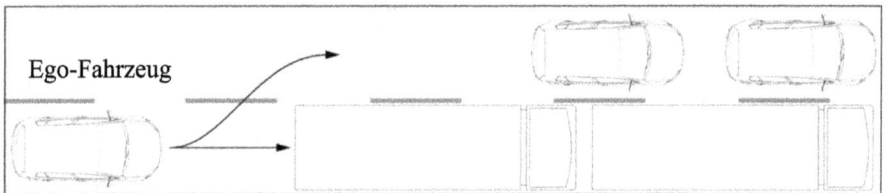

Abb. 9.8: Annäherung an das Ende eines Staus.

In dieser Situation, in der sich ein Fahrzeug dem Ende eines Staus nähert, hat der Fahrer zwei plausible Handlungsmöglichkeiten:
- Durchführung einer Gefahrenbremsung oder
- Ausweichen nach links, bei gleichzeitigem starken Bremseingriff.

Betrachtet man die Handlungsstränge im Detail, sind verschiedene mögliche Ausgänge der Situation denkbar, die im Folgenden einzeln analysiert werden:

Wird die Gefahrenbremsung zunächst als ausgewähltes Fahrmanöver angenommen, kann der Bremsweg in Abhängigkeit von der Differenzgeschwindigkeit wie in Abbildung 9.9 dargestellt werden.

Bei dieser Berechnung wird zunächst davon ausgegangen, dass das Fahrzeug nicht mit einem ABS ausgestattet ist und der Fahrer ideal bremsen kann, d. h. die verfügbare Bremsleistung voll ausnutzt. Daraus ergeben sich die folgenden Modellannahmen:
- maximale Verzögerung der Räder durch ideale Bremsung: 1.0 g,
- ausreichender Bremsweg zum vorderen Fahrzeug,
- Reaktionszeit: 1 Sekunde.

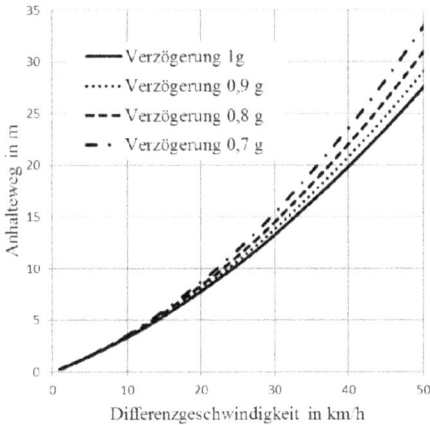

Abb. 9.9: Anhalteweg in Abhängigkeit von der Geschwindigkeit.

Unter der Annahme, dass der Fahrer ein „menschlicher" Fahrer ist, wird nicht immer mit der maximal möglichen Verzögerung gebremst, sondern mit zu viel oder zu wenig Bremskraft.

Abbildung 9.9 zeigt auch den Anhalteweg bei einer geringeren Bremsbeschleunigung (zwischen 0,07 g und 1,00 g). In diesem Fall ist ein Unfall mit zunehmender Dauer bis hin zu einer Korrektur wahrscheinlicher, da der verfügbare Abstand zum vorausfahrenden Fahrzeug nach einer gewissen Zeit geringer sein kann als der Anhalteweg. Sobald der Fahrer dies bemerkt, erhöht er intuitiv den Bremsdruck weiter, woraufhin die Schlupfgrenze überschritten wird und folglich die Räder blockieren. Da dies aufgrund der maximal übertragbaren Reifenkräfte nicht zu einer höheren Verzögerung führt, würde diese Situation den Fahrer dazu verleiten, dem vorderen Fahrzeug auszuweichen und so zusätzlichen Weg für seine Bremsung auf der linken Spur zu erhalten. Eine Bremsung mit blockierenden Rädern (zu hoher Bremsdruck) führt dazu, dass eine Kurvenfahrt nicht möglich ist. Dies liegt daran, dass sich das Fahrzeug entsprechend seiner Trägheit weiter in Fahrtrichtung bewegt. Die Gleitreibung zwischen Rad und Straße reduziert zwar die Fahrzeuggeschwindigkeit, führt jedoch nicht dazu, dass das Fahrzeug der vom Fahrer gewünschten Spur folgt.

Die ideale Reaktion eines Fahrers wäre in diesem Fall, die Bremskraft zu verringern, um alle Räder wieder zum Rollen zu bringen und die Seitenführung wiederherzustellen. Da dies eine kontraintuitive Reaktion ist, sind oft nur geschulte Fahrer zu diesem Eingriff in der Lage.

Das ABS soll dazu beitragen, die formulierten Probleme zu lösen. Es hat die Aufgabe, den Bremsdruck an den Bremsen der zum Blockieren neigenden Räder so zu regeln, dass ein Blockieren der Räder zumindest in weiten Bereichen vermieden wird. Dies führt zur Wiederherstellung der Seitenführungseigenschaften der Räder, s. Kapitel 2.

Zudem ist ein ungeschulter Fahrer üblicherweise nicht in der Lage, die Reifenkraft optimal zur Verzögerung auszunutzen, wie es in dem obigen Gedankenexperiment angenommen wird. Eine Gefahrenbremsung ohne ABS führt daher meist zu blockierenden Rädern (und damit zur Gleitreibung zwischen Fahrbahn und Rad). Im Bereich der Gleitreibung ist nicht nur eine Seitenführung unmöglich, sondern die übertragbare Kraft ist geringer als das mögliche Maximum. Das ABS hält das Rad vom vollständigen Blockieren ab und erlaubt somit nicht nur eine Spurführung, sondern erhöht bei einer Gefahrenbremsung im Vergleich zu blockierenden Rädern zudem die verfügbare Bremskraft. Damit kann für den Normalfahrer auch der Anhalteweg reduziert werden.

Regelungskonzept

Im Folgenden wird das Regelungskonzept des ABS am Beispiel einer Bremsung auf einer Straße mit guter Bodenhaftung dargestellt. In Winner et al. 2012 wird ein Ablauf gezeigt, der eine Beziehung zwischen Fahrzeuggeschwindigkeit, Radwinkelbeschleunigung und Bremsdruck nutzt, um die Bremsdruckanpassung einer ABS-Bremsung durchzuführen. In diesem Fall kann man aufgrund der Struktur der Bremsdruckregelung in verschiedenen Phasen von einer Logik sprechen, die mit unterschiedlichen Schwellenwerten für Radschlupf λ_1 und Radwinkelbeschleunigung $(-a, +a, +A)$ arbeitet. In der Abbildung 9.10 sind die Phasen dieser Logik dargestellt.

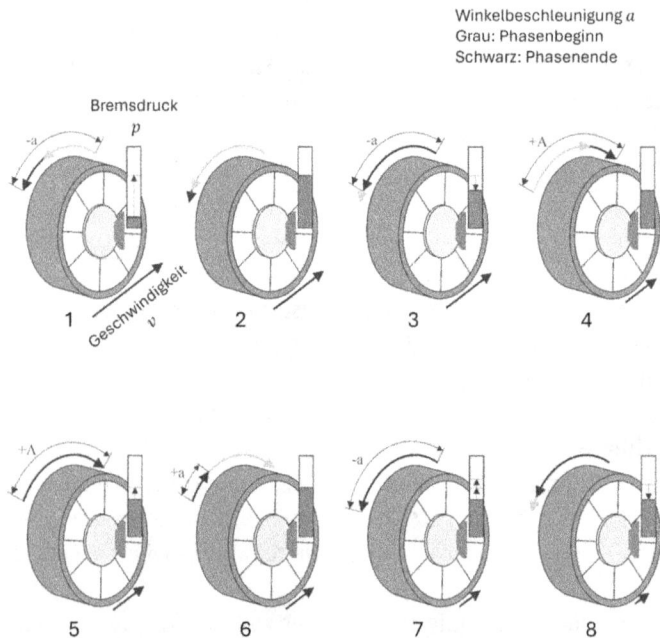

Abb. 9.10: ABS-Logikphasen.

In Phase 1 des Bremsvorgangs baut sich der Bremsdruck entsprechend dem Fahrerwunsch (Bremspedalkraft) auf, bis eine Radbeschleunigung von $-a$ erreicht ist. Diese

Schwelle wird aus einer idealisierten statischen Haftreibungskoeffizientenrutschkurve abgeleitet und liegt etwas über der maximal möglichen Fahrzeugverzögerung. Das Rad verlässt dann den stabilen Bereich der Reifenschlupfkurve, s. Kapitel 2.

Der Bremsdruck wird dann in Phase 2 zunächst beibehalten (und nicht reduziert), um Effekte durch scheinbare Verzögerungen (z. B. durch große Achsbewegungen in der Bremsphase) zu vermeiden, die zu einer Verlängerung des Bremswegs führen würden.

Sobald die Raddrehzahl die Schlupfschwelle λ_1 unterschreitet, beginnt Phase 3, in welcher der Bremsdruck schließlich aktiv vom Bremssystem abgebaut wird. Diese Phase dauert an, bis die Beschleunigungsschwelle $-a$ wieder überschritten wird. Zu diesem Zeitpunkt befindet sich der Radschlupf wieder im stabilen Bereich.

Wenn der Schwellenwert $-a$ erneut überschritten wird, wird der Bremsdruck in Phase 4 aufrechterhalten, bis der Schwellenwert $+A$ überschritten wird.

Der Bremsdruck wird nun, in Phase 5, wieder erhöht, bis die Schwelle $+A$ erneut unterschritten wird und dann gehalten, bis die Schwelle $+a$ unterschritten wird. Das Rad befindet sich nun im stabilen Bereich der Haftreibungskoeffizientenrutschkurve. In Phase 7 wird der Bremsdruck stufenweise erhöht, bis die Schwelle $-a$ erneut unterschritten wird. Sobald dies der Fall ist, wird der Bremsdruck wieder reduziert, und der Zyklus wiederholt sich (Phase 8 oder 3).

Die Eingangsgrößen für die exemplarisch dargestellte Bremsdruckregelung (hier: auf griffiger Fahrbahn, im ausgekuppelten Zustand) werden dem Steuergerät durch die, häufig als ABS-Sensoren bezeichneten, Raddrehzahlsensoren zur Verfügung gestellt.

Induktive (passive) Raddrehzahlsensoren

Die passive Version des Raddrehzahlsensors, die in der Vergangenheit häufig verwendet wurde, beruht auf dem Messprinzip der Induktion. Um diesen Messeffekt auszunutzen, kann ein solcher Sensor, wie in Abbildung 9.11 schematisch dargestellt, aufgebaut werden.

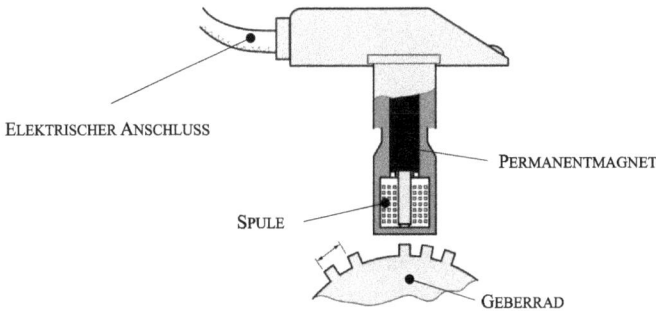

Abb. 9.11: Induktiver Raddrehzahlsensor nach Reif 2012b.

Abbildung 9.11 zeigt ein Geberrad (Impulsrad), das über eine feste Kopplung mit dem Rad die zu messende Drehbewegung ausführt. Der eigentliche Sensor, der die Drehbewegung erfassen und in ein elektrisches Signal umwandeln soll, ist über diesem Geberrad montiert. Der Sensor selbst besteht aus einem Dauermagneten, einem Polstift und einer Spule. Der Dauermagnet erzeugt ein Magnetfeld, dem der weichmagnetische Polstift und die Spule ausgesetzt sind. Dieses Magnetfeld wird durch die Drehung des Geberrades verändert, wodurch in der Spule eine Spannung induziert wird. Diese Spannung kann mit der Anzahl der Windungen w eingestellt werden und lässt sich mit der folgenden Gleichung berechnen:

$$u_{\text{ind}} = w \frac{d\phi}{dt}. \tag{9.1}$$

Der magnetische Fluss ϕ kann als Funktion des Luftspalts und der Rotationsgeschwindigkeit dargestellt werden:

$$u_{\text{ind}} = w \frac{\partial \phi}{\partial \varphi} \frac{d\varphi}{dt} = w \frac{\partial \phi}{\partial \varphi} \dot{\varphi}. \tag{9.2}$$

Dabei bezeichnet φ den Drehwinkel des Geberrades und $\dot{\varphi}$ die zugehörige Winkelgeschwindigkeit. Dies gilt, solange der Luftspalt (innerhalb kleiner Toleranzen) konstant bleibt. Bedingt durch die Einbaulage sind diese Sensoren allerdings hohen mechanischen Belastungen ausgesetzt, die beispielsweise beim Bremsen und Beschleunigen entstehen. Durch eine daraus hervorgerufene Änderung des Luftspaltes d_L ergibt sich gemäß:

$$u_{\text{ind}} = w \left(\frac{\partial \phi}{\partial \varphi} \dot{\varphi} + \frac{\partial \phi}{\partial d_L} \frac{dd_L}{dt} \right) \tag{9.3}$$

die Erkenntnis, dass kein reiner linearer Zusammenhang zwischen induzierter Spannung und der Winkelgeschwindigkeit des Geberrades besteht. Aus diesem Grund wird in heutigen Fahrzeugen zunehmend auf das Hall-Prinzip zurückgegriffen, zumal induktive Raddrehzahlsensoren im Gegensatz zu dem hier beschriebenen Prinzip, keine Drehzahlmessung bis zum Stillstand erlauben.

Aktive (Hall-)Raddrehzahlsensoren
Im Vergleich zu passiven Raddrehzahlsensoren werden in heutigen Fahrzeugen zunehmend aktive Sensoren eingesetzt, welche die beschriebenen Nachteile des variierenden Luftspalts und des eingeschränkten Messbereichs bei niedrigen Geschwindigkeiten nicht aufweisen. Diese nach dem Hall-Prinzip aufgebauten Sensoren sind in Abbildung 9.12 schematisch dargestellt.

Hier ist der Multipolring oder Rotor (1) dargestellt, der fest mit dem Rad verbunden ist und sich somit gegenüber dem Hall-Sensor (2) dreht. Der rotierende Multipolring ist mit Bereichen wechselnder Polarität versehen. Das Sensorgehäuse dient dem Schutz des integrierten IC-Schaltkreises vor Umgebungsbedingungen, die im Bereich des Rades vor allem durch Staub und Schmutz verursacht werden. Der Hall-Sensor (2) nutzt

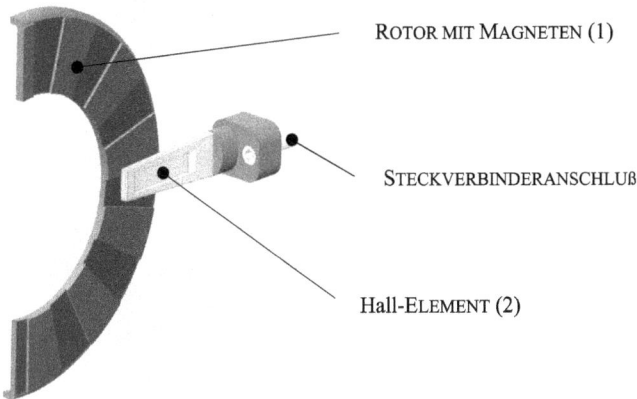

Abb. 9.12: Aufbau eines aktiven Raddrehzahlsensors nach Reif 2012b.

das Magnetfeld des Multipolrings, um mithilfe des Hall-Effekts einen Polaritätswechsel zu erkennen. Durch die Erfassung dieses Polaritätswechsels kann die Geschwindigkeit durch eine entsprechende Auswerteelektronik berechnet werden.

Die Funktionsweise eines Hall-Sensors[7] ist in Abbildung 9.13 schematisch dargestellt. Diese Abbildung zeigt einen stromdurchflossenen Leiter (Platte), an den eine Versorgungsspannung angelegt wird. Ein (wechselndes) Magnetfeld über dieser Platte bewirkt, dass die fließenden Elektronen durch die Lorentz-Kraft senkrecht zum Magnetfeld und zur angelegten Spannung abgelenkt werden. Die Verschiebung der Elektronen führt zu einer Potentialdifferenz über der angelegten Versorgungsspannung.

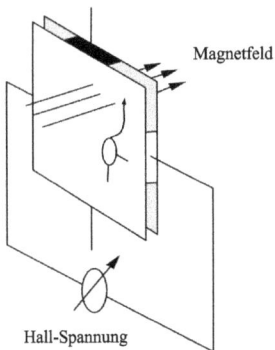

Abb. 9.13: Funktion eines Hallsensors (schematische Darstellung).

---

7 Edwin Herbert Hall (1855–1938): US-Amerikanischer Physiker und Entdecker des nach ihm benannten Hall-Effekts.

Wird die Spannung an der Platte quer zur angelegten Versorgungsspannung gemessen, sind sowohl die Stärke des Magnetfeldes als auch die Polarität sichtbar.

Die gemessenen Werte der Radbewegung werden den Regelalgorithmen des ABS zugeführt. Das Hydraulikaggregat passt daraufhin den Bremsdruck an das jeweilige Rad an (Reif 2010a). Die dargestellte Regelungslogik bezieht sich auf das Bremsen auf griffiger Fahrbahn bei ausgekuppeltem Antrieb. Abweichungen von dieser Logik können durch verschiedene Erkennungsalgorithmen während des Bremsvorgangs erkannt werden. Die wichtigsten Einflüsse auf die Bremsung, die erkannt werden, beziehen sich auf:

– **Glatte Fahrbahn**: Im Vergleich zum Bremsen auf griffigem Straßenbelag entsteht beim Bremsen auf einer rutschigen Straße ein geringeres Reibungsmoment zwischen der Straße und dem Reifen. Aus diesem Grund wird während der Druckhaltephase (Phase 4 in Abbildung 9.10) auf rutschiger Fahrbahn der Radschlupf wieder reduziert, um den Radschlupf schneller zu verringern. Darüber hinaus ist die anschließende Druckhaltephase länger (Reif 2010a).

– **Eingekuppelter/ausgekuppelter Motor**: Im eingekuppelten Zustand des Antriebsstrangs erhöht sich das Trägheitsmoment des Rads um bis zu einem Faktor 4 (Reif 2010a und Kapitel 6), sodass die Schaltschwellen zwischen den einzelnen Phasen angepasst werden müssen.

– **Ungleichmäßig verteilter Reibungskoeffizient**: Eine ungleiche Verteilung des Reibungskoeffizienten zwischen der linken und rechten Fahrzeugseite führt beim Bremsen zu einem Giermoment. Insbesondere bei Fahrzeugen mit kurzem Radstand führt dies aufgrund des geringen Drehmoments um die Hochachse zu Gierbeschleunigungen, die durch verschiedene Mechanismen ausgeglichen werden können. Einer dieser Mechanismen ist die Begrenzung des Bremsmoments auf der Seite mit höherem Reibwert, die sogenannte Giermoment-Aufbauverzögerung. Bei dieser Funktion wird das Bremsmoment nur so weit reduziert, dass ein Gegenlenken (gegen die Gierbewegung) durch den Fahrer möglich ist. Eine weitere Reduzierung des Bremsdrucks würde zu einer ungewollten Verlängerung des Bremswegs führen (Reif 2010a).

9.2.2 Antriebsschlupfregelung (ASR) (Traction Control System TCS)

Neben der Problematik der blockierenden Räder, führt das Durchdrehen der Räder ebenfalls dazu, dass keine Seitenführungskräfte zwischen Rädern und Fahrbahn übertragen werden können. Dies kann ebenfalls durch die Raddrehzahlsensoren erkannt und durch Eingriffe in die Motormomentregelung oder Bremseingriffe verhindert werden. Möglich macht dies die Bremsanlage, welche mit der Einführung des ABS in die Lage versetzt wurde, einzelne Räder zu bremsen.

Wie der Name dieses Systems bereits beschreibt, handelt es sich hier um die Regelung des Antriebsschlupfs. Im Fall einer angetriebenen Achse kann der Schlupf der

Antriebsräder ermittelt werden, indem die Fahrzeuggeschwindigkeit über die „geschleppten" Räder bestimmt und mit der Geschwindigkeit der angetriebenen Räder verglichen wird. Im Fall von Allradantrieb wird die Fahrzeuggeschwindigkeit im Rahmen des ESP-Systems geschätzt und entsprechend auch für die Antriebsschlupfregelung verwendet.

Bei der Regelung des Antriebsmoments hat die Antriebsschlupfregelung mehrere Möglichkeiten in das System Fahrzeug einzugreifen. Im Fall von homogen verteilten Reibwerten verteilt sich auch das Drehmoment der angetriebenen Achse durch das Differential gleich auf beide Räder dieser Achse. Infolgedessen drehen beide Räder durch, wenn das Antriebsdrehmoment das auf die Straße übertragbare Moment überschreitet. Die ASR sorgt in diesem Fall für eine Reduzierung des Antriebsmoments (z. B. durch einen Eingriff in die Drosselklappenstellung). Sollte die Reduzierung des Antriebmoments nicht ausreichen, so können die durchdrehenden Räder zusätzlich einzeln gebremst werden.

Bei sehr unterschiedlichen Reibungskoeffizienten zwischen der linken und der rechten Fahrzeugseite kann es dazu kommen, dass nur eines der Räder durchdreht. Dies führt aufgrund des Achsdifferentials dazu, dass auch auf der anderen Seite der Antriebsachse nur ein sehr kleines Moment auf die Straße übertragen werden kann, s. Abbildung 9.14.

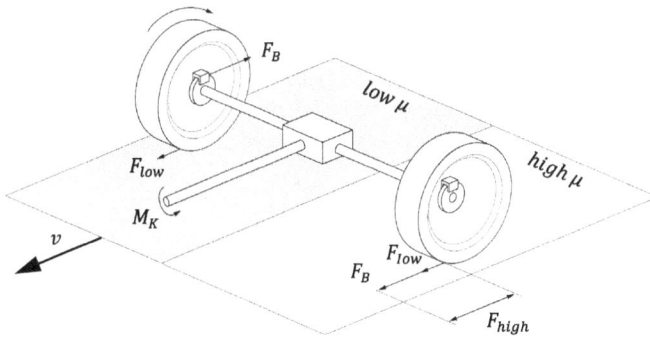

Abb. 9.14: Funktion eines Differentials.

Hier ist zu erkennen, dass das rechte Rad durchdreht, während das linke Rad nahezu stillsteht. Dies ist in der Funktionsweise des Differentials begründet, welches die Antriebsmomente zu gleichen Teilen auf die beiden Antriebsräder verteilt.

In dem dargestellten Fall kann durch eine Bremsung des rechten Rads ein zusätzliches Moment erzeugt werden, wodurch auch auf der linken Seite ein höheres Moment entsteht, welches dort durch den höheren Reibwert in Vortrieb umgesetzt werden kann.

9.2.3 Elektronisches Stabilitätsprogramm

Die bisher beschriebenen Fahrdynamikregelsysteme beschränkten sich auf die Regelung der Bremsen und des Antriebs mit dem Fokus auf den Erhalt der Lenkbarkeit des Fahrzeugs. Das meist unter dem Namen elektronisches Stabilitätsprogramm bekannte System, welches die Stabilität des Fahrzeugs auch in kritischen Situationen gewährleisten kann, wird seit 1995 in Pkws eingesetzt (Erhardt und van Zanten 1995, Van Zanten 2000). Nachdem dieses Assistenzsystem unter dem Namen ESP bekannt wurde, wurde es auch durch andere Hersteller gefertigt und ist auch als ESC (engl.: Electronic Stability Control) oder als elektronische Stabilitätskontrolle bekannt. Dieses System vereint die Funktionalität von ASR und ABS und berücksichtigt zusätzlich den gemessenen Lenkwinkel und die Gierrate, um stark über- oder untersteuerndes Verhalten in kritischen Fahrsituationen zu vermeiden und somit einen Sicherheitsgewinn zu erzielen.

Aufgabe des Systems ist es, die Größen Quergeschwindigkeit, Längsgeschwindigkeit und Drehgeschwindigkeit (um die Hochachse des Fahrzeugs) innerhalb der physikalischen Grenzen und entsprechend dem Fahrerwunsch optimal zu unterstützen. Folglich ist der erfasste Fahrerwunsch eine Eingangsgröße dieses Systems. Dieser Fahrerwunsch wird durch den Lenkwinkel ausgedrückt, den der Fahrer stellt, um einer entsprechenden Trajektorie zu folgen. Neben diesem Fahrerwunsch wird das tatsächliche Fahrverhalten des Fahrzeugs ständig überwacht, um eine eventuell auftretende Differenz zwischen Soll- und Ist-Werten schnellstmöglich zu erkennen und entsprechend reagieren zu können. Eine solche Differenz entsteht unter anderem dann, wenn das Fahrzeug unter- bzw. übersteuert. Beim Untersteuern schiebt das Fahrzeug über die Vorderachse, während beim Übersteuern das Heck des Fahrzeugs ausbricht, s. Abbildung 9.15.

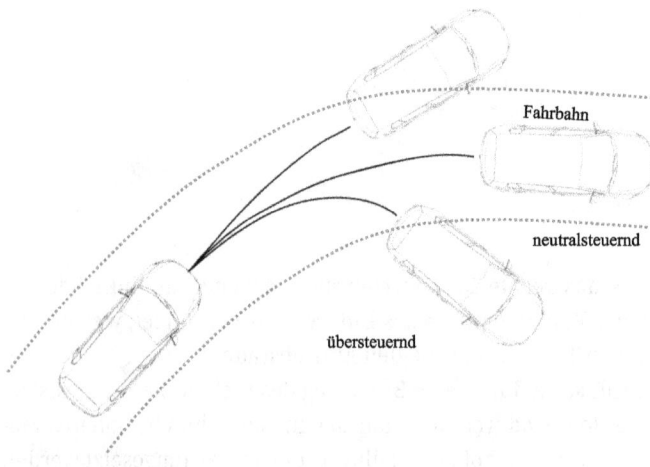

Abb. 9.15: Über- und Untersteuerungsverhalten eines Kraftfahrzeugs, siehe auch Kapitel 3.

Das in Abbildung 9.15 gezeigte über- oder untersteuernde Fahrverhalten tritt häufig in kritischen Situationen auf, die durch den Lenkeingriff des Fahrers verursacht werden. Eine häufige Ursache für Untersteuern ist beispielsweise eine zu hohe Kurvengeschwindigkeit.

Die Strategie zur Entschärfung dieser Situationen durch ein Assistenzsystem beruht auf dem Ansatz, ein Kraftfahrzeug in einem gewissen Rahmen durch gezielte Bremseingriffe zu lenken. Dies ist durch die radindividuelle Regelung von Bremsdrücken (wie sie z. B. für ABS- und ASR- Systeme umgesetzt wird) möglich, indem kurvenäußere bzw. kurveninnere Räder abgebremst werden, wodurch ein Drehmoment um die Hochachse des Fahrzeugs entsteht, s. Abbildung 9.16.

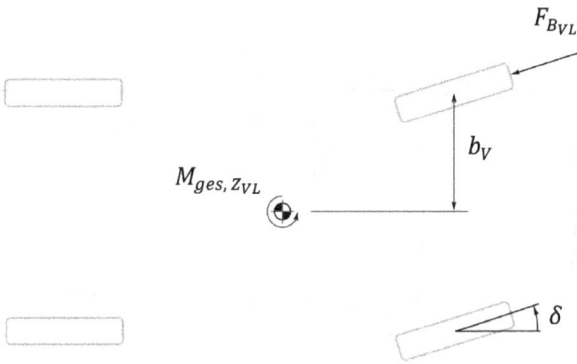

Abb. 9.16: Drehmomenterzeugung bei Einzelradbremsung.

Wie in Abbildung 9.16 dargestellt, lässt sich bei einem Kraftfahrzeug während der Kurvenfahrt durch die Bremsung einzelner Räder ein zusätzliches Drehmoment erzeugen, welches eine Fahrzeugdrehung um die Hochachse nach innen (um untersteuerndes Verhalten zu reduzieren) oder außen (um übersteuerndes Verhalten zu reduzieren) hervorruft.

Nach Isermann 2006 lässt sich ein zusätzlich erzeugtes Moment durch die Bremsung eines einzelnen Rades berechnen. Wird zunächst eine Bremsung des linken Vorderrades (Index *VL*) betrachtet, so ergibt sich, zunächst bei Geradeausfahrt, ein lenkwinkelabhängiges Bremsmoment um die Hochachse:

$$M_{s,Z_{FL}} = F_{B,FL}\left(l_V \sin\delta - \frac{1}{2}b_V \cos\delta\right), \tag{9.4}$$

mit dem Lenkwinkel δ, der Bremskraft auf das linke Vorderrad $F_{B,FL}$, dem Abstand zwischen dem Schwerpunkt des Fahrzeugs und den Vorderrädern l_V und der Fahrzeugbreite b_V. Mit der Schlupfabhängigkeit der Bremskraft ergibt sich daraus:

$$M_{s,Z_{FL}} = \frac{\partial F_{B,FL}}{\partial \lambda_{FL}} \Delta \lambda_{FL} \left(l_V \sin \delta - \frac{1}{2} b_V \cos \delta \right), \tag{9.5}$$

mit dem Schlupf des linken Vorderrads $\Delta \lambda_{FL}$. Wird nun eine Kurvenfahrt, also ein Lenkwinkel ungleich Null vorausgesetzt, so ergibt sich zudem eine Kraftkomponente quer zum Rad. Auch diese Komponente ist schlupfabhängig, und demzufolge ist sie durch eine Bremsung zu beeinflussen. Das durch die Bremsung beeinflusste und durch das linke Vorderrad erzeugte Giermoment ergibt sich demzufolge zu:

$$M_{ges,Z_{FL}} = \frac{\partial F_{S,FL}}{\partial \lambda_{FL}} \Delta \lambda_{FL} \left(l_V \cos \delta - \frac{1}{2} b_V \sin \delta \right)$$
$$+ \frac{\partial F_{B,FL}}{\partial \lambda_{FL}} \Delta \lambda_{FL} \left(l_V \sin \delta - \frac{1}{2} b_V \cos \delta \right), \tag{9.6}$$

mit der Seitenführungskraft $F_{S,FL}$. Die Berechnung erfolgt für die weiteren Räder analog. Durch Aufsummierung über alle Räder ergibt sich das resultierende Giermoment für das Fahrzeug.

9.3 Automation: Funktionale Systemarchitektur

Während die Details einer Systemarchitektur für automatisierte Fahrzeugsysteme, insbesondere in ihrer technischen Umsetzung und Allokation der Funktionalitäten, stark variieren, gibt es in der funktionalen Ansicht der Systemarchitektur einige grundlegende Module, die notwendig sind. Abbildung 9.17 zeigt eine solche funktionale Grobarchitektur.

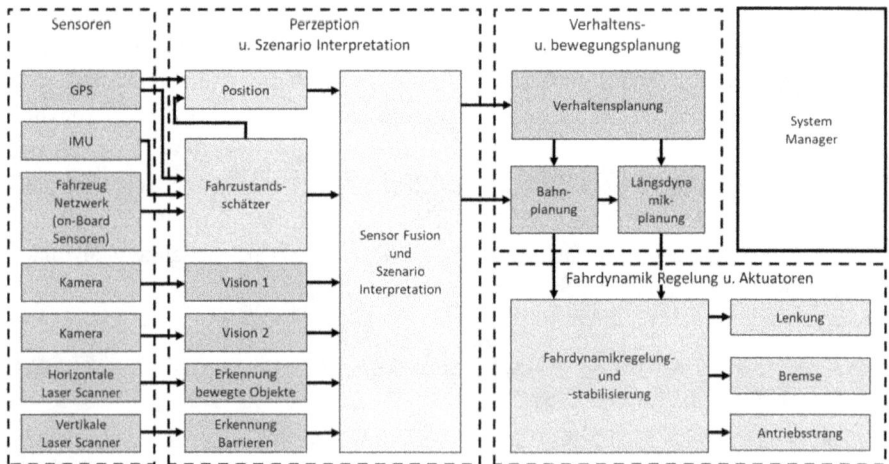

Abb. 9.17: Funktionale Systemarchitektur eines automatisierten Fahrsystems (Taş et al. 2016).

Die funktionale Grobarchitektur spiegelt das Grundprinzip des „Sense-Plan-Act"-Zyklus wider. Es werden zunächst Informationen gesammelt und verarbeitet über die Fahrzeugumgebung, den Fahrzeugzustand sowie den Nutzerzustand. Dazu wird entsprechende Sensorik verwendet, wie in Abschnitt 9.4 näher beschrieben, sowie eine Schnittstelle für die drahtlose Kommunikation.

Aus diesen Informationen wird ein integriertes Lagebild erstellt und interpretiert. Auf dieser Grundlage erfolgt dann die Handlungsplanung des Fahrzeuges, insbesondere die Planung der Manöver und Trajektorien. Gleichzeitig erfolgt die Interaktion mit den Nutzern, um diesen alle notwendigen Informationen zu bieten und die Wünsche oder Kommandos der Nutzer aufzunehmen. Dies ist in Kapitel 11 näher ausgeführt.

Es ist wichtig zu realisieren, dass das Fahrzeug sich in Zukunft in der Regel nicht isoliert auf der Straße befindet, sondern zumindest abschnittsweise von anderen vernetzten automatisierten Fahrzeugen, Fußgängern oder Radfahrern oder vernetzter Infrastruktur (wie beispielsweise Lichtsignalanlagen, Wechselverkehrszeichen oder infrastrukturseitige Überwachungs- und Leitsysteme) umgeben ist. In jedem Fall existieren in der Regel Hintergrundsysteme auf Servern des Fahrzeugherstellers und/oder -betreibers, die mit dem Fahrzeug verbunden sind. Daher muss auch die funktionale Architektur des Fahrzeugs als ein Teilsystem betrachtet werden, das mit diesen weiteren Elementen in Verbindung steht.

9.4 Sense: Umfeld und Lokalisation

Die zwei wesentlichen Aufgaben im Bereich der Sensorik und Erfassung bestehen in der Erfassung des Umfeldes sowie in der Erfassung der Fahrzeugposition und -lage.

9.4.1 Umfelderfassung

Ziel der Umfelderfassung ist es, ein digitales Lagebild bzw. ein Modell der Umgebung des Fahrzeuges zu erzeugen, in dem das Fahrzeug sich orientieren und seine Bewegungen planen kann, um sicher automatisiert zu fahren. Dazu werden zunächst geeignete Sensoren benötigt und dann eine Verarbeitung der gesammelten Sensorinformationen vorgenommen, um ein Umfeldmodell zu erstellen und die Situation zu interpretieren. Diese müssen das Umfeld des Kraftfahrzeugs bei allen Witterungsverhältnissen vollständig und präzise erfassen.

Sensorik für die Umfelderfassung
Um zuverlässige und sichere Assistenzsysteme zu entwickeln und zu betreiben sind leistungsfähige Sensoren erforderlich, deren Signale häufig im Sinne einer Sensorfusion zusammengeführt werden müssen. Eine Vielzahl dieser Sensoren wird heute bereits in

Kraftfahrzeuge verbaut. Während Sensoren zur Erfassung der Umwelt jedoch bisher hauptsächlich in Fahrzeuge der Ober- und gehobenen Mittelklasse eingebaut wurden, wird sich dies zukünftig, zumindest innerhalb der EU schnell ändern, da eine neue EU-Verordnung vorsieht, dass alle neu zugelassenen Fahrzeuge ab dem Jahr 2024 und neu typgenehmigte ab 6. Juli 2022, bestimmte Assistenzsysteme, und damit auch die erforderlichen Sensoren, zwingend an Bord haben müssen.

Die wichtigsten Sensortypen, die heute in der Serie zum Einsatz kommen sind Kamera-, Radar-, Ultraschall- und Infrarotsysteme sowie neuerdings auch Lidarsysteme. Abbildung 9.18 zeigt eine beispielhafte Anordnung mit sich überlappenden Sensorbereichen. Für den absoluten Nahbereich (beispielsweise bei Einparkvorgängen) können auch Ultraschallsensoren eine Rolle spielen. Oft werden mehrere verschiedene Sensorsysteme parallel verwendet, um eine Redundanz und komplementäre Ergänzung zu erreichen. Eine Übersicht der grundlegenden Stärken und Schwächen von Kamera, Radar und Lidar Sensoren ist am Ende des Abschnitts in Tabelle 9.1 zusammengestellt.

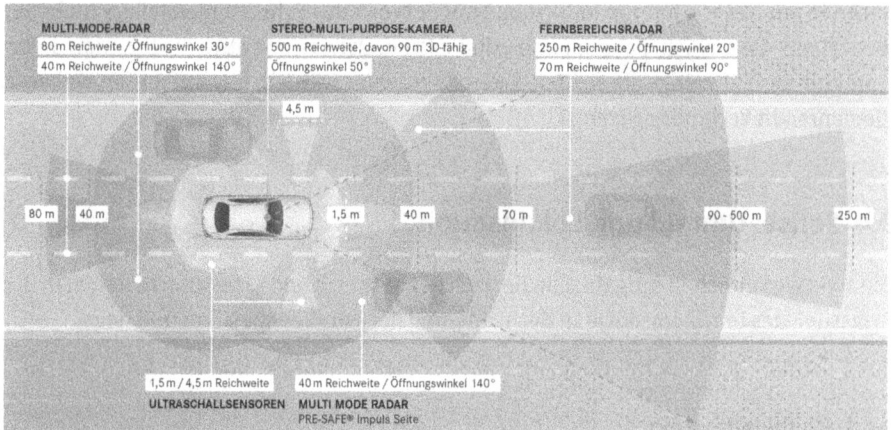

Abb. 9.18: Ausstattung eines Fahrzeugs mit Umweltsensoren (schematische, nicht maßstabsgerechte Darstellung) © Daimler AG.

Kamerasysteme

Eingesetzt werden sowohl Mono- wie auch Stereokameras. Mit Stereokameras lassen sich durch das Prinzip der Triangulation Objekte in der Umgebung dreidimensional erfassen. Übliche Systeme sind in einem mittleren Bereich bis ca. 90 m vor dem Fahrzeug so in der Lage auch Abstände zu bestimmen. Außerhalb dieses Bereichs erreichen sie, ebenso wie Monokameras eine Reichweite von ca. 500 m. Weitere Kameras, an der Front und am Heck sowie häufig auch in den Außenspiegeln werden im unmittelbaren Fahrzeugumfeld eingesetzt, um vor statischen, aber auch beweglichen Hindernissen zu warnen und beispielsweise Einparkvorgänge zu erleichtern.

Tab. 9.1: Stärken und Schwächen von Kamera-, Radar- und Lidarssensoren.

	Kamera	Radar	Lidar
Stärken	Ähnlich menschlicher Wahrnehmung, für die Straßeninfrastruktur und Regeln kreiert wurden.	Sehr hohe Reichweiten realisierbar.	Direkte Entfernungsmessung pro Pixel.
	Gute Grundlage für Objekterkennung.	Direkte Messung der Differenzgeschwindigkeit.	Sehr hohe Auflösung bei hoher Reichweite und großem Sichtbereich.
	Hohe Auflösung.	Robust gegen atmosphärische Einflüsse.	Auch nichtmetallische Hindernisse in großer Entfernung werden zuverlässig erkannt.
	Günstig, kleiner Bauraum.		
	Hoher Entwicklungsstand.		Höhere Präzision als Radar.
			Gute Erkennung von Objektkonturen und Trennung von Objekten.
Schwächen	Einschränkungen bei schlechter Sicht, z. B. bei Dunkelheit, Nebel, Schnee.	Starker Niederschlag kann zu Systemausfall führen.	Bisher hohe Kosten.
	Erzielbare Reichweite von Witterungsverhältnissen abhängig.	Emission elektro-magnetischer Strahlen.	Erzielbare Reichweite von Witterungsverhältnissen abhängig.
	Sensibel gegen Verschmutzung der Optik.		Sensibel gegen Verschmutzung der Optik.
	Hohe Rechenleistungen zur Auswertung erforderlich.		Deutlich kleinere Reichweite wie RADAR-Sensoren.
	Komplizierte Entfernungsschätzung.		Bisher Ausführung mit mechanisch rotierenden Komponenten.

Ultraschallsensoren

Ultraschallsensoren werden in erster Linie als Einparkhilfen sowie zur Annäherungserkennung im Nahbereich des Fahrzeugs eingesetzt. Das zugrunde liegende Messprinzip basiert auf dem Echolotprinzip. Der Sensor sendet Ultraschallwellen aus, deren Frequenzbereich für den Menschen nicht wahrnehmbar ist und auf Objekte in der Umgebung treffen. Beim Auftreffen auf ein Hindernis werden die Wellen reflektiert und vom Sensor wieder empfangen. Die Zeit zwischen der Aussendung der Welle und dem Empfang des Echos wird gemessen und daraus die Entfernung zum Objekt ermittelt, indem die Zeit berechnet wird, die die Wellen benötigen, um zum Sensor zurückzukehren. Da die Ausbreitungsgeschwindigkeit des Schalls bekannt ist, kann die Entfernung des Objekts relativ genau berechnet werden. Die gewonnenen Daten werden einer Aufbereitung unterzogen, um dem Fahrer nützliche Informationen zu liefern, die visuell über das Fahrzeugdisplay oder akustisch über Tonsignale angezeigt werden. Je näher das Objekt ist, desto häufiger ertönt in der Regel das akustische Signal beim Einparken.

Radarsensoren[8]

Radarsensoren haben ihren Ursprung im militärischen Bereich und zählen zu den aktiv messenden Sensoren. Sie werden heute in einer Vielzahl von Bereichen eingesetzt, darunter bei Schiffen und Flugzeugen. Seit der Markteinführung der Distronic von Mercedes Ende der 1990er Jahre finden sie zudem Anwendung in Kraftfahrzeugen in Millionenstückzahlen im Serieneinsatz. Radarsysteme sind in der Lage, Distanzen und Relativgeschwindigkeiten mit einer hohen Genauigkeit zu bestimmen, wobei sie nahezu unabhängig von Witterungseinflüssen und Lichtverhältnissen arbeiten. Das Funktionsprinzip basiert auf dem Vergleich von ausgesandten und empfangenen elektromagnetischen Wellen (siehe auch detaillierte Ausführungen zu diesem Messprinzip in Abschnitt 9.7.1). Im Automobilbereich findet häufig das FMCW-Radar (Frequency Modulated Continuous Wave Radar) mit der Frequenz 76,5 GHz Anwendung, welches speziell für den Automobilbereich zur Verfügung steht. Das FMCW-Radar zeichnet sich durch eine präzise Entfernungsmessung sowie eine vergleichsweise einfache Implementierung aus und eignet sich daher in besonderem Maße für Anwendungen wie Fahrerassistenzsysteme und automatisiertes Fahren.

FMCW-Radare senden eine kontinuierliche Welle mit einer modulierten Frequenz aus und messen die Frequenzänderung des reflektierten Signals im Vergleich zur ausgesendeten Frequenz. Basierend auf dieser Frequenzänderung und der Laufzeit kann die Entfernung zum Ziel sowie die Relativgeschwindigkeit präzise bestimmt werden. FMCW-Radarsysteme werden oft für Abstandsregelungssysteme (ACC), Kollisionswarnsysteme, Totwinkelwarnungen, Parkassistenzsysteme und andere Sicherheitsfunktionen verwendet. Sie ermöglichen eine zuverlässige Erfassung von Fahrzeugen und anderen Objekten.

Eingesetzt werden Radarsensoren als Fernradar an der Fahrzeugfront sowie als Multimode-Radar am Heck des Fahrzeugs. Anwendungen im Kraftfahrzeug sind ACC (Adaptive Cruise Control), BSD (Blind Spot Detection), RCTA (Rear Cross Traffic Alert) sowie Kollisionsvermeidungssysteme (Forward Collision Warning, Autonomous Emergency Braking), Spurhaltesysteme (Lane Departure Warning, Lane Keeping Assist) und Parkassistenten.

Weitere Informationen zum Einsatz von Radarsensoren im Bereich Adaptive Cruise Control (ACC) enthält Abschnitt 9.7.1.

Lidar[9]

Ein Lidarsensor sendet Laserimpulse in Form von kurzen Lichtblitzen aus. Diese können im infraroten, sichtbaren oder ultravioletten Spektrum liegen, abhängig von der Anwendung und den Umgebungsbedingungen. Damit handelt es sich, wie bei RADAR,

---

8 RADAR: Radio Detection and Ranging.

9 Light Detection and Ranging.

um aktive Sensoren. Die ausgesendeten Lichtblitze breiten sich im Raum aus und treffen auf Objekte in ihrer Umgebung. Die Funktionsweise ähnelt der des Radars: Die ausgesandten Lichtstrahlen werden von Objekten reflektiert, absorbiert oder gestreut. Ein Teil des Lichts wird von Objekten reflektiert und vom Lidar mithilfe eines Photodetektors oder einer Fotodiode empfangen. Die Entfernung zu den Objekten bestimmt sich durch die Messung der Zeit, die zwischen der Aussendung des Lichtimpulses und dem Empfang des reflektierten Signals vergeht. Die Entfernungsmessung basiert auf der Geschwindigkeit des Lichts sowie der Zeit, die das Licht benötigt, um zum Objekt zu gelangen und zurückzukehren. Die empfangenen Lichtsignale werden von elektronischen Schaltkreisen im Lidar verarbeitet, um Informationen über die erkannten Objekte zu extrahieren. Dies kann die Entfernung, Position, Geschwindigkeit und andere relevante Parameter umfassen. Neuere Lidar Technologien wie 4D Lidar bzw. FMCW LiDAR (Frequency Modulated Continuous Wave LiDAR) können inzwischen auch direkt die (Relativ-)Geschwindigkeit von Objekten messen, indem Doppler Technologie von RADAR Sensoren für Lidar Sensoren adaptiert wurde.

Viele Lidarsysteme verwenden bewegliche Spiegel oder rotierende Prismen, um den Lichtstrahl zu lenken und die Umgebung abzutasten. Durch die Richtungserfassung des reflektierten Lichts kann der Lidar die Position und Ausrichtung der erkannten Objekte bestimmen.

Die erfassten Informationen können dann weiterverarbeitet und ggf. mit weiteren Sensorinformationen fusioniert werden.

Lidarsysteme werden bisher bereits in einer Vielzahl von Anwendungen eingesetzt, wie u. a. Umgebungsüberwachung, Vermessung, Robotik, Luft- und Raumfahrt und beginnend auch in der Fahrzeugtechnik. Lidarsysteme ermöglichen eine präzise und schnelle Methode zur Erfassung von Entfernungen und zur Erstellung detaillierter 3D-Umgebungskarten, wie in Abbildung 9.19 dargestellt.

Abb. 9.19: Punktwolke aus Lidarsensoren und Kameraaufnahmen mit semantischer Segmentierung u. a. in Boden (hell), Vegetation (dunkler grau) © DLR.

Sensordatenfusion und Situationsinterpretation

Im ersten Schritt werden die Daten einzelner gleichartiger Sensoren (beispielsweise mehrerer am Fahrzeug verbauter Radarsensoren) vorverarbeitet und integriert, Abbildung 9.20. Hier geht es insbesondere darum, die verschiedenen Erfassungsbereiche zu kombinieren. Oft werden hier bereits pro Sensortyp Objekte detektiert und klassifiziert.

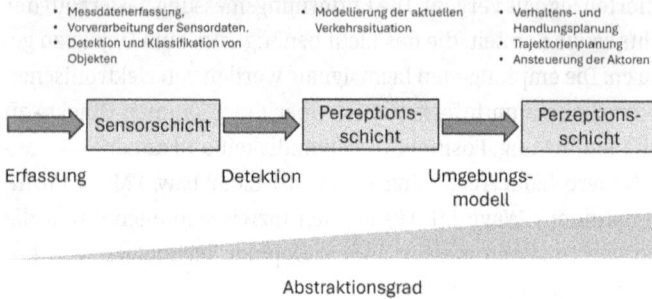

Abb. 9.20: Schema der Signalverarbeitung bei automatisierten Fahrzeugfunktionen, angelehnt an (Bengler et al. 2021).

Nach einer ersten Vorverarbeitung der einzelnen Sensordaten, die typischerweise direkt am Sensor geschieht, erfolgt – wie in der funktionalen Grobarchitektur in Abschnitt 9.4 dargestellt – eine Sensordatenfusion. In diesem Schritt werden die Informationen aus verschiedenen Sensortypen zu einem gemeinsamen Ergebnis integriert, wobei Schwächen einzelner Sensoren kompensiert werden. Diese Fusion kann auch verschiedenen Ebenen erfolgen. Sie kann sowohl auf Basis bereits durch einzelne Sensortypen erkannten Objekte erfolgen, wie auch auf Pixelebene oder einer Zwischenebene. Solche Zwischenebenen können beispielsweise Stixel[10] oder Voxel[11] sein, die etwa einem Cluster von Pixeln entsprechen, die einem als gleichartig erkannten Bereich in den Sensordaten entspricht, wie beispielsweise in Abbildung 9.21 dargestellt.

Eine Fusion auf Objektebene ist in der Regel einfacher hinsichtlich der benötigten Rechenressourcen und der Option, die einzelnen Sensortypen als geschlossene Systeme mit direkt als Objekte verwertbarem Output von einem Zulieferer zu beziehen. Die Fusion auf unteren Ebenen bietet allerdings in der Regel eine bessere Performance hinsichtlich Erkennungsraten und Messgenauigkeiten, da in der Vorverarbeitung zu Objekten sonst viele Informationen verloren gehen.

Für eine korrekte Interpretation der Situation sowie auch für die Objekterkennung ist es hilfreich, eine semantische Segmentierung vorzunehmen. Dabei werden bestimmten Bild- bzw. Erfassungsbereichen inhaltliche Bedeutungen zugeordnet. Neben der Er-

---

10 Kunstwort aus „Stick" und „Pixel".
11 Kunstwort in Analogie zu „Pixel" entstanden, wobei „Vo" (statt „picture") für „Volumen" steht.

Abb. 9.21: Stixel-Darstellung einer Verkehrsszene. Unterteilung in den freien Raum und vertikale Hindernisse. Die Objektentfernung wird durch Farben repräsentiert (Pfeiffer et al. 2013).

kennung von Objekten als „Auto", „Fahrrad" oder „Fußgänger" werden beispielsweise auch Bereiche wie „Straße", „Himmel" oder „Straßenschild" erkannt. Auf dieser Basis können zum Beispiel Entfernungen oder Höhen besser abgeglichen werden (das Straßenprofil ist aus einer digitalen Karte bekannt) zum anderen können einzelne Bereiche dann näher analysiert werden (beispielsweise die Straßenschilder). Außerdem kann die semantische Segmentierung für die Auswertung einer logischen Regelbasis genutzt werden, um Inkonsistenzen aufzudecken. Beispielsweise sollte sich ein Radfahrer auf der Straße befinden (oder er wird sich anders verhalten).

9.4.2 Lokalisation

Neben der Erfassung des Fahrzeugumfeldes ist zusätzlich die Kenntnis des Fahrzeugzustandes notwendig. Insbesondere sind in der Regel Position und Orientierung sowie deren Ableitungen (Geschwindigkeit, Beschleunigung sowie Gierrate und Gierbeschleunigung) wichtig. Während für manche Funktionalität eine reine Relativposition bzw. -pose des Fahrzeugs zu seinem Umfeld ausreichend ist, die durch die Umfelderfassung erreicht werden kann, verfolgen viele Ansätze weiterhin das Ziel einer genauen absoluten Lokalisation.

Hier werden einige der gängigsten Lokalisationsverfahren erläutert. Alle diese Verfahren sind in der Regel kombinierbar und werden auch in Kombination genutzt, um eine robuste Lösung zu erreichen.

GNSS

Die satellitenbasierte Ortung mittels GNSS (Global Navigation Satellite System) ist eine der wichtigsten Methoden der Absolutortung. Aktuell gibt es mehrere Satellitennetzwerke, die in Kombination genutzt werden können: das amerikanische GPS, das russische GLONASS, das chinesische Beidu sowie das europäische Galileo.

Theoretisch benötigt man mindestens vier Satelliten, um eine Position in drei Dimensionen bestimmen und dabei den immer auftretenden Uhrenfehler auflösen zu können. Allerdings gibt es zahlreiche weitere Fehlerursachen (Wendel 2007).

Mit einer einfachen GPS-Messung erreicht man eine Genauigkeit von etwa 10–20 m CEP. Das bedeutet, dass 50 % der Messungen eine geringere Abweichung als 10–20 m haben. Der Hauptfehler entsteht durch Störungen in der Stratosphäre. Da diese Störungen eher großflächig sind, sind ihre Auswirkungen in vielen Gebieten gut bekannt und können durch Korrekturdaten (beispielsweise über Mobilfunk verfügbar) kompensiert werden. Zusätzlich können die Signale auf verschiedene Frequenzen (G1 und G2) und die Phaseninformationen der Trägersignale ausgewertet werden, um die Fehler zu bestimmen. Eine solche GPS-Lösung wird als RTK (Real Time Kinematics) bezeichnet und erreicht unter idealen Bedingungen eine Genauigkeit von 1–2 cm CEP mit typischerweise se 20–100 Hz.

Weitere Fehlerquellen hängen von der näheren Umgebung des Fahrzeugs ab, wie beispielsweise Abschattungen durch Bäume oder Multipath-Fehler durch Reflexionen an Gebäuden. Letztere können insbesondere durch ein aufwendigeres Antennendesign reduziert werden.

Aktuelle Empfänger können mehrere oder alle dieser Satellitensysteme gleichzeitig nutzen und auswerten.

Die Nutzung von solchen hochgenauen und hochfrequenten GNSS-Lösungen ist allerdings sehr teuer und wird daher in der Regel in Serienfahrzeugen nicht eingesetzt. Daher ist die Stärke von GNSS-Lösungen die direkte absolute Positionsmessung bei begrenztem, absolutem Fehler. Der Nachteil liegt in der erheblichen Ungenauigkeit jeder einzelnen Messung sowie einer teilweise zu geringen Messfrequenz. Außerdem ist die Genauigkeit sehr unsicher bei starken Abschattungen und Reflexionen wie in urbanen Einsatzgebieten mit engen Straßenschluchten, Tunneln oder dicht belaubten Baumalleen.

INS

Ein INS (Inertial Navigation System) bezeichnet die Ortung auf Basis von Inertialsensorik, also Beschleunigungs- und Drehratensensoren wie sie auch für Fahrdynamikregelsysteme (s. Abschnitt 9.2) eingesetzt werden. Die gemessenen Beschleunigungen und Drehraten für jeweils drei Achsen werden mittels „Strapdown-Algorithmus" in die Fortschreibung einer absoluten Position und Orientierung umgerechnet. Die Unsicherheiten und Kalibrierungsfehler werden dabei in der Regel mittels eines Kalman-Filters soweit wie möglich ausgeglichen.

Die Ortung auf Basis eines INS ist sehr gut für die kurzfristige Fortschreibung einer bekannten Position. Allerdings werden sich langfristig selbst sehr kleine Messfehler oder Ungenauigkeiten durch die Integration der Messungen akkumulieren und die Positionsschätzung verschlechtern.

Lokalisation durch Umfeldsensorik

Dies ist eine dritte Option für die Lokalisation des Fahrzeuges relativ zu seiner Umwelt und die Errechnung einer absoluten Position durch die Verortung lokaler Merkmale in einer absolut referenzierten digitalen Karte.

Landmarken

Ein einfaches Verfahren ist die Verwendung von Landmarken, die erkannt werden und in einer digitalen Karte „nachgeschlagen" werden können. Beispiele dafür können Lichtsignalanlagen oder Verkehrsschilder sein. Aber auch andere Elemente wie erkannte Bäume können verwendet werden, wenn diese mit differenzierbaren Merkmalen und absoluter Referenzierung in einer digitalen Karte für das Fahrzeug vorliegen. In Berlin sind beispielsweise alle Bäume im Verkehrsraum detailliert erfasst und kartiert.

Grundsätzlich kann hier jeder Art von Umfeldsensor eingesetzt werden. Ausschlaggebend ist, dass die zu erkennende Landmarke mithilfe des Sensors eindeutig identifiziert werden kann. So bietet sich bei vielen Landmarken eine kamerabasierte Erkennung an.

SLAM

Ein seit langer Zeit bekannter Algorithmus für die Lokalisation durch Umfeldsensorik heißt SLAM (**S**imultaneous **L**ocalization **A**nd **M**apping). Entsprechend seines Namens wird zeitgleich eine digitale Karte erstellt und das Fahrzeug in dieser verortet. Dies gelingt besonders gut bei einer bekannten und hochgenau lokalisierten Referenzkarte, mit der die aktuellen Messwerte verglichen werden können.

Prinzipiell kann hier fast jede Art von Umfeldsensorik verwendet werden. Besonders gut eignen sich für dieses Verfahren allerdings Lidarsensoren, da jeder einzelne Messpunkt eine genaue Entfernungsschätzung beinhaltet, sodass ein sehr genaues 3D-Modell der Fahrzeugumgebung erstellt werden kann. Die Hauptherausforderung liegt hier darin, die statische Umgebung von dynamischen und semistatischen Anteilen zu differenzieren, also beispielsweise ein Haus von einem geparkten Fahrzeug zu unterscheiden. Hier ist wiederum die zusätzliche Nutzung von kamerabasierter Objektklassifizierung für eine Filterung hilfreich.

Dieses Ortungsverfahren ist nicht in jeder Situation gleich gut einsetzbar. Beispielsweise ist das Verfahren sehr ungenau, wenn sehr wenig feste Infrastruktur vorhanden ist wie beispielsweise bei einer Fahrt im ruralen Bereich.

SCAM

Es gibt viele detaillierte Weiterentwicklung von SLAM Verfahren. Eine interessante Variante besteht in sogenannten SCAM (**S**imultaneous **C**alibration **A**nd **M**apping) Verfahren. Der Begriff „Simultaneous Calibration and Mapping" bezieht sich auf ein Verfahren, das sowohl die Kalibrierung der Sensoren eines Roboters oder Fahrzeugs als auch das

Kartieren der Umgebung gleichzeitig durchführt. Die Kalibrierung der Sensoren ist ein wichtiger Schritt, um sicherzustellen, dass die von den Sensoren gesammelten Daten genau sind und dass die Umgebung korrekt wahrgenommen wird. Durch die gleichzeitige Durchführung von Kalibrierung und Kartierung kann der Roboter oder das Fahrzeug effizienter arbeiten, da die gesammelten Daten sowohl für die Positionsschätzung als auch für die Kartenerstellung genutzt werden können.

9.5 Plan: Bewegungsplanung – Manöver und Trajektorien

Wenn ein ausreichend genaues und detailliertes Umfeldmodell vorliegt, kann auf dieser Basis die Bewegungsplanung des Fahrzeugs erfolgen. Ziel der Bewegungsplanung ist es, zyklisch (mindestens) ein Manöver und eine dazugehörige Trajektorie, d. h. einen genauen Weg-Zeit-Verlauf zu planen. Die Trajektorien sollen typischerweise sicher, komfortabel und energieeffizient sein (Hesse 2011).

Allgemein kann zwischen **reaktiven** und **deliberativen** Verfahren unterschieden werden. Reaktive Verfahren bestimmen eine akute Reaktion also z. B. Bremsen oder Lenken, ohne aber einen expliziten Weg bis zu einem Ziel vorauszuplanen. Dieser Weg ergibt sich dann durch die Aktionen des Fahrzeuges im Zeitverlauf. Es handelt sich also mehr um einen Regler (wie beispielsweise für einen Abstandsregeltempomat) als um eine wirkliche Planung.

Für die sichere Planung eines automatisierten Fahrzeuges im Straßenverkehr sind reaktive Verfahren in der Regel unzureichend, da möglichst vorausschauend gefahren werden soll. Daher sind deliberative Planungsverfahren notwendig. Diese lassen sich gruppieren nach heuristischen Algorithmen, kombinatorischen Algorithmen, stichprobenbasierte Algorithmen und Optimierungsverfahren. Diese Verfahren haben unter anderem Unterschiede hinsichtlich ihrer Vollständigkeit. Vollständigkeit bedeutet, dass immer eine Lösung gefunden wird, wenn eine existiert. Falls ein vollständiges Verfahren ohne Lösung terminiert, existiert auch keine.

9.5.1 Heuristische Planungsverfahren

Heuristische Verfahren sind Verfahren, die in der Regel viel Vorwissen nutzen und so meistens schnell zu nützlichen Ergebnissen kommen. Allerdings sind sie inhärent unvollständig. Beispiele für heuristische Verfahren sind geometrische Planungsverfahren, wie die Anpassung von Polynomen, Klothoiden oder Sigmoiden, um einen Spurwechsel oder ein Ausweichmanöver zu planen (Isermann 2008). Diese Verfahren sind beispielsweise für schnelle Notfallmanöver oder einfache Spurwechselmanöver anwendbar und hilfreich.

Eine andere Variante heuristischer Verfahren sind verhaltens- oder regelbasierte Verfahren. Sinnvolle Verhaltensweisen werden in WENN-DANN-Regeln formuliert, wie beispielsweise: „Wenn das vorausfahrende Fahrzeug langsamer ist, dann bremsen." Die Regeln können mithilfe von Fuzzy Logic ausgewertet werden (Pellkofer und Dickmanns 2002, Sonka et al. 2017).

9.5.2 Kombinatorische Planungsverfahren

Kombinatorische Planungsverfahren erstellen eine Repräsentation des freien Suchraums bei Erhaltung seiner Topologie, also beispielsweise unter Erhalt der Eigenschaften, welche Freiräume miteinander verbunden sind oder, welche prinzipiellen Optionen es gibt, ein Hindernis zu passieren. In dieser neuen Repräsentation können dann Lösungen konstruiert bzw. leicht gesucht werden.

Beispiele für diese Verfahren sind Skeletons oder Cell-Decomposition.

Skeleton-Algorithmen erstellen sogenannte Roadmaps wie beispielsweise die Roadmap der kürzesten Wege oder der größten Abstände, wie in Abbildung 9.22 illustriert.

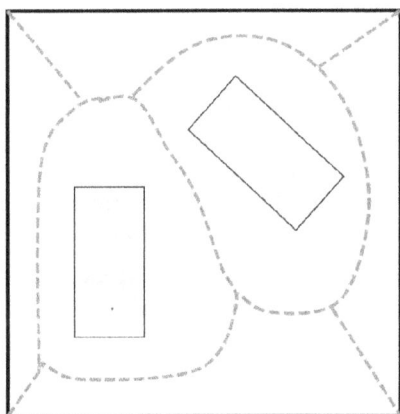

Roadmap der größten Abstände   Roadmap der kürzesten Wege

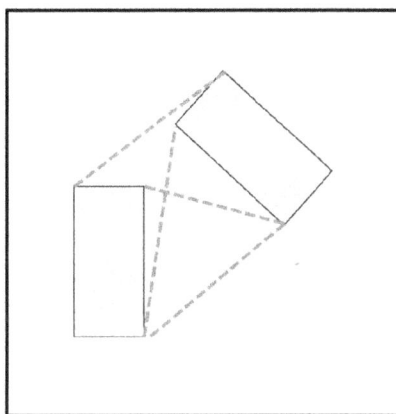

Abb. 9.22: Kombinierte Bewegungsplanung mit Skeletons. a) Maximum Clearance Roadmap (Voronoi Diagramm), b) Shortest Path Roadmap (Visibility Graph).

Cell-Decomposition-Algorithmen teilen den freien Suchraum in kleinere Zellen auf, um dann beispielsweise aus der der Verbindung der Mittelpunkte dieser Zellen einen einfachen Suchgraphen zu konstruieren, der die Topologie des Suchraums repräsentiert. Dies ist an einem einfachen Beispiel in Abbildung 9.23 dargestellt.

Kombinatorische Verfahren lassen sich allerdings nicht oder nur mit hohem Aufwand auf höherdimensionale Suchräume anwenden. Daher sind diese Algorithmen für die meisten Situationen im Straßenverkehr nicht geeignet.

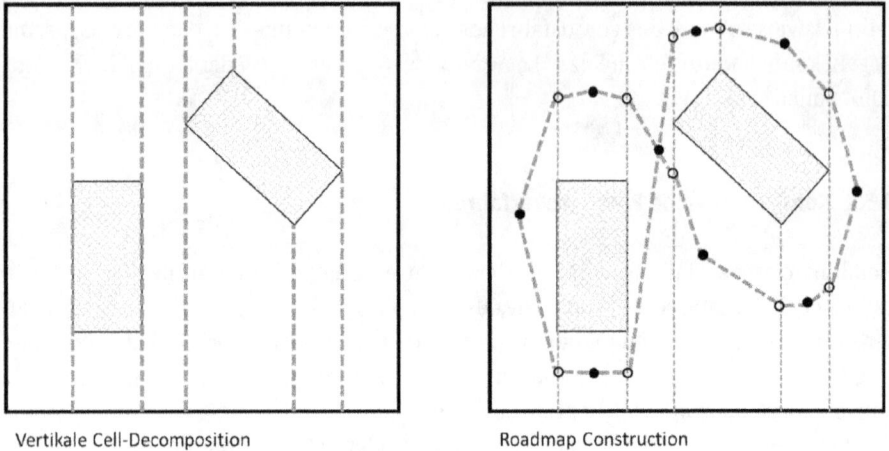

Vertikale Cell-Decomposition | Roadmap Construction

Abb. 9.23: Maximale Abstandsplanung mit vertikaler Zellzerlegung (VCD). a) die Zellen werden durch vertikale Unterteilungen für alle Ecken der Hindernisse geschaffen, b) Die konstruierten Zellen können zur Erstellung einer Straßenkarte verwendet werden, indem die Mittelpunkte der einzelnen Zellen durch die Mittelpunkte der Grenzen zwischen zwei Zellen verbunden werden.

9.5.3 Stichprobenbasierte Planungsverfahren

Stichprobenbasierte Planungsverfahren konstruieren keine explizite Repräsentation des freien Suchraumes, sondern testen schrittweise die Erreichbarkeit bestimmter Punkte. Diese Art von Verfahren ist nicht mehr absolut vollständig, aber immerhin auflösungsvollständig. Dies bedeutet, dass die Vollständigkeit bzgl. einer gewählten Auflösung z. B. des Suchrasters gewährleistet werden kann. Diese Verfahren sind sehr allgemein anwendbar und nicht auf bestimmte Problemklassen beschränkt (LaValle 2006). Damit scheinen sie auch gut geeignet für die Bewegungsplanung in komplexen Räumen wie dem Straßenverkehr. Im Vergleich zu kombinatorischen Verfahren erzielen sie allerdings zumeist nur eine Lösung und nicht alle Lösungen. Auch wenn diese Lösung unter den meisten Bedingungen die beste Lösung entsprechend der genutzten Bewertungs- bzw. Kostenfunktion ist, so ist es wichtig dies zu berücksichtigen.

Ein stichprobenbasiertes Verfahren hat letztlich zwei wesentliche Module: ein *lokales Planungsverfahren*, mit dem ein neues Stück Weg zum Ziel geplant wird, und ein Modul zur *Kollisionsprüfung* dieser neuen Wegstücke. Das lokale Planungsverfahren kann variiert dabei von der Planung einer Gerade zwischen zwei Punkten bis hin zu sehr ausgefeilten Modulen, die beispielsweise die Fahrdynamik berücksichtigen und so die Befahrbarkeit der geplanten Trajektorie inhärent sicherstellen.

Zusätzlich zu diesen zwei Modulen gibt es dann eine festgelegte *Explorationsvorschrift*, die im Prinzip die Reihenfolge festlegt, wo und in welche Richtung das lokale Planungsverfahren angewandt wird, um neue Wegstücke zu generieren und dann einer Kollisionsprüfung zu unterziehen.

Bezüglich dieser Explorationsvorschrift gibt es zwei interessante Klassen von Algorithmen: A*-basierte Graphensuchverfahren und RRT-basierte randomisierte Planungsverfahren.

RRT-basierte (Rapidly Exploring Random Trees) Verfahren

RRT-Algorithmen (Rapidly Exploring Random Trees) selektieren zufällig einen Punkt in einer Zielregion und wenden dann das lokale Planungsverfahren an, um vom nächsten Punkt des Suchbaumes ein Stück in Richtung Ziel zu planen, s. Abbildung 9.24.

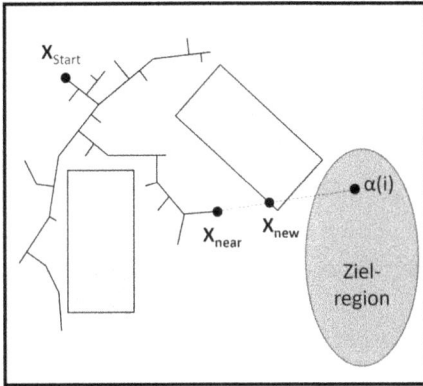

Abb. 9.24: RTT-Bewegungsplanung.

A*-basierte Verfahren

A*-basierte Verfahren selektieren unter Anwendung einer Bewertungsfunktion den besten Punkt einer OPEN-Liste (Selektionsschritt). Zu Anfang besteht die OPEN-Liste lediglich aus dem Startpunkt der Planung. Dieser beste Punkt wird nun exploriert, in dem von hier das lokale Planungsverfahren angewandt wird, um Wegstücke zu einer gewissen Anzahl nächster Punkte zu planen (Expansionsschritt). Diese neuen Punkte werden dann ebenfalls in die OPEN-Liste aufgenommen werden. Der Vorgang wird so lange wiederholt, bis das Ziel erreicht wird (oder keine Lösung gefunden werden kann). Dieser Algorithmus ist in Abbildung 9.25 illustriert.

Sowohl für RRT- als auch A*-basierte Algorithmen existieren Varianten, die inkrementelle Planungen als auch eine „Anytime"-Charakteristik erlauben. Inkrementelle Planungen erlauben bei einer hochfrequenten Neuplanung die Verwendung der Pläne aus dem letzten Zeitschritt als Basis, wodurch eine Beschleunigung des Planungsprozesses erzielt wird. Eine „Anytime"-Charakteristik bedeutet, dass schnell eine Lösung gefunden wird und dann evtl. die verbleibende Zeit genutzt werden kann, um diese iterativ zu verbessern. Beide Eigenschaften sind bei hochfrequenter Ausführung unter Echtzeitbedingungen im Fahrzeug sehr erstrebenswert.

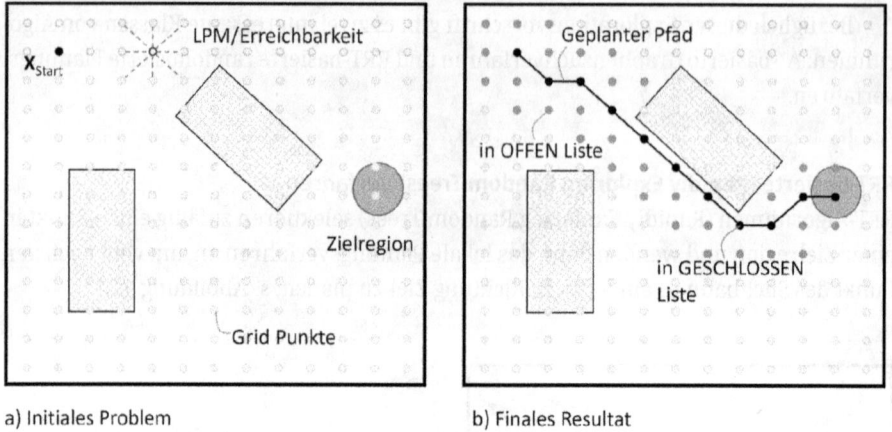

a) Initiales Problem   b) Finales Resultat

Abb. 9.25: A*-Bewegungsplanung.

9.5.4 Bewegungsplanung eines automatisierten Fahrzeuges

Bei der Bewegungsplanung eines automatisierten Fahrzeugs werden zahlreiche Prozesse parallel ausgeführt. Zum einen wird eine Vielzahl von Trajektorien und Manöver berechnet, um das beste Manöver wählen zu können, also beispielsweise zwischen einem Spurfolgen und einem Spurwechsel. Außerdem wird parallel zur nominellen Bewegungsplanung des automatisierten Fahrzeugs stets für jedes geplante Manöver auch eine Notfallplanung durchgeführt.

Notfallplaner

Ein Notfallplaner stellt sicher, dass es zu jedem Zeitpunkt immer eine gültige, garantiert sichere und garantiert befahrbare Notfalltrajektorie gibt, die instantan ausgeführt werden kann, wenn ein Notfall bzw. eine ausreichend unsichere Situation eintritt.

Grundsätzlich funktioniert der Notfallplaner vorausschauend und mengenbasiert. Es wird zunächst für einen zukünftigen Zeitpunkt die Menge der Punkte berechnet, an denen das eigene Fahrzeug sich befinden kann. Diese mengenbasierte Extrapolation basiert auf einem Fehlermodell des geschlossenen Regelkreises des Fahrzeuges mit einem Trajektorienfolgeregler und unterlagerten Fahrdynamikreglern etc.

Nun werden alle detektierten Objekte mengenbasiert extrapoliert. Dabei wird in der Regel die Annahme getroffen, dass andere Verkehrsteilnehmer die Verkehrsregeln achten. (Sonst werden die Mengen sehr groß und das eigene Fahrzeug müsste extrem defensiv fahren.) So entstehen die räumlich-zeitlichen Bereiche, die potenzielle schuldhafte Kollisionen beinhalten.

Schließlich wird gezeigt, dass für die gesamte Menge der eigenen zukünftigen Positionen ein sicheres kollisionsfreies Manöver existiert, welches in einem sicheren Stillstand des Fahrzeugs endet. (Abhängig von der Definition kann dies beispielsweise eine einfache Notbremsung in der aktuellen Spur sein oder ein Halten auf dem Standstreifen am rechten Fahrbahnrand.)

Dieser Nachweis gelingt dadurch, dass offline vorberechnete „Trajektorienstücke" (quasi als lokales Planungsverfahren) genutzt werden, für die offline bereits gezeigt wurde, dass für das geregelte Fahrzeug der Regelfehler monoton sinkt, also die Abweichung am Ende eines solchen „Trajektorienstücks" geringer ist als am Anfang. Dabei werden die Unsicherheiten in den Messungen sowie in den Parametern des Fahrzeugmodells berücksichtigt. Diese „Trajektorienstücke" lassen sich also „aneinanderhängen". Dadurch wird die Befahrbarkeit garantiert und die maximale Abweichung des geregelten Fahrzeuges kann als bekannt angenommen werden. Bei bekannter maximaler Abweichung und bekannter mengenbasierter Extrapolation der anderen Verkehrsobjekte kann nun auch eine Kollisionsfreiheit garantiert werden.

Der Clou liegt darin, dass all diese Berechnungen ab einer Menge zukünftiger möglicher Positionen des eigenen Fahrzeugs erfolgen. Wenn nun dieser zukünftige Zeitpunkt erreicht ist und kein neues Manöver mit neuem gültigen Notfallplan für die Zukunft vorliegt, kann der bereits vorberechnete Notfallplan einfach ohne Zeitverzögerung ausgeführt werden.

Kooperative Bewegungsplanung

Neben der Bewegungsplanung eines einzelnen automatisierten Fahrzeuges gibt es inzwischen zahlreiche Optionen und Verfahren, um auch die Möglichkeiten der Kooperation vernetzter Fahrzeuge zu berücksichtigen. Im einfachsten Fall werden von jedem einzelnen Fahrzeug lediglich empfangene Informationen in der eigenen Planung berücksichtigt. In höheren Kooperationsstufen sind auch direkte Absprachen denkbar, sodass beispielsweise Fahrzeuge bestimmte Raum-Zeit-Bereiche zu ihrer Nutzung anfragen und andere Fahrzeuge zusichern, diese Bereiche nicht zu nutzen. Beispielsweise kann so ein Spurwechselmanöver abgesichert werden oder die sichere Überquerung einer Kreuzung verhandelt werden.

Sogar kooperative Notfallplaner sind denkbar, wie in den DFG-Projekten CoInCiDe und CoInCiDe2 gezeigt wurde (Nichting et al. 2020, Nichting et al. 2021).

Durch die für kooperative Planungen notwendige Einbeziehung der Kommunikationsschnittstellen entstehen neue Herausforderungen. Auf der Protokollebene werden diese beispielsweise durch die Entwürfe von MCM (Maneuver Coordination Message) und STRP (Space Time Reservation Protocol) adressiert.

9.5.5 ADORe (Automated Driving Open Research)

Dem Leser, der tiefer in die Welt der Fahrzeugautomatisierung einsteigen möchte, dem sei das „ADORe openSource"-Projekt der ECLIPSE Foundation ans Herz gelegt (https:// projects.eclipse.org/projects/automotive.adore). Es bietet frei verwendbare Planer für automatisierte Fahrzeuge sowie die Möglichkeit, direkt einfache Simulationen durchzuführen. Dabei können bestimmte digitale Karten und Umfeldmodelle genauso integriert werden wie die V2X-Vernetzung mit anderen Fahrzeugen oder die Berücksichtigung von Infrastrukturinformationen wie beispielsweise zum Zustand einer Lichtsignalanlage.

9.6 Vernetzung

Einzelne Fahrzeuge können ihre Automatisierungsfunktionen mittels ihrer Sensorik innerhalb der dafür entworfenen Operational Design Domains (ODD) realisieren (Vreeswijk et al. 2020). Die Planung von Trajektorien im Raum und die Vermeidung von Kollisionen mit Personen oder Objekten im Umfeld des Fahrzeugs wird hierbei Teil der nativen Fahrzeugfunktionen sein (Gehrig und Stein 2007, Schratter et al. 2019, Zhang et al. 2020). Die Koordinierung von Fahrmanövern mehrerer automatisierter Fahrzeuge sowie die Vorausplanung dieser Manöver über einen Planungshorizont erfordert jedoch die Kooperation und den damit verbundenen Informationsaustausch der teilnehmenden Fahrzeuge untereinander sowie mit straßenseitigen Infrastruktureinrichtungen (Loke 2019, Häfner et al. 2021). Der strukturierte Austausch von Informationen zur Ermöglichung von Koordination und Kooperation wird hier als Vernetzung bezeichnet.

9.6.1 Kooperative Verkehrssysteme

Die Vernetzung ist Teil des Konzepts eines kooperativen intelligenten Verkehrssystems (Cooperative Intelligent Transport System, C-ITS). ITS zielt auf eine Verbesserung des Verkehrs in folgenden Bereichen ab:
- Sicherheit (z. B. Vermeidung von Unfällen, Hinderniserkennung, Notrufe, Gefahrgüter),
- Effizienz (z. B. Navigation, Grüne Welle, Priorisierung, variable Fahrstreifennutzung, Höchstgeschwindigkeiten, Car sharing) und
- Komfort (z. B. Telematik, Parkassistenz, Laden elektrischer Fahrzeuge, Infotainment).

Erreicht werden sollen diese Verbesserungen durch die Anwendung von Informations- und Kommunikationstechnologien (information and communication technologies, ICT) (ISO und CEN 2020).

ITS-Spezifikationen werden für eine spezifische ITS-Service-Domäne (z. B. öffentlicher Verkehr, Verkehrssicherheit, Güterverkehr) entwickelt. Jedoch wird durch den Informationsaustausch zwischen ITS-Applikationen über Domänengrenzen hinweg Interoperabilität hergestellt.

C-ITS-Services basieren auf dem Datenaustausch zwischen:

- Fahrzeugen (z. B. Pkw, Lkw, Busse, Sonderverkehre),
- straßenseitiger und urbaner Infrastruktur (z. B. Lichtsignalanlagen, Mautanlagen, variable Verkehrszeichen),
- Steuerungs- und Serviceinstanzen in der Cloud (z. B. Verkehrssteuerungszentrale, Dienstanbieter, Kartendienste) und
- anderen Verkehrsteilnehmern (z. B. Fußgänger, Radfahrer).

Einige dieser ITS-Dienste setzen die Kooperation von Fahrzeugen mit ihrer Umwelt voraus, während andere Dienste auf einer Verbindung zu entfernten Serviceplattformen beruhen.

9.6.2 C-ITS-Kommunikationsmodell und Technologien

Im Folgenden wird das C-ITS Kommunikationsmodell näher erläutert und in diesem Zuge wird auf die in diesem Bereich eingesetzten Kommunikationstechnologien eingegangen. Die Technologien werden im Einzelnen vorgestellt und hinsichtlich ihrer jeweiligen Vor- und Nachteile beleuchtet.

In C-ITS geht es um die Kommunikationen zwischen ITS-Stationen. Dies können fahrzeugseitige (On-Board Unit, OBU) oder infrastrukturseitige (Road-Side Unit, RSU) Einrichtungen sein oder auch entfernte Instanzen zur Steuerung oder zur Bereitstellung von Diensten sein. Das zugrunde liegende allgemeine Modell einer ITS-Station ist in Abbildung 9.26 dargestellt.

Die dargestellte Architektur ist angelehnt an die „ISO Open Systems Interconnection"-7-Layer-Architektur (OSI-7-Layer-Architektur). Sie ist in drei unabhängige Kommunikationsschichten (Layer) eingeteilt:
- den Access-Layer,
- den Networking- & Transport-Layer sowie
- den Facilities-Layer.

Die Kommunikationsschichten tauschen mittels einer API mit den darüber liegenden Applikationen Informationen aus. Zudem gibt es Layer übergreifende Management- bzw. Security-Entitäten, die Kommunikation und Applikationen durch das Management von registrierten ITS-Stationen, Kommunikation und Sicherheit unterstützen.

Da C-ITS sicherheitsrelevante Funktionalitäten beinhaltet, bei denen es um den Schutz menschlichen Lebens und auch um die Vermeidung von Sachschäden geht, ist die IT-Sicherheit ein zentraler Bestandteil des Systems. Die Sicherheit umfasst hierbei zwei grundlegende Betriebsweisen:
- Authentifizierung des Senders einer Nachricht zur Verbreitung von Informationen und
- Sichere Herstellung und Aufrechterhaltung von Sitzungen.

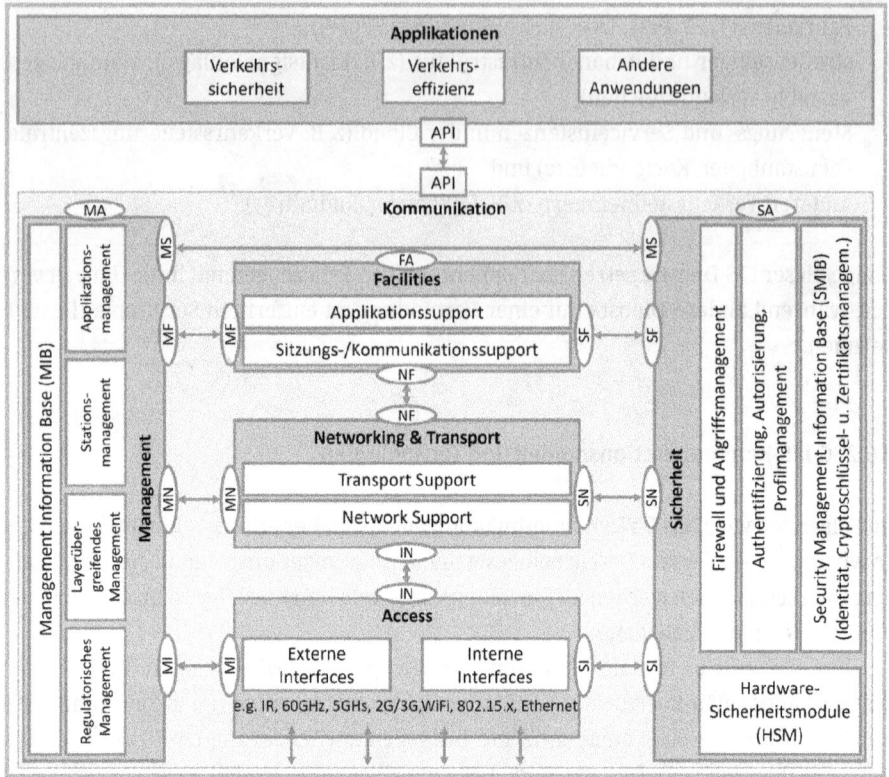

Abb. 9.26: Architektur einer ITS-Station, eigene Darstellung nach ISO 21217.

Zusätzlich werden innerhalb der ITS-Stationen Datenzugänge und Funktionalitäten über z. B. Authentifizierung kontrolliert, sodass nicht alle Services Zugriff auf sämtliche Informationen besitzen, sondern nur solche, die für die Bereitstellung ihrer Dienste relevant sind.

Die Architektur von ITS-Stationen kombiniert:

– Ad-hoc-Kommunikation über das PC5-Interface (Lokale Kommunikation zu umliegenden ITS-Stationen ohne Routing über ein Netzwerk von einer Quell- zu einer Zielstation),
– Netzwerkkommunikation über das Uu-Interface.

ITS-Anwendungen sind technologieunabhängig, d. h. die Wahl von Kommunikationstechnologie und -protokoll muss nicht vorab festgelegt werden, sondern kann aufgrund der Anforderungen dynamisch gewählt werden. Vor der Datenübertragung stellen ITS-Anwendungen ihre Kommunikationsanforderungen (z. B. Priorität, Datenmenge, erwartetes Sicherheitslevel, erwartete Übertragungsverzögerung) der Managementeinheit zur Verfügung. Basierend auf diesen Anforderungen und den momentanen

Informationen der Managementeinheit (z. B. örtliche Regulierung zur Nutzung spezifischer Kommunikationsprofile, verfügbare Möglichkeiten der ITS-Station und ihr Status, Charakteristiken und Auslastung der verfügbaren Übertragungstechnologien, aktuelle Auslastung der ITS-Station) wird das ideale Kommunikationsprofil ausgewählt und die hierfür notwendigen Ressourcen werden sicher den entsprechenden Kommunikationsflüssen zugewiesen.

Alle ITS-Stationen senden auf dem weltweit festgelegten ITS-Frequenzband im 5,9-GHz-Spektrum. In Europa wurde das Frequenzband zwischen 5855 MHz und 5905 MHz zum Betrieb von ITS in 5 Kanäle zu 10 MHz unterteilt. Aufgrund von Überlappungen mit dem SRD-Band werden die unteren beiden Kanäle zwischen 5855 und 5875 MHz für effizienzbezogene Dienste verwendet. Die drei Kanäle zwischen 5875 und 5905 MHz werden hingegen für Dienste im Bereich Verkehrssicherheit eingesetzt.

Kommunikationstechnologien

Die Anforderungen bereits existierender und noch in der Entwicklung befindlicher ITS-Anwendungen können sehr unterschiedlich sein. Aus diesem Grund werden als Designprinzip der Architektur von ITS-Stationen verschiedene Kommunikationstechnologien und auch verschiedene Protokolle unterstützt (hybrid communications). Es gibt keine vorab festgelegte zu nutzende Kommunikationstechnologie. Vielmehr kann aus einer Vielzahl an Möglichkeiten gewählt werden, solange diese:

– dieselben Designprinzipien verfolgen,
– ihre Integration in die Architektur der ITS-Station innerhalb eines Standards spezifiziert ist und
– Rückwärtskompatibilität mit existierenden Standards gewährleisten.

Im Folgenden wird auf die wichtigsten Kommunikationstechnologien im C-ITS-Bereich eingegangen.

Zelluläre Technologien

Zelluläre Kommunikationstechnologien werden unter dem Begriff cellular V2X (C-V2X) zusammengefasst. Diese Technologien umfassen im Wesentlichen sämtliche Mobilfunkstandards, die vom 3GPP standardisiert wurden (UMTS, GSM, LTE, 5G). Mit C-V2X sollen zwei sich gegenseitig ausschließende Übertragungsmodi ermöglicht werden:

– Direktkommunikation (Vehicle-to-Vehicle, V2X) und
– Netzwerkkommunikation (Vehicle-to-Network, V2N).

Der Modus Direktkommunikation basiert auf dem Device-to-Device-Design für Mobilfunk. Für den Einsatz in C-ITS wurde dieses mit Erweiterungen für hohe Geschwindigkeiten, Ausgleich von Dopplereffekten (bei hohen relativen Geschwindigkeiten von ITS-Stationen), hoher Dichte, verbesserte Synchronisation und geringe Latenzen versehen. Eingesetzt werden soll es in latenzsensitiven Use-Cases, die vor allem mit Verkehrssicherheit zu tun haben. Die Kommunikation findet hierbei innerhalb weniger Hundert Meter statt und kann sowohl In-Coverage (Netzwerk teilt Kommunikationsressourcen zu) als auch Out-of-Coverage (Fahrzeuge wählen selbstständig Ressourcen) betrieben werden.

Die Netzwerkkommunikation nutzt den Mobilfunk für den Broadcast von Nachrichten über einen V2X-Server an andere ITS-Stationen. Fahrzeuge senden hierbei ihre Nachrichten per Unicast an den Server. Hierbei werden existierende Mobilfunknetze verwendet. Es sollen bei diesem Übertragungsmodus latenztolerante Use-Cases adressiert werden, insbesondere für Awareness-Anwendungen.

Satellitenkommunikation

Satellitenkommunikation, im Folgenden als Non-Terrestrial-Networks (NTN) bezeichnet, stellt eine Form der Kommunikation dar, die zur Datenübertragung weltraumgestützte oder fliegende Plattformen nutzt. Die gängigsten Beispiele für solche Plattformen sind:

– Geostationäre Satelliten: Kreisförmiger Orbit in einer Höhe von 35.786 km über dem Äquator, der Erdrotation folgend. Für einen Beobachter auf dem Boden befindet sich das entsprechende Objekt stets an derselben Position.
– Nicht-geostationäre Satelliten: Low-Earth-Orbit (LEO) und Medium-Earth-Orbit (MEO) Satelliten, deren Orbit typischerweise in einer Höhe zwischen 500 und 2.000, bzw. 7.000 und 25.000 km liegt. Für solche Satelliten muss zur Sicherstellung der Kontinuität von Diensten eine größere Anzahl an Satelliten vorhanden sein, die zudem über ein Handover-Management verfügen.
– High-Altitude Platforms (HAPS): Fliegende Objekte, typischerweise Flugzeuge oder Ballons, die sich innerhalb der Stratosphäre befinden. Sie verhalten sich wie Satelliten, allerdings nur in Höhen von rund 20 km.

NTNs werden insbesondere im ländlichen Bereich bei geringer Netzabdeckung durch Mobilfunk als vielversprechende Lösung gesehen. Die Latenz stellt hierbei das größte Problem dar, da diese mit der Höhe der Kommunikationsplattform zunimmt. Die Latenzen der oben genannten Systeme sind in Tabelle 9.2 dargestellt.

Tab. 9.2: Latenzen verschiedener NTN-Systeme.

System	Betriebshöhe (km)	Latenz (ms)
GEO	35.786	541,46
MEO	10.000	93,45
LEO	600	25,77
HAPS	20	<10

ITS G5

ETSI ITS G5 ist ein WLAN-Standard, der auf dem US-Standard IEEE 802.11p (bzw. dessen Nachfolger 802.11bd) basiert, der speziell für fahrzeugbasierte Applikationen entwickelt wurde. Dieser Standard ermöglicht C-ITS-Kommunikationen in lokalen Ad-Hoc-Netzwerken innerhalb des 5,9-GHz-Bandes. ITS G5 besitzt Eigenschaften, die es insbesondere für den Einsatz in sicherheitsbezogenen Anwendungen qualifiziert:

- selbst-organisierte Ad-Hoc-Netzwerke,
- freies Versenden von Daten ohne Notwendigkeit einer Subscription,
- Robustheit,
- Unabhängigkeit von kommerziellen Entscheidungen und Kommunikationsnetzwerken.

Die begrenzte Kommunikationsreichweite von ITS G5 erfüllt zudem die Anforderungen an Privatsphäre der Europäischen GDPR (General Data Protection Regulation). Auf die Vermeidung von Interferenzen mit anderen Kommunikationssystemen (z. B. Bahnverkehr, Maut) in benachbarten Kanälen wird insbesondere geachtet.

Kommunikationsprotokolle

Im folgenden Abschnitt wird kurz auf die gängigsten Kommunikationsprotokolle im Bereich C-ITS eingegangen. Allen Protokollen gemein ist die Absicht, mehrere Anwendungstypen und Typen von Kommunikationsmedien zu unterstützen.

Das „Communications Access for Land Mobiles"-FAST-Protokoll (CALM-FAST-Protokoll) ist ein nicht-IP-basiertes Netzwerkprotokoll, das speziell für verlässliche V2V- und V2I-Kommunikation entwickelt wurde und insbesondere auf minimale Übertragungsverzögerung, und Größe von Paketheadern abzielt. Es deckt das komplette Netzwerklayer-Protokoll ab und basiert auf einem Datagram-Service. Dieser benötigt keine etablierte Verbindung zu einem Empfänger, kann allerdings nicht sicherstellen, dass Nachrichten verlässlich und in der korrekten Reihenfolge eintreffen.

Der WAVE/DSRC-Standard (Wireless Access in Vehicular Environment/Dedicated Short-Range Communication System) wurde ebenfalls entwickelt, um die Bereitstellung des drahtlosen Zugangs von ITS-Stationen in Fahrzeugnetzen zu ermöglichen. WAVE unterstützt sowohl IP (IPv6) als auch Nicht-IP-Kommunikation. Für Nicht-IP-Kommunikation wird das WAVE short message protocol (WSMP) verwendet. Ein wichtiges Feature von WAVE ist, dass Anwendungen Parameter des physikalischen Layers wie Kanalnummer oder Übertragungsstärke direkt kontrollieren kann. WSMP-Pakete haben eine minimale Größe von 11 Bytes, verglichen mit einer Minimalgröße von 52 Bytes eines UDP/IPv6-Pakets.

GeoNetworking (GN) ist ein auf drahtloser Technologie basierendes Netzwerk-Layer-Protokoll der ETSI für mobile Ad-Hoc-Kommunikation ohne die Notwendigkeit einer koordinierenden Infrastruktur. Die Bezeichnung rührt von der Eigenschaft von GN her, dass geographische Positionen von Stationen für die Verbreitung von Informationen und den Transport von Datenpaketen genutzt werden. Es bietet zudem die Möglichkeit des Hoppings, bei dem Netzwerkknoten Datenpakete einmalig (Single Hop) oder mehrmalig (Multi-Hop) weiterleiten. Praktisch dient dies der Ausweitung der Kommunikationsreichweite für Broadcast-Nachrichten.

9.6.3 Standardisierung und beteiligte Organisationen

Die Standardisierung zielt im Allgemeinen auf die Vereinheitlichung von Prozessen, Bauteilen, Dienstleistungen oder Verfahren ab. Im Bereich von C-ITS bezieht sich die Standardisierung generell auf die Erleichterung des Zugangs verschiedener Akteure zu von ITS-Anwendungen bereitgestellten C-ITS-Services. Die Ziele umfassen im speziellen:

- Technische Interoperabilität,
- Portabilität der Applikationen,
- syntaktische und semantische Interoperabilität bzgl. Daten und Nachrichten,
- minimale Funktionalitäten aus Nutzersicht,
- minimale Performanz zur verlässlichen Ausführung von Use-Cases,
- Erleichterungen bei der Implementierung,
- verlässliche, geschützte Abläufe bzgl. Privatsphäre und (Cyber-)Sicherheit,
- allgemein anerkannte Arbeitsabläufe,
- einen globaler Markt,
- Vermeidung von Abhängigkeit von einzelnen Anbietern und
- Nachweis der Einhaltung von Regeln.

Zur Sicherstellung der Zielerreichung werden Standards in sogenannte Releases eingeteilt. Angegliedert sind den Releases zudem Informationen über Profile (obligatorische Anforderungen) und Parameter (Wertebereiche, die Interoperabilität zwischen Geräten verschiedener OEMs sicherstellen).

Standards im Bereich C-ITS werden von Standard Development Organisations (SDO) erarbeitet. Besonders hervorzuheben ist hier das technische Komitee (Technical Committee) TC204 „Intelligent Transport Systems" der International Standards Organisation (ISO). Diese wurde 1993 begründet und hat bereits zehn ITS-Service-Domänen identifiziert, für die sie Standards generiert. Das TC204 ist in Arbeitsgruppen organisiert und kooperiert im Rahmen der Wiener Vereinbarung (Vienna Agreement, VA) mit dem European Committee of Standardization CEN/TC278, um identische Standards in CEN und ISO zu erreichen.

Weitere wichtige SDOs sind das Institute of Electrical and Electronics Engineers (IEEE) mit ihren Arbeitsgruppen in den Bereichen 802.11 und 1609 sowie die Society of Automotive Engineers America (SAE) mit Aktivitäten im Bereich Daten und Nachrichtenspezifikationen (z. B. SAE J2735 und J2945/1). In Europa ist das European Telecommunications Standards Institute (ETSI) mit zwei technischen Komitees für die Standardisierung von C-ITS maßgeblich mitverantwortlich:

- TC ITS: fahrzeugzentrierte Kommunikation und Verkehrssicherheit,
- TC ERM: Frequenzregulierung (Harmonised European Norms).

Das ETSI TC ITS wurde in der Absicht gegründet, sich an der Standardisierung im Bereich ITS zu beteiligen. Es wurde in Kooperation mit CEN/TC 278, um seinen Aufgaben- und Kompetenzbereich festzulegen. Der Fokus der ETSI sollte ursprünglich im Bereich der Kommunikation liegen, während CEN sich mit Services und Anwendungen befasst. Dennoch werden bei der ETSI-Daten- und Nachrichtenformate entwickelt, ebenso entwickelt die CEN-Kommunikationsstandards. Unter anderem sind europäische Fahrzeughersteller im Standardisierungsprozess der ETSI beteiligt und nehmen erheblichen Einfluss auf die Aktivitäten und Entscheidungen. ETSI TC ITS ist in fünf Arbeitsgruppen (working groups, WG) folgendermaßen organisiert:

- WG1: Facilities and applications,
- WG2: Architecture and cross-layer issues,
- WG3: Networking,
- WG4: Access technologies,
- WG5: Security.

Neben ihrer Beteiligung an Arbeitsgruppen der ETSI sind europäische und auch internationale Fahrzeughersteller, Ingenieursunternehmen, Forschungsinstitute, Straßenbetriebsunternehmen und Ausrüstungshersteller im Car 2 Car Communication Consortium (C2C-CC) organisiert. Als Ziel hat sich das C2C-CC insbesondere die Vision Zero, die vollständige Vermeidung von Getöteten im Zuge von Verkehrsunfällen, gesetzt und sich in C-ITS einen wichtigen Baustein zur Erreichung.[12]

9.6.4 Wichtige V2X-Services und -Nachrichtentypen

In diesem Abschnitt wird auf einige wichtige V2X-Services und damit verbundene Nachrichtentypen eingegangen, die bereits standardisiert wurden. Ausführliche Anwendungsbeispiele für C-ITS-Services und den darin verwendeten Nachrichtentypen finden sich u. a. auf der Website von C-Roads Germany[13] oder im ETSI-Bericht TR 102 638.

Das C2C-CC hat eine Roadmap für die Einführung von C-ITS-Services erstellt. Diese Roadmap ist in Abbildung 9.27 dargestellt. Die Einführung der Services, bzw. Nachrichten, wird hierbei in drei Phasen eingeteilt:

- Day 1: Erkennendes Driving (Awareness Driving, Fokus auf Informationsaustausch zur Verbesserung des vorausschauenden Fahrens),

---

12 https://www.car-2-car.org/about-us
13 https://www.c-roads-germany.de/deutsch/c-its-dienste-1/

	Day 1 – Kenntliches Fahren	Day 2 – Wahrnehmendes Fahren	Day 3+ - Kooperatives Fahren	
Use-Case-Beispiel / Entwicklungsphase	• Warnapplikationen (z.B. Kollisionsvermeidung) • Information der Infrastruktur (z.B. Straßen- / Kreuzungsbeschilderung)	• Fortschrittliche Warnung • VRU-Schutz (z.B. Fußgänger, Zweiräder, +Infrastrukturunterstützung) • Halbautomatisiertes Fahren (z.B. kooperativer Notbremsassistent, kooperatives ACC) • Kooperation mit LSA-Steuergeräten	• Kooperatives automatisiertes Fahren (CACC-Ketten, kooperatives Einfädeln auf Fahrstreifen) • Kooperation mit Infrastruktur für automatisiertes Fahren (Knotenpunktsüberquerung, assistierte Kontrolltransition (transition of control, ToC))	Unfallfreier Straßenverkehr
Kommunikationsdienste	• CAMs, DENMs (Status, Dynamiken & Benachrichtigungen) • SPAT/MAP, IVIs (Statische & dynamische Beschilderung)	• Erweiterte CAMs, DENMs (z.B. für Zweiräder, ASIL-Bedingungen) • CPMs (detektierte Objekte) • RTCMEM (Positionskorrekturen) • SREMs, SSEMs (Priorisierung, Bevorrechtigung)	• Erweiterte CAMs (z.B. unterstützte Automatisierungslevel, geplante Manöver/Routen, …) • Erweiterte IVIs (z.B. Beschilderung für automatisiertes Fahren, …) • MCMs + Erweiterungen (geplante/gewünschte Trajektorien, Infrastrukturunterstützung) • VAMs (dedizierte VRU-Erkennung)	Optimaler Verkehrsfluss
Support Funktionalitäten	• Security Support (Nutzung von EU CCMS)	• Funktionale Sicherheitsunterstützung (z.B. Zertifizierung von ASIL-Bedingungen für tx-Daten) • Detektion von Fehlverhalten • Verbesserte Positionierungshilfe (z.B. GP-Korrekturen von Daten)	• Automatisierte Koordinierung (z.B. Objekt-Matching, Koordinierungsregeln für automatisiertes Fahren)	
Verbesserung der ausgetauschten Informationen	Unterstützung bzgl. Risiko- & Informationsverbreitung zur Koordinierten Automatisierung			
	Vertrauenswürdigkeit (für funktionale Sicherheit)			
	Genauigkeit (Position und Zeit)			
	Zeitstrahl (Update-Frequenz)			

Abb. 9.27: Roadmap zur Einführung von C-ITS-Diensten des C2C-CC, eigene Darstellung nach https://www.car-2-car.org/fileadmin/downloads/PDFs/roadmap/Roadmap_2020_figure.pdf.

- Day 2: Wahrnehmendes Fahren (Sensing Driving, Verbesserung der Service-Qualität, geteilte Wahrnehmung),
- Day 3+: Kooperatives Fahren (Cooperative Driving, Mitteilen von Absichten, Unterstützung von Aushandlungsprozessen, Kooperation).

Die Services des Awareness Driving (Day 1) sind bereits in der Umsetzung im Feld. Auf diese soll im Folgenden näher eingegangen werden, um einen ersten Überblick über die C-ITS-Servicelandschaft zu geben. Die Anwendungen, die Services aus Day 2 oder Day 3+ verwenden, sind häufig Gegenstand von Forschungsprojekten zum Wissensaufbau bzw. zur Prototypisierung. Beispiele sind die Forschungsprojekte MAVEN(Schindler et al. 2019), SIRENE (Bieker-Walz et al. 2020) oder Studien im Bereich des C-ITS-basierten Mobilitätsmanagements (Wesemeyer und Ruppe 2021). In der Feldumsetzung sind insbesondere die VITAL-LSA-Steuerverfahren zu erwähnen, die auf V2X zur Effizienzsteigerung im Verkehr abzielen (Oertel et al. 2018).

Road and Lane Topology Service

Zunächst wird auf einige zentrale Infrastrukturservices eingegangen, die in der ETSI TS 103 301 definiert werden. Einer dieser Services ist der Road and Lane Topology Service (RLT), der die Erzeugung, Übertragung und den Empfang einer digitalen topografischen Karte übernimmt. Beinhaltet sind Fahrstreifentopologien für alle auf dem definierten Straßenabschnitt vorhandenen Verkehrsmittel (Pkw, Fahrräder, Fußgänger, ruhender Verkehr) sowie die auf den Fahrstreifen zulässigen Manöver innerhalb eines Knotenpunktbereichs, wie in Abbildung 9.28 zu sehen. Die im RLT Service beschriebene Topologie umfasst entweder die Straßenabschnitte der Knotenpunktzufahrten innerhalb von 200 m ab der Haltlinie oder die Hälfte der Strecke bis zum nächsten Knotenpunkt, falls diese näher aneinander liegen (ETSI 2020).

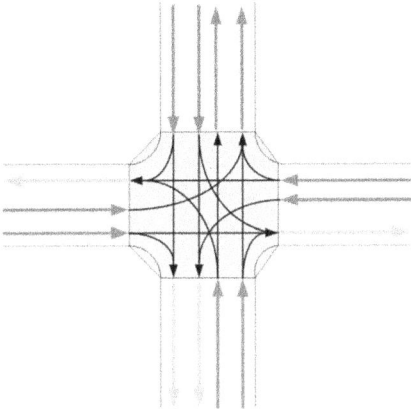

Abb. 9.28: Beispiel einer digitalen topologischen Karte.

Traffic Light Maneuver Service

Der nächste zu erwähnende Infrastrukturservice ist der **Traffic Light Maneuver Service** (TLM), der die Erzeugung, Übertragung und den Empfang von SPATEM (Signal Phase and Timing extended message) übernimmt. Er beinhaltet u. a. sicherheitsrelevante Informationen, um Verkehrsteilnehmenden in Knotenpunktbereichen die Ausführung sicherer Manöver zu ermöglichen. Der TLM-Service stellt in Echtzeit Informationen zum Betriebszustand der LSA, den aktuellen Signalzuständen, der Restzeit bis zum Zustandswechsel der einzelnen Signale und der zulässigen Manöver bereit und assistiert Verkehrsteilnehmenden bei der Überquerung des Knotenpunkts, s. Abbildung 9.29. Zusätzlich beinhaltet der TLM detaillierte Informationen zu GLOSA (Green Light Optimized Speed Advisory), einer Grüne-Welle-Assistenz zum haltlosen Überfahren eines Knotenpunkts sowie die Status von evtl. bestehenden ÖPNV-Priorisierungen (ETSI 2020).

Infrastructure Vehicle Information Service

Für die Generierung, Übertragung und den Empfang von Informationen zu Höchstgeschwindigkeiten oder Baustellenwarnungen wird bei C-ITS der **Infrastructure Vehicle Information Service** (IVI) verwendet. Dieser stellt C-ITS-Stationen obligatorische und unterstützende Informationen bereit, die im klassischen Verkehrswesen durch Verkehrszeichen übermittelt werden. Der zugehörige Nachrichtentyp ist die IVIM (ETSI 2020).

Inhalt und Funktionsweise einer IVIM ist in Abbildung 9.30 schematisch dargestellt. Hierbei wird ein Straßenabschnitt dargestellt, auf dem in einem kurzen Teilstück eine

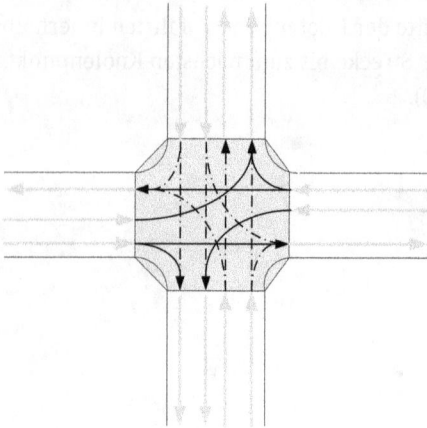

Abb. 9.29: Signalisierungszustände der Manöver an einem digitalen Knotenpunkt.

Abb. 9.30: Inhalt der IVIM.

Geschwindigkeitsbegrenzung angeordnet ist. Im Vorfeld des Geltungsbereichs gibt es einen Detektionsbereich, in dem die Fahrzeuge die Änderung der Höchstgeschwindigkeit wahrnehmen und ihre Fahrweise entsprechend anpassen können.

Cooperative Awareness Service

Der nächste vorgestellte Service betrifft die **Cooperative Awareness** (CA), also die gegenseitige Information von Straßennutzern über die jeweils eigene Position, eigene Dynamiken und Attribute. Dazu können sowohl bewegliche Objekte wie Fahrzeuge, Fußgänger oder Radfahrer zählen als auch Infrastruktureinrichtungen wie Straßenschilder, LSAs oder Hindernisse. Die CA ist die Grundlage für zahlreiche sicherheits- und effizienzsteigernde Anwendungen (ETSI 2009). Voraussetzungen für diese Anwendungen ist der kontinuierliche Austausch von Informationen zwischen den Fahrzeugen (Vehicle-to-Vehicle, V2V) und zwischen Fahrzeugen und der Infrastruktur (Vehicle-to-Infrastructure, V2I) (ETSI 2019a).

Die im Zuge der CA auszutauschenden Informationen sind in der Cooperative Awareness Message (CAM) enthalten. Diese Nachricht wird vom CA-Service erzeugt und Anwendungen bereitgestellt, einer obligatorischen Facility für alle ITS-Stationen (ETSI 2019a). Eine schematische Darstellung des gegenseitigen Austauschs von CAMs und deren Inhalten ist in Abbildung 9.31 dargestellt. Hierbei werden zwischen drei ITS-Stationen (hier: Fahrzeuge) Informationen zu Identität, Position, Geschwindigkeit usw. ausgetauscht, um andere Stationen über die eigene Anwesenheit zu informieren.

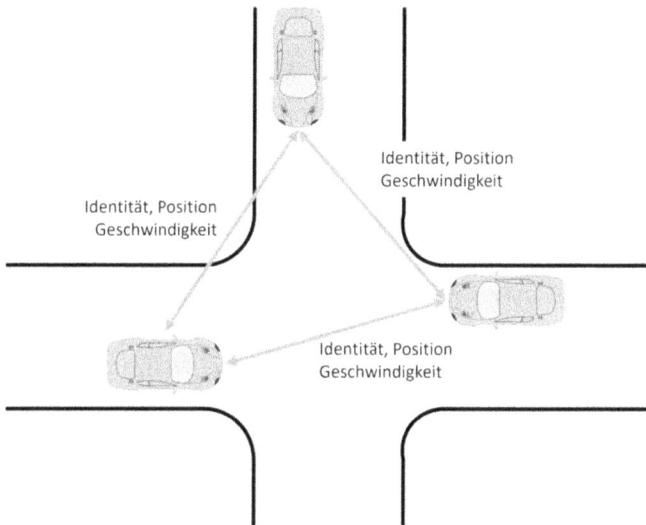

Abb. 9.31: Inhalt der IVIM.

Decentralized Environmental Notification Service

Zuletzt wird in diesem Abschnitt auf den **Decentralized Environmental Notification Service** (DEN) eingegangen. Dieser verwendet als Nachrichtentyp die DENM und stellt Informationen zu Gefahrenquellen im Straßenraum oder ungewöhnlichen Verkehrssituationen bereit, ebenso wie deren Positionen und Typen. Typischerweise werden diese Informationen innerhalb eines definierten Umkreises an alle anwesenden ITS-Stationen verteilt. Ob die Information für den jeweiligen Verkehrsteilnehmer relevant ist, entscheidet der DEN Service in der jeweiligen ITS-Station. Auf Grundlage der DENM kann der Verkehrsteilnehmer geeignete Maßnahmen zur Vermeidung einer Kollision oder eines Nothalts einleiten (ETSI 2019b).

Entsprechend der Darstellung in Abbildung 9.32 wird bspw. eine Gefahrenquelle/ein Hindernis im Straßenraum (rot schraffiert) automatisiert erkannt. Diese Detektion kann z. B. über Objekterkennung durch eine Kamera oder durch das Aussenden von Anwesenheitsnachrichten und den Empfang durch umliegende ITS-Stationen geschehen. Um die detektierte Gefahrenquelle/Hindernis wird ein Bereich definiert und dessen Position zuzüglich weiterer Informationen als Nachricht ausgesendet.

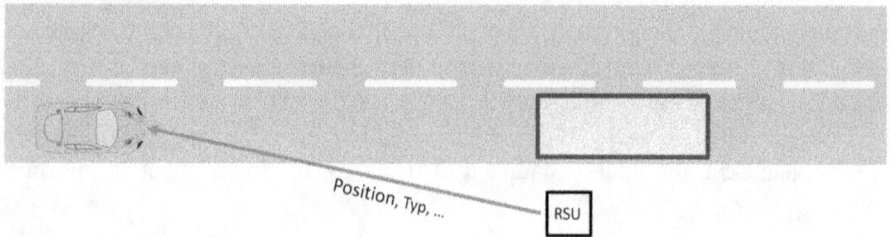

Abb. 9.32: Inhalt der IVIM.

9.7 Beispiele für Fahrerassistenzsysteme

Neben den Systemen, die einen direkten Einfluss auf die Fahrdynamik in kritischen Situationen nehmen, werden in diesem Abschnitt exemplarisch Systeme beschrieben, die dem Fahrer Fahraufgaben durch Information oder Aktion erleichtern, indem sie auf die Umwelt außerhalb des Fahrzeugs reagieren. Im Rahmen dieses Abschnitts beschränken sich diese Fahraufgaben auf häufig monotone Aufgaben, wie die Geschwindigkeitsregelung und das Spurhalten auf der Autobahn. Zudem werden zwei potenziell kritische Situationen betrachtet, die durch Fahrerassistenzsysteme entschärft bzw. aufgelöst werden können.

9.7.1 Adaptive Geschwindigkeitsregelung

Die adaptive Geschwindigkeitsregelung (Adaptive Cruise Control – ACC)[14] ist das wohl beste und verbreitetste Beispiel für ein Komfort steigerndes Assistenzsystem. Die Funktionsweise dieses Systems gründet auf dem Fahrgeschwindigkeitsregler (FGR) oder auch Tempomat (engl. Cruise Control – CC), welcher dem Fahrer insbesondere auf langen Fahrten über Autobahn und Landstraßen entlastet, indem er selbstständig eine einstellbare Geschwindigkeit beibehält. Die Entwicklung des FGR wurde durch die Entwicklung der elektrisch verstellbaren Drosselklappe begünstigt, die eine direkte Regelung des Motormoments, unabhängig von einem Eingriff des Fahrers, durch ein Steuergerät ermöglichte. In Abbildung 9.33 ist die Funktion des FGR schematisch dargestellt. Durch die Messung der Fahrzeuggeschwindigkeit und Bildung einer Differenz zur eingestellten Wunschgeschwindigkeit ist bereits eine Regelgröße vorhanden, mithilfe derer ein Regler für eine Sollbeschleunigung erstellt wird. Die Einstellung der Drosselklappe folgt aus einem nachgelagerten Längsregler, der diese Sollbeschleunigung einstellt. Es resultiert ein entsprechendes Antriebsmoment, woraufhin die Geschwindigkeitsdifferenz

---

14 Häufig auch englisch mit ACC – Adaptive Cruise Control bezeichnet.

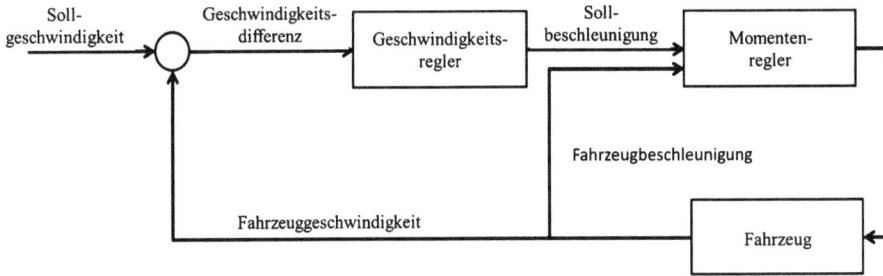

Abb. 9.33: Funktionsweise des Fahrgeschwindigkeitsreglers.

abgebaut wird. Im negativen Bereich kann einerseits das Schleppmoment des Motors, andererseits die Bremsanlage verwendet werden, um eine gewünschte Verzögerung des Fahrzeugs zu bewirken.

Die erste Regelstufe (Bestimmung der Soll-Beschleunigung) ist dabei nach (ISO 2009) abhängig von der aktuellen Fahrzeuggeschwindigkeit begrenzt:

- Niedriger Geschwindigkeitsbereich (unter 5 m/s bzw. 18 km/h):
  maximale Verzögerung: $5\,m/s^2$
  maximale Beschleunigung: $4\,m/s^2$
- Mittlerer Geschwindigkeitsbereich (5 m/s bis 20 m/s):
  maximale Verzögerung: $-5.5\,m/s^2 + (v/10\,s)$
  maximale Beschleunigung: $4{,}67\,m/s^2 - (2v/15\,s)$
- Hoher Geschwindigkeitsbereich (über 20 m/s):
  maximale Verzögerung: $-3{,}5\,m/s^2$
  maximale Beschleunigung: $2\,m/s^2$

Dies führt zu einem zulässigen Beschleunigungsbereich, wie in Abbildung 9.34 dargestellt. Zusätzlich ist gemäß ISO 22179 (ISO 2009) eine maximal zulässige Aufbaurate der Beschleunigung (zeitliche Ableitung der Beschleunigung, Ruck) vorgesehen, die ebenfalls geschwindigkeitsabhängig unterteilt ist:

- Niedriger Geschwindigkeitsbereich (unter 5 m/s bzw. 18 km/h):
  maximale Aufbaurate: $5\,m/s^3$
- Mittlerer Geschwindigkeitsbereich (5 m/s bis 20 m/s):
  maximale Aufbaurate: $5{,}83\,m/s^3 - (v/6\,s)$
- Hoher Geschwindigkeitsbereich (über 20 m/s):
  maximale Aufbaurate: $2{,}5\,m/s^3$

Auch der zulässige Bereich der Aufbaurate ist in Abbildung 9.33 dargestellt.

Während ein FGR auf wenigen Einflussgrößen beruht, wie Abbildung 9.33 zeigt, unterlief die Sollwertbildung seit der Entwicklung des ersten FGR eine lange Entwicklung, die letztlich zu der Entwicklung einer aktiven Geschwindigkeitsregelung in Abhängigkeit der Verkehrssituation führte.

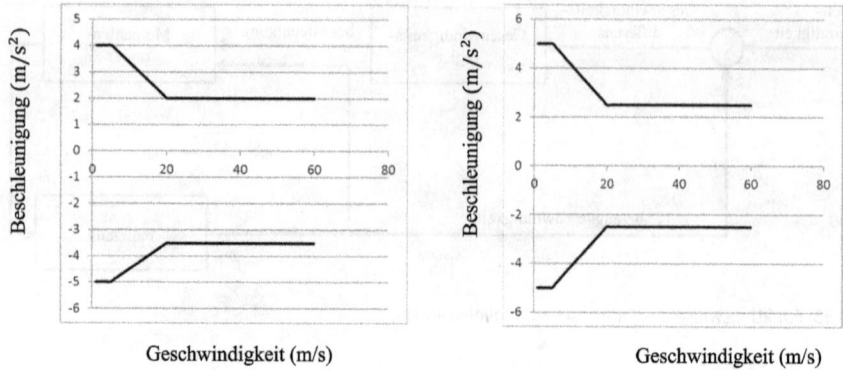

Abb. 9.34: Zulässige Beschleunigung (links) und zulässige Aufbauraten (rechts) der adaptiven Geschwindigkeitsregelung nach ISO 22179 (ISO 2009).

Dieses System ergänzt die Funktion eines FGR durch die Unterscheidung zwischen Folgefahrt und freier Fahrt. Zu diesem Zweck benötigt das System neben den Daten des eigenen Fahrzeugs auch Informationen über die umgebenden Verkehrsteilnehmer.

Diese neue, zum Zeitpunkt der Markteinführung des Systems, herausragende neue Eigenschaft der adaptiven Geschwindigkeitsregelung ist die Reaktion auf ein vorausfahrendes langsameres Fahrzeug. Dieses wird im Rahmen der Ermittlung einer Sollgeschwindigkeit mit den Parametern Geschwindigkeit und Abstand relativ zum eigenen Fahrzeug berücksichtigt. Aus Sicht des Fahrers bietet dieses System insbesondere auf langen Fahrten einen erheblichen Komfortvorteil. Ein Fahrzeug, das mit diesem System ausgestattet ist, ist in der Lage, die Längsführung des Fahrzeugs selbstständig auszuführen. Dem Fahrer fällt dabei lediglich eine Überwachungsfunktion zu.

Für die Umsetzung eines solchen Systems ist es zunächst notwendig, die Geschwindigkeit und den Abstand relativ zum vorausfahrenden Fahrzeug zu kennen. Zu diesem Zweck werden in den meisten Fällen Radarsensoren verwendet.

Radarsensoren

Der Begriff Radar[15] bedeutet, frei übersetzt, die Erkennung und Abstandsmessung von Objekten relativ zum eingesetzten Sensor (s. auch Abschnitt 9.4.1). Radarsensoren werden heutzutage in Kraftfahrzeugen verwendet, um Abstände und relative Geschwindigkeiten zu ermitteln. Den Einzug in das heutige Automobil fanden die, ursprünglich aus der Militärtechnik stammenden Radarsensoren (Winner 2003), im Jahr 1998 im Zusammenhang mit der Entwicklung der adaptiven Geschwindigkeitsregelung (ACC). Im Folgenden werden – ergänzend zu vorherigen Ausführungen zu diesem Sensortyp im Abschnitt 9.4.1 zur Umfelderfassung – das Messprinzip und der Aufbau eines Radarsensors kurz erläutert.

---

15 Radio Detection And Ranging.

Das Messprinzip des Radars beruht, wie der Begriff Radio (also „Funk") bereits vermuten lässt, auf der Ausbreitung, Reflexion und Streuung von elektromagnetischen Wellen. Durch den Radarsensor werden diese Wellen gebündelt ausgesandt, an einem Objekt reflektiert und entsprechend an der Empfängerantenne des Sensors detektiert. Bei diesem Vorgang wird von Annahmen ausgegangen, die es ermöglichen, die zu messenden Größen, zu ermitteln. Die wichtigsten dieser Annahmen sind:

– Reflexion: Elektromechanische Wellen werden an elektrisch leitenden Körpern reflektiert. Sollten demnach elektromagnetische Wellen an der Empfangsantenne eines Sensors detektiert werden, so befindet sich ein Objekt im Messbereich des Radarsensors.

– Konstante Ausbreitungsgeschwindigkeit: Elektromagnetische Wellen breiten sich mit annähernder Lichtgeschwindigkeit aus. Durch die Messung der Dauer zwischen der Aussendung und dem Wiedereintreffen des Signals am Sensor kann somit der Abstand zu einem Objekt bestimmt werden.

Mithilfe dieser Annahmen lassen sich bereits grundlegende Funktionen des Radarsensors beschreiben. Die einfachste Messung mithilfe eines Radarsensors ist die Laufzeitmessung. Der Ablauf dieser Methode ist in Abbildung 9.35 dargestellt.

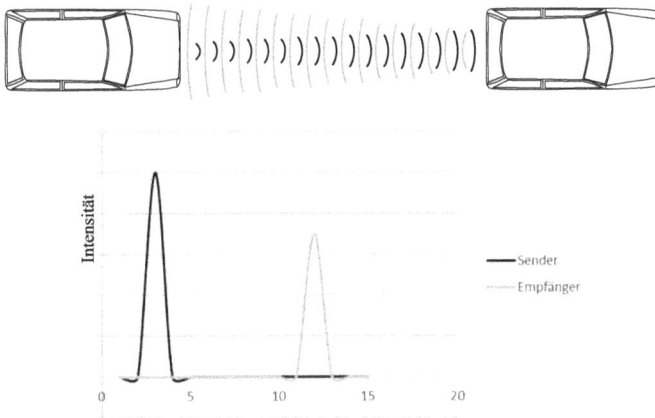

Abb. 9.35: Messung der Entfernung durch einen Radarsensor mithilfe der Laufzeitmessung.

In dieser Abbildung sind (unten) die entsprechenden Signale von Sender (schwarz) und Empfänger (grau) dargestellt. Wird ein solcher Impuls durch den Sender ausgestrahlt und entsprechend der Abbildung 9.35 an einem Objekt reflektiert, so kann durch die Messung der zeitlichen Dauer t zwischen Aussendung und Wiedereintreffen des Signals unter Zuhilfenahme der konstanten Ausbreitungsgeschwindigkeit (Lichtgeschwindigkeit) c die Entfernung s bestimmt werden:

$$s = \frac{c}{2}\, t. \tag{9.7}$$

Der Faktor $\frac{1}{2}$ in Gl. (9.7) resultiert dabei daraus, dass die elektromechanischen Wellen zunächst das Objekt erreichen, also den Hinweg zurücklegen müssen, woraufhin nach der Reflexion die gleiche Entfernung erneut zurückgelegt werden muss, um den Sensor zu erreichen.

Unter Zuhilfenahme der Reflexionsgesetze lässt sich diese Relativgeschwindigkeit allerdings auch sehr gut aus den Welleneigenschaften des Messsignals herleiten. Der entsprechende Effekt wird Dopplereffekt genannt. Dieser wird meist im Zusammenhang mit einem zunächst näherkommenden und sich daraufhin entfernendem Signalhorn eines Einsatzfahrzeugs beschrieben. Während der Annäherung an eine solche akustische Geräuschquelle ist ein höherer Ton zu hören, im umgekehrten Fall ein tieferer. Weisen Signalquelle und Empfänger keine relative Abstandsänderung zueinander auf, so bleibt die Tonhöhe in diesem Fall unverändert. Der Dopplereffekt wird, analog zu diesem Beispiel deutlich, wenn Radarsensor und Objekt eine Relativgeschwindigkeit zueinander aufweisen. Die Phasendrehung, die entsteht, kann durch die Gleichung:

$$\varphi = \frac{4s\,\pi}{\lambda} \tag{9.8}$$

beschrieben werden, wobei φ die Phasenverschiebung, s den relativen Abstand und λ die Wellenlänge der Strahlung beschreibt. Wird nun vorausgesetzt, dass s eine zeitveränderliche Größe ist, deren Ableitung die Relativgeschwindigkeit v_r ist, ergibt sich nach Ableitung nach der Zeit die Gleichung:

$$\frac{d\varphi}{dt} = 4\frac{ds}{dt}\frac{\pi}{\lambda} = 4v_r\frac{\pi}{\lambda}. \tag{9.9}$$

Zu beachten ist, dass in Gl. (9.9) davon ausgegangen wird, dass die Wellenlänge (und daher auch die entsprechende Frequenz) des Sendersignals konstant sind. Diese zusätzliche Phasenverschiebung pro Zeit führt dazu, dass am Empfänger eine, vom Sendersignal verschiedene, Frequenz gemessen werden kann, die sich um die sogenannte Dopplerfrequenz unterscheidet:

$$f_d = \frac{1}{2}\,\pi - \frac{4\pi\,v_r}{\lambda}, \tag{9.10}$$

mit dem Zusammenhang zwischen Frequenz und Wellenlänge:

$$f = \frac{c}{\lambda} \tag{9.11}$$

ergibt sich die Differenz zwischen Sender- und Empfangssignal in Abhängigkeit von der Senderfrequenz zu:

$$f_d = 2v_r\,\frac{f_{send}}{c}, \tag{9.12}$$

woraus sich die gesuchte Relativgeschwindigkeit v_r ergibt.

Mit den nun bekannten Daten für den relativen Abstand s und für die Relativgeschwindigkeit v_r kann daraufhin aus einer Menge erkannter Fahrzeuge ein Zielfahrzeug ermittelt werden. Dieses dient daraufhin als Referenz für die Geschwindigkeitsregelung. Welches von den potenziell mehreren erkannten Fahrzeugen als Zielfahrzeug ausgewählt wird, spielt dabei eine sehr große Rolle. Durch nicht erkannte Fahrzeuge kann auf der einen Seite eine kritische Fahrsituation entstehen, durch falsch erkannte Fahrzeuge eine ungewollte Geschwindigkeitsanpassung erfolgen (was die Akzeptanz des Nutzers beeinflusst). Daher wird anhand der Sensordaten zunächst überprüft, ob ein erkanntes Fahrzeug tatsächlich ein vorausfahrendes Fahrzeug auf der eigenen Spur darstellt.

Hierfür wird zunächst nicht vorausgesetzt, dass bereits Spurdaten zur Verfügung stehen. Es wird demnach lediglich auf der Grundlage der eigenen Fahrzeugbewegung der Kurs vorhergesagt, dem das Fahrzeug folgt. Im einfachsten Fall beruht diese Kursprädiktion auf der Annahme, dass die aktuelle Krümmung der Fahrtrajektorie beibehalten wird. Insbesondere um die gewünschte Krümmung zu bestimmen, bietet es sich an, den Lenkradwinkel δ_H als Messgröße heranzuziehen. Aus den Gleichungen des linearen Einspurmodells ergibt sich damit nach Schramm et al. 2018 die Krümmung:

$$\kappa = \frac{\delta_R}{l + EG\, v^2},\tag{9.13}$$

mit dem Lenkwinkel der Räder δ_R, dem Eigenlenkgradienten EG, dem Radstand l und der Fahrzeuggeschwindigkeit v. Nach Kapitel 4 folgt in Abhängigkeit von Lenkradwinkel und mit der charakteristischen Geschwindigkeit v_{ch} aus:

$$v_{ch}^2 = \frac{l}{EG},\tag{9.14}$$

die Krümmung:

$$\kappa = \frac{\delta_H}{i_L(1 + \frac{v^2}{v_{ch}^2})}.\tag{9.15}$$

Weitere Möglichkeiten, die Krümmung zu bestimmen, ergeben sich aus der Gierrate:

$$\kappa = \frac{\dot{\psi}}{v},\tag{9.16}$$

Sowie aus der Querbeschleunigung a_y:

$$\kappa = \frac{a_y}{v^2}\tag{9.17}$$

oder aus der Differenz der Radgeschwindigkeiten Δv von linkem und rechtem Rad einer Achse zu:

$$\kappa = \frac{\Delta v}{v \, b_V} \tag{9.18}$$

mit der Fahrzeugbreite b_V. Jede dieser Methoden besitzt unterschiedliche Eigenschaften bzgl. der Eignung in unterschiedlichen Fahrsituationen. Daher bietet es sich an, die Krümmung tatsächlich auf verschiedene Arten zu bestimmen und mit einer geeigneten Datenfusion zu verknüpfen. Mithilfe der so bestimmten Krümmung wird ein sogenannter Fahrschlauch gebildet, der für die Auswahl der relevanten Ziele herangezogen wird. Abbildung 9.36 zeigt diesen Fahrschlauch und entsprechend relevante und irrelevante Fahrzeuge. Die erkannten Objekte werden im Rahmen neuer und zukünftiger Fahrerassistenzsysteme in sogenannten Occupancy Grids erfasst. Die daraus resultierenden Umfeldmodelle können z. B. für Funktionen wie die Bestimmung von Ausweichtrajektorien, Assistenzfunktionen für Baustellen, etc. eingesetzt werden (Grewe et al. 2014).

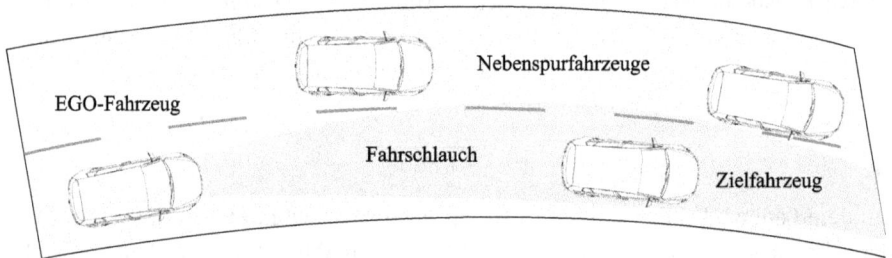

Abb. 9.36: Fahrschlauch und Zielfahrzeug.

Folgeregelung

Mithilfe der grundlegenden Zusammenhänge der Radarsensoren lassen sich die benötigten Größen für die adaptive Geschwindigkeitsregelung messen. Durch verschiedene Algorithmen können mithilfe der Messungen eines Radarsensors Objekte erkannt und nach Fahrzeugarten kategorisiert werden, s. Abbildung 9.37. Aus diesen erkannten Objekten werden daraufhin die relevanten Objekte identifiziert, woraufhin die Einflussgrößen für eine Folgeregelung extrahiert werden können.

Neben der beschriebenen Funktion der adaptiven Geschwindigkeitsregelung bei freier Fahrt soll durch die Reaktion auf den relativen Abstand sowie die relative Geschwindigkeit zu vorausfahrenden Fahrzeugen ein weiterer Komfortgewinn erzielt werden. Die entsprechende Größe, die in diesem Fall eingestellt werden soll, ist die Zeitlücke t_L zum vorausfahrenden Fahrzeug. Diese ergibt sich unter der Annahme konstanter Zustände (die eigene Geschwindigkeit v_{ego} und Fahrtrichtung der beteiligten Fahrzeuge bleiben konstant) zu:

$$t_L = \frac{d}{v_{ego}}. \tag{9.19}$$

Abb. 9.37: Objekterkennung durch Umfeldsensorik © Daimler AG.

Die Sollgeschwindigkeit wird entsprechend so eingestellt, dass die eingestellte Zeitlücke eingehalten wird, bis das vorausfahrende Fahrzeug den Fahrschlauch verlässt. Daraufhin wird erneut ein vorausfahrendes Fahrzeug ausgewählt oder die Regelung für freie Fahrt durchgeführt.

Spurwechsel

Durch die Bestimmung von relevanten Fahrzeugen mittels eines Fahrschlauchs kann es im Zusammenhang mit ACC-Systemen, wie in Abbildung 9.38 dargestellt, zu kritischen Situationen kommen.

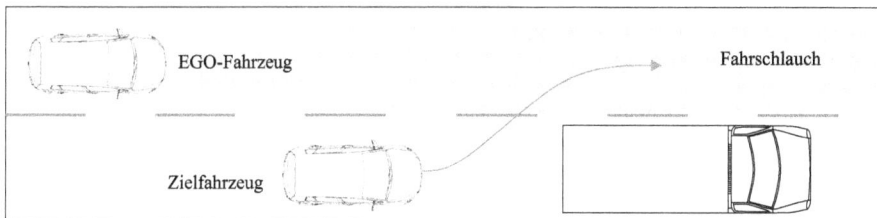

Abb. 9.38: Spurwechselsituation mit EGO- und Zielfahrzeug.

In Abbildung 9.38 ist dargestellt, wie auf einer zweispurigen Autobahn ein Fahrzeug mit ACC auf der linken Fahrspur fährt. Auf der rechten Spur wird ein Pkw durch einen langsamen vorausfahrenden Lkw zu einem Spurwechsel verleitet. Dadurch tritt das wechselnde Fahrzeug in den Fahrschlauch des schnelleren Fahrzeugs ein. Das ACC-System führt daraufhin eine ggf. unkomfortable Bremsung aus. Während menschliche

Fahrer einen entsprechenden Spurwechsel in vielen Fällen vorausahnen können, stellt die Adaption dieses Verhaltens noch immer eine aktuelle Forschungsaufgabe dar, für welche bereits unterschiedliche Vorhersagemethoden vorgestellt wurden. Diese lassen sich nach Rehder et al. 2015a in kinematische, reaktive und proaktive Vorhersagen unterteilen. Eine Auswahl der verschiedenen Varianten wird im Folgenden dargestellt.

Die kinematische Prädiktion stützt sich auf naive Annahmen, wie auch die ACC-Kursprädiktion, z. B. auf die Annahme konstanter Geschwindigkeit und Drehrate. Hier kann ein Spurwechsel gut vorhergesagt werden, wenn bereits eine Querablage (Abweichung zur Spurmitte) aufgebaut ist und der Spurwechsel somit bereits durchgeführt wird. Ein entsprechender Ansatz wurde 2009 von Toledo-Moreo und Zamora-Izquierdo 2009 dargestellt, die einen Prädiktionshorizont von 1 bis 1,5 Sekunden vor dem Spurwechsel angeben. Ein größerer Prädiktionshorizont kann erreicht werden, wenn Spurinformationen hinzugenommen werden. Mit dieser reaktiven Prädiktion konnten McCall und Trivedi 2007 eine Vorhersage von bis zu 2,5 Sekunden vor dem Spurwechsel erreichen. Ein proaktiver Ansatz, welcher den Wunsch berücksichtigt, die Spur zu wechseln, wurde 2015 von Rehder et al. 2015b vorgestellt, welcher bereits 6 Sekunden vor dem Spurwechsel eine Spurwechselabsicht des Fahrers ermitteln konnte. Weitere Ansätze zur Prädiktion von Spurwechselmanövern werden z. B. in Rehder et al. 2016a diskutiert.

Sobald ein bevorstehender Spurwechsel sicher erkannt werden kann, hat ein Fahrzeug mit aktivem ACC-System die entsprechende Prädiktionszeit zusätzlich als Reaktions- bzw. Bremszeit (und damit auch einen größeren Bremsweg) zur Verfügung. Welchen Effekt bereits zusätzliche zwei Sekunden Bremszeit haben, zeigt folgendes Rechenbeispiel:

Das Fahrzeug aus Abbildung 9.38 auf der linken Spur hat eine Geschwindigkeit von 150 km/h, während das ausscherende Fahrzeug einen Spurwechsel mit 90 km/h einleitet. Die Distanz zwischen den Fahrzeugen beträgt 100 m. Geht man nach der Straßenverkehrsordnung, so beträgt der Mindestsicherheitsabstand 2 Sekunden. Daraus folgt eine Zielgeschwindigkeit von 90 km/h und ein Zielabstand von 50 m. Bei einer Differenzgeschwindigkeit von 60 km/h führt dies zu einer notwendigen Bremsbeschleunigung von 2,77 m/s^2. Durch eine Erkennung dieses Vorgangs 2 Sekunden vorher, führt eine frühere Bremsung dazu, dass anstatt 100 m Distanz 83,3 m zusätzlich zur Verfügung stehen. Die notwendige Bremsbeschleunigung in diesem Beispiel ergibt sich zu ca. 1 m/s^2, also einer deutlich geringeren Verzögerung.

9.7.2 Spurhalteassistenz

Neben Systemen für die Längsführung werden auch Systeme für die Querführung auf der Bahnführungsebene eingesetzt. Eines dieser Systeme ist der Spurhalteassistent, dessen Aufgabe es ist, ein ungewolltes Überfahren der Fahrbahnmarkierung zu verhindern. Grundsätzlich kann bei diesen Systemen zwischen aktiven und passiven Varianten unterschieden werden:

– Systeme, deren Aufgabe es ist, den Fahrer auf ein Überschreiten der Spurmarkierung hinzuweisen, werden als passive Spurhalteassistenten bezeichnet. Aufgrund dieser Funktionsweise ist daher auch der Name Spurverlassenswarner gebräuchlich. Die Warnung einer bevorstehenden Überschreitung der Spurmarkierung kann dabei akustisch, visuell oder sogar haptisch erfolgen.
– Neben der Warnfunktion passiver Systeme können aktive Systeme den Fahrer durch ein zusätzlich eingestelltes Lenkmoment unterstützen, die Fahrzeugausrichtung bezüglich der eigenen Spur anzupassen. Diese Systeme sind häufig unter dem Begriff aktiver Spurhalteassistent bekannt.

Beide Varianten der Spurhalteassistenz basieren auf der gleichen Messung und Bewertung der eigenen Position relativ zur gewählten Fahrspur. Um diese relativen Abstände und Winkel zu erhalten, vermisst ein Kamerasystem die Lage der Fahrbahnmarkierung. Da dieses Kamerasystem fest mit dem Fahrzeug verbaut ist, wird für die folgenden Berechnungen davon ausgegangen, dass neben der Lage der Markierung relativ zum Kamerasystem auch die Lage bezüglich des Fahrzeugschwerpunkts bekannt ist.

Mit der Kenntnis der Fahrzeugbreite b_v sowie des Abstandes von Fahrzeugschwerpunkt zur Vorderachse l_v, lässt sich der Abstand der Vorderräder orthogonal zur Fahrbahnmarkierung nach Abbildung 9.39 bestimmen:

$$y^R = y - \frac{b_v}{2} \cos \psi - l_v \sin \psi. \tag{9.20}$$

Dabei beschreiben y^R den Abstand des (hier linken) Vorderrads zur Fahrbahnmarkierung, y den gemessenen Abstand vom Fahrzeugschwerpunkt und ψ den Winkel relativ

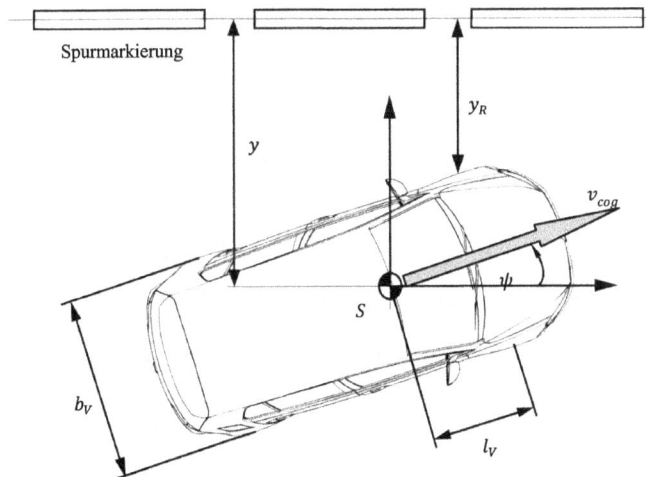

Abb. 9.39: Bestimmung der Querablage des Fahrzeugschwerpunktes.

zur Fahrbahnmarkierung. Wird dazu die aktuelle Geschwindigkeit betrachtet und davon ausgegangen, dass nur kleine Lenkradwinkel gestellt werden, so kann die Annäherung des Vorderrades an die Fahrbahnmarkierung mit:

$$y^R = v_{\text{cog}} \sin \psi \qquad (9.21)$$

beschrieben werden, wobei v_{cog} die Absolutgeschwindigkeit (Schwerpunktsgeschwindigkeit) des Fahrzeugs beschreibt. Unter der Annahme konstanter Geschwindigkeit v_{cog} und konstanter Orientierung ψ folgt damit für eine Vorhersage des Abstands zur Fahrbahnmarkierung über den Prädiktionshorizont[16] t_{TLC}:

$$y^R = y - \frac{b_v}{2} \cos \psi - l_v \sin \psi - v_{\text{cog}} \sin \psi t_{\text{TLC}} \qquad (9.22)$$

und nach Umstellung nach t_{pred} die erwartete Zeit, bis die Spurmarkierung erreicht wird, indem y^R gleich Null gesetzt wird:

$$t_{\text{TLC}} = \frac{y - \frac{b_v}{2} \cos \psi - l_v \sin \psi}{v_{\text{cog}} \sin \psi}. \qquad (9.23)$$

Mit der nun bekannten Zeit bis zum Erreichen einer Fahrbahnmarkierung können bei Unterschreitung fester Schwellwerte bereits vor der Überquerung der Markierung verschiedene Warnungen an den Fahrer ausgegeben werden. Bei den passiven Systemen beschränkt sich diese Warnung auf:

- optische Warnungen,
- akustische Warnungen sowie
- haptische Warnungen durch Lenkrad- oder Sitzvibration.

Aktive Systeme reagieren auf eine Abweichung zur Fahrbahnmitte durch eine Beaufschlagung eines zusätzlichen Lenkmoments. Dabei ist die Auslegung der Unterstützungskennlinie von entscheidender Bedeutung. Abbildung 9.40 zeigt zwei unterschiedliche Konzepte dieser Unterstützungskennlinie.

Hier sind zwei signifikant unterschiedliche Varianten der Unterstützungskennlinien dargestellt. Während in Abbildung 9.40 links eine Variante dargestellt ist, die erst reagiert, wenn ein Rad droht die Spurmarkierung zu berühren oder sogar zu überschreiten, wird in der rechts dargestellten Variante ein Unterstützungsmoment beaufschlagt, das bei jeder Abweichung zur Solltrajektorie (im Allgemeinen die Spurmitte) reagiert und den Fahrer unterstützt. Die erste Variante ähnelt in diesem Fall stark dem passiven System, mit dem Unterschied, dass anstatt einer Vibration ein unterstützendes Moment beaufschlagt wird. Die zweite Variante kann dabei als „enge Führung" beschrieben werden, da es bereits bei sehr geringen Abständen zur Spurmitte reagiert. Übliche Systeme

---

16 TLC: Time to Line Crossing.

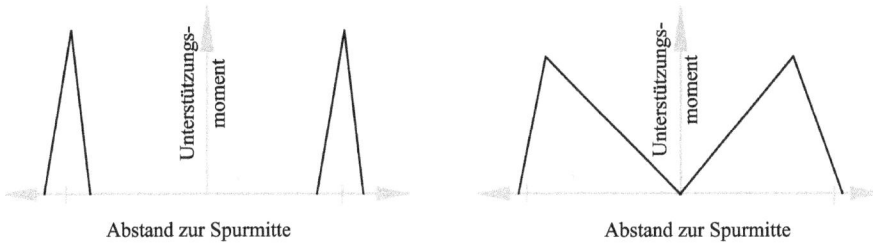

Abb. 9.40: Konzepte für Unterstützungskennlinien nach Winner et al. 2012.

wählen im Allgemeinen einen Mittelweg, indem eine Kombination der beiden dargestellten Varianten verwendet wird. Dies hat den Vorteil, dass bis zu einem gewissen Grad
der Spurabweichung eine kaum merkbare Unterstützung aufgeprägt wird, während in
kritischen Situationen (das Fahrzeug droht die Spurmarkierung zu überschreiten) ein
erhöhtes Unterstützungsmoment gestellt wird. Eine mögliche Kombination der dargestellten Varianten ist in Abbildung 9.41 dargestellt.

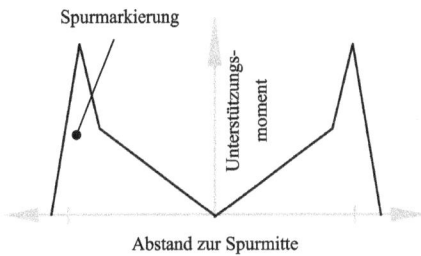

Abb. 9.41: Variante einer Unterstützungskennlinie nach Winner et al. 2012.

Um ein ungewolltes und ggf. störendes Verhalten des Systems zu unterdrücken,
werden Spurhalteassistenten nach Betätigung des Fahrtrichtungsanzeigers und/oder
der Bremse kurzzeitig oder bis zum nächsten Einschalten deaktiviert.

9.7.3 Spurwechselassistenz

Neben der Führung des Fahrzeugs in der eigenen Fahrspur existieren auch Systeme,
die den Wechsel auf eine weitere Fahrspur unterstützen. Aufgabe dieser Systeme ist
die Warnung bzw. das Hinweisen auf Fahrzeuge, die aufgrund eines Spurwechsels des
eigenen Fahrzeugs potentiell zu Kollisionen führen. Diese lassen sich nach (ISO 2008)
anhand des Abdeckungsbereichs der Umfeldsensorik einteilen. Prinzipiell kann dieser
Bereich eingeteilt werden in den toten Winkel und den Annäherungsbereich, s. Abbildung 9.42.

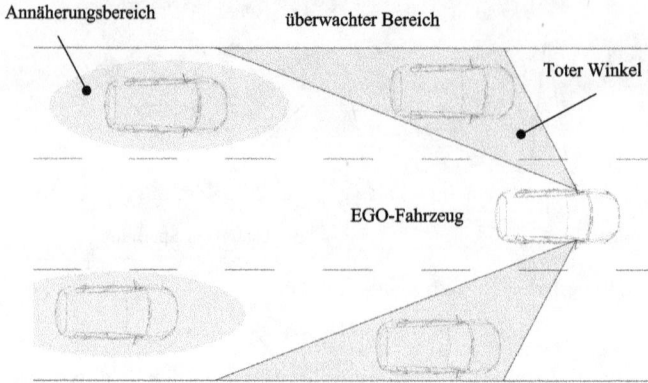

Abb. 9.42: Toter Winkel und Annäherungsbereich.

Der tote Winkel eines Fahrzeugs entsteht durch den Zwischenraum zwischen dem begrenzten Sichtfeld des Fahrers und dem Sichtfeld über den Außenspiegel. Systeme, die über eine Spurwechselassistenz verfügen, blenden für den Fall eines Fahrzeugs innerhalb dieses toten Winkels ein Warnsymbol meist im entsprechenden Außenspiegel ein.

Neben dem Bereich des toten Winkels wird in ISO 2008 auch ein Annäherungsbereich definiert, der sich seitlich hinter dem eigenen Fahrzeug befindet. Fahrzeuge, die sich in diesem Bereich befinden, und sich dem eigenen Fahrzeug schnell annähern, können im Falle eines Spurwechsels ebenfalls zu einer kritischen Situation führen. Auch vor diesen Fahrzeugen wird meist in den entsprechenden Außenspiegeln mittels eines Symbols gewarnt.

Sollte ein Spurwechsel bereits eingeleitet sein (z. B. durch die Aktivierung des Fahrtrichtungsanzeigers), so wird neben der optischen Warnung zusätzlich eine akustische Warnung ausgegeben.

9.7.4 Fußgängerassistenz

Die bisher beschriebenen Systeme beziehen sich auf die Assistenz in Situationen in Verbindung mit der Straße und/oder anderen Fahrzeugen. Ein weiterer wichtiger Bestandteil in der Palette der Fahrerassistenzsysteme sind zudem auch Fußgängerschutzsysteme. Entsprechende Systeme aus diesem Bereich können stark unterschiedliche Ausprägungen annehmen, die vom jeweiligen Eingriffszeitpunkt des Systems abhängen.

Um diese Systeme zu kategorisieren, bietet es sich an, einen hypothetischen Kontakt zwischen Fahrzeug und Fußgänger anzunehmen, und die Zeit vor diesem Crash in mehrere Phasen einzuteilen. Abbildung 9.43 zeigt diese wenigen Sekunden vor einem Crash und teilt die entsprechende Zeit bis zum Crash in zwei Phasen ein, die wiederum in zwei Abschnitte unterteilbar sind.

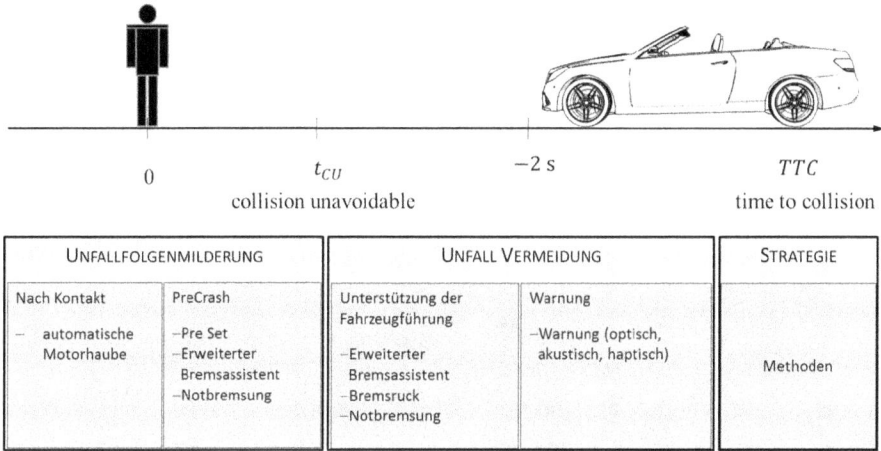

Abb. 9.43: Assistenzstufen vor einer Fußgängerkollision nach Tiemann 2012.

Wie in Abbildung 9.43 dargestellt, zeigt sich, dass bis zu einem Zeitpunkt t_{CU} vor einem möglichen Crash eine Kollision vermieden werden kann, während nach diesem Zeitpunkt eine Kollision unvermeidbar wird. Die jeweils durchzuführende Aktion eines Assistenzsystems lässt sich aus ebendiesen Punkten ableiten. Solange eine Kollision als vermeidbar angesehen werden kann, sollte ein entsprechendes System den Fahrer bestmöglich darin unterstützen, die Kollision zu vermeiden. Nach diesem Zeitpunkt, also wenn eine Kollision unmittelbar bevorsteht, können die Unfallfolgen durch verschiedene Maßnahmen gemindert werden. Die jeweiligen Systeme können also in die Bereiche Kollisionsvermeidung und Kollisionsfolgenminderung unterteilt werden.

Kollisionsvermeidende Systeme

Steht eine mögliche Kollision mit einem Fußgänger bevor, so können im Allgemeinen zwei Eingriffsstrategien angewandt werden. Zum einen besteht die Möglichkeit dem Fußgänger auszuweichen, zum anderen kann bei ausreichendem Abstand zum Fußgänger eine Notbremsung durchgeführt werden. Zudem sind auch Kombinationen beider Varianten denkbar. Die jeweiligen Aktionen werden bereits durch die beschriebenen Systeme ABS (mit Notbremsassistent) sowie ESP (im Fall einer durch einen Schreck verursachten sehr schnellen Lenkbewegung) unterstützt. Damit ein hypothetisch unaufmerksamer Fahrer allerdings eine dieser Aktionen durchführt, muss er ggf. zunächst durch das System darauf hingewiesen werden. Wann eine solche Warnung erfolgen muss, lässt sich anhand der folgenden fahrdynamischen Betrachtungen herleiten und auf den Abstand zu einem Hindernis beziehen.

Wird zunächst der benötigte Bremsweg betrachtet, so ergibt sich dieser aus der maximal möglichen Verzögerung a_{max} und der anfänglichen Differenzgeschwindigkeit zum Hindernis v_0 aus der zweifachen Integration der (konstanten) maximalen Verzögerung nach:

$$\iint a = d = \int at + v_0 = \frac{1}{2}at^2 + v_0 t + d_0, \tag{9.24}$$

wobei d_0 den zurückgelegten Weg bis zum Beginn der Bremsung beschreibt. Dieser setzt sich aus der Reaktionszeit des Fahrers sowie der benötigten Zeit zum Aufbau des Bremsdrucks zusammen, während derer die aktuelle Geschwindigkeit als konstant angesehen werden kann:

$$d_0 = \int v_0 = v_0(t_r + t_{b_r}), \tag{9.25}$$

woraus sich der benötigte Abstand zum Hindernis ergibt, wenn das Fahrzeug exakt vor dem Hindernis zum Stehen kommen soll:

$$d_{\text{bremsen}} = d + d_0 = \frac{1}{2}at^2 + v_0 t + v_0(t_r + t_{b_r}). \tag{9.26}$$

Mit der Berechnung der Zeit bis zum Stillstand:

$$t = \frac{v_0}{a} \tag{9.27}$$

ergibt sich, unter Beachtung des Vorzeichens von a (Verzögerung), ein gesamter Bremsweg von:

$$d_{\text{bremsen}} = \frac{1}{2}\frac{v_0^2}{a} + v_0(t_r + t_{b_r}). \tag{9.28}$$

Bei entsprechender Reaktionszeit muss für eine Notbremsung also eine entsprechende Warnung ausgegeben werden, wenn der Abstand zu einem Hindernis diese Schwelle unterschreitet.

Wird nun die zweite Variante, das Ausweichmanöver, betrachtet, so ergibt sich der Abstand wie folgt. Zunächst ist anzunehmen, dass ein Fahrzeug bezüglich seines ursprünglichen Kurses einen zusätzlichen Querversatz von $d_q = 1\,\text{m}$ (ca. eine halbe Fahrzeugbreite) erreichen muss, um den Fußgänger zu passieren. Abbildung 9.44 zeigt einen entsprechenden Versatz.

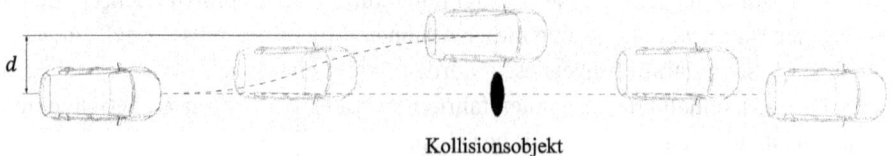

Kollisionsobjekt

Abb. 9.44: Ausweichtrajektorie eines Fahrzeugs aufgrund eines Hindernisses in der Fahrtrajektorie.

Werden auch bei diesem Manöver die gleichen Bedingungen angesetzt (maximal mögliche Querbeschleunigung), so ergibt sich bei konstanter Längsgeschwindigkeit die Zeit:

$$t_{\text{ausweichen}} = \sqrt{\frac{2d_q}{a}} + t_r + t_{\text{lenken}} \tag{9.29}$$

bis der entsprechende Querversatz eingestellt ist. Dabei entspricht t_r derselben Reaktionszeit wie im Bremsbeispiel und t_{lenken} der benötigten Zeit zum Stellen des Lenkrades. Die zurückgelegte Strecke während dieser Zeit resultiert aus der Annahme konstanter Längsgeschwindigkeit zu:

$$d_{\text{vermeiden}} = v_0 \left(\sqrt{\frac{2d_q}{a}} + t_r + t_{\text{lenken}} \right). \tag{9.30}$$

Wird nun eine maximal mögliche Querbeschleunigung von ca. 80 % der maximal übertragbaren Längsbeschleunigung zugrunde gelegt und eine Reaktionszeit von einer Sekunde sowie einer Zeit von 0,1 Sekunde für den Aufbau des Bremsdruckes bzw. die benötigte Lenkzeit festgelegt, so ergeben sich die Abstände, an welchen ein Fahrer gewarnt werden sollte, gemäß Abbildung 9.45.

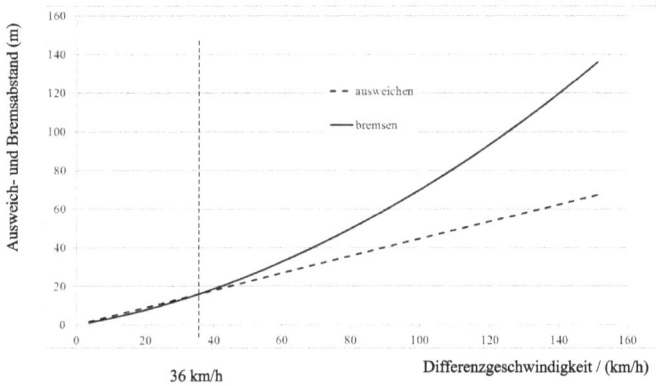

Abb. 9.45: Ausweich- und Bremsabstand in Abhängigkeit von der Differenzgeschwindigkeit.

Wie in Abbildung 9.45 dargestellt, ergeben sich bei hohen Differenzgeschwindigkeiten (über ca. 36 km/h) kürzere Distanzen bei Ausweichmanövern verglichen mit einer Bremsung. Gerade bei diesen hohen Differenzgeschwindigkeiten kann es daher dazu kommen, dass ein Fahrer ein Ausweichmanöver plant, daraufhin allerdings ein Warnsignal erhält, da der Mindestabstand für eine Bremsung unterschritten wird. An dieser Stelle ist es eine besondere Herausforderung der Systemhersteller einen Mittelweg aus sicheren Warndistanzen und der Akzeptanz von Fehlern zu finden.

Mithilfe der so berechneten Warndistanzen werden für die eingesetzten Systeme geschwindigkeitsabhängige Warnschwellen vorgegeben, zu welchen der Fahrer meist in mehreren Stufen über unterschiedliche Kanäle gewarnt wird.

Sollte der Fahrer auf keine der in Kapitel 10 beschriebenen Warnstufen reagieren, so wird eine Kollision immer wahrscheinlicher. In diesem Fall werden Fahrzeugsysteme aktiviert, die eine aktive Unterstützung des Fahrers bei einem Notfallmanöver realisieren. Diese Systeme sind:

- Bremsassistent: Dieses System sorgt für eine Vorbefüllung des Bremssystems, wodurch die beschriebene Zeit für den Druckaufbau der Bremsen reduziert werden kann.
- Notbremsassistent: Dieser reagiert bei einem schnellen (schreckhaften) Loslassen des Gaspedals, gefolgt von einer Bremsung. Anstatt des (durch das Bremspedal angeforderten) Bremsdrucks wird daraufhin der Bremsdruck für eine maximale Verzögerung bereitgestellt. Dadurch verringert sich der Bremsweg um die Zeit, die der Fahrer benötigt, den Bremsdruck auf ein entsprechendes Niveau zu bringen.

Sollte trotz Warnungen und unterstützenden Maßnahmen eine Kollision unvermeidbar sein, geht die Situation nach Abbildung 9.43 in den Zustand „Pre-Crash" über. Zu diesem Zeitpunkt greifen automatisierte Funktionen zur Reduzierung von Unfallfolgen für Fahrzeuginsassen und Kollisionsgegner. Der wohl größte Stellhebel für die Reduzierung von Unfallfolgen ist die Reduzierung der Relativgeschwindigkeit. Dies kann durch eine automatische Notbremsung durchgeführt werden. Weitere aktive Maßnahmen im Bereich „Pre-Crash" sind das Schließen der Fenster, Gurtstraffung und im Falle eines drohenden Fußgängerunfalls bei einigen Fahrzeugen das Anstellen der Motorhaube. Letzteres erfolgt abhängig vom System bereits vor dem Crash (elektromechanisch und daher reversibel) oder zum Zeitpunkt des Unfalls (pyrotechnisch und irreversibel). Das Anheben der Motorhaube führt dazu, dass bei einem Aufprall mehr Deformationsraum zur Verfügung steht, wodurch die Aufprallenergie in längeren Zeitraum abgebaut wird und somit zu geringeren Beschleunigungen führt. Dies reduziert das Verletzungsrisiko des Fußgängers.

9.7.5 Einparkassistenz

Neben den bisher betrachteten Assistenzsystemen existieren auch Systeme, die den Parkiervorgang des Fahrzeugs vereinfachen. Diese Systeme existieren in verschiedenen Ausbaustufen, die von der reinen Aufgabe der Distanzüberwachung zu anderen Fahrzeugen und Objekten, bis hin zur Übernahme des gesamten Parkiervorgangs reichen. Im Folgenden werden die Systeme einzeln vorgestellt.

Distanzüberwachung

Während des Parkiervorgangs ist eine der wichtigsten Aufgaben die Überwachung der Abstände zu anderen Fahrzeugen. Diese Abstände unterscheiden sich in ihrer Größenordnung (hier wenige Meter) sehr stark von den bisher betrachteten Abständen (bis zu mehreren hundert Metern). Diese kleinen Abstände werden daher entweder auf manuelle Weise durch den Fahrer geschätzt oder durch eine eigene Sensorik gemessen. Im ersteren Fall ist es aufgrund der Sichtverhältnisse aus dem Heckfenster eines Fahrzeugs oft schwierig, den richtigen Abstand einzuschätzen. Bereits 1991 fand Mercedes eine erste einfache Lösung dieses Problems, indem im Heck des Fahrzeugs (Limousine) Peilstäbe angebracht wurden, die aus Fahrerperspektive gut zu erkennen sind. Diese Peilstäbe werden durch Einlegen des Rückwärtsgangs automatisch um mehrere Zentimeter ausgefahren, wodurch die Abstandsschätzung vereinfacht wurde. Abbildung 9.46 zeigt diese Peilstäbe.

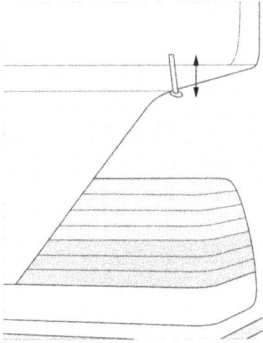

Abb. 9.46: Peilstäbe.

Neben dieser optischen Unterstützung wird heute in den meisten Neufahrzeugen ein akustisches System angeboten, das über einen Ton in unterschiedlich langen Intervallen ein relatives Maß für den Abstand zu Hindernissen gibt. Für dieses System werden in der Regel Ultraschallsensoren verwendet, die meist im Bereich der Verkleidung der Stoßstange angebracht werden. Dieses System arbeitet mit meist zwei bis sechs Ultraschallsensoren, die jeweils im Front- oder im Heckbereich verbaut werden. Die Anzahl der verwendeten Sensoren ist dabei von der angestrebten Genauigkeit sowie von der Fahrzeugbreite abhängig. Abbildung 9.47 zeigt typische Einbaupositionen für ein System mit vier Sensoren. Ein Vorteil dieses Systems ist die Möglichkeit des einfachen Nachrüstens, auch bei älteren Fahrzeugen.

Eine Erweiterung dieses Messprinzips sind Heck- und Frontkameras, die dem Fahrer ein Bild des Bereichs um das Fahrzeug ermöglichen. Die Anzeige des entsprechenden Bildes wird dabei auf einem ggf. vorhandenen Bildschirm oder im Innenspiegel (als geteiltes Bild oder vollständig) angezeigt. Zusätzlich zum angezeigten Bild wird bei einigen

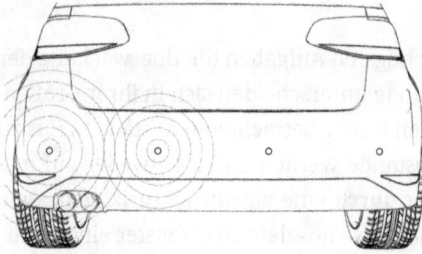

Abb. 9.47: Einbaupositionen für Ultraschallsensoren.

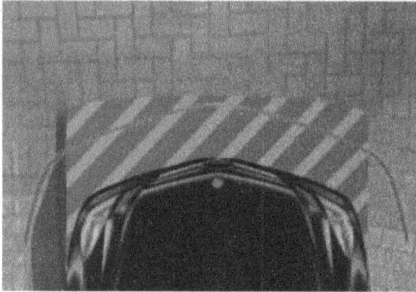

Abb. 9.48: Bild einer Umfeldkamera.

Kameras zudem ein Abstandsraster eingeblendet, um den Auswirkungen einer verzerrenden Perspektive vorzubeugen. Abbildung 9.48 zeigt eine solche Darstellung.

Einparkhilfen

Erweiterungen zu den rein überwachenden Systemen bilden Systeme, die zusätzlich zu den sensorischen Unterstützungen auch aktiv einen Teil des Parkiervorgangs übernehmen. Zu diesen zählen einerseits bereits erhältliche Systeme, wie Einparkpiloten, die selbstständig die Lenkung während des Parkiervorgangs übernehmen, bis hin zu voll automatisierten Einparksystemen, die sich teilweise von außen über eine Smartphone App steuern lassen. Der erhebliche Automatisierungsgrad stellt Herausforderungen sowohl auf technischer als auch auf rechtlicher Ebene dar.

9.8 Teleoperation

Teleoperation bedeutet, dass das Fahrzeug Informationen oder Steuerbefehle von außerhalb des Fahrzeugs erhält, die für die Fahrzeugführung relevant sind. In diesem Kapitel wurde bereits die Option einer Fahrzeugautomatisierung diskutiert, die spätestens ab einem Automatisierungsgrad „voll automatisiert" bzw. Level 4 nach SAE die Rolle der Fahrzeugführung auch ohne Rückfallebene des menschlichen Fahrers übernehmen kann. Mit dem Konzept der Teleoperation kommt nun neben dem Fahrer im Fahrzeug und der Fahrzeugautomatisierung eine dritte Instanz hinzu, die die Fahrzeugführung ganz oder teilweise bzw. permanent oder temporär übernehmen kann.

Insbesondere in der Kombination mit der Automatisierung der Fahrfunktion gewinnt die Teleoperation durch die eingeführte Rolle der **technischen Aufsicht** an Bedeutung. Seit 2021 fordert das StVG die Rolle einer technischen Aufsicht wie sie u. a. in § 1d, Absatz (3) festgelegt ist

> „Technische Aufsicht eines Kraftfahrzeugs mit autonomer Fahrfunktion im Sinne dieses Gesetzes ist diejenige natürliche Person, die dieses Kraftfahrzeug während des Betriebs gemäß § 1e Absatz 2 Nummer 8 deaktivieren und für dieses Kraftfahrzeug gemäß § 1e Absatz 2 Nummer 4 und Absatz 3 Fahrmanöver freigeben kann." [StVG § 1d(3)]

Die Rollen und Aufgaben der technischen Aufsicht sind ferner im Detail in StVG § 1f, Absatz (2) beschrieben:

1. „ein alternatives Fahrmanöver nach § 1e Absatz 2 Nummer 4 und Absatz 3 zu bewerten und das Kraftfahrzeug hierfür freizuschalten, sobald ihr ein solches optisch, akustisch oder sonst wahrnehmbar durch das Fahrzeugsystem angezeigt wird, die vom Fahrzeugsystem bereitgestellten Daten ihr eine Beurteilung der Situation ermöglichen und die Durchführung des alternativen Fahrmanövers nicht die Verkehrssicherheit gefährdet,
2. die autonome Fahrfunktion unverzüglich zu deaktivieren, sobald dies optisch, akustisch oder sonst wahrnehmbar durch das Fahrzeugsystem angezeigt wird,
3. Signale der technischen Ausrüstung zum eigenen Funktionsstatus zu bewerten und gegebenenfalls erforderliche Maßnahmen zur Verkehrssicherung einzuleiten und
4. unverzüglich Kontakt mit den Insassen des Kraftfahrzeugs herzustellen und die zur Verkehrssicherung notwendigen Maßnahmen einzuleiten, wenn das Kraftfahrzeug in den risikominimalen Zustand versetzt wird." [StVG § 1f(2)]

Für einen Regelbetrieb von automatisierten und autonomen Fahrzeugen ist die Rolle der technischen Aufsicht i. d. R. in Form einer Teleoperation vorgesehen. Dies bietet den Arbeitsplatz- und Skalierungsvorteil, dass eine natürliche Person unabhängig vom Einsatzort der Fahrzeuge für mehrere automatisierte Fahrzeuge zuständig sein kann, da sie sich nur bei Bedarf temporär um ein Fahrzeug kümmern muss.

Nebenbemerkung: Während der Erprobung muss die technische Aufsicht sich vor Ort befinden, wie § 1i, Absatz (1) darlegt:

- „Kraftfahrzeuge, die zur Erprobung von Entwicklungsstufen für die Entwicklung automatisierter oder autonomer Fahrfunktionen dienen, dürfen auf öffentlichen Straßen nur betrieben werden, wenn [...] das Kraftfahrzeug im Betrieb wie folgt permanent überwacht wird:
  a) bei automatisierten Fahrfunktionen erfolgt die Überwachung durch einen in Bezug auf technische Entwicklungen für den Kraftfahrzeugverkehr zuverlässigen Fahrzeugführer,
  b) bei autonomen Fahrfunktionen erfolgt die Überwachung durch eine vor Ort anwesende, in Bezug auf technische Entwicklungen für den Kraftfahrzeugverkehr zuverlässige Technische Aufsicht" [StVG, § 1i(1)]

Entsprechend Der BASt Arbeitsgruppe „Forschungsbedarf Teleoperation" (Gasser und Frey 2024) ist die Teleoperation ein Oberbegriff, der sich wie folgt gliedern lässt.
– Teleassistenz,
– Telefahren,
    – Dauerhaftes Telefahren
    – Temporäres oder ereignisbasiertes Telefahren.

Die Teleassistenz wird durch die Rolle der technischen Aufsicht wahrgenommen. Telefahren ist aktuell noch nicht gesetzlich geregelt.

Abbildung 9.49 zeigt einen schematischen Überblick des soziotechnischen Gesamtsystems aus Fahrzeug, Funkstrecke und Leitstand mit Teleoperator. Dieses System steht in Wechselwirkung mit dem verkehrlichen Umfeld des Fahrzeuges.

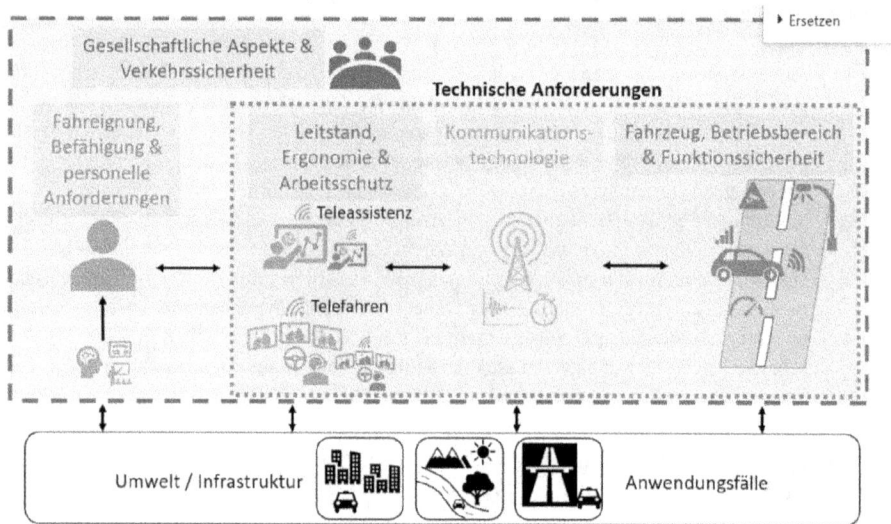

Abb. 9.49: Soziotechnisches Gesamtsystems aus Fahrzeug, Funkstrecke und Leitstand mit Teleoperator (Gasser und Frey 2024).

Teleassistenz bezeichnet die Unterstützung des Fahrzeugs durch Hinweise, Manövervorschläge oder Freigaben von Fahrmanövern von außerhalb des Fahrzeugs. Die Teleassistenz entspricht damit im Allgemeinen der Definition von „Remote Assistance" nach SAE J3016, mit der Einschränkung, dass die teleoperierende Person i. d. R. explizit keine direkte Sichtverbindung zum teleoperierten Fahrzeug hat, während Remote Assistance nach SAE dies erlaubt (Gasser und Frey 2024).

Die Teleassistenz ist i. d. R. nur in Verbindung mit einer Fahrzeugautomation sinnvoll, die die Inputs der Teleassistenz nicht nur in fahrbare Trajektorien umrechnet, sondern diese auch sicher mit einer Trajektorienfolgeregelung durchführt und die Fahrt technisch insbesondere durch eine ausreichende Umfelderfassung absichert und überwacht.

Die Teleassistenz erfolgt aus einem Leitstand heraus. Ein solcher Leitstand, der insbesondere die Aufgaben einer technischen Aufsicht für voll automatisierte Fahrzeuge unterstützt, ist in Abbildung 9.50 dargestellt.

Abb. 9.50: Teleassistenzleitstand (Quelle: DLR).

Wie die Abbildung zeigt, gibt es in einem solchen Teleassistenzleitstand weder ein Lenkrad noch Pedale, da keine direkte Steuerung des Fahrzeugs auf operativer Ebene besteht, sondern eine Führung bzw. Assistenz auf taktischer Ebene, also der Ebene von geplanten Manövern und Trajektorien.

Das hier als Beispiel in Abbildung 9.51 dargestellte, vom Deutschen Zentrum für Luft- und Raumfahrt entwickelte Konzept weist mehrere wichtige Elemente auf, die notwendig sind, damit der Teleoperator für eine Teleassistenz ohne dauerhafte Überwachungstätigkeit ein ausreichendes Situationsbewusstsein aufbauen und einfach Steuerungshinweise an das Fahrzeug übermitteln kann.

Im oberen Bereich findet sich eine Echtzeitvideoübertragung, die i. d. R. in etwa der Sicht eines Fahrers an Bord entspricht. Daher sind auch Rückspiegelperspektiven enthalten. Je nach Situation sind ggf. andere Perspektiven oder Schwenkmöglichkeiten notwendig. Darunter sind mehrere Anzeigen angeordnet, die dem Teleoperator Informationen zum technischen System im Fahrzeug geben, Zusatzinformationen über die Umgebung des Fahrzeugs, z. B. relevante Informationen über Einsatzfahrzeuge in der Nähe, sowie ein Überblick als Karte. Unten ist ein Eingabeterminal, in dem der Teleassistent z. B. geplante Manöver freigeben oder per Touchscreen neue Manöver vorgeben kann.

Da Teleassistenz keinen permanenten Eingriff des Teleoperators vorsieht und ein menschlicher Operator nicht für dauerhafte Überwachungstätigkeiten geeignet ist (Endsley 1995), kann der Einsatz einer Teleassistenz folgerichtig nur in unkritischen Situa-

Abb. 9.51: Bild einer Umfeldkamera (Quelle: DLR).

tionen und ohne hohen Zeitdruck sicher erfolgen. Nur so kann der Teleoperator sicher ein ausreichendes Situationsbewusstsein aufbauen.

Telefahren bezeichnet im Unterscheid zur Teleassistenz die direkte operative Steuerung des Fahrzeugs bzgl. Längs- und Querführung, also die Durchführung der kontinuierlichen Fahraufgabe (Gasser und Frey 2024) von außerhalb des Fahrzeugs ohne direkte Sichtverbindung zum Fahrzeug. Damit entspricht Telefahren bis auf die in der SAE-Definition mögliche direkte Sichtverbindung dem Begriff „Remote Driving" nach SAE J3016.

Anders als die Teleassistenz ist das Telefahren in Deutschland bisher noch nicht gesetzlich geregelt.

Telefahren kann in zwei verschiedenen Anwendungsfällen zum Einsatz kommen: entweder **dauerhaft** für die gesamt intendierte Fahrt eines Fahrzeuges, beispielsweise zur Überführung eines Carsharing-Fahrzeugs zum neuen Einsatzort, oder **eventbasiert**, beispielsweise, um einen kleinen Fahrtabschnitt zu überbrücken, z. B. wenn sich dieser Abschnitt außerhalb des genehmigten Betriebsbereichs eines automatisierten Fahrzeugs befindet.

Auch Telefahren wird aus einem Leitstand ausgeführt, wie beispielsweise in Abbildung 9.52 dargestellt. Dieser verfügt i. d. R. über ein Lenkrad und Pedale zum Bremsen und Beschleunigen als Bedienkonzept.

Da beim Telefahren die vollständige Fahrzeugführung inkl. der Fahrzeugregelung vom Teleoperator übernommen wird und es eine geringere Absicherung der Eingaben innerhalb des Fahrzeugs gibt, ist ein ausreichendes Situationsbewusstsein des Teleoperators umso wichtiger. Dieses beinhaltet nach Endsley 1988 eine ausreichende Wahrnehmung, Verstehen und Antizipation der Situation (Hosseini und Lienkamp 2016). Durch reduzierte kinästhetische Wahrnehmung durch fehlende direkte Eindrücke von Beschleunigung und Ruck und andere Einschränkungen oder Verfälschungen bei der Si-

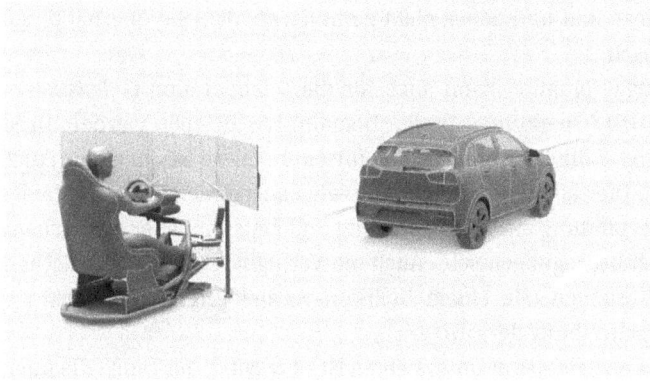

Abb. 9.52: Telefahren, s. Vay Technogies Factsheet (Vay 2024).

gnalübertragungen von visuellen oder auditiven Eindrücken kann das Ausbilden eines korrekten Situationsbewusstseins eine Herausforderung darstellen. Dies kann insbesondere bei einer eventbasierten Teleoperation die Übernahme in bestimmten Situationen schwierig machen. Aufgrund der fehlenden kinästhetischen Wahrnehmung ist auch eine Unterstützung der Fahraufgabe durch fahrzeugseitige Assistenzfunktionen auf der Stabilisierungsebene wie ESP oder ASR für Telefahren von besonderer Bedeutung.

Für die sichere Nutzbarkeit von Teleoperationsfunktionen (sowohl Teleassistenz als auch Telefahren) kommt der funktionalen Sicherheit des technischen Systems zur Teleoperation eine hohe Bedeutung zu. Insbesondere beim Telefahren sind die Anforderungen an einen leistungsfähigen und hochverfügbaren **Funkkanal** sehr hoch. Untersuchungen zeigen, dass Latenz hier kritischer und durch den Teleoperator auch im Effekt schwerer einzuschätzen ist als Bandbreitenlimitationen. Neumeier et al. 2019 beschreibt negative Effekte ab einer Latenz von 300 ms, während andere Quellen bereits ab 200–225 ms (MacKenzie und Ware 1993, Pongrac et al. 2008) oder sogar 170 ms (Chen 2010) Latenz Beeinträchtigungen beschreiben. Noch deutlich schlechter sind allerdings schwankende Latenzen. Daher ist es notwendig, ein Netz mit entsprechenden Priorisierungsmechanismen einzusetzen, um eine gewisse Latenz und Zuverlässigkeit zu gewährleisten, wie sie ab 5G mit Features wie Networkslicing etc. versprochen werden. Für entsprechende Redundanz können in Zukunft nicht-terrestrische Netzte (NTN), also Satellitenkommunikation, infrage kommen.

Allerdings ist nach heutigem Stand der Technik nie völlig auszuschließen, dass ein Funkkanal zusammenbricht. Daher ist aktuell zu empfehlen, dass ein Fahrzeug immer eine eigene funktionsfähige automatisierte Fahrfunktion oder zumindest ein funktionsfähiges Kollisionsvermeidungssystem aufweisen muss, um im Notfall das Fahrzeug zu sichern. Bei einem so eingesetzten Kollisionsvermeidungssystem ist zu beachten, dass es nun Teil der Sicherheitsargumentation ist und daher anders auszulegen ist als die typischen Kollisionsvermeidungssysteme, ISO 22839, die auf die Vermeidung von

Fehlauslösungen ausgelegt sind und daher nicht garantieren, dass sie überhaupt zur Unfallvermeidung auslösen.

Analog zur Fahrzeugautomation kann auch für die Teleoperation (Teleassistenz bzw. Telefahren) eine **ODD** (Operational Design Domain) beschrieben werden. Diese beschreibt den Bereich bzw. die Bedingungen, die für eine sichere Nutzung der Funktion erfüllt sein müssen. Dies können beispielsweise eine ausreichend leistungsfähige und verlässliche Funkverbindung zwischen Fahrzeug und Leitstand oder ausreichend gute wetterbedingte Sichtbedingungen sein. Auch die Verfügbarkeit von technischen, fahrzeugseitigen Absicherungen wie einem Kollisionsvermeidungssystem fließt bei Notwendigkeit in die Beschreibung der ODD ein.

Bei der Konzeption von Teleoperationssystemen ist es wichtig, dass auch die Interaktion mit den Fahrgästen im Fahrzeug sowie die situationsbedingte Kommunikation nach außen mit anderen Verkehrsteilnehmern oder anderen Außenstehenden ermöglicht und bedacht wird. So kann es hilfreich sein, wenn sich ein Teleoperator in einer schwierigen Situation direkt an einen Passanten wenden kann oder eine direkte verbale Kommunikation mit einem Verkehrspolizisten möglich ist.

Wie oben beschrieben, hat Teleoperation unter anderem das Potenzial, die Verfügbarkeit und damit die Attraktivität von automatisierten Fahrzeugen zu erhöhen, insbesondere wenn diese an unvorhergesehene Systemgrenzen stoßen und durch Teleoperation eine sichere Weiterfahrt und nicht nur ein sicheres Anhalten am Straßenrand ermöglicht wird. Da das Auftreten unvorhergesehener Systemgrenzen perspektivisch zwar abnehmen, aber nie ganz verschwinden wird, kann Teleoperation für automatisierte Fahrzeuge mehr als nur eine Brückentechnologie sein, sondern eher eine Säule, die die Einführung unterstützen und auch in Zukunft in neuen Situationen tragen kann. Diese Bedeutung wird vor dem Hintergrund möglicher Katastrophenszenarien, Sonderlagen und zunehmender Starkwetterereignisse deutlich. Hier hat die Teleoperation beispielsweise das Potenzial, automatisierte Fahrzeuge koordiniert für Transportaufgaben einzusetzen, auch wenn die ODD der automatisierten Fahrfunktion verletzt wird.

9.9 Neuartige Fahrzeugkonzepte

Die derzeit (Stand: 2023) in Serienfahrzeugen verbauten Systeme erfüllen die Funktionalitäten von Level 2 (siehe Abschnitt 9.2.1), die die ständige Aufmerksamkeit des Fahrers erfordern. Der nächste Schritt in Richtung, Level 3, impliziert eine Verlagerung der Verantwortung vom Fahrer auf das Fahrzeug und damit auf den Fahrzeughersteller, was sowohl technische als auch rechtliche Fragen aufwirft. Bisher zugelassene Level-3-Systeme sind aufgrund erheblicher Einschränkungen hinsichtlich zugelassener Strecken und Geschwindigkeitsbereiche tatsächlich eher erweitere Level-2-Systeme.

Aus technischer Sicht steigen die Herausforderungen, die mit einer zumindest zeitweisen vollständigen Übernahme der Fahrzeugsteuerung durch ein technisches System verbunden sind, mit der Komplexität der jeweiligen Verkehrsszenarien. Dies erhöht die

Anforderungen an Sensorik, hochpräzises Kartenmaterial und Algorithmen zur Interpretation von Verkehrssituationen dramatisch und erfordert auch einen entsprechenden Ausbau der Infrastruktur. Gleichzeitig werden die Unfallfolgen mit steigender Geschwindigkeit zunehmen.

Abbildung 9.53 zeigt das Feld der Herausforderungen in den beiden Dimensionen Fahrgeschwindigkeit und Verkehrskomplexität und den damit verbundenen möglichen Entwicklungspfad. Es ist zu erwarten, dass zunächst die bereits serienmäßig angebotenen Stauassistenten auf Autobahnen sukzessive auf höhere Geschwindigkeiten ausgeweitet werden, da hier in der Regel von einer vergleichsweise gleichmäßigen Verkehrskomplexität ausgegangen werden kann. Innerorts, in Bereichen mit niedrigen Regelgeschwindigkeiten, ist eine Automatisierung bis hin zu Level-3-Systemen und höher möglich. Hier ist zwar die Komplexität höher als auf einer Autobahn, aber die niedrigen Geschwindigkeiten sind von Vorteil. Dies alles setzt voraus, dass parallel die rechtlichen Rahmenbedingungen für diese Entwicklung schrittweise geschaffen werden.

Gleichzeitig muss allerdings gewährleistet sein, dass die Sicherheit und die Verfügbarkeit der technischen verfügbaren Systeme in allen Situationen gewährleistet ist, d. h. es muss eine entsprechende Homologation stattfinden. Angesichts der unzähligen verschiedenen Fahrsituationen müssen Methoden entwickelt und eingesetzt werden, um die Vielzahl der Situationen auf relevante Szenarien einzuschränken (Koller und Düser 2020).

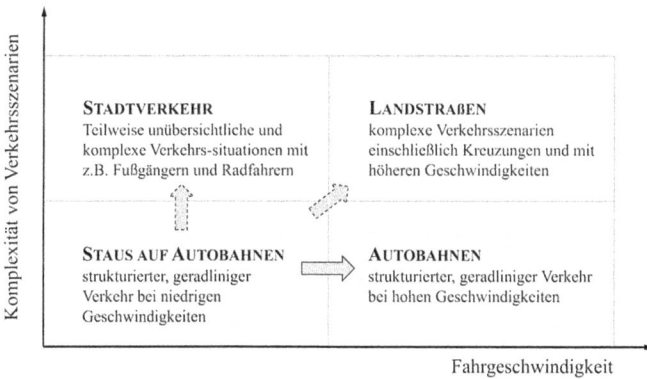

Abb. 9.53: Komplexitätsdimensionen verschiedener Verkehrsszenarien.

Die Autoren sind der Auffassung, dass eine Weiterentwicklung insgesamt nur in kleinen (Automatisierungs-)Schritten zu erwarten ist. So können einerseits die daraus resultierenden Risiken überschaubar gehalten und andererseits entsprechende Erfahrungen gesammelt werden, die dann wiederum in die weitere Entwicklung einfließen können. Die Bereitschaft, entsprechende Schritte zu unternehmen, ist vorhanden, wird aber von Fahrzeughersteller zu Fahrzeughersteller sehr unterschiedlich sein. Während neue Hersteller, wie z. B. Tesla, bereits sehr weitreichende Systeme anbieten, sind die etablierten Hersteller, auch bei gleichzeitig umfangreicherer Sensorausstattung, deutlich zurückhaltender.

Ähnliche Überlegungen lassen sich auch für Level-4- und Level-5-Systeme anstellen. Hier ist jedoch davon auszugehen, dass diese Systeme zunächst außerhalb des öffentlichen Verkehrsraums in privaten oder geschlossenen Sonderverkehrszonen eingesetzt werden, die unter Umständen einer besonderen (Fremd-)Überwachung unterliegen. Ob und wann Fahrzeuge der Stufen 4 und 5 tatsächlich kommerziell und in großem Umfang im öffentlichen Verkehrsraum eingesetzt werden, ist aus heutiger Sicht schwer abzuschätzen. Aufgrund der derzeitigen Gesetzeslage und der aktuellen technischen Entwicklung ist jedoch davon auszugehen, dass einzelne Level-4- oder Level-5-Fahrzeuge zunächst in Spezialanwendungen in China oder den USA realisiert werden.

Eine besondere Herausforderung ist auch der Übergang zum automatisierten Fahren in dem während einer Übergangszeit nicht vermeidbaren Szenario des Mischverkehrs mit nicht automatisierten Fahrzeugen.

Unabhängig von den in diesem Kapitel angesprochenen technischen Grundlagen und den erforderlichen gesetzgeberischen Erfordernissen ist die Zeit bis zu einer Markdurchdringung mit den grundsätzlich möglichen Funktionen eher in Jahrzehnten als in Jahren zu rechnen.

10 Fahrsimulatoren

Fahrsimulatoren erfahren eine zunehmende Anwendung in Forschung und Entwicklung. Im Gegensatz zu Testungen in der realen Welt, die meist durch eine erhöhte Komplexität und das Auftreten verschiedener Schwierigkeiten gekennzeichnet sind, bieten Simulatoren die Möglichkeit, relevante Fragestellungen auf einer hoch standardisierten, aber auch kosten- und zeiteffizienten Ebene zu adressieren. Darüber hinaus kann das Risiko für Unfälle oder Verletzungen, welches in der realen Welt gegeben ist, nahezu ausgeschlossen werden. Während Simulatoren in der Luft- und Raumfahrt bereits seit Beginn des 20. Jahrhunderts eingesetzt werden, erfolgt eine Nutzung im Automobilbereich erst seit den 1970er Jahren.

Zu diesem frühen Zeitpunkt konnte die anfängliche Zielsetzung, Fragestellungen aus dem Bereich der Fahrzeugdynamik zu beantworten, allerdings nur unzureichend erfüllt werden. Die zur Verfügung stehende Technik war nicht in der Lage, die Fahrdynamik in der erforderlichen Realitätsnähe darzustellen. Erst mit der stark angestiegenen CPU-Rechenleistung war es möglich, immer komplexere Fahrzeug- und Umgebungsmodelle in Echtzeit zu berechnen, was die Grundvoraussetzung für jeden Simulator ist. Ebenso hat der Bereich der Visualisierung der virtuellen Realität in den letzten Jahren deutliche Fortschritte gemacht. Gleichzeitig wurden erhebliche Anstrengungen unternommen, um ein realistisches Fahrgefühl im Simulator zu erzeugen. So konnte zum einen der Umfang simulierter Systeme, zum anderen insbesondere der sog. Immersionsgrad (Realitätsempfinden) stetig gesteigert werden. Dies hat den Einsatzbereich der Fahrsimulatoren kontinuierlich erweitert und ermöglicht mittlerweile auch die Beurteilung der Fahrdynamik im Simulator. Der Einsatz von 3D-Visualisierungskonzepten, der durch die zur Verfügung stehende Technik in den letzten Jahren ebenfalls deutlich zugenommen hat, hat ein weiteres Einsatzgebiet erschlossen.

Hauptsächlich werden Fahrsimulatoren zur Forschung und Entwicklung an der Schnittstelle zwischen Mensch und Fahrzeug oder zur Untersuchung von Systemen, die aufgrund der Funktionsweise den Fahrer berücksichtigen müssen, eingesetzt (siehe Abschnitt 11.2 Mensch-Maschine-Interaktion). Für die Entwicklung und Erprobung von Assistenzsystemen stellen Simulatoren beispielsweise ein valides und verbreitetes Werkzeug dar. Zunehmend werden allerdings auch Fragestellungen aus dem Bereich der Fahrdynamik oder der Innenraumgestaltung über entsprechende Simulatoren untersucht. So kann beispielsweise im virtuellen Fahrzeug leicht das Innenraumdesign auf die Bedürfnisse der Fahrer abgestimmt werden. Letzten Endes kann der Fahrsimulator immer dann eingesetzt werden, wenn eine rein simulationstechnische Untersuchung nicht ausreicht. Dies ist immer dann der Fall, wenn der Mensch nicht oder nur sehr bedingt im Rahmen von Simulationsmodellen abgebildet werden kann, der reale Test ein zu hohes Risiko birgt oder noch keine entsprechenden Prototypen zur Verfügung stehen.

https://doi.org/10.1515/9783111335872-010

Eine erste Betrachtung der bekannten Fahrsimulatoren zeigt, dass diese teilweise deutliche Unterschiede aufweisen. Je nach Einsatzgebiet können unterschiedlichste Anforderungen an den Simulator gestellt werden:

– Ziel: Untersuchung eines Fahrerassistenzsystems, welches als Mensch-Maschine-Schnittstelle den kinästhetischen Sinn über einen Bremsruck ansprechen soll. Fokus: Bewegungssystem des Simulators.
– Ziel: Untersuchung eines Bahnführungsassistenten für den Komfortbereich, der ein Überlagerungsmoment im Lenkrad als Mensch-Maschine-Schnittstelle anspricht. Fokus: Synthese des Lenkmomentes bzw. Qualität des Lenkungsaktors.

Mit zunehmender Komplexität – insbesondere des Bewegungssystems – steigen die Kosten für die Realisierung eines Fahrsimulators überproportional, sodass der optimale Simulator nur für den individuellen Anwendungsfall definiert werden kann.

Fahrsimulatoren können reale Fahrversuche nicht vollständig ersetzen. Sie ermöglichen jedoch die Reduzierung der Entwicklungszeiten und -kosten durch flexible und risikolose Voruntersuchungen. Abhängig vom Einsatzzweck, dem Simulator sowie dem Studiendesign kommen die im Simulator gewonnenen Erkenntnisse bereits hinreichend nahe an die Ergebnisse aus realen Versuchen heran.

10.1 Grundlegende Anforderungen an Fahrsimulatoren

Um ein realitätsnahes Verhalten in verschiedenen Kontexten/Szenarien zu gewährleisten, bedarf es eines präzisen Modells zur Beschreibung der Physik (den Wechselwirkungen sowie dem Verhalten verschiedenen Systeme), welches in Echtzeit simuliert werden kann. Darüber hinaus muss es dem Fahrer ermöglicht werden, in die Situation einzutauchen, indem dieser die ihm gestellten Aufgaben (beginnend mit der reinen Fahraufgabe) so erledigen kann, wie er es auch in der realen Umgebung tun würde.

Im Weiteren wird nicht gezielt auf die Modellierung und Simulation des Fahrzeugs oder einzelner Komponenten eingegangen. Das Thema Modellbildung und Simulation der Fahrdynamik kann in den Kapiteln 2 und 3 dieses Buches oder für spezifischere Fragestellungen in Schramm et al. (2018) nachgelesen werden. Die folgenden Abschnitte behandeln hingegen die verschiedenen grundlegenden Aufgaben beim Führen eines Kfz und die daraus resultierenden Grundanforderungen an einen Fahrsimulator.

Wird die reine Fahraufgabe ohne weitere Nebentätigkeiten betrachtet, wird diese üblicherweise in drei Ebenen unterteilt (Abbildung 10.1). Interessant für das Verhalten des Fahrers ist, dass sich die Dauer und die Komplexität von Aufgaben mit den verschiedenen Ebenen der Fahraufgabe stark unterscheiden. Dennoch basiert die Bearbeitung der Aufgaben im Regelkreis Fahrer-Fahrzeug-Umwelt immer auf Sinnesreizen (Abbildung 10.2). Die Art der Aufnahme (Sinneskanal) sowie die Verarbeitung unterscheiden sich allerdings erheblich. Der Fahrer arbeitet dann auf der Grundlage zuvor erworbenen Wissens, und es bedarf komplexer Analysen und Interpretationen der unter-

Navigation

Bahnführung

Stabilisierung

~ 1s   ~ 1min   > 1h

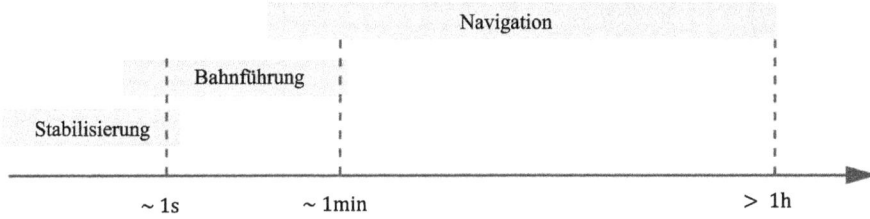

Abb. 10.1: Modellvorstellung der Fahrzeugführungsaufgabe.

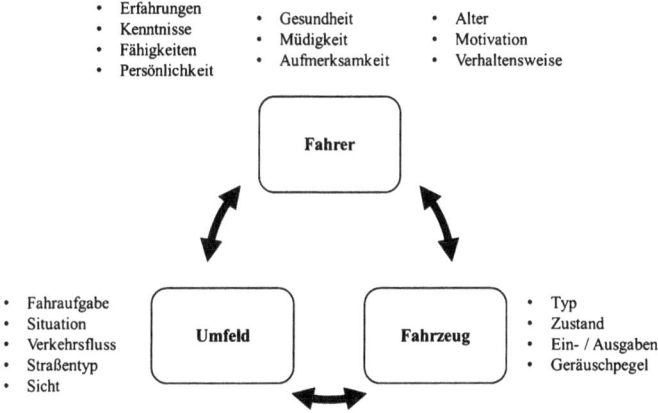

- Erfahrungen
- Kenntnisse
- Fähigkeiten
- Persönlichkeit

- Gesundheit
- Müdigkeit
- Aufmerksamkeit

- Alter
- Motivation
- Verhaltensweise

Fahrer

- Fahraufgabe
- Situation
- Verkehrsfluss
- Straßentyp
- Sicht

Umfeld

Fahrzeug

- Typ
- Zustand
- Ein- / Ausgaben
- Geräuschpegel

Abb. 10.2: Wechselwirkung von Fahrer, Fahrzeug und Umwelt nach König 2015.

schiedlichen Informationen. Das regelbasierte Verhalten beschreibt Lösungsstrategien anhand eintrainierter Regeln wie z. B. dem Befolgen von Straßenschildern.

Zur Eingruppierung der unterschiedlichen Handlungsstrategien beim Lösen von Aufgaben im Allgemeinen aber auch den Aufgaben beim Führen eines Fahrzeugs im Besonderen hat sich die Einteilung in primäre, sekundäre und tertiäre Aufgaben etabliert. Abhängig von der Aufgabe greift der Mensch auf sehr unterschiedliche Reiz-Reaktions-Mechanismen zurück. Bei stabilisierenden Manövern beispielsweise dem Ausgleichen von plötzlichem Seitenwind handelt der Fahrer auf der Basis reiner Reizreaktionen. Dieses (teilweise) antrainierte Verhalten ist schnell und unmittelbar mit einem Stimulus verknüpft und bedarf keiner weiteren Interpretation der Situation durch den Fahrer. Demgegenüber stehen Situationen, in denen es entsprechender Strategien bedarf, beispielsweise bei der Orientierung in einem unbekannten Gebiet. Hier wird der Fahrer Informationen aus der Umgebung (etwa die Lage markanter Gebäude) aufnehmen, miteinander verknüpfen und dann bewusst eine Handlung einleiten.

Interessant für die Entwicklung eines Fahrsimulators in Bezug auf die in Abbildung 10.3 dargestellten Zusammenhänge ist insbesondere das Zusammenspiel der Informationen, die über die Sinneskanäle wahrgenommen und verarbeitet werden, sowie den Reaktionen. Um in einem Fahrsimulator realitätsnahe Handlungsmuster zu ermög-

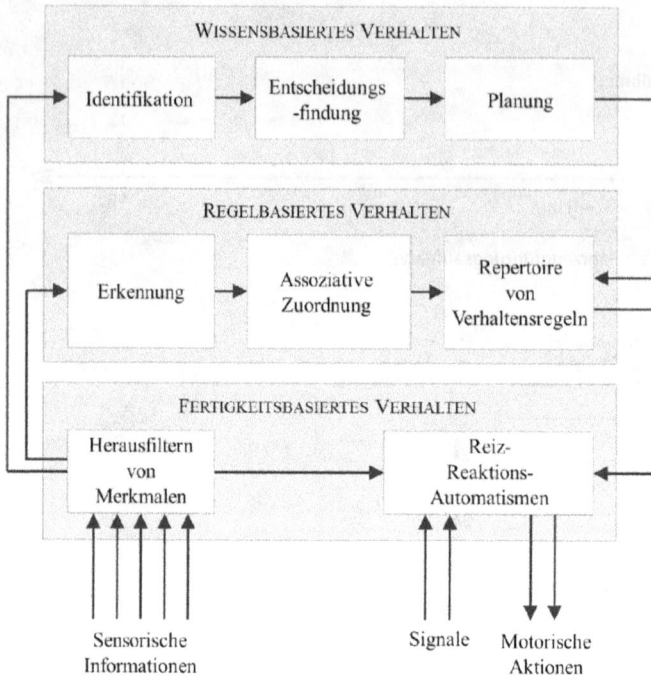

Abb. 10.3: Verschiedene Ebenen der Fahraufgabe nach Rasmussen 1983.

lichen, müssen die vom Fahrer erwarteten Reize zur Verfügung gestellt werden. Beispielsweise ist es bei der Betrachtung hochdynamischer Szenarien mit dem Ziel, das Zusammenspiel von Fahrer und Fahrzeug auf der Stabilisierungsebene zu untersuchen (wie es z. B. im Bereich der Fahrerassistenzentwicklung oft benötigt wird) unabdingbar, auch die notwendigen haptischen Reize bereitzustellen. Um dies entsprechend im Simulator bereitzustellen, sind bedarf es technisch aufwendiger Simulationsumgebungen notwendig. Dementgegen bedarf es bei Untersuchungen, die keinerlei dynamisches Fahrverhalten abbilden müssten, eines deutlich einfacheren Simulatoraufbaus, um das gewünschte Verhalten nachzubilden. Die unterschiedlichen Anforderungen resultieren in einer hohen Anzahl an verschiedenen Simulatorkonzepten, die für einen mehr oder weniger großen Einsatzbereich gute Ergebnisse liefern.

10.2 Klassifizierung und grundlegender Aufbau von Fahrsimulatoren

Der Fahrsimulator kann unabhängig vom notwendigen/gewählten Komplexitätsgrad grob in die folgenden Teilbereiche gegliedert werden, s. Tabelle 10.1:
- Simulation,
- Fahrerarbeitsplatz,

– Bewegungssystem,
– Umgebungsdarstellung.

Tab. 10.1: Strukturierung der Elemente von F&E-Fahrsimulation nach Hiesgen 2011.

Simulation	Fahrerarbeitsplatz	Bewegungssystem	Umgebungsdarstellung
Fahrdynamik	Cockpit	Anzahl der Freiheitsgrade	Projektions-/Visualisierungsart
Fahrerassistenzsysteme	Mensch-Maschine-Schnittstellen	Beschleunigungsvermögen	Blickfeld
Umgebungsverkehr	HIL-Elemente	Max. Geschwindigkeit	Auflösung
Fahrbahn/-untergrund	Ergonomie	Frequenzbänder	2D/3D
Umgebung	...	Motion Cueing	....
Witterung		...	
...			Geräuschquellen
			3D Sound
			...

Dabei können alle Teilbereiche eine sehr unterschiedliche Ausprägung haben, da diese oft an die Gegebenheiten eines geplanten Simulatorversuchs angepasst werden müssen.

Die folgenden Abschnitte bieten einen groben Einstieg in die einzelnen Teile eines Fahrsimulators. Für einen tieferen Einblick wird auf die weiterführende Literatur verwiesen (Negele 2007), (Hesse 2011), (Capustiac 2011), (Capustiac, Banabic, et al. 2011a), (Capustiac, Hesse, et al. 2011b, Hiesgen & Schramm 2011).

10.2.1 Simulation

Die Simulation bildet den Kern eines jeden Simulators. In ihr werden alle relevanten physikalischen Effekte abgebildet. Darüber hinaus zeigen Simulationen die Wechselwirkung zu den Eingaben des Fahrers. Insbesondere muss naturgemäß die Fahrzeugdynamik mit der notwendigen Genauigkeit simuliert werden. Allerdings erfordert es Modelle, um etwaige umgebende Verkehrsteilnehmer sowie ggf. die Umwelt zu realisieren.

Die benötigte Modellierungstiefe spielt gerade bei modernen Simulatoren eine relevante Rolle. Beispielsweise kann es innerhalb einer typischen Fahrsituation im urbanen Raum schnell dazu kommen, dass 20 und mehr Fahrzeuge an einer Verkehrssituation teilnehmen. Dazu kommen ggf. weitere Verkehrsteilnehmer wie Fußgänger oder Radfahrer. Bei der Wahl einer zu hohen Modellierungstiefe würde dies schnell dazu führen, dass keine Echtzeitsimulation mehr möglich ist, was den Einsatz der Simulation/Modelle in einem Simulator (normalerweise) unmöglich macht. Daher werden immer wieder Ansätze verwendet, die das eigene Fahrzeug mit einer sehr hohen Güte simulieren, wobei die übrigen Verkehrsteilnehmer stark vereinfacht berechnet werden.

Die Simulation im Rahmen eines Fahrsimulators muss stets mit dem Fahrerarbeitsplatz sowie der Umgebungsdarstellung kommunizieren. Dies entspricht einer Art Hardware-in-the-Loop-Simulation, bei der der Begriff der Echtzeit eine entscheidende Rolle spielt. Aktionen des Fahrers müssen unverzüglich Reaktionen des Systems hervorrufen. Diese müssen dann in einem zweiten Schritt ebenfalls unverzüglich durch den Fahrer wahrnehmbar sein. Damit kann der beschriebene Kreis aus Fahrer, Fahrzeug und Umwelt im Simulatorversuch erfolgreich umgesetzt werden. An die Simulation stellt dies häufig eine große Herausforderung.

Für Details zur Modellbildung und Simulation eines Fahrzeugs sowie einzelner Systeme des Fahrzeugs und einer komplexen Verkehrssituation wird an dieser Stelle auf die vorangegangenen Kapitel dieses Buches sowie auf die einschlägige Literatur verwiesen (Adamski 2014).

10.2.2 Fahrerarbeitsplatz

Der Fahrerarbeitsplatz des Fahrsimulators muss gewährleisten, dass die Testperson, während einer Simulatorfahrt, auf die gewohnte/beabsichtigte Weise mit dem Fahrzeug interagieren kann. Dazu zählen die üblichen Bedienelemente wie das Lenkrad, die Pedale oder auch weitere Ein- und Ausgabegeräte im Cockpit, die für das gewünschte Szenario benötigt werden. Es können ggf. auch neuartige Bedienelemente eingebracht und im Simulator getestet werden.

Neben der reinen Bereitstellung der Bedienelemente hat der Fahrerarbeitsplatz eine weitere sehr wichtige Funktion. Für eine erfolgreiche Nutzung des Simulators ist es entscheidend, dass der Fahrer die „Fahrt" als reale ernsthafte Aufgabe akzeptiert. Dies wird durch die direkte Umgebung des Fahrers in entscheidender Weise beeinflusst. Beispielsweise wird durch das Öffnen der Fahrzeugtür und das Einsteigen vor der Fahrt ein anderer Effekt erzielt als bei Simulatoren, die ohne geschlossene Fahrzeugcockpits auskommen. Hier ist oft der Grad der Immersion deutlich geringer und benötigt längere Zeit.

Gängige Varianten von Simulatoren reichen von einfachen Lenkrädern, die aus dem Bereich der Unterhaltungselektronik bekannt sind, bis hin zu kompletten Fahrzeugaufbauten. Abhängig vom Einsatzzweck werden sämtliche Zwischenstufen verwendet. Sehr einfache Aufbauten haben im Gegensatz zu Komplettfahrzeugen den entscheidenden Vorteil, dass sowohl die Handhabung als auch die Integration in eine Simulation relativ einfach sind. Werden beispielsweise gesamte Fahrzeuge für den Einsatz im Simulator verwendet, so muss ebenfalls dafür Sorge getragen werden, dass sich das Fahrzeug wie bei einer regulären Fahrt bedienen lässt. Dies ist dadurch möglich, dass dem Fahrzeug aus der Simulation alle notwendigen Sensorsteuergerätsignale eingespeist werden.

Für den Fahrerarbeitsplatz ist eines der zentralen Bedienelemente die Lenkung. Für den Bereich der Querführung des Fahrzeugs ist die Lenkung nicht nur das zentrale Bedienelement, sondern auch entscheidend für das Verhalten des Fahrers. Die Lenkung stellt also eine bidirektionale Schnittstelle zwischen Fahrer und Fahrzeug dar. Dabei ist es mitunter sehr aufwendig, im Simulator ein realistisches Lenkgefühl zu erzielen. Auffällig ist zudem, dass dieselben Stimuli im Simulator vom Fahrer teilweise anders wahrgenommen werden als im realen Fahrzeug. Dies zeigt sich insbesondere bei der Lenkung. So kann es sein, dass die Lenkung realistischer beurteilt wird, wenn diese eine deutlich vergrößerte Handkraft, gegenüber der im realen Fahrzeug hat, wenn zusätzliche normalerweise zeitgleich auftretende Kräfte aus der Fahrzeugquerbeschleunigung im Simulator fehlen. Die Lenkung ist damit ein gutes Beispiel dafür, dass die Abstimmung des Fahrerarbeitsplatzes und insbesondere der Schnittstellen von Fahrer und Simulator nur unter Kenntnis des Simulators, der verwendeten Technik sowie des zugrunde liegenden Szenarios optimal gelingen kann.

10.2.3 Umgebungsdarstellung

Die Umgebungsdarstellung variiert stark zwischen den einzelnen Simulatoren. Dabei umfasst diese neben der Visualisierung auch die auditiven Stimuli. Haptische Signale aus der Umgebung, wie etwa Vibrationen aufgrund einer unebenen Fahrbahn, fallen unter den Bereich des Bewegungssystems.

Der wichtigste Teil der Umgebungsdarstellung ist die optische Darstellung des simulierten Szenarios. Diese ist unmittelbar beim Betreten eines Simulators zu erkennen und ist ausschlaggebend für den Realitätseindruck (oder kann diesen zerstören). Neben dem Realitätsgrad der dargestellten Objekte, welcher für einen sehr guten Simulator nicht zwangsläufig das Maß aus heutigen PC-Spielen erreichen muss, sind im Bereich der Visualisierung die folgenden Punkte ausschlaggebend:
- Zeitversatz zur Simulation,
- Blickwinkel und optischer Fluss sowie
- erkennbare Bildränder.

Da die meisten Informationen für die Fahrzeugführung visuell aufgenommen werden, führt eine Diskrepanz zwischen Simulation und Visualisierung schnell dazu, dass das Fahrzeug in der Simulation nicht mehr sicher geführt werden kann. Reagiert beispielsweise die Visualisierung in einer Kurve nicht sofort, so reagiert der Fahrer mit einem verstärkten Lenkradeinschlag. Dies kann dann dazu führen, dass selbst geübte Fahrer Schwierigkeiten haben, das Fahrzeug in der gewünschten Spur zu halten.

Der optische Fluss beschreibt die Winkeländerung zu Objekten im Sichtfeld über die Zeit. Dieser vermittelt dem Fahrer ein Geschwindigkeitsgefühl. Objekte neben der Fahrbahn, welche der Fahrer im peripheren Sichtfeld wahrnimmt, vermitteln einen Eindruck darüber, mit welcher Geschwindigkeit sich das Fahrzeug bewegt. Das Fehlen des optischen Flusses (z. B. bei der Verwendung eines ebenen Bildschirms vor dem Simulator) führt schnell zu einer falschen Einschätzung der eigenen Geschwindigkeit. Dies wird in vielen Simulatoren durch fehlende geschwindigkeitsabhängige Fahrbahnanregungen (Vibrationen) verstärkt. Das seitliche Sichtfeld ist zudem entscheidend, wenn beispielsweise Fahrbahnen mit starker Krümmung befahren werden sollen.

Gängige Simulatoren in der automobilen Forschung greifen meist auf eine sogenannte Projektions-Cave3 zurück. Dieses umgibt den Fahrer im Simulator so, dass dieser in alle Richtungen das projizierte Umgebungsbild sehen kann. Die Cave kann quaderförmig, zylindrisch oder auch kuppelförmig sein. Zylindrische aber insbesondere sphärische Projektionsflächen haben den großen Vorteil, dass der Fahrer die Projektionsfläche stets senkrecht betrachtet. Darüber hinaus werden Brüche in den Ecken, wie es beispielsweise bei der Verwendung eines Quaders vorkommt, vermieden. Dem gegenüber steht der große technische Aufwand, den eine Projektion auf eine gekrümmte Fläche bedingt.

Zunehmend kommen Simulatoren mit einer 3D-Visualisierung zum Einsatz. Die 3D-Technik erlaubt im Bereich der Simulatoren zwei Aspekte. Zum einen können Verkehrsteilnehmer, die sehr nahe am eigenen Fahrzeug sind, plastischer dargestellt werden (bei den flachen Projektionsflächen in 2D-Technik ist es nahezu unmöglich, ein Objekt in direkter Fahrzeugnähe innerhalb der ersten 1 bis 3 m vom eigenen Fahrzeug realistisch abzubilden). Zum anderen kann das eigene Fahrzeug ebenfalls Teil der 3D-Visualisierung sein. Dadurch erhält der Fahrer zusätzlich den Eindruck, in einem vollwertigen Fahrzeug zu sitzen, ohne dass dieses real existiert. Hiermit können z. B. Innenraumkonzepte schnell in Fahrsituationen getestet werden. Problematisch bei den 3D-Systemen ist allerdings, dass diese eine höhere Rechenleistung benötigen und das Problem der Kinetose (Bewegungskrankheit, auch als Reisekrankheit/Simulatorkrankheit bezeichnet, worauf in Abschnitt 11.11 nochmals näher eingegangen wird) verstärken können.

10.2.4 Das Bewegungssystem

Bewegungssysteme werden bei Simulatoren eingesetzt, um dem Fahrer ein Gefühl für die Bewegung des Fahrzeugs zu geben. Hierfür fließt in die Entwicklung aktueller Fahrsimulatoren ein erheblicher Aufwand. Aufgrund der damit verbundenen hohen Kosten werden komplette Bewegungssysteme für Fahrsimulatoren nur bei Untersuchungen eingesetzt, bei denen die Rückmeldung aus der Fahrzeugdynamik, entscheidenden Einfluss hat. Die höchste Ausbaustufe (was die Anzahl der Freiheitsgrade angeht) stellen Simulatoren wie der in Abbildung 10.4 dargestellte Simulator von Toyota dar.

Das gesamte Visualisierungssystem (weiße Kuppel) wird auf einem Hexapod (räumliche Bewegungsmaschine mit sechs Antriebselemente) gelagert. Dieser Hexapod ist selbstständig in der Lage, die Kuppel mit dem darauf befindlichen Fahrzeug in alle sechs Raumrichtungen zu bewegen. Er wird allerdings hauptsächlich für die Neigungen des Fahrzeugs um die x- und y-Achse verwendet. Zusätzlich lässt sich die Kuppel

Abb. 10.4: Toyota Fahrsimulator.

frei um ihre Hochachse drehen. Hiermit kann insbesondere die Gierbewegung des Fahrzeugs nachempfunden werden. Für länger anhaltende laterale oder longitudinale Bewegungen (Beschleunigungen) kann der gesamte Aufbau auf einem großen *xy*-Tisch bewegt werden. Mit diesen Freiheitsgraden wird die Starrkörperbewegung des Fahrzeugs nachempfunden. Für einen realistischen Geschwindigkeitseindruck und zur weiteren Steigerung des Realitätsgrads ist eine hochfrequente Anregung (wie sie durch das Abrollen der Reifen auf einer Straße verursacht wird) entscheidend. Hierfür sind an den vier Rädern Stempel vorgesehen, die diese entlang ihrer *z*-Achsen bewegen können. Ähnliche Aufbauten lassen sich bei nahezu allen Fahrzeugherstellern, aber auch bei großen Forschungseinrichtungen finden.

Bezüglich der Bewegung des Simulators muss zwischen zwei grundlegend verschiedenen Ansätzen unterschieden werden:
– Darstellen der „realen" Bewegung/Beschleunigung wie sie aus der Simulation der Fahrzeugdynamik gewonnen wird oder
– Vorspielen von Bewegungen/Beschleunigungen durch geschickten Einsatz der Bewegungssysteme.

Insbesondere der zweite Ansatz wird immer wieder diskutiert und ist mit dem Begriff des sog. Motion Cueing bekannt. Einfach zu verstehen ist das Prinzip am Beispiel einer sehr langen Kurvenfahrt und der daraus resultierenden Querbeschleunigung, die der Fahrer anhand der Zentripetalkräfte spürt. Würden die realen Bewegungen des Fahrzeugs direkt mit dem Bewegungssystem des Simulators abgebildet, so würde die Wankbewegung über den Hexapoden relativ einfach darstellbar sein. Die seitliche Beschleunigung könnte durch das seitliche Verfahren des gesamten Aufbaus erfolgen. Aufgrund der begrenzten Ausmaße des Schlittensystems würde dieses Vorgehen schon nach kurzer Zeit daran scheitern, dass der Simulator an die Grenzen des Arbeitsraums stößt. Für diesen Fall wird oft das sog. Motion Cueing eingesetzt. Hierbei wird die Erdbeschleunigung verwendet, um dem Fahrer das Gefühl der Querbeschleunigung zu geben. Die gesamte Kuppel mit Bewegungssystem wird zu diesem Zweck stark geneigt. Durch das Mitdrehen des Bildes wird dem Fahrer suggeriert, dass er sich nahezu horizontal (mit einem Wankwinkel) bewegt. Die wirkende Erdbeschleunigung hat durch die starke Neigung des Simulators nun allerdings eine starke Komponente in Fahrzeugquerrichtung. Diese wird vom Fahrer als laterale Beschleunigung wahrgenommen. Der Einsatz dieser Technik setzt zwingend voraus, dass der Fahrer keinen optischen Bezugspunkt zu unbewegten Teilen hat, was die Illusion unmittelbar aufheben würde. Die Regelung der Aktoren im Bewegungssystem sowie die Bestimmung der Sollwerte sind für diese Art der Bewegungssimulation eine sehr komplexe Aufgabe. Näheres zum Thema Motion Cueing (den zu verwendenden Wash-Out-Filtern) findet sich in der weiterführenden Literatur (Capustiac 2011), (Capustiac, Hesse, et al. 2011b), (Capustiac, Hesse, et al. 2011b).

10.3 Simulatorversuch

Der Simulatorversuch ist eine Erweiterung der ebenfalls weitverbreiteten Entwicklungsmethodik auf der Basis von (Echtzeit-)Simulationen und Hardware-in-the-Loop-Simulationen. Damit bleibt auch die Möglichkeit, die relevanten physikalischen Effekte numerisch abzubilden und in Echtzeit zu simulieren. Weiterführende Informationen zur Simulation des Fahrzeugs sowie der verschiedenen Systeme im Fahrzeug können sowohl den vorangegangenen Kapiteln als auch der einschlägigen Literatur entnommen werden. Wie zuvor bereits beschrieben, muss für den erfolgreichen Versuch der Fahrer die dargestellte Fahraufgabe als möglichst real akzeptieren können. Auch wenn der Versuch mit einem Simulator unterschiedliche Felder bedient, so ist er immer ein geeignetes Werkzeug, um ein System aus Fahrer, Fahrzeug und Umwelt unter Laborbedingungen zu testen.

10.3.1 Gründe für den Einsatz von Simulatoren

Die Vorteile gegenüber physikalischen Tests im Testfahrzeug sind sehr ähnlich wie die, die auch für vergleichbare Testläufe/-reihen mit Simulationstechniken durchgeführt werden:
- genaue Einstellbarkeit der zu bewertenden Szenarien
- große Variationsbreite von Umgebungsbedingungen
- volle Kontrolle über Umgebungsbedingungen und Vermeidung von Umweltreizen (bzw. kontrollierte Steuerung dieser)
- Systemparameter flexibel einstellbar
- Kostenersparnis gegenüber vergleichbaren Realtests, da zum einen das Versuchsdesign weniger aufwendig ist und zum anderen oft auf den sehr kostenintensiven Bau von Prototypen verzichtet werden kann.
- Zeitersparnis im Entwicklungsprozess, da der Fahrsimulator bereits in frühen Entwicklungsphasen einsetzbar ist (kein physikalischer Prototyp notwendig). Zudem

können bereits auf der Basis von Funktionsmodellen verschiedene Funktionalitäten getestet werden, bevor diese real umgesetzt werden.

Simulatoren bieten eine effektive Möglichkeit, kritische Situationen gefahrlos darzustellen. Demgegenüber steht die eingeschränkte Realitätsnähe. Diese ist abhängig vom Szenario und dem zur Verfügung stehenden Simulator, wodurch sich einige Herausforderungen ergeben:

- simulatorspezifische Artefakte wie z. B. Veränderungen des Fahrerverhaltens durch eingeschränktes Gefährdungsbewusstsein und wahrnehmungsphysiologische Einschränkungen der Fahrsimulation (Bild- und Bewegungssystem),
- Aufwand durch Betrieb von Hard- und Software, Szenariengestaltung und Abbildung von Fahrzeugen und Systemen (in frühen Entwicklungsphasen sind meist nur generische Modelle verfügbar),
- Ausfall von Probanden aufgrund von Kinetose („Simulatorkrankheit" oder „motion sickness") sowie ein verändertes Verhalten der Fahrer gegenüber der Realfahrt.

Auch wenn der Simulatorversuch im Vergleich zum realen Fahrversuch deutlich weniger aufwendig aufzubauen ist, so muss die Vor- und Nachbereitung sowie die Durchführung des Versuchs mit großer Sorgfalt geplant werden.

10.3.2 Versuchsdesign und Durchführung

Ein Simulatorversuch besteht jeweils aus mehreren Stufen. Für ein optimales Ergebnis sollten diese entsprechend eingehalten werden. Die folgenden Abschnitte geben einige Hinweise hierzu. Abhängig vom Untersuchungsgegenstand kann/muss in einigen Punkten teilweise abgewichen werden. Bis zum eigentlichen Simulatorversuch werden üblicherweise mehrere Vorversuche durchgeführt, die das Set-up validieren und für Optimierungen herangezogen werden (Abbildung 10.5).

Vor der eigentlichen Durchführung erfolgt die Definition des Untersuchungsgegenstands. Abhängig hiervon muss zunächst ein Simulationsszenario aufgebaut werden und ggf. nötige Änderungen am Simulator vorgenommen werden. In dieser Phase ist es ebenfalls wichtig zu definieren, welche „Messgrößen" im Versuch genommen werden sollen. Abhängig hiervon muss schon sehr früh überprüft werden, ob die gewünschten Größen mit den verwendeten Modellen und dem zur Verfügung stehenden Simulatoraufbau erhoben werden können.

Die tatsächliche Versuchsdurchführung gliedert sich dann wieder in mehrere Schritte. Diese werden im Folgenden kurz beschrieben.

Vorbereitung der Testperson

Innerhalb der Vorbereitung von Simulatorversuchen sollte die bevorstehende Aufgabe erläutert werden. Dem Fahrer wird dabei die Fahraufgabe erklärt (diese kann von

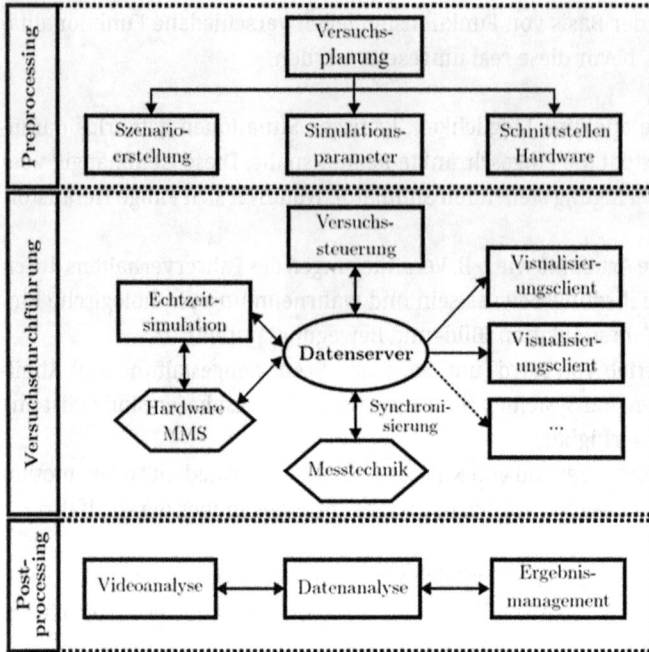

Abb. 10.5: Gesamtablauf einer Fahrsimulatorstudie (Hiesgen 2011).

der eigentlich untersuchten Fragestellung abweichen). Häufig wird der Fahrer auch mit Fahrnebenaufgaben konfrontiert. Da ein Fahrsimulator ggf. Besonderheiten hinsichtlich der Bedienung haben könnte oder speziell prototypische Bedienungen getestet werden sollen, muss vor Antritt der ersten Fahrt der Simulator und seine Bedienung kurz erläutert werden. Dies gleicht der Einweisung in ein Auto vor der ersten Testfahrt. Zusätzlich kann bereits vor der ersten Fahrt die Möglichkeit genutzt werden, um die Testpersonen mit ersten Fragen zu konfrontieren. Dies würde der Datenerhebung zugeordnet werden.

Eingewöhnung

Die Gewöhnung an die Fahrt im Simulator ist notwendig, da viele der Handlungen beim Führen eines Fahrzeugs unterbewusst ablaufen. Zum Erlernen der richtigen (ggf. von der Realität leicht abweichenden) Bedienung muss ein wenig Zeit vorgesehen werden (siehe Abschnitt 11.11 für weitere Ausführungen). Die intuitive Bedienung des Simulators ist besonders wichtig, wenn im folgenden Experiment verstärkt hochdynamische Manöver gefahren werden, die auf Reizreaktionsmuster zurückgreifen (Fertigkeitsbasierte Verhaltensmuster). Hierfür ist es wichtig, dass der Fahrer sich auf den Simulator einstellt. Die notwendige Zeit zur Einstellung auf den Simulator ist von zahlreichen Faktoren abhängig und wird in Abschnitt 11.11 nochmals thematisiert.

Versuchsdurchführung

Während der Durchführung des Simulatorversuchs werden alle „Messgrößen" aufgezeichnet. Zu diesen zählen insbesondere Werte direkt aus den Simulationsmodellen. Zu den Modellgrößen werden oft zusätzliche objektivierbare Werte aufgenommen (s. unten), die nach der Studie ausgewertet werden. Wichtig für die Durchführung des Versuchs ist es, den Fahrer in seiner Fahraufgabe möglichst ungestört zu lassen, da Beeinflussungen von außen häufig dazu führen, dass die Fahraufgabe als nicht realistisch wahrgenommen wird.

Weitere Datenerhebung

Nach dem Versuch können bei Bedarf weitere Daten erhoben werden. Dies betrifft z. B. die erneute Befragung der Probanden nach dem Test.

10.4 Beispielhafte Umsetzung eines Fahrsimulators

Wie in den vorangegangenen Abschnitten erläutert, kann ein geeigneter Fahrsimulator für verschiedene Einsatzzwecke sehr unterschiedlich aufgebaut sein. Während sehr komplexe Systeme für nahezu alle Bereiche inklusive der Auslegung der Fahrzeugdynamik genutzt werden können, sind die einfacheren Systeme deutlich limitiert und lediglich für einen Einsatzzweck aufgebaut. Simulatoren bestehen aus mehreren Grundbausteinen (vgl. Abschnitt 10.2). Aus diesen Bausteinen kann modular nahezu jede beliebige Simulatorkonfiguration umgesetzt werden.

Die folgenden Abschnitte stellen einige mögliche Simulatorkonzepte (in sehr verkürzter Form) dar. Diese Konzepte sind keinesfalls als allumfassend zu verstehen. Vielmehr wird die Bandbreite bestehender und in der Forschung genutzter Simulatoren umrissen. Die verschiedenen Ausbaustufen richten sich dabei nach dem mechanischen Aufbau (Cockpit und Bewegungsplattform). Der Kern eines jeden Simulators bleibt jedoch die Simulation selbst. Diese kann für verschiedene Simulatoren identisch sein, selbst wenn sich die Simulatoren stark unterscheiden. Dies hat für die durchgängige Entwicklung von Systemen auf Simulatorebene den großen Vorteil, dass unterschiedliche Versuche auf verschiedenen Simulatoren umgesetzt werden können, ohne dabei die Simulationssoftware anpassen zu müssen. In der Praxis (wenn nur ein Simulator zur Verfügung steht) werden allerdings für den Betrieb von hochkomplexen Simulatoren oft auch Simulationsmodelle verwendet, die die Realität besser abbilden als solche, die für einfachste Simulatoraufbauten verwendet werden. Im Hinblick auf einfache Schreibtischsimulatoren erscheint dies plausibel, da z. B. der Aufwand zur Modellierung und Berechnung komplexer Fahrzeugdynamik nicht gerechtfertigt erscheint, wenn diese durch den Simulator nicht vermittelt werden kann.

10.4.1 Schreibtischsimulatoren

Für sehr einfache Anwendungen reichen Simulatoraufbauten aus, die direkt am Schreibtisch des Entwicklers betrieben werden können. Ein solcher Simulator besteht aus einer sehr einfachen Mensch-Maschine-Schnittstelle. Oft werden für sehr einfache Simulatoren Lenkräder und Pedalerie aus dem Gaming-Bereich verwendet. Als Visualisierung kann ein handelsüblicher PC-Monitor verwendet werden. Sowohl die Mensch-Maschine-Schnittstelle als auch die Visualisierung ist dabei leicht skalierbar und an die Anforderungen der Simulation anpassbar.

Aufgrund der fehlenden Fahrzeugumgebung sowie der meist kleinen Monitore ist der Immersionsgrad bei einem solchen Simulator als sehr gering einzustufen. Der Fahrer im Simulator taucht nicht in dem Maße in die Simulation ein, wie es bei anderen Aufbauten der Fall ist. Dennoch gibt es Anwendungen, für die sich ein solch einfacher Aufbau bewährt hat. Direkte Schlüsse auf das reale Verhalten im Fahrzeug sind hierbei jedoch nur eingeschränkt möglich. Besonders bewährt haben sich einfache Schreibtischsimulatoren zur Vorbereitung von groß angelegten Simulatorversuchen.

Der einfache Aufbau hat den großen Vorteil, dass bei der Entwicklung von Systemen oder dem Design von Simulatorversuchen ohne großen Aufwand direkt am Arbeitsplatz des Entwicklers eine Änderung getestet werden kann (Abbildung 10.6). Erst nach diesen „Vorstudien" wird dann der tatsächliche Versuch mit einem komplexeren Simulator durchgeführt. Außerdem eignen sich Schreibtischsimulatoren, um Systeme oder Interaktionen von Mensch und Maschine schnell und wirksam zu demonstrieren.

Abb. 10.6: Fahrsimulator am Schreibtisch © Lehrstuhl für Mechatronik, Universität Duisburg-Essen.

10.4.2 Simulator mit Cockpit

Für ein größeres Realitätsempfinden sorgt die Verwendung eines Cockpits, in das die typische Mensch-Maschine-Schnittstelle (Pedale und Lenkrad) eines Fahrzeugs integriert ist (Abbildung 10.7). Hierdurch kann das Fahrgefühl bereits deutlich verbessert werden.

Abb. 10.7: Messeaufbau © Lehrstuhl für Mechatronik, Universität Duisburg-Essen.

Typischerweise werden diese Aufbauten für Messen oder sonstige Demonstrationszwecke verwendet. Einfachere Studien können jedoch ebenfalls effektiv mit einem solchen Simulator durchgeführt werden. Wie auch schon beim Schreibtischsimulator ist die Art der Visualisierung, des Tons und der Mensch-Maschine-Schnittstelle nicht abhängig von der Gestaltung des Fahrerarbeitsplatzes. Die Visualisierung reicht dabei von einfachen PC-Monitoren bis hin zu kompletten 360°-Projektionen.

10.4.3 Statischer Fahrsimulator mit Komplettfahrzeug

Im Hinblick auf den Fahrerarbeitsplatz stellt die Verwendung eines kompletten Fahrzeugs die größte Realitätsnähe dar, die für einen Fahrsimulator erreicht werden kann. Der Fahrer befindet sich in dem gewohnten „Raum" mit den bekannten Bedienelementen. Außerdem wird allein durch das Einsteigen ins Fahrzeug mit den entsprechenden Sinneseindrücken das Gefühl einer realen Fahrt unterstützt.

Durch die Verwendung eines kompletten Fahrzeugs als Fahrsimulator werden auch die Anforderungen an die räumlichen Gegebenheiten deutlich erhöht. Es wird ein Raum benötigt, in dem das Gesamtfahrzeug aufgebaut werden kann. Außerdem muss eine Möglichkeit bestehen, die Fahrzeugumgebung zu visualisieren. Meist wird hierfür eine sogenannte Aufprojektion verwendet. Um einen entsprechenden Abstand zwischen Auge und Projektionsfläche (Negele 2007), zu gewährleisten, wird für einen Simulator mit einem kompletten Fahrzeug ein Raum von mindestens 5 × 5 m benötigt (Abbildung 10.8 und Abbildung 10.9).

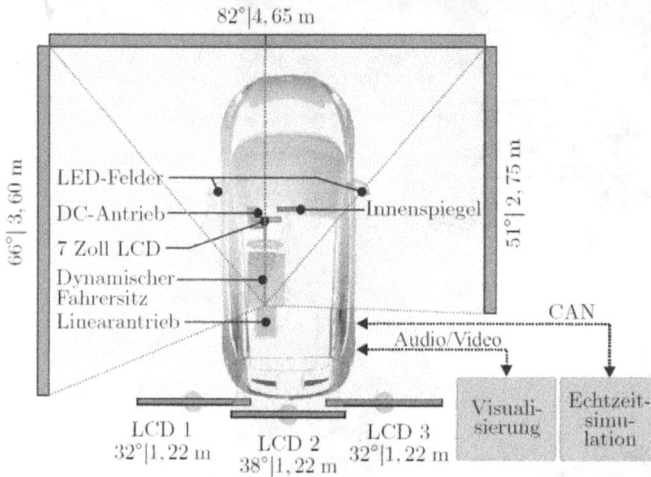

Abb. 10.8: Beispielhafter Aufbau eines statischen Simulators am Beispiel des Ford Fiesta-Fahrsimulators am Lehrstuhl für Mechatronik der Universität Duisburg Essen © Lehrstuhl für Mechatronik, Universität Duisburg-Essen.

Abb. 10.9: Beispielhafte Fahrersicht (Ford-Fiesta Fahrsimulator des Lehrstuhls für Mechatronik an der Universität Duisburg-Essen) © Lehrstuhl für Mechatronik, Universität Duisburg-Essen.

10.4.4 Dynamische Fahrsimulatoren

Fahrsimulatoren mit Bewegungssystem können verschiedene Ausführungen für den Fahrerarbeitsplatz (das Cockpit) haben. Diese reichen von einfachen Cockpitaufbauten bis hin zu vollen Fahrzeugen. Das Bewegungssystem muss dann an die Nutzlast (den Fahrerarbeitsplatz) angepasst werden. Zudem kann bei Bewegungssystemen nach möglichen Anregungen unterschieden werden. Aufgrund der Komplexität und der hohen Kosten, die mit der Verwendung eines Aktuators verbunden sind, werden diese nur äußerst selten mit einfachen Fahrerarbeitsplätzen oder Visualisierungssystemen verwendet. In der Regel werden die Ausbaustufe für den Fahrerarbeitsplatz, die Visualisierung und ein Bewegungssystem so abgestimmt, dass der Realitätsgrad möglichst hoch ist. Dies ist insbesondere dann wichtig, wenn Studien mit ungeübten Probanden durchgeführt werden sollen. Geübte Fahrer können sich gezielt auf verschiedene Aspekte konzentrieren, während andere ausgeblendet werden.

Die folgenden Absätze zeigen einige Simulatoren als Beispiele von Fahrsimulatoren mit Bewegungssystem. In der Regel werden dynamische Simulatoren erst dann aufgebaut, wenn die Einsatzmöglichkeiten (der Realitätsgrad) mit statischen Simulatoren vollständig ausgeschöpft sind. Das führt dazu, dass die meisten dynamischen Simulatoren, die in der Forschung oder bei OEM zu finden sind, ein Komplettfahrzeug oder zumindest ein vollwertiges Cockpit umfassen.

Dynamischer Fahrsimulator mit Komplettcockpit

Im Projekt DesingStudio NRW ist am Lehrstuhl für Mechatronik der Universität Duisburg-Essen eine sehr kompakte und kostengünstige Form eines dynamischen Fahrsimulators entstanden (Abbildung 10.10 und Abbildung 10.11). Im Vergleich zu einem rein statischen Simulator wie er im vorangegangenen Abschnitt erläutert wird, werden hier bereits Aktuatoren eingesetzt, um die Fahrzeugdynamik in den gegebenen Grenzen abzubilden. Dabei ist das übergeordnete Ziel (so wie oben beschrieben) den Immersionsgrad zu steigern und somit weitere Untersuchungsfelder zu erschließen.

Der in diesem Abschnitt vorgestellte Simulator stellt einen sehr guten Kompromiss aus Realitätsgrad und Komplexität des Simulatorsystems dar. Insbesondere der sehr kompakte Aufbau ist ein Vorteil im Vergleich zu den in den kommenden Abschnitten gezeigten Systemen.

Das Cockpit befindet sich im Mittelpunkt einer zylindrischen Leinwand. Wie auch bei anderen Simulatoren werden mehrere leistungsstarke Projektoren verwendet, um das gesamte Umgebungsbild darzustellen. Die Bilder der Einzelprojektoren werden so angepasst, dass sie zum einen auf der gekrümmten Leinwand verzerrungsfrei sind. Zum anderen müssen die Kanten der Bilder überlappen, ohne dass dies vom Betrachter wahrgenommen wird, was als Warping und Blending bezeichnet wird. Dem Betrachter stellt sich ein durchgängiges Bild dar, das ca. 252° des Sichtfelds aus Fahrersicht verzerrungsfrei abdeckt (Proff et al. 2015) (Abbildung 10.12). Dieser Bereich reicht für

Abb. 10.10: Fahrsimulator aus dem Projekt DesignStudio NRW (Proff et al. 2015) © Lehrstuhl für Mechatronik, Universität Duisburg-Essen.

Abb. 10.11: Modell der Bewegungsplattform © Lehrstuhl für Mechatronik, Universität Duisburg-Essen.

die Normalfahrt inklusive des Schulterblicks beim Abbiegen oder Spurwechsel aus. Der rückwärtige Bereich des Simulators wird durch weitere Monitore dargestellt. Diese können wahlweise direkt als Spiegel am Cockpit angebaut werden oder es können große Monitore hinter dem Fahrzeug in Kombination mit wirklichen Spiegeln eingesetzt werden. Zusätzlich werden weitere Anzeigeelemente für das Kombiinstrument sowie eines weiteren frei konfigurierbaren Monitors im Innenraum zur Mensch-Maschine-Interaktion verwendet.

Als Fahrerarbeitsplatz wird ein eigens für den Simulator angefertigtes Monocoque verwendet. Dieses wurde durch das Herauslösen des Fahrerarbeitsplatzes aus einem Kleinwagen angefertigt. Auch wenn durch den fehlenden Beifahrerplatz das Raumge-

Abb. 10.12: Darstellung einer Stadtumgebung im Simulator am Lehrstuhl für Mechatronik © Lehrstuhl für Mechatronik, Universität Duisburg-Essen.

fühl im Inneren des Simulators leicht verändert ist, kann durch das volle Cockpit ein sehr realistisches Fahrgefühl vermittelt werden. Die eingesetzte Bewegungsplattform hat entsprechend den eingesetzten drei Aktuatoren die Möglichkeit, den Aufbau in drei Freiheitsgraden zu bewegen. Diese sind Wanken, Nicken und Heben (s. Kapitel 3). Im Unterschied zu anderen Simulatoren werden die Aktuatoren dazu verwendet, ausschließlich die „realen" Starrkörperbewegungen des Fahrzeugaufbaus zu reproduzieren. Besonderer Wert wurde allerdings darauf gelegt, dass diese Bewegungen hochdynamisch sind, wodurch auch Fahrbahnanregungen, wie sie beispielsweise durch das Überfahren einer Bodenschwelle oder von Kopfsteinpflaster hervorgerufen werden, realistisch nachgebildet werden können. Dies ist durch eine Kombination von starken Aktuatoren und den geringen Aufbaumassen des Simulators möglich. Die verwendete Kombination kann mit Beschleunigungen von bis zu $20\,\mathrm{m/s^2}$ in vertikaler Richtung verfahren. Das Ergebnis ist ein sehr realistisches Fahrgefühl (Proff et al. 2015). Die Fahrbahnrückmeldungen sind gerade für die Normalfahrt wichtig, da hierdurch auch Rückschlüsse hinsichtlich des Fahrzeugzustands (insbesondere hinsichtlich der Geschwindigkeit) gezogen werden können. Ohne den hochfrequenten Bewegungsanteil der Fahrzeugbewegung fehlt diese Möglichkeit, s. Tabelle 10.2.

Dynamische Vollfahrzeugsimulatoren

Die in Abbildung 10.10 und in Abbildung 10.11 beschriebene Bewegungsplattform wurde mit einigen Erweiterungen der Aktorik verwendet, um einen Fahrsimulator für ein Gesamtfahrzeug aufzubauen, s. (Abbildung 10.13).

Im Folgenden gehen wir ergänzend auf einige Beispiele für Simulatoren ein, wie sie bei großen Forschungseinrichtungen oder den Fahrzeugherstellern zur Verfügung stehen. Auf eine detaillierte Beschreibung der Dynamik (eingesetzten Hardware) sowie

Tab. 10.2: Technische Daten der Bewegungsplattform.

Größe	Werte
Grundfläche	2,50 m × 2,00 m × 1,50 m (L × B × H)
Wank-Winkel	10 Grad
Roll-Winkel	10 Grad
Aktorhub	380 mm vertikal
Maximale Frequenz	40 Hz
Aufbaugewicht	350 kg
Gesamtgewicht	1300 kg

Abb. 10.13: Bewegungsplattform mit Gesamtfahrzeug © Foto: Annette van de Locht.

der verwendeten Simulationstechnik (sowohl für die Echtzeitsimulation als auch für die Visualisierung) wird verzichtet.

Im Allgemeinen greifen diese Simulatoren auf ein komplettes Fahrzeug als Arbeitsplatz zurück. Dieses muss für die Zwecke im Simulator teilweise modifiziert werden. Insbesondere ein Force-Feedback an der Lenkung sowie das richtige Pedalgefühl müssen gegeben sein. Außerdem muss gewährleistet sein, dass die Fahrereingaben (soweit dies benötigt wird) an die Simulationsumgebung übergeben werden und dort verarbeitet werden können. Der Vorteil moderner Fahrzeuge ist, dass die meisten Signale per Bussystem ausgetauscht werden. Die Simulationsumgebung kann somit auf die im Fahrzeug zur Verfügung stehenden Signale zugreifen. Gleichzeitig können über diesen Kanal die Anzeigeinstrumente im Cockpit auch für die Simulation verwendet werden. Damit dies fehlerfrei funktioniert, muss dafür gesorgt werden, dass dem Fahrzeug vorgespielt wird, dass es tatsächlich in Bewegung ist. Die Simulation muss in geeigneter Weise einzelne Bussignale einspeisen, ohne die das restliche System nicht funktionieren würde. Tatsächlich werden dann nur einige wenige Sensoren/Aktoren, die am Bus angeschlossen sind, verwendet. Die Simulation aller übrigen Komponenten, um das Fahrzeug in den gewollten Zustand zu versetzen, wird als Restbussimulation bezeichnet.

Die üblichen dynamischen Simulatoren, die ein Vollfahrzeug als Fahrerarbeitsplatz verwenden, sind in der Lage, das Fahrzeug zusammen mit der Umgebungsdarstellung entsprechend der sechs Starrkörperfreiheitsgrade des Fahrzeugs zu bewegen. Der verfügbare Arbeitsraum (entlang einer der Achsen) ist begrenzt durch die mechanische Auslegung des Bewegungssystems. Viele Simulatoren verwenden über die notwendigen sechs Aktoren hinaus weitere aktive Achsen (Aktoren). Hiermit ergibt sich eine Redundanz, die für die optimale Gestaltung der Bewegung ausgenutzt werden kann. So können beispielsweise große Arbeitsräume eines x-y-Schlittensystems mit der hohen Dynamik von einfachen Hub-Aktoren kombiniert werden. Dennoch sind die Arbeitsräume der heutigen Simulatoren weiterhin begrenzt. Dies führt dazu, dass nicht jede beliebige Bewegung des Simulators ausgeführt werden kann. Gerade bei länger anhaltenden Beschleunigungen entlang einer Achse ist es nicht mehr möglich, diese Beschleunigung mit dem Aufbau direkt abzubilden. Dynamische Vollfahrzeugsimulatoren entkoppeln das Sichtfeld des Fahrers in der Regel vollständig von der realen Umgebung. Das Fahrzeug wird meist im Inneren einer Projektionskuppel so positioniert, dass aus Sicht des Fahrers ein 360°-Blickfeld auf die virtuelle Realität entsteht. Dies hat neben dem sehr hohen Immersionsgrad den großen Vorteil, dass weitere Techniken zur Bewegungssimulation eingesetzt werden können. Durch eine geschickte Regelung der Aktoren kann die wirkende Erdbeschleunigung dazu verwendet werden, dem Fahrer das Gefühl einer lateralen oder longitudinalen Beschleunigung zu vermitteln, s. Abschnitt 10.2.4.

Beispiele dynamischer Vollfahrzeugsimulatoren

Der dynamische Fahrsimulator des DLR in Braunschweig unterscheidet sich von dem der BMW AG, s. Abbildung 10.14, durch das verwendete Bewegungssystem. Nach Pattberg 2005 und Stöbe 2006 wird auch für den DLR-Simulator ein Hexapod verwendet. Anders als zumeist hängt die fahrzeugtragende Kabine unterhalb der oberen Gelenke, s. Abbildung 10.15. Diese Konstruktion wird verwendet, um möglichst große translatorische und rotatorische Bewegungen zu ermöglichen.

Der Simulator der Daimler AG ist einer der modernsten Fahrzeugsimulatoren weltweit (s. Abbildung 10.16). Kernelement ist wiederum die große Kuppel, welche das Fahrzeug (Fahrerarbeitsplatz) und alle zur Umgebungsdarstellung notwendigen Elemente (Visualisierung und Sound) beinhaltet. Die Kuppel ist wie auch bei anderen Simulatoren auf einem Hexapod montiert, sodass bereits alle sechs Freiheitsgrade im Raum zur Verfügung stehen.

Zusätzlich zu den Bewegungen, die der Hexapod ermöglicht, hat der Daimler-Simulator eine hochdynamische Linearachse. Entlang dieser Achse wird der komplette Aufbau über mehrere Meter verfahren. So können auch längere starke Beschleunigungen real abgebildet werden. Die Kuppel mit dem Fahrzeug im Innenraum kann um 90° gedreht werden, sodass die Achse entweder für Fahrzeugquerbewegungen oder für

Abb. 10.14: Fahrsimulator BMW von 2003 (Quelle: BMW AG).

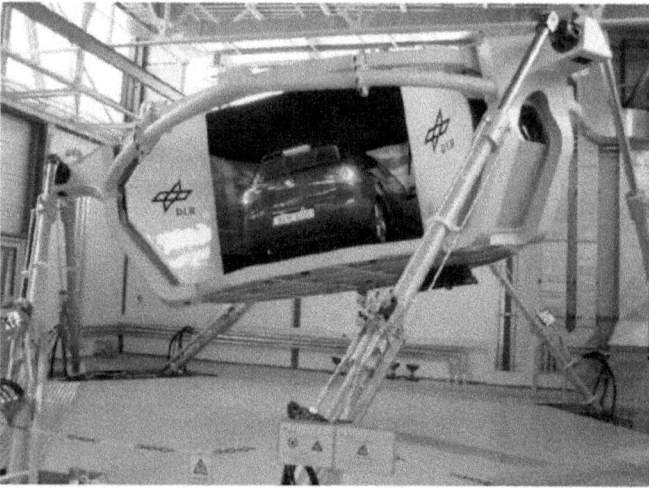

Abb. 10.15: Simulator der DLR in Braunschweig (Stöbe 2006).

Längsbewegungen verwendet werden kann. Der in Abbildung 10.4 dargestellte Simulator von Toyota verfügt über insgesamt 13 Freiheitsgrade. Zu den Freiheitsgraden des Hexapoden kommt ein x-y-Schlittensystem. Dieses kann (ähnlich wie auch das System des Daimler Simulators) dazu genutzt werden, Bewegungen mit längerem Hub auszuführen. Darüber hinaus lässt sich der komplette Dom (Kuppel) um dessen Hochachse drehen. Hierdurch ist der Gierwinkel des Fahrzeugs unbegrenzt. Weitere 4 Aktoren an den Radaufstandspunkten können dazu benutzt werden, hochfrequente Fahrbahnanregungen einzuprägen.

Abb. 10.16: Daimler-Fahrsimulator | Mechanische Grundkonstruktion (links) und 360-Grad-Visualisierung (rechts) (Quelle: Daimler AG).

11 Human Factors im Bereich des Fahrens

Im komplexen Geflecht des modernen Lebens, in dem Technologie und menschliches Streben nahtlos ineinander übergehen, erweist sich das Studium der menschlichen Faktoren als wesentliche Disziplin, die versucht, die Feinheiten des menschlichen Handelns mit den von uns geschaffenen Systemen zu beleuchten. Diesem Aspekt wird im vorliegenden Kapitel ergänzend zu den technisch orientierten Kapiteln Rechnung getragen, indem der Mensch im Zusammenhang mit modernen Technologien, bzw. Fahrzeugen in den Fokus des Interesses gerückt wird. Dabei umfasst der Bereich Human Factors einen multidisziplinären Ansatz, der sich mit den psychologischen, physiologischen und soziotechnischen Aspekten des menschlichen Verhaltens, der Kognition und der Leistung befasst. Im Kern geht es in diesem Bereich darum, die Gestaltung und den Betrieb von Systemen, Produkten und Umgebungen so zu optimieren, dass sie mit den Fähigkeiten und Einschränkungen der Menschen, die mit ihnen interagieren, harmonieren.

Das Ziel des Kapitels ist es weniger, spezifische Aspekte aufzugreifen und diese im Detail zu thematisieren, sondern vielmehr einen Einblick in relevante Themen in dem Bereich zu gewährleisten und an den entsprechenden Stellen auf weiterführende Literatur zu verwiesen.

11.1 Begriffsbestimmung und geschichtliche Meilensteine

Seit den 1950er Jahren hat sich der Bereich Human Factors, der auch als Ergonomie oder Human Factors Ergonomics bezeichnet wird, zu einer eigenständigen und unabhängigen Disziplin entwickelt. Diese konzentriert sich auf das Verständnis der Interaktion zwischen Menschen und verschiedenen Elementen von Systemen, einschließlich Technologie, Design und Management. Die Disziplin strebt danach, menschengerechte Systeme zu schaffen, die natürliche und künstliche Produkte, Prozesse und Lebensumgebungen umfassen.

Die International Ergonomics Association definiert Ergonomie (oder Human Factors) als wissenschaftliche Disziplin, die sich mit dem Verständnis der Wechselwirkungen zwischen Menschen und anderen Elementen eines Systems befasst und dabei Theorien, Grundsätze, Daten und Methoden auf die Gestaltung anwendet, um das menschliche Wohlbefinden und die Gesamtleistung des Systems zu optimieren (IEA 2023). Experten in dem Bereich tragen zu einem besseren Verständnis menschlicher Faktoren bei, um Aufgaben, Produkte und Systeme so zu gestalten, dass sie den menschlichen Bedürfnissen, Fähigkeiten und Einschränkungen gerecht werden. Darüber hinaus entwickeln sie Methoden und Maßnahmen, um den Menschen auf die sich ändernden Umgebungen und Einflussfaktoren vorzubereiten.

https://doi.org/10.1515/9783111335872-011

Human Factors: wissenschaftliche Disziplin, die sich mit dem Verständnis der Wechselwirkungen zwischen Menschen und anderen Elementen eines Systems befasst, und dabei Theorien, Grundsätze, Daten und Methoden auf die Gestaltung anwendet, um das menschliche Wohlbefinden und die Gesamtleistung des Systems zu optimieren.

Der Bereich hat seinen Ursprung in den Arbeiten von Jastrzebowski (1857). Dieser definierte die Disziplin mit einem breiten Spektrum an Interessen und Anwendungen, die alle Aspekte der menschlichen Tätigkeit umfasst, einschließlich Arbeit, Unterhaltung, Denken und Hingabe. Die zeitgenössische Ergonomie, die 1949 von Murrell eingeführt wurde, gewann mit der Gründung der Ergonomics Research Society im Jahr 1949 und den Initiativen der Europäischen Produktivitätsagentur in den 1950er Jahren an Dynamik (Meister 2018).

Die Ergonomie umfasst physische, kognitive und organisatorische Dimensionen. Während sich die physische Ergonomie auf die menschliche Anatomie und Biomechanik konzentriert, legt die kognitive Ergonomie ihren Fokus auf mentale Prozesse. Ergänzend dazu betrachtet die organisatorische Ergonomie die Arbeitsorganisation.

Beispiel für ein Forschungsprojekt. Das ALFASY-Projekt (Altersgerechte Fahrerassistenzsysteme) hatte das Ziel, ein bedarfsgerechtes akustisches Fahrerassistenzsystem für ältere Fahrer zu entwickeln und zu testen, das auch wirtschaftlich sinnvoll in die Produktpalette von Automobilherstellern und -zulieferern integriert werden kann. Bei der Entwicklung von Fahrerassistenzsystemen wurden Fragen zur Aktivierung, Interaktion und Kommunikation zwischen Fahrer und Assistenzsystem untersucht, insbesondere wie die Aufmerksamkeit älterer Fahrer geweckt und eine Reizüberflutung vermieden werden kann. Um die Verkehrssicherheit zu erhöhen, wurden altersgerechte Anzeige- und Bediensysteme entwickelt. Im Rahmen des Projekts wurden Fahrerassistenzsysteme analysiert, um die Wahrnehmung, Verarbeitung und Nutzung von Signalen zur schnellen Entscheidungsfindung zu optimieren. Dies war besonders wichtig, da kognitive Fähigkeiten im Alter nachlassen. Basierend auf empirischen Daten wurden Modelle und ein Prototyp eines akustischen Fahrerassistenzsystems für ältere Fahrer mit kognitiven und physischen Einschränkungen entwickelt und in Testszenarien erprobt. Die gewonnenen Erkenntnisse haben wirtschaftliche, psychologische, gestalterische und technische Implikationen für Industrie und Wissenschaft ergeben (Proff et al. 2020).

11.2 Mensch-Maschine-Interaktion

Als Mensch-Maschine-Interaktion wird die Kommunikation und Interaktion zwischen Mensch und Maschine über eine Schnittstelle bezeichnet. Nach traditionellen Konzepten ist diese als eine Organisation von Menschen und Maschinen zu verstehen, die mit ihnen interagieren, um zugewiesene Aufgaben zu erfüllen, die dem Zweck dienen, für den das System entwickelt wurde (Meister 1987).

Damit verbunden rückte der Mensch bei der Entwicklung neuer Technologien in den letzten Jahren immer mehr in den Fokus des Interesses. Die Gestaltung von Benutzeroberflächen stellt dabei das Herzstück der Mensch-Maschine-Interaktion dar, wodurch effiziente und sinnvolle Interaktionen ermöglicht werden sollen. Dazu gehört die Gestaltung visueller und interaktiver Elemente, die benutzerfreundlich und reaktionsschnell sind und sich an den kognitiven Prozessen des Menschen orientieren. Gerade in der Entwicklung neuer Technologien erfolgt eine zunehmende Integration natürlicher Benutzerschnittstellen wie Gesten, wodurch es Menschen ermöglicht wird, Maschinen durch natürliche und intuitive Verhaltensweisen zu steuern (Ke et al. 2018). Unabhängig von den Benutzeroberflächen liegt das Augenmerk in der Gestaltung auf der Optimierung der Benutzerfreundlichkeit und des Benutzererlebnisses, indem sichergestellt wird, dass die Schnittstellen einfach zu erlernen, zu navigieren und zu nutzen sind. Im Automotive Bereich kommen sowohl haptische/auf die Gesten bezogene, visuelle, akustische und multimodale Schnittstellen zum Einsatz (Abbildung 11.1).

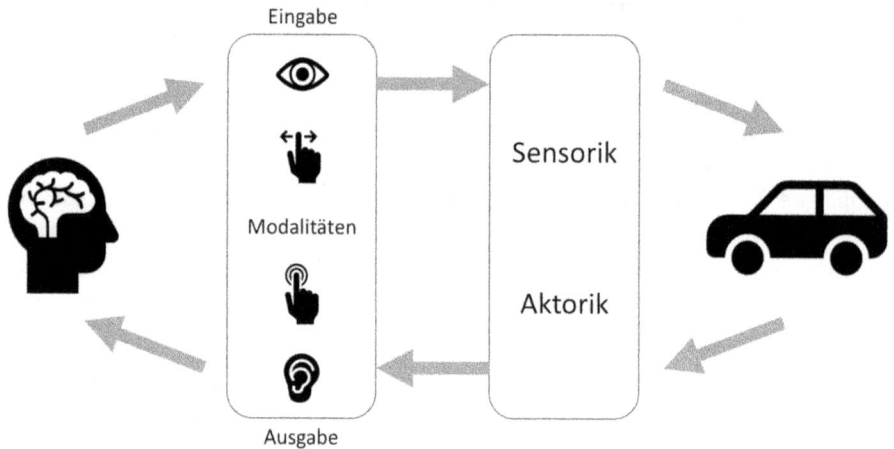

Abb. 11.1: Unterschiedliche Modalitäten, die in der Interaktion mit dem Fahrzeug von Interesse sind.

Haptik und Gestik sind Methoden, mit denen der Fahrende, durch Berührungen und Körperbewegungen, mit dem Fahrzeug interagieren kann. Sie kommen in verschiedenen Schnittstellen wie Warn-, Assistenz- und Infotainmentsystemen zum Einsatz. Haptische Schnittstellen können das Bewusstsein des Fahrers schärfen und so Unfälle verhindern. Der Einsatz von Touchscreens für Bediensysteme zielt darüber hinaus darauf ab, die Anzahl physischer Bedienelemente zu reduzieren und ein klareres, weniger überladenes Design zu schaffen. Touchscreens erfordern jedoch ein hohes Maß an visueller Aufmerksamkeit. Gerade in den letzten Jahren wurden daher Anstrengungen unternommen, diese Anforderung zu verringern. Vielversprechend in diesem Kontext sind sogenannte Air-Gesture-Schnittstellen. Diese nutzen Ultraschall, um einfache und natürliche Gesten in der Luft zu übertragen, wodurch die Notwendigkeit einer präzisen Hand-Augen-Koordination verringert wird. Die berührungslose Steuerung ermöglicht eine Interaktion mit geringerer mentaler und visueller Belastung. Darüber hinaus zeigen Ergebnisse, dass die Kombination von Gesten in der Luft mit haptischem Feedback die Zeit, die der Blick von der Straße weggewandt ist, minimieren kann, was potenzielle Vorteile gegenüber herkömmlichen Touchscreens bietet (Harrington et al. 2018). Während die Systeme bei einfachen Gesten wie beispielsweise V-Formen eine hohe Genauigkeit von nahezu 100 % zeigen, ist trotz des technischen Fortschritts die Erkennung komplexer Gesten in der Luft bislang eine Herausforderung (Shakeri et al. 2018).

Visuelle Schnittstellen umfassen eine breite Palette von Elementen und Anzeigen, von traditionellen Armaturenbrettanzeigen bis hin zu modernen digitalen Bildschirmen und Augmented-Reality-Projektionen, die darauf abzielen, die visuelle Aufmerksamkeit der Fahrer auf das sichere Führen des Fahrzeugs zu lenken (Löcken et al. 2015). Gut gestaltete visuelle Schnittstellen sollten einfach zu interpretieren sein, um die kognitive Belastung des Fahrenden zu minimieren und die Notwendigkeit zu verringern, den Blick über längere Zeit von der Straße abzuwenden. Es ist jedoch wichtig, die Vorteile visueller Schnittstellen gegen mögliche Ablenkungen abzuwägen. Schlecht gestaltete Schnittstellen oder ein Übermaß an Informationen können zu einer kognitiven Überlastung führen und die Aufmerksamkeit des Fahrers ablenken, was das Unfallrisiko erhöhen kann. Die Gestaltung visueller Schnittstellen, die wichtige Informationen hervorheben, klare Rückmeldungen geben und Ablenkungen minimieren, ist entscheidend für die Verbesserung der Fahrsicherheit und des Fahrerlebnisses.

Akustische Schnittstellen finden am häufigsten in Kommunikations- und Warninstrumenten Verwendung. Mit dem Ziel, visuelle Ablenkungen möglichst stark zu minimieren, wurden in der Vergangenheit unterschiedliche akustische Schnittstellendesigns eingeführt. Terken et al. 2011 stellte beispielsweise ein auditives Servicesystem für die Bearbeitung von E-Mails und SMS vor, um die Augen der Fahrer auf der Straße zu halten. Darüber hinaus können Spracherkennungssysteme mithilfe von maschinellen Lernverfahren automatisch die Absichten der Fahrenden verstehen, wodurch diese leichter zu handhaben sind (Hackenberg et al. 2013). Im Vergleich zu visuellen Schnittstellendesigns unterliegt die akustische Reisapplikation der Gefahr, dass weitere interne und externe Störgeräusche zu Interferenzen in der Aufgabenausführung führen. Daher sollten gerade im Bereich von Warnsystemen folgende Aspekte berücksichtigt werden:

– Verlagerung von Tönen aus Unterhaltungsmedien,
– Berücksichtigung von Zeitabständen bis zum Abbiegen,
– Inklusion von 3D-Verkehrsinformationssystemen.

Multimodale Schnittstellen im Fahrzeug beziehen sich auf die Integration mehrerer Sinneskanäle oder Interaktionsmodi, um die Kommunikation zwischen Fahrer und Fahrzeug zu verbessern. Anstatt sich nur auf eine Art der Eingabe oder Ausgabe zu verlassen, wie z. B. visuelle oder auditive Hinweise, nutzen multimodale Schnittstellen eine Kombination von Sinnesmodalitäten, um Informationen bereitzustellen, die Steuerung zu ermöglichen und die Kommunikation in der Fahrumgebung zu erleichtern. Das Ziel besteht darin, ein vielseitigeres und anpassungsfähigeres Interaktionserlebnis zu schaffen, das den unterschiedlichen Bedürfnissen und Vorlieben der Fahrer gerecht wird und gleichzeitig die kognitive Belastung und Ablenkung minimiert. Multimodale Schnittstellen werden häufig im Kontext von Warnsystemen eingesetzt. Hierbei besteht Einigkeit, dass der Einsatz dieser eine höhere Bewertung der Dringlichkeit, eine schnellere Reaktionszeit, aber gleichzeitig auch ein größeres Maß an Verärgerung für den Fahrenden mit sich bringt (Shim et al. 2015). Darüber hinaus zeigt sich, dass eine gute Kombination von ergänzenden Modalitäten ein wirksames Mittel sein kann, um die Belastung und Ablenkung der Fahrenden zu verringern (Pfleging et al. 2012). Dabei bieten multimodale Schnittstellen die Möglichkeit einer flexiblen Anpassung an individuelle Unterschiede und sich ändernde Umgebungen, wodurch auch die Möglichkeit gegeben wird, frei die Methode für die Interaktion mit dem System zu wählen.

Die beschriebenen sensorischen Kanäle werden insbesondere genutzt, um unterschiedliche Warnstufen zu realisieren, die sich wie folgt einteilen lassen:

- Optische Warnung: Durch Einblendung eines Warnsymbols im Kombiinstrument und/oder Head-Up Display wird dem Fahrer zunächst die Kritikalität der aktuellen Situation verdeutlicht. Die Warnung über den optischen Sinneskanal wird nach Winner, Hakuli et al. 2012 mit der höchsten Entschuldbarkeit bei einer Falschwarnung bewertet und kann deshalb gut als erste Warnstufe eingesetzt werden.
- Akustische Warnung: Die Warnung durch ein akustisches Signal ist die nächste Warnstufe, die aktiviert werden kann, wenn aufgrund der optischen Warnung keine Fahrerreaktion erfolgt. Aufgrund der erhöhten aufmerksamkeitserregenden Eigenschaften des akustischen Sinneskanals, (Winner, Hakuli et al. 2012), folgt auch eine verringerte Entschuldbarkeit im Falle einer Falschwarnung, da dieses Signal als störend interpretiert werden kann.
- Haptische Warnung: Die letzte Warnstufe vieler Systeme bildet die haptische Warnung. Als haptische Warnung kommt beispielsweise ein Rütteln am Lenkrad, ein kurzer Brems- oder Schaltruck zum Einsatz. Da dies als Eingriff in die Fahrzeugführung interpretiert werden kann und eine solche Warnung zudem sehr stark die Aufmerksamkeit des Fahrers erregt, kann diese Warnstufe als sehr wenig entschuldbar angesehen werden. Aus diesem Grund sollte diese Warnstufe erst sehr kurz vor einer tatsächlich unvermeidbaren Kollision zur Anwendung kommen.

Die zur Interaktion genutzte Mensch-Maschine-Schnittstelle (Human-Machine Interface – HMI) sollte möglichst ganzheitlich unter Berücksichtigung aller zur Verfügung stehender Kanäle gestaltet sein und wenn möglich kontextsensitiv die aktuelle Situation sowie die Zustände der Nutzer berücksichtigen (Hesse, Oehl et al. 2021). Eine andere Art der Klassifikation der Interaktion ist die Unterteilung in *explizite und implizite Interaktion*. Hier sehen wir, dass der visuelle Kanal insbesondere der expliziten Interaktion dient, während haptische Signale wie insbesondere das Bewegungsverhalten typischerweise stärkerer Teil einer impliziten Kommunikation sind.

Schließlich kann das HMI in Anteile zerlegt werden, die sich neben der Art der Kommunikation und Interaktion insbesondere darauf beziehen, wohin bzw. mit wem eine Interaktion unterstützt werden soll. Wir unterscheiden hier in 1) internales HMI (i-HMI), 2) externales HMI (e-HMI), sowie 3) dynamisches HMI (d-HMI). Diese drei Anteile des HMI werden folgend jeweils kurz beleuchtet (Für weitere Unterteilungen siehe bspw. Bengler, Rettenmaier et al. 2020).

Das **i-HMI** bezeichnet die fahrzeuginterne Schnittstelle zwischen dem Fahrzeug und den Fahrzeuginsassen, insbesondere den Fahrenden. Es nutzt typischerweise alle verfügbaren Kommunikationskanäle und besteht aus Bedienteilen wie Lenkrad, Pedalen, zahlreichen Schaltern und Knöpfen. Es nutzt akustische Signale wie Warntöne. Diese sind zumeist ungerichtet, können aber auch gerichtet sein, um beispielsweise vor Gefahren aus einer bestimmten Richtung zu warnen wie bei einer Totwinkelassistenz. Allerdings wird oft ein einfaches akustisches Warnsignal eingesetzt. Selbstverständlich werden zahlreiche visuelle Elemente eingesetzt, wie die Kombianzeige hinter dem Lenkrad, Anzeigen auf der Mittelkonsole oder ggf. auch Anzeigeelemente auf dem Lenkrad oder einem Head-Up Display.

Einige Elemente sind in ihrer grundlegenden Anordnung und Bedeutung, also ihrem grundlegenden Interaktionsschema, standardisiert, wie beispielsweise die Anordnung der Pedale oder die Position und Wirkung des Lenkrades oder des Blinkerhebels. Eine grundlegende Abweichung von diesen Schemata würde beim Wechsel von einem Fahrzeug in ein anderes schnell zu Fehlbedienungen und dadurch einem hohen Sicherheitsrisiko führen.

Bei automatisierten Fahrzeugen besteht das Hauptrisiko in der Entstehung eines Kontrollvakuums durch Missverständnisse in der Interaktion. Dieses entsteht dann, wenn der Fahrer bzw. Nutzer irrtümlicherweise von einem höheren Automationsgrad ausgeht, als tatsächlich vorliegt. Daher ist es zentral, dass der aktuelle Automationsgrad sowie insbesondere der Wechsel zwischen Automationsgraden eindeutig und nach einheitlichen Schemata durchgeführt und kommuniziert wird. Dies wurde beispielsweise in den EU-Projekten HAVEit und interactIVe zwischen 2008 und 2013 ausführlich untersucht.

Neben der Sicherstellung der Kommunikation des korrekten Automationsgrades kann es hilfreich sein, wenn das i-HMI auch erklärende Funktionen übernimmt, sodass der Nutzer das Verhalten des Fahrzeuges besser verstehen, antizipieren und ein angemessenes Vertrauensmaß entwickeln kann (siehe auch Abbildung 11.2).

Das **e-HMI** dient der Interaktion des Fahrzeugs mit seinem Umfeld, insbesondere natürlich Menschen in seinem Umfeld, beispielsweise als Fahrer anderer Fahrzeuge, als Radfahrer oder als Fußgänger. Durch die Einführung einer Fahrzeugautomation wird die vorherige bilaterale Interaktion zwischen Fahrer und Fußgänger um einen potenziellen Kooperationspartner erweitert. Es könnte also relevant sein von außen zu erkennen, „wer" gerade im Fahrzeug Entscheidungen trifft. Das e-HMI lässt sich nach unterschiedlichen Anzeigekonzepten nutzen, je nachdem, welche Information für den Menschen außerhalb des Fahrzeuges am relevantesten ist. Am interessantesten bei ei-

Abb. 11.2: Ein i-HMI Entwurf, der über ein internes 360° Lichtband bei jeder Blickrichtung des Nutzers den Automationsgrad kommuniziert sowie über gerichtete Segmente andeutet, wo/welche Hindernisse erkannt wurden. Außerdem werden sowohl Automationsgrad und Hinderniserkennung im Display redundant erklärt.

ner Interaktion mit einem (automatisierten) Fahrzeug ist dabei die Antizipation des Fahrzeugverhaltens, verbunden mit den Fragen: „Hat es mich gesehen"? oder auch direkt „Was hat es vor?" Nützlich und umsetzbar sind daher vor allem die Konzeptvarianten der:

– wahrnehmungsbasierten Kommunikation, bei der das Fahrzeug kommuniziert, was es „gesehen" hat, beispielsweise, dass ein bestimmter Fußgänger detektiert wurde, sowie der

– intentionsbasierten Kommunikation. Hier wird kommuniziert, welche Aktion oder Verhalten das Fahrzeug „plant", beispielsweise dass das Fahrzeug anhalten wird.

Instruktionsbasierte Kommunikation, also die direkte Kommunikation von Handlungsvorschlägen oder sogar -anweisungen, ist nach aktuellem Stand der Technik in der Regel nicht ohne gravierende Haftungsrisiken umsetzbar.

Auch für ein e-HMI bieten LED-Leisten eine gute Option, sowohl um wahrnehmungs- oder intentionsbasierte Kommunikationsschemata umzusetzen (s. Abbildung 11.3). Neben Lichtelementen, die für alle außenstehenden Verkehrsteilnehmer sichtbar sind, gibt es auch Designideen, die noch stärker gerichtete Interaktion unterstützen, sodass beispielsweise nur ein bestimmter Fußgänger ein Lichtsignal sehen kann.

Das **d-HMI** ist insbesondere Teil der impliziten Interaktion und wird direkt von den Algorithmen der Situationserkennung, Entscheidungsfindung und Bewegungsplanung

(a) (b) (c)

Abb. 11.3: Externe Mensch-Maschine-Schnittstellenkommunikationsstrategien von automatisierten Fahrzeugen auf die Entscheidungen und das Verhalten von Fußgängern beim Überqueren von Straßen in einer städtischen Umgebung (Wilbrink, Lau et al. 2021).

bzw. der Fahrzeugregelung erzeugt. Daher ist das gewünschte Interaktionskonzept von Beginn an auch bei der technischen Entwicklung zu berücksichtigen. Das d-HMI wirkt in der Regel nicht allein, sondern in Kombination mit dem i-HMI nach innen und zusammen mit dem e-HMI nach außen. Hier ist die Konsistenz von besonderer Bedeutung.

Wird einem Fußgänger an einem Überweg über Lichtimpulse oder ein externales LED-Band am Fahrzeug anzeigt, dass dieses bremsen wird (also der Fußgänger die Straße überqueren kann), aber gleichzeitig nicht langsamer wird, sendet das Fahrzeug verschiedene Signale, die zu Verunsicherung führen und dazu, dass der Fußgänger tendenziell später die Straße überquert, sodass eine spätere oder zunächst geringere Verzögerung des Fahrzeugs hier zu einer größeren Gesamtverzögerung für beide Parteien führt.

Beispiel für ein Forschungsprojekt. Innerhalb des Projekts „DesignStudio NRW" wurden innovative Konzepte für vielseitige Verkehrsmittel entwickelt. In der ersten Phase wurden verschiedene Elemente entwickelt, darunter ein Designkonzept (eine visuelle Darstellung eines Fahrzeugs, die in ein 1:4 Modell umgesetzt wurde), eine Simulation, die das Fahren in einer zukünftigen Umgebung im Ruhrgebiet nachahmte, und eine Darstellung, wie sich die Mobilität in Städten im Jahr 2030 entwickeln könnte. Dieses Designkonzept, die Fahrsimulation und die Mobilitätsvisualisierung wurden ausgewählten Personen, die zur Zielgruppe gehörten, zusammen mit aktuellen Elektrofahrzeugen derselben Kategorie in einem Teststudio während einer einwöchigen „Car Clinic" im November 2013 präsentiert. Im „DesignStudio NRW" wurden umfangreiche Interviews durchgeführt, die sich auf Themen wie das Design und die Ausstattung von Fahrzeugen, den Fahrzeuginnenraum und neue Verkehrskonzepte konzentrierten. Das Ziel war es, mehr über die Bedürfnisse und Einstellungen potenzieller Nutzer, die Marktmöglichkeiten und die Wahrscheinlichkeit des Kaufs neuer Fahrzeuge sowie über Design, Materialien und die allgemeine Qualitätserfahrung zu erfahren (Proff et al. 2016).

11.3 Modelle im Bereich Human Factors

Im Bereich Human Factors werden zahlreiche Modelle verwendet, um die Wechselwirkungen zwischen Mensch und System, Technologie oder Umgebungen zu verstehen und zu analysieren. Diese Modelle bieten einen Rahmen für die Untersuchung des menschlichen Verhaltens, der Kognition und der Leistung mit dem Ziel, Systeme zu entwerfen, die Sicherheit, Effizienz und Benutzererfahrung optimieren. Die Modelle, die in diesem Zusammenhang am häufigsten verwendet werden, lassen sich wie folgt zusammenfassen:

– Das Hick'sche Gesetz beschreibt den Zusammenhang zwischen der Anzahl der Wahlmöglichkeiten und der für eine Entscheidung benötigten Zeit (Hick 1952). Es besagt, dass mit zunehmender Anzahl von Wahlmöglichkeiten die Entscheidungszeit zunimmt. Dieses Modell wird häufig bei der Gestaltung von Benutzeroberflächen verwendet, um Komplexität zu reduzieren und Entscheidungsprozesse zu rationalisieren, Abbildung 11.4.

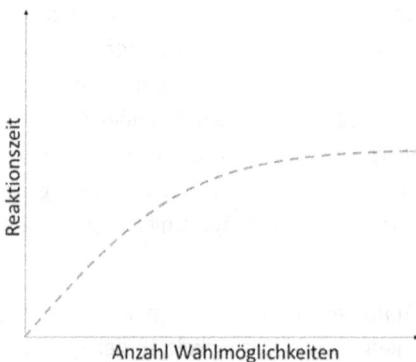

Abb. 11.4: Hicks Gesetz (Hick 1952).

– Das Fitts'sche Gesetz setzt die Zeit, die benötigt wird, um ein Ziel anzusteuern, mit dessen Entfernung und Größe in Beziehung (Fitts 1954). Es besagt, dass größere Ziele, die näher sind, weniger Zeit benötigen, um sie genau zu erreichen. Dieses Gesetz wird häufig bei der Gestaltung von visuellen Benutzeroberflächen verwendet, wie z. B. Touchscreens.

– Das System Theoretic Accident Modell and Processes (STAMP) konzentriert sich auf das Verständnis und die Vermeidung von Fehlern in komplexen Systemen (Leveson 2004). Es berücksichtigt die Interaktion zwischen Menschen, Technik und Umwelt, um die Sicherheit zu erhöhen und Fehler zu reduzieren. Das Modell hilft, Faktoren zu identifizieren, die auf verschiedenen Ebenen zu Fehlern beitragen, und leitet Maßnahmen zur Fehlervermeidung an. Im Gegensatz zu traditionellen Ansätzen, die sich auf die Verhinderung von Komponentenausfällen konzentrieren, definiert STAMP Sicherheit als eine kontinuierliche Kontrollaufgabe, die die Auferlegung von Beschränkungen beinhaltet, um das Systemverhalten auf sichere Veränderungen und Anpassungen zu begrenzen. Unfälle werden als Versagen bei der Durchsetzung von Sicherheitseinschränkungen auf verschiedenen Systemebenen betrachtet, was zu unangepassten Veränderungen führt.

– Das Drei-Ebenen-Modell nach Endsley beschreibt den Prozess des Situationsbewusstseins in den drei Stufen Wahrnehmung, Verständnis und Prognose. Die Prozesse der Entscheidung und Handlung schließen sich getrennt vom Situationsbewusstsein an (Endsley 1995). Weitere Informationen zum Modell finden sich im Abschnitt 11.5 (Situationsbewusstsein).

– Human Error Models (Swiss Cheese Model, HFACS) analysieren menschliche Faktoren und Unfälle aus unterschiedlichen Perspektiven. Hierunter fallen beispielsweise das „Swiss Cheese Model" oder die „Human Factors Analysis and Classification Systems". Während ersteres veranschaulicht, wie mehrere Fehler zu einem Unfall führen (Reason 2016), stellen Human Factors Analysis and Classification Systems (HFACS) einen Rahmen dar, um Fehler in organisatorische, aufsichtsrechtliche, vorbereitende und unsichere Handlungen zu kategorisieren (Shappell & Wiegmann 2000).

Die beschriebenen Modelle bieten ein umfassendes Verständnis des menschlichen Verhaltens, der Kognition und der Leistung innerhalb verschiedener Systeme und Kontexte. Sie helfen Wissenschaftlern, Designern und Praktikern bei der Entwicklung von Systemen, diese sicherer und effizienter zu gestalten sowie besser auf die menschlichen Fähigkeiten und Grenzen abzustimmen.

11.4 Kognitive Funktionen

Kognitive Funktionen beziehen sich auf unterschiedliche mentale Prozesse und Fähigkeiten, die die Menschen nutzen, um Informationen aus ihrer Umgebung wahrzunehmen, zu verarbeiten, zu verstehen und darauf zu reagieren. Diese spielen eine entscheidende Rolle für das menschliche Verhalten, die Entscheidungsfindung und die Leistung bei verschiedenen Aufgaben und Tätigkeiten. Insbesondere im Bereich Human Factors trägt ein besseres Verständnis der kognitiven Funktionen dazu bei, in der Entwicklung die Kompatibilität zwischen Technologie und den Fähigkeiten und Einschränkungen potenzieller Nutzer zu optimieren, um dahingehend die Sicherheit, die Effizienz und die allgemeine Erfahrung zu verbessern. Dies zeigt sich beispielsweise in der Gestaltung von Systemen, Schnittstellen und Umgebungen. Unter dem Begriff kognitive Funktionen werden zahlreiche Funktionen zusammengefasst. Diejenigen, die sich im Bereich Human Factors als besonders relevant gezeigt haben, lassen sich wie folgt beschreiben:

- **Wahrnehmung** umfasst die Aufnahme, Ordnung und Interpretation von sensorischen Informationen (z. B. visuell, auditiv, taktil) aus der Umgebung. Dies ermöglicht es uns, die Welt um uns herum als bedeutungsvolle, erkennbare Objekte und Ereignisse zu sehen, zu hören etc. (Pomerantz 2006). In der Gestaltung von Anzeigen, Schnittstellen und Bedienelementen ist dabei eine klare und leicht interpretierbare Darstellung von Informationen entscheidend für die Unterstützung einer korrekten Wahrnehmung.

- **Aufmerksamkeit** bezieht sich auf die Fähigkeit, sich auf bestimmte Reize oder Aufgaben zu konzentrieren und dabei Ablenkungen auszublenden. Dabei kann die Aufmerksamkeit selektiv auf mehreren Stufen der Informationsverarbeitung wirken und ist – unter anderem – verantwortlich für auftretende Einschränkungen bei der Informationsverarbeitung (Kahneman 1973). Insbesondere in sicherheitskritischen Situationen ist die Berücksichtigung unserer begrenzten Aufmerksamkeitsressourcen von besonderer Bedeutung.

- **Arbeitsgedächtnis** wird als ein System beschrieben, das dafür zuständig ist, Informationen für einen kurzen Zeitraum zu speichern und zu manipulieren, was für komplexe Aufgaben wie Lesen, Verstehen und Argumentieren unerlässlich ist (Baddeley 1992). Die Berücksichtigung der Grenzen des Arbeitsgedächtnisses bei der Gestaltung neuer Technologien trägt dazu bei, die kognitive Belastung des Benutzers zu verringern, indem beispielsweise die Informationen logisch geordnet werden und Hinweise zum Abrufen von Informationen gegeben werden.

- **Entscheidungsfindung** wird beschrieben als ein Prozess der Auswahl zwischen wünschenswerten Alternativen auf der Grundlage ihres relativen Werts der Konsequenzen (Balleine 2007). In der Entwicklung neuer Technologien sollte darauf geachtet werden, dass klare Optionen, relevante Informationen und Rückmeldungen bereitgestellt werden, um den Benutzenden bei der Entscheidungsfindung zu unterstützen.

- **Problemlösung** ist der Prozess, Lösungen für Herausforderungen oder Aufgaben zu finden (Sternberg 2013). Die Gestaltung von Benutzeroberflächen und Systemen, die das Problemlösen erleichtern, beinhaltet eine intuitive Navigation, Feedbackschleifen und den Zugang zu relevanten Ressourcen.

– **Aufmerksamkeitswechsel** beschreibt die Fähigkeit, zwischen mehreren Aufgaben, Operationen oder Denkmodellen zu wechseln. Diese Fähigkeit wird aufgrund der zunehmenden Komplexität unseres Alltags immer wichtiger (Monsell 2021). Die Designstrategien sollten sich darauf konzentrieren, eine kognitive Überlastung zu minimieren und sicherzustellen, dass die Aufgaben nach dem Wechsel effizient fortgesetzt werden können.

Eine weitere kognitive Funktion, die im Bereich Human Factors häufig Gegenstand der Forschung und zahlreicher Diskussionen ist und der im vorliegenden Kontext besondere Beachtung geschenkt wird, ist das Situationsbewusstsein, auf das im Folgenden näher eingegangen wird.

11.5 Situationsbewusstsein

Situationsbewusstsein bezieht sich auf den Prozess der Wahrnehmung und des Verstehens der Elemente, des Umfelds und des Verständnisses ihrer Bedeutung/Auswirkung in einer dynamischen und komplexen Situation. Dazu gehört, dass man sich relevanter Objekte, Ereignisse und Faktoren sowie ihrer Zusammenhänge und möglicher zukünftiger Entwicklungen bewusst ist. Obgleich die Ursprünge im Bereich der Luftfahrt liegen, ist das Situationsbewusstsein in zahlreichen weiteren Bereichen von entscheidender Bedeutung, z. B. im Gesundheitswesen, im Transportwesen, beim Militär und in der Industrie, letztendlich in jeder Situation, in der Menschen Ereignisse verfolgen müssen und wo effektive Entscheidungsfindung und Leistung entscheidend für Sicherheit und Erfolg sind (Endsley 2021). Angelehnt an ihre Definition von Situationsbewusstsein beschreibt Endsley das Drei-Stufen-Modell (Abbildung 11.5). Im Zentrum des Modells stehen die Stufen Wahrnehmung, Verständnis und Prognose, die hierarchisch zueinander angeordnet sind. Die erste Stufe umfasst die grundlegende Wahrnehmung kritischer Elemente in der Umwelt. Sie umfasst das Identifizieren und Erkennen von relevanten Hinweisen, Objekten und Ereignissen in der Umgebung. Diese bildet die Grundlage für höhere Stufen des Situationsbewusstseins. Stufe 2 geht über die einfache Wahrnehmung hinaus, indem der Einzelne die Bedeutung und den Sinn der wahrgenommenen Informationen versteht. Das Individuum integriert und interpretiert verschiedene Informationen, um eine kohärente mentale Darstellung der Situation zu schaffen. Das Verständnis ermöglicht es dem Einzelnen zu verstehen, wie verschiedene Elemente miteinander in Beziehung stehen, und wie sie sich auf die Gesamtsituation auswirken. Die höchste Stufe des Situationsbewusstseins beinhaltet die Prognose des zukünftigen Zustands der Situation auf der Grundlage des aktuellen Verständnisses. Dazu gehört die Fähigkeit, potenzielle künftige Entwicklungen, Ereignisse und Folgen vorherzusehen. Die Prognose ist eine wesentliche Voraussetzung für eine proaktive Entscheidungsfindung. Innerhalb des Modells wird diese sowie der anschließende Handlungsprozess bewusst getrennt vom Situationsbewusstsein dargestellt, deren Einfluss jedoch als äußerst relevant be-

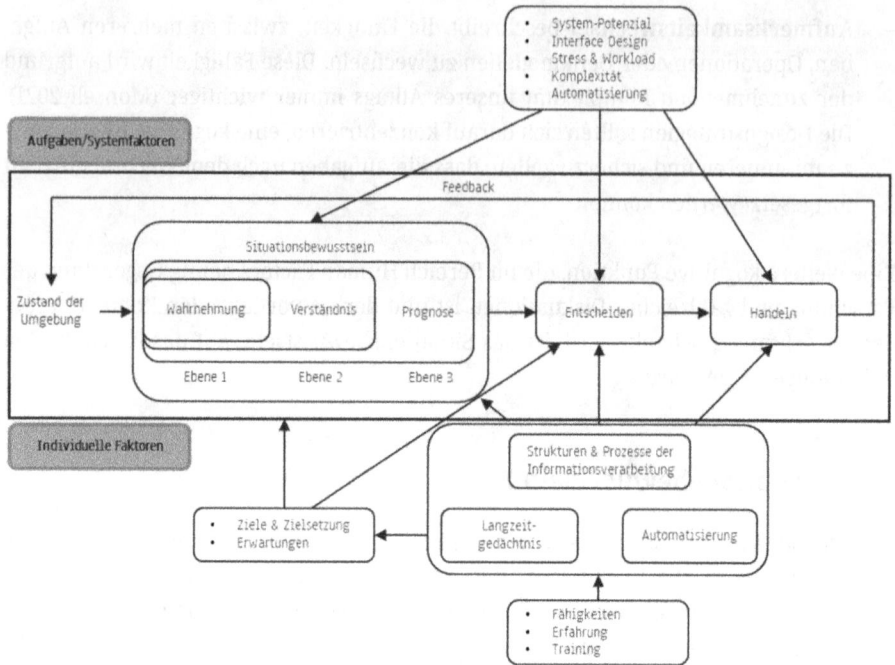

Abb. 11.5: Modell zum Situationsbewusstsein nach Endsley 1995.

schrieben. Darüber hinaus postuliert Endsley, dass ein erfolgreiches Situationsbewusstsein nicht zwangsläufig in einen erfolgreichen Entscheidungsprozess münden muss und umgekehrt kann einem mangelnden Situationsbewusstsein trotzdem ein erfolgreicher Entscheidungsprozess folgen (Endsley 2021).

Situationsbewusstsein wird von verschiedenen Quellen gespeist und beeinflusst. Diese lassen sich in zwei Kategorien einteilen, aufgaben-/systemspezifische Faktoren und individuelle Faktoren (Endsley 1995). Innerhalb beider Kategorien können Maßnahmen dazu beitragen, das Situationsbewusstsein, welches durch die zunehmende Dynamik unserer Umwelt vor immer größere Herausforderungen gestellt wird, zu unterstützen.

Auf Systemseite geht der technische Fortschritt häufig mit der Implementierung weiterer Sensoren, dem Einsatz von Black Boxes und der Verwendung zusätzlicher Bedien-/Anzeigeinstrumente einher. Damit verbunden ist ebenfalls ein Anstieg des Umfangs an Daten, denen die Nutzer gegenüberstehen. Zwei Aspekte, die bei der Entwicklung/Implementierung neuer Systeme berücksichtigt werden sollten, rücken dabei in den Mittelpunkt, zum einen die Frage danach, inwieweit der Anstieg an Daten zusätzliche Informationen für den Nutzer mitbringt (more data ≠ more information) und inwieweit der Anstieg an zusätzlich benötigten Daten durch die Implementierung neuer Systeme/Technologien noch verarbeitet werden kann (benötigt vs. verarbeitbar). Darüber hinaus sollten die Art und der Umfang an präsentierter (Gesamt-)Information, insbesondere bei der Implementierung zusätzlicher Systeme bzw. der Kopplung von Systemen Berücksichtigung finden. Beispielsweise sollten Daten auf höherer Ebene bereitgestellt werden, um eine Interpretation zu erleichtern. In der Gestaltung von Anzeigen und Displays besteht ebenfalls großes Potential für die Unterstützung des Situationsbewusstseins. Dabei sollte unter anderem auf eine zielorientierte Informationsanzeige sowie das Hervorheben von Schlüsselmerkmalen geachtet werden. Bei einer Veränderung des Automatisierungsgrades durch die Implementierung neuer/zusätzlicher Systeme sollte darüber hinaus darauf geachtet werden, den Nutzer dadurch nicht aus den Prozessen auszuschließen.

Auf Seite der Nutzenden wissen wir seit Langem von individuellen Unterschieden im Situationsbewusstsein. Als ursächlich/Einfluss nehmend werden Faktoren wie Aufmerksamkeitsleistung, räumliches Denken, Arbeitsgedächtnis, Wahrnehmungsgeschwindigkeit und zahlreiche weitere Faktoren genannt (Endsley 2021). Obgleich wir wissen, dass Situationsbewusstsein veränderbar ist, existieren bislang nur wenige Ansätze, die auf eine Verbesserung dieser Funktion abzielen. Bestehende Trainings resultieren nahezu ausschließlich aus dem Bereich der Luftfahrt und fokussieren auf eine Erhöhung der Erfahrung der Nutzenden im Umgang mit dem System und einer damit verbundenen Verbesserung des Situationsbewusstseins. Die drei bestehenden Ansätze in dem Kontext sind 1) „Interactive Situation Awareness Training" (Strater et al. 2004), 2) „Virtual Environment Situation Awareness Review System" (Kaber et al. 2005) und 3) „Situation Awareness Virtual Instructor (Endsley et al. 2009). Alle drei Ansätze haben eine Steigerung der Erfahrung zum Ziel, um bei den Nutzern möglichst viele mentale Modelle von unterschiedlichen Situationen zu generieren, die im Ernstfall angewendet werden können. Dabei unterscheiden sich diese lediglich in dem Vorgehen bzw. dem Prozess der Rückmeldung/des Feedbacks. Trainingsmaßnahmen, die neben der Erfahrung andere Aspekte im Hinblick auf eine Erhöhung des Situationsbewusstseins fokussieren, liegen bislang nicht vor. Die Forderung nach spezifischen Maßnahmen kommt insbesondere aus Bereichen, in denen das Training von Situationsbewusstsein bislang wenig bis überhaupt nicht präsent war, wie zum Beispiel der Medizin oder dem Automobilbereich.

Beispiel für ein Forschungsprojekt. Im Rahmen eines Platooning-Forschungsprojekts fuhren Berufskraftfahrer sieben Monate lang in zwei digital vernetzten Lastwagen auf der Autobahn 9 zwischen DB Schenker-Niederlassungen in Nürnberg und München. Nach etwa 35.000 Testkilometern betonten die Fahrer, die in einem Abstand von nur 15 bis 21 Metern voneinander fuhren, den verbesserten Fahrkomfort und ein gesteigertes Sicherheitsempfinden. Darüber hinaus zeigte sich ein gesteigertes Vertrauen in die Technik. Die Fahrer hatten keine Bedenken hinsichtlich der Kontrollierbarkeit der Fahrsituationen. Obwohl andere Fahrzeuge als „unangenehm" empfunden wurden, wurde die Sicherheit durch das System gewährleistet. Das Projekt sammelte umfangreiche Daten zur Mensch-Maschine-Schnittstelle und analysierte die Hirnaktivität und das Blickverhalten der Fahrer. Dabei zeigte sich beispielsweise im Hinblick auf die Abkopplungsprozesse, dass 40 % der Blicke auf der HMI lagen. Dies bedeutet, dass das Situationsbewusstsein in diesem Moment deutlich reduziert war, was zu einem potenziell riskanten Verhalten führt. Die Erkenntnisse sollen dazu beitragen, die Einführung von Platooning und anderen digitalisierten Schnittstellen in der Branche zu gestalten und sicherzustellen, dass der Fahrer auch in halb automatisierten Fahrzeugen die Kontrolle behält (Castritius et al. 2021).

11.6 Mentale Belastung

Seit der Einführung des Konzepts der mentalen Belastung im Bereich der Ergonomie haben sich verschiedene theoretische Modelle entwickelt, die alle auf der Prämisse basieren, dass das menschliche kognitive System über begrenzte Ressourcen und Kapazität verfügt. Eine umfassende Übersicht über bestehende Konzepte und Definitionen ist in der entsprechenden Literatur verfügbar (Abd Rahman et al. 2020, Young et al. 2015).

Die mentale Arbeitsbelastung lässt sich als multidimensionales Konstrukt verstehen, das die Zuweisung kognitiver Ressourcen zur Aufgabenausführung in einem bestimmten Kontext beschreibt. Die Kapazität kann metaphorisch als ein Reservoir betrachtet werden, und die Anforderungen an die Kapazität für die Aufgabenerfüllung variieren je nach den Bedingungen des Individuums (z. B. Erfahrung, Ermüdung). Mit zunehmender Erfahrung verringern sich die Kapazitätsanforderungen, wodurch komplexere Aufgaben bewältigt werden können, ohne dass sich die mentale Belastung erhöht. Umgekehrt steigt die mentale Belastung, wenn die Anforderungen der Aufgabe die verfügbare Kapazität überschreiten, was zu beeinträchtigter Leistung führt. Historisch gesehen wurde dieser Zusammenhang durch drei Stufen der mentalen Belastung beschrieben (De Waard 1996), s. Abbildung 11.6:

– **Unterforderung:** Gekennzeichnet durch unzureichende Stimulation, was zu vermindertem Wachheitszustand, verringerter Aufmerksamkeit, erhöhtem Ermüdungsrisiko und beeinträchtigter Leistung führt.
– **Optimale Belastung:** Erreicht, wenn weder Unter- noch Überforderung vorliegt und optimale Leistung ermöglicht wird.
– **Überlastung:** Gekennzeichnet durch übermäßige Aufgabenanforderungen, die die verfügbare Kapazität überschreiten und zu beeinträchtigter selektiver Aufmerksamkeit, erhöhter Ablenkung und verringerte Leistung führen.

Bislang werden verschiedene Messmethoden zur Quantifizierung der mentalen Belastung eingesetzt (z. B. Leistungsindizes, subjektive Bewertungen, physiologische Messungen). Dennoch gibt es keine eindeutige Messgröße zur Unterscheidung der mentalen Belastung im Sinne der Unter-/Über- und optimalen Belastung, was teilweise auf die begrenzte Empfindlichkeit bestimmter Messverfahren zurückzuführen ist. Dadurch wird die Vorhersage und die Definition einer optimalen mentalen Belastung erschwert.

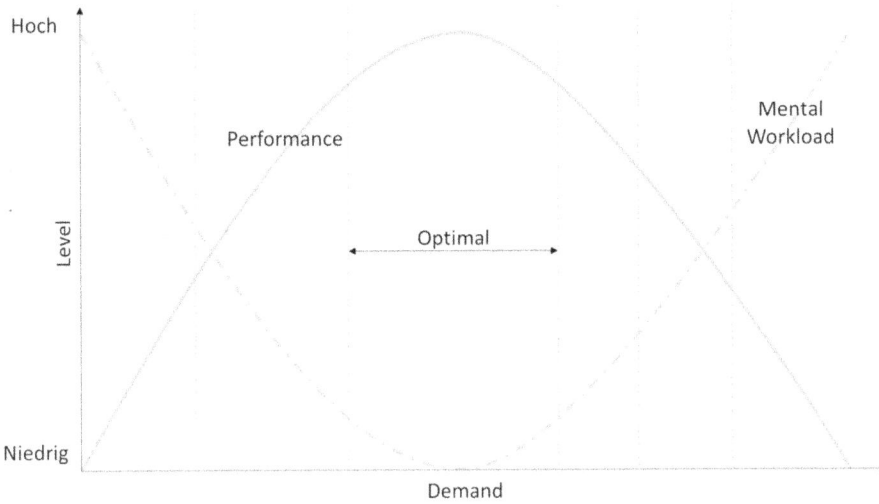

Abb. 11.6: Zusammenhang zwischen Anforderung, psychischer Belastung und Leistung (De Waard 1996).

Im Kontext des Fahrens zielen Fahrerassistenzsysteme (ADAS) darauf ab, Fahrer zu unterstützen und den Komfort zu steigern, was eine Reduzierung der mentalen Belastung mit sich bringen sollte. Die Ergebnisse in diesem Zusammenhang sind jedoch widersprüchlich. Studien zu adaptiven Geschwindigkeitsregelsystemen verdeutlichen diese Diskrepanz (Young & Stanton 2002). Simulationen berichten nur von geringfügigen Reduzierungen der mentalen Belastung durch die Nutzung von ADAS (De Winter et al. 2014). Im Gegensatz dazu deuten reale Studien unter Verwendung verschiedener Messinstrumente (EEG, Eye-Tracking, Leistung) auf eine erhöhte mentale Belastung und verschlechterte Leistung bei adaptiven Geschwindigkeitsregelsystemen hin (Acerra et al. 2019). Ähnliche Ergebnisse gelten für Spurhalteassistenzsysteme (Kuo et al. 2019).

Die Art der Rückmeldung hat einen signifikanten Einfluss auf die mentale Belastung. Studien zu Navigationssystemen zeigen Auswirkungen der Displaygröße, wobei eine geringere Displaygröße zu einer höheren mentalen Belastung führt (Yared & Patterson 2020). Head-Down-Displays führen sowohl in Simulationen (Liu & Wen 2004) als auch in realen Szenarien (Schneider et al. 2019) zu einer erhöhten mentalen Belastung. Head-up-Displays sind hingegen überlegen, wenn es um ADAS-generierte Warnungen geht (z. B. Forward Collision Warning), wobei das Format des Warntextes die Reaktion und die mentale Belastung beeinflusst (Mosalikanti et al. 2019). Die Integration unterstützender visueller Balken in Head-up-Displays verbessert die Leistung, ohne jedoch die mentale Belastung zu reduzieren (Bolton et al. 2015).

Angesichts der visuellen Belastung beim Autofahren besteht die Gefahr, dass visuelle ADAS-Hinweise die mentale Belastung erhöhen und die Fahrleistung beeinträchtigen. Daher gewinnen auditive und taktile Lösungen an Bedeutung. Vibrotaktile Reize vermitteln in zahlreichen ADAS, wie Kollisionswarnsystemen, Spurhalteassistenten und

Geschwindigkeitswarnsystemen, einfache Informationen. Ein Vergleich der Modalitäten zeigt, dass taktile Warnungen die kürzesten Reaktionszeiten aufweisen, gefolgt von auditiven und visuellen Warnungen (Scott & Gray 2008).

Die optimale Modalität zur Bewältigung der mentalen Belastung und zur Steigerung der Leistung ist umstritten. Einige Studien legen nahe, dass multimodale Stimuli gegenüber einzelnen Modalitäten Vorteile bieten. Eine bimodale auditiv-taktile Darbietung zeigt dabei die kürzesten Reaktionszeiten (Petermeijer et al. 2017), während trimodale Bedingungen eine optimale Leistung ohne gleichzeitige Erhöhung der mentalen Belastung zeigen (Maier et al. 2010, Oskarsson et al. 2012). Die Effektivität der Modalitäten hängt von verschiedenen Faktoren ab, wie spezifische Aufgabe, Anforderung und zeitliche sowie individuelle Faktoren (Lundqvist & Eriksson 2019).

Zusammenfassend kann festgehalten werden, dass Studien zur mentalen Belastung im Kontext der Nutzung von ADAS relevante Faktoren identifizierten, die in folgende Kategorien eingeordnet werden können: 1) Modalität, 2) räumliche Aspekte, 3) Art und Eigenschaften, 4) zusätzliche Anforderungen und 5) Umgebung/Situation. In diesen Studien lag der Schwerpunkt jedoch überwiegend auf der Informationsdarstellung durch ADAS, während Aspekte des Reaktionsverhaltens bislang weniger untersucht wurden.

11.7 Technologieakzeptanz

Technologieakzeptanz beschreibt die messbare Bereitschaft, Technologie gemäß ihren beabsichtigten Funktionen zu verwenden und für ihre vorgesehenen Aufgaben zu nutzen (Dillon 2001).

Ein weit verbreitetes Modell zur Erklärung der Technologieakzeptanz ist das Technologieakzeptanzmodell (TAM), das ursprünglich von Davis 1985 entwickelt wurde. Dieses Modell bezieht sich auf die Akzeptanz verschiedener Technologien und erklärt die tatsächliche Nutzung (Usage Behavior) einer Technologie durch die Nutzungsintention (Intention to Use). Diese Intention wird von zwei Hauptfaktoren beeinflusst: der wahrgenommenen Nützlichkeit (Perceived Usefulness) und der wahrgenommenen Benutzerfreundlichkeit (Perceived Ease of Use). Die wahrgenommene Nützlichkeit beschreibt, inwieweit ein Nutzer glaubt, dass die Nutzung der Technologie seine Arbeitsleistung verbessern würde, während die wahrgenommene Benutzerfreundlichkeit beschreibt, wie einfach die Nutzung der Technologie erscheint. Diese beiden Faktoren können bis zu 60 % der Variation in der Intention to Use erklären (Lee et al. 2003), s. Abbildung 11.7.

Das TAM wurde weiterentwickelt, um seine Einfachheit und praktische Anwendbarkeit zu verbessern. So wurde das TAM 2 von Venkatesh & Davis 2000 eingeführt, um zusätzliche Faktoren zur Erklärung der wahrgenommenen Nützlichkeit einzubeziehen. Das TAM 3 von Kessler & Martin 2017 berücksichtigt wiederum Faktoren zur wahrgenommenen Benutzerfreundlichkeit und betrachtet mögliche Interventionen, die die Technologieakzeptanz beeinflussen können. Ein weiteres Modell, das auf dem TAM aufbaut, ist die Unified Theory of Acceptance and Use of Technology (UTAUT) von Venkatesh

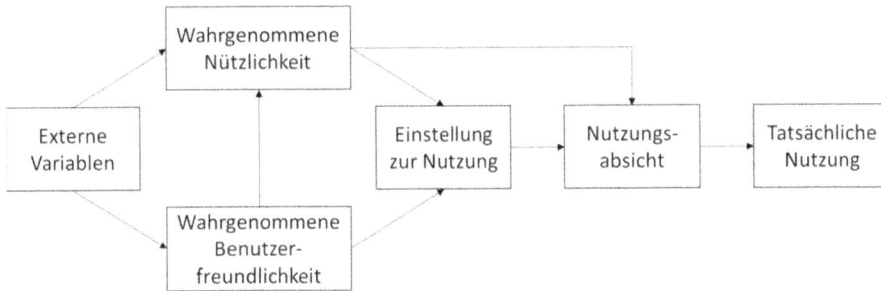

Abb. 11.7: Ursprüngliches Technologieakzeptanzmodell nach Davis et al. 1989.

et al. 2003. Dieses Modell enthält vier Schlüsselvariablen: Leistungserwartung (Performance Expectancy), Aufwanderwartung (Effort Expectancy), sozialer Einfluss (Social Influence) und förderliche Bedingungen (Facilitating Conditions).

Obwohl das TAM weiterentwickelt wurde, bleibt die ursprüngliche Modellierung relevant und wird in zahlreichen Studien zur Technologieakzeptanz verwendet. Einige Studien fügen dem TAM zusätzliche Variablen hinzu, allerdings wird argumentiert, dass die Verbindung zwischen Intention to Use und tatsächlicher Nutzung bereits hinreichend validiert ist.

Im speziellen Kontext des autonomen Fahrens gibt es das „Multi-level model on automated vehicle acceptance" (MAVA) von Nordhoff et al. 2019. Dieses Modell betrachtet die Akzeptanz von autonomen Fahrzeugen in verschiedenen Phasen, einschließlich Exposition, Adaption und Integration. Es integriert verschiedene Einflussebenen wie individuelle, soziale und infrastrukturelle Faktoren. Insbesondere im Kontext des autonomen Fahrens bedarf es ein hohes Maß an Technologieakzeptanz, um die Vorteile dieser Technologie hinreichend nutzen zu können.

Neben technischen Aspekten spielen Technologievertrauen, Sicherheitsbedenken, soziale Normen, rechtliche Rahmenbedingungen und persönliche Einstellungen eine Rolle bei der Akzeptanz von autonomen Fahrzeugen. Daher ist ein umfassendes Verständnis dieser Faktoren entscheidend, um die Technologieakzeptanz und die erfolgreiche Integration autonomer Fahrzeuge in die Gesellschaft zu fördern. Auf den Aspekt des Technologievertrauens wird im Folgenden näher eingegangen.

11.8 Technologievertrauen

Technologievertrauen ist ein Schlüsselkonzept, das das Vertrauen und die Verlässlichkeit reflektiert, die Individuen oder Organisationen in Bezug auf eine spezifische Technologie oder ein technologisches System setzen. Dieses Vertrauen beruht auf der Erwartung, dass die betreffende Technologie oder das System in einer konsistenten, sicheren und zuverlässigen Weise funktioniert und keine unerwarteten Risiken oder Schwachstellen aufweist. Es ist wichtig anzumerken, dass Technologievertrauen von verschiedenen Faktoren beeinflusst wird, einschließlich kultureller, institutioneller und individueller Aspekte.

Interessanterweise beginnt das Vertrauen in eine Technologie lange bevor eine direkte Interaktion mit dem System erfolgt. Dieses Phänomen wurde von Ekman et al. 2016 untersucht und unterstreicht die Bedeutung der Vorbereitung und Einstellung, die Benutzer gegenüber einer Technologie einnehmen. Technologievertrauen ist eine grundlegende Voraussetzung für den erfolgreichen Einsatz von Technologien und technologischen Systemen. Ohne ein angemessenes Maß an Vertrauen wäre die Nutzung und Akzeptanz solcher Systeme erheblich eingeschränkt.

Es ist wichtig zu beachten, dass Technologievertrauen eine komplexe Dynamik aufweist. Eine interessante Facette dieses Konzepts besteht darin, dass ein höheres Maß an Vertrauen tendenziell zu einer intensiveren Nutzung des Systems führt. Dennoch ist es entscheidend zu erkennen, dass eine verstärkte Nutzung nicht immer wünschenswert ist, insbesondere wenn die Angemessenheit des Vertrauens in die Technologie nicht gewährleistet ist. Dies unterstreicht die Notwendigkeit einer ausgewogenen Gestaltung von Technologien und Systemen, die das Vertrauen der Benutzer fördert, jedoch gleichzeitig eine angemessene Vorsicht und kritische Bewertung bewahrt (Lee et al. 2003). Diese Angemessenheit wird erreicht, indem das tatsächliche Vertrauen in Bezug zu den Fähigkeiten des Systems gesetzt wird, was zu drei möglichen Ausprägungen führt:

1) Übermäßiges Vertrauen (overtrust), bei dem das Vertrauen die Fähigkeiten des Systems übersteigt und beispielsweise zur Nachlässigkeit in der Verhaltensdimension führen kann, also zu einem zu starken Verlassen auf das automatisierte System und dahin gehenden Anstieg des Fehlerrisikos innerhalb kritischer Situationen (Bahner 2008).

2) Misstrauen (distrust), bei dem das Vertrauen hinter den Fähigkeiten des Systems zurückbleibt, was zu einer selteneren und nicht angemessenen Nutzung führen kann.

3) Kalibriertes Vertrauen (calibrated trust), bei dem das Verhalten den Fähigkeiten des Systems angemessen entspricht (Lee & See 2004).

Nach Hoff & Bashir 2015 wird das Vertrauen von drei Hauptkomponenten beeinflusst:
1) der individuellen Person,
2) dem zugrunde liegenden System,
3) der spezifischen Situation.

Modelle, die das Phänomen des Technologievertrauens untersuchen, unterstreichen die bedeutende Rolle der jeweiligen Situation, in der Vertrauen erforderlich ist, sowie die individuellen Merkmale der beteiligten Personen. Ein zentraler Aspekt beim Aufbau von Vertrauen sind Rückkopplungsschleifen, die sich aus der fortwährenden Nutzung eines Systems ergeben. Darüber hinaus werden Persönlichkeitseigenschaften und frühere Erfahrungen als moderierende Faktoren auf das Technologievertrauen in Personen und Objekte beschrieben.

In der Literatur werden konkrete Maßnahmen vorgeschlagen, wie man das Vertrauen in eine bestimmte Automatisierung erhöhen kann. Dazu gehören Anthropomorphismus, die Erhöhung der Benutzerfreundlichkeit, eine höfliche Kommunikation, transparente Systemhandlungen sowie die Möglichkeit, in die Aktivität des Systems einzugreifen (Hoff & Bashir 2015). Es wird davon ausgegangen, dass sich die Angst des Fahrers vor unvorhersehbaren Situationen verringert, wenn er sieht, dass das Auto verschiedene Fahrsituationen präzise bewältigt. Darüber hinaus wird von positiven Auswirkungen auf das Vertrauen durch den Einsatz von Agenten berichtet, z. B. durch die Stärkung der emotionalen Verbindung zwischen Fahrer und dem Agenten. Es wird vorgeschlagen, dass der Agent verschiedene Erscheinungsbilder annehmen kann und den Fahrenden auch über das Fahren hinaus unterstützen oder unterhalten kann (Lee et al. 2016). Zusätzlich legen Erkenntnisse das Potential von menschenähnlichen Chauffeur-Avataren im Hinblick auf die Erhöhung von Vertrauen in Bezug auf die Nutzung automatisierten Fahrens nahe (Häuslschmid et al. 2017).

Es kann festgehalten werden, dass ein umfassendes Verständnis von Vertrauen entscheidend ist für die Entwicklung effektiver und vertrauenswürdiger Automatisierungssysteme. Entwickler müssen die Erwartungen der Benutzer, die Transparenz des Systems, die Feedback-Mechanismen und das Potenzial für Übervertrauen berücksichtigen. Um dieses Gleichgewicht zu erreichen, ist ein multidisziplinärer Ansatz hilfreich, an dem Experten für menschliche Faktoren, Ingenieure und Psychologen beteiligt sind.

11.9 Quantitative Messverfahren

In der Human-Factors-Forschung sind quantitative Messverfahren unerlässlich, um objektive und numerische Daten zur Untersuchung verschiedener Aspekte des menschlichen Verhaltens, der Leistung und der Interaktion mit Systemen, Produkten oder Umgebungen zu sammeln. Diese Messungen helfen den Forschern, zu analysieren, zu vergleichen und statistisch signifikante Schlussfolgerungen zu ziehen. Nachfolgend sind einige gängige quantitative Messungen aufgeführt, die in der Human-Factors-Forschung verwendet werden:

– **Leistungsmaße** werden aufgrund ihrer direkten Aufgabenzuordnung sowie des geringen Aufwands in der Erhebung und Auswertung als häufigste quantitative Verfahren herangezogen. Die am häufigsten verwendete Maße sind Reaktionszeit, Genauigkeit, Fehlerquote und Leistungsmetriken. Die Reaktionszeit beschreibt die Zeit, die eine Person benötigt, um auf einen bestimmten Stimulus oder eine Aufgabe zu reagieren. Bei Usability-Tests kann die Reaktionszeit zum Beispiel dazu verwendet werden, die Effizienz einer Schnittstelle oder die Leichtigkeit der Ausführung einer Aufgabe zu bewerten. Unter Genauigkeit versteht man das Ausmaß in dem Teilnehmer eine Aufgabe korrekt oder fehleranfällig erledigen. Sie wird oft in Verbindung mit der Antwortzeit verwendet, um die Leistung umfassend zu bewerten. Die Fehlerquote quantifiziert die Anzahl der Fehler, die von den Teilnehmern während einer Aufgabe gemacht werden. Hohe Fehlerquoten können auf Konstruktionsmängel oder Probleme bei der Benutzerfreundlichkeit von Systemen oder Produkten hinweisen. Darüber hinaus werden Leistungsmetriken verwendet, die aufgabenspezifisch sind, und je nach Kontext der Studie variieren können. Beispiele hierfür sind die Anzahl der Klicks zur Erfüllung einer Aufgabe, die Zeit, die benötigt wird, um Informationen auf einer Website zu finden, oder die Genauigkeit der Dateneingabe.

– **(Neuro-)Physiologische Messverfahren** beziehen sich auf die Erfassung und Quantifizierung bestimmter Merkmale physiologischer Prozesse in unterschiedlichen Organsystemen des Körpers. Sie geben einen indirekten Hinweis auf psychologische Zustände, emotionale Reaktionen oder kognitive Prozesse. Zu den im Kontext der Human-Factors-Forschung am häufigsten verwendeten Verfahren zählen die Messung der Herzfrequenz, der Hautleitfähigkeit, Elektromyographie, Elektroenzephalographie sowie die Erfassung von Augenparametern (Eye-tracking). Die Herzfrequenz ist ein Maß für die Anzahl der Herzschläge pro Minute und kann Hinweise unter anderem auf emotionale Erregung oder Stress liefern. Innerhalb von Fahrstudien wird die Herzfrequenz beispielsweise eingesetzt um die Belastung, das Stresslevel sowie den allgemeinen Zustand wie z. B. die Schläfrigkeit des Fahrers festzustellen. Die Hautleitfähigkeit misst die neuronal vermittelte autonome Veränderung der elektrischen Eigenschaften der Haut und stellt einen empfindlichen Index für die Aktivität des sympathischen Nervensystems dar. In Fahrstudien wird die Hautleitfähigkeit beispielsweise als Maß für die Belastung, das Risiko von Unfällen, den Einfluss von Stress, Anspannung und Schlafentzug verwendet. Elektromyographie misst die elektrische Aktivität der Muskulatur als Antwort auf eine nervale Stimulation. Die Signale sind abhängig von den anatomischen und physiologischen Merkmalen des Muskels. Elektromyographie kann helfen, ein besseres Verständnis beispielsweise darüber zu erhalten, welche Muskeln an bestimmten Fahrvorgängen wie Lenken, Bremsen oder Beschleunigen beteiligt sind. Innerhalb der Elektroenzephalographie wird die elektrische Aktivität des Gehirns über Elektroden an der Schädeloberfläche aufgezeichnet. Während die Messungen in der Vergangenheit nur mit großem technischem Aufwand und an ein Labor gebunden möglich waren, ermöglicht es die technische Entwicklung, dass EEG-Systeme inzwischen auch außerhalb des Labors, in realen Situationen, unter Bewegung und mit überschaubarer Messtechnik zum Einsatz kommen können. Hierdurch wird die Enzephalographie zu einem häufig verwendeten Messverfahren innerhalb von Fahrstudien wie beispielsweise im Kontext von Ablenkung, Müdigkeit aber auch dem Monitoring. Mithilfe von Eyetracking-Systemen können zahlreiche Augenparameter wie Pupillengröße, Blinzelrate und Sakkaden abgeleitet aber auch die Bewegung des Auges bzw. die Blicksteuerung analysiert werden. Diese können neben der Bestimmung von Ablenkung, Belastung und Ermüdung auch für die Gestaltung bzw. Anordnung von Instrumenten/Anzeigen eingesetzt werden.

– **Hormonelle Analysen** zielen darauf ab, menschliches Verhalten, Kognition, Emotionen und Leistung auf physiologischer Ebene zu verstehen. Hormone spielen als chemische Botenstoffe, die vom endokrinen System produziert werden, eine entscheidende Rolle bei der Regulierung verschiedener Körperfunktionen und Reaktionen. Im Kontext des Fahrens steht das Hormon Cortisol, welches eine entscheidende Rolle bei der Stressreaktion des Körpers spielt, häufig im Fokus des Interesses. Dabei konnte unter anderem gezeigt werden, dass gerade das Fahren über mehrere Stunden zu anhaltenden Stressreaktionen führt (Antoun et al. 2017).

– **Fragebögen und Umfragen** sind wichtige Instrumente einer Human Factors zentrierten Forschung und Entwicklung, insbesondere im Automobilbereich. Sie ermöglichen es, selbst berichtete Daten von Fahrern und anderen Verkehrsteilnehmenden zu sammeln, die wertvolle Einblicke in ihre Wahrnehmungen, Verhaltensweisen, Einstellungen und Erfahrungen im Zusammenhang mit dem Fahren liefern. Im Kontext des Fahrens haben sich in den letzten Jahren zahlreiche standardisierte Fragebögen etabliert, die einen Einblick beispielsweise in die mentale Belastung, das Fahrverhalten, die Müdigkeit des Fahrenden oder den Grad der Ablenkung geben. Zusätzlich zu den standardisierten Fragebögen werden häufig einzelne individuelle Aspekte isoliert betrachtet. Die Beantwortung erfolgt zumeist auf einer Antwortskala des Likert-Typs. Die klassische Skala hat 5 Stufen die beispielsweise von „stimme absolut zu" bis „stimme absolut nicht zu" verwendet wird. Insbesondere im deutschsprachigen Raum wird aufgrund der größeren Differenzierung und dem Fehlen der Mittelposition häufig die 6-stufige Version verwendet. Eine höhere Anzahl an Stufen (>6 Stufen) sollte sorgfältig bedacht und aufgrund des kognitiven Aufwands für die Teilnehmenden nur in begründeten Fällen eingesetzt werden. Im Allgemeinen sollte bei der Verwendung Antwortskalen des Likert-Typs darauf geachtet werden, dass jede einzelne Stufe verbalisiert wird.

11.10 Qualitative Messverfahren

Qualitative Messverfahren beinhalten eine systematische und eingehende Untersuchung menschlicher Verhaltensweisen, Erfahrungen, Einstellungen und Wahrnehmungen. Im Gegensatz zur quantitativen Forschung, die sich auf numerische Daten und statistische Analysen konzentriert, versucht die qualitative Forschung, die Komplexität und die Nuancen menschlicher Faktoren durch umfangreiche, detaillierte Beschreibungen und Interpretationen der Erfahrungen der Nutzer/Teilnehmer zu verstehen. Die häufigsten Methoden, die im Automotiven Bereich (Forschung & Entwicklung) eingesetzt werden, umfassen Einzelinterviews, Fokusgruppeninterviews und Beobachtungen.

- Bei **Einzelinterviews** wird eine Person zu einem bestimmten Thema befragt. Es gibt verschiedene Arten von Einzelinterviews, die sich hinsichtlich ihrer Strukturierung unterscheiden. Die drei häufigsten Typen sind:
  1) Strukturierte (leitfadengestützte) Interviews: Hierbei verwendet der Interviewer einen vordefinierten Leitfaden mit festgelegten Fragen und Themen, die er/sie während des Interviews abdecken möchte. Der Leitfaden dient als Orientierungshilfe für den Interviewer, um sicherzustellen, dass wichtige Themen behandelt werden und dass die gleichen Fragen an alle Teilnehmer gestellt werden. Strukturierte Interviews ermöglichen eine systematische Datenerhebung und Vergleichbarkeit der Antworten zwischen den Teilnehmern. Sie eignen sich besonders für Studien mit klaren Forschungsfragen und wenn eine standardisierte Datenanalyse angestrebt wird.
  2) Nichtstrukturierte Interviews: Diese sind offen und flexibel. Es gibt keinen vordefinierten Leitfaden oder spezifische Fragen, die der Interviewer stellen muss. Die Teilnehmer werden aufgefordert, frei zu sprechen und ermutigt ihre Gedanken, Meinungen und Erfahrungen ausführlich zu teilen. Nichtstrukturierte Interviews erlauben es den Teilnehmern, neue Themen anzusprechen, die für die Forschung/Entwicklung möglicherweise relevant sind, aber nicht im Voraus berücksichtigt wurden. Solche Interviews bieten eine tiefere Einsicht in die persönlichen Perspektiven und ermöglichen es, komplexe oder unerwartete Themen zu erkunden.
  3) Semi-/Teilstrukturierte Interviews: Diese Form vereint Merkmale von strukturierten und nichtstrukturierten Interviews. Der Interviewer verwendet einen Leitfaden mit vordefinierten Fragen und Themen, welcher aber auch Raum für offene Fragen und Diskussionen lässt. Semi-strukturierte Interviews bieten eine gewisse Flexibilität, sodass der Interviewer auf spontane Kommentare oder neue Themen eingehen kann, während er sicherstellt, dass wichtige Forschungsfragen abgedeckt werden. Diese Art von Interviews ermöglicht eine ausgewogene Balance zwischen Standardisierung und Offenheit.

  Die Auswahl der Interviewstruktur hängt von den Forschungszielen, der Komplexität des Themas und den Präferenzen ab. Jede Art von Einzelinterview hat ihre Vor- und Nachteile, und die Wahl der richtigen Methode kann dazu beitragen, wertvolle qualitative Daten zu gewinnen und die Fragen umfassend zu beantworten.
- **Fokusgruppeninterviews** sind eine spezifische Form der qualitativen Datenerhebung, bei der eine Gruppe von Teilnehmern zu einem bestimmten Thema oder einer spezifischen Fragestellung befragt wird. Im Gegensatz zu Einzelinterviews, bei denen eine Person allein befragt wird, bietet die Fokusgruppe die Möglichkeit, unterschiedliche Perspektiven und Meinungen innerhalb einer interaktiven Gruppendiskussion zu erfassen. Diese Methode ermöglicht es, die soziale Dynamik und Gruppendynamik zu nutzen, um tiefere Einblicke in die Wahrnehmungen, Einstellungen und Erfahrungen der Teilnehmer zu gewinnen.

– **Beobachtungen** sind eine wichtige Methode in der qualitativen Forschung, die es Forschern/Entwicklern ermöglichen, menschliches Verhalten, Interaktionen und Situationen direkt vor Ort zu studieren. Die Beobachtung kann in natürlichen Umgebungen (Feldbeobachtung) oder in kontrollierten Situationen (Laborbeobachtung) stattfinden. In beiden Fällen ermöglicht sie eine detaillierte Beschreibung und Interpretation des Verhaltens und der sozialen Interaktionen von Personen, ohne diese durch direkte Befragung zu beeinflussen. Die Beobachtung in der qualitativen Forschung erfordert eine sorgfältige Planung, klare Forschungsziele und ethische Überlegungen hinsichtlich des Datenschutzes und der informierten Zustimmung der beobachteten Teilnehmenden. Die Beobachtung kann je nach Komplexität des zu untersuchenden Phänomens unterschiedliche Schwierigkeiten mit sich bringen, wie zum Beispiel die Notwendigkeit, unauffällig zu beobachten, das Verhalten der Teilnehmer zu interpretieren und die Forschungsergebnisse angemessen zu dokumentieren. Die Beobachtung als qualitative Forschungsmethode ermöglicht es, wertvolle und kontextbezogene Informationen zu sammeln, die für das Verständnis menschlichen Verhaltens, sozialer Interaktionen und kultureller Kontexte von großer Bedeutung sind.

11.11 Simulatoren

Simulatoren werden häufig verwendet, um den technischen Fortschritt und individuelle Unterschiede bei der Anpassung an technologische Umgebungen zu untersuchen. Darüber hinaus werden sie für die Bewertung des Einflusses externer Faktoren auf die Fahrleistung eingesetzt. Im Gegensatz zu Studien in der realen Welt, die oft durch erhöhte Komplexität und vielfältige Herausforderungen gekennzeichnet sind, bieten Simulatoren einen effizienten und ressourcenschonenden Weg, um relevante Fragestellungen auf einem hohen Standardisierungsgrad zu untersuchen, s. Abbildung 11.8. Darüber hinaus bieten simulierte Umgebungen die Möglichkeit, potenzielle Risiken wie Unfälle oder Verletzungen, wie sie in Realstudien auftreten können, auszuschließen. Obwohl Simulatoren ursprünglich in der Luftfahrt entwickelt wurden, werden sie heutzutage hauptsächlich in der Fahrzeugforschung/-entwicklung eingesetzt. Im Gegensatz zu ihren rudimentären Vorgängern haben moderne Simulatoren erhebliche Fortschritte gemacht, um das realistischste Verhalten möglichst genau nachzubilden. Anknüpfend an Kapitel 10 wird im Folgenden explizit auf den Menschen im Kontext der Nutzung von Simulatoren eingegangen.

Obwohl frühere Studien auf eine Ähnlichkeit im Fahrverhalten unter Simulator- und realen Straßenbedingungen hinwiesen (Underwood et al. 2011), bestehen nach wie vor Bedenken hinsichtlich der Validität von in Fahrsimulatoren gesammelten Messwerten. Zum Beispiel argumentierten Kemeny & Panerai 2003, dass Fahrsimulatoren nicht alle wichtigen visuellen Hinweise bieten, die Fahrer benötigen, um sich und ihr Verhalten in realen Fahrsituationen zu erleben. Darüber hinaus wiesen Owsley & McGwin Jr,

Abb. 11.8: Fahrsimulatoren am Lehrstuhl für Mechatronik der Universität Duisburg-Essen, links: statischer Fahrsimulator, rechts: dynamischer Fahrsimulator.

2010 auf Mängel in der visuellen Darstellung in Fahrsimulatoren hin, die zu unrealistischen Lichtverhältnissen und somit zu ungültigen Messungen führten. Um diese Bedenken anzugehen, haben zahlreiche Validierungsstudien versucht, das Fahrverhalten zu vergleichen, wobei ein häufiger Ansatz die Messung der Geschwindigkeit und ihrer Übereinstimmung zwischen Simulatoren und realen Straßensituationen war (Godley et al. 2002). Diese Studien führten jedoch häufig zu uneindeutigen Ergebnissen, da die Teilnehmer in Simulatoren tendenziell langsamer fuhren, was auf eine mögliche Unsicherheit in Bezug auf die präsentierte virtuelle Realität hinweist. Daher konnte keine absolute Gültigkeit in Bezug auf die Geschwindigkeitsleistung festgestellt werden. Ein weit verbreiteter Ansatz, um realistisches Fahrverhalten sicherzustellen, besteht darin, den Anpassungsprozess an den Simulator zu berücksichtigen (Domeyer et al. 2013). Dieses Konzept beschreibt den Zeitraum, in dem Fahrer ihre vorhandenen Fähigkeiten anpassen, um ein simuliertes Fahrzeug effektiv zu steuern und sich in einer simulierten Umgebung zurechtzufinden. Durch die Möglichkeit für Teilnehmer in Simulationsstudien, sich an das System und mögliche Unterschiede zwischen realen und simulierten Bedingungen anzupassen, wird eine authentischere Forschungsumgebung geschaffen.

Darüber hinaus wird durch die Berücksichtigung des Anpassungsverhaltens die Wahrscheinlichkeit reduziert, Symptome einer Simulatorkrankheit zu entwickeln. Simulatorkrankheit ist ein Phänomen ähnlich der Reisekrankheit, welche im Zusammenhang mit simulierten Umgebungen auftritt und Symptome wie Kopfschmerzen, (kaltes) Schwitzen, trockenen Mund, Schwindel, Desorientierung, Schläfrigkeit, Übelkeit, Schwindel und Erbrechen umfasst (Brooks et al. 2010). Aufgrund der Schwere der Symptome kann die Simulatorkrankheit Ausfallraten von 5 %–30 % hervorrufen (Cobb et al. 1999, Stanney et al. 2002). Einige Studien berichten von geschlechtsbedingten Unterschieden mit einer niedrigeren Inzidenz bei Männern (Garcia et al. 2010), während andere dies nicht feststellen konnten (Stanney et al. 2002). Darüber hinaus zeigen ältere Erwachsene im Vergleich zu jüngeren Altersgenossen verstärkte Symptome der Simulatorkrankheit (Brooks et al. 2010), was auf weniger Erfahrung mit simulierten Umgebungen zurückzuführen ist (Domeyer et al. 2013). Der Einfluss kognitiver Funktionen auf das Entstehen von Simulatorkrankheit wird kontrovers diskutiert. Auf der einen Seite identifizierten Studien keinen Einfluss, weder von Aufmerksamkeitsprozessen noch der visuomotorischen Verarbeitung (Mullen et al. 2010). Auf der anderen Seite berichten Studien von verstärkten Symptomen bei Personen mit eingeschränkten visuell-räumlichen Funktionen (Kawano et al. 2012). Studien mit kognitiv beeinträchtigten Teilnehmern beschreiben eine Beziehung zwischen kognitiven Funktionen und dem Auftreten von Symptomen der Simulatorkrankheit (Freund & Green 2006).

In der Vergangenheit wurde mit zahlreichen Theorien versucht, das Phänomen der Simulatorkrankheit zu erklären. Die Theorie des sensorischen Konflikts (Claremont 1931) stellt die am weitesten verbreitete Theorie dar und beschreibt Simulator- oder Reisekrankheit als Ergebnis von widersprüchlichen Signalen zwischen oder innerhalb von Sinnesmodalitäten. Kennedy et al. 1993 berichtet in diesem Kontext von Symptomen der Simulatorkrankheit bei Vorliegen einer Diskrepanz zwischen vestibulären Signalen und visuellen, informationellen Reizen. Als Fortsetzung der Theorie des sensorischen Konflikts beschreibt das Modell des neuronalen Missverhältnisses (Reason 1978) das Auftreten von Simulator-/Reisekrankheit durch das Vorhandensein eines Konflikts zwischen tatsächlichen sensorischen Eingängen und abgerufenen sensorischen Gedächtnisinhalten. Duh et al. 2004 berichten von verstärkten Symptomen in neuartigen Situationen, in denen Menschen keine Strategien zur Bewältigung haben. Darüber hinaus beschreibt die evolutionäre Theorie hauptsächlich den Grund, warum ein Organismus mit Übelkeit und Erbrechen auf Simulatorkrankheit reagiert, indem sie darauf hinweist, dass die menschliche Spezies nicht genügend Zeit hatte, sich an die relativ neuen Verkehrsmittel anzupassen (Treisman 1977). Neuere Theorien umfassen die Theorie des posturalen Schwankens (Riccio & Stoffregen 1991) und die Theorie der Augenbewegungen (Ebenholtz 1992). Die Theorie des posturalen Schwankens beschreibt Reisekrankheit im Zusammenhang mit Faktoren, die die posturale Stabilität beeinflussen (Riccio & Stoffregen 1991), während die Theorie der Augenbewegungen (Ebenholtz 1992) die visuelle Stimulation verantwortlich macht für die Bewegungskrankheit.

Zusammenfassend legen wissenschaftliche Theorien eine Verbindung zwischen der Anpassung an eine virtuelle Umgebung und den Ausfällen im Simulator (basierend auf Symptomen der Simulatorkrankheit) nahe. Dies spiegelt sich auch in empirischen Daten wider, die zeigen, dass eine bessere Anpassung an neue virtuelle Umstände im Simulator die Bewegungskrankheit reduziert (Mackrous et al. 2014). Frühere Erkenntnisse zur Simulatorkrankheit nehmen einen Zusammenhang mit kognitiven Fähigkeiten an, auch wenn die Ergebnisse nicht konsistent sind. Angesichts von Studien, die einen Rückgang der kognitiven Fähigkeiten im Alter berichten und dass ältere Personen Schwierigkeiten haben, sich an neue Technologien anzupassen, lässt sich argumentieren, dass mentale Fähigkeiten (d. h. Intelligenz, Aufmerksamkeit, kognitive Flexibilität) mit dem Alter abnehmen können, wodurch ältere Menschen Schwierigkeiten haben können, sich an virtuelle Fahrumgebungen anzupassen und anfällig für die Simulatorkrankheit sein könnten.

11.12 Zusammenfassung

Das vorliegende Kapitel tauchte in die unterschiedlichen Facetten der Human-Factors-Forschung im Bereich des Autofahrens ein, startete mit der Klärung der grundlegenden Terminologie und verfolgte dann die Entwicklung der Human-Factors-Forschung in einer historischen Perspektive. Dabei zeigt sich, wie die Erkenntnisse über das Fahrverhalten und die Leistung von Fahrern im Laufe der Zeit gewachsen sind und sich verändert haben. Es wurden die komplexe Beziehung zwischen Fahrern und ihren Fahrzeugen hervorgehoben, insbesondere die Rolle der Mensch-Maschine-Interaktion und die Auswirkungen von Technologien auf das Fahrverhalten. Verschiedene Modelle, die in der Forschung verwendet werden, wurden vorgestellt, um ein besseres Verständnis für die zugrunde liegenden kognitiven Prozesse und Einflussfaktoren auf die Fahrleistung zu ermöglichen. Die kognitiven Funktionen beim Autofahren wurden beleuchtet und betont, wie diese Funktionen miteinander interagieren, um die Fähigkeit eines Fahrers zur Navigation in komplexen Verkehrsumgebungen zu beeinflussen. Die Bedeutung der mentalen Arbeitsbelastung wurde herausgestellt und Strategien zur Bewältigung dargelegt. Die Akzeptanz von Technologie und das Vertrauen in sie sind im Zeitalter fortschrittlicher Fahrerassistenzsysteme und autonomer Fahrzeuge von entscheidender Bedeutung. Darüber hinaus wurden die Auswirkungen dieser Faktoren auf das Fahrverhalten diskutiert. Sowohl quantitative als auch qualitative Messungen spielen eine Rolle bei der Erforschung menschlicher Faktoren beim Autofahren und ermöglichen ein umfassendes Verständnis der Fahrerleistung. Schließlich wurde die Rolle von Simulatoren als wertvolles Werkzeug für die Untersuchung von Fahrverhalten und die Evaluierung von Interventionen in dieser komplexen Domäne hervorgehoben.

Das Kapitel bietet somit einen umfassenden Einblick in das breite Feld Human Factors im Kontext des Autofahrens und verdeutlicht die Bedeutung der Terminologie, des historischen Kontexts, der kognitiven Grundlagen sowie der Technologie für die Verkehrssicherheit und -leistung. Es legt den Grundstein für weiterführende Forschung und Entwicklung im Bereich des sich ständig wandelnden Automobilsektors.

Literatur

Abd Rahman, N. I., Dawal, S. Z. M. & Yusoff, N. 2020. Driving mental workload and performance of ageing drivers. *Transportation Research Part F: Traffic Psychology and Behaviour*, 69, 265–285.

Acerra, E., Pazzini, M., Ghasemi, N., Vignali, V., Lantieri, C., Simone, A., di Flumeri, G., Arico, P., Borghini, G. & Sciaraffa, N. 2019. EEG-based mental workload and perception-reaction time of the drivers while using adaptive cruise control. In: *Human Mental Workload: Models and Applications: Third International Symposium, H-WORKLOAD 2019, Rome, Italy, November 14–15, 2019, Proceedings 3*, Springer, 226–239.

ADAC 2022. Tyre wear particles in the environment. München: ADAC.

ADAC 2023a. ADAC Pannenstatistik 2023: Wie zuverlässig sind Elektroautos?: ADAC.

ADAC 2023b. https://www.adac.de/rund-ums-fahrzeug/autokatalog/. ADAC.

ADAC 2024. Feinstaub durch Bremsenabrieb: Sind die Euro-7-Grenzwerte machbar?: ADAC.

Adamski, D. 2014. *Simulation in der Fahrwerktechnik: Einführung in die Erstellung von Komponenten-und Gesamtfahrzeugmodellen*, Springer.

Aigner, J. 1982. Zur zuverlässigen Beurteilung von Fahrzeugen. *ATZ*, 84(9).

Ammon, D. 2013. *Modellbildung und Systementwicklung in der Fahrzeugdynamik*, Stuttgart, Vieweg+Teubner Verlag.

Andre, M. 2004. The ARTEMIS European driving cycles for measuring car pollutant emissions. *Science of the Total Environment*, 334, 73–84.

Angrick, C., van Putten, S. & Prokop, G. 2014. Influence of Tire Core and Surface Temperature on Lateral Tire Characteristics. SAE Technical Paper.

Antoun, M., Edwards, K. M., Sweeting, J. & Ding, D. 2017. The acute physiological stress response to driving: A systematic review. *PLoS One*, 12, e0185517.

Asbach, C., Todea, A. M., Zessinger, M. & Kaminski, H. 2018. Entstehung und Möglichkeiten zur Messung von Fein-und Ultrafeinstaub beim Bremsen. In: *XXXVII. Internationales μ-Symposium 2018 Bremsen-Fachtagung: XXXVII International μ-Symposium 2018 Brake Conference October 26th 2018, Bad Neuenahr/Germany Held by TMD Friction EsCo GmbH, Leverkusen*, Springer, 45–67.

Ashtari, A., Bibeau, E. & Shahidinejad, S. 2012. Using large driving record samples and a stochastic approach for real-world driving cycle construction: Winnipeg driving cycle. *Transportation Science*, 48, 170–183.

Askaripoor, H., Hashemi Farzaneh, M. & Knoll, A. 2022. E/e architecture synthesis: Challenges and technologies. *Electronics*, 11, 518.

Automobil_Industrie. 2024. *Europäische Pkw werden immer schwerer* [Online]. Available: https://www.automobil-industrie.vogel.de/europaeische-autos-hoeheres-gewicht-suv-elektroauto-a-3b8b1251520ec46d48e6b55b8ab95288/ [Accessed 22.01.2024].

Bachmann, T. 1999. Wechselwirkungen im Reibungsprozess zwischen Reifen und Fahrbahn. *VDI-Berichte*.

Backhaus, R. 2024. Messung von Brems-und Reifenpartikeln auf dem Prüfstand. *ATZ-Automobiltechnische Zeitschrift*, 126, 8–13.

Baddeley, A. 1992. Working memory. *Science*, 255, 556–559.

Bahner, J. E. 2008. Übersteigertes Vertrauen in automation: Der Einfluss von Fehlererfahrungen auf complacency und automation bias.

Balleine, B. W. 2007. The neural basis of choice and decision making. *Journal of Neuroscience*, 27, 8159–8160.

Bardini, R. 2008. *Auslegung von Überschlagschutzsystemen für Personenkraftwagen mithilfe der Simulation*. Dr.-Ing. Dissertation, Duisburg-Essen.

Bardini, R., Nagelstraßer, M. & Wronn, O. 2007. Applikation, Test und Absicherung einer Überschlagsensorik am Beispiel des neuen BMW X5. *VDI Bericht*, 2013, 149–167.

BASt. 2023. *Was heißt eigentlich autonomes Fahren?* [Online]. Available: https://www.bast.de/DE/Fahrzeugtechnik/Fachthemen/f4-nutzerkommunikation.html [Accessed 22.12.2023].

Baumann, K., Matthias, K. & Bossenmaier, A. 1989. Die Entwicklung eines beweglichen Überrollbügels für den neuen Mercedes-Benz Roadster. *Automobil Industrie*.

https://doi.org/10.1515/9783111335872-012

Baumgärtner, B. 2010. Rollwiderstand von Reifen im wirtschaftlichen und umweltpolitischen Spannungsfeld. In: *Dekra Reifensymposium, Essen*.

Bengler, K., Rettenmaier, M., Fritz, N. & Feierle, A. 2020. From HMI to HMIs: Towards an HMI framework for automated driving. *Information*, 11(2), 61.

Bengler, K., Dietmayer, K., Eckstein, L., Stiller, C. & Winner, H. 2021. Fahrerassistenzsysteme und Automatisiertes Fahren. In: Pischinger, S. & Seiffert, U. (eds.) *Vieweg Handbuch Kraftfahrzeugtechnik*, Wiesbaden, Springer Fachmedien Wiesbaden.

Berzi, L., Delogu, M. & Pierini, M. 2016. Development of driving cycles for electric vehicles in the context of the city of Florence. *Transportation Research Part D: Transport and Environment*, 47, 299–322.

Bieker-Walz, L., Ruppe, S., Nippold, R. & Wesemeyer, D. 2020. An emergency vehicle prioritization strategy with simulation results of Brunswick. In: *SUMO User Conference 2020, 26.–28. Oktober 2020, Berlin*.

Böge, A. 2007. *Formeln und Tabellen Maschinenbau*, Springer.

Bolton, A., Burnett, G. & Large, D. R. 2015. An investigation of augmented reality presentations of landmark-based navigation using a head-up display. In: *Proceedings of the 7th International Conference on Automotive User Interfaces and Interactive Vehicular Applications*, 56–63.

Bootz, A. 2004. *Konzept eines energiesparenden elektrohydraulischen Closed-Center-Lenksystems für Pkw mit hoher Lenkleistung*, TU Darmstadt.

Bosch. 2023. *Integrated Power Brake* [Online]. Robert Bosch GmbH. Available: https://www.bosch-mobility.com/de/loesungen/fahrsicherheit/integrated-power-brake/ [Accessed 6.8.2023].

Bosch, Reif, K. & Dietsche, K.-H. 2014. *Kraftfahrtechnisches Taschenbuch*, Wiesbaden, Springer Vieweg.

Bossenmaier, A. & Brambilla, L. 1989. Multifunktionales Überrollbügel-Steuergerät. *VDI-Berichte*, 35–46.

Braess, H.-H. & Seiffert, U. 2011. *Vieweg Handbuch Kraftfahrzeugtechnik*, Springer DE.

Breuer, B. & Bill, K. H. 2012. *Bremsenhandbuch – Grundlagen, Komponenten, Systeme, Fahrdynamik*, Wiesbaden, Vieweg+Teubner Verlag+GWV-Fachverlage GmbH.

Brooks, J. O., Goodenough, R. R., Crisler, M. C., Klein, N. D., Alley, R. L., Koon, B. L., Logan Jr, W. C., Ogle, J. H., Tyrrell, R. A. & Wills, R. F. 2010. Simulator sickness during driving simulation studies. *Accident Analysis & Prevention*, 42, 788–796.

Büchner, S. & Baker, B. 2005. *Kraftfahrzeugelektrik und -elektronik*, Skript Kapitel 2: Elektrisches Energiebordnetz. In: TU DRESDEN, I. F. A. (ed.). Dresden.

Bundesamt, S. S. 2022. Anzahl der Straßenverkehrsunfälle in Deutschland von 1950 bis 2022 (in statista). Statistisches Bundesamt.

Bundesministerium Für Verkehr, B. U. S. 2011. Verordnung über die Zulassung von Fahrzeugen zum Straßenverkehr (Fahrzeug-Zulassungsverordnung – FZV).

Burckhardt, M. 1991. *Fahrwerktechnik: Bremsdynamik und PKW-Bremsanlagen*, Würzburg, Vogel-Verlag.

Burkhard, G., Enders, E., Vos, S. Munzinger, N. & Schramm, D. 2018. Acquiring requirements on drive comfort by quantifying the accelerations affecting vehicle occupants. In: *AmE 2018, 9th GMM-Symposium*, Dortmund, 14–19.

Capustiac, A., Banabic, D., Schramm, D. & Ossendoth, U. 2011a. Motion Cueing: From Design Until Implementation. *Proceedings of the Romanian Academy Series A – Mathematics Physics Technical Sciences Information Science*, 12, 249–255.

Capustiac, A., Hesse, B., Schramm, D. & Banabic, D. 2011b. A human centered control strategy for a driving simulator. *The International Journal of Mechanical & Mechatronics Engineering IJMME-IJENS*, 11, 45–52.

Capustiac, N. A. 2011. *Development and application of smart actuation methods for vehicle simulators*. Dissertation, Universität Duisburg-Essen.

Castritius, S.-M., Schubert, P., Dietz, C., Hecht, H., Huestegge, L., Liebherr, M. & Haas, C. T. 2021. Driver Situation Awareness and Perceived Sleepiness during Truck Platoon Driving-Insights from Eye-tracking Data. *International Journal of Human-Computer Interaction*, 37, 1467–1477.

Cebulski, B. 2011. Leistungselektroniken im Fahrzeugantrieb. *ATZ Elektronik*, 6.

Chen, J. 2010. *Entwicklung eines echtzeitfähigen Algorithmus zur Fahrerintentionserkennung*. Diplom Abschlussarbeit, Duisburg-Essen.

Claremont, C. 1931. The psychology of seasickness. *Psyche*, 11, 86–90.

Cobb, S. V., Nichols, S., Ramsey, A. & Wilson, J. R. 1999. Virtual reality-induced symptoms and effects (VRISE). *Presence: Teleoperators & Virtual Environments*, 8, 169–186.

Companion, C. S. 2016. Wissen für die Fahrzeugentwicklung von morgen.

Continental. 2024. *Reifenmischung – Woraus besteht ein Reifen?* [Online]. Available: https://www.continental-reifen.de/b2c/tire-knowledge/tire-mixture/ [Accessed 9.1.2024].

Cucuz, S. 1993. *Schwingempfindung von Pkw-Insassen: Auswirkung von stochastischen Unebenheiten und Einzelhindernissen der realen Fahrbahn.* Dr. Dissertation, TU Braunschweig.

Dahlke, F. 2023. *Modellbasierte regenerative Bremsstrategien unter Querdynamikeinfluss.* Dr.-Ing. Dissertation, Duisburg-Essen.

Dai, Z., Niemeier, D. & Eisinger, D. 2008. *Driving cycles: a new cycle-building method that better represents real-world emissions.* Department of Civil and Environmental Engineering, University of California, Davis.

Daleske, S., Blume, S., Schüller, M. & Koppers, M. 2015. Vergleich von Antriebskonzepten auf Basis realer Fahrdaten. In: Proff, H. (ed.) *Entscheidungen beim Übergang in die Elektromobilität*, Springer Fachmedien Wiesbaden.

Davis, F. D. 1985. *A technology acceptance model for empirically testing new end-user information systems: Theory and results*, Massachusetts Institute of Technology.

Davis, F. D., Bagozzi, R. P. & Warshaw, P. R. 1989. User acceptance of computer technology: A comparison of two theoretical models. *Management Science*, 35, 982–1003.

de Waard, D. 1996. The measurement of drivers' mental workload.

de Winter, J. C., Happee, R., Martens, M. H. & Stanton, N. A. 2014. Effects of adaptive cruise control and highly automated driving on workload and situation awareness: A review of the empirical evidence. *Transportation Research Part F: Traffic Psychology and Behaviour*, 27, 196–217.

Destatis. 2011. Statistik des Kraftfahrzeug- und Anhängerbestandes Deutschland. Wiesbaden, Destatis – Statistisches Bundesamt.

Destatis. 2012a. Statistik der Verteilung der Unfallarten in Deutschland. Wiesbaden, Destatis – Statistisches Bundesamt.

Destatis. 2012b. Statistik der Verteilung der Unfälle mit Todesfolge. Wiesbaden, Destatis – Statistisches Bundesamt.

Destatis. 2023. Straßenverkehrsunfälle mit Personenschaden. Statistisches Bundesamt.

Diegelmann, C. B. 2008. *Potenzial einer SOFC-APU bei der Verbrauchsoptimierung von Kraftfahrzeugen.* Dissertation, TU München.

Dillon, A. 2001. User acceptance of information technology. *Encyclopedia of Human Factors and Ergonomics*, 1, 1105–1109.

DIN 1985. DIN 40729, Galvanische Sekundärelemente, Grundbegriffe. *Deutsche Elektrotechnische Kommission im DIN und VDE (DKE)*. Berlin, Beuth Verlag GmbH, Berlin.

DIN 1992. Hydraulic braking systems; dual circuit brake systems; symbols for brake circuits diagrams. Deutsches Institut für Normung e. V.: Normenausschuss Kraftfahrzeuge im DIN.

DIN 1993. DIN 70020-1: Straßenfahrzeuge – Kraftfahrzeugbau – Begriffe von Abmessungen. Berlin, Deutsches Institut für Normung e. V.

DIN 1994. DIN 70000: – Fahrzeugdynamik und Fahrverhalten. Berlin, Deutsches Institut für Normung e. V.

DIN 1997. DIN ISO 1585: Road vehicles – Engine test code – Net power. Berlin, Deutsches Institut für Normung e. V.

DIN 2011. DIN SPEC 91252: Elektrische Strassenfahrzeuge – Batteriesysteme – Abmessungen für Lithium-Ionen-Zellen. Berlin, Deutsches Institut für Normung e. V.

DIN/ISO 1989. DIN-ISO 7401: Lateral transient response test methods. Berlin, Deutsches Institut für Normung e. V.

DIN/ISO 1997–2001. DIN-ISO 611: Bremsung von Kraftfahrzeugen und der Anhängerfahrzeuge. *Begriffe*. Berlin, Deutsches Institut für Normung e. V.

DIN/ISO 2011. DIN ISO 8855: Road vehicles – Vehicle dynamics and road-holding ability – Vocabulary. ISO/TC 22/SC 33 – Vehicle dynamics and chassis components.

DIN/VDE 1987. DIN-VDE 31000: Allgemeine Leitsätze für das sicherheitsgerechte Gestalten technischer Erzeugnisse – Begriffe der Sicherheitstechnik, Grundbegriffe.

Dinger, A., Martin, R., Mosquet, X., Rabl, M., Rizoulis, D., Russo, M. & Sticher, G. 2010. Batteries for Electric Cars: Challenges, Opportunities and the Outlook to 2020.© The Boston Consulting Group. Inc.

Domeyer, J. E., Cassavaugh, N. D. & Backs, R. W. 2013. The use of adaptation to reduce simulator sickness in driving assessment and research. *Accident Analysis & Prevention*, 53, 127–132.

Donges, E. 1982. Aspekte der aktiven Sicherheit bei der Führung von Personenkraftwagen. *Automob-Ind*, 27.

Donges, E. & Naab, K. 1996. Regelsysteme zur Fahrzeugführung und-stabilisierung in der Automobiltechnik. *Automatisierungstechnik*, 44, 226–236.

Doppelbauer, M. 2020. *Grundlagen der Elektromobilität*, Wiesbaden, Springer Vieweg.

DPMA. 2023. *Wichtigste Unternehmen nach Anzahl der eingereichten Patentanmeldungen beim Deutschen Patent- und Markenamt im Jahr 2022* [Online]. Available: https://de.statista.com/statistik/daten/studie/258128/umfrage/anzahl-der-patentanmeldungen-in-deutschland-nach-unternehmen/ [Accessed 24.7.2023].

Dralle, J. 2016. Steuer-Erklärung. *Auto Motor und Sport*, 09.2016.

Driesch, P., Weber, T., Tewiele, S. & Schramm, D. 2018. Energiebedarf von elektrisch und verbrennungsmotorisch angetriebenen Kraftfahrzeugen in Abhängigkeit von Zuladung und Verkehrsumfeld. IO. Wirtschaftsforum 2018, 07.06.2018 2018 Duisburg. Duisburg: Lehrstuhl für Mechatronik, 17.

Duh, H. B.-L., Parker, D. E. & Furness, T. A. 2004. An independent visual background reduced simulator sickness in a driving simulator. *Presence: Teleoperators & Virtual Environments*, 13, 578–588.

Dupuis, H. & Christ, W. 1966. Über das Schwingverhalten des Magens unter dem Einfluß sinusförmiger und stochastischer Schwingungen. *Int. Z. Angew. Physiol. Einschl. Arbeitsphysiol. (Internationale Zeitschrift für Angewandte Physiologie Einschließlich Arbeitsphysiologie)*, 22(2), 149–166.

Düsterloh, D. 2018. *Funktionsoptimierung und Komplexitätsbeherrschung im Entwicklungsprozess mechatronischer Fahrwerksysteme am Beispiel elektromechanischer Lenksysteme*. Dissertation, Duisburg-Essen.

Düsterloh, D., Bittner, C. & Schramm, D. 2018. *Auswertung von Presseartikeln zur Ermittlung der Optimierungspotenziale von Lenksystemen*, Duisburg, Lehrstuhl für Mechatronik.

Düsterloh, D. & Schrage, B. 2016. Lenkungsentwicklung am mHiL-Lenkungsprüfstand. SIMVEC – Simulation und Erprobung in der Fahrzeugentwicklung 2016 – Berechnung, Prüfstands- und Straßenversuch, VDI.

Düsterloh, D., Uselmann, A., Scherhaufer, J., Bittner, C. & Schramm, D. 2019. Objectification of the feedback behavior of the suspension and steering system. In: *9th International Munich Chassis Symposium 2018*, Springer, 505–526.

Ebenholtz, S. M. 1992. Motion sickness and oculomotor systems in virtual environments. *Presence: Teleoperators & Virtual Environments*, 1, 302–305.

Ecker, M. & Sauer, D. 2013. Die Elektrifizierung des Antriebsstrangs. 8. Batterietechnik. Lithium-Ionen-Batterie. *Motortechnische Zeitschrift*, 74.

Einsle, S. 2010. *Analyse und Modellierung des Reifenübertragungsverhaltens bei transienten und extremen Fahrmanövern*. Dissertation, TU Dresden.

Ekman, F., Johansson, M. & Sochor, J. 2016. Creating appropriate trust for autonomous vehicle systems: A framework for HMI Design.

El Khawly, Z. 2013. *Detailed Investigation on Electromagnetic Noise in Permanent Magnet Brushless Motors for Hybrid Vehicles*. Dissertation, Duisburg-Essen.

El Khawly, Z. & Schramm, D. 2010. Analytical modal analysis for the stator system of a permanent magnet synchronous motor for hybrid vehicles and calculation of its natural frequencies. In: *Proceedings of ISMA 2010 Including USD 2010*, 14.

Enders, E., Burkhard, G., Fent, F., Lienkamp, M. & Schramm, D. 2019. Objectification methods for ride comfort: Comparison of conventional methods and proposal of a new method for automated driving conditions. In: *9. VDI/VDE-Fachtagung AUTOREG 2019*, VDI-Berichte, vol. 2019.

Endsley, M. R. 1988. Design and evaluation for situation awareness enhancement. In: *Proceedings of the Human Factors Society Annual Meeting*, Los Angeles, CA, Sage Publications, Sage, CA, 97–101.

Endsley, M. R. 1995. Toward a theory of situation awareness in dynamic systems. *Human Factors*, 37, 32–64.

Endsley, M. R. 2021. Situation awareness. In: *Handbook of Human Factors and Ergonomics*, 434–455.

Endsley, M. R., Riley, J. & Strater, L. 2009. Leveraging embedded training systems to build higher level cognitive skills in warfighters. In: *Proceedings of the NATO Conference on Human Dimensions in Embedded Virtual Simulation, Orlando, FL*, Citeseer.

Erhardt, R. & van Zanten, A. T. 1995. Die Regelung der Fahrdynamik im physikalischen Grenzbereich. *VDI-Berichte*, 1224, 423–438.

Ernst, M. & Heuermann, M. 2014. *Die wichtigsten Bordnetz-Trends*. Elektronik automotive Sonderausgabe Bordnetz.

Ernst, M. & Heuermann, M. 2015. Future E/E-Architecture Stimulated by Using Bionic Approaches. SAE Technical Paper.

ETSI 2009. ETSI TR 102 638 Intelligent Transport Systems (ITS); Vehicular Communications; Basic Set of Applications; Definitions. ETSI.

ETSI 2019a. ETSI EN 302 637-2 Intelligent Transport Systems (ITS); Vehicular Communications; Basic Set of Applications; Part 2: Specification of Cooperative Awareness Basic Service.

ETSI 2019b. ETSI EN 302 637-3 – Intelligent Transport Systems (ITS); Vehicular Communications; Basic Set of Applications; Part 3: Specification of Decentralized Environmental Notification Basic Service.

ETSI 2020. ETSI TS 103 301 Intelligent Transport Systems (ITS); Vehicular Communications; Basic Set of Applications; Facilities layer protocols and communication requirements for infrastructure services.

EU 1970. 70/311/EWG. Richtlinie des Rates vom 8. Juni 1970 zur Angleichung der Rechtsvorschriften der Mitgliedstaaten über die Lenkanlagen von Kraftfahrzeugen und Kraftfahrzeuganhängern. 18.Juni 1970.

EU 1992. 92/62/EWG. Richtlinie 92/62/EWG der Kommission vom 2. Juli 1992 zur Anpassung der Richtlinie 70/311/EWG des Rates über die Lenkanlagen von Kraftfahrzeugen und Kraftfahrzeuganhängern an den technischen Fortschritt.

EU 2014. The European Tyre and Rim Technical Organisation, Standard Manual. Brüssel.

Europäische_Kommission, V. I. D. 2023. *Neue Abgasnorm Euro-7: Die Fakten* [Online]. Available: https://germany.representation.ec.europa.eu/neue-abgasnorm-euro-7-die-fakten_de [Accessed 2.1.2024].

European_Parliament. 2023. *euro-7deal on new EU-rules to reduce road transport emissions* [Online]. European Parliament. Available: https://www.europarl.europa.eu/news/en/press-room/20231207IPR15740/euro-7-deal-on-new-eu-rules-to-reduce-road-transport-emissions [Accessed 30.03.2024].

Fabis, R. 2006. *Beitrag zum Energiemanagement in Kfz-Bordnetzen*. Dr. Dissertation, Technische Universität Berlin.

Festner, M., Eicher, A. & Schramm, D. 2017. Beeinflussung der Komfort- und Sicherheitswahrnehmung beim hochautomatisierten Fahren durch fahrfremde Tätigkeiten und Spurwechseldynamik. In: Uni-DAS 11. Workshop Fahrerassistenzsysteme und automatisiertes Fahren, Walting, Altmühltal.

Fischer, R., Gscheidle, R. & Heider, U. 2013. *Fachkunde Kraftfahrzeugtechnik*, Haan-Gruiten, Verlag Europa-Lehrmittel.

Fitts, P. M. 1954. The information capacity of the human motor system in controlling the amplitude of movement. *Journal of Experimental Psychology*, 47, 381.

Flemisch, F., Heesen, M., Hesse, T., Kelsch, J., Schieben, A. & Beller, J. 2012. Towards a dynamic balance between humans and automation: authority, ability, responsibility and control in shared and cooperative control situations. *Cognition, Technology & Work*, 14, 3–18.

Fraunhofer_ISI 2023. Alternative Battery Technologies Roadmap 2030+. Fraunhofer Institute for Systems and Innovation Research ISI.

Freund, B. & Green, T. 2006. Simulator sickness amongst older drivers with and without dementia. *Advances in Transportation Studies.*

Friedrich, H. E. 2013. *Leichtbau in der Fahrzeugtechnik*, Wiesbaden, Springer-Verlag.

Fritzsche, M. 2015. Methoden zur Objektivierung – virtuelle Absicherung von Lenksystemen. In: Proff, H. (ed.) *Entscheidungen beim Übergang in die Elektromobilität*, Springer Fachmedien Wiesbaden.

Fuest, K. & Döring, P. 2015. *Elektrische Maschinen und Antriebe: Lehr-und Arbeitsbuch*, Springer-Verlag.

Galgamuwa, U., Perera, L. & Bandara, S. 2015. Developing a general methodology for driving cycle construction: Comparison of various established driving cycles in the world to propose a general approach. *Journal of Transportation Technologies*, 5, 191.

Garcia, A., Baldwin, C. & Dworsky, M. 2010. Gender differences in simulator sickness in fixed-versus rotating-base driving simulator. In: *Proceedings of the Human Factors and Ergonomics Society Annual Meeting*, Los Angeles, CA, SAGE Publications Sage CA, 1551–1555.

Gasser, T. M., Arzt, C., Ayoubi, M., Bartels, A., Bürkle, L., Eier, J., Flemisch, F., Häcker, D., Hesse, T. & Huber, W. 2012. *Rechtsfolgen zunehmender Fahrzeugautomatisierung*, Bundesanstalt für Straßenwesen (BASt).

Gasser, T. M. & Frey, A. 2024. Abschlussbericht der Arbeitsgruppe „Forschungsbedarf Teleoperation". BASt.

GCIE. 2011. Package Drawing Exchanges. Global Manufacturers Information Exchange Group.

Gehrig, S. K. & Stein, F. J. 2007. Collision avoidance for vehicle-following systems. *IEEE Transactions on Intelligent Transportation Systems*, 8, 233–244.

Giakoumis, E. G. 2017. *Driving and Engine Cycles*, Springer.

Gießler, M. 2012. *Mechanismen der Kraftübertragung des Reifens auf Schnee und Eis*, KIT Scientific Publishing.

Gillespie, T. 1992. *Fundamentals of Vehicle Dynamics*, Warrendale, PA, Society of Automotive Engineers.

Gipser, M. 1999. *Systemdynamik und Simulation*, Stuttgart u. a., Vieweg+Teubner.

Gipser, M. Ftire: ein physikalisch basiertes, anwendungsorientiertes Reifenmodell für alle wichtigen fahrzeugdynamischen Fragestellungen. 4. Darmstädter Reifenkolloqium, Oct 7 2010 2002 Darmstadt. Fortschritt-Cerichte vdi. Reihe 12, Verkehrstechnik/Fahrzeugtechnik, 42–68.

Glatz, S. 2020. Technischer Leitfaden 0101: Thermosimulationsmodelle. 1.1 ed. Köln, ZVEI – Zentralverband Elektrotechnik- und Elektronikindustrie e. V.

Gnadler, R., Unrau, H.-J., Fischlein, H. & Frey, M. 1995. Ermittlung von µ-Schlupf-Kurven an Pkw-Reifen. *FAT Schriften Reihe.*

Godley, S. T., Triggs, T. J. & Fildes, B. N. 2002. Driving simulator validation for speed research. *Accident Analysis & Prevention*, 34, 589–600.

Goldman_Sachs 2023. Electric vehicle battery prices are falling faster than expected. Goldman Sachs Research.

Gombert, B. & Hartmann, H. 2006. Die elektronische Keilbremse-Prinzip, Dynamik und Regelverhalten. In: *Verkehrsunfall und Fahrzeugtechnik*, 44.

Gong, Q., Midlam-Mohler, S., Marano, V. & Rizzoni, G. 2011. An iterative markov chain approach for generating vehicle driving cycles. *SAE International Journal of Engines*, 4, 1035–1045.

Goodyear. 2016. http://www.goodyear.eu/corporate/de/about-tires/produktion/reifenherstellung.jsp [Online]. [Accessed 9.3.2016].

Görke, D. 2016. *Untersuchungen zur kraftstoffoptimalen Betriebsweise*, Springer.

Graessler, I. & Hentze, J. 2020. The new V-Model of VDI 2206 and its validation. *at-Automatisierungstechnik*, 68, 312–324.

Greiner, M., Kunz, M. & Walter, H. 2022. Brake-by-Wire – Das Bremssystem der Zukunft. *ATZ*, 124, 42–45.

Grewe, R., Hohm, A., Lüke, S. & Winner, H. 2014. Umfeldmodelle-standardisierte Schnittstellen für Assistenzsysteme. *Vernetztes Automobil*. Wiesbaden, Springer Fachmedien.

Groesch, L., Mattes, B. & Schramm, D. 1996. Smart restraint management: an innovative and comprehensive concept. In: *Air Bag 2000: International Symposium on Sophisticated Car Occupant Safety Systems, 3rd, 1996, Karlsruhe, Germany.*

Grote, K.-H. & Feldhusen, J. 2012. *Dubbel: Taschenbuch für den Maschinenbau*, Berlin, Heidelberg, Springer-Verlag Berlin Heidelberg.

Gutjahr, D., Niedermaeier, F., Bischoff, T. & Gauterin, F. 2011. Anwendung eines Modells zur temperaturabhaengigen Anpassung der Reifeneigenschaften in der Gesamtfahrzeugsimulation. *VDI-Berichte*.

Haberfellner, R., Nagel, P., Becker, M., Büchel, A. & von Massow, H. 2019. *Systems Engineering*, Springer.

Hackenberg, L., Bongartz, S., Härtle, C., Leiber, P., Baumgarten, T. & Sison, J. A. 2013. International evaluation of nlu benefits in the domain of in-vehicle speech dialog systems. In: *Proceedings of the 5th International Conference on Automotive User Interfaces and Interactive Vehicular Applications*, 114–120.

Häfner, B., Bajpai, V., Ott, J. & Schmitt, G. A. 2021. A survey on cooperative architectures and maneuvers for connected and automated vehicles. *IEEE Communications Surveys & Tutorials*, 24, 380–403.

Haken, K.-L. 1993. *Konzeption und Anwendung eines Messfahrzeugs zur Ermittlung von Reifenkennfeldern auf öffentlichen Straßen*, Inst. für Verbrennungsmotoren und Kraftfahrwesen der Univ. Stuttgart.

Haken, K.-L. 2018. *Grundlagen der Kraftfahrzeugtechnik*, Carl Hanser Verlag GmbH & Co. KG.

Harrer, M. 2007. *Characterisation of steering feel*. Thesis, Bath UK, University of Bath, Department of Mechanical Engineering.

Harrington, K., Large, D. R., Burnett, G. & Georgiou, O. 2018. Exploring the use of mid-air ultrasonic feedback to enhance automotive user interfaces. In: *Proceedings of the 10th International Conference on Automotive User Interfaces and Interactive Vehicular Applications*, 11–20.

Haselbauer, B., Schnittker, A., Fuhrich, A., Barlett-Mattis, Kieschnick, T. & Haselbauer, D. *Handbuch IoT* [Online]. ayway media GmbH. Available: https://www.handbuch-iot.de/ [Accessed 14.7.2024].

Häuslschmid, R., von Buelow, M., Pfleging, B. & Butz, A. SupportingTrust in autonomous driving. 2017. In: *Proceedings of the 22nd International Conference on Intelligent User Interfaces*, 319–329.

Heide, J. 2014. *Entwicklung und Anwendung eines effizienten Simulationsmodells zur physikalischen Beschreibung von Fahrzeugcrashs*. Doktor Dissertation, Duisburg-Essen.

Heinemann, D. 2007. *Strukturen von Batterie-und Energiemanagementsystemen mit Bleibatterien und Ultracaps*. Dissertation, TU Berlin.

Heißing, B. & Brandl, H. J. 2002. *Subjektive Beurteilung des Fahrverhaltens*. Würzburg, Vogel.

Heisler, H. 2002. *Advanced Vehicle Technology*, Butterworth-Heinemann, Elesevier.

Heißing, B., Ersoy, M. & Gies, S. 2013b. *Fahrwerkhandbuch – Grundlagen, Fahrdynamik, Komponenten, Systeme, Mechatronik, Perspektiven*, Wiesbaden, Springer Fachmedien Wiesbaden.

Henneberger, G. 2013. *Elektrische Motorausrüstung: Starter, Generator, Batterie und ihr Zusammenwirken im Kfz-Bordnetz*, Springer-Verlag.

Hennecke, D. 1995. *Zur Bewertung des Schwingungskomforts von Pkw bei instationären Anregungen*. Düsseldorf, VDI-Verl.

Herzig, R. 2023. *Das 48-Volt-System von Tesla: eine Revolution in der Elektromobilität* [Online]. emobicon. Available: https://emobicon.de/das-48-volt-system-von-tesla/ [Accessed 27.01.2024].

Hesse, B. 2011. *Wechselwirkung von Fahrzeugdynamik und Kfz-Bordnetz unter Berücksichtigung der Fahrzeugbeherrschbarkeit*. Dissertation, Universität DuisburgEssen.

Hesse, B., Hiesgen, G., Koppers, M. & Schramm, D. 2012. Einfluss verschiedener Nebenverbraucher auf Elektrofahrzeuge. In: Proff, H., Schönharting, J., Schramm, D. & Ziegler, J. (eds.) *Zukünftige Entwicklungen in der Mobilität – Betriebswirtschaftliche und technische Aspekte*, Springer Gabler Verlag.

Hesse, T., Oehl, M., Drewitz, U. & Jipp, M. 2021. Holistic, context-sensitive human-machine interaction for automated vehicles. *ATZ Worldwide*, 123(3), 46–49.

Hick, W. E. 1952. On the rate of gain of information. *Quarterly Journal of Experimental Psychology*, 4, 11–26.

Hiesgen, G. 2011. *Effiziente Entwicklung eines menschzentrierten, integralen Querführungsassistenzsystems mit einem Fahrsimulator*. Dissertation, Universität Duisburg-Essen.

Hiesgen, G. & Schramm, D. 2011. Individuell abgestimmter Fahrsimulator. *UNIKATE – Universität Duisburg-Essen – Berichte aus Forschung und Lehre*, 39, 82–93.

Hoff, K. A. & Bashir, M. 2015. Trust in automation: Integrating empirical evidence on factors that influence trust. *Human Factors*, 57, 407–434.

Hönes, H.-P. 1994. *Elektrochemische Energiespeicher in photovoltaischen Anlagen: Untersuchungen zur Zustandserfassung und Charakterisierung des Betriebsverhaltens*, Universität Stuttgart, Institut für Theorie der Elektrotechnik.

Hoppe, U., Kessler, R., Müller, B. & Wagner, M. 2013. *Reifendruckkontrollsysteme*, Süddeutscher Verlag onpact GmbH.

Hornick, W. 2013. http://www.automotive-iq.com/ev-battery/articles/48-volt-power-supply-survey-results [Online]. [Accessed 02.08.2016].

Hosseini, A. & Lienkamp, M. 2016. Enhancing telepresence during the teleoperation of road vehicles using HMD-based mixed reality. In: *2016 IEEE Intelligent Vehicles Symposium (IV)*, IEEE, 1366–1373.

Howell, D. 2012. *Battery Status and Cost Reduction Prospects*, Washington, U. S. Department of Energy.

Huneke, M. 2012. *Fahrverhaltensbewertung mit anwendungsspezifischen Fahrdynamikmodellen*, Shaker.

IEA. 2023. *What Is Ergonomics (HFE)?* [Online]. International Ergonomics Association. Available: https://iea.cc/about/what-is-ergonomics/ [Accessed 28.01.2024].

IEC 2000. Lead-acid traction batteries Part 1: General requirements and methods of test, IEC, Geneva, 1997 and IEC 60254-2, Lead-acid traction batteries. Part 2: Dimensions of cells and terminals and marking of polarity on cells, IEC, Geneva, 2000 (Consolidated edition). Genova, IEC.

IIHS 2012. Small Overlap Crashes – New Consumer Test Program Aims for Even Saver Vehicles. *Insurance Institute of Highway Safety, Status Report*, 47.

IIHS 2014. Small Overlap Frontal Crashworthiness Evaluation Crash Test Protocol (Version III). Insurance Institute for Highway Safety (IIHS).

Isermann, R. 2006. *Fahrdynamik-Regelung: Modellbildung, Fahrerassistenzsysteme, Mechatronik*, Wiesbaden, Vieweg+Teubner Verlag.

Isermann, R. 2008. *Mechatronische Systeme Grundlagen*, Berlin, Heidelberg, Springer Berlin Heidelberg.

ISO 1975. ISO 3888: Road Vehicles-Test procedure for a severe lanechange maneuver. Genf: Intern. Organization for Standardization.

ISO 2000. ISO 3888-2: Passenger cars – Test track for a severe lane-change manoeuvre – Part 2: Obstacle avoidance.

ISO 2003. ISO 7401: Road vehicles – Lateral Transient Response Test Methods – Open Loop Test Method. Genf: International Organisation for Standardisation.

ISO 2004. ISO 4138: Passenger Cars – Steady-State Circular Driving Behaviour – Open Loop Test Methods. Genf: International Organisation for Standardisation.

ISO 2008. ISO 17387: Intelligent transport systems – Lane change decision aid systems (LCDAS) – Performance requirements and test procedures.

ISO 2009. ISO 22179: Intelligent transport systems – Full speed range adaptive cruise control (FSRA) systems – Performance requirements and test procedures.

ISO 2011. ISO 26262: Road vehicles – Functional safety. International Organisation for Standardization (ISO).

ISO 2012. ISO 4138: Passenger cars – Steady-state circular driving behavior – Open-loop test methods. International Organisation for Standardization (ISO).

ISO and CEN 2020. Cooperative intelligent transport systems (C-ITS) – Guidelines on the usage of standards.

ISO/SAE. 2021. *ISO/SAE 21434:2021 Road Vevicles Cybersecurity engineering* [Online]. Available: https://www.iso.org/standard/70918.html [Accessed 11.2.2024].

ISO_26262. 2011. Road vehicles – Functional safety. International Organisation for Standardization (ISO).

Jackey, R. A. 2007. A simple, effective lead-acid battery modeling process for electrical system component selection. *SAEPaper*, 01-0778.

Jastrzebowski, W. 1857. An Outline of Ergonomics or the Science of Work based on the Truths drawn from the Science of Nature. *Przyroda i Przemysl (Nature and Industry)*, 29, 1857.

Jazar, R. N. 2008. *Vehicle Dynamics: Theory and Application*, Springer.

Jeschke, S., Hirsch, H., Koppers, M. & Schramm, D. 2012. HIL Simulation of electric vehicles in different usage scenarios. In: *Electric Vehicle Conference (IEVC), IEEE International, 4–8 March 2012 Greenville, USA*, IEEE, 1–8.

Jeschke, S., Hirsch, H., Koppers, M. & Schramm, D. 2014. Investigations on the impact of different electric vehicle traction systems in urban traffic. In: *Vehicle Power and Propulsion Conference (VPPC) 2013, 15.10.2013–18.10.2013 Beijing, China*, IEEE, 1–6.

Jörißen, B. 2012. *Objektivierung der menschlichen Schwingungswahrnehmung unter Einfluss realer Fahrbahnanregungen*, Doktor, Duisburg-Essen.

Jung, M. & Hofer, B. 2011. The BMW ActiveE – The next step by BMW Group towards electric mobility. In: *8th Braunschweig Symposium on Hybrid and Electric Vehicles*, Braunschweig.

Kaber, D., Riley, J., Lampton, D. & Endsley, M. 2005. Measuring situation awareness in a virtual urban environment for dismounted infantry training. In: *Proceedings of the 11th International Conference on HCI, Lawrence Erlbaum Mahwah, NJ*, 22–27.

Kahneman, D. 1973. *Attention and Effort*, Citeseer.

Kalb, L. 2022. Fahren, ohne zu frieren: Wie gut heizen Elektroautos?: ADAC.

Kamm, W., Hoffmeister, O., Huber, L., Rieckert, P., Schmid, C. & Schmid, P. 2013. *Das Kraftfahrzeug: Betriebsgrundlagen, Berechnung, Gestaltung und Versuch*, Berlin, Springer-Verlag.

Kampker, A. & Heimes, H. H. 2024. *Elektromobilität – Grundlagen einer Fortschrittstechnologie*, Heidelberg, Springer Berlin Heidelberg.

Kawano, N., Iwamoto, K., Ebe, K., Aleksic, B., Noda, A., Umegaki, H., Kuzuya, M., Iidaka, T. & Ozaki, N. 2012. Slower adaptation to driving simulator and simulator sickness in older adults aging clinical and experimental research. *Aging Clinical and Experimental Research*, 24, 285–289.

KBA. 2023a. *Durchschnittliches Leergewicht neu zugelassener Personenkraftwagen in Deutschland von 2012 bis 2022 (in Kilogramm)[Graph]. In Statista*. [Online]. Available: https://de.statista.com/statistik/daten/studie/12944/umfrage/entwicklung-des-leergewichts-von-neuwagen/ [Accessed 1.8.2023].

KBA. 2023b. https://www.kba.de/DE/Statistik/Fahrzeuge/Bestand/Segmente/segmente_node.html [Online]. [Accessed 14.7.2024].

KBA_&_Die_Zeit. 2023. *Durchschnittliches Alter von Personenkraftwagen in Deutschland von 1960 bis 2023 (in Jahren)* [Online]. Kraftfahrtbundesamt (KBA). Available: https://de.statista.com/statistik/daten/studie/154506/umfrage/durchschnittliches-alter-von-pkw-in-deutschland/ [Accessed 14.10.2023].

Ke, Q., Liu, J., Bennamoun, M., An, S., Sohel, F. & Boussaid, F. 2018. Computer vision for human-machine interaction. In: *Computer Vision for Assistive Healthcare*, Elsevier.

Kemeny, A. & Panerai, F. 2003. Evaluating perception in driving simulation experiments. *Trends in Cognitive Sciences*, 7, 31–37.

Kennedy, R. S., Lane, N. E., Berbaum, K. S. & Lilienthal, M. G. 1993. Simulator sickness questionnaire: An enhanced method for quantifying simulator sickness. *The International Journal of Aviation Psychology*, 3, 203–220.

Kessler, S. K. & Martin, M. 2017. How do potential users perceive the adoption of new technologies within the field of Artificial Intelligence and Internet-of-Things?-a revision of the UTAUT 2 model using voice assistants.

Klingner, B. 1996. *Einfluß der Motorlagerung auf Schwingungskomfort und Geräuschanregung im Kraftfahrzeug*, Dissertation, TU Braunschweig.

Kobetz, C. 2004. *Modellbasierte Fahrdynamikanalyse durch ein an Fahrmanövern parameteridentifiziertes querdynamisches Simulationsmodell*, Shaker.

Koller, B. & Düser, T. 2020. Homologation und Validierung von automatisierten Fahrfunktionen. *ATZextra*, 25, 22–27.

Köllner, C. 2022. *So lassen sich Brems- und Reifenabrieb reduzieren* [Online]. springerprofessional. Available: https://www.springerprofessional.de/fahrwerk/partikel---feinstaub/so-lassen-sich-brems--und-reifenabrieb-reduzieren/18816284 [Accessed 1.8.2023].

König, W. 2015. Nutzergerechte Entwicklung der Mensch-Maschine-Interaktion von Fahrerassistenzsystemen. In: *Handbuch Fahrerassistenzsysteme*, Springer.

Koppers, M. 2018. *Ein methodischer Ansatz zur nutzerspezifischen Bewertung von (teil-)elektrischen Fahrzeugkonzepten*. Doktor Dissertation, Duisburg-Essen.

Koppers, M., Driesch, P. & Schramm, D. 2017. Simulationsgestützte Analyse verschiedener (teil-) elektrifizierter Antriebsvarianten für Pkw unter realen Betriebsbedingungen – Simulation based Analysis of Various Electrified Powertrains for Passenger Cars in Real-World Driving Patterns. Automotive meets Electronics (AmE), 07.03.2017–08.03.2017 2017 Dortmund. Berlin, VDI, 6.

Koppers, M., Hesse, B., Hiesgen, G. & Schramm, D. 2012. Potentiale von Klimatisierungssystemen für Traktionsbatterien von Batterie- und Plug-In-Hybridfahrzeugen im Winterbetrieb. In: *VDI-Tagung Innovative Fahrzeugantriebe, 2012 Dresden, Deutschland*, VDI Verlag GmbH, 297–308.

Kracht, F., Schramm, D. & Unterreiner, M. 2015. Einfluss von Elastizitäten in Fahrwerken auf die Fahrdynamik Influence of elasticities in chassis on vehicle dynamics. Mechatronik Dortmund. VDI.

Kraftfahrt-Bundesamt. 2022. *Bestand an Kraftfahrzeugen und Kraftfahrzeuganhängern nach Zulassungsbezirken* [Online]. Flensburg: Kraftfahrt-Bundesamt. Available: https://www.kba.de/DE/ Statistik/Fahrzeuge/Bestand/ZulassungsbezirkeGemeinden/zulassungsbezirke_node.html [Accessed 13.08.2023].

Kramer, F. 2013. *Integrale Sicherheit von Kraftfahrzeugen: Biomechanik – Simulation – Sicherheit im Entwicklungsprozess*, Wiesbaden, Springer Fachmedien Wiesbaden.

Krempel, G. 1965. *Experimenteller Beitrag zur Untersuchung am Kraftfahrzeugreifen*. Dissertation, TH Karlsruhe.

Kummer, H. W. & Meyer, W. 1967. Verbesserter Kraftschluß zwischen Reifen und Fahrbahn – Ergebnisse einer neuen Reibungstheorie. *ATZ-Automobiltechnische Zeitschrift*, Nr. 8 und 9.

Kuo, Y.-J., Seidler, C., Schick, B. & Nissing, D. 2019. Workload evaluation of effects of a lane keeping assistance system with physiological and performance measures. In: *Proceedings of the Human Factors and Ergonomics Society Europe*.

Kurutas, C. 2011. *Analytische und numerische Modellbildung zur Kopplung der Insassen- und Fahrzeugdynamik am Beispiel reversibler Rückhaltesysteme*. Dissertation, Duisburg-Essen.

Kurutas, C., Claas, U., Schramm, D. & Hiller, M. 2006a. Modeling and Simulation of the Active Control Retractor to develop the Situation Management Algorithm. *IFAC Mechatronics*.

Kurutas, C., Elsäßer, K., Schramm, D. & Hiller, M. 2006b. Modeling and Simulation of the Effect of Reversible Belt Pretensioners. In: *Mechatronics*, Budapest IEEE.

Labuhn, D. & Romberg, O. 2009. *Keine Panik vor Thermodynamik!: Erfolg und Spaß im klassischen „Dickbrettbohrerfach" des Ingenieurstudiums*, Springer DE.

Lamp, P. 2013. Anforderungen an Batterien für die Elektromobilität. In: Korthauer, R. (ed.) *Handbuch Lithium-Ionen-Batterien*, Springer Berlin Heidelberg.

LaValle, S. M. 2006. *Planning Algorithms*, Cambridge University Press.

Lee, J., Kim, N., Imm, C., Kim, B., Yi, K. & Kim, J. 2016. A question of trust: An ethnographic study of automated cars on real roads. In: *Proceedings of the 8th International Conference on Automotive User Interfaces and Interactive Vehicular Applications*, 201–208.

Lee, J. D. & See, K. A. 2004. Trust in automation: Designing for appropriate reliance. *Human Factors*, 46, 50–80.

Lee, T.-K., Adornato, B. & Filipi, Z. S. 2011. Synthesis of real-world driving cycles and their use for estimating PHEV energy consumption and charging opportunities: Case study for Midwest/US. *IEEE Transactions on Vehicular Technology*, 60, 4153–4163.

Lee, Y., Kozar, K. A. & Larsen, K. R. 2003. The technology acceptance model: Past, present, and future. *Communications of the Association for Information Systems*, 12, 50.

Lenthaparambil, N. 2015. *Funktionspotentiale eines Fahrwerks mit einem aktiven Stabilisator*. Dissertation, Duisburg-Essen.

Leveson, N. 2004. A new accident model for engineering safer systems. *Safety Science*, 42, 237–270.

Lin, J. & Niemeier, D. A. 2002. An exploratory analysis comparing a stochastic driving cycle to California's regulatory cycle. *Atmospheric Environment*, 36, 5759–5770.

Lindemann, A. 2012. Die Elektrifizierung des Antriebsstrangs. 6. Leistungselektronik im elektrifizierten Antriebsstrang. *Motortechnische Zeitschrift*, 73.

Liu, Y.-C. & Wen, M.-H. 2004. Comparison of head-up display (HUD) vs. head-down display (HDD): driving performance of commercial vehicle operators in Taiwan. *International Journal of Human-Computer Studies*, 61, 679–697.

Löcken, A., Heuten, W. & Boll, S. 2015. Supporting lane change decisions with ambient light. In: *Proceedings of the 7th International Conference on Automotive User Interfaces and Interactive Vehicular Applications*, 204–211.

Loke, S. W. 2019. Cooperative automated vehicles: A review of opportunities and challenges in socially intelligent vehicles beyond networking. *IEEE Transactions on Intelligent Vehicles*, 4, 509–518.

Löper, C. & Flemisch, F. O. 2009. Ein Baustein für hochautomatisiertes Fahren: Kooperative, manöverbasierte Automation in den Projekten H-Mode und HAVEit. In: *6. Workshop Fahrerassistenzsysteme, Freundeskreis Mess-und Regelungstechnik Karlsruhe eV*, 136–146.

Lundqvist, L.-M. & Eriksson, L. 2019. Age, cognitive load, and multimodal effects on driver response to directional warning. *Applied Ergonomics*, 76, 147–154.

Lunkeit, D. 2014. *Ein Beitrag zur Optimierung des Rückmelde-und Rückstellverhaltens elektromechanischer Servolenkungen*. Doktor Dissertation, Duisburg-Essen.

MacKenzie, I. S. & Ware, C. 1993. Lag as a determinant of human performance in interactive systems. In: *Proceedings of the INTERACT'93 and CHI'93 Conference on Human Factors in Computing Systems*, 488–493.

Mackrous, I., Lavalliere, M. & Teasdale, N. 2014. Adaptation to simulator sickness in older drivers following multiple sessions in a driving simulator. *Gerontechnology*, 12, 101–111.

Maier, K., Sacher, H. & Hellbrück, J. 2010. A first step towards an integrated warning approach. *Advances in Ergonomics Modeling and Usability Evaluation*, 259–268.

Matschinsky, W. 2007. *Radführungen der Straßenfahrzeuge: Kinematik, Elasto-Kinematik und Konstruktion*, Springer.

Maurer, T. 2013. *Bewertung von Mess- und Prädiktionsunsicherheiten in der zeitlichen Eingriffsentscheidung für automatische Notbrems- und Ausweichsysteme*. Dissertation, Universität Duisburg-Essen.

McCall, J. C. & Trivedi, M. M. 2007. Driver behavior and situation aware brake assistance for intelligent vehicles. *Proceedings-IEEE*, 95, 374.

Meister, D. 1987. Systems design, development and testing. In: *Handbook of Human Factors*, 17–42.

Meister, D. 2018. *The History of Human Factors and Ergonomics*, CRC Press.

Meljnikov, D. 2003. *Entwicklung von Modellen zur Bewertung des Fahrverhaltens von Kraftfahrzeugen*. Dissertation, Institut A für Mechanik der Universität Stuttgart.

Meyer-Tuve, H. 2008. *Modellbasiertes Analysetool zur Bewertung der Fahrzeugquerdynamik anhand von objektiven Bewegungsgrößen*, Verlag Dr. Hut.

Meyer, M.-A., Silberg, S., Granrath, C., Kugler, C., Wachtmeister, L., Rumpe, B., Christiaens, S. & Andert, J. 2022. Scenario-and Model-Based Systems Engineering Procedure for the SOTIF-Compliant Design of Automated Driving Functions. In: *2022 IEEE Intelligent Vehicles Symposium (IV)*, IEEE, 1599–1604.

Michelin. 2016a. http://www.michelin.de/autoreifen/wissenswertes/reifengrundlagen/wie-sie-einen-reifen-lesen [Online]. [Accessed 3.9.2016].

Michelin. 2016b. http://www.michelin.de/unternehmen/geschichte [Online]. Michelin. [Accessed 09.07.2016].

Michelin, S. D. T. 2005. Der Reifen – Haftung. Clermont-Ferrand: Michelin Reifenwerke KGaA.

Milliken, W. F. & Milliken, D. L. 1995. *Race Car Vehicle Dynamics*, Society of Automotive Engineers.

Mitschke, M. & Wallentowitz, H. 2014. *Dynamik der Kraftfahrzeuge*, Springer.

Moczala, M. & Maur, T. 2015. Lenkung auf dem Prüfstand – Echtzeitbasiertes Testen in der ZF TRW Lenkungsentwicklung. *DSpace Magazin*, 03/2015.

Monsell, S. 2021. Control of mental processes. In: *Unsolved Mysteries of the Mind*, Psychology Press.

Mosalikanti, A., Bandi, P. & Kim, S.-H. 2019. Evaluation of different ADAS features in vehicle displays. SAE Technical Paper.

Mullen, N. W., Weaver, B., Riendeau, J. A., Morrison, L. E. & Bedard, M. 2010. Driving performance and susceptibility to simulator sickness: Are they related? *The American Journal of Occupational Therapy*, 64, 288–295.

Naunin, D. 2007. *Hybrid-, Batterie-und Brennstoffzellen-Elektrofahrzeuge: Technik, Strukturen und Entwicklungen; mit 8 Tabellen*, Expert Verlag.

NCAP. 2013. Euro NCAP 2020 Roadmap. In: Programme, T. E. N. C. A. (ed.). Brüssel.

NCAP. 2016. *European New Car Assessment Programme* [Online]. Available: www.euroncap.com [Accessed 3.1.2016].

Negele, H.-J. 2007. *Anwendungsgerechte Konzipierung von Fahrsimulatoren für die Fahrzeugentwicklung*. Dissertation, TU München.

Neudorfer, H., Binder, A. & Wicker, N. 2006. Analyse von unterschiedlichen Fahrzyklen für den Einsatz von Elektrofahrzeugen. *e & i Elektrotechnik und Informationstechnik*, 7(123), 352–360.

Neumann, D. 2023. *Entwicklung einer Prognosemethode der beim „Parkieren im Stand" auftretenden Zahnstangenkräfte für die virtuelle Lenkungsauslegung*. Dr.-Ing. Dissertation, Duisburg-Essen.

Neumeier, S., Wintersberger, P., Frison, A.-K., Becher, A., Facchi, C. & Riener, A. 2019. Teleoperation: The holy grail to solve problems of automated driving? Sure, but latency matters. In: *Proceedings of the 11th International Conference on Automotive User Interfaces and Interactive Vehicular Applications*, 186–197.

Nichting, M., Heß, D., Schindler, J., Hesse, T. & Köster, F. 2020. Space time reservation procedure (STRP) for V2X-based maneuver coordination of cooperative automated vehicles in diverse conflict scenarios. In: *2020 IEEE Intelligent Vehicles Symposium (IV)*, IEEE, 502–509.

Nichting, M., Lobig, T. & Köster, F. 2021. Case Study on Gap Selection for Automated Vehicles Based on Deep Q-Learning. In: *2021 International Conference on Artificial Intelligence and Computer Science Technology (ICAICST)*, IEEE, 252–257.

Nippold, C., Kücükay, F. & Henze, R. 2017. Prüfstandsbasierte Vorbedatung von Lenksystemen. *ATZ-Automobiltechnische Zeitschrift*, 119, 72–77.

Nordhoff, S., Kyriakidis, M., van Arem, B. & Happee, R. 2019. A multi-level model on automated vehicle acceptance (MAVA): A review-based study. *Theoretical Issues in Ergonomics Science*, 20, 682–710.

Nüssle, M. 2002. *Ermittlung von Reifeneigenschaften im realen Fahrbetrieb*, Shaker.

Nyberg, P., Frisk, E. & Nielsen, L. 2014. Generation of equivalent driving cycles using Markov chains and mean tractive force components. *IFAC Proceedings Volumes*, 47, 8787–8792.

Oehl, M. 2021. Reduktionsmöglichkeiten von Unsicherheit und Kinetose bei Nutzenden von AVF mittels eines 360°-LED-Lichtbands im Fahrzeug.

Oertel, R., Erdmann, J., Markowski, R., Schmidt, W., Trumpold, J. & Wagner, P. 2018. VITAL-Verkehrsabhängig intelligente Steuerung von Lichtsignalanlagen. In: *Straßenverkehrstechnik – Forschungsgesellschaft für Straßen- und Verkehrswesen*, 631–638.

OICA. 2023. *World Motor Vehicle Production by Country/Region and Type 2019–2022* [Online]. International Organization of Motor Vehicle Manufacturers (OICA). Available: https://www.oica.net/category/production-statistics/2022-statistics/ [Accessed 13.April.2023].

Oskarsson, P.-A., Eriksson, L. & Carlander, O. 2012. Enhanced perception and performance by multimodal threat cueing in simulated combat vehicle. *Human Factors*, 54, 122–137.

Otterbach, R. & Schütte, F. 2004. Effiziente Funktions-und Software-Entwicklung für mechatronische Systeme im Automobil. Paderborner Workshop „Intelligente, mechatronische Systeme".

Öttgen, O. 2005. *Zur modellgestützten Entwicklung eines mechatronischen Fahrwerkregelungssystems für Personenkraftwagen*. Dissertation, Universität Duisburg-Essen.

Otto, H. 1987. *Lastwechselreaktionen von PKW bei Kurvenfahrt*. Dissertation, TU Braunschweig.

Owsley, C. & McGwin Jr, G. 2010. Vision and driving. *Vision Research*, 50, 2348–2361.

Pacejka, H. B. 2006. *Tyre and Vehicle Dynamics*, Oxford, Butterworth-Heinemann.

Pacejka, H. B. & Bakker, E. 1993. The magic formula tyre model, tyre models for vehicle dynamic analysis. In: Pacejka, H. B., (ed.) *1st International Colloquiumon Tyre Models for Vehicle Dynamic Analysis*, Lisse, Swets & Zeitlinger, 1–18.

Pattberg, B. 2005. Der Wirklichkeit nahe: Autofahren in der Simulation—Assistenzfunktionen sicher und effizient erproben. *Ignition: S*, 60–63.

Pellkofer, M. & Dickmanns, E. 2002. Behavior decision in autonomous vehicles. In: *Intelligent Vehicle Symposium, 2002. IEEE*, IEEE, 495–500.

Pelz, P. & Buttenbender, J. 2004. The dynamic stiffness of an air-spring. In: *ISMA2004 International Conference on Noise & Vibration Engineering, 20–22.9*.

Petermeijer, S., Bazilinskyy, P., Bengler, K. & de Winter, J. 2017. Take-over again: Investigating multimodal and directional TORs to get the driver back into the loop. *Applied Ergonomics*, 62, 204–215.

Pfeffer, P. & Harrer, M. 2011. *Lenkungshandbuch*, Vieweg+ Teubner Verlag| Springer Fachmedien Wiesbaden GmbH.

Pfeffer, P. & Scholz, H. 2010. Present-Day Cars – Subjective Evaluation of Steering Feel. In: *1st International Munich Chassis Symposium; chas-sis.techplus*, Munich.

Pfeiffer, D., Gehrig, S. & Schneider, N. 2013. *Exploiting the Power of Stereo Confidences*.

Pfleging, B., Schneegass, S. & Schmidt, A. 2012. Multimodal interaction in the car: combining speech and gestures on the steering wheel. In: *Proceedings of the 4th International Conference on Automotive User Interfaces and Interactive Vehicular Applications*, 155–162.

Pfriem, M. 2016. *Analyse der Realnutzung von Elektrofahrzeugen in kommerziellen Flotten zur Definition einer bedarfsgerechten Fahrzeugauslegung*. 47 Doktorarbeit, KIT Scientific Publishing.

Pomerantz, J. R. 2006. Perception: overview. In: *Encyclopedia of Cognitive Science*.

Pongrac, H., Peer, A., Färber, B. & Buss, M. 2008. Effects of varied human movement control on task performance and feeling of telepresence. In: *Haptics: Perception, Devices and Scenarios: 6th International Conference, EuroHaptics 2008 Madrid, Spain, June 10–13, 2008 Proceedings 6*, Springer, 755–765.

Proff, H., Brand, M., Mehnert, K., Schmidt, A. & Schramm, D. 2016. *Elektrofahrzeuge für die Städte von morgen*, Springer.

Proff, H., Brand, M., Mehnert, K., Schmidt, J. A. & Schramm, D. 2015. *Elektrofahrzeuge für die Städte von morgen: Interdisziplinärer Entwurf und Test im DesignStudio NRW*, Springer-Verlag.

Proff, H., Brand, M. & Schramm, D. 2020. *Altersgerechte Fahrerassistenzsysteme*, Springer.

Rasmussen, J. 1983. Skills, rules, and knowledge; signals, signs, and symbols, and other distinctions in human performance models. *IEEE Transactions on Systems, Man, and Cybernetics*, 257–266.

Rau, M. 2007. *Koordination aktiver Fahrwerk-Regelsysteme zur Beeinflussung der Querdynamik mittels Verspannungslenkung*. Dissertation, Stuttgart.

RCAR 2011. RCAR Low-speed structural crash test protocol, issue 2.2. In: Repairs, R. C. F. A. (ed.).

Reason, J. 2016. *Managing the Risks of Organizational Accidents*, Routledge.

Reason, J. T. 1978. Motion sickness adaptation: a neural mismatch model. *Journal of the Royal Society of Medicine*, 71, 819–829.

Rehder, T., Georgiev, Z., Louis, L. & Schramm, D. 2015a. Effektive Nutzung von hochdimensionalen kontinuierlichen Daten Umfelddaten zur Prädiktion von Fahrverhalten mit Bayesschen Netzen. In: *AAET 2015, 12.02.2015–13.02.2015 Braunschweig, Deutsch*.

Rehder, T., Maas, N., Louis, L. & Schramm, D. 2015b. Merkmalselektion zur Prädiktion von motivationsbasiertem Fahrverhalten. In: *7. Wissenschaftsforum Mobilität – National & International Trends in Mobility, Duisburg, Deutschland*.

Rehder, T., Muenst, W., Louis, L. & Schramm, D. 2016a. Influence of Different Ground Truth Hypothesis on the quality of Bayesian Networks for Maneuver Detection and Prediction of Driving Behavior. In: *13th International Symposium on Advanced Vehicle Control (AVEC 2016), München, Deutschland*, Tylor & Francis Group London, UK.

Rehder, T., Muenst, W., Louis, L. & Schramm, D. 2016b. Learning Lane Change Intentions through Lane Contentedness Estimation from Demonstrated Driving. In: *19th IEEE Intelligent Transportation Systems Conference (ITSC 2016)*, *1.–4.11.2016 Rio De Janeiro, Brasilien*, IEEE Xplore.

Reif, K. 2010a. *Bremsen und Bremsregelsysteme*, Springer.

Reif, K. 2010b. *Fahrstabilisierungssysteme und Fahrerassistenzsysteme*, Springer.

Reif, K. 2010c. *Konventioneller Antriebsstrang und Hybridantriebe*, Berlin, Springer-Verlag.

Reif, K. 2011a. *Bosch Autoelektrik und Autoelektronik*, Vieweg+ Teubner Verlag.

Reif, K. 2011b. *Bosch Grundlagen Fahrzeug-und Motorentechnik: konventioneller Antrieb, Hybridantriebe, Bremsen, Elektronik*, Springer-Verlag.

Reif, K. 2012a. *Automobilelektronik*, Berlin, Springer-Verlag.

Reif, K. 2012b. *Sensoren im Kraftfahrzeug*, Springer.

Reif, K. 2014. *Automobilelektronik*, Wiesbaden, Springer-Verlag.

Reif, K., Noreikat, K. E. & Borgeest, K. 2012. *Kraftfahrzeug-Hybridantriebe: Grundlagen, Komponenten, Systeme, Anwendungen*, Springer DE.

Reiff, M. 2016. *Methode zur ganzheitlichen Abbildung mechanischer Änderungen auf den Anwendungsfall – Angeführt an dem Beispiel passiver elektromechanischer Phasensteller für unterschiedliche Stopp-/Start-Strategien*. Dissertation, Universität Duisburg-Essen.

Reimann, G., Brenner, P. & Büring, H. 2012. Lenkstellsysteme. In: *Handbuch Fahrerassistenzsysteme*, Springer.

Reimpell, J. & Preukschat, A. 1988. *Fahrwerktechnik: Antriebsarten: Auswirkungen des Antriebskonzepts auf Raumökonomie, aktive und passive Sicherheit, Gewicht und Beladung, Komfort, Traktion und Fahrdynamik, Trägheitsmoment sowie Anhängerbetrieb*, Vogel Buchverlag.

Reimpell, J. & Sponagel, P. 1988. *Fahrwerktechnik: Reifen und Räder*, Würzburg, Vogel Fachbuch.

Renski, A. 2001. Identification of driver model parameters. *International Journal of Occupational Safety and Ergonomics*, 7, 79–92.

Rericha, I. 1986. Methoden zur objektiven Bewertung des Fahrkomforts. *Automobil Industrie Band*, 32(2), 175–182.

Riccio, G. E. & Stoffregen, T. A. 1991. An ecological theory of motion sickness and postural instability. *Ecological Psychology*, 3, 195–240.

Ried, M. 2014. *Kosten-Nutzen-Analyse von Plug-In-Hybridfahrzeugkonzepten unter geometrischen Randbedingungen*. Dissertation, Duisburg-Essen.

Ried, M., Karspeck, T., Jung, M. & Schramm, D. 2013a. Kosten-Nutzen-Analyse von Plug-in-Hybrid-Fahrzeug Konzepten. *ATZ-Automobiltechnische Zeitschrift*, 115, 694–701.

Ried, M., Wittchen, L., Jung, M., Weigl, E., Schramm, D. & Rother, K. 2013b. Lösungsraumanalyse elektrifizierter Fahrzeugkonzepte hinsichtlich Verbrauchspotential und Speicherintegration. In: *Hybrid and Electric Vehicles*, Braunschweig, Deutschland, ITS Niedersachsen.

Rill, G. 1994. *Simulation von Kraftfahrzeugen*, Braunschweig/Wiesbaden, Vieweg-Verlag.

Rizzoni, G., Guzzella, L. & Baumann, B. M. 1999. Unified Modeling of Hybrid Electric Vehicle Drivetrains. *IEEE/ASME Transactions Onmechatronics*, 4.

Robert Bosch GmbH. 2007. *Kraftfahrzeugtechnisches Taschenbuch*, Wiesbaden, Vieweg-Verlag.

Robert Bosch GmbH. 2022. *Kraftfahrtechnisches Taschenbuch*, Springer Vieweg.

Roschinski, A., Hansis, G., Penzkofer, H.-J., Kerner, M. & Mayer, K. 2008. Vehicle Architecture. *ATZextra Worldwide*, 13, 22–29.

Rowbotham, I. 2021. *Car brakes and tyre dust: a hidden source of pollution* [Online]. The Kingfisher. Available: https://www.the-kingfisher.org/people/human_health/car_brakes.html [Accessed 1.8.2023].

Runge, W., Gaedke, A., Heger, M., Vähning, A. & Reuss, H.-C. 2010. Elektrisch lenken: Notwendige Effizienzsteigerungen im Oberklassesegment (Elektronik). *ATZextra*, 15, 68–75.

SAE. 2008. SAE J670e: Vehicle Dynamics Technology. SAE International.

SAE. 2009. SAE J1100 Motor Vehicle Dimensions. Washington, Society for Automotive Engineering.

SAE. 2021. *SAE J3016 Levels of Driving Automation* [Online]. Available: https://www.sae.org/blog/sae-j3016-update [Accessed 27.01.2024].

Schäfer, P., Wahl, G. & Harrer, M. 2006. Das Fahrwerk des Porsche 911. *ATZ*, 6.

Schäuffele, J. & Zurawka, T. 2013. *Automotive software engineering: Grundlagen, Prozesse, Methoden und Werkzeuge effizient einsetzen*, Springer-Verlag.

Schimpf, R. 2016. *Charakterisierung von Lenksystemen mit Hilfe eines Lenksystemprüfstands*, Technische Universität Wien.

Schindler, E. 2007. *Fahrdynamik: Grundlagen des Lenkverhaltens und ihre Anwendung für Fahrzeugregelsysteme; mit 3 Tabellen*, Expert Verlag.

Schindler, J., Dariani, R., Wesemeyer, D., Rondinone, M., Walter, T. & Lu, M. 2019. Cooperative System Integration. In: *Cooperative Intelligent Transport Systems: Towards High-Level Automated Driving*, Institution of Engineering & Technology (IET).

Schlott, S. 1996. *Airbag: die zündende Idee beim Insassenschutz*, Verlag Moderne Industrie.

Schmidt, M. 2008. *Ein selbstadaptierender, dynamischer Energiemanagementansatz für das elektrische Kraftfahrzeugbordnetz*, Shaker.

Schneider, M., Bruder, A., Necker, M., Schluesener, T., Henze, N. & Wolff, C. 2019. A real-world driving experiment to collect expert knowledge for the design of AR HUD navigation that covers less. In: *Mensch und Computer 2019-Workshopband*.

Schnelle, K.-P. 1990. *Simulationsmodelle für die Fahrdynamik von Personenwagen unter Berücksichtigung der nichtlinearen Fahrwerkskinematik*. Dissertation, Universität Stuttgart.

Schöllmann, M. 2010. *Energiemanagement und Bordnetze III: innovative Ansätze für modernes Energiemanagement und zuverlässige Bordnetzarchitekturen. Mit 10 Tabellen*, Expert Verlag.

Schöttle, R., Schramm, D. & Schenk, J. 1996. Future power supply systems for cars. *VDI Berichte*, 1287, 295–318.

Schöttle, R. & Threin, G. 2000. Electrical power supply systems: Present and future. *VDI Berichte*, 1547, 449–476.

Schrade, S., Nowak, X., Schramm, D. & Verhagen, A. 2023a. Safety Concepts for Brake-by-Wire Pedal Boxes. In: *2023 3rd International Conference on Electrical, Computer, Communications and Mechatronics Engineering (ICECCME)*, IEEE, 1–6.

Schrade, S., Nowak, X., Verhagen, A. & Schramm, D. 2023b. Generic X-Domain Hazard Analysis and Risk Assessment. SAE Technical Paper.

Schramm, D. 1986. *Ein Beitrag zur Dynamik reibungsbehafteter Mehrkörpersysteme*. Dissertation, Stuttgart.

Schramm, D. 2012. Diversity of Future Mobility – Automotive Landscape 2025. In: University of Duisburg-Essen, C. O. M. (ed.). *Duisburg: Lehrstuhl für Mechatronik*, Universität Duisburg-Essen.

Schramm, D. 2014. *Bussysteme*, Essen, Universität Duisburg-Essen, Klartext Medienwerkstatt GmbH.

Schramm, D., Dudenhöffer, F., Driesch, P. & Kannstätter, T. 2017. Plug-In, Range-Extender- und Elektrofahrzeuge unter realen Mobilitätsumständen: Infrastruktur, Umweltbedingungen und Marktakzeptanz: FuE-Programm „Erneuerbar Mobil" des Bundesministeriums für Umwelt, Naturschutz, Bau und Reaktorsicherheit (BMUB): Schlussbericht. Duisburg, Universität Duisburg-Essen.

Schramm, D., Hiller, M. & Bardini, R. 2018. *Vehicle Dynamics*, Berlin, Heidelberg, Springer.

Schramm, D. & Koppers, M. 2013. Automobile Landschaft im Jahr 2025 – Vielfalt der Antriebstechnik. In: Proff, H. (ed.) *Herausforderungen für das Automotive Enineering & Management – Technische und betriebswirtschaftliche Ansätze*, Wiesbaden, Springer Gabler.

Schramm, D. & Koppers, M. 2014. *Das Automobil im Jahr 2025 – Vielfalt der Antriebstechnik*, Berlin, Heidelberg, Springer Vieweg.

Schratter, M., Hartmann, M. & Watzenig, D. 2019. Pedestrian collision avoidance system for autonomous vehicles. *SAE International Journal of Connected and Automated Vehicles*, 2, 279–293.

Schreiner, K. 2011. *Basiswissen Verbrennungsmotor: fragen – rechnen – verstehen – bestehen*, Wiesbaden, Vieweg+Teubner Verlag / Springer Fachmedien Wiesbaden GmbH Wiesbaden.

Schüller, M. 2019. *Technisch optimale Auslegung von Elektrofahrzeugen für Nutzergruppen in China und Deutschland: eine vergleichende Untersuchung*. Doktor Dissertation, Duisburg-Essen.

Schüller, M., Tewiele, S., Bruckmann, T. & Schramm, D. 2017. Evaluation of alternative drive systems based on driving patterns comparing Germany, China and Malaysia. *International Journal of Automotive and Mechanical Engineering*, 14, 13.

Schüller, M., Tewiele, S. & Schramm, D. 2016. Alternative Antriebe und Kraftstoffe für die nachhaltige Sicherung der Mobilität mit besonderem Fokus auf Ostasien. In: Proff, H. & Fojcik, T. M. (eds.) *Nationale und internationale Trends in der Mobilität – Technische und betriebswirtschaftliche Aspekte*, Wiesbaden.

Schuster, C. 1999. *Strukturvariante Modelle zur Simulation der Fahrdynamik bei niedrigen Geschwindigkeiten*. Dr.-Ing. Dissertation, Universität – Gesamthochschule Duisburg.

Schwedes, O., Keichel, M. 2021. *Das Elektroauto – Mobilität im Umbruch*, Springer Vieweg.

Scott, J. & Gray, R. 2008. A comparison of tactile, visual, and auditory warnings for rear- end collision prevention in simulated driving. *Human Factors*, 50, 264–275.

Shah, J. & Gijbels, M. 2007. Innovativer Prüfstand für Lenksysteme. *ATZ-Automobiltechnische Zeitschrift*, 109, 536–541.

Shakeri, G., Williamson, J. H. & Brewster, S. 2018. May the force be with you: Ultrasound haptic feedback for mid-air gesture interaction in cars. In: *Proceedings of the 10th International Conference on Automotive User Interfaces and Interactive Vehicular Applications*, 1–10.

Shappell, S. A. & Wiegmann, D. A. 2000. The human factors analysis and classification system–HFACS.

Shen, W. & Parsons, K. C. 1997. Validity and reliability of rating scales for seated pressure discomfort. *International Journal of Industrial Ergonomics*, 20(6), 441–461.

Shim, L., Liu, P., Politis, I., Regener, P., Brewster, S. & Pollick, F. 2015. Evaluating multimodal driver displays of varying urgency for drivers on the autistic spectrum. In: *Proceedings of the 7th International Conference on Automotive User Interfaces and Interactive Vehicular Applications*, 133–140.

Sonka, A., Krauns, F., Henze, R., Küqükay, F., Katz, R. & Lages, U. 2017. Dual approach for maneuver classification in vehicle environment data. In: *2017 IEEE Intelligent Vehicles Symposium (IV)*, IEEE, 97–102.

Souffran, G., Miegeville, L. & Guerin, P. 2012. Simulation of real-world vehicle missions using a stochastic Markov model for optimal powertrain sizing. *IEEE Transactions on Vehicular Technology*, 61, 3454–3465.

Spath, D., Rothfuss, F., Herrmann, F., Voigt, S., Brand, M., Fischer, S., Ernst, T., Rose, H. & Loleit, M. 2011. Strukturstudie BWe mobil 2011—Baden-Württemberg auf dem Weg in die Elektromobilität. Stuttgart.

Sperling, L. H. 2005. *Introduction to Physical Polymer Science*, John Wiley & Sons.

Stanney, K. M., Kingdon, K. S. & Kennedy, R. S. 2002. Dropouts and aftereffects: examining general accessibility to virtual environment technology. In: *Proceedings of the Human Factors and Ergonomics Society Annual Meeting*, Los Angeles, CA, SAGE Publications Sage CA, 2114–2118.

Statista. 2022. *Anzahl von Elektroautos weltweit von 2012 bis 2021* [Online]. Statista. Available: https://de.statista.com/statistik/daten/studie/168350/umfrage/bestandsentwicklung-von-elektrofahrzeugen/ [Accessed 14.7.2024].

STATISTA. 2023. *Anzahl der Getöteten bei Straßenverkehrsunfällen in Deutschland nach Straßenkategorie von 2011 bis 2021 (je 1.000 Kilometer Straßenlänge)* [Online]. Statistisches Bundesamt. Available: https://de.statista.com/statistik/daten/studie/1321917/umfrage/getoetete-im-strassenverkehr-in-deutschland-nach-strassenkategorie/ [Accessed 29.8.2024].

Stauder, S., Plöger, M. & Müller, S. 2013. Modellbasierte Regler-und Funktionsentwicklung für mechatronische Lenksysteme. *ATZ-Automobiltechnische Zeitschrift*, 115, 412–417.

Sternberg, R. J. 2013. Thinking and problem solving.

Stöbe, M. 2006. Die Fahrsimulatoren des DLR – Funktionen und Anwendungsmöglichkeiten Braunschweig. Deutsches Zentrum für Luft-und Raumfahrt eV.

Strater, L. D., Reynolds, J. P., Faulkner, L. A., Birch, D. K., Hyatt, J., Swetnam, S. & Endsley, M. R. 2004. PC-based tools to improve infantry situation awareness. In: *Proceedings of the Human Factors and Ergonomics Society Annual Meeting*, Los Angeles, CA, SAGE Publications Sage CA, 668–672.

Stüve, L. 2023. *Reifenabrieb: großes Problem – viele kleine Lösungen* [Online]. Deutsche Welle. Available: https://www.dw.com/de/reifenabrieb-gro%C3%9Fes-problem-mit-vielen-kleinen-l%C3%B6sungen/a-67063685 [Accessed 9.1.2024].

Szengel, I. R., Middendorf, I. H., Möller, D.-I. N. & Bennecke, D.-I. H. 2012. Der Modulare Ottomotorbaukasten von Volkswagen. *MTZ-Motortechnische Zeitschrift*, 73, 476–482.

Taş, Ö. Ş., Kuhnt, F., Zöllner, J. M. & Stiller, C. 2016. Functional system architectures towards fully automated driving. In: *2016 IEEE Intelligent vehicles symposium (IV)*, IEEE, 304–309.

Terken, J., Visser, H.-J. & Tokmakoff, A. 2011. Effects of speech-based vs handheld e-mailing and texting on driving performance and experience. In: *Proceedings of the 3rd International Conference on Automotive User Interfaces and Interactive Vehicular Applications*, 21–24.

Tewiele, S., Schüller, M., Koppers, M. & Schramm, D. 2017. Driving pattern analysis of hybrid and electricvehicles in a German conurbation including a drive system evaluation. *International Journal of Advanced Mechatronic Systems*, 7, 7.

Thielmann, A., Wietschel, M., Funke, S., Grimm, A., Hettesheimer, T., Langkau, S., Loibl, A., Moll, C., Neef, C. & Plötz, P. 2020. Batterien für Elektroautos: Faktencheck und Handlungsbedarf. Sind Batterien für Elektroautos der Schlüssel für eine nachhaltige Mobilität der Zukunft?[Batteries for electric cars: Fact check and need for action. Are batteries for electric cars the key to sustainable mobility in the future?]. Fraunhofer Institute for Systems and Innovation Research (ISI).

Tiemann, N. 2012. *Ein Beitrag zur Situationsanalyse im vorausschauenden Fußgängerschutz*. Dissertation, Duisburg Essen.

Todsen, U. 2012. *Verbrennungsmotoren*, München, Hanser.

Toledo-Moreo, R. & Zamora-Izquierdo, M. A. 2009. IMM-based lane-change prediction in highways with low-cost GPS/INS. *Intelligent Transportation Systems, IEEE Transactions on*, 10, 180–185.

Treisman, M. 1977. Motion sickness: an evolutionary hypothesis. *Science*, 197, 493–495.

TRW. 2014. *TRW bringt erste elektrische Servolenkung mit Riemenantrieb auf den chinesischen Markt* [Online]. Available: http://safety.trw.de/trw-launches-first-belt-drive-electrically-powered-steering-in-china/0624/ [Accessed 19. Februar 2014].

Trzesniowski, M. 2014. *Rennwagentechnik*, Springer.

Tschöke, H., Gutzmer, P. & Thomas, P. 2019. *Elektrifizierung des Antriebsstrangs Grundlagen – vom Mikro-Hybrid zum vollelektrischen Antrieb*, Springer Vieweg Berlin, Heidelberg.

Tutuianu, M., Marotta, A., Steven, H. & Ericsson, E. 2013. Development of a World-Wide Worldwide Harmonized Light Duty Driving Test Cycle – Informal document GRPE-68-03. UNECE.

Umweltbundesamt. 2023. https://www.umweltbundesamt.de/daten/verkehr/endenergieverbrauch-energieeffizienz-des-verkehrs [Online]. Umweltbundesamt. [Accessed 23.7.2023].

Underwood, G., Crundall, D. & Chapman, P. 2011. Driving simulator validation with hazard perception. *Transportation Research Part F: Traffic Psychology and Behaviour*, 14, 435–446.

Unterreiner, M. 2013. *Modellbildung und Simulation von Fahrzeugmodellen unterschiedlicher Komplexität*. Dissertation, Duisburg-Essen.

Uselmann, A. 2017. *Ein Beitrag zur funktionalen Entwicklung eines elektromechanischen Lenksystems für sportlich orientierte Fahrzeuge*. Dissertation, Universität Duisburg-Essen.

Uselmann, A., Preising, E., Schrage, B. & Düsterloh, D. 2016. Charaktertest für die Lenkung. *dSpace-Magazin*, 2.

van Basshuysen, R. & Schäfer, F. 2012. *Handbuch Verbrennungsmotor: Grundlagen, Komponenten, Systeme, Perspektiven*, Wiesbaden, Vieweg + Teubner.

van Zanten, A. T. 2000. Bosch ESP systems: 5 years of experience. SAE Technical Paper.

Vay. 2024. *Vay Factsheet* [Online]. Vay Technologies. Available: https://vay.io/de/press-release/factsheet/ [Accessed 14.7.2024].

VDA. 2023. *Die deutsche Automobilindustrie* [Online]. VDA. Available: https://www.vda.de/de/themen/automobilindustrie [Accessed 17.12.2023].

VDI. 2002. VDI 2057: Einwirkung mechanischer Schwingungen auf den Menschen – Ganzkörper-Schwingungen. *Ganzkörper-Schwingungen*. Verein Deutscher Ingenieure.

VDI. 2018. *Automobilen droht der Nerveninfarkt* [Online]. VDI. Available: https://www.vdi-nachrichten.com/technik/automobil/automobilen-droht-der-nerveninfarkt/ [Accessed 8.1.2024].

VDI. 2021. *VDI/VDE 2206 „Entwicklung mechatronischer und cyber-physischer Systeme"* [Online]. VDI. Available: https://www.vdi.de/richtlinien/programme-zu-vdi-richtlinien/vdi-2206 [Accessed 22.01.2024].

Venghaus, D., Frank Schmerwitz, F., Reiber, J., Sommer, H., Lindow, F., Herper, D., Pohrt, R. & Barjenbruch, M. 2021. Reifenabrieb in der Umwelt—RAU. *Final Report*.

Venkatesh, V. & Davis, F. D. 2000. A theoretical extension of the technology acceptance model: Four longitudinal field studies. *Management Science*, 46, 186–204.

Venkatesh, V., Morris, M. G., Davis, G. B. & Davis, F. D. 2003. User acceptance of information technology: Toward a unified view. *MIS Quarterly*, 425–478.

Vezzini, A. 2009. Lithiumionen-Batterien als Speicher für Elektrofahrzeuge Teil 1. *Bulletin SEV/AES*, 1.

Volkswagen. 2024. *Bordnetze Kongress* [Online]. Available: https://www.bordnetze-kongress.de/ [Accessed 29.04.2024].

Vreeswijk, J., Wijbenga, A. & Schindler, J. 2020. Cooperative automated driving for managing transition areas and the operational design domain (ODD). In: *Proceedings of 8th Transport Research Arena TRA 2020. Transport Research Arena TRA 2020, 27.–30. April 2020, Helsinki, Finland*.

Wallentowitz, H. & Freialdenhoven, A. 2011. *Strategien zur Elektrifizierung des Antriebsstranges: Technologien, Märkte und Implikationen (ATZ/MTZ-Fachbuch)*, Wiesbaden, Vieweg+Teubner.

Wallentowitz, H. & Mitschke, M. 2006. *Dynamik der Kraftfahrzeuge (VDI-Buch)*, Heidelberg, Springer-Verlag.

Wallentowitz, H. & Reif, K. 2008. *Handbuch Kraftfahrzeugelektronik: Grundlagen-Komponenten-Systeme-Anwendungen*, Springer-Verlag.

Wanek, R., Weidinger, C. & Danner, C. 2022. Bremsemissionen – Problematik und Ausblick. *ATZ Automobiltechnische Zeitschrift extra*, Dezember 2022, 22–25.

Warth, G. 2022. *Performancesteigerung von Fahrdynamik und Fahrstabilität durch Nutzung von Reifen-Fahrbahn-Informationen im Fahrzeugregelsystemverbund*. Doktor Dissertation, Duisburg-Essen.

Weber, T. 2021. *On the Potential of a Weather-Related Surface Condition Sensor Using an Adaptive Generic Framework in the Context of Future Vehicle Technology*. Doctor Dissertation, Duisburg-Essen University.

Weinberger, M. 2023. *Entwicklung einer Analysemethode zur Bestimmung der relevanten Einflussparameter des Reifens auf die Lenkungsauslegung*. Dr.-Ing. Dissertation, Duisburg-Essen.

Weinberger, M., Vena, G. & Schramm, D. 2017. Influencing factors on steering wheel torque during the static parking manoeuvre. In: *17. Internationales Stuttgarter Symposium, 2017 Sturrgart*, 61–76.

Wendel, J. 2007. *Integrierte navigationssysteme: sensordatenfusion, GPS und inertiale navigation*, Oldenbourg Wissenschaftsverlag GmbH.

Wermke, L. 2022. *BMW macht's wie Tesla* [Online]. Automobilwoche. Available: https://www.automobilwoche.de/nachrichten/bmw-zylindrische-batteriezellen-fur-neue-klasse-ab-2025 [Accessed 8.8.2023].

Wesemeyer, D. & Ruppe, S. 2021. Verkehrssteuerung in Netzwerken auf Grundlage dynamischer Preise. *Heureka 2020*.

Wilbrink, M., Lau, M., Illgner, J., Schieben, A. & Oehl, M. 2021. Impact of external human–machine interface communication strategies of automated vehicles on pedestrians' crossing decisions and behaviors in an urban environment. *Sustainability*, 13(15), 8396.

Williams, M. L., Landel, R. F. & Ferry, J. D. 1955. The temperature dependence of relaxation mechanisms in amorphous polymers and other glassforming liquids. *Journal of the American Chemical Society*, 77, 3701–3706.

Wimmer, J. 1997. *Methoden zur ganzheitlichen Optimierung des Fahrwerks von Personenkraftwagen*, Düsseldorf, Verein Deutscher Ingenieure.

Winner, H. 2003. Die lange Entwicklung von ACC. In: Stiller, C. & Maurer, M. (eds.) *Workshop Fahrerassistenzsysteme FAS2003*, Karlsruhe, Freundeskreis Mess-und Regelungstechnik Karlsruhe eV.

Winner, H., Hakuli, S. & Wolf, G. 2012. *Handbuch Fahrerassistenzsysteme: Grundlagen, Komponenten und Systeme für aktive Sicherheit und Komfort*, Wiesbaden, Vieweg+Teubner Verlag / Springer Fachmedien Wiesbaden GmbH Wiesbaden.

www.varta-microbattery.com. 2013. http://www.varta-microbattery.com/applications/mb_data/ documents/data_sheets/DS56627.pdf [Online]. Ellwangen: VARTA Microbattery GmbH, Zugriff am 28.6.2013.

Yared, T. & Patterson, P. 2020. The impact of navigation system display size and environmental illumination on young driver mental workload. *Transportation Research Part F: Traffic Psychology and Behaviour*, 74, 330–344.

Young, M. S., Brookhuis, K. A., Wickens, C. D. & Hancock, P. A. 2015. State of science: mental workload in ergonomics. *Ergonomics*, 58, 1–17.

Young, M. S. & Stanton, N. A. 2002. Attention and automation: New perspectives on mental underload and performance. *Theoretical Issues in Ergonomics Science*, 3, 178–194.

ZF_Lenksysteme. 2014. *ZF-Servolectric, Die elektrische Servolenkung für Pkw und leichte Nutzfahrzeuge* [Online]. Available: http://www.zf-lenksysteme.com/uploads/media/Servolectric_D_09.pdf [Accessed Januar 2014].

Zhang, X., Liniger, A. & Borrelli, F. 2020. Optimization-based collision avoidance. *IEEE Transactions on Control Systems Technology*, 29, 972–983.

Zimmermann, W. & Schmidgall, R. 2011. *Bussysteme in der Fahrzeugtechnik*, Vieweg+ Teubner.

Zomotor, A. 1987. *Fahrwerktechnik: Fahrverhalten: Kräfte am Fahrzeug, Bremsverhalten, Lenkverhalten, Testverfahren, Meßtechnik, Bewertungsmethoden, Versuchseinrichtungen, aktive Sicherheit, Unfallverhütung*, Würzburg, Vogel.

Zomotor, A. 1991. *Fahrwerktechnik: Fahrverhalten*, Würzburg, Vogel Verlag und Druck KG.

Zomotor, A. & Roenitz, R. 1997. Verfahren und Kriterien zur Bewertung des Fahrverhaltens von Personenkraftwagen – ein Rückblick auf die letzten 20 Jahre. Teile 1 und 2. *Automobiltechnische Zeitschrift*, 99.

Zomotor, Z. A. 2002. *Online-Identifikation der Fahrdynamik zur Bewertung des Fahrverhaltens von Pkw*, Institut A für Mechanik der Universität Stuttgart.

Zschech, D. 2010. *Li-Tec CERIO Technologie für Elektro-und Hybridfahrzeuge*, Erlangen, DRIVE-EAkademie.

ZVEI. 2015. 48-Volt-Bordnetz – Schlüsseltechnologie auf dem Weg zur Elektromobilität. Frankfurt am Main, ZVEI.

Stichwortverzeichnis

https://doi.org/10.1515/9783111335872-013

www.ingramcontent.com/pod-product-compliance
Lightning Source LLC
Chambersburg PA
CBHW060939210326
41598CB00031B/4675